中国三大平原玉米产业

刘京宝　饶月亮　顾万荣　田甫焕　主编

中国农业出版社

图书在版编目（CIP）数据

中国三大平原玉米产业/刘京宝等主编．—北京：
中国农业出版社，2017.6
ISBN 978-7-109-22879-5

Ⅰ.①中… Ⅱ.①刘… Ⅲ.①玉米-农业产业-产业
经济-研究-中国 Ⅳ.①F326.11

中国版本图书馆 CIP 数据核字（2017）第 085348 号

中国农业出版社出版
（北京市朝阳区麦子店街 18 号楼）
（邮政编码 100125）
策划编辑 石飞华
文字编辑 宋美仙
————————————
中国农业出版社印刷厂印刷 新华书店北京发行所发行
2017 年 6 月第 1 版 2017 年 6 月北京第 1 次印刷
————————————
开本：787mm×1092mm 1/16 印张：30.25
字数：710 千字
定价：80.00 元

作者分工

ZHONGGUO SANDA PINGYUAN YUMI CHANYE

前　言

在全世界粮食作物中，玉米总产量第一，贸易量第二。玉米生产主要集中在美国、中国、巴西、阿根廷，四国总产量占全球总产量的 70% 以上，其中中国占 20% 左右。中国是农业大国，玉米是中国的第一大粮食作物，是主要饲料和部分地区的主要口粮，在粮食生产中占有重要的地位。玉米在中国分布很广，但是在各地区的分布不均衡，主要分布在东北平原、黄淮海平原和长江中下游平原三大地区。东北平原，是中国最大的平原，又称松辽平原，位于东北地区中部，介于东北平原 $40°25'\sim48°40'$N，$118°40'\sim128°$E，南北长 1 000 多千米，东西宽 $300\sim400$ km，总面积约 35 万 km²。由于岩浆冲击形成极其肥沃的土壤，适于玉米的种植，玉米覆盖面积很大。黄淮海平原又称为华北平原，位于 $32°\sim40°$N，$114°\sim121°$E，属于湿润的暖温带气候，土壤肥沃，是中国主要的玉米产业基地。长江中下游平原介于 $27°50'\sim34°$N，$111°05'\sim123°$N，面积约 20 万 km²，主要是长江及其支流冲击而成，气候适宜，水分充足，土壤深厚、肥沃，也较适于玉米生长。

玉米生产的目的是为了获得高产值的农产品来满足人类的生存需要，是在了解和掌握玉米生长发育、产量和品质形成规律及其与环境的关系基础上，通过选择自交系，培育玉米新杂交种和田间栽培管理为玉米创造可以进行良好生长发育的环境条件。但是玉米种质资源众多，市场品种良莠不齐，各地生态环境差异很大，使得玉米在生产过程中问题重重。因此，作为中国主要玉米产业基地的三大平原的玉米产业已被越来越多的学者所关注。

本书共分为 6 章，以玉米为主线，围绕中国玉米生产的三大平原系统地介绍了三大平原的环境特征、生态条件、玉米生产概况、玉米种质资源、玉米种子生产和种子制种基地等概况，对玉米生长过程中遇到的逆境应对、整地、播种、田间管理、机械化收获等栽培技术做了系统的讲解，并且对后期的玉米深加工和利用做出翔实的介绍。在内容上注重基本知识、基本理论和基本方法与技术，同时也力求反映本领域现代科技水平。可以面向广大农业科技工作者、农业管理干部、种子经营人员和技术员，也可用作农业院校相关专业师生的教学参考书。

　　本书是集体编著的科技著作，在统稿过程中尽量做到全书体例统一。编写上强调理论联系实际，注重信息量丰富，文字表达力求简练，内容上深入浅出，循序渐进，结构上力求系统完整。希望此书的出版能对推动中国三大平原玉米科研和生产起到积极作用。

　　参考文献按章编排，以作者姓名的汉语拼音字母顺序和国外作者的字母顺序排列，同一作者的文献则以发表或出版年代先后为序。本书编写过程中参考了相关资料，在此谨对相关作者和编者表示感谢。本书的编写和出版是全体编者和出版社编辑人员共同努力、协作的成果，参编人员所在单位给予了积极支持，在此表示衷心感谢。

　　在编写过程中虽然尽可能收集资料，充分利用现有成果，但受编者专业和编写水平所限，书中错误和疏漏之处在所难免。为使本书日臻完善，敬请各位同仁和读者在使用和阅读中给予批评指正。

刘京宝

2016 年 11 月

本书得到以下项目资助：科技部科技伙伴计划资助（KY201402017）

　　　　　　　　　　河北省国际科技合作项目（16396306D，13396401D）

目 录

第一章

中国三大平原玉米种业

第一节　东北平原玉米种业

一、东北平原环境特征和生态条件特点

东北平原又称松辽平原，是中国最大的商品粮基地，也是最大的商品谷物农业区，其作为东北春播玉米区的主要地域组成，是中国重要的玉米生产基地。在地理位置上，东北平原位于东北地区中部，介于 $40°25'\sim48°40'$N，$118°40'\sim128°$E，东西宽 $300\sim400$ km，南北长约 $1\,000$ km，面积达 35 万 km^2，是中国最大的平原。平原东西两侧为长白山地和大兴安岭山地，北部为小兴安岭山地，南端濒临辽东湾。东北平原可分为 3 个部分，东北部是由黑龙江、松花江和乌苏里江冲积而成的三江平原；中部为松花江和嫩江冲积而成的松嫩平原；南部主要是由辽河冲积而成的辽河平原。从行政区划而言，东北平原涉及黑龙江省、吉林省、辽宁省及内蒙古自治区，主要是在东北三省境内，为方便理解，下文以省级行政区划为单位，将东北平原分为三部分介绍其环境特征和生态条件特点。

（一）黑龙江省

1. 地势地形　黑龙江省位于东北平原北部。西北部、北部和东南部地势较高，东北部、西南部低，主要由山地、台地、平原和水面构成。北部小兴安岭山地，东南部为完达山脉，东北部三面环山的即为黑龙江、松花江和乌苏里江汇流冲积而成的沼泽化低平原，又称三江低地，是整个东北平原的东北部，中国最大的沼泽分布区。完达山以南是乌苏里江及其支流与兴凯湖共同形成的冲积-湖积沼泽化低平原，亦称穆棱-兴凯平原，也属于广义上的三江平原。黑龙江省西南部，即西北部大兴安岭和北部小兴安岭以南，东南部张广才岭以西，为松嫩平原北部。三江平原和松嫩平原，是中国最大的东北平原的一部分，平原占全省总面积的 37.0%，海拔高度为 $50\sim200$ m。

2. 气候条件　黑龙江省处于中纬度欧亚大陆东沿，太平洋西岸，北面临近寒冷的西伯利亚，南北跨中温带与寒温带。冬季风为常见的寒冷干燥的西北风；夏季风为温暖湿润的东南风或南风。因此，黑龙江省的气候具有明显的季风气候特征，但西部受夏季风影响

弱，显示出一些大陆性气候特征。根据干燥度，黑龙江省自东向西由湿润型经半湿润型过渡到半干旱型，这与夏季风自东向西减弱明显相关。

（1）气温　黑龙江省是全国气温最低的省份。年平均气温平原高于山地，平原区年平均气温的等温线基本与纬线平行，可以达到 1～4 ℃。气温的季节变化明显，1 月平均温度 -21～-18 ℃，7 月平均气温 21～22 ℃。无霜期多在 100～160 d，平原长于山地，南部长于北部，平原地区无霜期 120～140 d，松嫩平原西南部和三江平原大部分地区无霜期可以超过 140 d。

黑龙江省南北纵越 10 个纬度，东西横跨 15 个经度。全省农田主要分布在低海拔平原地区。

为了因地制宜发展农业生产，黑龙江省根据各地气候条件划分了 6 个积温带：

第一积温带：常年有效活动积温在 2 700 ℃以上。

第二积温带：有效活动积温在 2 500～2 700 ℃。

第三积温带：有效活动积温在 2 300～2 500 ℃。

第四积温带：有效活动积温在 2 100～2 300 ℃。

第五积温带：有效活动积温在 1 900～2 100 ℃。

第六积温带：有效活动积温在 1 400～1 900 ℃。

三江平原大部分处于第二、第三、第四积温带，而松嫩平原多处于第一、第二、第三积温带。由于 6 个积温带划分完成于 20 世纪 90 年代中期，距今已有 20 余年，气候变化影响，随整体温度升高，积温带呈现明显的北移和东移趋势（闫平等，2009；曹萌萌等，2014）。因此，传统的六大积温带划分方法仅供参考。而根据王艳华等 1960—2004 年东北地区温度资料的整理和分析，近年来，黑龙江省 ≥10 ℃活动积温多介于 2 000～2 800 ℃，三江平原地区活动积温为 2 450～2 900 ℃，松嫩平原地区活动积温可以达到 2 750～3 200 ℃（图 1-1）。

（2）降水　黑龙江省的降水表现出明显的季风性特征。夏季受东南季风的影响，降水充沛，占全年降水量的 65% 左右；冬季在干冷西北风控制下，干燥少雪，仅占全年降水量的 5%；春、秋分别占 13% 和 17% 左右。1 月份最少，7 月份最多。年平均降水量等值线大致与经线平行，这说明南北降水量差异不明显，东西差异明显。降水量从西向东增加，西部松嫩平原区仅 400～450 mm，东北部三江平原年降水量 500～650 mm。降水日数的分布与降水量分布基本是一致的。

3. 土壤条件　三江平原是中国最大的沼泽分布区，沼泽与沼泽化土地面积约 240 万 hm²，其中以薹草沼泽分布最广，占沼泽总面积的 85% 左右，其次是芦苇沼泽。土壤类型主要有黑土、白浆土、草甸土、沼泽土等，而以草甸土和沼泽土分布最广。松嫩平原中、东部，主要为黑土，分布于山前台地和平原阶地上，从北向南呈弧形分布；松嫩平原西部土壤类型主要是黑钙土和草甸土。

4. 作物种类及种植制度　黑龙江省地处东北平原最北部，受无霜期、积温等气候条件影响，种植制度为一年一熟制。小麦、玉米和大豆曾经是 3 种主要的种植作物，种植面积排在前三位。近 30 年来，由于春小麦产量相对较低，整体收益不如玉米和水稻等作物，因此种植面积急剧下降，目前黑龙江省种植面积排前三位的种植作物为玉米、水稻、大豆。玉米种植以单作为主，轮作较少，多数地区形成了玉米连作。

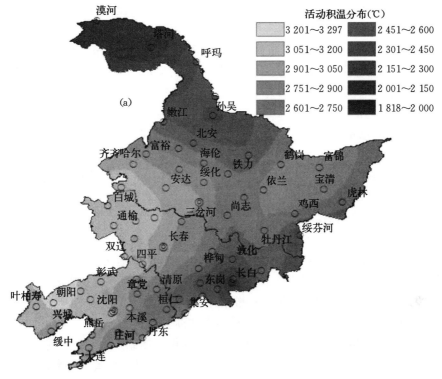

图 1-1　东北地区≥10 ℃活动积温分布图

(王艳华等，2011)

(二) 吉林省

1. 地势地形　吉林省位于东北平原中部，地貌形态差异明显。地势由东南向西北倾斜，呈现明显的东南高、西北低的特征。以中部大黑山为界，可分为东部山地和中西部平原两大地貌区。中西部平原以位于长春市附近的松花江-辽河的分水岭为界，松辽分水岭以北为松嫩平原南部，分水岭以南为辽河平原。吉林省内的北（松嫩）、南（辽河）两块平原又被称为长春平原，也是狭义上的松辽平原，可以认为是东北平原的主体，面积达11.5 万 km²，占全省土地总面积的 61.4%。吉林省地跨松嫩、辽河两大水系，是连接松嫩流域和辽河流域的重要区域。水系构成主要有松花江、嫩江、东辽河、伊通河、饮马河、双阳河、拉林河等大小几十条河流，水库、湖泊众多，流水地貌占全省总面积的83.5%，湖成地貌占 2.6%，水源充足。

2. 气候条件　吉林省处于北半球的中纬地带，欧亚大陆的东部，相当于中国温带的最北部，接近亚寒带。东部距黄海、日本海较近，气候湿润多雨；西部远离海洋而接近干燥的蒙古高原，气候干燥，全省形成了显著的温带大陆性季风气候特点，有明显的四季更替，且雨热同季。春季干燥风大，夏季高温多雨，秋季天高气爽，冬季寒冷漫长。

（1）气温　全省大部分地区年平均气温为 2～6 ℃，四季变化显著。冬季 1 月，是最冷月份，全省平均气温在－11 ℃以下。春季 4 月，中西部平原区平均气温为 6～8 ℃，东部山地在 6 ℃以下。夏季 7 月，平原平均气温在 23 ℃以上，东部山地在 20 ℃以下。秋季

9月，中西部平原降至6～8℃，东部山地多在6℃以下。气温年较差为35～42℃，日较差一般为10～14℃，夏季最小，春秋季最大。

吉林省的霜期东部山区早，西部平原晚。初霜出现在8月末至9月初，平原地区出现在9月下旬。中西部平原终霜在4月下旬，中部和东部在5月上中旬。全年无霜期一般为110～160 d，中西部平原地区150 d左右，东部山区130 d左右。

全省除东部长白山区以外，≥10℃活动积温平均在2 450～3 200℃，中部平原地区（松嫩、辽河平原）活动积温为2 900～3 200℃（王艳华等，2011），可以满足一季作物生长的需要。

（2）降水　吉林省各地年降水量一般在400～1 300 mm，自东部向西部有明显的湿润、半湿润和半干旱的差异。东南部降水多，中西部平原降水少。这种空间分布造成吉林省中西部地区干旱频繁发生，东南部地区经常出现洪涝灾害。受季风气候影响，吉林省四季降水量以夏季最多，占全年降水量的60%以上，对作物生长十分有利。4～5月降水量仅占全年的13%。因此吉林省春旱发生频率很高，尤其西部地区有"十年九春旱"之说。吉林省自然灾害以低温冷害、干旱、洪涝、霜冻为主，其次为冰雹及风灾。

3. 土壤条件　松辽分水岭以北的松嫩平原土壤类型主要是黑土、黑钙土和草甸土。分水岭以南的辽河平原，土壤类型主要是草甸土和潮土。

4. 作物种类及种植制度　吉林省种植制度为一年一熟制。以长春平原（吉林省内的松嫩平原和辽河平原）为核心区域的吉林黄金玉米带是世界三大黄金玉米带之一，玉米是吉林省栽培面积最大的作物，近几十年来种植面积在总体上基本上处于上升趋势。其他作物方面，水稻面积不断扩大，传统的大豆和高粱种植面积则持续下降，二者总面积已不足吉林省农作物总播种面积的6%。玉米、大豆间作曾经是吉林省主要的种植方式，可以占到全省种植面积的50%～60%，但是目前随着对产量要求的提高和机械化栽培的推广应用，玉米种植基本上以单作为主。

（三）辽宁省

1. 地势地形　辽宁省位于东北平原南部，全省地势由北向南逐渐降低，东、西两侧较高，中部和沿海地区地势较低。北有来自吉林省南伸的哈达岭与千山山脉相接于沈阳之东，形成辽东丘陵。西部由河北省的燕山山脉的一部分和努鲁儿虎山（老虎山）及松岭山脉，组成辽西丘陵山地。辽东丘陵与辽西丘陵之间，铁岭-彰武之南，直至辽东湾为长期沉降区，即为辽河平原，地势低平，海拔一般在50 m以下，沈阳以北海拔较高，辽河三角洲近海部分海拔仅2～10 m。

2. 气候特征　辽宁地处欧亚大陆东岸，中纬度地带，因此气候类型仍属于温带大陆性季风气候。但由于地形较为复杂，有山地、平原、丘陵、沿海之别，所以省内各地气候也不尽相同。但总的气候特点是：寒冷期长、平原风大、东湿西干、雨量集中、日照充足、四季分明。

（1）气温　全年平均气温多在5～10℃，总体而言自沿海向内陆、自南向北、自西向东逐渐递减。辽河平原地区年平均气温多在7～9℃。全省无霜期一般在130～200 d，平原地区一般为160～180 d，最长可达190 d以上，平原北部彰武-铁岭一线较低，仅为140～

160 d。年日照时数自西北向东南减少，一般为 2 300～2 900 h，中部平原地区一般为 2 500～2 800 h，平原东部沈阳地区为 2 350～2 500 h。全省≥10 ℃活动积温一般在 2 700～3 300 ℃，辽河平原地区一般在 3 000～3 200 ℃（王艳华等，2011）。

（2）降水　年降水量由东向西逐渐减少，一般为 500～1 000 mm，平原地区为 500～700 mm，平原东部地区可达 800 mm。全年降水主要集中在夏季，6～8 月降水量占全年降水量的 60％～70％，平原地区夏季降水量一般在 300～500 mm。春季降水量一般为 80～120 mm，平原地区为 80～110 mm，自东向西呈明显阶梯状逐步减少。

3. 土壤条件　辽宁省位于东北平原南部，区域内辽河平原主要土壤类型为草甸土和潮土。

4. 作物种类及种植制度　辽宁地区位于东北平原南部，积温等气候条件好于黑龙江和吉林两省，在积温较高地区曾有以冬小麦为主的两年三熟制，甚至冬小麦-大豆、冬小麦-高粱的一年两熟制，还曾有报道超早熟小麦、水稻的一年两熟制，但是面积都非常小，大多集中在辽南丘陵地带或沿海平原地区。而且即使是在辽宁南部，从光、热、水的自然条件看，进行一年两熟或两年三熟种植在时间安排上十分紧张，某一个环节失误，都会严重地影响作物的产量和质量。如果再考虑辽宁南部地区人均耕地面积较小、人工费用较高等因素，目前而言两年三熟甚至一年两熟都不是十分成熟的种植制度，因此，辽宁地区尤其是平原地区目前仍然是一年一熟制。玉米、高粱、大豆和水稻曾经是辽宁地区的主要种植作物，播种面积排在前四位，近几十年随着对产量要求的提高，高粱和大豆播种面积持续减少，目前主要种植作物为玉米和水稻，二者播种总面积接近辽宁省农作物播种总面积的 70％，此外蔬菜播种面积也不断增加，占总面积的 11％以上。辽宁地区玉米种植方式也是玉米单作，20 世纪 70～80 年代曾经存在一定面积的春小麦套种玉米，但目前几乎已经没有小麦种植了。

二、东北平原玉米生产概况

（一）东北地区玉米生产

根据《中国统计年鉴 2015》，2014 年度中国玉米总播种面积约为 3 712.30 万 hm²。即使考虑数据的缺漏和误差，中国也已经成为世界上最大的玉米生产国之一。近 20 年来，玉米种植面积已经逐步超越稻谷和小麦，成为中国种植面积最大的农作物（图 1-2）。2014 年玉米总播种面积占中国农作物总播种面积的 22.44％，占粮食作物总播种面积的 32.94％，占谷物总播种面积的 39.24％。

东北平原作为北方春播玉米区的主要组成部分，是中国重要的商品粮生产基地。在 20 世纪初期，随着人口迁移以及鼓励开荒植稼政策的推行，东北地区玉米生产就开始了快速的发展，东北三省 1914—1918 年玉米面积为 69.5 万 hm²，1924—1929 年即增加到 117.6 万 hm²，增幅达到 169％。东北沦陷时期，为了应对战时之需，东北地区制定和推行许多诸如开荒垦地、奖励高产等增加粮食生产的政策和措施。玉米由于其良好的适应性、简便的种植以及贮藏容易等特性，种植面积不断扩大，从抗日战争前的第五位迅速跃升至仅次于高粱的第二位。至 1948 年东北全境解放时，玉米种植面积已经达到 270.0 万 hm²，其中黑龙江省 96.6 万 hm²、吉林省 83.5 万 hm²、辽宁省 89.9 万 hm²，黑龙江已经超过辽

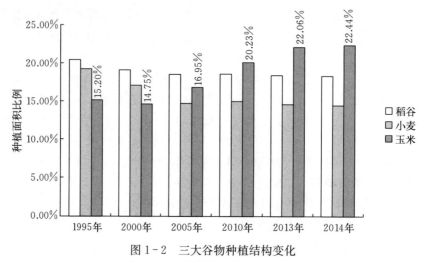

图 1-2　三大谷物种植结构变化

（曹君整理，2016，数据来源于《中国统计年鉴　2015》）

宁，成为东北地区玉米种植面积最大的省份。

　　新中国成立以后，为应对人口爆炸性增长带来的粮食供需失衡的巨大压力，作为高产作物的玉米成为了保障中国粮食安全的重要措施，一般在不宜种植水稻和小麦的地区，均开始大力推广和发展玉米种植，东北玉米播种面积直线上升。直到 1995 年左右，面积基本稳定；2000 年开始，由于种植业调整，玉米播种面积有所下降；至 2005 年左右，由于此前多年玉米大批量出口导致库存大幅度减少，加上国内玉米连年产量不足，以及国家深化粮食流通体制改革等诸多方面的影响，东北地区玉米种植面积开始逐步回升，并于近几年达到顶峰（表 1-1、表 1-2、表 1-3、表 1-4）。从相关数据可以看出，1980 年东北三省玉米总播种面积为 498.21 万 hm²，而 2014 年的播种总面积为 1 266.9 万 hm²。随着播种面积的增加和栽培技术的提高，玉米总产量则从 1980 年的 1 680.5 万 t 猛增到 2014 年的 7 247.4 万 t。尤其是黑龙江省，仅用了 10 年时间，玉米总播种面积就由 2005 年 273.0 万 hm² 增加到 2014 年的 664.22 万 hm²。

　　2014 年黑龙江、吉林、辽宁三省玉米播种总面积达到 1 146.7 万 hm²，占农作物总播种面积的 52.11%，占粮食作物总播种面积的 57.53%，占谷物总播种面积的 69.66%，三项占比皆远高于全国数据，表明玉米生产为东北三省农业生产的支柱产业。此外，东北三省玉米总播种面积占中国玉米总播种面积的 30.89%；三省玉米总产量达到 7 247.4 万 t，占中国玉米总产量的 33.61%。充分证明东北平原仍然是中国玉米最主要的生产基地（表 1-1）。

表 1-1　黑龙江省玉米生产情况

（《黑龙江统计年鉴　2015》）

年份	总播种面积（×10³ hm²）				总产量（×10⁴ t）			玉米单位面积产量（kg/hm²）
	农作物	粮食作物	谷物	玉米	粮食	谷物	玉米	
1980	8 724	7 318	—	1 884	1 462.4	1 085.9	520.0	2 768
1981	8 727	7 282	—	1 577	1 250.0	969.7	455.0	2 453
1982	8 479	7 089	—	1 363	1 150.0	819.2	352.6	2 183

（续）

年份	总播种面积（×10³ hm²）				总产量（×10⁴ t）			玉米单位面积产量（kg/hm²）
	农作物	粮食作物	谷物	玉米	粮食	谷物	玉米	
1983	8 607	7 235	—	1 642	1 549.0	1 228.8	463.5	2 835
1984	8 622	7 355	—	1 920	1 757.5	1 402.0	642.0	2 533
1985	8 582	7 216	—	1 577	1 405.0	1 035.6	386.8	2 610
1986	8 463	5 715	—	1 689	1 776.3	1 169.5	632.0	3 758
1987	8 515	7 412	—	1 976	1 737.6	1 373.3	646.1	3 780
1988	8 233	6 886	—	1 828	1 768.0	1 282.1	700.6	3 848
1989	8 453	7 262	—	1 904	1 668.9	1 292.2	615.2	3 218
1990	8 559	7 420	—	2 169	2 312.5	1 901.0	1 008.3	4 658
1991	8 615	7 427	5 070	2 230	2 164.3	1 789.6	1 007.5	4 523
1992	8 480	7 348	4 913	2 166	2 366.3	1 936.6	1 042.8	4 815
1993	8 647	7 558	4 251	1 777	2 390.8	1 799.5	956.6	5 384
1994	8 670	7 501	4 331	1 964	2 578.7	1 971.3	1 146.4	5 836
1995	8 647	7 500	4 676	2 411	2 592.5	2 062.8	1 219.1	5 056
1996	8 884	7 796	5 340	2 666	3 046.5	2 512.4	1 445.0	5 421
1997	9 035	7 995	5 299	2 545	3 104.5	2 434.9	1 165.9	4 581
1998	9 194	8 083	5 268	2 486	3 008.5	2 483.4	1 199.7	4 823
1999	9 262	8 099	5 491	2 652	3 074.6	2 524.8	1 228.4	4 632
2000	9 329	7 852	4 279	1 801	2 545.5	1 974.1	790.8	4 390
2001	9 411.694	7 957	4 349.326	2 110.016	2 651.7	1 989.1	819.5	3 884
2002	9 400.201	7 833	4 393.542	2 237.023	2 941.2	2 195.5	1 070.5	4 785
2003	9 550.506	7 863	3 813.673	2 034.869	2 512.3	1 792.0	830.9	4 083
2004	9 647	8 216	4 233	2 142	3 135.0	2 302.5	1 050.0	4 902
2005	11 322	9 889	5 033	2 730	3 600.0	2 714.0	1 379.5	5 053
2006	11 678	10 526	5 772	3 305	3 780.0	2 986.7	1 453.5	4 908
2007	11 899	10 821	6 506	3 884	3 965.5	3 349.3	1 568.5	4 508
2008	12 087	10 988	6 493	3 647	4 225.0	3 502.0	1 822.0	4 496
2009	13 871	13 133	7 884	4 854	4 353.0	3 641.7	1 920.2	4 685
2010	14 250	13 549	8 633	5 231.85	5 012.8	4 284.8	2 324.4	5 321
2011	14 486	13 759	9 808	5 904	5 570.6	4 858.2	2 675.8	5 833
2012	14 660	13 942	10 878	6 615	5 761.3	5 147.9	2 887.9	5 564
2013	14 677.77	14 037	11 332.02	7 099.152	6 004.1	5 495.9	3 216.4	5 904
2014	14 775	14 226.8	10 796.8	6 642.3	6 242.2	5 665.5	3 343.4	6 146

表1-2 吉林省玉米生产情况

（《吉林统计年鉴 2015》）

年份	总播种面积（×10³ hm²）				总产量（×10⁴ t）			玉米单位面积产量（kg/hm²）
	农作物	粮食作物	谷物	玉米	粮食	谷物	玉米	
1978	4 053.1	3 603.1	3 019.1	1 520.1	914.7	—	489.49	—
1979	4 060.5	3 600.1	3 023.5	1 595.6	—	—	—	—
1980	4 057	3 524.3	2 967.8	1 681.9	859.6	—	506.9	—
1981	4 074.8	3 509.3	2 904	1 551.3	—	—	—	—
1982	4 065.6	3 555.2	2 968.2	1 605.5	—	—	—	—
1983	4 069.6	3 586.5	3 086.7	1 714.9	—	—	—	—
1984	4 079.8	3 501.7	3 104.6	1 854.8	—	—	—	—
1985	4 063.9	3 283.5	2 805.3	1 679.6	1 225.26	—	793.13	—
1986	4 036.8	3 469.5	2 980.4	1 989.9	—	—	—	—
1987	4 036.9	3 485.7	2 999.6	2 122.2	—	—	—	—
1988	4 035.2	3 422.5	2 877.6	1 987.3	—	—	—	—
1989	4 021.4	3 430.9	2 893.6	1 983.1	—	—	—	—
1990	4 039.8	3 525.9	3 062.1	2 219.1	2 046.52	—	1 529.55	—
1991	4 065.9	3 542	3 110.8	2 280.1	—	—	—	—
1992	4 048.7	3 536.9	3 099.4	2 234	—	—	—	—
1993	4 050.7	3 526.7	2 832.1	2 039	—	—	—	—
1994	4 059.6	3 566.7	2 870.1	2 100.2	—	—	—	—
1995	4 059.8	3 576.9	3 051.3	2 344.1	1 992.4	1 867.9	1 478.5	—
1996	4 063	3 624.5	3 198.5	2 481.3	2 326.6	2 211.9	1 753.4	—
1997	4 067.4	3 592.1	3 133.1	2 454.2	1 808.3	1 707.2	1 260.3	—
1998	4 061.6	3 567.2	3 104.7	2 421.3	2 506	2 368.6	1 924.7	—
1999	4 064.3	3 513.4	3 074.6	2 375.5	2 305.6	2 184.2	1 692.6	—
2 000	4 065.6	3 357.1	2 567.2	1 821.1	1 638	1 448.3	993.2	—
2001	4 045.7	3 357.2	2 614.2	1 927.2	1 953.4	1 775.57	1 328.4	—
2002	4 687.7	4 037.6	3 385.5	2 579.5	2 214.8	1 988.12	1 540	—
2003	4 717.1	4 013.8	3 318.5	2 627.2	2 259.6	2 015.6	1 615.3	—
2004	4 904	4 312.1	3 562	2 901.5	2 510	2 285.36	1 810	—
2005	4 953.1	4 294.5	3 554.4	2 775.2	2 581.21	2 371.48	1 815	—
2006	4 984.6	4 325.5	3 582	2 805.9	2 720	2 531	1 984	—
2007	5 040.3	4 334.7	3 618.2	2 853.7	2 454	2 337	1 800	—
2008	4 998.2	4 391.2	3 777.7	2 922.5	2 840	2 698.82	2 083	—
2009	5 077.6	4 427.7	3 747.3	2 957.2	2 460	2 348	1 810	—
2010	5 221.4	4 492.2	3 865	3 046.7	2 842.5	2 654.11	2 004	—
2011	5 222.3	4 545.1	3 977	3 134.2	3 171	3 015.24	2 339	—
2012	5 315.1	4 610.3	4 161.6	3 284.3	3 343	3 221.73	2 578.78	7 851
2013	5 413.1	4 789.9	4 375.7	3 499.1	3 551	3 443.8	2 775.74	7 932.75
2014	5 615.3	5 000.7	4 595	3 696.6	3 532.8	3 420.8	2 733.5	7 394.6

表 1-3 辽宁省玉米生产情况（《辽宁统计年鉴 2015》）

年份	总播种面积（×10³ hm²）			总产量（×10⁴ t）		玉米单位面积产量（kg/hm²）
	农作物	粮食作物	玉米	粮食	玉米	
1978	—	—	—	1 117.2	560.0	4 185
1980	3 914.8	3 221.1	1 416.2	1 221.6	653.6	4 620
1985	3 705.8	2 889.5	1 198.0	976.0	448.1	3 735
1986	3 663.7	3 036.9	1 258.5	1 222.2	607.3	4 830
1987	3 620.6	3 130.8	1 341.1	1 276.2	671.5	5 010
1988	3 603.2	3 101.3	1 318.0	1 307.2	680.6	5 160
1989	3 594.5	3 083.5	1 313.2	1 018.2	496.7	3 780
1990	3 618.9	3 121.6	1 365.7	1 494.7	812.3	5 955
1991	3 638.1	3 089.9	1 372.4	1 532.4	848.6	6 180
1992	3 633.1	3 051.5	1 384.0	1 568.4	864.5	6 240
1993	3 630.0	3 049.2	1 416.2	1 696.0	989.1	6 990
1994	3 623.5	3 026.4	1 464.6	1 337.1	613.9	4 185
1995	3 623.7	3 030.9	1 517.5	1 423.5	804.5	5 295
1996	3 627.8	3 073.1	1 576.7	1 660.1	1 047.3	6 645
1997	3 627.0	3 037.1	1 573.4	1 313.5	674.7	4 290
1998	3 630.2	3 039.2	1 638.0	1 828.9	1 205.3	7 365
1999	3 643.1	3 055.3	1 677.8	1 648.8	988.3	5 895
2000	3 622.0	2 858.6	1 422.5	1 140.0	547.9	3 855
2001	3 559.9	2 758.1	1 366.3	1 394.4	833.7	6 105
2002	3 577.0	2 658.6	1 395.1	1 510.4	889.4	6 375
2003	3 476.6	2 563.6	1 401.4	1 498.3	930.5	6 645
2004	3 666.5	2 965.8	1 835.9	1 720.0	1 352.1	7 365
2005	3 801.0	3 179.7	2 076.7	1 745.8	1 340.3	6 450
2006	3 627.2	3 089.7	1 983.1	1 797.0	1 211.5	6 105
2007	3 703.9	3 127.2	1 998.6	1 835.0	1 167.8	5 850
2008	3 946.4	3 035.9	1 884.9	1 860.3	1 189.0	6 315
2009	4 064.7	3 124.1	1 964.1	1 591.0	963.1	4 905
2010	4 184.9	3 179.3	2 093.0	1 765.4	1 150.5	5 490
2011	4 356.2	3 169.8	2 134.6	2 035.5	1 360.3	6 375
2012	4 361.3	3 217.3	2 206.7	2 070.5	1 423.5	6 450.906
2013	4 208.8	3 226.4	2 245.6	2 195.6	1 563.2	6 961.172
2014	4 164.1	3 235.1	2 330.1	1 753.9	1 170.5	5 023.5

表 1-4   2014 年东北三省玉米生产情况简表

(曹君等整理，2016)

地域范围	总播种面积（$\times 10^3$ hm^2）				总产量（$\times 10^4$ t）		
	农作物	粮食作物	谷物	玉米	粮食	谷物	玉米
中国	165 446	112 723	94 603	37 123	60 702.6	55 740.7	21 564.6
黑龙江	12 225.9	11 696.4	8 833.4	5 440.2	1 753.9	1 674.8	1 170.5
吉林	5 615.3	5 000.7	4 595.0	3 696.6	3 532.8	3 420.8	2 733.5
辽宁	4 164.1	3 235.1	3 032.4	2 330.1	6 242.2	5 665.5	3 343.4
东北三省	22 005.3	19 932.3	16 460.9	11 466.9	11 528.9	10 761.1	7 247.4

尽管东北平原的黑土地十分适于玉米生长，但是其地理位置主要处于高纬度内陆地区，积温从南向北逐步减少，尤其黑龙江省部分地区积温不足，无法满足玉米高产、稳产的需要。此外，东北平原绝大部分地区属于大陆性气候，玉米生长季热量和降水的年际波动较大，玉米在生长过程中极易受到低温冷害以及干旱灾害的影响。低温冷害方面，黑龙江省周期性的低温冷害给玉米生产带来了很大的威胁，从 1954 年开始，全省区域的低温早霜现象每隔 3～5 年出现一次，局部区域的低温早霜情况也时有发生，对于玉米生产极为不利。根据国家统计局数据，在黑龙江全省出现低温早霜情况下，1969 年玉米单位面积产量 1 382.00 kg/hm^2，与 1968 年度相比减产 30.42%；1972 年玉米单位面积产量 1 942.6 kg/hm^2，比 1971 年度减产 31.45%。干旱方面，东北平原尤其是中西部地区，春旱严重，甚至可以达到"十年九春旱"，春季多风少雨，耕地失墒严重，影响适期播种，并延迟成熟。此外，夏旱乃至全生育期干旱也时有发生。2014 年辽宁遭遇严重的夏秋连旱，平均降水量创 64 年新低，部分地区玉米全生育期连旱。根据国家统计局数据，受灾面积达 1 811.4$\times 10^3$ hm^2，绝收面积 543.7$\times 10^3$ hm^2，在玉米总播种面积比 2013 年有所增加的前提下，总产量减产达到 33.55%，每公顷减产 1 937.7 kg（表 1-3）。在洪涝灾害方面，由于东北地区的洪水持续时间相对较短，因此对于玉米产量的影响也相对较小，1998 年黑龙江、吉林两省发生特大洪水，但当年玉米均实现丰收，且比 1997 年度实现不同程度的增产（表 1-1、表 1-2）。因此在东北地区，对玉米产量影响最大的自然灾害首先是秋季低温早霜冻害，其次是干旱，最后才是洪涝灾害。

（二）玉米机械化概况

东北平原海拔多在 200 m 以下，地势平坦，是中国机械化程度最高的粮食生产基地。通过大力发展玉米生产机械化，不仅可以减轻农民的劳动强度，有效争抢农时，而且可以确保农艺措施到位，提高玉米产量，实现玉米生产节本增效，对本地区玉米产业健康发展至关重要。以 2012 年度黑龙江省玉米生产机械化现状为例，全省玉米耕整地机械化水平达到 98.8%，主要机型有灭茬旋耕起垄机、松耙联合整地机、翻转犁、圆盘耙及灭茬机等进行耕整地作业，实施以深松为基础，松、耙、起或灭、旋、起相结合的土壤耕作制度。全省玉米播种机械化水平达到 99.3%，主要使用 2 行小型机械精量播种机械作业，与 13.2～22 kW 拖拉机配套使用，可完成玉米的种床开沟、侧深施肥、精量播种及覆土镇压联合作业；全省还拥有 58.8 kW 以上大马力拖拉机近 5 万台，与 6 行至 9 行大型高速气力式精良播种机配套应用，可以一次进地即完成玉米生产的开沟施肥、单粒播种、覆土镇压联合作业；更换工作部件还可以完成起垄作业以及中耕施肥等作业。全省玉米播前封闭除草和苗期病虫草害植保机械化作业水平达到 99%，全省拥有机动喷雾机 6 万多台，主要是与 13.2~22 kW 四轮拖拉机配套的小型喷杆式喷雾机，药箱容积 300 L 左右，喷杆幅宽 6~8 m，作业速度 4 km/h 左右。此外还有一部分与大马力拖拉机配套应用的，配置了喷杆自动悬浮平衡系统、喷杆高度液压调节机构、三级过滤系统以及防后滴扇形喷头的大型喷杆式喷雾机，药箱容积 1 000 L 左右，喷幅 18 m 左右。黑龙江农垦系统还有 80 多架适合大面积喷雾作业的航喷飞机。全省玉米收获机械化水平为 54.7%，全省拥有玉米联合收获机近 2 万台，主要机型有背负式和自走式。黑龙江省垦区有 50% 以上玉米实现了直接进行脱粒收获，一次性完成摘穗、剥皮、脱粒、秸秆粉碎联合作业。但是目前玉米机械收获仍然是玉米生产全过程机械化的薄弱环节，主要原因是机具的行距适应性差和可靠性差（孙士明，2015）。

截至 2014 年年底，东北三省农业机械总动力为 10 804.9 万 kW，占全国的 10%，在全国六大区域中排在倒数第二位。但是大中型拖拉机数量为 1 625 800 台，配套农具为 2 406 100 部，分别占全国数量的 16.23% 和 14.65%，均高居全国首位（表 1-5）。在全国 31 个省级区域中（港澳台除外），黑龙江省大中型拖拉机及其配套农机具保有量高居首位，吉林省排第四位，辽宁省排第九位（表 1-6）。在中国范围内的横向比较中，东北地区农机装备结构中大中型拖拉机数量最多、配套农具丰富，有助于推动玉米大面积资源节约、环境友好、集约化、规范化、标准化生产，提升产业竞争力，这也与东北地区平原面积广阔的地理特点相符合。尤其是位于三江平原和松嫩平原的黑龙江垦区目前已建设成为我国最大的现代化国有农场群，60 多年的农场化生产，为大中型农机具的应用打下了坚实的基础。2014 年，中共中央办公厅、国务院办公厅印发了《关于引导农村土地经营权有序流转发展农业适度规模经营的意见》，要求通过土地流转发展适度规模经营，鼓励农民可以扩大土地经营规模，在东北平原地区进一步推动了玉米的集约化经营和农场化运作，为大中心农机具应用提供了更广阔的平台。

表 1-5　2014 年全国各区域主要农业机械拥有量

（《中国统计年鉴　2015》）

区域	农业机械总动力（×10⁴ kW）	大中型拖拉机		小型拖拉机		农用排灌柴油机数量（台）
		数量（台）	配套农具（部）	数量（台）	配套农具（部）	
华北	18 609.7	1 067 500.0	1 813 200.0	2 155 900.0	3 205 600.0	1 251 400.0
东北	10 804.8	1 625 800.0	2 406 100.0	1 617 300.0	3 547 500.0	739 700.0
华东	30 141.8	905 800.0	1 780 200.0	5 578 000.0	10 527 000.0	2 925 800.0
华南	28 159.0	763 800.0	1 366 900.0	5 694 100.0	10 049 600.0	3 262 700.0
西南	11 647.7	562 100.0	200 100.0	726 400.0	582 300.0	1 083 500.0
西北	8 693.5	754 500.0	1 329 900.0	1 526 000.0	2 624 300.0	98 200.0

表1-6 2014年东北三省主要农业机械拥有量

（《中国统计年鉴 2015》）

区域	农业机械		大中型拖拉机				小型拖拉机				农用排灌柴油机	
	总动力（万 kW）	占比（%）	数量（万台）	占比（%）	配套农具（万部）	占比（%）	数量（万台）	占比（%）	配套农具（万部）	占比（%）	数量（万台）	占比（%）
全国	108 056.6		567.95		889.64		1 729.77		3 053.63		936.13	
黑龙江	5 155.5	4.77	92.16	16.23	130.31	14.65	62.4	3.61	114.94	3.76	24.88	2.66
吉林	2 919.1	2.70	48.08	8.47	81.1	9.12	66.08	3.82	189.63	6.21	26.41	2.82
辽宁	2 730.2	2.53	22.34	3.93	29.2	3.28	33.25	1.92	50.18	1.64	22.68	2.42
东北三省	10 804.8	10.00	162.58	28.63	240.61	27.05	161.73	9.35	354.75	11.62	73.97	7.90

值得注意的是东北地区玉米生产机械化结构仍然不够合理，现在大型机械少、小型机械多；主机多、机具少，配套不合理。大型机械不仅数量较少，而且分布不均，相当大一部分先进的大型农机具是在黑龙江省农垦系统。大型拖拉机机具配套比仅为1∶1.3，远低于1∶3的合理配套比，不能满足玉米生产各环节和大规模、标准化作业的需求。小型农机具过多，一方面意味着在玉米生产中连年大量应用小型农机具，导致土壤中蚯蚓等有益生物大量死亡，土壤毛细管系统不断被破坏，传输功能不断退化，致使耕层土壤贮氧能力明显不足，对根系发育产生负面影响；另一方面，小型农机具联合作业能力较低，导致机车进地次数增多，土壤压实严重，降雨径流现象加剧，土壤蓄水保墒能力下降。此外，东北三省农用排灌柴油机数量为全国最低，说明东北地区玉米生产乃至所有农业生产仍是以雨养农业为主，对于干旱和洪涝灾害的应对措施仍显不足（表1-5）。

（三）种子需求形势

根据国家统计局和各省份统计年鉴数据，2010—2014年黑龙江省玉米播种面积在523.185万~664.23万 hm^2，种子总需求量为1.64亿~2.08亿 kg；2010—2014年吉林省玉米播种面积在304.67万~369.66万 hm^2，种子总需求量为0.96亿~1.16亿 kg；2010—2014年辽宁省玉米播种面积在209.3万~233.01万 hm^2，种子总需求量为0.66亿~0.73亿 kg。因此2010—2014年东北三省玉米需种量在3.26亿~3.97亿 kg。中国玉米常年需种总量在11亿 kg左右，近年来东北三省地区玉米需种量已经逐渐超过全国总量的1/3。

随着人民生活水平的不断提高和改善，玉米种子产品结构也在不断发生变化。第一，畜禽产品消费量呈现快速的刚性增长，随之而来的是对于饲料需求量的急剧增加，导致饲用型玉米种子需求的稳步增长；第二，随着人民对健康饮食的要求不断提升，营养丰富、口感鲜香的即食型甜玉米、糯玉米、笋玉米以及加工用的爆裂玉米等特种玉米种子需求量逐步上升；第三，随着玉米深加工产业的不断发展，玉米加工产品也在不断拓展新的用途和方向，目前不同类型的玉米已经可以用于淀粉、淀粉糖、酒精、酶制剂、调味品、药用、食用油、化工等多系列的产品加工，因此这些特用型加工型玉米种子市场潜力巨大。

三、东北平原玉米种质资源

（一）丰富的品种资源

1. 品种众多　2006—2015 年，东北三省审定玉米品种近千个，其中国审品种 75 个（表 1-7）。

表 1-7　2006—2015 年东北三省国审玉米品种名录

（曹君等整理，2016）

序号	品种名称	审定编号	审定年份	选育单位
1	吉农大 302 号	国审玉 2006008	2006	吉林农大科茂种业有限责任公司
2	吉单 415	国审玉 2006012	2006	吉林省农业科学院玉米研究所
3	铁单 20 号	国审玉 2006015	2006	辽宁省铁岭市农业科学院 辽宁铁研种业科技有限公司
4	本玉 18	国审玉 2006016	2006	辽宁省本溪满族自治县 农业科学研究所
5	辽作 1 号	国审玉 2006017	2006	辽宁种业服务中心
6	郝育 12	国审玉 2006018	2006	沈阳世宾育种研究所
7	铁研 26 号	国审玉 2006019	2006	辽宁铁研种业科技有限公司 辽宁省铁岭市农业科学院
8	丹玉 69 号	国审玉 2006020	2006	丹东农业科学院
9	沈玉 21	国审玉 2006021	2006	沈阳市农业科学院
10	利民 15	国审玉 2006022	2006	辽宁省本溪满族自治县 农业科学研究所
11	先玉 252	国审玉 2006024	2006	铁岭先锋种子研究有限公司
12	先玉 696	国审玉 2006025	2006	铁岭先锋种子研究有限公司
13	先玉 335	国审玉 2006026	2006	铁岭先锋种子研究有限公司
14	富友 9 号	国审玉 2006027	2006	辽宁东亚种业有限公司
15	万孚 7 号	国审玉 2006033	2006	沈阳世宾育种研究所
16	东 4243	国审玉 2006042	2006	辽宁东亚种业有限公司
17	先玉 508	国审玉 2006043	2006	铁岭先锋种子研究有限公司
18	辽单青贮 529	国审玉 2006052	2006	辽宁省农业科学院玉米研究所
19	吉农大 115	国审玉 2007003	2007	吉林农大科茂种业有限责任公司
20	吉东 16 号	国审玉 2007004	2007	吉林省吉东种业有限责任公司
21	吉东 28 号	国审玉 2007005	2007	吉林省吉东种业有限责任公司
22	雷奥 1 号	国审玉 2007006	2007	沈阳市雷奥玉米研究所
23	泽玉 17 号	国审玉 2007007	2007	沈阳市雷奥玉米研究所
24	佳尔 336	国审玉 2007008	2007	吉林省王义种业有限公司
25	辽单 527	国审玉 2007010	2007	辽宁省农业科学院玉米研究所

（续）

序号	品种名称	审定编号	审定年份	选育单位
26	海禾 17	国审玉 2007011	2007	辽宁海禾种业有限公司
27	丹玉 96 号	国审玉 2007014	2007	丹东农业科学院
28	中迪 985	国审玉 2007015	2007	辽宁丹铁种业科技有限公司
29	东单 80 号	国审玉 2007016	2007	辽宁东亚种业有限公司
30	明玉 2 号	国审玉 2007017	2007	葫芦岛市龙湾新区明育玉米科研所
31	利民 3 号	国审玉 2007018	2007	松原市利民种业有限责任公司
32	金刚青贮 50	国审玉 2007028	2007	辽阳金刚种业有限公司
33	辽单青贮 178	国审玉 2007030	2007	辽宁省农业科学院玉米研究所
34	锦玉青贮 28	国审玉 2007031	2007	锦州农业科学院玉米研究所
35	吉农大 578	国审玉 2008002	2008	吉林农大科茂种业有限责任公司
36	吉单 88	国审玉 2008005	2008	吉林省农业科学院玉米研究所
37	辽单 527	国审玉 2008008	2008	辽宁省农业科学院玉米研究所
38	沈玉 26 号	国审玉 2008009	2008	沈阳市农业科学院
39	北玉 16 号	国审玉 2008014	2008	沈阳北玉种子科技有限公司
40	东白 501	国审玉 2008017	2008	辽宁东亚种业有限公司
41	铁研青贮 458	国审玉 2008020	2008	铁岭市农业科学院
42	吉农糯 7 号	国审玉 2008024	2008	吉林省农业科学院玉米研究所
43	雷奥 150	国审玉 2009003	2009	沈阳市雷奥玉米研究所
44	宏育 203	国审玉 2009004	2009	吉林市宏业种子有限公司
45	铁研 124	国审玉 2009007	2009	铁岭市农业科学院
46	嘉农 18	国审玉 2009011	2009	葫芦岛市农业新品种科技开发有限公司
47	盛单 219	国审玉 201 0005	2010	大连盛世种业有限公司
48	良玉 188	国审玉 201 0006	2010	丹东登海良玉种业有限公司
49	华鸿 898	国审玉 2010015	2010	吉林省王义种业有限责任公司
50	辽禾 6	国审玉 2011001	2011	大连盛世种业有限公司
51	吉东 49 号	国审玉 2011002	2011	吉林省吉东种业有限责任公司
52	良玉 208	国审玉 2011005	2011	丹东登海良玉种业有限公司
53	东裕 108	国审玉 2011006	2011	沈阳东玉种业有限公司
54	沈玉 33 号	国审玉 2011015	2011	沈阳市农业科学院
55	龙作 1 号	国审玉 2012001	2012	黑龙江省农业科学院作物育种研究所
56	丹玉 606 号	国审玉 2012002	2012	丹东农业科学院

（续）

序号	品种名称	审定编号	审定年份	选育单位
57	泽玉709	国审玉2012006	2012	长春市宏泽玉米研究中心
58	良玉99号	国审玉2012008	2012	丹东登海良玉种业有限公司
59	明玉19	国审玉2013001	2013	葫芦岛市明玉种业有限责任公司
60	铁研358	国审玉2013004	2013	铁岭市农业科学院
61	富尔1号	国审玉2013006	2013	辽宁省本溪满族自治县农业科学研究所
62	德育977	国审玉2014003	2014	吉林德丰种业有限公司
63	吉农大668	国审玉2014004	2014	吉林农大科茂种业有限责任公司
64	良玉918号	国审玉2014005	2014	丹东登海良玉种业有限公司
65	锦润911	国审玉2014006	2014	锦州农业科学院 辽宁东润种业有限公司
66	吉东81号	国审玉2015004	2015	吉林省辽源市农业科学院
67	沈玉801	国审玉2015005	2015	沈阳市农业科学院
68	东单119	国审玉2015008	2015	辽宁东亚种业有限公司
69	辽单588	国审玉2015021	2015	辽宁省农业科学院玉米研究所
70	沈爆4号	国审玉2015043	2015	沈阳农业大学特种玉米研究所
71	金爆1237	国审玉2015044	2015	沈阳金色谷特种玉米开发有限公司
72	垦沃3号	国审玉2015046	2015	北大荒垦丰种业股份有限公司
73	东科308	国审玉2015047	2015	辽宁东亚种业有限公司
74	富尔116	国审玉2015048	2015	齐齐哈尔市富尔农艺有限公司
75	东科301	国审玉2015053	2015	辽宁东亚种业有限公司

2. 类型多样 东北平原玉米品种资源丰富，根据熟期和应用类型的不同可划分多种类型。

（1）熟期类型 玉米品种的熟期是反映其生育期长短的指标，即该品种从播种（或出苗）到成熟（或收获）的生育日数。玉米品种熟期类型的划分是玉米育种、引种、栽培以至生产上最为实用和普遍的类型划分。依据联合国粮农组织的国际通用标准，玉米的熟期类型可分为7类：极（超）早熟类型，植株叶数8～11片，出苗至成熟的生育期70～80 d；早熟类型，植株叶数12～14片，生育期81～90 d；中早熟类型，植株叶数15～16片，生育期91～100 d；中熟类型，植株叶数17～18片，生育期101～110 d；中晚熟类型，植株叶数9～20片，生育期111～120 d；晚熟类型，植株叶数21～22片，生育期121～130 d；极（超）晚熟类型：植株叶数23片以上，生育期131～140 d。

根据农业部2014—2016年度《农业主导品种和主推技术推介发布办法》，2014—2016年农业部在东北三省推广应用的玉米主导品种，按所在不同种植区域的不同熟期如表1-8所示。

表 1-8 2014—2016 年东北三省农业部玉米主导品种

（曹君整理，2016）

序号	主导区域	2014 年	2015 年	2016 年
1	黑龙江极早熟区	吉单 27	吉单 27	德美亚 1 号
2	黑龙江中熟区	德美亚 1 号、辽单 565	德美亚 1 号	
3	黑龙江中晚熟区	龙单 59	绿单 2 号	
4	黑龙江晚熟区	兴垦 3 号	兴垦 3 号、利民 33	
5	吉林早熟区	吉单 27、德美亚 1 号	吉单 27、德美亚 1 号	德美亚 1 号
6	吉林中晚熟区	兴垦 3 号、京科 968	德育 919、兴垦 3 号、京科 968、利民 33	德育 919、京科 968
7	吉林晚熟区	农华 101、利民 33	农华 101	农华 101
8	辽宁中熟区	辽单 565		
9	辽宁中晚熟区	兴垦 3 号、农华 101、京科 968、利民 33	兴垦 3 号、农华 101、京科 968	农华 101、京科 968
10	辽宁晚熟区	良玉 88	东单 6531	

① 极早熟品种。主要品种有德美亚 1 号、德美亚 2 号、白山 1 号、龙单 5 号、白山 8 号等，需要 ≥10 ℃活动积温 1 700～1 900 ℃，生育期 105 d 左右。主要适种于吉林省延吉市、安图县、敦化市、珲春市、临江县、和龙县、抚松县、长白县等地区种植。松嫩平原和辽河平原地区一般未有种植。

② 早熟品种。主要品种有绿单 2 号、哲单 37、绿单 1 号、德美亚 3 号、龙单 59、绥玉 7 号、绥玉 19、绥玉 20、四早 11、海玉 5 号、白山 8 号等，需要 ≥10 ℃活动积温 1 900～2 100 ℃，生育期 110 d 左右。主要适种于吉林市东南部的舒兰、蛟河，白山市的西南部和中部，延边敦化市东北部，安图县东部，和龙市南部，汪清县中部和珲春市的东部地区种植。在松嫩平原和长白山区过渡地带有少量种植面积。

③ 中早熟品种。黑龙江省中早熟品种主要有德美亚 3 号、海玉 4 号、龙单 27、绥玉 9 号、龙单 9 等，需要 ≥10 ℃活动积温 2 200～2 300 ℃，生育期 110 d 左右。主要适种于第四、第五积温带种植，在三江平原部分地区种植。

吉林省中早熟品种主要有龙聚 1 号、吉单 519、吉单 27、龙单 13、四早 6 号、白单 9 号、久单 62 等，需要 ≥10 ℃活动积温 2 100～2 300 ℃，生育期 115 d 左右。主要适种于通化市西部及集安的热闹乡和双岔乡，白山市的西南部、中南部，吉林市舒兰的东部，延边州汪清县的南部和龙井市的南部以及珲春市的中部地区种植。在松嫩平原和长白山区过渡地带有少量种植面积。

④ 中熟品种。辽宁省中熟品种主要有先玉 335、丹玉 27、丹玉 29、丹玉 67、辽单 39、铁单 22 等，需要 ≥10 ℃活动积温 2 300～2 650 ℃，生育期 120 d 左右。主要适种于包括本溪、桓仁、新宾、抚顺、清原等地区的辽宁东部山区。在辽河平原东部边缘过渡区域有种植。

　　吉林省中熟品种主要有先玉335、通单248、四单19、吉单209、四密21、铁单16等。需要≥10℃活动积温2 300～2 500℃，生育期120 d左右。适于松嫩平原洮南市西北部、洮北区的中北部、榆树县西部、大安市西北部的半干旱区，以及东部山区通化市中北部、白山市中东部、长白县西南部等地区种植。

　　黑龙江省中熟品种主要有绥玉7号、龙单16、绥玉10号、龙单8号等。需要≥10℃活动积温2 300～2 400℃，生育期115 d左右。适于第三积温带松嫩平原中部和三江平原北部种植。

　　⑤中晚熟品种。辽宁省中晚熟品种主要有农华101、郑单958、丹玉86、丹玉48、丹玉69、沈玉20等。需要≥10℃活动积温2 650～2 800℃，生育期125 d左右。适于在辽北地区和辽西的中北部低山丘陵区种植。在辽河平原西部边缘过渡区有种植。

　　吉林省中晚熟品种主要有禾玉33、吉农大935、郑单958、良玉208等。需要≥10℃活动积温2 500～2 700℃，生育期125 d左右。适于在长春大部、辽源、四平伊通大部和梨树县、公主岭的部分地区，吉林市的市郊、永吉、磐石、舒兰的部分地区，通化市梅河口、辉南、柳河、集安和通化县部分半湿润地区种植。在辽河平原东北部地区有种植。

　　黑龙江省中晚熟品种主要有四单19、龙单26、白单9号等。需要≥10℃活动积温2 450～2 600℃，生育期120 d左右。适于第二积温带松嫩平原中部地区和三江平原西南部种植，

　　⑥晚熟品种。辽宁省晚熟品种主要有丹玉405、沈玉21、丹玉86、丹科2181、辽单38、沈单16、铁丹19等。需要≥10℃活动积温2 800～3 200℃，生育期130 d左右。适于在沈阳以南至营口的辽宁中南部、辽西走廊地区和辽西走廊西部丘陵区种植。在辽河平原东南部地区有种植。

　　吉林省晚熟品种主要有农华101、美育99、良玉188、良玉11。需要≥10℃活动积温2 700℃以上，生育期128 d左右。适于在公主岭、梨树、双辽、长岭和集安岭南的地区种植。在辽河平原北部地区有种植。

　　黑龙江省晚熟品种主要有先玉335、京科968、郑单958、四单16、吉农大518、龙单33等。需要≥10℃活动积温2 650℃以上，生育期125 d左右。适于在第一积温带松嫩平原中西部干旱区种植。

　　⑦极晚熟品种。辽宁省极晚熟品种需要≥10℃活动积温3 200℃以上，生育期135 d以上。适于在辽宁省大连地区和东港市种植。主要品种有丹玉24、丹玉35、东单60等。平原地区一般未有种植。

　　(2)用途类型　玉米的用途十分广泛，不仅可以作为粮食和饲料，而且还可以用作蔬菜、青贮饲料、休闲食品、各种工业加工原材料等。具有专门用途和经济价值的玉米品种或类型称为特用型玉米或专用型玉米。东北地区主要特用型玉米主要有青贮玉米、高淀粉玉米、爆裂玉米、高油玉米等。与普通玉米相比，每一类特用玉米含有的化学物质的组分和含量都明显不同。由于特用玉米具有独特的使用价值，往往比普通玉米有更高的经济价值。因此特用玉米又有高附加值玉米之称。近年来，随着人民生活水平的提高和玉米加工技术的进步，玉米由单纯的粮食型生产向精混饲料、加工原料、经济作物等多向型作物生产过渡，逐步显示其特殊而不可替代性。

① 青贮玉米。根据《GB/T 25882—2010 青贮玉米品质分级》，在玉米乳熟后期至蜡熟期间，收获包括果穗在内的地上部植株，作为青贮饲料原料的玉米为青贮玉米。青贮玉米植株较高，叶量较多，持绿性好，无明显倒伏，无明显大斑病、小斑病、黑粉病、丝黑穗病、锈病等病害症状。水分含量为 60%～80%。青贮玉米品质分级及指标符合表 1-9 规定。

表 1-9 青贮玉米品质分级指标

（《GB/T 25882—2010 青贮玉米品质分级》）

等级	中性洗涤纤维（%）	酸性洗涤纤维（%）	淀粉（%）	粗蛋白（%）
一级	≤45	≤23	≥25	≥7
二级	≤50	≤26	≥20	≥7
三级	≤55	≤29	≥15	≥7

注：中性洗涤纤维和酸性洗涤纤维、粗蛋白、淀粉为干物质（60℃下烘干）中的含量。

青贮玉米又叫青料玉米、青饲料玉米，分专用品种和兼用品种，兼用品种既适合生产粮食又可以生产青饲料。蜡熟期的青贮玉米与其他青饲料作物相比，营养价值更高、适口性更好。无论是鲜喂还是青贮，都是牛、羊等家畜的优质饲料。据研究表明，1 hm² 青贮玉米可出产 6 746.63 个饲料单位，远高于马铃薯、甜菜、苜蓿、三叶草、饲用大麦等饲料作物。东北地区繁育成功的青贮玉米品种主要有辽原 1 号、辽原 2 号、辽青 85、辽洋白、吉单 4011、吉单 29、吉饲 8 号、吉饲 9 号、吉单 185、龙辐 208、黑饲 1 号、龙青 1号、东青 1 号、阳光 1 号、中东青 1 号等。

② 高油玉米。根据《NY/T 521—2002 高油玉米》，籽粒粗脂肪含量≥6.0% 的玉米为高油玉米。而普通玉米籽粒粗脂肪含量一般为 3% 左右。粗脂肪（干基）≥8.5% 为 1级，粗脂肪（干基）≥7.5% 为 2 级，粗脂肪（干基）≥6.0% 为 3 级。高油玉米是 20 世纪人工选育出来的特用玉米类型或品种，与普通玉米的外观区别是胚特别大、含油量高。玉米油具有较高的能量，其热值比淀粉高 2.25 倍。据测定，1 kg 普通玉米（含油量为4.3%）具有 16 723.4 kJ 粗能量，而 1 kg 高油玉米（含油量为 8.5%）粗能量为 18 091.6 kJ，比普通玉米高 8.2%。由于玉米油主要集中于玉米种胚，因此高油玉米胚所占比重比普通玉米大得多，而玉米胚中蛋白质含量比胚乳高 1 倍，赖氨酸和色氨酸含量比普通玉米高2 倍以上。东北地区高油玉米品种主要有吉林省延边大学育成的延油 1 号。

与甜、糯玉米不同，高油玉米在栽培上可以与普通玉米相邻种植，无需进行隔离。即使高油玉米接受普通玉米花粉而受精结实，由于高油基因的花粉直感遗传效应，其籽粒的含油量可维持在一定高度。

③ 高淀粉玉米。根据《NY/T 597—2002 高淀粉玉米》，高淀粉玉米是指籽粒中粗淀粉含量≥72% 的玉米，粗淀粉含量（干基）≥76% 为 1 级，粗淀粉含量（干基）≥74%为 2 级，粗淀粉含量（干基）≥72% 为 3 级。普通玉米大约由 75% 的支链淀粉和 25% 的直链淀粉组成。根据其籽粒中所含淀粉的比例和结构分为高支链淀粉玉米、混合型高淀粉玉米和高直链淀粉玉米。胚乳中直链淀粉含量在 50% 以上的玉米为高直链淀粉玉米；胚乳中支链淀粉含量为 95% 以上的为高支链淀粉玉米（糯玉米或蜡质玉米）。一般而言，高

直链淀粉玉米杂交种的产量低于普通玉米和糯玉米杂交种的产量，仅为普通玉米的 65%～75%，而混合型高淀粉玉米产量与普通玉米相近。

东北地区育成的主要高淀粉玉米品种有辽单 43、丹玉 30、丹玉 55、丹玉 86、四单 19、长单 26、四单 158、吉单 137、龙单 19、龙单 26、绥 801、龙单 23、龙单 21、龙单 20、龙单 13、龙单 16 等。

④ 糯玉米。根据《NY/T 524—2002　糯玉米》，干基籽粒粗淀粉中直链淀粉含量≤5% 的玉米品种为糯玉米，又称蜡质玉米。而最佳采收期（一般为授粉后 22～27 d）收获的糯玉米为鲜糯玉米。干籽粒直链淀粉（占粗淀粉总量）为 0 的为 1 级，直链淀粉≤3.0% 的为 2 级，直链淀粉≤5.0% 的为 3 级。糯玉米起源于中国。玉米被引入中国后，在西南地区种植的硬质玉米发生突变，经人工选择而逐渐出现了糯质类型。从学名 *Zea mays* L. *sinensis* Kulesh 看，即有"中国种"之意。糯玉米籽粒表现不透明、晦暗、蜡质状。

糯玉米所含的淀粉基本上有分子质量较小且具多分支的支链淀粉组成，支链淀粉易于消化，食用消化率为 85%，高于普通玉米 69% 的消化率，加温处理后具有较高的膨胀力（为普通玉米淀粉的 2.7 倍）和透明性，其淀粉糊的透明性高、膨胀性强、流动性好、黏度大、糊丝长、糊化温度低。糯玉米的蛋白质和氨基酸介于普通玉米和高赖氨酸玉米之间，其胚中含有较多的谷氨酸和丙氨酸、较少的蛋氨酸和苯丙氨酸，胚乳中含有较多的赖氨酸和精氨酸、较少的脯氨酸。糯玉米的脂肪含量和胚中的油酸、棕榈酸含量均高于普通玉米，亚麻酸和亚油酸含量略低于普通玉米。

20 世纪 80 年代前，中国糯玉米生产大多依靠农家品种，90 年代初期开始进行系统化的糯玉米杂交育种，其中东北地区育成的糯玉米品种主要有黑龙江省农垦科学研究院的垦黏 1 号等。

⑤ 爆裂玉米。根据《NY/T 522—2002　爆裂玉米》，爆裂玉米为一种特殊类型的玉米，胚乳为致密角质淀粉，籽粒在常压下加热易爆花。爆裂玉米中，膨化倍数≥30、爆花率≥98% 的为 1 级；膨化倍数≥25、爆花率≥95% 的为 2 级；膨化倍数≥20、爆花率≥92% 的为 3 级。爆裂玉米原产于拉丁美洲秘鲁一带，主要特点是籽粒细小而质地坚硬。粒色白、黄、紫或有红色斑纹。有麦粒型和珍珠型两种。胚乳全部为角质、呈半透明状，表皮光亮。籽粒含水量适当时加热，能爆裂成大于原体积几十倍的爆米花。主要用作爆制膨化食品。有些一株多穗类型可作为观赏植物。

20 世纪 80 年代，美国爆裂玉米及加工机器被引入中国，中国农业科研单位开始进行爆裂玉米的育种工作，通过搜集和整理地方品种资源，目前东北地区育成的爆裂玉米有沈爆 1 号、沈爆 2 号、吉爆 902、吉爆 3 号、美爆 1 号、垦爆 1 号等。

（二）丰富的自交系资源

1. 类群齐全

（1）Lancaster 类群　Lancaster 类群是以 C103、Mo17 及其改良系为主。改良的重点是提高配合力和自身产量，注重改良株型，病毒病、茎腐病和穗粒腐病的抗性等。该类群与 Reid、塘四平头、旅大红骨等类群间有较高的配合力。自交系多长穗，制种产量高，抗病性较好，适应性广，一般宜作母本。有的系花粉量也较多，可以作父本。可以利用塘四平头、热带或亚热带资源进行改良，以提高配合力、抗倒性和自身产量。主要改良系有吉林省农业科学院玉米研究所用吉 63×Mo17 选育的吉 846、吉 842；白城市农业科学院从 C103 杂株中育成杂 C546；四平市农业科学院用 C103×矮 331 再用 C103 回交 2 次育成的 485，从 Mo17 杂株中选育出的 412，用 B68^{Ht}×Mo17 育成的 419，用 Mo17×L105 育成的 495；黑龙江省农业科学院育成龙抗 11（Mo17×330），合江农业科学研究所育成的合 344（五霜×Mo17×五霜），绥化农业科学研究所育成的绥系 701（合 344×Mo17）；辽宁省丹东市农业科学院从 Mo17 与 NN14BHt 杂交后，又用 Mo17（变异株）回交 3 代育成的丹 1324，其中应用面积较大的是合 344、龙抗 11、吉 846、吉 842、吉 1037、杂 C546、4F$_1$、495 等自交系，组配的主要品种有龙单 13、合玉 15、合玉 16、合玉 17、垦玉 6 号、垦玉 7 号、龙源 101、绿单 1 号、哲单 37、四早 11、绥玉 7 号、绥玉 12、吉单 159、吉单 198、白单 9 号、四早 6 号等。由该类群系及 Mo17 组配的品种于 1996 年达到吉林省玉米播种面积的 70%以上，成为 20 世纪 90 年代玉米生产上应用面积最大的优势类群。

（2）Reid 类群　Reid 类群基本种质基础来源于美国的 Reid 种群，该类群与其他类群间有较高的配合力。自交系多以中粗穗为主，株型好，耐密植，茎秆坚硬，抗倒伏，籽粒多是半马齿型，花粉量较少，制种产量高，一般宜作母本。可用热带、亚热带资源或其他类群资源进行改良，以提高抗病性、品质和适应性等。东北地区现应用的代表系有 C8605-2、郑 58、本 7884-7、丹 9046/7922 等。

（3）旅大红骨类群　新中国成立初期，旅大红骨是旅顺大连地区一地方品种，在旅大及周边地区有广泛的适应性。据当地农民回忆，它是当地古老农家品种大金顶与传教士引入的大红骨在混种时发生的天然混杂，经当地农民长期选择种植而形成。1961 年，丹东市农业科学研究所邱景煜等在整理农家品种过程中，以旅大红骨为基础试材，首先选育出了旅 9，继而又选育出衍生系旅 9 宽、旅 28 等，先后配制出双交种凤双 6645、凤双 6428 和单交种丹玉 1 号、丹玉 2 号、丹玉 6 号、丹玉 8 号、丹玉 9 号、丹玉 11 等。在之后的应用中，旅大红骨发生了严重的大斑病。为增强抗病性，保持配合力和杂种优势，1977 年吴纪昌等将 A619^{Ht1} 中垂直抗性基因 $Ht1$ 导入旅 9 宽中，育成 E28，组配出杂交种丹玉 13；1979 年周宝林等用白骨旅 9 与野生有稃玉米杂交，自交一代用 ^{60}Co-γ 射线照射，选育出抗病、抗倒、活秆成熟的丹 340，组配出杂交种丹玉 15 等系列杂交种。20 世纪 90 年代以来，辽宁省丹东农业科学院先后又自主选育出各类玉米自交系 47 个，丰富和发展了中国玉米育种种质资源。如旅大红骨类群的丹 598、丹 598-18（海 9818）、丹 341、丹 99长、DH34 等。

（4）塘四平头类群　塘四平头类群的基础种质是中国地方品种塘四平头，自交系基本上保持了黄早四的特点，多为硬粒型，株型好，抗病性强，耐旱耐瘠，适应性广，花粉量大，宜作父本。该类群的引进和利用是东北地区品种资源挖掘利用的一个重大突破，与 Reid、旅大红骨等类群间有较高的配合力。特别是株型紧凑、叶片挺立，用其组配的杂交种多为紧凑型或半紧凑型。引入东北地区后，在直接利用的的基础上，各科研单位根据本地实际需要，进行了多方位的改良探索，选育出吉 854、吉 856、四 444、丹 5026 等改良

系，配制了四单 19、吉单 180、吉单 259、吉单 209、吉单 261、丹玉 27、东农 248、东农
250 等一批杂交种。

2. 东北平原玉米优良自交系名录 以东北平原为主的东北三省玉米种植区，地域广阔，光照、积温、降水等气候条件复杂，玉米育种所利用的种质资源丰富，区域内各育种单位育成和引进的自交系近千个，常用的自交系也有数百个，表 1-10 列出部分在东北地区常用的玉米优良自交系，其中 444、C8605-2、Mo17、丹 340、合 344、吉 853 等自交系应用较多。

表 1-10 东北平原部分玉米优良自交系名录

（数据来源《东北玉米》；肖木辑，2010）

编号	自交系	系谱来源	主要育成品种
1	428	413×330	四早 8、延单 19、白山 1 号
2	434	466×桦 94	四早 21、四早 6
3	444	A619^{Ht1}×黄早四	四单 19、吉单 501、九单 57
4	7884	78-6×H84/78-6	本玉 9 号
5	8902	81162×掖 107	吉单 415
6	81162	(矮金 525×掖 107)×106	吉单 109、九单 62、东农 252
7	4F$_1$	Mo17 辐射处理	四早 6 号、龙单 25
8	C8605	铁 7922×沈 5003	四单 111、吉单 113、铁单 10 号
9	C8605-2	铁 7922×沈 5003	铁单 12、丹玉 69、通吉 100
10	Mo17	C103×C1187-2	银河 14、四单 19、丹玉 33
11	丹 3130	美国 P78599 杂交种选系	丹玉 46、辽单 127、丹玉 30
12	丹 340	白骨旅×有稃玉米	登海 6 号、丹玉 59、吉单 408
13	丹 360	丹 340 姊妹系	铁单 19、海单 3 号
14	丹 598	美国 P78599 杂交种选系	丹科 2151、丹科 2123、东单 60
15	丹 599	美国 P78599 杂交种选系	丹玉 90、丹玉 56、丹玉 25
16	甸骨 11A	华甸红骨子	龙单 1 号、安玉 1 号、克单 4 号
17	东 46	大黄 46、塔 22、牛 11 等综合种	绥玉 4 号、东农 248、东农 247
18	合 344	白头霜×Mo17	龙原 101、哲单 37、垦玉 1 号
19	黄早四	塘四平头杂株	九单 50、吉单 122、黄莫
20	吉 1037	黄早四×潍春	吉单 342
21	吉 63	(127-32×铁 84)×(W24×W20)	白单 9 号、吉单 101、铁单 4 号
22	吉 818	吉 63×H84	吉单 131、吉单 133
23	吉 842	吉 63×Mo17	吉单 156
24	吉 846	吉 63×Mo17	抚玉 4 号、东农 250、吉单 159
25	吉 853	(黄早四×330)×黄早四	吉单 35、吉单 261、辽单 33

（续）

编号	自交系	系谱来源	主要育成品种
26	辽 2345	铁 7922×沈 5004	辽单 24
27	辽 3053	（铁 7922×B68）/沈 5003	辽单 26
28	辽 3180	国外杂交种	辽单 39、辽单 570、辽单 33
29	辽 5114	铁 7922×沈 5003	辽单 29
30	龙抗 11	Mo17×自 330	龙单 12、龙单 13、龙单 20
31	旅 9 宽	旅 9 变异株	铁单 8 号
32	齐 319	美国 P78599 杂交种选系	金刚 4 号、东青 1 号、中东青 1 号
33	沈 137	6JK111 ⊕	沈玉 17、沈单 10 号、辽单 136
34	沈 139	美国 P78599 杂交种选系	沈单 12
35	沈 5003	美国杂交种 3147	沈单 7 号、丹玉 16、沈单 8 号
36	四 273	81162×丹 340	吉单 271、吉单 29
37	四 287	444×255	吉星 46、吉单 32、吉单 27
38	四 533	U8112×Mo17	吉单 28
39	铁 7922	美国杂交种 P3382	铁单 8 号、法玉 3 号、丹玉 20
40	铁 9010	抗 1×丹 340	铁单 15、铁研 23、铁单 17

（三）种质创新

1. 20 世纪 50 年代　从 1949 年，东北各地科研单位开始了地方品种资源的挖掘和利用工作。辽宁省凤城农业试验场广泛收集地方品种，在众多的地方品种中，筛选出凤城白头霜、旅大红骨子、白鹤、金皇后、小粒红、秋傻子、英粒子等地方品种。为了丰富品种资源，这一时期从华北农业科学研究所（现为中国农业科学院）等单位引进了一批国内外自交系，如 Oh43、可利 67、L289、OS420/38-11、KY、WF9、W20、W24 等。经整理后，部分品种在 20 世纪 50 年代初推广应用，其中英粒子年最高种植面积达 20 万 hm²，白鹤年最高推广面积达 33.3 万 hm² 以上，推广范围包括辽宁、吉林、河北、山西等省；至 1952 年，利用部分品种配制成凤杂号品种间杂交种；至 1954 年，利用部分品种与外引自交系如 Ci7、L289 配制成凤字号品种/品系间杂交种。

1954—1956 年，吉林省农业科学院等单位完成了各县、市的玉米地方品种资源调查、收集和整理工作。从众多的地方品种中，筛选整理出适合平原地区种植的白头霜、英粒子、金顶子、大青棵、白马牙、黄马牙、大八趟等品种；适合山区、半山区种植的小粒红、小青棵、火苞米、六月鲜、小金黄等品种。与此同时，品种间杂交种的选育和利用工作也顺利进行。到了 1955—1958 年，已经育成并推广了公主岭 82、公主岭 83、公主岭 27、公主岭 28 等品种间杂交种。

1955—1957 年，黑龙江省农业科学院等单位在全省范围内进行了玉米品种的普查，共收集农家品种 929 份。1957—1960 年，经整理、鉴定，先后选出英粒子、马尔冬瓦沙里、白头霜、黄金塔、金顶子、长八趟等农家品种供生产应用。在此期间，又用硬粒型农家种大穗黄、牛尾黄、道白罗齐、小金黄等与马齿型农家品种马尔冬瓦沙里、加645、黄金塔、英粒子等杂交育成了黑玉号、安玉号、合玉号、克玉号、牡丹号、嫩双号等一批优良的品种间杂交种，以及黑玉42、齐综2号等优良综合种用于生产。培育和利用品种间杂交种是50～60年代中前期东北平原地区玉米品种资源利用的主要方式之一。

2. 20世纪60年代 辽宁省丹东市农业科学研究所利用旅大地方品种旅大红骨选育出著名的旅大红骨类群的基础自交系—旅9和旅28。省内其他科研单位的品种资源的收集和利用工作开始进行。

吉林省农业科学院等单位利用铁岭黄马牙、英粒子、桦甸红骨子、海龙红骨子、大金顶、黄金塔、家永野等种质选育出英64、英55、铁84、铁133、桦94、海102等骨干自交系，与外引美国玉米带自交系W20、Oh43、M14等组配，进行了综合种和双交种的选育，相继育成了吉双号、四双号、白双号、桦双号等一批双交种。

黑龙江省农业科学院等单位利用地方品种育成一批配合力较高、农艺性状优良的自交系即一环系，如牛11、大33B、朝马、铁13、大黄46、英64、冬黄、甸11等。利用这些自交系及外引系育成了一批优良的双交种、三交种和单交种。如黑玉号、龙单号、嫩单号、绥玉号、合玉号、牡丹号、克字号等系列杂交种。这些一环系的育成，对于杂交种的迅速推广起到了先驱性的作用。例如甸11自交系在当时参加组配的杂交种就有8个，占当时玉米种植面积的50%以上。如今这些选自农家品种的一环系已经成为重要的种质资源，且仍在被改良应用着；20世纪60年代中期以后，利用外引的杂交种或外引的晚熟自交系与当地早熟自交系杂交做基础材料，开始了二环系的选育工作，由于杂交种聚集了较多的优良基因，育成的二环系在配合力、抗逆性、株型结构等方面都得到了明显的改善。育成了以单891、东46、龙抗11等自交系为代表的优良二环系，组配了绥玉2号、东农248、龙单13等优良杂交种。

3. 20世纪70年代 在此时期东北玉米种质资源的发掘利用迈上了一个新台阶。辽宁省丹东市农业科学研究所育成了著名的玉米自交系——330，与同期育成的自交系大秋36、北金14、双7、埃及205、凤白29、331、334-1、334-11等，育成了以丹玉6号为代表的10个玉米单交种；省内其他科研单位应用自选的锦白1、锦黄795-75、（本）78-6/78-3红、辽32、白鹤43、朝23、铁84、铁75-55、白60、复白35、702等自交系，与引进的吉63、加白3/3034等自交系，选育出铁单号、辽单号、沈单号、本玉号、锦单号和复单、桓单、旅丰、连玉等单交种。

吉林省农业科学院、四平市农业科学院等单位应用铁133、英64、桦94等自选系及外引系选育出吉单号、通单号、长单号、九单号、桦单号等一批单交种，在生产上一直应用到80年代中后期，其中吉单101年最高种植面积超过67万 hm^2。

黑龙江省针对低温冷害及玉米大斑病、丝黑穗病的发生，开展了耐低温、发苗快、抗病自交系等选育工作。抗大斑病自交系主要有H84、Mo17、Oh43^{Ht}、W64^{Aht}、C103^{Ht}等。抗丝黑穗病自交系主要有大化A1、原皇22、红玉米、凤1B、W153R等。弱感低温材料主要有金蹲黄、W9、O5、甸11、九双172、野鸡红等。

利用这些抗原采用回交转育等方法育成抗甸11、合344、K10等优秀的改良自交系。这些改良的骨干自交系如K10、合344已成为北方早熟春玉米育种的骨干自交系和重要的种质资源，被多家育种单位利用。这些自交系的育成对黑龙江省玉米种质遗传基础的拓宽和育种研究的进步做出了突出贡献。

4. 20 世纪 80 年代　各育种单位对国内外品种资源有了进一步的认识和应用，基因导入、回交改良和辐射技术等育种手段日渐丰富，一批名牌自交系脱颖而出。

辽宁省丹东农业科学院将外引资源 A619^{Ht1} 玉米大斑病垂直抗性基因 *Ht1* 导入 Mo17 和旅 9 宽，将外引资源 H59^{Ht1} 抗玉米大斑病 *Ht1* 导入旅 28，分别育成抗玉米大斑病的新自交系 Mo17^{Ht1}、E28 和丹 337；利用野生有稃玉米与旅 9（24 行白轴）杂交，其 F$_2$ 代经 ^{60}Co-γ 射线辐射处理后选育出丹 340。从而选育出了以丹玉 13 为代表的 5 个玉米新品种，并利用玉米雄性不育基因，完成了部分品种的不育化制种工作；沈阳市农业科学研究所利用美国杂交种 3147 选育出了 5003；铁岭市农业科学研究所利用美国杂交种 3382 选育出了 7922，用 5003 与 7922 选育出 C8605-2；本溪市农业科学研究所选育出了本 7884-7。辽宁省内选育出了以丹玉 13、沈单 7 号、铁单 10 号、本玉 9 号为代表的杂交种 22 个。此外在特异种质资源的发掘利用上也颇有建树。如利用高赖氨酸资源 *O2* 基因，本溪县农业科学研究所育成高赖自交系 78-3 红/O2、沈阳农业大学育成了 Mol7/O2 和丹 360/O2、铁岭市农业科学研究所育成了 C8643/O2 和太系 23/O2 等，并选育出本高号、高玉号和铁高号等高赖氨酸玉米新品种。

吉林省对外引进种质资源的利用取得了巨大的成就。如利用引进的丹 340 等选育出了吉单 159、吉单 304、四密 21、四单 72、长单 374 等杂交种；利用引进的黄早四、330 等选育出吉 853、吉 854、四 444 等改良系，利用黄早四及其衍生系和 Mo17 等配制的杂交种有黄莫、吉单 122、吉单 180、吉单 209、四单 8 号、四单 19、吉单 321 等，占吉林省种植面积的 17.7%。这些杂交种与引进的丹玉 13、中单 2 号等使吉林省玉米品种实现了第二次更新换代，杂交种应用面积达 90%～95%。

1972 年育成的嫩单 1 号是黑龙江省第一个玉米单交种，开创了黑龙江省种质资源利用的新纪元。1976—1981 年，黑龙江省玉米育种从双交种逐步过渡到三交种和单交种的研究和应用时期。先后选育出以松三 1 号为代表的三交种和嫩单 1 号为代表的单交种。1982 年起，玉米生产上应用的品种全部为单交种。单交种以其独特的优势，快速在黑龙江省普及推广，是黑龙江省玉米产量有了第二次跨越。随着单交种的推广应用和种质资源挖掘利用水平的提高，黑龙江省玉米生产的产量得到平稳增长。黑龙江省育成的有代表性的单交种有嫩单 3 号、龙单 1 号、龙单 5 号、龙单 8 号、东农 248、绥玉 2 号、龙单 13、龙单 16 等。先后育成、推广应用龙单号、绥玉号、合玉号、东农号、嫩单号、克字号等系列单交种共 103 个，为黑龙江省玉米生产的发展做出了重要贡献。其中嫩单 3 号、东农 248、龙单 13 等品种在生产中发挥了重要作用，其应用面积之大、增产效果之显著成为各品种中当之无愧的佼佼者。20 世纪 80 年代中期以后，由于受世界性温室效应的影响，霜期延迟，以及生产管理水平的提高，地膜覆盖、规范化栽培等新技术的应用，加之 70 年代过多强调早熟高产，育种目标与现实生产脱节，育种单位大量淘汰晚熟种质资源，育成品种熟期过早，致使"南种北移"，大量外引玉米品种长驱直入，使得黑龙江省中晚熟玉米育种工作处于被动局面。

5. 20 世纪 90 年代　进入 20 世纪 90 年代，各育种单位更是与时俱进，新理论、新技术不断应用，种质资源的研究利用工作更加活跃。一批种子企业以品种资源有效利用为基础成长壮大。

辽宁省丹东农业科学院先后又自主选育出各类玉米自交系 47 个，丰富和发展了中国玉米育种科学。如旅大红骨类群的丹 598、丹 598 - 18（海 9818）、丹 341、丹 99 长、DH34 等；温热Ⅰ类群的丹 988、丹 599、丹 3130 等；Reid 类群的丹 9046、丹 T138、丹717、丹 466 等；塘四平头类群的黄 428、丹 5026 等；Lancaster 类群的丹 1324 等。与外引资源相结合，育成了以丹玉 39（富友 1 号）、丹玉 46、丹玉 86、丹玉 69、丹科 2151 为代表的玉米新品种 52 个，为丹玉种业的崛起提供了强大的技术支撑。沈阳市农业科学院、辽宁省农业科学院、铁岭市农业科学院等单位育成了沈 135、沈 136、沈 137、沈 139、A801、LD61、D9125、LD312、辽 9856、辽 184、辽 2235、辽 540、辽 6082、铁 X8605 -2、铁 9010、铁 9206、铁 C9314、铁 C9324 - 1、沈农 92 - 67、本 92 - 93 等一大批自交系，配制出以东单 60、富友 9 号、沈玉 16、沈单 7 号、辽单 127、辽单 565、铁单 10 号、新铁 10 号、本育 13、本优 1 号、沈爆 1 号、沈爆 2 号为代表的东单号、沈玉号、辽单号、铁单号、本育号、沈爆号等一批杂交种。

进入 20 世纪 90 年代，随着玉米生产水平的不断提高，吉林省玉米品种开始向多元化发展。抗病高产、株型紧凑成为种质资源利用的重要方向。Reid、旅大红骨、塘四平头、Lancaster、温热Ⅰ等成为当前生产上的主要类群。各单位充分利用各类资源，育成推广了吉单 209、四密 21、四密 25、吉单 29、吉单 257、吉单 28、银河 101、吉新 306、吉单327、通吉 100、四单 136、吉单 517、吉单 137、吉单 198 等新品种。在特用玉米种质资源的挖掘利用上，吉林省更是利用资源优势和区位优势，选育了一批高淀粉、高油、糯玉米、甜玉米、爆裂玉米、笋玉米、青贮玉米等玉米品种。

20 世纪 90 年代中后期，黑龙江省积极开展中晚熟玉米育种研究工作，从育种基础材料抓起，通过开展玉米综合群体轮回选择、玉米热带种质与温带种质互导研究，创造晚熟育种材料，选育出一批产量水平、抗病性和品质等方面大都明显优于外引的玉米新品种，如表 1 - 11 所示。

表 1 - 11　黑龙江省玉米种质群体改良情况

（曹君等整理，2016 年）

群体名称	选育的自交系	组配的杂交种
窄基因群体	HR034、HR025、龙抗 349、龙抗 3288	龙单 19、龙单 25
外引群体	HR78（豫缘 2 号）、HR65（中综 3 号）	龙单 37
热导	HR3788、HR02	黑饲 1 号
龙早群	龙系 33、龙系 14、G109	龙单 27、龙单 28
龙晚群	龙系 69、龙系 185	龙单 26

6. 21 世纪以来　玉米种质资源遗传基础狭窄是玉米主产区普遍存在的问题，由于受地域条件限制，这一问题更为突出。近 15 年通过挖掘地方品种资源，引进外来种质，综合群体、符合杂交和窄基因群体的建立与改良，以及导入热带、亚热带种质等手段，不断

丰富育种的原始材料，有效地缓解了玉米种质遗传基础狭窄的矛盾，为自交系的选育和杂交种的选配奠定了坚实的基础。

黑龙江省玉米品种亲本来源较为广泛，包括 Reid 类群的 K10 自交系，Lancaster 类群的 Mo17、龙抗 11、合 344、KL4、甸莫 17、杂 C546、9105、4F₁、合选 02、龙系 95、东北虎、HR30 等自交系，塘四平头类群的 444、扎 461、四- 287 等自交系，地方血缘的东 237、东 46、706、KL3、冬 17、吉 818、长 3 等自交系以及外国选育的龙系 35/81 - 5、垦 44、V022、四- 144 等自交系，还有部分基础不祥的自交系如红玉米、海 014、1028 等。从自交系类群利用情况看，地方种质资源和 Lancaster 类群利用较多，特别是 Lancaster 类群中 Mo17、龙抗 11、合 344、KL4、甸莫 17、杂 C546，占全部自交系的 27%，其中合 344 成为该区育种的骨干，10 年间育成 7 个品种，成为黑龙江省第三积温带的主栽品种。这也说明黑龙江省玉米育种工作中，早熟优良玉米种质资源在利用上较为单一，从血缘上看过于集中，遗传基础脆弱，从选育方法上看过于简单。未来应该在现有种质资源的基础上加大力度收集、整理当地地方种质资源，积极引进国内外优良种质资源，拓宽省内玉米种质资源的遗传基础，扩大新的优良基因源，加快自交系的选育工作。

进入 2000 年后，吉林省育种工作者为了缓解玉米种质遗传基础狭窄的矛盾，进一步加强了种质资源的改良与创新。吉林省农业科学院、四平市农业科学院等单位陆续以 Mo17 改良系 412、吉 1037、W9706、吉 992、D185 等自交系育成四单 188、吉单 342、吉单 618、吉单、196 等品种。20 世纪从山东引进的 U8112 自交系经改良获得 835、4112、YN95 - 2、W9706、L09、吉 16、L236、FX027 等适合吉林省熟期的优良自交系，并以此育成银河 2 号、银河 101、吉单 186、吉单 261、郝育 21、利民 622、凤田 29 等一大批优良新品种。随着郑单 958（郑 58×昌 7 - 2）和先玉 335（PH6WC×PH4）在吉林地区的广泛种植，外引自交系也被广泛利用，与之相应的是硬粒、抗倒伏、稳产高产的耐密型品种迅速成为吉林省主要的育种方向。

进入 21 世纪以后，辽宁省玉米育种主要有改良 Reid、Lancaster、黄改类、旅系、PN 群、外杂选和综合种选系 7 个自交系类群，其中常用的为改良 Reid、黄改类、旅系、PN 群、外杂选，而外杂选的应用呈上升趋势。在 2001—2012 年辽宁省审定普通玉米品种 472 个（不含鲜食玉米及外企品种），杂优模式主要为改良 Reid×旅系、外杂选×旅系和 PN×旅系，三者共占所有品种的 64.8%。其中，晚熟品种主要应用的自交系类群以旅系、改良 Reid、PN 群为主，主要育成品种有丹玉 39、东单 60 等；中晚熟品种以旅系、改良 Reid、黄改群及外杂选为主，主要育成品种有丹玉 69、铁研 27；中熟品种以旅系、Reid、黄改、外杂选类自交系为主。

四、东北平原玉米种子生产

（一）种子生产形势

根据国家统计局和各省份统计年鉴数据，2010—2014 年黑龙江省玉米播种面积在 523.185 万～664.23 万 hm²，种子总需求量 1.64 亿～2.08 亿 kg；2010—2014 年吉林省玉米播种面积在 304.67 万～369.66 万 hm²，种子总需求量 0.96 亿～1.16 亿 kg；2010—

2014 年辽宁省玉米播种面积在 209.3 万～233.01 万 hm², 种子总需求量 0.66 亿～0.73 亿 kg。因此, 2010—2014 年东北三省玉米需种量在 3.26 亿～3.97 亿 kg。中国玉米常年需种总量在 11 亿 kg 左右, 近年来东北三省地区玉米需种量已经逐渐接近和超过全国总量 1/3。从类型来看, 东北地区玉米需种量 90% 为普通玉米, 其余 10% 为特用型玉米, 其中甜玉米所占比重最大, 基本可以达到特用玉米的 50% 以上。

但是随着东北制种基地的衰落, 本区域内制种面积急剧萎缩, 尤其是在东北三省种植面积较大的中晚熟和晚熟品种先玉 335、郑单 958、京科 968 以及农华 101 等, 其制种基地大多转移至甘肃、新疆等地。

(二) 玉米制种程序

1. 确定品种　目前, 高产是玉米生产的首要目标, 优质是适应市场的必需条件, 而广适性和多抗性是玉米生产中高产稳产的保障。玉米品种的表现是所有目标性状共同作用的结果, 各性状互相关联、互相制约, 只有协调好相互之间的关系和矛盾, 选择适宜的玉米品种才会满足种子市场的要求, 并在玉米生产推广上得到广泛的利用。

(1) 生育期　品种生育期应以能充分利用当地光热资源为基础原则, 同时要在低温年份霜前正常成熟。不同生态区应选择不同生育期玉米品种的种子进行推广应用。在辽宁省南部侧重推广生育期在 130 d 以上的晚熟品种, 吉林省中部地区侧重推广生育期在 125～130 d 的中晚熟、晚熟品种, 黑龙江省第四、第五积温带侧重推广生育期在 100 d 左右的极早熟品种。

(2) 耐密性　种植密度是产量构成的三要素之一, 决定单位面积收获的果穗数。适宜的种植密度是高产、稳产的保障。一般紧凑型的品种具有较强的耐密性和较高的成穗率。东北地区密植品种每公顷收获穗数在 60 000 穗左右, 一般地块每公顷收获穗数在 40 000 穗以上, 干旱区每公顷收获穗数在 35 000 穗左右, 就可以获得较为满意的产量。

(3) 穗粒数　穗粒数是产量构成的第二要素。穗粒数与种植密度、粒重呈显著负相关。研究表明, 种植密度增加, 穗粒数明显减少。大穗型品种的突出特点是植株比较繁茂, 单株叶面积较高, 熟期较晚, 在密植条件下, 穗粒数明显减少, 品质下降。因此, 应根据种植区土壤条件、农民种植习惯和玉米生产下游加工企业的需求, 提供果穗大小适合、穗粒数稳定的玉米品种。

(4) 百粒重　百粒重是产量构成的第三要素。在各产量要素中, 粒重受遗传因素影响较大, 并具有较强的杂种优势。与穗粒数相比, 粒重受种植密度影响较小。粒重与籽粒的灌浆时间和灌浆速度相关, 东北玉米区灌浆期的气候条件有利于干物质的积累, 形成较高的粒重, 百粒重可以达到 45 g 以上。

(5) 籽粒品质　普通型玉米制种时一般按需要选择生育期后期脱水快、收获水分含量低、商品品质优良的品种, 选择穗梗长短适度, 苞叶长短、宽窄、厚薄适度的品种, 以利于果穗的干燥、脱水。各类特用型玉米品种的选择应根据市场或加工要求的品质标准进行。在东北地区, 高淀粉玉米品种淀粉含量应不少于 72%, 符合国家标准的最低要求, 产量与普通型玉米相近, 抗丝黑穗病、大斑病、小斑病、茎腐病等。高油玉米脂肪含量达到 6%, 产量与同熟期普通型玉米相近, 抗倒伏、抗叶斑病等。青贮玉米干物质含量在

30%～40%，每公顷干物质含量达到 12 t 以上，粗蛋白含量＞7.0%、淀粉含量＞28%、中性洗涤纤维含量＜45%、酸性洗涤纤维含量＜22%、木质素含量＜0.3%，抗大斑病、小斑病、丝黑穗病、茎腐病等。加工用糯质玉米总淀粉含量＞70%、支链淀粉占总淀粉含量 99%左右，每公顷产量 7 500 kg 以上，抗丝黑穗病、茎腐病等。鲜食玉米品种要求色、香、味俱佳，果穗形态优美，无秃尖，大小均匀，籽粒排列整齐、紧密，粒型饱满一致，果皮薄且柔嫩，口感细腻，适合蒸煮和速冻加工要求，耐贮存。优质蛋白玉米要求全籽粒赖氨酸含量＞0.4%，籽粒含量和综合抗性水平与普通品种相仿。爆裂玉米要求籽粒的膨化倍数＞36 倍、爆花率＞98%，颜色为奶白或粉白，具香味，口感松脆柔嫩、无硬心，皮壳少。

（6）**抗病性**　东北地区玉米的大斑病、小斑病通过育种手段基本得到了控制，因此，丝黑穗病抗性成为东北地区目前推广品种必备的基本条件。近年来，多数品种对丝黑穗病、病毒病抗病能力不强，个别年份、个别地区发病严重导致产量损失巨大，辽宁西部部分年份尾孢菌和弯孢菌叶斑病发病较重，个别地区甚至绝收。因此需要在制种前选择适宜的抗病品种。

（7）**抗倒性**　玉米生长过程中因倒伏导致减产和品质下降，因此在推广种植品种时应注重抗倒性。选用抗倒性较强的品种是实现玉米高产、稳产、提高品质的基础。在不同品种的表现型中，根系向表土四周平面延伸的品种，植株稳定，不易倒伏，而根系集中向下延伸的品种，吸水抗旱性强，但容易倒伏。

（8）**株型和高度**　在众多的玉米品种中，植株矮小的类型一般营养体不足，不易获得高产，而植株高大抗倒性就会下降。因此，在品种推广中一般选择中秆和中高秆较为理想，高度一般以 280～300 cm 为宜。植株叶片夹角小，叶片直立，光合作用采光的效率较好，适宜密植。而叶片平展型植株，则需要较大的剩余空间。通常选用叶片较窄，不太长且叶片较薄的植株，雄穗小且花粉量充足，可以节省能源，促进雌穗发育。

2. 繁育自交系　在人工控制自花授粉情况下，经若干代，不断淘汰不良的穗行，选择农艺性状较好的玉米单株进行自交，从而获得农艺性状较整齐一致、遗传基础较单纯的系，称为玉米自交系。自交系种子通过自然或人工隔离进行繁殖可收获自交系种子。自交系种子包括自交系原种和自交系良种，都属于玉米的亲本种子。自交系原种和自交系良种必须有一定的贮备，可采用一次繁殖分批使用的方法，连续繁殖不应该超过 3 代，每个亲本至少要有两个地点同时进行生产。

由育种者育成的遗传性状稳定的最初一批自交系种子，为育种家种子。由育种家种子直接繁育出来的或按照原种生产程序生产，并经过检验达到规定标准的自交系种子为自交系原种。因此自交系原种有两种生产方法，一种是由育种家种子直接繁殖；另一种是采用"二圃制"方法，以选株自交、穗行比较、淘汰劣行、混收优行的穗行筛选法进行。

（1）"二圃制"生产原种方法

① 选株自交。在自交系原种圃内选择具有典型性状的单株套袋自交，制作袋纸以半透明的硫酸纸为宜。在花柱未抽出前先套雌穗，待有柱头的丝状花柱露出 3.3 cm 左右时，当天下午套好雄穗，翌日上午露水干后进行人工控制授粉。一般应采用一次性授粉，个别自交系因雌雄不调的可进行两次授粉，授粉工作在 3～5 d 内结束。收获期按单穗收获、

单穗保存、单穗脱粒。

② 穗行圃。将上年决选的单穗在隔离区内种成穗行圃，每系≥50 穗行，每行种 40 株。生育期间进行系统观察记载，建立田间档案，出苗至散粉前将性状不良或混杂穗行全部淘汰。每行有一株杂株或非典型株即全行淘汰，全行在散粉前彻底拔出。决选优行经室内考种筛选，合格者混合脱粒作为下年的原种圃用种。

③ 原种圃。将上年穗行圃种子在隔离区内种成原种圃，在生育期间分别与苗期、开花期、收获期进行严格的去杂、去劣，全部杂株最迟在散粉前拔除。雌穗抽出花柱占 5% 以上，杂株率累计不能超过 0.01%；收获后对果穗进行纯度检验，严格分选，分选后杂穗率不超过 0.01%，方可脱粒，所产种子即为原种。

（2）原种的生产要求　无论是育种家种子直接繁殖，还是采用"二圃制"生产原种，都要按照操作规程进行。

① 定点。由种子部门负责安排，每个原种至少要同时安排两个可靠的特约基地进行生产。

② 选地。原种生产地块必须平坦，地力均匀，土层深厚，土质肥沃，排灌方便，稳产保收。

③ 隔离。根据《GB/T 17315—2011　玉米种子生产技术操作规程》要求，原种生产田应当采用空间隔离，与其他玉米花粉来源地距离≥500 m。

④ 播种。原种生产田采取规格播种，播种前要精细整地，种子进行精选包衣、晒种，将决选穗行的种子混合种植。适时足墒播种，确保苗齐苗壮。

⑤ 去杂。凡不符合原自交系典型性状的植株（穗）均为杂株（穗），应在苗期、散粉前和收获前进行 3 次去杂。原种生产田中，性状不良或混杂的植株最迟在雄穗散粉前全部淘汰。脱粒前应严格去除杂穗和病穗。根据《GB/T 17315—2011　玉米种子生产技术操作规程》，自交系原种生产田纯度合格指标为：散粉杂株率≤0.01%，杂穗率≤0.01%。

⑥ 收贮。根据《GB/T 17315—2011　玉米种子生产技术操作规程》，自交系原种生产要求单收单贮。原种圃所产原种要达到《GB 4404.1—2008　粮食作物种子　第 1 部分：禾谷类》标准要求，单独贮藏，并填写质量档案。包装物内外各加标签，写明种子名称、纯度、净度、发芽率、含水量、等级、生产单位、生产时间等。

（3）自交系良种的生产　自交系良种指直接用于配制生产用杂交种的自交系种子，也就是亲本种子。自交系良种的生产应做到至少两个基点同时进行生产；生产自交系良种的地块和隔离条件要求与生产原种的要求相同；自交系良种的生产要求做到精细播种，努力提高繁殖系数，满足杂交种子生产田的需要；在苗期、雄穗散粉前和收获前，进行 3 次严格去杂。根据《GB/T 17315—2011　玉米种子生产技术操作规程》要求，全部杂株最迟要在散粉前拔除，散粉杂株率累计超过 0.1% 的繁殖田，生产的种子报废；收获后要对果穗进行纯度检查，杂穗率不超过 0.1%。

3. 杂交制种

（1）选定种子生产基地　根据《GB/T 17315—2011　玉米种子生产技术操作规程》的要求，在自然条件适宜、无检疫性病虫害的地区，选择具备生产资质的制种单位，建立制种基地。制种地块应当土壤肥沃、排灌方便，相对集中连片，以保证父母本植株生长健壮、整齐，便于快速完成田间去杂和母本去雄，保证杂交种子生产的质量。

（2）隔离　根据《GB 4404.1—2008　粮食作物种子　第1部分：禾谷类》规定，玉米单交种、双交种、三交种纯度分别要求在96％以上、95％以上、93％以上，由于玉米花粉的生活力强，又属于风媒传粉，在距离花粉源200 m之内都可以发现具有活性的花粉存在。此外还有雌雄花异花期问题，导致非父本花粉散粉或花粉远距离飘散产生大量杂株。因此在玉米制种时必须要进行隔离。

根据《GB/T 17315—2011　玉米种子生产技术操作规程》，杂交种生产要求制种基地可以采用空间隔离、屏障隔离和时间隔离。其中，空间隔离为与其他玉米花粉来源地距离要求≥200 m；屏障隔离要求在空间隔离达到100 m的基础上，制种基地周围应设置屏障隔离带，隔离带宽度≥5 m、高度≥3 m，同时另种宽度≥5 m的父本行；时间隔离要求春播制种播期相差≥40 d，夏播制种期相差≥30 d。

（3）亲本的田间配置方式　制种田内父、母本要分行相间种植，以便授粉杂交。父、母本行比的确定因品种和具体的杂交组合而异，与父本的植株高度、花粉量大小以及散粉期长短等因素有关。以辽宁省为例，多数杂交组合采用父母本种植比例是1：（4～6），其原则是，在保证父本花粉量充足的前提下，尽量增加母本行数，以便提高杂交种子产量。

（4）错期播种，保证父、母本花期相遇　制种区的父、母本花期能否相遇是制种成败的关键。父、母本的生育期不同会导致花期不遇，因此需要在播种时，根据父、母本的生育期差异，采用错期播种的措施来调节花期相遇，特别对那些花期短的组合尤为重要。

一般情况下，如果父、母本的花期相同，或母本比父本早开花2～3 d，尽可能采用同期播种。在实践中，应按照育种者的说明，并结合当地实践经验进行播种。此外为保证花粉量充足，花期相遇良好，制种田的父本可以采用分2～3期播种的方法。通常的做法是，在同一父本行上，采用分段播种的办法。2 m为一段，即在父本行上，播第一期父本时，种2 m留2 m，留下的2 m再进行第二期播种。父本分期播种一方面可以在正常气候条件下延长制种田的散粉期，让一期父本的末花期和二期父本的初花期重叠，形成3个盛花期；另一方面可以在异常气候条件下，保证父本有一个盛花期与母本吐丝盛期相遇良好。

（5）种植密度　杂交种制种生产目的是为了收获制种田中母本的果穗和籽粒，相应的父本只是起到提供花粉的作用。因此，制种田在可以保证父本花粉量充足的前提下，应该根据母本品种株型等特点适量增加母本数量，以期通过较大的母本密度来获得更高的产量，加大母本密度也是争取玉米杂交制种高产的主要手段。但是制种田中的母本密度应该以密度试验数据为标准来确定，一般而言，自交系株型为紧凑型的母本耐密性较强，种植密度可以相应加大，而平展型自交系密度则不宜过大；抗倒性较强的自交系可以适当增加密度，抗倒性弱的则要降低密度；矮秆自交系密度可以加大，但穗位较高的高秆自交系密度要相应降低。此外，还需要综合考虑制种田所在地的气候、土壤以及当地生产水平等种植条件，种植条件较好的地区密度可以加大，反之种植密度要适当降低。

（6）田间管理

①苗期管理。玉米从出苗至拔节的期间为苗期，以营养生长为主，是决定单位面积

株数的关键时期。东北地区春玉米苗期一般为 35 d 左右，主要管理措施有适时间苗、定苗、中耕以及蹲苗等。在非单粒播种的制种田中，幼苗 2 叶 1 心时需要进行间苗，保留根系发达、茎秆粗壮、叶色浓绿的壮苗，拔除大苗、小苗、弱苗和杂色苗。4～5 叶时进行定苗，母本遵循"去弱留强、间密存稀、定向、留匀、留壮"的原则，只保留长势整齐一致的壮苗，父本留大、中、小三类苗，以便延长父本的散粉时间。穴播制种田，每穴留苗一株，严禁留双苗、补种或移栽。间苗、定苗一般在晴天午后进行，便于识别弱苗、病苗。定苗前后，进行第一次中耕，以浅层松土为主，耕深 3～5 cm；拔节期前，进行第二次中耕，耕深 10～15 cm，做到"行间深、苗夯浅"。通过中耕提高低温、破除板结、疏松土壤、促进玉米苗期根系发育。拔节前根据土壤墒情、肥力和幼苗长势情况进行区别管理，对于水肥不足的地块，在浇水同时追施适量尿素；水肥充足的地块需要进行蹲苗促壮，遵循"蹲黑不蹲黄，蹲肥不蹲瘦，蹲湿不蹲干"的原则，并且蹲苗时间不宜过长，避免形成老化苗，拔节前结束蹲苗，以免影响穗分化。

② 穗期管理。玉米从拔节至抽雄之间为穗期，营养生长与生殖生长并重，是决定单位面积穗数和果穗大小的关键时期。东北地区春玉米穗期一般为 30～35 d，其间，水肥需求量大，田间管理主要为中耕松土和水肥管理。拔节孕穗期，进行中耕除草、培土，防止植株的倒伏。结合中耕进行拔节期追肥，确保玉米孕穗期有充足的肥料和水分。玉米进入拔节期以后，营养体生长加快、节间迅速伸长、茎秆增粗、叶片大量展开，植株生长旺盛，雄穗已经分化、雌穗即将分化，此时植株对营养需求旺盛，追施速效性的 N 肥为主的拔节肥，可以为后期高产打好基础。拔节基本结束的大喇叭口期追施穗肥，此时为母本雌穗小花分化盛期，茎叶和雌穗吸收养分的绝对量和累积速度达到高峰，根系从土壤中吸收大量养分，根、叶等部位营养物质迅速输向雌穗，为促进雌穗粒数增加的关键时期，对于制种生产具有决定性作用。这个阶段的施肥量要占总体施肥量的 50%～60%。穗期末期，父本开花授粉前，充分灌溉 1 次，可以保证玉米授粉期间有充足的水分供应，而授粉期除非土地特别干旱，否则不宜进行喷灌，防止制种田湿度过大，母本花丝凝结水珠影响授粉。

③ 花粒期管理。玉米从抽雄至成熟期为花粒期，主要以生殖生长为主，是决定果穗粒数和粒重的关键时期。根据熟期的不同，花粒期一般为 30～50 d 不等。田间管理任务主要为人工辅助授粉，提高结实率；及时灌水，防止干旱早衰；追施攻粒肥，防止后期脱肥；防治后期害虫；适时收获等。

④ 病虫害防治。玉米制种田的病害防治主要是以防治苗期母本植株的大斑病、小斑病为主；拔节至授粉后，注意防治纹枯病及锈病。防虫主要是防治玉米螟和蚜虫，从苗期至收获前时刻注意防治玉米螟，抽雄开花期重点防治蚜虫。授粉灌浆后至采收前，需要做好鼠害防治工作。

⑤ 监测花期。制种田生产与普通玉米生产相比，保证授粉，必须强调花期的调节措施，这也是制种成败的关键。即使在调节播种期后，仍然会因为不同年份间环境条件的差异以及栽培管理方式的差异出现花期不遇的现象，因此在出苗后至开花前还要多次进行花期预测，通过监测父、母本的生长发育动态和形态标志，判断花期是否可以相遇。理想的花期相遇是母本抽丝比父本散粉早 1～3 d，如果发现有花期不遇的现象，应及时调节花

期，使父、母本花期相遇良好。

监测花期相遇的形态标志主要有两种方法，其一为叶龄指数法，根据特定自交系的叶片数相对稳定，而叶片的生长速度又有一定的规律性，可通过监测父、母本的出叶速度来判断花期是否相遇。具体的做法是在制种田中选择有代表性的地段3～5点，每点10株。从苗期开始，随着植株的生长，在第五、十、十五片叶上，用彩色铅油涂上标记，定期调查父、母本的抽出叶片数，在双亲总叶片数相近的情况下，父本比母本抽出的叶片数少1～2片，即可实现花期相遇，否则就要及时采取调节措施。其二为幼穗观察法，玉米拔节后（13～17片叶），幼穗已经开始分化，通过父、母本幼穗分化进程的比较，可以更准确地预测花期。具体方法为在制种田选择有代表性的植株，细心剥开外部叶片，观察比较父、母本的幼穗大小，在幼穗5～10 mm时，父本幼穗比母本幼穗小1/3～1/2，花期就能相遇。

⑥ 调节花期的原则和方法。经花期预测，如果发现问题，应及时采取措施进行花期调整。其原则是在时间上以"早"为好，在措施上以"促"为主，在尺度上以"宁让母本等父本，不让父本等母本"为准，力争制种田早熟、早收。通常可以采取加强田间管理和根外施肥（或喷施激素）两种方法。加强田间管理要求对生长缓慢或发育不良的亲本，采取早疏苗、早定苗、偏水、偏肥，增加铲趟次数等手段促进其发育，而对发育较快的亲本，一般不采取抑制生长的措施。此外，对于发育较为迟缓的亲本，在肥水促进的同时，于拔节后可在叶面上喷洒20 mg/L的九二〇（赤霉素）和1%尿素混合液，150～300 kg/hm^2。也可采取深耕断根、打叶或母本箭苞叶、箭花柱等措施调节花期。

（7）去雄　杂交玉米的产量高低，玉米制种去雄是关键。及时去雄关系到玉米种子纯度，如果去雄不及时，不但种子纯度降低，还将会给种子企业和制种农户带来人为的经济损失。因此，制种田的母本必须在散粉前将雄穗及时拔除，使其雌蕊柱头接受父本的花粉以产生杂交种子。

母本去雄要求做到及时、彻底、干净。所谓及时是指必须要在散粉前拔除。彻底是指必须将制种区内所有母本的雄穗一株不漏的全部拔除。干净就是不能留下任何分枝。在整个去雄过程中，母本散粉株率累计不得超过1%，植株上的花药外露的小花达10个以上时即为散粉株。

去雄工作一般是在母本吐丝之前开始，母本吐丝时应坚持每天巡查去雄，一般会持续7～14 d。如果地力不匀或有三类苗（病苗、小苗和弱苗），去雄的时间将适当延长。去雄的标准是以雄穗露出顶叶1/3左右为宜，过早容易带叶，过晚雄穗节不易断裂。有些母本自交系，特别是紧凑自交系或遇有如干旱等不良环境条件，雄穗刚一露头或还没有露出顶叶就开始散粉，因此需要采取带1～2片叶的带叶摸苞去雄法。

带叶摸苞去雄是在母本雄穗未开花时即将其拔掉，从而有效控制了母本雄穗散粉自交概率，提高了种子纯度。主要操作方法为：在制种田母本见挑旗（见旗叶）而其雄穗尚未吐苞前，掌握母本雄穗顶部露出的苞叶，摸到穗颈部，以拇指和食指尽量往心叶里伸，防止从中间拔断雄穗出现残枝，也要避免多带叶片，一般不超过2片叶。最后一次去雄时需要将弱小苗、晚发棵的一次全部拔除，防止散粉自交。拔除的雄穗应埋入地下或带出制种田妥善处理，防止雄穗后熟散粉，影响种子纯度。与正常去雄方法相比，带叶摸苞去雄将促进雌穗早发，一般可提前吐丝 2～3 d，所以要根据不同组合调整好播期，确保花期相遇良好。去雄带叶片数可根据不同组合而定，以果穗上部保留 4 片叶为好，一般带叶去雄不超过 4 片叶。

与正常去雄方法相比，带叶摸苞去雄不仅可以降低自交概率，提高种子纯度，在其他方面还有很多效果。第一，由于拔除了苞叶及雄穗，在一定程度上提前降低了株高，使植株重心下移，提高了植株的抗风能力，有效防止了玉米倒伏的发生。第二，拔除尚未发育成熟的雄穗，有利于减少养分的无效消耗，促进养分优先输送给雌穗，促进其早发育、早吐丝、早结实，从而提高结实率，增加制种产量。试验表明带 1 片叶抽雄可增产 5%；带 2 片叶抽雄可增产 2%。第三，带叶摸苞去雄一次可拔去雄穗 50% 左右，既省工又省时，去雄期可缩短 7 d 左右。第四，玉米螟早期一般是在玉米心叶或雄穗上发生，由于提前将母本雄穗拔掉掩埋，同时也消灭了大量玉米螟幼虫，在一定程度上可以防治病虫危害，减少虫蚀粒，提高种子质量。

（8）人工授粉　为保证制种田授粉良好，应根据具体情况采取相应的人工辅助授粉，以提高母本的结实率，增加种子产量。授粉结束后 10 d 内，及时将父本全部割除。辅助授粉应在晴天上午 9～10 时露水干后，散粉最多时候进行。授粉时应边采粉边授粉，否则时间过长会影响花粉的生活力。如果人工辅助授粉后在 2 h 内遇雨，再补授一次花粉较好。

（9）适时收获　在杂交种制种生产过程中，适时收获是保证种子质量的关键。而所谓适时就是要保证在采收时玉米种子达到了一定的成熟度，这对于种子的生活力具有重要的意义。一般而言，玉米授粉后 20 d 左右为种胚器官分化完成期，随后经历乳熟期、乳熟末期、蜡熟期、蜡熟末期、完熟期等几个时期，越晚收获，种子的成熟度越高。石德奎（2010）通过试验表明，在蜡熟末期收获的种子在发芽率、田间出苗率、耐贮性、幼苗质量以及生产潜力（播种后的产量性状和产量）等几方面表现最好；而完熟期收获的种子在千粒重和抗冻能力等方面表现最好。综合考虑杂交种子的最适宜收获期是在种子的蜡熟末期进行。但此时种子水分较高，需要及时通过晾晒来进行干燥降水，便于种子的安全贮藏。此外在收获期还需要检查杂株、病虫害以及有无错收情况，保证种子的纯度和品种真实性。

（10）脱粒、晾晒和包装　东北玉米种子生产的关键环节是降低种子水分，保证种子安全越冬。而目前为保证收获种子的成熟度，一般采用适时晚收，因此晾晒脱水的压力比较大，容易受到冻害影响。晾晒可以分为田间晾晒和收获后晾晒。

东北地区一般选择田间晾晒，主要包括站秆扒皮和高茬晾晒。站秆扒皮最适宜在玉米种子蜡熟初期或种子收获前 20 d 左右进行，做法是把果穗外苞叶全部扒到果穗基部，使苞叶下垂，避免果穗下半部种子霉烂。通过站秆扒皮，可以使种子充分接受阳光照射，降低种子水分，有助于后期干物质积累，同时又破坏了玉米螟的生存条件，阻止玉米螟的持续危害，保证和增加了制种田产量。但站秆扒皮时应注意，站秆扒皮必须要集中在 1～2 d 内进行，以缩小种子间含水量的差距。高茬晾晒是在玉米种子进入完熟期时，将植株上部割倒，根据植株的高度、硬度，一般留高茬 60～80 cm，扒掉果穗外皮，留下内苞叶后将 2～4 穗捆成一捆，无内苞叶的果穗装入网袋，每袋装 4～5 穗，挂在高茬上风干晾晒。此外，采用父、母本分行相间方式种植的制种田在授粉结束后，及时割除父本行，可以增加母本行通风透光，在后期还起到一定的风干晾晒作用，促进果穗的成熟增产。

收获后晾晒以网袋晾晒法为主，果穗收获后去掉苞叶等杂物，并剔除霉粒。将处理好的果穗装入聚乙烯或聚丙烯制成的网袋，一般装入网袋总容积的 70%～80%，以果穗在袋内松动自如为宜。装好的网袋可以放置在通风向阳的墙头和搭架上，一般要求距离地面＞30 cm，厚度≤30 cm；也可以将网袋悬吊在木杆上。每隔 2～3 d 翻动一次，因放置网袋间接触面水分过大，易造成霉变或冻害。雨雪天气覆盖防水设备，晴天及时取下。若制种田内母本因种种原因导致秋季成熟时间不同，应采取分级晾晒法，将玉米果穗按成熟度、水分多少分别放在一起，单独晾晒，然后分别脱粒。水分测定一致时可以混合在一起统一精选，统一包装。

杂交种不同于粮食，在脱粒时要求保证种子的生活力，脱粒过程中必须避免种子的受伤。脱粒前，如果经过烘干室烘干，果穗的水分会降至 12.5% 左右，经过晾晒而未经烘干的果穗，其水分为 18%，经烘干塔烘干后水分降至 13% 左右。脱粒时果穗水分较高意味着籽粒与芯轴联结强度相对较大，会导致脱粒质量下降，如果采用较大的剪切力度脱粒，会加大种子损失。因此在脱粒时需要根据果穗含水量采用适当的方法。此外，脱粒前还要重点检查穗型、粒型、粒色以及穗轴色等性状的典型性，确认种子的纯度和品种真实性。

杂交种子的包装一般采用袋装，要求防雨、防潮，包装材料采用聚乙烯、聚丙烯塑料袋和纸袋等。包装规格按照《GB 7414—1987 主要农作物种子包装》的规定执行。包装物不得重复使用。

（三）玉米种子质量

1. 种子质量的概念 种子质量是由种子不同特性综合而成的一种概念，一般指种子中的一组固有特性满足播种或种植要求的程度。种子质量是由不同特性综合而成的，一般分为四类：一是物理质量，采用净度、其他植物种子计数、水分、重量等项目的检测结果来衡量；二是生理质量，采用发芽率、生活力和活力等项目的检测结果来衡量；三是遗传质量，采用品种真实性、品种纯度、特定特性检测［国际种子检验协会（ISTA）2005 年命名的新术语，代替过去所称的转基因种子检测］等项目的检测结果来衡量；四是卫生质量，采用种子健康等项目的检测结果来衡量。

2. 玉米种子质量的主要指标 根据《GB 4404.1—2008 粮食作物种子 第 1 部分：禾谷类》的强制性规定，对于中国境内生产和市场销售的玉米种子的最低质量标准进行了规定，标准中玉米种子被分为常规种、自交系、单交种、双交种和三交种 5 种类型，常规种和自交系又分为原种和大田用种。其中，原种是指用育种家种子繁殖的第一代至第三代，经确认达到规定质量要求的种子。大田用种是指原种繁殖的第一代至第三代或杂交种，经确认达到规定质量要求的种子。单交种是指两个自交系的杂交一代种子。双交种为两个单交种的杂交一代种子。三交种是指一个自交系和一个单交种的杂交一代种子。不同类别玉米种子质量标准具体规定如表 1-12 所示。

表 1 - 12　玉米种子质量标准

（《GB 4404.1—2008　粮食作物种子　第 1 部分：禾谷类》）

种子类别		最低纯度（%）	最低净度（%）	最低发芽率（%）	最高水分[1]（%）
常规种	原种	99.9	99.0	85	13
	大田用种	97.0			
自交系	原种	99.9	99.0	80	13
	大田用种	99.0			
单交种	大田用种	96.0			
双交种	大田用种	95.0	99.0	85	13
三交种	大田用种	93.0			

注：1）长城以北和高寒地区的玉米种子水分允许高于 13.0%，但不能高于 16.0%，若在长城以南（高寒地区除外）销售，水分不能高于 13.0%。

3. 玉米种子分级　根据《GB 4404.1—2008　粮食作物种子　第 1 部分：禾谷类》的强制性规定，对于常规玉米种子和杂交玉米种子等只确定了纯度、净度、发芽率和水分的最低质量标准，而没有分级标准，且由于玉米类型、品种众多，在种子大小、外形尺寸等质量方面也未制定分级标准。但是目前国家积极倡导玉米机械化精量播种，对于玉米种子的质量要求更高也更严格。首先，精量播种为单粒播种，为保证苗率要求玉米种子的发芽率≥99%，净度要无限接近 100%。其次，不同的排种器对于玉米种子的宽度、厚度等外形尺寸和相对密度等适应性不同，直接影响到精量播种的成功率和单粒率。因此，如果要实现玉米的精量播种，需要制定适合单粒播种的种子质量分级标准，在玉米播种前对种子进行分级处理，提高播种效率。

4. 玉米种子质量的室内检验　种子质量的室内鉴定主要为种子检验操作，根据《GB/T 3543.1—1995　农作物种子检验规程　总则》，种子检验内容可以分为扦样、检测和结果报告 3 部分。检验部分包括精度分析、发芽试验、真实性和品种纯度鉴定、水分测定、生活力的生化测定、重量测定、种子健康测定和包衣种子检测 8 个部分，其中净度分析、发芽试验、真实性和品种纯度鉴定、水分测定为必检项目，生活力的生化测定等其他项目属于非必检项目（图 1 - 3）。

（1）扦样部分　根据《GB/T 3543.2—1995　农作物种子检验规程　扦样》，玉米种子检验中种子批最大重量为 40 000 kg，送验样品最小重量为 1 000 g，净度分析试样最小重量为 900 g，其他植物种子计数试样最小重量为 1 000 g。

（2）净度分析　净度分析是测定供检样品 3 种不同成分（净种子、其他植物种子和杂质）的重量百分比和样品混合物特性，并据此推测种子批的组成。为测定种子批中是否含有有毒或有害种子，应对其他植物种子的数目进行测定，并且可按植物分类鉴定到属。样品中的所有植物种子和各种杂质，也应尽可能的加以鉴定。净度分析的目的是通过对样品中 3 种成分的分析，了解种子批中洁净可利用种子的真实重量及其他植物种子与无生命杂质的种类和含量，为评价种子质量提供依据。根据《GB/T 3543.3—1995　农作物种子检验规程　净度分析》，测定程序包括重型混杂物的检查、试验样品的分取、试样的分离等

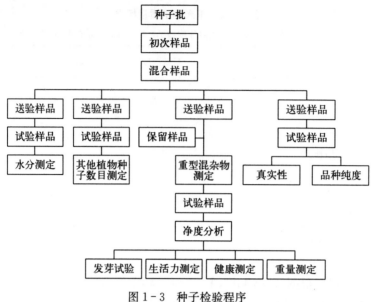

图 1 - 3 种子检验程序

(《GB/T 3543.1—1995 农作物种子检验规程 总则》)

几方面。净度分析是发芽试验、生活力测定、健康测定以及重量测定等检验程序的前置步骤。

(3) 发芽试验 发芽试验是测定种子批的最大发芽潜力，据此可比较不同种子批的质量，也可估测田间播种价值。发芽试验所选用的种子应该是经过净度分析后的净种子，在适宜水分和规定的发芽条件下进行试验，到幼苗适宜评价阶段后，计数不同类型的幼苗。根据《GB/T 3543.4—1995 农作物种子检验规程 发芽试验》，玉米种子发芽试验应该采用纸间或砂中发芽床，初次计数天数为 4 d，末次技术天数为 7 d。试验程序包括数取试验样品、选择发芽床、置床培养、控制发芽条件、休眠种子处理、幼苗鉴定、重新试验等方面。试验结果须包括正常幼苗、不正常幼苗、硬实、新鲜不发芽种子和死种子的百分率。随着玉米机械化精量播种面积的不断扩大，发芽试验数据成为玉米种子最重要的质量指标之一。

(4) 种子真实性和品种纯度检验 种子真实性和品种纯度与品种的遗传基础有关，属于品种的遗传品质，是构成种子质量的两个重要指标，是种子质量评价的重要依据。种子真实性和品种纯度鉴定，可用种子、幼苗或植株。通常把种子与标准样品的种子进行比较，或将幼苗和植株与同期邻近种植在同一环境条件下的同一发育阶段的标准样品的幼苗和植株进行比较。当品种的鉴定性状比较一致时（如自花授粉作物），则对异作物、异品种的种子、幼苗或植株进行计数；当品种的鉴定性状一致性较差时（如异花授粉作物），则对明显的变异株进行计数，并做出总体评价。

根据《GB/T 3543.5—1995 农作物种子检验规程 真实性和品种纯度鉴定》，实验室鉴定玉米品种纯度的最小送样量应为 1 000 g。玉米种子鉴定采用幼苗鉴定法，因不同玉米品种受遗传基因控制，牙鞘和中胚轴分为紫色与绿色两类。室内鉴定时采用二次重复，每个重复 100 粒种子，间隔 1.0 cm×4.5 cm 播在沙中，在 25 ℃恒温下培养，24 h 光照、每天加水，在 14 d 左右幼苗发育到适宜阶段时鉴定牙鞘的颜色。

根据《NY/T 1432—2014　玉米品种鉴定技术规程　SSR 标记法》，对于玉米自交系和单交种，可以随机数取至少 20 个个体（种子）组成的混合样品进行分析，或直接对至少 5 个个体（种子）单独进行分析；对于其他杂交类型，随机数取至少 20 个个体（种子）单独进行分析。对于提取的基因组 DNA 经 PCR 扩增后，可以采用 PAGE 或荧光标记毛细管电泳进行检测。

根据《NY/T 449—2001　玉米种子纯度盐溶蛋白电泳鉴定方法》，不同玉米品种由于遗传组成不同，种子内含有的蛋白质种类亦有差异，因此可以从玉米种子中提取盐溶蛋白并进行分离，通过染色显示蛋白质谱带类型，观测电泳图谱的差异，从而对种子真实性和品种纯度进行鉴定。

（5）水分测定　水分测定是测定送检样品的种子水分，包括自由水和束缚水的总量占种子原始重量的百分率。同时要尽最大可能减少氧化、分解或其他挥发性物质的损失，为种子安全贮藏、运输等提供依据。根据《GB/T 3543.6—1995　农作物种子检验规程　水分测定》，为避免外界环境影响自由水含量，送检玉米样品必须装在防湿容器中，并尽可能排除其中的空气。样品接收后立即进行磨碎，要求至少有 50% 的磨碎成分通过 0.5 mm 筛孔的金属丝筛，而留在 1.0 mm 筛孔的金属丝筛子上不超过 10%。磨碎后玉米种子样品采用高温烘干法，在 130～133 ℃烘干 1 h 后称重计算水分含量。若送检玉米种子样品水分超过 18%，必须采用预先烘干法在（103±2）℃预烘 30 min 后再采用高温烘干法检测水分。

（6）生活力的生化（四唑）测定　生活力的生化（四唑）测定是应用 2，3，5 - 三苯基氯化四氮唑（简称四唑，TTC）无色溶液作为一种指示剂，这种指示剂被种子或组织吸收后，接受活细胞脱氢酶中的氢，被还原成一种红色的、稳定的、不会扩散的和不溶于水的三苯基甲䐩。据此可以依据胚和胚乳组织的染色反应来区别有生活力和无生活力的种子。用于在短期内了解种子发芽率或快速估测种子生活力。除完全染色的有生活力种子和完全不染色的无生活力种子外，部分染色种子有无生活力，主要是根据胚和胚乳坏死组织的部位和面颊大小来决定，染色颜色深浅可判别组织是健全的、衰弱的还是死亡的。根据《GB/T 3543.7—1995　农作物种子检验规程　其他项目检验》，玉米种子生活力检测每次至少测定 200 粒种子，从经净度分析后并充分混合的净种子中，随机数取每重复 100 粒或少于 100 粒的若干副重复。如是测定发芽末期休眠种子的生活力，则单用试验末期的休眠种子。试验前玉米种子需要在 30 ℃恒温水浸种 3～4 h，或在纸间预湿 12 h；染色前需要纵切胚和大部分胚乳，在 35 ℃条件下采用 0.1% 的四唑溶液染色 0.5～1 h，然后观察切面。一般的鉴定原则为胚的主要构造或有关营养组织全部染成有光泽的鲜红色或染色最大面积大于胚根部位，且组织状态正常的为正常有活力的种子，此外盾片上下任一端 1/3 不染色的也可以认为是正常有活力的种子。否则为无生活力种子。

（7）重量测定　重量测定是测定送验玉米样品每 1 000 粒种子的重量。从净种子中数取一定数量的种子，称其重量，计算其 1 000 粒玉米种子的重量，并换算成国家种子质量标准规定水分条件下的重量。根据《GB/T 3543.7—1995　农作物种子检验规程　其他项目检验》，可以选用百粒法、千粒法或全量法任意一种方法进行检测。

（8）种子健康测定　通过样品种子的健康测定推知种子批的健康状况，从而比较不同种子批的使用价值，同时可采取措施，弥补发芽试验的不足。根据送验者的要求，测定样品是否存在病原体、害虫，尽可能选用适宜的方法，估计受感染的种子数。已经处理过的种子批，应要求送验者说明处理方式和所用的化学药品。根据《GB/T 3543.7—1995　农作物种子检验规程　其他项目检验》，可以通过未经培养的检验和培养后的检查两类测定程序对病原体等进行检验。

5. 种子质量的田间检验　玉米种子质量的田间鉴定可以理解为在玉米生长发育的各个阶段，通过与标准样品的比较，对玉米种子的真实性和品种纯度进行检测和鉴定。根据《GB/T 3543.5—1994　农作物种子检验规程　真实性和品种纯度鉴定》，田间小区种植是鉴定种子真实性和测定品种纯度的最为可靠、准确的方法，对照的标准样品为栽培品种提供全面的、系统的品种特征特性的现实描述，标准样品应代表品种原有的特征特性，最好是育种家种子。通过田间小区种植鉴定种子质量一方面可以鉴定种子样品的真实性与品种描述是否相符，即通过对田间小区内种植的被检样品的植株与标准样品的植株进行比较，并根据品种描述判断其品种真实性；另一方面也可以鉴定种子样品纯度是否符合国家规定标准或种子标签标注值的要求。

以小区种植鉴定为主的种子质量田间鉴定从作用上可分为前控和后控两种。当种子批用于繁殖生产下一代种子时，该批种子的小区种植鉴定对下一代种子就是前控，如同国内种子繁殖期间的亲本鉴定。前控可以在种子生产的田间检验期间或之前进行，据此作为淘汰不符合要求的种子田的依据之一；通过小区种植鉴定来检测生产种子的质量便是后控，比如对收获后的种子进行小区种植鉴定就是后控。国内每年在海南省进行的异地小区种植鉴定就是后控。后控也是中国种子质量监督抽查工作鉴定种子样品的品种纯度是否符合种子质量标准要求的主要手段之一。目前国内实施小区种植鉴定方式多种多样，可在当地同季（与大田生产同步种植）、当地异季（在温室或大棚内种植）或异地异季进行种植鉴定。

根据《GB/T 3543.5—1995　农作物种子检验规程　真实性和品种纯度鉴定》，为使品种特征特性充分表现，试验的设计和布局上要选择气候环境条件适宜、土壤均匀、肥力一致、前茬无同类作物和杂草的田块，并有适宜的栽培管理措施。行间及株间应有足够的距离，作为大株作物的玉米可以采用点播的方式适当增加行株距。为了测定品种纯度百分率，必须与现行发布实施的国家标准种子质量标准相联系。试验实际的种植株数（N）要根据国家标准种子质量标准的要求而定，一般来说，若标准为 $(N-1) \times 100\%/N$，种植株数 $4N$ 即可获得满意结果，如标准规定纯度为 98%，即 N 为 50，种植 200 株即可达到要求。因此按照《GB 4404.1—2008　粮食作物种子　第 1 部分：禾谷类》中玉米种子质量标准的规定，常规种和自交系原种的小区种植鉴定最低种植株数为 4 000 株，常规种、自交系、单交种、双交种及三交种的大田用种的小区种植鉴定最低种植株数分别为 134 株、400 株、100 株、80 株和 58 株。而检验员应拥有丰富的经验，熟悉被检品种的特征特性，能正确判别植株是属于本品种还是变异株。变异株应是遗传变异，而不是受环境影响所引起的变异。

国家标准规定中对玉米常规种和自交系种子净度要求很高，最低达到 97% 以上，尤其是原种都达到了 99.9%，是否符合要求，可利用淘汰值。淘汰值是在考虑种子生产者利益和有较少可能判定失误的基础上，把一个样本内观察到的变异株数与质量标准做比较，做出接受符合要求的种子批或淘汰该种子批，其可靠程度与样本大小密切相关（表1-13）。

表1-13 不同样本大小符合标准99.9%接受含有变异株种子批的可靠程度

（《GB/T 3543.5—1995 农作物种子检验规程 真实性和品种纯度鉴定》）

样本大小（株数）	淘汰值	接受种子批的可靠程度（%）		
		1.5/1 000[1]	2/1 000[1]	3/1 000[1]
1 000	4	93	85	65
4 000	9	85	59	16
8 000	14	68	27	1
12 000	19	56	13	0.1

注：1) 是指每1 000株中所实测到的变异株。

不同规定标准与不同样本大小下的淘汰值见表1-14，如果变异株大于或等于规定的淘汰值就应淘汰该种子批。

表1-14 不同规定标准与不同样本大小的淘汰值

（《GB/T 3543.5—1995 农作物种子检验规程 真实性和品种纯度鉴定》）

规定标准（%）	不同样本（株数）大小的淘汰值						
	4 000	2 000	1 400	1 000	400	300	200
99.9	9	6	5	4	—	—	—
99.0	52	29	21	16	9	7	6

注：下方有"-"的数字或"—"均表示样本的数目太少。

田间小区鉴定的结果需要将所鉴定的本品种、异品种、异作物和杂草等均以所鉴定植物的百分率表示。

（四）东北平原玉米种子生产基地

1. 东北各地玉米种子生产权威机构和著名企业简介

（1）辽宁东亚种业有限公司 辽宁东亚种业有限公司是集科研、生产、经营为一体的大型种业公司。经过二十几年的努力，公司现拥有资产总额约10亿元，各类科技人员1 000名，直属20余个部门。企业先后被评为中国种业信用明星企业、国家级农业产业化优秀重点龙头企业、中国种业骨干企业、农业部农资连锁经营重点企业、全国守合同重信用企业、国家级高新技术企业、农业部农产品加工企业技术创新机构、国家火炬计划项目承担单位、国家级星火计划项目承担单位等，在种业同行中率先通过了ISO 9001国际质量体系认证。公司建有专门的玉米育种研究所，先后育成东单、富友系列玉米杂交组合100多个，其中12个品种已通过国家级审定、43个品种已通过省级审定。其中在国家工商行政管理总局注册的"富友"商标被评为辽宁省著名商标，"富友"牌种子被评为中国名牌产品。公司拥有稳定的种子繁育基地1.3万hm²。辽宁东亚种业有限公司近期繁育和主营的玉米品种包括东科301、东单6531、东单119、东单118、东单502、东单308、富友88、东单15以及富友1133等。

（2）辽宁海禾种业有限公司　辽宁海禾种业有限公司是以玉米杂交制种为主的集科研、生产加工、销售为一体的种子专业化企业，是中国辽宁种子集团成员，全国种业五十强单位之一。现有员工308人，其中科技人员136人，公司拥有资产总额6 582万元，拥有1.2万 m² 库房，1.1万 m² 晒场，建有专门的玉米研究所，并设有种子恒温库、低温库、铁路专用线、加工仓储两用的防雨大棚及一条日加工能力20万 kg 的现代化种子精加工生产线，拥有先进的质量检测设备。公司建立了稳定的玉米杂交制种基地0.33万 hm²，年产玉米杂交种子1 000多万 kg，并于2002年获得了国家农业部颁发的经营许可证。公司玉米研究所自有6.67 hm² 育种试验田，75 hm² 的品种展示田（承担国家及省新品种的预试、区试）。先后选育出誉满辽吉的海单2号，颇受农民欢迎的海试11、海试16等玉米新品种，特别是1990年以来，公司发挥自身的科研优势，陆续推出了一批抗逆性强、适应性广、品质优、产量高的玉米新组合——海禾1号至海禾14号，其中海禾1号于1999年5月通过全国品种审定委员会审定命名，被专家评价为"综合抗性领先水平，整体性状居国内一流水平"，海禾系列新组合一问世，就受到省内外广大农民的普遍欢迎，成为市场抢手货，并已成为全国名牌产品。1998年在辽宁省农牧业厅、辽宁省技术监督局、辽宁省消费者协会、辽宁省农村工作办公室等多家单位联合举行的"丰收之后辽宁农民最喜爱的产品"大型问卷调查活动中，被评为当年辽宁农民最喜爱的产品，2002年被中国保护消费者基金会授予种子行业唯一的消费者喜爱的可信赖品牌。

（3）辽宁丹玉种业科技股份有限公司　辽宁丹玉种业科技股份有限公司成立于2003年8月，依托于丹东农业科学院，是集科研、生产、经营于一体的现代化、科技型种子企业。2006年位列中国种业五十强企业第十五名。公司具有全国农作物种子经营许可证。主要经营丹玉、丹科系列玉米种子，兼营大豆、水（旱）稻、蔬菜等农作物种子以及化肥、农药、农膜、农机等农资产品。现有职工140余人，下设科研部、繁育部、经营管理部、财务部、质量管理部、企划部、人力资源部等7个部门。

公司总部拥有多条现代化的种子加工生产线，1 000 m² 的种子加工车间，7 000 m² 的种子贮藏库，26 000 m² 的种子晾晒场和一个标准化的检验室。在甘肃、新疆建有稳定的种子生产基地0.533万 hm²。公司先后被评为辽宁省高新技术企业，辽宁省农业产业化重点龙头企业，两次被评为中国种业五十强企业，是企业博士后科研基地，2008年"丹科"商标被评为辽宁省著名商标，2009年"丹玉"商标被评为中国驰名商标，丹玉种子被评为省级质量信得过产品。企业通过ISO 9001：2000国际质量体系认证。公司经营40多个具有自主知识产权的玉米新品种，年种子经营量2 000万 kg，年销售额1.5亿元，产品广销全国20多个省份。其中玉米新品种丹玉86、丹科2151、丹玉39、丹玉88等已成为多个省份的主栽品种，丹玉402、丹玉405、丹玉201、丹玉202、丹玉301、丹玉603、丹玉605等玉米新品种在生产上大面积种植，受到各地用种农民的青睐。丹玉种子享誉全国。

（4）吉林吉农高新技术发展股份有限公司　吉林吉农高新技术发展股份有限公司以吉林省农业科学院部分研究所为主体，以发起设立方式组建而成的股份制企业。公司是吉林省首家农业高新技术企业，农业产业化国家级重点龙头企业，吉林省农业产业化重点龙头企业，中国种业五十强，2006 年"吉农高新"牌玉米种子被国家质量监督局评为中国名牌产品，2011 年全国种子行业信用评价中被评为 AAA 企业。"吉农高新"牌商标 2010 年获吉林省著名商标称号。公司主要从事玉米、水稻、大豆、高粱等农作物种子、生防、肥料等产品的研究、生产、销售及服务。公司经过十多年的持续发展，已成为东北三省实力最强的育繁推一体化种子企业之一，2012 年首批农业部颁证育繁推一体化种子企业；2013 年被评为中国种业信用骨干企业。公司主业玉米种业规模、效益在全国名列前茅。吉单系列玉米杂交种优质、高产、高抗，在东北地区享有较高的声誉。公司年均繁育玉米杂交种（系）40 余个，全部为自有知识产权品种。公司在省内外拥有稳定的种子繁育基地 0.667 万 hm^2。公司拥有国内较先进的大型成套种子加工生产线，玉米种子年加工能力 5 万 t。

（5）长春新丰农业科技（集团）有限公司　长春新丰农业科技（集团）有限公司是以长春市农业科学院为控股的国有独资公司，成立于 2002 年，以长春新丰农业科技有限公司（长春市农业科学院）为主体，由长春市大西种业有限公司、长春市秋成种业有限公司、长春鹏达牧业有限公司等子公司构成。内设专门的玉米研究所，是国家农业科技成果转化中心、国家专用玉米良种繁育基地。是全国种业五十强企业。在国内较早开展"三高"玉米科技研究，系列优质专用玉米品种在社会上引起强烈反响。公司有稳定的种子生产繁育基地 33 个，建有标准的灌溉设施，在海南建有南繁育种基地，主要玉米品种为长单系列。公司建有大型良种仓储加工中心，拥有现代化四级分类加工生产线。安装现代化 5XTD-10 种子加工生产线两条，另有烘干、精选、色选、包衣、分装等设备，生产线分级环节分别采用数控、电控系统。建有国家标准化库房 8 500 m^2，水泥晾晒场 5 万 m^2，种子加工房 800 m^2。年加工能力达 3 000 万 kg。公司的检测化验中心，种子检验室面积为 300 m^2。拥有各种化验检测仪器 120 台（件），可完成对农作物种子的各种指标的检测分析。农作物种子质量检测控制已实现规范化、科学化的系统管理，年检测种子能力达 2 000 批次以上。

（6）北大荒垦丰种业股份有限公司　北大荒垦丰种业股份有限公司是集研发、生产、加工、销售、服务及进出口业务于一体，具有完整产业链、多作物经营的现代化大型综合性种业公司。位居中国种业信用明星企业第三位，是中国种子行业首批 AAA 级信用企业、首批育繁推一体化企业、全国守合同重信用企业、黑龙江省高新技术企业。公司主要经营玉米、甜菜、水稻、大豆、麦类等农作物种子，年生产、加工能力超过 30 万 t，2012 年销售额汇总合计 21.29 亿元。拥有农业部颁发的全国种子经营许可证和进出口经营许可权，已通过 ISO 9001：2008 国际质量体系认证，"垦丰"商标被认定为黑龙江省著名商标。公司实行首席育种家制度，逐步实现育种团队化、规模化、机械化、信息化、流程化、自动化。整合现有育种力量和资源，充分利用公益性研究成果，按照市场化、产业化育种模式开展品种研发，建立以市场需求为导向的育种新机制。公司现已完成 1 个研发中心、2 个研发分中心、12 个育种站和黑龙江省内 26 个品种测试点建设。公司现拥有专职科研人员 290 人，研发投入占产品总销售额的 5％以上，其中杂交作物研发投入占其销售额的 8％以上。并与德国 KWS 等国际跨国公司保持紧密的交流与合作，与国内著名科研院所及高等院校建立了全面紧密的科企合作关系。先后引进和繁育玉米优良品种德美亚系列、垦单系列等。

2. 东北平原玉米制种基地简介　东北地区曾经是中国最大的玉米制种基地，尤其是辽宁省玉米制种基地，在 20 世纪 80 年代是全国杂交种主要产区之一，生产的优良杂交种供应了全国大部分玉米种植生产的需求。80 年代末 90 年代初，玉米种子生产向包括辽宁、吉林在内的北方山区集中发展，形成了玉米专业化种子生产基地的雏形，进一步促进东北地区玉米制种产业的发展。辽宁杂交玉米种子生产面积最高年份达到 12 万 hm^2，年产种量在 2 亿~2.5 亿 kg，除满足省内供应外，还行销全国 20 多个省份 500 多个县。

但是这些曾经的制种基地，如制种面积较大的辽西地区等，都是较容易获得廉价劳动力的贫困地区，在机械化水平较低的特定历史时期，为杂交制种所需要的人工播种、去杂、花期去雄、收获等大量繁重的工作提供了大量的廉价劳动力。同时当地光照充足、气候干燥，秋季种子降水较快，不易发生冻害。而且在自然气候条件较好年份降水充足、雨热同期，玉米制种的生长季不需要全程灌溉，也可以降低成本。社会经济和自然条件都在一定程度上促进了东北地区玉米制种产业的发展，但是优势与劣势条件并存。一方面东北玉米制种区域人均耕地面积小，制种田一般是农户以家庭为单位与制种企业签订生产和收购合同，合同实施过程缺乏监管，私下卖种情况严重，种子市场混乱，种子的质量和数量无法保证。而且制种农户专业技术不均衡，操作规程无法严格执行，也造成了种子的质量和数量参差不齐。另一方面东北地区大部分为雨养农业，灌溉条件较差，尤其制种较集中的辽西地区，春旱、伏旱频繁发生，非正常年份玉米各生育阶段临界期的需水指标供给率<60%，即使是正常年份需水指标也常常处于下限。此外，大部分制种田经年连作，滥用化肥，导致营养失衡、土壤板结。种种原因累积，导致东北地区玉米制种产量滑坡、质量下降，最终使东北地区玉米制种面积持续萎缩，制种产业辉煌不再。根据全国农业技术推广服务中心统计数据，目前东北地区（含内蒙古东北部）杂交玉米制种面积仅为全国杂交玉米制种总面积的 10%左右，甚至更低。根据辽宁省种子管理局统计数字，2012 年以后，辽宁省玉米种子生产面积≤1.33 万 hm^2，年产种量≤0.46 亿 kg，不足全省总需种量的 50%。

2013 年 7 月 29 日，农业部下发通知，认定 26 个市县为国家级"杂交玉米种子生产基地"，其中东北三省仅有黑龙江省林口县、依兰县、安宁市和依安县，吉林省洮南市，4 个市县榜上有名。

3. 河西走廊玉米种子生产基地的利用　随着东北玉米种子生产基地的衰落，包括河西走廊和新疆在内的西北杂交玉米制种基地已经成为中国主要的玉米制种基地。尤其是甘肃省河西走廊地区，已经成为中国最大的玉米种子生产基地。在 26 个国家级"杂交玉米种子生产基地"中，甘肃省所属张掖市、临泽县、甘州区、凉州区、肃州区、高台县、永昌县和古浪县均属于河西走廊地区。2012 年，农业部在张掖建成 0.713 万 hm^2 国家级玉米制种示范基地，2014 年建设 2.067 万 hm^2 国家级玉米制种基地，其中张掖市建设 1.667 万 hm^2，酒泉市建设 0.2 万 hm^2，武威市建设 0.2 万 hm^2。根据统计数字（李向岭等，2014），2013 年甘肃省玉米制种面积达到 9.733 万 hm^2，占全国玉米制种的 38%，玉米种子年产量约 5.8 亿 kg。占全国大田玉米用种量的 53%左右。东北地区较大的玉米种业公司，如东亚、吉农等都在河西走廊地区建有玉米制种基地。

第二节　黄淮海平原玉米种业

一、黄淮海平原环境特征和生态条件特点

黄淮海平原，是中国东部大平原的重要组成部分。位于 32°～40°N，114°～121°E。北抵燕山南麓，南达大别山北侧，西倚太行山-伏牛山，东临渤海和黄海，跨越京、津、冀、鲁、豫、皖、苏 7 省份，面积 30 万 km²。平原地势平坦，河湖众多，交通便利，经济发达，自古即为中国政治、经济、文化中心，平原人口和耕地面积约占中国的 1/5。

（一）地势地形

黄淮海平原主要由黄河、海河、淮河、滦河冲积而成。黄河下游天然地横贯中部，分南北两部分：南面为黄淮平原，北面为海河平原。百年来，黄河在这里填海造陆面积 2 300 km²。平原还不断地向海洋延伸，最快的是黄河三角洲地区，平均每年 2～3 km。

黄淮海平原地势低平，大部分海拔 50 m 以下，东部沿海平原海拔 10 m 以下，自西向东微斜。主要属于新生代的巨大坳陷，沉积厚度 1 500～5 000 m。平原多低洼地、湖沼。集中分布在黄河冲积扇北面河北保定与天津大沽之间。由于黄河挟带大量泥沙以致黄河决溢、泛滥、改道频繁，1949 年后进行了改造治理。由于春季水分蒸发量上升，降水量较少，河流径流量较少，加之人为原因，黄淮海平原常会出现春旱的问题。

（二）气候状况

黄淮海平原属暖温带季风气候，四季变化明显，南部淮河流域处于向亚热带过渡地区，其气温和降水量都比北部高。平原年均温 8～15 ℃，冬季寒冷干燥，夏季高温多雨，春季干旱少雨，蒸发强烈。春季旱情较重，夏季常有洪涝。年均温和年降水量由南向北随纬度增加而递减。农作物大多为两年三熟，南部一年两熟。

1. 热量　黄淮海平原热量资源较丰富，可供多种作物一年两熟种植。≥0 ℃积温为 4 100～5 400 ℃，≥10 ℃积温为 3 700～4 700 ℃，不同类型冬小麦以及苹果、梨等温带果树可安全越冬。≥0 ℃积温 4 600 ℃等值线是冬小麦与早熟玉米两熟的热量界限。≥0 ℃积温大于 4 800 ℃的地区可以麦棉套种，大于 5 200 ℃地区可麦棉复种。

2. 气温　黄淮地区年均温 14～15 ℃，京津一带降至 11～12 ℃，南北相差 3～4 ℃。7 月均温大部分地区 26～28 ℃；1 月均温黄淮地区为 0 ℃左右，京津一带则为 -5～-4 ℃。全区 0 ℃以上积温 4 500～5 500 ℃，10 ℃以上活动积温 3 800～4 900 ℃，无霜期 190～220 d。

3. 光照　黄淮海平原光资源丰富，增产潜力大。本区年总辐射量为 4 605～5 860 MJ/（m·年），年日照时数北部为 2 300 h，南部为 2 800 h 左右。7～8 月光、热、水同季，作物增产潜力大。9～10 月光照足，有利于秋收作物灌浆和棉花吐絮成熟。

4. 降水　黄淮海平原降水量不够充沛，但集中于生长旺季，地区、季节、年际间差异大。年降水量为 500～900 mm。河北省中南部的衡水一带降水量＜500 mm，为易旱地

区。黄河以南地区降水量为 700～900 mm，基本上能满足两熟作物的需要。平原西部和北部边缘的太行山东麓、燕山南麓可达 700～800 mm，冀中的束鹿、南宫、献县一带仅 400～500 mm。各地夏季降水可占全年的 50%～75%，且多暴雨，尤其在迎受夏季风的山麓地带，暴雨常形成洪涝灾害。降水年际变化甚大，年相对变率达 20%～30%，北京、天津等地甚至在 30% 以上。

5. 灾害 黄淮海平原由黄河、海河、淮河等冲积而成，面积 310 000 km²。海拔在 100 m 以下，大部分不足 50 m。地势平坦，便于耕作，加以土质肥沃，夏季炎热多雨，年降水量在 600～900 mm，历来是中国重要的农业区。但由于黄河挟带大量泥沙，河床逐年淤高，而历代对黄河疏于防治，以致黄河决溢、泛滥、改道频繁。黄河下游河道的改道迁徙又影响海河水系和淮河水系的宣泄，使华北平原形成许多大小不等的浅平洼地，排水不畅，加重了洪涝威胁。低平洼地还容易使土壤盐碱化。华北地区春雨只占全年降水的 10% 左右，春旱时有发生，因此旱、涝、碱是华北平原的主要治理问题。黄河南、北的旱、涝、碱危害出现频率不同，一般洪涝南大于北，旱害、碱害北重于南。1949 年以来，黄河下游 1 800 km 长的大堤每年都维护培修，还在黄河两岸放淤造田，治碱改土，引水灌溉，保证了黄河 30 多年的安全行洪。淮河、海河也得到大规模的治理。

（三）土壤成分

黄淮海平原地带性土壤为棕壤或褐色土。平原耕作历史悠久，各类自然土壤已熟化为农业土壤。从山麓至滨海，土壤有明显变化。沿燕山、太行山、伏牛山及山东山地边缘的山前洪积-冲积扇或山前倾斜平原，发育有黄土（褐土）或潮黄垆土（草甸褐土），平原中部为黄潮土（浅色草甸土），冲积平原上尚分布有其他土壤，如沿黄河、漳河、滹沱河、永定河等大河的泛道有风沙土；河间洼地、扇前洼地及湖淀周围有盐碱土或沼泽土；黄河冲积扇以南的淮北平原未受黄泛沉积物覆盖的地面，大面积出现黄泛前的古老旱作土壤——砂姜黑土（青黑土）；淮河以南、苏北、山东南四湖及海河下游一带尚有水稻土。黄潮土为黄淮海平原最主要的耕作土壤，耕性良好，矿物养分丰富，在利用、改造上潜力很大。平原东部沿海一带为滨海盐土分布区，经开垦排盐，形成盐潮土。

（四）植被

黄淮海平原大部分属暖温带落叶阔叶林带，原生植被早被农作物所取代，仅在太行山、燕山山麓边缘生长旱生、半旱生灌丛或灌草丛，局部沟谷或山麓丘陵阴坡出现小片落叶阔叶林；南部接近亚热带，散生马尾松、朴、柘、化香树等乔木。广大平原的田间路旁，以禾本科、菊科、蓼科、藜科等组成的草甸植被为主。未开垦的黄河及海河一些支流泛滥淤积的沙地、沙丘上，生长有沙蓬、虫实、蒺藜等沙生植物。平原上的湖淀洼地，不少低湿沼泽生长芦苇，局部水域生长荆三棱、湖瓜草、莲、芡实、菱等水生植物。在内陆盐碱地和滨海盐碱地上生长各种耐盐碱植物，如蒲草、珊瑚菜、盐蓬、碱蓬、莳萝蒿等。

（五）农作物

黄淮海平原土层深厚，土质肥沃。主要粮食作物有小麦、水稻、玉米、高粱、谷子和甘薯等，经济作物主要有棉花、花生、芝麻、大豆和烟草等。黄淮海平原是中国的重要粮棉油生产基地。黄淮海平原是以旱作为主的农业区。黄河以北以两年三熟为主，粮食作物以小麦、玉米为主，主要经济作物有棉花和花生。随灌溉事业发展，一年两熟制面积不断扩大。黄河以南大部分地区可一年两熟，以两年三熟和三年五熟为主，复种指数居华北地区首位。粮食作物也以小麦、玉米为主，20世纪70年代以来沿淮海及湖洼地区扩大了水稻种植面积，经济作物主要有烤烟、芝麻、棉花、大豆等。黄淮海平原还盛产苹果、梨、柿、枣等。河流改造的成就为农业用水提供了水源保证，特别是跨流域的引滦入津工程，缓和了天津市用水紧张的状况；中、下游平原区开挖、疏浚了数千条大、小河道，使666.67万 km² 低洼易涝耕地基本解除洪涝威胁，盐碱化的土地也显著减少。漳卫新河、子牙新河、独流减河、永定新河的治理或开挖，使海河五大水系分流入海的泄洪能力由4 600 m³/s提高到2.47 万 m³/s。苏北灌溉总渠、新沂河、新沭河及淮河入江水道的开通，使水系纷乱的淮河下游平原具有较畅通的排水出路。

二、黄淮海平原玉米生产概况及品种利用现状

（一）生产概况

黄淮海夏玉米区位于中国玉米带的中段，包括北京、天津、山东的全部，河北、河南的大部分地区，安徽、江苏的北部，是中国两大玉米优势产区之一。近几年，黄淮海夏玉米区每年的种植面积在1 100万 hm² 左右，约占全国种植面积的30%；年总产量6 200万 t以上，占全国29%左右。本区总体玉米生产水平较高，省际差异明显。多为夏播种植，雨热同季，有利于玉米生产。

2014年黄淮海地区各省份玉米种植面积为：河南320.33万 hm²，河北310.88万 hm²，山东306.07万 hm²，安徽84.51万 hm²，江苏42.64万 hm²，天津19.17万 hm²，北京11.45万 hm²。近年来，尤其是在2009年以后，受玉米需求及价格的影响，玉米的种植面积总体呈增加趋势。

目前各省份之间生产水平的差异造成玉米单产差异较大，产量较低的省份为5 000 kg/hm²左右（2014年安徽平均单产5 041 kg/hm²，江苏5 076 kg/hm²，天津5 329 kg/hm²），高产省份单产可达6 500 kg/hm² 水平（北京2014年单产6 567 kg/hm²，2013年单产6 331 kg/hm²）。

山东省玉米的生产条件较好，生产水平一直较高，在自然资源和品质、栽培技术等方面均有一定优势。玉米种植面积常年在306万 hm² 左右，约占全省耕地面积的41.96%，总产量为1 994.5 t，约占全省粮食作物的43.44%。玉米单产水平较高，正常年份单产6 500 kg/hm²。2009年单产为6 567 kg/hm²，2014年为6 427 kg/hm²，同时播种面积由2013年的301.81万 hm² 增加到2014年的306.07万 hm²。

河南省玉米常年播种面积300万 hm² 左右，近年上升到320万 hm²，2013年以后由于玉米价格较高，玉米种植面积有所增加，据不完全统计，2014年达到320.33万 hm²。常年总产量为1 690万 t左右，河南省消费量为1 100 t左右，出省量100万 t以上。近年玉米单产水平在5 630 kg/hm²，2014年单产为5 608 kg/hm²。

安徽省常年夏玉米生产以麦茬直播为主，也有部分油菜茬直播。主要分布在淮河以北

的宿州、阜阳，占常年玉米播种面积的 80％左右，玉米生产灌溉条件较差，以雨养为主，单产受气候影响较大，常年平均单产 4 500 kg/hm² 左右，气候条件适宜的丰产年份单产接近 6 000 kg/hm²，如果良种良法配套，大面积高产田单产可达 9 000 kg/hm² 以上。

（二）品种利用现状

黄淮海平原整体来看，主栽品种突出，优良品种比例提高。全区种植的主要品种为郑单 958、浚单 20、先玉 335、登海 605、隆平 206、鲁单 981、蠡玉 16、中科 11、伟科 702、农大 108、中单 909 等。其中郑单 958、浚单 20 和先玉 335 种植面积较大。

河北省夏玉米主推种植的品种有郑单 958、浚单 20、先玉 335、石玉 9 号、邯丰 79、石玉 7 号、蠡玉 35 等，2013 年郑单 958、浚单 20、先玉 335 三个品种播种面积占全省总面积的 40％（梁新棉等，2014）。河南省从品种布局看，主导品种突出，郑单 958、浚单 20、先玉 335、伟科 702、吉祥 1 号、浚单 26、豫禾 988、中科 11、蠡玉 35、隆平 206 等种植面积较大。其中郑单 958、浚单 20 占 31.5％。安徽省自 2012 年以来，郑单 958、鲁单 981、中科 4 号、浚单 20、中科 11 号、蠡玉 16 等成为主栽品种。山东省以种植先玉 335、登海系列、浚单 20、郑单 958 等为主。北京夏播玉米种植面积为 3.414 万 hm²，占总面积的 34.1％，以郑单 958、京科 968 为主栽品种，主要搭配农华 101、农大 108 等。鲜食玉米的种植面积略有增加，为 940 hm²。其中糯玉米的播种面积占到总面积的 5.5％，主栽品种为京科糯 2000，搭配品种为中糯 1 号；甜玉米主栽品种为京科甜 183，搭配品种为农大甜单 8 号、中农大甜 413。天津种植面积较大的品种有伟科 702、京单 58、东单 80、农华 101、京科 968 等。江苏省主要种植的品种有伟科 702、浚单 20、鲁单 981、金海 5 号、中单 909、苏玉 29 等。

三、黄淮海平原玉米种质资源

（一）品种资源

黄淮海平原是夏播玉米的主栽区，是中国仅次于东北平原的第二大玉米主产区。实际上的黄淮海区是指山东全省、河南全省、北京市全境、天津市全境、河北中南部、江苏北部、安徽北部、山西运城、陕西关中的广大地区。该区除了广大的平原玉米外，还分布有相当大数量的山地玉米，包括山东沂蒙山地玉米区、山东胶东丘陵玉米区、河北太行山东坡玉米区、河南秦岭余脉伏牛山玉米区等。黄淮海玉米区品种类型丰富，目前生产上仍以中晚熟品种为主，但随着机收玉米品种的选育与推广，有向中早熟品种过渡的趋势。

1. 品种众多

（1）农大 108　中国农业大学选育，1994—1996 年通过全国区试，1998—1999 年通过北京、天津、河北、山西及全国品种审定委员会审定，1997 年 4 月申请了国家专利（专利号 CN1161136A），审定编号：国审玉 2001002，来源：178×黄 C。该品种春播生育期 120 d 左右，北京以南可套播或夏播。株高 260 cm，穗位 110 cm，叶片宽直，色浓。穗位以下叶片平展，穗位以上叶片上冲，属半紧凑型。该品种根系发达，共 8 层 78.3 条（掖单 13 为 43.9 条），因而表现抗倒、抗旱、耐瘠薄。抗大斑病、小斑病、黑粉病和青枯病，超抗锈病（2013年浚县试验点锈病较重）。出籽率85％，粒型半马齿型，质地半坚硬，品质好。本品种适合密度每667 m² 3 000～3 500株。产量表现：参加国家西南玉米组区试1997年折合每667 m²产538.8 kg，比对照掖单13增产3.8％；1998年折合每667 m²产513.3 kg，比对照掖单13增产9.09％；2000年参加黄淮海夏玉米组生产试验，折合每667 m²产510.35 kg。在遵化市多年推广种植，大田生产一般每667 m²产量可达600 kg，高产可达750 kg。农大108在山东省依然是第四大品种，仅排在郑单958、浚单20、登海605之后，并且是山东沂蒙山区和丘陵山区绝对优秀品种。

（2）郑单958　河南省农业科学院粮食作物研究所选育，审定编号：国审玉20000009，来源：郑58×昌7-2。该品种幼苗叶鞘紫色，生长势一般，株型紧凑，株高246 cm左右，穗位高110 cm左右，雄穗分枝中等，分枝与主轴夹角小。果穗筒形，有双穗现象，穗轴白色，果穗长16.9 cm，穗行数14～16行，行粒数35个左右。结实性好，秃尖轻。籽粒黄色，半马齿型，千粒重307 g，出籽率88％～90％。属中熟玉米杂交种，夏播生育期96 d左右。抗大斑病、小斑病和黑粉病，高抗矮花叶病，感茎腐病，抗倒伏，较耐旱。籽粒粗蛋白含量9.33％，粗脂肪含量3.98％，粗淀粉含量73.02％，赖氨酸含量0.25％。产量表现：1998—1999年参加了国家玉米杂交种黄淮海片区域试验，两年产量均居第一位，其中山东省4处试点两年平均每667 m²产681.0 kg，比对照鲁玉16号增产11.57％；1999年参加山东省玉米杂交种生产试验，7处试点平均每667 m²产691.2 kg，比对照掖单4号增产14.8％。

（3）浚单20　河南省鹤壁市农业科学院选育，审定编号：国审玉2003054，来源：9058×浚92-8。该品种幼苗叶鞘紫色，叶缘绿色。株型紧凑、清秀，株高242 cm，穗位高106 cm，成株叶片数20片。花药黄色，颖壳绿色。花柱紫红色，果穗筒形，穗长16.8 cm，穗行数16行，穗轴白色，籽粒黄色，半马齿型，百粒重32 g，出籽率90％。出苗至成熟97 d，比农大108早熟3 d，需有效积温2 450 ℃。经河北省农林科学院植物保护研究所两年接种鉴定，感大斑病，抗小斑病，感黑粉病，中抗茎腐病，高抗矮花叶病，中抗弯孢菌叶斑病，抗玉米螟。经农业部谷物品质监督检验测试中心（北京）测定，籽粒容重为758 g/L，粗蛋白含量10.2％，粗脂肪含量4.69％，粗淀粉含量70.33％，赖氨酸含量0.33％。经农业部谷物品质监督检验测试中心（哈尔滨）测定：籽粒容重722 g/L，粗蛋白含量9.4％，粗脂肪含量3.34％，粗淀粉含量72.99％，赖氨酸含量0.26％。产量表现：2001—2002年参加黄淮海夏玉米组品种区域试验，42点增产，5点减产，两年平均每667 m²产612.7 kg，比农大108增产9.19％；2002年生产试验，平均每667 m²产588.9 kg，比当地对照增产10.73％。

（4）先玉335　美国先锋公司选育，审定编号：国审玉2006026（春播）、国审玉2004017（夏播），来源：PH6WC×PH4CV。该品种田间表现幼苗长势较强，成株株型紧凑、清秀，气生根发达，叶片上举。其籽粒均匀，杂质少，商品性好，高抗茎腐病，中抗黑粉病，中抗弯孢菌叶斑病。田间表现丰产性好，稳产性突出，适应性好，早熟抗倒。在黄淮海地区生育期98 d，比对照农大108早熟5～7 d。幼苗叶鞘紫色，叶片绿色，叶缘绿色。成株株型紧凑，株高286 cm，穗位高103 cm，全株叶片数19片左右。花粉粉红色，颖壳绿色，花柱紫红色，果穗筒形，穗长18.5 cm，穗行数15.8行，穗轴红色，籽粒黄色，马齿型，半硬质，百粒重 39.3 g。经河北省农林科学院植物保护研究所两年接种鉴定，高抗茎腐病，中抗黑粉病、弯孢菌叶斑病，感大斑病、小斑病、矮花叶病和玉米螟。经农业部谷物品质监督检验测试中心（北京）测定：籽粒粗蛋白含量 9.55%，粗脂肪含量 4.08%，粗淀粉含量 74.16%，赖氨酸含量 0.30%。经农业部谷物及制品质量监督检验测试中心（哈尔滨）测定：籽粒粗蛋白含量 9.58%，粗脂肪含量 3.41%，粗淀粉含量 74.36%，赖氨酸含量 0.28%。产量表现：2002—2003 年参加黄淮海夏玉米品种区域试验，38 点次增产，7 点次减产，两年平均每 667 m² 产 579.5 kg，比对照农大 108 增产 11.3%；2003 年参加同组生产试验，15 点增产，6 点减产，平均每 667 m² 产 509.2 kg，比当地对照郑单 958 增产 4.7%。在东北平均每 667 m² 产量 750 kg 左右，年积温 2 650～2 700 ℃。

（5）蠡玉 16　河北省蠡县玉米研究所杂交选育，审定编号：冀审玉 2003001、皖品审 05050487、鄂审玉 2008006，来源：953×91158。该品种成株株型半紧凑，穗上部叶片上冲，茎秆坚韧，根系较发达。株高 265 cm 左右，穗位 118 cm 左右。属中熟杂交种，夏播生育期 108 d 左右，活秆成熟。果穗筒形，穗轴白色，穗长 18.5 cm 左右，穗行数 17.8 行左右，秃顶度 1.4 cm 左右，千粒重 340 g 左右，籽粒黄色，半马齿型，出籽率 87.1% 左右。粗蛋白含量 9.63%，赖氨酸含量 0.29%，粗脂肪含量 4.37%，粗淀粉含量 74.57%。河北省农林科学院植物保护研究所抗病鉴定结果，2001 年抗大斑病，中感小斑病，中感弯孢菌叶斑病，高抗矮花叶病、粗缩病、黑粉病、茎腐病；2002 年感大斑病，抗小斑病，抗弯孢菌叶斑病，中抗茎腐病，高抗黑粉病、矮花叶病，抗玉米螟。2001—2002 年河北省夏玉米区域试验结果，平均每 667 m² 产分别为 650.0 kg 和 622.8 kg；2002 年同组生产试验平均每 667 m² 产 567.2 kg。

（6）隆平 206　安徽隆平高科种业有限公司选育，审定编号：皖品审 07050572、豫引玉 2009010、鲁农审 2011008、冀审玉 2011024，来源：L239×L7221。该品种生育期 101 d。株型紧凑，株高 259.6 cm，穗位高 112.7 cm；穗长 14.7 cm，穗粗 5.4 cm，穗行数 15.8 行，行粒数 32.2 粒；穗轴白色，籽粒黄色、半马齿型，出籽率 91.1%，千粒重 366.8 g，品质中；田间倒伏率 12.5%，倒折率 0.2%；田间小斑病 1 级，茎腐病 0.5%，瘤黑粉病 0.2%。籽粒粗蛋白含量 9.12%，粗脂肪含量 3.65%，粗淀粉含量 76.2%，赖氨酸含量 0.278%。抗病性接种鉴定：高抗矮花叶病，抗弯孢菌叶斑病、茎腐病，中抗小斑病、瘤黑粉病、玉米螟。产量表现：2007 年引种试验（每 667 m² 种植 4 000 株），平均每 667 m² 产 546.5 kg，比对照郑单 958 增产 0.7%；2008 年续试，平均每 667 m² 产 636.8 kg，比对照郑单 958 增产 6%；2007—2008 年两年平均每 667 m² 产 591.6 kg，比对照郑单 958 增产 3.5%。

（7）登海 605　山东登海种业股份有限公司选育，审定编号：国审玉 2010009（春播）、国审玉 2004017（夏播），来源：DH351×DH382。该品种在黄淮海地区出苗至成熟 101 d，比郑单 958 晚 1 d，需有效积温 2 550 ℃ 左右。幼苗叶鞘紫色，叶片绿色，叶缘绿带紫色，花药黄绿色，颖壳浅紫色。株型紧凑，株高 259 cm，穗位 99 cm，成株叶片数 19～20 片。花柱浅紫色，果穗长筒形，穗长 18 cm，穗行数 16～18 行，穗轴红色，籽粒黄色、马齿型，百粒重 34.4 g。经河北省农林科学院植物保护研究所接种鉴定，高抗茎腐病，中抗玉米螟，感大斑病、小斑病、矮花叶病和弯孢菌叶斑病，高感瘤黑粉病、褐斑病和南方锈病。经农业部谷物品质监督检验测试中心（北京）测定：籽粒容重 766 g/L，粗蛋白含量 9.35%，粗脂肪含量 3.76%，粗淀粉含量 73.40%，赖氨酸含量 0.31%。产量表现：2008—2009 年参加黄淮海夏玉米品种区域试验，两年平均每 667 m² 产 659.0 kg，比对照郑单 958 增产 5.3%。2009 年生产试验，平均每 667 m² 产 614.9 kg，比对照郑单 958 增产 5.5%。

（8）伟科 702　郑州伟科作物育种科技有限公司、河南金苑种业有限公司选育，2012 年 12 月 24 日通过国家三大玉米主产区审定，审定编号：国审玉 2012010，来源：WK858×798-1。该品种东华北春玉米区出苗至成熟 128 d，西北春玉米区出苗至成熟生育期 131 d，黄淮海夏播区出苗至成熟 100 d，均比对照郑单 958 晚熟 1 d。幼苗叶鞘紫色，叶片绿色，叶缘紫色，花药黄色，颖壳绿色。株型紧凑，保绿性好，株高 252~272 cm，穗位 107~125 cm，成株叶片数 20 片。花柱浅紫色，果穗筒形，穗长 17.8~19.5 cm，穗行数 14~18 行，穗轴白色，籽粒黄色、半马齿型，百粒重 33.4~39.8 g。东华北春玉米区接种鉴定，抗玉米螟，中抗大斑病、弯孢菌叶斑病、茎腐病和丝黑穗病；西北春玉米区接种鉴定，抗大斑病，中抗小斑病和茎腐病，感丝黑穗病和玉米螟，高感矮花叶病；黄淮海夏玉米区接种鉴定，中抗大斑病、南方锈病，感小斑病和茎腐病，高感弯孢叶斑病和玉米螟。籽粒容重 733~770 g/L，粗蛋白含量 9.14%~9.64%，粗脂肪含量 3.38%~4.71%，粗淀粉含量 72.01%~74.43%，赖氨酸含量 0.28%~0.30%。产量表现：2010—2011 年参加东华北春玉米品种区域试验，两年平均每 667 m² 产 770.1 kg，比对照品种郑单 958 增产 7.2%；2011 年生产试验，平均每 667 m² 产 790.3 kg，比对照郑单 958 增产 10.3%。2010—2011 年参加黄淮海夏玉米品种区域试验，两年平均每 667 m² 产 617.9 kg，比对照品种郑单 958 增产 6.4%；2011 年生产试验，平均每 667 m² 产 604.8 kg，比对照郑单 958 增产 8.1%。2010—2011 年参加西北春玉米品种区域试验，两年平均每 667 m² 产 1 006 kg，比对照郑单 958 增产 12.0%；2011 年生产试验，平均每 667 m² 产 1 001 kg，比对照郑单 958 增产 8.8%。

（9）迪卡 517　孟山都远东有限公司选育，审定编号：鲁农审 2014015，来源：D1798Z×HCL645。该品种株型紧凑花柱绿色，花药浅紫色，雄穗分枝 9~10 个。区域试验结果：株高 251 cm，穗位 101 cm，倒伏率 1.6%、倒折率 0.6%。果穗筒形，穗长 15.7 cm，穗粗 4.5 cm，秃顶 0.6 cm，穗行数平均 17.7 行，穗粒数 516 粒，穗轴红色，籽粒黄色、半马齿型，出籽率 88.7%，千粒重 290 g，容重 743 g/L。2011 年经河北省农林科学院植物保护研究所抗病性接种鉴定，抗小斑病，中抗大斑病、弯孢叶斑病和茎腐病，高抗瘤黑粉病，抗矮花叶病。2010—2013 年试验中茎腐病最重发病试点病株率 95.4%，大斑病 9 级。2011 年经农业部谷物品质监督检验测试中心（泰安）品质分析：粗蛋白含量 10.2%，粗脂肪 3.8%，赖氨酸 0.32%，粗淀粉 72.8%。产量表现：在 2010—2011 年全省夏玉米品种区域试验中，两年平均每 667 m² 产 587.7 kg，比对照郑单 958 增产 4.4%，21 处试点 15 点增产 6 点减产；2012—2013 年生产试验平均每 667 m² 产 609.7 kg，比对照郑单 958 增产 1.1%。迪卡 517 具有耐密、抗倒、后期脱水快、适合机收等特点，建议有条件的地区可以适时晚收，机械直接收获籽粒。

（10）郑单 1002　河南省农业科学院粮食作物研究所选育，审定编号：国审玉2015017，来源：郑 588×郑 H71。该品种在黄淮海夏玉米区出苗至成熟 103 d，与郑单958 相同。幼苗叶鞘紫色，叶片绿色，叶缘绿色，花药浅紫色，颖壳绿色。株型紧凑，株高257 cm，穗位高 105 cm，成株叶片数 19～20 片。花柱浅紫色，果穗筒形，穗长 16.5 cm，穗行数 14～16 行，穗轴白色，籽粒黄色、半马齿型，百粒重 33.2 g。接种鉴定，高抗小斑病，感瘤黑粉病和茎腐病，高感弯孢叶斑病、穗腐病和粗缩病。籽粒容重 776 g/L，粗蛋白含量9.64%，粗脂肪含量 4.11%，粗淀粉含量 74.22%，赖氨酸含量 0.28%。产量表现：2013—2014 年参加黄淮海夏玉米品种区域试验，两年平均每 667 m² 产 673.6 kg，比对照郑单 958增产 2.3%；2014 年生产试验，平均每 667 m² 产 666.9 kg，比对照郑单 958 增产 4.4%。

（11）桥玉 8 号　河南省利奇种子有限公司、沈阳雷奥现代农业科技开发有限公司选育，审定编号：豫审玉 2011010，来源：La619158×Lx9801。该品种适宜在河南省各地夏播种植，夏播生育期 96～98 d。株型紧凑，叶片数 20 片左右，株高 289～294 cm，穗位高112～123 cm；叶色绿色，芽鞘紫色，第一叶尖端圆形；雄穗分枝 5～7 个，花药黄色，花柱紫色；果穗筒形，穗长 17.0～17.3 cm，穗粗 4.7～4.9 cm，穗行数 12～16 行，行粒数35.5～37.4 行，穗轴红色；籽粒黄白色，半马齿型，千粒重 323.4～354.1 g，出籽率86.1%～86.7%。2008 年高抗玉米大斑病（1 级）、玉米瘤黑粉病（2.61%）、抗玉米小斑病（3 级）、弯孢菌叶斑病（3 级），感茎腐病（32.65%），高感矮花叶病（60.0%），中抗玉米螟（5.0 级）；2009 年高抗大斑病（1 级），抗茎腐病（10.0%）、矮花叶病（9.1%），中抗弯孢菌叶斑病（5 级），感瘤黑粉病（10.4%），高感小斑病（9 级），中抗玉米螟（5级）。2009 年粗蛋白含量 11.64%，粗脂肪含量 3.6%，粗淀粉含量 72.95%，赖氨酸含量0.338%，容重 757 g/L。籽粒品质达到普通玉米国家标准一级；淀粉发酵工业用玉米国家标准二级；饲料用玉米国家标准一级；高淀粉玉米部级标准三级。产量表现：2008 年参加河南省玉米区试（6 万株/hm²），10 点汇总，8 点增产、2 点减产，平均每 667 m² 产607.4 kg，比对照郑单 958 增产 4.1%，差异不显著，居 18 个参试品种第七位；2009 年续试（6 万株/hm²），10 点汇总，7 点增产、3 点减产，平均每 667 m² 产 573.6 kg，比对照郑单958 增产 6.0%，差异显著，居 19 个参试品种第十位。综合两年试验结果：平均每 667 m² 产590.5 kg，比对照郑单 958 增产 5.0%，增产点比率为 75%。2010 年河南省玉米生产试验（6万株/hm²），13 点汇总，全部增产，平均每 667 m² 产 580.3 kg，比对照郑单 958 增产8.8%，居 10 个参试品种第三位。目前是河南省机收组玉米品种试验的对照品种。

2. 类型多样

（1）熟期类型　详见表 1 - 15。

表 1 - 15　中国玉米品种生育期类型与标准对照种

（方华等，2010）

熟期类型	标准对照种	生育期（d）		≥10 ℃积温（℃）	
		春播区	夏播区	春播玉米	夏播玉米
超早熟	克单 9 号	<97	<72	<1 900	<1 700
极早熟Ⅰ	冀承单 3 号	100	75	2 000	1 800
极早熟Ⅱ	承单 22/克单 8	103	78	2 050	1 850

（续）

熟期类型	标准对照种	生育期（d）		≥10 ℃积温（℃）	
		春播区	夏播区	春播玉米	夏播玉米
较早熟Ⅰ	佳禾 7/海玉 4	106	81	2 110	1 910
较早熟Ⅱ	木兰 1/绥玉 7	109	84	2 180	1 980
早熟Ⅰ	哲单 37/承单 16	112	87	2 260	2 060
早熟Ⅱ	龙单 13	115	90	2 350	2 150
中早熟	吉单 27/唐抗 5	118	93	2 450	2 250
中熟	四单 19/吉单 261/京玉 7	122	97	2 560	2 360
中晚熟	本玉 9 号/郑单 958	126	101	2 680	2 480
晚熟	承玉 14	130	105	2 810	2 610
极晚熟	农大 108/丹玉 39/渝单 8	134	109	2 950	2 750
超晚熟		>136	>111	3 200	3 000

（2）用途类型　根据籽粒的组成成分及特殊用途，可将玉米分为特用玉米和普通玉米两大类。特用玉米是指具有较高的经济价值、营养价值或加工利用价值的玉米，这些玉米类型具有各自的内在遗传组成，表现出各具特色的籽粒构造、营养成分、加工品质以及食用风味等特征，因而有着各自特殊的用途、加工要求。特用玉米以外的玉米类型即为普通玉米。

黄淮海平原地区特用玉米一般有糯玉米、甜玉米、爆裂玉米等。世界上特用玉米培育与开发以美国最为先进，年创产值数十亿美元，已形成重要产业并迅速发展。中国特用玉米研究开发起步较晚，除糯玉米原产中国外其他种类资源缺乏，加之财力不足，与美国比还有不小差距。

① 甜玉米。一些胚乳隐性突变基因可以直接影响玉米籽粒糖类的代谢，改变灌浆和乳熟期胚乳中糖分的组成及性质，不同程度地增加可溶性糖的含量，减少淀粉的比例，从而改变玉米籽粒的食用品质。这些突变体被称为甜玉米，亦称甜味或甜质型玉米。甜玉米籽粒在乳熟期含有大量的糖分，成熟时籽粒表面皱缩，糖分很少。甜玉米在全国大中城市郊区有零星种植，多作为罐头和制糖原料，青果穗也常作为食品，具有蔬菜、水果、粮食品、饲料四位一体的利用价值。

根据隐性基因类别与功能、胚乳中糖类的组成、籽粒表现型等，可将甜玉米分为普通甜玉米、加强甜玉米、超甜玉米和脆甜玉米等（表 1-16），品种有美珍 204、美珍 206、华威 6 号等。

表 1-16　甜玉米的类型、基因符号、位点及表现型

类型	基因符号	染色体及位点	籽粒表现
普甜-1	*su1*	4S-66	籽粒皱缩，半透明
普甜-2	*su2*	6L-58	籽粒皱缩，透明
加强甜	*se*	4L-118	籽粒皱缩，色泽淡，干燥慢

（续）

类型	基因符号	染色体及位点	籽粒表现
超甜-1	*sh1*	9S-29	凹陷籽粒，不透明至晦暗
超甜-2	*sh2*	3L-149.2	凹陷籽粒，不透明至晦暗
超甜-4	*sh4*	5L-67	凹陷籽粒，不透明至晦暗
超甜-5	*sh5*	5L-29	凹陷籽粒，不透明至晦暗
脆甜-1	*bt1*	5L-42	凹陷籽粒，半透明至晦暗，胚乳易碎
脆甜-2	*bt2*	4S-48	凹陷籽粒，半透明至晦暗，胚乳易碎

注：资料来源于 Maize Genetics Cooperation Newsletters，1993。

② 糯玉米。糯玉米籽粒胚乳中的淀粉全部为支链淀粉，水解后易形成黏稠状的糊精，由 wx 基因控制，又称黏玉米。糯玉米起源于中国，素有"中国蜡质种"之称。目前糯玉米栽培面积不大，各地只有零星种植。种植的糯米品种有凤糯 2146、中糯 1 号、丰糯 1 号、品糯 28、苏玉糯 2 号、苏玉糯 5 号、郑黄糯 928、郑黑糯 1 号、郑白糯 918 等。中国有丰富的糯玉米种质资源，目前已有不少单位开始研究并取得较大进展。随着人们生活水平不断提高和经济发展，糯玉米作为特殊风味的食品和工业原料，需求量日渐增多。糯玉米独特的胚乳形态和结构是区别于其他玉米的主要特性之一。其籽粒表面光滑，不透明，无光泽，呈坚硬晶状，显不出蜡质特性。糯玉米农家品种具有植株较高、株型松散、易感染病虫害、果穗小、产量低等缺陷，其籽粒颜色有黄、白、紫、黑等。黑糯玉米籽粒含有较多的 Se、Zn 等矿物元素，是重要的"黑色食品"之一。糯玉米淀粉具有较高的胶黏性和良好的适口性，是食品工业的理想原料。加温处理的糯玉米淀粉具有较高的膨胀力和透明性。经过一定的物理、化学等方法处理的糯玉米淀粉可以获得各种变性淀粉，提高其黏滞性、透明性和稳定性，增强其抗震动、抗切割、耐酸碱、耐冷冻等性能。糯玉米淀粉的消化率为 85.5%，比普通玉米淀粉（69.0%）高。糯玉米的籽粒颜色不同，其营养成分和作用也不尽相同。王利明等（2002）对近等位基因背景下有色（紫色或黑色）与无色（黄色或白色）糯玉米乳熟期的营养成分分析表明，有色糯玉米色氨酸、胱氨酸、组氨酸、Se、Zn 和 Cu 等含量均高于无色糯玉米，但不同品种间表现不一致。Se 是世界卫生组织唯一认定的具有防癌抗癌功效的微量元素，具有保护肝脏、心脏，延缓机体衰老的作用。

③ 笋玉米。笋玉米是指专门用于采摘刚抽丝而未受精的玉米笋作为加工罐头、速冻或鲜食的玉米品种。玉米笋即幼嫩的玉米雌穗，它具有较高的营养价值，富含人体所必需的氨基酸、维生素、纤维素等营养物质。玉米笋适宜加工罐头，也可以作为蔬菜食用，是当今世界上新兴的一种低热量、高纤维、无胆固醇的特种蔬菜。

笋玉米的特性和要求：

多穗性：多穗性是笋玉米品种必备的特性。在高密度下（10 万～12 万株/hm²），每株应能结玉米笋 2 个以上。目前，中国已育成一批专用的笋玉米杂交种。如鲁笋玉 1 号、甜笋 101 和晋特 3 号等，它们都具有较强的多穗性，每株可采笋 2～8 个。

穗形：穗形是决定笋玉米产量与合格率的重要性状。玉米笋罐头对笋玉米的长短、粗细、老嫩程度和形态有特定的要求。参照国外标准，笋玉米的长度要求在 41～100 mm；

截切笋玉米（由折断笋玉米或过长笋玉米截切而成）长度为 20～40 mm。最大笋径均不得超过 18 mm。笋玉米的笋形以长筒形品种为最佳。短筒形、短锥形品种的笋玉米短而粗，不容易达到标准和获得较高的产量。笋形要求整齐一致，笋尖丰满无损。

株型：笋玉米品种要求能适于密植，穗位高度必须便于采收，生育期要短。

④ 爆裂玉米。爆裂玉米是生产爆米花的主要原料，其特点是具有较好的爆裂性，在常压下加热烘烤就会爆裂成玉米花。而爆米花是一种高营养、易消化的方便食品，可用袋装或罐装供家庭用。从营养上讲，爆裂玉米籽粒中蛋白质、钙质及铁质的含量分别为同等重量普通玉米的 125％、150％ 和 165％，为牛肉的 67％、100％ 和 110％。50 g 爆裂玉米可以供应相当于 2 个鸡蛋的能量。爆米花越蓬松，体积越大，其商品价值越高。目前，美国是世界上最大的爆裂玉米生产国，年产量达到 2.5 亿 kg。近几年来，爆米花也已成为我国市场上重要的休闲食品之一。

⑤ 饲用玉米。饲用玉米是专门用于饲养家禽、家畜的玉米品种。通常农民习惯于把收获果穗后的玉米秸秆用作饲料，而专用饲用玉米指的是将果穗、秸秆、叶都作为青贮饲料。根据形态，可以将目前生产上应用的饲用玉米品种分为两类。一类为分蘖多穗型，如京多 1 号、科多 1 号、晋牧 1 号等，该类杂交种依靠分蘖增加秆、叶和果穗数量，营养体茂盛，饲料产量高，属于专用饲用玉米品种；另一类是单秆大穗型，如鲁单 981，该类品种不仅饲料产量高，籽粒产量也高，为粮饲兼用型杂交种。饲养试验表明，喂饲用玉米可以提高育肥牛的牛肉产量和改善其品质，也可提高奶牛产奶量，减少精饲料投入，降低牛奶成本。饲用玉米种植时间较为灵活，可以根据品种的生育期在较宽的时间范围内播种。如果种植的饲用玉米品种是单秆大穗型，种植者还可以根据市场需要做出选择，可收获玉米籽粒也可收获整株用作饲用饲料。饲用玉米干物质含量大于 200 g/kg，非结构性糖类（淀粉）含量高，缓冲能力低，因此在厌氧条件下发酵稳定。与其他饲用饲料相比，饲用玉米的木质素与中性洗涤纤维或者与酸性洗涤纤维的比值较小，因此消化吸收率高。饲用玉米的营养价值在较长收获期内保持稳定，而牧草则不同，在成熟收获期内，其营养价值急剧下降。与普通籽粒玉米相比，饲用玉米对籽粒产量要求不高，而重点要求其饲用饲料产量要高；另外要求饲用玉米的秸秆和叶片消化率要高。饲用玉米对生育期的要求可比普通籽粒玉米长 5～10 d。

（二）自交系资源

1. 类群

（1）改良 Reid 系群 Reid 系群最初来源于美国 BSSS（依阿华坚秆综合种），中国应用最多的是来自 BSSS 血缘的美国玉米杂交种选系。多年来，中国玉米育种工作者对 BSSS 选系及美国杂交种选系进行了一系列的利用改良创新研究，成绩卓著，形成了中国的改良 Reid 系群，构成了中国的主要杂种优势利用模式，成为中国目前应用最多的骨干系群之一。20 世纪 50～70 年代，中国玉米育种家先后从美国引入一批优良 Reid 种质，如 M14（BR10×R8）、W24（美杂交种选系）、W59E（M13×352）、38-11（美系）、B73、XL80、U8、3147 和 3382 等。通过各育种单位的辛勤劳动，选育出一批优良自交及其衍生系。如山东掖县后邓农科队育成的掖 107（美杂交种 XL80），莱州市农业科学院

（所）育成的 U8112（U8）、掖 478、85478、488（U8112×5003）、掖 832（U8112 姊妹系）、3189、8531（5003×8112），407（8112×掖 107）、8001（3189×478）、4112（A619×8112）、DH02、04、07、4866（7922×478）、DH08（8112×65232）、DH06、09（478×9046）、DH10（掖 107×65232），山东省农业科学院原子能研究所育成的原武 02（武 105×多 229 辐射）、鲁原 92（原齐 123×1137），山东省农业科学院作物研究所育成的 1029（XL80）；西北农业大学与陕西省农业科学院育成的武 105（Wisc341），陕西省农业科学院育成的武 109（武 102×武 105）、K14（吉 69×M017/5005）、K22（K11×478）、8902（掖 107×81162），陕西户县种子公司育成的户 803（U8112×5003），陕西户县农技站育成的户 835（718×U8112）；山西省屯玉种业集团育成的屯 56（美国 Reid 种质），山西省农业科学院育成的 VG187-4（5003 改良系）、海 9-21（改良 Reid 系）；河南省农业科学院育成的郑 32（美 3382 选系）；河北省农林科学院育成的冀 815（U8112×掖 107/U8112），河北唐山农业科学研究所育成的海 218（5003×8112 导入 Htc）；北京市农场局育成的原黄 81（原武 02）、京垦 114（丰 5×原黄 81），北京市农林科学院育成的 B 尖 8（BC732×尖端齐/8112）、0013（478×西 502），中国农业科学院作物研究所育成的多黄 30（5003 改良系）、京 83（8112×美 78573）、京 89（478×P78599）等；江苏省农业科学院育成的苏 80-1（金黄 55×原武 02）；另外还有抗 8112（8112 改良系）、郑 58（478 改良系）。上述选系主要采用单交、复合杂交、回交、自交、辐射诱变和化学诱变处理等方法，主要利用美国 Reid 种质不同选系间相互改良利用。

① 改良 Reid 种质在中国玉米育种上的应用。自 20 世纪 50 年代起，玉米育种家除了直接引用美国 Reid 种质组配杂交种和选二环系外，还对该类种质选系进行相互改良利用。如 M14 组培的品种有烟双 302、烟双 545、烟三 1、河北 403；38-11 组配的农大 3 号、农大 4 号、农大 7 号、农大 11、农大 13、农大 14、农大 15、农大 17、农大 19、农大 3B、农大 4B、农大 6B、农大 7B、农大 313、农大 413、遗传 32、凤双 611、凤双 5401、豫农 3 号、长双 1、长双 8、长双 14、长双 21、南单 15、晋玉 2 号等；W24 组配的农大 5 号、农大 7 号、农大 9 号、农大 10、农大 14、农大 15、农大 16、农大 18、农大 4B、河北 403、河北 404 等；W529E 组配的烟双 302、烟双 544、新双 1、新双 2；武 105 组配的武顶 1、武顶 3、陕玉 652、陕玉 661、陕玉 683、武单早、黄白单交、陕单 5 号、邯郸 1 号、伊单 2 号、同单 11、晋单 7、新玉 5 号等；B73 组配的 SC704、新玉 8 号等；掖 107 组配的掖单 2 号、掖单 44、陕高农 2 号、7507、烟单 17 等；5003 组配的晋单 27、农大 60、遗 6 号、掖单 10、掖单 11、鲁试 421、鲁单 40；5005 组配的农大 60、陕单 10、陕单 11、陕单 13、陕高农 4、成单 12 等；U8112 组配的掖单 4、掖单 5、掖单 6、掖单 7、掖单 8、掖单 9、掖单 14、掖单 15、掖单 41、掖单 43、掖单 52、冀单 27、冀单 29、太合 1 号、农大 66、高油 6 号、豫玉 5 号、90-1、鲁玉 10、鲁玉 12、鲁玉 15、鲁原单 13、烟单 16、遗长 10、遗长 101、农大 1236、京单 401、津夏 5、津夏 7、陕高农 3、豫玉 11、鄂玉 4、鄂玉 5、鄂玉 9、鄂玉 11；掖 478 组配的掖单 12、掖单 13、掖单 17、掖单 19、掖单 21、鲁原单 15、鲁原单 16、鲁试 3、鲁试 44、中单 8、中单 2996、晋单 35、陕单 15、陕单 981、陕单 912、豫玉 12、豫玉 14、豫玉 18、豫玉 23、豫玉 28、郑 192、鲁玉 16、鲁单 49、鲁单 051、鲁单 052、鄂玉 7、鄂玉 13；郑 32 组配的郑单 8、郑单 9、安玉 3 号

等；K22 组配的陕单 902 改、陕单 972、陕单 9505 等；武 109 组配的陕单 9、陕单 11；其他的还有郑单 958（郑 58）、掖单 20（8001）、冀单 31（冀 815）、唐抗 8 号（海 218）、陕 911（K14）、京单 951（京 83）、京单 601（京 89）。由此可以看出，所组配品种的杂优模式主要是美国 Reid 种质与旅大红骨、四平头、Lancaster、美国 P78599 种质、综合种选亚群和 Suwan 亚群等。

改良 Reid×黄改群模式：该模式应用较多，主要在黄淮海及内蒙古东部区，是值得深入研究挖掘的模式。该模式的突出特点是株型紧凑、耐密、高产、多粒、不秃尖、不空秆、抗病广适。两系群优缺点互补，在多个产量性状中显示出较高的特殊配合力。

改良 Reid×P 群模式：大穗、稀植、品质好，生物产量、经济产量均高，高抗玉米叶部病害。P 群在玉米抗丝黑穗病抗性表现上自交系间差异较大，注意选择使用。该模式利用面积正在不断扩大。

② 改良 Reid 种质在中国玉米生产上的作用。历年累计种植面积 66.7 万 hm² 以上的含美国 Reid 种质的杂交种有：掖单 2 号（掖 107×黄早 4）、掖单 13（丹 340×掖 478）、掖单 4 号（U8112×黄早 4）、掖单 12（5003×掖 515）、掖单 19（478×52106）、鲁原单 4 号（原武 02×威凤 322）、西玉 3 号（478－31×西 502）、农大 60（5005×综 31）、郑单 14（478－31×郑 22）、苏玉 1 号（苏 80－Ⅰ×黄早 4）、鲁玉 10 号（U8112×H21）、陕单 9 号（武 109×M017）、掖单 51（掖 832×双 741）、郑单 958（郑 58×昌 7－2）、农大 2238（P138×铁 7922）、登海 3 号（DH08×P138）、登海 11 号（65232×DH40）、伟科 702（WK858×798－1）、隆平 206（L239×L7221）、登海 605（DH351×DH382）对中国阶段性玉米生产贡献巨大，所用的主体杂优模式为美国 Reid 种质与四平头、旅大红骨、Mo17 亚群、自 330 亚群、综合种选亚群、美国 P78599 种质和 Suwan 亚群杂交等，说明美国 Reid 种质在中国玉米杂种优势主体模式中占主要地位，是中国玉米典型的杂种优势群之一。

③ 改良 Reid 系群的特点。株高、茎粗适中，穗位较低；株型上冲，根系发达，叶片大小适中，雄穗分枝较少；果穗较长，轴粗适中，粒行数中等，行粒数多，籽粒多为马齿型，粒较长是其主要优点。熟期适中，抗倒性好，适应性广，较抗玉米弯孢菌叶斑病、灰斑病、丝黑穗病，较感玉米锈病、粗缩病及纹枯病，与黄改群、旅系群、Lancaster 系群、P 群有较高的配合力。主要代表系为铁 7922，郑 32、U8112、掖 478、掖 5003 及其改良系均属此群。

（2）兰卡斯特杂优群 兰卡斯特杂优群分为两个亚群：

一是 Mo17 亚群。本群系多长穗，制种产量高，抗病性较好，适应性广，宜作母本，有些系花粉量较多，亦作父本，用适宜的种质进行改良以提高配合力、抗病性和自身产量；主要代表系以 C103 的二环系 Mo17 及其改良系为主，如齐 302、杂 C546 等。

二是自 330 亚群。本群系多粗穗，适应性强，花粉量多，宜作父本，有些系亦可作母本；主要代表系以自 330 改良系为主，如 3H－2、Oh43、200B、龙系 17 等；可用黄改系、黑黄 9 系等种质进行改良，也可用一些农家种或综合种选系改良。

Mo17 玉米自交系于 1971 年引入中国，通过 187－2×103 二环选系的方法选育而成。该系具有遗传基础丰富、配合力高、植株清秀、秆强不倒、品质优良、生育期适中和适应性广等特点。各地育种家先后用Mo17与塘四平头、改良Reid、自330亚群和旅大红骨子等组配出强优势组合，在生产上大面积推广应用。随后各育种单位又创新出大批衍生系，如山东省农业科学院用太183×Mo17育成齐302；新乡所用Mo17×关73育成关17。

20世纪50～70年代，中国玉米育种家先后从国外引入Oh43（W8×Oh40B）、W59E（M13×352）、可利67（不详）等优良自交系，通过各育种单位的辛勤劳动，选育出一大批优良的自330亚群选系及其衍生系。如山东省农业科学院育成的威凤322（W59E×凤可1）、河北廊坊师专选育的自改1（自330×Oh43^{Htnt}）、河北承德地区农科所选育的承191（华160×Oh43）、江苏省农业科学院育成的21087（自330等9系群体选系）、中国农业大学许启凤教授选育的黄C（黄小162×自330/02/墨白）、中国农业科学院选育的中7490（Oh43、525等复交选系）、北京市农林科学院作物研究所选育的京02（C大群体含自330）、山西省农业科学院选育的长3154（自330×太183）、河南省农业科学院作物研究所选育的豫20（Mo17×凤可/Mo17BC2）。上述选系主要采用单交、复合杂交、回交、自交、辐射诱变处理等方法，对优良自交系Oh43、自330等主要利用温带种质（如改良Reid群、Mo17亚群、四平头群和北方地方种质）来改良选系。种植面积66.7万hm^{2}以上的含自330亚群血缘的杂交种有中单2号（Mo17×自330）、京杂6号（自330×许052）、鲁原单4号（原武02×威凤322）和农大108（黄C×178）等，对中国阶段性玉米生产贡献巨大，所用的主体杂优模式为自330亚群与Lan群Mo17亚群、旅大红骨群、改良Reid群和综合种选亚群等。说明自330及其衍生系在中国玉米杂种优势主体模式中占重要地位，是中国玉米典型的杂种优势群之一。

（3）四平头杂优群　四平头是河北省唐山的地方种，籽粒属白色硬粒型，在华北地区具有广泛适应性。20世纪50年代初，中国农业科学院（原华北农科所）玉米育种家以农家种四平头为基础材料选一环系，成功地育成了优良自交系塘四平头。1974年中国农业科学院作物育种栽培研究所与北京市农业科学院作物研究所联合，从塘四平头天然杂株穗行中选优株连续多代自交，成功地育成了优良自交系黄早四。黄早四系配合力高，抗病性强，穗部性状好，特别是株型紧凑、叶片挺立，与之组配的杂交种多为紧凑型或半紧凑型，开创了中国紧凑型玉米大面积种植的局面。由于黄早四系长期大量利用，在抗性等方面下降，不少玉米育种家对其进行改良利用，育成了一大批优良改良系。如山东莱州市农科所（院）选育的双1601、双105和双741（矮金525×维尔44/黄早四×三团）、761（矮金525×5344/三团×黄早四）、H201（丹340×515/黄早四）、多27（黄早四改良系）、H21（黄早四×H84）、81515（华风100×C103BC2/黄早四）、5237（西502改良系）、DHOS（3411×西502）、西502、8723（黄早四改良系）、HO1［（黄早四×罗系3）F$_2$］、DH201（丹340×黄早四/515）；山东烟台市农业科学院选育的文黄31413（黄早四×文青1331）；山东省农业科学院选育的鲁原133［原齐721×黄早四（辐）］、鲁原33（黄早四×群辐33）、齐310（黄早四×金02）、齐401（黄早四×衡白522）、齐137（黄早四改良系）；中国农业科学院选育的多黄27（黄早四改良系）、四自四（黄早四×自334/黄早四）、京24（早熟302×黄早四）、原辐黄［黄早四（辐）］等；中国农林科学院选育的京404（黄早四×墨群体/黄早四BC4）；河北唐山农业科学研究所选育的白野四2（黄早四×海东013/黄早四）、黄野四3（黄早四×野鸡红）、D黄212（黄早四改良系）；河北农林科学院选育的冀 35（冀多 142×黄早四/黄早四）；河南新乡农业科学研究所选育的京 7（黄早四×罗系 3）、京 7 黄（京 7×黄早四）；周口农业科学研究所选育的周系 215（黄早四×旅 9 宽/黄早四）等；安阳农业科学研究所选育的昌 7-2（黄早四×潍 95）；山西省农业科学院高寒区作物研究所选育的 84-108（选自黄早四群体）；陕西省农业科学院选育的 K12（黄早四×维春）；陕西户县种子公司选育的天涯 4（武 lOS×黄早四）；另外其他单位选育的郑 25（丹 340×黄早四）、郑 23（丹 360×黄早四）、北黄四（黄早四×新乡黄早四）、双黄 74（双 741×黄早四）、D 黄 21（黄早四×D729）、武早四（黄早四×武 105）、0013（478×西 502）、T18（塘四平头系统复合种）、抗旱黄四（黄早四改良系）、黄早四一巧（黄早四分离系）、4011（矮金 525×黄早四）、211（西 502 变异株）、DH40（矮金 525×黄早四）、新 77（京 7 黄×昌 7）、A26（黄早四×5003）和 Lx9801（西 502×H21）等。本群系多为硬粒型，株型好，抗病性强，耐旱耐瘠，适应性广，花粉量多，宜作父本；主要代表系以黄改系为主。上述选系及其改良系的选育主要利用不同类型温带种质对黄早四等优良系采用交单、复合杂交、回交、自交及辐射诱变处理等方法育成。但对如何利用（亚）热带种质，如西南山区地方种质、Suwan 亚群、Tuxpenol、墨白 94、ETO 等和温带种质兰卡斯特杂优群自 330 亚群等来改良塘四平头杂优群的研究报道少见。

① 塘四平头杂优群选系及其改良系在黄淮海平原玉米育种上的利用。据不完全资料统计，玉米育种家们利用上述优良系组配出一大批优良杂交种。20 世纪 50 至 70 年代初，玉米育种家利用塘四平头组配的杂交种有白双 1、白双 2、白双 3、白双 4、白双 5、白双 6、白双 8、白双 10、白双 11、白双 12、白双 13、白双 15、白双 16、白双 18、白双 20、白双 22、白双 23、白双 24、武玉 1 号、豫双 5 号、百农双一、聊三 1 号、白单 1 号、白单 4 号、群壮 101 和冀单 1 号等。自 20 世纪 70 年代以来，玉米育种家直接利用黄早四组配的杂交种至少有 50 个，主要为：高油 1 号、京早 1 号、烟单 14、津夏 1 号、津农 4 号、晋单 17、晋单 18、晋单 22、同早 1 号、同单 27、长单 34、新玉 8 号、冀单 10、冀单 15、冀单 16、冀单 18、冀单 22、冀单 24、冀承单 1 号、豫玉 1 号、冀单 2 号、冀单 3 号、鲁玉 1 号（烟单 15）、鲁玉 2 号（掖单 2 号）、鲁玉 3 号（聊玉 5 号）、鲁玉 4 号（莱农 4 号）、鲁玉 5 号（鲁原单 8 号）、鲁玉 7 号（鲁单 39）、鲁单 37、鲁单 38、鲁原单 9 号、鲁原三 2 号、东岳 16、掖单 3 号、掖单 4 号、掖单 16、昌单 7 号、昌单 8 号、西玉 5 号、吉单 122、塔玉 3 号、成黄三交、成单 9 号、南黄单交、七黄单交、矮七单交、宜单 4 号、宿单 1 号、皖单早 1 号、苏玉 1 号、苏玉 6 号、育玉 1 号和沪单 5 号等。而对黄早四改良系的利用范围则更广泛，如用黄野四 3 组配的杂交种有唐抗 3 号、唐单 1 号和冀单 28 等；H21 组配的邢抗 2 号、鲁玉 10、鲁玉 16、鲁单 052、鲁原单 14、鲁原单 18 和鲁原 303 等；K12 组配的陕单 902 改、陕单 9505/02、陕单 204/02、陕单 931、陕单 912、陕单 971、陕资 1 号和沈单 16 等；京 7 组配的陕单 902、陕单 972 和豫玉 5 号等；吉 853 组配的鲁单 963、京 404 组配的临单 13 和太特早 4 号等；西 502 组配的掖 9306、掖 9702、掖单 20、登海 1 号和西玉 3、西玉 4、西玉 13 等；黄 428 组配的农大 66、四早 2、四早 8、四早 11、四早 12、白 111、延单 15 等；昌 7-2 组配的豫玉 23、豫玉 24、济单 7 号和郑单 958 等；冀 35 组配的冀单 9、冀单 31 和冀 7503 等；原辐黄组配的中原单 32 和鲁单 649 等。另外，其他同类型选系组配的杂交种有中夏 1 号、中夏 2 号（D 黄 212，双亲之

一）、忻抗 6 号（红京 7 黄，双亲之一）、鲁单 47、豫玉 12（京 7 黄，双亲之一）、遣长 10（黄 HO1，双亲之一）、科单 102（白早四，双亲之一）、改科单（改黄早四，双亲之一）、京早 10（四自四，双亲之一）、户单 4 号（天涯 4，双亲之一）、冀单 17（自野四 2，双亲之一）、冀 23（黄早四－15，双亲之一）、唐单 6 号、唐玉 6 号（D 黄，双亲之一）、鲁玉 11（齐 320，双亲之一）、鲁玉 13、鲁原单 16（鲁原 133，双亲之一）、鲁单 201（齐 201，双亲之一）、鲁单 53（齐 137，双亲之一）、仁单 2 号、烟单 16、烟单 17、烟单 18、烟单 19、东岳 19（黄早四－1，双亲之一）、掖单 5 号、掖单 51（双 741，双亲之一）、掖单 21、掖单 52（双 105，双亲之一）、掖单 44、掖单 53（多 27，双亲之一）、掖 22（5237，双亲之一）、登海 11（DH40，双亲之一）、登海 9 号（8723，双亲之一）、鲁单 981（Lx9801，双亲之一）和浚单 18（浚 92－6，双亲之一）等。综上分析，新组配的品种（组合）杂优模式主要为：塘四平头杂优群与兰卡斯特杂优群 Mo17 亚群、改良 Reid 杂优群和其他类群（外杂选亚群、综合种选亚选和 Suwan 亚群等）。

② 塘四平头杂优群选系及其改良系在黄淮海平原玉米生产上的应用及作用。据不完全资料统计，20 世纪 60～70 年代以塘四平头自交系组配的郑单 2 号、白单 4 号累计推广面积 821.93 万 hm² 以上，对中国阶段性玉米生产贡献较大。以优良玉米自交系黄早四组配的紧凑型玉米高产杂交种有 Mo17×黄早四（烟单 14 等）、掖单 2 号、掖单 4 号、苏玉 1 号等有 50 多个，开创了紧凑型玉米大面积种植的局面。其中几年累计种植面积在 666.7 万 hm² 以上的杂交种有掖单 2 号（1 710.93 万 hm² 以上）、烟单 14（983.07 万 hm²）、掖单 4 号（674.27 万 hm²）等；历年累计种植面积在 66.7 万～666.7 万 hm² 的杂交种有鲁玉 3 号（241.87 万 hm²）、京早 7 号（190.27 万 hm²）和苏玉 1 号（88.47 万 hm²）等；历年累计种植面积在 6.7 万～66.7 万 hm² 的杂交种有科单 102（61.87 万 hm²）、鲁玉 5 号（61.8 万 hm²）、豫玉 2 号（57.67 万 hm²）、冀单 10（50.07 万 hm²）、冀三 1 号（鲁原三 2 号）（48.8 万 hm²）、和单 1 号（23.27 万 hm²）、鲁玉 7（15.13 万 hm²）、中三交（7.47 万 hm²）和冀单 15（6.7 万 hm²）等。综上可知，以黄早四组配的杂交种历年累计推广 2 000 万 hm² 以上。

以黄早四改良系组配的杂交种有上百个，其中历年累计推广面积在 66.7 万 hm² 以上的杂交种有掖单 12（497.87 万 hm²）、四单 19（383 万 hm²）、西玉 3 号（221.73 万 hm²）、唐抗 5 号（104.13 万 hm²），鲁玉 10 号（87.8 万 hm²）、冀单 17（87.6 万 hm²）、掖单 51（79.33 万 hm²）和户单 4 号（78.6 万 hm²）等；历年累计推广面积在 6.7 万～66.7 万 hm² 的杂交种有烟单 17（63.27 万 hm²）、吉单 180（62.8 万 hm²）、豫玉 5 号（57.8 万 hm²）、掖单 20（54.13 万 hm²）、鲁原单 14（28.6 万 hm²），冀单 31（23.6 万 hm²）、鲁玉 16（17.27 万 hm²）、陕单 911（7.0 万 hm²）等，还有伟科 702（WK858×798－1）、隆平 206（L239×L7221）、浚单 20（9058×浚 92－8）、郑单 958、登海 911 等。其历年累计种植面积也有 4 000 万 hm² 以上。

（4）旅大红骨杂优群　旅大红骨原是辽东地区农家品种，在大连地区有广泛的适应性，来源于当地农家种大金顶和后来引进的大红骨在混种条件下天然杂交，经当地农民不断选择而成。1955 年，丹东农业科学院（原辽宁省凤城农业试验站）邱景煜等以农家种旅大红骨为基础材料选一环系，于 1961 年先后选育出旅 9、旅 10、旅 28 等自交系，于

1969 年又在旅 9 自交系变异株中选出了旅 9 宽优良自交系。经丹东农业科学院和其他相关单位几代玉米育种家的不懈努力，先后育成了一大批有重大影响的含有旅大红骨血缘的二环系。山东省莱州市农业科学研究所育成的 761（矮金 525×5344/三团×黄早 4）、双1601、双 741（矮金 525×维尔 44/黄早 4×三团）、H 201（丹 340×515/黄早 4）、H351（丹 340×87284）等，莱州农业科学研究院育成的西 502，1331，196、西 502-1331-196（丹 340×黄早 4）、5237（西 502 改良系）、DHOS（3411×西 502）、D451（不详），山东省农业科学院育成的 LX 9801（西 502×H21）；河南省农业科学院育成的郑 22（独青×E28/旅 9 宽）和 360（丹 360 改良系），河南浚县农业科学研究所育成的丹 340-5（丹340 改良系）。

旅大红骨杂优群选系及其改良系在我国玉米育种上的应用：玉米育种家们利用上述优良自交系组配出一大批优良杂交种，在黄淮海平原育成的品种有豫玉 7（许 052×E28）、掖单 13（478×丹 340）、豫单 9 号（郑 13×丹 340）、太合 1 号（冀单 27）（掖 8112×丹340）、豫玉 31（漯 12×丹 340）、掖单 43（丹 340×掖 8112）、屯玉 2 号（冲 72×丹 340）等。综上分析，玉米育种家采用自交、单交、复合杂交、回交、辐射诱变和化学药剂处理等方法，主要利用不同类型温带种质（主要为黄早四系统、改良 Reid 系统和 78599 系统）对旅大红骨优良系旅 9 宽、E28、丹 340 和丹 598 等进行改良选系，对如何利用 Lancaster杂优群、西南山区地方种质、Suwan 种质、Tuxpenol、墨白 94、Ac8328 BN 群体和 ETO复合种等类型改良旅系及其改良系少见报道；所配组合的杂交类型主要为旅大红骨杂优群与兰卡斯特杂优群 Mo17 亚群和改良 Reid 杂优群，且杂种优势很强；其次是与78599 种质和塘四平头杂优群，其杂种优势也强。而与其他类型杂交研究较少，报道不多。

本群系多粗穗、半硬粒或中间型，株型和抗病性较好，适应性广、花粉量多，宜作父本；主要代表系以旅 9 改良系和杂交种选系为主，如旅 9、旅 9 宽、旅 28 等。

（5）其他杂优群

① 外杂选亚群。多为国外杂交种和品种选系及其改良系，有些与 Reid 群和 Mo17 亚群种质有一定关系，如掖 107、J7 等；可用于改良 Reid 群和 Mo17 亚群，并可对其余适宜种质进行改良。

② 综合种选亚群。主要为群选种、农家种、综合种等选系，遗传基础复杂，如群选亚种综 31、混 517、集 2911、东 237 等，农家品种选系如获白、吉 63、白鹤 43、甸 11等，应作为四大类群种质的补充种质改良利用。

③ Suwan 亚群。低纬度种质，如 S37、S73、S2-4、Q30I2 等；此群品质好、抗病耐旱、但偏晚熟；宜与黄改系和旅大红骨系及综合品种选亚群系相互改良。

④ Tuxpeno 群。低纬度种质亚群，以墨西哥综合种选取为主，如墨黄 9、SC12、ETO 等。

2. 骨干或代表性自交系介绍

（1）黄早四　优良玉米自交系黄早四是北京市农林科学院与中国农业科学院作物研究所于 20 世纪 70 年代共同选育出的优良玉米自交系，2001 年荣获国家科技进步一等奖。李遂生（1997）认为该系是 1970 年冬从塘四平头为母本的杂种分离后代早四为基础选育的。黄早四继承了塘四平头配合力高、适应性强、自身高产和多双穗、宽叶上冲等性状，亦遗传了穗位偏高的缺点，增添了早熟性、多抗性。黄早四综合性状优良：高配合力，高抗玉米矮花叶病等多种病害，适应性广，株型紧凑，出叶速度快，双穗率高，利于种子繁育，具有特定的指纹图谱，与其他骨干自交系有很大的遗传距离。黄早四是我国玉米育种利用率最高的自交系之一，衍生系数目近百个，形成了中国独特的玉米杂种优势类群，是我国利用率最高、应用范围最广、成效最大的杂种优势类群。黄早四应用情况：黄早四组配的 57 个杂交种种植遍布我国 20 多个省份。累计推广 4 786.7 万 hm^2，增产粮食 179.43 亿 kg，净增经济效益 28.42 亿元。

（2）昌 7-2　优良玉米自交系昌 7-2 是河南省安阳市农业科学研究所 1983 年以玉米单交种昌单 7 号（潍 95×黄早四）为基础材料，经过南北连续自交于 1986 年选育而成。昌 7-2 在类群划分上属于塘四坪头系统，它继承了黄早四配合力高和雄穗发达的优点，克服了其易感红叶病和鞘紫斑病的缺点，是改良黄早四最成功的自交系之一。优良玉米自交系昌 7-2 自育成以来，各育种单位利用该自交系先后育成了豫玉 23、豫玉 24、郑单 958、济单 7 号、郑单 18 等优良玉米新品种。昌 7-2 属中熟自交系，全生育期（播种至成熟）春播 127 d，夏播 106 d 左右。从发育阶段上看，前期（出苗至抽雄）发育较慢，后期（抽雄至成熟）发育较快，幼苗生长整齐健壮，叶片上冲，叶色淡绿，叶鞘紫色，株型紧凑，叶夹角较小，有利于光能利用。株高 170～180 cm，穗位高 85 cm 左右，主茎叶片数 19 片。雄穗发达（分枝 15～28 个），花柱红色，花药黄色，护颖绿色，雌雄协调，雄穗开花早于雌穗吐丝，散粉期长，花粉粒细小饱满，粉量大。果穗筒形，穗长 14.0～16.5 cm，穗粗 4.2～5.0 cm，穗行数 16～20 行，籽粒硬粒型，橘黄色，千粒重 255 g 左右，品质上等。具有极强的抗逆性和广泛的适应性，高抗大斑病、小斑病、丝黑穗病、青枯病和玉米纹枯病。结实性好，出籽率高，籽粒灌浆速度快（王永士等，2006）。

优良玉米自交系昌 7-2 自育成以来，先后组配出豫玉 23、豫玉 24、郑单 958 等 10 多个已通过国家和省级审定的玉米新杂交种，获得了显著的经济效益和社会效益。昌 7-2 的间接应用也取得了显著的成效，如浚单 18 号是河南省浚县农业科学研究所用自选系 248 作母本、浚 92-6 作父本组配选育的竖叶高产多抗玉米新品种，于 2002 年通过河南省审定，2003 年通过国家审定，其父本浚 92-6 就是从昌 7-2×京 7 经连续自交选育而成的二环系。又如淮单 6 号（P97×9444），其母本 P97 就是从 7922×昌 7-2 选育而成，该品种也已通过了河南省和国家审定。

（3）掖 478　掖 478 玉米自交系是莱州市农业科学院育成的优良自交系。掖 478 是以 8112 和 5003 为基础材料选育而成的玉米自交系。掖 478 自交系株型清秀、叶片上冲，抗病性好，具有多基因控制的矮秆性，植株矮、穗位低，且受环境影响小，能够稳定遗传，自身产量高，受到玉米育种工作者的广泛关注。以掖 478 为亲本育成的掖单 13、掖单 12、西玉 3 号、豫玉 23 等 41 个杂交种通过省级和国家审定，累计推广面积已达 3 957 万 hm^2。其二环系组配的杂交种有 19 个通过省级和国家审定，累积达推广面积 796 万 hm^2。出土能力强，幼苗生长势强，苗鞘紫色，叶片绿色且有浅黄色条纹；成株叶片数 18～19 片，一般 13 片是穗位叶；穗上叶片上冲，叶平均夹角在 20°左右，叶脉挺直，叶片有较明显的皱褶；成株叶片呈深浓绿色。穗下节间粗壮、穗上节间曲拐，根系发达，高抗倒伏，根层数 8 层左右，地上部有 2～3 层气生根。雄穗分枝 10 个左右，单株散粉期 7 d 左右，花柱绿色，颖壳绿色，花药黄色。抗病毒病和小斑病，后期轻感大斑病，株高 162 cm，穗位 63 cm 左右，果穗筒形，籽粒深马齿型，籽粒黄色，穗轴较细，白色，出籽率在 80% 左右，穗行数 14～16 行，千粒重 320 g 左右。

（4）郑 58 　玉米优良自交系郑 58，是 1988 年在甘铺种子站从掖 478 亲本繁殖中发现的变异株，经连续 7 代按系谱法自交分离，至 1995 年 9 月选出植株形态和农艺性状稳定而整齐一致的玉米新自交系。该系在郑州地区春播生育期 123 d，株高 140 cm 左右，穗位高 32 cm，15～16 片叶，叶色淡绿，叶片较窄，穗位以上叶片上冲而叶尖轻度下垂。雄穗分枝 4～6 个且与主轴夹角极小。果穗柄较短，与茎夹角小，杂色花丝，穗长 17 cm 左右、14 行，白轴，橘黄色偏硬粒型籽粒，千粒重 320 g 左右，品质好。以郑 58 为母本、昌 7-2 为父本组配的郑单 958 连续十几年一直是国内第一大玉米品种，通过省级和国家审定，累计推广面积已达 3 957 万 hm² 以上。尤其其二环系组配的杂交种有 20 个以上通过了省级和国家审定。

（5）丹 340 　丹 340 是 1979 年以旅 9（白轴）为母本，有稃玉米为父本组配，1980 年经 ^{60}Co-γ 射线 5.16 C/kg 剂量处理［剂量率为 0.068 C/(kg·min)］，然后自交选育而成的中晚熟玉米自交系。丹 340 抗病、抗倒、配合力高、生育期适中，自育成以来得到广泛应用。到目前组配杂交组合 44 个，通过审（认）定的杂交种 29 个。截止到 1998 年，累计种植面积在 66.7 万 hm² 的杂交种有掖单 13、丹玉 15、吉单 159、铁单 10。丹 340 已成为我国应用面积较大、经济效益较高的优良玉米自交系之一。丹 340 是一个生育期适中的中晚熟自交系，出苗至成熟需 114～119 d，需有效积温 2 397.2 ℃。全株叶数 20～21 片，可见叶 13 片左右。幼苗叶鞘暗绿色，遇低温出现淡紫晕，叶色黄绿，胚叶钝圆，呈倒卵形，叶片波曲，心叶上冲。株高 173～192 cm，穗位 67～71 cm，穗下叶片平展，穗上叶片上冲，顶叶立生。雄穗发达、散粉好，分枝 9～11 个，花药黄色，花丝白色兼有淡玫瑰色，护颖绿色，果穗呈粗纺锤形，白轴空心，轴顶呈鸭嘴式外突，穗长 17.4 cm，穗粗 4.6 cm，穗行数 16～18 行，粒行排列不规则。籽粒浅黄色，半马齿型，千粒重 377 g 左右，品质上等。

（6）自 330 　自 330 于 20 世纪 60 年代育成，1982 年获国家一等奖，至今在云南、贵州、四川、陕西、甘肃和内蒙古赤峰等地仍有应用。因而得到玉米学者的长期关注与研究。自 330 选自 Oh43×可利 67 F$_1$ 的自交二环系，而 Oh43 选自（美）玉米带的品种兰卡斯特，故自 330 种质的血缘应归为兰卡斯特系群。自 330 的植物学性状为：3 叶期幼叶鞘呈淡绿色。成株雄花颖壳为绿色，花药淡黄色，雌穗花柱呈白色，果穗长筒形，穗轴白色，籽粒橙黄色，马齿型。对这几个性状须及时细致观察，据此可选得纯种。叶色为深绿色，叶片较长，呈平展株型，株高 200 cm，穗位 100 cm，雄穗分枝多而长，花粉量多，粒行 16 或 18 行，百粒重 35 g 左右。

3. 黄淮海平原玉米优良自交系名录 　黄淮海平原 Reid 自交系育成有 154 个品种左右，Lancanster 自交系育成有 15 个品种左右，塘四平头自交系育成有 165 个品种左右，旅大红骨自交系育成有 25 个品种左右，具体如表 1-17 所示。

表 1-17 黄淮海平原玉米优良自交系类群归属、自交系名称、育成品种

类群归属	自交系名称	育成品种
Reid	M14	烟双302、烟双545、烟三1、河北403
Reid	38-11	农大3号、农大4号、农大7号、农大11、农大13、农大14、农大15、农大17、农大19、农大3B、农大4B、农大6B、农大7B、农大313、农大413、遗传32、凤双611、凤双5401、豫农3号、长双1、长双8、长双14、长双21、南单15、晋玉2号
Reid	W24	农大5号、农大7号、农大9号、农大10、农大14、农大15、农大16、农大18、农大4B、河北403、河北404
Reid	W529E	烟双302、烟双544、新双1、新双2
Reid	武105	武顶1、武顶3、陕玉652、陕玉661、陕玉683、武单早、黄白单交、陕单5号、邯郸1号、伊单2号、同单11、晋单7、新玉5号
Reid	B73	SC704、新玉8号
Reid	披107	披单2号、披单44、陕高农2号、陕高农7507、烟单17
Reid	5003	晋单27、农大60、遗单6号、披单10、披单11、鲁试421、鲁单40
Reid	5005	农大60、陕单10、陕单11、陕单13、陕高农4、成单12
Reid	U8112	披单4、披单5、披单6、披单7、披单8、披单9、披单14、披单15、披单41、披单43、披单52、冀单27、冀单29、太合1号、农大66、高油6号、豫玉5号、90-1、鲁玉10、鲁玉12、鲁玉15、鲁原单13、烟单16、遗长10、遗长101、农大1236、京单401、津夏5、津夏7、陕高农3、豫玉11、鄂玉4、鄂玉5、鄂玉9、鄂玉11
Reid	披478	披单12、披单13、披单17、披单19、披单21、鲁原单15、鲁原单16、鲁试3、鲁试44、中单8、中单2996、晋单35、陕单15、陕单981、陕单912、豫玉12、豫玉14、豫玉18、豫玉23、豫玉28、郑192、鲁玉16、鲁单49、鲁单051、鲁单052、鄂玉7、鄂玉13
Reid	郑32	郑单8、郑单9、安玉3号
Reid	K22	陕单902改、陕单972、陕单9505
Reid	武109	陕单9、陕单11
Reid	郑58	郑单958
Reid	8001	披单20
Reid	冀815	冀单31
Reid	海218	唐抗8号
Reid	K14	陕911
Reid	京83	京单951
Reid	京89	京单601
兰卡斯特	Mo17	齐302、关17、豫20、中单2号
兰卡斯特	Oh43	承191、中7490
兰卡斯特	W59E	威凤322、鲁原单4号
兰卡斯特	自330	自改1、黄c、21087、京02、长3154、京杂6号、农大108

（续）

类群归属	自交系名称	育成品种
塘四平头	塘四平头	白双 1、白双 2、白双 3、白双 4、白双 5、白双 6、白双 8、白双 10、白双 11、白双 12、白双 13、白双 15、白双 16、白双 18、白双 20、白双 22、白双 23、白双 24、武玉 1 号、豫双 5 号、百农双一、聊三 1 号、白单 1 号、白单 4 号、群壮 101 和冀单 1 号
塘四平头	黄早四	高油 1 号、京早 1 号、烟单 14、津夏 1 号、津农 4 号、晋单 17、单 18、单 22、同早 1 号、同单 27、长单 34、新玉 8 号、冀单 10、冀单 15、冀单 16、冀单 18、冀单 22、冀单 24、冀承单 1 号、豫玉 1、豫玉 2、豫玉 3 号、鲁玉 1 号（烟单 15）、鲁玉 2 号（掖单 2 号）、鲁玉 3 号（聊玉 5 号）、鲁玉 4 号（莱农 4 号）、鲁玉 5 号（鲁原单 8 号）、鲁玉 7 号（鲁单 39）、鲁单 37、鲁单 38、鲁原单 9 号、鲁原三 2 号、东岳 16、掖单 3 号、掖单 4 号、掖单 16、昌单 7 号、昌单 8 号、西玉 5 号、吉单 122、塔玉 3 号、成黄三交、成单 9 号、南黄单交、七黄单交、矮七黄单交、宜单 4 号、宿单 1 号、皖单早 1 号、苏玉 1、6 号、育玉 1 号和沪单 5 号
塘四平头	黄野四 3	唐抗 3 号、唐单 1 号和冀单 28
塘四平头	H21	邢抗 2 号、鲁玉 10、鲁玉 16、鲁单 052、鲁原单 14、鲁原单 18 和鲁原 303
塘四平头	K12	陕单 902 改、陕单 9505/02、陕单 204/02、陕单 931、陕单 912、陕单 971、陕资 1 号和沈单 16
塘四平头	京 7	陕单 902、972 和豫玉 5 号
塘四平头	吉 853	鲁单 963
塘四平头	京 404	临单 13 和太特早 4 号
塘四平头	西 502	掖 9306、掖 9702、掖单 20、登海 1 号和西玉 3、西玉 4、西玉 13
塘四平头	黄 428	农大 66、四早 2、四早 8、四早 11、四早 12、白 111、延单 15
塘四平头	昌 7-2	豫玉 23、豫玉 24、济单 7 号和郑单 958
塘四平头	冀 35	冀单 9、冀单 31 和冀 7503
塘四平头	原辐黄	中原单 32 和鲁单 649
塘四平头	D 黄 212	中夏 1、中夏 2
塘四平头	红京 7 黄	忻抗 6 号
塘四平头	京 7 黄	鲁单 47、豫玉 12
塘四平头	黄 HOl	遗长 10
塘四平头	白早四	科单 102
塘四平头	改黄早四	改科单
塘四平头	四自四	京早 10
塘四平头	天涯 4	户单 4 号
塘四平头	自野四 2	冀单 17
塘四平头	黄早四一 15	冀单 23
塘四平头	D 黄	唐单 6 号、唐玉 6 号
塘四平头	齐 320	鲁玉 11

（续）

类群归属	自交系名称	育成品种
塘四平头	鲁原133	鲁玉13、鲁原单16
塘四平头	齐201	鲁单201
塘四平头	浚92-6	浚单18
塘四平头	齐137	53
塘四平头	黄早四—1	仁单2号、烟单16、烟单17、烟单18、烟单19、东岳19
塘四平头	双741	掖单5号、掖单51
塘四平头	双105	掖单21、掖单52
塘四平头	多27	掖单44、掖单53
塘四平头	5237	掖22
塘四平头	DH40	登海11
塘四平头	8723	登海9号
塘四平头	Lx9801	鲁单981
旅大红骨	矮金525	61、双1601、双741
旅大红骨	丹340	H201、H351、西502、西502-1331-196、5237、DHOS、D451、LX9801、掖单13、豫单9号、太合1号、豫玉31、掖单43、屯玉2号
旅大红骨	E28	郑22、豫玉7
旅大红骨	丹360改良系	360

（三）种质创新

玉米育种的基本前提是拥有丰富的遗传资源。中国玉米育种水平不断提高的一个重要原因就是中国育种家不断尝试新的杂种优势群种质系统和新的杂种优势模式的开发与创新。随着气候的变化，黄淮海地区玉米生产水平逐步提高，种植密度大幅增加，新的病虫害的出现和原有病虫害的加重，以及极端不利天气的频繁出现，致使现阶段黄淮海地区玉米育种核心种质的抗逆性和抗病虫害能力已不能适应生产发展需要，对其进行改良和创新势在必行。核心种质突出特点是配合力和综合抗性特别突出，遗传基础丰富，能够直接组配出有强优势的杂交组合，或者作为选系基础材料与其他种质杂交，选育不同生态类型的衍生自交系。随着中国玉米育种商业化的加快和国际间竞争的加剧，能否构建起自己的核心种质将成为今后在竞争中成败的关键。

随着郑单958、浚单20、鲁单981等玉米杂交种的育成以及在黄淮海地区的大面积推广种植，其相应的亲本自交系郑58、浚9058、浚248、昌7-2、浚92-6、浚92-8、齐319、LX9801因配合力高、综合抗性较好等优点被育种家们所重视，成为现阶段黄淮海地区玉米育种的核心种质。这些材料主要属于塘四平头系统、Reid系统和P群，杂优模式为Reid系统×塘四平头系统、P群×塘四平头系统，利用这些种质组配的组合丰产水平和抗逆能力等都较以前有了很大提高。随着时间的推移，这些主栽品种在生产中也表现出一些问题，如郑单958不抗锈病，浚单20不抗茎腐病，鲁单981产量潜力有待提高等。因此，如何对现有核心种质进行改良，选育出更优良的种质，培育出更理想的玉米新品种是玉米育种界亟待解决的难题。

利用地方品种种质改良。中国地方品种长期生长在封闭的生态环境中，使许多地方品种具有某一特殊的优良性状，例如，对某种生态条件的特殊适应性（耐荫蔽性、耐贫瘠、耐寒性、耐盐碱等）。因此，充分利用中国地方品种种质中的有利基因改良现有的核心种质，提高它们的抗逆性和抗病虫害能力，潜力巨大。黄野四是唐山市农业科学研究所以农家种野鸡红与墩子黄为抗原，与黄早四杂交，经过回交和自交从中选育而成。利用地方品种组配的杂交种唐抗5号在北京、天津、河北唐山地区大面积推广种植，种植时间长达十几年。

利用温带种质，尤其是美国先锋公司的杂交种进行改良。美国玉米带的玉米种质适应性广，配合力高。热带玉米种质包括中南美洲、非洲低纬度及东南亚地区的玉米种质。多数热带、亚热带玉米种质对病虫害如霜霉病、锈病、叶斑病、病毒病、粒腐病以及穗螟等具有较强的抗性，一些热带玉米种质的根系发达、茎秆坚韧，抗倒性和抗旱性较强。将热带、亚热带种质的有利特殊基因导入中国核心种质系统中，可以在较大程度上改变其农艺性状，提高其在生产上的适应能力。如伟科702以WK858为母本，798-1为父本杂交选育而成。母本是以（8001×郑58）×郑58为基础材料连续自交选育而成；父本来源于（昌7-2、K12、陕314、黄野四、吉853、9801）与高抗倒伏材料组配成育种小群体经连续二次混合授粉后的群体。伟科702于2012年通过国家三大玉米主产区审定，在黄淮海、东华北和西北三大玉米主产区的两年试验中，产量都是第一名；2013年被农业部确定为主导推介品种。

四、黄淮海平原玉米种子生产

（一）种子生产形势

玉米是中国主要的粮食作物之一，种植用种量大，是诸多种子企业生存的主要利润来源。近几年，随着种子企业的增加和审定品种的增多，玉米生产制种量不断扩大，加之套牌和散装等假冒伪劣种子泛滥，导致全国玉米种子连年供过于求，种子积压严重，企业生存陷入困境，整体产业出现疲软和萎缩的不利局面。以河南省为例分析玉米种子产业发展的现状和存在的问题。河南是农业大省，是以小麦、玉米为主的粮食主产省。全省主要农作物种植面积0.12亿 hm²，其中粮食作物种植面积0.11亿 hm²，总产达550多亿 kg。河南省还是小麦、杂交玉米种业大省，玉米杂交制种利用我国西北的甘肃、新疆、内蒙古等省份生态和土地资源优势，委托制种面积3.33万 hm²，产种2亿多 kg，除满足本省用种外，调出能力超过1亿 kg（梁增灵2013）。

种子库存及生产情况：2013年河南省种植面积在3.3万 hm²以上的品种有25个，依次是郑单958、浚单20、先玉335、伟科702、鑫玉16、吉祥1号、中科4号、浚单26、豫禾988、中科11、兼玉35、隆平206、滑玉11、洛单6号、登海605、滑玉12、浚单29、先科838、丰黎2008、郑单988、滑玉13、鑫丰6号、漯单9号、先科338和农华101，上述品种种子生产主要集中在 20 多家种子企业，种子生产基地集中在甘肃、新疆等地，多数委托合作伙伴生产（刘贵珍等，2014）。河南省 2013 年制种面积 2.3 万 hm² 左右，其中外省制种 2.1 万 hm²，比 2012 年减少 25% 左右，河南省内制种 0.2 万 hm²，比 2012 年减少 20% 左右。受多年种子生产过剩、库存量逐年加大的影响，郑单 958、浚单 20 等老品种繁种面积减少明显，而伟科 702、浚单 29 等新品种繁种面积快速增加。2013 年西北玉米制种基地受生长前期天气阴凉、开花授粉和籽粒灌浆季节持续高温影响，出现花期不调，制种单产减产 15%，预计 2.3 万 hm² 制种田生产种子 1.4 亿 kg，加上 2012 年库存种子 1.0 亿 kg，2014 年河南省玉米种子供应总量可达 2.3 亿 kg。

（二）骨干自交系的应用

1. 黄早四选育过程及应用 北京地区历来种白粒玉米小八趟、白马牙等品种，群众喜欢白粒玉米但当时夏播只有黄粒的墩子黄等农家品种，但发病重，产量低下，没有白粒夏播良种。1970 年南繁时，开始着手选育早熟夏播白单 4 号。由于当时白粒材料很少，可行的捷径是在大面积繁殖的塘四平头、埃及 205 中选早熟的相似材料来组配。1970 年冬在繁地选到了此类材料自交，这就是早四、早埃（"早四"是早熟塘四平头，"早埃"是早熟埃及 205 的简称）的最早来源，现在的黄早四是以早四为基本材料育成的。在 1970 年冬繁地共收自交 4 穗，收前观察此 4 株都具有塘四平头双穗、叶上冲、叶较宽和穗位偏高等相似性状，但比地里纯塘四平头早熟一周左右，矮 33 cm，无杂种优势，4 株之间无明显差异，且生长于同一大片繁殖地当年繁的塘四平头、埃及 205 纯度达 90% 以上。收获时去苞叶发现其中有一穗是黄白粒，当即黄白粒分开编号，这就是 1970 年冬获得的早四系统的早四 1、早四 2、早四 3、早四黄、早四白的 5 份原始材料。1971 年夏天此 5 份材料在北京夏播且相邻种植。当年夏播大斑病、小斑病严重发生，绝大多数材料散粉即枯黄早死，只有早四系统等几份材料青枝绿叶，果穗黄熟，抗病表现突出。因条件所限没有自交，为保存此材料只得从中选收 2 穗定名为早四杂 1、早四杂 2 参加南繁加代。1971 年冬天将早四杂 1、早四杂 2 在海南加代，据其抽丝期记载：早四杂 1 为 1 月 21 日，塘四平头为 2 月 2 日，表明此早四杂 1 确已遗传比塘四平头早熟一周以上的性状，与 1970 年冬得到的早四相似。1972 年早四杂 1-1 和早四杂 2-1 种在北京农科院试验地。为准备南繁材料，收前地里决选，此两系生长整齐，抗病、清秀、双穗、叶上冲、穗位偏高等性状与现今黄早四很难区别，且一些次要性状，比如花丝鲜红，亦已具备。因综合性状突出再次入选为重点并准备南繁。此后中国农业科学院和北京市农林科学院继续加代纯化自交，1974 年春将早四 1-1-1-1 按黄白粒分开定名为黄早四、白早四。1974 年冬在海南组配成京早 7 号，从此黄早四开始在生产上大面积应用（李遂生，1997）。

2. 昌 7-2 的选育过程及应用 优良玉米自交系昌 7-2 是安阳市农业科学研究所 1983 年以玉米单交种昌单 7 号（潍 95×黄早四）为基础材料，经过南北连续自交于 1986 年选育而成。昌 7-2 在类群划分上属于塘四平头系统，它继承了黄早四配合力高和雄穗发达的优点，克服了其易感红叶病和鞘紫斑病的缺点，是改良黄早四最成功的自交系之一。1983 年春，在安阳将昌单 7 号进行自交，得到 6 个自交穗 S_0。1983 年冬，带 2 个穗行去海南加代，得到 6 个自交穗 S_1。1984 年春，在所内种下 6 个穗行，并用 107、Mo17

测验种进行测配，同时进行自交加代得到 S_2。1984 年冬，海南继续自交进代 S_3。1985 年春，在所内种植海南加代的 4 个穗行，继续自交加代，淘汰 1 个穗行，自交 8 穗进代 S_4。1985 年冬，海南继续自交进代 S_5。1986 年春，所内继续整理种植进代 S_6，并用 Mo17、美 3184、E28 等自交系进行配合力测定．并定名为昌 7-2。优良玉米自交系昌 7-2 自育成以来，各育种单位利用该自交系先后育成了豫玉 23、豫玉 24、郑单 958、济单 7 号、郑单 18 等优良玉米新品种。昌 7-2 由于其配合力高，综合农艺性状优良，免疫和高抗玉米多种病害，对光、温、水反应迟钝，籽粒灌浆速度快，自身繁殖性状协调，花粉量大，散粉持续时间长，抗逆性强，适应性广，在中国的玉米育种领域发挥了巨大的作用（王永士等，2006）。

3. 郑 58 选育过程及应用　郑 58 是 1988 年在廿铺种子站从掖 478 的繁殖田里发现的一株杂株经 7 代套袋选育育成。也就是说郑 58 来自 478，但是郑 58 与 478 比较了除了保留了 478 根系发达、茎秆坚韧、含有致矮基因以及单株产量高和配合力高的特点外，其他方面较 478 有质的飞跃。478 晚熟，籽粒灌浆速度慢，青枯病重，叶部病害重，穗粒腐病重，可以说是百病缠身，但郑 58 早熟，灌浆速度较快，抗青枯病，叶部病害明显较轻，没有穗粒腐，抗粗缩病虽然仍较差，但优于 478，郑 58 的综合抗性在国内 Reid 群系中也算是比较好的。而且叶片比 478 窄，耐密性也明显优于 478。以郑 58 为母本，昌 7-2 为父本组配的郑单 958 连续十几年一直是国内第一大玉米品种，通过省级和国家审定的杂交种，累计推广面积已达 3 957 万 hm^2 以上。尤其其二环系组配的杂交种有 20 个以上通过了省级和国家审定。

4. 478 选育过程及应用　1985 年（海南），李登海等人以株型紧凑、抗倒性强的 8112 自交系作母本，以矮秆大穗 5003 自交系作父本组配基本材料，采用温室与南育相结合，扩大群体，加快选育世代，早代测比，边测边用，测用结合，共测配了 138 个自交系，从中选出包括掖单 12、掖单 13、掖单 19 等一大批组合，1989 年被众多育种单位应用，从此进入广泛应用阶段。478 自交系选育程序如下：1985 年 1 月（海南），8112×5003 组成基本材料；1985 年 4 月，S_0，种植基本材料，由基本材料选株自交 7 穗；1985 年 9 月（海南），S_1，获自交穗 35 穗，编号 85-1、85-2、…、85-7，继续自交；1986 年 1 月（海南），S_2，种植 35 个穗行，继续自交；1986 年 5 月，S_3，种植 128 个穗行，在自交的同时，对部分穗行进行配合力测定，共获测交组合 78 份；1986 年 10 月（海南），S_4，种植选系 202 个穗行，在自交的同时进行测交，共获测交组合 60 行，按目标性状进行淘汰选优，按系谱顺序编号；1987 年 3 月，S_5，当选穗行种植在温室，选优株自交并测交；1987 年 7 月，S_6，上代当选穗行继续种植，选优株自交，根据测交鉴定结果及目标性状，选中 85-3-5-1-4-7-8 定名为 478；1987 年 11 月（海南），S_7，继续自交稳定，并进行繁殖，对在测比鉴定中表现极优的组合 340×478、515×478 等进行复配；1988 年 5 月，S_8，继续自交稳定，同时进行繁种（李登海等，2005）。

5. 齐 319 选育过程及应用　20 世纪 80 年代后期，美国先锋公司选育玉米杂交种 78599 引入中国，并通过试验，具有高产、优质、抗倒，尤其是抗病性好等优良特性受到中国玉米育种家的青睐。山东省农业科学院的育种家经过多代自交选育方法，成功地选育出高抗高配合力齐 319 优良自交系（师公贤等，2004）。该系株高 170～180 cm，穗位高

70 cm 左右，株型较紧凑，植株健壮，根系发达，抗倒能力强，果穗大，雄穗花粉量好。齐 319 具有抗大斑病、小斑病、弯孢菌叶斑病，而且对玉米锈病等各种叶部病害表现免疫的特点。

6. K12 选育过程及应用　1983 年用早熟、叶挺、灌浆快、适应性好的优良自交系黄早四作母本，用长穗大粒玉米自交系潍春作父本配成单交组合，作为选育的基础材料。1984 年起在田间种植，采用系谱法与品系内轮回选择相结合的方法进行选系。1984—1985 年套袋自交，1986 年对中选的 F_3 代在不同环境条件下进行鉴定，当年从中选出最好的穗行在海南进行交互重组，形成新的优良基础群，并按照育种目标进行选育。经1984—1994 年北方与海南连续多代选育，选育出兼有黄早四叶片挺直、较早熟、灌浆快，潍春长穗大粒、品质优良、苗期长势强等双亲优点的新型自交系，定名为 K12。K12 高抗玉米大斑病、小斑病、粗缩病、丝黑穗病、茎腐病、穗粒腐病，对玉米生产区的几种主要病害综合抗性表现好。K12 自交系优点突出，农艺性状优良，其自身产量和配合力均高，已被省内外育种单位广泛利用，已经选育出一批杂交种。目前，国内用 K12 作亲本组配的杂交种已通过省审定推广的有陕单 911、陕单 902、陕单 931、陕资 1 号、秦单 4 号、陕单 16、陕单 308、沈单 10 号和沈单 16（李发民，2004）。

（三）代表性品种选育

1. 郑单 958 新品种选育及推广应用　在对国外引进的杂交种和自交系以及国内生产上应用的众多亲本自交系进行观察、鉴定和分析的基础上，确定以掖 478 作为选系的基础材料。1988 年采用系谱法，从掖 478 大田繁殖中选出变异杂穗 32 个。1989 年进行单穗编号种植，每个果穗种植 2 个小区，每个小区 40 株，以扩大基础材料种植群体增加选择的机会。在 S_2、S_3 代通过改变以往的选种圃稀植习惯，进行 75 000 株/hm² 的早代高密度加压种植，根据田间观察和室内考种结果选留株型紧凑（穗位以上茎叶夹角 20°以下、15°左右）、植株较矮、结实性好、偏早熟和抗性强、雄穗分枝少、透光性好、光能利用率高的植株和穗行。S_4、S_5 代继续自交选择。1996 年在 S_6 代进行配合力测定，选择配合力最高的穗系，经过进一步自交纯化，最后定名为郑 58。根据郑 58 自交系进行配合力测定结果，将其中增产最突出的杂交组合郑 58×昌 7-2 定名为郑单 958，系 Reid 群×塘四平头群杂优模式育成。2000 年起，郑单 958 先后通过国家和河南、河北、山东、辽宁、内蒙古、吉林和新疆 7 省份审（认）定，开始进行多省份大面积示范和快速推广。到 2005 年已累计推广面积达 900 万 hm²，平均每年递增 149.65 万 hm²，成为新中国成立以来黄淮海夏玉米区和全国种植面积最大的品种和中国第六次玉米品种更新换代的标志性品种（堵纯信等，2006）。到目前为止，仍然是国内种植面积最大的品种。

2. 鲁单 981 新品种选育及推广应用　20 世纪 80 年代以来，紧凑型玉米育种的发展，使得中小穗、紧凑型玉米杂交种在夏玉米区得到大面积推广。这种依靠提高密度增加单产、依靠中小果穗的植株生育期较早缩短生育期的思想丰富了玉米育种的理论，成为夏玉米区的另一种主要育种思路。然而，高密度玉米群体给玉米的生产管理带来了诸多不便，推广应用的面积受到一定限制。结合黄淮海的生产现状，山东省农业科学院玉米研究所制定了如下育种思路：培育大穗型高产、中早熟、抗病、抗倒玉米杂交种，在较为适中的种植密度下（如每公顷 45 000～60 000 株）实现玉米高产稳产的目标。然而，现有的育种材料中，高产大穗与早熟是一对较难解决的矛盾。为解决这个问题，孟昭东等在实践中采取了如下措施，达到了预期的目的：选育株型紧凑或半紧凑的中高秆、中大穗型玉米自交系或杂交种，在一定的密度下兼顾玉米单株和群体的生物产量，通过生物产量的提高来保障玉米的穗粒数和粒重。玉米生育期的长短一般与植株的叶片数存在着较大的相关性，通过筛选节间长而叶片数较少的自交系来保证育成的高秆大穗型杂交种具有一定的早熟性。孟昭东等认为，玉米也存在有限结实和无限结实两种结实习性。有限结实习性的玉米品种自身花期协调、吐丝齐而快，从而保证了良好的结实性。良好的结实性是玉米杂交种实现丰产、稳产的保证。采用有限结实性自交系可配制出有限结实性杂交种。鲁单 981 正交亲本系齐 319 选自国外的优良玉米杂交种 78599，该自交系配合力高、自身产量高、抗病、抗倒性好。强长势亲本自交系 Lx9801 的选系基础材料的配制思路，玉米品比试验中齐 319×502 和 319×H21 的田间丰产表现，均为黄改系的 502 和 H21 与齐 319 间均具有较强的杂种优势。然而 502 为无限结实习性的自交系，抗倒性差，但抗病性好；H21 为有限结实习性的自交系，抗倒性好，但抗病性差（重感玉米大斑病）。鉴于此，1993 年冬组配了 502×H21 这一杂交组合作为选系基础材料，经过几代精心选择、淘汰，育成了高配合力、中早熟、多抗性、强长势的优良玉米自交系 Lx9801。该自交系综合了 502 与 H21 的主要优点，具有很高的一般配合力和特殊配合力，其株型紧凑。该系高抗玉米大斑病、小斑病、花叶病毒病、黑粉病等病害，感锈病，轻感青枯病，感粗缩病毒病，活秆成熟。1996 年、1997 年冬季，在海南育种基地进行了齐 319 与 502/H21 S_2、齐 319 与 502/H21 S_4 代材料的测配。1997 年在山东省农业科学院玉米研究所中低肥水田的夏播玉米杂交种品比试验中，该杂交组合的平均小区产量折每公顷 10 875 kg，比对照种鲁单 052 增产 40.8%，居参试种第一位。1998 年中低肥水田的夏播玉米杂交种品比试验中平均小区产量折每公顷 10 200 kg，比对照种鲁单 052 增产 41.7%，居参试种第一位。1999 年送参山东省玉米杂交种区试，同年参加了全国玉米杂交种区域预备试验。2002 年 4 月，鲁单 981 同时通过山东省和河北省审定，审定编号分别为鲁农审字〔2002〕001 号和冀审玉 2002001 号（孟昭东等，2003）。2003 年通过国家和河南省农作物品种审定委员会审定，编号分别为国审玉 2003011、豫审玉 2003005。

3. 浚单 29 选育过程　浚单 29（浚 009）是河南省鹤壁市农业科学院于 2005 年初以自选系浚 313 作母本、浚 66 作父本组配而成的玉米单交种。母本浚 313 是以郑 58 作母本，78599 选系×掖 478 自交 4 代的二环系作父本，杂交后经过连续多代自交选育而成，聚合了具有抗病基因的 78599、具有高配合力的郑 58 和具有致矮基因的掖 478 等多个优良自交系的特点。父本浚 66 是从浚 926 中选择低穗位单株多代自交选育而成，较浚 926 具有较强的抗倒性。因此，浚单 29 聚合了国内先进玉米杂交种所具备的耐密抗倒优良性状。浚单 29 于 2007—2008 年参加河南省夏玉米区域试验和生产试验，2008—2009 年参加黄淮海夏玉米区域试验和生产试验。结果表明，该品种是一个株型紧凑、耐密高产、优质多抗、适应性广的玉米杂交种，增产潜力大，具有广阔的推广前景。2009 年 4 月通过河南省农作物品种审定委员会审定，编号为豫审玉 2009029。2010 年"高产优质高抗玉米新品种浚单 29 综合配套栽培技术研究"被科技部列为国家农业科技成果转化资金项目。

（四）制种程序

1. 确定品种 玉米产业在确保国家粮食安全和促进农民增收中具有举足轻重的作用。提高玉米单产最关键的措施是提高良种覆盖率，因此，抓好玉米种子生产、提高玉米种子质量，对确保农业生产安全和农业增产增效具有重要的现实意义。黄淮海平原种植面积比较大的玉米品种有郑单958、浚单20、先玉335、登海605、隆平206、鲁单981、蠡玉16、中科11、伟科702、农大108、中单909等。在玉米种子生产过程中，必须建立规范的繁育程序，必须严把田间监督检验关，提高杂交种质量，满足生产需要。

2. 繁育自交系 为了繁育高质量的亲本自交系种子，对自交系繁育的全过程必须建立规范的繁育程序。玉米自交系种子分为4级，即育种家种子（原原种）、原种、良种和制种田用亲本，其繁制生产程序为：育种家种子（套繁）→原种（穗系鉴定）→良种（混繁）→生产制种田用亲本，以3～4个世代为一循环周期。一般从育种家种子开始进行田间单株套袋繁制生产原种；用原种穗系套袋自交或姊妹交，淘汰不具备典型性状的穗系后获得良种；用良种选择合适隔离区混繁来生产制种田用亲本。

（1）自交系种子繁制的保障措施

① 规范管理。对玉米自交系种子的来源和数量要进行严格详细的档案登记管理。

② 种植鉴定。对自交系种子的特征特性要进行准确的田间种植鉴定，观察其适应性和生产力表现，掌握其生育期差异等。

③ 田间考察。对自交系种子的质量要进行规范的田间考察和室内检测，决定该批自交系种子的生产程序和种植规模等。

④ 抗性调查。对自交系的抗病性、抗逆性等进行调查。例如，通过改变自交系的播种时间来避开高温高湿季节，观察其抽穗状况、成熟时间等影响的程度，或者通过"南种北繁"异地种植方式来解决其抗病性、抗逆性等问题。

⑤ 株系选择。在繁制过程中，加强人工选择力度，通过巩固和积累优良性状来提高种子质量。选择植株生长良好、纯度较高的地块，采取特殊的肥水管理措施，依据植株形状、果穗性状、成熟早晚、抗性强弱等加大选择力度，单独采收，选择具有典型性状的果穗混脱后单独贮藏，作为繁制用种。

（2）自交系繁制的技术措施 自交系繁育必须始终采取严格隔离和彻底去杂的过硬手段，建立严格的规章制度，采用科学的技术措施，选派认真负责的技术人员进行操作管理。

① 选择基地。繁制自交系种子首先必须选择隔离条件符合要求的基地，一般使用空间隔离和自然屏障隔离，严格每一级别亲本种子的隔离距离。其次繁制基地应土地肥沃，排灌方便，病虫危害相对较轻。

② 适时播种。依据自交系的特征特性和本地区的气候条件确定适应的播种时间。播种时，一定要精细整地，施足底肥，最好机械播种，做到深浅一致，播种均匀，力求一次播种保全苗，使苗齐、苗壮，保证高产，又使杂株容易辨认。对于个别雌雄花期不协调的品系需进行花期调整，通常错期播种可以互为延长花粉散粉时间。生育期不同的自交系应选择不同播种时间，有的品种生育期短，如果早播，会产生早衰现象，散粉期间又容易碰

上雨水集中季节，使授粉效果不好。辽西地区如播种太晚又容易发生冻害而致成熟度不足。

③ 去杂去劣。生产过程中通过对照该自交系的品种标准，坚持分期严格去杂。去杂人员需充分熟悉自交系在田间不同生产期和成熟后穗粒的典型性状，准确地识别和及时去杂。苗期结合间苗、定苗，根据幼苗长势、叶形、叶面颜色等特征去掉杂苗、劣苗和疑似苗；拔节期是杂株特征表现充分的时期，要进行 2～3 次的彻底干净去杂；抽穗期要注意去掉花苗护粒及颜色特别的变异株、可疑株；收获后根据穗型、轴色、粒形、粒色等剔除杂株。

④ 隔行去雄。在抽雄期对繁制自交系的地块隔行去雄，可以提高产量。对没有去雄的亲本行严格去除杂株，在抽雄散粉前对其株型、株高、穗位高、生产时期、雌雄穗性状等特征特性进行严格的逐行逐株考察，疑似异株彻底去除，同时重视去除劣株和病株。

⑤ 收获果穗。为了避免人为混杂和机械混杂，建议直接收获果穗，收获后要经过精心的穗选，以保证种子质量。去除杂穗后进行手工脱粒。在特殊区域或特殊气候条件下，可采用覆盖地膜、扒皮晾晒等措施，以保证籽粒成熟，加快脱水，从而提高种子的产量和质量。

3. 杂交制种 玉米生产采用杂交种的杂交优势来获得高产。由于玉米是雌雄同株异花授粉作物，易发生串粉、混杂、退化，从而降低杂交种的增产幅度。因此，在玉米杂交种繁育和制种过程中必须严把田间监督检验关，千方百计提高杂交种质量，满足生产需要。

（1）亲本种子管理 亲本种子的纯度是决定玉米杂交种质量的主要因素。亲本种子的生产在选择隔离区时应严格保证其安全距离。生产过程中要严格多次去杂，以保证亲本种子的纯度，田间杂株在拔节前开始去除，最迟在散粉前必须全部拔除，对质量不达标的地块坚决予以报废处理。同时，每年有计划地对自交系进行套袋提纯。在收获和入库过程中，做好标记，防止混杂，派专人管理，为生产高质量杂交种打下基础。在发放亲本种子的时候，技术人员要充分了解各户情况，并且父本、母本分开发放，防止农民播种时混杂。而且要分批定量发放亲本，以防止在技术员不知情的情况下非法繁育杂交种。

（2）隔离区的选择 自然情况下，玉米易串粉混杂。所以，在生产上，播种前要选好地块、设置好安全隔离区，一般情况下采用的是自然隔离和不育系隔离，距离一般在150～200 m，技术人员要在制种田出苗后，逐地块进行复查，确保隔离达标。对于风口处可以适当增加隔离区的距离，以保证品质的纯度。

（3）严格按要求播种 由于杂交种亲本的血缘不同，导致父本、母本花期的不同，所以要让父本、母本的花期相遇，那么就要求父本、母本错期播种。

① 先种开花较晚的亲本，隔一定日数再种另一亲本。错期播种的天数，因杂交组合亲本生育期的早晚、播种季节、气候、土壤、墒情等条件的不同而不同。制种区父本、母本花期相遇是制种成败的关键。在错期播种时应遵循"宁可母等父，不要父等母"的原则。

②提高播种质量，保证一次全苗。玉米自交系种子萌发力弱、出苗慢、苗期生长势差，必须提高播种质量。同时，一次全苗，植株生长均匀、整齐一致，花期集中，花期相

遇好，可以缩短去雄时间，提高制种质量。

（4）严格去杂　提高杂交种子纯度，要严格去杂。去杂工作在玉米的整个生育期都要进行。

苗期技术人员负责对苗的基本特性进行介绍，农户间苗时根据这些性状，坚持"去大、去小、留中间"的原则，在苗期进行第一次去杂。

拔节期开始根据株型、株高、主脉颜色及长势去杂，去掉优势株、弱小株和疑似株。去杂去劣要在雄穗散粉之前结束，拔除的杂株应带到制种区外。

果穗收回后，根据穗型、轴色等特征去除杂劣果穗。

（5）及时去雄　去雄对于制种田尤为重要，是杂交种生产的关键所在。母本去雄是否及时、干净、彻底，是杂交种纯度能否达标的最直观体现。一般母本雄穗露出顶叶约 1/3 即可去雄，但可根据母本开花习性，适当提早或推迟，去雄时一般采取摸苞去雄法。去雄时注意不漏分枝，一株一次拔净，拔出的雄穗要装在布袋内拿到制种田外埋掉或做沤肥料，不要在制种田四周乱丢，以免串粉。有漏抽的散粉株，周围 5 m 吐丝的母本植株全部砍除。技术人员要全程监督管理，以确保种子的纯度。

（6）充分晾晒　制种田果穗成熟后要及时收获，收获后采取高茬晾晒的措施，在晾晒过程中要保证种子通风、透气、不受潮、不变质、不遭鼠灾、不混杂。这就要选择田间通风好的地方作为晾晒场，这样才能使种子含水量在霜冻期到来之前降到安全水分。另外，雨雪天气需要对种子进行遮盖。

（五）黄淮海平原玉米种子生产基地

1. 黄淮海各地玉米种子生产权威机构和著名企业简介　河南省由于杂交玉米夏季制种产量较西北制种产量较低，自然隔离条件差，主要在西北的甘肃、内蒙古等省份建立玉米种子基地或委托制种。据对 19 家种子企业制种调查，2012 年河南省内种子企业在西北制种 3.2 万 hm²，比 2011 年的 3.73 万 hm² 减少了 0.53 万 hm²，减幅 14%。西北制种基地气候适宜，风调雨顺，制种结实性好，病虫危害轻，产量高，种子生产总量 2.5 亿多千克。2012 年制种面积较大的品种：郑单 958 制种 1.27 万 hm²、产种 8 550 万 kg，比 2011 年 1.47 万 hm² 减少 0.2 万 hm²；浚单 20 制种 0.2 万 hm²、产种 1 350 万 kg，比 2011 年 0.27 万 hm² 减少 0.07 万 hm²；豫禾 988 制种 0.15 万 hm²、产种 1 035 万 kg；浚单 26 制种 0.1 万 hm²、产种 675 万 kg；滑丰 11 制种 0.09 万 hm²、产种 650 万 kg（梁增灵，2013）。

（1）河南省玉米相关的著名企业

① 河南秋乐种业科技股份有限公司。其是以河南省农业高新技术集团为第一大股东，联合河南省有实力的 20 多家农业科研单位、创投公司、公司核心团队等共同持股的育繁推一体化种子企业。目前总注册资本 1.308 6 亿元、总资产 5 亿多元。企业规模、加工能力、销售收入、科研投入、市场份额等多项指标稳居河南省首位、中国种业市场前列。秋乐种业主营玉米、小麦、花生、棉花、大豆、油菜、芝麻等主要农作物种子，其中玉米杂交种子是公司的拳头产品。下属公司有甘肃秋乐种业有限公司、河南金娃娃种业有限公司、河南豫研种子科技有限公司和河南维特种子有限公司等 4 个全资子公司以及河南秋乐种业科学研究院等 5 个分公司和 15 个办事处，销售网络遍布全国 20 多个省份。自 2000

年成立之日起，秋乐种业就秉承"依靠科技进步，服务农业农民"的经营理念，坚持"创新、诚信、共赢"的核心价值观，以"做中国农民最喜欢的种子企业"为发展愿景，品牌美誉度逐年提高。秋乐种业先后被认定为河南省农业产业化龙头企业、河南省高新技术企业、河南省著名商标、中国种业骨干企业、农业部首批育繁推一体化企业、中国种业AAA信用企业。2012年10月，该企业技术中心被国家发展改革委员会、科学技术部等部委联合认定为国家级企业技术中心。作为首批由企业承担的农业部黄淮海主要作物遗传育种重点实验室在公司落户。2013年9月，秋乐种业被中国种子协会认定为中国种业信用明星企业，名列全国种子企业第九位。2013年12月，"秋乐"商标被国家工商行政管理局认定为中国驰名商标。2014年8月18日，公司股票成功在全国中小企业股份转让系统（又称"新三板"）挂牌，正式进入资本市场。公司股份简称：秋乐种业，股份代码：831087。"新三板"是继沪深交易所之后，国务院批准设立的第三家全国性证券交易场所，是建立成熟的多层次资本市场的一部分。公司将通过收购的形式，弥补一些科研力量和市场力量的不足，研发出若干优良品种，为中国粮食安全、世界粮食安全做出应有的贡献；未来10年，秋乐要发展成为国内前茅、走向世界的种业龙头企业。公司将在募集研发和发展资金方面获得更多优势，资本的力量也将成为推进河南种业行业整合的重要力量。

② 河南金博士种业股份有限公司。创建于2001年，坐落在郑州国家经济技术开发区商英街58号。公司是一家主要经营种子的科研、生产、加工、营销服务于一体的民营种子企业，具有农业部颁发的育繁推一体化经营许可证及种子进出口许可证。在董事长闫永生先生的带领下，十多年的快速发展使公司净资产增长50多倍。现旗下独资分、子公司12家，参股公司4家，市场营销网络遍及全国，建立了涵盖种子育种、制种、精选分装、质量检验及销售的完善监督体系及质量保证体系，加快了种子分级、分类、单粒播种的进程，为公司的持续高效发展提供了有力保障。公司具有先进的管理模式、优秀的员工队伍、强大的技术力量、一流的加工设备、精良的检验仪器、完善的仓储设施，初步实现了品种名优化、产品系列化、布局区域化、加工机械化、质量标准化、营销品牌化，产品持续获得广大农民好评。金博士种业先后获得中国种业五十强、河南省农业产业化省级龙头企业、河南省著名商标、中国种业骨干企业、河南省高新技术企业、中国种子协会AAA级信用企业、中国种业信用骨干企业等数十项荣誉，是中国种子协会理事单位、河南种业商会副会长单位，企业信誉良好。在新的发展形势下，金博士种业注重科研能力提升，科研水平快速提高。为此公司先后参股了由农业部牵头组织成立的中玉科企联合（北京）种业技术有限公司、中玉金标记（北京）生物技术股份有限公司，筹资组建了三条国家绿色通道测试体系，加快推出新品种的步伐。公司拥有优良的品种及合理的品种结构，目前经营的主要农作物种子品种29个，其中玉米种子品种12个、小麦品种4个、水稻品种11个、棉花品种2个。玉米品种主要包括郑单958、金博士658、秀青74-9、蠡玉37、齐单1号、良玉22等，其中郑单958为中国推广面积最大的玉米种子，也是公司现阶段的主导品种，其他品种中有2个为国家审定品种，其余为各主要玉米产地的区域审定品种。公司已经形成主导品种持续稳定发展，多个优良品种组成的后续梯队快速增长，小麦和水稻种子业务逐步增加的经营格局。公司已建立自主研发和对外合作研发相结合的研发体系，研发能力不断提升。2011年，公司参加国家及各省区试、预试的玉米品种39个、小

麦品种 7 个、水稻品种 3 个；2010 年至今，公司已取得植物新品种权 1 项，自主及合作选育经审定或引种认定的新品种 4 个。2015 年公司自主研发的新品种金博士 781、与科企合作的中单 856 和京粳 1 号已通过国家审定，金博士 963、金博士 688 已分别通过河北省、辽宁省审定。除此之外，公司新品种还有 14 个之多。公司拥有优质稳定的制种基地。其中，玉米制种基地位于中国最重要的玉米制种基地甘肃省张掖市，并于 2011 年开始在新疆开辟第二基地；公司小麦制种基地主要位于中国小麦种植第一大省河南省，水稻制种基地主要位于江苏、四川等优质水稻制种地区。公司建立了涵盖种子育种、制种、加工及销售的质量管理体系以及完善的种子质量检验监督体系，保证了公司产品质量的高水平及稳定性，为公司的持续稳定发展提供了有力保障。经过长期坚持和努力，公司依靠优良稳定的产品质量、诚信的市场行为和良好的服务等，使金博士成为中国玉米主要产区的优秀品牌之一。公司良好的信誉和品牌优势为公司产品持续改进创新、玉米新品种及小麦、水稻的推广奠定了坚实的基础。金博士种业靠良好的产品品质，诚实守信的经营理念，互惠互利的经营原则，以求实、创新、卓越、勤奋的创业精神，致力于中国种子事业，提高国际竞争力，目前已经发展成为一个安全新型的、业内公认的国内一流的种业公司。金博士种业一定秉承公司优良传统，以高科技和新品质，切实做好服务于农民，服务于农村，为中国民族种业的振兴，为中国农业的发展做出更大的努力与贡献。

③ 河南金苑种业有限公司。成立于 2004 年，是以玉米育种研发为核心竞争力，专注于玉米种子育繁推一体化的现代种业公司。注册资本 1 亿元人民币，具有农业部核发的农作物种子经营许可证。2014 年度营业收入 2.4 亿元。公司注册商标"金诚苑""郑品"。金苑种业于 2006 年被河南省科技厅认定为高新技术企业，在 2011 年和 2012 年，先后被认定为河南省玉米商业育种工程技术中心、郑州市工程技术研究中心，同时承担着国家科技部"国家农业成果转化项目""河南省 2013 年重大科技专项"及市级重大攻关等项目，2014 年荣获农业产业化省重点龙头企业。金苑种业注重科技创新和成果转化，并与国内知名育种单位建立了长期合作育种关系。公司已初步建立起常规技术与生物技术相结合的先进育种技术体系和商业化育种管理模式，已建立起专业化、标准化、现代化、区域化的科研与测试体系，聚集了一批具有国际化视野的科研人才队伍。公司在黄淮海玉米夏播区及海南、甘肃、辽宁建立独立标准化育种站 8 个，总面积 87.3 hm²，独立及合作建成标准化测试点 76 个；投资近 300 万元建成分子生物育种实验室一座，投资 100 多万元建成科研数据自动采集和分析系统。金苑种业专业育种队伍 15 人，其中硕士以上中高级技术人员 8 名。金苑种业近年来育成的伟科、金诚两大系列 8 个玉米杂交种通过国家和有关省份审定，公司推广的产品伟科 702 已通过国家三大主产区审定，是近 20 年来国家审定通过面积最大的玉米品种。伟科 702 以其高产、稳产、抗病性强的特点，成为全国玉米种植主导品种。目前公司有 23 个玉米新组合正在参加国家及有关省预试、区试及生产试验，其中金诚 12、金诚 22、金诚 6 号均为公司拥有独立知识产权、高产、优质、多抗、广适和适应机械化作业、设施化栽培的新一代、新类型玉米杂交种。金苑种业在甘肃、新疆拥有 5 万多亩①稳定的杂交玉米制种基地，在河南新乡投资 6 000 多万元，新建占地 8 hm²、

---

① 亩为非法定计量单位，1 亩 ≈ 667 m²。

具有年加工能力5万t的大型现代种子加工贮运中心，集种子贮运、冷藏、干燥、分级、精选、包衣、自动数粒包装，及自动数码物流控制系统于一体的，配套有全流程的质量监控体系。金苑种业营销网络已覆盖中国主要玉米主产区，逐步建立较为完善的营销和技术服务体系，已成功建立农艺服务示范县150多个，科技示范户1万户以上。在玉米生产的各个关键时期，每年组织近千名县级经销商、近万名乡村级零售商和数百名农业大中专院校学生分别给农民进行培训、技术指导和服务。近几年来，金苑种业直接参与组织的农民技术培训年达到1万多场次，培训农民60万人次以上。金苑种业现有员工100多人，全部为大专以上学历，组成了团结、创新、年轻、奋进的团队。金苑种业依照现代企业制度，建立健全科学组织架构下的决策、监督和管理体系，实现了研发、生产、加工、营销、行政管理、财务管理、质量检验检测等部门的管理流程化、标准化；在行政管理、财务管理、物流管理均实现了信息化、自动化。金苑种业以"做农民放心的好种子"为愿景，在董事长康广华、总经理焦学俭的带领下，始终坚持"诚信、创新、合作、共赢"的经营理念和"把产品用合适的方法推广到适宜的区域"的营销理念，做好技术营销、全程服务，为农民增收和农业发展贡献力量。

④河南永优种业科技有限公司。鹤壁市委、市政府为贯彻落实2011年温家宝总理到鹤壁市农业科学院调研时，为浚单系列玉米品种题名"永优"，做出让我们选育的玉米品种"永远是优质产品，永远走在前面"的指示精神，以市农科院种质资源和雄厚的科研力量为基础，整合区域内优势种子企业资源，组建了注册资本1.2亿元的河南永优种业科技有限公司，2013年3月被农业部批准为全国育繁推一体化种子企业。公司坚持以科研创新引领企业发展，拥有中国种业十大功勋人物首席专家程相文研究员为核心、多层次科研人员通力协作的创新团队，是国家玉米改良中心郑州分中心分子育种基地、河南省玉米遗传改良院士工作站、博士后研发基地、河南省玉米良种培育工程技术中心、河南科技学院小麦中心试验基地。公司先后选育出14个国家和省级审定品种，一批有苗头新品种（系）正在参加区试和生产试验，玉米育种水平跃入全国先进行列。公司在鹤壁拥有科研用地800余亩，海南三亚12 hm²，在黄淮海、东北、西南几大玉米生态区建有品种测试鉴定网络；在西北组建了控股的种子生产公司；拥有标准化的仓储设施、先进的种子加工生产线和检验仪器、严格的质量控制体系、专业的技术人员、优秀的营销团队，在全国设立了河南、河北、山东、东北、晋陕、鄂苏皖六大营销中心，产品销售覆盖十几个省份；围绕玉米、小麦两大作物构建了集品种选育、种子生产、销售服务于一体的产业化发展格局。公司拥有的"永优""浚单"商标被评为河南省著名商标，"浚玉"商标被评为鹤壁市知名商标，是农业产业化省重点龙头企业、国家级守合同重信用企业、河南省诚信种子企业。公司以科技和诚信服务中国农业、农民，坚持创新、服务、诚信、共赢，立足黄淮海，面向全国，走向世界，努力打造民族种业永优品牌。

⑤河南滑丰种业科技有限公司。是由农业部颁证的全国育繁推一体化种子企业，注册资金1亿元，集科研、生产、销售、服务于一体，面向全国经营。公司位于滑县南环路北侧，占地约10 hm²。建有标准化仓库、种子加工车间、低温低湿库等，拥有国内先进的大型种子加工生产流水线及种子检验检测仪器设备。拥有自己的科研育种机构，成立了

经中国农学会批准、在省科技厅备案的院士专家农业企业工作站,在海南建立了占地 2.67 hm² 的育种中心,在滑县建有占地 13.33 hm² 的科技示范园。在滑县建有小麦种子繁育基地,在新疆、甘肃建有玉米制种基地。形成"一站,一中心,两基地"的格局,实现了"南育北繁"。近年来,在各级领导的正确领导下,河南滑丰种业与时俱进,开拓进取,先后获得中国种业信用骨干企业、农业产业化国家重点龙头企业、首批中国种子企业信用评价 AAA 级信用企业、全国守合同重信用企业等荣誉;注册的"滑丰"商标荣获中国驰名商标,"滑玉"商标荣获河南省著名商标;已通过质量、安全管理、环境职业健康三体系认证;生产的"滑丰""滑玉""豫龙凤"牌种子不仅满足当地的需要,还畅销豫、皖、苏、鲁、晋、冀、鄂、陕等省份的 800 多个市县,成为农民首选品牌。每年增加社会效益 13 亿元,累计增加社会效益 100 多亿元。公司以科技创新为支撑,目前已培育出通过国审或不同省份审(认)定的玉米、小麦等农作物新品种 20 多个,并在农业生产上得到大面积推广应用,产生了良好的社会和经济效益。另外,还有 30 多个玉米、小麦新品种(新组合)正在参加国家、省(市)试验。

(2)山东省种业著名企业 近年来随着山东省畜牧业以及玉米深加工企业的不断发展,玉米逐渐成为该省重要的粮食作物和饲料作物,在山东省的农业生产中占据越来越重要的地位,玉米生产的好坏在很大程度上直接影响着山东省农业生产的发展。目前,山东省玉米种植区主要集中在德州、潍坊、聊城、菏泽、济宁、临沂、青岛 7 个地区,2012年 7 个地区的玉米播种总面积为 232.4 万 hm²,总产量为 1 655 万 t,面积占比高达77%,产量占比达 83%(朱峰等,2015)。山东省的玉米制种不能满足本省的种量需求,是一个典型的自产加外调的省份。总结近些年山东省玉米杂交种的生产形势,呈现以下特点:生产规模小、面积分散;受自然条件、质量意识和管理水平等因素影响大,产量水平低;制种基地不稳定,合同履约率低;缺少专业的生产公司,专业化水平低。

山东省玉米相关的著名企业有:

① 山东登海种业股份有限公司。是著名玉米育种和栽培专家李登海创建的农业高科技上市企业,位居中国种业五十强第三位,是国家认定企业技术中心、国家玉米工程技术研究中心(山东)、国家玉米新品种技术研究推广中心和国家首批创新型试点企业。1985年,李登海率先在中国成立了第一个民营玉米产业化的种子企业,并成为农业部育繁推销一体化试点单位。公司长期致力于玉米育种与高产栽培研究工作,在国内率先开展紧凑型玉米育种,以一年 3~4 代的育种速度开辟了中国玉米育种的创新事业,总结出"紧凑株型+高配合力"的玉米育种理论。现已选育出 100 多个紧凑型玉米杂交种,其中 43 个通过审定,获得 7 项发明专利和 38 项植物新品种权。为确保育种工作再上台阶,在全国设立了32 处育种中心和试验站,建设成遍布全国的国内最大的玉米育种科研平台,拥有 216 名科研人员,其中 9 名研究员享受国务院特殊津贴。公司与国内大专院校广泛合作,开展转基因、分子标记、单倍体诱导、细胞工程、辐射、航天等高技术育种研究工作,取得了突出成果。该公司连续 36 年持续、不间断地进行玉米高产栽培攻关研究,开创了中国玉米高产道路。连续 7 次创造和刷新了中国夏玉米高产纪录:1972 年玉米首次突破千斤(500 kg)大关;1979 年利用自育的掖单 2 号首次突破平展型玉米的高产纪录,创出了

11 653.5 kg/hm² 的国内夏玉米高产纪录；1980 年创造了 13 554 kg/hm² 的国内春玉米高产纪录；1989 年创造了 16 444.35 kg/hm² 的世界夏玉米高产纪录，2005 年再次将世界夏玉米高产纪录提高到 21 042.9 kg/hm²，是全国当年玉米平均产量（5 287.35 kg/hm²）的 4 倍。目前全世界只有两家公司连续多年进行玉米高产攻关探索，一个是美国先锋种子公司（始于 1926 年），另一个就是中国的登海种业公司（始于 1972 年）。鉴于登海种业在紧凑型玉米育种与高产栽培研究方面具有的突出自主创新能力，2007 年山东省委、省政府将该公司负责人确定为泰山学者岗位。在长期从事科研的过程中，登海种业取得了突出的成就，在中国率先进行了紧凑型玉米替代平展型玉米等 5 个突破的研究，引领了紧凑型替代平展型玉米的育种方向。率先将玉米育种与高产栽培相结合，开创了紧凑型玉米育种的先河和利用良种良法配套栽培技术进行高产攻关的玉米高产道路。为充分利用黄淮海区的光热资源，开展了小麦、玉米一年两季创高产栽培研究工作，连续 16 年一年两季亩产突破吨半粮，实现了从一亩地养活 1 个人到一亩地养活 4 个人的转变。首次突破夏玉米亩产吨粮的掖单 12、掖单 13 被农业部确定"八五"期间推广紧凑型玉米 666.7 万 hm²，增产粮食 100 亿 kg 项目的主推品种。登海种业先后获得国家科技进步一等奖、国家星火一等奖、山东省科技进步一等奖等 25 项国家及省部级奖励，李登海获 2006 年度山东省科学技术最高奖。"九五"以来，先后承担国家、省部级课题 41 项，其中"863"计划、国家科技支撑计划等国家级课题 16 项，达到了国家级科研单位的水平，2007 年公司最新研制的"超级玉米"已被科学技术部列为"十一五"国家科技支撑计划重点项目。公司注重产品质量，推行品牌战略，严格执行 ISO9001：2 000 质量管理体系标准，实施全程质量监控。"登海"牌商标被评为中国驰名商标；"登海"牌玉米良种被评为山东省名牌产品。公司育成的紧凑型玉米杂交种累计推广面积 10 亿多亩，为国家增加社会经济效益 1 000 多亿元。为进一步提高种子的生产质量，登海种业先后在甘肃、内蒙古中西部地区、宁夏、新疆等地投资建设了自己的生产基地和子（分）公司，使企业规模迅速扩大。在国际合作方面，与美国先锋公司合资成立了由登海种业控股的山东登海先锋种业有限公司。今天的登海种业，面对全球经济一体化的挑战，积极学习发达国家跨国种业集团的先进经验，进行机构的改革和机制的转变，进行由普通型的育种向市场竞争力强（包括超级玉米）的品种选育方向转变，由代繁代制的基地生产向自繁自制的生产基地转变，由普通生产加工方式向烘干加工生产高质量的种子方向转变，由卖斤向卖粒的方向转变，由按重量包装向按粒包装转变，由多量播种向精量播种转变，由种子的低价位向高质量高价位的种价转变（降低单位面积用种量，不损害农民利益）。同时加速在种质创新和市场服务等方面的建设，以不断创新、一切为种子用户服务为己任，加强与国家大专院校、科研单位及具有创新能力的公司和农技推广部门合作，加速超级玉米的研发和推广，将登海种业建设和发展成为保障国家粮食安全和食物安全、具有国内和国际市场竞争力的产业化公司，为中国玉米生产和农业丰收做出新的贡献。

② 山东鑫丰种业股份有限公司。是国家首批育繁推一体化种子企业、中国种子行业 AAA 级信用企业、中国种业信用骨干企业，注册资金 10 018 万元人民币。现有企业员工 106 人，其中，高、中级技术人员 38 人。公司下辖山东鑫丰农业科学研究院、山东鑫丰种业海南育种站、山东鑫丰种业农作物新品种（莘县）试验站、山东鑫丰种业（酒泉）玉

米种加工厂、山东鑫丰种业（莘县）蔬菜种苗繁育基地、山东鑫丰种业丹东试验站、鑫丰种业公司济南玉米育种中心、山东鑫丰种业杭州生物技术玉米试验室等机构。是国家玉米品种审定绿色通道设立单位，是聊城市玉米生物育种工程试验室、聊城市玉米新品种选育工程技术研究中心依托单位，是聊城大学种子科学与工程专业实践教学基地。在山东章丘、河北抚宁、四川内江、辽宁海城等不同生态区设有 53 处玉米新品种测试点。建有甘肃、新疆玉米制种基地各一处，莘县玉米制种、小麦良繁基地各一处，拥有国内先进的大型种子综合加工流水线 4 条。公司主导产品齐单、鑫丰系列玉米杂交种，鑫麦系列小麦良种，鑫研系列蔬菜种苗。产品畅销鲁、冀、豫、吉、辽、京、津、皖、赣、川、渝等 17 个省份。公司技术力量雄厚、检测手段完备，加工设备先进，管理制度严格，售后服务一流。多年来，公司坚持走科学发展、可持续发展道路，外聘专家、内强素质、加大科研投入、积极引进优质种质资源，致力于培育具有自主知识产权的品种。在上级领导和有关专家的关心、支持、帮助下，经过该公司全体员工的共同努力，育种成果层出不穷，生产经营连年向好，走上了健康、快速发展之路。目前，该公司拥有玉米、小麦、蔬菜育种材料 30 000 余份，已通过审（认）定品种 10 个，其中国审玉米新品种两个和国审小麦品种 1 个。公司先后荣获山东省高新技术企业、山东省农业产业化重点龙头企业、山东省消费者满意单位、山东省守合同重信用企业、山东十佳三农企业、山东种业十大品牌民营企业、山东最具发展潜力民营企业、聊城市农业产业化先进龙头企业、聊城市农业科技创新型龙头企业、聊城市科技型中小企业、市级守合同重信用企业、聊城市劳动关系和谐企业等称号。"鑫丰"商标连续 3 届被评为山东省著名商标。公司秉承诚信、质量、创新、卓越的发展理念，艰苦创新，自我加压，奋力赶超，持续为农民提供更多更优良的品种，力争为国家粮食生产与社会发展做出更大的贡献。

（3）河北省种业著名企业　河北省地处中国玉米种植带中北方春玉米区和黄淮海夏玉米区中间过渡地带，种植区划复杂，有冀北（包括张家口、承德、唐山和秦皇岛北部）和冀西（太行山区）春播玉米区、唐山和秦皇岛南部春夏播玉米混种区、冀中南夏播玉米区等。2013 年全省玉米播种面积 325 万 hm²，主推品种有郑单 958、浚单 20、先玉 335、石玉 9 号、邯丰 79、石玉 7 号、蠡玉 35 等，生产上年种植面积在 3 万 hm² 以上的玉米品种达 30 多个。近年来有少数品种集中推广种植，如郑单 958、浚单 20 和先玉 335，2013 年在河北省播种面积占全省玉米总面积的 40％以上。2013 年河北省落实制种面积 1.587 万 hm²，大约产种 8 562.5 万 kg。其中省内制种 0.507 万 hm²，产种约 2 789.5 万 kg，省外制种 1.08 万 hm²，产种约 5 773 万 kg。根据对承德裕丰种业有限公司、河北宽诚种业有限责任公司、三北种业有限公司、河北新纪元种业有限公司、宣化巡天种业新技术有限责任公司、河北冀丰种业有限公司、冀南种业有限责任公司和河北金科种业有限公司等 8 家企业调查的结果看，2013 年这 8 家企业的杂交玉米种子制种面积均有所减少，共落实制种面积 1.307 万 hm²，占全省总制种面积的 82.4％。制种面积减少的原因，一是企业库存较多，销售压力大；二是农民普遍采用精播方式种植，用种量减少。玉米种子生产过程中的亲本提纯复壮、基地的落实、隔离区的确定、种子包衣、覆膜播种、父母本错期的掌握、超前去雄的应用、割除父本行及收获晾晒等一系列技术越来越成熟，玉米制种每 667 m² 由过去的 200 kg 增加到 400 kg，最高达到 520 kg（梁新棉等，2014）。

承德裕丰种业有限公司是在原承德县种子公司基础上改制组建的，现有公司总部和3个加工厂，总占地面积为 5.512 hm²，注册资金1亿元。公司是农业部批办的第一批玉米杂交种育繁推一体化企业，是中国种业骨干企业、中国种业 AAA 级信用企业、河北省农业产业化经营重点龙头企业、河北省扶贫龙头企业、河北省高新技术企业、河北省知识产权优势培育单位、河北省企业技术中心等。注册商标"玉丰"为河北省著名商标，"玉丰"牌玉米杂交种为河北省名牌产品。公司现有员工90人，公司实行董事会领导下的总经理负责制。下设研究中心、营销中心、生产部、质检部、加工部、品管部、财务部和综合部8个部门，推行"垂直领导、逐级负责"的管理模式。公司具有完备的检验、检测手段和收贮加工设施。现有种子加工车间 1 430 m²，5 t/h 种子烘干设备两套、10 t/h 种子烘干设备一套，5 t/h 种子精选加工流水线一套，10 t/h 种子精选加工流水线3套；种子脱粒、清选、包衣和包装等机械50多台（套）；各类检验、检测设备和仪器齐全；标准种子库6 420 m²，晒场 28 000 m²；科研、检验和办公用房等 7 600 余平方米，固定资产 5 000 多万元。公司自改制以来一直实施育繁销一体化发展战略，外联农业院校、科研单位，内部成立玉米研究中心，广集材料选育新品种。现有承玉8、承玉10、承玉13、承玉14、承糯17、承玉18、承玉19、承玉21、承玉22、承玉23、承糯23、承玉24、承玉26、承玉28、承玉29、承玉30、承玉31、承玉33、承玉34、承玉62和裕丰101、裕丰102等22个品种已通过省级审定；承玉5、承玉6、承玉11、承玉15、承玉20和承玉358等6个品种通过国家审定，并在适宜种植区大面积推广。雄厚的科研力量，将实现每年有10多个苗头品种分别参加国家和部分省份的预试、区试或生产试验，为品种定期更新和服务客户、服务三农奠定了坚实的基础。公司现具有稳固的县内、外繁种基地4万多亩，一般年生产、经营玉米杂交种子 1 500 万 kg 左右。在全国各适宜地区都建立了销售网点，20多个省份的 600 多家一级代理商合作营销裕丰玉米良种，且享有较高的信誉，得到了广大农民的认可。公司将随着自有审定品种的增加，稳步扩大生产、经营量，更愿与种业界同仁谋求联合，共同开发新品种，实现自有品种的营销网络在适宜种植的平原地区每县一点，偏僻地区每地（市）一点。并根据区域销售量大小，设立配送中心，保证及时供种，实现共赢。

2. 黄淮海平原玉米制种基地简介及河西走廊玉米种子生产基地的利用　河西走廊是中国内地通往西域的要道，甘肃省西北部狭长堆积平原。河西走廊南起乌鞘岭，北至玉门关，东西介于腾格里沙漠、西山（祁连山和阿尔金山）和东山（马鬃山、合黎山、龙首山）间，长约 1 000 km，宽数千米至近百千米，因位于兰州黄河以西，为两山夹峙，故此得名。

河西走廊的气候属大陆性干旱气候，尽管降水很少（年降水量只有 200 mm 左右），但发展农业的其他气候条件仍非常优越。当地云量稀少，日照时间较长，全年日照可达 2 550～3 500 h，光照资源丰富，对农作物的生长发育十分有利。因地处中纬度地带，且海拔较高，热量不足，但作物生长季节气温偏高，加之气温日变化大，有利于农作物的物质积累。

河西走廊最先发展起来的是玉米制种。在20世纪70年代末，我国在东北、华北等地相继建成了一些玉米繁育制种基地，但受自然条件限制，这些地区并不能提供非常理想的玉米制种条件。于是在 80 年代末，中国的制种专家们将目光投向河西走廊，开始玉米制种实践并获得成功，结合对东北、河北、山西、陕西及新疆等地的考察，认为河西走廊比其他制种基地具有更突出的优势。

从水资源上看，其他玉米制种区大多为雨养农业，在陕西关中东部、晋西南平原及长城沿线，旱年频率在 40％以上，大旱年频率为 12％，有"三年一干旱，十年一大旱，年年有春旱"之说。玉米苗期需水量少，较为耐旱，但拔节以后，叶面积急剧扩大，蒸腾耗水加剧，特别是幼穗迅速长大时，是玉米新陈代谢最旺盛时期，对水分要求达到高峰。此时如果供水跟不上，就会形成"卡脖旱"，严重影响后期结穗。河西走廊虽属干旱区，但依托于祁连山的冰川，建成了发达的灌溉农业系统，灌溉面积占耕地面积的 75％以上。特别是制种玉米需水盛期的 7～9 月，正是冰川融化最快、融水量最大的时期，可以充分满足玉米的需水要求，使种子生产无旱涝之忧。

与东北地区相比，河西走廊拥有非常明显的光照优势。这里全年光照时间可达 2 550～3 500 h，而且不但光照时间长，强度也大，全年总辐射量为 147.99 kJ/cm^2，比天津（126.7 kJ/cm^2）、哈尔滨（111.8 kJ/cm^2）及同纬度的大连（112.1 kJ/cm^2）都明显高出很多。玉米是喜光植物，在最大光照条件下也不会出现光饱和，所以光照越长、强度越高，越有利于玉米生长。而且这里昼夜温差大，白天热量虽不富裕，但基本可以满足玉米各发育期的热量需求；到了夜间，温度又会迅速降低，呼吸消耗减少，非常有利于有机物积累。

到了收获季节，河西走廊独特的光热条件对种子的干燥脱水更为有利：在玉米收获的 9 月、10 月，以河西走廊中部的张掖市为例，平均阴天分别仅为 6.9 d 和 3.4 d；在玉米集中晾晒的 10 月，张掖的降水量平均只有 5 mm，干燥度达到了 5 左右，在这样的气候下，果穗在自然晾晒下就可以完成脱水干燥。此外，因为海拔高，气温低，相对湿度小，不仅在玉米生长期各种病虫害都很少发生，在种子贮藏期间，也不会发生变质或出虫。根据在张掖制种区测定的数据，贮藏 3 年的玉米种子，发芽率仍为 94％，仅降低了 3 个百分点。

与同属西北干旱区的新疆相比，河西走廊在交通区位上优势非常明显，在 G30 高速、国道 312 线与 227 线、兰新铁路沿线大面积建立种子生产基地，可通过铁路、公路实现种子的快速调运。

种种条件相加，使河西走廊赢得了"种子繁育黄金走廊"的响亮名号，玉米制种业迅速发展。

从 2000 年开始，河西地区的玉米制种量总体呈上升趋势：2000 年河西地区玉米制种量为 1.21 亿 kg，占全国玉米制种量的 18％；2008 年时玉米制种量就增长至 4.68 亿 kg，占全国玉米制种量的 45％。2013 年河西走廊的玉米制种面积占到了全国玉米制种面积的 38％以上。

河西走廊中部的张掖市，现在是中国最大的地（市）级玉米制种基地，2014 年生产杂交玉米种子 3.22 亿 kg，占全国杂交玉米种子总产量的 32％。"张掖玉米种子"也获得了全国唯一的种子国家地理商标证书。

除了张掖，在河西走廊的武威、酒泉等地，玉米制种业同样非常兴盛。2013 年，农业部认定张掖市及张掖市的临泽县、甘州区、高台县，武威市的古浪县和凉州区，酒泉市肃州区、金昌市永昌县 1 市 7 县区为国家级杂交玉米制种基地。同年，河西走廊玉米制种面积达到了 9.73 万 hm²，玉米种子产量约 5.8 亿 kg，占到了全国玉米用种量的 53% 左右。

第三节　长江中下游平原玉米种业

一、长江中下游平原环境特征和生态条件特点

长江中下游平原是中国的三大平原之一，位于湖北省宜昌以东的长江中下游沿岸，由西向东地跨湖南省、湖北省、江西省、安徽省、江苏省、浙江省、上海市，总面积 20 多万 km²；由江汉平原、洞庭湖平原、鄱阳湖平原、苏皖沿江平原、巢湖平原以及长江三角洲组成。

长江中下游平原地势西高东低，丘陵与平原相间分布，海拔大多在 50 m 以下。气候属亚热带季风气候，夏季炎热多雨，冬季温和少雨。年均温 14~18 ℃，无霜期 200~310 d，光照时数 1 100~2 100 h，降水量 1 000~2 000 mm。土壤主要是黄棕壤、黄褐土，南缘为红壤，平地大部为水稻土。植被呈现南北过渡特征，是以落叶阔叶树为主夹杂多种植物的混交林。

长江中下游平原是中国重要的粮棉油产区，盛产水稻、小麦、玉米、棉花、油菜等。农业为多熟制，耕地复种指数平均已达到 2.0，是世界上土地利用率最高的地区之一（金姝兰，2011）。长江以北江淮之间多施行稻麦两熟制，长江以南则多双季稻，盛行绿肥-稻-稻、油菜-稻-稻，或麦-稻-稻等三熟制（黄国勤等，2006）。

二、长江中下游平原玉米生产概况、生产布局与种植方式

玉米不仅高产稳产、增产潜力大、生产成本低，而且用途广泛，可作为粮食、饲料和多种工业原料。由于效益比较突出，玉米播种面积不断增加。2008 年，玉米播种面积在中国超过水稻，跃居首位；2012 年总产量超过水稻，成为中国第一大作物。随着人们生活水平的提高和膳食结构的改善，长江中下游平原鲜食玉米发展迅速，其中，浙江省鲜食玉米发展最快，2014 年比 2005 年增加了 76%（王桂跃，2015）。

（一）生产概况

长江中下游平原是中国重要的粮食主产区之一，作物以水稻、小麦、玉米为主。2014 年长江中下游平原 7 个省份，农作物播种总面积 4 170.2 万 hm²、粮食总产量 15 505.3 万 t，分别占全国的 25.2%、25.5%，其中，玉米播种面积 237.7 万 hm²、玉米总产量 1 231.7 万 t，分别占全国的 6.4%、5.7%。该区域玉米生产发展较快，从 2005 年至 2014 年玉米播种面积增长 31.04%，总产量增长 53.27%（表 1-18）。

表 1-18 2005—2014 长江中下游平原玉米播种面积与产量

(张平平整理，2016)

年份	玉米播种总面积 （万 hm²）	玉米总产量 （万 t）	全国玉米播种总面积 （万 hm²）	全国玉米总产量 （万 t）
2005	179.10	803.61	2 635.8	13 936.5
2006	167.01	786.83	2 846.3	15 160.3
2007	180.12	787.51	2 947.8	15 230.0
2008	186.04	863.77	2 986.4	16 591.4
2009	196.72	946.23	3 118.3	16 397.4
2010	203.91	983.89	3 250.0	17 724.5
2011	217.07	1 081.31	3 354.2	19 278.1
2012	227.06	1 181.74	3 503.0	20 561.4
2013	228.57	1 139.45	3 631.8	21 848.9
2014	237.69	1 231.68	3 712.3	21 564.6

该区域各省份玉米生产差异较大。湖南、湖北、安徽、江苏 4 个省份以普通玉米为主（普通玉米占玉米播种总面积的 95% 以上），2014 年，这 4 个省份的玉米播种面积为 227.65 万 hm²，占该区域的 71.2%；玉米总产量为 1 186.7 万 t，占该区域的 96.3%。2005—2014 年，4 省份玉米播种面积呈上升趋势（图 1-4），年均增长率分别为 2.2%、5.1%、2.4% 和 1.7%；玉米总产量有明显提高（图 1-5），年均增长率分别为 3.5%、4.2%、5.8% 和 3.2%。

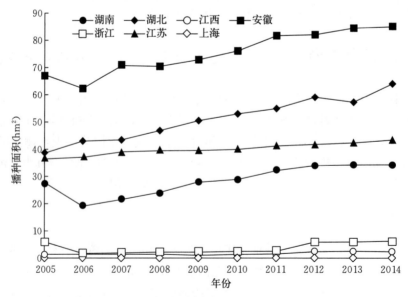

图 1-4 2005—2014 年长江中下游平原各省份玉米播种面积

（数据来源：2005—2014 年《中国统计年鉴》）

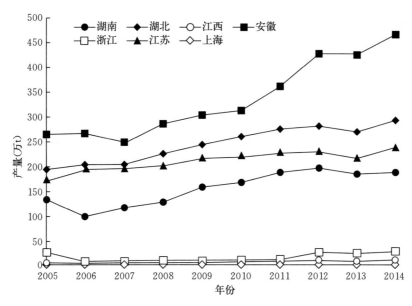

图 1-5 2005—2014 年长江中下游平原各省份玉米产量

（数据来源：2005—2014 年《中国统计年鉴》）

江西省、浙江省、上海市以鲜食玉米为主，玉米播种面积 10.03 万 hm²，占该区播种总面积的 28.8%。近 10 年来，3 省份玉米生产波动较大。2006 年 3 省份玉米播种面积分别为 1.48 万 hm²、2.20 万 hm²、0.39 万 hm²，与 2005 年相比分别下降 10.3%、65.0%、8.6%；玉米总产量分别为 6.09 万 t、9.39 万 t、2.68 万 t，较 2005 年分别下降 2.6%、63.8%、5.3%。2006—2014 年，江西、浙江玉米播种面积逐年增加，年均增长率分别为 8.2%、13.1%；玉米产量也随之不断增长，年均增长率分别为 8.1%、13.8%。上海市玉米生产变化不大，播种面积在 0.4 万 hm² 上下波动。

该区域玉米单位面积产量低于全国平均水平，年际间变化较大，总体呈增长趋势，年均增长率 1.4%。安徽省增长速度最快，年均增长率 3.3%（表 1-19）。

表 1-19 2005—2014 年长江中下游平原各省份玉米单位面积产量（kg/hm²）

（数据来源：2005—2014 年《中国统计年鉴》）

年份	湖南	湖北	江西	安徽	江苏	浙江	上海	长江中下游平原	全国
2005	4 832.3	5 002.7	3 785.6	3 952.6	4 721.0	4 124.4	6 612.2	4 486.9	5 287.4
2006	5 109.6	4 718.4	4 128.8	4 295.6	5 208.5	4 262.4	6 854.2	4 711.3	5 326.3
2007	5 281.6	4 700.0	4 109.3	3 519.3	5 042.0	4 229.5	6 410.3	4 372.2	5 166.6
2008	5 304.6	4 813.7	4 207.2	4 064.7	5 092.7	4 290.1	5 882.4	4 642.9	5 555.7
2009	5 670.2	4 812.3	4 530.8	4 169.7	5 406.4	4 310.0	5 755.4	4 810.1	5 258.4
2010	5 737.2	4 912.1	4 642.5	4 109.1	5 412.0	4 455.4	6 659.1	4 825.2	5 453.7
2011	5 762.8	5 024.9	4 089.7	4 428.1	5 458.6	4 715.6	6 603.3	4 981.3	5 747.5
2012	5 767.5	4 762.2	4 484.8	5 197.4	5 495.3	4 700.7	6 596.9	5 204.5	5 869.7
2013	5 374.5	4 721.3	4 053.5	5 040.8	5 076.1	4 220.8	6 997.2	4 985.1	6 016.0
2014	5 456.4	4 571.3	4 101.1	5 461.1	5 479.7	4 523.5	6 632.9	5 181.9	5 809.0

（二）生产布局与种植方式

长江中下游平原为多熟制地区，各省份玉米均有春播、夏播和秋播。

湖南省玉米播种面积 34.56 万 hm²，春播占全省的 84.2%（钟新科等，2012）。种植模式以水稻和玉米轮作为主（王昆，2014），也有与其他经济作物套种，如棉花（史小玲等，2010）、烟草（何录秋，2005）等。

湖北省玉米播种面积为 64.24 万 hm²，主要分为三大优势区：一是鄂西山地玉米区，面积 33.33 万 hm² 左右，占全省玉米面积的 50%；以春播单作为主，间作套种为辅，主要种植模式有玉米-甘薯、玉米-马铃薯、玉米-豆杂、玉米-中药材、玉米-蔬菜等。二是鄂北岗地玉米区，面积 18.67 万 hm² 左右，占全省玉米面积的 30%；以夏播单作为主，主要种植模式为小麦-玉米，是近几年发展较快的玉米产区。三是江汉平原玉米产区，该地区是湖北省鲜食玉米和青贮玉米的主要产区，面积 13.33 万 hm² 以上，占全省玉米面积的 20%；饲料玉米以春播单作为主，有少量夏播，鲜食玉米春播、秋播套种（间作）各占一半，青贮玉米一般采用春秋播连作；种植模式有春玉米-秋玉米、小麦-玉米、春玉米-甘蓝、春玉米-大白菜连作（或间作）、玉米-棉花等（杨秀乾等，2015）。据李淑娅等（2015）研究，春玉米-晚稻和双季玉米年产量显著高于早稻-秋玉米和双季稻，适宜在江汉平原推广。胡杰等（2012）报道棉花和玉米进行套作，以玉米密度 49 995 株/hm² 和棉花密度 22 200 株/hm²，一行玉米两行棉花的套种模式效果较好。结合营养钵育苗和小拱棚栽培鲜食玉米，可以达到一年三熟，如刘先远（2007）报道，第一茬春玉米在 2 月上旬播种，采用塑料大棚、营养钵育苗，3～4 叶期移栽至小拱棚，5 月底至 6 月初即可收获上市；第二茬夏玉米在 5 月下旬播种，套种于前茬行间，8 月即可收获；第三茬秋玉米在 8 月上旬播种，至 10 月中下旬收获。

江西省玉米播种面积 2.99 万 hm²，其中，甜、糯玉米播种面积约占玉米播种总面积的 1/3，是中国鲜食及加工型甜、糯玉米的优势产区，大部分地区可以春、秋两季播种（刘秀华等，2010）。

安徽省玉米播种面积 85.24 万 hm²，以普通玉米为主，主要种植模式为小麦-玉米；鲜食玉米面积 0.7 万 hm²，主要集中在江淮和江南的玉米产区，基本都是小面积分散种植，以春播为主，夏、秋播为辅，生产上主要为露地直播，兼有部分地膜早春覆盖（雷艳丽等，2015）。

江苏省玉米播种面积 43.61 万 hm²，其中普通玉米 35.61 万 hm²；鲜食玉米栽培历史悠久，是国内最早开始研究的省份之一，2000 年鲜食玉米种植面积约为 0.67 万 hm²，随着品种水平、种植技术及加工能力的不断增强，至 2014 年已达到 8 万 hm² 以上（陈舜权等，2015）。江苏省鲜食玉米在全省各地都有种植，以南京、南通和盐城地区为主。江苏省除苏北地区受到茬口影响以夏播为主，其他地区一般都可春播和秋播实现一年两熟，间、套作，搭配合适的作物能达到一年四熟，如鲜食蚕豆＋鲜食春玉米-鲜食秋玉米（吴建霞等，2010）、大麦-鲜食玉米-山芋（於永杰等，2010）、地膜花生＋地膜鲜食玉米-山芋-秋玉米（於永杰，2010）、春马铃薯＋鲜食春玉米-秋马铃薯＋鲜食玉米。

浙江省在 1999 年以前玉米生产主要以普通玉米为主，甜糯玉米的种植比例很小，随着甜糯玉米生产的发展种植比例越来越大，2010年甜糯玉米生产发展到最高，占玉米播种总面积的67%（表1-20）（俞琦英，2009；王桂跃等，2015）。浙江普通玉米种植地区主要集中在杭州的临安、淳安，衢州的开化、金华的磐安等山区、半山区地区；甜玉米种植主要集中在金华、丽水、温州、杭州的萧山和建德、宁波的余姚等地区，糯（加甜）玉米种植主要集中在杭州、嘉兴、湖州、宁波、绍兴、衢州等地区。浙江省鲜食玉米种植模式除春-秋两季单一种植外，还有许多不同的间作套种和设施栽培种植。如磐安县的冷水、仁川等地施行冬贝母-春甜玉米-秋番薯模式，贝母10月播种，第二年5月收获；甜玉米4月开始分期育苗套种与贝母畦边，7月中旬开始收获；秋甘薯6月上旬套种于玉米行间，9月收获，能达到一年三熟。湖州平原采用糯玉米-鲜食大豆模式，玉米与大豆2：2带状间作，春季和秋季交替轮作。中部平原施行春玉米＋大豆＋甘薯-秋玉米＋大豆模式。

上海市玉米种植面积所占农作物播种面积的比重很小（王慧，2011），近年来稳定在0.4万hm²左右，主要以鲜食玉米和青贮玉米为主。

表1-20 2005—2014年浙江省甜糯玉米的种植面积及其比例

（王桂跃等，2015）

年份	甜糯玉米种植面积（万 hm²）	玉米播种面积（万 hm²）	甜糯玉米面积比例（%）
2005	3.25	7.63	42.6
2006	4.32	7.95	54.3
2007	4.03	79.4	50.8
2008	5.07	93.4	54.3
2009	5.95	97.4	61.0
2010	6.67	84.6	67.0
2011	6.11	94.1	65.0
2012	6.14	96.7	63.5
2013	5.48	86.7	63.2
2014	5.71	93.9	60.9

（三）需求形势

长江中下游地区畜牧业、水产业发达，该区2014年生猪出栏数达2.2亿头，占全国生猪出栏总数的30.1%；家禽出栏数超过30.4亿只，占全国家禽出栏总数的26.4%左右；淡水产品产量1 650.1万t，占全国淡水产品产量的52.1%。但是作为主要饲料来源的玉米，该区总产量仅占全国总产量的5.7%。与此同时，随着玉米深加工的发展，工业用量激增，玉米缺口不断增大，供需矛盾突出。湖南省每年饲料用量在600万t以上，省内年产玉米100万t左右，远远不能满足市场需求，主要从省外调入（黎红梅，2010）。2014年，安徽产鲜食玉米8万～12万t，占全省总需求的40%～60%（雷艳丽等，2015）。

三、长江中下游平原玉米种质资源利用及审定品种与优良自交系名录

（一）种质资源利用

1. 美国种质资源利用　美国玉米种质具有适应性广、配合力高、秆硬抗倒和株型紧凑等特点，适应中国大部分玉米产区玉米品种选育的需要，无论杂交种还是自交系都有很大的利用价值。长江中下游地区选育和应用的玉米杂交种，其亲本自交系主要来源于美国杂交种选系及其衍生系。例如，利用杂交种 3382，华中农业大学育成自交系 HZ85，选育出玉米品种华玉 4 号；十堰市农业科学院育成 Z069，选育出鄂玉 10 号和堰玉 18。利用杂交种 78599，十堰市农业科学院育成自交系 78599-2，育成玉米品种鄂玉 14；江苏省沿江地区农业科学研究所选育出自交系 YJ7，育成苏玉 30。利用杂交种 Y8G61，十堰市农业科学院育成自交系 Y8G61-51214，选育出鄂玉 16 和鄂玉 25；华中农业大学育成自交系 HZ111、HZ127，选育出华玉 15、中农大 451、鄂玉 23 等十余个品种。宜昌市农业科学院利用杂交种 97922 育成自交系 N75，选育出宜单 629、宜单 858、宜单 7566 等。

美国玉米种质的引入，拓宽了本地区玉米种质，在短时间内选育出一大批优良的玉米品种，大幅度提高了玉米产量。但是，直接对杂交种的分离选系，造成杂种优势群和杂种优势模式的混乱，对玉米选育的发展较为不利。目前，长江中下游地区迫切需要开展玉米种质遗传基础研究，明确本地区杂种优势群和杂种优势模式，指导玉米品种选育。

2. 地方种质资源的研究和利用　在长江中下游地区，地势复杂、气候多样，玉米在长期的自然选择和人工选择的压力下形成了丰富的地方品种资源。1994 年全国共编目的玉米种质资源有 15 961 份，其中上海市 20 份、江苏省 117 份、浙江 198 份、安徽省 45 份、江西省 73 份、湖北省 1 152 份、湖南省 47 份（于香云、吴景锋，2007）。这些地方资源有很大的利用潜力，是玉米育种的宝贵资源。

（1）三峡地方种质　华中农业大学与湖北省玉米育种攻关组利用三峡地区地方种质与以 Lancaster、BSSS 为主的美国种质和以墨黄 9 号、Suwan 为主的热带、亚热带种质组建了 WBM、WLS、LBM、LLS 等广基合成群体（刘纪麟等，1998）。

（2）地方糯质种质　江苏省沿江地区农业科学研究所利用自然授粉的地方品种启东白糯、南通雪糯花、崇明大粒马齿糯和崇明小粒硬白糯，组建复合品种大群体，产生了作为选系基础材料的高配合力分离小群体，育成国内首个糯质一环系——通系 5。通系 5 组配衡白 522、WA4（白野四）杂交选系、GW112（中白 112）杂交选系和白粒普通玉米、糯玉米等杂交选系，选育出郑白糯 04、苏 8-3、SU-2、250、通 316、通 354 等优质、多抗、高配的骨干亲本自交系；通系 5 与普通玉米或糯质玉米进行回交选育出 W150、SN22、T585、ZN214、S412 等一大批骨干自交系（黄小兰，2012）。

3. 热带和亚热带种质资源的利用　多数热带和亚热带种质对病虫害（如霜霉病、锈病、叶斑病、病毒病、粒腐病以及穗螟等）具有较强抗性，一些热带玉米种质的根系发达，茎秆强韧，抗倒性和耐旱性较强。20 世纪 90 年代以来，华中农业大学、十堰市农业

科学院等科研院校，对墨白961、墨白962、墨白963、Stay Green、Ancho、Pepitilla、Tabloncillo等热带群体和CIM-7、CIM-17等自交系进行了驯化和改良。十堰市农业科学院利用CIM-7育成自交系美C，选育出玉米品种鄂玉25和汉单128；利用CIM-17育成自交系WD02，选育出玉米品种郧单19。

（二）审定品种名录

2007—2016年，长江中下游平原7省份共审定玉米品种516个，其中国审品种27个，省审品种489个；普通玉米267个，甜玉米85个，糯玉米144个，甜糯玉米17个，青贮玉米2个，爆裂玉米1个（表1-21、表1-22）。

表1-21 2007—2016年长江中下游平原各省份普通玉米品种名录

（张平平等整理，2016）

品种名称	品种来源	育成单位	审定编号	审定年份
宁玉309	宁晨20×宁晨07	南京春熙种子研究中心	国审玉2007012	2007
江玉403	S78-2×S78-1	宿迁中江种业有限公司	苏审玉200701	2007
苏玉23号	H20×N38	黄炳生（个人）	苏审玉200702	2007
宿单9号	齐319×皖宿107	宿州市农业科学研究所	皖品审07050579	2007
兴海201	WX213346×S3241	黔西南布依族苗族自治州农业科学研究所	鄂审玉2007002	2007
兴单13	131×039	黔西南兴农业有限责任公司	鄂审玉2007003	2007
成单30	2142×自205-22	四川省农业科学院作物研究所	鄂审玉2007004	2007
奥玉3102	618×OSL041	北京奥瑞金种业股份有限公司成都分公司	鄂审玉2007005	2007
鄂玉30	(SL02×SL04)×478	湖北清江种业有限责任公司利川分公司	鄂审玉2007006	2007
鄂玉31	鄂玉26×N22	恩施土家族苗族自治州农业科学院、清江种业有限责任公司和湖北省农业科技创新中心	鄂审玉2007007	2007
金单999	QB48×106	贵州省旱粮研究所和贵州金农科技有限责任公司	鄂审玉2007008	2007
正大999	CTL20×CTL26	襄樊正大农业开发有限公司	鄂审玉2007009	2007
正红6号	169×698-3	四川农业大学农学院	鄂审玉2007010	2007
丹科2151	丹717×丹598	丹东农业科学院	鄂审玉2007011	2007
湘永单3号	Y712×毛白11	湖南省永顺县旱粮研究所	鄂审玉2007012	2007
长城201	G39×连87	中种集团承德长城种子有限公司	鄂审玉2007013	2007
金岛1号	JD864×JD8778	辽宁省葫芦岛市种业有限责任公司	鄂审玉2007014	2007
三北2号	S0035×B0069	河北隆化三北种业有限公司	鄂审玉2007015	2007
西山70	(苏37×S37)×西1	贵州省六枝特区种子公司、贵州大学玉米研究所	鄂审玉2007016	2007
湘永单3号	Y712×毛白11	湖南省永顺县旱粮研究所	湘审玉2007001	2007
州玉1号	S26×E538	湖南省湘西土家族苗族自治州农业科学研究所	湘审玉2007002	2007

（续）

品种名称	品种来源	育成单位	审定编号	审定年份
东单 10 号	K846×C101	辽宁东亚种业有限公司	湘审玉 2007003	2007
东单 68 号	A269×LD60	辽宁东亚种业有限公司	湘审玉 2007004	2007
丰黎 8 号	4879×5240	浚县种子公司	湘审玉 2007005	2007
京科 183	BA×MC30	北京农林科学院玉米研究中心	湘审玉 2007006	2007
科玉 3 号	ISA01×ISA08	中国科学院亚热带农业生态研究所	湘审玉 2007007	2007
中科 10 号	CT02×CT209	北京联创种业有限公司、河南科泰种业有限公司、河南中科华泰玉米研究所	湘审玉 2007010	2007
宁玉 525	宁晨 62×宁晨 39	南京春熙种子研究中心	国审玉 2008003	2008
中江玉 6 号	99102-1-2×78319	江苏中江种业股份有限公司	苏审玉 200801	2008
苏玉 24	T4789×T999	南京神州种业有限公司	苏审玉 200802	2008
泰玉 14 号	泰 039 系×泰 13 系	山东省泰安市农星种业有限公司	苏审玉 200803	2008
滑玉 13	HF12×HFC72	河南滑丰种业科技有限公司	皖玉 2008004	2008
鲁单 661	齐 319×308	山东省农业科学院玉米研究所	皖玉 2008005	2008
中农大 311	丹 3130×W499	中国农业大学	皖玉 2008006	2008
安囤 8 号	TY2238×TY3035	阜阳市颍泉区苏集小麦杂粮研究所	皖玉 2008007	2008
华玉 04-7	851213×HZ124B	华中农业大学	鄂审玉 2008001	2008
华科 1 号	HY-5×Y9618	恩施土家族苗族自治州农业技术推广中心、四川华科种业有限责任公司	鄂审玉 2008002	2008
堰玉 18	Z069×齐 205	十堰市农业科学院	鄂审玉 2008003	2008
宜单 629	S112×N75	宜昌市农业科学研究所	鄂审玉 2008004	2008
中科 10 号	CT02×CT209	北京联创种业有限公司	鄂审玉 2008005	2008
蠡玉 16 号	953×91158	石家庄蠡玉科技开发有限公司	鄂审玉 2008006	2008
禾玉 238	4002×4111	北京市延庆县种子公司	鄂审玉 2008010	2008
北玉 17	BY023×BY021-3	沈阳北玉种子科技有限公司	鄂审玉 2008011	2008
兴单 12	019×140	黔西南兴农种业有限责任公司	鄂审玉 2008012	2008
登海 3902	DH33×GW04	山东登海种业股份有限公司	鄂审玉 2008013	2008
辽单 526	辽 7990×丹 598	辽宁省农业科学院玉米研究所	鄂审玉 2008014	2008
正大 9 号	CTL20×CTL17	襄樊正大农业开发有限公司	鄂审玉 2008015	2008
遵玉 205	87-1×L9665-14	遵义裕农种业有限责任公司	鄂审玉 2008016	2008
黔单 13 号	4011×QB39	贵州省农业科学院旱粮研究所	鄂审玉 2008017	2008
福单 1 号	E361×Y712	湖南继福种业科技有限公司	湘审玉 2008001	2008
洛玉 1 号	zk01-1×zk02-1	河南省洛阳市农业科学研究所	湘审玉 2008002	2008
正大玉 629	S106M×S226F	襄樊正大农业开发有限公司四川分公司	湘审玉 2008003	2008
三北玉 82	S0017×B039	三北种业有限公司	湘审玉 2008004	2008
楚玉 8 号	CY02×CY08	中国科学院亚热带农业生态研究所、长沙惟楚种业有限公司	湘审玉 2008005	2008

（续）

品种名称	品种来源	育成单位	审定编号	审定年份
泰玉 12 号	泰 039×泰 17	山东省泰安市农星种业有限公司	湘审玉 2008007	2008
蠡玉 11 号	618×H59851	石家庄蠡玉科技开发有限公司	湘审玉 2008008	2008
北单玉 6 号	E36×E66	平顶山市北方玉米研究所	湘审玉 2008009	2008
豫禾 6 号	豫 13812×豫 127	河南省豫玉种业有限公司	湘审玉 2008010	2008
爱农玉 2008	爱自 706×K12	爱农实业有限公司	湘审玉 2008011	2008
登海 3769	DH19×武 62	山东登海种业股份有限公司	国审玉 2009012	2009
嘉农 18	2511A×P02	葫芦岛市农业新品种科技开发有限公司	国审玉 2009011	2009
苏玉 25	P22×P34	江苏沿江地区农业科学研究所	苏审玉 200901	2009
江玉 501	y24－1×S78－1	宿迁中江种业有限公司	苏审玉 200903	2009
蠡玉 16 号	953×91158	蠡县玉米研究所	苏审玉 200901	2009
丹玉 302	丹 T133×丹 T138	丹东农业科学院	皖玉 2009002	2009
安农 8 号	SX303×SX313	安徽农业大学、宿州市农业科学研究所	皖玉 2009003	2009
联创 7 号	CT1251×CT289	北京联创种业有限公司	皖玉 2009004	2009
中农大 451	BN486A×H127R	中国农业大学	鄂审玉 2009001	2009
华凯 2 号	HY－362×24322	恩施土家族苗族自治州农业技术推广中心、四川华科种业有限责任公司	鄂审玉 2009002	2009
创玉 38	CL258×CL802	荆州市创想农作物研究所	鄂审玉 2009003	2009
海禾 23	LS02×LH12	辽宁海禾种业有限公司	鄂审玉 2009004	2009
华玉 9 号	O512×S7317	华中农业大学	鄂审玉 2009005	2009
西山 121	92 选 16－2－1×西 04	贵州西山种业有限责任公司	鄂审玉 2009008	2009
禾玉 006	YB11×兴 91	恩施禾壮植保科技有限责任公司	鄂审玉 2009009	2009
忠玉 8 号	A80×Z7－2	重庆皇华种子有限公司	鄂审玉 2009010	2009
兴农单 3 号	XY34112×XY6913－9－1－2	黔西南布依族苗族自治州农业科学研究所	鄂审玉 2009011	2009
永科 5 号	318×165	湖南省永顺县旱粮研究所	鄂审玉 2009012	2009
北玉 20 号	BY033×BY021－2	沈阳北玉种子科技有限公司	鄂审玉 2009013	2009
惠民 379	37×19	湖北省利川市武陵山区玉米研究所	鄂审玉 2009014	2009
渝开 2 号	渝开 001×渝开 002	重庆渝开稷丰农作物种植有限公司	鄂审玉 2009015	2009
川单 29	SAM3001×SAM1001	四川农业大学玉米研究所	鄂审玉 2009016	2009
湘康玉 1 号	临 1×冀丰 51－2	湖南省作物研究所	湘审玉 2009001	2009
科玉 6 号	ISA01×ISA09	中国科学院亚热带农业生态研究所	湘审玉 2009002	2009
吉玉 3 号	JS08×JS06	湖南格瑞种业有限公司	湘审玉 2009003	2009
海禾玉 25 号	LS87×L12	辽宁海禾种业有限公司	湘审玉 2009004	2009
登海玉 3906	DH106×毛白 11（选）	山东登海种业股份有限公司	湘审玉 2009005	2009

（续）

品种名称	品种来源	育成单位	审定编号	审定年份
科航 6 号	HY05×HY06	湖南丰源旱杂粮种业科技中心、河北金航天种业有限公司	湘审玉 2009006	2009
苏玉 29	苏 95 - 1×JS0451	江苏省农业科学院粮食作物研究所	国审玉 2010016	2010
登海 3622	DH158×DH323	山东登海种业股份有限公司	沪农品审玉米〔2010〕第 001 号	2010
苏玉 26	ZH38×H36	山西强盛种业有限公司	苏审玉 201001	2010
苏玉 27	D108×D3139	江苏省大华种业集团有限公司	苏审玉 201002	2010
苏玉 28	齐 319×JS0251	江苏省农业科学院粮食作物研究所	苏审玉 201003	2010
金来玉 5 号	JL3148×JL045	莱州市金来种业有限公司	苏审玉 201004	2010
宁玉 614	宁晨 68×宁晨 47	南京春曦种子研究中心	苏审玉 201005	2010
滑玉 16	HF02 - 22×H473 - 2	河南滑丰种业科技有限公司	皖玉 2010001	2010
丰乐 21	JZ128×H01 - 2	合肥丰乐种业股份有限公司	皖玉 2010002	2010
隆平 211	La33×La49	安徽隆平高科种业有限公司	皖玉 2010003	2010
联创 9 号	CT1312×CT289	北京联创种业有限公司	鄂审玉 2010001	2010
宜单 858	X846×N75	宜昌市农业科学研究院	鄂审玉 2010002	2010
正红 311	K236×21 - ES	四川农业大学农学院、四川农业大学玉米研究所	鄂审玉 2010007	2010
巴玉 1 号	鑫 20×h818	巴东县种子管理局	鄂审玉 2010008	2010
腾龙 718	9127×MB961 - 1	湖北腾龙种业有限公司	鄂审玉 2010009	2010
帮豪 838	X32L×MB - 3	恩施禾壮植保科技有限责任公司、重庆帮豪种业有限责任公司	鄂审玉 2010010	2010
腾龙 1 号	DZ01×SL06	湖北腾龙种业有限公司	鄂审玉 2010011	2010
中单 808	CL×NG5	中国农业科学院作物科学研究所、北京金色农华种业科技有限公司	鄂审玉 2010012	2010
兴农单 4 号	xy2122×xy570613	黔西南布依族苗族自治州农业科学研究所	鄂审玉 2010013	2010
金玉 118	QB475×QB1	贵州省旱粮研究所	鄂审玉 2010014	2010
兴黄单 2 号	素 33411 - 11×L48	黔西南布依族苗族自治州农业科学研究所	鄂审玉 2010015	2010
福单 2 号	E538×165	湖南继福种业科技有限公司、湖南省永顺县旱粮研究所	湘审玉 2010001	2010
蠡玉 39	L618 - 1×L817	石家庄蠡玉科技开发有限公司	湘审玉 2010002	2010
吉湘 2133	怀 760×化 218	怀化金亿种业有限公司	湘审玉 2010003	2010
三农玉 218	S99028×N2076	河南三农种业有限公司、中国科学院亚热带农业生态研究所	湘审玉 2010004	2010
福单 2 号	E538×165	湖南继福种业科技有限公司、湖南省永顺县旱粮研究所	国审玉 2011021	2011

（续）

品种名称	品种来源	育成单位	审定编号	审定年份
苏玉 30	HL40×YJ7	江苏沿江地区农业科学研究所	国审玉 2011022	2011
长江玉 6 号	P28×P84	南通志飞玉米研究所	苏审玉 201101	2011
中江玉 703	A489×A20	江苏中江种业股份有限公司	苏审玉 201102	2011
江玉 608	E713－2×昌 7－2	宿迁中江种业有限公司	苏审玉 201103	2011
保玉 1 号	保夏 70×齐 319	江苏保丰集团有限公司	苏审玉 201104	2011
苏玉 31	D4990×D3139	江苏省大华种业集团有限公司	苏审玉 201105	2011
高玉 2067	ND81－2×B319	安徽省淮河种业有限责任公司	皖玉 2011001	2011
蠡玉 81	L5895×L801	石家庄蠡玉科技开发有限公司	皖玉 2011002	2011
皖玉 16	FL218×FL8210	宜昌盛世康农种子科技有限公司	鄂审玉 2011001	2011
恩单 803	N68×F79	恩施土家族苗族自治州农业科学院	鄂审玉 2011002	2011
帮豪玉 509	BX003×BX314	恩施土家族苗族自治州农业技术推广中心、重庆帮豪种业有限责任公司	鄂审玉 2011003	2011
康农 108	FL119×FL218	宜昌盛世康农种子科技有限公司	鄂审玉 2011004	2011
峰玉 1 号	T346－3×T259	五峰土家族自治县农业科学研究所	鄂审玉 2011005	2011
华玉 10 号	R146×O42	华中农业大学	鄂审玉 2011006	2011
恩单 804	N212×96 t	恩施土家族苗族自治州农业科学院、湖北清江种业有限责任公司	鄂审玉 2011007	2011
禾玉 998	（8865×YB19－2）×281H－2	恩施禾壮植保科技有限责任公司	鄂审玉 2011008	2011
吉湘 2188	543×72－3	南神农大丰种业科技有限责任公司	湘审玉 2011001	2011
湘康玉 2 号	爱自 816×Y06－2－3	湖南省农业科学院作物研究所	湘审玉 2011002	2011
湘农玉 14 号	i108－2×n18－2	湖南农业大学	湘审玉 2011004	2011
科玉 8 号	ISA04×ISA07	中国科学院亚热带农业生态研究所	湘审玉 2011005	2011
帮豪玉 108	8865×281H	恩施土家族苗族自治州农业技术推广中心	国审玉 2012013	2012
苏玉 36	苏 95－1×JS06766	江苏省农业科学院粮食作物研究所	国审玉 2012014	2012
苏玉 32	06H3461×S951	江苏沿江地区农业科学研究所	苏审玉 201201	2012
苏玉 33	ND81－2×本 M	宿迁市种子管理站	苏审玉 201202	2012
苏玉 34	D5835×D124	江苏省大华种业集团有限公司	苏审玉 201203	2012
苏玉 35	T24－1×昌 7－2	莱州市东星良种研究所	苏审玉 201204	2012
新安 5 号	综 175－92132×黄 C	安徽绿雨种业股份有限公司	皖玉 2012001	2012
皖玉 708	J66×Lx9801	宿州市农业科学院	皖玉 2012002	2012
蠡玉 88	L813×L91158	石家庄蠡玉科技开发有限公司	皖玉 2012005	2012
联创 10 号	CT119×CT5898	北京联创种业有限公司	皖玉 2012006	2012
安农 9 号	SX0513×SX5229	安徽省农业大学、宿州市农业科学院	皖玉 2012007	2012
高玉 2068	B319×NDY	高学明	皖玉 2012008	2012

（续）

品种名称	品种来源	育成单位	审定编号	审定年份
帮豪玉 909	BH8865×BX111	恩施土家族苗族自治州农业技术推广中心、重庆帮豪种业有限责任公司	鄂审玉 2012001	2012
郁青 272	AM23×AS51	铁岭郁青种业科技有限责任公司	鄂审玉 2012002	2012
华玉 11	Q736×Q1	华中农业大学	鄂审玉 2012003	2012
恩单 801	d28×d788	恩施土家族苗族自治州农业科学院、湖北清江种业有限责任公司	鄂审玉 2012004	2012
双玉 919	O244×O442	华中农业大学	鄂审玉 2012005	2012
中玉 335	2YH1－3×SH1070	四川省嘉陵农作物品种研究中心、四川中正科技有限公司	鄂审玉 2012006	2012
康农玉 3 号	FL218×FL0409	湖北康农种业有限公司	鄂审玉 2012007	2012
雅玉 889	7854×YA8201	四川雅玉科技开发有限公司	鄂审玉 2012008	2012
百农 5 号	BN03×BN09	慈利县百农旱杂粮种子开发中心	湘审玉 2012001	2012
正大 999	CTL20×CTL26	襄樊正大农业开发有限公司	湘审玉 2012002	2012
三峡玉 9 号	XZ049－42×XZ41P	重庆三峡农业科学院	国审玉 2013010	2012
极峰 30	QY－1×Q2117	河北极峰农业开发有限公司	国审玉 2013011	2013
金玉 506	S273×QB506	贵州省旱粮研究所	国审玉 2013012	2013
长江 8 号	FP02×FP46	南通志飞玉米研究所	苏审玉 201301	2013
苏玉 37	苏 95－1×JS0351	江苏省农业科学院粮食作物研究所	苏审玉 201302	2013
苏玉 38	D83－2×昌 7－2	南京东宁作物研究所	苏审玉 201303	2013
苏玉 29	苏 95－1×JS0451	江苏省农业科学院粮食作物研究所	苏审玉 201304	2013
承承 19	承系 46×831	承德裕丰种业有限公司	浙审玉 2013001	2013
豫龙凤 1 号	L728－24×H10	河南滑丰种业科技有限公司	皖玉 2013001	2013
CN9127	CR73031×CRE2	中国种子集团有限公司	皖玉 2013002	2013
奥玉 3806	OSL283×OSL249	北京奥瑞金种业股份有限公司	皖玉 2013003	2013
奥玉 3765	OSL218×OSL249	北京奥瑞金种业股份有限公司	皖玉 2013004	2013
中科 982	CT019×CT9882	北京联创种业股份有限公司	皖玉 2013005	2013
德单 5 号	5818×昌 7－2	北京德农种业有限公司	皖玉 2013006	2013
鲁单 9088	lx088×lx03－2	山东省农业科学院玉米研究所	皖玉 2013007	2013
金赛 34	L12×J－5	河南金赛种子有限公司	皖玉 2013008	2013
楚单 139	A1041×NA6815	华中农业大学	鄂审玉 2013001	2013
汉单 777	H70202×H70492	湖北省种子集团有限公司	鄂审玉 2013002	2013
禾盛玉 718	H1327×H1231	湖北省种子集团有限公司	鄂审玉 2013003	2013
华玉 12	V030×V5	华中农业大学	鄂审玉 2013004	2013
恩单 105	S322×CJ1	恩施土家族苗族自治州农业科学院	鄂审玉 2013005	2013
郧单 19	WD01×WD02	湖北省十堰市农业科学院	鄂审玉 2013006	2013

（续）

品种名称	品种来源	育成单位	审定编号	审定年份
兴单 11	X3341×X11	贵州省黔西南兴农种业有限责任公司	鄂审玉 2013008	2013
惠民 302	D30×02	湖北惠民农业科技有限公司	鄂审玉 2013007	2013
万玉 168	SL09×WF168	重庆帮豪种业有限责任公司	鄂审玉 2013010	2013
禾玉 118	ZX531×ZX599	重庆帮豪种业有限责任公司	鄂审玉 2013011	2013
福单 3 号	Y91×E538	湖南继福种业科技有限公司	湘审玉 2013001	2013
州玉 2 号	S95×E538	湘西土家族苗族自治州农业科学研究所	湘审玉 2013002	2013
豫丰玉 88	WH96-2×WH511	河南省豫丰种业有限公司	湘审玉 2013003	2013
山川玉 1 号	087×54-3	四川省仁寿县陵州作物研究所	湘审玉 2013004	2013
飞天 358	FT0908×FT0809	武汉敦煌种业有限公司	国审玉 2014009	2014
梦玉 908	DK58-2×京 772-2	合肥丰乐种业股份有限公司	国审玉 2014014	2014
浙凤单 1 号	HB11-4×P620	浙江勿忘农种业股份有限公司	浙审玉 2014005	2014
浙单 11	ZSD04×ZM17	浙江省东阳市玉米研究所	浙审玉 2014006	2014
长江玉 9 号	P288×P62	南通市长江种子公司	苏审玉 201401	2014
天华玉 001	H3356×H2597	淮安市金色天华种业科技有限公司	苏审玉 201402	2014
瑞华玉 968	S007×X24-2	江苏瑞华农业科技有限公司	苏审玉 201403	2014
隆平 206	L239×L7221	安徽隆平高科种业有限公司	苏审玉 201404	2014
苏玉 40	D606×D204	江苏省大华种业集团有限公司	苏审玉 201405	2014
苏玉 30	HL40×YJ7	江苏沿江地区农业科学研究所	苏审玉 201406	2014
奥玉 3923	OSL218×OSL310	北京奥瑞金种业股份有限公司	皖玉 2014001	2014
丰乐 668	DK58-2×京 772-1	合肥丰乐种业股份有限公司	皖玉 2014002	2014
齐玉 58	Q08×J58	安徽华韵生物科技有限公司	皖玉 2014003	2014
华皖 267	LH993×L239	安徽隆平高科种业有限公司	皖玉 2014004	2014
联创 799	CT3141×CT5898	北京联创种业股份有限公司	皖玉 2014006	2014
源育 66	YS2017×Y2837	石家庄高新区源申科技有限公司	皖玉 2014007	2014
先玉 048	PH18Y6×PH11YB	铁岭先锋种子研究有限公司	皖玉 2014008	2014
安农 591	CB25×LX9801	安徽农业大学	皖玉 2014009	2014
豫龙凤 108	C712×HF588	河南滑丰种业科技有限公司	皖玉 2014010	2014
华安 513	皖 09-2×C-50	安徽省农业科学院烟草研究所	皖玉 2014011	2014
齐玉 98	J98×R98	安徽华韵生物科技有限公司	皖玉 2014012	2014
齐玉 8 号	M20×C78	安徽华韵生物科技有限公司	皖玉 2014014	2014
源育 18	Y2837×Y811	石家庄高新区源申科技有限公司	皖玉 2014015	2014
伟科 631	WK63×WK31	河南金苑种业有限公司	皖玉 2014016	2014
华玉 13	A2×A393	华中农业大学、武汉天地人种业有限公司	鄂审玉 2014001	2014
郑单 958	郑 58×昌 7-2	河南省农业科学院粮食作物研究所	鄂审玉 2014002	2014
腾龙 979	G1811×G3200	湖北腾龙种业有限公司	鄂审玉 2014004	2014

（续）

品种名称	品种来源	育成单位	审定编号	审定年份
禾盛玉375	H9575×W351	湖北省种子集团有限公司	鄂审玉2014005	2014
恩玉单8号	QL475×MH4117	恩施州粒粒金种业有限公司	鄂审玉2014006	2014
恩单108	TD1×F59	恩施土家族苗族自治州农业科学院	鄂审玉2014007	2014
湘农玉21号	联848×X03	湖南农业大学	湘审玉2014001	2014
联创9号	CT1312×CT289	北京联创种业股份有限公司	湘审玉2014002	2014
奇源199	S673×T28	湖南神农大丰种业科技有限责任公司、怀化金亿玉米研究所	湘审玉2014003	2014
福单4号	Y995×E538	湖南继福种业科技有限公司	湘审玉2014004	2014
丰神玉99	543×T78	湖南神农大丰种业科技有限责任公司、怀化金亿玉米研究所	湘审玉2014005	2014
红玉2号	JL－Z068×ANB－13－2	南宁市桂福园农业有限公司	湘审玉2014006	2014
中江玉99	A241×A533	江苏中江种业股份有限公司	苏审玉201501	2015
江玉877	SD7×C110－6	宿迁中江种业有限公司	苏审玉201502	2015
苏玉42	Y079×F246	江苏徐淮地区淮阴农业科学研究所	苏审玉201503	2015
福玉198	LB958×LF127	武汉隆福康农业发展有限公司	鄂审玉2015001	2015
双兴玉2号	T715×O442	华中农业大学、武汉双兴农业科技有限公司	鄂审玉2015002	2015
腾龙838	A277×A393	华中农业大学、湖北腾龙种业有限公司	鄂审玉2015003	2015
恩单116	XB22×SZ192	恩施土家族苗族自治州农业科学院	鄂审玉2015004	2015
宜单7566	T8266×N75	宜昌市农业科学研究院	鄂审玉2015005	2015
金玉669	A85×A388	华中农业大学、湖北惠民农业科技有限公司	鄂审玉2015006	2015
禾盛玉618	H3703×N75	湖北省种子集团有限公司、宜昌市农业科学研究院	鄂审玉2015007	2015
峰玉3号	HL69×HY15－6	五峰土家族自治县农业科学研究所	鄂审玉2015008	2015
浚单509	浚50X×浚M9	鹤壁市农业科学院	鄂审玉2015009	2014
汉单777	H70202×H70492	湖北省种子集团有限公司、湖北禾盛生物育种研究院	鄂审玉2015010	2015
敦玉518	成自698－3×成自238	武汉敦煌种业有限公司	湘审玉2015001	2015
吉湘玉2166	怀760×怀120	昆明金亿玉米育种中心	湘审玉2015002	2015
吉湘玉2199	Y012×533－1	怀化金亿玉米研究所	湘审玉2015003	2015
康农玉999	FL518×FL319	黄纯勇、湖北康农种业有限公司	湘审玉2015004	2015
科玉1101	HL01×HL02	中国科学院亚热带农业生态研究所、湖南六三种业有限公司	湘审玉2015005	2015

（续）

品种名称	品种来源	育成单位	审定编号	审定年份
青青300	W29×W746	湖南年丰种业科技有限公司、广西青青农业科技有限公司	湘审玉2015006	2015
同玉18	XF111×06H213	四川同路农业科技有限责任公司	湘审玉2015007	2015
湘农玉22号	I108×X03	湖南农业大学	湘审玉2015008	2015
新中玉801	GH35×HL940	重庆中一种业有限公司、贵州新中一种业股份有限公司、成都健禾农业科学技术研究所	湘审玉2015009	2015
铁研818	铁T0278×铁T0752	辽宁省铁岭市农业科学院	浙审玉2015006	2015
全玉1233	533×512	安徽荃银高科种业股份有限公司	皖玉2016001	2016
郑单1102	郑H12×郑H13	河南省农业科学院粮食作物研究所、宿州市淮河种业有限公司	皖玉2016002	2016
皖垦玉1号	Z15×0901	安徽皖垦种业股份有限公司	皖玉2016003	2016
庐玉9104	HA0213×皖自9116	安徽华安种业有限责任公司	皖玉2016004	2016
新安15号	C-50×皖09-1	安徽省农业科学院烟草研究所	皖玉2016005	2016
先玉1148	PHJEV×PH1N2D	铁岭先锋种子研究有限公司	皖玉2016006	2016
金赛38	J-10×J-5	河南金赛种子有限公司	皖玉2016007	2016
天益青7096	宿3925×Lx032	安徽省宿州市种子公司	皖玉2016008	2016
丰乐33	192-4×昌7-2	合肥丰乐种业股份有限公司	皖玉2016009	2016
联创800	CT1583×CT5898	北京联创种业股份有限公司	皖玉2016010	2016
庐玉9105	HA0213×皖自8108	安徽华安种业有限责任公司	皖玉2016011	2016
安农102	CB12×CBP4	安徽农业大学	皖玉2016012	2016
鲁单6075	鲁系4958×鲁系9311	山东省农业科学院玉米研究所	皖玉2016013	2016
泓丰66	ZH15×ZH126	河北省赵县玉米研究所	皖玉2016014	2016
华玉777	HY107×HY277	江苏红旗种业股份有限公司	皖玉2016015	2016
华玉15	2N1064×HZ127	华中农业大学	鄂审玉2016001	2016
腾龙168	S472×S868	湖北腾龙种业有限公司	鄂审玉2016002	2016
滑玉130	K253-112×MC712-2112	河南滑丰种业科技有限公司	鄂审玉2016003	2016
丰玉168	A258×A392	湖北丰农种业有限责任公司、华中农业大学	鄂审玉2016004	2016
郧单20	WD01×T259	湖北省十堰市农业科学院	鄂审玉2016005	2016
恩单532	568-11×YA8201	恩施土家族苗族自治州农业科学院	鄂审玉2016006	2016
汉玉128	MC2×H1319	湖北省种子集团有限公司、十堰市农业科学院	鄂审玉2016007	2016
湖广123	H70202×H10802	湖北省种子集团有限公司	鄂审玉2016008	2016

（续）

品种名称	品种来源	育成单位	审定编号	审定年份
华泰玉 1 号	H70202×H10437	湖北省种子集团有限公司、湖北鄂科华泰种业股份有限公司	鄂审玉 2016009	2016
襄玉 1317	XY2057×XY312	湖北省襄阳市农业科学院	鄂审玉 2016010	2016
粒粒金 2 号	D231×S43	恩施州粒粒金种业有限公司	鄂审玉 2016011	2016
恩玉 69	1069×h818	巴东县长江农业种子有限责任公司	鄂审玉 2016012	2016
宏中玉	0512×0817	王玉宝	鄂审玉 2016013	2016
中科玉 919	05119×1859	中国科学院亚热带农业生态研究所	湘审玉 2016001	2016

表 1 - 22　2007—2016 年长江中下游平原特用玉米品种名录

（张平平等整理，2016）

品种名称	来源	育成单位	审定编号	审定年份
天糯 1 号	ny2022×ny1997	上海虹桥天龙种业有限公司	沪农品审玉米〔2007〕第 01 号	2007
鲜玉糯 2 号	CD75 - 4×Y51	海南农业科学院粮食作物研究所	沪农品审玉米〔2007〕第 02 号	2007
美玉 9 号	923×980nct	海南绿川种苗有限公司	沪农品审玉米〔2007〕第 03 号	2007
沪玉糯 4 号	申 W89×申 W80	上海市农业科学院作物研究所	沪农品审玉米〔2007〕第 04 号	2007
金珠脆	H39×H27	上海市农业科学院作物研究所	沪农品审玉米〔2007〕第 05 号	2007
江南紫糯	苏 574×96408	江苏省农业科学院粮食作物研究所	苏审玉 200703	2007
海鲜玉 1 号	98B07×98A08	海门农业科学研究所	苏审玉 200704	2007
绿领甜 3 号	SK - 01×SK - r02	江苏苏农种业科技有限公司	苏审玉 200705	2007
金玉甜 1 号	PH224×PH2P8	温州市农业科学院作物研究所	浙审玉 2007001	2007
浙甜 8 号	DX - 1×W3D3	浙江省东阳玉米研究所	浙审玉 2007002	2007
浙甜 9 号	S114×S217	浙江省东阳玉米研究所	浙审玉 2007003	2007
浙糯玉 2 号	W41×W04	浙江省东阳玉米研究所	浙审玉 2007004	2007
浙糯玉 3 号	W41×W321	浙江省东阳玉米研究所	浙审玉 2007005	2007
浙凤糯 3 号	W10 - 315×W12 - 621	浙江大学作物科学研究所、浙江勿忘农种业股份有限公司	浙审玉 2007006	2007
西子糯 2 号	Z03×Z31	诸暨市农业技术推广中心	浙审玉 2007007	2007
丰糯 1 号	糯 43225×获白糯	安徽科技学院丰乐种业股份有限公司	皖品审 07050581	2007
淮科糯 1 号	糯 94 - 2×N3	淮北市科丰种业有限公司	皖品审 07050582	2007
鄂甜玉 4 号	sh13×sh34	武汉信风作物科学有限公司	鄂审玉 2007001	2007
三北糯 3 号	糯 401×糯 402	三北种业有限公司	湘审玉 2007008	2007

（续）

品种名称	来源	育成单位	审定编号	审定年份
三北黑糯4号	糯403×糯404	三北种业有限公司	湘审玉2007009	2007
金湘甜1号	M102×P010	湖南湘研种业有限公司	湘审玉2007011	2007
金湘甜2号	M307×P013-5	湖南湘研种业有限公司	湘审玉2007012	2007
宿糯1号	SN21×SN22	安徽省宿州市农业科学院	国审玉2008025	2008
苏玉糯638	T361×T2	江苏沿江地区农业科学研究所	国审玉2008026	2008
苏玉糯14	W5×W68	江苏沿江地区农业科学研究所	国审玉2008027	2008
苏科花糯2008	JS0581×JS0582	江苏省农业科学院粮食作物研究所	国审玉2008028	2008
双福	261×1118	上海粒粒丰农业有限公司	沪农品审玉米〔2008〕第001号	2008
金脆王	026×007	上海瑞禾种业有限公司	沪农品审玉米〔2008〕第002号	2008
粒粒丰	H518×C181	海通食品集团股份有限公司	沪农品审玉米〔2008〕第003号	2008
美果1号	SH2-W×SH2-T	上海惠和种业有限公司	沪农品审玉米〔2008〕第004号	2008
萃糯3号	L-01×L-02	南京绿领种业有限公司	沪农品审玉米〔2008〕第005号	2008
沪紫黑糯1号	申W74×申W71	上海市农业科学院作物研究所	沪农品审玉米〔2008〕第006号	2008
苏珍花糯1号	苏A8-2×南B5-1	江苏启东陈氏农业新品种研究所	沪农品审玉米〔2008〕第007号	2008
天彩2号	H185×C208	上海华耘种业有限公司	沪农品审玉米〔2008〕第008号	2008
长玉糯2008	F0327×M0211	上海长禾农业发展有限公司	沪农品审玉米〔2008〕第009号	2008
申糯3号	14×17	上海粒粒丰农业有限公司	沪农品审玉米〔2008〕第010号	2008
万糯6号	N14×HN37	上农蔬菜种苗公司	沪农品审玉米〔2008〕第011号	2008
申糯88	012×015	上海瑞禾种业有限公司	沪农品审玉米〔2008〕第012号	2008
苏玉糯18	W333×W695	江苏沿江地区农业科学研究所	苏审玉200804	2008
苏玉糯19	4009×4025	南京神州种业有限公司	苏审玉200805	2008
科甜1号	(HB-4×E28)×sh2	浙江农科种业有限公司、浙江省农业科学院作物与核技术利用研究所	浙审玉2008001	2008

（续）

品种名称	来　源	育成单位	审定编号	审定年份
科甜 2 号	白 B2×黄 18	浙江农科种业有限公司、浙江省农业科学院作物与核技术利用研究所	浙审玉 2008002	2008
嵊科甜 208	N－08×J－2	嵊州市蔬菜科学研究所	浙审玉 2008003	2008
浙糯玉 4 号	SM－1－1×4BNC	浙江省东阳玉米研究所	浙审玉 2008004	2008
美玉 6 号	小白×920	海南绿川种苗有限公司	浙审玉 2008005	2008
浙大糯玉 2 号	W13－715×N10－132	浙江大学作物科学研究所、浙江勿忘农种业股份有限公司	浙审玉 2008006	2008
浙凤糯 5 号	03SN－70×ZCN－203	浙江省农业科学院作物与核技术利用研究所、浙江勿忘农种业股份有限公司	浙审玉 2008007	2008
皖糯 2 号	3A×WN9	安徽省农业科学院作物研究所	皖玉 2008001	2008
宿糯 2 号	SN23×SN22	宿州市农业科学研究所	皖玉 2008002	2008
濉黑糯 2 号	糯 57×鲁 D047	濉溪县农业科学研究所	皖玉 2008003	2008
堰甜玉 28	3P285×3P291	十堰市农业科学院	鄂审玉 2008007	2008
华甜玉 4 号	HZ509×HZ508	华中农业大学	鄂审玉 2008008	2008
金中玉	YT0213×YT0235	王玉宝（个人）	鄂审玉 2008009	2008
金湘糯玉 1 号	Wx06×Wx01	湖南湘研种业有限公司	湘审玉 2008012	2008
湘彩糯玉 1 号	Wx06×Wx04	湖南湘研种业有限公司	湘审玉 2008013	2008
湘彩糯玉 2 号	N03×Z01	湖南农业大学	湘审玉 2008014	2008
花甜糯玉 5 号	462×143	荆州职业技术学院、湖南省园艺研究所、长沙县农业局	湘审玉 2008015	2008
美玉（加甜糯）7 号	小白×980nct	海南绿川种苗有限公司	湘审玉 2008016	2008
金花糯 639	W9915－5×M28－Z	北京金农科种子科技有限公司	沪农品审玉米〔2009〕第 001 号	2009
彩糯 8 号	11×19	上海粒粒丰农业科技有限公司	沪农品审玉米〔2009〕第 002 号	2009
苏珍雪糯 2 号	苏 8－3×雪 1－7	江苏农家丰新品种研究所	沪农品审玉米〔2009〕第 003 号	2009
崇糯 24	2×12	秦志平（个人）	沪农品审玉米〔2009〕第 004 号	2009
长江糯 2 号	F09×F21	南通志飞玉米研究所	沪农品审玉米〔2009〕第 005 号	2009
脆甜糯 5 号	BW－2×H3	南宁市桂福园农业有限公司	沪农品审玉米〔2009〕第 006 号	2009

（续）

品种名称	来源	育成单位	审定编号	审定年份
银糯 2 号	G-1×M-1	山东高密裕盛种业	沪农品审玉米〔2009〕第 007 号	2009
京科糯 2000	京糯 6×BN2	北京市农林科学院玉米研究中心	沪农品审玉米〔2009〕第 008 号	2009
蠡玉 16 号	953×91158	蠡县玉米研究所	苏审玉 200901	2009
江玉 501	Y24-1×S78-1	宿迁中江种业有限公司	苏审玉 200903	2009
苏科糯 2 号	JS0381×JS0382	江苏省农业科学院粮食作物研究所	苏审玉 200904	2009
扬甜 2 号	T10×SD	扬州大学农学院	苏审玉 200905	2009
浙凤糯 8 号	WX98-211×ZCN-2	浙江省农业科学院作物与核技术利用研究所、浙江勿忘农种业股份有限公司	浙审玉 2009001	2009
金师王	GF83×H9308	广州市兴田种子有限公司	浙审玉 2009002	2009
正甜 613	CH0105A/B×R0166	广东省农业科学院作物研究所、广东省农科集团良种苗木中心	浙审玉 2009003	2009
浙糯玉 5 号	中 2jp233×苏 171	浙江省东阳玉米研究所、浙江农科种业有限公司	浙审玉 2009004	2009
金糯 628	H9120-w×M28-T	北京金农科种子科技有限公司	浙审玉 2009005	2009
苏玉糯 202	N0201×N006	江苏南通志飞玉米研究所	浙审玉 2009006	2009
正糯 11 号	EN369×EN288	正大生科院阜阳科技园	皖玉 2009001	2009
安农甜糯 1 号	250×310	安徽农业大学	皖玉 2009005	2009
凤糯 2062	凤糯 2146-3（1）×P 秦 7-3	安徽农技师范学院	皖玉 2009006	2009
美玉 8 号	M×980nct	海南绿川种苗有限公司	皖玉 2009007	2009
濉黑糯 3 号	糯 653×黑凤	濉溪县农业科学研究所	皖玉 2009008	2009
宝甜 182	B03-1×B600	北京宝丰种业有限公司	皖玉 2009009	2009
皖甜 2 号	A06×B08	安徽农业大学	皖玉 2009010	2009
赣玉糯 2705	GW05×GW27	江西省农业科学院作物研究所	赣审玉 2009001	2009
玉农晶糯	21B-3×9-C-2	江西农业大学农学院	赣审玉 2009002	2009
赣新白糯 2 号	2583×257	江西省赣新种子有限公司	赣审玉 2009003	2009
赣新黄糯	163×895	江西省赣新种子有限公司	赣审玉 2009004	2009
2008 晶糯	22B×20-C	江西农业大学农学院	赣审玉 2009005	2009
福甜玉 18	NSL03×NSL02	武汉隆福康农业发展有限公司	鄂审玉 2009006	2009
禾盛糯玉 1 号	EN6535×EN6587	湖北省种子集团有限公司	鄂审玉 2009007	2009
金湘甜玉 3 号	xt458 × xt187342-2641	湖南湘研种业有限公司	湘审玉 2009009	2009

（续）

品种名称	来　源	育成单位	审定编号	审定年份
湘甜糯玉 1 号	n03-09×wxsu3016	湖南湘研种业有限公司	湘审玉 2009010	2009
湘花糯玉 2 号	xn619×xn622	湖南湘研种业有限公司	湘审玉 2009011	2009
苏玉糯 639	T585×T618	江苏沿江地区农业科学研究所	国审玉 2010018	2010
金玉甜 1 号	152×113	浙江省温州市农业科学院	国审玉 2010023	2010
浙甜 2088	P 杂选 311×大 28-2	浙江勿忘农种业股份有限公司	国审玉 2010024	2010
上农甜玉 1 号	T-1105×T-105	上海农林职业技术学院	沪农品审玉米〔2010〕第 002 号	2010
沪甜 99	108×723	上海粒粒丰农业科技有限公司	沪农品审玉米〔2010〕第 003 号	2010
金糯 628	H9120-W×M28-T	北京金农科种子科技有限公司	沪农品审玉米〔2010〕第 004 号	2010
申糯彩二号	B5×C9	上海瑞禾种业有限公司	沪农品审玉米〔2010〕第 005 号	2010
苏珍紫糯 3 号	彩糯 2-1×本糯 8-2	江苏省启动市农家丰新品种研究所	沪农品审玉米〔2010〕第 006 号	2010
香甜糯 1 号	N06×TN01	上海粒粒丰农业科技有限公司	沪农品审玉米〔2010〕第 007 号	2010
脆甜糯 6 号	糯 45×甜 3-2	南宁市桂福圆农业有限公司	沪农品审玉米〔2010〕第 008 号	2010
三北黑糯 4 号	糯 403×糯 404	北京中科三北种业有限公司	沪农品审玉米〔2010〕第 009 号	2010
苏科糯 3 号	JS0581×JS0686	江苏省农业科学院粮食作物研究所	苏审玉 201006	2010
晶甜 5 号	403325-4×326B452-2	南京市蔬菜科学研究所	苏审玉 201007	2010
浙甜 2088	P 杂选 311×大 28-2	浙江勿忘农种业股份有限公司	浙审玉 2010001	2010
苏玉糯 716	CN311A×CN115R	江苏沿江地区农业科学研究所	浙审玉 2010002	2010
京科甜 183	双金 11×SH-2511	北京市农林科学院玉米研究中心	鄂审玉 2010003	2010
农科糯 1 号	EWL2×EWL3	湖北省农业科学院粮食作物研究所	鄂审玉 2010004	2010
白金糯玉	HBN558×HBN2272	湖北省种子集团有限公司	鄂审玉 2010005	2010
荆花甜糯 3 号	T67×Y44	荆州职业技术学院	鄂审玉 2010006	2010
萃糯 1 号	ln-01×ln-02	南京绿领种业有限公司	湘审玉 2010005	2010
苏糯 3 号	W22×HN3	南京绿领种业有限公司	湘审玉 2010006	2010
湘农甜玉 1 号	T9501×C01	湖南农业大学	湘审玉 2010007	2010
金湘甜 4 号	xt817×xt808	湖南湘研种业有限公司	湘审玉 2010008	2010
湘糯 2008	XNN08-14×XN622	湖南湘研种业有限公司	湘审玉 2010009	2010

（续）

品种名称	来　源	育成单位	审定编号	审定年份
禾盛糯 1512	HBN558×EN6587	湖北省种子集团有限公司	国审玉 2011023	2011
红玉 2 号	JL - Z068×ANB - 13 - 2	南宁市桂福圆农业有限公司	沪农品审玉米〔2011〕第 001 号	2011
沪紫黑糯 2 号	申 W93×申 W74	上海市农业科学院作物育种栽培研究所	沪农品审玉米〔2011〕第 002 号	2011
沪彩糯 2 号	申 W70×申 W95	上海市农业科学院作物育种栽培研究所	沪农品审玉米〔2011〕第 003 号	2011
华耘 202	T09 - 99×T09 - 108	上海华耘种业有限公司	沪农品审玉米〔2011〕第 004 号	2011
双色先蜜	(RDX264×R13) × (T56×BBR4 - 9 - 3)	先正达种苗（北京）有限公司	沪农品审玉米〔2011〕第 005 号	2011
耀青 3 号	(H01×I06) ×F02	南宁耀州种子有限责任公司	沪农品审玉米〔2011〕第 006 号	2011
耀青 5 号	(B01×A05) ×F03	南宁耀州种子有限责任公司	沪农品审玉米〔2011〕第 007 号	2011
苏科糯 4 号	JS0581×JS0585	江苏省农业科学院粮食作物研究所	苏审玉 201106	2011
绿色超人	D62A×眉恢 130	北华玉米研究所	浙审玉 2011001	2011
浙大糯玉 3 号	n4188×n8222	浙江大学作物科学研究所、浙江勿忘农种业股份有限公司	浙审玉 2011002	2011
宿糯 3 号	sn24×sn22	宿州市农业科学研究所	皖玉 2011003	2011
淮科糯 2 号	黑 - 2×糯 653	淮北市科丰种业有限公司	皖玉 2011004	2011
皖糯 3 号	皖糯系 10 × 皖糯系 11	安徽省农业科学院烟草研究所	皖玉 2011005	2011
金彩糯 2 号	DN18×D130	阜阳金种子玉米研究所	皖玉 2011006	2011
华美水晶糯	DN02 - 5×GY03 - 7	江西华农种业有限公司	赣审玉 2011001	2011
燕禾金 2000	N897×N1196	北京燕禾金农业科技发展中心	赣审玉 2011002	2011
燕禾金 301	B652×B169	王惠星、陈焕毅	赣审玉 2011003	2011
鄂甜玉 5 号	sh17×sh34	武汉信风作物科学有限公司	鄂审玉 2011010	2011
西星甜玉 2 号	华甜 3189 - 222×广甜 2 白 - 1	山东登海种业股份有限公司西由种子分公司	鄂审玉 2011011	2011
彩甜糯 6 号	T37×818	湖北省荆州市恒丰种业发展中心	鄂审玉 2011012	2011
西星白糯 2 号	BN859 - 1×BNI96 - 4	山东登海种业股份有限公司西由种子分公司	湘审玉 2011006	2011

（续）

品种名称	来　源	育成单位	审定编号	审定年份
万农彩糯 2 号	江黑 12×白 106	长沙新万农种业有限公司	湘审玉 2011007	2011
万农水晶糯 2010	白 39×白 106	长沙新万农种业有限公司	湘审玉 2011008	2011
兆玉糯 3 号	兆糯 275×兆糯 283	河北兆亿玉米研究开发中心	湘审玉 2011009	2011
金湘甜 5 号	xt844×xt804	湖南湘研种业有限公司	湘审玉 2011010	2011
苏玉糯 901	W935×W8	江苏沿江地区农业科学研究所	国审玉 2012018	2012
彩甜糯 617	TZ23X×M28-T	上海汇阳种苗有限公司	沪农品审玉米〔2012〕第 001 号	2012
华耐糯玉 4 号	902×L02	北京华耐农业发展有限公司	沪农品审玉米〔2012〕第 002 号	2012
彩糯 9 号	17×280	上海粒粒丰农业科技有限公司	沪农品审玉米〔2012〕第 003 号	2012
申糯 6 号	B023×B006	上海瑞禾种业有限公司	沪农品审玉米〔2012〕第 004 号	2012
夏王	XY168×XY69	上海农科种子种苗有限公司	沪农品审玉米〔2012〕第 005 号	2012
甬珍 6 号	W021×C181	宁波海通食品科技有限公司	沪农品审玉米〔2012〕第 006 号	2012
苏科糯 5 号	JS0581×JS0601	江苏省农业科学院粮食作物研究所	苏审玉 201205	2012
长江花糯 2 号	FN05×FN01	南通志飞玉米研究所	苏审玉 201206	2012
金玉甜 2 号	温 152×温 795	温州市农业科学研究院	浙审玉 2012001	2012
景甜 9 号	GH8×H633	珠海港穗景农业有限公司	浙审玉 2012002	2012
浙凤甜 3 号	H18×E329	浙江省农业科学院作物与核技术利用研究所、浙江勿忘农种业股份有限公司	浙审玉 2012003	2012
苏花糯 2 号	FN06×FN08	南通志飞玉米研究所	浙审玉 2012004	2012
脆甜糯 5 号	Bw-2×H5	南宁市桂福园农业有限公司	浙审玉 2012005	2012
美甜 6 号	TA-5×TB-2	江西省赣新种子有限公司	赣审玉 2012001	2012
美糯 9 号	16A-5×23B-6	江西省赣新种子有限公司	赣审玉 2012002	2012
美星糯 1 号	05-7×NW001	江西农望高科技有限公司	赣审玉 2012003	2012
金冠 218	甜 62×甜 601	中农斯达农业科技开发有限公司	赣审玉 2012004	2012
脆甜糯 6 号	糯 45×甜 3-2	南宁市桂福园农业有限公司	赣审玉 2012005	2012
鄂甜玉 6 号	T421×T486	武汉汉龙种苗有限责任公司	鄂审玉 2012009	2012
沪玉糯 5 号	W109×W124	上海市农业科学院作物育种栽培研究所、上海农科种子种苗有限公司	沪农品审玉米〔2013〕第 001 号	2013
申科糯 1 号	SWL01×SWL02	上海市农业科学院作物育种栽培研究所、上海农科种子种苗有限公司	沪农品审玉米〔2013〕第 002 号	2013

（续）

品种名称	来　源	育成单位	审定编号	审定年份
华耘黑糯 501	06NX1996×09NX4168	上海华耘种业有限公司	沪农品审玉米〔2013〕第 003 号	2013
申糯 8 号	N176×N001	上海粒粒丰农业科技有限公司	沪农品审玉米〔2013〕第 004 号	2013
苏珍花糯 2012	彩糯 7 - 2×本白糯 14 - 1	江苏省启东市农家丰新品种研究所	沪农品审玉米〔2013〕第 005 号	2013
佳糯 26	糯白 19×糯 69	万全县万佳种业有限公司	沪农品审玉米〔2013〕第 006 号	2013
万彩糯 3 号	W60×W59	河北省万全县华穗特用玉米种业有限公司	沪农品审玉米〔2013〕第 007 号	2013
申科甜 1 号	SHL01×SHL02	上海市农业科学院作物育种栽培研究所、上海农科种子种苗有限公司	沪农品审玉米〔2013〕第 008 号	2013
蜜玉 1 号	SA - 2×SB - 6	金华三才种业公司、金华市婺城区科达种子经营部	浙审玉 2013002	2013
嵊科金银 838	黄 A - 08×白 H - 03	浙江省嵊州市蔬菜研究所	浙审玉 2013003	2013
上品	M6504×L6301	福建省农丰农业开发有限公司	浙审玉 2013004	2013
福华甜	华甜 022×台甜 038	广州市绿霸种苗有限公司	浙审玉 2013005	2013
正甜 68	粤科 06 - 3×UST	广东省农业科学院作物研究所、广东金作农业科技有限公司	浙审玉 2013006	2013
浙糯玉 6 号	SH23×中 2jp233	浙江东阳玉米研究所、浙江农科种业有限公司	浙审玉 2013007	2013
美玉 13 号	HE729 - 1×HE67	海南绿川种苗有限公司	浙审玉 2013008	2013
苏玉糯 203	FN02×FN26	南通志飞玉米研究所	浙审玉 2013009	2013
中农甜 414	BS641W×BS638	中国农业大学	苏审玉 201305	2013
晶甜 6 号	H403 - 12×T458 - 06	南京市蔬菜研究所	苏审玉 201306	2013
皖甜 210	皖甜系 2×776	安徽省农业科学院烟草研究所	皖玉 2013009	2013
皖糯 5 号	SN11×皖自 101	安徽省农业科学院烟草研究所	皖玉 2013010	2013
赣科甜 3 号	T323×T725	江西省农业科学院作物研究所	赣审玉 2013001	2013
玉农科糯	Y985×Y0715	江西农业大学农学院、江西省玉丰种业有限公司	赣审玉 2013002	2013
先甜 5 号	TWM - 32×TWS7906	先正达种苗（北京）有限公司	赣审玉 2013003	2013
福甜玉 98	K533×F020	武汉隆福康农业发展有限公司	鄂审玉 2013007	2013
苏玉糯 1502	L150×T2	江苏沿江地区农业科学研究所	国审玉 2014028	2014

（续）

品种名称	来　源	育成单位	审定编号	审定年份
彩甜糯6号	T37×818	荆州市恒丰种业发展中心	沪农品审玉米〔2014〕第001号	2014
沪五彩花糯1号	申W48×申W93	上海市农业科学院、上海农科种子种苗有限公司	沪农品审玉米〔2014〕第002号	2014
华耘花糯402	BW18×09NX4043	上海华耘鲜食玉米研究所	沪农品审玉米〔2014〕第003号	2014
万糯2000	W67×W68	河北省万全县华穗特用玉米种业有限责任公司	沪农品审玉米〔2014〕第004号	2014
金银898	N378×NXK68	上海农科种子种苗有限公司	沪农品审玉米〔2014〕第005号	2014
宝甜	T213×M285	浙江省东阳市各邦种子商行	浙审玉2014001	2014
一品甜	GSV24×GSV25	广州市绿霸种苗有限公司	浙审玉2014002	2014
花糯99	5-11×505	江苏省南通群力特种玉米研究所	浙审玉2014003	2014
翔彩糯4号	S102×W152	金华市翔宇农作物研究所、北京中农斯达农业科技开发有限公司	浙审玉2014004	2014
苏科糯6号	JS09116×JS04388JS04388	江苏省农业科学院粮食作物研究所	苏审玉201407	2014
许糯88	西黑糯58×美糯257	安徽新世纪农业有限公司、河南许丰种业有限公司	皖玉2014013	2014
赣白糯11	QW18×H12-1-1-3	江西省农业科学院作物研究所	赣审玉2014001	2014
华农甜98	GT03-3×MT04-9	江西农业大学农学院、江西华农种业有限公司	赣审玉2014002	2014
燕禾金彩糯	H9801-3×N8-5	王惠星、陈焕毅	赣审玉2014003	2014
蜜脆68	ESL1×S499	湖北省农业科学院粮食作物研究所	鄂审玉2014003	2014
中花糯3318	WZ3310×中玉18	北京中农作科技发展有限公司	湘审玉2014007	2014
华甜玉5号	S2000×S1916	华中农业大学	湘审玉2014008	2014
苏科糯8号	JSW10721×JSW10684	江苏省农业科学院粮食作物研究所	国审玉2015036	2015
明玉1203	JSW0388×JSW10722	江苏明天种业科技有限公司	国审玉2015037	2015
万彩糯3号	W60×W59	河北省万全县华穗特用玉米种业有限责任公司	国审玉2015038	2015
玉糯258	EX955×D1003	重庆市农业科学院	国审玉2015039	2015
五彩甜糯1号	申W93×wh-1	上海市农业科学院、上海海蔬种子有限公司、上海农科种子种苗有限公司	沪审玉2015001	2015

（续）

品种名称	来　源	育成单位	审定编号	审定年份
华耘白甜糯601	京2000-63×10海5693	上海华耘鲜食玉米研究所	沪审玉2015002	2015
申科糯3号	SWL88×SWL130	上海市农业科学院、上海农科种子种苗有限公司	沪审玉2015003	2015
苏科糯3号	JS0581×JS0686	江苏省农业科学院粮食作物研究所	沪审玉2015004	2015
连玉糯1号	LN12×LN22	连云港市农业科学院、上海市农业科学院、上海农科种子种苗有限公司	沪审玉2015005	2015
天贵糯162	A145×AB3	南宁市桂福园农业有限公司	沪审玉2015006	2015
金珠甜脆	H91×H71	上海市农业科学院、上海海蔬种子有限公司、福建省农业科学院作物研究所、上海农科种子种苗有限公司	沪审玉2015007	2015
圣甜1号	SHY084-SHSM50-1BHT×SHY034-5053	美国圣尼斯蔬菜种子有限公司	沪审玉2015008	2015
金银208	HL126×HL328	Harris Moran Clause	沪审玉2015009	2015
沪甜1301	NXK33×NXK50	上海农科种子种苗有限公司、上海市农业科学院	沪审玉2015010	2015
沪甜1号	N204×NXK68	上海农科种子种苗有限公司、上海市农业科学院	沪审玉2015011	2015
先甜5号	TWM-32×TWS7906	先正达种苗（北京）有限公司	沪审玉2015012	2015
先甜90号	hB06002×hA4295	先正达种苗（北京）有限公司	沪审玉2015013	2015
华耘301	09TX15×09TX14	上海华耘鲜食玉米研究所	沪审玉2015014	2015
申科爆1号	SPL01×SPL02	上海市农业科学院、上海农科种子种苗有限公司	沪审玉2015015	2015
农科玉368	京糯6×D6644	北京华奥农科玉育种开发有限责任公司	苏审玉201504	2015
美玉甜002号	（台湾八珍/华珍）×（库普拉/王朝）	海南绿川种苗有限公司	浙审玉2015001	2015
浙甜10	（先甜5号/A281）×（中糯2号/金银栗）	浙江省东阳玉米研究所	浙审玉2015002	2015
浙甜11	（05cPE02/华珍）×白甜糯1号	浙江省东阳玉米研究所	浙审玉2015003	2015
美玉糯16号	（南农紫玉糯1号/都市丽人）×（早5-1/桂林农家白糯玉米）	海南绿川种苗有限公司	浙审玉2015004	2015
浙糯玉7号	W321×兰158-6	浙江省东阳玉米研究所	浙审玉2015005	2015

（续）

品种名称	来　源	育成单位	审定编号	审定年份
赣科甜 6 号	T14－6－6×T1－2－4	江西省农业科学院作物研究所	赣审玉 2015001	2015
嘉甜糯 13	W03－3×N211	江西省农业科学院作物研究所、江西中田金品种苗有限公司	赣审玉 2015002	2015
金甜玉 2 号	SA－22×玉 2	金华三才种业公司	赣审玉 2015003	2015
彩糯 316	SH－07×SH－22	北京四海种业有限责任公司	赣审玉 2015004	2015
金冠 218	甜 62×甜 601	北京四海种业有限责任公司	湘审玉 2015010	2015
玉农金甜玉	Y04－07×Y05－11	江西农业大学农学院、江西省玉丰种业有限公司	赣审玉 2016001	2016
夏美甜 12 号	ZT1115×ZT1126	江西中田金品种苗有限公司、厦门中田金品种苗有限公司	赣审玉 2016002	2016
BM800	bmp88×bm1002	吉林省保民种业有限公司	赣审玉 2016003	2016
玉农花彩糯 7 号	Y01－18×Y03－05	江西农业大学农学院、江西省玉丰种业有限公司	赣审玉 2016004	2016
京科糯 2016	N39×甜糯 2	北京市农林科学院玉米研究中心	赣审玉 2016005	2016
美玉 13 号	HE729－1×HE67	海南绿川种苗有限公司	湘审玉 2016002	2016
华糯 2 号	L01×L02	北京华耐农业发展有限公司	湘审玉 2016003	2016

（三）优良自交系名录

2007—2016 年，长江中下游平原 7 省份国审品种和部分主推品种的亲本自交系共 103 个，其中，普通玉米自交系 60 个，甜玉米自交系 16 个，糯玉米自交系 27 个（表 1－23）。

表 1－23　长江中下游平原优良自交系名录

（张平平等整理，1976）

自交系名称	育成品种
113*	金玉甜 1 号
152*	金玉甜 1 号
165	永科 5 号、福单 2 号
178	农大 108
319	鲁单 981
953	蠡玉 16 号
968	丰玉 12
8723	登海 9 号
8865	帮豪玉 108
9058	浚单 20
26696	丰玉 12

（续）

自交系名称	育成品种
91158	蠡玉 16 号
2511A	嘉农 18
281H	帮豪玉 108
326B452 - 2*	晶甜 5 号
403325 - 4*	晶甜 5 号
980nct**	美玉 7 号、美玉 8 号、美玉加甜糯 7 号、美玉 9 号
BN486	中农大 451
CT019	中科 4 号
D106*	浙凤甜 2 号
DH19	登海 3769
DH351	登海 605
DH382	登海 605
DH65232	登海 9 号、登海 11 号
DK58 - 2	梦玉 908
E311*	浙凤甜 2 号
E538	福单 2 号
E538	隆玉 6 号、州玉 1 号、福单 2 号、州玉 2 号、福单 3 号、福单 4 号
EN6587**	禾盛糯 1512
FL218	皖玉 16、康农玉 108、康农玉 3 号、康农玉 901
FL8210	康农玉 901
Fnct**	美玉 3 号、都市丽人
FT0809	飞天 358
FT0908	飞天 358
H127R	中农大 451
HBN558**	禾盛糯 1512
HL40	苏玉 30
JS0451	苏玉 29
JS0581**	苏科花糯 2008
JS0582**	苏科花糯 2008
JS06766	苏玉 36
JSW0388**	明玉 1203
JSW10684**	苏科糯 8 号
JSW10721**	苏科糯 8 号
JSW10722	明玉 1203
ky188*	华珍

（续）

自交系名称	育成品种
ky99*	华珍
L150**	苏玉糯 1502
L7221	隆平 206
Lx9801	鲁宁 202、皖玉 708、先农 591、鲁单 981、中科 4 号
N21	鄂玉 23
N22	鄂玉 23
N75	宜单 629、宜单 858、宜单 7566、禾盛玉 618
ND81 - 2	苏玉 33
P02	嘉农 18
P 杂选 311*	浙甜 2088
Q2117	极峰 30
QB506	金玉 506
QY - 1	极峰 30
S167*	华甜玉 3 号
S273	金玉 506
S78 - 1	江玉 403、江玉 501
SN21**	宿糯 1 号
SN22**	宿糯 1 号
T2**	苏玉糯 638、苏玉糯 1502
T361**	苏玉糯 638
T585**	苏玉糯 639
T618**	苏玉糯 639
TWM - 32*	先甜 5 号
TWS7906*	先甜 5 号
W10 - 315**	浙凤糯 3 号
W12 - 621**	浙凤糯 3 号
W5**	苏玉糯 14
W59**	万彩糯 3 号
W60**	万彩糯 3 号
W68**	苏玉糯 14
W8**	苏玉糯 901
W935**	苏玉糯 901
XZ049 - 42	三峡玉 9 号
XZ41P	三峡玉 9 号
y24 - 1	江玉 501

(续)

自交系名称	育成品种
YJ7	苏玉 30
Z85*	华甜玉 3 号
本 M	苏玉 33
昌 7 - 2	江玉 608、苏玉 35、苏玉 38、郑单 958、济单 7 号
大 28 - 2*	浙甜 2088
衡选 99**	浙凤糯 2 号
黄 C	农大 108
济 533	济单 7 号
京 772 - 2	梦玉 908
浚 92 - 6	浚单 18
浚 92 - 8	浚单 20
宁晨 07	宁玉 309
宁晨 20	宁玉 309
宁晨 39	宁玉 525
宁晨 62	宁玉 525
糯 213**	浙凤糯 2 号
苏 95 - 1	苏玉 29、苏玉 36、苏玉 37
温 152*	金玉甜 2 号
温 795*	金玉甜 2 号
武 62	登海 3769
小白**	美玉 6 号、美玉 7 号
郑 58	郑单 958

注：* 为甜玉米自交系，** 为糯玉米自交系，其他为普通玉米自交系。

四、长江中下游平原玉米种子生产

（一）种子生产形势

据全国农业技术推广服务中心调查，长江中下游平原各省份每公顷玉米种子用量如下：上海 21.0 kg，江苏 32.40 kg，浙江 24.30 kg，安徽 30.75 kg，江西 37.50 kg，湖北 22.50 kg，湖南 18.75 kg。由于目前中国玉米种子商品化率已达到 100%，玉米种子需求量为播种面积与单位面积用种量之积。据此测算长江中下游平原种子总需求量为 6 万 t 左右。

由于受降雨多、湿度大等因素影响，长江中下游平原地区制种风险大、不适合大规模制种；加之土地、人工成本高，因此主要依靠异地制种。

（二）代表性品种简介

1. 鄂玉 25 鄂玉 25 是由十堰市农业科学院用 HZ111 作母本、美 C 作父本配组育成的杂交玉米品种。2005 年通过湖北省农作物品种委员会审定，审定编号为鄂审玉 2005004；2006 年通过国家审定，审定编号为国审玉 2006048。

亲本来源及特征特性：母本 HZ111 从华中农业大学引进，选自美国杂交种 Y8G61。父本美 C 是由从湖北五峰县农业科学研究所引进的自交系美 22 和从华中农业大学引进的世界小麦玉米改良中心热带材料 CIM-7，在十堰和海南两地连续自交筛选，最终获得的自交系；生育期偏长，从出苗至成熟 120 d，幼苗叶鞘绿色，苗期叶色浓绿，后期稍淡；株型中间型，茎秆粗壮，株高 230 cm，穗位高 110 cm，叶片数 20～21 片；雄穗长大，分枝较多，花粉量大，花药黄色，花柱青色；果穗锥形，籽粒黄色，硬粒型，穗轴红色，品质好；穗粗 4.2 cm，穗长 16.3 cm，穗行 16～18 行，行粒数 30 粒，生产力水平中上等。

特征特性：在武陵山区出苗至成熟 127.7 d，比对照农大 108 晚熟 3.4 d，需有效积温 2 800 ℃以上。幼苗叶鞘紫色，叶片绿色，叶缘紫色，花药黄色，颖壳绿色。株型半紧凑，株高 272 cm，穗位高 115 cm，成株叶片数 20 片。花柱绿色，果穗筒形，穗长 19 cm，穗行数 16 行，穗轴红色，籽粒黄色、半马齿型，百粒重 30 g。区域试验中平均倒伏（折）率 5.3%，生产试验中平均倒伏（折）率 8%。经四川省农业科学院植物保护研究所两年接种鉴定，抗大斑病和玉米螟，中抗小斑病、茎腐病和纹枯病，感丝黑穗病。

产量品质：2004—2005 年参加武陵山区玉米品种区域试验，17 点次增产，2 点次减产，两年区域试验每公顷产 8 235 kg，比对照农大 108 增产 9.2%。2005 年生产试验，平均每公顷产 8 370 kg，比对照鄂玉增产 13.5%。经农业部谷物品质监督检验测试中心（北京）测定，籽粒容重 780 g/L，粗蛋白含量 9.09%，粗脂肪含量 4.48%，粗淀粉含量 72.40%，赖氨酸含量 0.33%。

栽培技术要点：每公顷适宜密度 45 000～52 500 株，注意防止倒伏和防治丝黑穗病。

适宜范围：适宜在湖北、湖南、贵州的武陵山区种植，注意防止倒伏和防治丝黑穗病。

2. 宜单 629 宜单 629 由宜昌市农业科学院以自交系 S112 作母本、N75 作父本杂交组配而成（田甫焕，2010）。2008 年通过湖北省农作物品种审定委员会审定，审定编号为鄂审玉 2008004。

亲本来源及特征特性：S112 来源于自交系掖 478 的优势株；株型紧凑，株高 180 cm，穗位高 70 cm，生育期 104 d；总叶片数 17～19 片，叶片较宽略短，叶色浓郁；根系发达，高抗倒伏，抗大斑病、小斑病、纹枯病等；果穗短筒形，穗轴白色，穗行数 14 行左右，籽粒黄色、马齿型、粒型较大。父本 N75 来源于国外杂交种 97922，含有热带血缘；株型半紧凑，株高 220 cm，穗位高 110 cm，中晚熟；根系发达，抗倒伏，综合抗性强；雄花发达，分枝多而紧凑，花粉量足，花期长；雌穗抽丝快而集中，花柱红色；果穗长锥形，结实性好，满尖无秃顶，穗行数 14～16 行，籽粒黄色，穗轴白色，偏硬粒型。

特征特性：株型半紧凑，株高及穗位适中，根系发达，抗倒性较强。幼苗叶鞘紫色，成株中部叶片较宽大，花柱红色。果穗锥形，穗轴白色，结实性较好。籽粒黄色、中间型。区域试验中株高 246.2 cm，穗位高 100.4 cm，穗长 18.2 cm，穗粗 4.7 cm，秃尖长 0.6 cm，每穗 14.4 行，每行 35.3 粒，千粒重 333.1 g，干穗出籽率 85.5%。生育期 108.6 d，比华玉 4 号早 0.9 d。田间大斑病 0.8 级，小斑病级 1.3 级，青枯病病株率 2.6%，锈病 0.8 级，穗粒腐病 0.3 级，丝黑穗病发病株率 0.5%，纹枯病病情指数 14.6，抗倒性优于华玉 4 号。

产量品质：在 2006—2007 年湖北省低山平原组区域试验中，品质经农业部谷物及制品质量监督检验测试中心测定，籽粒容重 761 g/L，粗淀粉（干基）含量 70.26%，粗蛋白（干基）含量 10.49%，粗脂肪（干基）含量 3.42%，赖氨酸（干基）含量 0.30%。两年汇总：平均每公顷产量为 9 115.05 kg，比对照种华玉 4 号增产 9.58%；在两年合计 14 点（次）的区试种有 13 点（次）表现比对照增产，增产点次率为 92.9%，两年增幅均达极显著水平。其中，2006 年区试中，平均每公顷产 9 304.35 kg，居第二位；在 2007 年区试中，平均每公顷产 8 925.75 kg，居组内首位。

栽培技术要点：适时播种，合理密植。3 月下旬至 4 月上旬播种，单作每公顷种植 52 500～60 000 株；配方施肥。底肥一般每公顷施玉米专用肥或三元复合肥 750 kg、锌肥 15 kg；3～4 片叶时施苗肥，每公顷施尿素 150 kg；11～12 片叶时施穗肥，每公顷施尿素 300 kg。加强田间管理。及时中耕除草，培土壅蔸，抗旱排涝。注意防治纹枯病、丝黑穗病、地老虎、玉米螟等病虫害。

适宜范围：适于湖北省低山、丘陵、平原地区作春玉米种植。

3. 汉单 777　汉单 777 是由湖北省种子集团有限公司用 H70202 作母本、H70492 作父本配组育成的杂交玉米品种。2013 年通过湖北省农作物品种审定委员会审定，审定编号为鄂审玉 2013002；2014 年通过国家农作物品种审定委员会审定，审定编号为国审玉 2015020；2015 年通过湖北省农作物品种审定委员会审定，审定编号鄂审玉 2015010。

特征特性：株型半紧凑。幼苗叶鞘紫色，穗上叶 6 片左右，雄穗分枝数 7～10 个，花药、花柱浅紫色。果穗锥形，苞叶覆盖较完整，穗轴红色，籽粒黄色、半马齿型。区域试验中株高 267 cm，穗位高 111 cm，空秆率 2.1%，穗长 17.0 cm，穗粗 4.8 cm，秃尖长 0.6 cm，穗行数 17.2 行，行粒数 35.1 粒，千粒重 266.1 g，干穗出籽率 85.8%，生育期 109 d。田间大斑病 1 级、小斑病 1 级，茎腐病病株率 0.8%，穗腐病 3 级，田间倒伏（折）率 13.0%。

产量品质：2010—2011 年两年区域试验平均每公顷产 8 522.55 kg，比对照宜单 629 增产 3.23%。其中，2010 年平均每公顷产 7 878.6 kg，比宜单 629 增产 3.63%；2011 年平均每公顷产量 9 166.5 kg，比宜单 629 增产 2.90%。2013—2014 年参加东南玉米品种区域试验，两年平均每公顷产 8 079.0 kg，比对照苏玉 29 增产 6.7%；2014 年生产试验，平均每公顷产 8 281.5 kg，比苏玉 29 增产 3.8%。2010—2011 年参加湖北省玉米丘陵平原组品种区域试验，品质经农业部谷物品质监督检验测试中心测定，籽粒容重 770 g/L，粗蛋白（干基）含量 9.68%，粗脂肪（干基）含量 4.04%，粗淀粉（干基）含量 72.08%。

栽培技术要点：适时播种，合理密植。3 月下旬至 4 月初播种，单作每公顷种植 504 000 株左右。配方施肥。施足底肥，看苗追施平衡肥，重施穗肥，忌偏施 N 肥。加强田间管理。苗期注意蹲苗，及时中耕除草，培土壅兜，预防倒伏，抗旱排涝。注意防治纹枯病、茎腐病、穗腐病和玉米螟等病虫害。

适宜范围：适宜江苏淮南、安徽淮南、浙江、江西、福建、广东春播种植。

4. 湘康玉 2 号　湘康玉 2 号是由湖南省作物研究所 2007 年以爱自 816 为母本、Y06 - 2 - 3 为父本组配而成的优质、高产、稳产、多抗型的玉米杂交种（陈志辉，2011）。于 2011 年通过湖南省农作物品种审定委员会审定，审定编号为湘审玉 2011002。

亲本来源及特征特性：母本爱自 816 是北京中农泰科农业技术有限公司 2001 年以 8112、B5003、Mo17、F349、601 和昌 7 - 2 分别配对杂交，进行双列杂交产生 12 个杂交种，2002—2003 年经北京、海南连续 3 代混合授粉组成的综合种，再以此为基础材料在 2003 年秋到 2006 年春连续自交 6 代选育而成的自交系。生育期春播 113 d 左右，叶鞘紫色，株高 210 cm，穗位高 75 cm 左右，株型紧凑，秸秆坚韧，雄穗主轴长，与分枝夹角较小，分枝少；花粉量中等，散粉良好；花柱顶部淡红色，果穗长柱形，穗轴红色，穗行数 14～16 行，千粒重 320 g 左右，籽粒半硬粒型，黄色；根系发达，支持根达 3 层，抗倒伏性强，大田条件下高抗大斑病、小斑病、青枯病、粗缩病。父本 Y06 - 2 - 3 是湖南省作物研究所 2002 年春以美国杂交种 79579 变异株为基础材料，经 3 代自交选育后，与本所选育的自交系临 1 组培成的二环系，2003—2007 年经 7 代自交选育而成的自交系。Y06 - 2 - 3 生育期春播 107 d 左右，株型紧凑，株高 230 cm，穗位高 90 cm 左右，雄穗分枝较多，花药红色，花柱红色，花粉量较大；果穗筒形，穗轴红色，穗行数 14 行，千粒重 300 g 左右，籽粒半马齿型、黄色；抗旱能力强、抗倒伏、抗病。

特征特性：生育期 110.2 d。株型半紧凑，耐密性好，植株生长健壮，株高 252 cm，穗位高 101 cm，叶色浓绿，果穗长柱形，果穗结实性好，穗长 19.8 cm，秃顶 1.1 cm，穗粗 5.5 cm，穗行数 14.8 行，百粒重达 32.7 g。花药黄色，花柱红色。籽粒半马齿粒型、黄色，穗轴粉红色。田间表现抗大斑病、小斑病、纹枯病和玉米螟。

产量品质：2009 年省湖北省区试平均每公顷产 8 064.0 kg，比对照临奥 1 号增产 9.16%，极显著，2010 年省区试平均每公顷产 7 639.5 kg，比对照临奥增产 10.05%，极显著，两年区试平均每公顷产 7 851.0 kg，比对照临奥增产 9.60%。全籽粒粗蛋白含量 10.15%，粗脂肪含量 3.91%，粗淀粉含量 70.16%，赖氨酸 0.30%，籽粒容重 704 g/L。

栽培技术要点：湘中 3 月下旬，湘南 3 月中下旬，湘北 3 月底到 4 月初播种；合理密植，每公顷大田用种量 22.5 kg，播种密度每公顷 48 000～52 500 株。科学追肥，播前每公顷底施复合肥 750 kg，具有明显的增产效果。追肥按叶龄指数分拔节、攻穗两次追肥。拔节肥在叶龄指数 30%，展开叶 5～6 片，出苗后约 20 d 每公顷追施 150～225 kg 尿素。攻穗肥，在叶龄指数 60%，展开叶 11～12 片，播后 40 d 每公顷追施尿素 300 kg。

适宜范围：适宜于湖南省种植。

5. 苏玉 30　苏玉 30 是江苏沿江地区农业科学研究所以自选系 HL40、YJ7 分别作母本、父本杂交育成的高产优质普通玉米单交种（陈国清，2012）。2011 年 9 月通过国家农作物品种审定委员会审定定名，审定编号为国审玉 2011022。2014 年通过江苏省农作物品种审定委员会审定，审定编号为苏审玉 201406。

亲本来源及特征特性：母本自交系 HL40 选自 414 与丹 340、掖 478、H991、U8112

合成的分离小群体，2003年南繁组配基础材料，2005年南繁S$_3$代进行早代测配，之后又对HL40穗行连续加代选择、测配而成；父本自交系YJ7是本所自选骨干系，选自美国玉米杂交种78599。2006年春播组合鉴定中，HL40×YJ7表现为产量高，抗病、抗倒性强，长相清秀，熟相好。

特征特性：在东南地区出苗至成熟104 d，比农大108早1 d。幼苗叶鞘紫色，叶片绿色，叶缘紫色，花药黄色，颖壳紫色。株型半紧凑，株高238 cm，穗位高99 cm，成株叶片数20片。花柱青色，果穗长锥形，穗长17.9 cm，穗行数14～16行，穗轴红色，籽粒黄色、半马齿型，百粒重26.7 g。区试平均倒伏（折）率8.9%。经中国农业科学院作物科学研究所两年接种鉴定，抗大斑病和小斑病，感纹枯病，高感茎腐病、矮花叶病和玉米螟。经农业部谷物品质监督检验测试中心（北京）测定，籽粒容重728 g/L，粗蛋白含量11.96%，粗脂肪含量3.69%，粗淀粉含量66.91%，赖氨酸含量0.38%。

产量品质：2007年苏玉30春播每公顷产7 395.0 kg，比对照苏玉19增产12.9%；夏播每公顷产6 900.0 kg，比对照郑单958增产17.4%。2005年苏玉30春播每公顷产7 737.0 kg，比对照苏玉29增产17.8%；夏播每公顷产7 065.0 kg，比对照郑单958增产24.3%。2009—2010年以苏玉947为代号参加国家普通玉米东南区区试。2009年平均每公顷产7 395.0 kg，较对照农大108增产15.6%，增产极显著，列本区试第一位，10个试点，8点增产，2点减产。2010年平均每公顷产7 083.0 kg，较对照农大108增产24.1%，增产极显著，列本区试第一位，10个试点，全部增产。2010年苏玉30参加国家东南区普通玉米生产试验，平均每公顷产7 141.5 kg。较对照农大108增产15.6%，4个点增产，1个点减产。

栽培技术要点：在中等肥力以上地块种植。适宜播种期3月至4月上旬。每公顷适宜密度60 000株左右。

适宜范围：适宜在江苏中南部、安徽南部、江西、福建、广东、浙江春播种植。茎腐病、矮花叶病高发区慎用。

6. 梦玉908　梦玉908是由合肥丰乐种业有限公司以自选系DK58-2作母本、京772-2作父本杂交选育而成的玉米新品种（张二朋，2014）。2014年同时通过山东省和国家农作物品种审定委员会审定，审定编号分别为鲁农审2014011、国审玉2014014。

亲本来源及特征特性：母本DK58-2是合肥丰乐种业以国外杂交种自交2代作母本，以9058作父本杂交，连续自交7代于2007年选育而成；选育过程中注重抗倒性、耐密性、抗病性和自身产量性状的综合选择，该自交系具有株型紧凑、根系发达、茎秆坚韧、抗病性强、穗长、籽粒大、容重高等优点。父本京772-2是以京黄×昌7-2为基础材料，连续自交6代于2007年选育而成；选育过程中以配合力高、穗位低、品质优为主要目标，该自交系株高与昌7-2相当，但穗位明显降低，且株型更加紧凑，同时还具有配合力高、雌雄花期协调、花粉量大、散粉期长、结实性好、后期灌浆速度快、品质好等优点。

特征特性：黄淮海夏玉米地区出苗至成熟102 d，与郑单958相当。幼苗叶鞘浅紫色，叶片绿色，叶缘绿色，花药浅紫色，颖壳绿色。株型紧凑，株高257 cm，穗位高96 cm，成株叶片数19～20片。花柱浅紫色，果穗筒形，穗长17.7 cm，穗行数14～16行，穗轴白色，籽粒黄色、半马齿型，百粒重 34.0 g。接种鉴定，中抗小斑病，感大斑病、茎腐病、弯孢叶斑病，高感瘤黑粉病和粗缩病。

产量品质：2012—2013 年参加黄淮海夏玉米品种区域试验，两年平均每公顷产 10 455 kg，比对照郑单 958 增产 6.8%；2013 年生产试验，平均每公顷产 9 354 kg，比对照郑单 958 增产 6.5%。籽粒容重 788 g/L，粗蛋白含量 9.70%，粗脂肪含量 4.31%，粗淀粉含量 72.10%，赖氨酸含量 0.30%。

栽培技术要点：中等肥力以上地块栽培，6 月上中旬播种，每公顷种植 67 500 株，注意防治粗缩病和瘤黑粉病。

适宜范围：适宜河南、山东、河北保定及以南地区、陕西关中灌区、江苏北部、安徽北部及山西南部夏播种植。

7. 金中玉　金中玉是王玉宝（个人）用 YT0213 作母本、YT0235 作父本配组育成的杂交甜玉米品种。2008 年通过湖北省农作物品种审定委员会审（认）定，品种审定编号为鄂审玉 2008009。

特征特性：株型略紧凑。茎基部叶鞘绿色。雄穗绿色，花药黄色，花柱白色。果穗筒形，苞叶覆盖适中，旗叶较短，穗轴白色，籽粒黄色、较大。品比试验中，株高 250.3 cm，穗位高 105.5 cm，穗长 19.2 cm，穗粗 4.4 cm，秃尖长 2.1 cm，每穗 12.7 行，每行 38.7 粒，百粒重 32.9 g。生育期偏长，从播种到吐丝 73.2 d，比对照鄂甜玉 3 号迟 4.6 d。田间大斑病 1.7 级，小斑病 1.0 级，茎腐病病株率 1.0%，穗腐病 1.0 级，纹枯病病情指数 12.0，抗倒性与鄂甜玉 3 号相当。

产量品质：2006—2007 年参加湖北省甜玉米品种比较试验，品质经农业部食品质量监督检验测试中心对送样测定，可溶性糖含量 11.5%，还原糖含量 2.02%，蔗糖含量 9.01%。两年试验商品穗平均每公顷产 9 040.5 kg，比鄂甜玉 3 号增产 7.72%。外观及蒸煮品质较优。

栽培技术要点：隔离种植。选择土质肥沃、排灌方便的田块连片种植，与其他异型玉米品种相隔 300 m 以上，或抽雄吐丝期间隔 20 d 以上。适时播种。地膜覆盖栽培 3 月中下旬播种，露地直播 4 月初播种。每公顷种植 45 000～51 000 株。提高播种质量。注意抢墒播种，宜比普通玉米浅播，播种后用疏松细土盖种。配方施肥。底肥一般每公顷施复合肥 900 kg；11～12 片叶时追穗肥，每公顷施尿素 300 kg。加强田间管理。注意中耕除草，培土壅蔸，抗旱排涝；综合防治纹枯病和地老虎、玉米螟等病虫害。适时采收。一般在授粉后 23～25 d 采收。

适宜范围：适于湖北省平原、丘陵及低山地区种植。

8. 金玉甜 1 号　金玉甜 1 号是温州市农业科学院于 2004 年自育的自交系 152 为母本和自育的自交系 113 为父本杂交组配的单交种。2007 年通过浙江省农作物品种审定委员会审定，审定编号为浙审玉 2007001；2010 年通过国家审定，审定编号为国审玉 2010023。

亲本来源及特征特性：母本 152 是利用 2002 年引进的杂交种华珍经连续多年自交、筛选、鉴定而育成的优良自交系，具有植株生长健壮、植株较高、叶片较挺直、中迟熟、口感较好等特点。父本 113 是利用美国超甜玉米引选 5 号经多年多代自交选育而成的自交系，具有熟期早，植株较矮，口感甜、脆、皮薄渣少，品质优等特点。

特征特性：该品种生育期（出苗至采摘）88.4 d，比对照超甜 3 号短 2.4 d。株高 206.7 cm，穗位高 71.5 cm；果穗长筒形，穗长 19.4 cm，穗粗 4.8 cm，秃尖长 1.6 cm，穗行数 13.5 行，行粒数 36.1 粒，鲜千粒重 327.7 g，单穗鲜重 246.4 g。籽粒黄白相间，排列整齐。据东阳玉米研究所抗性鉴定，感大斑病、小斑病，高感茎腐病，感玉米螟。

产量品质：2005—2006 年参加浙江省甜玉米区域试验，2005 年平均每公顷鲜穗产 12 882.0 kg，比对照超甜 3 号增产 7.64%，达到极显著水平，居第四位，5 点增产，2 点减产；2006 年平均每公顷鲜穗产 11 408.9 kg，比对照超甜 3 号增产 3.34%，居第五位，5 点增产，3 点减产。2008—2009 年参加国家南方区鲜穗甜玉米组区域试验，2008 年鲜穗平均每公顷产 12 711.0 kg，比对照绿色超人减产 4.02%，居第十六位，2 点增产，6 点减产；2009 年平均每公顷鲜穗产 11 421.0 kg，比对照绿色超人减产 11.10%，居第十三位，2 点增产，7 点减产。浙江省区试品质评分分别为 85.1 和 83.5，比对照超甜 3 号高 4.7 分；2 年国家南方区试品质评分分别为 87.5 和 85.0，比对照绿色超人高 1.4 分，达到部颁甜玉米二级标准。

栽培技术要点：该品种植株较高，应适当降低种植密度，及时培土防倒伏；加强苗期管理，促早发；注意防治大斑病、小斑病。

适宜范围：适宜在浙江全省种植。

9. 赣科甜 3 号 赣科甜 3 号由江西省农业科学院作物研究所以 T14-6-6 为母本、T1-2-4 为父本组配而成的甜玉米单交种（颜廷献，2015）。2015 年通过江西省农作物品种审定委员审定，审定编号为赣审玉 2015001。

亲本来源及特征特性：母本 T14-6-6 是以双晶甜为基础材料，于 2008—2011 年在江西省农业科学院南昌试验基地及海南三亚连续自交 8 代选育而成的二环系，株型半紧凑，籽粒黄色，株高 154～178 cm，叶片数 11～13 片，叶浅绿色，综合表现较好。父本 T1-2-4 以华珍为基础材料，于 2008—2011 年在江西省农业科学院南昌试验基地及海南三亚连续自交 7 代选育而成的二环系，株型半紧凑，籽粒浅黄色，株高 113～155 cm，叶色深绿，雄穗分枝数 17.6 个，花粉量大，散粉期长，综合表现优。

特征特性：属半紧凑甜玉米品种。春播全生育期 83.4 d，与对照粤甜 16 号相当。该品种株高 195.1 cm，穗位高 60.2 cm，双穗率 2.7%，空秆率 2.0%，倒伏倒折率 4.8%。果穗筒形，穗长 19.3 cm，穗粗 4.7 cm，秃尖长 1.5 cm，穗行数 15.6 行，行粒数 34.4 粒。单穗重 230.1 g，鲜百粒重 37.3 g，鲜出籽率 73.6%，籽粒浅黄色，穗轴白色。

产量表现：2013—2014 年参加江西省鲜食甜玉米区域试验，2013 年平均每公顷鲜穗产 10 374.0 kg，比对照粤甜 16 号减产 5.37%；2014 年平均每公顷鲜穗产 12 193.5 kg，比对照奥甜 16 号增产 0.47%。两年平均每公顷鲜穗产 11 283.0 kg，比对照奥甜 16 号减产 2.45%。品质综合评分 87.9 分。

栽培技术要点：选择排灌方便的砂质壤土种植，与其他玉米品种空间隔离 300 m 以上或时间隔离为 20～30 d。春播 3 月中旬至 4 月中旬，秋播 7 月至 8 月 15 日。在 3 叶时间苗和补苗，5～6 叶时进行定苗，每公顷定苗 42 000～48 000 株。一般每公顷施 450 kg 三元复合肥作基肥，5～6 叶时结合中耕每公顷分别追施尿素和氯化钾 180 kg、45 kg，中耕培土时期每公顷分别重施尿素和氯化钾 270 kg、112.5 kg。重防地老虎、蚜虫、玉米螟等。吐丝后 20～25 d 采收。

适宜范围：江西省鲜食甜玉米产区均可种植。

10. 彩甜糯 6 号　彩甜糯 6 号是荆州市恒丰种业发展中心 2007 年以 T37 为母本、818 为父本组配选育而成的。2008 年春在全国布点试种反映优良，2009 年参加湖北省区试表现优良，2011 年通过湖北省农作物品种审定委员会审定，审定编号为鄂审玉 2011012。

亲本来源及特征特性：母本 T37 是 2005 年用白糯玉米杂交种 DW586 在荆州和海南两地连续自交 6 代选育而成的白粒糯玉米自交系。株型半紧凑，株高 118 cm，穗位高 45 cm，分枝数 8～16 个，穗上叶片 6～7 片，全株叶片数 19～20 片，穗长 16 cm，穗粗 5.2 cm，穗行数 12～14 行，行粒数 33 粒，花柱青色、红色，籽粒白色，种子皮薄，千粒重 230 g。父本 818 是 2005 年春用京科糯 2000 后代选系与携带黑糯基因的甜玉米选系杂交，经 3 年 8 代选育而成。株型半紧凑，株高 156 cm，穗位高 56 cm，雄穗分枝 8～10 个，穗上叶片数 5 片，全株叶片数 18～19 片，穗长 15 cm，穗粗 4.2 cm，穗行数 14～16 行，行粒数 30 粒，花柱青色，籽粒黑色，轴白色，种子凹陷，千粒重 150 g。

特征特性：株型半紧凑。幼苗叶缘绿色，叶尖紫色，成株叶片数 19 片左右。雄穗分枝数 13 个左右。苞叶适中，秃尖略长，果穗锥形，穗轴白色，籽粒紫白相间。区域试验平均株高 221 cm，穗位高 95 cm，空秆率 1.5%，穗长 19.9 cm，穗粗 4.9 cm，秃尖长 2.2 cm，穗行数 13.6 行，行粒数 34.4 粒，百粒重 37.6 g，生育期 94 d。田间大斑病 2.4 级，小斑病 1.3 级，纹枯病病情指数 15.8，茎腐病病株率 0.4%，穗腐病 1.6 级，玉米螟 2.4 级。田间倒伏（折）率 1.54%。

产量品质：2009—2010 年参加湖北省鲜食糯玉米品种区域试验，品质经农业部食品质量监督检验测试中心（武汉）测定，支链淀粉占总淀粉含量的 97.8%。两年区域试验商品穗平均每公顷产 11 563.95 kg，比对照渝糯 7 号增产 0.17%。其中，2009 年商品穗平均每公顷产 11 876.85 kg，比对照渝糯 7 号减产 0.16%；2010 年商品穗平均每公顷产 11 250.9 kg，比对照渝糯 7 号增产 0.51%。鲜果穗外观品质和蒸煮品质优。

栽培技术要点：隔离种植。选择土质肥沃、排灌方便的田块连片种植，与其他异型玉米品种空间相隔 300 m 以上，或抽雄吐丝期间隔 20 d 以上。适时播种。育苗移栽或地膜覆盖栽培 3 月中下旬播种，露地直播 4 月初播种。每公顷种植 49 500 株左右。配方施肥。施足底肥，轻施苗肥，重施穗肥。加强田间管理。注意蹲苗，拔节期及时除分蘖、中耕除草、培土壅蔸、抗旱排涝；综合防治纹枯病和地老虎、玉米螟等病虫害。适时采收。一般授粉后 23～26 d 采收。

适宜范围：适于湖北省平原、丘陵及低山地区种植。

11. 苏玉糯 2 号　苏玉糯 2 号是江苏沿江地区农业科学研究所以自选系 361 为母本、自选系 366 为父本，于 1994 年组配而成的糯玉米单交种。2002 年通过江苏省农作物品种审定委员会审定，审定编号为苏审玉 200203；2002 年通过国家农作物品种审定委员会审定，审定编号为国审玉 2003066。

亲本来源：母本 361 来源于 WA4×T45 选系，父本 366 来源于 HTB42×H522 选系，1992 年春播进行 S_0 代选择，然后南繁北育自交加代。

特征特性：幼苗叶鞘紫色，叶片绿色，叶缘淡紫色。成株叶片数 17 片。株型紧凑，株高 204 cm，穗位高 92 cm，保绿度 55.0%，双穗率 2.6%，倒伏率 3.8%。花药淡黄色，颖壳绿色，花柱粉红色。果穗锥形，穗长 16.7 cm，穗行数 14 行，穗粗 4.6 cm，行粒数 31 粒，籽粒白色，穗轴白色，百粒重 32.4 g。出苗至最佳采收期 75 d，出苗至籽粒成熟 89 d。经河北省农林科学院植物保护研究所两年接种鉴定，感大斑病，中抗小斑病，中抗黑粉病，高感茎腐病，高感矮花叶病、弯孢菌叶斑病，抗玉米螟。

产量品质：2001—2002 年参加黄淮海鲜食糯玉米品种区域试验，2001 年平均每公顷鲜穗产 10 920.0 kg，比苏玉糯 1 号增产 7.8%；2002 年平均每公顷鲜穗产 10 596.0 kg，比苏玉糯 1 号增产 5.7%。鲜穗感官品质 2 级，气味 1 级，色泽 1 级，糯性 2 级，风味 2 级，柔嫩性 2 级，皮薄厚 1 级，品质总评 2 级。经农业部谷物品质监督检验测试中心（北京）测定，籽粒容重为 794 g/L，粗蛋白含量 10.78%，粗脂肪含量 5.75%，粗淀粉含量 73.84%，赖氨酸含量 0.32%，直链淀粉占粗淀粉总量 0.37%。达到糯玉米标准（NY/T 524—2002）。

栽培技术要点：适宜密度为 67 500～75 000 株/hm²，种植时注意与其他类型玉米隔离种植，注意防治大斑病、茎腐病、弯孢菌叶斑病、矮花叶病等病虫害。

适宜范围：适于在山东、河南、河北、陕西、江苏北部、安徽北部夏玉米区种植。矮花叶病、茎腐病重发地块慎用。

12. 宿糯 1 号　宿糯 1 号是安徽省宿州市农业科学研究所 2002 年以 SN21 为母本、SN22 为父本选育而成的高产、综合抗性强、营养好、风味佳的糯玉米新品种，属果、粮、饲兼用型（周广成，2007）。2002 年初在海南组配成宿糯 1 号（SN21×SN22），进入本所特用玉米比较试验。2006 年通过安徽省农作物品种审定委员会审定，审定编号为皖品审 06050550。

亲本来源及特征特性：宿糯 1 号是母本 SN21 和父本 SN22 采用回交选育、碘酊鉴定糯粒和品质筛选等方法选育而成。SN21 在 1999 年夏以糯质玉米自交系糯 78 为母本与普通玉米白交系齐 319（1 刍轴）杂交，1999—2000 年冬在海南用齐 319（1 刍轴）回交 1 次，于 2000—2001 年夏连续自交 3 代，同时进行品质筛选，选育出糯质玉米自交系。SN21 幼苗拱土能力强，株型半紧凑，整齐度好，生长势强。株高 160 cm，穗位高 60 cm，雄穗分枝 8 个。果穗筒形，穗长 11.5 cm，穗粗 4.2 cm，轴粗 2.8 cm，穗行数 16 行，行粒数 23 粒，白轴、白粒、硬粒型。根系发达，抗倒、耐旱。抗大斑病、小斑病、青枯病、粗缩病，抗虫，保绿度好。SN22 系在 1999 年夏以糯质玉米自交系衡白 522 为母本，与普通玉米自交系 LX9801 杂交，1999—2000 年冬在海南用 LX9801 回交 1 次，于 2000—2001 年夏连续自交 3 代选育而成。SN22 叶色浅绿，叶鞘紫红色，株型半紧凑，整齐度好，株高 165 cm，穗位高 55 cm，雄穗分枝 14 个，花粉量较大，散粉性能好，花柱红色。果穗筒形，穗长 14.0 cm，穗粗 3.8 cm，轴粗 2.5 cm，穗行数 10～12 行，行粒数 28 粒。白轴、白粒、硬粒型。抗倒性较强，抗大斑病、小斑病。

特征特性：夏播出苗至鲜果穗采收期 77 d。叶鞘紫红色，叶片绿色，叶缘淡紫色，花药黄色，颖壳淡红色。株型半紧凑，株高 232 cm，穗位高 102 cm，成株叶片数 20 片。花柱红色，果穗筒形，穗长 19 cm，穗行数 16 行，穗轴白色，籽粒白色，百粒重（鲜籽粒）

32 g。经河北省农林科学院植物保护研究所两年接种鉴定，高抗瘤黑粉病和矮花叶病，抗弯孢菌叶斑病，中抗大斑病和茎腐病，感小斑病，高感玉米螟。

产量品质：2006—2007 年参加黄淮海鲜食糯玉米品种区域试验，两年平均每公顷鲜穗产 12 376.5 kg，比对照苏玉糯 1 号增产 31.7%。经黄淮海鲜食糯玉米品种区域试验组织专家品尝鉴定，达到部颁鲜食糯玉米二级标准。经郑州国家玉米改良分中心两年品质测定，支链淀粉占总淀粉含量 98.44%～99.38%，皮渣率 7.79%，达到部颁糯玉米标准（NY/T 524—2002）。

栽培技术要点：中等肥力以上地块栽培，每公顷适宜种植 52 500～60 000 株。注意防治玉米螟。隔离种植，适时采收。

适宜范围：适宜在安徽北部、北京、天津、河北中南部、山东中部和东部、河南、陕西关中夏播区作鲜食糯玉米品种种植。

13. 浙凤糯 3 号　浙凤糯 3 号是由浙江省农业科学院作物与核技术利用研究所和浙江勿忘农种业股份有限公司以自交系 W10 - 315 为母本、以自交系 W12 - 621 为父本选育而成的中早熟、优质、高产鲜食和加工兼用型甜糯玉米新品种（胡伟民，2010）。

亲本来源：母本 W10 - 315 是 1998 年春季从 ZJZD - N01 群体中选择 1 单株自交，于 1998 年秋季在杭州按系谱法自交分离选系，即为 S1，定名为 W10；1999 年春季种植 15 个穗行，其中，W10 - 3 经过 5 代连续自交和测配，于 2002 年春季混粉繁殖，选育而成。父本 W12 - 621 是 1998 年秋季从 ZJZD - N03 群体中选择 1 单株自交，于 1999 年春季在杭州按系谱法自交分离选系，即为 S1，定名为 W12；其自交后代 W12 - 6 经过连续 5 代自交和穗行选择，于 2002 年秋季混粉繁殖，选育而成。

特征特性：该品种生育期春播（播种至采收鲜果穗）90.6 d，比对照苏玉糯 1 号短 0.6 d。株高 199.1 cm，穗位高 89.7 cm，果穗长锥形，穗长 20.6 cm，穗粗 4.6 cm，秃尖长 1.9 cm，穗行数 14.4 行，行粒数 36.2 粒，鲜千粒重 291.7 g，单穗鲜重 226.1 g；籽粒白色，排列整齐、紧密，风味、糯性、柔嫩性较好，皮较薄。经东阳市玉米研究所抗性鉴定，中抗大斑病，感茎腐病和小斑病，高感玉米螟。

产量品质：2005 年浙江省糯玉米区试平均每公顷鲜穗产量 11 439.0 kg，比对照苏玉糯 1 号增产 6.5%，达极显著水平；2006 年浙江省区试平均每公顷鲜穗产 11 257.5 kg，比对照苏玉糯 1 号增产 19.7%，达极显著水平；两年省区试平均每公顷鲜穗产 11 349.0 kg，比对照苏玉糯 1 号增产 13.1%。2007 年浙江省生产试验平均每公顷鲜穗产 12 778.5 kg，比对照苏玉糯 1 号增产 25.3%。直链淀粉含量 3.2%，感官品质、蒸煮品质综合评分为 83.9 分，比对照苏玉糯 1 号高 1.5 分。

栽培技术要点：该品种穗位相对较高，密度以每公顷栽 49 500 株左右为宜，并做好蹲苗、培土，防后期倒伏，注意防治玉米螟。

适宜范围：该品种株型紧凑，生长势旺，果穗较大，丰产性好，品质较优，商品性较好。适宜在浙江省种植。

14. 赣白糯 11　赣白糯 11 是由江西省农业科学院作物研究所以 QW18 为母本、H12 - 1 - 1 - 3 为父本组配而成。2014 年通过江西省作物品种审定委员会审定，品种审定编号为湘审玉 2014001。

特征特性：该品种为紧凑型糯玉米品种。春播全生育期78.5 d，比对照苏玉糯5号早熟1.5 d。株高195.1 cm，穗位高64.5 cm。双穗率2.6%，空秆率4.9%，倒伏率0.4%，倒折率0.7%。果穗锥形，穗长17.4 cm，穗粗4.6 cm，秃尖长1.6 cm，穗行数14.4行，行粒数28.8粒，鲜百粒重31.7 g，鲜出籽率61.02%。单穗重197.3 g，轴白色，籽粒白色。

产量品质：2012—2013年参加江西省鲜食糯玉米品种区试，2012年平均每公顷鲜穗产10 810.8 kg，比对照苏玉糯5号增产15.56%。2013年平均每公顷鲜穗产量11 520.9 kg，比对照苏玉糯5号增产12.20%。两年平均每公顷鲜穗产11 165.8 kg，比对照苏玉糯5号增产13.81%。品质综合评分87.2分。

栽培技术要点：栽培上应与其他玉米品种隔离。春播3月下旬至4月中旬播种，秋播7月中旬至8月上旬播种。每公顷用种量22.5～37.5 kg，种植密度每公顷52 500株左右。2～3片真叶间苗，4～5片叶定苗，8～10片叶中耕培土。施足基肥，基肥以有机肥为主，每公顷施尿素225～300 kg和氮磷钾复合肥300～450 kg。综合防治病虫害，吐丝后23 d左右采收。

适宜范围：适于在江西省鲜食玉米产区种植。

（三）制种基地的选择和利用

中国玉米制种基地约22万 hm²，包括西北制种基地、西南制种基地和海南制种基地，主要分布在甘肃（张掖、酒泉、武威）、新疆（昌吉、伊犁地区、阿克苏）、内蒙古（临河、赤峰）、陕西（榆林）、河北（承德）、辽宁（朝阳、北票）；四川（西昌）等地是中国最适宜开展短日照玉米品种的制种基地（李波，2014）。海南是中国冬季玉米繁种制种基地，适合各种类型玉米繁育制种。

1. 西北制种基地的利用 中国西北地区具有得天独厚的自然优势，地势平坦开阔，气候干燥，具有丰富的光热气候资源、灌溉条件和良好的天然隔离条件。西北制种基地是中国最重要的制种基地，其中，甘肃张掖玉米制种基地约7万 hm²，酒泉玉米制种基地约1.5万 hm²，武威玉米制种基地约1.5万 hm²。甘肃玉米制种年产量约6.3亿 kg，约占全国玉米用种量的50%；新疆的昌吉、伊犁地区及阿克苏等地约6万 hm²，玉米制种年产量近4亿 kg，约占全国玉米用种量的25%。全国种业50强企业的中种迪卡、三北种业、北京奥瑞金、山西屯玉等，世界排名前列的孟山都、先正达、利马格兰等种业巨头以合资等方式落户甘肃，分别在张掖、酒泉和武威建立了制种玉米生产基地或加工中心。2013年，甘肃省从事玉米种子生产的企业149家，注册资金3 000万元以上的占31%，种子仓库30多万 m²，种子晒场200万 m²，种子烘干设备170多套，果穗烘干线能力达到3亿 kg。2013年，农业部认定甘肃省张掖市及临泽县、甘州区、凉州区、肃州区、高台县、永昌县、古浪县等1市7县为国家级杂交玉米制种基地（李向岭，2014）。南方玉米品种一般含有热带或亚热带血缘，感光感温性强，生产中双亲表现对热量需求较高，对光周期敏感。在北方制种常表现为父母本花期不协调，植株高大，花期随气候、海拔等因素变化大，晚熟造成南种北育风险较大。含有热带或亚热带血缘的自交系在北方扩繁时，要选择海拔1 400 m以下、光热条件好、地势开阔的基地。

2. 西南制种基地的利用 西昌市杂交玉米制种基地以安宁河流域为核心，是中国杂交玉米制种优势区，制种单产高、质量好、收期早，特别适宜含热带血缘和硬粒型杂交玉米种子生产。目前，常年玉米制种面积 0.4 万 hm^2 以上，是四川省主要玉米良种供应基地和出口种子重要生产基地（四川省农业厅）。南方品种耐低温能力较弱，最好在地温升到 15 ℃以上时播种（牛步政，2015）。2013 年西昌市被确定为南方唯一的国家级玉米制种基地。

3. 海南冬季繁种制种基地的利用 海南冬季繁种制种基地主要在海南省三亚市、乐东市、陵水县为主，可供繁种、制种的面积约为 5.73 万 hm^2。此外，监高、东方等地也有部分地区可供使用，但自然条件不如上述三市（县）（林兴祖，2007）。播种最佳时间在10 月末和 11 月中上旬（朱占华，2013）。播种过早，容易受台风危害，造成毁苗。播种过晚在玉米籽粒灌浆期正好赶上 1 月至 2 月上旬的低温阶段，籽粒灌浆速度降低，从而影响玉米种子质量。玉米生长后期害虫过多，易发生病害，不但管理困难，加大开支，而且影响玉米的产量和质量。

甜玉米制种以海南基地为主；糯玉米制种与普通玉米相同，以河西走廊制种基地为主，西南制种基地为辅。

本章参考文献

曹萌萌，李俏，张立友，等，2014. 黑龙江省积温时空变化及积温带的重新划分 [J]. 中国农业气象，35（5）：492-496.

曹永国，向道权，黄烈健，等，2002. SSR 分子标记与玉米杂种优势关系的研究 [J]. 农业生物技术学报，10（2）：120-123.

陈国清，程玉静，孙权星，等，2013. 地方种质在我国糯玉米育种中的应用 [J]. 江西农业学报，25（3）：7-11.

陈国清，胡加如，陆虎华，等，2012. 高产优质玉米新品种'苏玉 30'的选育研究 [J]. 上海农业学报，28（4）：30-32.

陈绍江，2001. 高油玉米发展回顾与展望 [J]. 玉米科学，9（4）：80-83.

陈舜权，胡俏强，潘玖琴，等，2015. 江苏省鲜食玉米产业现状及发展对策 [J]. 安徽农业科学，43（32）：320-321.

陈彦惠，戴景瑞，2000. 中国温带玉米种质与热带、亚热带种质杂优组合模式研究 [J]. 作物学报，26（5）：557-564.

陈艳萍，袁建华，孟庆长，等，2011. 优质高产早熟糯玉米杂交种选育方法研究 [J]. 玉米科学，19（6）：45-48.

陈志辉，李正应，陈松林，等，2011. 优质高产抗旱玉米杂交种湘康玉 2 号的选育 [J]. 湖南农业科学（19）：8-10.

程莉莉，刘丽君，林浩，等，2010. 玉米种质资源遗传多样性分析 [J]. 东北农业大学学报，41（9）：6-14.

董平国，王增丽，温广贵，等，2014. 不同灌溉制度对制种玉米产量和阶段耗水量的影响 [J]. 排灌机械工程学报，32（9）：823-828.

堵纯信，曹春景，曹青，等，2006. 玉米杂交种郑单 958 的选育与应用 [J]. 玉米科学，14（6）：43-45，49.

樊廷录，王淑英，王建华，等，2014. 河西制种基地玉米杂交种种子成熟期与种子活力的关系 [J]. 中国农业科学，47（15）：2960-2970.

方华，李青松，等，2010. 中国玉米品种生育期的研究 [J]. 河北农业科学，14（4）：1-5.

付俊，张玉雷，杨海龙，等，2015. 辽宁省近10年审定玉米品种分析 [J]. 中国种业（3）：17-19.

高利，南元涛，魏国才，等，2015. 玉米杂交制种中错期播种所需注意的技术要点 [J]. 农业科技通讯（8）：160-161.

高翔，王进，彭忠华，等，2004. 国外玉米种质 P78599 的杂种优势利用模式初探 [J]. 作物杂志（6）：46-50.

郭庆海，2010. 中国玉米主产区的演变与发展 [J]. 玉米科学，18（1）：139-145.

何录秋，王长新，张延春，等，2005. 烟田免耕直播套种秋玉米栽培技术 [J]. 作物研究，19（3）：189-190.

胡杰，罗时勇，李大勇，2012. 江汉平原棉区棉花与玉米高效套种模式展示 [J]. 棉花科学，34（4）：35-37.

黄国勤，熊云明，钱海燕，等，2006. 稻田轮作系统的生态学分析 [J]. 生态学报，26（4）：1159-1164.

黄小兰，胡加如，薛林，等，2012. 糯玉米自交系通系5的种质创新利用 [J]. 湖北农业科学，51（16）：3433-3436.

黄益勤，李建生，2001. 利用 RFLP 标记划分45份玉米自交系杂种优势群的研究 [J]. 中国农业科学，34（3）：244-250.

姜海鹰，陈绍红，高兰锋，等，2005. 高油玉米自交系的杂种优势群划分和杂优模式分析 [J]. 作物学报，31（3）：361-367.

姜龙，南楠，慈佳宾，等，2015. 东北地区玉米骨干自交系的子粒长和百粒重的遗传研究 [J]. 山东农业大学学报（自然科学版），46（3）：326-330.

焦仁海，刘兴二，徐艳荣，等，2016. 外来玉米种质在吉林省的应用于创新 [J]. 东北农业科学，41（1）：1-3，19.

金姝兰，侯立春，徐磊，2011. 长江中下游地区耕地复种指数变化与国家粮食安全 [J]. 中国农学通报，27（17）：208-212.

景桂昕，姜龙，王薪淇，等，2015. 东北地区几个糯玉米 DH 系单株产量的配合力分析 [J]. 种子，34（9）：82-85.

康忠宝，2013. 杂交甜玉米优质高产制种技术 [J]. 黑龙江生态工程职业学院学报，26（3）：21-22.

雷艳丽，余庆来，王俊，2015. 安徽省鲜食玉米产业现状与发展对策 [J]. 安徽农学通报（19）：11-12.

黎红梅，李波，唐启源，2010. 湖南玉米生产的调查分析与建议 [J]. 湖南农业科学（13）：129-131.

黎裕，王天宇，2010. 我国玉米育种种质基础与骨干亲本的形成 [J]. 玉米科学，18（5）：1-8.

李波，2014. 我国制种基地建设探析 [J]. 中国种业（12）：9-12.

李登海，毛丽华，杨今胜，等，2005. 玉米优异种质资源478自交系的选育与应用 [J]. 莱阳农学院学报，22（3）：159-164.

李发民，毛建昌，杨金慧，等，2004. 玉米自交系 K12 的选育研究 [J]. 中国农学通报，20（2）：79-80.

李惠平，王兆富，胡美静，等，2013. 玉米自交系套袋授粉关键技术 [J]. 云南农业科技（1）：48-50.

李淑华，孙志超，徐国良，等，2010. 吉林省玉米种质资源保存利用现状及研究对策 [J]. 玉米科学，18（3）：65-67.

李淑娅，田少阳，袁国印，等，2015. 长江中游不同玉稻种植模式产量及资源利用效率的比较研究 [J]. 作物学报，41（10）：1537-1547.

李遂生，1997. 玉米"黄早四"的选育过程及其应用 [J]. 北京农业科学（1）：19-21.

李向岭，李树君，赵跃龙，等，2014. 甘肃国家级杂交玉米制种基地存在问题与发展策略 [J]. 中国种业 (7)：25 - 26.

李新海，袁力行，李晓辉，等，2003. 利用 SSR 标记划分 70 份我国玉米自交系的杂种优势群 [J]. 中国农业科学，36 (6)：622 - 627.

李正国，杨鹏，唐华俊，等，2011. 气候变化背景下东北三省主要作物典型物候期变化趋势分析 [J]. 中国农业科学，44 (20)：4180 - 4189.

李正国，杨鹏，唐华俊，等，2013. 近 20 年来东北三省春玉米物候期变化趋势及其对温度的时空响应 [J]. 生态学报，33 (18)：5818 - 5827.

梁新棉，刘树勋，刘志芳，等，2014. 河北省玉米种子生产现状、存在问题及发展对策 [J]. 中国种业 (12)：35 - 36.

梁增灵，2013. 2012—2013 年度河南省主要农作物种子生产供需形势分析 [J]. 种业导刊 (1)：14 - 16.

林晶，杨显峰，2008. 高淀粉玉米及其发展前景 [J]. 农业科技通讯 (2)：24 - 25.

林兴祖，2007. 海南南繁育种基地植物检疫现状及对策 [J]. 植物医生，20 (2)：35 - 36.

刘桂珍，邓士政，时小红，等，2014. 2013 年河南省主要秋作物种子生产情况和 2014 年市场供需形势分析 [J]. 种业导刊 (1)：7 - 8.

刘纪麟，2003. 玉米育种的策略 [J]. 玉米科学 (S2)：54 - 57.

刘纪麟，郑用琏，张祖新，等，1998. 三峡地区玉米地方品种杂种优势群的初探 [J]. 作物杂志 (S1)：6 - 12.

刘丽君，张丹，薛林，等，2011. 基于 SSR 标记的江苏沿江地区糯玉米种质资源遗传多样性研究 [J]. 江苏农业学报，27 (4)：723 - 729.

刘先远，2007. 江汉平原栽培一年三熟鲜食玉米的要点初探 [J]. 安徽农业科学，35 (10)：2886.

刘新芝，彭泽斌，1997. RAPD 在玉米类群划分研究中的应用 [J]. 中国农业科学 (3)：44 - 51.

刘旭，景希强，何晶，等. 2014. 辽宁省玉米杂优模式分析及种质基础 [J]. 玉米科学，22 (1)：15 - 17，22.

刘宗华，汤继华，王庆东，等，2006. 河南省主要玉米品种杂种优势利用模式分析 [J]. 中国农业科学，39 (8)：1689 - 1696.

卢洪，郑用琏，1994. 27 个玉米地方品种的配合力和杂种优势群的研究 [J]. 华中农业大学学报 (6)：545 - 552.

栾素荣，王占廷，张晓波，等，2013. 恢复承德玉米制种基地的可行性分析 [J]. 作物杂志 (1)：152 - 154.

孟昭东，郭庆法，汪黎明，等，2003. 高产玉米杂交种鲁单 981 选育研究 [J]. 玉米科学，11 (3)：54 - 56.

明惠青，唐亚平，孙婧，等，2011. 近 50 年辽宁无霜期积温时空演变特征 [J]. 干旱地区农业研究，29 (2)：276 - 280.

莫恩博，赵仁贵，李玉杰，等，2012. 糯玉米杂交制种母本带叶去雄对产量的影响 [J]. 园艺与种苗 (8)：81 - 83.

牛步政，王得梁，2015. 南方玉米品种在甘肃张掖制种的关键技术 [J]. 中国种业 (9)：40 - 41.

潘晓琳，霍志军，2011. 影响东北地区玉米种子生产的主要因素探讨 [J]. 现代化农业 (7)：21.

沈锦根，胡加如，薛林，等，2007. 江苏鲜食糯玉米育种杂种优势群及杂优模式分析 [J]. 江苏农业学报 (5)：401 - 404.

师公贤，张仁和，刘仲山，等，2004. 玉米自交系 K12 的创造与应用 [J]. 中国农学通报，20 (3)：78 - 79.

石建尧，2008. 浙江省玉米种质资源现状与利用 [J]. 种子世界 (3)：1 - 2.

石雷，2007. 引入美国种质对我国玉米育种的影响 [J]. 玉米科学，15 (2)：1 - 4.

史小玲，顾建中，袁宗海，2010. 棉田套种玉米高效栽培技术 [J]. 农业科技通讯 (7)：162 - 163.

史振声，王志斌，张喜华，等，1999. 特种玉米产业在辽宁省的发展前景 [J]. 杂粮作物，19（5）：44-48.

宋世宗，李继平，李文举，等，2011. 玉米授粉后去雄与去叶对穗部性状及产量影响的研究 [J]. 湖南农业科学（9）：33-35.

孙发明，才卓，杨贤成，等，2004. 高淀粉玉米品种的选育与推广 [J]. 玉米科学，12（增刊）：7-9.

孙发明，刘兴武，徐艳荣，等，2006. 高淀粉玉米种质资源的类群划分、应用与创新 [J]. 吉林农业科学，31（5）：24-27.

孙海艳，宁明宇，马继光，等，2014. 我国玉米种子市场规模发展浅析 [J]. 中国种业（12）：21-23.

孙士明，靳晓燕，韩宏宇，等，2015. 黑龙江省玉米生产机械化现状及发展建议 [J]. 农机化研究（5）：1-6.

唐文明，景希强，杨辉，等，2013. 近10年辽宁省玉米种植资源应用变化及分析 [J]. 辽宁农业科学（1）：21-24.

腾桂荣，矫江，任鹏，等，1995. 寒地笋玉米栽培技术的研究 [J]. 黑龙江农业科学（2）：4-8.

腾于颖，左春宁，2012. 概论玉米高产制种田间管理 [J]. 科技致富向导（16）：357.

田福东，高丽辉，熊景龙，等，2014. 玉米制种技术综述 [J]. 现代农业科技（18）：43-44，51.

田甫焕，贺丽，尤莉，等，2010. 高产稳产型玉米品种宜单629的选育 [J]. 中国种业（12）：62-63.

王桂跃，赵福成，谭禾平，等，2015. 浙江省鲜食玉米产业现状及主要种植模式 [J]. 浙江农业科学，56（10）：1553-1556.

王慧，刘康，陈银华，等，2011. 上海玉米生产历史与现状分析 [J]. 上海农业学报，27（2）：146-150.

王利明，宋同明，陈绍江，等，2002. 近等基因背景下有色与无色糯玉米的营养成分分析 [J]. 作物杂志（4）：13-16.

王美兴，姚坚强，张莲英，等，2013. 鲜食玉米遗传多样性及核心种质构建 [J]. 浙江农业科学（10）：1261-1266.

王汝宝，李洪建，2006. 辽宁杂交玉米制种西移新疆的原因与对策 [J]. 辽宁农业科学（2）：2.

王绍平，刘文国，2008. 东北春播区玉米种质创新问题与对策 [J]. 吉林农业大学学报，30（4）：419-421，435.

王羡国，2013. 浅析近10年黑龙江省玉米种植资源利用情况 [J]. 种子世界（3）：18-19.

王艳华，任传友，韩亚东，等，2011. 东北地区活动积温和极端持续低温的时空分布特征及其对粮食产量的影响 [J]. 农业环境科学学报，30（9）：1742-1748.

王义发，汪黎明，沈雪芳，等，2007. 糯玉米的起源、分类、品种改良及产业发展 [J]. 湖南大学学报（自然科学版），33：97-102.

王莹，2014. 不同种植密度及收获时期对制种玉米产量的影响 [J]. 新疆农垦科技（6）：45-46.

王永士，刘化波，郭安斌，等，2006. 自交系昌7-2在我国玉米育种中的地位和作用 [J]. 种子科技，24（2）：37-38.

王勇，索东让，孙宁科，等，2012. 制种玉米需肥规律的研究 [J]. 农学学报，2（8）：37-43.

吴建霞，张丽华，於永杰，2010. "鲜食蚕豆/鲜食春玉米、鲜食秋玉米"高效种植技术 [J]. 上海农业科技（2）：110-111.

肖木辑，李明顺，李新海，等，2010. 东北地区和黄淮海地区玉米种质利用模式的比较 [J]. 玉米科学，18（5）：23-28，34.

肖万欣，2012. 辽宁玉米机械化生产现状和发展建议 [J]. 辽宁农业科学（2）：55-57.

徐亮，2015. 谈恢复辽宁玉米制种基地的可行性 [J]. 农业经济（7）：57-58.

薛淑玲，2011. 浅谈玉米制种含苞带叶去雄技术 [J]. 种子科技（4）：36-37.

闫平，杨明，王萍，等，2009. 基于GIS的黑龙江省积温带精细划分 [J]. 黑龙江气象，26（1）：26-29.

颜廷献，饶月亮，乐美旺，等，2016. 优质、高产甜玉米新品种赣科甜 6 号的选育 [J]. 种子，35（3）：113-114.

杨久廷，张景会，肖继冰，等，2008. 辽西地区玉米杂交制种秕实的成因及预防途径 [J]. 中国种业（2）：40-41.

杨秀乾，杜世凯，王黎明，等，2015. 2014 年天门市和荆州市玉米生产现状及产业技术需求 [J]. 现代农业科技（2）：315-316.

於永杰，王永芳，徐长青，等，2010. "地膜花生＋地膜鲜食玉米、山芋、秋玉米"高效种植技术 [J]. 上海农业科技（1）：103.

俞琦英，王岳钧，2009. 浙江省甜糯玉米生产现状、存在问题及对策研究 [J]. 浙江农业科学（4）：650-653.

袁彬，郭建平，冶明珠，等，2012. 气候变化下东北春玉米品种熟型分布格局及其气候生产潜力 [J]. 科学通报，57（14）：1252-1262.

袁虎，2012. 制种玉米父母本播种技术 [J]. 农村科技（2）：18.

袁建华，陈艳萍，赵文明，等，2012. 江苏省糯玉米种质改良和品种创新 [J]. 江苏农业学报，28（5）：963-968.

袁力行，傅骏骅，刘新芝，等，2000. 利用分子标记预测玉米杂种优势的研究 [J]. 中国农业科学，33（6）：6-12.

袁力行，傅骏骅，张世煌，等，2001. 利用 RFLP 和 SSR 标记划分玉米自交系杂种优势群的研究 [J]. 作物学报，27（2）：149-156.

张动敏，宋炜，王宝强，2014. 河北省夏玉米杂优模式的研究 [J]. 河北农业科学，18（2）：67-69.

张二朋，王利明，杨焰华，等，2014. 高产优质多抗玉米梦玉 908 的选育及栽培技术要点 [J]. 农技服务，31（6）：52-53.

张发明，焦仁海，徐艳荣，等，2012. 玉米兰卡种质在东北地区的应用与创新 [J]. 湖北农业科学，51（1）：12-15.

张庆娜，傅迎军，孙殷会，等，2016. 专用型笋玉米的引进与筛选特种玉米产业在辽宁省的发展前景 [J]. 黑龙江农业科学（2）：1-4.

张世洪，郭晓红，郭元平，等，2007. 玉米制种母本净作人工授粉技术 [J]. 种子（8）：101.

张世煌，彭泽斌，2000. 玉米杂种优势与种质扩增、改良和创新 [J]. 中国农业科学，33（C00）：34-39.

张万松，王春平，张爱民，等，2011. 国内外农作物种子质量标准体系比较 [J]. 中国农业科学，44（5）：884-897.

张新，王振华，张前进，等，2010. 河南省地方玉米种质资源的现状及利用情况 [J]. 农业科技通讯（4）：122-123.

张祖新，郑用琏，1994. 三峡地区 10 个玉米地方品种的遗传潜势 [J]. 华中农业大学学报（5）：449-454.

赵建平，樊廷录，王淑英，等，2015. 制种玉米种子乳线发育的水氮效应 [J]. 中国生态农业学报，23（8）：938-945.

赵锦，杨晓光，刘志娟，等，2014. 全球气候变暖对中国种植制度的可能影响 X. 气候变化对东北三省春玉米气候适宜性的影响 [J]. 中国农业科学，47（16）：3143-3156.

中华人民共和国农业部，1995. 农作物种子检验规程　发芽试验：GB/T 3543.4—1995 [S]. 北京：中国标准出版社.

中华人民共和国农业部，1995. 农作物种子检验规程　净度分析：GB/T 3543.3—1995 [S]. 北京：中国标准出版社.

中华人民共和国农业部，1995. 农作物种子检验规程　其他项目检验：GB/T 3543.7—1995 [S]. 北京：中国标准出版社.

中华人民共和国农业部，1995. 农作物种子检验规程 扦样：GB/T 3543.2—1995 [S]. 北京：中国标准出版社.

中华人民共和国农业部，1995. 农作物种子检验规程 水分测定：GB/T 3543.6—1995 [S]. 北京：中国标准出版社.

中华人民共和国农业部，1995. 农作物种子检验规程 真实性和品种纯度鉴定：GB/T 3543.5—1995 [S]. 北京：中国标准出版社.

中华人民共和国农业部，1995. 农作物种子检验规程 总则：GB/T 3543.1—1995 [S]. 北京：中国标准出版社.

中华人民共和国农业部，2001. 玉米种子纯度盐溶蛋白电泳鉴定方法：NY/T 499—2001 [S]. 北京：中国标准出版社.

中华人民共和国农业部，2002. 爆裂玉米：NY/T 522—2002 [S]. 北京：中国标准出版社.

中华人民共和国农业部，2002. 高油玉米：NY/T 521—2002 [S]. 北京：中国标准出版社.

中华人民共和国农业部，2002. 甜玉米：NY/T 523—2002 [S]. 北京：中国标准出版社.

中华人民共和国农业部，2002. 优质蛋白玉米：NY/T 520—2002 [S]. 北京：中国标准出版社.

中华人民共和国农业部，2006. 农作物种子标签通则：GB 20464—2006 [S]. 北京：中国标准出版社.

中华人民共和国农业部，2008. 粮食作物种子 第1部分：禾谷类：GB 4401.1—2008 [S]. 北京：中国标准出版社.

中华人民共和国农业部，2011. 青贮玉米品质分级：GB/T 25882—2010 [S]. 北京：中国标准出版社.

中华人民共和国农业部，2011. 玉米种子生产技术操作规程：GB/T 17315—2011 [S]. 北京：中国标准出版社.

中华人民共和国农业部，2014. 玉米品种鉴定技术规程：NY/T 1432—2014 [S]. 北京：中国标准出版社.

中华人民共和国农业部，2015. 饲草青贮技术规程 玉米：NY/T 2696—2015 [S]. 北京：中国标准出版社.

钟新科，刘洛，宋春桥，等，2012. 基于气候适宜度评价的湖南春玉米优播期分析 [J]. 中国农业气象，33 (1)：78-85.

周广成，陈洪俭，陈现平，等，2007. 优质高产糯玉米杂交种宿糯1号的选育及栽培技术 [J]. 玉米科学，15 (S1)：37-38.

周小辉，杨贤成，岳尧海，等，2004. 不同生态类型区玉米自交系杂种优势利用研究 [J]. 玉米科学，12 (4)：35-38.

朱占华，鲁海华，袁亮，等，2013. 玉米南繁育种关键技术及注意事项 [J]. 中国种业 (6)：76-77.

祝福杰，2013. 黑龙江玉米机械化种植发展方向的探讨 [J]. 吉林农业 (1)：3-4.

Xie C，Zhang S，Li M，et al，2007. Inferring genome ancestry and estimating molecular relatedness among 187 Chinese maize inbred lines [J]. Journal of Genetics & Genomics，34 (8)：738-748.

第二章

玉米生长发育及逆境应对

第一节　玉米生长发育

一、玉米生育期和生育阶段

（一）玉米生育期

玉米生育期即玉米的完整生活周期，一般指玉米从播种萌发到籽粒建成并发育成熟所经历的天数，生产上往往把玉米从出苗到成熟的天数称作玉米的生育期。除了普通玉米和粒用的各类玉米之外，鲜食的菜用玉米如糯玉米、甜玉米和笋玉米以及青贮玉米等特用型玉米，其种植时间的长短不能用生育期来衡量。

玉米生育期的长短随着品种、播期以及光照、温度、水肥条件等环境因素的变化而有所差异。同一地区，不同熟期类型的品种生育期长短各有不同；同一品种，栽培于不同地区，其生育期因播期及种植地域的纬度、海拔、气候等条件的综合影响而变化不一。通常叶片数多的品种生育期偏长，叶片数少的品种生育期偏短。日照较长、温度较低或肥水充足的条件下，品种生育期有所延长，反之则会缩短。

在生育期内，由于自身量变、质变的结果以及环境因素的影响，玉米植株不论是外部形态还是内部生理结构，总会呈现一定的阶段性变化，根据玉米的形态变化（根、茎、叶、穗、粒等器官的出现），可人为划分一些时期，即为生育时期。玉米全生育期包括播种期、出苗期、拔节期、抽雄期、开花期、吐丝期、成熟期等主要发育时期。

玉米是对环境和生态条件适应性较强的作物种，但在一定的环境和生态条件下，其生长发育过程中会发生一定的温光反应，依据环境特征和生态条件特点，选用适宜熟期类型的品种是玉米种植过程中的前提和关键（曹广才等，1995，1996）。吴东兵等（1999）研究表明，植株叶数、播种至成熟天数、播种至成熟生育期内≥0℃的积温是表达熟期类型的形态指标、生育指标和生态指标。熟期类型详见第一章。

这些类型中的生育期指标只是在适宜条件下的归纳总结，环境和生态条件的影响，如地点、播期、气候等因素的改变，都相应地会影响到生育天数的变化。若依据玉米生育期内的积温划分熟期类型，一般采用播种至成熟期间昼夜平均温度≥10℃的活动积温来计算，周武歧等（1998）总结研究发现春播玉米极早熟、早熟、中熟、晚熟、极晚熟品种的活动积温分别为≤2 000 ℃、2 200～2 400 ℃、2 400～2 600 ℃、2 600～2 800 ℃、≥2 800 ℃，而夏播玉米这 5 种类型的活动积温则分别为 1 800～2 000 ℃、2 000～2 200 ℃、2 200～2 400 ℃、2 400～2 600 ℃、2 600～2 800 ℃；此外，曹广才和吴东兵（1995）根据玉米品种全生育期内≥0 ℃的活动积温计算高寒旱地条件下，中早熟、中熟、中晚熟类型的品种活动积温分别是 2 700～2 800 ℃、2 800～2 900 ℃、≥2 900 ℃。

在适宜地区适期播种条件下，生育期的长短常作为判定玉米品种熟期类型的重要指标。中国三大平原（包括东北平原、黄淮海平原、长江中下游平原）中，东北平原春播玉米区和黄淮海平原夏播玉米区是中国玉米的主产区，而长江中下游平原属亚热带季风气候，一年多熟制地区，农作物种类众多，粮食作物中虽以水稻为主，但玉米种植也占有一定地位，因地既可春播、夏播，也可秋播。不同地区玉米主导品种生育期及其熟期类型见表 2-1。

表 2-1 不同地区玉米主导品种生育期及其熟期类型

（李彦婷整理，2016）

区　　域	品　　种	出苗至成熟天数	≥10 ℃活动积温	熟期类型
黄淮海平原夏播玉米区	郑单 958	96～103 d		中早熟
	浚单 20	95～100 d	2 450 ℃	中早熟
	先玉 335	98 d 左右		中早熟
	登海 605	101 d 左右	2 550 ℃	中熟
	蠡玉 16	108 d 左右		中熟
	中科 11 号	98.6 d	2 650 ℃	中早熟
	农大 108	101～105 d		中熟
	中单 909	101 d 左右		中熟
	华农 138	97～102 d		中早熟
	金海 5 号	102～108 d		中熟
	圣瑞 999	98～102 d		中早熟
	宇玉 30	100 d 左右		早熟
长江中下游平原	春播 东单 80	115～135 d	2 850 ℃	中晚熟
	中单 808	113～126 d		中晚熟
	苏玉 30	104 d 左右		中熟
	荣玉 1210	116～120 d		中晚熟
	正大 619	130 d 左右		晚熟
	正大 999	118 d 左右		中晚熟
	中科 10 号	107～109 d		中熟
	夏播 郑单 958	95 d 左右		中早熟
	浚单 20	95 d 左右		中早熟
	登海 11 号	97 d 左右		中早熟
	福单 2 号	95 d 左右		中早熟
	鲁单 981	98 d 左右		中早熟
	正大 619	97～104 d		中早熟
	正大 999	104 d 左右		中熟
	秋播 京科糯 2000	85～90 d		早熟
	苏科花糯 2008	80 d 左右		早熟

（续）

区　域	品　种	出苗至成熟天数	≥10 ℃活动积温	熟期类型
东北平原春播玉米区	郑单 958	127～132 d	2 900～4 300 ℃	中晚熟
	先玉 335	127～135 d	2 750 ℃	中晚熟
	农华 101	128 d 左右	2 750 ℃	（中）晚熟
	京科 968	128 d 左右		中晚熟
	德美亚 1 号	105～110 d	2 100～2 300 ℃	超早熟
	绿单 2 号	110 d 左右	2 300 ℃	早熟
	龙单 59	108 d 左右	2 300 ℃	早熟
	吉单 27	120 d 左右	2 450 ℃	中早熟
	绥玉 23	120 d 左右	2 400 ℃	中早熟
	吉单 535	128 d 左右	2 700 ℃	中熟
	华农 887	125～131 d		中晚熟
	东单 6531	130 d	2 800 ℃	中晚熟
	利民 33	121～126 d	2 700 ℃	中晚熟

（二）玉米生育阶段

1. 生育阶段的划分及其生育特点　玉米与其他作物一样，在连续的生长发育过程中，各器官的发生、发育具有一定的规律性和顺序性，合并一些有重要质变的生育时期，其经历长短以天数表示，就形成了不同的阶段。不同的研究者对生育阶段的划分标准不同，但根据玉米的生育进程，基本上可以将玉米的一生划分为播种至拔节（或出苗至拔节）、拔节至抽雄、抽雄至成熟 3 个生育阶段，分别标志着玉米生育进程的营养生长阶段、营养生长与生殖生长并进阶段、生殖生长阶段。玉米根、茎、叶等营养器官的生长和穗、粒等生殖器官的分化发育，在全生育期中有明显的主次关系。依据玉米整个生育期的形态特征、生育特点以及生理特性来区分，亦可将其划分为苗期、穗期和花粒期 3 个阶段，依次对应上述 3 个阶段。

（1）营养生长阶段　营养生长阶段即苗期阶段，从播种、出苗直至拔节的过程。这一阶段主要进行根、茎、叶等营养器官的分化和建成，营养物质的积累和分配也集中在这些器官中进行。这期间，植株的节根层、茎节和叶子均分化完成，形成胚根系，长出的节根层数约达总节根层数的 50%，展开的叶片约占总叶数的 30%，由器官建成的主次关系来分析，此阶段以根系生长为主。

本阶段的生育特点：以根系建成为中心，地下部分根系发育较快，而地上部分茎、叶量的增长较为缓慢。田间管理各项措施要为保苗、护根、促壮苗而服务，其中心任务在于促根护叶，保证根系的生长发育、培育壮苗，达到苗早、苗足、苗齐、苗壮的"四苗"要求，为玉米穗多、穗匀、穗大打下良好的基础。苗期的丰产长相为出苗整齐、均匀，无空行、无断条，幼苗叶色浓绿，叶片肥厚，叶鞘扁宽，根系发达，植株敦实，生长整齐一致。此期主攻目标为苗全、苗齐、苗匀、苗壮、根多、根深。

（2）营养生长与生殖生长并进阶段　营养生长与生殖生长并进阶段即穗期阶段，指的是拔节到抽雄开花的一段时间。这一阶段，玉米根、茎、叶等营养器官旺盛生长并基本建成，一般增生根层数 3～5 层，占总节根层数的 50%，根数增加则占总根数的 70% 以上，茎节间伸长、加粗、定型，叶片全部展开，展开叶数约占总叶数的 70%；同时，雌穗和雄穗的分化发育过程也在这一阶段基本完成。本阶段地上器官干物质积累一直以叶、茎为主，拔节期至大喇叭口期（雄穗四分体期），以叶为主，随后至开花期，以茎为主。穗期阶段存在着器官建成数量、大小与有机养分合成量多少、分配比例间的矛盾，应根据玉米长势长相采取适当的措施予以协调。

本阶段的生育特点：生长中心由根系转为茎、叶，叶片、茎节等营养器官旺盛生长，新叶不断出现，次生根占据整个耕层，节间迅速伸长，株高增加 4～5 倍，雄穗、雌穗等生殖器官强烈分化形成，干物质逐渐增加，植株各部器官生理活动都非常旺盛，是田间管理最为关键的阶段。穗期的丰产长相为植株敦实粗壮，茎粗节短，根系发达，气生根多，前期叶色浓绿有光泽，叶片宽厚，上部叶片生长集中，迅速形成大喇叭口，而抽雄后，中部叶片宽大开展，上部节间长而叶稀，下部叶片适当密而平展，雌、雄穗发育良好，开花期间，叶色绿而不浓，相邻叶片相接分行，全株壮而不旺。田间管理的中心任务是调节植株生育状况，促进根系发展，使茎秆中上部叶片增大，中下部节间短粗、坚实，保证雌、雄穗分化发育良好，建成壮株，为穗大、粒多、粒重奠定基础。此期主攻目标为控秆、促穗、植株健壮。

（3）生殖生长阶段　生殖生长阶段即花粒期阶段，雄穗开花到籽粒成熟的过程，主要进行开花、授粉、受精、籽粒形成及灌浆成熟等生殖生长活动。该阶段的生长中心是籽粒，以籽粒形成和灌浆充实为主，成熟籽粒干物质的 85%～90% 由绿叶合成，其余则来自于茎、叶的贮存物质。按种子的形态、含水率、干物质积累的变化，可大致分为形成期、乳熟期、蜡熟期、完熟期 4 个时期，其中完熟期是玉米生理成熟的标志，是收获的最佳时期。

本阶段的生育特点：玉米营养体的增长基本停止，转入以开花、吐丝、受精结实为中心的生殖生长阶段，是玉米一生中代谢的旺盛阶段，是形成产量的关键阶段。此期丰产长相要求"青枝绿叶腰中黄"，即植株绿叶多、枯叶少，叶面干净无病斑，果穗大而整齐，全株壮而不衰。田间管理的中心任务就是保证正常开花、授粉、受精，防止茎秆早衰，减少绿叶损伤，最大限度地保持绿叶面积，维持较高的光合强度，尽量延长灌浆时间，争取粒多、粒饱、高产。此期主攻目标是防灾防倒防早衰，延长根、叶寿命，争取粒多、粒重。

2. 生育阶段变化　每个生育阶段的长短即天数的多少，品种类型间存在着显著差异。因种植地域和播期等的不同，以及温度、光照、水分、纬度、海拔等自然因素带来的影响，使得生育阶段发生显著变化。依各阶段天数与生育期天数的比例，来衡量每个生育阶段的长短，可以反映出玉米的生育特性，即对生态因子的反应特征。曹广才等（1995）归纳总结认为，某段天数≥生育期天数的 1/3 为长，≤1/3 为短，则在不同地区玉米品种间存在着长—短—长、短—短—长等特征。在夏播玉米生产中，播种至拔节、拔节至抽雄、抽雄至成熟具有短—短—长的"两短一长"特征；而在春播玉米区中，三段生长一般表现长—短—长的"两长一短"特征，可以根据三段生长的长与短特征进行田间栽培管理。

种植地域的不同使得三段生长的长短有所差异，而播期、海拔、纬度等因素的变化同样会引起生育阶段的改变。曹广才等（1995）在国家旱农攻关研究中发现，同一品种在同一地点种植，随着播期的推迟，营养生长阶段逐渐缩短，生育期也随之缩短；而同一品种同期播种条件下，随着海拔的升高，播种至成熟天数以及播种至拔节天数、抽雄至成熟天数呈现逐渐增多趋势，其中，播种至成熟天数和播种至拔节天数之间呈极显著正相关，而拔节至抽雄阶段长短无明显变化规律（表2-2）。

表2-2　不同海拔不同播期条件下玉米的生育阶段天数

（曹广才等，1995，山西寿阳）

地点	海拔 (m)	品种	播期 （月-日）	播种至拔节 (d)	拔节至抽雄 (d)	抽雄至成熟 (d)	播种至成熟 (d)
太安村	1 101.5	烟单14	4-15	77.0	27.7	52.0	156.7
			4-20	72.0	29.3	53.0	154.3
			4-25	68.7	29.7	54.2	152.6
		赤单72	4-15	72.3	29.3	53.4	155.0
			4-20	70.0	27.3	56.0	153.3
			4-25	68.0	26.0	57.3	151.3
北岢村	1 271.5	烟单14	4-15	79.3	28.0	51.0	158.3
			4-20	74.0	27.3	56.7	158.0
			4-25	74.3	23.0	55.7	153.0
		赤单72	4-15	77.0	24.7	54.3	156.0
			4-20	70.0	26.7	56.6	153.3
			4-25	66.7	25.7	57.6	150.0
北岢村	1 301.5	烟单14	4-15	87.7	24.7	55.6	168.0
			4-20	86.0	21.7	60.3	168.0
			4-25	77.0	25.0	58.7	160.7
		赤单72	4-15	84.3	22.3	58.1	164.7
			4-20	81.0	22.3	58.3	161.6
			4-25	77.7	23.0	59.4	160.1
段王村	1 441.5	烟单14	4-15	83.0	28.0	58.5	169.5
			4-20	81.0	24.7	62.3	168.0
			4-25	77.0	25.3	60.7	163.0
		赤单72	4-15	83.0	23.0	63.5	169.5
			4-20	80.0	21.7	62.8	164.5
			4-25	73.5	27.7	61.8	163.0

（三）玉米的穗分化

玉米经过一定的营养生长，到达一定时期后，在适宜的外界条件下，即植株体内的某些部位感受光照、温度等外界条件的改变，通过内部因素如某些激素的诱导作用开始形成花，进入生殖生长阶段。由此可知，穗分化是玉米生长发育进程中的重要转折点，标志着植株从营养生长阶段转入营养生长和生殖生长并进阶段。玉米雌、雄穗的分化与形成，是个连续的动态发育过程，一般雄穗在拔节前开始分化，由茎顶端的生长锥发育而成，而雌穗的分化稍迟于雄穗，由腋芽的生长锥分化而成。根据变化过程中的形态发育特点，国内众多专家和学者研究分析后，大多将玉米雌、雄穗分化过程分为五期或四期，即（生长锥未伸长期）、生长锥伸长期、小穗分化期、小花分化期和性器官发育形成期等主要时期（山东农学院，1980；吴绍骙等，1980；王忠孝1987；李凤云等，2006）。为了方便，本文只针对穗分化的五期进行论述。

1. 雄穗分化　雄穗，又称雄花序，俗称天花或蓼，是由于茎顶端营养生长质变为雄性生殖锥后经过穗分化而发育形成的，为圆锥花序。雄穗由一中央主轴和若干个分枝组成，分枝的数目因品种而不同，一般为15~25个，最多可达40个；雄穗主轴较粗，周围着生有4行以上成对排列的小穗；分枝较细，仅着生2行成对小穗。每个节有一对小穗，位于上方的是有柄小穗，位于下方的是无柄小穗。每一雄小穗的基部各有2片护颖，第一片护颖在基部包着第二片护颖，每一片护颖内包含1朵小花，每朵花各由一片内、外稃（又称内、外颖）及3个雄蕊组成。每个雄蕊由花药和花丝组成，花药2室，内有大量花粉粒（雄性细胞）。雄蕊未成熟时花丝甚短，花药为淡绿色或黄绿色，成熟后外稃张开，花丝伸长，花药黄色或紫色，并露出颖片，外面散出花粉。花粉圆形，主要受风力传播，在正常气候条件下，花粉生活力可保存4~8 h，粗略计算，1株玉米雄花序的花粉粒为2 000万~3 000万粒。玉米的雄花序抽出顶叶后，3~4 d开始散粉。雄穗的开花次序是先主轴，后分枝。主轴上小穗未开花时，分枝上小穗已经开花。但无论在主轴还是分枝上，都是中上部几个小穗先开花，然后上下端小穗顺次开花。一个雄花序从始花到结束，需6~8 d，一般每日上午露水干后，开始开花散粉，午前大量散粉，午后较少。雄穗分化的5个时期依次是：

（1）生长锥未伸长期　生长锥是基部很宽的半圆形突起，表面光滑，长、宽相当，基部有分化的叶原基，植株外部形态显示茎尚未拔节，此期是长根、增叶及茎节分化时期。

（2）生长锥伸长期　雄穗正式开始分化的标志是茎顶端生长锥开始显著伸长，形成长度大于宽度、表面光滑的圆锥体。此时，茎基部节间开始伸长，总长度2~3 cm，即进入拔节期，植株节根出现的层数占总层数的40%~50%，叶龄指数30%左右。随着生长锥的伸长，其下部分化分枝原基，在中部开始分节，形成穗轴节片。此期延续3~5 d。

（3）小穗分化期　生长锥中部出现小穗原基，基部出现分枝原基，是开始进入小穗分化期的标志。此时植株节根出现的层数占总层数的60%~70%，叶龄指数为37%。每个小穗原基又分裂为两个小穗突起，较大的一个在上方，将来发育成有柄小穗；较小的一个在下方，以后形成无柄小穗。与此同时，生长锥基部的分枝原基也迅速分化发育成雄穗分枝，并按上述过程分化小穗。此期延续5~7 d。

（4）小花分化期　生长锥中部小穗原基分化出两个大小不等的小花原基是进入小花分化期的标志。此时植株节根出现的层数占总层数的70%~80%，叶龄指数47%左右。随后在小花原基周围形成3个雄蕊原始体，中央隆起1个雌蕊原始体，这时的雄穗小穗花表现为两性花。小花继续分化，雄蕊长大，出现药隔，雌蕊退化变成单性花。两个小花原基分化速度不同，大的分化较快，小的分化较慢。分化过程延续6~8 d。

（5）性器官发育形成期　雄蕊原始体迅速伸长，花粉囊中的花粉母细胞形成四分体，标志着雄穗分化进入性器官发育形成期。此时植株节根出现的层数占总层数的80%~90%，叶龄指数60%左右。四分体进一步分化发育形成花粉粒，这时雄穗体积增大，即玉米孕穗，不久即进入抽雄穗期。此期延续10~11 d。这个时期决定了玉米花粉数量及其生活力的高低，应加强肥水管理，争取玉米穗大、粒多。

2. 雌穗分化　玉米的雌花序又称为雌穗，是由茎中部若干个侧芽的芽端营养生长锥质变为雌性生殖锥后经过雌穗分化过程而发育形成的，属肉穗花序，受精结实后成为果穗。雌穗是由叶腋的腋芽发育而成，着生在茎秆中部的叶腋内的节上，是变态的侧枝，其基部是穗柄，为缩短的分枝茎，穗柄上有较密的节和节间，其节数多少因品种而不同，每一节上着生一变态叶，叶片退化，仅有叶鞘，称为苞叶，其质地坚韧，紧包着雌花序，但部分品种的苞叶仍长有小叶片。果穗轴由侧枝顶芽形成，轴体肥大，白色或红色，穗轴节极密，每节着生2个无柄小穗，成对成行排列，小穗的行数亦因品种而异，一般为4~10行；每小穗有2朵小花，上位小花发育正常可结实，为可孕花，下位小花发育早期退化成不孕花；雌小穗基部两侧各有一个颖片，内有2朵小花，一为退化小花，一为结实小花，每个小花包括内、外稃和雌蕊以及退化了的雄蕊；雌蕊由子房、花柱和柱头组成，一般花柱和柱头习称为花丝，柱头分叉，布满茸毛，柱头能分泌黏液，可以黏住随风传来的花粉粒。

雌花序的花柱露出苞叶，即为开花，也称为吐丝，一般雌穗是从基部约1/3处开始吐丝的，然后上下两端的小穗花依次吐丝，一个雌穗的吐丝从始至终需4~7 d。子房受精后花柱即变色萎蔫，若未授粉，花柱会持续伸长，可达20 cm以上，最后自行枯萎。雌穗发育时期依次是：

（1）生长锥未伸长期　雌穗生长锥分化前为基部宽广、表面光滑的圆锥体，体积较小，这一时期生长锥基部分化节和缩短的节间，以后形成穗柄；每节分化叶原始体，将来发育为果穗的苞叶。

（2）生长锥伸长期　生长锥显著伸长，长度大于宽度，随后在生长锥的基部出现分节和叶突起，在这些叶突起的叶腋间将形成小穗原基，以后叶突起退化消失。此分化期意味着雌穗正式开始分化，此时叶龄指数47%左右，可延续3~4 d。

（3）小穗分化期　生长锥进一步伸长，出现小穗原基，表明进入小穗分化期。此时植株叶龄指数55%左右。随后小穗原基迅速分裂为2个小穗突起，并进一步长成列小穗，其基部出现褶皱状颖片原基，即为将来的颖片。小穗原基分化从中下部开始，逐渐向上、向下进行。小穗分化期延续4~6 d。

（4）小花分化期　雌穗中下部的小穗开始分化出两个大小不等的小花原基，标志着进入小花分化期，此期叶龄指数约为60%。随后小花原基又在基部外围出现三角形排列的3个雄蕊突起，在中央则隆起1个雌蕊原始体，称为雌雄蕊形成期。到小花分化末期，雄蕊突起生长减慢直至退化消失，而雌蕊原始体迅速生长，称为雌蕊生长雄蕊退化期。可见，玉米雌花序在小花分化期也是两性花，到末期雄蕊退化，雌蕊长大形成单性雌花序，所以在田间偶尔可以看到雄穗上着生雌花，有的甚至可结籽粒，同时，也能看到雌穗上出现雄花的"返祖"现象。雌小穗中的两朵小花，大的位于上方，能继续发育成为结实小花，小的位于下方，不久即退化，是不孕小花。在正常条件下，雌穗上成对并列的小穗使果穗粒行数成为双数。小花分化期一般延续 7 d 左右。

（5）性器官发育形成期　雌穗中下部小花雌蕊的柱头逐渐伸长，顶端出现分叉和茸毛；同时，子房长大，胚珠分化，胚囊卵器发育成熟。这时雌蕊迅速增长，不久花柱从苞叶中伸出，这一分化期的叶龄指数 80% 左右，延续时间 6～9 d。

3. 雌、雄穗分化时期的相关性　玉米雌、雄穗分化的整个过程中，雄穗分化与雌穗分化的各个时期之间存在着一定的对应关系，即雌穗分化的前期和中期比雄穗分化晚两个时期，为 10～15 d，而到抽雄吐丝时又渐趋一致，但在同一株上仍是雄穗先开花，保证了雌、雄花开放的协调和授粉受精过程的顺利进行，这也是玉米异花授粉的一种生物学特性（表 2-3）。

表 2-3　雌、雄穗分化时期的相关性

（魏永超，1982）

雄　穗	雌　穗
生长锥伸长期	茎节上的腋芽尚未分化出雌穗
小穗分化期	生长锥未伸长期
小花分化前期	生长锥伸长期
雌雄蕊突起形成期	分节期
雄长雌退期	小穗原基或小穗形成期
四分体期	小花开始分化期
花粉粒成熟期（内容物充实后期）	性器官形成期（花柱开始伸长）
抽雄期	果穗增长期（花柱伸长期）
开花期	吐丝期

当雄穗进入小穗分化期，小穗原基突起，并列小穗形成、基部穗分枝出现时，雌穗进入生长锥未伸长期，开始分化穗柄节、节间与苞叶原基；当雄穗进入小花分化前期，小穗原基出现，随着雌、雄蕊原基出现，表现为两性花时，雌蕊生长锥显著伸长；雄穗小花分化中后期，雄蕊生长，雌蕊退化，此时，雌穗开始进入小穗分化期，小穗原基突起，并列小穗形成。也就是说，当雄穗在小花分化期过渡到性器官形成期时，雄蕊生长，雌蕊退化，花药分隔，四分体形成时，雌穗进入小花分化期，表现为小花原基及雌、雄蕊原基出现，随着雌蕊生长，雄蕊退化；雄穗在性器官形成期，花粉粒显黄成熟，至雄穗抽出时，雌穗也随着进入性器官形成期，柱头分叉，花柱伸长至显著伸长，子房增大，果穗显著增长，当雄穗开始散粉时，雌穗也随着进入吐丝期。

了解雌、雄穗分化时期的相关性，可以根据某一穗（雌穗或雄穗）的分化时期，判断另一穗的分化时期，以作为田间管理的依据。

4. 穗分化时期与植株外部形态的对应关系　玉米雌、雄穗的分化与外部形态（如叶片、根层等）的关系是十分密切的，这也反映了生殖生长和营养生长之间的相互依存的关系。随着植株营养体的生长，叶片、根层不断地长出和展开，生殖生长也进入一定的阶段。20世纪80～90年代，诸多专家学者观察研究玉米穗分化时期与植株外部形态的对应关系，研究结果基本一致。表2-4以黄铨等（1981）研究结果为例，介绍不同品种穗分化与外部形态的关系。

表2-4 不同品种穗分化与外部形态的关系

（黄铨等，1981）

穗分化时期		外部形态	品 种				
雄穗	雌穗		中单2号	沂黄单54号	沂黄单53号	晋单12号	沂早单1号
生长锥未伸长	未分化	可见叶	8叶以前	8叶以前	8叶以前	7叶以前	7叶以前
		展开叶	5叶以前	5叶以前	5叶以前	4叶以前	4叶以前
		根层数	3层以前	3层以前	4层以前	3层以前	3层以前
生长锥伸长	未分化	可见叶	8～9叶	8～10叶	8～9叶	7～8叶	7～8叶
		展开叶	5～6叶	5～6叶	5～6叶	4～5叶	4～5叶
		根层数	3～4层	3～4层	4层	3层	3层
小穗分化	生长锥未伸长	可见叶	9～12叶	10～12叶	9～11叶	9～10叶	8～10叶
		展开叶	6～8叶	6～8叶	6～7叶	6～7叶	5～6叶
		根层数	4～5层	4～5层	4层	3～5层	3～5层
小花分化前	生长锥伸长	可见叶	12～14叶	12～14叶	11～14叶	10～11叶	10～12叶
		展开叶	8～9叶	8～9叶	9叶	7叶	7叶
		根层数	5～6层	5层	5层	5层	5层
小花分化	小穗分化	可见叶	14～17叶	14～18叶	14～16叶	11～15叶	12～15叶
		展开叶	9～11叶	9～12叶	9～11叶	8～10叶	7～9叶
		根层数	6--7层	5～6层	5层	5层	5～6层
性器官形成	小花分化	可见叶	17～19叶	18～19叶	16～19叶	15～16叶	15～16叶
		展开叶	11～14叶	12～14叶	11～14叶	10～11叶	9叶
		根层数	7层	6～7层	5～6层	5层	6层
花粉粒成熟	性器官形成	可见叶	19～21叶	19～21叶	19～20叶	16～18叶	16～18叶
		展开叶	14～19叶	14～19叶	14～19叶	11～17叶	9～18叶
		根层数	7层	7层	6～7层	5～7层	6～7层
散粉	吐丝	可见叶	21叶	21叶	20叶	18叶	18叶
		展开叶	19～21叶	19～21叶	19～20叶	17～18叶	18叶
		根层数	7层	7层	7层	7层	7层

（1）穗分化时期与节根层数 玉米节根层数的多少与品种特性、外界环境条件有密切关系，穗分化时期和相继出现的根层数，只能是某一品种在特定的外界环境条件下达到的数量指标，并不能单纯的以节根层数的多少判断穗分化时期。因此，可用穗分化时期出现的根层数占总根层数的百分率作为判断玉米穗分化时期的一个指标。山东农学院（1972）

总结研究，雄穗生长锥伸长期节，根出现的层数占总层数的 40%～50%，雄穗小花分化期占 60%～70%，四分体期占 80%～90%，抽穗前后达到最大值。

（2）穗分化时期与叶龄指数的关系　穗分化时期与叶片生长存在着较为稳定的关系，但不同品种穗分化时期与叶片生长存在着不同的对应关系。生育类型不同的品种，总叶片数存在着一定的差异，晚熟品种总叶片数在 18 片以上（含中晚熟品种），中熟品种总叶片数为 17～18 片，早熟品种总叶片数在 17 片以下（含中早熟品种）。总叶片数不同的品种，在同一穗分化期所对应可见叶数与展开叶数是有所不同的；总叶片数相同的品种，在同一穗分化期对应的可见叶数与展开叶数则是基本相同的。所以，单纯以一品种的可见叶数、展开叶数指标来推断其他品种的穗分化各时期是有一定的局限性。

但是，研究发现，穗分化进程的各时期中，无论总叶片数是否相同，在同一穗分化时期所对应的叶龄指数是基本一致的，而且叶龄指数在不同栽培条件和生态条件下也保持一致，相差很小（黄铨等，1981；魏永超等，1982；梁秀兰等，1995；曹彬等，2003、2005；安伟等，2005）。雄穗生长锥伸长期，叶龄指数在 30% 左右；进入小穗分化时期叶龄指数约为 37%；小花分化期时，雌穗处于生长锥伸长期，此时叶龄指数 47% 左右；雄蕊分化期，即雌穗进入小穗分化期，叶龄指数 55% 左右；雄蕊四分体时期，进入雌穗小花分化期，叶龄指数约为 60%；雌穗进入性器官形成期，花粉粒成熟，叶龄指数达到 80%；抽雄期叶龄指数 91% 左右，到开花期时叶龄指数达 100.0%（表 2-5）。

表 2-5　玉米穗分化时期与叶龄指数的关系

（山东农学院，1980）

穗分化时期			叶龄指数（%）	标准差（%）	标准差变异系数（%）
分期	雄穗	雌穗			
1	生长锥伸长		31.6	1.33	4.20
2	分节		/	/	/
3	小穗原基形成		37.8	1.06	2.80
4	小穗形成		42.6	1.05	2.46
5	小花开始分化	生长锥伸长	47.6	0.92	1.89
6	雌雄蕊突起	分节	48.9	0.32	0.40
7	雄长雌退	小穗原基或小穗形成	55.9	0.32	2.40
8	四分体	小花开始分化	61.7	1.34	1.54
9	花粉粒形成	雌雄突起或雌长雄退	67.2	0.95	1.95
10	花粉粒成熟	性器官形成（花丝开始伸长）	80.0	1.31	4.31
11	抽雄	果穗增长（花丝伸长）	92.1	3.45	3.84
12	开花	吐丝	100.0	0	0

注：叶龄指数＝某一穗分化时期展开叶片数/主茎总叶片数×100%。

不同品种穗分化时期的叶龄指数标准差和变异系数均较小，表明外界因素对叶龄指数与穗分化对应关系的影响较小。因此，用叶龄指数指标来衡量不同品种在不同条件下的穗分化进程，较之出叶数指标更准确和更具有代表性。以 20 片叶左右的玉米为例，大多数展开叶（叶龄）10、11、13、15 时，雌穗依次进入生长锥伸长期、小穗分化期、小花分化期、性器官形成期；小穗分化期若条件良好，可分化出更多的小穗，形成长大的果穗；小花分化期条件良好时，形成的粒行数多，行列整齐。在辨认出叶龄，知道栽培品种总叶片数时，叶龄指数可以较为准确地判断出雌、雄穗的发育进程，利用外部形态推断内部及地下部分的发育状况，有助于农业人员科学地确定促控措施。

二、外界条件对玉米生长发育的影响

（一）气候变化的影响

以全球变暖为主要特征的气候变化已经成为当今世界重要的环境问题之一。政府间气候变化专门委员会（IPCC）第四次评估报告指出：在近 100 年（1906—2005 年）间，全球地面平均气温上升了（0.74±0.18）℃（IPCC，2007）。在全球变暖的大背景下，中国的气候也发生了明显变化，变化趋势与全球的总趋势基本一致（秦大河等，2005），最近 50 年升高 1.1 ℃。

全球气候变化直接影响着农业生产的过程，在一定程度上决定了一个地区的农业生产结构布局、作物种类和品种、种植方式、栽培管理措施和耕作制度等，最终影响作物产量和农产品质量，在农业生产中起着主导作用（杨修，2005）。

玉米是全球种植最广泛的谷类作物之一，作为世界上最大的玉米生产国之一，中国种植区域分布极为广泛，北迄黑龙江省的黑河附近，南至海南省最南端和云南省西双版纳，西起新疆和青藏高原，东至台湾和沿海各省份，包括春玉米、夏玉米、秋玉米和冬玉米，堪称"四季玉米"（刘京宝等，2016）。全球气候变化背景下，中国玉米生长季农业气候资源亦发生相应的变化：一方面，温度升高导致玉米的生长季普遍延长（Chen 等，2011、2012；Zhao 等，2015），产量潜力较高的中晚熟品种的可种植面积扩大（刘德祥等，2005）；另一方面，气候变化背景下极端气候事件频发，干旱、低温等农业气象灾害风险不断增加（白月明等，2012；纪瑞鹏等，2012；Zhao 等，2014）。总的来说，气候变化对玉米生产总体影响仍存在一定的不确定性，这些变化对于各区域玉米种植的适宜性产生了较大的影响（陆魁东等，2007；陈卓和任天志，2010），而明确这些变化对政府部门和农民在有限的资源下制定应对策略（Araya 等，2010；Benke and Pelizaro，2010；Holzkämper and P. Calanca，2013），推进种植结构调整、提高农民收入等至关重要（杜青林，2002；Lobell and Burke，2010；卢布等，2010）。

1. 气候变化对玉米种植布局的影响　对中国而言，气候变化对玉米生产的影响因产区而异（表 2-6），气候变暖引起的热量增加使得主要作物种植界线显著北移：20 世纪 90 年代中后期与 20 世纪 80 年代初相比，黑龙江省的玉米种植北界向北推移了约 4 个纬度，扩展至大兴安岭和伊春地区，同时，玉米种植区域也向高海拔地区扩展，玉米的可种植面积大大扩大。过去 20 年来，吉林省的玉米带种植重心由西向东移动，自 1950 年至 2000 年重心偏移了 18.3 km，除政策支持和经济收益的作用外，近年来的气温升高，尤其是冬、春两季增温起到了重要的推动作用（王宗明等，2006）。何奇瑾和周广胜（2012）分析影响中国玉米种植区分布的气候因子，认为中国玉米气候最适宜区和适宜区位于华北地区大部、东北地区大部、西北地区东部、四川盆地和长江中下游地区。农业部在《玉米优势区域布局规划（2008—2015）》中通过对中国玉米实际种植面积和产量的比较优势分析，认为实际生产水平下，北方春玉米区、黄淮海夏玉米区和西南丘陵玉米区是中国玉米的优势种植区域。

表 2-6 气候变化对中国不同区域玉米的影响

(何奇瑾，2012)

地区	气候变化对玉米的影响
东北地区	玉米分布北界将扩展到最北部的漠河一带，小麦-玉米两熟制北界移至沈阳附近，玉米种植面积增加
西北地区	内陆干旱区的玉米、小麦等作物主要靠冰川融水灌溉，气候变暖，雪线升高，径流减少，绿洲缩小，可种植面积减少。限制因素是水分
华北地区	有利于小麦-玉米两茬套种，伏旱更严重
西南地区	西南山区玉米向更高海拔发展，对玉米生产有利
华中和华东地区	有利于玉米生产，可增加秋、冬玉米种植面积
华南地区	冬玉米可广泛发展

从玉米品种分布看，气候变暖背景下不同熟性玉米品种可种植北界明显北移东延，早熟品种逐渐被中、晚熟品种取代，中、晚熟品种适宜种植面积不断扩大。目前，在东北地区，极早熟玉米可种植区扩展至小兴安岭，长白山地带可种植早熟品种，三江平原已成为中熟和中晚熟品种种植区，松嫩平原南部开始种植晚熟品种（贾建英等，2009）。赵俊芳等（2009）研究发现，晚熟品种北界从 20 世纪 60 年代的吉林省镇赉县（122°47′E，45°28′N）扩展到 21 世纪初黑龙江的甘南县（123°29′E，47°54′N）；中熟品种北界从 60 年代的黑龙江嘉荫县（130°00′E，48°56′N）向北延伸到 21 世纪初的呼玛县（126°36′E，51°43′N）；早熟品种种植南界则从黑龙江省中部的逊克县（128°25′E，49°34′N）退缩到北部的呼玛县（126°36′E，51°43′N）。

总体上看，随着增温，不同熟性的玉米品种种植界线明显北移东扩，对部分高纬度及高海拔地区玉米生产总体有利，玉米潜在种植面积有较大的增长空间，东北地区玉米原有的次适宜区和不适宜区逐渐成为适宜种植区（云雅如等，2008），西藏地区海拔 3 840 m 高处已可种植较早熟玉米（禹代林等，1999），但玉米生产仍然以三大种植区为主，不同的地区根据当地气候条件的变化，播种品种和播种时期等在一定程度上有所调整。

2. 气候变化对玉米生长发育的影响 玉米起源于中美洲热带地区，在系统发育过程中形成了喜温的特性，是喜温短日照作物，在最热月平均气温高于 20 ℃ 的地区均能够广泛种植。通常以 10 ℃ 作为玉米的生物学零度（韩湘玲等，1981；魏湜等，2010），稳定通过 10 ℃ 的持续日数即为玉米温度生长季（Chen 等，2012；Liu 等，2013）。

诸多研究表明，东北地区在近 50 年内都表现出初霜日推迟、生育期天数延长、有效积温增加、不同熟型玉米分布界线北移的趋势（贾建英等，2009；李祎君等，2010；李克南等，2010；王培娟等，2011；王玉莹等，2012；翟治芬等，2012）。

3. 气候变化对玉米产量的影响   国内外学者大量研究表明，气候变暖对玉米产量影响存在很大的不确定性。张建平等（2008）模拟结果表明，未来东北地区的玉米产量将下降，中熟玉米平均减产 3.5%，晚熟玉米减产 2.1%；王馥棠（2002）、宁金花等（2009）研究亦认为，未来气候变化将使春玉米减产 2%～7%，夏玉米减产 5%～7%，灌溉玉米减产 2%～6%，无灌溉玉米减产 6%～7%。但王琪（2009）认为在水分条件比较适宜的前提条件下，气候变暖对东北地区玉米单产提高有利。Van Ittersum 等（2003）研究发现，在非常干旱的条件下，由于高温改变了籽粒灌浆期，使之移到了温度较低、湿度较大的时期，开花期提前，在这种环境下高温对玉米产量提高反而有利。

总的看来，温度变化对玉米产量影响亦因地区而异。对高纬度地区而言，春夏季节气温升高，玉米生长季延长，对生产有益，如东北地区在水分条件比较适宜的前提条件下，气候变暖对玉米增产有利（邓根云，1992；尚宗波，2000；王琪，2009；周丽静，2009），偏晚熟玉米品种比例可以适当扩大，东北玉米带可以向北部和东部扩展，单产和总产都会增加。对黄淮海平原和长江中下游平原处于中纬度有水源灌溉的地方，温度升高对增加产量有益。

（二）温度的影响

1. 玉米种子萌发和田间出苗的三基点温度   三基点温度是作物生命活动过程中所要求的最适温度以及能够忍耐的最低和最高温度的总称。在最适温度条件下，作物的生命活力最强，生长发育迅速且良好；在能忍耐的最高或最低温度限度内，一般作物即停止生长发育，但仍能维持生命；如果温度继续升高或降低，就会对作物产生不同程度的危害，直至死亡。

玉米是喜温植物，属于对温度反应较为敏感的作物。目前应用的玉米品种生育期要求总积温为 1 800～2 800 ℃，但不同生育时期或阶段对温度的要求不同（表 2 - 7）。

表 2 - 7   不同生育时期和阶段的三基点温度

（孙凤舞，1986）

生育期	最低温度（℃）	最适温度（℃）	最高温度（℃）
发芽	7～8	25～35	40
出苗至抽穗	10	18～20	/
抽穗至开花	12	20～22	32～36
成熟	10	22～24	/

（1）种子的萌发和田间出苗   温度是决定玉米从播种至出苗期生长发育的关键因素。玉米播种后，在水分适宜的条件下，日均温达到 7～8 ℃时即可开始发芽，但发芽极为缓慢，容易受到有害微生物的感染而发生霉烂，造成玉米烂种。一定程度上讲，在低温条件下，田间微生物对种子发芽的危害性比低温直接影响更大。玉米种子发芽的最适温度为25～35 ℃，但在生产上晚播往往要耽误农时，而过早播种又易引起烂种缺苗，因此，通常把土壤表层 5～10 cm 温度稳定在 10 ℃以上的时期，作为春播玉米的适宜播种期。

在土壤、水、空气条件适宜的情况下，温度决定着玉米种子的出苗速度。温度在 12 ℃时，玉米 20 d 左右才能出苗；温度在 18 ℃时，玉米 10 d 左右能够出苗；温度高于 20 ℃时，玉米 6 d 左右就可以出苗。中国北方春季温度上升缓慢，在正常播期范围内，播种到出苗所需的时间较长，一般为 15～20 d；华北地区 4 月中旬左右播种的约 10 d 出苗；南方气温较高，夏、秋播玉米仅 5 d 左右即可出苗。播种时间是决定玉米出苗早晚的所在，但播种过早，温度较低，种子会出现霉变，从而导致出苗不齐；播种过晚，温度较高，种子萌发后幼苗徒长。所以在实际播种时，要做到既早播不误农时，又要避免气温过低，遇到偏暖或偏冷的年份时，要适当提早或推迟播种。

（2）**出苗至拔节期** 温度的高低对玉米茎秆长短、粗细关系重大。当温度低于 12 ℃时，玉米的茎秆停止生长；温度为 12～32 ℃时，随着温度的上升，玉米茎秆的生长速度会不断加快。总的来说，在玉米出苗至拔节期间，温度高、水分多、光照不足易使茎秆迅速伸长，消耗的养分多，植株不够健壮，导致玉米的茎秆细长，不利于抗倒伏。所以适当早播，可以延长玉米的营养生长阶段，使茎秆生长较慢，植株长得粗壮。

（3）**拔节至抽穗期** 玉米拔节至抽穗期，玉米营养器官迅速长大，雌、雄穗进行分化，是决定玉米籽粒多少的关键时期，温度高低决定着玉米的增产或减产。据统计分析，春玉米在日平均温度达到 18 ℃时开始拔节，在拔节至抽穗期，玉米的生长速度在一定范围内与温度呈正相关，即温度越高，生长越快，在光照充足，水分、养分适宜的条件下，玉米最适宜的生长气温为 22～26 ℃，既有利于植株生长，也有利于幼穗发育，气温过高或过低都会影响产量。

（4）**抽穗至开花期** 玉米抽穗至开花期，温度与湿度影响巨大。在日平均温度为 26～28 ℃，相对湿度在 80% 时，玉米雄、雌花序开花协调，开花数较多，授粉良好；当温度高于 32～35 ℃，空气相对湿度接近 30%，土壤田间持水量低于 70% 时，雄穗开花持续时间减少，雌穗抽丝期延迟，而使雌、雄花序开花间隔拖长，造成花期不能很好相遇。同时由于高温干旱，花粉粒在散粉后 1～2 h 内即迅速失水（花粉含 60% 水分）甚至干枯，丧失发芽能力，花柱也会过早枯萎，寿命缩短，严重影响授粉，而造成秃顶和缺粒；若此时降水过多、湿度过大，玉米花粉则会丧失生活力，甚至停止开花。据统计，抽穗至开花期，日降水量在 6 mm 左右为最佳，过多、过少都对玉米开花造成不利影响。如果玉米抽穗后进入雨季，水分可以满足生长需要，雨量过多反而不利。因为降水偏多，会造成涝害和湿害，对玉米抽穗开花和产量形成均有严重影响。

（5）**乳熟至成熟期** 玉米乳熟至成熟期是籽粒充实期，这个时期决定着玉米的最后产量。温度适宜，玉米籽粒才能饱满；温度不适宜，则不利于干物质的积累，会导致籽粒干瘪、瘦小减产。在这一时期内，最适宜于玉米生长的日平均温度为 22～24 ℃，在此范围内，温度越高，干物质积累速度越快，千粒重越大；反之，灌浆速度减慢，经历的时间也相应延长，千粒重有所降低。当温度低于 16 ℃时，玉米的光合作用降低，淀粉酶的活性受到抑制，从而会影响淀粉的合成、运输和积累。由于低温使灌浆速度减慢，延迟成熟，植株易受秋霜为害；当温度高于 25 ℃以上时，属于高温干燥天气，持续的高温会导致土壤水分蒸发，将使玉米提前早衰、干枯，籽粒迅速脱水，出现高温逼熟现象。因此，在温度低于 16 ℃或高于 25 ℃时，都会使籽粒秕瘦，粒重减轻，产量降低。

2. 温度对玉米生育进程的影响

（1）温度对玉米营养生长的影响　玉米茎秆生长点所感受的温度决定了玉米从播种到开花阶段的发育速度，而茎秆生长速度在一定范围内与温度呈正相关。茎秆生长最适温度为 24～28 ℃，低于 12 ℃时茎停止生长，12 ℃以上随温度升高而加快，高于 32 ℃时生长速度逐渐降低。温度较高时，茎秆生长发育快，但节间细长，机械组织欠发达，茎秆细弱，易折倒。在肥水充足的条件下，玉米单株的出叶速度与出苗后的温度积累有良好的线形关系，且达到最大叶片数的积温对一定品种来说相对固定，一般在 800～1 000 ℃（赵致等，2001）。

（2）温度对玉米穗分化的影响　玉米拔节前生长点位于地面以下地表附近，因此从播种至拔节玉米的生长发育速度受到地温的控制，地温决定了玉米叶片的伸展速率。玉米拔节以后生长点转移至地面以上，玉米的生长发育速度开始受到近地面空气温度的控制（Stone et al，1999）。玉米从拔节期开始进入穗分化发育过程，穗期的最适日平均温度是 24～26 ℃，若日平均气温高，植株生长快，拔节到抽雄的时间缩短，即穗期变短；若温度低于 20 ℃，雌穗分化发育速度明显减缓，低于 18 ℃穗分化发育停止。

（3）温度对玉米籽粒灌浆和成熟的影响　温度是影响玉米籽粒形成与灌浆的重要环境因子之一。玉米籽粒形成和灌浆成熟期间，适宜的日平均温度为 22～24 ℃，其中早熟品种适宜的日均温高于晚熟品种（张廷珠等，1981）。低温有利于延长玉米生育期，所以较冷的生长季节能增加产量。若温度低于 16 ℃，叶片的光合作用明显降低，灌浆速率减慢甚至停止灌浆，低温强度越大，下降幅度也越大（王连敏等，1999）。张保仁等（2007）通过在不同时期设置高温处理来探索温度对产量的影响，发现出苗后 0～28 d 高温处理对玉米的产量影响较小，出苗后 58～86 d 高温处理对玉米产量影响最大。

春玉米从抽雄期到完熟期的长短受温度的影响，不如出苗期至抽雄期所受的影响大，但气温与籽粒形成和成熟过程有着密切的关系，仍需要较高的温度以促进同化作用。夏玉米抽雄以后，日均温迅速下降时，从抽雄期到完熟期的日数，会随着温度的降低而延长，若此时温度降到 23 ℃以下，植株的生理活动受到阻滞，养分运转困难，成熟过程会显著延长，甚至不能成熟而影响产量。

（三）光照的影响

1. 玉米的光周期反应　自然界中一昼夜间的光暗交替称为光周期（photoperiod）。生长在地球上不同地区的植物在长期适应和进化过程中表现出生长发育的周期性变化，植物通过感受昼夜长短而控制反应的现象称为光周期现象或光周期反应（photoperiodism）。

根据植物开花对昼夜长度反应的不同，一般将植物分为 6 种类型：短日植物、长日植物、短长日植物、长短日植物、中日性植物（开花与日长无一定关系）、中间性植物。玉米在长期的系统发育过程中形成对温度反应敏感、对日照长短不尽敏感的喜温、短日照的生长发育特性。玉米属于短日照植物，在短日照条件下发育较快，长日照条件下发育迟缓。但玉米又是非典型的短日植物，在较长的日照下也能开花结实，一般在 8～10 h 光照条件下发育提前，生育期缩短；18 h 以上长日照条件下，发育滞后，成熟期有所推迟。

不同类型的玉米品种对光周期敏感程度不同，早熟品种对光照反应迟钝，而晚熟品种则较为敏感；来源于北方的玉米品种特别是原有的农家种对光周期不太敏感，而来源于南方尤其是热带和亚热带地区的玉米品种对光周期非常敏感。根据不同玉米品种对短日条件的敏感程度，可分为光敏型品种和光钝型品种。

张世煌（1995）认为主茎叶片数可以排除温度的影响，因此用叶片数来评价光敏感程度比开花期更稳定，他采用长、短日照条件下主茎叶片数的相对差值（RD）作为指标：$RD=[(L-S)/S]\times100\%$，其中，L 为长日照时间，S 为短日照时间。$RD>30\%$ 定为敏感型，$RD<20\%$ 为钝感型，RD 在二者之间的为中间型。陈彦惠等（2000）研究发现，以雄穗、开花期和总叶片数为重要考察指标，不同生态类型种质对长光的敏感性表现为：温带玉米＜高原玉米＜亚热带玉米＜热带玉米。

玉米的光照反应特性对各地互相引种具有一定的指导意义。中国玉米栽培地域广阔，同一品种在不同地区栽培，由于日照时数和温度条件的差距，会引起生育天数的显著变化。一般随着纬度的升高，发育逐渐延迟，生育日数逐渐增多；反之，生育期缩短。例如玉米品种金皇后在 40°N 左右的北京地区春播，从出苗到抽雄需 65～70 d；在 24°18′N 的广西壮族自治区柳州市春播时，从出苗到抽雄仅需 56 d；纬度相差约 16°，但抽雄期提早了 9～14 d。一般北方地区生育期 120 d 以上的春播晚熟品种，引到南方各地夏播时，出苗至成熟时间可缩短到 100 d 以下。总的来说，南种北引时，由于北方生长季内日照时间长，将使玉米植株变高，抽穗延迟，生育期延长，严重的甚至不能抽穗与开花结实。为使其能及时成熟，宜引用较早熟的品种或感光性较弱的品种；北种南引时，由于南方春夏生长季内日照时间较短，使作物加速发育，植株变矮，抽穗提早，生育期缩短。若生育期缩的较短，会过多地影响营养体的生长，降低作物产量。为使北向南引种保持高产，宜选用晚熟品种与感光性弱的品种，或调整播种期，以便在季节上利用南方相对较长的日照。

2. 光照度的影响　玉米是典型的高光效 C4 作物，要达到高产，就需要较多的光合产物，要求光合强度高、光合面积大和光合时间长。玉米的光合作用由维管束鞘细胞和叶肉细胞协同完成，在叶肉细胞中存在着 C4 途径的高效 CO_2 同化机制，以保证维管束鞘细胞的叶绿体在相对低的 CO_2 浓度条件下维持较高的光合速率。与水稻、小麦等 C3 作物相比，玉米的光饱和点和光合速率均较高，这有利于有机物质的积累和籽粒产量的形成，从而表现出较高的物质生产和产量水平。

光照通过驱动玉米的光合作用，影响糖类的分配与生物量的积累，进而影响植株的生育状况。李潮海等（2005）以不同基因型玉米为材料，在玉米生长发育的 3 个重要阶段（苗期、穗期、粒期）进行分期遮光试验，研究不同时期弱光胁迫对不同基因型玉米生长发育和产量的影响。结果表明，遮光延缓了玉米叶片的出生速度，使叶片变薄；遮光可以延缓叶片的衰老，但遮光解除后则加速叶片衰老；遮光造成植株高度增加，但恢复正常光照后，其株高却逐渐低于对照。

营养生长阶段遮光会影响植株叶面积、茎粗及生殖器官的发育，最终影响干物质产量和品质；开花前后期遮光极大地限制了生殖器官发育，同时，也限制了干物质的分配。陈传永等（2014）选用玉米品种郑单 958 与先玉 335，在大田条件分别于 7 叶全展期、13 叶全展期、吐丝期、吐丝后 15 d 进行 50% 遮光处理，研究不同时期遮光对玉米干物质积累与产量性能的影响。结果表明，不同时期遮光均导致玉米终极生长量、干物质积累速率最大时的生长量、最大干物质积累速率、平均叶面积指数、平均净同化率和收获指数降低，致使干物质积累与产量均有不同程度降低，吐丝后 15 d 遮光对干物质积累与产量形成影响最大，并且在产量构成因素中，遮光处理对穗粒数与千粒重影响较大，穗粒数减少占主导，其次是千粒重的降低。

大量研究表明，开花至成熟期光照不足，是产量的主要限制因子。若玉米的开花授粉期遇到阴雨天，对授粉极为不利，在开花期若遇连续降雨，会严重影响授粉而使穗粒数明显减少，甚至空秆。因此，在生产实践中应选择适宜的种植品种，合理安排播期，尽量使花粒期处于光照充足的季节，并配合肥水管理，以减轻弱光对玉米生长造成的不良影响，提高产量。

第二节　玉米种植的非生物逆境及应对

一、水分胁迫

(一) 水分亏缺

1. 干旱等级　干旱是指长时期降水偏少，造成大气干燥，土壤缺水，使农作物体内水分亏缺，影响正常生长发育造成减产。缺水严重时，植株还有可能枯萎、死亡，是玉米生产中影响产量的重要环境胁迫之一。全球干旱半干旱地区约占 35% 的陆地面积，而剩余的 65% 中仍有 25% 属于易受旱地区。即使在非干旱地区，季节性干旱也是玉米生产中经常面临的问题。在北美热带玉米产区，每年由于干旱引起的产量损失约有 17%，而遭遇热季时，干旱造成的玉米产量损失可以达到 60%。中国是水资源十分短缺的国家之一，干旱缺水地区面积占全国国土面积的 52%。

黄淮海夏玉米区是中国最大的玉米集中产区，种植面积约 600 万 hm²，约占全国总种植面积的 32%；总产量约 2 200 万 t，占全国玉米总产量的 34% 左右。近年来该区夏玉米播种面积和产量均呈现出逐渐增加的趋势，对保障全国粮食安全起着重要的作用。在黄淮海地区，夏玉米生育期间气温高、蒸发量大、降水分布不均、干旱灾害发生频繁，因而，干旱是影响范围最大、造成产量损失最重的农业气象灾害之一。如 1997 年 7～8 月河南省全省性的干旱造成一半播种面积以上的秋作物受旱，旱情严重的洛阳和三门峡分别占到播种面积 90% 和 75%；1986 年河南遭遇历史上罕见的大旱，全省秋作物受旱面积占 60% 以上，重灾面积 180 多万 hm²，另外 66.7 万 hm² 绝收或基本绝收。干旱灾害的发生严重影响着夏玉米生产的稳定性，也影响着全年粮食生产形势的稳定。因此，建立基于夏玉米不同生育阶段的干旱灾害指标，开展夏玉米干旱灾害的监测及评估，一直是农业相关研究的主题，对农业防灾减灾具有重要意义。

20 世纪 80 年代，就已有关于夏玉米不同阶段适宜土壤水分指标或干旱指标的研究，但学者间选择的发育阶段及等级划分有所差异。郭庆法（2004）等总结了 20 世纪 80～90 年代有关夏玉米土壤水分指标的研究成果，主要包括：①夏玉米播种至出苗的适宜土壤相对湿度为 70%～75%（0～20 cm 土层），低于 55% 田间出苗不齐，高于 80% 田间出苗率下降；出苗至拔节期适宜土壤相对湿度为 60%～70%（0～40 cm 土层）；拔节至抽雄期为

70%～80%（0～60 cm 土层）；抽雄至乳熟期为 80%（0～80 cm 土层）；乳熟至成熟期为70%～75%（0～60 cm）；②夏玉米拔节至成熟期轻旱、重旱、极旱的土壤相对湿度指标为 55.1%～70.0%、40.1%～55.0%、≤40.0%；③将夏玉米划分为播种至出苗期、出苗至拔节期、拔节至抽雄期、抽雄至乳熟期和乳熟至成熟期 5 个阶段。朱自玺（1988）等确定了夏玉米拔节期和灌浆期的适宜土壤相对湿度指标分别为 71.4% 和 77.9%，而干旱的土壤相对湿度指标分别为 48.4% 和 53.5%。根据华北平原作物水分胁迫与干旱研究课题组的研究成果，夏玉米拔节至成熟期适宜、轻旱、重旱和极旱的土壤相对湿度指标分别为 70.1%～85.0%、55.1%～70.0%、40.1%～55% 和≤40%。

薛昌颖（2014）根据夏玉米生长发育过程，根据土壤相对湿度和作物水分亏缺指数分别建立夏玉米不同生育阶段的干旱等级指标。根据土壤相对湿度指标，夏玉米播种至出苗、出苗至拔节、拔节至抽雄、抽雄至乳熟和乳熟至成熟 5 个生育阶段发生轻旱的土壤相对湿度临界值分别为 65%、60%、70%、75% 和 70%，发生重旱的土壤相对湿度临界值分别为 45%、40%、50%、55% 和 50%，发生特旱的土壤相对湿度临界值分别为 40%、35%、45%、50% 和 45%；而根据水分亏缺指数指标，5 个生育阶段发生轻旱的水分亏缺指数的临界值分别为 35%、40%、20%、10% 和 35%，发生重旱的水分亏缺指数临界值分别为 50%、65%、55%、45% 和 65%，发生特旱的水分亏缺指数临界值分别为 55%、75%、65%、55% 和 75%。在黄淮海夏玉米区选择代表站点对确定的干旱等级指标进行了验证，土壤相对湿度和水分亏缺指数判定的干旱等级相同及相差一个等级的百分率变化在 71%～91%，表明 2 套指标对干旱发生情况的判别具有较好的一致性；通过与历史典型干旱年份灾情对比，2 套指标能够较好地判定出历史年份夏玉米生长季干旱发生情况，能够用于夏玉米干旱的监测、评估等方面的科研及业务服务中。

2. 水分胁迫对玉米生长和产量的影响 水分不仅是植物生存的重要因子，而且是植物重要的组成成分。植物对水的需求有两种：一是生理用水，如养分的吸收运输和光合作用等用水；二是生态用水，如保持绿地的环境湿度，增强植物生长势。一般而论，植物光合作用每产生 1 份光合生产物，需 300～800 份水，土壤中持水量为 60%～80% 时，根系方可正常生长，并吸收养分，维持正常运转。

（1）水分胁迫发生时期 相对于其他禾本科作物，玉米是对水分胁迫最敏感的作物之一，是旱地作物中需水量最大的，尤其在开花期对干旱胁迫反应非常敏感。白向历等（2009）研究表明，水分胁迫导致玉米籽粒产量下降，胁迫时期不同其减产的程度也不尽相同。其中以抽雄吐丝期胁迫减产最严重，拔节期胁迫次之，苗期胁迫减产最小。抽雄吐丝期是玉米的水分临界期，水分胁迫可导致花期不遇，受精能力下降，大量合子败育，从而严重影响玉米产量。

玉米在播种出苗时期需求的水分比较少，这时候要求耕层土壤应当保持在田间持水量的 65% 左右，就能够良好地促进玉米根系的发育，培养强壮的幼苗，降低倒伏率，同时提升玉米的产量。倘若墒情不够好，就会对玉米的发芽、出苗造成严重的影响，即便是玉米种子可以勉强膨胀，通常也会因为出苗力较弱出现缺苗的情况。在拔节孕穗时期茎叶的成长非常快，植株内部的雌雄穗原始体已经开始不断分化，干物质不断积累增加，蒸腾旺盛，所以植物需要充足的水分来保证生长，尤其是抽雄前雄穗已经生成，而雌穗正在加快小穗与小花的分化。倘若这个时候土地干旱则会导致小穗、小花的数量减少，并且还会出现"卡脖旱"的情况。授粉与抽雄的时间延迟，导致结实率的下降，从而影响玉米的产量，而这个时间段土壤水分的含量应该保持在田间持水量的 75% 左右。玉米对于水分最敏感的时间段在于抽雄开花的前后，这个时间段的玉米植株处在新陈代谢最为旺盛的时期，对于水分的需求是最高的。倘若天气雨水不足、土壤水分不足就会缩短花粉的生命，导致雌穗抽丝的时间被延迟，授粉不充足，不孕花的数量增多，最终致使玉米的产量降低。

（2）季节性干旱及其时空特征　干旱根据其发生季节可分为春旱、夏旱和秋旱。春旱对玉米危害很严重，可能导致播种面积下降、播期延迟以及出苗不全、不齐、缺苗断垄等现象，将直接影响玉米生产，一般发生在 4～5 月。降水量的相对变率大是发生春旱的主要原因；此外，春季温度回升快，相对湿度迅速降低，风速也大，致使解冻返浆后的土壤水分迅速消耗。

夏旱致使穗粒数减少，空秆率增加，百粒重下降。夏旱发生的频率虽较春旱低，但其危害却比春旱严重，夏旱常伴随高温少雨，不利于作物生长。通常夏季正值玉米生长发育的重要阶段，营养生长和生殖生长并进，是产量形成的关键阶段，这个阶段如遭遇"卡脖旱"，对玉米全生育期影响较大。

秋季有效降水少，如气温偏高，则易导致秋旱，主要是影响玉米灌浆。玉米灌浆期需要足够的土壤水分，墒情较好时，根系才能在吸收水分时随同吸收需要的养分，运送到叶片中，经光合作用及一系列生理生化作用合成有机物质，再运输到籽粒中贮存，使籽粒饱满，增加产量。在灌浆期遭遇高温干旱，使灌浆减缓，光合作用减弱，合成的有机物质减少，最终籽粒秕瘦，空秆率增加，百粒重下降，最终造成减产。

黄晚华等（2009）通过分析湖南春玉米季节性干旱的时空分布特征和发生规律发现：干旱频率较高的时段主要在玉米抽雄至吐丝阶段及其后的生育阶段，且随生育期后移干旱频率明显增加，以轻旱程度为主。空间分布特征是以湘中南的衡阳及周边一带干旱频率最高，其次为湘东、湘北一带，湘西等地春玉米干旱频率低。各年代之间比较，以 20 世纪80 年代干旱较严重，90 年代干旱相对较轻。

（3）水分胁迫对玉米生长发育的影响

① 干旱对玉米萌芽期和苗期生长的影响。玉米萌芽期和苗期耐旱相关的形态生理指标可以作为玉米早期抗旱育种的参考依据。袁佐清（2007）研究发现，抗旱性不同的玉米无论萌芽期还是苗期经水分胁迫后生长都可导致发芽率降低，叶片鲜干比明显下降，根冠比增加，丙二醛（MDA）含量和过氧化氢酶（CAT）、超氧化物歧化酶（SOD）活性均有一定程度的升高，变化幅度因玉米抗旱力的不同而有所差异。种子内贮藏的养料在干燥状态下是无法被利用的，细胞吸水后，各种酶才能活动，分解贮藏的养料，使其成为溶解状态向胚运送，供胚利用。水分胁迫使种子充分吸水受到限制，影响了细胞呼吸和新陈代谢的进行，从而使运往胚根、胚芽、胚轴的养料少，导致出芽率降低。不同玉米自交系出芽率降低的程度不同，抗旱性强的玉米自交系受到的影响小，出芽率高且抗旱性弱的玉米自交系受到的影响大，出芽率低。SOD 和 CAT 酶可能是玉米抵抗干旱的第一层保护系统，当对幼苗进行短期水分胁迫时，该系统在保护植株免受水分胁迫导致的氧化损伤方面

起着重要作用。玉米抗旱性的大小与其抗氧化及抵抗膜脂过氧化的能力有关，抗旱性强的自交系抗氧化酶活性高，MDA 含量少，说明其具有较强的自由基清除能力和抗膜脂过氧化能力。但有报道认为，此效应维持不长，受旱时间越长，受旱越重，保护酶活性越低，MDA 积累就越多，说明抗氧化防御系统对膜系统的保护作用有一定的局限性。

②干旱对玉米籽粒发育的影响。籽粒发育期是玉米需水最多的生育时期。玉米籽粒的发育分为 3 个时期，分别是籽粒建成期（滞后期）、干物质线性积累期（灌浆期）和干物质稳定增长期。其中，籽粒建成期决定籽粒发育的数目，是最受水分限制的时期；而灌浆期是粒重形成的关键期。关于灌浆期水分胁迫对籽粒发育的不利影响有两种不同的观点：一种是认为干旱造成同化物向籽粒运输不足；另一种认为干旱造成的粒重降低并不完全是因为同化物不足，还可能是因为干旱致使有效灌浆持续时间缩短，胚乳失水干燥提早成熟且限制了胚的体积。

刘永红等（2007）采用池栽模拟试验的方式对西南山地不同基因型玉米品种在花期干旱和正常浇水条件下的籽粒发育特性及过程进行了研究。结果表明，花期干旱导致玉米最大灌浆速度出现时间推迟、籽粒相对生长率和最大灌浆速度降低、干物质线性积累期和干物质稳定增长期显著缩短，干旱胁迫结束后植株通过提高干物质线性积累期的持续时间和干重，来弥补前期干旱的损失。研究还表明，西南山地玉米籽粒发育的特点是籽粒建成能力较弱、干物质线性积累能力强、胚乳失水成熟早。不同基因型之间存在显著差异，籽粒相对生长率低而稳定、最大灌浆速度出现早的品种能够抗逆高产。

③ 不同生育期水分胁迫对叶片光合特性的影响。田琳（2013）以苏玉 20 和郑单 958 为材料，采用盆栽控水试验，设置干旱、水涝和对照 3 个处理，研究不同水分胁迫条件对两个夏玉米品种关键生育期（拔节期和抽雄期）光合生理特性的影响。结果表明，干旱和水涝均会降低夏玉米的叶片绿色度值（SPAD）、净光合速率（Pn）、蒸腾速率（Tr）和气孔导度（Gs），增加叶片胞间 CO_2 浓度（Ci）；两个夏玉米品种抽雄期对水分的敏感程度高于拔节期，且对水涝的敏感程度大于干旱。与对照相比，水分胁迫明显减慢了玉米叶绿素合成的增速，降低了净光合速率、蒸腾速率和气孔导度，增加了胞间 CO_2 浓度。不同生育期的夏玉米对水分胁迫的敏感程度不同，抽雄期植株对水分胁迫的反应时间早，下降速率快，比拔节期更敏感，尤其表现在净光合速率、蒸腾速率和气孔导度上。

抽雄期植株对水分胁迫的反应时间早，下降速率快，比拔节期更敏感，尤其在叶片绿色度值、净光合速率、蒸腾速率和气孔导度上表现明显，说明夏玉米抽雄期对水分胁迫更敏感，拔节期次之。

李素美（1999）等通过试验发现干旱对夏玉米生育后半期的影响强度大于前半期。分析其原因是拔节期玉米正处于营养生长阶段，叶绿素相对含量增加明显，而抽雄期营养生长和生殖生长并进，植株的营养物质主要用于营养器官的生长和穗的形成，分配给光合作用的原料减少，光合生理指标降低。

④ 干旱对玉米产量的影响。干旱作为影响玉米产量的环境因素之首，对玉米植株形态、物质积累、生理作用、性器官发育等方面产生影响，最终降低穗粒数、粒重，导致产量降低。不同时期干旱对雌雄穗性状及开花吐丝间隔期造成不同影响。玉米开花前遭遇干旱，延缓雌雄穗发育进程，减少分化小花数，增加籽粒败育，导致穗粒数降低；抽雄吐丝

期间遭遇干旱，导致雄穗抽出困难、吐丝延迟，使开花间隔期拉长，严重时导致花粉、花柱超微结构发生改变，影响玉米授粉、受精过程，最终导致秃尖形成，穗粒数降低；灌浆期遭遇干旱导致叶片早衰，光合产物积累不足，籽粒灌浆受阻，粒重降低，最终均会导致产量下降。从源库关系角度分析，玉米灌浆期前干旱导致玉米产量降低的主要原因是穗粒数降低导致的库强不足；而灌浆期干旱主要是使叶片早衰导致营养器官发育受阻，限制同化物的积累及转运，此时源不足限制了产量的增加。

张淑杰（2011）采用人工控制水分的方法，研究玉米生长发育和产量形成对水分胁迫的响应。研究结果表明，干旱胁迫导致玉米生长发育缓慢和减产程度的大小，因胁迫时期、胁迫程度及持续时间而不同。干旱胁迫对株高的抑制作用：拔节孕穗期＞抽雄吐丝期＞苗期，其中苗期株高在复水后得到了超补偿。受水分胁迫影响穗重、穗粒重和穗粒数都呈减少的趋势，变化幅度为穗粒数＞穗重＞穗粒重，不同生育期干旱胁迫处理的减产幅度为抽雄吐丝期＞拔节孕穗期＞苗期。苗期、拔节孕穗期和抽穗开花期减产程度分别达到30％、70％和90％以上。

（二）渍涝

涝害、渍害是世界许多国家的重大农业灾害。中国是涝害、渍害严重发生国家之一。根据联合国粮农组织（FAO）的报告和国际土壤学会绘制的世界土壤图估算，世界上水分过多的土壤约占12％。

1. 成因及发生时期　涝害是在土壤中存在的水分超过田间土壤持水量产生的一种灾害。根据超过田间土壤持水量的多少，可将涝害分为两种：湿害和涝害。湿害是土壤水分达到饱和时对植物的危害；涝害是田间地面积水，淹没了植物的全部或一部分造成的危害。水淹胁迫造成涝害的直接危害因素并不是水分，因水分本身对植物是无毒的，其危害主要是间接作用造成的，即植物浸泡在大量水中，根系的大量矿质元素及重要中间产物丢失，在无氧呼吸中产生有毒物质如乙醇、乙醛等使植物受害。此外土壤水分过多时使土壤中气体（O_2）亏缺，CO_2和乙烯过剩使植物低氧受害。多年来，国内外对在水淹条件下，作物的生理变化进行了大量的研究工作。研究结果指出，土壤渍水使植株叶片的生物膜受到伤害，细胞内电解质外渗，膜脂过氧化作用加强，丙二醛（MDA）含量增加，叶绿素被降解，植株失绿，衰老加快；在水淹条件下，植株叶片中保护酶（SOD、POD、CAT）活性迅速下降，加剧了植株膜脂过氧化作用，从而导致不可逆的伤害。

渍害是指土壤水分饱和，但地表无积水的一种灾害。

涝害、渍害对作物的危害多在夏秋之交，影响作物正常生长和发育。作物生长期间雨水较多、地下水位较高、耕层滞水较多或地面易积水是作物生产的重大障碍因素。

2. 水淹胁迫对不同生育期玉米的影响　玉米是一种需水量大又不耐涝的作物，土壤湿度超过持水量的80％时，植株生长发育即会受到影响，苗期尤为明显。中国大部分玉米产区受季风气候影响，夏季降水量一般占全年总降水量的60％～70％，而且降雨时间相对比较集中，易致使土地积水成涝，这是影响玉米高产、稳产的一个重要因素。玉米涝渍灾害根据受灾生理时期可分为3种：芽涝和苗期渍涝、拔节期至灌浆期渍涝以及灌浆期渍涝。3种渍涝灾害的危害如下：

（1）芽涝和苗期渍涝　在玉米吸水萌动至第三片叶展开期，由于土壤过湿或淹水，使玉米出苗、种子发芽、幼苗的生长受到影响，称为玉米芽涝。在第三片叶展开以前，其生长主要依靠种子胚乳营养，为异养阶段。因此，玉米芽涝又称为奶涝。玉米的苗期渍涝是指玉米第三片叶展开到玉米拔节这段时期发生的渍涝。

一般夏玉米播种至拔节期，总降水量或旬降水量分别超过 100 mm、200 mm 时，容易发生渍涝灾害。

渍涝灾害对玉米主根开始伸长、种子吸水膨胀的影响较大。淹水 2 d 可使玉米出苗率降低 50％以上，淹水 4 d 使出苗率降低 85％以上。芽涝对出苗率的影响受温度的影响较大。相同的淹水时间和淹水条件，温度越高危害越大。淮北地区在均温 25 ℃时进行播种，播后若发生渍涝灾害或出现芽涝 2～4 d，玉米田间即发生缺苗断垄或基本未出苗，要进行间苗、定苗或重新播种。芽涝和苗期渍涝灾害除了造成严重缺苗外，对勉强出苗的幼苗生长也有明显的不良影响，导致幼苗生长迟缓、根系发育不良、叶片僵而不发。

（2）拔节期至灌浆期渍涝　随着玉米生长的延长，至拔节期玉米耐渍涝能力提高。但拔节期当田间出现淹水 3 d 时，玉米绿色叶片数降低，下部两片叶发生黄化，后期有植株出现死亡，造成玉米减产 75％；当出现淹水 5～7 d 时，玉米下部叶片发黄，田间植株倒伏较多，死亡植株增加，减产非常严重，几乎颗粒无收。到抽雄期，土壤含有最大持水量 70％～90％水分时最适宜玉米生长，只有当土壤相对湿度超过 90％时玉米生长受到影响。7 月下旬至 8 月中旬降水量超过 200 mm 或旬降水量超过 100 mm，就会发生渍涝灾害。

抽雄期淹水 3 d、5 d、7 d 分别呈现无倒伏、少量植株倒伏、大部分植株枯萎且倒伏的状况，玉米产量损失量分别为 50％、75％、100％。田间植株绿叶面积降低，下部叶片发黄枯萎，大部分倒伏植株死亡，未死亡植株也基本上不抽穗结实。

（3）灌浆期渍涝　在玉米灌浆期及其以后发生的渍涝称为灌浆期渍涝，该阶段由于玉米气生根已形成，各器官发育良好，抵抗渍涝的能力增强。此期若发生涝害，一般不会造成减产。

郝玉兰（2003）研究了不同生育时期水淹处理对玉米生理生化指标的影响，得出水淹胁迫造成玉米叶片丙二醛（MDA）含量增加，过氧化氢酶（CAT）活性下降，并导致叶片中叶绿素被降解，叶绿素含量降低的结论。在水淹胁迫条件下，植物膜脂过氧化作用增强，使叶片中 MDA 不断积累，从而加速植株自然老化的进程。从产量因素上来看，受水淹胁迫影响最明显的是每穗粒数，以及与之相应的每穗粒重。在灌浆期收获后，观察到各个生育时期都受到水淹胁迫的植株穗上出现了明显的缺行、缺粒现象，减产幅度大，甚至绝收。

3. 渍涝对玉米光合特性及产量的影响　前人研究表明，淹水后玉米叶片的 SOD、POD、CAT 活性降低，保护酶系统破坏，MDA 含量增加，加剧了膜脂过氧化作用，生物膜结构遭到破坏，加快了叶片衰老；可溶性蛋白含量降低，影响碳素同化；叶绿素被降解，叶片失绿，影响光合同化作用。

玉米幼苗在淹水条件下光合性能下降，光合色素总含量降低。

任佰朝（2015）通过大田试验研究淹水对夏玉米光合特性的影响，结果表明，淹水后夏玉米叶面积指数和叶绿素含量显著下降，净光合速率及光化学效率降低，进而影响夏玉米光合物质的积累，产量显著降低。3 叶期淹水对夏玉米生长发育造成的影响最大，拔节期淹水次之，开花后 10 d 淹水造成的影响较小，其影响随淹水持续时间的延长而加剧。

叶绿素作为作物吸收太阳光能进行光合作用的重要物质，其含量在一定程度上能影响植物固化物质的能力。叶绿素含量越高，光合作用就越强，而淹水后夏玉米叶片中叶绿素含量显著降低，说明水淹胁迫影响夏玉米叶片的光合作用，光合同化生产能力减弱，进而会导致干物质积累量减少，供籽粒灌浆充实物质不足，影响籽粒灌浆，最终导致籽粒产量显著下降。淹水后叶面积指数和叶绿素含量的降低，导致夏玉米光合作用显著下降。李金才等（2001）研究表明，淹水减小了光合叶面积，缩短了功能叶片光合时间，显著降低了功能叶片叶绿素含量（Chl）、净光合速率（Pn）、气孔导度（Gs）、细胞间隙 CO_2 浓度（Ci）等。任佰朝（2015）研究在大田条件下淹水表明，淹水持续时间越长，Fv/Fm（PSⅡ，最大光化学效率）、Fm/Fo（叶绿素初始荧光/最大荧光）和 ΦPSⅡ 等下降幅度越大，说明淹水后 PSⅡ 潜在光合作用活力受到抑制，导致 PSⅡ 潜在活性及光化学效率降低，进而影响夏玉米的光合作用，导致产量显著下降。光合物质的积累取决于光合特性的优劣，光合物质的积累和转运进而决定产量的形成。淹水后夏玉米叶片 Pn、Fv/Fm、Fm/Fo 和 ΦPSⅡ 等显著下降，说明淹水后玉米叶片 PSⅡ 光合作用活力受到抑制，光合电子传递受阻，从而使 PSⅡ 实际的电子传递量子效率降低，导致光合速率的下降，光合特性减弱，最终影响植株干物质积累与产量形成。这可能是淹水导致夏玉米干物质积累量降低，籽粒灌浆特性下降，产量显著降低的主要光合生理原因。

刘祖贵（2013）采用防雨棚下有底测坑试验在夏玉米的苗期、拔节期、抽雄吐丝期和灌浆期分别设置不同的淹涝天数（2 d、4 d、6 d、8 d、10 d），分析了淹涝时期与历时对夏玉米生长发育及产量性状的影响。研究结果表明，任一生育阶段发生淹涝，玉米的果穗长、出籽率、穗粒质量、穗粒数、百粒重和产量随淹涝历时的增加呈降低趋势，其影响程度随着淹涝时期的后移呈减小趋势，并随着淹涝历时的增加而增强。苗期、拔节期、抽雄吐丝期和灌浆期淹涝分别减产 17.98%～54.97%、9.12%～100%、2.58%～28.63% 和 5.93%～20.28%，其淹涝历时分别达到 2 d、4 d、6 d、4 d 时就会造成显著减产，减产率分别为 17.98%、21.34%、12.99% 和 13.52%。基于淹涝后玉米的产量性状以及减产率的变化，不难看出苗期和拔节期均是玉米淹涝的关键时期，在生产上若发生淹涝，应及时采取措施排水降渍，否则会造成严重的减产。

二、温度胁迫

（一）低温胁迫

低温冷害指农作物生育期间，在重要阶段的气温比要求偏低，引起农作物生育期延迟，或使生殖器官的生理机能受到损害，造成减产。低温冷害的发生范围具有地域性和时间性。中国平均每年因低温冷害造成农作物受灾面积达 364 万 hm^2。夏季低温冷害主要发生在东北，因为这里纬度较高，5～9 月的热量条件虽能基本满足农作物的需要，但热量条件年际间变化大，不稳定，反映在农业生产上就是高温年增产，低温年减产。

原产在热带和亚热带地区的玉米对冷害抗性较弱，属于低温敏感型植物，极限温度为

4 ℃。玉米各生育阶段均有遭受冷害的可能，但在生产上还是以玉米种子发芽、苗期以及生育后期受冷害影响而造成减产最为常见。在高纬度、高海拔地区，低温、霜冻又是造成玉米产量不高、不稳的重要原因，是中国北方玉米产区的主要气象灾害。据东北三省1957年、1969年、1972年和1976年4个严重低温冷害年的统计资料，玉米平均比上年减产 16.1%。1995年和1997年9月中旬的局域性早霜，单产减少 10%～15%。低温冷害对玉米产量影响较大。

1. 冷害类型及发生时期　根据不同生育期遭受低温伤害的情况，可将玉米冷害分为延迟型冷害、障碍型冷害和混合型冷害。延迟型冷害指玉米在营养生长期间温度偏低，发育期延迟致使玉米在霜冻前不能正常成熟，千粒重下降，籽粒含水量增加，最终造成玉米籽粒产量下降。障碍型冷害是玉米在生殖生长期间，遭受短时间的异常低温，使生殖器官的生理功能受到破坏。混合型冷害是指在同一年度里或一个生长季节同时发生延迟型冷害与障碍型冷害。

生产上低温分为两种情况：一是夏季低温（凉夏）持续时间长，抽穗期推迟，在持续低温影响下玉米灌浆期缩短，在早霜到来时籽粒不能正常成熟。如果早霜提前到来，则遭受低温减产更为严重。二是秋季降温早，籽粒灌浆期缩短。玉米生育前期温度不低，但秋季降温过早，降温强度强、速度快，初霜到来早，灌浆期气温低，灌浆速度缓慢，且灌浆期明显缩短，籽粒不能正常成熟而减产。

玉米冷害在中国广西、福建少部分地区有苗期冷害，其他主要发生在北方，尤其在东北地区，经常受到低温的伤害。贾会彬等（1992）对三江平原近40年的气候与产量资料进行的统计分析表明，热量因素是限制三江平原大田作物产量的关键因子。影响玉米产量的关键气候因素是生育前期5～6月低温，发生最低温度指标为 15.4 ℃。据黑龙江省统计，新中国成立以来黑龙江省先后发生9次低温冷害，每次作物单产和总产均下降 20%～30%。

从田间的实际来看，在中国东北地区主要发生延迟型冷害，即在玉米生长前期（苗期）突然遭受 0 ℃以上低温，造成幼苗大面积死亡，产生严重的田间缺苗，产量大幅度下降。玉米出苗期受低温危害，将会出现弱苗、黄化苗、红苗、紫苗等现象，移栽后生长速度缓慢或不生长。玉米出苗至吐丝期受低温影响，营养生长受抑制，会表现在干物质积累减少，株高降低及各叶片出现时间延迟。孕穗期是玉米生理上低温冷害的关键期，减产最多。

2. 低温对玉米种子发芽的影响　种子吸水后较长时期处于低温下会因霉菌的侵入而坏死。低温冻害会使玉米种皮、糊粉层和胚乳之间以及胚和胚乳之间产生平移断层，长期处于 0 ℃以下的低温，玉米种子内部的局部淀粉结构会发生明显变化，附着于粉质淀粉粒上的部分基质蛋白也会降解。同时，低温冷害延迟玉米种子的萌发时间，并导致发芽率和发芽指数降低。原因如下：①低温胁迫影响酶的合成以及酶的活性，导致种子无法有效地将大分子贮藏物质转变为小分子可利用物质。②低温影响种子的吸水能力，使种子在相应时间内得不到足够水分完成生理生化反应。③低温降低种子的呼吸速率，产生的能量无法满足植物组织的构建、物质的合成与转运等。

3. 低温对灌浆期玉米的影响　灌浆期低温可使玉米籽粒的灌浆进程变慢，导致灌浆持续时间延长，灌浆速率下降，粒重降低。玉米上部叶片光合能力在低温下的降低会导致干物质积累速度降低，进而造成产量下降。张毅等（1995）认为灌浆期低温是玉米生育受阻的主要原因，低温逆境对玉米籽粒产生直接伤害，主要表现在籽粒细胞膜系统的损伤，包括超微结构的破坏、细胞器数目的减少和膜脂过氧化作用增强。高素华等（1997）研究灌浆期玉米经低温处理后，使籽粒可溶性糖和游离氨基酸含量增加，但淀粉和蛋白质含量降低，生物大分子含量下降，意味着灌浆过程受阻，籽粒发育受到抑制。国外籽粒离体培养认为，低温生长的籽粒可溶性糖含量和淀粉含量随籽粒发育变化缓慢，低温阻止可溶性糖转化为淀粉来阻止淀粉的合成。史占忠等（2003）在研究春玉米低温冷害规律时发现，低温影响玉米籽粒干物质的积累速率，且影响程度随低温持续时间增加而加重。宋立泉于1997年在研究低温对玉米生长发育影响时指出，灌浆期低温可降低玉米上部叶片的光合作用能力，减缓籽粒的干物质积累速度，造成产量降低。研究表明，温度是玉米籽粒灌浆的主要影响因子之一，低温影响淀粉的形成和籽粒的充实度，导致玉米产量降低。

4. 低温对玉米产量的影响　玉米各个发育期遇到低温都会使其生长减缓，玉米在营养生长阶段受到低温影响，干物质积累会减少，株高降低及发育期推迟。受到低温胁迫时，作物功能叶片的光合强度和蒸腾速率均明显减弱。

低温胁迫不仅影响到玉米植株形态和光合特性，而且对其产量有较大的影响。张国民（2000）等研究苗期低温对玉米生长发育的影响，发现低温导致玉米百粒重下降，6 ℃、10 ℃处理后，百粒重分别比对照下降9％和3.6％。张德荣（1993）等对玉米不同生育期进行低温处理，发现低温使玉米生长变慢，发育期延迟，产量下降。冯锐（2013）等以先玉335为材料，对玉米拔节期和大喇叭口期分别进行了15 ℃低温胁迫及对照试验。结果表明，低温胁迫导致植株株高、生物量及叶面积明显下降，并且拔节期受低温的影响要大于大喇叭口期；低温导致玉米蒸腾速率的降低及光合速率下降，光合速率下降10％左右，蒸腾速率下降58％～64％；低温导致产量明显下降，拔节期减产率为34％，大喇叭口期减产率达到38％，大喇叭口期低温对产量的影响更为显著。

（二）高温胁迫

近年来，随着气候变暖，中国局部地区气候反常，气温超过30 ℃的天数明显增多，对玉米正常结实造成严重影响。玉米在苗期处于生根期，抗不良环境能力较弱，若遇连续7 d高温干旱，就会降低玉米根系的生理活性，使植株生长较弱，抗病力降低，易受病菌侵染发生苗期病害。玉米灌浆到蜡熟期，若遇到雨天过后突然转晴的高温、高湿天气，容易引发青枯病（茎基腐病或茎腐病），造成产量和品质降低。

1. 高温胁迫的发生时期　华北平原是全国玉米主产区之一。由于气候特点，华北地区夏播玉米易在抽雄吐丝期遭遇高温胁迫。温度高于32～35 ℃，空气相对湿度接近30％，土壤田间持水量低于70％时，玉米开花持续时期变短，雌穗吐丝延迟，导致雌雄不协调，影响授粉结实。高温低湿条件下，玉米花粉活力明显降低，散粉1～2 h就会失水，丧失发芽能力；高温干燥条件下，玉米花柱老化加快，活力降低，寿命缩短，受精结实能力明显下降。当温度超过38 ℃时，雄穗不能开花，散粉受阻。正在散粉期的雄穗在38 ℃高温下胁迫3 d后便完全停止散粉。另据观察，正常散粉的植株在38 ℃以上高温胁迫下不散粉，但是在适温环境中可以恢复散粉，恢复所用时间因材料而异。不同生育阶段经受高温危害后减产的幅度有很大差别，孕穗期减产 30%，开花结实期减产 40%。

华北地区可以采用春玉米一熟制替代部分面积玉米-小麦两熟制来实现节水与保持粮食生产力并举的目的。据戴明宏（2008）等报道，春玉米比夏玉米平均增产 1 600 kg/hm²。但同时，也要面临春玉米灌浆期高温胁迫对产量造成的影响。灌浆期是作物产量和品质形成的关键时期，玉米灌浆期间最适日平均温度为 22～24 ℃，温度在 23～31 ℃ 范围内对籽粒发育影响较小，高于 35 ℃ 则会严重影响籽粒的发育，在灌浆初期高温主要是减少胚乳细胞数量使粒重减轻，在灌浆后期高温显著减弱植物的光合作用，阻碍淀粉的合成。Wilhelm 等（1999）研究发现，灌浆结实期高温降低了籽粒中蛋白质、淀粉和脂肪的含量。Muchow（1990）利用不同的播期处理，在大田环境下研究了高温对玉米生长发育和最终产量的影响，发现高温使玉米生长加快，有效灌浆期缩短，产量降低。高温会缩短春玉米灌浆持续期，降低粒重和产量。据 Daynard（1971）等报道，玉米粒重与有效灌浆持续时间呈显著的线性关系。较高的灌浆期温度，缩短了灌浆持续期，不能保证充足的物质供应，降低了粒重和产量。

淮北地区高温一般出现在 7 月中旬至 8 月中旬，该地区夏播玉米在玉米孕穗至籽粒形成期易遭受障碍型高温灾害，表现为雄穗开花散粉不良、花药瘦瘪花粉少，雌穗吐丝不畅、花柱细弱活力差，受精不良和籽粒败育，形成大量秃顶、缺粒、缺行，甚至果穗不结实造成空秆，最终导致严重减产。

2. 高温对玉米生长发育和光合作用的影响　　较高温度条件一般促进作物的生长发育进程，导致生育期变短。玉米覆膜栽培条件下，土壤温度升高，使出苗期提前 6.3 d，抽雄期提前 12.5 d，吐丝期提前 11.8 d，成熟期提前 18 d，促进了玉米的生育进程。而对苗期性状研究发现，高温使玉米单株干重和叶面积变小，叶片伸长速率减慢，在营养生长与生殖生长并进阶段，高温使玉米生长速率和叶面积比增大，但净同化率下降。

高温条件下，一方面，光合蛋白酶的活性降低，叶绿体结构遭到破坏，引起气孔关闭，从而使光合作用减弱。另一方面，呼吸作用增强，呼吸消耗明显增多，干物质积累量明显下降。高温还可能对玉米雄穗产生伤害，持续高温时，花粉形成受到影响，开花散粉受阻，雄穗分枝变小、数量减少，小花退化，花药瘦瘪，花粉活力降低。同时还会导致雌穗各部分分化异常，吐丝困难，延缓雌穗吐丝或造成雌雄不协调、授粉结实不良等。高温还会迫使玉米生育进程中各种生理生化反应加速，使生育阶段加快，导致干物质积累量降低，产量大幅下降。并且还会导致病害发生，如纹枯病、青枯病，造成产量损失、品质降低。夏播玉米在苗期处于生根期，抗不良环境能力弱，若遇连续 1 周高温干旱，就会降低玉米根系的生理活性，使植株生长较弱，抗病力降低，易受病菌侵染发生苗期病害。纹枯病菌菌丝适宜生长发育的温度较高，因此在较高温度条件下，容易发生玉米纹枯病；玉米灌浆到乳熟期，若遇高温高湿天气，易引起青枯病流行，造成产量损失，品质降低。

陶志强（2013）等综合国内外的研究，总结了华北地区高温胁迫春玉米减产的可能机理，主要包括 7 个方面：①高温缩短了生育期，干物质累积量下降，籽粒灌浆不足，产量受损；②高温降低了灌浆速率，致使粒重降低；③高温环境下，生殖器官发育不良，不能正常授粉、受精，降低了结实率；④高温改变了叶绿体类囊体膜结构和组织以及色素含量的正常生理生化特性，抑制了光合速率；⑤高温使根系或叶片的膜脂过氧化水平提高，根系或叶片的生长速度降低且衰老加快；⑥高温使叶片的水分状态偏离了正常水平，限制了叶片正常代谢的功能，同时也扰乱了春玉米正常吸收和利用养分的功能；⑦高温易诱导植株发生病害。

郭文建（2014）等以农大 108 为材料，分梯度进行高温处理，研究结果表明，高温胁迫下酶的活性降低，同时叶绿素的生成受抑制，因此，在高温胁迫下会导致叶绿素 a、叶绿素 b、叶绿素总量含量下降，且随着胁迫时间的增加这种变化愈加明显；伴随胁迫温度的升高，玉米叶片中的类胡萝卜素随着时间的延长而呈总体下降的趋势，当温度超过 40 ℃时，下降趋势最为显著。赵龙飞（2012）等通过对耐热基因型和热敏感基因型玉米为材料，分别于花前和花后进行高温处理，研究高温对不同耐热型玉米光合特性及产量品质的影响。结果表明，花期前后高温胁迫对玉米的光合作用有显著影响，高温处理降低了穗位叶净光合速率、气孔导度、最大光化学效率、光量子产量、光化学淬灭系数、磷酸烯醇式丙酮酸羧化酶和核酮糖二磷酸羧化酶活性，提高了细胞间隙 CO_2 浓度和非光化学淬灭系数；花后高温处理对产量影响大于花前处理；高温胁迫下耐热玉米基因型比热敏感玉米基因型具有更高的叶绿素含量和光合能力，产量和品质受高温影响较小。

3. 灌浆期高温的伤害作用 高温会缩短春玉米灌浆持续期，降低粒重和产量。据 Daynard（1971）等报道，玉米粒重与有效灌浆持续时间呈显著的线性关系。较高的灌浆期温度，缩短了灌浆持续期，不能保证充足的物质供应，降低了粒重和产量。赵福成（2013）等进行了高温对甜玉米籽粒产量和品质影响的调查，结果表明高温缩短甜玉米灌浆进程，显著降低粒重、含水量，提高皮渣率。高温还会降低灌浆速率，张吉旺（2005）研究表明，黄淮海地区，夏玉米在 10～25 ℃范围内灌浆速率随温度升高而升高，在 25～35 ℃开始降低，40～45 ℃显著降低。其机理表现在两个方面：一是高温可能缩小了籽粒体积而降低了灌浆速率。二是高温可能减弱了茎叶的干物质累积量和同化物供应能力，降低了灌浆速率。高温还会通过影响叶绿素含量和叶绿体类囊体膜结构降低光合速率导致减产。R J Jones（1981）等用离体培养的方式研究了在籽粒灌浆期极端温度对籽粒淀粉合成、可溶性糖和蛋白质的影响，结果表明，在 35 ℃下培养 7 d 的处理比其他处理籽粒干物质重高，但到 14 d 就停止生长，败育粒内高含量的可溶性糖表明淀粉合成受到抑制是其败育的主要原因。

4. 高温对籽粒产量的影响 玉米粒重的高低取决于籽粒库容潜力大小和库的充实程度，籽粒库容由单位面积穗数、穗粒数和单粒体积决定，而单粒体积由籽粒中胚乳细胞、淀粉粒的数目和大小决定。花期高温会影响产量，穗粒数的减少是产量下降的主要原因。穗粒数是由穗行数及行粒数决定的，潜在的穗行数在雌穗分化小穗裂生形成时确定。行粒数取决于每行分化小花数及授粉受精后籽粒发育情况，在穗行数及行粒数间，行粒数对环境变化更为敏感，更易受到高温的胁迫。行粒数的减少主要由于高温引起穗上部籽粒授粉受精不良或库容建成受阻，导致籽粒败育增加，秃尖变长。由于大田试验的局限性，对高温下胚乳细胞的研究多在室内，Engelen-Eigles 等和 Communri 等（2001）通过玉米籽粒离体培养，对授粉后不同阶段的籽粒进行 4 d 的高温处理，以胚乳细胞数等作为指标，发现在授粉后的 4～10 d 是玉米籽粒体外培养对高温最为敏感的时期，进一步试验发现，4～10 d 时胚乳细胞正处于有丝分裂的周期，此时的高温使得细胞的显微结构受到破坏，

DNA 自我复制受阻。库容的大小为玉米产量的形成提供了基础，花期高温降低了玉米籽粒的库容，其中包括穗粒数的减少和籽粒单位体积的减小。

灌浆速率的高低与灌浆持续期的长短是影响玉米粒重的重要因素。一般认为，籽粒灌浆期间的最适温度为 25 ℃，温度每升高 1 ℃，籽粒产量降低 3%～4%，高温缩短了玉米的生育期及籽粒灌浆时间，虽然花期高温加快了灌浆速率，但不足以弥补因缩短灌浆时间而引起的产量下降。且有研究表明，玉米籽粒灌浆时间与生育期间的夜温有关，较高的夜温减少了籽粒灌浆时间。花期高温对作物产量的降低幅度因品种、胁迫时期、持续时间、胁迫程度等因素的不同而呈现差异。对不同玉米品种花期高温处理发现，耐热型品种比热敏感型品种产量损失小，如花期平均温度上升 1.5～4.0 ℃，农大 108（耐热型）产量降低 20.7%，而山农 3 号（热敏感型）减少 26.9%。盆栽条件下，在玉米的花期前后分别进行高温处理 8 d，日平均温度升高 2.9～4.9 ℃，花前高温处理使浚单 20 籽粒产量比对照降低 11.0%～13.0%，花后高温处理比对照降低 21.9%～23.0%，花后高温对玉米的影响明显大于花前。

三、盐碱胁迫

土壤盐渍化已成为导致世界范围内作物产量受损的重要原因，有超过 20% 的耕地和超过 50% 的水浇地由于灌溉不当而受到盐渍化的严重影响。盐碱化的日益增加将导致全球在 25 年内损失耕地达 30%，预计 21 世纪中期这个数据将上升到 50%。而高盐导致的高离子浓度和高渗透压可致植物死亡，是导致农业减产的主要因素。玉米属于盐敏感作物，土壤含盐量和酸碱度（pH）对玉米生长发育有很大影响，可造成盐碱害。盐分中，Cl^- 对玉米危害最大。盐碱性土壤中可溶性盐分浓度较高，抑制玉米吸水，出现反渗透现象，产生生理脱水，造成枯萎；某些盐类抑制有益微生物对养分的有效转化而使玉米幼苗瘦弱。碱害主要是由于土壤中代换性 Na^+ 的存在，使土壤性质恶化，影响玉米根系的呼吸和养分吸收，从而影响玉米的幼根和幼芽，轻者使玉米空秆增多且易倒伏，重者缺苗断垄，同时导致 Ca、Mn、Zn、Fe、B 等微量营养元素固定而引发缺素症。

1. 盐碱地发生地区　中国是盐碱地大国，在盐碱地面积排前 10 名的国家中位居第三。中国目前拥有各类可利用盐碱地资源约 3 666.7 万 hm^2，其中具有农业利用前景的盐碱地总面积 1 233.3 万 hm^2，包括各类未治理改造的盐碱障碍耕地 213.3 万 hm^2，以及目前尚未利用和新形成的盐碱荒地 1 020 万 hm^2。目前具有较好农业开发价值、近期具备农业改良利用潜力的盐碱地面积为 666.7 万 hm^2，集中分布在东北、中北部、西北、滨海和华北五大区域，其中东北盐碱区 200 万 hm^2，西北盐碱区 200 万 hm^2，中北部盐碱区 100 万 hm^2，滨海盐碱区 100 万 hm^2，华北盐碱区 66.7 万 hm^2。从分布省份来看，主要集中连片分布在吉林、宁夏、内蒙古、河北、新疆、江苏等 18 个省份。

2. 盐碱胁迫对玉米的伤害作用　玉米是盐敏感作物，受到盐害后在形态上表现为植株矮小瘦弱、分蘖很少、叶片狭窄、基部黄叶多、叶色黄绿、叶梢呈紫红色，随时间的延长叶片失水萎蔫进而卷曲枯萎，严重时植株全部死亡。1993 年，Munns 提出盐胁迫对植物生长影响的两阶段模型，在第一阶段，玉米首先出现水分胁迫，从而导致吸水困难；第二阶段，玉米植株中吸收 Na^+ 增多，吸收 K^+、Ca^{2+} 减少，从而使 Na^+/K^+ 升高，造成以 Na^+ 毒害为主要特征的离子失衡，光合作用变慢，渗透势下降，根伸长和茎生长受到抑制。叶生长受抑制是许多胁迫（包括盐胁迫）下最早看到的现象。当玉米出现离子毒害时，则会表现出 Na^+ 特征损害，这与 Na^+ 在叶组织中的积累有关。Flowers（1986）等发现植物生长组织中 Na^+ 比老叶中少，表明 Na^+ 的转运是有选择的，并且随着叶龄的增加不断积累，其表现为老叶首先坏死，一开始是叶尖和叶缘，直至整个叶片。Zorb（2005）等认为，在盐胁迫下玉米生长受抑制是因为质膜上 $H^+ - ATPase$ 泵的活性下降所造成的。Pitann（2009）等发现，盐胁迫减轻了盐敏感玉米叶片质外体的酸化，导致质膜 ATPase 的 H^+ 泵活性下降，质外体 pH 变大可能使松弛胞壁的酶活性下降，从而导致地上部生长受抑。

3. 盐碱胁迫对玉米种子萌发和幼苗生长的影响 种子不能够正常萌发是盐碱地影响植物生长的主要原因之一。高浓度盐胁迫造成玉米发芽率低，主要是由于外界溶液渗透压过高导致种子吸水不足。斯琴巴特尔（2000）用不同浓度的 NaCl 溶液及相同浓度不同比例、不同盐分的混合溶液处理玉米，试验结果表明，盐胁迫对玉米种子发芽有抑制作用，NaCl 的抑制作用最显著。混合不同盐分有一定的减轻 NaCl 对玉米种子萌发的抑制作用。盐胁迫对玉米幼苗生长有抑制作用，对地上部分生长的抑制程度大于对根生长的抑制。不同的单盐处理均出现单盐毒害现象，不同价数的阴离子之间的拮抗作用不明显。

在盐胁迫处理对玉米种子萌发的影响中除了渗透胁迫因素外，离子胁迫作用也不容忽视。前苏联学者 A A Shahaf 认为 Cl^- 对植物较 SO_4^{2-} 更为有毒。闫先喜等（1995）试验证明，在种子吸胀过程中，盐胁迫破坏细胞膜，使透性增大，引起溶质外渗，导致种子萌发受阻。混合盐处理，在一定程度上都具有减轻 NaCl 的抑制作用。

针对不同浓度 NaCl 胁迫对玉米种子萌发和幼苗生长的影响，高英（2007）通过室内培养及盆栽试验进行了研究。结果表明，$\leqslant 0.5 g/L$ 的 NaCl 处理有利于提高玉米种子萌发率、发芽率和根、芽的伸长及根数的增加。随盐胁迫浓度的增大，玉米种子萌发率、发芽率急剧下降，根芽伸长及根数极受抑制，0.5 g/L 的 NaCl 可能是影响玉米种子发芽的临界浓度。用 $\geqslant 0.5 g/L$ NaCl 的盐溶液长期灌溉会因土壤中盐分累积而使玉米生长受阻，成活率下降，幼苗在形态上表现出盐害效应。用自来水（0.1 g/L NaCl）处理的玉米幼苗在植株干重、根系干重、含水量等 5 个指标都较其他处理达显著水平，说明用低盐浓度（0.1 g/L NaCl）灌溉可促进玉米生长发育，提高产量。

植株干重、根干重和水分含量是反映作物苗期生理状态的重要指标，能直接反映作物受盐害的程度。根冠比是衡量苗期根系发育好坏的一个重要指标，根冠比较大的幼苗表现为其根系发育良好，从而有较强的吸收水分和矿物元素的能力，良好的根系对植物苗期抗盐有利。高英（2007）研究发现，随着盐浓度的增加，玉米苗期植株干重、根干重和水分含量都明显呈下降趋势。这说明高盐逆境首先伤害根部，抑制根的生长，影响根吸收水分和养分的能力，使植株含水量下降，于是抑制了地上部分的生长。

叶绿素是光合作用的关键色素，直接反映光合效率及同化能力。盐分对植物色素及其蛋白复合体的合成和代谢的抑制作用是造成植物缺绿和叶片发黄的原因。前人试验发现随盐浓度的增加，叶绿素含量逐渐下降，盐胁迫影响了玉米苗期叶片叶绿素的合成，NaCl

能促进叶绿素酶活性，使叶绿素分解。已有研究表明，植物叶绿素含量下降可能与无机元素下降和细胞膜伤害有关。此外盐胁迫导致的水分胁迫使玉米叶绿体基质体积变小，叶绿体中过氧化物增多；由渗透胁迫导致的气孔关闭，使进入光合碳同化的 CO_2 受限，造成过剩光能增多，进而加重对玉米光合作用的抑制。玉米体内增多的过剩激发能如果不能被安全耗散，还会进一步导致玉米光合系统的不可逆破坏。在盐胁迫下，玉米叶面积首先变小，随后是叶干重和叶含水量下降。由于玉米光合作用受抑制或同化物转运至生长点的速率变慢，导致供给正在生长的茎的同化物减少，玉米茎生长受到抑制。随着盐浓度增加，玉米总干物质明显减少。

四、应对措施

（一）选用品种

除了采取栽培耕作方面的手段预防和挽回环境胁迫造成的产量损失外，发挥玉米增产潜力最为经济有效的措施是因地制宜选用良种。选择正确的品种是抵御非生物胁迫的关键。因地制宜选用良种主要是指依据当地的气候条件、水利条件、地力条件，选择高产、优良、抗性品种，充分利用当地的自然条件，发挥品种的最大增产潜力。

减少干旱造成的玉米产量损失，应采用耐旱性好的玉米种质，利用玉米自身的遗传特性来对抗干旱胁迫。抗旱性强的玉米种质，相比干旱敏感型种质具有更稳定的产量表现，在受到胁迫时产量明显高于敏感型品种。

科学选择品种也能减少渍涝灾害损失。不同玉米品种的耐渍涝能力存在较大差异。在玉米的生产中选用耐渍涝的品种，由于其抗渍涝性强，在发生渍涝危害时，减产量较低，单产显著高于不耐渍品种。

抗寒品种的选用，是提高玉米抗寒性、扩大玉米向寒冷地区发展的重要途径。作物不同品种的基因型更大程度上决定了种子苗期耐低温的能力，因此选用抗寒性强的品种调整播期，适时早播，根据品种发芽的临界温度，充分利用早春的空闲积温，可避免生育后期低温胁迫，是抵御低温冷害、促进高产的重要措施。另外，可选用早熟品种。玉米冷害多为延迟型冷害，主要是由于积温不足引起的。因此，应选用适合本地种植的熟期较早的品种，例如无霜期为 120～130 d 的地方选用生育期不超过 120 d 的品种。

针对易受高温胁迫的区域，则应选育推广耐热品种，利用品种遗传特性预防高温危害。

盐碱地一般土壤瘠薄，地势低洼，早春土壤温度回升慢。选用抗逆性强、耐盐碱、生育期适中的品种有利于提高玉米产量，减轻盐碱造成的损失。

（二）应用综合农艺措施

1. 干旱应对措施　减轻干旱造成的玉米产量损失，主要从两方面入手。一是采用耐旱性好的玉米种质，利用玉米自身的遗传特性来对抗干旱胁迫；二是采取一系列的栽培手段，减轻水分亏缺从而达到降低产量损失的目的。

（1）生育期抗旱指标的构建　选择抗旱型种质可以有效地降低干旱造成的损失。选育抗旱性强的新品种，可以保证高产、稳产的同时，还对节约水资源有十分重要的意义。而进行玉米抗旱性的研究，首先要能对玉米抗旱性做出科学而准确的评价，即鉴定其抗旱能力的大小。一个品种在特定地区的抗旱性是由自身的生理抗性和结构特性以及生长发育进程的节奏与农业气候因素变化配合的程度决定的，因此，抗旱性是一个与作物种类、品种遗传类型、形态性状、生理生化指标以及干旱发生时期、强度有关的综合性状。

从育种学的角度看，玉米在正常条件下高产，在干旱胁迫条件下不减产是最理想的性状，Chionoy 提出的抗旱系数（旱地产量/水地产量）虽然曾被许多研究者用来衡量作物的抗旱性，但该指标只能说明作物品种的稳产性，而不能说明高产性或高产潜力的可塑性，难以为育种工作者提供选择高产抗旱基因型的依据；K W Finlay 等曾用品种的实际产量对环境指数的回归判别其适应性，后来又被 S A Eberhart 等做了较大的改进；Bidinger 等提出了抗逆指数 $Index = (Y_a - Y_s)/SE_s$。但这些方法计算复杂，不易被接受，正像 Blum 所指出的，育种工作者总是习惯采用比较简单的方法来评定品种表现。而抗旱指数（DRI）对抗旱系数做了实质性改进。在小麦等作物抗旱鉴定工作中，收到了良好的效果。并于 1999 年成为中国第一个农作物品种的抗旱性鉴定地方标准。

玉米受到水分胁迫后，细胞在结构、生理生化上进行一系列适应性改变后，最终在植株形态上表现出来，因此有些形态指标可以用来进行抗旱鉴定。墨西哥国际玉米小麦改良中心（CIMMITY）就以叶片伸长指数、叶片坏死等级、抽雄和吐丝间隔时间、产量等表型性状作为衡量标准。其中，吐丝不延迟、抽雄吐丝间隔时间短是抗旱材料的主要选择标准之一。

形态指标虽然能简便直观地鉴别玉米的抗旱性状，但也存在着人为误差大、难以标准化的问题。因此玉米自交系的耐旱性鉴定筛选不仅需要根据干旱条件下植株的形态表现及生物学产量作为鉴定的表型标准，还需要从植物生理生化指标上进行深入研究。常用的生理指标包括：叶片相对水含量、质膜透性、蒸腾速率和气孔扩散阻力等，这些性状能反应植株的含水状况，是鉴定玉米幼苗抗旱性的较好指标。而联合干旱胁迫和正常供水两种种植条件进行生理指标分析可能会更有效。刘成等（2008）研究表明，用干旱胁迫区与正常灌水区的电导率之比和脱水系数之比，作为抗旱性鉴定的复合指标，比直接用干旱区电导率和脱水系数能更有效地反映植株的耐旱性。常用的生化指标有脱落酸（ABA）含量、脯氨酸（Pro）含量、过氧化氢酶含量、超氧化物歧化酶含量和丙二醛（MDA）含量等。

此外，从整体性出发，用抗旱指数研究玉米抗旱性，根据玉米生长发育特性，可以将玉米的抗旱性分为萌芽期、苗期、开花期、灌浆期等 4 个时期并分别加以研究，筛选出各个生育时期的鉴定指标，在此基础上建立玉米种质的抗旱性技术鉴定体系，用以形成玉米抗旱性鉴定的技术规程。而全套的玉米抗旱鉴定技术规程通过探讨玉米不同时期的抗旱性状与全生育期综合抗旱性之间的关系、作用大小和影响程度，可以为玉米抗旱组合的选择及其抗旱高产新品种选育提供依据。

（2）缓解干旱办法　除了选择耐旱性强的种质，节水灌溉、应用化学材料以及合理施用 N 素、K 素、甜菜碱也可以从一定程度上减轻干旱造成的损失。

① 节水、集水措施。在黄土高原干旱半干旱区，农业上使用的工程集水、覆膜坐水、滴灌等措施，均能在一定程度上增加土壤有效水分，减少田间土壤水分损失，增加作物产

量，从而达到防旱抗旱的目的。刘玉涛等（2011）研究发现，膜下滴灌、喷灌和隔沟灌节水灌溉方式可在半干旱地区玉米栽培上节水 78.6%～42.8%，可以推广应用。在黄淮海地区可以通过秸秆覆盖，充分利用前茬的自然降水。秸秆覆盖可以通过降低土壤温度，有效地减少地面的无效蒸发，提高土壤水转化为作物用水的比例，从而提高水分利用效率。试验表明，夏玉米种植采取垄作覆盖麦秸的方式，可实现较好的节水效果，在 7 月中下旬，0～20 cm 土层的含水量比平作无覆盖麦秸处理的高 5.0% 左右。雨水集蓄灌溉农业是一种新型集水农业，它能在时间和空间两个方面实现雨水富集，实现对天然降水的调控利用。集蓄雨水在作物需水关键期及水分临界期进行有限补充灌溉，可提高作物产量水平及土地生产力。国内对于集雨的作用和方式进行了大量的研究。在小麦方面，李凤民等（1995）在甘肃定西利用蓄积雨水进行春小麦有限灌溉试验表明，春小麦分蘖期、拔节期和孕穗期灌水，籽粒产量比不灌水处理均有增产，同时灌溉水的利用率也大幅度提高；尹光华等（2001）对春小麦进行了集雨补灌试验，结果表明，苗期少量补灌可使春小麦出苗率提高 10.3%～17.3%。李兴等（2007）通过蓄集雨水并配套以滴灌条件下对覆膜玉米进行有限补充灌溉的方式，研究集雨补灌对旱地玉米生长、产量及水分利用效率的影响。柴强等（2002）认为补充灌溉可加速作物生长后期干物质向穗部的转移。

不同的集雨方式达到的效果也不尽相同。王亚军等（2003）在甘肃省进行了集雨补灌效应研究，结果表明，砂田集雨补灌是雨水利用的一种经济高效的方式。肖继兵等（2009）研究表明田间沟垄微集雨结合覆盖可以有效地利用垄膜的集雨和沟覆盖的蓄水保墒功能，改变降雨的时空分布，使降雨集中在沟内，可明显提高降雨的利用率，特别是 5 mm 左右微小降雨的利用率。全地面平铺覆盖栽培最大限度降低了土壤水分的无效蒸发，达到保墒的目的。田间沟垄微集雨技术和全地面平铺覆盖栽培技术能增加玉米产量，提高降水利用率。

②应用化学材料。目前应用化学调控措施提高作物抗旱性的研究也比较普遍，如土壤改良剂、保水剂、激素类和保肥类等材料的应用，对改善作物生长和生理代谢功能起重要作用。

抗旱剂能使作物缩小气孔开度、抑制蒸腾、增加叶绿素含量、提高根系活力、减缓土壤水分消耗等功能，从而增强了作物的抗旱能力。在玉米栽培中使用抗旱剂，可以通过改变玉米的生理环境，来提高玉米的抗旱能力。当玉米处于少水胁迫状态时，能减缓超氧化物歧化酶的下降幅度及丙二醛的增加幅度，控制叶片细胞中的叶绿素含量及叶片的衰老速率，将玉米的光合作用和生产能力维持在一定水平，提高玉米的旱地产量。保水剂是一种高吸水性的树脂材料，具有高吸水性和保水性，其吸水量和吸水速度十分可观。在玉米地中使用保水剂，对土壤保肥、保水具有促进作用。在旱地玉米种植中，保水材料可以维持一段时间的玉米地干旱状态，通过缓慢释放贮存的水量来满足玉米的生长需求。此外，脯氨酸具有调节渗透作用的效果，并有许多在旱地使用的优势。研究表明脯氨酸可能对叶绿素的功能恢复有促进作用，并且在干旱逆境下使植物有抵御干旱胁迫的反应。

辛小桂等（2004）通过比较保水剂、泥炭、沸石和稀土这 4 种化学材料对玉米生长、水分蒸发、光合作用及效率的影响，发现水分亏缺降低了玉米幼苗叶片的相对含水量、叶水势、光合速率和光能转化效率，使作物生长减缓；各不同化学材料的使用可以不同程度提高玉米的抗旱指标，如增加根冠比、提高叶片保水能力和调节光合作用。在水分胁迫时，不同化学材料对提高这些生理指标的效果有着明显差异。4 种化学材料对提高玉米根冠比的能力依次是保水剂＞泥炭＞沸石＞稀土，在提高玉米相对含水量和叶水势方面，保水剂较强，在水分胁迫时，泥炭和稀土次之，沸石作用不明显；在提高玉米幼苗光合速率的能力方面依次是保水剂＞稀土＞沸石＞泥炭，泥炭虽然光合速率小但其光能转化效率较高。在正常供水条件下，稀土、沸石和保水剂对玉米的生长及生理的影响作用差别较大，说明这些化学材料更适合于干旱缺水条件下施用。

③ N、K、甜菜碱对夏玉米干旱的减缓作用。N 素和 K 素是作物需求量大而干旱地区土壤往往缺乏的矿质营养元素。近来的研究表明，它们除直接为植物提供营养外，又对抗旱有一定效果，旱地作物水分利用效率和产量都与它们的供应有关。杜建军和李生秀（1999）研究表明，干旱胁迫下适量供 N 可增加干物质累积量、提高水分利用效率，增强植株抵御干旱的能力。魏永胜和梁宗锁（2001）报道 K 对提高植物水分利用效率和抗旱性有明显效果。其他研究者也有类似报道。水分胁迫是干旱地区常见的现象，确定这两种营养元素的抗旱效果更具有实际意义。甜菜碱是一种季铵型水溶性生物碱，是作物细胞质中重要的渗透调节剂。据报道，作物受到水分胁迫时，甜菜碱会在细胞内积累而提高渗透压，具有极重要的非渗透调节功能；它还能作为一种保护物质，维持生物大分子的结构完整，保持正常的生理活动，减轻干旱对酶活性的影响，有益于水分胁迫下作物的生长发育。近年不少试验表明，喷施甜菜碱可提高作物抗旱能力、水分利用效率和产量。

张立新等（2005）利用可控盆栽试验从干物质、籽粒产量、水分利用效率方面论述 N、K 和甜菜碱对不同基因型夏玉米抗旱性的影响。结果表明，在正常供水下 N 的增产原因在于其营养功能，而在干旱条件下主要在于提高作物抗旱效果。在正常供水下施 K 无效，而在水分胁迫下施 K 对干物质和籽粒产量以及水分利用效率显著提高，对水分敏感的品种效果更好。在水分胁迫下喷施甜菜碱，干物质和籽粒产量显著提高，水分利用效率也随之提高；正常供水下喷施则效果不明显，甚至出现不良效果，证明了在干旱条件下，甜菜碱具有抗旱效果。

2. 渍涝应对措施 在玉米生产中，为从根本上防御渍涝，应该配备基本的农田水利设施，使田间沟渠畅通，做到旱能灌、涝能排，为玉米渍涝灾害防御奠定基础。同时，应在玉米生产中改变种植方式来防止夏季雨水过多造成的渍涝，如采用凸畦田台或大垄双行种植，这种种植方式的优点为：一是当雨量较大时，有利于雨水聚集，加速土壤沥水的过程，减少土壤耕层中的滞水；二是有利于调整玉米根系分布，改善田间土壤的通气状况，从而提高玉米根系着生和分布高度。另外可以采取适期早播，避开芽涝，把玉米最怕渍涝的发芽出苗期和苗期安排在雨季开始以前，尽量避开雨涝季节，可有效避免或减轻渍涝的危害。科学选择品种也能减轻渍涝灾害损失。不同玉米品种的耐渍涝能力存在较大差异。在玉米的生产中选用耐渍涝的品种，由于其抗渍涝性强，在发生渍涝危害时，减产量较低，单产显著高于不耐渍品种。

发生渍涝时，淹水时间越长受害越重，淹水越深减产越重。及时排水散墒可以最大限度地减少损失。排水后还需要一系列的措施来恢复受害玉米生长，具体如下：

（1）排水散墒 被水淹、泡的玉米田要及时进行排水，挖沟修渠，尽早抽、排田间积水，降低水位和田间土壤含水量，确保玉米后期正常生长；灾情较轻地块要及时挖沟排水、晒田，提高地温，确保正常生长；对于未过水、渍水但有出现内涝可能的地块，也要及时挖水沟排水，预防强降雨造成内涝。

（2）及时扶立　受过水、强风等因素影响造成倒伏的地块，要根据具体情况及时进行处理。大雨过后，玉米茎及根系比较脆弱，扶立时要防止折断和进一步伤根，加重玉米的受灾程度。被风刮倒的玉米要及时（1～3 d内）扶起、立直，越早越好，并将根部培土踏实（尤其是风口地带），杜绝二次倒伏。

（3）适时毁种　因水灾绝收的玉米地块，要及时清理田间杂物及秸秆，毁种后种植适宜、对路、好销售的晚秋作物，最大限度地减少空地面积。

（4）加强管理　受到渍涝胁迫的地块在排水扶立之后还应加强管理，采取一系列措施保证后续生产过程。

① 去掉底叶。过水和渍水地块，玉米下部叶片易过早枯黄，要及时去掉黄枯叶片，减少养分损失，提高通风透光，减少病害发生，促进作物安全成熟。

② 拔除杂草。在8月末对玉米田进行放秋垄、拔大草，减少杂草与玉米争肥夺水。

③ 防治蚜虫。玉米田如发现蚜虫，用40％乐果乳油1 500～2 000倍药液喷雾防治，以保证正常授粉和结实。

④ 促进早熟。叶面喷施磷酸二氢钾和芸薹素内酯等，迅速补充养分，增强植株抗寒性，促进玉米成熟。

⑤ 扒皮晾晒。在玉米生长后期采取站秆扒皮晾晒，加速籽粒脱水，促进茎、叶中养分向果穗转移和籽粒降水，降低含水量，促进玉米的成熟和降水。

⑥ 预防早霜。要提早做好预防早霜的准备工作。尤其是水灾较重、玉米生长延迟、易受冻害和冷害影响的地区，可采取放烟熏的办法。在早霜来临前，低洼地块可在上风口位置，放置秸秆点燃，改变局部环境温度，人工熏烟防霜冻。

⑦ 适时晚收。提倡适时晚收，不要急于收获，适当延长后熟生长时间，充分发挥根茎贮存养分向籽粒输送的作用，提高粮食产量和品质。一般在玉米生理成熟后7～10 d为最佳收获期，一般为10月5～15日。

3. 低温应对措施　根据低温伤害的特点可以采取以下措施应对：

（1）适期早播　种子播前低温锻炼早播可巧夺前期积温100～240 ℃，应掌握在0～5 cm地温稳定通过7～8 ℃时播种，覆土3～5 cm，集中在10～15 d播完，达到抢墒播种、缩短播期、一次播种保全苗的目的。播前种子可进行低温锻炼。即将种子放在26 ℃左右的温水中浸泡12～15 h，待种子吸水膨胀刚萌动时捞出放在0 ℃左右的窖里，低温处理10 d左右，即可播种。用这种方法处理之后，幼苗出苗整齐，根系较多，苗期可忍耐短时期-4 ℃的低温，提前7 d左右成熟。

（2）催芽坐水，一次播种保全苗　催芽坐水种，具有早出苗、出齐苗、出壮苗的优点。可早出苗6 d，早成熟5 d，增产10％。将合格的种子放在45 ℃温水里浸泡6～12 h，然后捞出在25～30 ℃条件下催芽，2～3 h将种子翻动1次，在种子露出胚根后，置于阴凉处晾芽8～12 h。将催好芽的种子坐水埯种或开沟滤水种，浇足水，覆好土，保证出全苗。

（3）保护地栽培防冷促熟技术　可以采取人为增加出苗阶段温度，达到放冷促熟的目的。

① 地膜覆盖。地膜覆盖栽培玉米，可使早春 5 cm 地温早、晚提高 0.3～5.8 ℃，中午提高 0.5～11.8 ℃。晚春 5 cm 地温早、晚提高 0.8～4 ℃，中午提高 1～7.5 ℃；土壤含水量增加 3.6%～9.4%，可早出苗 4～9 d，吐丝期提早 10～15 d；还可以促进土壤微生物活动，使作物吸收土壤中更多的有效养分，促进玉米生长发育，提高抵抗低温冷害的能力。

② 育苗移栽。玉米育苗移栽是有水源地区争取玉米早熟高产的有效措施。可增加积温 250～300 ℃，比直播增产 20%～30%。在上年秋季选岗平地打床，翌年 4 月 16～25 日播种催芽种子，浇透水，播后立即覆膜，出苗至 2 叶期控制在 28～30 ℃，2 叶期至炼苗前控制在 25 ℃左右，以控制叶片生长，促进次生根发育。移栽前 7 d 开始炼苗，逐渐增加揭膜面积，并控制水分，育壮苗。

（4）加强田间管理，促进玉米早熟

① 科学施肥。施优质有机肥作基肥；种肥要侧重施 P、K 肥，结合埯种或精量播种时隔层施用。按玉米需肥规律在生育期间应追 2 次。第一次在拔节期，第二次在抽雄前 5 d，追肥原则是前多后少。低温年份生育期往往拖后，应 2 次并作 1 次，只在拔节期每 667 m² 施尿素 12.5～15 kg，可避免追肥过多导致贪青晚熟。

② 铲前深松或深趟一犁。玉米出苗后对于土壤水分含量较高的地块可进行深松，深度在 35 cm 左右，能起到散墒、沥水、增温、灭草等作用；土壤水分适宜的地块，进行深趟一犁，可增温 1～2 ℃。

③ 早间苗，早除蘖。在玉米 2～3 叶期 1 次间苗打单棵，留大苗、壮苗、正苗。另外，在玉米茎基部腋芽发育成的分蘖为无效分蘖，应及早去掉，减少养分消耗。

④ 隔行去雄。在雄穗刚露出顶叶时，隔 1 行去掉 1 行雄穗，使更多的养分供给雌穗，早熟增产。

⑤ 站秆扒皮晾晒。在玉米蜡熟中期，籽粒有硬盖时，扒开苞叶，可以加速果穗和籽粒水分散失，提高籽粒品质，使收获期提前。

（5）适时晚收　玉米是较强的后熟作物，适当晚收可提高籽粒成熟度，增加产量，也有利于子实脱水，干燥贮藏。一般玉米收获期以霜后 10 d 左右为宜。

4. 高温应对措施　为了减轻高温给玉米生产带来的损失，可以采取以下措施：

（1）调节播期，避开高温天气　春播玉米可推迟至 6 月播种，减少开花授粉期遭遇高温天气的受害程度。

（2）人工辅助授粉，提高结实率　在高温干旱期间，玉米的自然散粉、授粉和受精结实能力均有下降，如开花散粉期遇到 38 ℃以上持续高温天气，建议采用人工授粉增加玉米结实率，减轻高温对授粉受精过程的影响。

（3）适当降低密度，采用宽窄行种植　在低密度种植条件下，个体间争夺水肥的矛盾较小，个体发育较健壮，抵御高温伤害的能力较强，能够减轻高温热害。采用宽窄行种植有利于改善田间通风透光条件、培育健壮植株，使植株耐逆性增强，从而增加对高温伤害的抵御能力。

（4）加强田间管理，提高植株耐热性　通过加强田间管理，培育健壮的耐热个体植株，营造田间小气候环境，增强个体和群体对不良环境的适应能力，可有效抵御高温对玉米生产造成的危害。具体有如下几方面：

① 科学施肥，重视微量元素的施用。以基肥为主，追肥为辅；重施有机肥，兼顾施用化肥；注意氮磷钾平衡施肥（3：2：1）。叶面喷施脱落酸（ABA）、水杨酸（SA）、激动素（BA）等进行化学调控也可提高植株耐热性。

② 苗期蹲苗进行抗旱锻炼，提高玉米的耐热性。利用玉米苗期耐热性较强的特点，在出苗 10~15 d 后进行为期 20 d 的抗旱和耐热性锻炼，使其获得并提高耐热性，减轻玉米一生中对高温最敏感的花期对其结实的影响。

③ 适期喷灌水，改变农田小气候环境。高温期间或提前喷灌水，可直接降低田间温度；同时，灌水后玉米植株获得充足的水分，蒸腾作用增强，使冠层温度降低，从而有效降低高温胁迫程度，也可以部分减少高温引起的呼吸消耗，减免高温伤害。

5. 盐碱胁迫应对措施　在低洼盐碱地块种植玉米应注意以下几个问题：

（1）加强农田基本建设　加强农田基本建设，搞好盐碱地块的改良，增施优质腐熟的农肥，有条件的地区可修筑台田、条田，或用磷石膏等改良土壤。

（2）适当深耕　盐碱地可进行适当的深耕，防止土壤返盐，有效地控制土壤表层盐分的积累。要进行秋整地、秋起垄，翌年垄上播种。

（3）精细播种　盐碱地玉米由于受盐碱危害和虫害的影响较重，出苗率相对较低。种植时应选择盐害较轻的地块，适时晚播，适当加大播种量，并注意防治地下害虫，提高出苗率，播种时可适当深开沟将玉米种子播在盐分含量低的沟底，然后浅覆土。

（4）加强田间管理　盐碱地玉米出苗晚、生长慢、苗势弱。在田间管理上要采取早间苗、多留苗、晚定苗的技术措施。一般在 2~3 片叶间苗，6~7 片叶定苗。及时进行中耕除草，提高地温，减少水分蒸发带来的土壤返盐现象。在降雨后要及时进行铲地，破除土壤板结，防止土壤返盐。

（5）科学施肥　复合肥作底肥时要选择硫酸钾型复合肥，不能选用氯基复合肥。玉米出苗后植株出现紫苗时要及时对叶面喷施磷酸二氢钾，促进幼苗生长。

第三节　玉米种植的生物胁迫及应对

一、玉米病害

（一）病原性病害

1. 病毒性病害　全世界报道的玉米病毒病有 40 余种，在中国发生普遍、危害较重的主要是玉米粗缩病和玉米矮花叶病。玉米粗缩病又称坐坡，山东俗称万年青，该病在河北、河南、北京、天津、辽宁、山东、甘肃、新疆等省份都有发生。玉米矮花叶病又称花叶条纹病、黄绿条纹病、花叶病毒病、黄矮病等，是中国玉米上发生范围广、危害性大的重要病害，目前在甘肃、山西、河北、北京等地发生严重。

（1）玉米粗缩病

① 病原。玉米粗缩病是由玉米粗缩病毒（MRDV）引起的一种病毒病，属植物呼肠

孤病毒属。病毒粒体球形，直径 60～70 nm，钝化温度为 80 ℃。在半提纯情况下，20 ℃可以存活 37 d。该病毒寄主范围广泛，可侵染 50 多种禾本科植物，主要由灰飞虱以持久性方式传播。

② 危害症状。玉米苗期和成株期均可受害。幼苗在 5～6 叶期，病株叶色深绿，宽短质硬，呈对生状，重病株严重矮化，仅为正常植株的 1/3～1/2，多不能抽穗。成株期感病，植株下部膨大，茎秆基部粗短，节间缩短，心叶中脉两侧的叶片上出现透明的褪绿小斑点，逐渐扩展至全叶呈细线条状，背面侧脉上出现长短不等的蜡白色突起物，粗糙明显，又称脉突。有时叶鞘、果穗苞叶上具蜡白色条斑。病株分蘖多，根系少且不发达，易拔出。轻者虽抽雄，但半包被在喇叭口里，雄穗败育或发育不良，花丝不发达，结实少，重病株多提早枯死或无收。

③ 传播途径。玉米粗缩病毒主要在小麦和杂草上越冬，也可在传毒昆虫体内越冬。该病毒主要靠灰飞虱传播，灰飞虱成虫和若虫在田埂地边杂草丛中越冬，翌春迁入玉米田，此外冬小麦也是该病毒越冬场所之一。春季带毒的灰飞虱把病毒传播到返青的小麦上，当玉米出苗后，小麦和杂草上的带毒灰飞虱迁飞至玉米上取食传毒，引起玉米发病。当玉米生长后期，病毒再由灰飞虱携带向高粱、谷子等晚秋禾本科作物及马唐等禾本科杂草传播，秋后再传向小麦或直接在杂草上越冬，完成病害循环。玉米 5 叶期前易感病，10叶期抗性增强，该病发生与带毒灰飞虱数量及栽培条件相关，玉米出苗至 5 叶期如与传毒昆虫迁飞高峰期相遇易发病，套种田、早播田及杂草多的玉米田发病重。大麦、小麦和禾本科杂草看麦娘、狗尾草等是粗缩病毒越冬的主要寄主。

④ 发生时期和条件。玉米粗缩病发生的轻重与玉米生育期、生态环境、灰飞虱的暴发期、玉米品种的抗病性等因素有关。玉米整个生育期都可感染发病，以苗期受害最重。玉米粗缩病感染后多数不能抽穗，对玉米生长发育和产量影响很大，严重时可造成大幅度减产甚至绝收。由于玉米 5 叶期以前是对粗缩病最敏感的时期，套种玉米出苗早，幼苗的感病高峰期与一代灰飞虱的迁飞高峰期相遇。灰飞虱随高空气流远距离传播，主要来自南方的小麦和水稻田向北迁飞。粗缩病毒主要由灰飞虱传播，病毒主要在冬小麦和灰飞虱体内越冬，初侵染源相对较少、传播途径单一。春播、套种和大豆、大蒜茬玉米田发病重；田间、田埂杂草多，生产管理粗放的玉米田发生较重；前茬小麦丛矮病发生重的地块发病重。

(2) 玉米矮花叶病

① 病原。病原为玉米矮花叶病毒（*Maize dwarf mosaic virus*，MDMV），属马铃薯Y病毒组。病毒粒体线状，长度约为 750 nm，病毒致死温度 55～60 ℃，稀释终点 100～1 000 倍，体外存活期（20 ℃）1～2 d，可用汁液摩擦接种。

② 危害症状。玉米矮花叶病在玉米整个生育期均可发病，以苗期受害最重，抽雄前为感病阶段，抽穗后发病的受害较轻。病苗最初在心叶基部叶脉间出现许多椭圆形褪绿小点或斑驳，沿叶脉排列成断续的长短不一的条点，随着病情进一步发展，症状逐渐扩展至全叶，在粗脉之间形成几条长短不一、颜色深浅不同、较宽的褪绿条纹。叶脉间叶肉失绿变黄，叶脉仍保持绿色，形成黄绿相间的条纹症状，尤以心叶最明显，故称花叶条纹病。随着玉米的生长，病情逐渐加重，叶片变黄，组织变硬，质脆易折断，从叶尖、叶缘开始

逐渐出现紫红色条纹，最后干枯。一般第一片病叶失绿带沿叶缘由叶基向上发展成倒"八"字形，上部出现的病叶待叶片全部展开时，即整个成为花叶。病株黄弱瘦小，生长缓慢，株高常不到健株的一半，多数不能抽穗而提早枯死，少数病株虽能抽穗，但穗小，籽粒少而秕瘦。有些病株不形成明显的条纹，而呈花叶斑驳，并伴有不同程度的矮化。重病株早期心叶扭曲成畸形，叶片不能展开，植株明显矮小，抽雄后雄穗不发达，分枝减少甚至退化，果穗变小，秃顶严重不结实。

③ 传播途径。玉米矮花叶病毒主要在雀麦、牛鞭草等寄主上越冬，是该病主要的初侵染来源，带毒种子发芽出苗后也可成为发病中心。玉米矮花叶病毒源主要借助于蚜虫吸食叶片汁液而传播，汁液摩擦和种子也有传毒作用。生产上有大面积种植的感病玉米品种和对蚜虫活动有利的气候条件时，蚜虫从越冬带毒的寄主植物上获毒，迁飞到玉米上取食传毒，发病后的植株成为田间毒源中心，随着蚜虫的取食活动将病毒传向全田，并在春玉米、夏玉米和杂草上传播危害，玉米收获后蚜虫又将病毒传至杂草上越冬。

④ 发生时期和条件。玉米矮花叶病在整个生育期都可感病，以幼苗期到抽雄前较易感病，侵染后有 7～15 d 的潜育期。感病后的植株表现不同程度的矮化，早期感病植株矮化严重，后期感病植株矮化较轻，一般较正常植株矮化 10%～30%，感病较重植株矮化50%。矮花叶病病原为病毒。毒源来源，一是种子带毒，二是在越冬杂草上寄生的。玉米矮花叶病毒主要是借助于蚜虫在植株与植株、田块与田块之间传播。

病害的流行，取决于品种抗性、毒源及介体发生量及气候和栽培条件等。品种抗病力差、毒源和传毒蚜虫量大、苗期"冷干少露"、幼苗生长较差等都会加重发病程度。冬暖春旱，有利于蚜虫越冬和繁殖，发病重；蚜虫发生危害高峰期正与春玉米易感病的苗期相吻合，发病重；田间管理粗放，草荒重，易发病；偏施氮肥，少施微肥，可加重病情。

2. 真菌性病害　常见种类如下。

（1）玉米大斑病

① 病原。病原无性态为玉米大斑凸脐蠕孢菌 [*Exserohilum turcicum*（Pass.）Leonard et Suggs]，属无性孢子类凸脐蠕孢属，有性态为大斑刚毛球腔菌 [*Setosphaeria turcica*（Luttr.）Leonard et Suggs]，属子囊菌门球腔菌属。玉米大斑病菌的分生孢子梗从气孔伸出，单生或 2～6 根束生，褐色不分枝，2～6 个隔膜，基部细胞膨大，色深，向顶端渐细，色较浅，顶端呈屈膝状，并有孢子脱落留下的痕迹。分生孢子梭形或长梭形，榄褐色，直或略向一方弯曲，中部最粗，向两端渐细，顶端细胞钝圆或长椭圆形，基细胞尖锥形，脐点明显，突出于基细胞外部，分生孢子具 2～8 个隔膜，大小（45～126）μm×（15～24）μm。自然条件下一般不产生有性世代，但人工培养时可产生子囊壳，成熟的子囊壳黑色，椭圆形至球形，大小（359～721）μm×（345～497）μm，外层由黑褐色拟薄壁组织组成，子囊壳壳口表皮细胞产生较多短而刚直、褐色的毛状物，内层膜由较小透明细胞组成。子囊从子囊腔基部长出，夹在拟侧丝中间，圆筒形或棍棒形，具短柄，一般含2～4 个子囊孢子，大小（176～249）μm×（24～31）μm。子囊孢子纺锤形，直或略弯曲，无色透明，老熟呈褐色，多为 3 个隔膜，隔膜处缢缩，大小（42～78）μm×（13～17）μm。

② 危害症状。玉米整个生育期均可感病，但在自然条件下，苗期很少发病，通常到玉米生长中后期，特别是抽穗以后，病害逐渐严重。此病主要危害玉米叶片，严重时也能

危害叶鞘和苞叶。最明显的特征是在叶片上形成大型的梭形病斑，一般下部叶片先发病，病斑的大小、形状、颜色和反应型因品种抗性的不同而有差异。病斑一般长 5～10 cm，宽 1 cm 左右，在感病品种上有的长达 15～20 cm，宽 2～3 cm。病斑初期为水渍状青灰色小斑点，随后沿叶脉向两端扩展，形成边缘暗褐色、中央淡褐色或青灰色的大斑，后期病斑常纵裂，严重时病斑常汇合连片，叶片变黄枯死，潮湿时病斑上产生大量灰黑色霉状物，即病菌的分生孢子梗和分生孢子。病斑能结合连片，使植株早期枯死。

③ 传播途径。病原菌主要以菌丝或分生孢子在田间病残体上越冬，成为翌年初侵染来源。田间传播发病的初侵染菌源主要来自玉米秸秆上越冬病组织重新产生的分生孢子。孢子借风雨和气流传播。此外含有未腐烂病残体的粪肥及种子也能带少量病菌。越冬病组织里的菌丝在适宜的温湿度条件下产生分生孢子，借风雨、气流传播到玉米叶片上，在适宜条件下，孢子萌发从表皮细胞直接侵入，少数从气孔侵入，叶片正反面均可侵入，侵入后 5～7 d 可形成典型的病斑，10～14 d 在病斑上可产生分生孢子，借气流传播进行再侵染。

④ 发生时期和条件。玉米大斑病的流行除与玉米品种感病程度有关外，还与当时的环境条件关系密切。温度 20～25 ℃、相对湿度 90％以上利于病害发展。气温高于 25 ℃或低于 15 ℃，相对湿度小于 60％，持续几天，病害的发展就受到抑制。从拔节到出穗期间，气温适宜，又遇连续阴雨天，病害发展迅速，易大流行。土壤肥力差，玉米孕穗、出穗期间 N 肥不足发病较重。低洼地、密度过大、连作地易发病。品种间抗病性差异很大。

（2）玉米小斑病

① 病原。病原无性态为玉蜀黍平脐蠕孢菌 [*Bipolaris maydis*（Nisik. et Miyake）Shoemaker]，属无性孢子类平脐蠕孢属，有性态为异旋孢腔菌 [*Cochliobolus heterostrophus*（Drechsler）Drechsler]，属子囊菌门旋孢腔菌属。无性态的分生孢子梗散生在病叶上病斑两面，从叶片气孔或表皮细胞间隙伸出，2～3 根束生或单生，榄褐色至褐色，直立或呈屈膝状弯曲，基部细胞稍膨大，顶端略细色较浅，下部色深较粗，上端有明显孢痕。分生孢子在分生孢子梗顶端或侧方长出，长椭圆形，褐色，两端钝圆，多向一端弯曲，中间粗、两端细，具 3～13 个隔膜，一般 6～8 个，大小（80～156）μm×（5～10）μm，脐点凹陷于基细胞之内，分生孢子多从两端细胞萌发长出芽管，有时中间细胞也可萌发。子囊壳可通过人工诱导产生，偶尔也可在枯死的病组织中发现，子囊壳黑色，近球形，大小（357～642）μm×（276～443）μm，子囊顶端钝圆，基部具短柄，大小（124.6～183.3）μm×（22.9～28.5）μm，每个子囊内大多有 4 个子囊孢子，子囊孢子长线形，彼此在子囊里缠绕成螺旋状，通常有 5～9 个隔膜，大小（146.6～327.3）μm×（6.3～8.8）μm，萌发时每个细胞均可长出芽管。玉米小斑病菌有明显的生理分化现象，根据病原菌对不同型玉米细胞质的专化性，已报道的小斑病菌生理小种有 3 个：T 小种、C 小种和 O 小种，T 小种对 T 型细胞质的雄性不育系专化侵染，C 小种对 C 型细胞质的雄性不育系专化侵染，O 小种无这种专化性。3 个小种在中国均有分布，国外也报道了 S 型细胞质菌株。

② 危害症状。从苗期到成株期均可发生，但苗期发病较轻，通常到玉米生长中后期，特别是抽雄以后发病逐渐加重。此病主要危害玉米叶片，严重时也可危害叶鞘、苞叶，对雌穗和茎秆的致病力也较强，可造成果穗腐烂和茎秆断折。叶片发病常从下部开始，逐渐

向上蔓延，发病初期，在叶片上出现半透明水渍状褐色小斑点，后扩大为椭圆形或纺锤形病斑。病斑褐色到暗褐色，有些品种上病斑为黄色或灰色，边缘赤褐色，轮廓清楚，病斑大小一般在（5～16）mm×（2～4）mm，感病品种上病斑常相互联合致使整个叶片萎蔫，严重株提早枯死，天气潮湿或多雨季节，病斑上出现大量暗黑色霉状物为分生孢子梗和分生孢子。在抗病品种上病斑为坏死小斑点，黄褐色，周围具有黄褐色晕圈，病斑一般不扩展。

③ 传播途径。病原菌主要以休眠菌丝体和分生孢子在残留于地表和堆放在地头、村边的玉米植株病残体上越冬，成为翌年发病初侵染源。翌年春天，当环境条件适宜时，休眠菌丝和分生孢子从未腐烂的病残体中开始生长并产生新的分生孢子，形成初侵染源。分生孢子借风雨、气流传播，侵染玉米，在病株上产生分生孢子进行再侵染。病菌侵染需要高的大气湿度和叶片表面存在游离水得到条件，一般当环境中相对湿度达到 90%～100% 时，病菌能够完成侵染。病菌孢子在叶片水膜中萌发并穿过表皮气孔侵染叶片组织，形成病斑并从病斑上产生新的分生孢子，开始第二次侵染循环。如果环境温度在 20～30 ℃、多雨高湿，病菌完成一个侵染循环只需 5～7 d。因此，不断地再侵染，极易导致在种植感病品种的条件下，形成田间小斑病的流行。一般情况下，玉米种子上所带小斑病菌的比率较低，对于病害流行不会产生明显影响。

④ 发生时期和条件。玉米小斑病是以叶片上产生小型病斑为主的病害。发病适宜温度为 26～29 ℃，产生孢子最适温度为 23～25 ℃，孢子在 24 ℃下，1 h 即能萌发，遇充足水分或高温条件，病情迅速扩展。玉米孕穗、抽穗期降水多、湿度高，容易造成小斑病的流行，低洼地、过于密植荫蔽地、连作田发病较重。

（3）玉米弯孢菌叶斑病

① 病原。玉米弯孢菌叶斑病，又称玉米弯孢霉叶斑病，俗称拟眼斑病、黄斑病。病原无性态为新月弯孢霉 [*Curvularia lunata* （Walker） Boedijn]，属无性孢子类弯孢霉属，有性态为新月旋孢腔菌 [*Cochliobolus lunatus* Nelson et Haasis]，属子囊菌门旋孢腔菌属。引起弯孢菌叶斑病的病原还有不等弯孢霉 （*C. inaeguacis*）、苍白弯孢霉（*C. pallescens*）、画眉草弯孢霉（*C. eragrostidis*）、棒状弯孢霉（*C. clavata*）和中隔弯孢霉（*C. intermedia*）等。分生孢子梗褐色至深褐色，单生或簇生，较直或弯曲，大小（52～116）μm×（4～5）μm。分生孢子花瓣状聚生在梗端，分生孢子暗褐色，弯曲或呈新月形，大小（20～30）μm×（8～16）μm，有 3 个隔膜，大多 4 胞，中间两个细胞极不对称，膨大，尤以中央上部的细胞特别大，其中第三个细胞最明显，两端细胞稍小，浅褐色。

② 危害症状。玉米弯孢菌叶斑病主要危害叶片，有时也危害叶鞘、苞叶。叶部病斑初为水渍状褪绿小斑点，逐渐扩展为圆形至椭圆形褪绿透明斑，中间灰白色至黄褐色，边缘暗褐色，外围有浅黄色晕圈，大小（0.5～4）mm×（0.5～2）mm，大的可达 7 mm×3 mm。潮湿条件下，病斑正反两面均可产生灰黑色霉状物，即病原菌的分生孢子梗和分生孢子，以背面居多。在不同品种上该病症状差异较大，可分为抗病型、中间型和感病型3 种病斑类型。抗病型病斑小，圆形、椭圆形或不规则形小病斑，中间灰白色至浅褐色，边缘无褐色环带或环带很细，外围具狭细半透明晕圈；中间型病斑小，1～2 mm，圆形、

椭圆形或不规则形，中央灰白色或淡褐色，边缘具窄或较宽的褐色环带，外围褪绿晕圈明显；感病型病斑较大，圆形、椭圆形、长条形或不规则形，中央苍白色或黄褐色，有较宽的褐色环带，外围具较宽的半透明黄色晕圈，有时多个斑点可沿叶脉纵向汇合而形成大个病斑，叶片局部或全部枯死。此外，在有些自交系和杂交种上只产生一些白色或褐色小点。

③ 传播途径。玉米弯孢菌叶斑病菌主要以菌丝体在玉米病株残体上越冬，也可以分生孢子越冬。在干燥条件下，潜伏在病残体中的病菌菌丝体和分生孢子可以大量存活。因此，遗弃在田间的病残体，玉米田和村庄附近的秸秆垛成为翌年田间的初侵染源。靠近秸秆垛的玉米植株首先发病，且发生严重，成为田间病害进一步扩散的基础。也能通过黏附在种子表面或以菌丝潜伏在种子内部传播，但这种方式的传播对田间病害流行的作用不明显。

④ 发生时期和条件。该病害主要发生在热带和亚热带玉米种植区。此病属于成株期高温高湿型病害，发生轻重与降雨多少、时空分布、温度高低、播种早晚、施肥水平关系密切。一般于玉米抽雄后遇到高温、高湿、降雨较多的条件有利于发病，低洼积水田和连作地块发病较重。

（4）玉米褐斑病

① 病原。病原为玉蜀黍节壶菌（*Physoderma maydis* Miyabe.），属壶菌门节壶菌属，是一种专性寄生菌，寄生在薄壁细胞内，主要侵染玉蜀黍属植物。休眠孢子囊壁厚，近圆形至卵圆形或球形，大小（22～45）μm×（18～30）μm，黄褐色，略扁平，有囊盖，萌发时囊盖打开，内有乳头状突起的无盖排孢，从盖的孔口处释放出游动孢子。游动孢子有单尾鞭毛，大小（5～7）μm×（3～4）μm。

② 危害症状。该病主要发生在叶片、叶鞘和茎秆上，先在顶部叶片的尖端发生，以叶和叶鞘交接处病斑最多，常密集成行，最初为黄褐色或红褐色小斑点，病斑为圆形或椭圆形到线形，隆起附近的叶组织呈红色，小病斑常汇集在一起，严重时叶片上出现几段甚至全部布满病斑，在叶鞘上和叶脉上出现较大的褐色斑点，发病后期病斑表皮破裂，叶细胞组织呈坏死状，病组织细胞瓦解，并显出脓疱状突起，散出褐色粉末为病原菌的休眠孢子囊。在茎秆上病斑多发生于茎节的附近，叶鞘受害的茎节，常在发病中心折断。

③ 传播途径。病菌以休眠孢子囊在土壤或病残体中越冬，第二年靠气流传播到玉米植株上，遇到合适条件萌发产生大量的游动孢子，游动孢子在寄主表皮水滴中移动，并形成侵染丝，常于喇叭口期侵害玉米的幼嫩组织。侵入时产生假根进入寄主细胞吸取养料，寄主外部的菌体发育成薄壁的孢子囊。孢子囊成熟时释放出游动孢子，这种游动孢子的个体较休眠孢子囊所产生的小，可以直接侵入寄主，也可以作为配子。两个游动配子配合形成合子侵入寄主，在侵染后的 16～20 d 在寄主组织内形成膨大的、具细胞壁的营养体，膨大的细胞之间有丝状体相连。以后膨大细胞的壁加厚，转变为休眠孢子囊，膨大细胞壁间的丝状体随之消失。休眠孢子囊在干燥的土壤和寄主组织中可以存活 3 年，休眠孢子囊萌发需要叶片上有水滴和较高的温度（23～30 ℃）时才能萌发。

④ 发生时期和条件。玉米褐斑病是玉米上常见的一种真菌性病害，一般在玉米生长的中后期发病，在叶鞘和叶脉上形成大小不一、圆形或近圆形的紫色斑点。因危害不很严

重，对产量影响较小而不被重视。但在菌源充足和环境条件适宜的情况下也可提早到玉米心叶期发病，在叶片上形成连片病斑，严重时叶片枯死，对玉米生产构成严重威胁。该病在中国南方发生较重，北方则在 7～8 月温度高、湿度大、雨季发生较多。在土壤瘠薄的地块，叶色发黄、病害发生严重，一般在玉米 8～10 片叶时易发生病害，12 片叶以后一般不会再发生此病害。

（5）玉米丝黑穗病

① 病原。病原为孢堆黑粉菌［*Sporisorium reilianum*（Kühn）Langdon et Full.］，属担子菌门团散黑粉菌属。病组织中散出的黑粉为冬孢子，冬孢子黄褐色、暗褐色或赤褐色，球形或近球形，直径 7～15 μm，表面有细刺。冬孢子间混有不育细胞，近无色，球形或近球形，直径 7～16 μm。冬孢子未成熟前集合成孢子球并由菌丝组成的薄膜所包围，成熟后分散。成熟的冬孢子在适宜条件下萌发，产生有分隔的担子，侧生担孢子。担孢子无色，单胞，椭圆形，担孢子又可芽生次生担孢子，担孢子萌发后侵入寄主。

② 危害症状。玉米丝黑穗病是苗期发生的系统侵染性病害，一般在穗期表现典型症状，主要危害雌穗和雄穗。受害严重的植株，在苗期可表现各种症状，幼苗分蘖增多呈丛生形，植株明显矮化、节间缩短，叶片颜色暗绿挺直，有的品种叶片上出现与叶脉平行的黄白色条斑，有的幼苗心叶紧紧卷在一起弯曲呈鞭状。病株的果穗较健株果穗短，基部大，端部尖，整个果穗变成一个大灰包，内部充满黑粉，黑粉内有一些丝状的维管束组织，故称丝黑穗病。有时果穗苞叶变狭，簇生畸形。雄穗花序被害时，全部或部分雄花变成黑粉。病株矮小，往往雄性花序与果穗同时发病，但也有只有果穗被害的。病菌亦可侵染玉米幼苗，危害严重的幼苗表现矮化。

③ 传播途径。玉米丝黑穗病菌主要以冬孢子散落在病穗、土壤中越冬，有些则混入粪肥或黏附在种子表面越冬，成为翌年初侵染源。冬孢子在土壤中能存活 2～3 年，也有报道认为能存活 7～8 年，结块的冬孢子较分散的冬孢子存活时间长。种子带菌是远距离传播的主要途径，带菌的种子是病害的初侵染来源之一，但带菌土壤的传病作用更重要。用病残体和病土沤粪而未经腐熟，或用病株喂猪，冬孢子通过牲畜消化道并不完全死亡，施用带菌的粪肥可以引起田间发病，这也是一个重要的来源。冬孢子在玉米雌穗吐丝期开始成熟，且大量落到土壤中，部分则落到种子上。玉米播种后，冬孢子萌发产生担孢子，担孢子萌发形成侵染丝，一般在种子发芽或幼苗刚出土时侵染胚芽或胚根，并很快扩展到茎部且沿生长点生长，有的在 2～3 叶期也发生侵染，4～5 叶期以后侵染较少，7 叶期以后不能再侵入，为病菌侵入的终止期。有时由于玉米生长锥生长较快，菌丝扩展较慢，未能进入植株茎部生长点，这就造成有些病株只在雌穗发病而雄穗无病的现象。

④ 发生时期和条件。当土壤温度在 21～28 ℃、相对湿度 15%～25% 时，最适于侵染幼苗。幼芽出土前是病菌侵染的关键阶段，由此，幼芽出土期间的土壤温湿度、播种深度、出苗快慢、土壤中病菌含量等，与玉米丝黑穗病的发生程度关系密切。土壤冷凉、干燥有利于病菌侵染。促进幼芽快速出苗、减少病菌侵染概率，可降低发病率。田间病害多以玉米果穗及植株茎秆发病为主。播种时覆土过厚、保墒不好的地块，发病率显著高于覆土浅和保墒好的地块。玉米不同品种以及杂交种和自交系间的抗病性差异明显。

(6) 玉米瘤黑粉病

① 病原。致病菌为玉蜀黍黑粉菌 [*Ustilago maydis*（DC.）Corda]，属担子菌门黑粉菌属。冬孢子球形或椭圆形，暗褐色，厚壁，表面有细刺状突起。冬孢子萌发时产生有4个细胞的担子（先菌丝），担子顶端或分隔处侧生4个无色梭形的担孢子。担孢子还能以芽殖的方式形成次生担孢子，担孢子和次生担孢子均可萌发。冬孢子萌发的温度是5~38℃，适温为26~30℃，在水中和相对湿度98%~100%条件下均可萌发。担孢子和次生担孢子的萌发适温为20~26℃，侵入适温为26~35℃。冬孢子无休眠期，自然条件下，分散的冬孢子不能长期存活，但集结成块的冬孢子，无论在土表或土内存活期都较长。在干燥条件下经过4年仍有24%的萌发率。担孢子和次生担孢子对不良环境忍耐力很强，干燥条件下5周才死亡，对病害的传播和再侵染起着重要作用。病菌冬孢子没有休眠期，成熟后即可萌发侵染。玉米瘤黑粉菌有生理分化现象，存在多个生理小种。

② 危害症状。此病为局部侵染性病害，在玉米全生育期，植株地上部分的任何幼嫩组织如气生根、茎、叶、叶鞘、腋芽、雄穗、雌穗等均可受害。一般苗期发病较少，抽雄前后迅速增加，症状特点是玉米被侵染的部位细胞增生，体积增大，由于淀粉在被侵染的组织中沉积，使感病部位呈现淡黄色，稍后变为淡红色的疱状肿斑，肿斑继续增大，发育成明显的肿瘤。病瘤的形状和大小变化较大，肿瘤近球形、椭球形、角形、棒形或不规则形，有的单生，有的串生或叠生，小的直径不足1 cm，大的长达20 cm以上。病瘤初呈银白色，有光泽，内部白色，肉质多汁，成熟后变灰黑色，坚硬，外面被有由寄主表皮细胞转化而来的白色薄膜，后变为灰白色薄膜，有时略带淡紫红色。玉米瘤黑粉病的肿瘤是病原菌的冬孢子堆，内含大量黑色粉末状的冬孢子，随着病瘤的增大和瘤内冬孢子的形成，质地由软变硬，颜色由浅变深，薄膜破裂，散出大量黑色粉末状的冬孢子。拔节前后，叶片或叶鞘上可出现病瘤，叶片上肿瘤多分布在叶片基部的中脉两侧，以及相连的叶鞘上，病瘤小而多，大小如豆粒或米粒，常串生，病部肿厚突起，呈泡状，其反面略有凹入，内部很少形成黑粉。茎秆上的肿瘤多发生于各节的基部，多数是腋芽被侵染后，组织增生，形成肿瘤而突出叶鞘，病瘤较大，不规则球状或棒状，常导致植株空秆。气生根上的病瘤大小不等，一般如拳头大小。雄穗上大部分或个别小花感病形成长囊状或角状的小型肿瘤，几个至十几个，常聚集成堆，在雄穗轴上，肿瘤常生于一侧，长蛇状。雌穗被侵染后多在果穗上半部或个别籽粒上形成病瘤，形体较大，突破苞叶而外露，此时仍能结出部分籽粒，严重的全穗形成大的畸形病瘤。玉米病苗茎叶扭曲畸形，生长发育受阻，矮缩不长，茎基部可产生小病瘤，严重时病株提早枯死。

③ 传播途径。玉米瘤黑粉病的病原菌主要以冬孢子在土壤中或在病株残体上越冬，成为翌年的初侵染菌源。混杂在未腐熟堆肥中的冬孢子也可以越冬传病，黏附于种子表面的冬孢子也是初侵染源之一，但不起主要作用。越冬后的冬孢子，在适宜的温湿度条件下萌发产生担孢子和次生担孢子，不同性别的担孢子结合，产生双核侵染菌丝，以双核菌丝直接穿透寄主表皮或从伤口侵入叶片、茎秆、节部、腋芽和雌雄穗等幼嫩分生组织，或者从伤口侵入。冬孢子也可直接萌发产生侵染丝侵入玉米组织，特别是在水分和湿度不够时，这种侵染方式可能很普遍。侵入的菌丝只能在侵染点附近扩展，在生长繁殖过程中分泌类似生长素的物质刺激寄主的局部组织增生、膨大，形成病瘤。越冬菌源在玉米整个生

育期中都可以起作用，生长早期形成的肿瘤内部产生大量黑粉状冬孢子，随风雨传播，进行再侵染，从而成为后期发病的菌源。瘤黑粉病菌的冬孢子、担孢子主要通过气流和雨水分散传播，也可以被昆虫携带而传播，病原菌在玉米体内虽能扩展，但通常扩展距离不远，在苗期能引起相邻几节的节间和叶片发病。

④ 发生时期和条件。玉米瘤黑粉病又称普通黑粉病，广泛分布于世界各玉米产区。在中国，该病发生历史较久，分布普遍，危害严重，是玉米生产上的重要病害之一。雌穗发病可部分或全部变成较大肿瘤，叶上发病则形成密集成串小瘤。该病在玉米的生育期内可进行多次侵染，玉米抽穗前后一个月为该病盛发期。玉米抽雄前后遭遇干旱，抗病性受到明显削弱，此时若遇到小雨或结露，病原菌得以侵染，就会严重发病。玉米生长前期干旱，后期多雨高湿，或干湿交替，有利于发病。遭受暴风雨或冰雹袭击后，植株伤口增多，也有利于病原菌侵入，发病趋重。玉米螟等害虫既能传带病原菌孢子，又造成虫伤口，因而虫害严重的田块，瘤黑粉病也严重。病田连作、收获后不及时清除病残体、施用未腐熟农家肥，都使田间菌源增多，发病趋重。种植密度过大，偏施氮肥的田块，通风透光不良，玉米组织柔嫩，也有利于病原菌侵染发病。

（7）玉米茎腐病　玉米茎腐病也叫茎基腐病、青枯病，是指发生在玉米根系、茎或茎基部腐烂，并导致全株迅速枯死的一类病害。在玉米生产上，引起茎腐病的原因有多种，最重要的一类是真菌型茎腐病。真菌型茎腐病是由多种病原菌单独或复合侵染造成根系和茎基腐烂的一类病害，主要由腐霉菌、炭疽菌、镰刀菌侵染引起，在玉米植株上表现的症状就有所不同。

① 病原。玉米茎腐病主要由腐霉菌和镰刀菌侵染引起，不同地区腐霉菌和镰刀菌种类不完全相同，有单独侵染也有复合侵染的。腐霉菌主要有瓜果腐霉菌［*Pythium aphanidermatum*（Eds.）Fitzp.］、肿囊腐霉菌（*Pythium inflatum* Matth.）和禾生腐霉菌（*Pythium graminicola* Subram），均属卵菌门腐霉属。镰刀菌主要有禾谷镰刀菌（*Fusarium graminearum* Schawbe），属无性孢子类镰刀菌属，有性态为玉蜀黍赤霉菌［*Gibberella zeae*（Schw.）Petch］，属子囊菌门赤霉菌属；串珠镰刀菌（*F. moniliforme* Sheldon），属无性孢子类镰刀菌属，有性态为藤仓赤霉菌［*Gibberella fujikuroi*（Saw.）Wollenw.］，属子囊菌门赤霉菌属。中国玉米茎腐病原主要有腐霉菌和镰孢菌两大类，主要致病菌存在 3 种不同观点：一是以肿囊腐霉菌、瓜果腐霉菌等腐霉菌为主要致病菌；二是以禾谷镰刀菌、串珠镰刀菌为主要致病菌；三是以瓜果腐霉菌和禾谷镰刀菌为主的复合侵染。瓜果腐霉菌菌丝发达，无分隔，白色棉絮状，游动孢子囊丝状，不规则膨大，小裂瓣状，孢子囊萌发产生泄管，其顶端生一泡囊，泡囊破裂释放出游动孢子，藏卵器平滑，卵孢子球形、平滑，不充满藏卵器内腔。肿囊腐霉菌菌丝纤细，游动孢子囊呈裂瓣状膨大，形成不规则或球形突起，卵孢子球形，光滑，满器或近满器，内含一个贮物球和一个发亮小体。禾生腐霉菌菌丝宽，不规则分枝，游动孢子囊由菌丝状膨大或不规则的复合体组成，顶生或间生，卵孢子球形，光滑，满器，无色或淡褐色。其中腐霉菌生长的最适温度为 23～25 ℃，镰刀菌生长的最适温度为 25～26 ℃，在土壤中腐霉菌生长要求湿度条件较镰刀菌高。

② 危害症状。玉米茎腐病受害植株主要表现青枯和黄枯两类症状。青枯型也称急性

型，发病后叶片自下而上迅速枯死，呈灰绿色，水烫状或霜打状，特点是发病快，历期短，从始见青枯病叶到全株枯萎，一般 5～7 d，发病快的仅需 1～3 d，长的可持续 15 d 以上。玉米茎腐病在乳熟后期，常突然成片萎蔫死亡，枯死植株呈青绿色，田间 80％ 以上属于这种类型，这类症状常与病原菌致病力强、品种比较感病、环境条件适宜有关。黄枯型也称慢性型，发病后叶片自下而上，或自上而下逐渐变黄枯死，显症历期较长，一般见于抗病品种或环境条件不利于发病的情况。玉米茎腐病多数病株明显发生根腐，最初病菌在毛根上产生水渍状淡褐色病变，逐渐扩大至次生根，直到整个根系呈褐色腐烂，根囊皮松脱，髓部变为空腔，须根和根毛减少，整个根部易拔出。病部逐渐向茎基部扩展蔓延，茎基部 1～2 节处开始出现水渍状梭形或长椭圆形病斑，随后很快变软下陷，内部空松，一掐即瘪，手感明显，剖茎检视组织腐烂，维管束呈丝状游离，可见白色或玫瑰红色的菌丝，以后在产生玫瑰红色菌丝的残秆表面可见蓝黑色的子囊壳。茎秆腐烂自茎基第一节开始向上扩展，可达第二节、第三节甚至全株，病株极易倒折。发病后期果穗苞叶青干，呈松散状，穗柄柔韧，果穗下垂，不易掰离，穗轴柔软，籽粒干瘪，脱粒困难。据报道，引起茎腐的镰刀菌和腐霉菌有潜伏侵染的特性，病害的发生程度主要取决于生育前期的侵染，因为前期侵染对玉米根系生长影响早，危害持续时间长，而后期侵染则主要起加速病程的作用。

③ 传播途径。腐霉菌以卵孢子，禾谷镰刀菌以菌丝和分生孢子在病残体及土壤中越冬。镰刀菌的种子带菌率很高，因此田间残留的病茬、遗留于田间的病残体及种子是该病发生的主要侵染来源。越冬后的病菌借风雨、灌溉水、机械、昆虫传播。镰刀菌主要从胚根，腐霉菌主要从次生根和须根侵染，从伤口或表皮直接侵入，病菌侵入后逐渐蔓延扩展，引起地上部症状呈现。到后期禾谷镰刀菌和串珠镰刀菌借风雨传播侵染穗部或玉米螟幼虫带菌通过蛀孔传染，造成穗腐，从而导致病穗种子带菌。玉米 60 cm 高时组织柔嫩易发病，害虫危害造成的伤口利于病菌侵入。此外，害虫携带病菌同时起到传播和接种的作用，如玉米螟、棉铃虫等虫口数量大则发病重。高温高湿利于发病，地势低洼或排水不良、密度过大、通风不良、施用 N 肥过多、伤口多则发病重。

④ 发生时期和条件。玉米茎腐病是世界各玉米产区普遍发生的一种重要土传病害。玉米茎腐病在自然条件下以成株期受害为主，在玉米灌浆期开始发病，乳熟末期至蜡熟期为显症高峰期。感病植株不能正常成熟，主要表现为籽粒不饱满、千粒重降低。病株可导致茎秆破损和倒伏，提早枯死，严重的在苗期可造成死苗。此外，该病不仅使当年玉米减产，且对翌年产量有影响。从病株收获的种子发芽势、发芽率和幼苗生活力下降，病株后代千粒重和穗粒重降低。玉米茎腐病在中国玉米栽培地区均有发生，一般年份发病率在 10％～20％，严重时可达 50％～60％，产量损失因发病时期而不同，一般在 20％ 左右，重者甚至绝收。

（8）玉米锈病

① 病原。玉米普通锈病的病原为高粱柄锈菌（*Puccinia sorghi* Schw.），属担子菌门柄锈菌属。夏孢子堆黄褐色，夏孢子浅褐色，椭圆形至亚球状，具细刺，大小（24～32）μm×（20～28）μm，壁厚 1.5～2 μm，有 4 个芽孔，腰生或近腰生。冬孢子裸露时黑褐色，椭圆形至棍棒形，大小（28～53）μm×（13～25）μm，顶端圆或近圆，分

隔处稍缢缩，柄浅褐色，与孢子等长或略长。性子器生在叶两面。锈孢子器生在叶背，杯形，锈孢子椭圆形至亚球形，大小（18～26）μm×（13～19）μm，具细瘤，寄生在酢浆草上。玉米南方锈病的病原为多堆柄锈菌（*Puccinia. polysora* Unedrw.），属担子菌门柄锈菌属。夏孢子堆生于叶两面，细密散生，常布满全叶，椭圆形或纺锤形，长 0.1～0.3 mm，初期被表皮覆盖，后期表皮缝裂而露出，粉状，橙色至肉桂褐色。夏孢子近球形或倒卵形，大小（28～38）μm×（23～30）μm，壁厚 1～1.5 μm，淡黄褐色，有细刺，芽孔 4～6 个，腰生。冬孢子堆以叶下面为多，常生在叶鞘或中脉附近，细小，椭圆形，长 0.1～0.5 mm，长期埋生于表皮下，近黑色。冬孢子形状不规则，常有棱角，多为近椭圆形或近倒卵形，大小（30～50）μm×（18～30）μm，顶端钝圆或平截，稀渐尖，基部圆或渐狭，隔膜处略缢缩，壁厚 1～1.5 μm，顶部有时略增厚，栗褐色或黄褐色，光滑，芽孔不清楚，柄淡褐色，短，不及 30 μm，不脱落，有时歪生。

② 危害症状。玉米普通锈病主要侵染叶片和叶鞘，严重时也可侵染果穗、苞叶乃至雄花，其中以叶片受害最重。被害叶片最初出现针尖般大小的褪绿斑点，以后斑点渐呈疱疹状隆起形成夏孢子堆，后小疱破裂，散出铁锈色粉状物，即病菌夏孢子。夏孢子堆细密地散生于叶片两面，通常以叶表居多，近圆形或长圆形，直径 0.1～0.3 mm，初期覆盖着一层灰白色的寄主表皮，表皮破裂后呈粉色、橙色到肉桂褐色。玉米生长后期，在叶片的背面尤其是在靠近叶鞘或中脉及其附近，形成细小的冬孢子堆，冬孢子堆稍隆起，圆形或椭圆形，直径 0.1～0.5 mm，棕褐色或近于黑色，开裂后露出黑褐色冬孢子。玉米南方锈病症状与普通锈病相似，在叶片上初生褪绿小斑点，很快发展成为黄褐色突起的疱斑，即病原菌夏孢子堆。南方锈病夏孢子堆小圆形，金黄色，冬孢子堆黑褐色到黑色，散生在夏孢子堆周围，而且被植物表皮所覆盖的时间较长，所以多成密闭而非敞开状。夏孢子金黄色，卵圆形，冬孢子黄褐色，常呈棱角状，顶端部分加厚不明显。

③ 传播途径。普通型玉米锈病菌以冬孢子在病株上越冬，冬季温暖地区夏孢子也可越冬，田间病害传播靠夏孢子一代代重复侵染，从春玉米传播到夏玉米，再传到秋玉米。南方型玉米锈病未发现性孢子和锈孢子阶段，以冬孢子、夏孢子和菌丝体在玉米植株上越冬，夏孢子重复侵染危害。中国目前发生的普通型、南方型玉米锈病在南方以夏孢子辗转传播、蔓延，不存在越冬问题。北方则较复杂，菌源来自病残体或来自南方的夏孢子及转主寄主——酢浆草，成为该病初侵染源。田间叶片染病后，病部产生的夏孢子借气流传播，进行再侵染，蔓延扩展。

④ 发生时期和条件。玉米锈病包括普通锈病、南方锈病、热带锈病及秆锈病等 4 种，中国发生的主要为普通锈病。玉米锈病多发生在玉米生育后期，一般危害性不大，但在有的自交系和杂交种上也可严重染病，使叶片提早枯死，造成较重的损失。主要危害叶片和叶鞘，严重时也可危害果穗、苞叶乃至雄花，其中以叶片受害最重。发病初期，在叶片的两侧散生或聚生孢子堆，孢子堆隆起呈球形或长形，黄棕色或红棕色，后期在植株成熟时变为黑褐色，并产生冬孢子，严重时叶片和叶鞘褪绿或枯死。冬季温暖地区夏孢子也可越冬，为第二年的初侵染源。在北方玉米锈病发生的初侵染菌源主要是南方玉米锈病菌的夏孢子随季风和气流传播而来的。

普遍锈病在相对较低的气温（16～23 ℃）和经常降雨、相对湿度较高（100%）的条件下，易于发生和流行。在中国西南山区玉米锈病正是在这样的条件下普遍发生的。尤其是海南省，南繁玉米面积不断扩大，栽培时间延长，如遇多雨天气，有利于锈病发生与危害。品种间抗病性差异显著。

(9) 玉米灰斑病

① 病原。病原菌无性态为玉蜀黍尾孢菌（*Cercospora zeae-maydis* Tehon et Daniels），属无性孢子类尾孢属，有性态为（*Mycosphaerella* sp.），属子囊菌门球腔菌属，在自然条件下很少见，在病害循环中作用不大。菌丝体多埋生，无子座或仅少数褐色细胞，分生孢子梗 3～10 根丛生，浅褐色，上下色泽均匀，宽度一致，有 1～4 个隔膜，多为 1～2 个，正直或稍弯，偶有 1～3 个膝状节，无分枝，着生孢子处孢痕明显，大小 (60～180) $\mu m \times$ (4～6) μm。分生孢子倒棍棒形，无色，正直或稍弯曲，有 1～8 个隔膜，多为 5～6 个，基部倒圆锥形，脐点明显，顶端较细稍钝，大小 (40～120) $\mu m \times$ (3～4.5) μm。在 PDA 培养基上病菌很少产生孢子，但在新鲜的或干枯的玉米叶煎汁培养基或 V-8 培养基上容易产孢，持续光照可抑制孢子萌发、菌丝生长和产孢，光暗交替有利于分生孢子的形成。

② 危害症状。玉米灰斑病主要危害玉米成熟期的叶片，有时也可危害叶鞘和苞叶，发病初期为水渍状淡褐色斑点，以后逐渐扩展为浅褐色条纹或不规则的灰色至褐色长条斑，与叶脉平行延伸，呈长矩形，对光透视更为明显。病斑中间灰色，边缘有褐色线，病菌最先侵染下部叶片引起发病，有时病斑连片，气候条件适宜时可扩展到整株叶片，使叶片枯死。病斑后期湿度大时，在叶片两面产生灰白色或灰黑色霉层，即病菌的分生孢子梗和分生孢子，分生孢子以叶背产生较多。

③ 传播途径。病菌主要以菌丝体和分生孢子在玉米秸秆等病残体上越冬，成为第二年的初侵染来源。病菌在地表的病残体上可存活 7 个月，但埋在土壤中的病残体的病菌则很快失去生命力不能越冬。翌年春季子座组织产生分生孢子，借风雨传播到寄主上，分生孢子在适宜条件下萌发产生芽管，分枝的芽管在气孔表面形成多个附着胞，进一步产生侵染钉从气孔侵入，侵染后约 9 d 可见褪绿斑点，12 d 后出现褐色的长条斑，16～21 d 病斑上形成孢子，其中侵染幼株叶片时产孢比在成株上早。条件适宜时，当年病斑上产生的分生孢子借风雨传播可进行多次再侵染，不断扩展蔓延。

④ 发生时期和条件。玉米灰斑病一般从下部叶片开始发病，逐渐向上扩展，条件适宜时，可扩展到整株叶片，最终导致植株叶片干枯，严重减弱光合作用。重病株所结果穗下垂，籽粒松脱、干瘪，千粒重下降，严重影响玉米产量和品质。该病较适宜在温暖湿润和雾日较多的地区发生，而连年大面积种植感病品种，是该病大发生的重要条件之一。在华北及辽宁省，该病于 7 月上中旬开始发病，8 月中旬到 9 月上旬为发病高峰期，一般 7～8 月多雨的年份易发病，个别地块可引致大量叶片干枯，品种间抗病性有差异。

(10) 玉米穗腐病

① 病原。玉米穗腐病为多种病原菌侵染引起的玉米果穗或籽粒霉烂的总称。主要有玉米镰孢穗腐病［禾谷镰孢穗腐病（*Fusarium graminearum* Schwabe）、拟轮枝镰孢穗腐病（*F. verticillioides*）］；玉米黄曲霉穗腐病（*Aspergilllus flavus* Link：Fr.）、青霉穗腐病（*Penicillium oxalicum* Currie Thom）、黑曲霉穗腐病（*Aspergillus niger* Tiegh）、

木霉穗腐病（*Trichoderma viride* Pers. ex Fr.）等。

② 危害症状。果穗及籽粒均可受害，被害果穗顶部或中部变色，并出现粉红色、蓝绿色、黑灰色或暗褐色、黄褐色霉层，即病原的菌体、分生孢子梗和分生孢子。病粒无光泽，不饱满，质脆，内部空虚，常为交织的菌丝所充塞。果穗病部苞叶常被密集的菌丝贯穿，黏结在一起贴于果穗上不易剥离，仓储玉米受害后，粮堆内外则长出疏密不等，各种颜色的菌丝和分生孢子，并散出发霉的气味。

③ 传播途径。玉米镰孢穗腐病通过多种方式越冬，包括在土壤中腐生，在作物和杂草的病残体上以菌丝或厚垣孢子的方式存活，以及通过在玉米种子表面附着或在种子内部寄生而存活。在土壤或病残体中越冬的镰孢病菌不会因外界的低温和冰雪覆盖影响越冬质量和数量。

在春季，镰孢菌可以直接通过玉米种子的携带而进入玉米的幼苗组织内部并通过维管束系统向上扩展；也可以通过在土壤中的菌丝生长到达玉米根系，然后侵染并在玉米植株内扩展。这两种越冬方式后的侵染，也可以在玉米植株内到达穗轴组织，从内部侵染籽粒，也可以通过引起根腐病、茎腐病等方式增大病菌群体，为后期通过气流或风雨的作用侵染雌穗创造条件。

黄曲霉穗腐病菌主要在植物病残体上和土壤中以菌丝和分生孢子的形式越冬，也可以通过种子内外的携带越冬。病菌具有较强的腐生能力。

越冬后，病菌通过在植株病残体上的腐生生长产生大量的分生孢子并释放到空气中，通过气流和风雨的作用进行传播，当玉米雌穗受到各种机械损伤、害虫咬食后，病菌就可以通过伤口侵染玉米籽粒，直到引起穗腐病。玉米收获后，残存在病残体和土壤中的病菌再次越冬。

④ 发生时期和条件。该病从玉米吐丝到收获均可发病，但发病盛期为从吐丝到吐丝后 3 周内，随着玉米籽粒含水量的减少，发病机会逐渐减少。鸟和昆虫的蛀食以及玉米籽粒的生理性破裂和人为造成的籽粒破裂均促进病菌侵染，并由此向周围蔓延。大多数真菌在残留在田间的植株病残体中越冬，成为翌年初侵染源。

在气候因素中，日照时数对发病和产量损失影响较大。同一气候条件下感病系比抗病系产量损失多 52%～82%。感病品种因穗腐病造成的玉米产量损失比不利的气候因素更为严重。

（11）玉米纹枯病

① 病原。玉米纹枯病是由病原菌立枯丝核菌（*Rhizoctonia solani*）、玉蜀黍丝核菌（*R. zeae*）和禾谷丝核菌（*R. cerealis*）等 3 种侵染引起的土传病害，其中玉蜀丝核菌常危害果穗导致穗腐。玉米纹枯病菌为多核的立枯丝核菌，具 3 个或 3 个以上的细胞核，菌丝直径 6～10 μm。菌核由单一菌丝尖端的分枝密集而形成或由尖端菌丝密集而成。该菌在土壤中形成薄层蜡状或白粉色网状至网膜状子实层。担子筒形或亚圆筒形，较支撑担子的菌丝略宽，上具 3～5 个小梗，梗上着生担孢子；担孢子椭圆形至宽棒状，基部较宽，大小（7.5～12）μm×（4.5～5.5）μm。担孢子能重复萌发形成 2 次担子。

② 危害症状。玉米纹枯病从苗期至生长后期均会发病，但主要发生在抽雄期至灌浆期，主要侵害叶鞘，其次是叶片、果穗及苞叶。发病严重时，能侵入坚实的茎秆。最初多

由近地面的 1~3 节叶鞘发病，后危害叶片并向上蔓延。其症状为在叶片和叶鞘上形成典型的呈暗绿色水渍状的同心斑、椭圆形或不规则形斑，中央灰褐色，常多个病斑扩大汇合成云纹状斑块，包围整个叶鞘直至使叶鞘腐败，并引起叶枯。病斑向上扩展至果穗受害，苞叶上同样产生褐色云纹状病斑，内部籽粒、穗轴均变褐色腐烂。环境高温多雨时，病斑上长出稠密白色菌丝体，病部组织内或叶鞘与茎秆间常产生褐色不规则颗粒状菌核，成熟的菌核多为扁圆形，大小不一，一般似萝卜种子大小；菌核在 29~33 ℃时形成最多，极易脱离寄主，遗落田间。

③ 传播途径。病菌以菌丝和菌核在病残体或在土壤中越冬。翌春条件适宜，菌核萌发产生菌丝侵入寄主，后病部产生气生菌丝，在病组织附近不断扩展。菌丝体侵入玉米表皮组织时产生侵入结构。再侵染是通过与邻株接触进行的，该病是短距离传染病害。病株上的菌丝经越冬后仍能存活，为其初侵染源和多侵染源的来源之一。通过病株上存活的菌丝接触寄主茎基部表面而发病。发病后，菌丝又从病斑处伸出，很快向上部、向左右邻株蔓延，形成第二次和多次病斑。病株上的菌核落在土壤中，成为第二次侵染源。形成病斑后，病菌气生菌丝伸长，向上部叶鞘发展，病菌常透过叶鞘而危害茎秆，形成下陷的黑色斑块。湿度大时，病斑长出很多白霉状菌丝和孢子。孢子借风力传播而造成再次侵染。也可以侵害与病部接触的其他植株。

④ 发生时期和条件。玉米纹枯病是世界上玉米产区广泛发生、危害严重的病害之一。特别在我国西南玉米种植地区，由于玉米生长期气温高、湿度大，纹枯病已经成为玉米生产上第一大病害。由于该病害危害玉米近地面几节的叶鞘和茎秆，引起茎基腐败，破坏输导组织，影响水分和营养的输送，因此造成的损失较大。

播种过密、施氮过多、湿度大、连阴雨多易发病。主要发病期在玉米性器官形成至灌浆充实期。苗期和生长后期发病较轻。

3. 防治措施　玉米整个生长过程中，病害发生的种类很多，根据病害发生危害及传播特点，主要划分为土传或种传类病害（丝黑穗病、瘤黑粉病、茎腐病等）、气传类病害（大斑病、小斑病、弯孢霉叶斑病、褐斑病、锈病、灰斑病等）和介体传播的病毒病。由于各种病害的病原不同，发生危害规律差异很大，防治技术也各不相同。同时，不同玉米种植区生态条件变化很大，病害发生的种类、发生规律及其危害程度也会有很大差异。各地应结合当地具体情况，在预测预报的基础上，以当地主要病害为防治对象，科学合理地制订综合防治技术方案。

（1）土传类病害防治　玉米土传类病害包括危害根茎部病害和危害穗部病害两类。危害根茎部的病害主要有玉米纹枯病、玉米根腐病和茎腐病，危害穗部的病害主要有玉米丝黑穗病和瘤黑粉病。这类病害均以土壤传播为主，防治的重点是清除初侵染源和进行种子处理，并辅以其他农业措施。

① 清除初侵染源。在玉米生长期对田间的丝黑穗和瘤黑粉病株及时清除，避免病瘤成熟后黑粉菌散落田间。适时收获玉米，提高秸秆粉碎质量，及时整地，翻耕与旋耕结合，将碎秸秆全部翻埋在土下，利于加速病残体的腐烂，同时清除田间和地头的大段病残体，集中处理。

② 种子处理。土传类病害病原菌通常可混在种子中，化学药剂处理种子是减轻病害

发生的重要措施。播种前采用 25 g/L 咯菌腈悬浮种衣剂、35 g/L 咯菌·精甲霜悬浮种衣剂按推荐药种比进行种子包衣，对玉米根腐病、茎腐病防治效果较好。采用 14％克·福·唑醇悬浮种衣剂、20％丁硫·福·戊悬浮种衣剂、2％戊唑醇干拌剂等含三唑类药物成分的种衣剂拌种包衣对玉米黑粉病防治效果较好。

③ 合理轮作。对土传类病害发生较重的地块实行轮作是最有效的防病措施。与非寄主植物实行 2～3 年轮作，有条件的地方实行水旱轮作，防病效果更好。

④ 加强栽培管理。施足基肥，N、P、K 肥合理配合施用，避免偏施 N 肥和追肥过晚，增施 K 肥和 Zn 肥，对玉米土传根病效果较好；中耕培土，促进气生根提早形成，促进玉米健壮生长，增强植株的抗病能力，以减轻病害发生。

（2）气传类病害防治　玉米气传类病害是主要危害叶部的一类病害。包括玉米大斑病、小斑病、弯孢霉叶斑病、褐斑病、锈病、灰斑病、圆斑病等。气传病害多数病原物都能在病残体上越冬（夏），条件适宜时，病原菌萌发产生孢子侵入寄主，引起初侵染，在病部产生的病原通过气流传播，在田间不断进行再侵染，引起病害发生流行。根据这类病害的发生特点，防治上应重点搞好田间卫生，减少初侵染来源，加强栽培管理，改进栽培措施和及时药剂防治的综合措施。

① 搞好田间卫生，减少初侵染来源。危害玉米叶部的气传类病害在玉米整个生育期均可发生危害。结合田间管理，应及时摘除田间的病叶、老叶，以降低再侵染频率。玉米收获后，及时清除遗留在田间的病残体和杂草，带出田外深埋；同时应注意不用病残体作肥料返田，通过不同途径加快病残体的充分腐烂，促进病菌死亡，压低初侵染源基数。

② 加强栽培管理。良好的栽培管理，合理的栽培措施，不仅有利于玉米的生长发育，增强抗病性，而且可以改善田间小气候环境条件，对控制气传类病害具有明显的作用。

适期播种：根据当地病害发生的情况、气候条件和品种的生育期等综合考虑，选择适宜的时期播种，做到既有利于玉米快速出苗，健壮生长，又能有效减轻前期的初侵染，同时应注意提高播种质量，覆土深浅适宜，过深不利于出苗，往往会加重苗期病害的发生。

科学施肥：施足基肥，增施有机肥，氮、磷、钾肥配合施用，不偏施、重施氮肥，控制玉米旺长。及时追肥，尤其避免拔节和抽穗期脱肥早衰，保障植株健壮生长，减轻病害发生危害。

合理密植：种植密度过大，田间通透性差，小气候环境湿度大，有利于病菌生长繁殖和病情加重。玉米田实行间作或套作，可增加田间的通风透光，降低田间湿度，对控制叶部病害的发生危害具有较好的效果。

中耕除草：及时中耕除草，搞好田间清沟排渍，也是防病控病的重要田间管理环节。

③ 及时药剂防治。药剂是防治气传类病害的有效措施。中国不同的玉米产区，危害叶部的气传类病害发生的种类不同，危害的情况也不一致。搞好病情监测，掌握施药时期和施药次数，针对不同的病害，选用不同的药剂，及时施药保护，对控制玉米气传类病害具有很好的效果。因此，玉米种植产区，应根据当地历年病害发生危害情况，定期搞好田间病情监测，一旦出现病情或玉米抽雄前，及时喷药进行防治，根据病情发展情况，决定施药次数，两次施药间隔 7～10 d。选择药剂种类时，应根据不同的病害，选用不同的农药品种，通常 50％多菌灵可湿性粉剂、70％甲基硫菌灵可湿性粉剂、40％氟硅唑乳油、

70％代森锰锌可湿性粉剂、75％百菌清可湿性粉剂、25％戊唑醇水乳剂、25％丙环唑乳油等杀菌剂对大多数叶部病均有较好的防效。在玉米锈病发生较重的地区，可选用特谱唑或三唑酮在发病初期施药。

④ 抗病品种的选择与利用。选用玉米抗病品种是控制玉米叶斑病最经济、有效的措施，但是生产上各地推广玉米品种的种类以及品种对不同叶部病害的抗性也存在明显差异。因此，应根据各地气传类病害的主要发生种类及当地品种的抗性水平进行抗病品种的选择与利用。

（3）病毒类病害防治　玉米粗缩病和矮花叶病都是通过昆虫介体传播的病毒病，且玉米品种间抗病性存在明显差异。因此，防治的重点应采取选用抗病品种为主，加强治虫防病，切断毒源，辅以农业措施的综合防治策略。

① 选用抗病良种。利用品种抗性是最为经济、有效的防病措施。中国玉米品种繁多，不同玉米产区种植的品种不完全相同，病毒病的发生危害也不一致，有些地区有的品种玉米粗缩病发生严重，有的则是矮花叶病发生较为普遍。因此，在病毒病发生的地区，应根据当地种植的玉米品种和病毒病发生危害情况，选用适合当地种植的抗病优良品种可有效控制病毒病的发生。鲁单 50、鲁单 981、农大 108、山农 3 号、郑单 958 对粗缩病抗性较好，较抗玉米矮花叶病的品种有农大 108、鲁单 46、东岳 11、东岳 13、丹玉 6 号等。

② 治虫防病。玉米粗缩病和玉米矮花叶病分别通过灰飞虱和蚜虫传播。玉米收获后，病毒可在昆虫介体和某些杂草上越冬，翌年当玉米播种出苗后，带毒介体迁飞到玉米上吸食传毒，引起发病。在病毒病发生玉米种植区，应及时对毒源寄主和玉米田间的传毒介体进行药剂防治，以切断毒源，同时，应铲除田间和周围的杂草，减少虫源基数。田间药剂治虫应掌握在传毒介体迁飞率高峰期施药，以降低传毒介体吸毒传毒频率、减轻病害发生。蚜虫防治可用 10％吡虫啉可湿性粉剂每 667 m² 10 g 喷雾防治。在玉米 3～4 叶期，对田间及地块周围喷药防治灰飞虱，每 667 m² 药剂可采用 40％氧乐果乳油 30 mL 或 10％吡虫啉可湿性粉剂 15 g，对水 30～40 kg 喷雾；也可用 4.5％高效氯氰菊酯乳油 30 mL 或 48％毒死蜱乳油 60～80 mL，对水 30～40 kg 喷雾；也可在灰飞虱传毒危害期，尤其是玉米 7 叶期前喷洒 2.5％扑虱蚜乳油 1 000 倍液。喷药力求均匀周到，隔 7 d 再防治一次，以确保防治效果。另外，在苗后早期喷施植病灵、83 -增抗剂、菌毒清等药剂，每隔 6～7 d 喷 1 次，连喷 2～3 次，对促进幼苗生长，减轻发病也有一定作用。

③农业防治。针对不同地区发生的病毒病种类，调整播期，适期播种，尽量避开灰飞虱和蚜虫的传毒迁飞高峰，河北和山东可提前至 4 月，夏玉米在麦收前一周，使苗期提前，减少蚜虫传毒的有效时间；结合田间间苗、定苗，及时拔除病株，以减少病株和毒源，严重发病地块及早改种其他作物；合理施肥、灌水，加强田间管理，使幼苗生长健壮，提高玉米抗病力，降低病害发生概率；在播种前深耕灭茬，彻底清除田间及地头、地边杂草，精耕细作，及时除草，减少侵染来源；同时避免品种的大面积单一种植，避免与蔬菜、棉花等间作。

（二）生理性病害

玉米生理性病害是在生长发育过程，由于缺少某种营养元素或受不良环境条件影响以及栽培管理不当,导致生理障碍而引起的异常生长现象。玉米生理性病害是由多种因素造成的,归纳起来可分为两类:第一类是内部因素,即遗传因素的影响,如品种抗逆性不强,种子生活力弱,发育不健全;第二类是外界环境条件,如土壤、肥料、水分、空气与光照等条件不良,阻碍玉米的正常发育,形成生理性病害。本部分主要对遗传性病害和缺素症进行介绍。

1. 生理性红叶

(1) 症状 在授粉后出现,同一个品种整体出现红叶,穗上部叶片先从叶脉开始变为紫红色,接着从叶尖向叶基部变为红褐色或紫红色,严重时变色部分干枯坏死。且在茎秆上未见害虫危害的蛀孔。此症状主要由于在玉米灌浆期,穗上部叶片大量合成糖分,有些品种因代谢失调不能迅速转化则变成花青素,导致绿叶变红。

(2) 防治措施 遗传性病害,应淘汰发病品种。

2. 遗传条纹病

(1) 症状 在植株的下部或一侧或整株的叶片上,沿着叶脉呈现亮黄色至白色、边缘光滑的条纹,宽窄不一,叶片上无病斑,在田间零星发生。

(2) 防治措施 遗传性病害,很少造成产量损失,一般无需单独防治,可在间苗、定苗时拔除。

3. 遗传斑点病

(1) 症状 遗传斑点病症状常与侵染性叶斑病相混淆,其典型症状在于:在同一品种的所有叶片上相同位置,出现密集的、大小不一的圆形或近圆形黄色褪绿斑点,斑点无侵染性病斑特征,无中心侵染点,无特异性边缘。病斑后期常出现不规则黄褐色轮纹,或整个病斑变为枯黄色。

(2) 防治措施 遗传性病害,发生严重时穗小或无穗,造成产量损失。应淘汰该类品种在生产上的大面积种植。

4. 玉米缺氮症

(1) 症状 玉米缺氮时,幼苗瘦弱,植株矮小,叶片发黄,首先从植株下部的老叶片开始叶尖发黄,逐渐沿中脉扩展呈 V 形,叶片中部较边缘部分先褪绿变黄,叶脉略带红色。当整个叶片都褪绿变黄后,叶鞘将变成红色,不久整个叶片变成黄褐色而枯死。

(2) 防治措施 追施氮肥,平均每 667 m^2 施纯氮 15 kg;苗期缺氮可喷施 1% 尿素溶液。

5. 玉米缺磷症

(1) 症状 玉米对磷很敏感,幼苗期缺磷时叶尖和叶缘呈紫红色,叶片无光泽,茎秆细弱,植株明显低于正常植株;在开花期缺磷,雌蕊花柱会延迟抽出,影响授粉;生长后期缺磷,会造成果穗畸形和秃顶。

(2) 防治措施 缺磷症状后可每 667 m^2 用磷酸二氢钾 200 g 对水 30 kg 进行叶面喷施,或喷施 1% 的过磷酸钙溶液。

6. 玉米缺钾症

(1) 症状 缺钾常出现在玉米生长的中期,下部老叶叶尖黄化,叶缘焦枯,并逐渐向整个叶片的脉间区扩展,沿叶脉产生棕色条纹,并逐渐坏死。缺钾植株的根系弱、生长缓慢，节间变短，矮小瘦弱，易倒伏，后期籽粒不饱满，出现缺行断粒现象。

（2）防治措施　增施农家肥或有机肥是防止玉米缺钾的最好措施，玉米营养期间缺钾时，可叶面喷施 1%～2% 的磷酸二氢钾溶液，也可追施硫酸钾或氯化钾，每 667 m^2 15 kg。

7. 玉米缺锌症

（1）症状　玉米缺锌时在叶片上出现浅白色的条纹，由叶片基部向顶部扩张，然后沿叶中脉两侧出现白化宽带，整株失绿成白化苗，节间明显缩短，植株严重矮化。

（2）防治措施　一般锌肥以基施为好，若生长期发现缺锌，可于苗期每 667 m^2 用 1～2 kg 硫酸锌拌细土 10～15 kg，条施或穴施；或用 0.1% 硫酸锌溶液在苗期至拔节期间隔 7 d 连续喷施两次，每 667 m^2 用肥液 60 kg。

8. 玉米缺钙症

（1）症状　玉米缺钙的最明显症状是叶片的叶尖相互粘连，叶不能正常伸展；心叶顶端不易展开，有时卷曲呈鞭状，老叶尖部常焦枯呈棕色；叶缘黄化，有时呈白色锯齿状不规则破裂，植株明显矮化。

（2）防治措施　玉米发生生理性缺钙症状可喷施 0.5% 的氯化钙或硝酸钙水溶液 1～2次。强酸性低盐土壤，可每 667 m^2 施石灰 50～70 kg，但忌与铵态氮肥或腐熟的有机肥混合施入。

9. 玉米缺铁症

（1）症状　玉米缺铁，上部叶片叶脉间先出现浅绿色至黄白色或全叶变色，叶绿素形成受抑，严重影响光合作用，最幼嫩的叶子可能完全白色，植株严重矮化，易因早衰造成减产。

（2）防治措施　以施有机肥为宜。玉米生长期出现缺铁症状时喷 0.3%～0.5% 的硫酸亚铁溶液。

10. 玉米缺镁症

（1）症状　玉米缺镁时多在基部的老叶上叶尖前端脉间失绿，并逐渐向叶基部扩展，叶脉间出现淡黄色条纹，后变为白色，叶脉仍绿，呈黄绿相间的条纹，严重时叶尖干枯，失绿部分出现褐色斑点或条斑，植株矮化。

（2）防治措施　改善土壤环境，增施有机肥，酸性土壤宜选用碳酸镁或氧化镁，中性与碱性土壤宜选用硫酸镁。玉米生长期缺镁，用 0.5% 硫酸镁溶液叶面喷施 1～2 次。

11. 玉米缺硼症

（1）症状　首先在玉米的上部嫩叶处出现不规则的白点，各斑点可融合呈白色条纹，严重时节间伸长受抑，雄穗不能抽出，籽粒授粉不良，穗短、粒少。

（2）防治措施　施用硼肥，每 667 m^2 春玉米基施硼砂 0.5 kg，与有机肥混施效果更好；夏玉米前期缺乏，开沟追施或叶面喷施浓度为 0.1%～0.2% 的硼酸溶液，喷施 2 次；灌水抗旱，防止土壤干燥。

12. 玉米缺硫症

（1）症状　玉米缺硫时的典型症状是幼叶失绿。苗期缺硫时，新叶先黄化，随后茎和叶变红，有时叶尖、叶基部保持浅绿色，植株矮小瘦弱、茎细而僵直。

玉米缺硫的症状与缺氮症状相似，但缺氮是在老叶上首先表现症状，而缺硫却是首先在嫩叶上表现症状。

（2）防治措施　缺硫时，可改用硫酸钾型复合肥或追施硫酸钾肥，每 667 m² 15 kg；玉米生长期出现缺硫症状，可叶面喷施 0.5％的硫酸盐水溶液。

二、玉米虫害

（一）常见种类

玉米田主要害虫有地上害虫（刺吸类害虫、钻蛀性害虫、食叶类害虫）、地下害虫（地老虎类、蛴螬类、金针虫类、蝼蛄类），包括以下种类：

刺吸类害虫：玉米蚜、蓟马、灰飞虱、耕葵粉蚧等。

钻蛀性害虫：玉米螟、桃蛀螟、棉铃虫、二点委叶蛾等。

食叶类害虫：黏虫、蝗虫等。

地老虎类：小地老虎、黄地老虎等。

蛴螬类：华北大黑鳃金龟、铜绿丽金龟、暗黑鳃金龟等。

金针虫类：细胸金针虫、褐纹金针虫、沟金针虫等。

蝼蛄类：华北蝼蛄、非洲蝼蛄等。

以下举例介绍。

1. 地上害虫

（1）玉米蚜虫

① 分类与危害。玉米蚜 ［*Rhopalosiphum maidis*（Fitch）］，属同翅目蚜科。主要危害玉米、谷子、高粱、麦类等禾本科作物及多种禾本科杂草。苗期在心叶内或叶鞘与节间危害，抽穗后危害穗部，吸食汁液，影响生长，还能传播病毒，引发病毒病。蚜虫密度大时分泌大量蜜露，叶面上会形成一层黑霉，影响光合作用，造成玉米生长不良，从而减产。该虫主要分布在华北、东北、华东、西南、华南等地。

② 形态特征。玉米蚜可分为无翅孤雌蚜和有翅孤雌蚜两型。

无翅孤雌蚜：体长 1.2～2.5 mm，翅展 5.6 mm。活虫深绿色，披薄白粉，附肢黑色，复眼红褐色。腹部第七节毛片黑色，第八节具背中横带，体表有网纹。触角、喙、足、腹管、尾片黑色。触角 6 节，长短于体长 1/3。喙粗短，不达中足基节，端节为基宽 1.7 倍。腹管长圆筒形，端部收缩，腹管具覆瓦状纹。尾片圆锥状，具毛 4～5 根。

有翅孤雌蚜：长卵形，体长 1.5～2.5 mm，头、胸黑色发亮，腹部黄红色至深绿色，腹管前各节有暗色侧斑。触角 6 节比身体短，长度为体长的 1/3，触角、喙、足、腹节间、腹管及尾片黑色。腹部第二～四节各具 1 对大型缘斑，第六～七节上有背中横带，第八节中带贯通全节。其他特征与无翅型相似。卵椭圆形。

③ 生活史。玉米蚜在中国从北到南一年发生 10 至 20 多代，在河南省以无翅胎生雌蚜在小麦苗及禾本科杂草的心叶里越冬。4 月底至 5 月初是玉米蚜春季繁殖高峰期，产生大量有翅蚜，并向春玉米、高粱迁移，在华北 5～8 月为危害严重期。玉米蚜在长江流域一年发生 20 多代，冬季以成、若蚜在大麦心叶或以孤雌成、若蚜在禾本科植物上越冬。

翌年3~4月开始活动危害，4~5月大麦、小麦黄熟期产生大量有翅迁移蚜，迁往春玉米、高粱、水稻田繁殖危害。在江苏，6月中下旬玉米出苗后，有翅胎生雌蚜在玉米叶片背面危害、繁殖，虫口密度升高以后，逐渐向玉米上部蔓延，同时产生有翅胎生雌蚜向附近株上扩散，到玉米大喇叭口末期蚜量迅速增加，扬花期蚜量猛增，在玉米上部叶片和雄花上群集危害，条件适宜危害持续到9月中下旬玉米成熟前。植株衰老后，气温下降，蚜量减少，后产生有翅蚜飞至越冬寄主上准备越冬。一般8~9月玉米生长中后期，均温低于28 ℃，适其繁殖，此间如遇干旱、旬降水量低于20 mm，易造成猖獗危害。

④ 生活习性和发生规律。玉米蚜有匿居于玉米心叶群集危害的习性。随着心叶的展开，玉米蚜也随着陆续向新生的心叶集中危害，在展开的叶面上可见到密集的蚜虫空壳。当玉米抽雄后，可扩散到雄穗上繁殖危害，尤其在扬花期，由于气温适宜，营养丰富，蚜量猛增，影响授粉，对玉米的危害也最重。此后叶片、叶鞘以至雌雄穗均布蚜虫，蚜虫以刺吸式口器刺吸玉米汁液后，排泄大量的蜜露，这些覆盖在叶面上的蜜露易引起霉菌寄生，于叶面上形成一层黑色霉状物，影响光合作用，使被害植株长势衰弱，发育不良，若果穗部受害，可使百粒重下降，影响产量。此外玉米蚜还能传播玉米矮花叶病毒。

（2）蓟马

① 分类与危害。玉米蓟马主要包括玉米黄呆蓟马 [*Anaphothrips obscurus* (Müller)]、禾蓟马 [*Frankliniella tenuicornis* (Uzel)] 和稻管蓟马 [*Haplothrips aculeatus* (Fabricius)] 等，均属缨翅目蓟马科。其中玉米黄呆蓟马是玉米田蓟马的优势种，也是玉米苗期的重要害虫。在玉米苗期，玉米蓟马主要危害玉米叶片，以成虫、幼虫在叶背吸食汁液，受害后玉米叶片的边缘出现断续的银灰色小斑条，严重时造成叶片干枯。蓟马主要在玉米心叶内发生危害，同时释放出黏液，致使心叶不能展开，随着玉米的生长，玉米心叶形成鞭状，叶片不能正常生长，影响光合作用，形成弱苗、小苗，导致玉米减产。严重时，玉米心叶难以长出，或生长点被破坏，分蘖丛生，形成多头玉米，甚至毁种重种。该虫在华北、新疆、甘肃、宁夏、江苏、四川、西藏、台湾等地均有分布。

② 形态特征。以玉米黄呆蓟马为例。雌成虫长翅型，体微小，体长1.0~1.2 mm，很少超过7 mm；黑色、褐色或黄色；头略呈后口式，口器锉吸式；触角6~9节，线状，略呈念珠状，一些节上有感觉器；翅狭长，边缘有长而整齐的缘毛，脉纹最多有两条纵脉；足的末端有泡状的中垫，爪退化；雌性腹部末端圆锥形，腹面有锯齿状产卵器，或呈圆柱形，无产卵器。主要以雌成虫进行孤雌生殖，偶有两性生殖，极难见到雄虫。卵长约0.3 mm，宽约0.13 mm，肾形，乳白色至乳黄色。卵散产于叶肉组织内，每雌产卵22~35粒。初孵若虫小如针状，头、胸部肥大，触角较短粗。二龄后体色为乳黄色，有灰色斑纹。触角末节灰色。体鬃很短，仅第九~十节鬃较长。中、后胸及腹部表皮皱缩不平，每节有数横排隆脊状颗粒构成。第九腹节上有4根背鬃略呈节瘤状。

③ 生活史。蓟马一年四季均有发生。雌成虫寿命8~10 d。卵期在5~6月为6~7 d。若虫在叶背取食到高龄末期停止取食，落入表土化蛹。春、夏、秋三季主要发生在露地，冬季主要在温室大棚中，危害茄子、黄瓜、芸豆、辣椒、西瓜等作物。在玉米上发生2代，5月底6月初在春玉米上出现第一代若虫高峰期，6月中旬出现第一代成虫高峰，危害春玉米和套种夏玉米。第二代若虫孵化盛期在6月中下旬，6月上旬为若虫高峰期，7

月上旬出现成虫高峰期，主要危害套种夏玉米和夏玉米。蓟马喜欢温暖、干旱的天气，其适温为 23～28 ℃，适宜空气相对湿度为 40％～70％；湿度过大不能存活，当相对湿度达到 100％，温度达 31 ℃时，若虫全部死亡。在雨季，如遇连阴多雨，叶腋间积水，能导致若虫死亡。大雨后或浇水后致使土壤板结，使若虫不能入土化蛹和蛹不能孵化成虫。

④ 生活习性和发生规律。蓟马较喜干燥条件，在低洼窝风而干旱的玉米地发生多，在小麦植株矮小稀疏地块中的套种玉米常受害重。一年中 5～7 月的降雨对蓟马发生程度影响较大，干旱少雨有利其发生。一般来说，在玉米上的发生数量，依次为春玉米＞中茬玉米＞夏玉米。中茬套种玉米上的单株虫量虽较春玉米少，但受害较重，在缺水肥条件下受害就更重。该虫行动缓慢，多在叶反面危害，造成不连续的银白色食纹并伴有虫粪污点，叶正面相对应的部分呈现黄色条斑。成虫在取食处的叶肉中产卵，对光透视可见针尖大小的白点。危害多集中在自下而上第二～四叶或第二～六叶上，即使新叶长出后也很少转向新叶危害。

(3) 灰飞虱

① 分类与危害。灰飞虱 [*Laodelphax striatellus* (Fallen)] 属同翅目飞虱科。主要分布区域：南自海南岛，北至黑龙江，东自台湾省和东部沿海各地，西至新疆均有发生，以长江中下游和华北地区发生较多。成、若虫常群集于玉米心叶内，以刺吸式口器刺吸玉米汁液，致使玉米叶片失绿，甚至干枯。灰飞虱是玉米粗缩病的最主要的传毒媒介，会使粗缩病大流行，造成玉米减产甚至绝产，因此其传播病毒造成的损失远远大于刺吸危害造成的损失。玉米一旦染病，几乎无法控制，轻者减产 30％，严重的绝收，因此玉米粗缩病又称为玉米的癌症。

② 形态特征。长翅型成虫，体长（连翅）雄虫 3.5 mm，雌虫 4.0 mm；短翅型雄虫 2.3 mm，雌虫 2.5 mm。头顶与前胸背板黄色，雌虫则中部淡黄色，两侧暗褐色。前翅近于透明，具翅斑。胸、腹部腹面雄虫为黑褐色，雌虫黄褐色，足皆淡褐色。卵呈长椭圆形，稍弯曲，长 1.0 mm，前端较细于后端，初产乳白色，后期淡黄色。若虫共 5 龄。一龄若虫体长 1.0～1.1 mm，体乳白色至淡黄色，胸部各节背面沿正中有纵行白色部分。二龄体长 1.1～1.3 mm，黄白色，胸部各节背面为灰色，正中纵行的白色部分较一龄明显。三龄体长 1.5 mm，灰褐色，胸部各节背面灰色增浓，正中线中央白色部分不明显，前、后翅芽开始呈现。四龄体长 1.9～2.1 mm，灰褐色，前翅翅芽达腹部第一节，后胸翅芽达腹部第三节，胸部正中的白色部分消失。五龄体长 2.7～3.0 mm，体色灰褐增浓，中胸翅芽达腹部第三节后缘并覆盖后翅，后胸翅芽达腹部第二节，腹部各节分界明显，腹节间有白色的细环圈。越冬若虫体色较深。

③ 生活史。灰飞虱一年发生 4～8 代，华北地区 4～5 代，东北地区 3～4 代，世代重叠。主要以三～四龄若虫在麦田、禾本科杂草、落叶下和土缝等处越冬。翌年 3～4 月羽化为成虫。长翅型成虫趋光性较强，尤喜嫩绿茂密的玉米和禾本科杂草，因此长势好的春玉米、套种夏玉米和早播夏玉米以及杂草丛生的地块虫量最大，玉米粗缩病发生会比较严重。成虫寿命 8～30 d，在适温范围内随气温升高而缩短，一般短翅型雌虫寿命长，长翅型较短。雌虫羽化后有一段产卵前期，发育适温为 15～28 ℃，冬暖夏凉有利于发生，夏季高温对其发育不利，在 33 ℃的高温下卵内的胚胎发育异常，孵化率降低，成虫寿命缩

短，产卵量大量减少，每雌虫产卵量100余粒，越冬代可达500粒左右。

④ 生活习性和发生规律。灰飞虱属于温带地区的害虫，耐低温能力较强，对高温适应性较差，其生长发育的适宜温度在28℃左右，冬季低温对其越冬若虫影响不大，在辽宁盘锦地区亦能安全越冬，不会大量死亡，在－3℃且持续时间较长时才产生麻痹冻倒现象，但除部分致死外，其余仍能复苏。当气温超过2℃无风天晴时，又能爬至寄主茎叶部取食并继续发育，在田间喜通透性良好的环境，栖息于植株的部位较高，并常向田边移动集中。因此，田边虫量多，成虫翅型变化较稳定，越冬代以短翅型居多，其余各代以长翅型居多，雄虫除越冬外，其余各代几乎均为长翅型成虫。成虫喜在生长嫩绿、高大茂密的地块产卵。雌虫产卵量一般数十粒，越冬代最多，可达500粒左右，每个卵块的卵粒数，由1粒至10余粒，大多为5～6粒，能传播玉米粗缩病、小麦丛矮病及条纹矮缩病等多种病毒病。

(4) 玉米耕葵粉蚧

① 分类与危害。玉米耕葵粉蚧（*Pseudaulacaspis pentagona* Wang et Zhang）属同翅目粉蚧科。主要分布在辽宁、河北、山东等省。该虫是近几年来危害禾本科作物的新害虫，主要危害玉米根部，茎叶变黄干枯，初生根变褐腐烂。其危害主要以若虫和雌成虫群集于表土下玉米幼苗根节周围刺吸植株汁液，以4～6叶期危害最重，茎基部和根尖被害后呈黑褐色，严重时茎基部腐烂，根茎变粗畸形，气生根不发达；被害株细弱矮小，叶片由下而上变黄干枯。后期则群集于植株中下部叶鞘危害，严重者叶片出现干枯。

② 形态特征。玉米耕葵粉蚧雌成虫体长3～4.2 mm，宽1.4～2.1 mm，扁平长椭圆形，两侧缘近于平行，红褐色，全体覆白色蜡粉。眼椭圆形，发达。触角8节，末节长于其余各节。喙短。足发达，具1个近圆形腹脐。肛环发达，椭圆形，有肛环孔和6根肛环刺。臀瓣不明显，臀瓣刺发达。雄成虫小，深黄褐色，3对单眼紫褐色，触角10节，口器退化，胸足发达。卵长椭圆形，长0.49 mm，初橘黄色，孵化前浅褐色。卵囊白色，棉絮状。若虫共2龄，一龄若虫体长0.6 mm，无蜡粉；二龄若虫体长0.9 mm，体表有蜡粉。雄蛹长1.15 mm，宽0.35 mm，长形略扁，黄褐色。

③ 生活史。玉米耕葵粉蚧在河北中部一年发生3代，以卵在卵囊中依附在残留在田间的玉米根茬上或土壤中残存的秸秆上越冬。越冬期6～7个月。每个卵囊中有100多粒卵，每年9～10月雌成虫产卵越冬。翌年4月中下旬，气温17℃左右开始孵化，孵化期半个多月，初孵若虫先在卵囊内活动1～2 d，以后向四周分散，寻找寄主后固定下来危害。一龄若虫活泼，没有分泌蜡粉，进入二龄后开始分泌蜡粉，在地下或进入植株下部的叶鞘中危害。雌若虫共2龄，老熟后羽化为雌成虫。雄若虫4龄。一代雄虫在6月上旬开始羽化，交尾后1～2 d死亡。雌成虫寿命20 d左右，交尾后2～3 d把卵产在玉米茎基部土中或叶鞘里，每雌产卵120～150粒，该虫主要营孤雌生殖，但各代也有少量雄虫。河北一代发生在4月至6月中旬，以若虫和雌成虫危害小麦，6月上旬小麦收获时羽化为成虫，第二代发生在6月中旬至8月上旬，主要危害夏播玉米。6月中旬末，夏玉米出苗卵孵化为若虫，然后爬到玉米上危害，第三代于8月上旬至9月中旬危害玉米或高粱。一代卵期约205 d，一龄若虫25 d，二龄若虫35 d；二代卵期13 d，一龄若虫8～10 d，二龄若虫22～24 d；三代卵期11 d，一龄若虫7～9 d，二龄若虫19～21 d。雄虫前蛹期约2 d，

蛹期 6 d。河北保定地区一代雄成虫发生在 5 月下旬至 6 月上旬，二代 7 月下旬至 8 月上旬，三代 8 月下旬至 9 月中旬。该虫在小麦、玉米二熟制地区得到积累，尤其当小麦收获后，经过一个世代的增殖，种群数量迅速增加，第二代孵化时正值玉米 2～3 叶期，有利玉米耕葵粉蚧的增殖和危害。

④ 生活习性和发生规律。该虫主要危害夏播玉米幼苗。夏玉米出苗后，卵开始孵化为若虫，而后迁移到夏玉米的主茬根处和近地面的叶鞘内，进行危害。一龄若虫活泼，没有分泌蜡粉保护层，是药剂防治的最佳时期，二龄后开始分泌蜡粉，在地下或进入植株下部的叶鞘中危害。雌若虫老熟后羽化为雌成虫，雌成虫把卵产在玉米茎基部土中或叶鞘里。受害植株茎叶发黄，下部叶片干枯，矮小细弱，降低产量，重者根茎部变粗，全株枯萎死亡，不能结实。由于若虫群集在根部取食，所以根部有许多小黑点，肿大，根尖发黑腐烂。玉米耕葵粉蚧危害玉米植株下部，在近地表的叶鞘内、茎基部和根上吸取汁液。受害植株下部叶片、叶鞘发黄，叶尖和叶缘干枯；茎基部变粗、色泽变暗，根系松散细弱、变黑腐烂或肿大；植株生长缓慢、矮小细弱，平均株高只有健株的 1/2～3/4，严重受害的植株不能结实，甚至全株枯死。

（5）玉米螟

① 分类与危害。玉米螟属鳞翅目螟蛾科，俗称钻心虫，是玉米上重要蛀食性害虫。其种类主要有亚洲玉米螟［*Ostrinia furnacalis* (Guenée)］和欧洲玉米螟［*Ostrinia nubilalis* (Hübner)］。

中国发生的主要是亚洲玉米螟，是优势种，分布最广，从东北到华南各玉米产区都有分布。尤以北方春玉米和黄淮平原春、夏玉米区发生最重，西南山地丘陵玉米区和南方丘陵玉米区其次。欧洲玉米螟在国内分布局限，常与亚洲玉米螟混合发生，一般发生年春玉米可减产 10%、夏玉米减产 20%～30%，大发生年可超过 30%。玉米螟以幼虫危害，心叶期取食叶肉、咬食未展开的心叶，造成花叶状。抽穗后蛀茎食害，蛀孔处通风折断对产量影响更大。还可直接蛀食雌穗嫩粒，并招致霉变降低品质。欧洲玉米螟仅在新疆伊宁一带发生，河北的张家口、内蒙古的呼和浩特以及宁夏等地，为欧洲玉米螟和亚洲玉米螟的混发区。

② 形态特征。玉米螟成虫为中型蛾，体淡黄色或黄褐色。前翅有 2 条暗褐色锯齿状横线和不同形状的褐斑，后翅淡黄色，中部也有 2 条横线和前翅相连。雌蛾较雄蛾色淡，后翅翅纹不明显。卵略呈椭圆形，扁平。初产时乳白色，渐变黄。卵粒呈鱼鳞状排列成块。幼虫圆筒形，体黄白色至淡红褐色。体背有 3 条褐色纵线，腹部第一～八节，背面各有 2 列横排毛片，前 4 后 2，前大后小。蛹纺锤形，褐色，末端有钩刺 5～8 根。

③ 生活史。玉米螟一年发生代数，从北向南为 1～7 代。可划分为 6 个世代区，即 1 代区：45°N 以北，东北、内蒙古和山西北部高海拔地区；2 代区：40°～45°N，北方春玉米区、吉林、辽宁及河北北部、内蒙古大部地区；3 代区：黄淮平原春、夏玉米区及山西、陕西、华东和华中部分省份；4 代区：浙江、福建、湖北北部、广东和广西西北部；5～6 代区：广西大部、广东曲江和台北；6～7 代区：广西南部和海南。无论哪个世代区，都是以末代老熟幼虫在寄主秸秆、根茎或穗轴中越冬，尤以茎秆中越冬的虫量最大。春玉米在 1 代区仅心叶期受害，在 2 代区穗期还受第二代危害。第一代在心叶期初孵幼虫取食

造成花叶，其后在玉米打苞时就钻入雄穗中取食，雄穗扬花时部分四～五龄幼虫就钻蛀穗柄或雌穗着生节及附近茎秆内蛀食并造成折断。第二代螟卵和幼虫盛期多在抽丝盛期前后，到四～五龄时又可蛀入雌穗穗柄、穗轴及着生节附近茎秆内危害，影响千粒重和籽粒品质。夏玉米在3代区，心叶期受第二代危害，穗期受第三代危害，夏玉米上第三代螟虫的数量比春玉米穗期的第二代多，危害程度大。小麦行间套种玉米，因播期晚于春玉米早于夏玉米，心叶期可避开第一代危害，但到打苞露雄时正好与第二代盛期相通，抽穗期又到第三代初盛期孵化的幼虫危害，双重影响雌穗。

④ 生活习性和发生规律。玉米螟幼虫有趋糖、趋醋、趋温习性，共5龄，三龄前多在叶丛、雄穗苞、雌穗顶端花柱及叶腋等处危害，四龄后就钻蛀危害。在棉花上初孵幼虫集中嫩头、叶背取食，二～三龄蛀入嫩头、叶柄、花蕾危害，三～四龄蛀入茎秆造成折断，五龄能转移危害蛀食棉铃。玉米螟成虫趋光，飞行能力强，卵多产在叶背中脉附近，产卵对株高有选择性，50 cm以下的植株多不去产卵。玉米螟各虫态发生的适宜温度为15～30 ℃，相对湿度在60%以上。降雨较多也有利于发生。

（6）桃蛀螟

① 分类与危害。桃蛀螟 [*Dichocrocis punctiferalis* (Guenée)] 属鳞翅目螟蛾科，又名桃斑蛀螟、桃蛀野螟，俗称桃蛀心虫，主要蛀食雌穗，取食玉米粒，并能引起严重穗腐，且可蛀茎，造成植株倒折。桃蛀螟分布普遍，分布北起黑龙江、内蒙古，南至台湾、海南、广东、广西、云南南缘，东接前苏联东境、朝鲜北境，西面自山西、陕西至宁夏、甘肃后，折入四川、云南、西藏。寄主包括高粱、玉米、粟、向日葵、棉花、桃、柿、核桃、板栗等。

② 形态特征。成虫黄色至橙黄色，体长11～13 mm，翅展22～26 mm，身躯背面和翅表面都有许多黑斑，前翅有25～26个，后翅有14～15个，胸背有7个；腹部第一节和第三～六节背面各有3个黑斑，第七节只有1个黑斑，第二节、第八节无黑斑，雌蛾腹部较粗，雄蛾腹部较细，末端有黑色毛丛。卵扁平，椭圆形，长0.6 mm，宽0.4 mm，表面粗糙，有细微圆点，初产卵为乳白色，渐变为淡黄色。卵孵化前桃红色，卵粒中央呈现黑头。幼虫共5龄，体长可达20～30 mm，体色多变，头部黑色，前胸盾深褐色，胸、腹部颜色多变，有淡褐、浅灰、浅灰蓝、暗红等色。各体节毛片明显，灰褐至黑褐色，背面的毛片较大，中、后胸和腹部第一～八节各有黑褐色毛片8个，排成2排，前排6个，后排2个。气门椭圆形，围气门片黑褐色突起。腹足趾钩双序缺环。蛹黄褐色或红褐色，纺锤形，体长15～18 mm，腹末稍尖，腹部背面第五～七节前缘各有1列小齿，腹部末端有臀刺1丛。蛹体外包被灰白色丝质薄茧。

③ 生活史。桃蛀螟在中国北方一年发生2～3代，辽宁发生1～2代，河北、山东、陕西3代，河南4代，长江流域4～5代。均以老熟幼虫在玉米、向日葵、蓖麻等残株内结茧越冬。华北地区越冬幼虫于翌年4月中旬开始化蛹，4月下旬进入化蛹盛期，5月上中旬至6月上中旬成虫羽化。第一代幼虫于在5月下旬至7月中旬发生，主要危害桃、李、杏果实；第二代幼虫7月中旬至8月中下旬发生，可危害春高粱穗部、玉米茎秆、向日葵等；第三代幼虫6月中下旬发生期，可严重危害夏高粱。在河南等地还发生第四代幼虫，危害晚播夏高粱和晚熟向日葵，10月中下旬老熟幼虫进入越冬。在长江流域，第二

代幼虫可危害玉米茎秆。在不种植果树的地方，长年危害玉米、高粱及向日葵等农作物。

④ 生活习性和发生规律。桃蛀螟为杂食性害虫，寄主植物多，发生世代复杂。危害玉米时，把卵产在雄穗、雌穗、叶鞘合缝处或叶耳正反面，百株卵量高可达 1 729 粒。初孵幼虫从雌穗上部钻入后，蛀食或啃食籽粒和穗轴，造成直接经济损失。钻蛀穗柄常导致果穗瘦小，籽粒不饱满。蛀孔口堆积颗粒状粪渣，一个果穗上常有多头桃蛀螟危害，也有与玉米螟混合危害，严重时整个果穗被蛀。桃蛀螟成虫昼伏夜出，有趋光性和趋糖蜜性。羽化后的成虫需补充营养方能产卵。卵多散产在寄主的花、穗或果实上。幼虫主要蛀食果实和种子，老熟后就近结茧化蛹。桃蛀螟喜湿，多雨高湿年份发生重，少雨干旱年份发生轻。

（7）棉铃虫

① 分类与危害。棉铃虫 [*Helicoverpa armigera* （Hübner）] 属鳞翅目夜蛾科。该虫是一种杂食性害虫，取食 200 余种植物，严重危害棉花、茄科蔬菜等作物，近年对玉米等旱粮作物的危害有明显加重的趋势。该虫主要取食玉米叶片，并对玉米茎和穗部进行钻蛀危害。

② 形态特征。棉铃虫成虫为黄褐色（雌）或灰褐色（雄）的中型蛾，体长 15～20 mm，翅展 27～40 mm，复眼球形，绿色（近缘种烟青虫复眼黑色）。雌蛾赤褐色至灰褐色，雄蛾青灰色。棉铃虫的前后翅，可作为夜蛾科成虫的模式。其前翅外横线外有深灰色宽带，带上有 7 个小白点，肾纹、环纹暗褐色。后翅灰白色，沿外缘有黑褐色宽带，宽带中央有 2 个相连的白斑；后翅前缘有 1 个月牙形褐色斑。卵馒头形或半球形，直径 0.5～0.8 mm，表面有纵横隆纹，交织成长方格，纵棱 12 条；顶部微起，底部较平，初产时白色，后变成黄白色，近孵化时灰黑色或红褐色。幼虫共有 6 龄，有时 5 龄（取食豌豆苗、向日葵花盘时），老熟六龄虫长 40～50 mm，头黄褐色有不明显的斑纹，幼虫体色多变，分 4 个类型：体淡红色，背线、亚背线褐色，气门线白色，毛突黑色；体黄白色，背线、亚背线淡绿色，气门线白色，毛突与体色相同；体淡绿色，背线、亚背线不明显，气门线白色，毛突与体色相同；体深绿色，背线、亚背线不太明显，气门淡黄色。气门上方有一褐色纵带，是由尖锐微刺排列而成（烟青虫的微刺钝圆，不排成线）。幼虫腹部第一、二、五节各有 2 个毛突特别明显。蛹长 17～20 mm，纺锤形，赤褐至黑褐色，腹末有 1 对臀刺，刺的基部分开。气门较大，围孔片呈筒状突起较高，腹部第五～七节的点刻半圆形，较粗而稀（烟青虫气孔小，刺的基部合拢，围孔片不高，第五～七节的点刻细密，有半圆形，也有圆形的）。

③ 生活史。棉铃虫发生的代数因年份因地区而异。在华北一年发生 4 代，9 月下旬成长幼虫陆续下树入土，在苗木附近或杂草下 5～10 cm 深的土中化蛹越冬。立春气温回升 15 ℃以上时开始羽化，4 月下旬至 5 月上旬为羽化盛期，第一代成虫出现在 6 月中下旬，第二代在 7 月中下旬，第三代在 8 月中下旬至 9 月上旬，至 10 月上旬仍有棉铃虫出现。棉铃虫发生的最适宜温度为 25～28 ℃，相对湿度 70%～90%。第二代、第三代危害最为严重，严重地片虫口密度达 98 头/百叶，虫株率 60%～70%，个别地片达 100%，受害叶片达 1/3 以上，影响产量 20% 以上。

④ 生活习性和发生规律。成虫有趋光性，羽化后即在夜间闪配产卵，卵散产，较分

散。每头雌蛾一生可产卵 500～1 000 粒，最高可达 2 700 粒。卵多产在叶背面，也有产在正面、顶心、叶柄、嫩茎上或农作物、杂草等其他植物上。幼虫孵化后有取食卵壳习性，初孵幼虫有群集取食习性。三龄前的幼虫食量较少，较集中，随着幼虫生长而逐渐分散，进入四龄食量大增，可食光叶片，只剩叶柄。幼虫 7～8 月危害最盛。棉铃虫有转移危害的习性，一只幼虫可危害多株玉米。各龄幼虫均有食掉蜕下旧皮留头壳的习性，给鉴别虫龄造成一定困难，虫龄不整齐。

（8）二点委夜蛾

① 分类与危害。二点委夜蛾 [Athetis lepigone (Moschler)] 属鳞翅目夜蛾科。2005年在河北省始发现该虫危害夏玉米幼苗，并陆续在黄淮海玉米种植区发现其危害夏玉米。该虫主要以幼虫躲在玉米幼苗周围的碎麦秸下或在 2～5 cm 的表土层危害玉米苗，一般一株有虫 1～2 头，多的达 10～20 头。在玉米幼苗 3～5 叶期的地块，幼虫主要咬食玉米茎基部，形成 3～4 mm 圆形或椭圆形孔洞，切断营养输送，造成地上部玉米心叶萎蔫枯死。在玉米苗较大（8～10 叶期）的地块幼虫主要咬断玉米根部，包括气生根和主根，造成玉米倒伏，严重者枯死。

② 形态特征。二点委夜蛾卵馒头状，上有纵脊，初产黄绿色，后土黄色。直径不到1 mm。成虫体长 10～12 mm，翅展 20 mm，雌虫体长会略大于雄虫。头、胸、腹部灰褐色。前翅灰褐色，有暗褐色细点；内线、外线暗褐色，环纹为一黑点；肾纹小，有黑点组成的边缘，外侧中凹，有一白点；外线波浪形，翅外缘有一列黑点。后翅白色微褐，端区暗褐色。腹部灰褐色。雄蛾外生殖器的抱器瓣端半部宽，背缘凹，中部有一钩状突起；阳茎内有刺状阳茎针。老熟幼虫体长 20 mm 左右，体灰黄色，头部褐色。幼虫 1.4～1.8 cm长，黄灰色或黑褐色，比较明显的特征是各体节有 1 个倒三角的深褐色斑纹，腹部背面有两条褐色背侧线，到胸节消失。蛹长 10 mm 左右，化蛹初期淡黄褐色，逐渐变为褐色，老熟幼虫入土做一丝质土茧包被内化蛹。

③ 生活史。二点委夜蛾在黄淮海流域玉米种植区一年发生 4 代，以老熟幼虫在表土层或附着于植物残体，吐丝黏着土粒、碎植物组织等结茧越冬。从 3 月上旬化蛹至 11 月中旬做茧越冬，历时 8 个多月的活动期在不同作物田转移栖息，相邻世代间各虫态均有重叠现象。3 月上旬二点委夜蛾越冬幼虫就可以陆续化蛹，4 月上旬即可羽化并迁入麦田产卵，第一代幼虫主要取食麦类作物、春玉米、杂草等植物，危害不明显。小麦收获后，有麦秸覆盖的玉米田为二点委夜蛾创造了适宜的生存环境。第一代成虫多将卵散产于田间散落的麦秸上，近地表温湿度适宜，遮光性好，第二代幼虫虫量迅速积累并与夏玉米苗期相遇，咬食玉米茎基部及地上根造成死苗、倒伏等明显且严重的被害症状。之后 7 月下旬羽化出的第二代成虫，除在麦茬玉米田继续产卵外，还分散转移到棉花、甘薯、豆类、花生等较为阴凉郁闭的作物田。由于此间作物布局变化不大，8 月底 9 月初的第三代成虫还会继续在此类作物田产卵繁殖，同时田间环境类似的瓜类、豆类等蔬菜地也是适宜其生存的场所。因此第三～四代幼虫也主要在以上地块取食植物叶片、茎秆或者收获后遗留在田间的枯枝、败叶。由于此类作物枝叶茂密、田间密植数量大或者已到达生育末期根茎粗壮，所以被害症状均不明显。第四代幼虫可以取食至 11 月中旬，幼虫老熟后陆续结茧越冬。

④ 生活习性和发生规律。二点委夜蛾幼虫在棉田倒茬玉米田比重茬玉米田发生严重，

麦糠、麦秸覆盖面积大的比没有麦秸、麦糠覆盖的发生严重，播种时间晚比播种时间早的发生严重，田间湿度大比湿度小的发生严重。二点委夜蛾主要在玉米气生根处的土壤表层处危害玉米根部，咬断玉米地上茎秆或浅表层根，受危害的玉米田轻者植株东倒西歪，重者造成缺苗断垄，玉米田中出现大面积空白地，甚至需要毁种。二点委夜蛾喜阴暗潮湿，畏惧强光，一般在玉米根部或者湿润的土缝中生存，遇到声音或药液喷淋后呈 C 形假死。高麦茬、厚麦糠为二点委夜蛾大发生提供了主要的生存环境，二点委夜蛾比较厚的外皮使药剂难以渗透是防治的主要难点，世代重叠发生是增加防治次数的主要原因。

（9）黏虫

① 分类与危害。黏虫［*Mythimna separate*（Walker）］属鳞翅目夜蛾科，又名行军虫、剃枝虫，分布广泛，是农作物的主要害虫之一。黏虫具有多食性和暴食性，主要危害玉米、高粱、谷子、麦类等禾本科作物和杂草。黏虫大发生时常将叶片全部吃光，并能咬断麦穗、稻穗和啃食玉米雌穗花柱和籽粒，对产量和品质影响很大。

② 形态特征。黏虫成虫体长 15～17 mm，翅展 36～40 mm。头部与胸部灰褐色，腹部暗褐色。前翅灰黄褐色、黄色或橙色，变化很多；内横线往往只现几个黑点，环纹与肾纹黄褐色，界限不显著，肾纹后端有 1 个白点，其两侧各有 1 个黑点；外横线为 1 列黑点；亚缘线自顶角内斜；缘线为 1 列黑点。后翅暗褐色，向基部色渐淡。卵粒馒头形，有光泽，直径约 0.5 mm，表面有网状脊纹，初为乳白色，渐变成黄褐色，将孵化时为灰黑色。卵粒单层排列成行或重叠成堆。老熟幼虫体长 38 mm。头红褐色，头盖有网纹，额扁，两侧有褐色粗纵纹，略呈"八"字形，外侧有褐色网纹。体色由淡绿至浓黑，变化甚大（常因食料和环境不同而有变化）；在大发生时背面常呈黑色，腹面淡污色，背中线白色，亚背线与气门上线之间稍带蓝色，气门线与气门下线之间粉红色至灰白色。腹足外侧有黑褐色宽纵带，足的先端有半环式黑褐色趾钩。蛹长约 19 mm；红褐色；腹部第五～七节背面前缘各有 1 列齿状点刻；尾端臀棘上有刺 4 根，中央 2 根较为粗大，其两侧各有细短而略弯曲的刺 1 根。

③ 生活史。黏虫每年发生世代数在全国各地不一，从北至南世代数为：东北、内蒙古一年发生 2～3 代，华北中南部 3～4 代，江苏淮河流域 4～5 代，长江流域 5～6 代，华南 6～8 代。以长江流域以例，越冬代成虫盛期在 3 月中旬至 4 月中旬，第一代幼虫孵化盛期一般在 4 月中旬，三龄幼虫盛期一般在 4 月下旬至 5 月初。第一代各虫态历期大致为：卵期 8～10 d；一龄幼虫期 6～7 d；二～五龄幼虫期均为 3 d 天左右；六龄幼虫期 6～7 d；前蛹期约 3 d，蛹期约 10 d；成虫产卵前期约 5 d；成虫寿命约 12 d。

④ 生活习性和发生规律。黏虫多在降水过程中发生较多，土壤及空气湿度大等气象条件下大发生。玉米受害株率达到 80% 左右。它是一种迁飞性害虫，因此具有偶发性和暴发性的特点。黏虫以幼虫暴食玉米叶片，严重发生时，短期内吃光叶片，造成减产甚至绝收。危害症状主要以幼虫咬食叶片。一～二龄幼虫取食叶片造成孔洞，三龄以上幼虫危害叶片后呈现不规则的缺刻，暴食时，可吃光叶片。大发生时将玉米叶片吃光，只剩叶脉，造成严重减产，甚至绝收。当一块田玉米被吃光，幼虫常成群列纵队迁到另一块田危害，故又名行军虫。一般地势低、玉米植株高矮不齐、杂草丛生的田块受害重。

黏虫抗寒力不强，在中国北方不能越冬。在 32°N 以南如湖南、湖北、江西、浙江一带，能以幼虫或蛹在稻桩、杂草、绿肥、麦田等处的表土下或土缝里过冬。在27°N以南的华南地区，黏虫冬季仍可继续危害，无越冬现象。南方的越冬代黏虫及第一代黏虫于2～4月间羽化后，向北迁飞，到江苏、安徽、山东、河南等地，成为这些地区的第一代虫源，主要危害冬小麦。这些地区第一代成虫于5～6月间又向北迁飞到东北、华北等地，危害春麦、谷子、高粱、玉米等。夏、秋季，黏虫成虫又逐步迁回华南，在晚稻、冬麦上危害或越冬。迁飞的黏虫主要是羽化后卵巢尚未发育成熟的成虫，如果羽化后遇到恶劣条件，影响及时迁飞，待卵巢发育成熟后，便留在原地不再迁飞。因此，各地大发生世代，成虫羽化后，大多数向外地迁飞，但也有少数留在原地继续繁殖。

（10）蝗虫

① 分类与危害。蝗虫属直翅目昆虫。其种类很多，主要分为飞蝗和土蝗两类。危害玉米的飞蝗主要是东亚飞蝗［*Locusta migratoria manilensis*（Meyen）］。土蝗则种类繁多，因种类、环境、地域而异，在中国华北、西北等地常见的土蝗有大垫尖翅蝗［*Epacromius coerulipes*（Ivanov）］、苯蝗［*Haplotropis brunneriana*（Saussure）］、花胫绿纹蝗［*Ailopus thalasisinus tamulus*（Fabricious）］和黄胫小车蝗［*Oedaleus infernalis*（Sauss）］等。均以成虫、若虫取食玉米茎叶呈缺刻状，大发生时可将玉米吃成光秆。

② 形态特征。蝗虫的种类很多，其共同特征是蝗虫全身通常为绿色、灰色、褐色或黑褐色，头大，触角短；前胸背板坚硬，像马鞍似的向左右延伸到两侧，中、后胸愈合不能活动。足发达，后腿的肌肉强劲有力，外骨骼坚硬，使它成为跳跃专家，胫骨还有尖锐的锯刺，是有效的防卫武器。产卵器没有明显的突出，是它和螽斯最大的分别。头部除有触角外，还有1对复眼，是主要的视觉器官，同时还有3个单眼，主管感光。头部下方有1个口器，是蝗虫的取食器官。蝗虫的口器是由上唇（1片）、上颚（1对）、舌（1片）、下颚（1对）、下唇（1片）组成。它的上颚很坚硬，适于咀嚼，因此这种口器叫做咀嚼式口器。在蝗虫腹部第一节的两侧，有1对半月形的薄膜，是蝗虫的听觉器官。在左右两侧排列得很整齐的1行小孔，就是气门。从中胸到腹部第八节，每一个体节都有1对气门，共有10对。雄虫以左右翅相互摩擦或以后足腿节的音锉摩擦前翅的隆起脉而发音。有的种类飞行时也能发音。某些种类长度超过11 cm。

③ 生活史。以东亚飞蝗为例，该虫在北京、渤海湾、黄河下游、长江流域一年发生2代，少数年份发生3代；广西、广东、台湾发生3代，海南可发生4代。无滞育现象，全国各地均以卵在土中越冬。山东、安徽、江苏等2代区，越冬卵于4月底至5月上中旬孵化为夏蝗，经35～40 d羽化，羽化后经10 d交尾7 d后产卵，卵期15～20 d，7月上中旬进入产卵盛期，孵出若虫称为秋蛹，又经25～30 d羽化为秋蝗，生活15～20 d又开始交尾产卵，9月进入产卵盛期后开始越冬。个别高温干旱的年份，于8月下旬至9月下旬又孵出第三代蝗蛹，多在冬季冻死，仅有个别能羽化为成虫产卵越冬。

④ 生活习性和发生规律。幼虫只能跳跃，成虫可以飞行，也可以跳跃。成虫植食性，大多以植物为食物，喜欢吃肥厚的叶子，如甘薯、空心菜、白菜等。飞蝗密度小时为散居型，密度大了以后，个体间相互接触，可逐渐聚集成群居型。群居型飞蝗有远距离迁飞的习性，迁飞多发生在羽化后5～10 d、性器官成熟之前。迁飞时可在空中持续1～3 d。至于散居型飞蝗，当每平方米有虫多于10头时，有时也会出现迁飞现象。群居型飞蝗体内

含脂肪量多、水分少，活动力强，但卵巢管数少，产卵量低。而散居型则相反。飞蝗喜欢栖息在地势低洼、易涝易旱或水位不稳定的海滩或湖滩及大面积荒滩或耕作粗放的夹荒地上、生有低矮芦苇、茅草或盐篙、莎草等嗜食的植物。遇有干旱年份，这种荒地随天气干旱水面缩小而增大时，利于蝗虫生育，宜蝗面积增加，容易酿成蝗灾，因此每遇大旱年份，要注意防治蝗虫。

2. 地下害虫

（1）小地老虎

① 分类与危害。小地老虎（*Agrotis ypsilon* Rottemberg）属鳞翅目夜蛾科，别名黑地蚕、切根虫、土蚕。在中国各地均有分布，是玉米苗期生长中一种重要的地下害虫。其食性杂，对玉米等作物危害主要是以切断幼苗近地面的茎部，使整株死亡，造成缺苗断垄，甚至毁种。

② 形态特征。成虫体长 17～23 mm、翅展 40～54 mm。头、胸部背面暗褐色，足褐色，前足胫、跗节外缘灰褐色，中、后足各节末端有灰褐色环纹。前翅褐色，前缘区黑褐色，外缘以内多暗褐色；基线浅褐色，黑色波浪形内横线双线，黑色环纹内一圆灰斑，肾状纹黑色具黑边，其外中部一楔形黑纹伸至外横线，暗褐色波浪形中横线，褐色波浪形外横线双线，不规则锯齿形亚外缘线灰色，其内缘在中脉间有 3 个尖齿，亚外缘线与外横线间在各脉上有小黑点，外缘线黑色，外横线与亚外缘线间淡褐色，亚外缘线以外黑褐色。后翅灰白色，纵脉及缘线褐色，腹部背面为灰色。

③ 生活史。西北地区及长城以北一般一年发生 2～3 代，长城以南黄河以北 3 代，黄河以南至长江沿岸 4 代。无论发生代数多少，在生产上造成严重危害的均为第一代幼虫。南方越冬代成虫 2 月出现，全国大部分地区羽化盛期在 3 月下旬至 4 月上中旬，宁夏、内蒙古为 4 月下旬。成虫的产卵量和卵期在各地有所不同，卵期随分布地区及世代不同的主要原因是温度高低不同所致。高温和低温均不适于小地老虎生存、繁殖。在温度为（30±1）℃或 5 ℃以下时，小地老虎一～三龄幼虫会大量死亡。平均温度高于 30 ℃时成虫寿命缩短，一般不能产卵。冬季温度偏高，5 月气温稳定，有利于幼虫越冬、化蛹、羽化，促使第一代卵的发育和幼虫成活率增高，危害加重。

④ 生活习性和发生规律。小地老虎的寄主和危害对象有棉花、玉米、高粱、粟、麦类、薯类等以及多种蔬菜，多种杂草常为其重要寄主。三龄前幼虫多在土表或植株上活动，昼夜取食叶片、心叶、嫩头、幼芽等部位，食量较小。三龄后分散入土，白天潜伏土中，夜间活动危害，常将作物幼苗齐地面处咬断。玉米主茎硬化后该虫还可爬到上部危害生长点，造成缺苗断垄。

小地老虎在北方的严重危害区多为沿河、沿湖的滩地或低洼内涝地以及常年灌区。成虫盛发期遇有适量降雨或灌水时常导致大发生。土壤含水量在 15％～20％的地区有利于幼虫生长发育和成虫产卵。在黄淮海地区，前一年秋雨多、田间杂草也多时，常使越冬基数增大，翌年发生危害严重。其他因素如前茬作物、田间杂草或蜜源植物多时，有利于成虫获取补充营养和幼虫的转移，从而加重危害发生。

（2）黄地老虎

① 分类与危害。黄地老虎［*Agrotis segetum*（Denis et Schiffermüller）］属鳞翅目夜蛾

科，为地夜蛾属的另一个重要物种。该虫为多食性害虫，危害各种农作物、牧草及草坪草。主要以第一代幼虫危害春播作物的幼苗最严重，常切断幼苗近地面的茎部，使整株死亡，造成缺苗断垄，甚至毁种。黄地老虎分布也相当普遍，以北方各省份较多。主要危害地区在雨量较少的草原地带，如新疆、华北、内蒙古部分地区，甘肃河西以及青海西部常造成严重危害。

② 形态特征。黄地老虎成虫体长 14～19 mm，翅展 32～43 mm，灰褐色至黄褐色。额部具钝锥形突起，中央有一凹陷。前翅黄褐色，全面散布小褐点，各横线为双条曲线但多不明显，肾纹、环纹和剑纹明显，且围有黑褐色细边，其余部分为黄褐色；后翅灰白色，半透明。卵扁圆形，底平，黄白色，具 40 多条波状弯曲纵脊，其中约有 15 条达到精孔区，横脊 15 条以下，组成网状花纹。幼虫体长 33～45 mm，头部黄褐色，体淡黄褐色，体表颗粒不明显，体多皱纹而淡，臀板上有两块黄褐色大斑，中央断开，小黑点较多，腹部各节背面毛片，后两个比前两个稍大。蛹体长 16～19 mm，红褐色，第五～七腹节背面有很密的小刻点 9～10 排，腹末生粗刺 1 对。

③ 生活史。黄地老虎在黑龙江、辽宁、内蒙古和新疆北部一年发生 2 代，甘肃河西地区 2～3 代，新疆南部 3 代，陕西 3 代。一般以老熟幼虫在土壤中越冬，越冬场所为麦田、绿肥、草地、菜地、休闲地、田埂以及沟渠堤坡附近。一般田埂密度大于田中，向阳面田埂大于向阴面。3～4 月间气温回升，越冬幼虫开始活动，陆续在土表 3 d 左右深处化蛹，蛹直立于土室中，头部向上，蛹期 20～30 d。4～5 月为各地蛾羽化盛期。幼虫共 6 龄。陕西（关中、陕南）第一代幼虫出现于 5 月中旬至 6 月上旬，第二代幼虫出现于 7 月中旬至 8 月中旬，越冬代幼虫出现于 8 月下旬至翌年 4 月下旬。卵期 6 d。一～六龄幼虫历期分别为 4 d、4 d、3.5 d、4.5 d、5 d、9 d，幼虫期共 30 d。卵期平均温度 18.5 ℃，幼虫期平均温度 19.5 ℃。产卵前期 3～6 d，产卵期 5～11 d。甘肃（河西地区）4 月上中旬幼虫化蛹，4 月下旬羽化。第一代幼虫期 54～63 d，第二代幼虫期 51～53 d，第二代后期和第三代前期幼虫 8 月末发育成熟，9 月下旬起进入休眠。

④ 生活习性和发生规律。成虫昼伏夜出，在高温、无风、空气湿度大的黑夜最活跃，有较强的趋光性和趋化性。产卵前需要丰富的补充营养，能大量繁殖。黄地老虎喜产卵于低矮植物近地面的叶上。每雌虫产卵量为 300～600 粒。卵期长短，因温度变化而异，一般 5～9 d，如温度在 17～18 ℃时为 10 d 天左右，28 ℃时只需 4 d。一～二龄幼虫在植物幼苗顶心嫩叶处昼夜危害，三龄以后从接近地面的茎部蛀孔食害，造成枯心苗。三龄以后幼虫开始扩散，白天潜伏在被害作物或杂草根部附近的土层中，夜晚出来危害。幼虫老熟后多在翌年春上升到土壤表层做土室化蛹。在黄淮地区黄地老虎发生比小地老虎晚，危害盛期相差半个月以上。在新疆一些地区秋季危害小麦和蔬菜，尤以早播小麦受害严重。黄地老虎严重危害地区多系比较干旱的地区或季节，如西北、华北等地，但十分干旱的地区发生也很少，一般在上年幼虫休眠前和春季化蛹期雨量适宜才有可能大量发生。新疆大田发生严重与否和播期关系很大，春播作物早播发生轻，晚播重；秋播作物则早播重，晚播轻。其原因主要决定于播种灌水期是否与成虫发生盛期相遇，南疆墨玉地区经验，5 月上旬无雨，是导致春季黄地老虎严重发生的原因之一。

（3）华北大黑鳃金龟

① 分类与危害。华北大黑鳃金龟（*Holotrichia oblita* Faldermann）属鞘翅目鳃金龟

科，广泛分布东北、华北、西北等省份。成虫取食多种果树和林木叶片，幼虫危害阔叶树、针叶树根部及玉米、棉花、花生等作物种子或幼苗。与其习性和形态近似种有东北大黑鳃金龟（*H. diomphalia* Bates）、华南大黑鳃金龟（*H. gebleri* Faldermann）、四川大黑鳃金龟（*H. szechuanensis* Chang）。

② 形态特征。成虫为长椭圆形，体长 21～23 mm、宽 11～12 mm，黑色或黑褐色有光泽。胸、腹部生有黄色长毛，前胸背板宽为长的两倍，前缘钝角、后缘角几乎成直角。每鞘翅 3 条隆线。前足胫节外侧 3 齿，中、后足胫节末端 2 距。雄虫末节腹面中央凹陷、雌虫隆起。卵为椭圆形，乳白色。幼虫体长 35～45 mm，肛孔 3 射裂缝状，前方着生一群扁而尖端呈钩状的刚毛，并向前延伸到肛腹片后部 1/3 处。蛹黄白色，椭圆形，尾节具突起 1 对。

③ 生活史。华北大黑鳃金龟西北、东北和华东两年发生 1 代，华中及江浙等地 1 代，以成虫或幼虫越冬。在河北省越冬成虫 4 月中旬左右出土活动直至 9 月入蛰，前后持续达 5 个月，5 月下旬至 8 月中旬产卵，6 月中旬幼虫陆续孵化，危害至 12 月以二龄或三龄越冬；第二年 4 月越冬幼虫继续发育危害，6 月初开始化蛹，6 月下旬进入盛期，7 月始羽化为成虫后即在土中潜伏，相继越冬，直至第三年春天才出土活动。东北地区的生活史则推迟约半月余。

④ 生活习性和发生规律。成虫白天潜伏土中，黄昏活动，上午 8～9 时为出土高峰，有假死及趋光性；出土后尤喜在灌木丛或杂草丛生的路旁、地旁群集取食交尾，并在附近土壤内产卵，故地边苗木受害较重；成虫有多次交尾和陆续产卵习性，产卵次数多达 8 次，雌虫产卵后约 27 d 死亡。多喜散产卵于 6～15 cm 深的湿润土中，每雌产卵 32～193 粒，平均 102 粒，卵期 19～22 d。幼虫 3 龄，均有相互残杀习性，常沿垄向及苗行向前移动危害，在新鲜被害株下很易找到幼虫；幼虫随地温升降而上下移动，春季 10 cm 处地温约达 10 ℃时幼虫由土壤深处向上移动，地温约 20 ℃时主要在地下 5～10 cm 处活动取食，秋季地温降至 10 ℃以下时又向深处迁移，越冬于地下 30～40 cm 处。土壤过湿或过干都会造成幼虫大量死亡（尤其是 15 cm 以下的幼虫），幼虫的适宜土壤含水量为 10.2%～25.7%，当低于 10%时初龄幼虫会很快死亡；灌水和降雨对幼虫在土壤中的分布也有影响，如遇降雨或灌水则暂停危害下移至土壤深处，若遭水浸则在土壤内做一穴室，如浸渍 3 d 以上则常窒息而死，故可灌水减轻幼虫的危害。老熟幼虫在土深 20 cm 处筑土室化蛹，预蛹期约 22.9 d，蛹期 15～22 d。

（4）细胸金针虫

① 分类与危害。细胸金针虫（*Agriotes subrittatus* Motschulsky），属鞘翅目叩甲科。在国内主要分布于黑龙江、吉林、内蒙古、河北、陕西、宁夏、甘肃、陕西、河南、山东等省份。危害麦类、玉米、马铃薯、豆类等作物，对麦类、玉米危害最重。该虫主要危害作物的幼芽及种子，也可危害出土的幼苗。幼苗长大后便钻到根茎部取食，被害部位不完全被咬断，断口不整齐，有时也可钻入大粒种子，从而使病菌入侵而引起腐烂，被害作物逐渐枯黄而死。

② 形态特征。成虫体长 8～9 mm，宽约 2.5 mm。体形细长扁平，被黄色细卧毛。头、胸部黑褐色，鞘翅、触角和足红褐色，光亮。触角细短，第一节最粗长，第二节稍长

于第三节，基端略等粗，自第四节起略呈锯齿状，各节基细端宽，彼此约等长，末节呈圆锥形。前胸背板长稍大于宽，后角尖锐，顶端多少上翘；鞘翅狭长，末端趋尖，每翅具9行深的封点沟。卵乳白色，近圆形。幼虫淡黄色，光亮。老熟幼虫体长约32 mm，宽约1.5 mm。头扁平，口器深褐色。第一胸节较第二、三胸节稍短。第一～八腹节略等长，尾圆锥形，近基部两侧各有1个褐色圆斑和4条褐色纵纹，顶端具1个圆形突起。蛹体长8～9 mm，浅黄色。

③ 生活史。细胸金针虫在东北约需3年完成1个世代。在内蒙古河套平原6月见蛹，蛹多在7～10 cm深的土层中。6月中下旬羽化为成虫，成虫活动能力较强，对禾本科草类刚腐烂发酵时的气味有趋性。6月下旬至7月上旬为产卵盛期，卵产于表土内。在黑龙江克山地区，卵历期为8～21 d。幼虫要求偏高的土壤湿度，耐低温能力强。在河北4月平均气温0℃时，即开始上升到表土层危害。一般10 cm深土温7～13℃时危害严重。黑龙江5月下旬10 cm深土温达7.8～12.9℃时危害，7月上中旬土温升达17℃时即逐渐停止危害。

④ 生活习性和发生规律。成虫取食小麦、玉米苗的叶片边缘或叶片中部叶肉，残留叶表皮和纤维状叶脉。被害叶片干枯后呈不规则残缺，成虫嗜食麦叶和刚腐烂的禾本科杂草，而且对稍萎蔫的杂草有极强的趋性，喜欢在草堆下栖息活动和产卵，白天多潜伏在地表、土缝、土块下或作物根丛中，黄昏后出土在地面上活动，具有负趋光性和假死性。

(5) 褐纹金针虫

① 分类与危害。褐纹金针虫（*Melanotus caudex* Lewis），属鞘翅目叩甲科。主要分布在华北及河南、东北、西北等地。寄主主要有禾谷类作物、薯类、豆类、棉花、麻类、瓜类等。成虫在地上取食嫩叶，幼虫危害幼芽和种子或咬断刚出土幼苗。其对玉米的危害特点同细胸金针虫。

② 形态特征。成虫体长9 mm，宽2.7 mm，体细长被灰色短毛，黑褐色，头部黑色向前凸密生刻点，触角暗褐色，第二～三节近球形，第四节较第二～三节长。前胸背板黑色，刻点较头上的小后缘角后突。鞘翅长为胸部的2.5倍，黑褐色，具纵列刻点9条，腹部暗红色，足暗褐色。长0.5 mm，椭圆形至长卵形，白色至黄白色。末龄幼虫体长25 mm，宽1.7 mm，体圆筒形，棕褐色具光泽。第一胸节、第九腹节红褐色。头梯形扁平，上生纵沟并具小刻点，体具微细刻点和细沟，第一胸节长，第二胸节至第八腹节各节的前缘两侧，均具深褐色新月线纹。尾节扁平且尖，尾节前缘具半月形斑2个，前部具纵纹4条，后半部具皱纹且密生大刻点。幼虫共7龄。

③ 生活史。褐纹金针虫在西北地区3年发生1代，以成、幼虫在20～40 cm土层里越冬。翌年5月上旬平均土温17℃、气温16.7℃越冬成虫开始出土，成虫活动适温20～27℃，下午活动最盛，卵孵化后即开始危害，幼虫喜潮湿的土壤，一般在10 cm土温7～13℃时危害严重，成虫寿命250～300 d，5～6月进入产卵盛期，卵期16 d。第二年以五龄幼虫越冬，第三年七龄幼虫在7～8月于20～30 cm深处化蛹，蛹期17 d左右，成虫羽化，在土中即行越冬。

④ 生活习性和发生规律。在华北地区常与细胸金针虫混合发生，其分布特性相似，以水浇地发生较多。成虫昼出夜伏，夜晚潜伏于10 cm土中或土块、枯草下等处，间亦有

伏在叶背、叶腋或小穗处过夜。成虫具伪死性，多在麦株上部叶片或麦穗上停留。成虫多在麦株或地表交配，呈背负式。褐纹金针虫的发生与土壤条件有关，适宜发生于湿润疏松、pH 7.2～8.2、有机质 1%的土壤。碱土、有机质低的土壤发生较少，土壤干燥、有机质很低的碱性土壤对其极不适宜。

（6）沟金针虫

① 分类与危害。沟金针虫（*Pleonomus canaliculatus*）属鞘翅目叩甲科。在中国主要分布于辽宁、河北、内蒙古、山西、河南、山东、江苏、安徽、湖北、陕西、甘肃、青海等省份，属于多食性地下害虫。在旱作区有机质缺乏、土质疏松的粉沙壤土和粉沙黏壤土地带发生较重。其危害特点同细胸金针虫。

② 形态特征。成虫，雌虫体长 14～17 mm，宽约 5 mm；雄虫体长 14～18 mm，宽约 3.5 mm。体扁平，全体被金灰色细毛。头部扁平，头顶呈三角形凹陷，密布刻点。雌虫触角短粗 11 节，第三～十节基细端粗，彼此约等长，约为前胸长度的 2 倍。雄虫触角较细长，12 节，长及鞘翅末端；第一节粗，棒状，略弓弯；第二节短小；第三～六节明显加长而宽扁；第五～六节长于第三～四节；自第六节起，渐向端部趋狭略长，末节顶端尖锐。雌虫前胸较发达，背面呈半球状隆起，后缘角突出外方；鞘翅长约为前胸长度的 4 倍，后翅退化。雄虫鞘翅长约为前胸长度的 5 倍。足浅褐色，雄虫足较细长。卵近椭圆形，长径 0.7 mm，短径 0.6 mm，乳白色。幼虫初孵时乳白色，头部及尾节淡黄色，体长 1.8～2.2 mm。老熟幼虫体长 25～30 mm，体形扁平，全体金黄色，被黄色细毛；头部扁平，口部及前头部暗褐色，上唇前线呈三齿状突起。由胸背至第八腹节背面正中有一明显的细纵沟；尾节黄褐色，其背面稍凹陷，且密布粗刻点，尾端分叉，各叉内侧各有一小齿。

③ 生活史。沟金针虫长期生活于土中，约需 3 年左右完成 1 代，第一年、第二年以幼虫越冬，第三年以成虫越冬。受土壤水分、食料等环境条件的影响，田间幼虫发育很不整齐，每年成虫羽化率不相同，世代重叠严重。老熟幼虫从 8 月上旬至 9 月上旬先后化蛹，化蛹深度以 13～20 cm 土中最多，蛹期 16～20 d，成虫于 9 月上中旬羽化。越冬成虫在 2 月下旬出土活动，3 月中旬至 4 月中旬为发生盛期。成虫交配后，将卵产在土下 3～7 cm深处。卵散产，一头雌虫产卵可达 200 余粒，卵期约 35 d。雄虫交配后 3～5 d 即死亡；雌虫产卵后死去，成虫寿命约 220 d。成虫于 4 月下旬开始死亡。卵于 5 月上旬开始孵化，卵历期 33～59 d，平均 42 d。初孵幼虫体长约 2 mm，在食料充足的条件下，当年体长可达 15 mm 以上；到第三年 8 月下旬，老熟幼虫多于 16～20 cm 深的土层内做土室化蛹，蛹历期 12～20 d，平均 16 d。9 月中旬开始羽化，当年在原蛹室内越冬。

④ 生活习性和发生规律。成虫白天躲藏在土表、杂草或土块下，傍晚爬出土面活动和交配。雌虫行动迟缓，不能飞翔，有假死性，无趋光性；雄虫出土迅速，活跃，飞翔力较强，只做短距离飞翔，黎明前成虫潜回土中（雄虫有趋光性）。由于该虫雌虫不能飞翔，行动迟缓，且多在原地交配产卵，因此其在田间的虫口分布很不均匀。幼虫的发育速度、体重等与食料有密切关系，尤以对雌虫影响更大。取食小麦、玉米、荞麦等的沟金针虫生长发育速度快；取食油菜、豌豆、棉花、大豆的生长发育较为缓慢；取食大蒜和蓖麻则发育迟缓或停滞，部分幼虫体重下降。沟金针虫在雌虫羽化前一年取食小麦的，产卵量也最

多，则发生危害较重。

（7）蝼蛄

① 分类与危害。蝼蛄属直翅目蝼蛄科，在中国记载的有 6 种，其中以东方蝼蛄（*Gryllotalpa orientalis*）和华北蝼蛄（*Gryllotalpa unispina*）为主。东方蝼蛄在我国分布广泛，华北蝼蛄是中国北方的主要蝼蛄种类。蝼蛄以成虫和若虫在土中咬食刚播下的玉米种子，特别是刚发芽的种子，也咬食幼根和嫩茎，造成缺苗。咬食作物根部使其成乱麻状，幼苗枯萎而死。在表土层穿行时，形成很多隧道，使幼苗根部与土壤分离，失水干枯而死。因而，不怕蝼蛄咬，就怕蝼蛄跑。

② 形态特征。蝼蛄体长圆形，淡黄褐色或暗褐色，全身密被短小软毛。雌虫体长约 3 cm，雄虫略小。头圆锥形，前尖后钝，头的大部分被前胸板盖住。触角丝状，长度可达前胸的后缘，第一节膨大，第二节以下较细。复眼卵形，黄褐色；复眼内侧的后方有较明显的单眼 3 个。口器发达，咀嚼式。前胸背板坚硬膨大，呈卵形，背中央有 1 条下陷的纵沟，长约 5 mm。翅 2 对，前翅革质，较短，黄褐色，仅达腹部中央，略呈三角形；后翅大，膜质透明，淡黄色，翅脉网状，静止时蜷缩折叠如尾状，超出腹部。足 3 对，前足特别发达，基节大，圆形，腿节强大而略扁，胫节扁阔而坚硬，尖端有锐利的扁齿 4 枚，上面 2 个齿较大，且可活动，因而形成开掘足，适于挖掘洞穴隧道之用。后足腿节大，在胫节背侧内缘有 3～4 个能活动的刺。腹部纺锤形，背面棕褐色，腹面色较淡，呈黄褐色，末端 2 节的背面两侧有弯向内方的刚毛，最末节上生尾毛 2 根，伸出体外。华北蝼蛄体型比东方蝼蛄大，体长 36～55 mm，黄褐色，前胸背板心形凹陷不明显，后足胫节背面内侧仅 1 个距或消失。卵椭圆形，孵化前呈深灰色。若虫共 13 龄，形态与成虫相似，翅尚未发育完全，仅有翅芽。五～六龄后体色与成虫相似。

③ 生活史。华北蝼蛄在华北地区 3 年完成一代，均以成虫及若虫在土下 150 cm 深处越冬。东方蝼蛄在华中及南方一年发生 1 代，华北、西北和东北约需 2 年发生 1 代。以成虫和若虫越冬。在土下 40～60 cm 深处越冬。两种蝼蛄的全年活动大致可分为 6 个阶段：冬季休眠阶段，从 10 月下旬开始到翌年 3 月中旬；春季苏醒阶段：从 3 月下旬至 4 月上旬，越冬蝼蛄开始活动；出窝转移阶段：从 4 月中旬至 4 月下旬，此时地表出现大量弯曲虚土隧道，并在其中留有 1 个小孔，蝼蛄已出窝危害；猖獗危害阶段：5 月上旬至 6 月中旬，此时正值春播作物和北方冬小麦返青，这是一年中第一次危害高峰；产卵和越夏阶段：6 月下旬至 8 月下旬，气温增高、天气炎热，两种蝼蛄潜入 30～40 cm 以下的土中越夏；秋季危害阶段：9 月，越夏虫态又上长升到土面活动补充营养，为越冬做准备，这是一年中第二次危害高峰。

④ 生活习性和发生规律。蝼蛄是最活跃的地下害虫种类，杂食性，危害多种作物。蝼蛄昼伏夜出，晚上 9～11 时为活动取食高峰。初孵若虫有群集性，怕光、怕风、怕水。东方蝼蛄多在沿河、池埂、沟渠附近产卵；华北蝼蛄多在轻盐碱地内的缺苗断垄、无植被覆盖的干燥向阳地埂附近或路边、渠边和松软土壤里产卵。盐碱地虫口密度大，壤土地次之，黏土地最小，水浇地虫口密度大于旱地，华北蝼蛄喜潮湿土壤，含水量为 22%～27% 时最适生存。前茬作物是蔬菜、甘蓝、薯类时，虫口密度较大。在春、秋季，当旬平均气温和 20 cm 土温均达 16～20 ℃，是蝼蛄猖獗危害时期。在一年中，可形成两个危害

高峰，即春季危害高峰和秋季危害高峰。夏季当气温达 28 ℃以上时，它们则潜入较深层土中，一旦气温降低，它们又再上升至耕作层活动。

（二）防治措施

根据玉米田各种害虫发生规律、危害程度，综合农业防治、抗虫育种、物理防治、生物防治和应急性化学防治技术，将各种防治措施进行有机组合，最终形成适用于当地玉米田害虫，经济、高效、绿色的综合防控措施。

1. 农业防治 农业防治也称为农艺防治，是指为防治农作物病、虫、草害所采取的农业技术综合措施，用于调整和改善作物的生长环境，以增强作物对病虫害的抵抗力，创造不利于病原物和害虫生长发育或传播的条件，以控制、避免或减轻病虫害的危害。针对玉米害虫的农业措施主要有：选用抗虫品种、调整品种布局、选留健康种苗、轮作、深耕灭茬、调整播期、合理施肥、及时灌溉排水、搞好田园卫生等。农业防治如能同物理、化学防治等配合进行，可取得更好的效果。

作物是农业生态系统的中心，农业害虫是生态系统的重要组成成分，并以作物为其生存发展的基本条件。一切耕作栽培措施都会对作物和农业害虫产生影响。农业防治措施的重要内容之一就是根据农业生态系统各环境因素相互作用的规律，选用适当的耕作栽培措施使其既有利于作物的生长发育，又能抑制害虫的发生和危害。

（1）种植制度

① 轮作。对寄主范围狭窄、食性单一的有害生物，如玉米蚜，轮作非禾本科作物可恶化其营养条件和生存环境，或切断其生命活动过程的某一环节。此外，轮作还能促进有拮抗作用的微生物活动，抑制病原物的生长、繁殖，如轮作一些豆类作物，还可提高土壤氮素含量，提高土壤肥力。

② 间作或套作。合理选择不同作物实行间作或套作，辅以良好的栽培管理措施，也是防治害虫的途径。如小麦、玉米套作可使麦蚜天敌如瓢虫等顺利转移到玉米苗上，从而抑制玉米蚜等苗期害虫的发展，并可由于小麦的屏障作用而阻碍有翅棉蚜的迁飞扩展。高矮秆作物的配合也不利于喜温湿和郁闭条件的有害生物发育繁殖。但是如间、套作不合理或田间管理不好，反会促进病、虫、杂草等有害生物的危害。

③ 作物布局。合理的作物布局，在一定范围内采用一熟或多熟种植，调整春、夏播面积的比例，均可控制有害生物的发生消长。如适当压缩春播玉米面积，可使玉米螟食料和栖息条件恶化，从而降低早期虫源基数等。但是，如果作物和品种的布局不合理，则会为多种有害生物提供各自需要的寄主植物，从而形成全年的食物链或侵染循环条件，使寄主范围广的有害生物获得更充分的食料。此外，种植制度或品种布局的改变还会影响有害生物的生活史、发生代数、侵染循环的过程和流行。

（2）耕翻整地 耕翻整地和改变土壤环境，可使生活在土壤中和以土壤、作物根茬为越冬场所的有害生物经日晒、干燥、冷冻、深埋或被天敌捕食等而被防除。冬耕、春耕或结合灌水是有效的防治措施。对生活史短、发生代数少、寄主专一、越冬场所集中的害虫，防治效果尤为显著。

① 播种。包括调节播种期、密度、深度等。调节播种期，可使作物易受害的生育阶

段避开害虫发生盛期。如华北地区适当推迟玉米的播种期,可减轻灰飞虱传播的粗缩病的发生等。此外,适当的播种深度、密度和方法,结合种子、苗木的精选和药剂处理等,可促使苗齐、苗壮,影响田间小气候,从而控制苗期害虫危害。

② 田间管理。包括水分调节、合理施肥以及清洁田园等措施。灌溉可使害虫处于缺氧状况下窒息死亡;采用地膜方法,可明显减轻地下害虫的发生;施用腐熟有机肥,可杀灭肥料中的虫卵;合理施用氮、磷、钾肥,可减轻害虫的危害程度,如增施磷肥可减轻小麦蚜虫的发生等,氮肥过多易致作物生长柔嫩,田间郁闭阴湿利于病虫害发生等。此外,清洁田园对灰飞虱、蚜虫等防治也有重要作用。

(3) 植物抗性的利用 农作物对病虫的抗性是植物一种可遗传的生物学特性。通常在同一条件下,抗性品种受病虫危害的程度较非抗性品种为轻或不受害。植物的抗虫性根据抗性机制可分为 3 个主要类型:①排趋性(无偏嗜性),如某些玉米品种因缺乏能刺激玉米象取食的化学物质而能抗玉米象;②抗虫性,表现为作物受虫害后产生不利于害虫生活繁殖的反应,从而抑制害虫取食、生长、繁殖和成活。如有的玉米品种能抗玉米螟第一代危害;③耐虫性,表现危害虫虽能在作物上正常生活取食,但不致严重危害。

利用玉米品种抗虫性性状受显性或隐形基因的控制而遗传给后代的特点,进行玉米抗虫品种的选育和推广应用也是玉米害虫农业防治技术中的重点之一。

农业防治的效果往往是多种措施的综合作用。且农业防治措施的效果是逐年积累和相对稳定的,因而符合预防为主、综合防治的策略原则,而且经济、安全、有效。但其作用的综合性要求有些措施必须大面积推行才能有效。当前国际上综合防治的重要发展方向是抗性品种,特别是多抗性品种的选育、利用。为此,从有害生物综合治理的要求出发,揭示作物抗性的遗传规律和生理生化机制,争取抗性的稳定和持久,是这一领域的重要课题。

(4) 农业防治灰飞虱和棉铃虫

① 防治灰飞虱。玉米重要传毒昆虫灰飞虱,可传播玉米粗缩病,严重时造成玉米减产,甚至绝收。针对该虫可采取如下农业防治措施:

适应调整播期:推迟播种 7 d 左右即可有效地减轻该虫的危害。

清洁田园:切断灰飞虱的传播途径。

清除杂草,消灭病毒寄主:田间路边杂草是灰飞虱和病毒的越冬、越夏寄主,也是病毒流行的基本条件,清除杂草在一定程度上可减轻玉米粗缩病的危害。因此夏、秋季收获之后要及时灭茬,清除田间杂草,同时注意清除村庄、路旁、地边杂草。

选用品种:重病区可选用冀植 5 号、农大 108 等抗、耐病品种。同时应注意合理布局,避开单一抗源品种的大面积种植。

适期播种:在适期范围内尽量晚播,使玉米苗期避开第一代灰飞虱成虫的活动盛期,套种期宜掌握在 6 月上旬,小麦、玉米共生期不能超过 10 d。

加强田间管理:田间管理要注意及时进行中耕除草,适当多下种,早间苗,晚定苗,发现病株后要立即拔除,带出田外。及时追肥浇水,促进玉米生长发育健壮,提高抗病能力。如果田间病株率超过 50%,则应毁种。

② 防治棉铃虫。棉铃虫是重要的农业害虫,该虫寄主广泛,几乎可取食所有的田间

农作物及杂草。玉米田棉铃虫农业防治主要包括玉米收获后，秸秆还田，及时深翻耙地，坚持实行冬灌，可大量消灭越冬蛹；合理布局，如在玉米地边种植诱集作物如洋葱、胡萝卜等，于盛花期可诱集到大量棉铃虫成虫，及时喷药，聚而杀之；选择抗（耐）虫性强、虫害补偿能力强的玉米品种，减轻因该虫造成的产量损失。

2. 抗虫育种　农田害虫是造成玉米产量损失的主要因素之一。利用种质资源中的抗虫性进行抗虫育种是解决该问题最有效的途径。寄主植物抗虫性是指植物所具有的抵御或减轻害虫侵害的能力，或指某一品种在相同的虫口密度下比其他品种高产、优质的能力。玉米抗虫育种包括直接筛法、杂交选育法、回交转育法、复合杂交法、轮回选择法和生物技术，即转基因技术。各种方法殊途同归，均是旨在纯化和利用自然界存在的抗虫基因，达到杀虫或驱虫的目的。

目前国内玉米生产的主要制约因素是成本较高，单产水平和总产量尚能满足消费的需要，减少农药和除草剂的使用量可在很大程度上降低玉米的生产费用，也有利于保护环境。因而，转基因玉米将在中国玉米生产上具有潜在的、优异的应用前景。

3. 物理防治　物理防治是利用简单工具和各种物理因素，如光、热、电、温度、湿度和放射能、声波等防治病虫害的措施。如人为升高或降低温、湿度，超出病虫害的适应范围。利用昆虫趋光性灭虫自古就有。近年黑光灯和高压电网灭虫器应用广泛，用仿声学原理和超声波防治害虫等均在研究、实践之中。原子能治虫主要是用放射能直接杀灭病虫，或用放射能照射导致害虫不育等。随着近代科技的发展，物理防治技术也将会有更广阔的发展前途。

杀虫灯：杀虫灯是根据昆虫具有趋光性的特点，利用昆虫敏感的特定光谱范围的诱虫光源，诱集昆虫并能有效杀灭昆虫，降低病虫指数，防治虫害和虫媒病害的专用装置。如玉米田重要害虫棉铃虫、二点委夜蛾等鳞翅目害虫和铜绿丽金龟、暗黑鳃金龟等鞘翅目害虫成虫，它们没有较强的趋光性，可利用特定波段光谱范围的杀虫灯进行这些害虫的有效防治。

采用灯光诱虫物理防治技术，既能控制虫害和虫媒病害，也不会造成环境污染和环境破坏。有人担心，益虫也被诱杀了，其实没有必要。灯光诱虫与化学农药防治不同，灯光诱虫不会破坏原有的生态平衡，害虫、益虫都不会被完全诱杀，只是通过降低害虫基数，把病虫指数降到防治标准以下。

诱虫色板：诱虫色板是利用害虫对某种颜色趋性诱杀农业害虫的一种物理防治技术，它绿色环保、成本低，全年应用可大大减少用药次数。采用色板上涂粘虫胶的方法诱杀昆虫，可以有效减少虫口密度，不造成农药残留和害虫抗药性，可兼治多种害虫。可防治蚜虫、叶蝉、蓟马等小型昆虫，如配以性诱剂可扑杀多种害虫的成虫。

4. 生物防治　生物防治是指利用自然界有益生物或其他生物来控制有害生物种群数量的防治方法。保护和利用天敌是害虫生物防治中的重要工作之一。其中主要内容包括：

（1）利用微生物防治　常见的有应用真菌、细菌、病毒和能分泌抗生物质的抗生菌，如应用白僵菌、苏云金杆菌各种变种制剂、病毒粗提液和微孢子虫等防治玉米田棉铃虫、黏虫、玉米螟等重要害虫。

（2）利用寄生性天敌防治　最常见的有赤眼蜂防治玉米螟、中红侧沟茧蜂防治棉铃虫等多种害虫。

（3）利用捕食性天敌防治　这类天敌很多，玉米田节肢动物中捕食性天敌除有瓢虫、螳螂等昆虫外，还有蜘蛛和螨类。

① 玉米螟的生物防治。玉米螟的成虫在白天大多潜伏在茂密的作物中，或隐藏在杂草中，夜间会出来活动。并且玉米螟在玉米心叶期、抽雄期以及雌穗抽丝初期会成群危害。除此之外，在雨水充沛且均匀的季节，发生玉米螟的概率会大大增加。在新种植玉米的地区，玉米螟也会加重危害。以上这些因素都增加了治理玉米螟的难度。利用传统的喷洒农药的防治方式，不仅不能完全去除玉米螟成虫和卵，而且会浪费大量的人力、物力和财力。重要的是，会产生残余农药，影响玉米质量。

玉米螟的生物防治方式是利用赤眼蜂、苏云金杆菌以及白僵菌等来防治。具体生物防治方法如下：在玉米螟卵孵化的初盛期，设放蜂点，利用赤眼蜂蜂卡放蜂 15 万～45 万头，可以在玉米心叶中期每株玉米使用 2 g 孢子含量范围在 50 亿～100 亿个/g 的白僵菌粉，按 1∶10 的比例配制成颗粒剂使用；或可以用苏云金杆菌进行生物防治，用含菌量为 100 亿个/g 的 BT 乳油或 BT - 781DZ，每 667 m² 玉米地用 10 倍的颗粒剂在心叶末期使用效果佳。因为纬度、海拔的不同，玉米螟每年发生 1～6 代，利用生物防治的方法可以高效地解决玉米螟这一玉米虫害。

② 玉米蚜的生物防治。玉米蚜的繁殖代数非常多，适应温度范围广，适应能力强，所以玉米蚜 1 年可以繁殖 20 代左右。玉米蚜寄主范围非常广，传播能力强，并且会集中在新形成的心叶内危害，尤其在适合玉米生长的时期危害严重。但是玉米蚜天敌众多，可以利用生物防治的方法抑制其危害玉米的活动。例如，可以选择草间小黑蛛、隆背微蛛、瓢虫类和食蚜蝇等作为天敌品种。1 个玉米心叶中只需要 1 头草间小黑蛛就能抑制玉米蚜的发生。草间小黑蛛的日捕食蚜量为 15～25 头。在进行生物防治过程中，要注意保护和利用天敌。但是当在玉米抽雄株率到 5%，有蚜株率 10% 以上时，生物防治不能完全解决玉米蚜的发生，这时需要进行相应的药剂防治。

5. 化学防治

（1）刺吸式害虫防治

① 蚜虫防治。玉米苗期蚜虫防治较易，成株期后由于植株高大，田间郁闭，农事操作困难，防治较难。

喷雾防治：直接用 25% 噻虫嗪水分散粉剂 6 000 倍液，或 40% 乐果乳油、10% 吡虫啉可湿性粉剂 1 000 倍液，或 50% 抗蚜威可湿性粉剂 2 000 倍液等喷雾。

种子包衣或拌种：用 70% 噻虫嗪（锐胜）种衣剂包衣，或用 10% 吡虫啉可湿性粉剂拌种，对苗期蚜虫防治效果较好。

清除田间地头杂草，减少早期虫源。

② 蓟马防治。蓟马繁殖较快，见虫即应防治。

种子包衣或拌种：用含有内吸性杀虫剂成分的种衣剂直接包衣，或用 10% 吡虫啉可湿性粉剂拌种。

喷雾：用 10% 吡虫啉可湿性粉剂、40% 毒死蜱乳油、20% 灭多威可溶粉剂 1 000～1 500 倍液，或者 1.8% 阿维菌素乳油、25% 噻虫嗪水分散粒剂 3 000～4 000 倍液均匀喷雾，重点喷雾心叶和叶片背面。

清除田间地边杂草，减少越冬虫口基数。

剖开扭曲的心叶顶端，帮助心叶抽出。

苗期可用蓝板诱杀。

③ 灰飞虱防治。用内吸性杀虫剂吡虫啉等拌种或70%噻虫嗪（锐胜）种衣剂包衣对玉米粗缩病有部分防治效果；用10%吡虫啉可湿性粉剂1 000～1 500倍液、40%乐果乳油1 000倍液、25%吡蚜酮可湿性粉剂2 000～2 500倍液等药剂喷雾杀虫。

④ 玉米耕葵粉蚧防治。二龄前为防治最佳时期，二龄后若虫体表覆盖一层蜡粉，耐药性较强，防治效果较差。

种子包衣或药剂拌种：用70%噻虫嗪（锐胜）或含有机磷成分的种衣剂直接包衣，或用40%辛硫磷乳油、48%毒死蜱乳油拌种。

药剂灌根：用40%辛硫磷乳油1 000倍液、10%吡虫啉可湿性粉剂2 000倍液或48%毒死蜱乳油1 500倍液灌根，然后浇一遍水。

（2）钻蛀性害虫防治

① 玉米螟、桃蛀螟防治。在心叶内撒施化学颗粒剂，每667 m² 用3%广灭丹颗粒剂1～2 kg；或用0.1%或0.15%氟氯氰颗粒剂，每株用量1.5 g；或用14%毒死蜱颗粒剂、3%丁硫克百威颗粒剂，每株1～2 g；或用3%辛硫磷颗粒剂，每株2 g；或40%辛硫磷乳油按1：100配成毒土混匀撒入喇叭口，每株撒2 g。

② 棉铃虫防治。苗期棉铃虫防治的最佳时期在三龄前，叶面喷洒2.5%氯氟氰菊酯乳油2 000倍液、5%高效氯氰菊酯乳油1 500倍液等化学农药。6月下旬在玉米心叶中撒施杀虫颗粒剂，药剂及使用方法同玉米螟。

③ 二点委夜蛾防治。幼虫三龄前为防治最佳时期。

撒毒土：48%毒死蜱乳油500 g＋1.8%阿维菌素乳油500 g，对水喷洒在50 kg细干土上配成毒土，撒于幼苗根部。

随水灌药：每667 m² 用48%毒死蜱乳油1 000 g，浇地时随水施药。

喷雾或灌根：1.8%阿维菌素乳油＋5%高效氯氰菊酯乳油，1 500倍液喷雾或将喷雾器喷头拧下，逐株滴灌根颈及根际土壤，每株50～100 g药液。

（3）食叶类害虫防治 以黏虫、蝗虫防治为例：在早晨或傍晚黏虫在叶面上活动时，喷洒速效性强的药剂。用4.5%高效氯氰菊酯乳油1 000～1 500倍液、48%毒死蜱乳油1 000倍液、3%啶虫脒乳油1 500～2 000倍液等杀虫剂喷雾防治；麦茬地要在玉米出苗前用化学药剂杀灭地面和麦茬上的害虫。

（4）地下害虫防治

① 地老虎类防治。防治最佳时期在一～三龄幼虫，此时幼虫对药剂抗性较差，并在寄主表面或幼嫩部位取食；三龄后幼虫潜伏在土表中，不易防治。

药剂拌种有一定效果。用40%辛硫磷乳油拌种，用药量为种子重量的0.2%～0.3%；或用3%克百威颗粒播种时沟施。

三龄以下幼虫用48%毒死蜱乳油或40%辛硫磷乳油1 000倍液灌根或傍晚茎叶喷雾。

毒土、毒饵诱杀大龄幼虫：用40%辛硫磷乳油每667 m² 50 g，拌炒过的棉籽饼或麦麸 5 kg，傍晚撒在作物行间。

② 蛴螬、金针虫防治。药剂包衣或拌种。用种衣剂 30% 氯氰菊酯直接包衣，或者用 40% 辛硫磷乳油 0.5 L 加水 20 L，拌种 200 kg。

用 48% 毒死蜱乳油 2 000 倍液或 40% 辛硫磷乳油 1 000 倍液灌根处理。

三、玉米草害

(一) 中国杂草区系

中国是世界上第二大玉米生产国，年产量 1.5 亿 t，占世界总产量的 20% 左右。依据 2014 年《中国农业年鉴》中数据，2013 年全国玉米播种面积为 3 631.84 万 hm²，总产量为 21 848.9 万 t，每公顷产量为 6 016 kg。

中国杂草种类繁多，与其他植物强烈争夺营养、水分、光照和生存空间，同时又是农作物多种病虫害的中间寄主或越冬寄主，对玉米的产量和品质影响很大。对杂草的区系分析有助于人们了解一个地区杂草的种类组成、生物学特性及危害程度等，为杂草的综合防除提供依据，此外还可以为杂草植物资源的开发利用提供科学依据。

中国位于欧亚大陆东部，东西跨越的经度有 60° 以上，距离约 5 200 km；南北跨越的纬度有 50°，南北相距 5 500 km。东起太平洋西岸，西至亚洲大陆腹部，南北跨热带、亚热带、暖温带、温带和寒温带。自然条件复杂多样，以大兴安岭、阴山、贺兰山至青藏高原东部为界，东南半部属于季风气候，比较湿润，季节化分明。西南部还受印度洋季风的影响，夏季西南季风盛行，并沿横断山脉长驱直入，但背风坡产生"焚风"，形成干热河谷。西半部则为干旱的荒漠和草原气候，其南面的青藏高原为高寒的高原气候，与周围形成明显对比。中国地形多样，类型齐全，并有平原少、山地多、陆地高低悬殊的特点。中国地势分成三级巨大的阶梯，具有自西向东下降的趋势，决定着长江、黄河、珠江等大江的基本流向，也间接影响植物的分布。如此复杂的气候和地形使中国具有丰富多彩的植物区系和植被类型。

根据李扬汉《中国杂草志》的记载，中国种子植物杂草有 90 科 571 属 1 412 种。其中裸子植物 1 种；被子植物 1 411 种，隶属于 89 科 570 属。中国种子植物杂草的科、属、种分别占中国种子植物的 37.22%、20.79% 和 5.93%。中国种子植物杂草无论是科还是属的地理成分中，泛热带成分均具有较高的比例，说明本区种子植物杂草具有较强的热带性质。其次，温带成分占有一定的比例，科的温带成分占全部科的 26.09%，属的温带成分占 52.57%，由此可见，中国种子植物杂草的植物区系表现出从热带、亚热带向温带过渡的特征。在中国种子植物杂草中世界分布的广布种类特别丰富，科和属的地理成分中世界分布占有较大的比例。这些世界科属在区系分析上意义不大，但属于杂草的主体，对中国的生物多样性具有较大的影响。

(二) 中国三大平原玉米田常见杂草种类

杂草危害是影响作物产量的主要因素之一，中国玉米田每年草害面积约有 667 万 hm²，减产达 10% 以上，草害严重的田块甚至颗粒无收。玉米田杂草群落主要由马唐、稗草、藜、反枝苋、牛筋草等杂草组成。在化学除草剂的长期作用下，近年来群落结构发生了很大改变，东北春玉米区鸭跖草、苣荬菜、问荆等杂草的危害程度不断上升，逐步演变为田间主要杂草，而华北夏玉米区难除杂草铁苋菜、苘麻在田间的优势度显著提高。现将玉米田间主要杂草简介如下：

1. 马唐　马唐［*Digitaia sanguinalis*（L.）Scop.］为禾本科一年生杂草。马唐是玉米田的恶性杂草。发生数量、分布范围在旱地杂草中均具首位，以在玉米生长的前中期危害为主。

2. 牛筋草　牛筋草［*Eleusine indica*（L.）Gaertn.］为禾本科一年生草本植物。牛筋草在中国农田分布广泛，繁殖能力强，根系发达，适应性强，生存竞争能力强，对玉米等农田作物危害严重。

3. 稗草　稗草［*Echinochloa crusgalli*（L.）Beauv.］为禾本科一年生草本植物。稗草与农田作物共同吸收养分，为玉米田恶性杂草。

4. 狗尾草　狗尾草（*Setaria viridis* S. Lu-tescens）为禾本科一年生草本植物。狗尾草危害麦类、谷子、玉米、棉花等旱作物。发生严重时可形成优势种群密被田间，争夺肥水，造成作物减产。且狗尾巴草是叶蝉、蓟马、蚜虫、小地老虎等诸多害虫的寄主，生命力顽强，对玉米危害极大。

5. 反枝苋　反枝苋（*Amaranthus retroflexus* L.）为苋科一年生草本植物。反枝苋喜湿润环境，亦耐旱，适应性极强，到处都能生长，为棉花和玉米地等旱作物地及菜园、果园、荒地和路旁常见杂草，局部地区危害重。反枝苋也是小地老虎、美国盲草牧蝽、玉米螟的田间寄主，对玉米危害极大。

6. 马齿苋　马齿苋（*Portulaca oleracea* L.）为马齿苋科一年生草本植物。生于田野、路边及庭园废墟等向阳处。马齿苋适应性非常强，耐热、耐旱，无论强光、弱光都可正常生长，比较适宜在温暖、湿润、肥沃的壤土或沙壤土中生长，其实无论在哪种土壤中马齿苋都能生长，能贮存水分，既耐旱又耐涝。和其他杂草一样，马齿苋的生命力非常强。马齿苋在玉米田中形成优势群后，与玉米争夺大量土壤养分，对玉米后期生长造成影响。

7. 藜　藜（*Chenopodium album* L.）为藜科一年生草本植物，别名灰菜等。藜会分泌一些化学物质影响到玉米的正常生长，在形成优势群后也会与玉米争夺养分，而且它还是多种害虫的寄主，所以也是玉米田的恶性杂草。

8. 蓼草　蓼草（*Polygonum lapathifolinm* L.）为柳叶菜科丁香蓼属一年生草本，高 40～60 cm。种子多数，细小，光滑，棕黄色。花期 7～8 月，果期 9～10 月。

9. 田旋花　田旋花（*Convolvulus arvensis* L.）为旋花科多年生草质藤本，近无毛，根状茎横走。田旋花对玉米危害表现在大发生时，常成片生长，密被地面，缠绕向上，强烈抑制玉米生长，造成玉米倒伏。它还是小地老虎第一代幼虫的寄主。

10. 苍耳　苍耳（*Xanthium sibiricum* Patrin ex Widder）为菊科一年生草本植物。在中国各地广布。苍耳喜温暖稍湿润气候，耐干旱瘠薄。其种子易混入农作物种子中。其根系发达，入土较深，不易清除和拔出。

11. 铁苋菜　铁苋菜（*Acalypha australis* L.）为大戟科一年生草本植物，生于山坡、沟边、路旁、田野。全中国几乎都有分布，长江流域尤多。

12. 苣荬菜 苣荬菜（*Sonchus brachyotus* D C.）为菊科多年生草本植物。苣荬菜又名败酱草（北方地区名），黑龙江地区又名小蓟，山东地区也有称为苦苣菜、取麻菜、曲曲芽，主要分布于中国西北、华北、东北等地，野生于海拔 200～2 300 m 的荒山坡地、海滩、路旁等地。

13. 鳢肠 鳢肠（*Eclipta prostrata* L.）为菊科一年生草本植物。鳢肠喜生于湿润之处，见于路边、田边、塘边及河岸，亦生于潮湿荒地或丢荒的水田中，常与马齿苋（*Portulaca oleracea*）、白花蛇舌草、（*Hedyoftis diffusa*）、千金子（*Leptochloa chinensis*）等伴生。耐阴性强，能在阴湿地上良好生长。

14. 葎草 葎草〔*Humulus scandens*（Lour.）Merr.〕为桑科一年生或多年生草质藤本植物，匍匐或缠绕。葎草耐寒、抗旱、喜肥、喜光。中国除新疆、青海、西藏外，其他各省份均有分布。葎草危害果树及作物，其茎缠绕在植株上，影响玉米抽雄吐丝和光合作用，危害极大，是检疫性草害。

15. 打碗花 打碗花（*Calystegia hederacea* Wall.）为旋花科多年生草质藤本植物。打碗花喜温和湿润气候，也耐恶劣环境，适应沙质土壤。以根芽和种子繁殖。打碗花由于地下茎蔓延迅速，常成单优势群落，对农田危害较严重，在有些地区成为恶性杂草。其不仅直接影响玉米生长，而且能导致玉米倒伏，有碍机械收割。同时也是小地老虎的寄主。

16. 鸭跖草 鸭跖草（*Commelina communis* L.）为鸭跖草科一年生披散草本植物。鸭跖草常见生于湿地，主要分布于热带，少数种产于亚热带和温带地区。多分布于长江以南各省份，尤以西南地区为盛。鸭跖草属寒温带杂草，耐低温、出土时间早而持续出土时间长、发生密度大，对玉米苗期危害严重。

17. 苘麻 苘麻（*Abutilon theophrasti* Medicus）又称椿麻、塘麻、青麻、白麻、车轮草等。苘麻在中国除青藏高原不产外，其他各省份均有分布，常见于路旁、荒地和田野间。苘麻形成优势群后对玉米后期生长影响很大，苘麻高度可与玉米抽雄前相当，争夺土壤养分，对玉米造成危害。

18. 小藜 小藜（*Chenopodium serotinum* L.）为藜科一年生草本植物，高 20～50 cm。小藜对玉米的危害和藜相同。

（三）杂草防除措施

由于夏玉米生育期是在高温多雨的夏季，温湿度适宜，杂草生长迅速，防除不及时，一般可使玉米减产 20%～30%，严重的高达 40% 以上。目前，控制玉米田杂草的危害，需坚持"预防为主、综合防治"的方针，即因地制宜地组成以化学除草为主的综合防除体系，充分发挥各种除草措施的优点，相辅相成，扬长避短，达到经济、安全、高效的控制杂草危害的目的。

1. 农艺防除

（1）合理轮作 各种作物常有其各自的伴生杂草或寄生杂草，这些杂草之所以能够与某种作物伴生，其原因主要是它们在长期生长发育过程中形成的生态习性以及其所需的生态环境与某种作物相似。例如马唐、牛筋草、狗尾草等旱生型杂草，抗旱能力较强，常生长在较为干旱的环境条件下，与玉米所需的生态条件相似，因而逐渐成为玉米的伴生杂草。在玉米的生产过程中如能做到科学合理地与其他作物轮作换茬，改变其生态和环境条件，便可明显减轻此类杂草的危害。

（2）精选种子和品种　杂草种子的主要扩散途径之一是随作物种子传播。在玉米播种前应进行种子精选，清除已混杂在玉米种子中的杂草种子，减轻危害。同时挑选抑草品种可在一定程度上防治杂草。

（3）清洁玉米田周边环境　田间施用的有机肥包括家畜粪便，路旁、沟边、林地中的草皮，各种饲料残渣，粮食、油料加工的废料，各种作物的秸秆等，其中或多或少均带有不同种类与数量的杂草种子。因此，堆厩肥料必须要经过 50～70 ℃高温堆沤处理，闷死或烧死混在其中的杂草种子，然后才能施用。要及时除去玉米田周围和路旁、沟边的杂草，防止向田内扩散蔓延。

（4）合理密植，加强田间管理　玉米科学、合理的密植栽培，可加速封行进程，利用其自身的群体优势抑制中后期杂草的生长。种植半紧凑型玉米品种对田间杂草总数量和生物量的抑制作用要大于紧凑型玉米品种。增加玉米种植密度，导致玉米与杂草之间的种间竞争加剧，杂草的生存资源减少，使杂草的发生量减少，但要注意品种可承受种植密度上限。

（5）植物检疫　杂草检疫工作是防除杂草的重要预防措施之一。在农产品进出口及玉米种子调运过程中，要遵照执行国家颁布的植物检疫条例，制定切实可行的检疫措施，防止危险性杂草的传播与扩散。

2. 化学除草　玉米田杂草种类多，种群组合复杂；杂草密度高，不同茬口差异大。夏玉米田单、双子叶杂草出草规律基本一致，有两个明显的出草高峰，一般在玉米播后 5～7 d 进入出草盛期，播后 9～12 d 出现第一出草高峰，杂草数量占 50％左右，这段期间萌发的杂草对玉米危害最严重，第二出草高峰在玉米播后 20～25 d。玉米的产量损失与玉米田杂草密度呈极显著的正相关，当玉米田杂草超过防除阈值时，必须用化学除草进行防除，以控制杂草的发生危害。

近年来，随着除草剂品种的增多及化学防除技术在农业生产中的广泛推广，化学除草已广泛应用于玉米生长的各个时期。由于不同地区气候特征与种植习惯不同，玉米的播种及耕种时间存在差异，根据种植时间早晚，通常将玉米分为春玉米和夏玉米。对春、夏玉米田中杂草与玉米同步生长的规律，基本的化学除草方式是相同的，但需考虑的主要是气温、土质、玉米品种及耕作习惯等因素。合理选择除草剂不但会降低劳动强度、缩短劳动时间，而且还会降低耕种成本，简化栽培措施，达到增产的目的。

玉米田化学除草可根据玉米的生长期分为 3 个阶段。

第一阶段：玉米播后苗前进行封闭处理。这一时期主要是小麦收割后或地表进行整理完毕，杂草出土较少或未出土，玉米播种后可采用封闭处理。应用的除草剂以酰胺类、均三氮苯类除草剂为主，如乙草胺、异丙草胺与莠去津的混剂。目前市场上表现较好的除草剂有莠去津、异丙草·莠等，其作用机理是通过地表喷雾，让药液在地表表面形成一层厚 1 cm 的药土层，在杂草出土时碰到药土层，经幼芽或幼茎吸收，达到杀死杂草的目的。因此，应用以上产品进行杂草防除时要求在较长一段时间内不要破坏地表，喷药时应倒退行走，做到喷洒均匀，否则可能影响药效。

玉米田苗前除草受天气、土质、地表情况、使用技术及用量等因素影响较大，经常出现药效表现不稳定。玉米出苗前，土壤喷雾处理封闭杀灭未出苗杂草，此类除草剂包括乙草胺、精异丙甲草胺、莠去津等，在播后苗期对土壤进行封闭处理，对玉米的生长起关键作用。玉米生长前期与杂草争肥争水的能力弱，需要一个相对良好的环境才能得到有效成长，这样就能更大程度地限制杂草的出土，为后期杂草防除提供有力保障。需要说明的是有些杂草在玉米播后苗前已有小部分出土，此时可以配合草甘膦等灭杀性除草剂进行综合除草（即封杀结合），可以控制出土和未出土的杂草，但需要注意的是草甘膦等灭杀性除草剂应在玉米播种后立即使用。

第二阶段：玉米苗后早期进行茎叶处理。如果因农时或天气等原因影响了前期用药，或者因天气、麦茬等原因造成封闭不好，在玉米苗后早期出土的一些杂草，也能够进行化学防除，从而控制早期的田间杂草，如烟嘧磺隆系列产品。具体产品有玉农乐、金玉老、玉米见草杀、玉之盾等，同时根据田间杂草情况也可与盾隆（氯氟吡氧乙酸）等产品混用扩大杂草谱，防治阔叶杂草。

由于玉米田间杂草品种的不同，以及各种除草剂防除的杂草不同，所以需要选择合适的除草剂品种。如烟嘧磺隆对香附子与禾本科杂草效果较理想，而对阔叶杂草效果较差；盾隆对阔叶杂草效果好，对禾本科杂草效果差。所以要根据要田间杂草情况选择合适产品来进行杂草防除。

在玉米苗后茎叶处理全田喷雾时，首先要注意用药安全。苗后用药不当会出现白化、矮化、卷心等药害症状现象（首先需分辨是否是因病虫害引起的）。发生药害的原因一般有以下几点：一是增大药量；二是在高湿、高温环境下用药；三是与其他产品混用；四是用药时间不当或玉米品种的限制。以烟嘧磺隆为例，施用时期为玉米苗后 2～7 叶期，不能用于甜玉米、制种田玉米等，不能与有机磷类农药混用，用药前后 7 d 内不能使用有机磷类农药等。所以在使用玉米苗后产品时，除向经销商详细咨询外，还应在使用时仔细阅读产品标签的相关内容，做到正确用药。相对苗前封闭除草来说，苗后用药受环境影响较小，是未来玉米田除草的方向。

在农业生产实践中，苗后除草剂的使用可以采用顺垄喷雾，这是一个比较成熟的使用技术，瀚生公司在国内很多地方都有比较成功的范例。主要有以下特点：首先玉米田苗后顺垄喷雾能最大限度地降低除草剂对较为幼嫩玉米叶片的伤害；其次，除草是为了防除生长在田间的杂草，如果田间漫喷，玉米的着药面积就会变大，不仅浪费药液，更重要的可能会降低防除效果；而顺垄施药能够解决这一问题，从而提升除草效果。

第三阶段：玉米中期封行以前定向处理。如果因前期用药不理想或雨水过多造成新生杂草危害，仍可使用烟嘧磺隆＋莠去津等除草剂产品进行定向喷雾。这时玉米长势已较高（60～80 cm），采用行间定向喷雾，既可保护作物，又能除掉所有杂草。在应用中不要将产品喷到作物上，应加喷雾防除罩。影响除草剂药效的主要原因是产品在配制时用水的清洁度。为了提高药效，需用纯净的自来水配药，不要使用河水、井水等含杂质较多的水；在阳光充足的条件下，除草剂见效迅速，几个小时内即可见杂草死亡。

综上所述，玉米田杂草防除技术已经成为玉米种植过程中重要的组成部分，我们应当尽量利用化学除草剂防除杂草，降低杂草对玉米生长的影响，简化玉米栽培管理措施，达到增产、增收的目的。

本章参考文献

"华北平原作物水分胁迫与干旱研究"课题组，1991. 作物水分胁迫与干旱研究 [M]. 郑州：河南科学技术出版社.

安伟，樊智翔，杨书成，等，2005. 玉米叶龄指数与穗分化及外部形态的对应关系 [J]. 山西农业科学，33 (4)：41-43.

白金铠，1997. 杂粮作物病害 [M]. 北京：中国农业出版社.

白月明，刘玲，王瑜莎，2012. 气候变化背景下中国西北地区作物干旱灾损评估技术——以甘肃省春玉米为例 [J]. 科技导报，30 (19)：28-34.

毕明，李福海，王秀兰，等，2012. 黄淮海区域夏玉米生育期水分供需矛盾与抗旱种植技术研究 [J]. 园艺与种苗 (2)：5-6，24.

蔡来龙，林克显，林俊城，等，2013. 外源激素对甜玉米光合特性及产量构成因素的影响 [J]. 福建农业大学学报 (自然科学版)，42 (1)：1-9.

曹彬，屈淼泉，薛秋云，等，2003. 夏玉米叶片出生与穗分化关系的研究初报 [J]. 杂粮作物，23 (4)：208-211.

曹彬，张世杰，孙占育，等，2005. 玉米叶龄指数与穗分化回归关系的研究初报 [J]. 玉米科学，13 (1)：86-88.

曹广才，吴东兵，1995. 高寒旱地玉米熟期类型的温度指标和生育阶段 [J]. 北京农业科学，13 (1)：40-43.

曹广才，吴东兵，1995. 海拔对我国北方旱农地区玉米生育天数的影响 [J]. 干旱地区农业研究，13 (4)：92-98.

曹广才，吴东兵，1996. 植株叶数是北方旱地玉米品种熟期类型的形态指标 [J]. 北京农业科学，14 (4)：4-7.

曹慧英，李洪杰，朱振东，等，2011. 玉米细菌干茎腐病菌成团泛菌的种子传播 [J]. 植物保护学报，38 (1)：31-36.

曹玲，邓振镛，窦永祥，2008. 气候变化对河西走廊灌区玉米产量的影响及对策研究 [J]. 西北植物学报，28 (5)：1043-1048.

曹明秋，何启志，1981. 玉米雌、雄穗分化和叶片生长的相关性及其在生产上的意义 [J]. 新疆农业科技 (3)：15-21.

曹如槐，王富荣，王晓玲，等，1996. 玉米对肿囊腐霉的抗性遗传研究 [J]. 遗传，18 (2)：4-6.

柴强，黄高宝，2002. 集雨补灌对冬小麦套玉米复合群体生长特性研究 [J]. 干旱地区农业研究，20 (4)：76-79.

常建智，张国合，李彦昌，等，2011. 黄淮海超高产夏玉米生长发育特性研究 [J]. 玉米科学，19 (4)：75-79.

陈传永，王荣焕，赵久然，等，2014. 遮光对玉米干物质积累及产量性能的影响 [J]. 玉米科学，22 (2)：70-75.

陈翠霞，杨典洱，于元杰，2003. 南方玉米锈病及其抗病性鉴定 [J]. 植物病理学报，33 (1)：86-87.

陈阜，任天志，2010. 中国农作制发展优先序研究 [M]. 北京：中国农业出版社.

陈国平，王瑛，陈冲，等，1980. 夏玉米生育规律及栽培技术的研究 I：雌雄穗分化及其同外部形态的

关系 [J]. 北京农业科技 (5)：1-6.

陈洪俭，王世济，阮龙，等，2011. 淮河流域夏玉米渍涝灾害及防御对策 [J]. 安徽农学通报，17 (15)：86-87.

陈厚德，梁继农，朱华，1995. 江苏玉米纹枯菌的菌丝融合群及致病力 [J]. 植物病理学报，26 (2)：138.

陈捷，2000. 我国玉米穗、茎腐病病害研究现状与展望 [J]. 沈阳农业大学学报，31 (5)：393-401.

陈捷，2009. 玉米病害诊断与防治 [M]. 北京：金盾出版社.

陈捷，宋佐衡，1995. 玉米茎腐病侵染规律的研究 [J]. 植物保护学报，22 (2)：117-122.

陈捷，唐朝荣，高增贵，等，2000. 玉米纹枯病病菌侵染过程研究 [J]. 沈阳农业大学学报，31 (5)：503-506.

陈群，耿婷，侯雯嘉，等，2014. 近20年东北气候变暖对春玉米生长发育及产量的影响 [J]. 中国农业科学，47 (10)：1904-1916.

陈祥兰，张雪峰，罗新兰，等，2012. 东北玉米生长发育动态模拟模型研究 [J]. 吉林农业大学学报，34 (3)：242-247.

陈小凤，李瑞，胡军，2013. 安徽省淮河流域旱灾成因分析及防治对策 [J]. 安徽农业科学，41 (8)：3459-3462.

陈彦惠，吴连成，2000. 两种纬度生态条件下热带，亚热带玉米群体的鉴定 [J]. 中国农业科学，33 (C00)：40-48.

陈彦惠，张向前，常胜合，等，2003. 热带玉米光周期敏感相关性状的遗传分析 [J]. 中国农业科学，36 (3)：248-253.

陈元生，涂小云，2011. 玉米重大害虫亚洲玉米螟综合治理策略 [J]. 广东农业科学，38 (2)：80-83.

成长庚，赵阳，林付根，等，2000. 玉米粗缩病播期避病作用的研究 [J]. 玉米科学，8 (3)：81-82.

崔俊明，张红艳，黄爱云，等，2012. 玉米各生育阶段之间的相关性及遗传特性分析 [J]. 现代农业科技 (5)：59-60，62.

崔丽娜，李晓，杨晓蓉，等，2009. 四川玉米纹枯病危害与防治适期研究初报 [J]. 西南农业学报，22 (4)：1181-1183.

崔洋，涂光忠，魏建昆，等，1998. 玉米小斑病菌C小种毒素（HMC-toxin I）结构研究 [J]. 华北农学报，13 (1)：143.

戴法超，王晓鸣，朱振东，等，1998. 玉米弯孢菌叶斑病研究 [J]. 植物病理学报，28 (2)：123-129.

戴明宏，陶洪斌，王璞，等，2008. 春、夏玉米物质生产及其对温光资源利用比较 [J]. 玉米科学，16 (4)：82-95，90.

党志红，李耀发，潘文亮，等，2011. 二点委夜蛾发育起点温度及有效积温的研究 [J]. 河北农业科学，15 (10)：4-6.

邓振镛，张强，刘德祥，2007. 气候变暖对甘肃种植业结构和农作物生长的影响 [J]. 中国沙漠，27 (4)：627-632.

邓振镛，张强，蒲金涌，2008. 气候变暖对中国西北地区农作物种植的影响 [J]. 生态学报，28 (8)：3760-3768.

狄广信，关梅萍，王永才，1994. 玉米苗枯病病原菌鉴定及防治技术 [J]. 浙江农业学报 (1)：18-21.

邸垫平，苗洪芹，路银贵，等，2008. 玉米粗缩病发病叶龄与主要危害性状的相关性分析 [J]. 河北农业科学，12 (1)：51-52，60.

邸垫平，苗洪芹，吴和平，2002. 玉米矮花叶病毒对不同抗性玉米自交系侵染及其运转研究 [J]. 植物病理学报，32 (2)：153-158.

丁帅涛，孙琴，罗红兵，2014. 玉米雄穗分化发育研究进展 [J]. 作物研究（1）：97-102.

丁婷，孙微微，江海洋，等，2014. 杜仲内生真菌中抗玉米纹枯病活性菌株的筛选 [J]. 植物保护，40（6）：29-35.

丁一汇，任国玉，石广玉，等，2006. 气候变化国家评估报告中国气候变化的历史和未来趋势 [J]. 气候变化研究进展，2（1）：3-8.

董猛，檀根甲，王向阳，等，2010. 安徽玉米病害田间调查与病原鉴定 [J]. 安徽农业大学学报，37（3）：429-435.

杜彩艳，段宗颜，潘艳华，等，2015. 干旱胁迫对玉米苗期植株生长和保护酶活性的影响 [J]. 干旱地区农业研究，33（3）：124-129.

杜成凤，李潮海，刘天学，等，2011. 遮阴对两个基因型玉米叶片解剖结构及光合特性的影响 [J]. 生态学报，31（21）：6633-6640.

杜军辉，于伟丽，王猛，等，2013. 三种双酰胺类杀虫剂对小地老虎和蚯蚓的选择毒性 [J]. 植物保护学报，40（3）：266-272.

杜青林，2002. 关于优势农产品区域布局的几个关键问题 [J]. 农村工作通讯（8）：6-9.

段灿星，朱振东，武小菲，等，2012. 玉米种质资源对六种重要病虫害的抗性鉴定与评价 [J]. 植物遗传资源学报，13（2）：169-174.

段鸿飞，2000. 不同播种期对冬玉米产量的影响 [J]. 玉米科学，8（增刊）：55-57.

段金省，牛国强，2007. 气候变化对陇东源区玉米播种期的影响 [J]. 干旱地区农业研究，25（2）：235-238.

范在丰，陈红运，李怀方，等，2001. 玉米矮花叶病毒原北京分离物的分子鉴定 [J]. 农业生物技术学报，9（1）：12.

方守国，于嘉林，冯继东，等，2000. 我国玉米粗缩病株上发现的水稻黑条矮缩病毒 [J]. 农业生物技术学报，8（1）：12.

房蓓，武泰存，王景安，2003. 低锌和缺锌对玉米生长发育的影响 [J]. 生命科学研究，7（3）：255-261.

冯建国，徐作珽，2013. 玉米病虫草害防治手册 [M]. 北京：金盾出版社.

冯锐，武晋雯，纪瑞鹏，等，2013. 低温胁迫下春玉米生长参数及产量影响分析 [J]. 干旱地区农业研究，31（1）：183-185.

付景，李潮海，赵久然，等，2009. 弱光条件下不同玉米品种净光合速率及产量和品质的比较研究 [J]. 河南农业大学学报，43（2）：130-134.

高素华，1997. 玉米低温胁迫机理研究综述 [J]. 气象科技（4）：37-43.

高卫东，1987. 华北区玉米、高粱、谷子纹枯病病原学的初步研究 [J]. 植物病理学报，17（4）：247-251.

高卫东，戴法超，林宏旭，等，1996. 玉米茎腐（青枯）病的病理反应与优势病原菌演替的关系 [J]. 植物病理学报，26（4）：301-304.

高璇，2013. 玉米病虫害防治技术分析 [J]. 农业与技术，33（11）：146.

高学杰，石英，Filippo GIORGI，2010. 中国区域气候变化的一个高分辨率数值模拟 [J]. 中国科学 D 辑（地球科学），40（7）：911-922.

高英，周延安，赵营，等，2007. 盐胁迫对玉米发芽和苗期生长的影响 [J]. 中国土壤与肥料（2）：30-34.

高增贵，陈捷，邹庆道，等，1999. 玉米穗、茎腐病病原学相互关系及发病条件的研究 [J]. 沈阳农业大学学报，30（3）：215-218.

关义新，林葆，凌碧莹，2000. 光氮互作对玉米叶片光合色素及其荧光特性与能量转换的影响 [J]. 植物营养与肥料学报，6（2）：152-158.

桂秀梅，2009. 我国玉米病害研究的文献计量分析 [J]. 安徽农业科学，37 (17)：8300 - 8302.

郭国亮，李培良，张乃生，等，2001. 热带 Suwan 玉米群体遗传变异的研究 [J]. 玉米科学，9 (4)：6 - 9.

郭庆法，王庆成，汪黎明，2004. 中国玉米栽培学 [M]. 上海：上海科学技术出版社.

郭文建，刘海，2014. 高温胁迫对玉米光合作用的影响 [J]. 天津农业科学，20 (4)：86 - 88.

郭云燕，陈茂功，孙素丽，等，2013. 中国玉米南方锈病病原菌遗传多样性 [J]. 中国农业科学，46 (21)：4523 - 4533.

韩湘玲，孔扬庄，赵明斋，1981. 华北平原地区玉米生产的气候适应性分析 [J]. 天津农业科学 (2)：17 - 24.

郝玉兰，潘金豹，张秋芝，等，2003. 不同生育时期水淹胁迫对玉米生长发育的影响 [J]. 中国农学通报，12 (6)：58 - 60.

何奇瑾，周广胜，2012. 我国玉米种植区分布的气候适宜性 [J]. 科学通报，57 (4)：267 - 275.

何维勋，曹永华，1990. 玉米展开叶增加速率与温度和叶龄的关系 [J]. 中国农业气象，11 (8)：30 - 41.

贺绳武，张振鹗，1980. 玉米雌雄穗分化与外部器官生长关系的观察 [J]. 贵州农业科学 (3)：23 - 25.

贺宇典，余金咏，于泉林，等，2011. 玉米褐斑病流行规律及 GEM 种质资源抗病性鉴定 [J]. 玉米科学，19 (3)：131 - 134.

赫忠友，谭树义，林力，等，1998. 不同光照强度和光质对玉米雄花育性的影响 [J]. 中国农学通报，14 (4)：6 - 8.

侯琼，郭瑞清，杨丽桃，2009. 内蒙古气候变化及其对主要农作物的影响 [J]. 中国农业气象，30 (4)：560 - 564.

侯琼，李建军，王海梅，等，2015. 春玉米适宜土壤水分下限动态指标的确定 [J]. 灌溉排水学报，34 (6)：1 - 5.

胡昌浩，1979. 夏玉米穗分化时期与营养器官及追肥关系的研究 [J]. 中国农业科学 (1)：19 - 25.

胡昌浩，1995. 玉米栽培生理 [M]. 北京：中国农业出版社.

胡昌浩，董树亭，岳寿松，等，1993. 高产夏玉米群体光合速率与产量关系的研究 [J]. 作物学报 (1)：63 - 69.

胡务义，郑明祥，阮义理，2003. 玉米南方型锈病发生规律与防治技术初步研究 [J]. 植保技术与推广，23 (12)：9 - 12.

胡玉琪，1987. 玉米穗分化数量化形态指标——叶令指数 [J]. 河南科技 (6)：9 - 11.

黄铨，罗守德，武殿林，等，1981. 玉米穗分化时期与植株外部形态及叶龄指数相互关系的研究 [J]. 山西农业科学 (10)：6 - 8.

黄晚华，杨晓光，曲辉辉，等，2009. 基于作物水分亏缺指数的春玉米季节性干旱时空特征分析 [J]. 农业工程学报，25 (8)：28 - 34.

霍仕平，张兴端，向振凡，等，2010. 玉米果穗结实异常的主要成因与防治对策 [J]. 作物杂志 (6)：91 - 94.

纪瑞鹏，车宇胜，朱永宁，等，2012. 干旱对东北春玉米生长发育和产量的影响 [J]. 应用生态学报，23 (1)：3021 - 3026.

纪瑞鹏，张玉书，姜丽霞，等，2012. 气候变化对东北地区玉米生产的影响 [J]. 地理研究，31 (2)：290 - 298.

贾建英，郭建平，2009. 东北地区近 46 年玉米气候资源变化研究 [J]. 中国农业气象，30 (3)：302 - 307.

贾士芳，董树亭，王空军，等，2007. 弱光胁迫对玉米产量及光合特性的影响 [J]. 应用生态学报，18 (11)：2456 - 2461.

贾士芳，李从锋，董树亭，等，2010. 花后不同时期遮光对玉米粒重及品质影响的细胞学研究 [J]. 中国农业科学，43 (5)：911 - 921.

姜玉英，2014.2014 年全国主要粮食作物重大病虫害发生趋势预报 [J]. 植物保护，40（2）：1-4.

蒋军喜，陈正贤，李桂新，等，2003. 我国 12 省市玉米矮花叶病病原鉴定及病毒致病性测定 [J]. 植物病理学报，33（4）：307-312.

李潮海，奕丽敏，王群，等，2005. 苗期遮光及光照转换对不同玉米杂交种光合效率的影响 [J]. 作物学报，31（3）：381-385.

李凤民，赵松岭，段舜山，等，1995. 黄土高原半干旱区春小麦农田有限灌溉对策初探 [J]. 应用生态学报，6（3）：259-264.

李凤云，孙本普，李秀云，2006. 早熟玉米穗分化的研究 [J]. 安徽农业科学，34（18）：4549-4550，4553.

李广领，吴艳兵，王建华，等，2009. 不同杀菌剂对玉米褐斑病田间药效试验 [J]. 西北农业学报，18（2）：280-282.

李桂芝，周文伟，宋万友，2014. 玉米常见病虫害的发生规律及防治措施 [J]. 现代农业科技（3）：152-153.

李海英，2013. 国内玉米病虫害防治与转基因玉米的应用前景探究 [J]. 生物技术世界（1）：54.

李洪连，张新，袁红霞，1999. 玉米杂交种粒腐病病原鉴定 [J]. 植物保护学报，26（4）：305-308.

李华荣，兰景华，1997. 玉蜀黍丝核菌的鉴定特征 [J]. 菌物系统，16（2）：134-138.

李辉，马昌广，王国栋，等，2014.28 种自交系对 5 种玉米主要病害的抗性鉴定研究 [J]. 玉米科学，22（2）：155-158.

李江风，1990. 中国干旱半干旱地区气候环境与区域开发研究 [M]. 北京：气象出版社.

李金才，董琦，余松烈，2001. 不同生育期根际土壤淹水对小麦品种光合作用和产量的影响 [J]. 作物学报（27）：434-442.

李金堂，傅俊范，李海春，2013. 玉米三种叶斑病混发时的流行过程及产量损失研究 [J]. 植物病理学报，43（3）：301-309.

李景峰，2012. 淮北地区夏玉米渍涝灾害及其防御措施 [J]. 现代农业科技（12）：65-67.

李景欣，高春宇，华晓秀，2005.NaCl 胁迫对黄芪种子萌发及幼苗生长的影响 [J]. 内蒙古林业科技（3）：11-14.

李菊，夏海波，于金凤，2011. 中国东北地区玉米纹枯病菌的融合群鉴定 [J]. 菌物学报，30（3）：392-399.

李克南，杨晓光，刘志娟，等，2010. 全球气候变化对中国种植制度可能影响分析Ⅲ. 中国北方地区气候资源变化特征及其对种植制度界限的可能影响 [J]. 中国农业科学，43（10）：2088-2097.

李荣平，周广胜，史奎桥，等，2009.1980—2005 年玉米物候特征及其对气候的响应 [J]. 安徽农业科学，37（31）：15197-15199.

李瑞，胡田田，牛晓丽，等，2013. 局部水分胁迫对玉米根系生长的影响 [J]. 中国生态农业学报，21（11）：1371-1376.

李少昆，王崇桃，2010. 玉米高产潜力途径 [M]. 北京：科学出版社.

李生秀，1999. 我国土壤-植物营养研究的进展、现状及展望 [M]//李生秀. 土壤-植物营养研究文集. 西安：陕西科学技术出版社.

李素美，东先旺，陈建华，1999. 不同土壤目标含水量对夏玉米光合性能及产量的影响 [J]. 华北农学报，14（3）：55-59.

李晓，杨晓蓉，周小刚，等，2002. 玉米纹枯病抗源鉴定及筛选 [J]. 西南农业学报，15（增）：93-94.

李新凤，王建明，张作刚，等，2012. 山西省玉米穗腐病病原镰孢菌的分离与鉴定 [J]. 山西农业大学学报（自然科学版）（3）：218-223.

李兴，史海滨，程满金，等，2007. 集雨补灌对玉米生长及产量的影响 ［J］. 农业工程学报，4（23）：34－38.

李耀发，党志红，高占林，等，2010. 防治灰飞虱高毒力药剂的室内筛选 ［J］. 河北农业科学，14（8）：80－81.

李耀发，党志红，高占林，等，2012. 二点委夜蛾高效低毒防治药剂室内评价 ［J］. 农药，51（3）：213－215.

李耀发，党志红，张立娇，等，2011. 二点委夜蛾形态识别及发育历期研究 ［J］. 河北农业科学，15（4）：23－24.

李叶蓓，陶洪斌，王若男，等，2015. 干旱对玉米穗发育及产量的影响 ［J］. 中国生态农业学报学报，23（4）：383－391.

李祎君，王春乙，2010. 气候变化对我国农作物种植结构的影响 ［J］. 气候变化研究进展，6（2）：123－129.

梁秀兰，张振宏，1995. 玉米穗分化与叶龄关系的研究 ［J］. 华南农业大学学报，16（3）：83－87.

梁哲军，陶洪斌，王璞，2009. 淹水解除后玉米幼苗形态及光合生理特征恢复 ［J］. 生态学报（29）：3977－3986.

廖宗族，1980. 土温对玉米苗期生育影响的研究 ［J］. 农业气象（2）：49－55.

林孝松，2003. 农业气候资源研究进展 ［J］. 海南师范学院学报（自然科学版），16（4）：87－91.

刘昌继，1996. 不同播期对玉米穗分化及产量的影响 ［J］. 耕作与栽培（5）：37－39.

刘成，申海兵，石云素，等，2008. 开花期干旱胁迫对玉米细胞膜透性、抗脱水性和产量的影响 ［J］. 新疆农业科学，45（3）：418－422.

刘德祥，董安祥，邓振镛，2005. 中国西北地区气候变暖对农业的影响 ［J］. 自然资源学报，20（1）：119－125.

刘公椂，1983. 农业气象知识讲座（二）作物的温度三基点 ［J］. 天津农业科技（2）：87－91.

刘杰，姜玉英，2014.2012 年玉米病虫害发生概况特点和原因分析 ［J］. 中国农学通报，30（7）：270－279.

刘杰，姜玉英，曾娟，2013.2012 年玉米大斑病重发原因和控制对策 ［J］. 植物保护，39（6）：86－90.

刘京宝，杨克军，石书兵，等，2012. 中国北方玉米栽培 ［M］. 北京：中国农业科学技术出版社.

刘京宝，张建华，杨华，等，2016. 中国四季玉米 ［M］. 北京：中国农业出版社.

刘明春，蒋菊芳，郭小芹，等，2014. 气候变化背景下玉米棉铃虫消长动态预测及影响因素研究 ［J］. 干旱地区农业研究，32（2）：114－118.

刘永，李佐同，杨克军，等，2015. 水分胁迫及复水对不同耐旱性玉米生理特性的影响 ［J］. 植物生理学报，51（5）：702－708.

刘永红，何文涛，杨勤，等，2007. 花期干旱对玉米籽粒发育的影响 ［J］. 核农学报，21（2）：181－185.

刘永红，杨勤，杨文钰，等，2006. 花期干湿交替对玉米干物质积累与再分配的影响 ［J］. 作物学报，32（11）：1723－1727.

刘玉涛，王宇先，郑丽华，等，2011. 旱地玉米节水灌溉方式的研究 ［J］. 黑龙江农业科学（10）：16－17.

刘战东，肖俊夫，南纪琴，等，2010. 播期对夏玉米生育期、形态指标及产量的影响 ［J］. 西北农业学报，19（6）：91－94.

刘战东，肖俊夫，南纪琴，等，2010. 淹涝对夏玉米形态、产量及其构成因素的影响 ［J］. 人民黄河（12）：157－159.

刘振库，贾娇，苏前富，等，2014. 齐齐哈尔玉米穗腐病病原菌的鉴定和致病性测定 ［J］. 吉林农业科学，39（6）：28－30.

刘忠德，刘守柱，季敏，等，2001. 玉米粗缩病发生程度与灰飞虱消长规律的关系 ［J］. 杂粮作物，21

（2）：38-39.

刘祖贵，刘战东，肖俊夫，等，2013. 苗期与拔节期淹涝抑制夏玉米生长发育、降低产量 [J]. 农业工程学报，29（5）：44-52.

龙书生，马秉元，李亚玲，等，1995. 陕西关中西部玉米穗粒腐病寄藏真菌种群研究 [J]. 西北农业学报，4（3）：63-66.

龙志长，段盛荣，龙晖，等，2005. 湖南省春玉米生育气候条件分析及种植区划 [J]. 作物研究，19（2）：83-86.

卢布，丁斌，吕修涛，等，2010. 中国小麦优势区域布局规划研究 [J]. 中国农业资源与区划，31（2）：6-12，61.

陆大雷，孙旭利，王鑫，等，2013. 灌浆结实期水分胁迫对糯玉米粉理化特性的影响 [J]. 中国农业科学，46（1）：30-36.

陆魁东，黄晚华，方丽，等，2007. 气象灾害指标在湖南春玉米种植区划中的应用 [J]. 应用气象学报，18（4）：548-554.

路明，刘文国，岳尧海，等，2011. 20 年间吉林省玉米品种的产量及其相关性状分析 [J]. 玉米科学，19（5）：59-63.

吕国忠，赵志慧，张晓东，等，2010. 串珠镰孢菌种名的废弃及其与腾仓赤霉复合种的关系 [J]. 菌物学报，29（1）：143-151.

吕凯，2014. 高温对皖北地区玉米的影响及防御对策 [J]. 农业灾害研究，4（10）：78-81.

罗益镇，崔景岳，1995. 土壤昆虫学 [M]. 北京：中国农业出版社.

马春红，赵霞，2014. 玉米简化栽培 [M]. 北京：中国农业科学技术出版社.

马佳，范莉莉，傅科鹤，等，2014. 哈茨木霉 SH2303 防治玉米小斑病的初步研究 [J]. 中国生物防治学报，30（1）：79-85.

马佳，张婷，王猛，等，2013. 玉米小斑病发生前期化学防治初步研究 [J]. 上海交通大学学报（农业科学版），31（4）：45-50.

马树庆，王琪，罗新兰，2008. 基于分期播种的气候变化对东北地区玉米（Zea mays）生长发育和产量的影响 [J]. 生态学报，28（5）：2131-2139.

马卓民，1989. 玉米穗分化及多穗问题的研究 [J]. 陕西农业科学（3）：24-27.

苗洪芹，陈巽祯，曹克强，等，2003. 玉米粗缩病的流行因素与预测模型 [J]. 河北农业大学学报，26（2）：60-64.

穆佳，赵俊芳，郭建平，2014. 近 30 年东北春玉米发育期对气候变化的响应 [J]. 应用气象学报（6）：680-689.

宁金花，申双和，2009. 气候变化对中国农业的影响 [J]. 现代农业科技（12）：251-254.

潘惠康，张兰新，1992. 玉米穗腐病导致产量损失的品种和气候因素分析 [J]. 华北农学报（4）：99-103.

钱锦霞，郭建平，2013. 东北地区春玉米生长发育和产量对温度变化的响应 [J]. 中国农业气象，34（3）：312-346.

钱幼亭，孙晓平，梁影屏，等，1999. 不同播期对玉米粗缩病发生的影响 [J]. 植物保护，25（3）：23-24.

秦大河，陈振林，罗勇，等，2007. 气候变化科学的最新认知 [J]. 气候变化研究进展，3（2）：63-73.

秦大河，丁一汇，苏纪兰，等，2005. 中国气候与环境演变评估（Ⅰ）：中国气候与环境变化及未来趋势 [J]. 气候变化研究进展（1）：4-9.

秦大河，罗勇，陈振林，等，2007. 气候变化科学的最新进展：IPCC 第四次评估综合报告解析 [J]. 气候变化研究进展，3（6）：311-314.

秦大河，王馥堂，赵宗慈，2003. 气候变化对农业生态的影响 [J]. 北京：气象出版社.

屈振江，2010. 陕西农作物生育期热量资源对气候变化的响应研究 [J]. 干旱区资源与环境，24（1）：75-79.

全国农业技术推广服务中心病虫害测报处，2015.2015 年全国玉米重大病虫害发生趋势预报 [J]. 山东农药信息（3）：42.

任佰朝，张吉旺，李霞，等，2013. 淹水胁迫对夏玉米籽粒灌浆特性和品质的影响 [J]. 中国农业科学，46（21）：4435-4445.

任佰朝，朱玉玲，李霞，等，2015. 大田淹水对夏玉米光合特性的影响 [J]. 作物学报，41（2）：329-338.

任永哲，陈彦惠，库丽霞，等，2005. 玉米光周期反应研究简报 [J]. 玉米科学，13（4）：86-88.

阮义理，胡务义，2002. 玉米多堆柄锈菌的初侵染源探讨 [J]. 植物保护，28（4）：55.

阮义理，胡务义，何万娥，2001. 玉米多堆柄锈菌的生物学特性 [J]. 玉米科学，9（3）：82-85.

僧珊珊，王群，张永恩，等，2012. 外源亚精胺对淹水胁迫玉米的生理调控效应 [J]. 作物学报（38）：1042-1050.

山东农学院，1980. 作物栽培学：北方本 [M]. 北京：农业出版社.

商鸿生，王凤葵，沈瑞清，等，2005. 玉米高粱谷子病虫害诊断与防治原色图谱 [M]. 北京：金盾出版社.

尚宗波，2000. 全球气候变化对沈阳地区春玉米生长的可能影响 [J]. 植物学报，42（3）：300-305.

石洁，刘玉瑛，魏利民，2002. 河北省玉米南方型锈病初侵染来源研究 [J]. 河北农业科学，6（4）：5-8.

石洁，王振营，2010. 玉米病虫害防治彩色图谱 [M]. 北京：中国农业出版社.

石洁，王振营，何康来，2005. 黄淮海区夏玉米病虫害发生趋势与原因分析 [J]. 植物保护，31（5）：63-65.

史建国，崔海岩，赵斌，等，2013. 花粒期光照对夏玉米产量和籽粒灌浆特性的影响 [J]. 中国农业科学，46（21）：4427-4434.

史晓榕，白丽，1992. 不同类型玉米群体穗粒腐病病原菌的调查研究 [J]. 植物保护，18（5）：28-29.

史占忠，贾显明，张敬涛，等，2003. 三江平原春玉米低温冷害发生规律及防御措施 [J]. 黑龙江农业科学（2）：7-10.

斯琴巴特尔，吴红英，2000. 盐胁迫对玉米种子萌发及幼苗生长的影响 [J]. 干旱区资源与环境，14（4）：76-80.

宋立秋，石洁，王振营，等，2012. 亚洲玉米螟危害对玉米镰孢穗腐病发生程度的影响 [J]. 植物保护，38（6）：50-53.

宋立秋，魏利民，王振营，等，2009. 亚洲玉米螟与串珠镰孢菌复合侵染对玉米产量损失的影响 [J]. 植物保护学报，36（6）：487-490.

宋立泉，1997. 低温对玉米生长发育的影响 [J]. 玉米科学，5（3）：58-60.

宋艳春，裴二序，石云素，等，2012. 玉米重要自交系的肿囊腐霉茎腐病抗性鉴定与评价 [J]. 植物遗传资源学报，13（5）：798-802.

苏前富，贾娇，李红，等，2013. 玉米大斑病暴发流行对玉米产量和性状表征的影响 [J]. 玉米科学，21（6）：145-147.

隋鹤，高增贵，庄敬华，等，2010. 寄主选择压力下玉米弯孢菌叶斑病菌致病性分化及生物学特性研究 [J]. 中国农学通报，26（4）：239-243.

隋韵涵，肖淑芹，董雪，等，2014. 九种杀菌剂对 *Fusarium verticillioides* 和 *F. graminearum* 毒力及玉米穗腐病的防治效果 [J]. 玉米科学，22（2）：145-149.

孙炳剑，雷小天，袁虹霞，等，2006. 玉米褐斑病暴发流行原因分析与防治对策 [J]. 河南农业科学，35（11）：61-62.

孙静，刘佳中，谢淑娜，等，2015. 小麦-玉米轮作田镰孢菌的种群结构及其致病性研究 [J]. 河南农业科学，44（5）：91-96.

孙秀华，孙亚杰，张春山，等，1994. 钾、硅肥对玉米茎腐病的防治效果及其理论依据 [J]. 植物保护学报，21（2）：102.

孙月轩，姜先梅，张作木，等，1994. 夏玉米灌浆与温度、籽粒含水率关系的初步探讨 [J]. 玉米科学（3）：54-58.

汤晓跃，陈玉花，夏卫国，等，2014. 浅析极端高温对玉米生长发育的影响 [J]. 农业科技通讯（9）：165-166.

唐朝荣，陈捷，纪明山，等，2000. 辽宁省玉米纹枯病病原学研究 [J]. 植物病理学报，30（4）：319-326.

唐海峰，樊万选，2009. 农业应对气候变暖创新开发理念加快技术研发 [J]. 创新科技（3）：17-19.

陶永富，刘庆彩，徐明良，2013. 玉米粗缩病研究进展 [J]. 玉米科学，21（1）：149-152.

陶志强，陈源泉，隋鹏，等，2013. 华北春玉米高温胁迫影响机理及其技术应对探讨 [J]. 中国农业大学学报，18（4）：20-27.

滕世云，1983. 玉米穗分化与叶龄的关系 [J]. 山西农业科学（4）：4-5.

田琳，谢晓金，包云轩，等，2013. 不同生育期水分胁迫对夏玉米叶片光合特性的影响 [J]. 中国农业气象，34（6）：655-660.

佟屏亚，1992. 中国玉米种植区划 [M]. 北京：中国农业科学技术出版社.

佟圣辉，陈刚，王孝杰，等，2005. 我国玉米杂优群对主要病害的抗性鉴定与评价 [J]. 杂粮作物，25：101-103.

王丹，高丽辉，张超，等，2015. 低温对玉米苗期生长的影响及抗逆栽培措施 [J]. 辽宁农业科学（4）：60-63.

王馥棠，2002. 近十年来我国气候变化影响研究的若干进展 [J]. 应用气象学报，13（6）：755-766.

王海光，马占鸿，2004. 玉米矮花叶病预测预报研究 [J]. 玉米科学，12（4）：94-98.

王慧英，李庆富，1995. 普甜玉米的穗分化 [J]. 上海农业学报，11（4）：41-50.

王立安，郝丽梅，马春红，等，2004. HMC 毒素对雄性不育玉米线粒体结构和功能的影响 [J]. 植物病理学报，34（3）：221-224.

王丽娟，徐秀德，姜钰，等，2011. 东北玉米苗枯病病原镰孢菌 rDNA ITS 鉴定 [J]. 玉米科学，19（4）：131-133，137.

王连敏，王立志，张国民，等，1999. 苗期低温对玉米体内脯氨酸、电导率及光合作用的影响 [J]. 中国农业气象，20（2）：89-90.

王培娟，韩丽娟，周广胜，等，2015. 气候变暖对东北三省春玉米布局的可能影响及其应对策略 [J]. 自然资源学报，30（8）：1343-1355.

王培娟，梁宏，李祎君，等，2011. 气候变暖对东北三省春玉米生育期及种植布局的影响 [J]. 资源科学，33（10）：1976-1983.

王璞，魏亚萍，陈才良，2002. 玉米籽粒库容潜力研究进展 [J]. 玉米科学，10（1）：46-49.

王琪，马树庆，郭建平，等，2009. 温度对玉米生长和产量的影响 [J]. 生态学杂志，28（2）：255-260.

王琪，马树庆，郭建平，等，2011. 温度变化对东北春玉米生长发育速率的影响 [J]. 现代农业科技（7）：46-48.

王琦，2010. 苗期涝害对玉米生长发育的影响及减灾技术措施 [J]. 中国种业（10）：86-87.

王润元，张强，王耀琳，2004. 西北干旱区玉米对气候变暖的响应 [J]. 植物学报，46（12）：1387-1392.

王书子，2012. 玉米病虫害发生规律及防治技术 [J]. 中国种业（2）：57-58.

王文锦，2014. 玉米地老虎发生特点与综合防治技术 [J]. 种子科技（9）：50-51.

王晓梅，吕平香，李莉莉，等，2007. 玉米小斑病重要流行环节的初步定量研究 II：病斑产孢、孢子飞散、杀菌剂筛选 [J]. 吉林农业大学学报, 29 (2)：128 - 132.

王晓鸣, 2005. 玉米病虫害知识系列讲座（Ⅲ）：玉米抗病虫性鉴定与调查技术 [J]. 作物杂志 (6)：53 - 55.

王晓鸣, 戴法超, 朱振东, 2003. 玉米弯孢菌叶斑病的发生与防治 [J]. 植保技术与推广, 23 (4)：37 - 39.

王晓鸣, 巩双印, 柳家友, 等, 2015. 玉米叶斑病药剂防控技术探索 [J]. 玉米科学 (3)：150 - 154.

王晓鸣, 晋齐鸣, 石洁, 等, 2006. 玉米病害发生现状与推广品种抗性对未来病害发展的影响 [J]. 植物病理学报, 36 (1)：1 - 11.

王晓鸣, 石洁, 晋齐鸣, 等, 2010. 玉米病虫害田间手册：病虫害鉴别与抗性鉴定 [M]. 北京：中国农业科学技术出版社.

王晓鸣, 吴全安, 刘晓娟, 等, 1994. 寄生玉米的 6 种腐霉及其致病性研究 [J]. 植物病理学报, 24 (4)：343 - 346.

王晓鸣, 吴全安, 张培坤, 1999. 硫酸锌防治玉米茎基腐病的研究 [J]. 植物保护, 25 (2)：23 - 24.

王欣, 2014. 冀中南夏玉米主要虫害综合防治技术 [J]. 现代农村科技 (9)：28.

王秀元, 张林, 李新海, 等, 2012. 58 份玉米自交系抗丝黑穗病鉴定 [J]. 玉米科学 (3)：147 - 149, 153.

王亚军, 谢忠奎, 2003. 甘肃砂田西瓜覆膜补灌效应研究 [J]. 中国沙漠, 23 (3)：300 - 305.

王洋, 齐晓宁, 邵金锋, 等, 2008. 光照强度对不同玉米品种生长发育和产量构成的影响 [J]. 吉林农业大学学报, 30 (6)：769 - 773.

王玉莹, 张正斌, 杨引福, 等, 2012. 2002—2009 年东北早熟春玉米生育期及产量变化 [J]. 中国农业科学, 45 (24)：4959 - 4966.

王振跃, 施艳, 李洪连, 2013. 不同营养元素与玉米青枯病发病的相关性研究 [J]. 植物病理学报, 43 (2)：192 - 195.

王忠孝, 高学曾, 滕世云, 1987. 玉米生理 [M]. 北京：农业出版社.

王宗明, 丁磊, 张柏, 等, 2006. 过去 50 年吉林省玉米带玉米种植面积时空变化及其成因分析 [J]. 地理科学, 26 (3)：299 - 305.

魏湜, 曹广才, 高洁, 等, 2010. 玉米生态基础 [M]. 北京：中国农业出版社.

魏铁松, 朱维芳, 庞民好, 等, 2013. 棉铃虫和玉米螟危害对玉米穗腐病的影响 [J]. 玉米科学, 21 (4)：116 - 118, 123.

魏永超, 朱庆升, 1982. 玉米穗分化时期与营养、生殖器官的关系及其在生产实践中的意义 [J]. 百泉农专学报 (2)：36 - 43.

魏永胜, 梁宗锁, 2001. 钾与提高作物抗旱性的关系 [J]. 植物生理学通讯, 37 (6)：676 - 580.

温克刚, 庞天荷, 2005. 中国气象灾害大典：河南卷 [M]. 北京：气象出版社.

吴东兵, 曹广才, 1995. 我国北方高寒旱地玉米的三段生长特征及其变化 [J]. 中国农业气象, 16 (4)：7 - 10.

吴东兵, 曹广才, 阎保生, 等, 1999. 旱中高海拔旱地玉米熟期类型划分指标 [J]. 华北农学报, 14 (1)：42 - 46.

吴全安, 朱小阳, 林宏旭, 等, 1997. 玉米青枯病病原菌的分离及其致病性测定技术的研究 [J]. 植物病理学报, 27 (1)：29 - 35.

吴绍骙, 韩锦峰, 石敬之, 1980. 玉米栽培生理 [M]. 上海：上海科学技术出版社.

吴淑华, 姜兴印, 聂乐兴, 2011. 高产夏玉米褐斑病产量损失模型及损失机理 [J]. 应用生态学报, 22 (3)：720 - 726.

吴淑华，刘红，姜兴印，等，2010. 温度及杀菌剂对玉米褐斑病菌休眠孢子囊萌发的影响 [J]. 山东农业大学学报（自然科学版），41 (2)：169-174.

武晋雯，孙龙彧，李书君，等，2015. 低温胁迫下玉米高光谱特征及产量构成的相关分析 [J]. 中国农学通报，31 (15)：33-37.

夏海波，伍恩宇，于金凤，2008. 黄淮海地区夏玉米纹枯病菌的融合群鉴定 [J]. 菌物学报，27 (3)：360-367.

肖继兵，杨久廷，辛宗绪，等，2009. 风沙半干旱区旱地玉米提高降水生产效率的栽培技术研究 [J]. 玉米科学，17 (5)：116-120.

肖淑芹，姜晓颖，黄伟东，等，2011. 玉米瘤黑粉病菌生物学特性研究 [J]. 玉米科学，19 (3)：135-137.

谢云，王晓岚，林燕，2003. 近 40 年中国东部地区夏秋粮作物农业气候生产潜力时空变化 [J]. 资源科学，25 (2)：7-13.

辛小桂，黄占斌，朱元骏，2004. 水分胁迫条件下几种化学材料对玉米幼苗抗旱性的影响 [J]. 干旱地区农业研究，3 (22)：54-57.

邢会琴，马建仓，许永锋，等，2011. 防治玉米顶腐病和黑粉病药剂筛选 [J]. 植物保护，37 (5)：187-192.

徐克章，武志海，2001. 玉米群体冠层内光和 CO_2 分布特性的初步研究 [J]. 吉林农业大学学报，23 (3)：9-12.

徐凌，左为亮，刘永杰，等，2013. 玉米主要病害抗性遗传研究进展 [J]. 中国农业科技导报，15 (3)：18-29.

薛昌颖，刘荣花，马志红，2014. 黄淮海地区夏玉米干旱等级划分 [J]. 农业工程学报，30 (16)：147-156.

薛春生，肖淑琴，翟羽红，等，2008. 玉米弯孢菌叶斑病菌致病类型分化研究 [J]. 植物病理学报，38 (1)：6-12.

闫先喜，马小杰，邢树平，等，1995. 盐胁迫对大麦种子细胞膜透性的影响 [J]，植物学报，12 (增刊)：53-54.

杨劲松，姚荣江，2015. 我国盐碱地的治理与农业高效利用 [J]. 中国科学院院刊，30 (Z1)：162-170.

杨文彬，1989. 玉米覆膜栽培地积温效应对根系及植株发育的影响 [J]. 植物生态学与地植物学，13 (3)：282-288.

杨晓光，刘志娟，陈阜，2010. 全球气候变暖对中国种植制度可能影响 I：气候变暖对中国种植制度北界和粮食产量可能影响的分析 [J]. 中国农业科学，43 (3)：329-336.

杨修，孙芳，林而达，2005. 我国玉米对气候变化的敏感性和脆弱性研究 [J]. 地域研究与开发，24 (4)：54-57.

杨雪，丁小兰，马占鸿，等，2015. 玉米南方锈病发生温度范围测定 [J]. 植物保护，41 (5)：145-147.

叶坤浩，龚国淑，祁小波，等，2015. 几种栽培措施对玉米纹枯病和小斑病的影响 [J]. 植物保护，41 (4)：154-159.

尹光华，蔺海明，2001. 旱地春小麦集雨补灌增产机制初探 [J]. 干旱地区农业研究，19 (2)：55-61.

尹小刚，王猛，孔箐锌，等，2015. 东北地区高温对玉米生产的影响及对策 [J]. 应用生态学报，26 (1)：186-198.

于成基，2014. 玉米常见虫害的识别与防治 [J]. 吉林农业 (11)：81.

于文颖，纪瑞鹏，冯锐，等，2012. 东北地区玉米生长发育特征及其对热量的响应 [J]. 应用生态学报，23 (5)：1295-1302.

余利，段海明，刘正，等，2013. 安徽玉米主产区气象因子和玉米新组合的产量分析 [J]. 安徽农业科学，41 (33)：12923-12924，12929.

余卫东，赵国强，陈怀亮，2007. 气候变化对河南省主要农作物生育期的影响 [J]. 中国农业气象，28 （1）：9 - 12.

禹代林，欧珠，1999. 西藏玉米生产的现状与建议 [J]. 西藏农业科技，21 （1）：20 - 22.

远红伟，陆引罡，崔保伟，等，2008. 玉米生长发育及生理特性对水分胁迫的感应关系 [J]. 华北农学报，23 （增刊）：109 - 113.

云雅如，方修琦，王丽岩，等，2007. 我国作物种植界线对气候变暖的适应性响应 [J]. 作物杂志 （3）：20 - 23.

云雅如，勋文聚，苏强，等，2008. 气候变化敏感区温度因子对农用地等别的影响评价 [J]. 农业工程学报，24 （增刊1）：113 - 116.

翟治芬，胡玮，严昌荣，等，2012. 中国玉米生育期变化及其影响因子研究 [J]. 中国农业科学，45 （22）：4587 - 4603.

张爱红，陈丹，田兰芝，等，2010. 我国玉米病毒病的种类和病毒鉴定技术 [J]. 玉米科学，18 （6）：127 - 132.

张爱红，邸垫平，苗洪芹，等，2015. 高效、准确的玉米粗缩病人工接种鉴定技术 [J]. 植物保护学报，42 （1）：87 - 92.

张保仁，董树亭，胡昌浩，等，2007. 高温对玉米籽粒淀粉合成及产量的影响 [J]. 作物学报，33 （1）：38 - 42.

张超冲，李锦茂，1990. 玉米镰刀菌茎腐病发生规律及防治试验 [J]. 植物保护学报，17 （3）：257 - 261.

张德荣，1993. 玉米低温冷害试验报告 [J]. 中国农业气象，14 （5）：32 - 34.

张冬梅，2014. 温度对玉米生长发育的研究分析 [J]. 中国农资 （8）：71.

张范强，薛淑珍，纪勇，等，1986. 褐纹叩头甲生物学特性观察 [J]. 昆虫知识 （2）：60 - 62.

张凤路，S MUGO，2001. 不同玉米种质对长光周期反应的初步研究 [J]. 玉米科学，9 （4）：54 - 56.

张国民，王连敏，王立志，等，2000. 苗期低温对玉米叶绿素含量及生长发育的影响 [J]. 黑龙江农业科学 （1）：10 - 12.

张海剑，侯廷荣，吴明泉，等，2010. 玉米褐斑病药剂防治效果评价 [J]. 河北农业科学，14 （5）：29 - 31，67.

张厚瑄，2000. 中国种植制度对全球气候变化响应的有关问题 I：气候变化对我国种植制度的影响 [J]. 中国农业气象，21 （1）：9 - 13.

张吉旺，董树亭，王空军，等，2006. 大田遮阴对夏玉米淀粉合成关键酶活性的影响 [J]. 作物学报，34 （8）：1470 - 1474.

张建平，赵艳霞，王春乙，等，2008. 气候变化情景下东北地区玉米产量变化模拟 [J]. 中国生态农业学报，16 （6）：1448 - 1452.

张立新，李生秀，2005. 氮、钾、甜菜碱对减缓夏玉米水分胁迫的效果 [J]. 中国农业科学，38 （7）：1401 - 1407.

张瑞敬，2013. 玉米病害的调查报告 [J]. 现代农村科技 （12）：54 - 55.

张世煌，石德权，徐家舜，等，1995. 对两个亚热带优质蛋白玉米群体的适应性混合选择研究 I [J]. 作物学报，21 （3）：271 - 280.

张淑杰，张玉书，纪瑞鹏，等，2011. 水分胁迫对玉米生长发育及产量形成的影响研究 [J]. 中国农学通报，27 （12）：68 - 72.

张廷珠，韩方池，吴乃元，等，1981. 夏玉米籽粒增重与气象条件的初步研究 [J]. 山东气象 （2）：35 - 38.

张文英，2004. 作物抗旱性鉴定研究及进展 [J]. 河北农业科学，8 （1）：58 - 61.

张小龙，张艳刚，李虎群，等，2011. 二点委夜蛾发生危害特点、发生规律及防治技术研究 [J]. 河北农业科学，15 (12)：1-4.

张毅，戴俊英，苏正淑，1995. 灌浆期低温对玉米籽粒的伤害作用 [J]. 作物学报，21 (1)：71-75.

张银锁，2001. 夏玉米植株及叶片生长发育热量需求试验与模拟研究 [J]. 应用生态学报，12 (4)：78-80.

张永福，黄鹤平，银立新，等，2015. 温度与水分胁迫下玉米的交叉适应机制研究 [J]. 河南农业科学，44 (1)：19-24.

张玉书，米娜，陈鹏狮，2012. 土壤水分胁迫对玉米生长发育的影响研究 [J] 中国农学通报，28 (3)：1-7.

赵福成，景立权，闫发宝，等，2013. 灌浆期高温胁迫对甜玉米籽粒糖分积累和蔗糖代谢相关酶活性的影响 [J]. 作物学报，39 (9)：1644-1651.

赵久然，陈国平，1990. 不同时期遮光对玉米籽粒生产能力的影响及籽粒败育过程的观察 [J]. 中国农业科学，23 (4)：28-34.

赵俊芳，郭建平，部定荣，等，2011. 2011—2050 年黄淮海冬小麦、夏玉米气候生产潜力评价 [J]. 应用生态学报，22 (12)：3189-2195.

赵丽晓，雷鸣，王璞，等，2014. 花期高温对玉米籽粒发育和产量的影响 [J]. 作物杂志 (4)：6-9.

赵丽晓，张萍，王若男，等，2014. 花后前期高温对玉米强弱势籽粒生长发育的影响 [J]. 作物学报，40 (10)：1839-1845.

赵龙飞，李潮海，刘天学，等，2012. 花期前后高温对不同基因型玉米光合特性及产量和品质的影响 [J]. 中国农业科学，45 (23)：4947-4958.

赵美令，2009. 玉米各生育时期抗旱性鉴定指标的研究 [J]. 中国农学通报，25 (12)：66-68.

赵致，张荣达，吴盛黎，等，2001. 紧凑型玉米高产栽培理论与技术研究 [J]. 中国农业科学，34 (5)：537-543.

郑洪建，董树亭，王空军，等，2001. 生态因素对玉米品种生长发育影响及调控的研究 [J]. 山东农业大学学报，32 (2)：117-123.

郑明祥，胡务义，阮义理，等，2004. 玉米南方型锈病夏孢子的侵染时期 [J]. 植物保护学报，31 (4)：439-440.

周卫霞，董朋飞，王秀萍，等，2013. 弱光胁迫不同基因型玉米籽粒发育和碳氮代谢的影响 [J]. 作物学报，39 (10)：1826-1834.

周武歧，陈占廷，1998. 玉米杂交种子生产与营销 [M]. 北京：中国农业出版社.

朱大威，金之庆，2008. 气候及其变率变化对东北地区粮食生产的影响 [J]. 作物学报，34 (9)：1588-1597.

朱丽敬，杨丽，蔺怀博，2014. 浅谈玉米病害加重原因及防治 [J]. 农业技术，34 (8)：148.

朱自玺，侯建新，1988. 夏玉米土壤水分指标研究 [J]. 气象，14 (9)：13-16.

Adams R M, 1989. Global climate and agriculture：an economic perspective [J]. American Journal of Agricultural Economics (71)：127-129.

Adams R M, Rosenzweig C, Peter R M, et al, 1990. Global climate change and US agriculture [J]. Nature (345)：219-224.

Allison J C S, Daynard T B, 1979. Effect of change in time of flowering, induced by altering photoperiod or temperature, on ariributes related to yield in maize [J]. Crop Sci. (19)：1-4.

Anjos J R N, Charchar M J A, Teixeira R N, et al, 2004. Occurrence of *Bipolaris maydis* causing leaf spot in *Paspalum atratum* cv. *ojuca* in Brazil [J]. Fitopatologia Brasileira, 29 (6)：656-658.

Araki H, Hamada A, Hossain M A, et al, 2012. Waterlogging at jointing and/or after anthesis in wheat induces early leaf senescence and impairs grain filling [J]. Field Crops Res. , 137：27-36.

Araya A, Keesstra S D, Stroosnijder L, 2010. A new agro - climatic classification for crop suitability zoning in northern semi - arid Ethiopia [J]. Agricultural and Forest Meteorology (150): 1057 - 1064.

Azad H R, Holmes G J, Cooksey D A, 2000. A new leaf blotch disease of sudangrass caused by *Pantoea ananas* and *Pantoea stewartii* [J]. Plant Disease, 84: 973 - 979.

A. A. 沙霍夫, 1958. 植物的抗盐性 [M]. 韩国尧, 译. 北京: 科学出版社.

Barash I, Manulis - Sasson S, 2007. Virulence mechanisms and host specificity of gall - forming *Pantoea agglomerans* [J]. Trends Microbiology, 15 (12): 538 - 545.

Benke K K, Pelizaro C, 2010. A spatial - statistical approach to the visualisation of uncertainty in land suitability analysis [J]. Journal of Spatial Science, 55 (2): 257 - 272.

Birch C J, Hammer G L, Rickert K G, 1998. Temperature and photoperiod sensitivity of development in five cultivars of maize (*Zea mays* L.) from emergence to tassel initiation [J]. Field Crops Res. , 55: 93 - 107.

Bounce, 1987. Effect of temperature on the dry matter accumulation of maize [J]. Foreign Agricultural (5): 61 - 62.

Breuer C M, Hunter R B, Kannenberg L W, 1976. Effects of 10 - and 20 - h photoperiod treatments at 20 and 30 C on rate of development of a single - cross maize (*Zea mays*) hybrid [J]. Can. J. Plant Sci. , 56: 795 - 798.

Carson M L, 2006. Response of a maize synthetic to selection for components of partial resistance to *Exserohilum turcicum* [J]. Plant Disease, 90 (7): 910 - 914.

Champs D C, Le Seaux S, Dubost J J, et al, 2000. Isolation of *Pantoea agglomerans* in two cases of septic monoarthritis after plant thorn and wood sliver injuries [J]. Journal of Clinical Microbiology, 38 (1): 460 - 461.

Chauhan R S, Singh B M, Develash R K, 1997. Effect of toxic compounds of *Exserohilum turcicum* on chlorophyll content, callus growth and cell viability of susceptible and resistant inbred lines of maize [J]. Journal of Phytopathology, 145 (10): 435 - 440.

Chen C, Lei C, Deng A, et al, 2011. Will higher minimum temperatures increase corn production in Northeast China? An analysis of historical data over 1965—2008 [J]. Agricultural and Forest Meteorology, 151 (12): 1580 - 1588.

Chen C, Qian C, Deng A, et al, 2012. Progressive and active adaptations of cropping system to climate change in Northeast China [J]. European Journal of Agronomy, 38 (8): 94 - 103.

Cirilo A G , Andrad F H, 1994. Sowing date and maize productivity: I. Crop growth and dry matter partitioning [J]. Crop Sci. (34): 1039 - 1043.

Commuri P D, Jones R J, 2001. High temperatures during endosperm cell division in maize: a genotypic comparison under in vitro and field conditions [J]. Crop Science, 41: 1122 - 1130.

Cother E J, Reinke R, McKenzie C, et al, 2004. An unusual stem necrosis of rice caused by *Pantoea ananas* and the first record of this pathogen on rice in Australia [J]. Australasian Plant Pathology, 33: 494 - 503.

Cruz A T, Cazacu A C, Allen C H, 2007. *Pantoea agglomerans*, a plant pathogen causing human disease [J]. Journal of Clinical Microbiology, 45 (6): 1989 - 1992.

Cuomo C A, Güldener U, Xu J R, et al, 2007. The *Fusarium graminearum* genome reveals a link between localized polymorphism and pathogen specialization [J]. Science, 317 (5843): 1400 - 1402.

Daynard T B, Tanner J W, Duncan W G, 1971. Duration of the grain filling period and its relation to grain yield in corn, *Zea mays* L. [J]. Crop Sci, 11 (1): 45 - 48.

Desjardins A E, Plkattber R D, 2000. Fumonisin B (1) - nonproducing strains of *Fusarium verticillioides* cause maize (*Zea mays*) ear infection and ear rot [J]. Journal of Agricultural and Food Chemistry, 48 (11): 5773 - 5780.

Dovas C I, Eythymiou K, Katis N I, 2004. First report of *Maize rough dwarf virus* (MRDV) on maize crops in Greece [J]. Plant Pathology, 53 (2): 238.

Dugan F M, Hellier B C, Lupien S L, 2003. First report of *Fusarium proliferatum* causing rot of garlic bulbs in North America [J] Plant Pathology, 52: 46.

Early E B, Mclltsyh W O, Seif R D, et al, 1967. Effects of shade applied at different stages of plant development on corn production [J]. Crop Science, 7: 151 - 156.

Edens D G, Gitaitis R D, Sanders F H, et al, 2006. First report of *Pantoea agglomerans* causing a leaf blight and bulb rot of onions in Georgia [J]. Plant Disease, 90 (12): 1551.

Edmeades G O, Bolados J, Chapman S C, et al, 1999. Selection improves drought tolerance in tropical maize populations Ⅰ: gains in biomass, grain yield, and harvest index [J]. Crop Sci, 39: 1306 - 1315.

Engelen-Eigles G, Jones R J, Phillips R J, 2001. DNA endoreduplication in maize endosperm cell is reduced by high temperature during the mitotic phase [J]. Crop Science (41): 1114 - 1121.

Flowers T J, Yeo A, 1986. Ion relations of plants under drought and salinity [J]. Australian Journal of Plant Physiology. 13: 75 - 91.

Gao S G, Zhou F H, Liu T, et al, 2012. A MAP kinase gene, *Clk*1, is required for conidiation and pathogenicity in the phytopathogenic fungus *Curvularia lunata* [J]. Jouranl of Basic Microbiology, 52: 1 - 10.

Gao Z H, Xue Y B, Dai J R, 2001. cDNA - AFLP analysis reveals that maize resistance to *Bipolaris maydis* is associated with the induction of multipledefense - related genes [J]. Chinese Science Bulletin, 46 (17): 1545 - 1458.

Gmelig-Meyliug H D, 1973. Effect of light intensity, temperature and daylength on the rate of leaf appearance of maize [J]. Netherlands Journal of Agricultural Science, 21 (1): 68 - 76.

Ha V C, Nguyen V H, Vu T M, et al, 2009. Rice dwarf disease in North Vietnam in 2009 is caused by *Southern rice black-streaked dwarf virus* (SRBSDV) [J]. Bibliographic Information, 32 (1): 85 - 92.

Hakiza J J, Lipps P E St, Martin S, et al, 2004. Heritability and number of genes controlling partial resistance to *Exserohilum turcicum* in maize inbred H99 [J]. Maydica, 49 (3): 173 - 182.

Harlapur S I, Kulkarni M S, Hegde Y, et al, 2007. Variability in *Exserohilum turcicum* (Pass.) Leonard and Suggs., causal agent of Turcicum leaf blight of maize [J]. Karnataka Journal of Agricultural Science, 20 (3): 665 - 666.

Hou J M, Ma B C, Zuo Y H, et al, 2013. Rapid and sensitive detection of *Curvularia lunata* associated with maize leaf spot based on its *Clg2p* gene using semi - nested PCR [J]. Letters in Applied Microbiology, 56 (4): 245 - 250.

Isogai M, Uyeda I, Choi J K, 2001. Molecular diagnosis of rice black - streaked dwarf virus in Japan and Korea [J]. The Plant Pathology Journal, 17 (3): 164 - 168.

Jones R J, Gengenbach B G, Cardwell V B, 1981. Temperature effects on in vitro kernel development of maize [J]. Crop Sci., 21 (5): 761 - 766.

Lee J, Kim H, Jeon Jae, et al, 2012. Population structure of and mycotoxin production by *Fusarium graminearum* from maize in South Korea [J]. Applied Environmental Microbiology, 78 (7): 2161 - 2167.

Liu T, Liu L X, Jiang X, et al, 2009. A new furanoid toxin produced by *Curvularia lunata*, the causal agent of maize *Curvularia* leaf spot [J]. Canadian Journal of Plant Pathology, 31 (1): 22 - 27.

Liu T, Liu L X, Jiang X, et al, 2010. *Agrobacterium* - mediated transformation as a useful tool for the molecular genetic study of the phytopathogen *Curvularia lunata* [J]. European Journal of Plant Pathology，126：363 – 371.

Louie R，Abt J J，2004. Mechanical transmission of maize rough dwarf virus [J]. Maydica，49（3）：231 – 240.

Medrano E G，Bell A A，2007. Role of *Pantoea agglomerans* in opportunistic bacterial seed and boll rot of cotton （*Gossypium hirsutum*） grown in the field [J]. Journal of Applled Microbiology，102（1）：134 – 143.

Moini A A，Izadpanah K，2000. Survival of barley yellow dwarf viruses in maize and johnson grass in Mazandaran [J]. Iranian Journal of Plant Pathology，36（3/4）：103 – 104.

Morales – Valenzuela G，Silva – Rojas H V，Ochoa – Mart D，2007. First report of *Pantoea agglomerans* causing leaf blight and vascular wilt in maize and sorghum in Mexico [J] . Plant Disease，91（10）：1365.

Muchow R C，1990. Effect of high temperature on grain – growth in field – grown maize [J]. Field Crops Res. ，23：145 – 158.

Munns R，1993. Physiological processes limiting plant growth in saline soils：some dogmas and hypothesis [J]. Plant Cell and Environment，16：15 – 24.

Obanor F，Neate S，Simpfendorfer S，et al，2012. *Fusarium graminearum* and *Fusarium pseudogra-minearum* caused the 2010 head blight epidemics in Australia [J]. Plant Pathology，62（1）：1 – 13.

Ogliari J B，Guimaraes M A，Geraldi I O，et al，2005. New resistance gene in *Zea mays – Exserohilum turcicum* pathosystem [J]. Genetics and Molecular Biology，28：435 – 439.

Pataky J K，Ledencan T，2006. Resistance conferred by the *Ht*1 gene in sweet corn infected by mixtures of virulent and avirulent *Exserohilum turcicum* [J]. Plant Disease，90（6）：771 – 776.

Pitsun B，Schubert S，Muhling K H，2009. Decline in leaf growth under salt stress is due to an inhibition of H^+ —pumping activity and increase in apoplastic pH of maize leaves [J]. Journal Plant Nutrtion Soil Science，172：535 – 543.

Romeiro R S，Macagnan D，Mendonça H L，et al，2007. Bacterial spot of Chinese taro （*Alocasia cucul-lata*） in Brazil induced by *Pantoea agglomerans* [J]. Plant Pathology，56（6）：1038.

Saha B C，2002. Production，purification and properties of xylanase from a newly isolated *Fusarium pro-liferatum* [J]. Process Biochemistry，37（11）：1279 – 1284.

Sampietro D A，Díaz C G，Gonzalez V，et al，2011. Species diversity and toxigenic potential of *Fusarium graminearum* complex isolates from maize fields in northwest Argentina [J] . International Journal of Food Microbiology，145：359 – 364.

Schulthess F，Cardwell K，Gounou S，2002. The effect of endophytic *Fusarium verticillioides* on infesta-tion of two maize varieties by lepidopterous stemborers and coleopteran grain feeders [J]. Phytopatholo-gy，92（2）：120 – 128.

Sharma R C，Rai S N，Mukherjee B K，et al，2003. Assessing potential of resistance source for the en-hancement of resistance to maydis leaf blighr （*Bipolaris maydis*） in maize （*Zea mays* L.） [J]. Indian Journal of Genetics and Plant Breeding，63（1）：33 – 36.

Shaw R H，1983. Estimates of yield reduction in corn caused by water and temperature stress [M]//Ruper C D，Kramer J P （Editors）. Crop relation to Water and Temperature Stress in Humid Temperature Cli-mates Boulder：Westview Press.

Simmons C R，Grant S，Altier D J，et al，2001. Maize *rhml* resistance to *Bipolaris maydis* is associated with few differences in pathogenesis‐related proteins and global mRNA profiles [J]. Molecular Plant‐ Microbe Interactions, 14 (8): 947‐954.

Stankovic S, Levic J, Petrovic T, et al, 2007. Pathogenicity and mycotoxin production by *Fusarium proliferatum* isolated from onion and garlic in Serbia [J]. European Journal of Plant Pathology, 118: 165‐172.

Trail F, 2009. For blighted waves of grain: *Fusarium graminearum* in the postgenomics era [J]. Plant Physiology, 149 (1): 103‐110.

Tsukiboshi T, Koca H, Uematsu T, 1992. Components of partial resistance to southern corn leaf blight caused by *Bipolaris maydis* Race O in six corn inbred lines [J]. Annual of Phytopathology Society of Japan, 58 (4): 528‐533.

W Wang, B Vinocur, A Altman, 2003. Plant responses to drought, salinity and extreme temperatures: towards genetic engineering for stress tolerance [J]. Planta, 218: 1‐14.

Wang H, Xiao Z X, Wang F G, et al, 2012. Mapping of *HtNB*, a gene conferring non‐lesion resistance before heading to *Exserohilum turcicum* (Pass.), in a maize inbred line derived from the Indonesian variety Bramadi [J]. Genetics and Molecular Research, 11 (3): 2523‐2533.

Wang Z H, Fang S G, Xu J L, et al, 2003. Sequence analysis of the complete genome of rice black‐streaked dwarf virus isolated from maize with rough dwarf disease [J]. Virus Genes, 27 (2): 163‐168.

Wilhelm E P, Mullen R E, Keeling P L, et al, 1999. Heat stress during grain filling in maize: effects on kernel growth and metabolism [J]. Crop Sci, 39: 1733‐1741.

Xu S F, Chen J, Liu L X, et al, 2007. Proteomics associated with virulence differentiation of *Curvularia lunata* in maize in China [J]. Journal of Integrative Plant Biology, 49 (4): 487‐496.

Zorb C. Stracke B, Tranmitz B, et al, 2005. Does H^+ pumping by plasmalemma ATPase limit leaf growth of maize (*Zea mays*) during the first phase of salt stress [J]. Journal Plant Nutrition Soil Science, 168: 550‐557.

第三章

东北平原玉米栽培

第一节　种植制度和品种选用

一、种植制度和玉米生产布局

玉米起源于南美洲，7 000 年前美洲的印第安人已开始种植玉米，哥伦布（1451—1506 年）发现新大陆后，把玉米带到了西班牙，随着世界航海业的发展，玉米逐渐传到世界各地。大约 16 世纪中期玉米传入中国，在玉米进入中国的 500 多年中，近 300 年是这一作物实现环境适应并建立种植制度的重要阶段。玉米是中国非常重要的粮食作物，也是中国重要的工业原料，玉米的产量高低对中国的工业发展和粮食供应有着极大的影响。随着社会的发展，中国目前玉米产量已经不能满足工业粮食发展的需求，需要大幅度地增加单产。东北是中国重要的玉米生产区，提高东北玉米产量，对于推动中国工业发展具有重要意义，对于促进东北地区经济发展，帮助农民增加收入会起到重要的作用。

种植制度是指一个地区或生产单位的作物组成、配制、熟制与种植方式所组成的一套相互联系，并和当地农业资源、生产条件及养殖业、加工业生产相适应的技术体系，是农业生产系统的核心内容。其内涵是一个地区或某个生产单位的作物种植结构及其在空间（地域或地块）对时间（季节、年代）上的安排。作物种植制度主要包括 3 个方面内容：一是作物结构与布局，二是种植方式，三是轮作与连作。作物结构与布局是种植方式和轮作、连作安排的前提，而后两者又是执行作物结构与布局的保证。三者呈现相互联系、补充和统一的关系。三者安排都很恰当，体现了科学的作物种植制度。合理的种植结构与布局，将为种植制度趋于科学化奠定基础，有助于充分发挥资源优势。

农作物种植制度是作物生理特征与生态环境多重因素相互结合的产物。任何一个系统都是由一定的结构组成的。种植制度作为农业生产系统中的一个子系统，也有其特定的结构与功能。种植制度的结构是指种植制度的各组成要素在连续的时空区间上特定的、相对稳定的排列组合、相互作用的形式和相互联系的规则，它们构造着种植制度内在的特定秩序。根据农业系统学的原理分析，组成种植制度的要素有 4 个：①农业生物要素；②农业环境要素；③农业技术要素；④农业经济社会要素。这 4 个要素的结合构成了种植制度完整的体系。

第一，农业生产是农业生物的生产，农业生物要素构成了种植制度的主体。农业生物的范畴应包括从狭义的作物到畜牧业、园艺业等有关的一年、二年或多年生草本植物，如谷类作物、豆类作物、香料作物、牧草绿肥作物及蔬菜作物等。农业生物的这种多样性及其在不同地区的选择与组合，是种植制度的核心结构，规定了种植制度的基本属性，也决定了种植制度的多样性。

第二，农业环境要素是种植制度形成和发展的基础。生物的生长发育都是在一定的环境中进行的，没有适合农业生物基本适宜的环境条件，农业的存在就没有可能；农业环境（如气候、土壤、地形、水文等）的优劣决定了农业生物所能获取的能源、物质的多少及生存空间的大小。任何生物都有其特定的环境要求，合理的种植制度是生物与环境的优化组合。

第三，农业技术水平的高低影响着生物和环境的相互作用，从而影响着种植制度的形成与发展。农业技术是人类对农业生态系统调控和管理的能力与水平，主要分为农业生物调控技术、农业环境调控技术和农业结构调控技术。这些技术的相互作用、协调发展，促进了种植制度向高层次的演化。

第四，农业生产是自然再生产和经济再生产的统一，种植制度总是在一定的社会经济系统中运行的。社会经济要素是一个比较广泛的概念，其在种植业系统中主要解决 4 个方面的根本性问题，即目标问题、投入问题、管理问题和经济关系问题，它决定了种植制度的发展方向，也是种植制度演化的动力。

尽管从原始农业到现代农业存在着多种多样的种植制度，其形式和内容各不相同，但在结构上是一致的，都是由生物要素、环境要素、技术要素和社会经济要素组成的。生物要素和环境要素组成了种植制度的核心，二者结合的好坏、协调程度的高低，决定了农业自然生产力的大小。农业技术要素在种植制度中表现为一种协调生物要素与环境要素的手段或方法，经济要素则提供促进生物要素与环境要素相结合的条件和动力，农业技术要素和农业经济要素决定了农业的社会经济生产力的高低。

种植制度的 4 个组成要素是相互联系、相互作用的，分析一种种植制度时，只有从这4 个方面来思考，才能更好地掌握种植制度的本质。种植制度的改革和调整是其结构要素的变化的过程。一个要素的变化可以引起其他 3 个要素相应的变化，从而共同推动种植制度的发展。例如苏南太湖地区历史上由于人口的增长，产生了大量的社会需要，促使种植制度由水稻一熟向稻麦两熟发展，这是社会经济要素的变化引起了生物要素的改变——东北小麦的引进，而这些又导致了农业技术要素的发展——开沟筑畦的技术，这又使太湖地区农田的生态环境发生改变——由过去的积水田变为旱地。所有的这些变化最终使麦稻两熟的种植制度得以稳定的发展。

熟制是中国对耕地利用程度的另一种说法，它以年为单位表示种植的季数。根据气候资源特点，中国东北的熟制是一年一熟制。东北区属大陆性季风气候，雨热同期，为典型雨养农业。自黑龙江第三积温带以南的中部半湿润区为东三省玉米种植优势区域：其有效积温＞2 300 ℃，无霜期影响 110～200 d，降水 400～1 000 mm。抗灾能力较弱，玉米生产受干旱等自然因素影响较大，总产波动性较大。

茬口是在作物轮（连）作中，给予后茬作物以种种影响的前茬作物及其茬地的泛称。

茬口特性是指栽培某一作物后的土壤生产性能，是作物生物学特性及其栽培技术措施对土壤共同作用的结果。后茬作物对茬口的适应性要求严格的作物，对前茬选择较为严格。玉米是需肥量较多的作物，对前茬要求不严格，但以豆茬为最好。

东北是玉米传入最晚的地区之一，从清代中后期才开始种植玉米，由于自然条件的局限，这里属于一年一熟春玉米种植区。东北地域辽阔，自然环境差异较大，各地春玉米的播种期与收获期并不一致。民国《锦县志》载：清明种玉蜀黍、小暑玉蜀黍熟。民国《铁岭县志》：包谷播种期谷雨，成熟期大暑。民国《辉南县志》：谷雨种玉蜀黍，白露刈玉蜀黍。民国《桦川县志》：沿江谷雨种，寒露收；腹地立夏种，寒露收；山里谷雨种白露收。上述资料提供了东北地区玉米播种期、收获期的信息。锦县等地玉米播种期均在清明前后，收获期约在小暑，全生育期为 90 多天，属于早熟品种；铁岭等地玉米播种期为谷雨，收获期为大暑或白露，全生育期 90 多天至 120 多天，为早、中熟品种；安图、桦川则出现立夏播种，寒露收获等情况，全生育期在 150 多天，为晚熟品种。现代农学认为玉米早、中、晚熟品种的地理分布与热量条件相关，全生育期日数为 100 d 以下的早熟品种需要 10 ℃积温 2 200 ℃，全生育期日数在 100~120 d 范围内的中熟品种需要 2 200~2 600 ℃，全生育期日数在 120 d 以上的晚熟品种需要 2 600 ℃，事实上民国时期东北地区热量条件与品种的对应关系与上述资料中提供的玉米种植信息正相反，沈阳以南地区普遍种植的是早熟品种。沈阳以北至辉南附近为中熟品种，自此再向北为晚熟品种。如何解释这一现象，现代农学提出的热量与品种对应关系是指早、晚熟不同品种显示的地理特征，而玉米扩展过程若为同一品种北上传播的结果，那么随着由南向北的传播进程，生育期会逐渐延长。因此从玉米传入东北之初所呈现的全生育期自南向北逐渐延长的现象推测，应与同一品种北上传播相关。

玉米传入东北初期未被视为主要粮食作物，因此其土地占用地段基本属于闲地、瘠地两种类型，其中民国《开原县志》的一段记述："唯东境有在田间种植者，他处则于园圃内杂菜蔬种之。"代表了当时玉米未入主流粮食作物，从属于园圃闲田的特点。玉米传入东北初期今辽宁一带是玉米的主要种植区，民国《辽阳县志》明确指出："县东稍偏南，山地硗瘠，宜包米，县东南全境山岭重复，山坡河滨砂土硗瘠，谷宜包米。"这些记述均说明当地农民利用玉米环境适应性强的特点，选择硗瘠土地种植玉米为通常的举措。

玉米为喜温作物，受东北地区气候条件限制，传入之初尚未形成适宜性品种，不属于主流作物。据民国《锦县志》记载，当地玉米种植量约占粮食作物总占地面积的 20%，这是东北各地玉米占地份额最大的一处，其他地方均远远低于锦县，宣统年间修撰的《奉天全省农业调查书》中列举了 12 个州县玉米占当地农作物总产量的比例，其中约一半州县产量所占份额不足 1%，其余州县平均 65% 左右。培育适应东北地区自然条件的玉米品种、扩大种植量则是半个世纪以后的事。1959 年编撰的《东北地区经济地理》中列举了 1952 年、1957 年两组东北地区主要农作物数据，其中 1952 年玉米占农作物总播种面积 18%，低于高粱、谷子约 1 个百分点；1957 年玉米播种面积所占比例已跃居各类农作物之首，占农作物总播种面积的 19.7%，其产量则占粮食作物总产量的 32.6%。

东北平原又称松辽平原，介于 40°25′~48°40′N，118°40′~128°E，位于大兴安岭、小兴安岭和长白山地之间，南北长约 1 000 km，东西宽约 400 km，面积达 35 万 km²，是中国最大的平原。东北平原可分为 3 个部分，东北部主要是由黑龙江、松花江和乌苏里江冲积而成的三江平原；南部主要是由辽河冲积而成的辽河平原；中部则为松花江和嫩江冲积而成的松嫩平原。东北平原土地肥沃，水网发达，盛产玉米、大豆、春麦、甜菜等作物，是中国东北著名的粮仓和畜牧基地。以东北区农业开发历史较早的松嫩平原为例，它是东北区自然条件优越、农业生产水平较高的地区，耕地面积大（1 130 万 hm²），占东北区耕地总面积的半数以上，农村人口人均耕地 0.45 hm²，耕地中黑土、黑钙土、草甸土约占 83%，土壤自然肥力高，作物以玉米为主，产量占东北区玉米总产量的 64% 左右。

东北平原处于中温带，属于温带季风性气候，一年四季分明，夏季温热多雨，冬季寒冷干燥。7 月均温 21～26 ℃，1 月 −24～−9 ℃。10 ℃ 以上活动积温 2 200～3 600 ℃，由南向北递减。年降水量 350～700 mm，由东南向西北递减。降水量的 85%～90% 集中于暖季（5～10 月），雨量的高峰在 7～9 月。年降水变率不大，为 20% 左右。干燥度由东南向西北递增。

东北地区地势平坦，人少地多，耕作比较粗放，但农业机械化水平较高，20 世纪 70 年代以来玉米发展较快，相应地减少了一部分黍、谷子、高粱和大豆的栽培面积。特别是在东北的松辽平原和三江平原以粮豆为主的商品粮基地，玉米生产占有重要地位。本区北部无霜期短，玉米易受冷害；西部的内蒙古和长城沿线等地气候干旱冷凉，土壤瘠薄，玉米不够稳产，这些地区的玉米面积可适当压缩，扩大玉米、大豆间作套种，具有重要意义。松嫩平原是大豆主产区，可发展适于机械作业的大比例玉米、大豆间作，以增加大豆产量，做到粮、豆双丰收；其他地区可发展玉米、大豆小比例间作，以增加经济效益；南部地区可发展一部分春小麦、玉米套种，以提高粮食产量。

种植玉米应优先选择大豆茬、小麦茬或马铃薯茬。大豆茬能为土壤提供较多的养分，一般称为油茬。小麦的生育期短，收获后土壤养分的恢复和转换时间长，也是很好的肥茬。不要选用甜菜、向日葵、白菜等耗地较大的前茬。

由于无霜期短，气温较低，玉米为单季种植，在轮作中发挥重要作用，通常与春小麦、高粱、谷子、大豆等作物轮作，玉米大豆间作占本区面积 40% 左右，是东北地区玉米种植的主要形式。玉米大豆间作，充分利用两种作物形态及生理上的差异，合理搭配，提高了对光能、水分、土壤和空气资源的利用率。玉米大豆间作一般可以增产粮豆 20% 左右。

东北春播区发展玉米生产的有利条件是，地势平坦，土层深厚，土质肥沃，光热资源较丰富。该区农业生产水平较高，玉米增产潜力很大，具有商品生产的优势。本地区限制玉米增产的主要因素可概括为，产区集中，流通不畅，玉米收获后贮、运、加工、销售都非常困难；秋霜早，气温低，籽粒脱水缓慢，降低质量等级和增加能源消耗；干旱少雨，灌溉设施和水资源不足；投入少，特别是肥料不足，氮磷钾比例不合理；缺乏稳产高产的新品种。

东北地区基本上为一年一熟制，种植方式有以下 3 种：

（一）玉米单作

这种种植方式分布在东北三省平原地区。由于无霜期短，气温较低，主要是玉米一熟，在轮作中占有重要地位。有代表性的轮作制度为春小麦-玉米-谷子；在盐碱地和干旱地采取玉米-大豆-玉米（高粱）-谷子，或玉米-高粱-谷子。20 世纪 70 年代以来，由于玉米播种面积迅速增加，很多地区形成了玉米连作制。吉林北部和黑龙江南部发展玉米营养钵育苗移栽，它可以争取农时，多利用 40～50 d 的积温，有条件更换熟期更长一些的玉米杂交种，增加玉米产量。

（二）玉米、大豆间作

这种种植方式占东北地区玉米总面积的 40% 左右，其中以吉林为最多，占 50%～60%；黑龙江、辽宁也有一定的面积。玉米、大豆间作能充分利用两种作物生态、生理上的差异，进行合理搭配，提高对光能、温度以及肥水的利用率，并能提高作物产量和品质，增加经济效益。

（三）春小麦套种玉米

这种种植方式是 20 世纪 70 年代发展起来的，多分布在陕西北部山西北部和辽宁、甘肃、内蒙古部分水肥条件较好的地区。种植方式主要采用宽畦播种小麦，畦埂套种（或育苗移栽）春玉米，以充分利用地力和光、温、水、肥等条件。随着肥、水条件的改善，春小麦套种玉米还会有所发展。

东北主产区玉米发展离不开整个玉米产业发展的国内外大背景。2004 年起中央相继出台了种粮直补、农资综合补贴、良种补贴、免征农业税等一系列惠农政策和农业科技入户示范工程、国家粮食丰产科技工程、优势农产品区域布局、测土配方施肥工程和高产田创建等一系列措施，调动了农民种粮积极性。加上受玉米加工能力增长速度和畜牧业恢复性增长的拉动，玉米价格自 2006 年以来连续上涨，消费需求和价格的不断增加刺激了生产的发展。以达到高峰的 2014 年为例，2014 年全国玉米播种面积比 2013 年增加 1.3%，近 3 666.7 万 hm²。其中黑龙江省就达到 666.7 万 hm²，加上吉林近 466.7 万 hm² 和辽宁近 266.7 万 hm²，总体接近 1 400 万 hm²，东北主产区玉米面积占全国的 38.2%，东北三省玉米总产占全国 34% 以上，玉米生产的潜力巨大。

玉米种植面积大小受政策影响较大。2016 年，农业部出台《农业部关于"镰刀弯"地区玉米结构调整的指导意见》，意见指出，根据玉米供求状况和生产发展实际，急需进一步优化种植结构和区域布局，提升农业的效益和可持续发展能力。指出该区位于高纬度、高寒地区，包括黑龙江北部和内蒙古自治区东北部第四、第五积温带以及吉林省东部山区，≥10 ℃积温在 1 900～2 300 ℃，冬季漫长而严寒，夏季短促，无霜期仅有 90 多天，昼夜气温变化较大，农作物生产容易遭受低温冷害、早霜等灾害的影响。由于多年玉米连作，造成土壤板结、除草剂残留药害严重，影响单产提高和品质提升。期待通过市场引导和政策扶持，把越区种植的玉米退出去，扩大粮豆轮作和粮改饲规模，力争到 2020 年，调减籽粒玉米 66.7 万 hm² 以上。即便如此，东北平原区的玉米种植面积及其地位依然是全国第一。

二、玉米品种选用

（一）品种更新换代

1. 农家品种利用阶段　20 世纪 50 年代以前，东北平原玉米主产区玉米面积种植不大，品种多为农家品种。辽宁省生产上选用的农家品种有白头霜、小粒红、白鹤、英粒子、秋傻子、旅大红骨、珍珠白等。吉林省也是以农家品种为主，主要栽培品种有英粒子、白头霜、红骨子、金顶子、美焕黄、马牙子、红瓢细、火苞米、小粒黄等。黑龙江省主要应用的农家品种有英粒子、马尔冬瓦沙里、白头霜、黄金塔、金顶子、长八趟等。

2. 品种间杂交种及综合种利用阶段　辽宁省在 1952 年后积极开展品种间杂交种选育工作，应用的杂交种有凤杂 1 号、凤杂 4 号、凤杂 5 号、辽农 1 号、辽农 2 号等。后来又陆续进行了品种品系间杂交种选育，用在生产上的品种有凤杂 5401、凤杂 5402、凤杂 5601、辽农 8 号等。吉林省在此阶段应用的品种主要有中晚熟品种公主岭 82、公主岭 83，早熟品种公主岭 27、公主岭 28。黑龙江省主要应用黑玉 1 号、合玉 1 号、东农 201 等品种间杂交种，以及黑玉 22 等优良综合种。

3. 双交种、三交种利用阶段　20 世纪 60 年代至 70 年代中期，辽宁省开展了自交系间双交种选育，用于生产上的品种主要有辽双 558、凤双 6428 等。吉林省先后选育推广了吉双 2 号、吉双 4 号、吉双 15、吉双 107、四双 1 号、四双 2 号等双交种。黑龙江省在此阶段主要推广应用黑玉 46（双交种）及松三 1 号（三交种）。

4. 单交种利用阶段　辽宁省从 1969 年开始玉米单交种的选育。第一批推广了丹玉 6 号、沈 3 号、中单 2 号、铁单 4 号、辽单 2 号等；1980 年以后，主要推广丹玉 13、沈单 7 号、铁单 8 号等；1990 年以后，主要推广铁单 10 号、沈单 10 号、辽单 24、丹玉 24、丹玉 26、东单 7 号等。21 世纪初，主要推广有丹玉 39、东单 60、铁单 10 号、沈单 16、华单 208、郑单 958、兴垦 3 号、先玉 335 等。吉林省在 20 世纪 70 年代主要推广的单交种有吉单 101、吉单 104、通单 3 号、九单 1 号、延单 5 号、长单 14、桦单 32 等。1970—1980 年，主要推广的品种有四单 8 号、四单 10 号、吉单 180、吉单 159、四单 19、吉单 131、吉单 122、白单 9 号、通单 12、延单 7 号等。进入 80 年代后期，引进种植的品种有丹玉 13、中单 2 号、本育 9 号、铁单 4 号、铁单 6 号、丹玉 15 等。进入 90 年代后，吉林省种植面积较大的玉米品种有丹玉 13、吉单 159、吉单 131、中单 2 号等，并陆续引进了掖单 4 号、掖单 6 号、掖单 9 号、掖单 11、掖单 22、掖单 51 等品种，并选育出吉单 209、四密 21、四密 25 等耐密型品种。21 世纪以来，吉林省大面积推广豫玉 22、吉单 180、吉单 209、郑单 958、先玉 335 等品种。黑龙江省在 1972 年育成第一个玉米单交种嫩单 1 号，后来生产上逐渐推广应用嫩单 3 号、东农 248、龙单 13、四单 19 等品种。目前主要推广郑单 958、绥玉 7 号、丰禾 10 号、兴垦 3 号、鑫鑫 2 号等系列品种，并且种植面积达到 733.3 万 hm^2，6 个积温带均有代表性品种种植。

（二）优良新品种简介

1. 普通玉米新品种　目前东北主产区玉米品种更新换代的速度较快，在黑龙江、吉林、辽宁三省范围内，不断涌现出经审定、种植面积较大、在生产上推广较快的优良玉米新品种。下面选一些典型玉米品种做介绍。

（1）鑫鑫 2 号

来源和审定时间：黑龙江省鑫鑫种子有限公司以 L203 为母本、81162 为父本杂交育成。母本是以（竖叶 6 - 3×铁 7922）为基础自交 9 代选育而成。2008 年黑龙江省农作物品种审定委员会审定通过（黑审玉 2008020）。

特征特性：中熟品种。在适宜种植区出苗至成熟生育日数为 122 d 左右，需≥10 ℃活动积温 2 500 ℃左右，成株叶片数 19～20 片。株型半紧凑，株高 249 cm，穗位 96 cm。叶片绿色，叶鞘浅紫色。雄穗护颖绿色，花药黄色。雌穗花柱黄色。果穗长筒形，红轴，穗长 20.5 cm，穗粗 4.8 cm，秃尖 0.9 cm，穗行数 16 行，行粒数 39 粒，单穗粒重 219.6 g，出籽率 84.8%。籽粒偏马齿型，黄色，百粒重 35.1 g。2011 年农业部谷物及制品质量监督检验测试中心（哈尔滨）测定，籽粒容重 760 g/L，粗蛋白含量 10.17%，粗脂肪含量 3.31%，粗淀粉含量 71.96%，赖氨酸含量 0.27%。2011 年吉林省农业科学院植物保护研究所人工接种、接虫抗性鉴定，感大斑病，感弯孢病，中抗丝黑穗病，抗茎腐病，中抗玉米螟。适合机械化种植、管理与收获。

产量水平：2010 年参加中熟组区域试验，平均每 667 m² 产 805.1 kg，比对照兴垦 3 增产 11.1%。2011 年参加中熟组生产试验，平均每 667 m² 产 864.3 kg，比对照丰田 6 增产 7.1%。

适宜种植地区：黑龙江省第一积温带下限、第二积温带。

（2）绥玉 28 号

来源和审定时间：黑龙江省龙科种业集团有限公司和黑龙江省农业科学院绥化分院以绥系 613 为母本、绥系 608 为父本，2007 年通过杂交方法选育而成。2014 年黑龙江省农作物品种审定委员会审定通过（黑审玉 2014037）。

特征特性：中早熟品种。在适应区出苗至成熟生育日数为 115 d 左右，需≥10 ℃活动积温 2 250 ℃左右，成株可见 14 叶。株高 280 cm，穗位高 95 cm。该品种幼苗期第一叶鞘浅紫色，叶片浓绿色，茎绿色。果穗圆柱形，穗轴红色，穗长 20.0 cm，穗粗 5.0 cm，穗行数 16～18 行，籽粒马齿型、顶端黄色，籽粒侧面红色，百粒重 32.3 g。品质性状为籽粒容重 728～740 g/L，粗淀粉含量 71.18%～71.41%，粗蛋白含量 10.22%～10.33%，粗脂肪含量 4.44%～4.75%。抗性表现为大斑病 3 级，丝黑穗病发病率 3%～13%。适合机械化种植、管理与收获。

产量水平：2011—2012 年区域试验平均产量 9 912.6 kg/hm²，较对照嫩单 13 增产 12.7%；2013 年生产试验平均产量 8 219.3 kg/hm²，较对照嫩单 13 增产 13.9%。

适宜种植地区：黑龙江省第三积温带。

（3）利民 33

来源和审定时间：松原市利民种业有限责任公司以 L201 为母本、L269 为父本选育而成。母本 L201 以竖叶 6 - 3×铁 7922 为基础材料连续自交 11 代选育而成；父本 L269 以国外杂交种 KX0769 为基础材料自交 7 代选育而成。2008 年和 2013 年分别通过内蒙古自治区和吉林省农作物品种审定委员会审定通过（蒙审玉 2008009 号、吉审玉 2013030）。

特征特性：中晚熟品种。在适应区出苗至成熟生育日数为 125 d 左右，需≥10 ℃活动积温 2 250 ℃左右。叶片数 20 片，穗上叶 5～6 片。株型紧凑，叶片绿色，叶鞘紫色，叶缘淡紫色，第一叶匙形。株高 250～260 cm，穗位 75～80 cm。雄穗一级分枝 5～7 个，护颖淡紫色，花药黄色。雌穗花柱淡紫色。果穗短锥形，红轴，穗长 18～20 cm，穗粗

4.8～5.0 cm，穗行数 16～18 行，行粒数 38～40 粒，穗粒数 658 粒。籽粒马齿型，黄色，百粒重 33.0 g。品质表现为，籽粒容重 744 g/L，粗蛋白含量 11.60%，粗脂肪含量 4.39%，粗淀粉含量 70.09%，赖氨酸含量 0.31%。抗性表现为抗大斑病，感弯孢菌叶斑病，感丝黑穗病，高抗茎腐病，抗玉米螟。适合机械化种植、管理与收获。

产量水平：2006 年参加内蒙古自治区玉米中早熟组预备试验，平均每 667 m² 产 767.6 kg，比对照四单 19 增产 8.6%。2007 年参加内蒙古自治区玉米中熟组区域试验，平均每 667 m² 产 796.1 kg，比对照四单 19 增产 5.1%。2007 年参加内蒙古自治区玉米中熟组生产试验，平均每 667 m² 产 812.0 kg，比对照四单 19 增产 7.5%。2013 年参加山西省中熟玉米高密组区域试验，平均每 667 m² 产 1 025.7 kg，比对照郑单 958 增产 8.8%，5 点试验，增产点 100%；同年进行生产试验，平均每 667 m² 产 948.2 kg，比对照郑单 958 增产 7.3%，4 点试验，增产点 100%。

适宜种植地区：黑龙江省第一积温带上限，吉林省玉米中晚熟区种植，内蒙古自治区呼和浩特市、鄂尔多斯市、赤峰市、兴安盟≥10 ℃活动积温 2 700 ℃以上地区种植。

(4) 先玉 716

来源和审定时间：铁岭先锋种子研究有限公司以自选系 PHCER 为母本、自选系 PH-GC1 为父本杂交育成。2011 年通过吉林省农作物品种审定委员会审定（吉审玉 2011017）。

特征特性：中熟品种。在适应区出苗至成熟生育日数为 127 d，需≥10 ℃活动积温 2 600 ℃左右。株型半紧凑，株高 307 cm，穗位 108 cm。幼苗叶鞘紫色。果穗中间型，穗长 21.4 cm，穗行数 14～16 行，穗轴红色。籽粒黄色，马齿型，百粒重 40.2 g。籽粒含粗蛋白 9.51%、粗脂肪 4.00%、粗淀粉 75.05%、赖氨酸 0.28%，容重 751 g/L。人工接种鉴定，感丝黑穗病，高抗茎腐病，感大斑病，抗弯孢菌叶斑病，抗玉米螟虫。适合机械化种植、管理与收获。

产量水平：吉林省区域试验平均产量 11 184.6 kg/hm²，比对照郑单 958 增产 9.5%。生产试验平均产量 10 219.0 kg/hm²，比对照吉单 261 增产 12.3%。

适宜种植地区：吉林省玉米中熟区。

(5) 吉单 33

来源和审定时间：吉林省农业科学院玉米研究所以自选系 A3301 为母本、A3302 为父本杂交育成的。2011 年通过吉林省农作物品种审定委员会审定（吉审玉 2011010）。

特征特性：中熟品种。在适应区出苗至成熟生育日数为 126 d，需≥10 ℃活动积温 2 570 ℃，成株叶片数 21 片。株型平展，株高 286 cm，穗位 96 cm。幼苗绿色、叶鞘紫色。果穗筒形，穗长 18.6 cm，穗行数 14～18 行，穗轴白色。籽粒黄色，半马齿型，百粒重 38.6 g。籽粒含粗蛋白 9.53%、粗脂肪 4.01%、粗淀粉 74.48%、赖氨酸 0.27%，容重 768 g/L。人工接种鉴定，感丝黑穗病，感弯孢菌叶斑病，抗大斑病，中抗茎腐病，中抗玉米螟虫。适合机械化种植、管理与收获。

产量水平：吉林省区域试验平均单产 10 647.0 kg/hm²，比对照吉单 261 增产 9.6%；生产试验平均产量 9 588.9 kg/hm²，比对照吉单 261 增产 5.3%。

适宜种植地区：吉林省中熟区。

（6）农华 101

来源和审定时间：北京金色农华种业科技有限公司以自交系 NH60 为母本、自交系 S121 为父本杂交育成。2010 年通过国家农作物品种审定委员会审定（国审玉 2010008）。

特征特性：中晚熟品种。在适应区出苗至成熟生育日数为 128 d，需≥10 ℃活动积温 2 750 ℃。株型紧凑，株高 296 cm，穗位高 101 cm。幼苗叶鞘浅紫色。果穗长筒形，穗长 18 cm，穗行数 16～18 行，穗轴红色。籽粒黄色、马齿型，百粒重 36.7 g。籽粒容重 738 g/L，粗蛋白含量 10.90%，粗脂肪含量 3.48%，粗淀粉含量 71.35%，赖氨酸含量 0.32%。人工接种鉴定，抗灰斑病，中抗丝黑穗病、茎腐病、弯孢菌叶斑病和玉米螟，感大斑病。适合机械化种植、管理与收获。

产量水平：东北春玉米区域试验平均产量 11 632.5 kg/hm²，比对照郑单 958 增产 7.5%。生产试验平均产量 11 709.0 kg/hm²，比对照郑单 958 增产 5.1%。

适宜种植地区：吉林省玉米中晚熟上限区及晚熟区。

（7）吉农玉 898

来源和审定时间：吉林农业大学以自选系 J1155 为母本、自选系 J1658 为父本杂交育成的。2011 年通过吉林省农作物品种审定委员会审定（吉审玉 2011022）。

特征特性：晚熟品种。在适应区出苗至成熟生育日数为 127～130 d，需≥10 ℃活动积温 2 700～2 780 ℃。株型紧凑，株高 288 cm，穗位 120 cm。幼苗绿色、叶鞘紫色。果穗长筒形，穗长 21.7 cm，穗行数 16～18 行，穗轴红色。籽粒黄褐色，马齿型，百粒重 34.7 g。籽粒粗蛋白含量 10.68%，粗脂肪含量 4.27%，粗淀粉含量 72.75%，赖氨酸含量 0.28%，容重 749 g/L。人工接种鉴定，感丝黑穗病，中抗茎腐病，中抗大斑病，抗弯孢菌叶斑病，中抗玉米螟虫。适合机械化种植、管理与收获。

产量水平：吉林省区域试验平均单产 11 219.1 kg/hm²，比对照郑单 958 平均增产 9.4%；生产试验平均产量 10 294.2 kg/hm²，比对照郑单 958 增产 6.4%。

适宜种植地区：吉林省玉米晚熟区。

（8）明玉 19

来源和审定时间：葫芦岛市明玉种业有限责任公司以明 84 为母本、明 71 为父本杂交育成。2013 年通过国家农作物品种审定委员会审定通过（国审玉 2013001）。

特征特性：晚熟品种。在适应区出苗至成熟生育日数为 129 d，需≥10 ℃活动积温 2 700～2 800 ℃。成株叶片数 19～21 片。株型半紧凑，株高 270 cm，穗位高 118 cm。幼苗叶鞘紫色，叶片绿色，叶缘紫色，花药紫色，颖壳绿色。花柱浅紫色，果穗筒形，穗长 18 cm，穗行数 16～18 行，穗轴白色，籽粒黄色、马齿型，百粒重 39.1 g。籽粒容重 768 g/L，粗蛋白含量 9.58%，粗脂肪含量 4.26%，粗淀粉含量 74.08%，赖氨酸含量 0.33%。接种鉴定，抗丝黑穗病和玉米螟，中抗大斑病和茎腐病，感弯孢菌叶斑病。适合机械化种植、管理与收获。

产量水平：2011—2012 年参加东华北春玉米品种区域试验，两年平均每 667 m² 产 807.1 kg，比对照郑单 958 增产 6.3%。2012 年生产试验，平均每 667 m² 产 771.9 kg，比对照郑单 958 增产 11.2%。

适宜种植地区：吉林省、辽宁省、山西省中晚熟区。

（9）奥玉 3804

来源和审定时间：北京奥瑞金种业股份有限公司以 OSL266 为母本、丹 598 为父本杂交育成。2013 年通过国家农作物品种审定委员会审定通过（国审玉 2013002）。

特征特性：中晚熟品种。东华北春玉米区出苗至成熟 129 d，需≥10 ℃活动积温 2 700 ℃。株型半紧凑，成株叶片数 20 片。株高 321 cm，穗位高 114 cm。幼苗叶鞘浅紫色，叶缘紫色，花药黄色，颖壳紫色。花柱绿色，果穗筒形，穗长 19 cm，穗行数 18 行，穗轴白色，籽粒黄色、半马齿型，百粒重 39 g。籽粒容重 756 g/L，粗蛋白含量 9.14％，粗脂肪含量 4.22％，粗淀粉含量 72.79％，赖氨酸含量 0.29％。接种鉴定，中抗大斑病，感丝黑穗病、茎腐病、弯孢菌叶斑病和玉米螟。适合机械化种植、管理与收获。

产量水平：2011—2012 年参加东华北春玉米品种区域试验，两年平均每 667 m² 产 812.2 kg，比对照郑单 958 增产 10.5％。2012 年生产试验，平均每 667 m² 产 741.3 kg，比对照郑单 958 增产 6.2％。

适宜种植地区：辽宁省中晚熟区、吉林省中晚熟区。

（10）佳 518

来源和审定时间：围场满族蒙古族自治县佳禾种业有限公司以佳 2632 为母本、佳 788 为父本杂交育成。2013 年通过国家农作物品种审定委员会审定通过（国审玉 2013015）。

特征特性：中早熟品种。在适应区出苗至成熟生育日数为 110 d，需≥10 ℃活动积温 2 300 ℃。成株叶片数 19～20 片。株高 240 cm，穗位高 74 cm。幼苗叶鞘淡紫色，叶缘绿色，花药黄色，颖壳绿色。株型半紧凑，花柱红色，果穗长锥形，穗长 18 cm，穗行数 14～16 行，穗轴白色，籽粒黄色、半马齿型，百粒重 29.3 g。籽粒容重 753 g/L，粗蛋白含量 10.18％，粗脂肪含量 3.66％，粗淀粉含量 73.02％，赖氨酸含量 0.30％。接种鉴定，中抗茎腐病和玉米螟，感大斑病、丝黑穗病和弯孢菌叶斑病。适合机械化种植、管理与收获。

产量水平：2011—2012 年参加极早熟春玉米品种区域试验，两年平均每 667 m² 产 612.5 kg，比对照郑单 958 增产 8.5％。2012 年生产试验，平均每 667 m² 产 599.1 kg，比对照冀承单 3 号增产 14.3％。

适宜种植地区：黑龙江省第四积温带、河北省张家口及承德北部接坝冷凉区、吉林省东部。

2. 特用玉米新品种　在高淀粉玉米、高油玉米、糯玉米、爆裂玉米、青贮玉米、优质蛋白玉米范围内，共介绍东北 3 省的 6 个代表性品种。

（1）吉农大 578（高淀粉玉米）

来源和审定时间：吉林农业大学科茂种业有限责任公司以母本 KM36 ［来源于（四 287×哲 446）×四 287］、父本 KM27（来源于 7922×835）选育。2008 年通过国家农作物品种审定委员会审定通过（国审玉 2008002）。

特征特性：早熟品种。东北早熟春玉米区出苗至成熟 120～123 d，需≥10 ℃活动积温 2 400 ℃。成株叶片数 20 片。株型平展，株高 267 cm，穗位高 96 cm。幼苗叶鞘紫色，叶片绿色，叶缘绿色，花药黄色，颖壳绿色，花柱绿色，果穗短筒形，穗长 23.4 cm，穗行数 14 行，穗轴红色，籽粒黄色、马齿型，百粒重 48 g。经农业部谷物及制品质量监督检验测试中心（哈尔滨）测定，籽粒容重 756 g/L，粗蛋白含量 8.50%，粗脂肪含量 3.71%，粗淀粉含量 74.74%。经吉林省、黑龙江省农业科学院植物保护研究所两年接种鉴定，抗丝黑穗病，中抗大斑病、茎腐病和玉米螟，感弯孢菌叶斑病。

产量水平：2006—2007 年参加东北早熟春玉米品种区域试验，两年平均每 667 m² 产 766.3 kg，比对照吉单 261 增产 11.3%。2007 年生产试验，平均每 667 m² 产 823.1 kg，比对照增产 19.0%，最高每 667 m² 产 935 kg。

适宜种植地区：辽宁省东部山区、吉林省中熟区、黑龙江省第二积温带。

（2）通油 1 号（高油玉米）

来源和审定时间：通化市农业科学院以外引系 7922 为母本、外引系 GY246 为父本于 1990 年选育而成的中熟高油玉米单交种。1999 年通过吉林省农作物品种审定委员会审定（吉审玉 1999013）。

特征特性：中熟品种。在适应区出苗至成熟生育日数为 120 d，需≥10 ℃活动积温 2 500 ℃左右。株型紧凑，株高 290 cm。幼苗绿色，叶鞘紫色，花药和花柱黄色。穗长 19 cm，穗行 16~20 行，穗轴白色，单穗粒重 200 g 左右，百粒重 29 g，籽粒楔形，橙色，马齿型。粗脂肪含量 9.7%。在人工接种条件下，高抗玉米大斑病、丝黑穗病、茎腐病，中抗玉米螟。

产量水平：1994—1996 年区域试验平均产量 8 476.9 kg/hm²，平均比对照增产 5.9%（对照为丹王 13、四单 19）；生产试验与对照本玉 9 相仿。

适宜种植地区：吉林省东部山区、半山区。

（3）京科糯 2000（糯玉米）

来源和审定时间：北京市农林科学院玉米研究中心以母本京糯 6（来源于中糯 1 号）、父本 BN2（来源于紫糯 3 号）杂交选育。2006 年通过国家农作物品种审定委员会审定通过（国审玉 2006063）。

特征特性：早熟类型。在西南地区出苗至采收期 85 d 左右，与对照品种渝糯 7 号相当。幼苗叶鞘紫色，叶片深绿色，叶缘绿色，花药绿色，颖壳粉红色。株型半紧凑，株高 250 cm，穗位高 115 cm，成株叶片数 19 片。花柱粉红色，果穗长锥形，穗长 19 cm，穗行数 14 行，百粒重（鲜籽粒）36.1 g，籽粒白色，穗轴白色。在西南区域试验中平均倒伏（折）率 6.9%。经西南鲜食糯玉米区域试验组织专家品尝鉴定，达到部颁鲜食糯玉米二级标准。经四川省绵阳市农业科学研究所两年测定，支链淀粉占总淀粉含量的 100%，达到部颁糯玉米标准（NY/T 524—2002）。经扬州大学检测支链淀粉占总淀粉的 98.52%，皮渣率 8.31%。经四川省农业科学院植物保护研究所两年接种鉴定，中抗大斑病和纹枯病，感小斑病、丝黑穗病和玉米螟，高感茎腐病。

产量水平：2005 年 19 个试点，平均每 667 m² 产 867.8 kg，比对照中糯 1 号增产 34.1%，产量居第一位；2004 年平均每 667 m² 产 891.1 kg，比对照中糯 1 号增产 30.3%，产量居第一位。两年 39 点次，39 点增产，平均每 667 m² 产 879.5 kg，比对照中糯 1 号平均增产 32.1%。

适宜种植地区：辽宁省、吉林省、黑龙江省第一积温带。

（4）垦爆 1 号（爆裂玉米）

来源和审定时间：黑龙江省农垦科学院作物研究所玉米育种室选育而成。2000 年 3 月由黑龙江省农作物品种审定委员会审定（黑审玉 2000009）。

特征特性：黄粒爆裂型中晚熟单交种。生育期约 122 d。需≥10 ℃活动积温 2 437 ℃。植株有分蘖，成穗率较高。叶鞘紫色。株高约 238 cm，穗位 100 cm 左右。果穗筒形，长 20.2 cm，粗 3.3 cm，穗行数 14～16 行，行粒数 38～46 粒，穗轴白色。百粒重 13 g。出籽率 76％左右。籽粒表层为角质，爆花率 97.2％～98.4％，膨化值 32.7。

产量水平：1996—1997 年参加农垦总局试验，产量 3 249 kg/hm²，比对照品种东农 248 增产 53.9％。1998 年在阿城市友谊农场大面积（1.5～2 hm²）示范，平均产量 3 346 kg/hm²。1999 年在阿城市友谊农场、佳南农场、291 农场、宁安农场、农垦科学院种植（0.5～3 hm²），平均产量 3 444.89 kg/hm²，其中在友谊农场、宁安农场、农垦科学院种植比对照品种东农爆裂增产 23.63％。

适宜种植地区：黑龙江省第一、二积温带种植。

（5）辽单青贮 529（青贮玉米）

来源和审定时间：辽宁省农业科学院玉米研究所以母本辽 6160（来源于美国杂交种选系）、父本 340T（来源于旅大红骨）选育。2006 年通过国家农作物品种审定委员会审定通过（国审玉 2006052）。

特征特性：出苗至青贮收获期比对照品种农大 108 晚 5～7 d，需有效积温 3 000 ℃左右。幼苗叶鞘紫色，叶片绿色，叶缘紫色，花药黄色，颖壳褐色。株型半紧凑，株高 292 cm，穗位高 155 cm，成株叶片数 23 片。花柱深红色，果穗筒形，穗长 24 cm，穗行数 16～18 行，穗轴红色，籽粒黄色、马齿型。在东华北区域试验中平均倒伏（折）率 8％。

产量水平：2004—2005 年参加东华北青贮玉米品种区域试验，17 点次增产，6 点次减产，两年区域试验平均每 667 m² 生物产量（干重）1292.8 kg，比对照农大 108 增产 13.46％。

适宜种植地区：黑龙江省第一积温带上限。

（6）中单 9409（优质蛋白玉米）

来源和审定时间：宁夏农林科学院农作物研究所 2000 年由中国农业科学院作物育种栽培研究所引入（宁审玉 2003009）。

特征特性：中晚熟品种。生育期 132 d，需≥10 ℃活动积温 2 700 ℃。成株 19～21 片叶。株型半紧凑，株高 245（套种）～303 cm（单种），穗位高 105（套种）～135 cm（单种），茎粗 2.0 cm。苗期整齐、幼苗叶鞘紫色，植株生长势强。叶色深绿；花柱淡紫色，花粉量大。果穗筒形，秃尖短。穗长 20 cm，穗粗 4.7 cm，穗行数 14～18 行，行粒数 40 粒，每穗粒数 610 粒，单穗粒重 189 g。穗轴红色、较细；籽粒黄色、半硬粒型，千粒重 364 g。经宁夏农业科学院分析测试中心化验分析：籽粒含粗蛋白 9.34％、粗脂肪 3.95％、粗淀粉 75.88％、赖氨酸 0.36％。抗霜霉病、大斑病、小斑病，轻感黑粉病，抗倒性强。

产量水平：2001 年区域试验平均每 667 m² 产量 534.3 kg，比对照掖单 13 增产 1.9％；2002 年区域试验平均每 667 m² 产量 592.6 kg，比对照掖单 13 增产 11.2％；区域试验两年平均每 667 m² 产量 563.5 kg，比对照掖单 13 增产 6.6%；2002 年生产试验平均每 667 m² 产量 592.2 kg，比对照掖单 13 增产 10.7%。

适宜种植地区：辽宁、吉林吉黑龙江第一积温带。

（三）品种选用原则

1. 熟期 根据气候条件，选择适宜熟期类型的品种。玉米品种熟期类型的划分是玉米育种、引种、栽培以至生产上最为实用和普遍的类型划分。由于中国幅员辽阔，各地划分玉米品种熟期类型的标准不完全一样。东北主产区玉米熟期类型划分如下，并举例代表品种。

吉林省极早熟品种：需≥10℃活动积温 1 700～1 900℃，生育期 105 d 左右。适于延吉市、安图县、敦化市、珲春市、临江县、和龙县、抚松县、长白县等地区种植。

早熟品种：需≥10℃活动积温 1 900～2 100℃，生育期 110 d 左右。适于吉林市的东南部的舒兰、蛟河，白山市的西南部和中部，延边敦化市东北、安图县东部和龙市南部、汪清县中部和珲春市的东部地区种植。

黑龙江省中早熟、早熟品种：需≥10℃活动积温 2 200～2 300℃，生育期 110 d 左右。适于第四、第五积温带种植。

吉林省中早熟品种：需≥10℃活动积温 2 100～2 300℃，生育期 115 d 左右。适于通化市西部和集安的热闹乡与双岔乡，白山市的西南部、中南部，吉林市舒兰的东部，延边州汪清县的南部和龙井市的南部以及珲春市的中部地区种植。

黑龙江省中熟品种：需≥10℃活动积温 2 300～2 400℃，生育期 115 d 左右。适于第三积温带种植。

吉林省中熟品种：需≥10℃活动积温 2 300～2 500℃，生育期 120 d 左右。适于洮南市西北部、洮北区的中北部、榆树县西部、大安市西北部的半干旱区、通化市中北部、白山市中东部、长白县西南部等地区种植。

辽宁省中熟品种：需≥10℃活动积温 2 300～2 650℃，生育期 120 d 左右。适于本溪、桓仁、新宾、抚顺、清原等地区的辽宁东部山区种植。

黑龙江省中熟品种：需≥10℃活动积温 2 450～2 600℃，生育期 120 d 左右。适于第二积温带种植。

吉林省中晚熟品种：需≥10℃活动积温 2 500～2 700℃，生育期 125 d 左右。适于长春大部、辽源、四平、伊通大部和梨树县、公主岭的部分地区，吉林市的市郊、永吉、磐石、舒兰的部分地区，通化市梅河口、辉南、柳河、集安和通化县部分半湿润地区种植。

辽宁省中晚熟品种：需≥10℃活动积温 2 650～2 800℃，生育期 125 d 左右。适于辽北地区和辽西的中北部低山丘陵区种植。

黑龙江省熟品种：需≥10℃活动积温 2 650℃以上，生育期 125 d 左右。适于第一积温带种植。

吉林省晚熟品种：需≥10℃活动积温 2 700℃以上，生育期 128 d 左右。适于公主岭、梨树、双辽、长岭和集安岭南的地区种植。

辽宁省晚熟品种：需≥10℃活动积温 2 800～3 200℃，生育期 130 d 左右。适于沈阳以南至营口的辽宁中南部、辽西走廊地区和辽西走廊西部丘陵区种植。

辽宁省极晚熟品种：需≥10℃活动积温3 200℃以上，生育期135 d左右。适于辽宁省大连地区和东港市种植。

适宜成熟期一般要求在霜前5 d以前正常成熟或达到目标性状要求（如速冻玉米能加工、青贮玉米应达乳熟末期或蜡熟期）。在秋季第一次重霜来临之前，粒用玉米必须达到生理成熟：一是籽粒基部黑色层出现，二是籽粒乳线消失。否则籽粒含水量较高、容重较低、商品品质下降。在辽宁省辽阳市无霜期较长的平原地区，可以种植生育期长的晚熟玉米品种，但是一定要注意晚熟的玉米品种由于生育期长，在秋季收获的时候，玉米的含水量较高，如果贮存不当，容易霉烂，造成不必要的经济损失；如果处在山区丘陵地块，无霜期相应要比平原略短一些，在选择品种时应选择生育期略短的中晚熟品种或中熟品种。这样才能保证玉米正常成熟，不至于在早霜到来时玉米还没成熟，造成高产品种减产，玉米商品品质低下，难以卖出好价钱，造成不应有的损失。

在霜前确保成熟的前提下，选用具有较高丰产性能的品种。同样情况下，生育期长的品种比生育期短的品种产量高，因此，应根据当地生长季节的长短，选择相应熟期的品种。但在具体考虑品种成熟期时要留有余地，以免遇低温冷害年份遭到严重减产。一般以选择在当地初霜前10 d能成熟的品种为宜。

各地玉米生产中，应根据各地的生育期长短，在一定保证率的条件下，选用适当熟期品种。在品种选育和引种工作中，若只根据生育天数确定其熟期类型，则因地点、年度和播期等差异，使生育天数发生很大变化。在品种的推广和引进过程中，常有根据品种说明是早熟品种，但引入某地后并不早熟甚至成熟不好的情况。所以，欲明确具体品种的熟期类型，还应配合其他指标。植株叶片可作为判定玉米品种熟期类型的可靠形态指标。一般用于东北旱地的玉米品种，依据植株叶片数少于18片、18～20片、多于20片，基本上就可以分别归属于早熟类型、中早熟类型、中熟类型。各地必须选择在本地区能够正常成熟的品种。选用积温比当地积温少100℃、生育期比当地无霜期少10～15 d的品种。生育期过短，影响产量提高，生育期过长，本地生育时期不够，达不到正常成熟，不能充分发挥品种的增产能力。

不同品种需要的积温不同，每个积温带都有各自适应的品种。每个玉米品种都有各自的适应区域，只有在适宜区内种植才能实现稳产、高产。越区种植的主要后果是降低了玉米品质和使用价值，进而降低销售价格。近年来，黑龙江省农业生产连续获得丰收，玉米品种更新、更换发挥了重要作用。但是，有的地方盲目追求产量，违背自然规律和市场经济规律越区种植晚熟品种，导致了在遇到春低温、夏干旱、秋早霜以及风、雹等自然灾害的情况下出现了"水玉米"问题，直接影响了玉米的贮存、销售和深加工，且经济效益不佳。将适宜南部地区种植的晚熟玉米品种越区种植到北部地区种植，早霜危险加大，在霜前很难正常成熟，会出现不同程度的"水玉米"，玉米籽粒含水量加大，销售困难，可能导致粮食品质下降和农民增产不增收。黑龙江省玉米的正常含水量为30%左右，而越区种植的玉米含水量已经达到35%～40%，容重低，淀粉量少，商品品质也随之下降。而且高水分玉米易发生霉变，给玉米的贮存、运输带来很大困难，同时也增加了晾晒或烘干的费用，这种损耗基本抵消了玉米增产的效益。

越区种植的品种还因为当地热量资源不适宜该品种的正常需要，玉米的营养生长期延长、生殖期推迟，对土壤的养分损耗就比种植适宜熟期的品种要大。越区种植的玉米成熟晚，收获的时间也晚，秋整地时间不足，影响秋整地速度和质量，直接影响第二年春播质量。

品种都有各自的适宜区，只有在适宜区内才能发挥最大的增产和增收的潜力。因此依据品种所需积温或依据积温带的积温量多少去选择品种是各地玉米生产者选择玉米品种的重要依据之一，应选择与当地的气候条件、生产管理水平、土地肥力状况等相匹配的品种，品种的安全成熟率要达到90％以上。特别要严禁品种越区种植。

2. 高产优质　在霜前确保成熟的前提下，选用具有较高丰产性能和稳产的品种。同样情况下，生育期长的品种比生育期短的品种产量高，因此，应根据当地生长季节的长短，选择相应熟期的品种。但在具体考虑品种成熟期时要留有余地，以免遇低温冷害年份遭到严重减产。一般以选择在当地初霜前10 d能成熟的品种为宜。稳产既能反映品种的丰产性能，又能体现该品种对当地自然环境的适应性和对当地主要自然灾害及主要病虫害的抗逆性。不同品种对肥、水条件的要求不同。有些杂交种茎叶茂盛，喜好水肥，在良好栽培条件下产量很高，但在旱薄地上生长不良，空秆和秃尖严重，表现高产而不稳定；反之，有些品种对肥、水条件要求不高，即使在较低的栽培条件下种植，也表现出较好的产量，稳产而不高产。因此，在选用品种时要根据当地地力、施肥水平和水分条件等选择适宜的品种。

种子质量对产量的影响很大，其影响有时会超过品种间产量的差异。因此生产上不仅要选择好的品种，还要选择高质量的种子。在现阶段，我国衡量种子质量的指标主要包括品种纯度、种子净度、发芽率和水分4项。国家对玉米种子的纯度、净度、发芽率和水分4项指标做出了明确规定，一级种子纯度不低于98％，净度不低于98％，发芽率不低于85％，水分含量不高于13％；二级种子种子纯度不低于96％，净度不低于98％，发芽率不低于85％，水分含量不高于13％。我国对玉米杂交种子的检测监督采用了限定质量下限的方法，即达不到规定的二级种子的指标，原则上不能作为种子出售。品种色泽好、商品性好，市场价格高，反之则价格低。例如登海1号、登海3号，虽然产量高，却因颜色浅黄、售粮价格低不被看好。

3. 抗性　病害是玉米生产中的重要灾害。在黑龙江地区选择抗病品种是一定要优先选择对大斑病、小斑病、丝黑穗病和茎腐病的抗病品种。选择抗倒伏的品种非常重要。倒伏虽然与环境及栽培措施有密切的关系，而品种的遗传差别也是影响倒伏的重要原因。品种的抗病性除参考品种的特性介绍、当地种子公司或农技推广部门的评比试验外，还要参考其他农户的种植经验。选择抗倒伏的品种非常重要，尤其是多风地区。倒伏虽然与环境及栽培措施有密切的关系，品种的遗传差别也是影响倒伏的重要原因，倒伏一般有生育期间的倒伏和成熟后的倒伏。生育期间的倒伏危害较大，严重的可导致绝产；而生育后期或生理成熟后的倒伏虽然对产量的影响较小，但常造成品质下降、籽粒腐烂、鼠类损失加重、收获难度和收获成本增大。

4. 生产潜力与适应性　生育期相近的品种产量潜力可能相差很大。品种的生产潜力不能由穗子的大小、穗行数、行粒数、粒深、双穗率和叶子竖立（紧凑）与平展等特殊性状决定，品种的生产潜力体现在产量水平上。由于气候的不可预测性和多变性，要选择在多点、多地区、多环境下都具有较高产量水平的品种。要根据品比试验的产量结果，而不要仅仅因为穗子的大小、叶子竖立与平展等性状选择品种。由于气候的不可预测性和多变性，要选择在多点、多地区、多环境下都具有较高产量水平的品种。例如有的品种在高肥足水的情况下产量较高，而在干旱的条件下，则表现减产很重，那么这样品种在适应性上就较差，所以要选择适应性好的品种。选用玉米品种要因地制宜。水肥条件较好的地区，应种植耐肥、抗病的高产杂交种；在丘陵、山区或自然灾害频繁的地区，应选择耐旱、耐涝、耐寒、耐瘠或抗逆性强的杂交种。土地肥力决定品种产值，即同一品种在不同地力条件下产值不同。土地肥沃需买高水肥的品种，土地瘠薄应买抗旱耐瘠薄的品种。

5. 根据种植目的和需求选择品种　种植玉米不仅要产量高更要考虑市场需求，以达到增值效果。不同的玉米品种有其自身的商品特性，可参考市场需求信息，选择种植鲜玉米、饲料玉米、食品玉米或者一般商品粮玉米，如甜玉米、糯玉米、高淀粉玉米、优质蛋白玉米等。因此，应根据不同市场需求和用途来选用玉米品种。例如，淀粉加工可选用高淀粉品种，制作玉米罐头可选用甜玉米，加工玉米花可选用爆裂玉米，糕点加工可以选用糯玉米，养猪养鸡可以选用高赖氨酸玉米，榨油可选用高油玉米。

6. 多熟期、多品种搭配种植　多熟期、多品种搭配种植是减少病虫害和抗干旱、低温等不利环境条件的最为有效的措施之一。多熟期、多品种的条带间隔搭配种植，如早熟、中熟和晚熟品种按 25%-50%-25% 搭配，可减少中早熟品种因干旱引起的花期不遇、授粉不良而导致的减产，同时既能使长生育期品种充分利用光热资源，又可减轻秋早霜的危害程度。另外多熟期品种的搭配种植，可增加玉米的遗传多样性，降低因品种抗性丧失带来的损失。

7. 适宜机械化　适宜机械化要求品种具有以下几个特点：

（1）耐密、高产、抗倒伏、后期秸秆韧性适中　玉米高产研究和生产实践表明，增加种植密度是玉米增产的主要措施。抗倒性是仅次于产量的最重要的指标之一，提高途径：一是降低株高穗位，二是秸秆韧性适中、根系发达，秸秆韧性太弱则易倒伏，秸秆韧性也不宜太强，太强会增加油耗、降低收获速度及秸秆还田的质量。

（2）中早熟品种、后期籽粒脱水快、苞叶疏松　脱水快的品种灌浆速度快，结实不易霉烂，好贮藏，脱水慢的品种因灌浆速度慢，结实易霉烂，不好贮藏；稀植大穗型品种大部分脱水慢，这是由品种自身特性所决定的。中早熟品种后期籽粒脱水快、苞叶疏松的品种能降低玉米收获时的水分含量，利于机械直收，能保证商品粮的优质高效。要达到秋收干籽粒水分 20% 以下的目标，为此提出了积温带熟期标准化品种，当地初霜期前 15～20 d 就达到生理成熟期，即要求种植品种所需活动积温比当地活动积温少 150～200 ℃，此时含水率 35% 左右，收获时水分降至 20% 以下，可机械秋收干籽粒。

（3）果穗大小均一、穗位高度一致　果穗大小相差太大将使脱皮辊无法调节间隙，穗位高度相差太大不利于机械抓果穗，这都会造成田损率增大，因此，要求果穗大小均一、穗位高度一致，以降低田损率。

（4）种子发芽率、净度、纯度高　机械化精量播种要求种子发芽率、净度、纯度高，大小、形状一致，这样才能保证苗全、苗齐、苗壮，通过机械化精量播种作业，可提高播种质量，减轻农民劳动强度，提高农业生产效率，节约种子，改善土壤结构，增强土壤保墒能力，实现增产增收，此技术比普通条播增产 6％～25％。目前，一般玉米种子发芽率、净度、纯度不能满足单粒精量播种需求。受种子的制约，目前还不能实现精量点播，只能采取一种妥协方式——半精量播种，以保全苗。单粒精量播种需要种子发芽率 95％以上、纯度 98％以上、净度 99％以上、芽势强、无杂质、包衣。重视种子分级处理，不同形状、大小的种子选用不同型号的排种盘，均能实现精量播种。

（四）东北平原适用的玉米品种

在黑龙江省北部，可用早熟类型品种甚至极早熟品种。而在辽宁省南部可用晚熟品种，局部地区甚至可用极晚熟品种。选用的品种还应该是对光周期反应不敏感的类型。在种质资源利用方面，应该有意识地利用这类品种或材料。以黑龙江为例，黑龙江 6 个积温带的代表性品种如下：

1. 第一积温带适宜品种　上限代表性品种为郑单 958、丰禾 10 号、龙单 42，下限代表性品种为先玉 335、鑫鑫 2 号、兴垦 3 号、东农 252。

（1）郑单 958　适宜在黑龙江省第一积温带上限活动积温 2 850 ℃以上地区种植。植株清秀、株型紧凑，叶片较窄而上冲；株高 240 cm，穗位 105 cm。穗筒形，长 20 cm，穗行数 14～16 行，行粒数 40 粒；白轴，籽粒黄色，粒深，结实性好，出籽率 88％～90％，千粒重 300～330 g，单穗重一般 180 g 左右。该品种根系发达，抗倒性强，耐旱、耐高温，活秆成熟。高抗矮花叶病、黑粉病，抗大斑病、小斑病，同时对粗缩病、茎腐病和玉米螟及食叶虫等病虫害也有很好的抗性。

（2）丰禾 10 号　生育日数 125～128 d，需≥0 ℃活动积温 2 680～2 750 ℃。叶片 19片。株高 220～230 cm，穗位 85～90 cm。果穗上部叶片收敛，穗下部叶片较平展，全株为半紧凑型。花药黄褐色，花柱红色。果穗长筒形，穗长 26 cm，穗粗 5.2 cm，穗行数 14～16 行。籽粒马齿型、黄色，穗轴紫红色，百粒重 38～41 g，单穗重 240～320 g。抗倒伏，抗倒折，中抗大斑病、小斑病，抗黑粉病、丝黑穗病，喜肥水。

（3）龙单 42　在适宜种植区出苗至成熟生育日数为 126 d 左右，需≥10 ℃活动积温 2 550 ℃左右。成株叶片数 21 片。幼苗期第一叶鞘紫色，第一叶尖端圆形，叶片绿色，茎绿色、直立。株高 290 cm、穗位高 100 cm。果穗圆柱形，穗轴白色。穗长 24 cm、穗粗 5.4 cm，穗行数 16～18 行，籽粒马齿型、黄色。

（4）先玉 335　中熟品种，全生育期所需≥10 ℃以上活动积温 2 750 ℃，适于中早熟至中晚熟区广大区域种植。该品种田间表现幼苗长势较强，成株株型紧凑、清秀，气生根发达，叶片上举。株高 286 cm，穗位高 103 cm。花粉粉红色，颖壳绿色，花柱紫红色，果穗筒形，穗长 18.5 cm，穗行数 15.8 行，穗轴红色，籽粒黄色、马齿型，半硬质，百粒重 34.3 g。其籽粒均匀，杂质少，商品性好。高抗茎腐病，中抗黑粉病，中抗弯孢菌叶斑病。田间表现丰产性好，稳产性突出，适应性好，早熟抗倒。

（5）鑫鑫 2 号　生育期为 122 d 左右，需≥10 ℃活动积温 2 500 ℃左右。成株叶片数 19～20 片。该品种根系发达，拱土能力强，叶片深绿色，茎绿色；株高 260 cm，穗位高 100 cm。果穗长筒形，穗轴粉红色，穗长 22 cm 左右，穗粗 4.8 cm，穗行数 14～16 行；

籽粒偏马齿型、黄色，商品品质好，外观色泽光亮，活秆成熟，后期脱水快，收获后籽粒含水量低。该品种抗逆性强，属密植、耐旱、高产、稳产高效品种。

（6）兴垦 3 号 该品种出苗至成熟 121～123 d，与四单 19 熟期相似。需≥10 ℃活动积温 2 600 ℃左右。凡能种植四单 19 的地区均可种植兴垦 3 号，兴垦 3 号是当前玉米更新换代的好品种。

该品种种子拱土力强，易抓苗，幼苗鲜绿。株高 245～250 cm，株型半紧凑，是中密度品种，叶色浓绿。果穗长筒形，轴细，穗长 25～28 cm，14～16 行，每行 50 粒左右，百粒重 42.0～44.0 g，籽粒橙红色，后期脱水快。茎秆粗壮、韧性好，耐盐碱，抗倒伏，活秆成熟。抗旱性、抗病性好。粗淀粉含量 75.42%，为高淀粉品种。

（7）东农 252 从出苗到成熟需≥10 ℃活动积温 2 500 ℃左右。种子出苗能力较强，幼苗健壮，基部和叶鞘边缘呈紫红色，叶色浓绿。成株株高 220～240 cm，穗位 100～110 cm。雌穗花柱黄色，苞叶长度中等，雄穗较发达。活秆成熟。果穗长筒形，穗长 22～24 cm，穗粗 5～5.5 cm，穗行数 16～18 行，百粒重 38 g 左右。籽粒为马齿型、橙黄色。

2. 第二积温带适宜品种 绥玉 10 号、吉单 27、龙单 38、垦单 5 号（第二积温带下限代表性品种）。

（1）绥玉 10 号 生育日数为 115 d，需≥10 ℃活动积温 2 350 ℃，属早熟型杂交种。株高 240 cm，穗位高 80 cm。叶色浓绿，活秆成熟，适于粮饲兼用。果穗呈圆柱形，穗长 24 cm，穗粗 5.0 cm，穗行数 14～18 行，多为 16 行，行粒数 45～50 粒，百粒重 35 g，籽粒容重 726 g/L，籽粒橙黄色、半马齿型，成熟后脱水快。耐瘤黑粉病及茎腐病。耐旱性强，并具有较好的生态适应性和高产、稳产特性。

（2）吉单 27 从出苗至成熟 118～120 d，需≥10 ℃活动积温 2 400～2 450 ℃，属中早熟品种。幼苗叶鞘紫色，叶色深绿，幼苗拱土能力强。株高 260 cm 左右，穗位 95 cm 左右。穗长 22～24 cm，穗行数 14～16 行，籽粒灌浆速度快；籽粒半马齿型，黄色，百粒重 40 g 左右，籽粒整齐，商品品质较好。高抗玉米丝黑穗病、叶斑病和玉米螟。吉单 27 与第二积温带原主栽品种四单 19 和第三积温带原主栽品种东农 250 相比，成熟期早，含水量小，抗逆性好，品质好，产量高。

（3）龙单 38 在适宜种植区域生育日数为 120 d 左右。需≥10 ℃活动积温 2 400 ℃左右。成株叶片数 15 片。幼苗期第一叶鞘紫色，第一叶尖端圆匙形，叶片绿色，茎绿色。株高 270 cm、穗位高 100 cm，果穗圆柱形，穗轴粉红色。穗长 25 cm、穗粗 5.1 cm，穗行数 14～16 行，籽粒马齿型、橙黄色。龙单 38 具有较强的抗逆性，在不同生态条件下均具有广泛的适应性，活秆成熟。

（4）垦单 5 号 种子发芽势强，早期发苗快。在黑龙江省第二、三积温带春播出苗至成熟为 112 d，生育期间需≥10 ℃活动积温为 2 350 ℃左右，对不同生态地区有较强的适应性。叶鞘微紫色、叶色深绿，株型收敛，叶片挺直，穗上节间长，群体透光好，茎秆粗壮，下粗上细。株高 240 cm 左右，穗位 80 cm 左右，穗近筒形，穗轴红色。籽粒黄色、马齿型。花柱黄绿色，花药黄绿色。穗长 20.5 cm，穗粗 4.9 cm，穗行数 14～18 行，行粒数 39 粒左右，百粒重 30 g。

3. 第三积温带适宜品种 绥玉 7 号、哲单 37、东农 251、丰单 3 号等。

（1）绥玉 7 号　生育日数 108 d，需≥10 ℃活动积温 2 240～2 300 ℃。株高 240 cm，穗位高 90 cm。籽粒黄色，半马齿型，百粒重约 33 g。蛋白质含量为 10.63%，脂肪含量 3.9%，淀粉含量 70.84%，赖氨酸含量 0.24%。抗大斑病和丝黑穗病。

（2）哲单 37　在适宜种植区生育日数 115 d 左右，从出苗到成熟需有效积温 2 350 ℃ 左右。幼苗出苗快，株型收敛，活秆成熟。成株株高 230 cm，穗位 80 cm。果穗圆锥形，穗长 20 cm，穗行数 12～14 行，穗粗 4.6 cm，百粒重 32 g。籽粒黄色。品质分析结果：粗蛋白含量为 10.65%，粗脂肪含量为 4.19%，淀粉含量为 72.79%，赖氨酸含量为 0.43%。接种鉴定：大斑病 2 级，丝黑穗发病率 14.8%。

（3）东农 251（东农 9813）　在适宜地区出苗至成熟 105～110 d，需活动积温 2 250～2 300 ℃。种子出苗能力较强，幼苗健壮，基部和叶鞘边缘呈紫红色，叶色中绿。株高 230～250 cm，穗位高 70～80 cm，株型中等繁茂。生育后期植株保绿性好，活秆成熟。雄穗中等发达，分枝数 8～14 枝，花药黄色。雌穗长筒形，花柱黄色，苞叶长度中等，无剑叶。果穗长筒形，穗长 20～22 cm，穗粗 4.8～5.2 cm，穗行数 14～18 行，百粒重 35～38 g，穗轴红色。籽粒偏马齿型，色泽橙黄，容重 690～740 g/L。抗逆性较强，不空秆、不倒伏。

（4）丰单 3 号　生育期 105～108 d，需≥10 ℃活动积温 2 200 ℃左右。该品种幼苗色淡，发苗快。植株清秀，株高 240 cm，穗位 90 cm，活秆成熟。果穗柱形，红轴，穗长 22～23 cm，果穗粗 5 cm，穗行数 14～16 行，轴细粒深，出籽率高达 90% 以上。百粒重 33～35 g，籽粒橙黄，偏硬粒型。籽粒品质极佳。抗玉米大斑病、小斑病、丝黑穗病、茎腐病、青枯病。

4. 第四积温带适宜品种　德美亚 1 号、边单 3 号、德美亚 2 号、克单 12 等。

（1）德美亚 1 号　德美亚 1 号生育日数 110 d 左右，需要≥10 ℃活动积温 2 100 ℃。种子耐低温能力强、出苗快。茎秆紫色、活秆成熟。株型半收敛。成株株高 240 cm，穗位 80 cm。果穗锥形，穗长 18～20 cm，穗行数 14 行，行粒数 38 粒，百粒重 30 g，籽粒橙黄色，硬粒型。籽粒容重 780 g/L。

（2）边单 3 号　边单 3 号玉米品种在黑龙江黑河从出苗至成熟生育日数为 107 d，需≥10 ℃活动积温 2 150 ℃。全株共 14 片叶。株高 225 cm 左右，穗位高 70 cm 左右。花药黄色，花柱粉色。果穗长锥形，穗长 23 cm 左右，穗粗 4.9 cm 左右，穗行数 12～16 行，百粒重 32 g。红轴，籽粒为黄色、硬粒型。

（3）德美亚 2 号　在适应区种植生育日数 108 d 左右，需≥10 ℃活动积温 2 000 ℃。德美亚 2 号种子耐低温。幼苗第一叶叶鞘紫色，叶片绿色。成株株高 230 cm，株型紧凑，茎秆坚韧，根系发达，抗倒伏能力强。果穗圆筒形，穗轴红色，穗长 19 cm，穗行数 14～16 行，百粒重 30 g。籽粒偏硬粒型，黄色，品质好。籽粒容重 780 g/L。接种鉴定中抗大斑病、丝黑穗病。适合在黑龙江省第四积温带下限种植。

（4）克单 12　生育期 101 d，需有效积温 2 000 ℃左右，属极早熟玉米单交种。成株 17 片叶，株型较为紧凑。株高 200 cm 左右，穗位高 66 cm 左右。幼苗长势强，叶鞘紫色。

5. 第五积温带适宜品种　克单 9 号、德美亚 2 号等。

克单 9 号　该品种为极早熟玉米单交种，在克山生育期（出苗至成熟）为 90 d 左右，需活动积温（出苗至成熟）1 800 ℃左右。株高 210 cm 左右。苗势强，幼苗耐低温且发苗快，成株绿色。果穗锥形，穗轴红色，一般穗长 20 cm，穗粗 4.3 cm，粒行数 14～16 行，百粒重 29～31 g。硬粒粒型，品质好，成熟期脱水快。

6. 第六积温带适宜品种 边三 2 号、克单 9 号等。

边三 2 号 出苗至成熟 95～100 d，需≥10 ℃的活动积温 1 900 ℃左右，属极早熟品种。幼苗长势强，耐低温，叶色深绿，叶面有光泽。株高 200～220 cm，穗位高 60 cm 左右，株型中间型。雌雄花期协调，花粉量大。穗长 20～22 cm，穗粗 5.5 cm 左右，籽粒黄色，果穗行数 16～18 行，行粒数 36 粒左右，籽粒偏硬粒，百粒重 28 g 左右。在适宜生产区种植抗玉米大斑病、小斑病、丝黑穗病。植株根系发达，抗倒伏能力强。

第二节 低碳高效栽培技术

一、玉米保护性耕作

保护性耕作技术是对农田实行免耕、少耕，尽可能减少土壤耕作，并用作物秸秆、残茬覆盖地表，减少土壤风蚀、水蚀，提高土壤肥力和抗旱能力的一项先进农业耕作技术。保护性耕作与传统耕作的区别是：①作物收获后留根茬，并保证播种后 30％以上的秸秆覆盖地表；②减少耕作次数，降低生产成本；③采用化学除草或者机械除草；④取消铧式犁耕翻，实行免耕或少耕。

保护性耕作实际上是与传统的耕作方式相比较而言的，同时在农业发展中，保护性耕作是可持续农业中的一个必不可少的重要内容。保护性耕作主要有以下几点的好处：①保护性耕作能够大大降低水和风对土壤的腐蚀，同时提高土壤对水土的保持能力。②保护性耕作在一定程度上提高土壤的有机质含量，大大减少了在实际操作中机械设备的应用次数，这在一定程度上降低了成本费用。③保护性耕作的好处主要是蓄水保墒，秸秆覆盖免耕保持了土壤孔隙度，孔径分布均匀，连续而且稳定，因此，有较高的入渗能力和保水能力，可把雨水和灌溉水更多的保持在耕层内。而覆盖在地表的秸秆又可减少土壤水分蒸发，在干旱时，土壤的深层水容易因毛细管作用而向上输送，所以秸秆覆盖和免耕增强了土壤的蓄水功能和提高了作物对土壤水分的利用率。④培肥土壤，秸秆覆盖还田既可增加土壤有机质，又可促进土壤微生物的活动，连年秸秆覆盖还田，土壤有机质递增，土壤中的全氮、全磷、速效氮、速效磷也会增加。另外，免耕、少耕本身就有利于土壤有机质的积累。

保护性耕作技术可概括为：秸秆覆盖、免耕（或少耕）播种、以松代翻、化学除草。秸秆覆盖技术是在收获后秸秆和残茬留在地表作覆盖物，是减少水土流失的关键。因此，要尽可能多地把秸秆保留在地表，在进行整地、播种、除草等作业时要尽可能减少对覆盖的破坏。秸秆覆盖形式有秸秆粉碎还田覆盖、整秆还田覆盖、留茬覆盖。免耕、少耕施肥播种技术与传统耕作不同，保护性耕作的种子和肥料要播施到有秸秆覆盖的地里，所以必须使用专用的免耕播种机。有无合适的免耕播种机是能否采用保护性耕作技术的关键。免耕播种是收获后未经任何耕作直接播种，少耕播种是指在播前进行了耙地、松地或平地等表土作业，再用免耕播种机进行施肥、播种，以提高播种质量。杂草及病虫害防治技术是保护性耕作技术的重要环节之一。为了使覆盖田块农作物生长过程中免受病虫草害的影响，保证农作物正常生长，目前主要用化学药品防治病虫草害的发生，也可结合浅松和耙地等作业进行机械除草。深松技术是疏松土壤（作业深度 30 cm 以上），打破犁底层，不翻动耕作层，只对土壤起到松动作用，增强降水入渗速度和数量；作业后耕层土壤不乱，动土量小，减少了由于翻耕后裸露的土壤水分蒸发损失。深松方式可分为局部深松和全方位深松。东北平原黑土区的耕作模式从 20 世纪 50 年代开始至今，经历了传统的畜力机具耕作到实现耕整地、播种、收获机械化过程。20 世纪 50 年代初属传统轮作制，采用畜力机具，根据作物种类前茬决定下茬的耕种方法，采用扣种、糠种、挤种的耕种方式；20世纪 50 年代中后期推广机翻地、机播地和机械起垄等作业，平作或者平作后起垄，翻、扣、攘种相结合的耕作模式；20 世纪 60 年代采用机翻、机播、苗眼镇压中耕起垄的新型耕作制，70～80 年代采用的大型动力机械化轮翻制，机械深耕、轮翻、平播结合重镇压、起垄或原垄除茬后机播，平播后起垄；20 世纪 80 年代中后期推广应用少耕法、留茬少耕和旋耕除茬播种法、灭茬起垄（源垄或破茬合垄）垄上播、垄作留茬深松耕法、条带深松耕法、机械化原垄耙茬播耕法、地膜覆盖耕作栽培法等；20 世纪 90 年代推广轮耕法，灭茬，破旧垄，合新垄，垄上播或三犁川打垄坐水种技术。2000 年以来研究示范了一些保护性耕法，铁茬（硬茬）播种技术及宽窄行留高茬交互种植技术，留高茬、灭茬、深松起垄、镇压相结合的耕作模式，但是生产上大多数采用灭茬起垄垄上播的耕作模式。

保护性耕作技术是国际上比较现代的也是比较先进的耕作技术，是以节本增效为目的的一项耕作技术体系，其最大优点是以免耕、少耕和作物残茬覆盖为主体的现代耕作技术。玉米保护性耕作全程机械化技术，是运用农业机械完成玉米保护性耕作生产方式从种到收的全过程，即保护性耕作 6 个主要环节全部实现机械化作业。主要推广的技术路线是：田间玉米秸秆覆盖或高留茬→机械化免（少）耕播种→机械化学灭草、灭虫与防控→苗期深松追肥→机械收获→秋深松。

东北平原黑土区是我国主要的土壤资源和重要的粮食生产基地，主要分布在吉林和黑龙江两省。多年来由于连续种植高产作物，致使土壤肥力下降，由于自然和人为因素的共同作用，黑土地的土壤质量发生了严重的变化，数量也急剧减少。中部黑土区存在的主要问题，一是土地重用轻养，掠夺式经营，土壤结构变差，有机质减少（年均下降 0.2‰），土壤耕层也越来越浅，犁底层加厚，现在耕层只有 12～15 cm，导致土壤生产能力下降，粮食单产在 6 000～7 500 kg/hm²。二是耗地的高产作物占的比重较大。

东北地区的玉米耕作区在实际的应用过程中，应当采用比较容易抵抗老化的薄膜进行覆盖，通过这种覆盖式的耕作模式，不但能够促使玉米的生长进程加快，使玉米比一般情况提前 3 d 左右成熟，还能使玉米的产量得到大大地提高。

当玉米处于苗期的时候，如果在这个过程中，采用耐老化膜进行覆盖耕作，玉米的株高要比传统方式下面的株高要高很多。而且在拔节期的时候也要高，甚至在抽雄期的时候也比较高。除此之外，在玉米还是处于苗期的时候，如果使用抗老化膜进行覆盖耕作，玉米成熟的时候茎都要粗些。此外，玉米在生长过程中可能遭遇的病虫害发生次数会降低很多，特别是能降低丝黑穗病的发生概率。

采用抗老化膜进行覆盖耕作，最重要的当然是提高粮食的产量，可以很清楚地计算出，在不同的时候，采用抗老化膜进行覆盖耕作，玉米的干重要比传统的耕作方式多很多，所以从产量来看，其明显要高于传统的耕作方式。

近年来，东北平原区域采用玉米保护性耕作种植模式的农户不断增多，面积逐步扩大。采用保护性耕作技术不仅可以持续提高玉米产量，而且通过减少农机作业环节，减少种、肥投入，能有效降低玉米生产成本，在当前玉米收购价格明显下降的情况下其意义尤为重大。同时，采用保护性耕作技术还有利于农业环境的保护。保护性耕作的关键环节是免耕播种，即取消铧式犁翻耕，在保留地表覆盖物的前提下免耕播种。

保护性耕作有利于耕地的蓄水保墒、提高抗旱能力；减少土壤水蚀。土壤团粒结构得到改善，有机质含量每年递增。减少机械进地次数，减轻土壤压实，有利于改善土壤可耕作性，粮食综合生产能力得到提升。防止风蚀、秸秆覆盖地表，可以降低风速。与多年翻耕的土壤相比，保护性耕作可以消除犁底层，增强土壤蓄水能力。通过推广保护性耕作技术实施免耕播种，省去了清理秸秆、耕地、整地、打垄、追肥、铲地、播种后镇压等环节。一方面降低了农民的劳动强度，提高了农民的生活品质；另一方面也将大量的农村青壮年劳动力从土地上解放出来，为外出打工、增加收入提供了条件。由于推广玉米保护性耕作技术实施免耕播种，机器一次进地就可完成侧深施肥、清理种床秸秆、种床整型、播种开沟、覆土、镇压等作业，减少了机车进地次数，简化了作业环节，种地变得更省时、省工、省力、更简单，使玉米全程机械化生产的实施更具可操作性。为农业规模化生产、集约化经营、产业化发展、创造了有利的条件。根据近年东北平原推广玉米保护性耕作的实践经验，为充分发挥该项技术的节本增收的实际效果，在具体生产作业中要把握好以下关键环节：

（一）选好免耕播种机

在保护性耕作作业中，免耕播种环节最为重要。要实现高质量免耕播种，首先要选好高质量、满足农艺要求的免耕播种机。综合对比各地同类机具应用效果和农民接受程度，吉林康达公司研发制造的重型两行免耕播种机能够较好地满足耕种要求，各地普遍较为认可，该机具已成为东北及内蒙古地区保护性耕作的主要机型，但在低洼地不宜使用这种播种机。

（二）把握好播种时间

根据各地主栽玉米品种的生育期，为改善秸秆覆盖后或平作播前土壤温度比无覆盖、起垄的地温回升慢、温度略低的问题，最佳的播种时间一般应 4 月 15 日前后，力争在 5 月 5 日前全面完成播种。通过采用等离子体种子处理技术，激发种子活力，提高种子在田间快速出苗长成正常植株的能力，改善保护性耕作地块苗期生长略慢的问题，促使苗齐、苗壮。播种的时间、深度是保障玉米出苗率和出苗质量的一个重要因素，根据种植所在地的土壤稳定、水量条件来进行确定播种的时期，当土壤在 8~10 ℃的时候就可以进行机械精量播种，根据当地的土壤情况一般土质的播种深度为 4~6 cm，在土质条件好的情况下可以适当进行浅播，为 3～5 cm，土质疏松的土地应该适当深播，为 5～7 cm。

（三）科学合理保苗株数

玉米的种植密度根据本地区的生产条件和自然条件、土壤肥力、品种特性、种植方式等各类实际情况综合确定种植的密度，必须做到密度合理。将传统的大垄栽培改为宽窄行种植，宽行距应该在 70 cm 左右，窄行距在 40 cm 左右，应该适当的增加株数、缩小株距促进玉米的生长，使得根重增加、抗倒性增强、改善田间通风透光的种植条件，这样能够提高玉米的抗病和抗倒能力，充分发挥了玉米边际效应强的优点。根据选用的玉米品种对密度的要求，无论是玉米宽窄行休闲种植，还是均匀垄侧种植，依据田块地力等情况，从近年的示范情况看，玉米每公顷密度应在 5.5 万株以上，在无喷灌溉的情况下，最多不能超过 7.0 万株；玉米宽窄行一般有效株数以 6 万～6.5 万株为宜，这样才能确保玉米产量。对于采用玉米宽窄行即大垄双行模式的地块，为了利于秋季机械收获作业，种植行（窄行）可确定为 50 cm，宽行 80 cm。

（四）加强除草和病虫害防治

保护性耕作既直接影响农作物及其生态环境条件，也影响田间生态系统中的生物种群结构和组成及其相互关系。随着玉米留茬秸秆覆盖量的增多，以秸秆为生存场所的害虫和病原菌的增加可能导致病虫害种类增多、危害加重。防治杂草和病虫害，是玉米保护性耕作的技术重点。

在杂草的防治方面，秋季注意减少玉米机收获散落玉米，春季一般可改在玉米出苗后使用高效植保机械喷施除草剂，即所谓苗后喷施除草剂灭草工艺。为更好地开展病虫害的防治，可应用等离子体种子处理机，在播前 7～12 d 进行种子处理，也具有减少病虫害的作用。

种子药剂包衣、丸粒化处理是防治地下害虫、苗期病害以及因苗期病菌侵入引发的病害的最有效、最简捷的方法。在播种施种肥时，在化肥中拌施少量农药；玉米抽穗前，采用自走式高地隙喷杆式喷药机第二遍施叶面肥时同时有针对性地喷施农药。

（五）重视苗期深松追肥

为确保稳定增产，在保护性耕作技术流程中应增加并切实做好苗期深松追肥这一环节。在玉米拔节期结合追肥进行深松，打破犁底层，加深耕层，改善耕层物理性状，减少径流，接纳和贮存更多的降水，形成耕层土壤库，可做到伏雨秋用和春用，提高自然降水利用效率；同时满足玉米生长后期对养分的需求，确保增产。

该过程追肥不应与深松采用同一工作部件的深松机具，因这种作业方式易造成施肥过深、距离苗带过远，影响肥效，农民也不易接受。

（六）合理进行土壤深松

在实施保护性耕作的第一年即实行免耕，由于犁底层的存在和土壤尚未得到任何改善的影响，有可能出现减产。之所以出现这种情况，主要是之前数年多是用复式作业机替代深松进行整地，实际上并没有达到深松的要求。因此，对实行保护性耕作的地块在初期先应进行1次超过25 cm以上的深松作业，以后再视土壤情况决定是否深松和隔多少年深松1次。

（七）把握好秸秆覆盖与留茬数量

作物收获后，保留前茬作物根茬与秸秆覆盖地表，是保护性耕作技术的主要特征之一，也是保护性耕作的基础。秸秆覆盖得如何，直接关系着保护性耕作技术实施的成败。

目前，免耕播种机在全量秸秆覆盖下机械播种普遍难以保证播种质量，同时据有关资料显示，秸秆覆盖总量与保水、保土、保肥的效果并不是呈直接正相关的关系。因此玉米机收后可实行部分秸秆覆盖，覆盖量可控制在30%左右，部分秸秆可以运出作为他用。可适当高留茬，留茬高度在30～40 cm即可。这样，可以避免影响后续播种作业和作物正常生长。

二、整地

东北平原玉米整地包括秋季整地和春季整地。整地是玉米种植的重要基础，东北平原玉米生产上提倡进行秋整地。秋整地有如下优点：一是能够蓄水保墒，增强抗旱能力。可充分接纳秋、冬、春季的天然降水，并贮存起来，使有限的水资源最大限度的被利用。整地后达到播种状态，耕层上虚下实，团粒结构多、土质松散适度，有利于土壤孔隙形成，有利于水分、空气移动，有利于土壤微生物活动和改善土壤理化性质。春季不动土，可减少土壤水分蒸发，提高抗旱能力。二是可以确保施肥深度。近年来，由于化肥作底肥数量越来越大，尤其是高氮复混肥的应用比例越来越高。春整地耕层浅，容易烧种、烧苗。秋整地加深了耕层，施肥深度可达15～20 cm，避免了烧种、烧苗现象的发生。三是秋整地可以抢农时、增积温，减少低温冷害对农业的影响。通过秋季整地，达到待播状态，第二年春季可以适时早播，争取有效积温在200 ℃以上，并且春季寒气散发快，地温高于未整地的地块，有利于作物生长，促早熟，降低低温冷害对农业的影响，从而提高农产品的品质。四是及时播种，不误农时。秋季整地、施肥、起垄，实现了春活秋干，秋季土壤就达到了播种状态，减轻了春季整地压力，春季土壤温度和气温适宜可以立即进行抢墒播种。

秋季整地，采用大马力机车联合整地或浅翻深松，深松深度在35 cm以上，以打破犁底层为标准（白浆土翻地不能翻到白浆层，沙壤土则不应打破犁底层，以防漏水肥）。翻地要防止湿翻，以防破坏土壤结构。封冻前完成秋起垄、秋深施肥。施入有机肥，耕地深度一般为16～20 cm。早秋耕比晚秋耕增产，秋耕比春耕增产。一般不提倡春整地，因会散墒，增加春天作业压力，也不利于上虚下实土体结构形成，易引起土壤风蚀。春季整地，要求尽量减少耕作次数，来不及秋耕必须春耕的地需结合施基肥早春耕，并做到翻、耙、压等作业环节紧密结合。目前在黑龙江省特别是农垦的各个农场，已经形成一套严格的秋整地标准。具体如下：

（一）翻地

1. 翻地 翻地作业佩带合墒器进行复试作业，深度要求25 cm以上，无嵌沟、无粘条，不漏耕，不湿整地，在水分合适的情况下到头、到边。

2. 深松浅翻 同翻地，深度要求 28 cm 以上。

3. 联合整地要求 功率在 205.94 kW（280 马力）以下的机器要求深度在 32 cm 以上，280 马力以上的要求深度在 35 cm 以上，到头、到边，下地前地头要打一回起落线拉横头。豆茬地，采取秋翻、深松的方式；秸秆还田地采取浅翻深松或平翻深松（浅翻12～15 cm，平翻 18～20 cm，深松深度 25～35 cm）。实行玉米-大豆-杂粮或玉米-大豆轮作。要求地势平川、排水良好。翻后及时耙地，耙深达到 15 cm 以上。秋起垄，进行垄底深松，深施肥。深松 30～35 cm，施肥深度 15 cm 以上。

（二）耙地作业

对于在上年已经翻过或者深松过的地，可以采取耙地作业，用重耙采取先顺后斜行走耙地作业，重耙必须配置碎土滚，深度不少于 16 cm。耙串角度适宜，整平耙碎，不漏耙，不湿整地，不拖堆，到头、到边。有轻耙的可以最后上一遍轻耙，深度不少于12 cm。对角耙地的方法，轻耙配置圆管捞子或刮板捞子，耙串角度适宜。整平耙碎，不漏耙，不拖堆，不湿整地，到头、到边。

（三）起垄作业

有条件的应采取自动驾驶作业，自动驾驶直线行走、邻接行宽误差不超过±2 cm/km。高度要求小垄压后不低于 14 cm，大垄压后不低于 12 cm，结合线上下不超过 5 cm，施肥深度不低于 15 cm，不撒肥，不明肥，不拖堆，到头、到边，及时镇压。

（四）灭茬作业

灭茬作业后不允许有超过 10 cm 的玉米秸秆，采用前面收获，后面紧跟灭茬的方法去作业。以黑龙江为例，一般整地要求应该在 10 月 20 日之前完成，起垄施肥作业应在 10 月 25 日前完成。

针对当前东北平原黑土区土壤风蚀和水蚀严重、自然降水利用率低、土壤有机质下降、耕层变浅等问题，东北地区也在试行保护性耕作模式，并在生产上有一定的应用面积。保护性耕作技术是对农田实行免耕、少耕，尽可能减少土壤耕作，并用作物秸秆、残茬覆盖地表，减少土壤风蚀、水蚀，提高土壤肥力和抗旱能力的一项先进农业耕作技术。保护性耕作有以下几个特点：一是改革铧式犁翻耕土壤的传统耕作方式，实行免耕或少耕。免耕就是除播种之外不进行任何耕作。少耕包括深松与表土耕作，深松即疏松深层土壤，基本上不破坏土壤结构和地面植被，可提高天然降雨入渗率，增加土壤含水量。二是将 30% 以上的作物秸秆、残茬覆盖地表，在培肥地力的同时，用秸秆盖土，根茬固土，保护土壤，减少风蚀、水蚀和水分无效蒸发，提高天然降水利用率。三是采用免耕播种，在有残茬覆盖的地表实现开沟、播种、施肥、施药、覆土镇压复式作业，简化工序，减少机械进地次数，降低成本。四是改翻耕控制杂草为喷洒除草剂或机械表土作业控制杂草。

三、种植方式

（一）单作

单作指在同一块田地上种植一种作物的种植方式，也称为纯种、清种、净种。这种方式与间作相反，作物单一，群体结构单一，全田作物对环境条件要求一致，生育一致，便于田间统一种植、管理与机械化作业。多年来，东北平原地区根据各地玉米生产特点，已经形成了一套完整的玉米种植体系，其中单作种植方式应用较多的主要有等行距种植、大垄双行种植方式。偏垄通透栽培、原垄卡种、二比空通透栽培和育苗移栽等种植方式只在少部分地区有应用。

1. 等行距种植 等行距种植即行距相等，一般行距为 67～70 cm，行上株距随密度不同而变化，具体根据品种类型、地力水平、种植习惯和作业机械等因素而变化。等行距种植的优点是玉米地上部叶片与地下部根系在田间均匀分布，植株在抽雄前，能充分利用养分和阳光。且田间管理方便，播种、定苗、中耕除草和施肥培土都便于机械作业，是目前黑龙江省玉米的主要种植方式。

2. 大垄双行种植 大垄双行种植是东北平原地区主要的玉米种植方式，能够缓解玉米生育期间积温不足、土壤墒情不好等问题，并能增加种植密度，便于机械作业，提高玉米整体栽培水平。将习惯栽培的 60～70 cm 的两条小垄改成一条 120～140 cm 的大垄，在大垄上种植两行玉米，大垄的垄距（宽行距）为 80～100 cm，而大垄上的玉米行距（窄行距）40 cm，这样就形成了一宽一窄的群体。株距因选用品种等因素而定。大垄双行种植田间透光率高，植株叶片相互遮蔽面积小，利于通风透光，光合效率高，有利于干物质的积累，为玉米正常生长发育和产量形成提供了良好的生态条件。大垄双行可增加种植密度，扩大群体。种植密度可比常规清种增加 10%～15%，有效穗数每 667 m^2 增加 400～500 穗。再加上垄面宽，水土流失小，蓄水保肥能力强，增强了抗旱耐涝性。大垄双行种植，宽行距相当于作业道，生产者可在宽行间进行各项农事活动。

3. 偏垄通透栽培 偏垄通透栽培属于玉米通透栽培技术的一种模式，是一项可以改善玉米田间小气候、增加光照强度、增加地温和提高保水能力、增产增收的一项新技术。偏垄栽培是在 70 cm 垄上，第一垄偏右 20～25 cm 种植，第二垄偏左 20～25 cm 种植，这样以此类推，从整体上看形成了小行距 40 cm，大行距两个 50 cm，即 100 cm 的模式。宽裕的空间促进了空气的顺畅流通，有利于作物更大面积的接受阳光，人为地创造了边行优势。偏垄种植用小型拖拉机就可以解决中耕问题，而且第一遍趟地两垄苗间距 40～50 cm，垄沟可以用小铧进行培土，解决了 130 cm 大垄土趟不上去的问题，做到了有效地培土护根。整地与常规种植相同，随耕翻随起垄随镇压，有利于机械化作业，应用面积不大。

4. 原垄卡种 在多种增产因素中，原茬垄卡种更适应于机械旱作少耕技术的发展方向。旱作农业中，在不进行秋整地的情况下，作物利用原茬垄播种的方法，称为原垄卡种技术。该技术既可节能降耗，又可保墒保苗，保持良好的土壤物理性质，达到增产增收的目的。在这方面黑龙江省七星泡农场已逐步形成了具有少耕、旱作栽培特点的原垄卡种技术的机具配套系列。它是利用沃尔点播机、满胜精密播种机、大平原精密播种机进行原茬垄卡种，可实现玉米茬原垄上卡种大豆、玉米和大豆茬原垄上卡种玉米、大豆，应用面积不大。

5. 二比空通透栽培　二比空玉米栽培新技术即玉米双株紧靠栽培，是玉米栽培技术的重大改进，能够较好地解决密植与通风透光的矛盾，极大地提高玉米的光能利用效率，充分发挥密植的增产作用，一般能增产 20% 以上。二比空双株紧靠最佳方式是在小垄（原垄）的条件下种 2 垄、空 1 垄，密度 60 000 株/hm² 以上，即行距 50～70 cm、穴距 40～70 cm，株数 57 000～70 500 株/hm²，较常规栽培增加三四成苗。每穴播种 2～3 粒，粒间不超过 1 cm，目的是解决双株 1 个营养中心，保障同时获得养分。出苗后及时定苗。选留棵体均匀、健壮的紧靠苗。缺穴或缺株时，要 1 穴苗留 3 株。选择平整肥沃地块最佳。施肥不低于常规栽培水平，应用面积不大。

6. 育苗移栽　东北平原北部地区无霜期短，后期常遇低温冷害。采用保护地育苗，可增加有效积温，使播期提早近一个月，同时可促进玉米成熟，躲避后期低温和早霜的危害。一般有软盘育苗和肥团育苗两种方式，玉米育苗移栽能够充分利用生长季节，延长玉米的生育期，有利于套种，提高复种指数，可以比直播提前 10～15 d 成熟，并可以节约用种，每 667 m² 大田只需种子 1～1.5 kg，比直播节约用种 0.5～1 kg，降低生产成本，应用面积不大。

（二）轮作

轮作指在同一田块上有顺序地在季节间和年度间轮换种植不同作物或复种组合的种植方式。常见的轮作形式有禾谷类轮作、禾豆轮作、粮食和经济作物轮作、水旱轮作、草田轮作等。轮作是用地养地相结合的一种生物学措施，有利于均衡利用土壤养分和防治病、虫、草害；能有效地改善土壤的理化性状，调节土壤肥力。

轮作可以减轻病虫危害。危害作物的许多病虫是以土壤为媒介，如玉米黑穗病等。生产上许多种病虫对寄主都有一定的选择性，而它们在土壤中生活都有一定的年限，大多数在土壤中只能生存 2～3 年，少数 7～8 年。在此期间通过轮作换种非寄主作物，使土壤中的病原菌、害虫因得不到寄主而逐渐减少甚至清除；利用不同作物形成不同区系的土壤微生物和不同的土壤理化性质，抑制病原菌、害虫的生存和发展，改善作物营养，使植株生长健壮，抗病性、抗虫性提高。

轮作可以减少田间杂草。不少作物都有其伴生性杂草，有的作物田还有寄生性杂草。伴生性杂草和寄生性杂草对生态条件的要求与伴生或寄生的作物相似，不易根除。作物长期连作，必然有利于这些杂草的大量滋生，与作物争夺水分、养分和阳光，不但使作物产量降低，而且品质变劣。通过轮作轮换种植的不同作物，使寄生杂草找不到寄主而死亡，使许多生态适应性与作物相近的伴生性杂草得到抑制和防除。

轮作可以改善土壤理化性质。某些作物的轮作可以在一定程度上积极调整和改善土壤物理化学性状。如草田轮作对增加土壤有机质和土壤氮素、水旱轮作对改善土壤物理性质均有良好作用。不同作物地上部、地下部和不同土壤有机质的动向，对土壤耕作层物理性状的改变是不同的。禾本科是密植作物，根系较多，分布均匀，对土壤作用也较均匀。

轮作可以协调利用土壤养分和水分。各种作物在生长发育的过程中，需要不断从土壤中吸取养分和水分，但不同作物或同一种作物的不同品种需要养分的种类、数量和时期各不相同。轮作可以协调养分供给，利于作物根区土壤细菌富集和抑制真菌生长，延缓地力的减退。不同类型作物轮作轮换种植，能全面均衡地利用土壤中的各种营养元素，充分发挥土壤的生产潜力。不同作物需水的数量、时期和能力也不同，对水分适应性不同的作物轮作能充分而又合理地利用全年自然降水和土壤中贮积的水分。

东北平原玉米轮作方式较多，其中小麦后茬种玉米，玉米茬后种大豆的"三三"轮作种植制度在东北平原取得了较好的效果。"三三"轮作种植制度在很多国家实行已久，不但能够破解作物重迎茬问题、改善微生物生长环境，还能防止作物病虫草害蔓延。近年，由于作物结构调整，很多地区作物结构单一，农民为追求最大效益，连年种植同一种作物，玉米多年连作现象日趋严重，合理固定的轮作模式在农村已不常见。为保证农业可持续发展，土壤肥力得到恢复，应建立合理固定的轮作制，东北平原玉米主产区，可采用玉玉豆、玉麦豆、玉薯豆、玉玉经的轮作模式。

（三）间（套）作

间作是在同一块田地于同一生长期内，分行或分带相间种植两种或两种以上作物的种植方式。在东北平原玉米产区，受到田间劳动力成本和机械化条件的限制因素，间（套）作不是该区域的主要种植方式。但局部地区采用的方式有粮粮间作模式，如玉米与小麦、马铃薯、早熟玉米、矮高粱、小杂粮等作物间作；粮经间作模式，如玉米与甜菜、亚麻等经济作物间作；粮菜间作模式，如玉米与白菜、甘蓝、茄子、辣椒等间作。其他间作模式有玉米与牧草间作、玉米与中药材间作等。间作往往是高棵作物与矮棵作物间作，如玉米间作大豆或蔬菜。与高作物间作可以密植，充分利用边际效应获得高产，矮作物受影响较小，就总体来说由于通风透光好，可充分利用光能和 CO_2，能提高 20% 左右的产量。其中高作物行数越少，矮作物的行数越多，间作效果越好。一般多采用 2 行高作物间 4 行矮作物，叫 2∶4（采用 4∶6 或 4∶4 也较多）。间作比例可根据具体条件来定。20 世纪 70～80 年代，东北平原中部地区的玉米与大豆间作面积较大，近 20 年间（套）作面积越来越少。吉林省长岭县有玉米与绿豆间作的试验报道，2 行玉米 4 行绿豆或 2 行玉米 2 行绿豆，也可以 4 行玉米 2 行绿豆。以玉米为主，增收绿豆；以绿豆为主，增收玉米。玉米间作的原则包括以下 3 点：

1. 选择适宜的玉米品种与矮秆作物进行间作 玉米与矮秆作物间作，首先条件要把玉米品种和矮秆作物选择好，做好合理搭配。要从具体的自然条件和生产出发，根据不同的生物学特征来进行选择。在作物种类搭配上要注意两个方面：一是通风透光，二是作物对土壤中水分和养分的不同需求。玉米与其他作物间作应该为"一高一矮，一胖一瘦，一长一圆，一深一浅，一阴一阳"。"一高一矮，一胖一瘦"是指作物株型，即高秆（玉米）和矮秆作物搭配，松散株型和紧凑株型搭配，以在增加密度的情况下仍有良好的通风透光条件。"一长一圆"是指叶片形状，长叶是指玉米或其他禾本科作物，圆叶是指豆科作物，叶形的差别也是株型的差异，两者搭配有利于通风透光。"一深一浅"是指玉米（深根作物）与浅根作物的搭配，合理利用土壤不同土层的水分和养分。"一阴一阳"是指耐阴作物与玉米（喜阳作物）搭配。如药用作物与玉米搭配种植，间作药用植物可防风。在品种选择上也要注意相互适应。如玉米和大豆间作时，大豆应选择分枝少或不分枝的亚有限结荚习性的品种，株高要求矮一些，使玉米有最好的通风透光条件。高秆作物玉米应选择株型紧凑且株高不太高的品种，还要考虑田间作业的方便，如两种作物分期收获有困难的，则必须选择成熟的丰产品种。

2. 确定合理的种植方式和密度　间作的种植方式对玉米和其他矮秆作物有着不同的影响。在玉米与矮秆作物种类、品种确定后，合理的种植方式，才能增加群体密度，又有较好的通风透光条件，发挥其他技术措施的作用。种植方式不合理，即使其他技术措施运用的再好，也往往不能解决作物之间争光、争水肥，特别是争光的矛盾。密度是在合理的种植方式基础上取得增产的中心，密度不当，不能发挥间作的增产效果。在确定合理种植方式和密度时，要从玉米与其他作物的间作的类型出发，考虑到水肥条件、作物的主次、不同作物间作时的反应，以及田间管理和机械化要求。

3. 采取相适应的栽培措施和技术　在玉米与其他作物间作情况下，虽然进行巧搭配以及田间的合理安排，但相互间仍然有矛盾，争光、争肥、争水。由于这些矛盾，即使玉米在间作中处于优势地位，在一定程度上生长也受到抑制。如玉米与豆科作物间作时，由于豆科作物对水分的竞争玉米受到一定的抑制，叶面积缩小，株高变矮，抽雄吐丝期延迟，单株重减轻，特别是在干旱的年份表现更为明显。在养分方面也是如此，由于间作时单位面积上总的密度增加，对养分的要求更高，因此，保证有良好的耕层条件，有充分的水分和养分，深耕细作，增施粪肥，合理灌溉等措施，成为间作增产的基础和前提。否如间作增产幅度就不会高，甚至可能不增产甚至减产。间作时玉米与其他作物生长速度往往不一致，矮秆作物容易受到抑制，在栽培管理上要注意促使它们保持平衡，如调节播期，及时加强后期田间管理等。在播期的调节上，容易受抑制的作物可以先播，以增强竞争能力，或使其在临界期能处于较好的条件。间作通过各类作物的不同组合、搭配构成多种作物、多层次、多功能的作物复合群体，利用现代科学理论的观点，如植物演替规律、成层结构规律、竞争与互助规律、边行优势规律等为依据，巧妙地运用时空差，把夏与秋、高与矮、喜光与耐阴等不同习性作物组合配套，既保证各自发展，又要求相互促进、互相补充，克服与减少共栖息矛盾，提高对土地、时间、光能、热能等利用率。

四、播种

（一）种子处理

玉米应选择适合本地种植的优良杂交种，玉米种子的净度不低于 98%，发芽率不低于 85%，纯度 96% 以上。玉米种子处理技术一般有以下几种：

1. 晒种　选择晴朗微风的天气，把种子摊在干燥向阳的地上或席上，连续晒 2~3 d，经常翻动种子，晒匀，白天晒晚上收，防止受潮。经过晾晒后可提高种皮的透气性，使种子发芽率提高，出苗率可提高 13%~28%。同时日光中的紫外线可以杀死种皮表面的病菌，减少玉米丝黑穗病的危害。

2. 药剂处理

（1）防治丝黑穗病和苗期病害　用15%三唑醇可湿性粉剂，按种子量的0.4%拌种。

（2）防治地下害虫　用40%辛硫磷乳油按种子量的0.2%拌种。具体做法：100 g乳油对5 kg水均匀喷洒在50 kg种子上，闷2~3 h后摊开，阴干后播种。

3. 种子包衣　采用人工或机械用种衣剂包衣种子，是防治苗期地下害虫、苗期病害、提供肥源，防丝黑穗病的有效措施。种衣剂是由杀虫剂、杀菌剂、复合肥料、微量元素、植物生长调节剂、缓释剂、成膜剂等加工制成。可防治地下害虫和苗期病害，防除种子带菌，促进生长发育。可按一定的药种比（一般2%）处理种子，种衣剂在种子表面3~5 s即迅速固化成一层药膜，好像给种子穿上防弹背心。对丝黑穗病常年发生的地块，宜选择含戊唑醇的种衣剂，同时正确使用含烯唑醇成分的种衣剂（播种深度超过3 cm时易产生药害）。对丛生苗较多的地块可选用含克百威7%以上的种衣剂。

（二）适期播种

玉米播种期的确定主要依据温度、土壤墒情和品种特性来确定。在水分、空气条件基本满足的情况下，播后发芽出苗的快慢与温度有密切关系，在一定温度范围内，温度越高，发芽出苗就越快，反之就慢。生产上当土壤表层5~10 cm深处温度稳定在8~10 ℃时开始播种较好；播种过早、过晚，对玉米生长都不利。东北春玉米播种日期一般在4月中下旬到5月上旬。

近几年农民因播种期不适宜造成苗期出现许多问题。播种过早，气温、地温都较低，玉米种子播下后不能及时出苗，时间一长就会霉烂造成缺苗断垄，若春季雨水多则缺苗断垄更加严重；播种期过晚，早霜到来时玉米还没完全成熟造成产量降低。玉米的播种深度在土壤墒情正常情况下以4~6 cm为好，如播种过浅，春季风多、风大，表层土壤易失墒干旱，使玉米种子吸水不足而不能出苗；如播种过深，虽然土层墒情较好，种子可以充分吸水萌动，但因土层较深，种子胚轴需不断伸长才能顶出地面，消耗养分较多而使幼苗细弱，出苗也较迟。如播种期间5 cm左右土层墒情不足，可采取深开沟浅覆土的办法把种子播到下层湿土上，浅覆湿土，并进行镇压，使种子与湿土紧密接触。

以黑龙江省为例，玉米的适宜播期以日平均气温稳定通过7 ℃以上，5.0~10.0 cm耕层土壤温度稳定通过6~7 ℃、土壤含水量达20%以上时即可开始进行。一般在土壤深度5.0~10.0 cm的土温稳定通过5 ℃时即可播种，如果覆膜还可以相应的提前播种日期。正常年份，玉米生育期间≥10 ℃活动积温在2 700 ℃以上的地区，一般玉米最适播期为4月15~25日；玉米生育期间活动积温在2 500~2 700 ℃的地区，最适宜的播种期为4月20日至5月1日；玉米生育期间活动积温在2 300~2 500 ℃的地区，最适播种期为5月1~5日。当土壤湿度小又遇到干旱的年份，为了抢墒，播期可以提前。土壤湿度过大，播期可以适当晚些。

目前，东北地区广泛采取坐水种的方式来种植玉米。坐水种是指在旱田播种前向刨埯或开沟中注入一定量的水，人为提高土壤含水量后，再下种、施肥及覆土，以满足种子萌发和幼苗生长所需水分的一种节水灌溉技术。坐水种的操作很简单，若全部人工操作，其过程是在整好地，处于待播状态后，将水运到田间，随刨坑（或开沟），随向坑或沟中注水、下种、施肥，最后覆上土，即完成了整个坐水种过程。如采用注水式精量点播机操作就更简便了，只要调整好下种、肥和注水量即可。坐水种操作虽简单，但也要注意两点。首先，要掌握好灌水量，要灌透、灌匀。确定灌水量标准主要依据土壤含水量。以玉米为例，黑龙江省克东县采用的标准为土壤含水量在15%以下时，每墩灌水2～2.5 kg；含水量在15%～20%时，每墩灌水1.5～2.0 kg；含水量在20%～25%时，每墩灌水1～1.5 kg。其次，要先灌水，后下种和施肥，注意将种子和肥料放在湿土上，同时要及时覆土，防止水分蒸发，以免影响坐水效果。目前，坐水种成为东北的半干旱地区一种较好的抗旱播种方法，该方法不仅省水，并且水肥集中、保苗率高、增产效益好。

（三）合理密植

新中国成立初期，东北玉米保苗株数只有20 000株/hm²，现阶段在45 000～60 000株/hm²，种植密度增加50%～100%。20世纪50年代黑龙江省玉米保苗密度为19 500～22 500株/hm²，60年代21 000～24 000株/hm²，70年代3 000～34 500株/hm²，最密可达50 000株/hm²。80年代后期随着耐密型品种的应用，部分地区可达到58 000～60 000株/hm²。当前玉米种植密度有进一步加大的趋势，一般在60 000～70 000株/hm²。增加种植密度提高玉米产量是当今世界玉米生产发展的必然选择。新中国成立以来，随着生产的发展和科技的进步，黑龙江省玉米的种植密度有了大幅度增加。黑龙江省第一、第二积温带中晚熟玉米种植密度在50 000株/hm²左右，极早熟地区的第四、第五积温带玉米种植密度达到60 000株/hm²左右，但与世界先进国家或高产典型相比还有很大差距。其主要原因：一是缺乏适于密植和机械化栽培管理的玉米品种，尤其是黑龙江省自育的玉米品种；二是耕作管理粗放，种植密度过大或不够，播种质量不高，缺苗段条，"三类苗"现象明显，很难发挥玉米品种的生产潜力；三是良种和良法不配套。玉米品种在不同生态区的适宜栽培技术还有待进一步完善提高。

密植和机械化是未来增产关键栽培技术（唐保军，2008）。2007年中国农业部提出的"一增四改"中，"一增"即指增加种植密度，"四改"其中一改为改人工种植、收获为机械化作业。据统计，2011年全国玉米机耕水平达到83.5%，机播水平达到72.5%，机收水平仅为16.9%。从数据来看，机收是机械化的薄弱环节，为提高机收水平，近几年国家采取政策带动、扩大示范引导、完善技术服务等措施大力推动机收发展，2014年全国玉米机收水平超过56%。东北地区的黑龙江省机械化水平较高，2012年统计数据显示，机耕率98.8%、机播率99.3%、机收率54.7%（孙士明，2014），吉林、辽宁两省相对较低，为25%～30%，仍有较大上升空间。密植方面，辽宁省玉米种植密度偏稀，生产实际种植密度平均不到52 500株/hm²；吉林省相对较高，平均60 000株/hm²，随着抗倒伏、耐密植品种的推广，部分生产田种植密度达90 000株/hm²；黑龙江省随着德美亚品种的引入，部分地块的种植密度达90 000株/hm²以上（曹冬梅，2008）。研究表明，生产实际种植密度与开展的相关栽培试验的适宜密度还有20%差距，主要受农民种植习惯的影响（李凤海，2010），可见东北地区在密植方面还有一定发展空间。

合理密植能使叶面积指数发展动态合理，减少光反射，增加光的截获和吸收量，使群体内部受光良好。棒三叶处在较强的光照条件下，基部叶片周围的光照度仍在光补偿点以上，所有叶片都进行较旺盛的光合作用，制造较多的干物质，提高光能利用率。

玉米合理密植之所以能增产，就是妥善地解决了穗多、穗大、粒重3个因素之间的矛盾，增加了适量的绿色光合面积和根系吸收面积，充分利用了光、热、水和矿质营养，增加了同化物的实际积累，从而提高了产量。

1. 密植与穗数、粒数和粒重的关系　在种植密度过高时，玉米单株生产力随种植密度而递减，主要表现在穗粒数减少，千粒重降低；种植密度过稀时，单株生产力虽高，但总穗数过少，因此产量不高。只有在适宜密度下，穗数、粒数和粒重的乘积达最大值时，才能获得高产。同时还要注意种植方式，在种植密度相似的情况下，合理的种植方式也具有一定的增产作用。

2. 密植与叶面积的关系　增加种植密度可增加单位面积上的叶面积，可减少漏光损失，提高叶片光合能力，生物产量增加。种植密度与单位面积上的绿叶面积变化的关系很大。种植密度越低，叶面积达最大值后，保持稳定时间越长，曲线比较平匀而稳定；种植密度越高，叶面积达到最大值后，保持稳定时间越短，曲线的升降急剧而呈锐角。种植密度合适时产量较高。其叶面积的发展特点是叶面积达到最大值后，能稳定地保持一个相当长的时期，这时期的长短，因地区、栽培水平和品种等因素而转移。玉米叶面积经历着一个由小到大的发展过程，到抽雄吐丝期达到最适叶面积的群体。如过早地达到最适叶面积，封垄早，发生荫蔽，到后期就因叶面积过大，对群体造成不利影响，如降低透光率影响株间光照，群体下部叶片常因光合积累等于或不足呼吸的值造成叶片早衰变黄枯死，光合面积显著下降等。有些丰产田的玉米，前期看起来长相好，但后期产量不高，主要在于中后期群体结构不合理。合理密植的叶面积，早期能发挥增加光合能力和物质积累的有利作用，又能减少后期叶面积过大，增加呼吸，消耗物质的不利作用，前后期生长比较协调。

3. 密植与光照度的关系　玉米不仅喜光，而且是光合能力强和低光呼吸的高光效作物，因此，玉米一生中要求很高的光照条件。种植密度增加后，对光的反应十分突出，当玉米封行后，由于茎叶互相遮光，群体内光照度显著降低。种植密度越高，光照度越弱，必然影响到光合效率。合理密植，由于光合势增大，可弥补因净同化率降低所受的损失，仍能获得较高产量。不同种植密度吸收光能是不一样的。种植密度与叶面积多少有关，而叶的着生角度及其面积是影响光能利用的主要因素，直立叶比平展叶更能利用散射光。不同种植密度反射光量也有差异。不同种植密度与种植方式，漏射光也不同，一般是随密度增加而减少。叶面积指数达4以上，群体漏光损失就不多了。因此增加叶面积对提高光能利用是极为有利的。

（四）机械化播种

东北地区一般在3月末土壤化冻后，对秋起垄地块进行镇压保墒，整理垄形，选择适宜播期，利用播种机播种。机械播种时能一次完成开沟、施肥、投药、播种、覆土、镇压、灭草等多种作业，可以做到播深一致、覆土均匀、缩短播期。机械播种的地块，要随种随镇压；镇压后播深应达到3～4 cm。机械垄上播种是在耙茬起垄、平翻起垄、深松起垄，或有深翻基础的原垄上进行，均可采用单体播种机精量等距点播，播后及时镇压。播种时种子化肥同时播下，但注意做到种肥分层，以免产生烧种现象。

五、田间管理

(一) 按生育阶段进行管理

玉米从播种到成熟,在它的生长发育过程中,结合其生育特点,可划分为3个生长发育阶段,即苗期、穗期和花粒期。各个生育阶段,均有不同的生长中心和要求,所以不同的生长发育阶段的田间管理措施侧重点不尽相同(魏湜,2013)。

1. 苗期阶段 (出苗至拔节)

(1) 苗期田间管理的中心任务 玉米苗期是指播种至拔节的一段时间,是生根、分化茎叶为主的营养生长阶段。本阶段的生育特点是:根系发育比较快,但茎叶生长缓慢,至拔节期已基本上形成了强大的根系,但地上部茎叶生长比较缓慢。为此,田间管理的中心任务,就是促进根系发育,培育壮苗,达到苗早、苗足、苗齐、苗壮的"四苗"要求,为玉米丰产打好基础。

黑龙江省春季温度低,并伴随有春季干旱,直接影响玉米根系的生长,使地上部发苗缓慢,起身晚,该时期一切田间管理的耕作栽培措施,均要以促进根系生长、发育为主要目的,使玉米个体分布均匀,减少缺苗,达到苗全、苗齐、苗匀、苗壮的目的。根据本省春季低温、干旱特点,采取增温、保水措施,促进玉米出苗、快发根、早起身、叶片甩开,早期占领空间,有效地截获5~6月充足的光能,提早进行光合作用,产生足够的干物质,为壮苗奠定物质基础。

(2) 苗期管理措施

① 查苗、补苗。在玉米出苗后应及时查苗,缺苗可将种子催芽补苗,或就近留苗,或移栽补苗,或坐水补种。

② 间苗、定苗。定苗要根据品种、地力、肥水条件和栽培管理水平,确定密度而定。间苗和定苗都要在5叶之前进行。一般提倡先间苗后定苗,也可以间、定苗一次进行。

③ 深松或铲前中耕。这是促熟增产的一项措施。原垄种地块,地表硬,不利于玉米根系发育,深松或铲前进行中耕可疏松土壤,利于玉米根系发育,增加根重。根据试验表明,深松可平均提高地温1.0~1.5℃,有利于土壤微生物的活动,促进土壤有机质分解,增加土壤养分;干旱时还可以切断土壤毛细管,减少水分蒸发,起防旱保墒作用。涝年、涝区也会起到散墒防涝作用。在做法上做到"一个重点,四个结合"。"一个重点":以原垄种或翻地浅的地块为重点。"四个结合":一是出苗前深松和出苗后深松相结合,垄型一致时,可出苗前松,精量点播无垄型或平作地块,为防止黠苗可出苗后深松;二是雨前深松和雨后深松相结合,平、洼地块墒情好,可以雨前松;岗地干旱地块,可雨后松;三是铲前松与铲后松相结合,缓解机械或畜力的紧张状态;四是畜力和机械相结合,由于垄距、播法不一致,采取多种深松方法相结合,真正做到适地适松,取得较好效果。

2. 穗期阶段 (拔节至吐丝/抽雄)

(1) 穗期田间管理的中心任务 玉米从拔节至抽雄的一段时间,称为穗期阶段。这个阶段的生育特点是营养生长和生殖生长同时并进,就是叶片增大、茎节伸长等营养器官旺盛生长和雌雄穗等生殖器官强烈分化与形成。这是玉米一生中生长发育最旺盛的阶段,也是田间管理最关键的时期。本阶段是玉米一生中生长最快阶段，是需肥需水临界期。在保证肥水需求的条件下，采用化控（玉米健壮素等）措施，协调好营养生长和生殖生长的矛盾，确保中期稳健生长，既有较大的绿色光合面积，又有供给生殖生长的"养源"。为此，这一阶段田间管理的中心任务，就是促叶壮秆、穗多、穗大。具体地说，就是促进中上部叶片增大，茎秆粗壮敦实，以达到穗多、穗大的丰产长相。

苗肥是玉米定植后施用的一次肥料。一般掌握在植株 5～6 片可见叶时追施，玉米 3 叶展开后，种子胚乳中的营养物质已经耗尽，根系开始从土壤中吸收养分，玉米的营养器官生长旺盛，如果养分供应跟不上，将严重影响玉米的生长发育，此时追肥则可满足玉米生长发育的需要，形成壮苗。

玉米中低产区，应加强肥水管理，促进植株健壮生长，防止生育后期脱肥；玉米高产区，应防止肥水供应过多，造成徒长，贪青晚熟。因此，合理运用肥水管理，满足营养生长和生殖生长的需要，可使其协调发展获得高产。

（2）穗期管理措施 穗肥是指玉米在雄穗抽出以前 10～15 d，可见叶 12～13 片时所施的追肥，此期是决定果穗大小、籽粒多少的关键时期。正值玉米雌穗小花分化盛期，营养生长和生殖生长并进，茎叶和雌穗吸收养分的绝对量和累积速度达到高峰，根系需从土壤中吸收大量养分，各器官的营养物质迅速输向雌穗。及时追施穗肥可显著提高玉米产量。

① 叶面喷肥。玉米生育中后期，为延长功能叶片生育，防止后期脱肥，加速灌浆，增加粒重，促进早熟，可进行叶面喷肥。叶面肥一般在苗期、拔节期、灌浆期施用。灌浆期是决定玉米穗粒数和粒重的关键时期，需要一定的养分供应，土壤施肥用量多，效果又较慢，若采取叶面喷肥，则作用快，效果显著。

喷施磷酸二氢钾。此项措施是增 N、K 的补救措施。一般浓度为 0.05％～0.30％，可在玉米拔节至抽丝期，于叶面喷施。

喷施 Zn 肥。播种时没有施 Zn 肥，而玉米生育过程中又出现缺 Zn 症时，可用浓度 0.2％～0.3％的硫酸锌溶液，用量 375～480 kg/hm²；或 1％的氨基酸 Zn 肥（锌宝），喷叶面肥时同时加入增产菌，用量 0.15 kg/hm²。

喷施叶面宝。叶面宝是一种新型广谱叶面喷洒生长剂。其主要成分含 N≥1％、P_2O_5≥7％、K_2O≥2.5％，可在玉米开花前进行叶面喷施，用量 75 mL/hm²，加水 900 kg，此法能促进玉米提早成熟 7 d 左右，增产 13％，且有增强抗病能力与改善籽实品质的作用。

喷施化肥。用磷酸二铵 1 kg，加 50 kg 水浸泡 12～14 h（每小时搅拌 1 次），取上层清液加尿素 1 kg 充分溶解后喷施，喷肥液 450 kg/hm²。

② 施用植物生长调节剂。这一措施可促进玉米加快发育和提高灌浆速度，缩短灌浆时间，促进早熟。使用生长调节剂的种类，因地制宜，根据当地习惯及使用后效果和经济效益灵活应用。

施用玉米健壮素。玉米健壮素是一种植物生长调节剂的复配剂，能被植物叶片吸收，进入体内调节生理功能，使叶形直立且短而宽，叶片增厚，叶色深、株形矮健、节间短，根系发达，气生根多，发育加快，提早成熟，增产 16％～35％。喷药适期，植株叶龄指数 50～60（即玉米大喇叭口期后，雄穗快抽出前这段时间），每 15 支（每支 30 mL）对水 225～300 kg/hm²，喷于玉米植株上部叶片。玉米健壮素不能与其他农药、化肥混合喷施，以防药剂失效。喷药 6 h 后，下小雨不需重喷，喷药后 4 h 内遇大雨，需重新喷，药量减半。

施用乙烯利。用乙烯利处理后的玉米株高和穗位高度降低，生育后期叶色浓绿，延长叶片功能期可提高产量，增产 8.4%～18.5%。用药浓度为 800 mg/kg，喷洒时期以叶龄指数 65 为宜。

③ 防治虫害，主要是玉米螟，其次是蚜虫、黏虫、草地螟。玉米螟幼虫危害玉米顶部心叶和茎秆，影响营养物质合理分配，造成果穗发育不良而减产。因此，本着治早、治小、治了的原则搞好预测预报，抓住心叶末期及时防治各种害虫。

3. 花粒期阶段（吐丝/抽雄至成熟）

（1）花粒期田间管理的中心任务　玉米从抽雄至成熟这一段时间，称为花粒期阶段。这一阶段的主要生育特点，就是植株基本上停止营养体的增长，而进入以生殖生长为中心的阶段，也就是经过开花、受精进入以籽粒产量形成为中心的阶段。为此，这一阶段田间管理的中心任务，就是保持较大的绿色光合面积，防止脱肥早衰，保持根系旺盛的代谢活力，增强吸肥、吸水能力，即地下部根系活而不死。地上部保持青秆绿叶，提高光合能力，供给"库"的需要；同时使"流"的功能增强，使"源"（叶、茎、鞘）贮藏物质流畅地运往"库"，确保粒多、粒饱，同时促进籽粒灌浆速度，在秋霜来临前安全成熟。

（2）花粒期管理措施

① 防治虫害。春玉米花粒期容易受到蚜虫的危害。春玉米抽雄、开花期的平均气温、相对湿度非常适于玉米蚜虫繁殖。由于玉米蚜虫繁殖极快，如果在抽雄开花期间暴发，会造成比较严重的减产，应及时防治。化学防治可用 40% 乐果乳油或 40% 氧乐果乳油 1 500～2 000 倍液、50% 抗蚜威可湿性粉剂 3 000 倍液、5% 氰戊菊酯乳油（来福灵）或 20% 甲氰菊酯乳油（灭扫利）3 000 倍液等常规喷雾，或用药液 225～300 L/hm² 中量喷雾。也可提前进行根区施药，每公顷用 30% 克百威颗粒剂（呋喃丹）15 kg 拌细土 150～225 kg，在玉米蚜初发阶段，在植株周围开浅沟埋施，药效长达 30 d，并可兼治玉米螟，还可结合追肥进行。

② 站秆扒皮晾晒。玉米蜡熟中期，籽粒有硬盖，用手掐不冒浆时进行站秆扒皮晾晒。过早影响灌浆，过晚籽粒脱水，效果不良。

③ 适期晚收。晚收是为了延长"源"向"库"输送营养物质，提高籽粒产量。一般情况下，秋霜来临后都有 10～15 d 晴好天气，有利于产量形成，也有利于籽粒脱水、干燥与贮藏，特别适合于活秆成熟的品种。据试验表明，在轻霜后延长收获 1 d，提高产量 1%。

（二）施肥

东北平原是中国的粮食主产区和重要的商品粮区，玉米产量占全国玉米总产的 30% 左右。从 1998—2007 年的 10 年间，玉米的产出仅增长了 3.9%，但投入的化肥增长了 29.7%、农药增长 102.4%、柴油增长 46.2%。投入的增长已经远远高于产出的增长。多年来连续种植高产作物，至使土壤肥力下降，由于自然和人为因素的共同作用，黑土地的土壤质量发生了严重的变化，数量也急剧减少。中部黑土区存在的主要问题：一是土地重用轻养，掠夺式经营，土壤结构变差，有机质减少，土壤耕层也越来越浅，犁底层加厚，导致土壤生产能力下降；二是随着化学能源的大量投入，生态代价日渐凸现，如作物生长健康问题突出，东北平原玉米高产区玉米易倒伏、后期易受低温危害等问题普遍发生。

1. 玉米的需肥特性 玉米是高产作物，植株高大，吸收养分多，施肥增产效果极为显著。玉米必需的矿质元素及吸收量是玉米施肥的重要依据，由大到小依次为 N、K、P、Ca、Mg、S、Fe、Zn、Mn、Cu、B、Mo。据试验分析，每 $667 m^2$ 产 100 kg 籽粒，需要吸收纯 N $2.2 \sim 2.8$ kg、P_2O_5 $0.7 \sim 0.9$ kg、K_2O $1.5 \sim 2.3$ kg。玉米不同生育阶段对养分的需求数量、比例有很大不同，从 3 叶期到拔节期，随着幼苗的生长消耗养分的数量逐渐增加，这个生育期吸收营养物质虽然少，但必须满足要求才能获得壮苗。拔节到抽雄期是玉米果穗形成阶段，也是需要养分最多的时期，此期吸收的 N 占整个生育期的 1/3，P 占 1/2，K 占 2/3。此期如营养充足，便能促使玉米植株高大、茎秆粗壮、穗大粒多。抽穗到开花期，植株的生长基本结束，所消耗的 N 占整个生育期的 1/5，P 占 1/5，K 占 1/3。灌浆开始后，玉米的需肥量又迅速增加，以形成籽粒中的蛋白质、淀粉和脂肪，一直到成熟为止。这一时期吸收的 N 占整个生育期的 1/2，P 占 1/3。

2. 肥料对玉米生理生化特征的影响 肥料分为大量元素和微量元素肥料。N、P、K 营养不足或过剩对玉米生理生化特征造成一定影响。

（1）N 的影响 生长初期 N 肥不足时植株生长缓慢，呈黄绿色；旺盛生长期 N 肥不足时呈淡绿色，然后变成黄色，同时下部叶片干枯，由叶尖开始逐渐达到中脉，最后全部干枯；播种时施入过量的可溶性 N 肥，一旦遇到干旱，就会伤害种子，影响发芽，出苗慢而不整齐，降低出苗率。后期 N 素营养过多时，生育延迟，营养生长繁茂，子实产量下降。同时由于 N 素多，促进了蛋白质的合成，大量消耗糖类，组织易分化不良，表皮发育不完全，易倒伏。

（2）P 的影响 玉米有两个时期最容易缺 P。一是幼苗期，玉米从发芽到 3 叶期前，幼苗所需的 P 是由种子供给的，当种子内的 P 消耗完后，便开始吸收土壤或肥料中的 P。但因幼苗根系短小，吸收能力弱，如此期 P 素不足下部叶片便出现暗绿色，此后从边缘开始出现紫红色。极度缺 P 时，叶片边缘从叶尖开始变成褐色，此后生长更加缓慢。二是开花期，开花时期植株内部的 P 开始从叶片和茎秆向籽粒中转移，此时如果缺 P，雌蕊花柱延迟抽出，受精不完全，往往长成子实行列歪曲的畸形果穗。但 P 肥也不宜过多，施 P 过多，玉米加速生长，果穗形成过程很快结束，穗粒数减少，产量不高。

（3）K 的影响 玉米幼苗期缺 K 生长缓慢，茎秆矮小，嫩叶呈黄色或褐色。严重缺 K 时，叶缘或顶端成火烧状。较老的植株缺钾时叶脉变黄，节间缩短，根系发育弱，易倒伏。植株缺 K 时，果穗顶部缺粒，籽粒小，产量低，而 K 肥过多对玉米的生长发育及产量并没有明显的影响。

3. 施肥量 玉米形成一定的产量，需要从土壤和肥料中吸收相应的养分，产量越高，需肥越多。在一定的范围内，玉米的产量随着施肥量的增加而提高。在当前大面积生产上，施肥量不足仍然是限制玉米产量提高的重要因素。生产实践表明，玉米由低产变高产，走高投入、高产出、低消耗和高效益的途径是行之有效的。当然，这并不意味着施肥越多越好，当投入量小于产出量时就要减少施肥量。

玉米的施肥量应根据玉米的需肥规律、产量水平、土壤供肥能力、肥料养分含量、肥料利用率、气候条件变化等多因素考虑。一般施肥量可以根据下述公式计算。

$$施肥量 = \frac{计划产量对某元素的需要量 - 土壤对某元素的供应量}{肥料中某元素的含量 \times 肥料利用率}$$

上式中，计划产量对某元素的需要量＝作物全干重×1.2%，土壤对某元素的供应量＝土壤矿化量＋土壤余留量。

各种肥料的利用率，不仅因肥料种类和形态而不同，而且与 N、P、K 的用量和比例，施用时间和方法，以及土壤水分和养分状况，都有密切关系，因此，上述施肥量的计算仅供计划用肥参考。

4. 施肥原则及建议　根据农业部测土配方施肥技术专家组的意见，目前东北平原主产区三省玉米施肥存在问题、施肥原则、推荐配方及施肥建议如下：

（1）东北冷凉春玉米区（黑龙江的大部和吉林省东部）

① 存在问题及施肥原则。东北冷凉春玉米区存在前期低温、发苗慢；有机肥用量少；N、P、K 养分比例不平衡，K 肥比例偏低，Zn、S 元素不足养分失衡；一次性施肥面积增加；没有依据地力水平、玉米品种特性及种植密度等合理施肥的问题。为解决上述问题，提出以下施肥原则：

依据测土配方施肥结果，确定 N、P、K 肥合理用量。

N 肥分次施用，高产田适当增加 K 肥的施用比例。

依据气候和土壤肥力条件，农机农艺相结合，春季低温时增施少量磷酸二铵作种肥。

增施有机肥，提倡有机肥、无机肥配合，加大秸秆还田力度。

重视 S、Zn 等中微量元素的施用，酸化严重土壤增施碱性肥料。

肥料施用与高产优质栽培技术相结合。

② 推荐配方及施肥建议。

推荐配方：14-18-13（N-P_2O_5-K_2O）或相近配方。

施肥建议：

产量水平 7 500～9 000 kg/hm²：配方肥推荐用量 345～420 kg/hm²，7 叶期再追施尿素 165～195 kg/hm²。

产量水平 9 000～10 500 kg/hm²：配方肥推荐用量 420～480 kg/hm²，7 叶期追施尿素 195～240 kg/hm²。

产量水平 10 500 kg/hm² 以上：配方肥推荐用量 480～555 kg/hm²，7 叶期追施尿素 240～270 kg/hm²。

产量水平 7 500 kg/hm² 以下：配方肥推荐用量 270～345 kg/hm²，7 叶期追施尿素 135～165 kg/hm²。

缺 Zn 或缺 S 可以基施硫酸锌 15～30 kg/hm²，或改氯基复合肥为硫基复合肥。

（2）东北半湿润春玉米区（黑龙江省西南部、吉林省中部和辽宁省北部）

① 施肥存在的问题。雨雪偏少、气温高、回升快，有春季干旱的可能性；表层土壤

含水量较低，会影响施肥效果。

部分地区单位面积施 N 量过多，N 肥一次性施肥面积较大，在一些地区施肥深度不够，易造成前期烧种、烧苗和后期脱肥。

中部黑土区 P 肥施用量过大，P、K 肥施用时期和方式不合理，没有充分发挥 P、K 肥肥效。

有机肥施用量较少，秸秆还田比例较低。

种植密度较低，保苗株数不够，影响肥料应用效果。

土壤耕层过浅，影响根系发育；保肥保水能力差，易旱易倒伏。

② 施肥管理原则。控制 N 肥施用量，N 肥分次施用，适当降低基肥用量，充分利用 P、K 肥后效。

一次性施肥的地块，要视土壤墒情控制施肥量。表层土壤水分过低，要增施磷酸二铵作种肥，防止前期供肥不足，影响玉米生长发育。

有效 K 含量高、产量水平低的地块在施用有机肥的情况下可以少施或不施 K 肥。

土壤 pH 高、产量水平高和缺 Zn 的地块注意施用 Zn 肥。长期施用氯基复合肥的地块应改施硫基复合肥。

增加有机肥用量，加大秸秆还田力度。

推广应用高产耐密品种，适当增加玉米种植密度，提高玉米产量，充分发挥肥料效果。

深松打破犁底层，促进根系发育，提高水肥利用效率。

使用地膜覆盖的地区，可考虑在施底（基）肥时，选用缓控释肥料，以减少追肥次数。

③ 基追结合施肥方案。

推荐配方：15 - 18 - 12（$N - P_2O_5 - K_2O$）或相近配方。

施肥建议：

产量水平 8 250～10 500 kg/hm²，配方肥推荐用量 360～465 kg/hm²，大喇叭口期再追施尿素 195～240 kg/hm²。

产量水平 10 500～12 000 kg/hm²，配方肥推荐用量 465～525 kg/hm²，大喇叭口期追施尿素 240～270 kg/hm²。

产量水平 12 000 kg/hm² 以上，配方肥推荐用量 525～600 kg/hm²，大喇叭口期追施尿素 270～315 kg/hm²。

产量水平 8 250 kg/hm² 以下，配方肥推荐用量 300～360 kg/hm²，大喇叭口期追施尿素 150～195 kg/hm²。

缺 Zn 地块可以基施硫酸锌 15～30 kg/hm²，或改氯基复合肥为硫基复合肥。

④ 一次性施肥方案。

推荐配方：29 - 13 - 10（$N - P_2O_5 - K_2O$）或相近配方。

施肥建议：

产量水平 8 250～10 500 kg/hm²，配方肥推荐用量 495～615 kg/hm²，作为基肥或苗期追肥一次性施用。

产量水平 10 050～12 000 kg/hm²，要求有 30％释放期为 50～60 d 的缓控释 N 素，配方肥推荐用量 615～705 kg/hm²，作为基肥或苗期追肥一次性施用。

产量水平 12 000 kg/hm² 以上，要求有 30％释放期为 50～60 d 的缓控释 N 素，配方肥推荐用量 705～795 kg/hm²，作为基肥或苗期追肥一次性施用。

产量水平 8 250 kg/hm² 以下，配方肥推荐用量 405～495 kg/hm²，作为基肥或苗期追肥一次性施用。

（3）东北半干旱春玉米区（包括吉林省西部、内蒙古自治区东北部、黑龙江省西南部）

① 施肥存在的问题。内蒙古东部地区春季灌水过多，降低地温，影响玉米前期发育。

施肥比例不合理，N 肥和 P 肥施用过多，特别是尿素和磷酸二铵比例大；而复合肥比例小，轻视 K 肥和 Zn 肥施用。

施肥方法不合理，N 肥追肥撒施或随水冲施，利用效率低。

风沙土和盐碱土坐水种，施肥量过大易出现烧苗、烧种现象。

② 施肥管理原则。采用有机肥、无机肥结合施肥技术，风沙土可采用秸秆覆盖免耕施肥技术。

贯彻 N 肥深施原则，施肥深度应达 8～10 cm；分次施肥，提倡大喇叭期追施 N 肥。

充分发挥水肥耦合，利用玉米对水肥需求最大效率期同步规律，结合灌水施用 N 肥。

掌握平衡施肥原则，N、P、K 比例协调供应，缺 Zn 地块要注意 Zn 肥使用。

根据该区域的土壤特点，采用生理酸性肥料，种肥宜采用磷酸一铵或磷酸二铵。

③ 推荐配方及施肥建议。

推荐配方：13-20-12（N-P₂O₅-K₂O）或相近配方。

施肥建议：

产量水平 6 750～9 000 kg/hm²，配方肥推荐用量 375～495 kg/hm²，大喇叭口期追施尿素 150～210 kg/hm²。

产量水平 9 000～10 500 kg/hm²，配方肥推荐用量 495～570 kg/hm²，大喇叭口期追施尿素 210～240 kg/hm²。

产量水平 10 500 kg/hm² 以上，配方肥推荐用量 570～660 kg/hm²，大喇叭口期追施尿素 240～270 kg/hm²。

产量水平 6 750 kg/hm² 以上，配方肥推荐用量 285～375 kg/hm²，大喇叭口期追施尿素 120～150 kg/hm²。

缺锌地块可以基施硫酸锌 30～45 kg/hm²。

（4）东北温暖湿润春玉米区（包括辽宁省的大部和河北省东北部）

① 存在问题及施肥原则。东北温暖湿润春玉米区的土壤中 P、K、S、Zn 含量偏低，有机肥用量少；N、P、K 养分比例不平衡，重视 N 肥的施用，而 P、K 肥的比例相对偏低，尤其是 K 肥的比例更低；一次性施肥面积增加；种植密度较低，保苗株数不够，影响肥料应用效果；土壤耕层过浅，影响根系发育，保肥保水能力差，易旱易倒伏。

针对上述问题，提出以下施肥原则：

依据测土配方施肥结果，确定合理的 N、P、K 肥用量。

N 肥分次施用，尽量不采用一次性施肥，高产田适当增加 K 肥施用比例和次数。

加大秸秆还田力度，增施有机肥，提高土壤有机质含量。

重视 S、Zn 等中微量元素的施用。

肥料施用必须与深松、增密等高产栽培技术相结合。

② 推荐配方及施肥建议。

推荐配方：17-17-12（$N-P_2O_5-K_2O$）或相近配方。

施肥建议：

产量水平 7 500～9 000 kg/hm^2，配方肥推荐用量 360～435 kg/hm^2，大喇叭口期追施尿素 210～240 kg/hm^2。

产量水平 9 000～10 500 kg/hm^2，配方肥推荐用量 435～510 kg/hm^2，大喇叭口期追施尿素 240～285 kg/hm^2。

产量水平 10 500 kg/hm^2 以上，配方肥推荐用量 510～585 kg/hm^2，大喇叭口期追施尿素 285～330 kg/hm^2。

产量水平 7 500 kg/hm^2 以上，配方肥推荐用量 300～360 kg/hm^2，大喇叭口期追施尿素 165～210 kg/hm^2。

缺 Zn 地块可以基施硫酸锌 15～30 kg/hm^2，或改氯基复合肥为硫基复合肥。

（三）灌溉

东北地区基本在中国半湿润地区范围内。农业生产基本属于雨养农业。以黑龙江省为例，年降水量介于 400～650 mm，中部山区多，东部次之，西、北部少。正常年份基本上能满足玉米正常生长的需要，但出现季节性干旱时，玉米产量会受很大影响，尤其是西部和北部地区常年受到干旱的困扰。因此，降水少、干旱无雨或雨季分布不匀的地区，必须进行灌溉来弥补降水的不足，才能满足玉米生长发育对水分的需要。进入 21 世纪以来，各地区大力推广节水灌溉技术，以取代在过去长期沿用的耗水较多的淹灌和漫灌。目前东北主产区玉米节水灌溉的方法主要有喷灌、滴灌、沟灌和地下浸润灌溉等，这些灌溉方式虽有一定的试验示范面积，但在实际玉米生产中推广面积不大。近年来，随着水利工程的建设及雨水集流工程的实施，灌溉面积逐步扩大，但由于灌溉技术落后，水浪费现象十分严重，因此实行节水灌溉显得更加重要。

1. 玉米的需水特点　玉米从种子发芽，出苗到成熟的整个生育时期，除了苗期应适当控制土壤水分进行蹲苗外，自拔节到成熟，都必须适当的满足玉米对水分的需求，才能使其正常的生长发育。

（1）播种出苗期　玉米从播种发芽到出苗，需水量少，占总需水量的 3.1%～6.1%，玉米播种后，需要吸取本身绝对干重 48%～50% 的水分，才能膨胀发芽。如果土壤墒情不好，即使勉强膨胀发芽，也往往因幼苗在顶土时的力量较弱而造成严重缺苗；如果土壤水分过多，通气性不良，种子容易霉烂，也会造成缺苗，在低温情况下更为严重。

（2）幼苗期　玉米在出苗到拔节的幼苗期间，植株矮小，生长缓慢，叶面蒸腾量较小，所以耗水量也不大，占总需水量的 15.6%～17.8%。这时的生长中心是根系，为了使根系发育良好，并向纵深发展，必须保持土表层疏松干燥和下层土比较湿润的状况。如果上层土壤水分过多，根系分布在耕作层之内，反不利于培育壮苗。因此，这一阶段应控制土壤水分在田间持水量的 60％作用，可以为玉米蹲苗创造良好的条件，对促进根系生长和茎秆增粗、减轻倒伏、提高产量起一定作用。

（3）拔节孕穗期　玉米植株开始拔节以后，生长进入旺盛时期。这个时期茎和叶的增长量很大，雌雄穗不断分化形成，干物质积累增加。这一阶段是玉米由营养生长进入营养生长与生殖生长并进时期，植株各方面的生理活动技能逐渐增强，同时这一时期温度不断升高，叶面蒸腾强烈，因此玉米对水分的要求比较高，占总需水量的 23.4％～29.63％。特别是抽雄前半个月左右，雄穗已经形成，雌穗正加速小穗、小花分化，对水分的要求更高。这时如果水分供应不足，就会引起小穗、小花数目减少，因而也就减少了果穗籽粒的数量，还会造成"卡脖旱"，延迟抽雄授粉，降低结实率而影响产量。

（4）抽穗开花期　玉米抽穗开花期，对土壤水分十分敏感，如水分不足，气温升高，空气干燥，抽出的雄穗在两三天内就会晒花，甚至有的雄穗不能抽出，或抽出的时间延长，造成严重的减产，甚至颗粒无收。这一时期，玉米植株的新陈代谢最为旺盛，对水分的要求达到一生的最高峰，称为玉米需水的临界期。这一阶段土壤水分以保持田间持水量的 80％左右为最好。

（5）灌浆成熟期　进入灌浆成熟期时，仍需相当多的水分，才能满足生长发育的需要，这时需水量占总需水量的 19.2％～31.5％。这时期是产量形成的主要阶段，需要有充足的水分作为溶媒，才能保证把茎、叶中所积累的营养物质顺利地运转到籽粒中去，所以这时的土壤水分状况比生育前期的有更重要的生理意义。灌浆以后即进入成熟阶段，籽粒基本定型，细胞分裂和生理活动逐渐减弱，这时主要是进入干燥脱水过程，但仍需要一定的水分，占总需水量的 4％～10％，以维持植株的生命，保证籽粒最终成熟。

2. 灌溉对玉米生理生化特征的影响　玉米所需要的水分，在自然条件下主要是靠降水供给。但是，中国各玉米产区的降水量相差悬殊，南方和西南山地丘陵，一般年降水量多在 1 000 mm 以上，而且季节间分布比较均匀，对玉米生长发育有利；西北内陆玉米区降水量极少，降水较多的地区也仅有 200 mm 左右；黄淮平原春、夏播玉米区，一般年降水量在 500～600 mm，较多的年份能达到 700～800 mm，但由于季节上分布不均匀，当玉米生育期间需水较多的时期，常发生季节性的干旱；东北、华北等玉米产区，年降水量为400～700 mm，基本上能满足玉米正常生长的需要，但出现季节性干旱时，玉米产量会受很大影响。因此，降水少或干旱不雨或雨季分布不匀的地区，必须进行灌溉来弥补降水的不足，才能满足玉米生长发育对水分的需要。但是灌溉时还要注意灌溉效益，以最少量的水取得生产上的最大效果。这就需要正确掌握玉米的灌溉技术，保证适时、适量地满足玉米不同生育阶段对水分的要求，达到经济用水，是提高玉米单产的重要手段。

随着世界水资源的日益紧缺与农业生产用水的矛盾日益突出，农业生产节水刻不容缓，为了解决农业水资源日益紧缺问题，国内外研究者打破渠道衬砌、管道输水、喷灌和微灌等常规的工程节水概念，从作物生理特性出发，提出了许多全新的节水灌溉技术，如限水灌溉、非充分灌溉、调亏灌溉和局部灌溉等。控制性交替灌溉是康绍忠等（2000）提出的一种新的农田节水调控技术，与传统灌溉、非充分灌溉、限水灌溉和调亏灌溉均不同，强调在土壤的某个区域保持干燥，而仅让一部分区域灌水湿润，交替控制部分根系区域干燥、湿润；通过控制性交替灌溉使不同区域的根系经受水分胁迫锻炼，刺激根系吸收补偿功能，及作物部分根系处于水分胁迫时产生根源信号传输至地上部叶片，调节气孔保持最适开度，达到不牺牲作物光合产物积累而大量减少蒸腾耗水实现节水的目的。

水资源短缺是目前制约农业生产的一个全球性问题，全球约有43％的耕地为干旱、半干旱地区。玉米是我国第三大粮食作物，又是需水较多、对水分胁迫比较敏感的作物，玉米产量的95％来源于叶片的光合作用。玉米穗期对水分极为敏感，同时需水量较大，应使土壤持水量保持在70％～80％，这一时期若出现干旱情况，应及时浇水，但若降雨过多，土壤水分过量，田中出现积水，应及时排水防涝。水分胁迫不仅使叶绿素的生物合成过程减弱，同时由于植物体内活性氧大量积累，也导致叶绿素分解加快。在水分胁迫下，穗分化期叶片光合速率较拔节期更敏感，相同胁迫程度下光合速率下降幅度更大，即穗分化期干旱将严重影响玉米产量。所以提高穗分化期玉米的抗旱性可保证玉米的高产。随着近年来气温转暖，水资源匮乏加剧，提高农作物的水分利用效率是发展节水农业的关键。在玉米育种中应以提高玉米产量和叶片水分利用效率为共同目标，变耗水高产为节水高产，培育既高产又高效利用水分的高产高效品种，同时土壤干旱情况下，施氮肥可增强作物的渗透调节能力，增强作物对干旱的敏感性。Si肥和Zn肥可提高叶片中SOD、POD、CAT的活性，降低MDA的含量，增强作物的抗旱能力。通过对玉米自身抗旱性及外界土壤环境的共同研究，以期获得抗旱性强又能保证高产的品种将是人们关注的热点。同时应加强研究抗盐性强的玉米新品种，在旱期可以用海水代替淡水进行植株的灌溉，既可以保证产量又能节约日益匮乏的淡水资源。

灌溉方式从传统的整个根区均匀供水转变为固定部分根区供水或不同根区交替供水时，一个重要的变化在于对根系的直接影响不同。土壤水分条件影响着植物根系的分布、形态特征以及吸水能力。当表层土壤水分亏缺时，根会向深土层延伸，有利于根系发育和深层土壤水分的利用。大田条件下浅层根少深层根多有助于稀释根信号作用；充足的底墒可促进作物形成深根，抑制根信号的强烈表达，并提高籽粒产量和水分利用效率。不同的灌溉制度也会影响根系的发育，进而影响根系的吸水能力，限量供水可以增加植物对深层土壤贮水的利用程度。早期水分亏缺显著降低了玉米根系在表层的发育，但却促进了根系在深层土壤中的发育，这种发育方式是根系生长与环境相互适应的结果。不同灌溉制度明显影响了玉米根系生长和水分利用效率。玉米杂交种在根系生长、分布和水分利用效率上表现出显著的杂种优势。拔节期不灌溉条件下玉米根系在深层土壤中的分布较充分灌溉条件下大，保证了玉米对深层土壤水分的充分吸收；而后期灌水延缓了表层根系生长的衰退，产生明显的补偿效应。

3. 玉米灌溉指标

（1）土壤水分　据研究，高产玉米适宜的土壤相对水分含量（占田间最大持水量的百分率），播种至出苗70％～75％，出苗至拔节60％左右，拔节至抽雄70％～75％，抽雄至吐丝80％～85％，吐丝至乳熟75％～80％，完熟期60％左右。低于上述指标需考虑灌水。

（2）叶片膨压　叶片相对膨压是生产上采用较多的测定植株水分盈亏的指标。植株缺水，叶水势降低，相对膨压相应降低。研究认为，玉米在水分临界期前后，植株从上向下第五片叶相对膨压为95％时，表示供水适宜；相对膨压低于85％时，表示轻度缺水；相对膨压为 75% 时，表示严重缺水。

（3）植株形态　当土壤水分充足时，玉米青秆绿叶。夏季温度高，蒸发量大，若连续 10~15 d 不降透雨，土壤含水量降低，植株叶片在中午前后萎蔫，早晚又恢复（即暂时萎蔫）时，为轻度缺水；以后根据萎蔫叶片恢复程度确定缺水指标和灌溉数量。

（4）叶片水势　叶片水势在供水不足时变小，干旱越重，叶片水势越小。玉米在需水临界期前后，若叶片水势降至 -0.8~-0.7 MPa 时，应立即进行灌溉。当叶片水势为 -1.0 MPa 时，叶片出现暂时性萎蔫；叶水势在 -1.5 MPa 时，叶片出现永久性萎蔫，叶水势在 -2.41 MPa 时，可能造成植株死亡。该指标一般以晴天上午 7~9 时所测结果较为准确。

目前玉米节水灌溉方式主要有喷灌、滴灌、沟灌和地下浸润灌溉等。

喷灌是利用机械和动力设备，采用一定压力使水通过田间的管道和喷头射至空中，以雨状态降落田间的灌溉方法。具有节省水量、不破坏土壤结构、调节地面气候且不受地形限制等优点，在沙土或地形坡度超过 5° 等地面灌溉有困难的地方都可以采用。但在多风的情况下，会出现喷洒不均匀、蒸发损失过大的问题。与地面灌溉相比，喷灌一般可省水 30%~50%，增产 10%~30%，提高工效 20~30 倍。喷灌的优势主要包括高效节水、提高产量、节约耕地、节约劳动力和提高工作效率、适应性强、有利于水土保持等。

膜下滴灌技术是把工程节水的滴灌技术与农艺节水的覆膜栽培两项技术集成在一起的一项新的农业节水技术，也是地膜栽培抗旱技术的延伸和深化。膜下滴灌根据作物生长发育的需要，将水通过滴灌系统一滴一滴地向有限的土壤空间内供给，仅在作物根系范围内进行局部灌溉，也可同时根据需要将化肥和农药等随水滴入作物根系。作为一种新型节水灌溉技术，与地表灌溉、喷灌等技术相比，膜下滴灌有着更多的优点，是目前最为节水、节能的灌水方式。由于膜下滴灌的配水设施埋设在地面以下，管材不易老化，灌水时土壤表面几乎没有蒸发，还避免了水的深层渗漏和地表径流，使作物对水、肥的利用直接有效，便于农户田间管理和精确控制灌水量，达到高效农业用水的目的。膜下滴灌的技术优势表现在有较好的经济效益、较好的社会效益、较好的生态效益、提高肥料利用率和工程造价便宜。

隔沟灌即是顺序间隔一条灌水沟供水的节水型沟灌。隔沟灌可以提高浇地效率，扩大灌溉面积。采用这种灌溉方式时，在不灌水的行间，有利于中耕等农事活动，方便了精耕细作，还可以减轻灌水后遇到降雨对作物的不利影响。隔沟灌适用于缺水地区或必须采用定额灌溉的季节。

生产中具体采用哪种方式灌溉，应具体情况具体分析。在降水量能基本满足的地区，由于发生干旱的概率较低，水源较充足，一般可采用传统的沟灌的方法。在半干旱地区，大部分年份内，降水无法满足玉米生长和发育的需要，这些地区可采用喷灌的方式。在干旱地区，十年九旱，水资源又非常紧缺，为节约用水，保证常年丰产，可加大投资，进行膜下滴灌。

4. 玉米不同生育时期的灌溉作用

（1）播种期灌水　玉米适期播，达到苗齐、苗全、苗壮，是实现高产稳产的第一关。玉米种子发芽和出苗最适宜的土壤水分，一般在土壤田间持水量的 70% 左右。根据实验，玉米播种时土壤田间持水量为40％时，出苗比较困难。所以，玉米播种前适量灌溉，创造适宜的土壤墒情，是玉米保全苗的重要措施。东北春玉米区冬前耕翻整地后一般不进行灌溉，春季气候干旱，春玉米播种时则需要灌溉，做到足墒下种。

（2）苗期灌水　玉米幼苗期的需水特点是：植株矮小，生长缓慢，叶面积小，蒸腾量不大，耗水量较少。据陕西省水利科学研究所试验，春玉米幼苗期生育天数占全生育期的30％，需水量占总耗水量的19％。这一阶段降水量与需水量基本持平，加上底墒完全可以满足幼苗对水分的要求。因此，苗期控制土壤墒情进行蹲苗抗旱锻炼，可以促进根系向纵深发展，扩大肥水的吸收范围，不但能使幼苗生长健壮，而且增强玉米生育中、后期植株的抗旱、抗倒伏能力。所以，苗期除了底墒不足而需要及时浇水外，在一般情况下，土壤水分以保持田间持水量的60％左右为宜。

（3）拔节孕穗期灌水　玉米拔节以后雌穗开始分化，茎叶生长迅速，开始积累大量干物质，叶面蒸腾也在逐渐增大，要求有充足的水分和养分。这一时期应该使土壤田间持水量保持在70％以上，使玉米群体形成适宜的绿色叶面积，提高光合生产率，生产更多的干物质。据陕西省水利科学研究所试验，春玉米拔节孕穗期生长时间占全生育期的20％左右，需水量占总耗水量的25％左右。由于拔节孕穗期耗水量的增加，这个阶段的降水量往往不能满足玉米需水的要求，进行人工灌溉是解决需水矛盾获得增产的重要措施。抽雄以前半个月左右，正是雌穗的小穗、小花分化时期，要求较多的水分，适时适量灌溉，可使茎叶生长茂盛，加速雌雄穗分花进程，如天气干旱出现了"卡脖旱"，会使雄穗不能抽出或使雌雄穗出现的时间间隔延长，不能正常授粉，这对于玉米产量会产生严重影响。

（4）抽穗开花期灌水　玉米雄穗抽出后，茎叶增长即渐趋停止，进入开花、授粉、结实阶段。玉米抽穗开花期植株体内新陈代谢过程旺盛，对水分的反应极为敏感，加上气温高，空气干燥，叶面积蒸腾和地面水分蒸发增强，需水达到最高峰。这一时期土壤田间持水量应保持在75％～80％。据陕西省水利科学研究所试验，春玉米抽穗开花约占全生育期的10％，需水量却占总耗水量的31.6％，一昼夜每 667 m² 要耗水 4 m³。如果这一时期土壤墒情不好，天气干旱，就会缩短花粉的寿命，推迟雌穗吐丝的时间，授粉受精条件恶化，不孕花数量增加，甚至造成晒花，导致减产严重。农谚"干花不灌，减产一半"，说明了这时灌水的重要性。据调查，花期灌水，一般增产幅度 11％～29％，平均增产12.5％。

（5）成熟期灌水　玉米受精后，经过灌浆、乳熟、蜡熟达到完熟，从灌浆到乳熟末期仍是玉米需水的重要时期。这个时期干旱对产量的影响，仅次于抽雄期。因此，农民有"春旱不算旱，秋旱减一半"的谚语。这一时期田间持水量应该保持在75％左右。玉米从灌浆起，茎叶积累的营养物质主要通过水分作媒介向籽粒中输送，需要大量水分，才能保证营养运转的顺利进行。玉米进入蜡熟期以后，由于气温逐渐下降，日照时间缩短，地面蒸发减弱，植株逐渐衰老，耗水量也逐渐减少。

（四）中耕

做好玉米中耕管理，对确保玉米稳产、稳收至关重要。主要包括以下措施：

1. 查苗、补种、育壮苗　对缺苗断垄的要及时补种或带土移栽，适时间苗、定苗，一般 3 叶间苗，4～5 叶定苗，间苗、定苗应按密度要求，去弱留强，一般每塘留健壮苗 2 苗，确保群体水平的提高。

2. 适时中耕除草、培土 拔节孕穗期，铲除杂草，中耕培土，防止植株倒伏。确保有充足的肥料和水分。

3. 适时适量追肥 根据玉米长势，巧施提苗肥，并针对玉米苗期生长缓慢的实际，要加大叶面肥和植物生长剂的使用，利用晴好天气喷施叶面肥磷酸二氢钾。喷施植物生长调节剂保多收，同时，结合中耕，搞好玉米拔节期追肥。对玉米缺锌地块，需马上进行补 Zn。

4. 搞好病虫害防治 玉米主要病虫害有锈病、大斑病、小斑病、灰斑病及蚜虫、玉米螟等，拔节孕穗后要及时防治，避免病虫害损失。

5. 去掉无效果穗 及早去掉双穗中不能成熟的小穗，确保一株一穗，这样既可减少养分消耗，又能使养分集中供给主穗，同时还有促早熟的作用。

（五）抵御逆境胁迫

详见第二章。

（六）成熟和收获

东北主产区玉米成熟后采用机械下棒或机械直收与秸秆粉碎、抛洒还田相结合。玉米直收要求籽粒水分低于 26%，一般综合损失低于 5%，籽粒破碎粒低于 3%，这样可以减少收获损失。每一个玉米品种都有一个相对固定的生育期，只有满足其生育期要求，在玉米正常成熟时收获才能实现高产优质。判断玉米是否正常成熟不能仅看外表，而是要着重考察籽粒灌浆是否停止，以生理成熟作为收获标准。玉米籽粒生理成熟的主要标志有两个，一是籽粒基部黑色层形成，二是籽粒乳线消失。玉米成熟时是否形成黑色层，不同品种之间差别很大。有的品种成熟以后再过一定时间才能看到明显的黑色层。因此最简单的判断方法是当全田 90% 以上的植株茎叶变黄，果穗苞叶枯白，籽粒变硬（指甲不能掐入），显出该品种籽粒色泽时，玉米的产量最高，玉米即成熟可收获。这些可以作为玉米适期收获的主要标志。生产上提倡玉米适期晚收，玉米适当晚收不仅能增加籽粒中淀粉含量，其他营养物质也随之增加。另外，适期收获的玉米籽粒饱满充实，大小比较均匀，小粒、秕粒明显减少，籽粒含水量比较低，便于脱粒和贮存。玉米收获后，还需进行晾晒与贮存。玉米种子秋季脱水晾晒的几种方法如下：

1. 晾晒

（1）站秆扒皮晾晒 玉米站秆扒皮晾晒一般在进入蜡熟期（9 月上中旬）进行。这时籽粒含水量在 40% 以上，正是降低种子水分的大好时机。站秆扒皮晾晒是在蜡熟期将植株秸秆上的果穗包叶扒开，使穗充分暴露在阳光下，通风透光，以便快速降低水分。这种方法简便易行，容易操作，降水速度快。但要注意：苞叶一定要拉到果穗基部，以免拉到半腰形成杯状，造成雨水聚集，使籽粒发霉；扒皮的时间要掌握好，扒早了种子成熟度不够，将影响种子质量。

（2）地面晾晒 玉米果穗收获后在场院晒场地面上（最好是水泥地）将扒掉包叶的玉

米果穗薄薄摊一层，每天翻一两次，以免下面的果穗受潮籽粒发霉。

（3）场院搭架晾晒 如果农户的院内不是水泥地，也可以用木棍搭架，木板垫底，底部距地面1m左右。将收获的玉米果穗摆放在木头架子上，阴雨天架子顶部要用塑料布覆盖，晴天将塑料布拿掉。一般一个多月可降至安全水分。

（4）房顶晾晒 将收获的玉米剥皮后放在农户平房的房顶上，薄薄的摊上一层，每隔两三天翻动一次，一般一个多月可降到安全水分。

（5）网袋晾晒 将收回的果穗剥皮去掉花柱，整齐地装入网袋中，然后一个个码放在通风透光良好的水泥台、木架或房顶上，2～3 d翻动一次。应注意的是，每个网袋中玉米果穗不要放得太多，以半袋为宜；各个网袋之间不要太挤，以免影响晾晒效果。

（6）脱粒晾晒 当收获的果穗籽粒水分降低至20％左右时即可脱粒。将脱下的籽粒放在地面上薄薄铺上一层，随时翻动。应注意保持地面干爽，籽粒铺层不要太厚。

（7）机械烘干 将玉米果穗或籽粒通过传输机运送到烘干设备中烘干，达到降低水分的目的。虽然成本较高，但在自然降水难度较大的情况下也是一种行之有效的好办法。

总之，玉米种子晾晒方法多种多样，各地应结合本地的自然条件及生产条件因地制宜地选择不同的方法，才能保证种子的水分达到国家标准，进而保证种子和籽粒质量。

2. 贮藏 在国内，东北玉米贮藏以防霉为主，南方以防虫为主。玉米的贮藏方法有粒藏与穗藏两种，国家入库的玉米全是粒藏，农户大都采用穗藏方法。

（1）穗藏 在黑龙江省，由于收获玉米时温度较低，高水分的玉米穗藏具有很大的优越性。经过一冬自然通风，翌年4～5月玉米水分可降至12％～14％。新收获的玉米可在穗轴上继续进行后熟，使淀粉含量增加，可溶性糖分减少，品质不断改善，色泽和气味都比粒藏的好。

穗藏法有挂藏和堆藏两种方法。挂藏是将玉米苞叶编成辫，用绳逐个连接起来，挂在通风良好且能避雨的地方贮藏；堆藏是在露天场地上用秫秸编成圆形或方形的通风仓，将去掉苞叶的玉米穗堆在仓内越冬，第二年再脱粒入仓。

（2）粒藏 第一步是要控制玉米入库水分，要求入库玉米水分含量在13％以下，另外可以针对玉米胚大、呼吸旺盛的特点，采用缺氧贮藏，或根据实际需要，采用双低贮藏、三低贮藏等方法或采用缓释熏蒸法等综合方法贮藏，防止玉米堆发热、生霉、生虫。

干燥防潮是玉米的籽粒贮藏的第一项工作，即要控制玉米入库水分，要求入库玉米水分含量在13％以下。据试验，玉米籽粒的水分在13％以下，温度不超过28℃，只要做好防潮工作，一般都可安全贮藏。因此，玉米成熟后要及时收获，并抓紧时间将其充分晒干，水分降到17％，随后进行脱粒，干燥至含水量13％以下。

清除杂质是玉米的籽粒贮藏的第二项工作。杂质是影响玉米贮藏安全的一个重要因素，含杂质多的玉米容易发生霉变和虫害。因此，玉米在入仓前要结合过风过筛，清除玉米中的杂质。

防霉、防虫是玉米的籽粒贮藏的第三项工作。玉米在贮藏期间，要勤检查，做好防霉、防虫工作。当玉米仓内产生甜味时，要及时翻仓或进行晾晒。春暖前对玉米进行趁冷压盖密闭贮藏，对防止蛾类害虫有较好的效果。对已感染害虫的玉米可进行过筛处理，若对玉米进行冬季冷冻和春晒过筛相结合处理，防虫效果较好。

玉米在贮藏期间，要勤检查，做好防霉防虫工作。当玉米仓内产生甜味时，要及时翻仓或进行晾晒。春暖前对玉米实行趁冷压盖密闭贮藏，对防止蛾类害虫有较好的效果。对已感染害虫的玉米可进行过筛处理，若对玉米进行冬季冷冻和春晒过筛相结合处理，防虫效果更好。

黑龙江地区玉米收获后受到气温限制，高水分玉米降到安全水分很有困难，除有条件进行烘干降水外，基本上可采用低温冷冻入仓密闭贮藏。其做法是利用冬季寒冷干燥的天气，摊凉降温，粮温可降到－10℃以下，然后过筛清霜、清杂，趁低温晴天入仓密闭贮藏。

第三节　东北平原玉米全程机械化生产

一、玉米全程机械化生产国内外研究进展

目前，发达国家玉米生产全过程已经实现机械化，各环节生产技术高度协调一致。国外玉米联合收获机的研究与生产技术已经成熟，目前美国、德国、乌克兰、俄罗斯等国家，玉米的收获（包括籽粒和秸秆青贮）已基本实现了全部机械化作业。国外一年一季种植，收获时玉米籽粒含水率很低，玉米收获多采用玉米摘穗并直接脱粒的收获方式。世界上第一台玉米联合收获机是由澳大利亚人艾伦于1921年设计出来的，又经过多次完善和改进，随后一些经济发达国家便逐步开始生产和使用，至20世纪五六十年代已完成玉米收获机械化，玉米生产全过程机械化技术体系已成熟并应用多年。其特点是大功率、多功能、高效率、高舒适性。机械化收获主要采用玉米摘穗、脱粒、秸秆还田的收获工艺，这种收获方式不适合中国一年两作地区和其他地区的玉米种植特点，特别是在玉米高含水率收获时损失率较高。穗茎兼收机型仅有乌克兰赫尔松公司生产的玉米收获机，但结构庞大、价格高，不适合中国国情。青贮收获机是完成玉米穗、茎一起切碎收获的机具，不符合中国农村玉米收获方式。在玉米播种环节，随着播种机械的研制开发与推广应用，机械技术和质量渐趋成熟，具备了满足机械化种植的基本条件。

中国玉米收获机械研制起步较晚，目前从事玉米收获机械研究和生产的单位有50余家，机型达60多个品种，分为自走式、悬挂式、牵引式和谷物联合收获机配玉米割台等4种形式，又分单行和多行，摘穗机构主要有板式、卧辊式和立辊式，各厂家生产结构参数相近，但配套性、标准化不够，新产品开发和生产投资力度小、可靠性差、质量也难以保证。目前，国内从事玉米收获机械研究和生产的单位主要集中在山东、河北、河南、天津等地，东北地区没有批量生产厂家。国内玉米收获机主要有自走式、悬挂式和谷物联合收获机配玉米割台等。目前，全国虽然有不少企业研究开发玉米联合收获机，一些企业也研制出不对行收获的玉米联合收获机，但由于玉米种植行距不规范，玉米联合收获机适应性和使用可靠性不高等原因，玉米联合收获机械化技术推广应用发展缓慢。玉米收获机械化程度低，已成为制约东北平原玉米生产机械化发展的瓶颈。要加快玉米联合收获机械化的发展，在研究提高玉米联合收获机适应性、可靠性的同时，还要针对现有玉米种植制度和区域特点，在广泛调查研究与试验示范的基础上，通过农机与农艺结合，制定出适应东

北平原不同玉米产区机械化作业的玉米标准化种植体系和玉米收获机械化技术模式，建立起农艺技术与机械化技术统筹运作与发展的良性促进机制，促进影响玉米收获机械化技术普及应用的关键技术的解决。

东北平原是中国玉米主产区之一，为一年一熟高产垄作地区，玉米产量占全国玉米总产量的40%，就机械化收获来看，目前玉米机收水平不高，已经成为制约玉米全程机械化发展的瓶颈。由于玉米种植方式绝大部分为垄作，作物品种、种植方式、茎穗物理性状、单位产量等方面与一年两熟地区的玉米有很大差异，所以对玉米收获机械有不同要求，这是制约东北平原地区玉米机收机械化发展的重要因素。再加上随着人民生活水平的不断提高，降低农民劳动强度、提高生产率和农业经济效益，增加农民收入，已是农机化发展的必然趋势。随着农业生产机械化水平的提高和农业科学技术、机械技术的发展，在玉米生产中广泛采用的机械化生产方式明显地受到玉米农艺栽培技术的制约，还没有一套系统的玉米机械化生产技术体系指导和应用到玉米生产中。目前，玉米种植行距的形式多样已经成为影响玉米收获机械化程度提高的主要因素，要使玉米联合收获机适应目前多样化的种植行距有一定困难，最经济、最有效的办法就是农机农艺结合，在保证收获质量和生产效率的同时，尽量能够扩大收获不同行距的范围，而玉米种植行距与规格又要尽量与机械的作业要求相适应。

二、玉米机械收获最佳时期的确定原则及操作技术

玉米要适时收获，使茎秆中残留的养分输送到籽粒中，充分发挥后熟作用，增加产量、提高质量、改善品质。一般应在完熟期后收获。玉米的成熟特征主要表现为叶片变黄，苞叶呈白色、质地松软、发散，籽粒基部出现黑色层，籽粒乳线消失变硬，并呈现本品种所固有的粒型和颜色。

（一）科学收获方法

1. 联合收获 对一些应用早熟品种的地块，因这类品种的玉米具有成熟早、脱水快的特点，便可利用玉米联合收获机直接脱粒收获，减少晾晒管理和贮藏的压力。用玉米联合收获机，一次完成摘穗、剥皮、集穗（或摘穗、剥皮、脱粒，但此时籽粒湿度应在23%以下），同时进行茎秆处理（切段青贮或粉碎还田）等作业，然后将不带苞叶的果穗运到场上，经晾晒后进行脱粒。联合收获工艺流程为：摘穗→剥皮→秸秆处理（3个环节连续进行）。

2. 半机械化收获 对种植中晚熟品种和晚播晚熟的地块，玉米籽粒水分一般在30%以上，可采取机械摘棒、晒场晾棒的收获方式。①用割晒机将玉米割倒、放铺，经几天晾晒后，当玉米果穗籽粒水分降至25%以下，用机械或人工摘穗、剥皮，然后运至场上经晾晒后脱粒；秸秆处理（切段青贮或粉碎还田）。②用摘穗机在玉米生长状态下进行摘穗（称为站秆摘穗），然后将果穗运到场上，用剥皮机进行剥皮，经晾晒后脱粒；秸秆处理（切段青贮或粉碎还田）。半机械化收获工艺流程为：摘穗→剥皮→秸秆处理（3个环节分段进行）。

3. 其他 对倒伏率较高的地块，适合采取机械割晒、机械拾禾的收获方式。将玉米割倒后放晾晒平台，割晒适合的籽粒含水率为 30%～32%，但在秋雨多的年份不要采用割晒收获技术。

用谷物联合收获机换装玉米割台，一次完成摘穗、剥皮、脱粒、分离和清选等作业；用割晒机将玉米割倒，并放成"人"字形条铺，装有拾禾器的谷物联合收获机拾禾脱粒，同时可秸秆还田。

（二）不同环境因素下玉米收获机的操作技术

1. 大风天气的操作 在大风天气，用玉米机械进行收获玉米时，机械不要顺风向进行收割。因为，如果顺风向进行收割，由于大风的作用，在玉米收获机割台处，拨禾轮就不能很好的拨禾，影响正常收获。

2. 倒伏玉米地块的操作 用玉米收获机收获倒伏的玉米时，一是要适当降低玉米收获机前进的速度。二是要选择逆割或者侧割。玉米收获机作业前进方向与作物倒伏方向相反称为逆割，玉米收获机作业前进方向与倒伏作物成 45°左右的夹角称为侧割。三是适当把拨禾轮向前、向下调整，以保证拨禾轮顺利拨禾，正常收割。

3. 收割低矮玉米的操作 在收割低矮玉米时，对割台和拨禾轮进行适当的调整和改装，在调整割台高度时，应保持割茬不高于 15 cm 而割刀又不吃土，如果割茬过低、割刀吃土就会使割刀磨损严重、崩齿或者损坏。为了保证正常收割，要把拨禾轮向下、向后进行适当调整；增加收获机作业前进速度，保证正常的脱粒喂入量；顺着播种行方向进行收获作业，既能减少因前进速度增加引起的玉米联合收割机强烈振动，也能减少收割损失。

4. 收割过干、过熟玉米的操作 收割过干、过熟玉米时，一是要降低拨禾轮高度，防止拨禾轮击打玉米穗头部位，以减少掉粒；二是降低拨禾轮转速，以减少拨禾轮对切割玉米的击打次数。

（三）玉米机械收获注意事项

1. 作业前注意事项 玉米收获机械作业前应适当调整摘穗辊（或摘穗板）的间隙，以减少玉米籽粒破碎。

正确调整秸秆还田机的作业高度，保证留的玉米茬高度不小于 10 cm，以免还田刀具因打土而损坏较快。

如果要安装玉米秸秆除茬机，应确保除茬刀具的入土深度，保持除茬深浅一致，以保证作业质量。

机组在进入地块收获前，必须先了解所要作业地块的基本情况。包括玉米的品种、玉米栽种的行距、玉米成熟的程度、果穗下垂及茎秆倒伏的情况；作业地块有无树桩、石块、田埂、水沟以及作业地块通道情况、土地承载能力；是否需人工开道、清理作业地块地头的玉米、摘除倒伏的玉米等。如果需要，则要提前进行清理。根据地块大小、形状，选择进地和行走的路线，以便有利于运输玉米的车辆进行装车。

2. 作业中注意事项 开始作业一段时，要停车观察收获损失、秸秆粉碎的状况，检查各项技术指标是否达到要求。

开始时先用低速收获，然后适当提高速度。喂入量要与行走速度相协调，注意观察扶禾、摘穗机构是否有堵塞情况。

作业中，注意避开石块、树桩等障碍，以免刮坏割台和折损秸秆还田装置的切碎锤爪。

作业中尽量对行收获，根据果穗高度和地表平整情况，随时调整割台高度，保证收获质量。

注意观察发动机动力情况，掌握好机组前进速度，负荷过大时降低行进速度。作业中，注意果穗升运过程中的流畅性，以免被卡住造成堵塞；随时观察果穗箱的充满程度，及时倾卸果穗，以免果满后溢出或卸粮时出现卡堵现象。

选择大油门作业，以保证作业质量；作业中不准倒退；转弯时要提升秸秆还田机。

收获机作业到地头时，不要立即减速停机，应继续保持大油门，前进一段距离，以便秸秆被完全粉碎。

停机前要空转 1～2 min，须将摘穗台和果穗升运器里的玉米果穗全部运送进集穗箱，保证割台和各部件上没有残留的玉米。

三、玉米生产全程机械化高产栽培技术规程

下面以玉米大垄密全程机械化高产栽培技术为例，从品种选择、整地、播种、中耕、化学除草、喷药、施肥、收获、烘干等环节展开说明。

（一）范围

本规程适合有效积温在 2 200～2 700 ℃的地区。

本规程规定了玉米大垄密全程机械化生产的播前准备、品种准备、适时播种、播种质量控制、田间管理、机械收获及产品质量、现代化农机具等技术参数要求。

（二）播前准备

1. 选地选茬　选择地势平坦、排水良好的有深松基础的大豆茬、麦茬或经济作物茬及 3 年内未施用过长残留农药的地块。轮作周期 3 年以上。

2. 整地　夏、秋整地采取浅翻深松作业，浅翻到 12 cm，深松深度≥35 cm。深松后耙茬，进行重耙 2 遍，耙深 15～18 cm；轻耙（前平后耙 1 遍），耙深 8～12 cm。达到土壤细碎、疏松、平整，每平方米直径大于 3 cm 土块不超过 5 个。严禁湿整湿耕。

耕翻、深松后及时耙地。可先用重耙耙深耙透，再用轻耙耙碎耢平或者重耙 2 遍。重耙深度达到 15 cm 以上。在旱区和岗地应达到播种状态，在低湿易涝地只耙不耢，翌年要尽早进行整地防止春旱。

遇到严重秋涝未进行秋翻时，翌年应早进行整地，实行连续作业、有深松基础的大豆茬，可实行深耙茬。如果垄形未破坏、杂草基数少，可原垄播种。

3. 起垄　秋起大垄，垄距 130 cm（110 cm）。大垄起垄标准为：垄台高 15～18 cm；大垄垄沟宽 130（110）cm；垄顶宽 90（76）cm，垄面平整，土碎无坷拉，无秸秆；垄距

均匀一致；百米误差≤5 cm；达到播种状态。整地严禁湿整湿耕。

（三）品种准备

1. 选择品种 采用通过审定的品种。

选择熟期适宜品种。选择在当地适期播种，保证能有 95% 左右成熟率的品种或者是所需≥10 ℃活动积温比当地活动积温少 100～150 ℃的品种。

选择适宜全程机械化栽培的玉米品种。植株直立抗倒，收获时根倒率＜2%（和地面夹角＜30°的植株的百分率）。收获时秆折率＜4%，植株整齐，成熟一致，穗位高的变异系数＜10%。株高适中，230～250 cm 为宜，结穗高度 80～100 cm。对一般除草剂不敏感。此外注意选择前期发苗快、成熟时苞叶松散、脱水快的品种。

2. 精选种子 播前对种子进行机械分级精选，除去小粒种子，达到种子粒型均匀一致。种子质量达到国家二级标准：种子纯度＞98%，净度＞98%，发芽率＞95%。

3. 处理种子

（1）药剂处理 地下害虫严重的地块，播种前 1 d，用 40% 辛硫磷乳油 50 g，加水 1.0 kg 混拌均匀后，均匀地喷洒在 20 kg 种子上，闷种 3～4 h 摊开，阴干后播种。

（2）种子包衣 将 100 kg 干种子用 40% 莠·福悬浮种衣剂（卫福）400～500 mL 加水 1.6 L，或 35% 的多·克·福种衣剂 1.5～2.0 L 进行包衣。

（3）拌种 2% 戊唑醇湿拌种衣剂（立克秀）400～600 mL 或 5% 烯唑醇种衣剂（穗迪安）400 g 拌 100 kg 种子，加水 1～1.5 L，再加益微 100 mL，可防治玉米丝黑穗病。选用 2.5% 咯菌腈悬浮种衣剂（适乐时）150～200 mL 或 3.5% 满世金悬浮种衣剂 150～200 mL，拌 100 kg 种子，加益微 100 mL，可防治玉米茎基腐病。

（4）ABT 生根粉浸种 用每千克含 10～15 mg 生根粉的溶液，浸种 8～12 h。

（5）菌肥拌种 每公顷用种数可用 7.5 kg 固体硅酸盐细菌或 15～22.5 L 液体硅酸盐细菌拌种。

（6）锌肥浸种 土壤有效锌每千克小于 0.5 mg/kg 时，用 20 倍锌宝溶液浸种 8～12 h。

（四）高产播种

1. 适时早播 在 3 月末土壤化冻后，对秋起垄地块进行镇压保墒，整理垄形，耢平垄面，压碎土块。播期确定，一是在 5～10 cm 耕层温度稳定通过 6～7 ℃时开始播种；二是土壤含水量白浆土 28% 以下，黑土在 30% 以下。第一积温带播期可在 4 月 20 日至 5 月 1 日；第二积温带 4 月 25 日至 5 月 5 日；第三积温带 5 月 1～10 日；第四积温带 5 月 5～15 日。宜早不宜迟。

2. 行距与播深 行距 65 cm（或 55 cm）。播深，墒情适宜地块 3～4 cm，旱地岗地 4～5 cm。覆土严密一致，播后视墒情及时镇压。

3. 精点粒距株距要求 精点粒距，株距 20 cm 左右，粒距变异系数＜40%，双粒率＜10%。

4. 种植密度

（1）合理密植 早熟耐密植品种如德美亚 1 号，保苗株数达 8 万～9 万株/hm²；中熟较耐密植的品种收获株数 6.5 万～7.5 万株/hm²；晚熟不耐密植品种保苗株数 5.5 万～6 万株/hm²。

（2）精点粒距株距

$$应播粒距＝计划苗距×发芽率×田间出苗率$$

$$计划苗距＝\frac{单垄 1\,m^2\ 长度}{每平方米株数}$$

（五）高效施肥

1. 施肥时期　秋施肥在秋季起垄时包入垄内，种肥在播种时施入，追肥在玉米 5～6 叶期施入，叶面肥在玉米苗期机械喷施、大喇叭口期和抽雄初期飞机航化喷施。

2. 施肥量　施肥量在 225～330 kg/hm²（缺 Zn 的地块增施 5～10 kg/hm² Zn 肥），根据土壤养分含量和经验施肥结合确定 N、P、K 及微肥的使用量，一般土壤类型 N∶P∶K 比例为黑龙江西北高寒区黑钙土 1.5∶1∶0.5，草甸黑土（1.7～2）∶1∶0.5，沙壤土与白浆土（1.9～2.1）∶1∶（0.8～1）。

3. 施肥方法

（1）秋施肥　在封冻前，气温稳定在 10 ℃以下，采用施肥机将肥料分层施于种下 10 cm 和 15 cm 处。用量是 P、K 肥总量的 50%，N 肥总量的 30%。

（2）种肥　种肥分层侧深施，施于种侧 5 cm，1/3 种肥施于种侧下 8～10 cm，2/3 施于种侧下 12～15 cm。施肥量是 P、K 肥总量的 50%，N 肥总量的 20%。

（3）追肥　追于根侧 10 cm，深度 5～8 cm，N 肥总用量的 50%。开沟施肥，覆土厚度 6 cm 以上，立即中耕培土。

（4）叶面肥　喷施 2～3 遍叶面肥。第一遍在苗期，结合苗期药害情况，用植物制剂加叶面肥缓解玉米药害；第二遍在大喇叭口期，用复合叶面肥（包括 N、P、K 和微肥等）或尿素 7 kg/hm²＋磷酸二氢钾 1.5 kg/hm²＋硼肥 375 g/hm²，采用地面喷雾机；第三遍在抽雄初期，结合防治玉米螟用磷酸二氢钾 3 kg/hm²＋硼肥 375 g/hm² 等采取航化作业。

（六）田间管理

1. 中耕灭草　中耕管理 3～4 次，前 2～3 遍用杆齿或双翼铲，最后 1 遍用培土铲培土。在玉米出苗期进行第一遍深松、增温、保墒、松土、灭草作业；在玉米 3 叶期进行第二遍中耕灭草作业；在玉米 4～5 叶期进行第三遍中耕灭草作业；结合玉米追肥，在玉米 6～7 叶期进行最后一遍中耕培土作业。

2. 化学灭草

（1）秋施药或播后苗前封闭除草　除草剂：乙草胺、莠去津、精异丙甲草胺、异丙草胺、唑嘧磺草胺、2,4 - D 丁酯、砜嘧磺隆、麦草畏、嗪草酮、甲草嗪、滴丁·扑·异丙草、乙·嗪等。

防治一年生禾本科和部分阔叶杂草，用 90% 乙草胺乳油 1.4～2.0 L/hm²＋75% 噻吩磺隆可湿性粉剂 15～20 g/hm²；或 90% 乙草胺乳油 1.5～2.0 L/hm²＋75% 噻吩磺隆可湿性粉剂 20 g/hm^2＋72％ 2,4－D 丁酯乳油 0.3～0.5 L/hm^2；或 80％唑嘧磺草胺水分散粒剂（阔叶清）60 g＋90％乙草胺乳油 1.5～2.0 L/hm^2。

（2）苗前施药土壤处理注意点

① 整地要平细。施药前把地整好，达到地平、土碎、地表无植物残株或大土块。注意切不要以施药后耙地混土代替施药前的整地。

② 药剂要喷洒均匀。机引喷雾机喷液量应在 200 L/hm^2 以上。首先要把喷雾器调整好，喷雾中坚持标准作业，达到喷洒均匀、不重不漏。

③ 施药时间。播前施药在播前 3～5 d 完成，服从播期，播后苗前施药时间宜早不宜迟，防止因雨而误农时。

（3）苗期施药使用除草剂及配方

苗后除草剂：烟嘧磺隆、麦草畏、溴苯腈、莠去津、磺草酮等。单子叶杂草 3 叶以前，阔叶杂草 2～4 叶期，玉米苗 3～5 叶期使用。

主要配方：75％砜嘧磺隆（宝收）10～15 g/hm^2；或 40％磺酮·莠（福分）悬浮剂 4 L/hm^{2}苗后茎叶喷雾。

噻吩磺隆在玉米苗后，阔叶杂草 2～4 叶期施药，每公顷用有效成分 8～10 g，可防治大多数阔叶杂草。

4％烟嘧磺隆可分散油悬浮剂（玉农乐）0.75～1 L＋70％嗪草酮可湿性粉剂（赛克）100 g/hm^2。

4％烟嘧磺隆可分散油悬浮剂（玉农乐）0.75 L＋38％莠去津悬浮剂 1.5 L/hm^2。

（4）苗期施药方法、要点　苗后化除机引喷雾机喷液量 150 L/hm^2，机械或人工背负式喷雾器喷液量 200～300 L/hm^2。

施用苗后茎叶除草剂要选无风或风小（不大于 1 级风）的天气早晚施药。

可采用全田施药法，也可采用苗带施药法。

2,4－D 丁酯使用期在玉米 3～4 叶期，超过 5 叶期玉米不安全。4％烟嘧磺隆可分散油悬浮剂在玉米 6 叶前，大垄行间覆膜苗后灭草用药量减半。干旱年份降低用药量，低温多雨年份采用低毒农药，防止发生药害。

3. 虫害防治

（1）玉米螟防治

① 生物防治。玉米螟防治指标为百株活虫 80 头。高压汞灯防治：时间为当地玉米螟成虫羽化初始日期，每晚 9 时到翌日凌晨 4 时，小雨仍可开灯。赤眼蜂防治：于玉米螟卵盛期在田间放蜂一次或两次，每公顷放蜂 22.5 万头。

② 药剂防治。在玉米抽雄期飞机航化作业每公顷用 2.5％高效氯氟氰菊酯乳油（功夫）或 2.5％溴氰菊酯乳油（敌杀死）或 5％氰戊菊酯乳油（来福灵）225～300 mL 叶面喷雾。

（2）黏虫防治　6 月中下旬，平均 100 株玉米有 50 头黏虫时达到防治指标。可用菊酯类农药防治，每公顷用量 300～450 mL，对水 450 kg，或用有机磷农药喷雾防治。

（3）蚜虫防治　用种子重量 0.1％的 10％吡虫啉可湿性粉剂拌种、浸种，防苗期蚜虫、飞虱等。中后期喷洒 0.5％乐果粉剂或 40％乐果乳油 1 500 倍液。或喷洒 10％吡虫啉可湿性粉剂 2 000 倍液、10%氯氰菊酯乳油 2 500 倍液、2.5%氯氟氰菊酯乳油 2 000～3 000倍液或 20%吡虫啉可溶液剂 3 000～4 000 倍液。

4. 病害防治

（1）玉米大斑病防治 在玉米心叶末期到抽雄期或发病初期喷洒农抗 120 水剂 200 倍液，隔 10 d 防一次，连续防治 2～3 次。目前防治的新品种有 50%异菌脲可湿性粉剂（扑海因）、10%苯醚甲环唑水分散粒剂、70%代森锰锌可湿性粉剂、40%菌核净可湿性粉剂、77%氢氧化铜可湿性粉剂等。

（2）玉米顶腐病防治 拔节后用 50%多菌灵可湿性粉剂、75%百菌清可湿性粉剂对水叶喷。

（3）玉米黑粉病防治 玉米黑粉病俗名灰包。防治方法：选用抗病品种；中期铲除病苗；割除病株，病瘤在变黑前割除并把病株带出田外深埋或集中处理。

（4）玉米丝黑穗病防治 玉米丝黑穗病又称乌米。该病在于前期预防，主要搞好种子处理；常发病地块实行 3 年以上轮作。

（5）玉米灰斑病防治 玉米灰斑病又称尾孢叶斑病、玉米霉斑病。防治方法：收获后及时清除病残体；进行大面积轮作；加强田间管理，雨后及时排水，防止湿气滞留。

（七）收获

1. 机械直收 采用站秆晾晒、机械直收的收获方式。当玉米含水量小于 25%时，采用安装玉米割台的大马力收获机进行直接收获。

2. 分两段收获 机械割晒拾禾，玉米籽粒含水量达 30%～32%时，先用机械割倒，视产量高低 5 垄或 6 垄放一铺，斜卧垄台上，呈"人"字交叉形，夹角 70°～80°。经过 20～30 d 的晾晒，当籽粒含水量降到 22%以下时，用机械抬禾脱粒。

（八）秸秆还田培肥地力

在玉米收获时，用玉米联合收割机进行下棒、脱粒、秸秆粉碎、抛洒还田。

（九）产品质量

收获后的玉米要及时晾晒，有条件的地方可进行烘干，籽粒含水量达到 14%以下。脱粒后的籽粒要及时清选，达到国家玉米收购质量标准三等以上。

本章参考文献

曹凑贵，2002. 生态学概论 [M]. 北京：高等教育出版社.

曹冬梅，丁明亚，方继友，2008. 我国玉米高密度、超高密度栽培研究 [J]. 中国种业 (1)：17-19.

曹广才，张建华，杨镇，2015. 玉米种植的纬度和海拔效应 [M]. 北京：气象出版社.

宫玲，刘显辉，2010. 玉米全程机械化高产栽培技术 [J]. 现代化农业 (3)：14-16.

郭米娟，余成群，钟华平，等，2010. 覆膜对青饲玉米生长发育及杂草的影响 [J]. 安徽农业科学，38 (35)：19975-19976，20002.

姜继志，2012. 二比空栽培技术在玉米生产中的应用研究 [J]. 现代农业科技 (4)：87-89.

姜莉，陈源泉，隋鹏，等，2010. 不同间作形式对玉米根际土壤酶活性的影响 [J]. 中国农学通报 (9)：

326－330.

姜琳琳，韩晓日，杨劲峰，等，2010. 施肥对不同密度型高产玉米品种光合生理特性的影响［J］. 沈阳农业大学学报，41（3）：265－269.

金诚谦，2011. 玉米生产机械化技术［M］. 北京：中国农业出版社.

荆绍凌，孙志超，李淑华，2009. 转基因技术在玉米种质改良中的应用［J］. 中国种业（8）：11－13.

康乐，王海洋，2014. 我国生物技术育种现状与发展趋势［J］. 中国农业科技导报，16（1）：16－23.

寇长林，王秋杰，武继承，等，2000. 玉米花生间作系统优化配置模式研究［J］. 耕作与栽培（6）：14－15.

李北齐，张玉胡，王贵强，等，2011. 不同生态型玉米品种低温下出苗机理研究［J］. 中国农学通报，27（9）：120－125.

李波，陈喜昌，张宇，等，2010. 密度对玉米品质及穗部性状的影响［J］. 黑龙江农业科学（4）：18－21.

李潮海，刘奎，2002. 不同产量水平玉米杂交种生育后期光合效率比较分析［J］. 作物学报，28（3）：379－383.

马文菊，马业，2013. 玉米大垄双行栽培技术的应用与推广［J］. 农业开发与装备（7）：76－77.

马兴林，王庆祥，2006. 通过剪叶改变源库关系对玉米籽粒营养组分含量的影响［J］. 玉米科学，14（6）：7－12，22.

孟兆江，卞新民，刘安能，等，2006. 调亏灌溉对夏玉米光合生理特性的影响［J］. 水土保持学报，20（3）：182－186.

米娜，纪瑞鹏，张玉书，等，2010. 辽宁省玉米适宜播种期的热量资源分析［J］. 中国农学通报，26（18）：329－334.

苗全，苗永军，2014. 东北地区玉米秸秆覆盖还田免耕栽培技术［J］. 农机科技推广（9）：46.

牟金明，姜亦梅，王明辉，等，1999. 玉米根茬还田对玉米根系垂直分布的影响［J］. 吉林农业科学，24（2）：25－27.

潘瑞炽，董愚得，1995. 植物生理学［M］. 北京：高等教育出版社.

潘士娟. 2015. 玉米 110 cm 大垄双行栽培产量与效应研究［J］. 现代农业科技（14）：18.

彭长连，林植芳，林桂珠，2000. 玉米不同叶位叶片对光氧化的敏感性（简报）［J］. 植物生理学通讯，36（1）：30－32.

其其格，李可，李刚，等，2010. 氮素营养水平对春玉米叶片碳代谢的影响［J］. 安徽农业科学，38（19）：9973－9974.

石剑，杜春英，王育光，等，2005. 黑龙江省热量资源及其分布［J］. 黑龙江气象（4）：29－32.

史振声，张世煌，李凤海，等，2008. 辽宁中熟、中晚熟与晚熟玉米品种的产量性能比较与分析［J］. 玉米科学，16（6）：6－10.

束良佐，刘英慧，2001. 硅对盐胁迫下玉米幼苗叶片膜脂过氧化和保护系统的影响［J］. 厦门大学学报（自然科学版），40（6）：1295－1300.

司昌亮，王旭立，尚学灵，等，2015. 吉林西部玉米膜下滴灌耗水特性研究［J］. 节水灌溉（7）：17－20.

宋凤斌，王晓波，2005. 玉米非生物逆境生理生态［M］. 北京：科学出版社.

宋日，吴春胜，马丽艳，等，2002. 松嫩平原平展型和紧凑型玉米品种根系分布特征［J］. 沈阳农业大学学报，33（4）：241－243.

宋振伟，邓艾瑞，郭金瑞，等，2012. 整地时期对东北雨养区土壤含水量及玉米产量的影响［J］. 水土保持学报，26（5）：254－258.

王建东，龚时宏，许迪，等，2015. 东北节水增粮玉米膜下滴灌研究需重点关注的几个方面［J］. 灌溉排水学报，34（1）：1－4.

王金艳，李刚，马骏，等，2015. 不同种植密度条件下东北春玉米区主栽品种的适应性分析 [J]. 辽宁农业科学 (3)：31 - 34.

王鹏文，潘万博，2005. 我国玉米发展现状和趋势分析 [J]. 天津农学院学报，12 (3)：53 - 57.

王庆杰，李洪文，何进，等，2010. 大垄宽窄行免耕种植对土壤水分和玉米产量的影响 [J]. 农业工程学报，26 (8)：39 - 43.

王晓波，齐华，赵明，等，2011. 东北春玉米密植群体种植方式产量性能效应研究 [J]. 玉米科学，19 (2)：84 - 89，94.

王艳，张佳宝，张丛志，等，2008. 不同灌溉处理对玉米生长及水分利用效率的影响 [J]. 灌溉排水学报，2008，27 (5)：41 - 44.

王宇先，魏湜，刘玉涛，2010. 寒地玉米育苗移栽间作中草药防风高效栽培技术 [J]. 黑龙江农业科学 (10)：169 - 170.

魏国才，南元涛，唐跃文，等，2001. 黑龙江省玉米地方种质资源的筛选分析利用研究 [J]. 玉米科学，9 (3)：32 - 33.

魏湜，曹广才，高洁，等，2010. 玉米生态基础 [M]. 北京：中国农业出版社.

魏湜，金益，张树权，等，2013. 黑龙江玉米生态生理与栽培 [M]. 北京：中国农业出版社.

魏湜，王玉兰，杨镇，2010. 中国东北高淀粉玉米 [M]. 北京：中国农业出版社.

魏永华，陈丽君，2011. 膜下滴灌条件下不同灌溉制度对玉米生长状况的影响 [J]. 东北农业大学学报，42 (1)：55 - 60.

温大兴，王鹏文，辛德财，2009. 普通玉米与糯玉米籽粒灌浆特性比较研究 [J]. 安徽农业科学，37 (20)：9430 - 9432.

温馨，史锐，黄贵权，2011. 如何推进黑龙江玉米收获机械化 [J]. 农机使用与维修 (1)：15.

吴永常，马忠玉，王东阳，等，1998. 我国玉米品种改良在增产中的贡献分析 [J]. 作物学报，24 (5)：595 - 600.

武志海，王晓慧，陈展宇，等，2005. 玉米大垄双行种植群体冠层结构及其微环境特性的研究 [J]. 吉林农业大学学报，27 (4)：355 - 359.

杨广东，赵宏伟，谭福忠，等，2006. 不同品质类型春玉米籽粒灌浆过程中功能叶片蔗糖代谢酶的研究 [J]. 黑龙江农业科学 (5)：14 - 16.

杨恒杰，宋长庚，2008. 玉米二比空立体通透栽培新技术 [J]. 现代化农业 (2)：23.

杨华，王玉兰，张保明，等，2008. 鲜食与爆裂玉米育种与栽培 [M]. 北京：中国农业科学技术出版社.

杨继芝，龚国淑，张敏，等，2011. 密度和品种对玉米田杂草及玉米产量的影响 [J]. 生态环境学报，20 (6 - 7)：1037 - 1041.

杨镇，才卓，景希强，等，2007. 东北玉米 [M]. 北京：中国农业出版社.

尹力初，蔡祖聪，2005. 长期不同施肥对玉米田间杂草生物多样性的影响 [J]. 土壤通报 (2)：220 - 222.

曾宪楠，2010. 原垄卡种与传统耕作种植玉米的比较研究 [J]. 黑龙江农业科学 (12)：33 - 34.

张培峰，葛勇，2008. 适合黑龙江省玉米垄作保护性耕作的机具 [J]. 现代化农业 (4)：31 - 32.

张崎峰，巩双印，李金良，等，2011. 不同耕作方式对黑河地区玉米产量及其性状的影响 [J]. 黑龙江农业科学 (10)：21 - 22.

张秋英，2000. 源库改变对寒区玉米产量和蛋白质含量的影响 [J]. 华北农学报 (增刊)：90 - 92.

张瑞博，2008. 黑龙江省玉米生产和育种现状 [J]. 黑龙江农业科学 (4)：130 - 132.

张小冰，邢勇，郭乐，2011. 腐殖酸钾浸种对干旱胁迫下玉米幼苗保护酶活性及 MDA 含量的影响 [J]. 中国农学通报，27 (7)：69 - 72.

张旭，赵明，李连禄，等，2002. 温度对玉米生理生化特性的影响 [J]. 玉米科学，10 (3)：60-62.

张艳红，2007. 免耕对土壤水分影响的研究 [J]. 黑龙江农业科学 (2)：21-23.

张引平，曹景珍，高林霞，2010. 玉米加工利用现状与发展趋势 [J]. 农业技术与装备 (16)：9-10.

张玉先，王孟雪，2009. 麦-玉-豆轮作制度下施肥措施对土壤养分的影响 [J]. 中国粮油作物学报，31 (3)：339-343.

张昱，程智慧，徐强，等，2007. 玉米/蒜苗套作系统中土壤微生物和土壤酶状况分析 [J]. 土壤通报 (6)：1136-1140.

赵宏伟，2013. 寒地作物栽培学 [M]. 北京：中国农业出版社.

第四章

黄淮海平原玉米栽培

第一节 种植制度和品种选用

一、种植制度和玉米生产布局

（一）种植制度

种植制度是一个地区或生产单位上作物种植的结构、配置、熟制与种植方式（轮作、连作、间作、套作、混作和单作等）所组成的一套相互联系并与当地农业资源、生产条件以及养殖业生产相适应的综合技术体系。其中，作物种植结构是种植制度的基础，它决定了某个地区作物种植的种类、比例、一年中种植的次数以及先后顺序；合理的种植制度有利于协调当地种植业内部各种作物之间的关系，有利于达到土地、劳动力等资源的最优配置，从而获得最佳的社会经济效益。种植制度的划分方法有多种，按照作物种类分为以一类作物为主的种植制度和混合型种植制度；按照土壤、水分条件及相应的栽培措施划分为半干旱地区的旱作种植制度、半湿润或湿润地区的旱作种植制度、灌溉旱地种植制度和水田种植制度；按照熟制划分为一年一熟、一年二熟等。

黄淮海平原作为中国第二大平原，是中国粮食主要产区，粮食产量占全国粮食总量的20%～50%；也是全国玉米最大集中产区，玉米常年播种面积占全国的40%以上。该地区为暖温带半湿润气候，热量充足，季节分明；无霜期自北向南170～240 d，年平均气温10～14 ℃，≥0 ℃的积温4 100～5 200 ℃，≥10 ℃的积温3 600～4 700 ℃；年平均降水量从北到南为500～800 mm，年辐射量在460～586 kJ/cm²，日照时数2 000～2 800 h，农作物种植基本属于一年两熟制。由于黄淮海平原气候温和、光照充足，但光热资源一季有余、两季不足，随着市场经济的发展，该地区的种植制度也发生了5次变革。新中国成立后，黄淮海平原的种植制度逐渐经历了由20世纪50年代以小麦、玉米和高粱为主的一年一熟；60～70年代推行的小麦玉米、小麦棉花两茬套种一年两熟；70～80年代发展的小麦、玉米两季平播，80年代后期一年两熟种植制度逐步稳定，实行晚播小麦和夏播中熟玉米两茬平播；到90年代以后，在冬小麦-夏玉米平播两熟模式基础上，不断探索与开发冬小麦/春玉米/夏玉米等多种间作套种模式；再到21世纪以来，逐步探索双季青贮玉米和双季玉米套种、移栽等种植模式。

在黄淮海平原，小麦、玉米是主要的粮食作物，玉米作为 C_4 植物，以其高光合能力、高水肥利用效率等优点，在种植制度研究中备受重视。黄淮海平原属于一年两熟生态区，玉米种植方式多种多样，以复、套、间种形式并存。小麦-玉米两茬复种占 60% 以上，即小麦在 5 月底到 6 月中旬收获后播种玉米，9 月底至 10 月初玉米收获，10 月初到 10 月中旬再播种小麦。复种有利于机械化作业，群体结构合理，植株分布均匀；但夏玉米多受限于早熟品种，且易受旱涝低温灾害。小麦-玉米两茬套种可以充分利用光热和土地资源，有利于中晚熟玉米产量潜力的实现，又不影响下一季冬小麦正常播种。套种方式主要有 4 种形式：平岔套种、窄带套种、中带套种、宽带套种。平岔套种特点是小麦密播，不留套种行，在麦收前 7~10 d 套种玉米，缓解麦收和夏种的矛盾，有利于小麦玉米双高产；但是不利于机械化作业，无法确保全苗。窄带套种，麦田需整理宽为 1.5 m 的畦状，预留 50 cm 畦埂，每畦种植 6~8 行小麦，麦收前一个月套种两行晚熟玉米；麦收后玉米呈宽窄行分布，充分利用光热资源获得高产。中带套种，又叫小畦大背套种法，畦宽 2 m，播种 8~9 行小麦，预留 70 cm 套种两行玉米；麦收前 30~40 d 套种晚熟玉米；这种种植方式有利于小型农机进行中耕、施肥、收获等作业；麦收后宽行还可套种豆类或绿肥。宽带套种，畦宽 3 m，预留畦埂，小麦播种 14~16 行，麦收前 25~35 d 在预留畦埂上种植两行中晚熟玉米；麦收后宽行套种玉米、豆类、薯类或绿肥等。在这些种植制度的基础上，一些学者也对新型种植模式进行多种探索。山东农业大学赵秉强（2001）对小麦-玉米-玉米、玉米-玉米以及小麦-玉米 3 种集约种植制度进行探索，结果显示 3 种种植方式都能实现高产。王兰君（1990）也曾在山东进行了小麦-玉米-玉米的高产配套技术的研究。同样，在河南省的安阳和信阳也有关于双季玉米的研究和种植。但小麦-玉米-玉米和玉米-玉米种植方式需要大量人工投入，机械化作业受限，适合在劳动密集的地区推广。河北农业大学李立娟（2015）从黄淮海气候资源配置、双季玉米品种选择、密度设置、播期以及耕作方式等方面对双季玉米进行了进一步探索，结果显示，早春季通过地膜覆盖和选用早春品种，第一季 3 月 23~29 日、第二季 7 月 22 日以 8.25×10^4 株/hm² 密度播种，配合深旋耕作方式可以实现新型机械化播种的双季玉米种植模式。

（二）玉米生产布局

20 世纪 90 年代以来，随着玉米播种面积的增加和杂交技术的广泛应用，中国玉米产业快速发展，成为仅次于美国的第二大玉米生产和消费国。玉米也逐步成为中国第一大粮食作物。玉米在中国的分布地区主要受土壤条件、气候条件、地形地势等农业自然资源条件的影响。黄淮海夏播玉米区位于黄河下游，跨越 32°~40°N 和 114°~121°E，由黄河、淮河、海河、滦河冲击而成，包括山东省、河南省全部，河北省中南部，山西省的中南部，陕西省关中和江苏、安徽两省北部的徐淮地区，是中国玉米最大集中生产区。该区域夏玉米播种面积为 1 000 万 hm² 左右，占全国播种面积的 35% 以上，年总产量在 4 500 万 t 以上，占全国玉米总产量的 40% 左右。

2014 年黄淮海区域的河北省、河南省和山东省的种植面积分别为 317.09 万 hm²、328.39 万 hm² 和 312.65 万 hm²，分别占全国总播种面积的 8.5%、8.8% 和 8.4%。2014

年河北省、河南省和山东省的玉米总产量分别为 1 670.7 万 t、1 732.1 万 t 和 1 988.3 万 t，分别占全国玉米总产量的 7.7％、8.0％和 9.2％。3 个省份中，以山东省单产最高 6 359.51 kg/hm²，比全国玉米平均产量高出 9.5％；河北省和河南省的玉米单产分别为 5 268.85 kg/hm² 和 5 274.52 kg/hm²（表 4-1）。

表 4-1 2014 年河北省、河南省和山东省的玉米种植面积、总产量和单产

（张美微整理，2016）

地 区	播种面积（万 hm²）	总产量（万 t）	单产（kg/hm²）
全国	3 712.30	21 564.6	5 808.96
河北省	317.09	1 670.7	5 268.85
河南省	328.39	1 732.1	5 274.52
山东省	312.65	1 988.3	6 359.51

注：资料来源于《中国统计年鉴 2015》。

以河南省为例。河南省是中国玉米生产和消费大省，处于中国"黄金玉米带"，光热资源丰富，平原面积广大，地下水埋藏浅，大部分区域属于玉米适生区，在玉米生产中占有举足轻重的地位。河南省光热资源丰富，形成了小麦、玉米一年两熟的良好耕作制度。玉米作为河南省第二大粮食作物，常年种植面积占秋粮面积的 1/3，总产占秋粮 40％以上。河南省玉米生产可以划分为 6 个产区，分别是豫北平原主产区、豫中南主产区、豫东平原主产区、豫西南主产区、豫西丘陵主产区和豫南产区。

1. 豫北平原主产区 豫北平原主产区包括新乡、安阳、鹤壁、濮阳、焦作、济源等 6 地市。本区由黄河冲积平原和太行山前平原组成。地势西高东低，绝大部分在海拔 30～190 m，西部边缘伴有极少部分的丘陵地带。光照充足，降水量适中，地层深厚，但积温较差，是玉米适宜种植区。2013 年玉米种植面积为 77.8 万 hm²，占河南省总播种面积的 23.6％；总产量 511.8 万 t，占河南省玉米总产量的 26.5％；平均单产达到 6 582.0 kg/hm²，位居全省首位。

2. 豫中南主产区 豫中南主产区包括郑州、许昌、漯河、驻马店等 4 地市。西部为浅山丘陵，东部为广阔平原。农业生产条件优越。年平均气温在 14.9～15 ℃，光照充足，雨量充沛，资源丰富，劳动力充足，玉米生产潜力很大。2013 年玉米种植面积为 88.1 万 hm²，占河南省总播种面积的 26.7％；总产量 492.5 万 t，占河南省玉米总产量的 25.5％；平均单产为 5 587.2 kg/hm²。

3. 豫东平原主产区 豫东平原主产区包括周口、商丘、开封等 3 地市。属黄淮冲积平原和湖积平原，地势平坦，海拔 30～100 m，地貌单一，土层深厚，熟化度高。光、热、水资源丰富，适于玉米生长。2013 年玉米种植面积为 86.6 万 hm²，占河南省总播种面积的 26.2％；总产量 533.78 万 t，占河南省玉米总产量的 27.7％；平均单产为 6 167.3 kg/hm²。

4. 豫西南主产区 豫西南主产区玉米种植历史悠久，包括南阳市和平顶山。年均降水量 800～1 000 mm，无霜期 220～240 d，年平均日照时数 2047 h，年平均气温 14.4～15.7 ℃。海拔高度在 72.2～2 212.5 m。2013 年玉米种植面积为 49.2 万 hm²，占河南省总播种面积的 14.9％；总产量 257.9 万 t，占河南省玉米总产量的 13.4％；平均单产为

5 244.0 kg/hm^2。

5. 豫西丘陵主产区 豫西丘陵主产区包括洛阳、三门峡等 2 个地市。本区属暖温带大陆性气候，热量适中，全年平均气温 12～14.6℃。光照充足。降水偏少。地势西高东低，地形复杂多样。2013 年玉米种植面积为 25.1 万 hm^2，占河南省总播种面积的 7.6%；总产量 117.2 万 t，占河南省玉米总产量的 6.1%；平均单产为 4 661.9 kg/hm^2。

6. 豫南产区 豫南产区包括信阳市全部。该区南依大别山，西靠桐柏山，地形复杂，西高东低，南高北低；自西向东北方向倾斜，依次为山地、丘陵、缓岗、平原和洼地；自西南向东北呈扇形等高线分布；西部和南部山地海拔 300～800 m，北部平原海拔 35～100 m。该地区玉米种植面积小，2013 年玉米种植面积为 3.3 万 hm^2，占河南省总播种面积的 1.0%；总产量 14.7 万 t，占河南省玉米总产量的 0.8%；平均单产为 4 496.9 kg/hm^2（表 4-2）。

表 4-2 2013 年河南省各地区玉米播种面积、总产量和单产

（张美微整理，2016）

区 域	地 区	播种面积 (万 hm^2)	总产量 (万 t)	单产 (kg/hm^2)	播种面积 (万 hm^2)	总产量 (万 t)	单产 (kg/hm^2)
豫北平原主产区	安阳	23.4	152.6	6 520.5			
	鹤壁	7.8	55.2	7 076.9			
	新乡	22.0	137.7	6 249.5	77.8	511.8	6 582.0
	焦作	11.9	88.2	7 405.5			
	济源	2.0	10.5	5 357.1			
	濮阳	10.6	67.5	6 346.8			
豫中南主产区	郑州	15.9	75.8	4 758.2			
	许昌	17.4	109.5	6 288.9	88.1	492.5	5 587.2
	漯河	10.8	69.4	6 451.2			
	驻马店	44.1	237.9	5 398.8			
豫东平原主产区	周口	39.7	241.4	6 080.9			
	商丘	32.7	214.5	6 556.2	86.6	533.8	6 167.3
	开封	14.1	77.9	5 509.6			
豫西南主产区	南阳	31.8	173.7	5 466.0	49.2	257.9	5 244.0
	平顶山	17.4	84.2	4 838.5			
豫西丘陵主产区	洛阳	19.6	93.0	4 755.6	25.1	117.2	4 661.9
	三门峡	5.6	24.2	4 333.3			
豫南产区	信阳	3.3	14.7	4 496.9	3.3	14.7	4 496.9

注：资料来源于《河南统计年鉴 2014》。

二、玉米品种选用

（一）玉米品种概念和分类

玉米（*Zea mays* L.）是禾本科（Gramineae）玉蜀黍族（Maydeae）玉蜀黍属（*Zea*

L.）植物。玉米起源于美洲，印第安人在 7 000 年前开始驯化种植玉米，为选择和培育玉米做出了巨大的贡献；1492 年哥伦布把玉米带到了欧洲，随着航海事业的发展，玉米逐渐被传送到世界各地，成为重要的粮食作物。玉米品种是人类在一定的生态和经济条件下，根据自身需要，经过自然和人工选育出的具有经济价值，并且主要性状相对一致的群体。为了更好的区分生产中的栽培玉米，人们根据生物学特性、产量、品质及适应性等方面表现出来的差异，将玉米分为多种类型。不同品种间在生育期、产量、品质、抗性、适应区域以及用途方面存在显著差异；同一品种的个体均具有稳定的特定的遗传性和生物学、经济与形态上的相对一致性。

玉米经过长期的自然变异和人工选择，形成了丰富多样的类型。根据不同的划分依据和标准，可以将玉米品种分为不同的类型。依据遗传方式可以分为农家品种和杂交品种，其中杂交品种又可以分为单交种、双交种、三交种、顶交种、综合种等。依据时间，按照其生育期长短可分为早、中、晚熟三类，或进一步细分为极早熟、早熟、中早熟、中熟、中晚熟、晚熟和极晚熟等类型；按照播期可划分为春玉米、夏玉米、秋玉米和冬玉米。依据植物学和生物学特性，按照籽粒形态、胚乳结构分布以及籽粒外部稃壳的有无可以分为硬粒型、马齿型、半马齿型、弱质型、爆裂型、粉质型、甜质型、有稃型和甜粉型等 9 个类型；按照株型分为紧凑型、平展型、半紧凑型等；按照株型可分为矮秆、中高秆和高秆。依据最终用途和经济价值可以分为高油玉米、糯玉米、甜玉米、爆裂玉米、优质蛋白玉米、青饲青贮玉米、高淀粉玉米、笋玉米等。此外，还可以根据玉米品种对逆境的抵抗和适应能力分为抗旱品种、耐涝品种、耐贫瘠品种、耐肥品种、耐高温品种和耐低温品种等。

（二）玉米品种更新换代

大约在 16 世纪中期，玉米传入中国，经过长期的天然杂交、自然和人为选择，其在不同地区形成了特定的优良品种，为玉米育种提供了重要的基础材料。从 20 世纪初开始，中国玉米工作者陆续从国外引进多个优良品种，如意国白、菲立王、马士驮敦、美稔黄、白鹤、金皇后、意大利白、英粒子、金皇后和白马牙等，为中国玉米品种改良奠定了坚实的基础。新中国成立后，中国普通玉米品种更新主要经历了以下几个阶段：

1. 20 世纪 50 年代初期　以筛选农家种和选育品种间杂交种为主。1950 年 5 月农业部颁布了《五年良种普及计划草案》，随机开展了大规模的农作物良种评选活动。山东省从众多农家品种中筛选评定出小粒红、大粒红、白马牙，还引进了金皇后、华农 2 号等农家品种。河南省先后推广应用的优良农家品种有辉县干白顶、洛阳小金粒、鹅翎白、华农 2 号和金皇后等。河北省先后征集评选出唐山白、东陵白、小八趟、墩子黄、大粒快、春玉米、塌顶黄等优良农家品种，以及华农 1 号、华农 2 号、衡研 1 号、早玉米、二民子等改良品种。北京市推广的优良农家品种有小八趟、墩子黄等。这些优良农家品种，比一般品种增产 10％左右；在生产中逐步替代了之前抗逆性差、产量低的低劣品种，促进了中国玉米生产的发展。

1950 年 7 月，吴绍骙发表《利用品种间杂交以增加中国玉米产量》，农业部颁布了《全国玉米改良计划》，要求进行人工去雄选种和配制种间杂交种。随后，开展了大规模的玉米种间杂交种选育。据农业部统计，至1958年全国各地共收集保存玉米品种14 000余份，从中评定筛选优良品种2 000多份，各类杂交种400多个，其中推广应用的优良杂交种75个。山东省在20世纪50年代初先后培育推广的种间杂交种有坊杂2号、坊杂4号、齐玉24、齐玉25、齐玉26、莱杂17、莱杂19、烟杂2号等。其中，1950年培育的坊杂2号是中国应用较早、面积较大的种间杂交种，比当地品种增产37%～63%。河南省利用优良农家种和引进美国的Wisoonsine416、Mimisoat608先后育成了百杂1号、百杂2号、百杂3号、百杂4号、百杂5号、百杂6号等种间杂交种。1951年在河南农学院吴绍骙的主持下，河南农学院、河南省农业科学院、洛阳农业试验站育出了洛阳混选一号、豫综1号、豫综2号、豫1012综、豫1017综、洛阳85等综合种，在生产上比当地农家种增产30%～80%。河北省从1952年开始利用品种间杂交种春杂1号、春杂2号、春杂3号、石交1号、承杂2号、唐杂1号、唐杂4号、夏杂1号、夏杂2号、河北547，还引进了坊杂2号等品种间杂交种。原华北农业科学研究所培育的冀综1号玉米综合杂交种在1962年后成为河北省主栽品种。优良农家种的筛选评定和种间杂交种的培育实现了中国玉米品种第一阶段的更新。

2. 20世纪50年代末至70年代初期 以选育双交种为主，三交种和单交种综合推广利用阶段，完成中国玉米品种第二阶段更新。20世纪50年代末，我国培育出了首批双交种，开创玉米杂交育种新纪元。1958年农业部颁布《全国玉米杂交种繁育推广工作试行方案》，1960年在山西太原召开"全国玉米研究工作会议"上，农业部提出《关于多快好省选育自交系间杂交种和四年普及自交系间杂交种的意见》，为中国玉米育种、繁殖和推广工作进行了统一规划，加快了中国玉米双交种的推广应用。山东省从1957年开始玉米双交种的配制工作，1958—1960年先后选育推广了双跃3号、双跃4号、双跃35、双跃50、双跃80、双跃85等双交种。河南省新乡农业科学院于1953年开始玉米自交系和杂交育种工作，1959年选育出早熟、抗倒、抗病、高产的新双1号，之后先后推广应用到全国10多个省份，成为中国第一个种植面积最大的双交种。河南农学院和河南省农业科学院也先后培育了豫双1号、豫双2号、豫双3号等，推广利用的还有农大4号双交种。河北省从20世纪60年代中期开始利用玉米自交系配制杂交种冀双63、冀双55等双交种，并引进了春杂12号、农大7号、新双1号、双跃150等玉米双交种。这一阶段的玉米双交种在品种质量、成本、适应性、生长整齐健壮度等方面均优于种间杂交种，在生产中受到广泛推广。优良双交种一般比品种间杂交种增产20%，比优良农家品种增产30%以上。到70年代初期，中国玉米双交种的种植面积达到总面积的40%左右。

1963年，河南省新乡农业科学院张庆吉、宋秀玲主持选育的新单1号成为中国第一个玉米单杂交种，并在生产上进行推广应用，带动了中国玉米育种走上使用单交种阶段。1966年中国玉米大斑病和小斑病普遍流行，使得已经推广的国内自选双交种和引入的国外双交种因发病严重而大幅减产。这也为中国抗病高产单交种的推广应用提供了契机。1971年农业部召开"全国两杂（杂交玉米和杂交高粱）育种座谈会"，明确提出"我国玉米杂交选育和利用，要以单交种为主，双交、三交、顶交及综合杂交种为辅，因地制宜，合理搭配种植，充分发挥玉米杂交优势的增产作用"。山东省在1966—1974年间先后育成烟三6号、烟三10号、鲁三9号等三交种，以及鲁单3号、泰单71、单交36等单交种。

此外，还引进推广了群单105、新单1号等优良杂交种。河南省先后培育并推广了新三1号、新三3号等三交种，还有新单1号、郑单2号、豫农704、博单1号等单交种。河北省引进了烟三6号、鲁三9号等三交种，推广了群单105、白单4号等单交种。1973年，李竞雄等选育出的中单2号单交种比当时生产上推广的郑单2号、群单105等一般增产15%～25%，并且表现出抗玉米大斑病、小斑病、黑穗病，同时具有广泛的适应性，在1976年用于生产后，迅速在全国范围内推广开来。

3. 20世纪70年代以来　以选育推广玉米单交种为主。玉米单交种的第一代群体普遍具有整齐一致的特异性，杂种优势强，增产效果显著。优良单交种一般比双交种增产15%以上，三交种也比双交种有一定的增产效果。至1980年，中国玉米双交种和三交种的种植面积锐减，进入玉米单交种推广利用时期，实现了玉米品种的第三阶段更新。山东省于20世纪70年代中后期加强了玉米自交系间单交种的选育工作，先后选育出威凤322、原武02等配合力较高的早熟自交系，育成和引进的单交种有鲁原单4号、鲁玉3号、丹玉6号、中单2号和郑单2号等。80～90年代，先后育成了烟单14、鲁玉1号、鲁玉2号、鲁玉10号、掖单2号、掖单12、掖单13、登海1号、鲁单50、烟单17等高产、优质、多抗、紧凑型玉米单交种应用于生产。同时引进了中单2号、丹玉6号、丹玉13等单交种。其中，鲁玉2号和烟单14为当时代表品种。郑单2号、豫农704、博单1号为当时河南省的3个当家品种。随后选育推广了商单3号、郑单8号、豫单8号、豫单9号等单交种，80～90年代生产上大面积推广的品种还有丹玉13、掖单2号、豫玉22、豫玉18、掖单13、郑单2号、豫玉2号、烟单14、掖单12、掖单19等。河北省在1976—1989年间先后选育推广的冀单10、冀单17推广面积都超过10万 hm^2，还引进了京杂6号、中单2号、鲁玉3号、烟单14等优良单交种。在90年代掖单2号、掖单4号、掖单12、掖单13、掖单19、掖单20、西玉3号、鲁原单14、冀单27、冀单28等多个高产优质、多抗紧凑的玉米单交种被推广应用。

4. 21世纪以来　中国玉米育种方向由传统的高秆大穗转变为以中穗紧凑株型为主，综合考虑抗性，以结实率和出籽率为评价的重要指标，在实践中不断创新，培育出了一批紧凑密植型新品种。山东省大面积推广的品种有郑单958、鲁单981、农大108、鲁单50、聊玉18、金海5号、浚单20等；河南省生产上大面积应用的品种为郑单958、浚单20、鲁单981、农大108、豫玉22、中科4号、济单7号等；河北省生产上大面积推广应用的品种有郑单958、浚单20、农大108、沈单16、沈单10号、蠡玉16等。

（三）优良玉米品种介绍

优良玉米品种是指在人工培育和选择过程中表现优良，并可以很好地实现生产目标，具备高产、稳产、优质和适应性强等特点的玉米品种。随着中国玉米种业的发展，生产上对玉米品种的要求越来越高，不仅要求高产，在适应性、抗病抗倒性、果穗品质等方面都提出了较高的要求。玉米产量大部分取决于光合机构的大小和效率，一般高光效品种通常具有高的产量潜力。合理的冠层结构有利于提高玉米群体光能截获率和光合速率，进而提升其光合特性，最终实现高产高效的目标。理想的株型是构成冠层结构的重要因素。章履孝等（1991）将中国玉米栽培品种的株型划分为紧凑型、半紧凑型和平展型3种。其中，紧凑型玉米品种通常具有茎叶夹角小、叶片不下披或仅叶梢下披、叶片窄短、穗位以上叶片数少等特性，其在配合力和群体光能利用两个方面具有优势，特别是在高密植条件下，株型效果发挥尤为明显。紧凑型玉米具有较高的光合有效截获，且光照在群体内分布均匀；同时，能够合理利用中午强光，避免叶片温度过高和水分大量散失造成的失水枯萎。黄淮海夏玉米播种面积约 747 万 hm^2，占全国播种面积的 32.7%，单位面积产量达 5.3 t/hm^2，产量占全国中产量的 35.5%。黄淮海地区近年来品种推广应用具有以下特点：① 以少数主推品种占绝对优势，其他品种繁多分布；② 主推品种熟期适中、中秆中穗、耐密性强；③ 由主推品种核心种质改良的品种较多，在某些性状上已形成突破。以下对近年来黄淮海地区主推的 20 多个优良玉米品种进行详细介绍。

1. 郑单 958

选育单位：河南省农业科学院粮食作物研究所。

品种来源：郑单 958 以郑 58 为母本、昌 7－2 为父本杂交育成。其中，母本采用系谱法以掖 478 为基础材料连续自交育成。

审定时间：2000 年通过全国农作物品种审定委员会审定（审定编号：国审玉 20000009），另外还相继通过了河南、河北、山东、北京等多个省（自治区、直辖市）的审定。

特征特性：郑单 958 在黄淮海夏播区生育期 95 d 左右，株高 240～250 cm，穗位高 100 cm；其幼苗叶鞘紫色，叶色浅绿，叶片窄而上冲，穗上叶叶尖下坡，株型紧凑，耐密性强。青花丝，白轴黄粒，半马齿型，果穗筒形无秃尖，出籽率 88%～90%，穗长 17～20 cm，14～16 行，行粒数 37 粒，千粒重 300～356 g。该品种抗玉米大斑病、小斑病、青枯病、黑粉病和粗缩病，同时抗倒伏，具有高产稳产的特性。

产量品质：1997 年和 1998 年在河南省夏玉米区域中平均产量分别为 8 370.0 kg/hm^2 和 7 692.0 kg/hm^2，分别比对照豫玉 12 增产 15.1% 和 22.4%，两年均位居首位。1998 年和 1999 年在黄淮海 7 个省份夏玉米区域生产中，平均产量分别为 8 659.5 kg/hm^2 和 8 758.5 kg/hm^2，分别比对照掖单 19 增产 28.0% 和 15.5%。1999 年参加国家黄淮海区域夏玉米生产中，平均单产 8 806.5 kg/hm^2，位居首位。1999 年在河南省夏玉米试验中，平均单产达到 9 453.0 kg/hm^2，比对照安玉 5 号增产 15.2%。同年，在河南省武陟县西滑封村夏播高产攻关试验中，经专家测产验收，平均产量高达 13 909.5 kg/hm^2。该玉米籽粒蛋白质含量 9.47%，赖氨酸含量 0.27%，粗脂肪含量 4.46%，淀粉含量 72.6%。

栽培要点：5 月下旬麦垄点种或 6 月上旬麦收后足墒直播，密度为每公顷 52 500 株，中上等水肥田地每公顷 60 000 株，高水肥田地每公顷 67 500 株；苗期发育较慢，应注意增加 P、K 肥提苗，重施拔节肥，大喇叭口期注重防治玉米螟。

适宜区域：适合北京、河北、山东、安徽、河南、江苏、陕西、山西南部夏玉米区和我国南北其他适宜种植区中等以上肥力地区种植。

2. 农大 108

选育单位：中国农业大学。

品种来源：农大 108 以黄 C 为母本、P178 为父本杂交选育而成。

审定时间：1998 年、1999 年分别通过河北省、山西省、北京市、天津市及全国农作物品种审定委员会审定（审定编号：国审玉 2001002）。

特征特性：农大 108 在黄淮海夏玉米区生育期为 99 d，属于中熟品种。叶片宽直，色浓；穗位以下叶片平展，穗位以上叶片上冲，属半紧凑型，根系发达；株高 260 cm，穗位高 110 cm；果穗长筒形，穗长 20 cm，穗行数 16 行，行粒数 40 粒。籽粒半马齿型、黄色、品质好，千粒重 300～350 g，出籽率 85%。该品种吸水、吸肥能力强，耐瘠薄、抗旱、抗涝、抗倒，抗大斑病、小斑病、黑粉病、病毒病以及轻感纹枯病和青枯病。

产量品质：1994 年全国 11 个省份 23 个试点（春、夏播）平均产量 8 719.5 kg/hm²，比对照中单 2 号增产 27.0%；1996 年全国 17 个省份 76 个点平均产量 9 388.5 kg/hm²，比对照丹玉 13 增产 28.7%。2000 年参加黄淮海夏玉米组生产试验中，单位产量 7 655.25 kg/hm²。该品种籽粒蛋白质含量达 9.43%，粗淀粉含量 72.2%，赖氨酸含量 0.36%，粗脂肪含量 4.25%。

栽培要点：该品种根系发达，喜肥水，增产潜力大，但植株繁茂，穗位较高，前期宜适当控制肥水，以促根稳茎，缩短下部节间，并注意施 K 肥。果穗较大，不适合过密种植。套种、夏播密度一般为 52 500～60 000 株/hm²。

3. 浚单 20

选育单位：河南省浚县农业科学研究所。

品种来源：浚单 20 以 9058 为母本、浚 92‐8 为父本选育而成。其中，母本为浚县农业科学研究所利用国外材料 6JK 导入含有热带种质基础的 8085 泰选育而成（含热带种质）；父本为外引系昌 7‐2 和 5237 杂交后，连续自交 5 代选育而成。

审定时间：2003 年通过国家农作物品种审定委员会审定（审定编号：国审玉 2003054），同年也通过了河南省、河北省审定。

特征特性：浚单 20 在黄淮海夏播区生育期 97 d 左右，属中早熟品种。株高 242 cm，穗位高 106 cm，成株叶片数 20 片；幼苗叶鞘紫色，叶缘绿色，株型紧凑、清秀；花药黄色，颖壳绿色。花柱紫红色，果穗筒形，穗轴白色，籽粒黄色，半马齿型；穗长 16.8 cm，穗行数 16 行，出籽率 90%，千粒重 320 g。经河北省农林科学院植物保护研究所两年接种鉴定，感大斑病，抗小斑病，感黑粉病，中抗茎腐病，高抗矮花叶病，中抗弯孢菌叶斑病，抗玉米螟。

产量品质：2001 年和 2002 年参加国家黄淮海夏玉米区域试验，平均产量分别为 9 442.5 kg/hm² 和 8 938.8 kg/hm²，比对照农大 108 分别增产 10.95% 和 7.41%。2002 年参加国家黄淮海夏玉米生产试验的平均产量为 8 833.05 kg/hm²，比对照农大 108 增产 10.73%。经农业部谷物品质监督检查检验测试中心测定，玉米籽粒容重为 758 g/L，粗蛋白含量 10.2%，粗脂肪含量 4.69%，粗淀粉含量 70.33%，赖氨酸含量 0.33%。

栽培要点：一般肥力地块适宜种植密度为每公顷 52 500～60 000 株，中上等肥力地块为每公顷 60 000～67 500 株。在种植方式中宜采用等行距或者宽窄行种植，等行距种植行距为 60～65 cm，宽窄行种植宽行距为 80～85 cm，窄行距为 45～50 cm。

适宜区域：适宜在河南、山东、河北中南部、江苏、安徽、山西运城等黄淮海夏播玉米区种植。

4. 鲁单 981

选育单位：山东省农业科学院玉米研究所。

品种来源：鲁单 981 由母本自交系齐 319 和父本自交系 Lx9801 杂交育成。

审定时间：2002 年经山东省和河北省农作物品种审定委员会审定，2003 年经国家（审定编号：国审玉 2003011）和河南省农作物品种审定委员会审定。

特征特性：鲁单 981 夏播生育期 98 d，属中早熟品种，株型半紧凑，活秆成熟。中期生长快，根系发达，地区适应性强。株高平均 280 cm，穗位高约 118 cm；苗期叶鞘紫色，花柱红色；果穗筒形，大小均匀，无秃尖，红白轴，籽粒半马齿型，黄白粒，品质优；穗长 22～24 cm，穗粗 5.4 cm，穗行 16 行，行粒数 43 粒，千粒重 366 g，出籽率 87%。抗玉米小斑病、茎腐病、弯孢菌叶斑病、大斑病、黑粉病、粗缩病、锈病、矮花叶病、青枯病等，抗玉米螟，同时抗倒伏性强，表现出了良好的综合抗性。

产量品质：1999—2000 年在山东省杂交玉米区域试验中，平均单产 9 531 kg/hm²，比对照鲁单 50 平均增产 7.82%；在 2001 年山东省生产试验中，平均单产 8 758.5 kg/hm²，比对照鲁单 50 增产 6.6%。2000 年参加国家黄淮海夏玉米区域试验，平均单产 8 220 kg/hm²，比对照掖单 19 增产 19.15%；2001 年国家区域试验平均单产 9 009 kg/hm²，比对照农大 108 增产 5.86%；2001 年参加国家黄淮海生产试验，平均单产 8 526 kg/hm²，比对照农大 108 增产 7.0%。经农业部谷物品质监督检验测试中心（北京）测定，籽粒粗蛋白含量 10.74%，粗脂肪含量 4.48%，赖氨酸含量 0.29%，粗淀粉含量 70.26%，容重 745 g/L。

栽培要点：适宜种植密度 45 000 株/hm²，高水肥地块可达 49 500 株/hm²。前期注意蹲苗，中后期保证水肥供应。

适宜区域：适宜在黄淮海夏玉米区及西南山地丘陵玉米区等地种植，尤其是黄淮海套种和夏直播区。

5. 蠡玉 16

选育单位：河北省蠡县玉米研究所。

品种来源：蠡玉 16 以母本 953 和父本 L91158 杂交选育而成；其中，母本是以外引杂交种 78698 为基础材料自交选育而成，父本是以（黄 C×P178）F1 为基础材料选育而成。

审定时间：2003 年通过河北省农作物品种审定委员会审定通过，审定编号：冀审玉 2003001；2005 年通过北京（京审玉 2005011）、陕西（陕审玉 2005006）审定，通过内蒙古认定（内蒙古认玉 2005012）；2006 年通过河南（豫引玉 2006022）审定，通过山西认定（晋引玉 2006012）；2007 年和 2008 年分别通过吉林（吉审玉 2007035）和湖北（鄂审玉 2008006）审定。

特征特性：蠡玉 16 夏播生育期 108 d 左右，属于中熟品种，活秆成熟；穗上部叶片上冲，株型半紧凑，茎秆坚韧，根系发达。株高 264 cm，穗位高 123 cm；幼苗叶鞘紫红色，花药黄色，花柱绿色。果穗筒形，穗长 18.5 cm，穗粗 5.3 cm，秃顶 0.5 cm，穗行数平均 18.1 行，穗粒数 669 粒；白轴，黄粒、半马齿型，出籽率 88.1%，千粒重 338 g，容重 765 g/L。经河北省农林科学院植物保护研究所抗病性接种鉴定，2001 年抗大斑病，中感小斑病，中感弯孢菌叶斑病，高抗矮花叶病、粗缩病、黑粉病、茎腐病；2002 年感大斑病，抗小斑病，抗弯孢菌叶斑病，中抗茎腐病，高抗黑粉病、矮花叶病，抗玉米螟。

产量品质：2002 年参加河北省生产试验，平均单产 8 508 kg/hm²，比对照冀单 29 增产 12.2%；在 2004 年安徽省生产试验中，平均产量 7 930.5 kg/hm²，比对照农大 108 增产 10%；在 2003—2004 年陕西省夏玉米生产试验中，产量为 7 881.8 kg/hm²，比对照户单 4 号增产 8.8%；在 2001—2002 年北京夏播区域试验中，产量为平均单产 8 685 kg/hm²，比对照唐抗 5 号增产 16.4%，生产试验单产 7 960.5 kg/hm²，比对照唐抗 5 号增产 17.67%。经农业部谷物品质监督检验测试中心（泰安）品质分析：籽粒粗蛋白含量 10.8%，粗脂肪含量 4.0%，赖氨酸含量 0.39%，粗淀粉含量 72.7%。

栽培要点：适宜种植密度为 60 000～67 500 株/hm²，追肥要以前轻、中重、后补为原则，采取稳 N 增 P 补 K 措施。喇叭口期及时防治玉米螟。

适宜区域：适宜在河南省、河北省、陕西省、安徽省和山西运城夏播区种植。

6. 金海 5 号

选育单位：莱州市金海作物研究所有限公司。

品种来源：金海 5 号以自交系 JH78-2 为母本、JH3372 为父本杂交育成。

审定时间：2003 年通过山东省（审定编号：鲁农审字〔2003〕005 号）和北京市农作物品种审定委员会审定（京审玉 2003010）。

特征特性：该品种夏播生育期 105 d，全株叶片 19～20 片。活秆成熟，属于中晚熟品种。根系发达，抗寒性强。株型紧凑，苗期叶鞘紫色，叶色浓绿。株高 245 cm，穗位高 92 cm，花药黄色，花柱红色。果穗长筒形，穗行数 14～16 行，果穗长 20.7 cm，穗轴红色，籽粒黄色、马齿型，千粒重 327 g。该品种中抗大斑病、小斑病，抗弯孢菌叶斑病、青枯病，高抗玉米黑粉病、矮花叶病。

产量品质：在 2000—2001 年山东省玉米区域试验中，两年 26 个试验试点中 23 个增产，平均产量 9 247 kg/hm²，比对照鲁单 50 增产 7.8%；2002 年参加生产试验中，8 个试验试点均增产，平均产量 9 168 kg/hm²，比对照鲁单 50 增产 8.45%。经农业部谷物品质监督检验测试中心分析，该品种籽粒粗蛋白含量 10.1%，粗脂肪含量 4.31%，赖氨酸含量 0.32%，粗淀粉含量 70.36%，容重 760 g/L。

栽培要点：一般肥力田地，种植密度以 45 000～52 500 株/hm² 为宜，高水肥条件下可增加至 60 000 株/hm²。

适宜区域：适宜在黄淮海夏玉米区域种植。

7. 先玉 335

选育单位：铁岭先锋种子研究有限公司。

品种来源：先玉 335 母本为 PH6WC，父本为 PH4CV，母本、父本均来源于先锋公司自育。

审定时间：2004 年分别通过国家（审定编号：国审玉 2004017）和河南省农作物品种审定委员会审定。

特征特性：该品种在黄淮海区域的生育期为 98 d，属中早熟品种。全株叶片数 19 片左右。幼苗叶鞘紫色，叶片绿色，叶缘绿色；田间幼苗长势强，成株株型紧凑、清秀，气生根发达，叶片上举。株高 286 cm，穗位高 103 cm，花粉粉红色，颖壳绿色。花柱紫红色，果穗筒形；穗长 18.5 cm，穗行数 15.8 行，穗轴红色，籽粒黄色、均匀、杂质少，马齿型，半硬质，千粒重 393 g。高抗茎腐病，中抗黑粉病，中抗弯孢菌叶斑病。田间表现丰产性好，稳产性突出，适应性好，早熟抗倒。

产量品质：2002—2003 年参加黄淮海夏玉米品种区域试验，38 点次增产，7 点次减产，两年平均单产 8 692.5 kg/hm²，比对照农大 108 增产 11.3％；2003 年参加同组生产试验，15 点增产，6 点减产，平均单产 7 638 kg/hm²，比当地对照增产 4.7％。经农业部谷物品质监督检验测试中心（北京）测定，籽粒粗蛋白含量 9.55％，粗脂肪含量 4.08％，粗淀粉含量 74.16％，赖氨酸含量 0.30％。

栽培要点：适宜密度为 60 000～67 500 株/hm²，注意防治大斑病、小斑病、矮花叶病和玉米螟，适当增施 P、K 肥，以发挥最大增产潜力。

适宜区域：适宜在河南、河北、山东、陕西、安徽、山西运城夏播种植，大斑病、小斑病、矮花叶病、玉米螟高发区慎用。

8. 伟科 702

选育单位：伟科作物育种科技有限公司。

品种来源：伟科 702 以 WK858 为母本、798－1 为父本杂交选育而成。母本是以 (8001×郑 58)×郑 58 为基础材料连续自交选育而成；父本来源于（昌 7－2、K12、陕314、黄野四、吉 853、9801）与高抗倒伏材料组配成育种小群体经连续二次混合授粉后的群体。

审定时间：2011 年通过内蒙古自治区、河南省和河北省农作物品种审定委员会审定，2012 年通过国家农作物品种审定委员会审定（审定编号：国审玉 2012010）。

特征特性：伟科 702 在黄淮海区域夏播生育期 100 d 左右，属于中熟品种。成熟叶片数 20 片。株型紧凑，持绿性好；幼苗叶鞘紫色，叶片绿色，叶缘紫色，花药黄色，颖壳绿色；株高 246～269 cm，穗位高 106～112 cm。果穗筒形，穗长 17.5～18.0 cm，穗粗4.9～5.2 cm，穗行数 14～16 行，行粒数 33.7～36.4 粒，穗轴白色；籽粒黄色、半马齿型，千粒重 334.7～335.8 g，出籽率 89.0％～89.8％。该品种在黄淮海夏玉米区，中抗大斑病、南方锈病，感小斑病和茎腐病，高感弯孢菌叶斑病和玉米螟。

产量品质：2008 年参加河南省玉米区试，10 个试验点全部增产，平均单产 9 178.5 kg/hm²，比对照郑单 958 增产 4.9％；2009 年续试，10 个试验点全部增产，平均单产 9 082.5 kg/hm²，比对照郑单 958 增产 11.9％；2010 年在河南省玉米生产试验中，13 个试验点全部增产，平均单产 8 763 kg/hm²，比对照郑单 958 增产 9.6％。2010—2011 年参加黄淮海区域区试试验，单产分别为 9 351 kg/hm² 和 9 072 kg/hm²，比对照郑单 958 分别增产 4.9％和8.1％；2011 年参加黄淮海区域生产试验，单产为 9 184.5 kg/hm²，比对照郑单 958 增产7.9％。农业部谷物品质监督检验测试中心测定，籽粒粗蛋白（干基）含量 9.19％，粗脂肪含量 3.5％，粗淀粉含量 73.79％，赖氨酸含量 0.26％。

栽培要点：夏播 6 月 20 日前播种，一般每公顷 52 500～60 000 株，高水肥地块每公顷可种 67 500 株。苗期注意防治蓟马、棉铃虫、玉米螟等害虫，保证苗齐、苗壮；苗期少施肥，大喇叭口期重施肥，同时用辛硫磷颗粒剂丢芯，防治玉米螟。

适宜区域：适宜在河南、河北保定及以南地区、山东、陕西关中灌区、江苏北部、安徽北部夏播种植。

9. 隆平 206

选育单位：安徽隆平高科种业有限公司。

品种来源：隆平 206 以 L239 为母本、以 L7221 为父本杂交培育。其中，母本来源美国杂交种改造郑 58，父本是昌 7－2 选系。

审定时间：2007 年通过安徽省农作物品种审定委员会审定（审定编号：皖品审 07050572）。

特征特性：隆平 206 夏播生育期 101 d，属于中熟玉米杂交种。株型较紧凑，叶片较窄挺，分布稀疏，透光性好；苗期长势强，叶片深绿，叶鞘紫花。株高 259.6 cm，穗位高 112.7 cm。花柱粉红色，穗轴红色，籽粒马齿型，纯黄色。穗筒形，穗长 191.1 cm，穗长 14.7 cm，穗粗 5.4 cm，穗行数 15.8 行，行粒数 32.2 粒，出籽率 83.6%，千粒重 373 g。抗病性接种鉴定，高抗矮花叶病，抗弯孢菌叶斑病、茎腐病、中抗小斑病、瘤黑粉病、玉米螟。

产量品质：2005—2006 年参加低密度组试验，平均产量分别为 6 687 kg/hm² 和 8 185.5 kg/hm²，比对照农大 108 分别增产 9.04% 和 16.05%；同步生产试验中，6 个试验点中，4 点增产、2 点减产，平均产量 7 632 kg/hm²，比对照增产 8.19%。2007 年河南省引种试验，平均单产 8 197.5 kg/hm²，比对照郑单 958 增产 0.7%；2008 年续试，平均单产 9 552 kg/hm²，比对照郑单 958 增产 6%。该品种籽粒粗蛋白含量 9.12%，粗脂肪含量 3.65%，粗淀粉含量 76.2%，赖氨酸含量 0.278%。

栽培要点：夏播一般在 6 月上中旬播种，适宜密度 52 500 株/hm² 左右，注意防治瘤黑粉病、玉米螟。抽雄前后注意防止倒伏。

适宜区域：适宜安徽、山东、河南（开封、商丘、周口以外）地区、河北张家口市坝下丘陵及河川中熟区种植。

10. 登海 605

选育单位：山东登海种业股份有限公司。

品种来源：登海 605 以 DH351 为母本、DH382 为父本选育而成。母本是以 DH158/107 为基础材料连续自交多代选育而成；父本是以国外杂交种 X1132 为基础材料连续自交多代选育而成。

审定时间：2011 年通过国家农作物品种审定委员会审定（审定编号：国审玉 2010009），2011—2012 年先后通过山东省、浙江省农作物品种审定委员会审定。

特征特性：登海 605 在黄淮海区域夏播生育期 101 d，属于中熟品种。成株叶片数 19～20 片。幼苗叶鞘紫色，叶片绿色，叶缘绿带紫色。花药黄绿色，颖壳浅紫色。株型紧凑，株高 259 cm，穗位高 99 cm。花柱浅紫色，果穗长筒形，穗长 18 cm，穗行数 16～18 行，穗轴红色，籽粒黄色、马齿型，千粒重 344 g。高抗茎腐病，中抗玉米螟，感大斑病、小斑病、矮花叶病和弯孢菌叶斑病，高感瘤黑粉病、褐斑病和南方锈病。

产量品质：2008—2009 年参加黄淮海夏玉米区域试验，两年平均单产 9 885 kg/hm²，比对照郑单 958 增产 5.3%；2009 年在该区域的生产试验中，平均单产 9 223.5 kg/hm²，比对照郑单 958 增产 5.5%。经农业部谷物品质监督检验测试中心（北京）测定，籽粒容重 766 g/L，粗蛋白含量 9.35%，粗脂肪含量 3.76%，粗淀粉含量 73.40%，赖氨酸含量 0.31%。

栽培要点：在中等肥力以上地块栽培，每公顷适宜密度 60 000~67 500 株，注意防治瘤黑粉病，褐斑病、南方锈病重发区慎用。

适宜区域：适宜在山东、河南、河北中南部、安徽北部、山西运城地区夏播以及内蒙古适宜区域、陕西、浙江种植，注意防治瘤黑粉病，褐斑病、南方锈病重发区慎用。

11. 中科 11

选育单位：北京中科华泰科有限公司，河南科泰种业有限公司。

品种来源：中科 11 由母本 CT03 和父本 CT201 杂交选育而来；其中，母本来源于（郑 58×CT01）×郑 58，父本来源于黄早 4×黄 168。

审定时间：2006 年通过国家农作物品种审定委员会审定（审定编号：国审玉 2006034），2008 年通过内蒙古自治区农作物品种审定委员会认定。

特征特性：中科 11 在黄淮海区域生育期 98.6 d，属于中早熟品种，需活动积温 2 650 ℃左右。成株叶片数 19~21 片。幼苗叶鞘紫色，叶片绿色，叶缘紫红色。株型紧凑，叶片宽大上冲，株高 250 cm，穗位高 110 cm。雄穗分枝密，花药浅紫色，颖壳绿色；花柱浅红色，果穗筒形，穗长 16.8 cm，穗行数 14~16 行，穗轴白色，籽粒黄色、半马齿型，千粒重 316 g。高抗矮花叶病，抗茎腐病，中抗大斑病、小斑病、瘤黑粉病和玉米螟，感弯孢菌叶斑病。

产量品质：在 2004—2005 年国家黄淮海区域夏播试验中，平均单产 9 126 kg/hm²，比对照郑单 958 增产 10.0%，两年均居第一；在 2005 年国家黄淮海生产试验中，平均单产 8 464.5 kg/hm²，比对照农大 108 增产 10.1%。经农业部谷物品质监督检验测试中心（北京）测定，籽粒容重 736 g/L，粗蛋白含量 8.24%，粗脂肪含量 4.17%，粗淀粉含量 75.86%，赖氨酸含量 0.32%。

栽培要点：每公顷适宜密度 57 000~63 000 株，注意防治弯孢菌叶斑病。

适宜区域：适宜在河北、河南、山东、陕西、安徽北部、江苏北部、山西运城夏玉米区种植。

12. 郑单 1002

选育单位：河南省农业科学院粮食作物研究所。

品种来源：郑单 1002 以自选系郑 588 为母本、自选系郑 H71 为父本组配而成。

审定时间：2014 年经河南省农作物品种审定委员会评审通过，2015 年通过国家农作物品种审定委员会审定（审定编号：国审玉 2015017）。

特征特性：郑单 1002 在黄淮海区域夏玉米生育期 103 d，属于中熟品种。成株叶片数 19~20 片。幼苗叶鞘紫色，叶片绿色，叶缘绿色。株型紧凑，株高 257 cm，穗位高 105 cm。花药浅紫色，颖壳绿色。花柱浅紫色，果穗筒形，穗长 16.5 cm，穗行数 14~16 行，穗轴白色，籽粒黄色、半马齿型，千粒重 332 g。接种鉴定，高抗小斑病，感瘤黑粉病和茎腐病，高感弯孢菌叶斑病、穗腐病和粗缩病。

产量品质：2013—2014 年参加黄淮海夏玉米品种区域试验，两年平均单产 10 104 kg/hm²，比对照郑单 958 增产 2.3%；2014 年生产试验中，平均单产 10 003.5 kg/hm²，比对照郑单 958 增产 4.4％。籽粒容重 776 g/L，粗蛋白含量 9.64％，粗脂肪含量 4.11％，粗淀粉含量 74.22％，赖氨酸含量 0.28％。

栽培要点：适宜在中等肥力以上地块栽培，5 月下旬至 6 月中旬播种，每公顷种植密度 67 500～75 000 株。

适宜区域：适宜在河北保定及以南地区、山西南部、河南、山东、江苏淮北、安徽淮北、陕西关中灌区夏播种植。注意防治瘤黑粉病、粗缩病、茎腐病、弯孢菌叶斑病和玉米螟。

13. 中单 909

选育单位：中国农业科学院作物科学研究所。

品种来源：中单 909 由母本郑 58 和父本 HD586 杂交组配而成。

审定时间：2011 年通过国家农作物品种审定委员会审定（审定编号：国审玉 2011011）。

特征特性：该品种在黄淮海区域生育期 101 d，属于中熟品种。成株叶片数 21 片。幼苗叶鞘紫色，叶片绿色，叶缘绿色。株型紧凑，株高 250 cm，穗位高 100 cm。花药浅紫色，颖壳浅紫色；花柱浅紫色，果穗筒形，穗长 17.9 cm，穗行数 14～16 行，穗轴白色，籽粒黄色、半马齿型，千粒重 339 g。经河北省农林科学院植物保护研究所两年接种鉴定，中抗弯孢菌叶斑病，感大斑病、小斑病、茎腐病和玉米螟，高感瘤黑粉病。

产量品质：2009—2010 年参加黄淮海夏玉米品种区域试验，两年平均单产 9 457.5 kg/hm²，比对照郑单 985 增产 5.1％；2010 年生产试验中，单产 8 758.5 kg/hm²，比对照郑单 958 增产 4.7％。经农业部谷物品质监督检验测试中心（北京）测定，籽粒容重 794 g/L，粗蛋白含量 10.32％，粗脂肪含量 3.46％，粗淀粉含量 74.02％，赖氨酸含量 0.29％。

栽培要点：适宜在中等肥力以上地块种植，适宜播种期为 6 月上中旬，每公顷密度 67 500～75 000 株；注意防治病虫害，及时收获。

适宜区域：适宜在河南、河北保定及以南地区、山东（滨州除外）、陕西关中灌区、山西运城、江苏北部、安徽北部（淮北市除外）夏播种植。瘤黑粉病高发区慎用。

14. 洛玉 4 号

选育单位：河南秋乐种业科技股份公司。

品种来源：洛玉 4 号是以自选系 ZK01－5 为母本、自选系 ZK02－2 为父本组配而成的单交种。

审定时间：2006 年经河南省农作物品种审定委员会审定（审定编号：豫审玉 2006013）。

特征特性：该品种在黄淮海区域夏播生育期 96～99 d，属于中早熟品种。株型紧凑，株高 240～244 cm，穗位高 98 cm。果穗中间型，穗长 18 cm，穗粗 5 cm，穗行数 16～18 cm，白轴，籽粒黄白色、半马齿型，千粒重 358.5 g。出籽率 90.1％。中抗大斑病、小斑病，中抗茎腐病，高抗矮花叶病，抗倒性强。

产量品质：2004 年和 2005 年参加河南省玉米新品种区域试验，多点平均单产分别为 8 437.5 kg/hm² 和 9 772.5 kg/hm²，比对照郑单 958 增产 2.9％和 6.4％。2005 年参加河南省玉米品种生产试验中，多点平均产量 9 502.5 kg/hm²，比对照郑单 958 增产 7.5％，位居第一。该品种籽粒粗蛋白含量 9.85%，粗脂肪含量 4.59%，粗淀粉含量 71.24%，赖氨酸含量 0.30%，容重 738 g/L。

栽培要点：适宜种植密度为每公顷 60 000～67 500 株，苗期注意蹲苗，保证充足的肥料供应，并注意 N、P、K 肥配合使用；宽窄行种植，宽行 90 cm，窄行 40 cm。

适宜区域：适宜在黄淮海及同生态类型区域种植。

15. 鲁单 50

选育单位：山东省农业科学院玉米研究所。

品种来源：鲁单 50 是以自交系鲁原 92 为母本、齐 319 为父本杂交育成。

审定时间：该品种在 1998 年通过山东省农作物品种审定委员会审定，2000 年通过国家农作物品种审定委员会审定（审定编号：国审玉 20000013）。

特征特性：该品种夏播生育期为 100 d，属于中熟品种。幼苗叶鞘紫色，生长势强，叶色深绿。株型紧凑，株高 250 cm，穗位高 95 cm。果穗筒形，红轴，穗长 19.6 cm，平均穗行数 15.2 行，穗粒数 548 粒，千粒重 316.5 g，出籽率 87.1%。红轴，籽粒黄色、半马齿型。高抗玉米大斑病、小斑病、锈病、黑粉病及粗缩病、红叶病等病毒病害，感青枯病，具有强抗倒伏能力。

产量品质：1995—1996 年在山东省区域试验中，两年平均单产 8 544 kg/hm²，比对照掖单 13 增产 8.8%；1997 年参加的山东省生产试验中，平均单产 8 242.5 kg/hm²，比对照掖单 13 增产 10.47%。该玉米品种品质好，籽粒含粗蛋白 9.21%、粗脂肪 4.59%、赖氨酸 0.32%。

栽培要点：适宜在中上等肥水地夏直播或者麦田套种，种植密度以每公顷 60 000 株左右为宜，种植时注意与其他类型玉米隔离种植。

适宜区域：适宜在黄淮海夏玉米区、北方玉米区及南方丘陵玉米区推广种植。

16. 郑黑糯 1 号

选育单位：河南省农业科学院粮食作物研究所。

品种来源：郑黑糯 1 号是以郑黑糯 01 为母本、郑黑糯 02 为父本杂交选育而来；其中，母本来源于（选 03×8085 泰）×南韩黑包公，父本来源于掖单 12（478×81515）×意大利黑玉米。

审定时间：该品种于 2003 年通过国家农作物品种审定委员会审定（审定编号：国审玉 2003065）。

特征特性：郑黑糯 1 号在黄淮海区域出苗至最佳采收期 81 d。幼苗叶鞘绿色，叶片绿色，叶缘绿色。株型紧凑，株高 210～238 cm，穗位高 90～115 cm。花药绿色，颖壳绿色，花柱绿色，果穗筒形，穗长 20.8 cm，穗行数 16.3 行，穗粗 4.5 cm，行粒数 36 粒，籽粒黑紫色，穗轴白色，百粒重 28～31 g。经河北省农林科学院植物保护研究所两年接种鉴定，中抗大斑病，抗小斑病，高抗黑粉病，抗茎腐病，高感矮花叶病，中抗弯孢菌叶斑病，中抗玉米螟。经中国农业科学院作物品种资源研究所两年接种鉴定，抗大斑病，中抗小斑病，中抗茎腐病，高感矮花叶病，高感玉米螟。

产量品质：2001—2002 年在黄淮海鲜食糯玉米品种区域试验中，平均鲜果穗单产分别为 1 229.4 kg/hm² 和 12 414 kg/hm²，分别比对照苏玉糯 1 号增产 22.0% 和 23.8%；同期在东南区鲜食糯玉米品种区域试验中 2001 年平均鲜果穗产 12 654 kg/hm² 和 12 840 kg/hm²，分别比苏玉糯 1 号增产 14.1％和 28.4％。在黄淮海夏播玉米区，鲜穗感官品质 1 级；气味 1 级，色泽 1 级，糯性 2 级，风味 2 级，柔嫩性 1 级，皮薄厚 2 级；品质总评 1 级。经农业部谷物品质监督检验测试中心（北京）测定，在黄淮海夏播玉米区籽粒容重为 796 g/L，粗蛋白含量 9.88％，粗脂肪含量 4.96％，粗淀粉含量 73.67％，赖氨酸含量 0.30％，直链淀粉占粗淀粉总量 0.82％，达到糯玉米标准（NY/T 524—2002）。

栽培要点： 适宜在中上等肥力条件下栽培，种植密度以 52 500～60 000 株/hm² 为宜。

适宜区域： 适宜在山东、河南、河北、陕西、江苏、安徽夏玉米区及广东、福建、浙江、江西、上海、广西种植。在矮花叶病重发地块慎用，注意防治玉米螟。

17. 郑黄糯 2 号

选育单位： 河南省农业科学院粮食作物研究所。

品种来源： 郑黄糯 2 号由母本郑黄糯 03 和父本郑黄糯 04 杂交而成；其中，母本来源于郑白糯 01×郑 58，父本来源于（紫香玉×昌 7‑2）×昌 7‑2。

审定时间： 2007 年通过国家农作物品种审定委员会审定（审定编号：国审玉 2007036）。

特征特性： 该品种在黄淮海区域从出苗到最佳采收期需 77.2 d。成株叶片数 19 片。幼苗叶鞘紫红色，叶片绿色，叶缘绿色。株型紧凑，株高 246.5 cm，穗位高 100 cm。花药粉红色，颖壳绿色，花柱红色，果穗圆锥形，穗长 19 cm，穗行数 14～16 行，穗轴白色，籽粒黄色，千粒重（鲜籽粒）323 g。高抗瘤黑粉病，抗大斑病和矮花叶病，中抗小斑病、茎腐病和弯孢菌叶斑病，感玉米螟。

产量品质： 2005—2006 年参加黄淮海鲜食糯玉米品种区域试验，两年平均单产鲜穗 12 640.5 kg/hm²，比对照苏玉糯 1 号增产 37.0％。经黄淮海鲜食糯玉米品种区域试验主持单位组织专家品尝鉴定，达到部颁鲜食糯玉米二级标准。经郑州国家玉米改良分中心两年品质测定，支链淀粉占总淀粉含量的 98.98％～99.99％，达到部颁糯玉米标准（NY/T 524—2002）。

栽培要点： 该品种适合在中等肥力以上地块种植，适宜种植密度为每公顷 54 000～57 000 株，应注意防治玉米螟。

适宜区域： 适宜在河北中南部、山东、河南、陕西中部、安徽北部、北京和天津夏播区作鲜食糯玉米品种种植使用。

18. 郑甜 2 号

选育单位： 河南省农业科学院粮食作物研究所。

品种来源： 郑甜 2 号是以母本郑超甜 TT03 和父本 TH02 杂交选育而来；其中，母本来源于亚热带超甜玉米 YZQ96 群体，父本来源于热带超甜玉米 ZQ96 群体。

审定时间： 2003 年通过国家农作物品种审定委员会审定（审定编号：国审玉 2003070）。

特征特性： 该品种从出苗到最佳采收期需 78 d，出苗至籽粒成熟期 93 d。成株叶片数 19 片。幼苗叶鞘绿色，叶片绿色，叶缘绿色。株型平展，株高 236 cm，穗位高 106 cm，双穗率 4.7％，倒伏率 4.9％。花药绿色，颖壳绿色。花柱绿色，果穗筒形，穗长 19.0 cm，穗行数 14.2 行，穗粗 4.3 cm，行粒数 39.7 粒，籽粒黄色，穗轴白色，千粒重 250 g。

产量品质：在 2001—2002 年黄淮海鲜食甜玉米品种区域试验中，单产分别为 10 746 kg/hm² 和 9 103.5 kg/hm²。经河北省农林科学院植物保护研究所两年接种鉴定，感大斑病，中抗小斑病，高抗黑粉病，感茎腐病，高感矮花叶病，中抗弯孢菌叶斑病，抗玉米螟。鲜穗感官品质 2 级；气味 1 级，色泽 1 级，甜度 2 级，风味 2 级，柔嫩性 2 级，皮薄厚 2 级；品质总评 2 级，达到甜玉米标准（NY/T 523—2002）。

栽培要点：适宜在中上等肥力土壤条件下栽培，种植密度为 57 000～63 000 株/hm²，注意防治大斑病、矮花叶病等病虫害，注意隔离种植。

适宜区域：适宜在山东、河南、河北、陕西、江苏北部、安徽北部夏玉米区种植。矮花叶病重发地块慎用。

19. 中农大甜 413

选育单位：中国农业大学国家玉米改良中心。

品种来源：中农大甜 413 是以 BS621 为母本、BS632 为父本杂交选育而来。

审定时间：该品种于 2006 年通过国家农作物品种审定委员会审定（审定编号：国审玉 2006060）。

特征特性：该品种在黄淮海区域从出苗到采收期需 74.4 d。成株叶片数 20～21 片。幼苗叶鞘绿色，叶片、叶缘、花药、颖壳均为绿色。株型松散，株高 200～202 cm，穗位高 64～65 cm。花柱绿色，果穗筒形，穗长 19 cm，穗行 16～18 行，行粒数 34～36 粒；穗轴白色，籽粒黄白双色，千粒重（鲜籽粒）249.1～274.1 g，出籽率 62%。

产量品质：在 2004—2005 年黄淮海鲜食甜玉米品种区域试验中，两年平均单产（鲜穗）10 999.5 kg/hm²，比对照绿色先锋（甜）减产 0.5%。经河北省农林科学院植物保护研究所两年接种鉴定，高抗瘤黑粉病，抗矮花叶病，感大斑病、小斑病和弯孢菌叶斑病，高感茎腐病和玉米螟。经黄淮海鲜食甜玉米区域试验组织专家品尝鉴定，达到部颁甜玉米一级标准。经河南农业大学郑州国家玉米改良分中心测定，还原性糖含量 11.36%，水溶性糖含量 25%，达到部颁甜玉米标准（NY/T 523—2002）。

栽培要点：在黄淮海地区适宜播期为 4 月底至 6 月下旬，种植密度以 52 500 株/hm² 左右为宜。田间管理注意防止倒伏，防治茎腐病和玉米螟，注意隔离种植。

适宜区域：适宜在北京、天津、河北、河南、山东、陕西、江苏北部、安徽北部夏玉米区作鲜食甜玉米品种种植。

20. 高油 115

选育单位：中国农业大学。

品种来源：高油 115 是由母本 GY220 和父本 1145 杂交选育而来；其中母本是从美国亚历山索 C23 高油群体中经 10 多代自交而成，父本来自美国先锋公司杂交种的二环系。

审定时间：1996 年通过北京市农作物品种审定委员会审定，1998 年通过国家农作物品种审定委员会审定（审定编号：国审玉 980009）。

特征特性：该品种在北京市春播，生育期 117 d，属中晚熟品种。全株叶数 21～23 片。茎秆坚韧，根系发达。株型平展，叶色深绿。株高 230～300 cm，穗位高 120～130 cm。果穗长筒形，穗长 19.3 cm，穗粗 4.3 cm，穗行数 14～16 行。穗轴红色，籽粒深黄色，半马齿型，胚大，千粒重 280～300 g，出籽率 82％。经中国农业科学院接种鉴定，抗大斑病、高抗小斑病和弯孢菌叶斑病，对圆斑病、粗缩病、青枯病等也有一定的抗性，感矮花叶病毒病。生长期耐旱涝、高温，抗倒伏。

产量品质：该品种在多年大面积栽培试验中，单产稳定在 6 750～9 750 kg/hm²。该品种籽粒胚大，含油量高达 8.8％，超过普通玉米 1 倍左右；籽粒粗脂肪含量 8.3％，粗蛋白含量 11.02％，赖氨酸含量 0.42％。其中维生素 A、维生素 E 含量也都高于普通玉米。采收后的秸秆粗蛋白含量达 8.5％，比普通玉米秸秆高 30％，甚至超过美国带穗收获的整株青饲玉米；是籽粒、茎秆双高产、粮饲兼用型品种。

栽培要点：适宜种植密度为 43 500～46 500 株/hm²。

适宜区域：该品种在全国各地都可种植。既适用于辽宁、河北、山西、甘肃等地春播，也适于石家庄以南夏播。在广东、广西、云南、贵州等省份也生长良好。

第二节　低碳高效栽培技术

当今世界农业正处于由"高碳"向"低碳"转型的重大时期。农业是温室气体的第二来源，占全球人为排放量的 13.5％（IPCC，2007）。因此，农业必须由严重依赖农药和化肥等化学品的模式转化为环境友好型和保护生物多样性的生态农业模式，实现低消耗、低排放、低污染的"低碳"农业。低碳高产农业栽培技术对于实现农业由"高碳"向"低碳"的转变至关重要。实现黄淮海平原低碳农业，减少农田碳排放必须协调好茬口衔接、整地、种植方式、播种等多方面的田间管理。

一、茬口衔接

茬口是作物在连作或轮作中，给予后茬作物以种种影响的前茬作物及其茬地的泛称。前季作物称为前茬，后季作物称为后茬。不同作物有不同的茬口特性，表现为土壤肥力、土壤理化性状、病虫草害的感染种类和程度等的差异。茬口安排是在一年多熟的轮作复种种植制度中，在同一田地上安排前后不同种类、品种的作物，使它们合理的搭配和衔接。合理的茬口衔接是运用作物-土壤-作物之间的关系，根据不同作物的茬口特性，组成适宜的茬口顺序，前茬和后茬能够取长补短，做到季季作物增产，年年持续高产。茬口衔接应遵循：统筹安排，适宜搭配；把最重要作物安排在最好的茬口上；考虑前、后茬作物的病虫草害以及对耕地的用养关系；考虑作物茬口的季节特性等原则。做到瞻前顾后，统筹安排，既要考虑需要，又要注意农田用养结合；既要考虑当前利益，又要注意长远利益。

中国黄淮海平原是夏播玉米的主产区，主要以小麦-玉米一年两熟制为主，夏玉米播种前和收获后茬均为冬小麦，豫南气候过渡区也存在夏玉米接茬冬油菜的种植方式。近年来，随着中国农业机械化程度的提高，小麦玉米接茬轮作得到飞快发展，占黄淮海播种总面积的 85％以上。冬小麦收获后，夏玉米存在麦收后平播和小麦收获前麦田套种 2 种接茬方式。冬小麦-夏玉米两茬平播是指冬小麦在 5 月底到 6 月初收获后，立即播种夏玉米；夏玉米在 9 月底 10 月初收获，10 月初到 10 月中旬播种冬小麦。冬小麦夏玉米套种一般采用带状种植，3 行小麦，1 行玉米，小麦行距 15 cm，玉米预留行 30 cm，种植带宽 60 cm；或者采取 6～8 行小麦，2 行玉米，种植带宽 150 cm；也可以根据使用的机具和种植习惯灵活调整种植带宽。但麦田套种玉米由于麦垄间弱光降低了玉米苗期光合作用过程中的关键酶活性，造成产量下降；同时，不利于机械化作业的推广和大型联合收获与播种机械的应用。因此，套种面积越来越少，麦收后机械直播面积越来越大。目前，黄淮海平原夏玉米主要以机械直播为主，部分狭小田块还存在套种。

农作物光合作用一半以上的产物存在于秸秆中，富含 N、P、K、Ca、Mg 和有机质等多种成分，是一种具有多用途的可再生的生物资源，也是一种粗饲料。小麦或玉米收获后产生的大量秸秆如得不到及时的处理，将直接影响后茬作物的播种。因此，秸秆还田不仅解决了秸秆乱堆乱放现象，还有利于改善土壤结构、提高土壤肥力，减少土壤水分蒸发，提高农田保水贮水能力，最终实现增产增益的目标。秸秆还田有多种形式：秸秆粉碎翻压还田、秸秆覆盖还田、堆沤还田、过腹还田等。前 2 种方式属于秸秆直接还田。其中，秸秆粉碎翻压还田是指将作物收获后的秸秆通过机械粉碎、耕地，直接翻压在土壤中。这种方式有利于改善土壤理化特性，将秸秆养分充分保留在土壤中培肥地力，提高肥料利用效率和作物抗旱抗盐碱性。秸秆覆盖还田是将作物秸秆或残茬直接铺盖于土壤表面。由于秸秆焚烧时会产生大量的 SO_2、NO_2、CO_2 和 CO 等有害气体，造成有效成分大量浪费、环境污染和生态破坏等一系列问题，已经被杜绝。堆沤还田和过腹还田属于间接还田，堆沤还田是将作物秸秆发酵成堆肥、沤肥等，在作物秸秆发酵后施入土壤；过腹还田是利用秸秆饲喂牛、马、猪、羊等牲畜后，秸秆先做饲料，经畜禽消化吸收后变成粪、尿等施入土壤还田。

在黄淮海一年两熟制种植模式中，秸秆直接还田的方式最简便、快捷、省工。高产小麦秸秆还田的技术要点主要有：

小麦高留茬还田：小麦收割时一般留茬 30～50 cm，用链轨拖拉机配置重型四铧犁，在犁前斜配一压杆将秸秆压倒，随压随翻。要做到边割边翻，以免养分、水分散失，也便于腐烂；必须顺行耕翻，以便于秸秆的覆盖和整地质量的提高；耕深要求在 25 cm 以上，做到不重、不漏、覆盖严密；耕翻后，要用重耙、圆盘耙进行平整土地；麦茬作物定苗后必须及时追施 N、P 肥，同时灭茬除草。

秸秆粉碎的质量：秸秆粉碎（切碎）长度最好小于 5 cm，勿超 10 cm，留茬高度越低越好，撒施要均匀。

调整碳氮比（C/N）：秸秆直接还田后，适宜秸秆腐烂的 C/N 为（20～25）：1，而秸秆本身的 C/N 比值都较高，小麦秸秆为 87：1。因此，在秸秆还田的同时，要配合施入 N 素化肥，保持秸秆合理的 C/N。一般每 100 kg 风干的秸秆掺入 1 kg 左右的纯 N 比较合适。

堆沤还田：可建一粪池，切碎后，洒水保持一定的湿度，每吨拌碳铵 30 kg 或 10 kg 尿素、30 kg 普钙，入池压实后（需高出地面），用泥土封面后进行堆沤腐熟还田。同时，小麦秸秆还田还应注意，还田量不宜过大，每次每 667 m^2 还田不超过 400 kg；合理增加 N 素化肥用量，调节秸秆碳氮比值，有利于秸秆腐烂，缓解与苗争 N。

玉米收获后秸秆还田技术要点：保证秸秆粉碎质量，首先选用适宜的秸秆还田机，玉米秸秆粉碎长度掌握在 3～5 cm，以免秸秆过长土压不实，影响作物出苗和生长。尽早翻耕或旋耕，机械收获玉米，秸秆粉碎后被均匀撒在田地之中，此时要尽快将秸秆翻耕入土，深度一般要求 20～30 cm，最好是边收边耕埋，达到粉碎秸秆与土壤充分混合，地面无明显粉碎秸秆堆积，以利于秸秆腐熟分解和保证小麦种子发芽出苗。在秸秆粉碎后，旋耕和深翻前，除按常规施肥外，每 667 m² 按 100 kg 秸秆另外再加 10 kg 碳酸氢铵或 3.5 kg 尿素，有条件每 667 m² 再加 2～3 kg 秸秆腐烂剂，以加快秸秆腐烂，而且补施的 N 肥被微生物利用后仍保存在土壤里，其利用率比施在没有还田的耕地要高，可以避免小麦苗期缺 N 发黄。足墒还田，土壤水分状况是决定秸秆腐解速度的重要因素，因为秸秆分解依靠的是土壤中的微生物，而微生物生存繁殖要有合适的土壤墒情。若土壤过干，会严重影响土壤微生物的繁殖，减缓秸秆分解的速度，故应及时浇水，生产上一般采取边收割边粉碎，特别是玉米秸秆，因收割时玉米秸秆水分含量较多，及时翻埋有利于腐烂；保证小麦播种质量，由于玉米秸秆还田使土壤中的作物纤维增加，为保证下茬小麦播种质量，最好采用圆盘开沟式播种机，其优点是靠圆盘刃滚切土壤和残留在土壤浅层的秸秆，使土壤进一步压实，避免麦架空和麦苗根部漏风状况。

二、土壤耕作

玉米生长发育所需要的水、肥、气等因素都与土壤关系密切，土壤是玉米生长发育最重要的基本条件之一。土壤耕作的目的是创造良好的土壤耕层构造和土表状态，协调水分、养分、空气和热量等因素，提供土壤肥力，为玉米播种、生长和田间管理提供良好的条件。玉米适应性强，其对土壤的要求并不严格。但是，由于其植株高大、根系发达，在整个生育期吸收的水分和养分较多，且耐涝性弱。因此，要实现玉米高产必须具有一定的土壤基础。适合高产玉米的土壤一般具有土层深厚、疏松通气、耕层有机质和速效养分高、土壤渗水保水效果好、酸碱度适宜等条件。土壤耕作措施以整地与否分为保护性耕作和常规耕作。

（一）保护性耕作

1. 少耕、免耕　保护性耕作是利用作物秸秆或根茬覆盖地表，采用免耕或者少耕方法，将耕作减少到仅处理土表作物残茬，保证种子发芽，并主要采取农药控制杂草和病虫害的一种耕作方式，其主要以机械化作业为主要手段。其技术特点主要有：不搅动或少搅动耕层土壤；节省劳力；降低生产成本；使土壤表面保持粗糙疏松状态；保持土壤结构。在中国当前农业土地形势下，推广保护性耕作是减少土地沙漠化、提高作物产量的有效途径。保护性耕作技术是有效的节水措施，通过对农田实行免耕、少耕，尽可能减少土壤耕作，并用作物秸秆、残茬覆盖地表，用化学药物来控制杂草和病虫害，从而减少土壤风蚀、水蚀，提高土壤肥力和抗旱能力的先进农业耕作技术。其在改善土壤的理化结构，保蓄田间水分、降低水分消耗速度、减少棵间无效蒸发量、培肥地力、抵御水蚀风蚀以及有效提高作物产量等多方面有显著效果，是具有多功能的节水保墒实用技术，对于节水保肥和夏玉米生长及产量都有显著的影响；同时，还具有降低温室气体排放和减轻耕作强度等优点。然而，免耕条件下杂草先于玉米萌发，杂草发生的数量和生物量高于常规耕作。特别是在高温高湿环境下，杂草生长迅速，对玉米危害极大。草害严重影响玉米生产，杂草严重危害的面积占玉米播种面积的 20%，每年玉米因杂草危害减产达 10% 以上。

夏玉米实施保护性耕作必须做好免耕、少耕播种技术，秸秆残茬与表土处理技术，杂草、病虫害控制和防治技术以及深松等几个方面工作。夏玉米免耕播种作业播种量一般为每 667 m² 1.5～2.5 kg，半精密播种单双籽粒≥90%。播种深度一般控制在 3～5 cm，沙土和干旱地区播种深度应适当增加 1～2 cm。施肥深度一般为 8～10 cm（种肥分开施用），即在种子下方 4～5 cm。在品种选择方面，要求种子的净度不低于 98%，纯度不低于 97%，发芽率达到 95% 以上。播种前适时对所用种子进行药剂拌种或浸种处理。小麦秸秆还田可采用联合收割机自带粉碎装置和秸秆粉碎机作业两种。保护性耕作技术可采用机械收获时留高茬＋免耕播种作业、机械收获时留高茬＋粉碎浅旋播种复式作业两种处理方法。留高茬即是在农作物成熟后，用联合收获机或割晒机收割作物籽穗和秸秆，割茬高度控制在玉米至少 20 cm，小麦至少 15 cm，残茬留在地表不做处理，播种时用免耕播种机进行作业。化学除草是杂草防除的主要措施，要严格选择除草剂种类，掌握最佳用药时期，准确控制用量。明确杂草防治关键期，就可以确定杂草防治的时期和目标，从而避免杂草防治的盲目性、降低除草剂投入和减轻化学除草剂对环境的压力。玉米播种后 21 d 时田间杂草密度最大，之后杂草密度开始不断降低。玉米播种后相对时期 0～20.4% 内萌发的杂草对玉米的产量影响最大；玉米播种后相对时期 19.1%～42.7% 内玉米与杂草的竞争强度最高，是需要对田间杂草严格控制的时期。除草剂的剂型主要有乳剂、颗粒剂和微粒剂，施用化学除草剂的时间可在播种前或播后出苗前，也可在出苗后作物生长的初期和后期。除草剂在播前或出苗前施入土壤中，早期控制杂草。病虫害的防治一般也是依靠化学药品进行防治病虫对植株的危害。做好农田病虫害情况预测，种子必须进行包衣或拌药处理，根据作物生长情况进行药物喷洒。药物喷洒必须合理配放，适时打药；药剂搅拌要均匀，作业前注意天气及风向变化；及时检查，防治喷头、管道堵漏。保护性耕作中的深松耕技术既能疏松土壤，不打乱土层结构和表面的覆盖物，从而提高土壤活力和蓄水能力以及抗风蚀和雨水冲刷的能力。因此，深松耕是保护性耕作中疏松土壤的重要耕作手段。深松耕主要分为局部深松和全面深松两种。局部深松选用单柱式深松机，根据不同作物、不同土壤条件进行相应的深松作业。玉米深松间隔 40～80 cm，最好与玉米种植行距相同，深度为 23～30 cm，播前或苗期进行，苗期作业应尽早进行，玉米不应晚于 5 叶期。全面深松选用倒 V 形全方位深松机根据不同的作物、不同土壤条件进行相应的深松作业，深松深度为 35～50 cm，在播前秸秆处理后作业，作业中松深一致，并不得有重复或漏松现象。

2. 铁（贴）茬播种 铁（贴）茬播种属于机械化的保护性耕作，是黄淮海夏玉米区域普遍推广，在收获小麦后为争得玉米生长所需的积温、达到高产目的的一种新的夏玉米种植方法。

河南省玉米铁茬播种技术应从以下几个方面做好技术规范：

（1）麦茬秸秆处理 联合收割机收获的地块将麦秸和麦糠全部粉碎覆盖于地表，也可把成垄或成堆的秸秆均匀抛撒，保证免耕覆盖播种机的通过性，以防秸秆阻塞使覆土镇压不理想而造成缺苗断垄。

（2）选用良种　种子发芽率应在95％以上，播前应对种子进行药剂拌种，可以防止缺苗断垄。

（3）播种机械的选择　玉米铁茬播种机一次可完成破土、破茬、开沟、施肥、播种、覆土和镇压等多道工序，按结构形式可分为单体穴式、气吸式和改装式等。

（4）施肥及播种　破茬开沟深度不小于2 cm，保证同步深施的底肥与种子间有4 cm以上的土壤隔层，覆盖物分向两侧不得遮盖种沟，以利幼苗生长。

（5）化学除草，防草荒　在玉米和杂草出苗后，根据田间杂草种类，选用38％莠去津悬浮剂3 000～4 500 mL/hm²、80％可湿性粉剂1 500～2 400 g/hm² 单独或混合施用，进行玉米行间喷雾防除杂草；喷药时应退着均匀喷雾于土壤表面，切忌漏喷或重喷，以免药效不好或发生局部药害。

针对于山东沿海地区的气候因素，夏玉米直播技术要做好以下几个方面的工作：①土壤要求通透性好，土层深厚，水源充足，具备灌排设施；如地力条件不能满足上述要求，为了培肥地力，可根据具体情况施用化肥和有机肥。②山东沿海半岛地区易受台风影响，因而夏直播玉米要选择综合抗逆性强（抗病性、抗倒伏等）的玉米品种，尤其是抗倒性要突出；可以选择郑单958、鲁单981、金海5号、农大108、登海661、登海662、登海605等品种。③抢时足墒播种，在墒情充足（土壤相对含水量以70％～75％为宜）的情况下，夏直播玉米应适时早播，推广机械播种。最好在小麦收获当天播种玉米，实行小麦联合收获、玉米机械直播连续作业；推广采用宽窄行种植，宽行距为70～80 cm，窄行距为30～40 cm，以利于改善田间通风透光条件，便于田间管理。④及时查苗补苗，对缺苗断垄严重的地方及时补种或带土移栽；3～5叶时进行间苗、定苗，按照合理的留苗密度一次性定苗。⑤防治病虫草害。苗期要根据病害发生情况采用药剂防治。防治玉米粗缩病，要坚持治虫防病、综合防治的原则，灰飞虱大发生年份要在出苗后2～3叶时用10％吡虫啉可湿性粉剂150 g/hm² 喷雾；玉米螟可用3％辛硫磷颗粒剂3.75 kg/hm² 对细沙75 kg/hm² 施于心叶内；二代黏虫可用40％辛硫磷乳油1 000倍液喷雾，均可兼治玉米蓟马。

（二）常规耕作

常规耕作措施包括初级耕作和次级耕作两种；初级耕作分为翻耕、深松耕和旋耕；次级耕作分为耙地、耱地、中耕、镇压、起垄和作畦。

在初级耕作中，翻耕是采用铧式犁，先由犁铧平切土垡，再沿铧壁将土垡抬起上升，进而随犁壁形状使垡片逐渐破碎翻转抛到右侧犁沟中去；其作用是翻土、松土、碎土，使土壤耕层上下翻转后比较疏松，同时也翻埋作物根茎、化肥、绿肥、杂草以及防除病虫害。深松耕是以无壁犁、深松铲、凿形铲对耕层进行全面或间隔深位松土，不翻转土层；耕深可达25～30 cm，最深为50 cm。其与翻耕相比，只松不翻、不乱土层；同时，又能打破翻耕形成的犁底层，有利于降水入渗，增加耕层土壤持水特性；保持地面残茬覆盖，防止风蚀，减轻土壤水分蒸发，雨水多时可以吸收和保存水分，防旱防涝。

旋耕，是运用旋耕机进行旋耕作业，既能松土，又能碎土，地面也相当平整，集犁、耙、平三次作业于一体。其多用于农时紧迫的多熟制地区和农田土壤水分含量高、难以耕翻作业的地区。

在次级耕作措施中，耙地是收获后、翻耕后、播种前或者播后苗前、幼苗期采用的一次次级耕作措施，深度一般在 5 cm 左右。

耱地又称盖地、擦地、耢地，是一种耙地之后的平土、碎土作业，一般作用于表土，深度为 3 cm。

中耕是农田休闲期或作物生育期间进行的表土耕作措施，能使土壤表层疏松，形成幂层，能很好地保持土壤水分，减少地面蒸发。

镇压是以重力作用于土壤，达到破碎土块、压紧耕层、平整地面和提墒的目的，一般作用深度 3～4 cm，重型镇压器可达 9～10 cm。

起垄可增厚耕作层，有利于作物地下部分生长发育，也有利于防风排涝、防止表土板结、改善土壤通气性、压埋杂草等。

作畦分为两种。北方水浇地小麦作平畦，畦宽是播种机宽度的数倍；南方种旱作物常筑高畦，四面开沟排水，防止雨季受涝。在黄淮海夏播玉米区，一年两熟制的土壤耕作包括秋播作物土壤耕作和夏播作物土壤耕作。秋播作物土壤耕作主要是在秋作物收获后浅耕灭茬、撒肥、耕地 20 cm 左右；紧接着耙耱平整地面，踏实耕层，准备播种。播种后，进行一次耱地，起到镇压和平土作用。出苗前及时作畦，并用平耙耧平畦面，以利于保墒，便于浇水。夏播作物的土壤耕作是小麦收割后不到 10 d 的时间进行，为争取时间，夏播作物播种前一般不耕地，仅浅耕或耙耱后立即播种。一般是麦收前浇水，麦收后立即用圆盘耙将麦茬耙碎和耙松土壤，然后耱平踏实土壤，播后镇压，以利出苗。待出苗后，再中耕灭茬除草，结合进行田间间苗、定苗。近年来麦收后采用旋耕机旋耕，旋耕一般深度10 cm以内，耕后麦茬散穗和土混合，可提早播种。此后，随着玉米的生长，中耕除草两三次，最后一次中耕结合培土。

三、种植方式

（一）单作

单作是指在同一田地上种植一种作物的种植方式，也称清种、净种。这种方式作物群体结构单一，作物生长进程一致，耕作栽培技术单纯，便于统一管理。世界上小麦、玉米、水稻、棉花等多数作物均以单作为主；中国虽然盛行间、套作，但单作仍占较大比例。黄淮海平原以小麦、玉米一年两熟轮作体系为主，夏玉米种植方式多为单作，是该地区的主要种植方式。夏玉米单作在栽培方式上又可分为等行距种植和宽窄行种植。

1. 等行距种植 等行距种植即行距相等，株距随密度不同而异；行距一般在 50～80 cm，因品种类型、地力水平、种植习惯和作业机械等不同发生变化。在等行距种植的条件下，玉米地上部叶片与地下部根系在田间均匀分布，能够充分地利用养分和阳光。播种、定苗、中耕除草和施肥时便于操作，便于机械化作业。但在肥水高密度大的条件下，玉米生育后期行间容易形成隐蔽，造成光照条件差，光合作用效率低，群体个体矛盾尖锐。不同行距和密度交互也会对夏玉米产量产生影响。张胜爱等（2013）研究显示，在黄淮海冬小麦-夏玉米一年两熟种植模式中，冬小麦收获后机械播种夏玉米，在行距为50 cm、株距为 28 cm 条件下最有利于夏玉米产量潜力的发挥。苌建峰等（2016）研究认为，行距配置与玉米株型和种植密度密切相关。在低密度条件下，高秆和矮秆品种以行距60 cm 处理产量优势明显，中秆品种行距为 60 cm 或 70 cm 均获得高产；在高密度条件下，高秆和中秆品种行距为 60 cm 产量最高，而矮秆品种则以 50 cm 行距种植产量最高。同时，他还得出，在不同种植密度条件下，玉米籽粒 N 素积累量、N 素收获指数和 N 肥偏生产力均随着行距扩大呈现先升高后降低的趋势，且均在 60 cm 行距配置下达到最大值。因此，60 cm 等行距配置具有相对较高的 N 素吸收利用效率和产量，能够较好地协调玉米土壤与植株的 N 素吸收利用关系，同时兼顾不同株高类型玉米品种在一定密度范围内获得高产，可作为目前黄淮南部地区夏玉米统一的行距配置方式进行推广。

2. 宽窄行种植　宽窄行种植也叫大小行种植，行距一宽一窄。一般宽行距为 70 cm，窄行距为 40～50 cm，株距根据种植密度确定。其具体的行距根据不同株型的品种调整，平展型玉米可以宽一些，紧凑型玉米可以窄一些。宽窄行种植的夏玉米植株在田间分布不均匀，生育前期对光能利用率较差，但该种植方式能够调整夏玉米生育后期个体与群体之间的矛盾，改善群体内部通风透光条件，特别在高产田具有明显增产效果。但是，该种植方式在低密度下，大小行距增产无明显效果，有的反而减产。武志海等（2005）和梁熠等（2009）等的研究均认为，适宜的采用宽窄行种植夏玉米比等行距种植的植株在冠层特性和不同层次光资源的利用方面均有明显的优势。杨吉顺等（2010）年认为，在黄淮海冬小麦-夏玉米两熟制较高密度条件下，宽行距 80 cm，窄行距 40 cm 的宽窄行配置有助于扩大光合面积、增加穗位叶层的光合有效辐射、提高群体光合速率、减少群体呼吸消耗，从而提高夏玉米籽粒产量。从技术方面，宽窄行种植的技术有利于提高光能利用率、充分发挥边行优势、便于田间作业和有利于土地持续利用。在生产实践中，选择种植方式应充分考虑地力和栽培条件；当地力和栽培条件较差时，限制产量的主要因子是水肥条件，实行宽窄行种植会加剧个体之间的竞争；但在肥水条件好的情况下，限制因子为光、气、热因子，实行宽窄行种植可改善通风透气条件，提高产量。因此，适宜的种植方式应因时、因地而异。

（二）间套作

黄淮海平原夏玉米生产区，间套作不是主要种植方式，但其在农业生产中占有重要地位。在河南北部、山东西北部以及太行山前平原地区因光热资源一熟有余、两熟不足，夏玉米多为套种。间套作体系是集约化生产地区普遍采用的一种种植方式。其目的是在有限的时间内，在有限的土地面积上收获两种以上作物的经济产量，降低逆境和市场风险。它以充分利用自然资源为基础，以社会资源为条件，以传统技术和现代技术相结合的综合型技术为动力进行物质生产的系统；其在特定环境和生态条件下提高了复种指数和土地利用效率，是提高单位面积总产量的有效措施。

1. 间作　间作是指在同一田地上，同一生长期内分行或分带相间种植两种或多种作物的种植方式。间作种植的作物播期和收获期相同或不同，但共栖期较长，至少有一种作物的共栖期时间超过相间作物全生育期的一半以上。间作相对于单作优势明显，具有增产、增效、稳产保收、缓解协调作物争地矛盾的作用，并具有营养异质效应、密植效应、边际效应、时空效应与补偿效应等五大效应。间作不仅可以增加作物产量，提高经济效益，还有利于提高作物养分吸收，减少土壤硝态氮残留，一定程度上可以降低 N 素淋失风险。在中国，与玉米间作的植物主要有大豆、春小麦、马铃薯、甘薯和花生等。在黄淮海地区，间作种植主要以玉米与大豆间作为主，与绿豆、小豆间作或者混种为辅；该种植制度在保证玉米不减产的条件下，适当增加豆类收益，实现粮豆双收，增加经济收入。同时，玉米和大豆间作模式下玉米能从大豆的根际中获得部分 N，这种对 N 竞争的结果，可刺激豆类作物的固 N 作用，同时玉米菌根所形成的菌丝桥也有利于豆类作物对 P 的吸收。在黄淮海平原，玉米和大豆间作带型比有 2∶6、4∶6、1∶3、2∶4，任秀荣等（2003）研究结果显示，玉米和大豆 2∶6 的间作带型有利于协调好两种作物的共生关系，增加产量，提高经济效益。其间作技术为采用 6 行大豆与 2 行玉米为一带的间作栽培模式，即带宽 320 cm，内种 6 行大豆，2 行玉米；大豆宽窄行种植，宽行 40 cm，窄行 30 cm，株距 18 cm，每公顷留苗 97 500～105 000 株；玉米与大豆间隔 45 cm，玉米行距 50 cm，株距 22 cm，每公顷留苗 27 000～30 000 株。此外，玉米不同品种之间也可以实行间作。前人研究表明，豫单 610 与郑单 958 组成的高矮秆搭配抗病性互补间混作群体，以及登海 662 和浚单 20 组成的株高相近搭配抗倒伏性互补间混作群体均改善了群体的通风、透光状况，提高了群体叶面积指数和光合速率，同时增加了群体的抗病性和抗倒伏能力。不同玉米品种间作种植，可以缓解因遗传基础狭窄导致的群体遗传防御机制脆弱性，在一定程度上增加群体的病虫害抵御和抗倒伏能力，提高逆境条件下玉米的受精结实率。赵亚丽等（2013）研究结果认为，高矮秆玉米品种搭配间混作宜采用 2∶4 间作带型；而株高相近的玉米品种搭配间混作则宜采用 2∶2 间作带型。

2. 套作 套作是指同一块田地中在当前季作物达到生殖生长阶段以后或者收获前，播种或者移栽后季作物的种植方式。作物之间的共栖时间少于主体作物全生育期的一半。中国与玉米套种的植物主要有冬小麦、油菜、紫苜蓿，还存在棉花、高粱、马铃薯、甘薯、夏大豆、旱黄瓜等。在黄淮海夏玉米生产区，主要的套种方式为冬小麦/夏玉米，不仅提高复种指数，提高气候资源利用效率；而且还可以躲避夏玉米的芽涝。其套种形式有平播套种、窄带套种、中带套种和宽带套种 4 种。平播套种的特点是小麦密播，不专门预留套种行或者只留 30 cm 的窄行，在麦收前 7～10 d 套种玉米，缓和了麦收和夏种劳动力紧张的矛盾，有利于小麦和玉米高产收获。窄行套种是把麦田做成 1.5 m 宽的畦状，内种 6～8 行小麦，预留 0.5 m 的畦埂，麦收前 1 个月套种 2 行玉米；麦收后，玉米成宽窄行分布；为无霜期较短而水肥条件好的地区争取时间，充分利用光热资源。中带套种指 2 m 宽的畦内机播 8～9 行小麦，预留 70 cm 套种 2 行玉米；一般麦收前 30～40 d 套种生育期较长的玉米品种；该形式方便小型农业机械作业，麦收后，还可以在宽行间套种豆类等经济作物。宽带套种，畦宽约 3 m，机播 14～16 行小麦；麦收前 25～35 d 在预留田埂上套种 2 行中熟的玉米品种；麦收后可在宽行间套种玉米、豆类、薯类或者绿肥等作物。

四、播种

（一）播期

玉米高产不仅取决于品种更替和栽培措施的优化等因子，与光、热、水资源的充分利用也直接相关。确定适宜的播期，可以达到夏玉米生长发育进程与其最佳季节同步，最终达到最大限度利用自然资源的目的。播期使玉米生育阶段内的光、热和水等气候要素的配置发生改变，直接影响玉米的生长发育和产量的形成。玉米是喜温作物，温度是影响玉米生长发育的重要生态因子，生育期内温度高时，达到有效积温天数少，生育期缩短；反之则延长。播期通过日照时数和光合辐射量等生态因子影响玉米的生育进程，随着播期推迟玉米的生育期呈现缩短的趋势，同时造成夏玉米穗粒数、千粒重和产量的下降；适期早播可增加有效积温，延长玉米生育期，植株干物质积累多穗大粒多，有利于玉米实现高产。李向岭等（2012）通过研究播期对夏玉米产量的影响认为，在该区域适期早播、选用中熟品种，增加吐丝后期的有效积温，以保证玉米生育后期充足的有效积温和籽粒充足的灌浆时间，是提升玉米产量的有效途径。此外，播期还对夏玉米羧化酶活性产生显著的影响，陈传晓等（2013）研究认为，玉米吐丝后的活动积温与叶片中 RuBPCase 和 PEPCase 羧化酶活性呈显著正相关关系。中国黄淮海夏玉米区，主要以冬小麦-夏玉米一年两熟制种植方式为主，夏玉米播种期主要受前茬小麦收获期的制约，播期主要集中在 5 月下旬至 6 月中旬。夏播无早，越早越好。黄淮海区域夏播玉米适播期一般为 6 月上中旬，黄淮海中南部地区最好在 6 月 15 日前、北部地区在 6 月 20 日前完成播种。

（二）种植密度

合理的种植密度是玉米利用具体生态环境中光热资源构建良好群体结构、优化群体生理指标的基础。种植密度过小，土地、空间、养分和阳光等自然资源不能充分被利用；虽然单株发育好，但减少了单位面积穗数，造成单产不高。种植密度过大，增加了单位面积穗数，自然资源得到充分利用；但容易形成隐蔽、通风透气不良，严重抑制了单株的发育，造成空秆、倒伏、穗小、粒重低等问题，最终导致单产下降。因此，只有合理的种植密度，才能充分协调穗数、粒数和粒重，达到增产。一般来说，夏玉米随着种植密度的增大，其穗数增加，而穗粒数和千粒重降低（表 4-3）。刘伟等（2011）对登海 661、郑单958、农大 108 和丹玉 34 的研究结果显示，4 个品种的群体产量均随着种植密度的增大而增加，但超过最大种植密度后产量下降。同时，玉米种植密度还对夏玉米冠层结构及其光合特性有显著的影响。提高种植密度可以改变夏玉米冠层结构，进而提高光温资源利用效率，从而达到依靠群体发挥增产潜力的效果。李登海认为，紧凑株型玉米在适当高密度条件下，穗位上叶夹角较小（10°~15°）、叶面积指数和光合势均较高。在较高种植密度下，紧凑型玉米的株型结构使其接受的光能合理地分配到群体各叶层，使中部叶片处于较好的光照状态，以维持较高水平群体内透光率。然而，随种植密度的进一步升高，玉米不同穗型品种产量潜力的发挥程度呈降低趋势。在适宜种植密度下，产量组成的各因素间协调的较好，表现为穗粒数较多、千粒重较高、空秆率较低、经济系数适宜。因此，合理密植应根据品种和栽培条件确定适宜种植密度，使群体的最适叶面积系数的光截获率达到 95% 左右，光能在冠层中合理分布。同时，保证群体与个体的协调发展。合理密植应遵循以下3 个原则：①种定密度。一般晚熟品种生长期长，茎叶繁茂，单株生产力高，需要较大空间，种植密度应适当小一些；而植株矮小的早熟品种需要的个体空间小，可适当密植；紧凑株型的玉米品种，可进一步加大种植密度。②肥定密度。一般地力水平差、无灌溉条件的田地，种植密度应适当降低；水肥充足的田地密度可适当增大。③日照、温度等生态条件定密度。一般来说，对于同一品种，南方适宜密度高于北方；夏播种植密度高于春播。

表 4-3　玉米种植密度对产量构成的影响

（张美微整理，2016）

品种	种植密度 （万株/hm²）	产量 （kg/hm²）	千粒重 （g）	穗粒数 （cm）
郑单 958	6.75	8 529.5	243.2	501.7
	7.50	8 583.3	228.1	517.4
	7.25	10 413.1	243.0	517.3
	9.00	12 166.1	242.6	556.5
浚单 20	6.75	6 890.1	216.1	471.9
	7.50	8 744.8	227.6	512.6
	8.25	9 705.7	223.2	527.9
	9.00	8 091.4	228.5	399.4
郑黄糯 2 号	4.50	9 741.9	347.8	563.2
	6.00	9 538.4	327.6	526.3
	7.50	9 467.9	320.6	503.4
	9.00	8 850.4	316.6	466.9
	10.50	7 805.6	307.2	401.4

注：郑单 958 和浚单 20 数据来源于胡巍巍等（2013）；郑黄糯 2 号数据来源周波等（2007）。

（三）种植行向

种植行向一般分为东西向和南北向两种。农田作物植株一般按照一定的行向行距排列，造成不同行前后作物之间相互遮蔽，影响其光照条件。田间作物不同的种植行向会引起植株间日照时间和辐射度的差异，这主要是由不同季节和经纬度地区太阳位置的变化造成的。因此，在作物生产中应根据当地的光照条件对作物种植行向进行调整，从而提高作物的光资源利用率。玉米种植行向是调控其空间布局，影响群体结构的重要因素之一，其对玉米群体田间小气候也有显著的影响。玉米是 C_4 高光效作物，充足的光照时间是实现玉米高产的有效途径，合理的种植行向可以保证田间通风透光效果，提高光合利用效率，达到增产增效的目的。余利等（2013）研究认为，在同一种植密度和行距条件下，东西行向比南北行向种植的玉米群体具有较高的日均风速和日均光照度，但累积积温和日均相对湿度较小，不过也能获得高产。王庆燕等（2015）对黄淮海区域玉米种植行向的研究结果也显示，东西行向种植可显著促进玉米茎叶生长和植株干物质积累，增加粒重，提高产量。

五、田间管理

（一）按生育阶段进行管理

玉米从播种到新的种子成熟，需要经历种子萌动发芽、出苗、拔节、孕穗、抽雄开花、吐丝、受精、灌浆直到成熟，才能完成其生长周期。在玉米的整个生长周期中，玉米的根、茎、叶等器官的生长和穗、粒等生殖器官的分化发育均表现出明显的主次关系。按照其形态特征和生理特性，可将其分为 3 个主要生育阶段：苗期阶段、穗期阶段和花粒期阶段。

1. 苗期阶段　苗期阶段即播种期到拔节期，主要以生根、长叶、茎节分化为主的营养生长阶段，以根系生长为主。夏玉米一般经历 20～25 d。这期间，植株的节根层、茎节及叶全部分化完成，形成了胚根系，生长出的节根层数达到总节根层数的 50%，展开叶约占总叶片数的 30%。从 3 叶期到拔节期，干物质增重迅速，地下部分相当于地上部分的 1.1～1.5 倍，根系重占植株总重的 50%～60%。玉米苗期主要特性为耐旱、怕涝和怕草害。这一时期田间管理的主攻方向为促进根系生长，培育壮苗。苗期管理要及时补苗、间苗、定苗，间苗在 3～4 叶时进行，定苗在 5～6 叶时进行；做好中耕除草和病虫害防治；达到苗全、苗齐、苗匀、苗壮的要求，为玉米生长发育打下基础。

2. 穗期阶段　穗期阶段即从拔节期到雄穗开花期，主要是茎间迅速伸长，叶片增大，根系继续扩展，干物质迅速积累；同时雌雄穗迅速分化，是营养器官生长与生殖器官分化发育同时并进阶段。夏玉米一般需经历 20～30 d。一般增生节根 3～5 层，占节根总层数的 50% 左右，而根量增加占总根量的 70% 以上；节间伸长、加粗、茎秆定型；展开叶数占总叶数的 70%。这一时期是玉米全生育期中生长发育最旺盛的阶段，也是田间管理最关键的时期。本阶段的主攻任务是调节玉米植株生育状况，促进中、上部叶片增大以及根系发展，使茎秆中、下部节间短粗敦实；同时保证雌雄穗分化发育良好，建成壮株，为穗大、粒多、粒重奠定基础。田间管理要严防缺水、避免"卡脖旱"；拔节时中耕、喇叭口期合施肥培土，促进根系发展；及时去除分蘖，以利主茎生长；防治玉米螟。

3. 花粒期阶段　花粒期阶段即从雄穗开花期到籽粒成熟期，玉米进入以开花、吐丝、受精结实为中心的生殖生长阶段，一般历时 30～40 d。这一阶段雄穗开花散粉，根、茎、叶基本停止生长，光合作用合成的产物及茎秆中贮存的营养物质主要运至果穗，籽粒是该阶段生长和营养物质积累的主要部位。玉米籽粒成熟期干物质的 85%～90% 是绿叶在这阶段合成的，其余部分来自于茎叶的贮存性物质。随着玉米植株向成熟期的靠近，从上到下叶片逐渐衰老，绿叶面积减少，功能减退。因此，该时期的主攻任务为延缓叶片衰老，延长叶片的功能期，提高光合强度，促进粒多、粒饱，达到丰产。田间管理应施好攻粒肥，适时灌溉；人工隔行或隔株去雄，边行不去雄，最佳去雄时间为上午 8：30～11：30。综合防治玉米各种病虫草害，要加强病虫测报，适时进行防治，在防治病虫害时，尽量不使用克百威（呋喃丹）等剧毒农药，注意保护环境，使经济效益与生态效益双丰收。

（二）中耕

中耕是在作物生育期间或者农田休闲期对土壤进行浅层翻倒、疏松表层土壤，可疏松表土、增加土壤通气性、提高地温，促进好气微生物活动和养分有效化、去除杂草、促使根系伸展、调节土壤水分状况。中耕在降雨、灌溉后及土壤板结时进行，效果尤为明显。黄淮海夏玉米区域中耕措施一般在苗期和穗期进行。苗期一般进行 1～2 次中耕。夏播玉米苗期正处于雨季，深中耕遇雨易蓄水过多，造成芽涝。因此，定苗前后中耕应浅，在5 cm左右，拔节期前后中耕深些，可达10 cm左右。对于黏土地，苗期土壤干旱时，土壤表层易板结、龟裂，必须趁墒情适宜及时中耕松土，达到保墒、保根、保苗的作用。同时，杂草也是玉米苗期面临的主要草害，严重时会形成弱苗。因此，苗期应及时中耕除草，深度应把握两头浅，中间深的原则。玉米穗期中耕一般2次，结合施肥进行中耕培土。在拔节期到小喇叭口期可以进行一次深中耕，以促进根系发育，扩大根系吸收范围。在大喇叭口期，结合追肥进行中耕，并培土，以保根蓄墒。此次中耕宜浅，培土高度不超过10 cm，适时中耕既可以促进气生根生长，提高根系活力，又方便排水和灌溉，减轻草害。同时应注意，培土不宜过早，过早抑制根节产生，影响地上发育。在多雨年份，地下水位高的涝洼地，培土增产效果明显；而干旱或无灌溉条件的丘陵、山地及干旱年份均不宜培土，以免增加土壤水分蒸发，加重旱情。

（三）施肥

玉米在生长过程中需要多种营养元素；其中，大量元素包括C、H、O、N、P、K，中量元素包括Ca、Mg、S，微量元素包括Mn、B、Zn、Cu、Mo、Fe。此外，玉米还吸收一些Al、Si等有益元素。大量元素中C、H、O主要来源于空气和水分，而N、P、K则需要通过玉米根系从土壤中吸收。作物对这3种营养元素的需求量比较多，土壤中能提供的养分量比较少。因此，在农业生产中往往需要对玉米进行施肥以满足其对这3种养分的需求。N、P、K也被称作作物营养三要素。合理的施肥技术既能满足玉米高产对养分的需求，又能提高肥料利用效率；既能充分挖掘土壤供肥潜力，又能大致维持土壤养分的平衡。在玉米生产中施肥应遵循以下几个原则：①有机肥和无机肥并用。有机肥能够调节土壤理化性状，提高土壤肥力，但其养分释放缓慢，当季利用率低，不能完全满足玉米对肥料的需求。因此，应配以速效性化肥，有机肥、无机肥配合施用，增产效果更显著。②P、K肥及微肥配合施用。在玉米生产中盲目施肥现象普遍存在，有的地区都用二胺配尿素，有的地区N、P肥用量偏高，而K肥投入不足；N、P、K肥配比不合理，造成土壤养分严重失衡，地力下降。同时，长时间施用大量元素，忽视中微量元素的补充，造成中微量元素缺乏越来越明显，表现为缺Zn、B和S等症状。③根据玉米需肥特性选择不同类型肥料进行施用。玉米苗期对缺P特别敏感，P在土壤中的移动速度较慢，P肥应做基肥或种肥施用。玉米各生育时期需N量较大，并且N肥容易流失，N肥应分多次施入。④根据玉米产量计划和土壤养分含量进行施肥。生产中根据玉米需求和土壤状况，缺什么施什么，缺多少施多少，在提高玉米产量的同时，提高肥料利用效率。

1. 黄淮海夏玉米的碳氮代谢　C和N是植物体内两大重要元素，C、N化合物在植物的生命活动中起着举足轻重的作用，C、N代谢是植物体内最主要的两大代谢过程。光合C代谢与N素同化关系非常密切。生育期间C、N代谢的变化动态，直接影响光合产物的形成、转化以及矿质营养的吸收、蛋白质的合成等。在作物体内，C、N代谢是紧密相连的。一方面，N代谢需要依赖C代谢提供C源和能量，另一方面C代谢又需要N代谢提供酶和光合色素，两者需要共同的还原力、ATP和C骨架。C、N代谢的协调程度显著影响玉米生长发育进程。一般来说，玉米前期以N代谢为主，中期以C、N代谢并重，后期以 C 代谢为主。植株 N 素营养状况的好坏，直接影响光合速率和生长发育，并最终影响光能利用率和产量。玉米是需肥量较大的高光效 C_4 作物，肥料对其 C、N 代谢有重要的影响。在玉米生殖生长阶段，N 素具有增强籽粒 C 素同化的作用，缺 N 主要限制了籽粒对 C 的同化，引起籽粒败育，从而减少穗粒数。适宜的 N 肥供应条件下，玉米各生育时期叶片中的叶绿素含量及 RuBP 羧化酶和 PEP 羧化酶活性较强，进而促进了 C 同化；而 N 肥过量则酶活性降低。金继运等（1999）的研究认为，使用 N、K 肥可以提高玉米叶片 RuBP 羧化酶和 PEP 羧化酶活性，同时提高收获指数与氮素收获指数。这说明适宜的 N、K 用量可促进玉米营养体 C、N 向籽粒运输，同时提高生长后期叶片的光合能力及根系的 N 素吸收。吕丽华等（2008）通过对黄淮海平原夏玉米高产群体内的 C、N 代谢研究显示，适量的 N 肥既可以保持较高的 C、N 转运率，又可以避免生育后期叶片早衰，从而维持生长中后期叶片的高光合能力，达到高产。同时，研究结果还显示，C 运转率与产量呈正相关，N 运转率与 N 肥利用率呈正相关。这说明较高的 C、N 运转率可以促进产量和 N 肥利用率的提高。

2. 精准平衡施肥，减少土壤碳排放

（1）测土配方平衡施肥 测土配方平衡施肥是以土壤测试和肥料田间试验为基础，根据作物需肥规律、土壤供肥性能和肥料效应，科学确定 N、P、K 及中、微量元素等肥料的配比、施用数量、施肥时期和施用方法。实现各种养分平衡供应，满足作物的需要；达到提高肥料利用率和减少肥料用量，提高作物产量，节支增收的目的。测土配方施肥技术包括测土、配方、配肥、供应、施肥指导 5 个核心环节。其中，测土是基础，主要对土壤中碱解氮、有效磷、速效钾、有机质和 pH 进行化验分析。配方是根据不同的土壤测试和田间试验结果、农户提供地块种植的作物、规划的产量指标、不同肥料的当季利用率以及该地块最大增产潜力等，选定肥料配比和施肥量。平衡施肥是关键，配方肥料的合理施用是保证农作物稳定增产、农民收入稳步增加、生态环境不断改善的关键环节。相关资料显示，测土配方施肥能够明显的提高作物产量，改善作物品质，提高肥料利用效率，提高经济效益，减少由于不合理施肥造成的土壤和环境污染，促进农业的可持续发展。在玉米生物学性状方面，进行测土配方施肥的夏玉米长势好，根系发达，次生根多，个体植株健壮，群体合理，叶密浓绿，延长了后期叶片光合功能期，穗长增加，秃尖减少。在土壤环境和培肥地力方面，研究证明，实施测土配方施肥的土壤理化性状能明显改善，土壤保水保肥性能显著增加，肥料利用效率不断提高。同时，测土配方平衡施肥在减少土壤硝态 N 的积累方面具有积极的作用。

（2）大量元素肥料的应用 作物对 N、P、K 3 种营养元素的需求量较大，其中，N 素是玉米生长发育所必需的重要元素。N 是组成蛋白质最基本因子氨基酸的主要成分，占蛋白质总量的 17% 左右。玉米植株营养器官的建成和生殖器官的发育都需要依靠蛋白质的代谢来完成。因此，没有 N 素，玉米就无法进行正常的生命活动。同时，N 又是构成酶的重要成分，参与许多生理生化反应；N 还是形成叶绿素的必需成分之一，构成细胞的核酸、磷脂，激素也含有 N 素。N 素营养不足，叶片反应最明显，叶片先从叶尖开始变黄，然后沿主脉向叶片基部扩展，呈现 V 形黄化。一般老叶首先表现症状，然后向较嫩的叶子发展。在缺 N 初期及时补充 N 素，可以消除缺 N 症状，减少产量损失。如长时间缺 N，植株生长缓慢、矮小、黄瘦，叶片变黄直至枯死，推迟甚至不能抽雄，雌穗发育不良，空瘪粒增多，导致空秆率高，果穗变小而减产。若 N 肥施用过多，会使营养器官过于繁茂，生殖器官发育不良，茎秆纤细，机械组织不发达，容易造成倒伏和受到病虫侵害。

　　玉米对 P 的需求量没有 N 和 K 素多，但是 P 对玉米生长发育也非常重要。P 进入根系后被转化为磷脂、核酸和某些辅酶等，对根尖细胞的分裂生长和幼嫩细胞的增殖有显著的促进作用。因此，P 肥有助于苗期根系的生长。P 还可以提高细胞原生质的黏滞性、耐热性和保水性，降低玉米在高温下的蒸腾强度，从而提高玉米的耐旱能力。沈玉芳等（2002）研究认为，P 可以通过影响水通道蛋白活性或表达量来调节根系导水率。此外，P 素直接参与糖、蛋白质和脂肪的代谢，对玉米生长发育和各种生理过程均有促进作用。在玉米生长后期，P 还可以促进茎、叶中糖和淀粉的合成及糖向籽粒中的转移，达到增加产量，提高品质的目的。玉米植株缺 P 会造成根系发育不良，植株生长缓慢，叶片不舒展，茎秆细小，茎和叶带有红紫的暗绿色。这种症状先从老叶尖端部分沿着叶缘处变深绿而带紫色，严重时变黄枯死，然后逐渐向幼嫩叶片发展。玉米植株幼苗对 P 十分敏感，苗期缺 P，根系发育受阻，不能充分吸收 P 素，即使后期供给充足的 P 也难以补救前期造成的损失。穗期缺 P，幼穗发育不良，花柱抽出延迟，易产生秃顶、缺粒、果穗粒行不整齐，甚至空秆。

　　玉米对 K 的需求量仅次于 N。虽然，K 在玉米植株中处于离子状态，不参与有机化合物的组成，但是其几乎在玉米全部的重要生理过程中起作用。K^+ 主要集中在玉米植株最活跃的部位，促进呼吸作用；促进玉米植株中糖的合成和转化；促进核酸和蛋白质的合成，保证新陈代谢和其他生理生化活动的顺利进行；可以调节气孔关闭，减少水分散失，增强玉米的耐旱能力。玉米植株缺 K，幼苗发育缓慢，叶色呈淡绿色且带黄色条纹，称为金镶边。老叶中的 K 转移到新生组织后，首先表现出缺 K 症状，叶尖端和边缘发黄、焦枯，严重时似灼烧状，进而变褐，但靠近叶中脉的两侧仍保持绿色。严重缺 K 时，植株生长矮小，机械组织不发达，易感茎腐病、易倒伏，根系生长不良，节间缩短，易早衰。

　　玉米对 N、P、K 的吸收量从出苗至乳熟期随着植株干重的增加而增加，且不同产量水平下，玉米对 N、P、K 的吸收量不同。表现为随着产量水平的提高，单位面积玉米吸收 N、P、K 的量也增加，但形成 100 kg 籽粒所需的 N、P、K 量却下降。因此，玉米的施肥量要充分考虑到其产量水平的差异。在玉米的不同生育期，其吸收的 N、P、K 元素也有差异，以拔节期至吐丝期养分吸收速率最高，积累量最大，吐丝后植株仍能吸收较多的 N、P。玉米不同植株部位，茎、叶及根系的养分吸收在灌浆前期较高，而籽粒中的养分吸收在灌浆后期较高，这有利于玉米吸收更多的养分，增加其积累量。玉米植株对 N、P、K 营养元素的吸收在不同器官中存在差异。玉米叶片、叶鞘和茎秆中积累 N 的平均百分含量表现为：叶片＞茎秆＞叶鞘；N 百分含量与茎叶生长盛衰有关，均在拔节期和小喇叭口期 N 含量最高，之后逐渐下降，直至成熟期达到最低。N 在玉米植株器官中的分配表现为：籽粒＞叶片＞茎秆＞雌穗。抽雄前，玉米吸收的 N 素主要分配在叶片和茎秆中；授粉后，籽粒进入灌浆阶段，N 的分配主要转移到雌穗，叶片和茎秆中的 N 素开始向外转移，流向籽粒。

　　不同生育时期玉米叶片中 P 百分含量在拔节期最高，成熟期最低，从大喇叭口期到抽雄阶段比较稳定。茎秆中的 P 也表现为前期高后期低，在灌浆期较为稳定。在雌穗和雄穗中，P 百分含量呈现初期高后期低的下降趋势，且雌穗中 P 的百分含量高于雄穗。在玉米各器官中，P 的分配比例为：籽粒＞叶片＞茎秆＞雌穗。叶片、茎秆和雌穗（籽粒除外）在吐丝至灌浆期开始向外转移 P，其中叶片转移量最大，茎秆次之，雌穗最小。

玉米叶片中 K 百分含量在拔节期最高，之后迅速下降，在大喇叭口期至籽粒建成初期较为稳定，之后下降至成熟期最低。而不同时期茎秆中 K 百分含量是前期和后期高，中期（灌浆期）低，呈 V 形变化。玉米成熟期，K 素积累的百分含量表现为：茎秆＞叶鞘＞叶片。K 在玉米成熟期不同器官中的分配表现为：茎秆＞叶片＞籽粒＞雌穗。从各器官转移量来看，叶片和叶鞘向外转移量最多，占总转移量的 79%～89%，茎秆的转移量次之，雌穗的转移量最少。

N 肥是玉米生长中需要量最大的营养元素，N 肥用量和运筹方式对玉米产量和品质的提高至关重要。姜涛（2013）研究认为产量随着施 N 量增加呈二次抛物线趋势，大喇叭口期到籽粒建成期是玉米吸收 N 素强度最大的时期，也是决定玉米产量的关键时期。N 肥基施条件下，在一定施 N 量范围内适当增加施 N 量能有效增加夏玉米秸秆中 N 素、K 素含量，并显著增加玉米籽粒中的 N、P、K 含量；但过多施用 N 肥反而使籽粒养分含量下降。对于不同的 N 肥运筹方式，重施基肥和大喇叭口肥能显著提高夏玉米籽粒 N 素含量。重施拔节肥，并兼顾基肥和大喇叭口期施肥能显著提高玉米秸秆 N 素含量，满足拔节期根、茎、叶大量生长的养分需求。但玉米拔节期过多追施 N 肥容易导致第三、第四节间伸长，造成倒伏。此外，王祥宇等（2015）通过研究 N 素对灌浆期玉米叶片蛋白质表达的调控认为，施 N 能够提高玉米叶片中叶绿素含量、硝酸还原酶活性、超氧化物歧化酶活性和过氧化物酶活性及可溶性蛋白质含量；蛋白质点的质谱鉴定结果显示，施 N 对大部分蛋白质表达具有上调的作用。因此，施 N 对灌浆期玉米叶片光合能力、C 代谢能力、防御能力、蛋白质合成能力和贮存能力，以及次级代谢能力等均有显著提升作用。

（3）微量元素肥料的应用 玉米植株对微量元素 Mn、B、Zn、Cu、Mo、Fe 的吸收量非常小，但是对玉米生长发育起着非常重要的作用。

玉米对 Zn 敏感。Zn 能影响玉米植株内的内源生长素，细胞壁可因缺乏生长素，不能伸长而使植株节间缩短；Zn 可以催化叶绿素的光化学反应，缺 Zn 会引起缺绿症。

Fe 是叶绿体的组成成分。叶子中 95% 的 Fe 存在于叶绿体中，Fe 不是叶绿素的成分，却参与叶绿素的形成；Fe 是光合作用不可缺少的元素，Fe 还是细胞色素氧化酶和过氧化酶的成分，所以 Fe 对呼吸作用有影响。

B 与糖形成有机性的复合物，使糖易通过原生质膜，因此 B 对玉米的光合作用及光合产物在植物体内的运输影响较大；B 还能促进生殖器官的建成。

Mn 是光系统 II 颗粒的组成成分，直接参与水的光解；Mn 对光合作用和呼吸作用均有影响。

土壤中微量元素缺乏对玉米植株生长有严重影响。玉米缺 Zn，容易造成植株矮小、节间变短、根部变黑，生长受到阻滞，秃顶严重。玉米需 B 量少，幼苗含 B 较高，玉米从营养生长到果穗形成前整个地上部器官含 B 小于 9 mg/kg 为缺乏。玉米缺 B 会造成生长点受到抑制，植株上部叶片叶脉间组织变薄，呈白色透明条纹状，雄穗抽不出，雄花显著退化变小甚至萎缩，果穗退化畸形，顶端籽粒空秕。玉米缺 Mo 易造成叶片失绿，叶脉间组织形成黄绿色或橘红色斑，叶边缘卷曲、凋萎甚至坏死；后期雄穗发育受到抑制，籽粒不饱满。玉米植株缺 Mn，造成叶片变薄，叶色变绿，长势变弱。玉米缺 Cu 时，叶子出现叶脉间失绿，越到叶片基部越明显，叶尖坏死，叶两边向背面反卷。玉米缺 Fe 会造成幼叶间失绿呈条纹状，中、下部叶片为黄绿色条纹，老叶绿色；严重时整个叶片失绿发白，失绿部分色泽均一，一般不出现坏死斑点。

微量元素肥料是指含有 Mn、B、Zn、Cu、Mo、Fe 微量元素的化学肥料。微量肥料的施用要根据作物和微肥种类而定，不同土壤的供 P 水平、有机质含量、土壤熟化程度以及土壤酸碱度等因素不同，因而施用方法也不同。玉米对微量肥料的需求少，从适量到过量的范围很窄。因此，要防止微肥过量。土壤施用时必须均匀，浓度要保证适宜，否则会引起植物中毒、污染土壤与环境。同时，微量元素的缺乏往往不是因为土壤中微量元素含量低，而是其有效性低。通过调节土壤酸碱度、氧化还原性、土壤质地、有机质、土壤含水量等能有效地改善土壤的微量元素营养条件。随着复种指数的提高，产量的增加，作物从土壤中带走的微量元素也愈来愈多，造成土壤微量元素含量逐渐下降。微量元素的施用一般采用基施、喷药和拌种等方法进行。常用的微量元素肥料有 $ZnSO_4$、$ZnCl_2$ 和 ZnO 等 Zn 肥，$MnSO_4$、$MnCl_2$ 和螯合态锰等 Mn 肥；$CuSO_4$ 和 CuO 等 Cu 肥，钼酸铵、钼酸钠和钼渣等 Mo 肥；$FeSO_4$、硫酸亚铁铵和螯合态铁等 Fe 肥；硼砂和硼酸等 B 肥。

3. N 肥后移　N 肥后移，是指 N 肥总量不变的条件下，对施用量进行控释后移并分次施用的施肥技术。夏玉米 N 肥后移保证了夏玉米生育后期对 N 肥的需求量，延缓了后期功能叶片的衰老，提高了对 N 肥的利用效率，进而达到增产的目的。对于该技术经过大量研究和实践的认可，现已得到普遍应用和推广。

（1）N 肥后移对夏玉米产量的影响　夏玉米生育期内吸肥能力强，需肥量大，充足的养分供应是夏玉米获得高产的关键。N 肥后移技术能够降低夏玉米茎和叶片 N 素的转运率，维持夏玉米茎和叶片中较高的 N 素积累，防止叶片过早衰老而有利于生育后期物质的合成。N 肥后移能够改善玉米开花期至成熟期的应用状况，增加干物质积累，达到增产的效果。王激清等（2008）通过对三大作物 N 肥基追比例的研究，认为在高肥力地区应采用降低基肥用量、加大追肥用量的 N 肥后移施肥方式。王宜伦等（2011）对夏玉米生育期内吸 N 规律进行的研究显示，超高产夏玉米吐丝前 N 素吸收积累量占总积累量的 $53.22\%\sim59.70\%$，吐丝后占 $40.30\%\sim47.78\%$。进而得出，以"30%苗肥＋30%大口肥＋40%吐丝肥"方式施用 N 肥基本符合 N 素吸收积累特性，N 肥后移促进了夏玉米生育后期对 N 素的吸收利用，对于夏玉米达到超高产水平至关重要。当前，黄淮海地区农民习惯于夏玉米苞叶发黄时收获，早收现象普遍。夏玉米完全成熟通常以苞叶干枯、籽粒乳线消失为标准，一般比习惯收获晚 $7\sim10$ d。适时晚收可以延长籽粒灌浆时间，增加千粒重、籽粒蛋白质和氨基酸含量，从而提高玉米产量和品质，是不需要增加成本来提高玉米产量的有效措施。在玉米晚收条件下，N 肥后移显著提高了 N 肥利用效率和农学利用率，氮肥按照"30%苗肥＋30%大喇叭口肥＋40%吐丝肥"方式施用产量和 N 肥利用效率最高。此外，有研究显示，N 肥后移还显著提高了旱作玉米的产量和 N 肥利用效率。

（2）N 肥减量后移　N 肥管理的最佳目的是既保证作物高产，又不会造成土层硝态 N

大量积累及损失，达到经济效益和环境效益的统一。在黄淮海平原夏玉米区域，农民当季的习惯施 N 量普遍偏高，在 249 kg/hm² 左右。2000—2002 年全国农业技术推广服务中心调查发现，全国玉米平均施 N 量为 209 kg/hm²，均高于 150～180 kg/hm² 的最佳水平，远远超过了达到当前产量的 N 需求量。据调查，北京、山东、河北小麦-玉米一年两熟种植制度中 N 肥平均用量高达 500～600 kg/hm²。过量施肥现象十分突出，远远超过作物 N 素需求。由此导致肥料 N 素损失严重，肥料利用率低。邹晓锦等（2011）研究认为，与传统施肥（240 kg/hm²，基肥和大喇叭口期追肥 1∶1）相比，N 肥减量 20%（192 kg/hm²，基肥和大喇叭口期追肥 1∶1）追肥后移处理，玉米植株籽粒产量、地上部植株 N 肥吸收利用率、N 肥农学利用率均较高，是最佳 N 肥运筹模式。赵士诚等（2010）研究认为，与农民习惯施肥（240 kg/hm²，基肥和大喇叭口追肥为 1∶2）相比，N 肥减量后移（168 kg/hm²，基肥、大喇叭口肥和吐丝肥为 1∶3∶1）措施下玉米产量没有减少，N 肥利用效率显著增加。同时，N 肥减量后移可使耕层无机 N 供应较好地与作物吸收同步，降低收获期 0～100 cm 土层硝态 N 积累，减少 N 素的田间表观损失。在黄淮海冬小麦-夏玉米轮作区，习惯施肥（小麦季 300 kg/hm²，基肥与拔节肥各半；玉米季 240 kg/hm²，分两次施用，基肥 1/3，大喇叭口肥 2/3）的周年氨挥发总量是 N 肥减 N 后移措施下的 2 倍多，而减 N 后移的周年产量显著高于习惯施肥；N 肥减 N 后移（小麦季 210 kg/hm²，基肥、拔节肥和孕穗肥各占 1/3；玉米季 168 kg/hm²，基肥、大喇叭口肥和吐丝肥各占 1/5、3/5 和 1/5）可节省 N 肥 30%，是降低氨挥发损失和实现高产的理想施肥方式。

4. 控释肥的应用　控释肥以颗粒肥料（单质或复合肥）为核心，采用聚合物包膜，可定量控制肥料中养分释放数量和释放期，使养分供应与作物各生育期需肥规律吻合的包膜复合肥和包膜尿素。其延长了肥料的分解、释放的时间，有利于提高肥料养分的利用率，增强土壤的缓冲性和作物的抗逆性；从而达到延长肥料有效期、促进农业增产的目的。常见的控释肥大致分为硫包衣（肥包肥）、树脂包衣、尿酶抑制剂等。按生产工艺的不同，又可分为化合型、混合型及掺混型等。控施肥有以下几个优点：①在水中溶解度小，营养元素在土壤中释放缓慢，减少了营养元素的损失，肥料利用率高；②肥效期长且稳定，能满足植物在整个生长期对养分的需求；③具备低盐指数，一次大量施用不会烧苗，减少了施肥的数量和次数，节省施肥劳动力，节约成本；④可以改善作物品质，增加农产品的安全指数。控释肥可根据玉米对养分的需要控制其养分释放模式，使养分释放与作物养分吸收相同步，对提高玉米产量、品质和 N 肥利用率有较好的作用。

卫丽等（2010）研究认为，控释肥在大喇叭口期以后可以为夏玉米提供充足的 N 素，尤其能够满足夏玉米生育后期对 N 素的需求。在籽粒灌浆期，控释肥处理下，玉米叶片光合功能期延长，同化产物产出增加，促进了同化产物向籽粒的转运，满足了籽粒发育的需求，最终实现高产。朱红英等（2003）用 6 种控释肥料对郑单 958 和鲁单 50 试验结果表明，与普通肥料相比，在相同养分含量下，郑单 958 增产 5.1%～13.5%，鲁单 50 增产 0.3%～8.1%。对于晚收玉米来说，夏玉米苗期一次性使用控释肥可促进生育后期 N 素供应和吸收，提高玉米产量和 N 肥利用效率，实现简化、高产和高效施肥的目的。王宜伦等（2011）研究认为，夏玉米在晚收条件下，控释肥较习惯施肥条件下籽粒增产 4.88%，蛋白质含量增加 4.41%，N 肥利用效率和 N 肥农学效率分别提高了 2.95% 和

1.69 kg/kg。在黄淮海冬小麦-夏玉米轮作区，控释肥实现了小麦、玉米产量双高产和经济效益、环境效益同步提高。卢艳丽等（2011）研究认为，黄淮海冬小麦-夏玉米轮作区，夏玉米季肥料利用率提高，玉米穗秃尖长度减小；减少20%用量的控释肥处理产量显著高于常规施肥，增产高达18.3%。同时，控释肥控制养分释放数量和释放期的特性有利于被作物及时充分吸收，减少了肥料在土壤中淋失而造成的浪费。因此，玉米专用控释肥料的应用不仅能满足玉米对养分的需求，还能降低肥料损失，提高肥料利用率，将会对玉米的高产优质高效生产发挥重要作用。

5. 常规施肥　夏玉米具有植株高大、根系发达、籽粒肥大和产量高等特点，从种子萌发出苗到成熟的不同生育时期对营养元素的需求不同，合理的施肥对夏玉米节本增效具有重要意义。夏玉米从土壤中吸收的 N、P、K 的数量因气候、土壤、品种和种植方式的不同而有所差异。每生产 100 kg 玉米籽粒，需要吸收 N 2.5 kg、P_2O_5 1.2 kg、K_2O 2 kg。夏玉米苗期，植株小生长缓慢，其对营养元素的需求都较少。从苗期到拔节期间，吸收 N 2.5%、有效磷 1.1%、有效钾 3%，主要流向叶片；从拔节到开花，夏玉米对养分的需求量增加，吸收 N、有效磷、有效钾分别为 51.1%、63.8% 和 97%，达到高峰期，主要流向茎秆和分化中的幼穗；从开花到成熟期间，吸收 N 46%、有效磷 35.1%，主要流向籽粒。

肥料的种类、施用量和施肥方式对夏玉米生长发育以及产量和品质的形成都有显著的影响。不同肥料类型的研究结果认为，普通尿素、包膜尿素和复合肥对夏玉米产量提高均有显著的促进作用；其中，以复合肥的增产效果最好；而肥料类型对夏玉米品质性状的影响则因品种和性状的不同而产生差异。赵萍萍等（2010）研究表明，夏玉米在施 N 量为 0～350 kg/hm² 范围内，其籽粒产量随施 N 量的提高而显著增加，但产量增幅与施 N 量呈抛物线变化。赵营等（2006）研究也认为，当施 N 量大于 125 kg/hm² 时，增施 N 肥不再有增产作用，反而导致 N 肥利用效率随施 N 量增加而下降。王春虎等（2009）在黄淮海平原开展的试验结果认为，225 kg/hm² 为该地区夏玉米产量和品质协同提高的最佳 N 肥用量。同时，施用 N 肥还可以促进夏玉米植株体的 C、N 代谢，提高 C、N 代谢关键酶活性，从而增强光合产物的积累和运输，最终实现高产。申丽霞等（2007）研究显示，施 N 量在 120～240 kg/hm² 范围内，随着施 N 量的增加，夏玉米叶片硝酸还原酶、谷氨酰胺合成酶和蔗糖磷酸合成酶的活性增强。夏玉米施肥时期要充分考虑夏玉米需肥特性、土壤肥力、气候及耕作制度等因素。玉米在生长过程中，前期吸收 K、P 较多，后期吸收 N 素较多；整个生育期内吸收 N、P、K 的比例为 3∶1∶2.8。因此，P、K 肥适宜作底肥和种肥施入，N 肥的 2/3 宜作追肥施用。玉米营养生理的阶段性是制定施肥时期和方法的重要依据。种肥和拔节肥主要促进根、茎、叶的生长和雄穗、雌穗的分化；大喇叭口期追肥主要是促进雌穗分化和生长，提高光合作用，延长叶片功能期和增花、增粒、提高粒重；抽雄开花期追肥，有防止植株早衰、延长叶片功能期、提高光合作用、保粒和提粒重的作用。在玉米生育期内，有 3 个施肥高效期，是拔节期、大喇叭口期和吐丝期。王春虎等（2011）研究结果认为，10%种肥＋60%大喇叭口期攻穗肥＋30%抽雄吐丝期攻粒肥的施肥方式对夏玉米实现高产具有显著的促进作用。姜涛（2013）认为，在大喇叭口期追肥 50%可以显著的提高产量，改善籽粒品质。

在夏玉米施肥技术方面：①抓住有利的施肥时机。夏玉米一般在播后 25 d 开始拔节，同时开始穗分化。在播后 40～45 d 进入玉米雌雄穗小花分化期（也称大喇叭口期），此时需肥量最多。因此，在夏玉米播种后 35～45 d 是追肥的有利时机，应尽快追肥以满足玉米生长所需养分。②适宜的施肥量及其配比。要注重平衡施肥，既要满足玉米对 N、P、K 大量元素的需求，又要适量补充中微量元素，以确保玉米高产优质。③注意施肥方法。尿素、碳铵和复合肥应尽量采用穴施或沟施，埋施深度为 8～15 cm，不宜离玉米根部太近，防止烧苗。

（四）灌溉

黄淮海平原是中国主要的水分亏缺区，主要采用冬小麦-夏玉米一年两熟的种植制度。由于冬小麦生育期间自然降水量严重不足，要获得超高产和稳产必须进行补充灌溉。夏玉米生长季节虽然降水资源充足，但生育期短，降水量时空变异大，分布不均匀，易造成玉米干旱，短时干旱就会造成较大幅度的减产。因此，在明确夏玉米需水规律基础上，适时适量的进行节水补充灌溉，不仅有利于夏玉米稳产高产，还可以提高水分利用效率，节约水资源。

1. 夏玉米生育期间的需水量和需水规律 水分是夏玉米进行正常生理活动必不可少的物质。玉米植株在光合、呼吸、有机物的合成和分解、转运等过程中，都有水分的参与。并且，绝大多数的代谢过程都需要在水介质中进行。玉米根系从土壤中吸收的水分，少部分用于各种代谢活动，大部分通过叶片蒸腾作用排到空气中。水分的运输途径为：根毛→根的皮层→根的中柱鞘→根的导管→茎的导管→叶鞘的导管→叶肉细胞→叶肉细胞间隙→气室→气孔→空气。水分在植物体内的运输不仅局限于自下而上的运输，还存在侧向和向下的运输，但是，这些方式的运输量都远远低于向上的运输量。

玉米需水量是指玉米生育期内所消耗的水量，它是植株蒸腾耗水量和棵间蒸发耗水量的总和，通常也叫耗水量。一般采用 mm 或者 m^3/hm^2 表示。夏玉米在整个生育期内的耗水量因产量水平、土壤、气候条件和栽培技术的变化而不同，其变动范围一般在 300～700 mm。

玉米需水规律是指玉米生育期内的耗水量、耗水动态、耗水强度以及不同生育阶段对水分的需求特点。掌握玉米的需水规律，可以合理调控水分的分配供应量及时期，提高水分利用效率。一般来说，玉米从播种到出芽，需水量少；玉米播种后，需要吸取本身绝对干重的 48%～50% 的水分，才能膨胀发芽。如果土壤墒情不好，即使勉强膨胀发芽，也往往因顶土出苗力弱而造成严重缺苗；如果土壤水分过多，通气性不良，种子容易霉烂也会造成缺苗。播种时，耕层土壤必须保持在田间持水量的 60%～70%，才能保证良好的出苗。玉米在出苗到拔节的幼苗期间，植株矮小，生长缓慢，叶面蒸腾量较少，其耗水量也较少。这一阶段应控制土壤水分，可以为玉米蹲苗创造良好的条件；对促进根系发育、茎秆增粗、减轻倒伏和提高产量都有一定作用。玉米植株开始拔节以后，生长进入旺盛阶段，植株各方面的生理活动机能逐渐加强。同时，这一时期气温不断升高，叶面蒸腾强烈。因此，玉米对水分的要求比较高。玉米抽穗开花期，对土壤水分十分敏感，如水分不足，气温升高，会造成有的雄穗不能抽出，或抽出的时间延长，导致严重的减产。这一时期，玉米植株的新陈代谢最为旺盛，对水分的要求达到它一生的最高峰，称为玉米需水的临界期。玉米进入灌浆和乳熟的生育后期时，仍需相当多的水分才能满足生长发育的需要。但是，在灌浆以后，进入成熟阶段，籽粒基本定型，这时主要是进入干燥脱水过程，仅需要少量的水来维持植株的生命活动，保证籽粒的最终成熟。

玉米耗水量因产量水平而异，相同产量水平的耗水量也不完全相同，同时还存在年际间变化差异。但耗水量随产量变化是有规律的，玉米耗水量与产量呈二次函数关系。一般产量水平下玉米耗水量在 300～400 mm，高产水平下 500～700 mm，且春玉米略高于夏玉米。刘战东等（2011）研究结果认为，高产条件下夏玉米全生育期土壤水分维持在田间持水量的 80％左右；全生育期需水量为 417.30～507.45 mm。各生育阶段需水量分别为：苗期 16.80～33.75 mm，占全生育期需水量 3.31％～8.09％；拔节期 94.35～130.8 mm，占 22.61％～25.78％；抽雄期 92.85～108.15 mm，占 18.30％～25.92％；灌浆期 181.05～267.0 mm，占 43.39％～52.62％。夏玉米日需水强度呈抛物线形，苗期较小（0.65～1.41 mm/d），拔节到抽雄达到最大（11.61～12.02 mm/d），抽雄到灌浆后期需水强度逐渐减小（3.63～4.49 mm/d）。

2. 黄淮海平原夏玉米生育期间天然降水的时空变化 黄淮海平原位于 113°E 至东海岸线、32°～40°30′N 之间，总面积为 38.7×10⁴ km²。耕地面积占中国总耕地面积的 1/6，粮食作物播种面积占全国总量的 20％以上，人均水资源量低于联合国定义的极端稀缺水平（500 m³/人）。黄淮海平原是中国气候变化敏感区之一，也是中国重要的粮食生产基地。该地区属温带大陆性季风气候，光热资源丰富，雨热同季，降水量年际间变化大且多集中在夏季；主要粮食作物种植制度为冬小麦-夏玉米一年两熟制。马洁华等（2010）对 1961—2007 年黄淮海平原降水量的研究显示，在这 47 年间黄淮海平原年降水量呈下降趋势，每 10 年平均下降速度为 18 mm。其中，夏、秋两季降水量呈减少趋势，每 10 年的下降速度在 25～40 mm；春、冬两季降水量呈微弱增加趋势，但增加幅度小于夏、秋两季的减少幅度。在不同区域间，下降幅度最大在山东省东部和河北省东部，每 10 年减少 30～50 mm；而在河南省东南部地区降水量呈微弱增加趋势，每 10 年增加幅度在 0～30 mm。王占彪等（2015）针对 1961—2010 年黄淮海平原夏玉米生育期水热时空变化特征的研究认为，黄淮海夏玉米在各生育期降水量呈东南向西北递减趋势。河北省、山东省降水量在不同生育期均呈下降趋势，河南省仅在生殖生长阶段呈下降趋势，在营养生长期、并进期、全生育期均呈上升趋势。在全生育期，河南省降水量分别较河北省和山东省高138.38％和160.87％。同时，研究还发现，不同地点降水量在玉米生长前期差异不明显，在生殖生长期河北省分别较河南省、山东省降低 25.26％和 30.24％，在全生育期山东省降水量较河北省高70.46 mm。黄会平等（2015）对 1957—2013 年黄淮海主要农作物全生育期水分盈亏变化特征的研究也发现，夏玉米水分亏缺持续下降，在 2007—2013 年下降显著；不同地区水分亏缺呈现北部、东北部为水分亏缺最严重区域，向南部、东南部逐渐递减；夏玉米的水分亏缺值为 251.5 mm。

3. 节水补充灌溉 水资源是作物生产的必备条件，而受气候变化影响，近 50 年来，中国黄淮海平原降水量出现下降趋势，干旱加重。近 10 年来中国农业受旱面积 1.26×10⁷ hm²，成灾率 56.71％；其中 2008 年因旱受灾面积 1.19×10⁷ hm²，成灾面积 6.62×

10^6 hm^2，绝收面积 8.03×10^5 hm^2，因旱造成粮食损失 161 亿 kg、经济作物损失 226.2 亿元（中国灌溉和排水发展中心、水利部农村饮水安全中心，2009）。黄淮海平原因适应气候变化所引起的干旱威胁，有扩大灌溉面积的需求，但由于地表水短缺，地下水消耗严重，不能随意扩大灌溉面积。因此，提高水资源利用效率成为解决水资源短缺问题的关键。

节水灌溉是以最低限度的用水量获得最大的产量或收益，也是最大限度提高单位灌溉水量的农作物产量和产值的灌溉措施。大量研究结果显示，节水灌溉措施可以提高水分利用率，降低气候变化对农业水资源可用性的负面影响。节水灌溉可以缓解黄淮海平原水资源问题，提高粮食产量，是解决该地区水资源问题的先决条件。节水灌溉既可以减少灌溉田用水量，提高农业生产率，又不会显著降低粮食产量。其主要的灌溉方式有喷灌、微灌（包括滴灌、喷滴灌、渗灌等）、渠道防渗、管道灌溉和其他类节水措施。

喷灌是一种机械化高效节水灌溉技术，利用专门的设备把水加压，或利用水的自然落差将有压水送到灌溉地段；通过喷头喷射到空中形成细小的水滴，均匀地洒布在田间进行灌溉。其可以定量供水，限制作物根系不必要的水分流失，较地面灌溉省水 30%～50%；可提高作物产量，比地面灌溉增产 10%～30%；同时，该灌溉方式节省劳动力，适用于各种土壤、地形。因此，喷灌被广泛用于灌溉大田作物、经济作物、蔬菜和园林草地等。但是，这种灌溉方式容易受到大风的影响，蒸发损耗大、耗能，一次性投资大。

微灌是利用微灌系统，将有压力的水输送分配到田间，通过灌水器以微小的流量湿润作物根部附近土壤。微灌又可分为滴灌、微喷灌、小管灌和渗灌 4 种。这种灌溉方式由管道输水，基本没有沿程渗漏和蒸发损失，灌水时主要实现局部灌溉，不易产生渗漏，比地面灌溉省水 50%～70%，比喷灌省水 15%～20%。微灌具有最大限度提高作物产量和降低水分消耗的特性，同时控制杂草，降低土壤蒸发，提高根系活力和吸收能力，减少根际水分和土壤盐分的深度渗漏。

渠道防渗是目前中国农田灌溉的主要输水方式，有效减少农田灌溉用水损失，使渠系水利用系数提高到 0.60～0.85，比原来土渠利用率提高了 50%～70%。渠道防渗还具有输水快、节省土地等优点。其根据所用材料不同，又分为三合土护面防渗、砌石（卵石、块石、片石）防渗、混凝土防渗、塑料薄膜防渗等。

管道灌溉是利用管道将水直接送到田间灌溉，以减少水分明渠输送造成的渗漏和蒸发损失。目前，中国北方井灌区的管道灌溉推广应用较快。常用的管材有混凝土管、塑料硬（软）管及金属管等。该灌溉方式可将水的利用系数提高到 0.95，省电 20%～30%，省地 2%～3%，增产幅度 10%。

节水灌溉模式对夏玉米生长发育和产量形成均有显著的影响。李铁男等（2011）对夏玉米不同灌溉方式的研究结果显示，膜下灌溉较覆膜漫灌、喷灌和适宜灌溉相比能显著提高玉米水分利用效率 50%以上。刘战东等（2012）研究认为，覆膜滴灌较覆膜漫灌和不覆膜喷灌能有效地促进玉米植株株高增加，提高叶片生长速度，增加叶面积和根量，具有节水增产的效果。李英等（2015）通过比较滴灌、喷灌、漫灌 3 种灌溉方式，发现滴灌的土壤水分分布及变化对玉米的生长最有利，其在保证玉米需水量的前提下增强了贮水能力，是干旱缺水地区的高效灌溉方式。同时，不同灌溉时期也对夏玉米产量和水分利用效率有显著的影响。陈静静等（2011）研究结果认为，与全生育期灌水相比，夏玉米在苗期和拔节期、苗期和抽穗期灌水有利于维持玉米产量并提高水分利用效率。秦欣等（2012）研究认为，在华北地区冬小麦-夏玉米轮作体系中，小麦季节水栽培显著减少了对地下水的开采，大幅提高了降水的利用效率，有利于水分高效利用和高产的统一。

（五）抵御逆境胁迫

1. 病虫害防治与杂草防除　夏玉米苗期病虫害、茎腐病、褐斑病、南方锈病、小斑病和穗期玉米螟等钻蛀性害虫是影响黄淮海夏玉米产量的重要限制因素。夏玉米生长期间，正值高温多雨季节，病虫草害的发生较为普遍，严重威胁玉米生产安全。

（1）夏玉米常见病害　主要有粗缩病、褐斑病和大斑病、小斑病等。

玉米粗缩病多发生在苗期到成株期，为严重的病毒病。传毒媒介为灰飞虱。如果在玉米出苗到 5 叶期，遇到传毒灰飞虱迁飞高峰期，就会造成玉米发病。发病初期在心叶中脉两侧叶脉间出现虚线状失绿透明小点，后期透明线点不断增多，且叶背上逐渐出现长短不同的蜡白色条状突起，叶面粗糙度增加。心叶多呈卷缩状态，其他叶面浓绿、宽短、僵直，玉米植株总体生长缓慢，节间长度缩短，矮化严重，仅为健康植株高度的 $1/3\sim1/2$。

褐斑病为玉米中后期常见真菌病害。发生在玉米拔节后，抽雄到乳熟期最为明显。病斑多集中在叶鞘与叶片交界位置，呈红褐色或黑褐色，叶片主脉上病斑最大，雌穗着生叶及以下叶片发病严重，甚至会造成叶片局部枯死。

大斑病和小斑病多发生在玉米抽雄后，主要受气候、耕作措施、栽培条件以及品种抗病性等因素的影响。夏季高温如果遇到降雨少的天气，高密度种植的抗病性弱的品种极易发病。

（2）夏玉米常见害虫　夏玉米在种植过程中由于气候环境、栽培习惯和品种选择等因素的影响，常发生不同种类的虫害。夏玉米生产中，常见的害虫有金针虫、蝼蛄、蛴螬等，容易造成玉米缺苗断垄。还有玉米螟、高粱条螟、棉铃虫、黏虫、玉米蚜和地老虎等，对玉米的生长也会造成影响。其中，玉米蚜主要发生在玉米大喇叭末期到抽雄期，以成蚜和若蚜在叶片、雄穗以及嫩叶上吸汁产生危害，影响玉米的正常生长与授粉。

（3）夏玉米田间杂草　主要有野稗、牛筋草、狗尾草、苍耳、藜、马齿苋、黄蒿、多年生的车前草和莎草等。杂草具有生长速度快、繁殖能力强以及抗逆性强等特点，尤其是受夏玉米种植气候条件的影响，杂草生长旺盛，处理难度大。如果田间杂草处理不及时，其会与玉米作物争夺养分，且还会给传毒灰飞虱提供寄宿场所，容易发生病害。

（4）防治与防除　对于夏玉米病虫草害的防治与防除必须根据夏玉米生长期间病虫草害的发生规律，采取防控结合，减轻病虫草害危害，保障玉米良好生长发育。

① 从品种选用和栽培措施两方面进行防控。首先，选用抗耐病良种，增强玉米抵抗病虫草害的能力；同时，对种子进行包衣处理，可有效防治地下害虫。其次，调整播期和种植结构。麦收后直播夏玉米播期最好选在 6 月上旬，既能保证早播，又能有效控制粗缩病；间作、套种种植方式也可以有效增强天敌的控害作用。此外，平衡施肥可以提高玉米的抗逆性，减轻病虫草害；落实秸秆还田措施，提高小麦秸秆粉碎质量。

② 针对具体病虫害进行化学防治。褐斑病可用 12.5% 烯唑醇可湿性粉剂，每 667 m^2

20 g，或 50％百菌清可湿性粉剂、50％多菌灵可湿性粉剂、70％甲基硫菌灵可湿性粉剂等 500 倍液喷雾。锈病可用 20％三唑酮乳油每 667 m² 75～100 mL 喷雾。防治灰飞虱是夏玉米粗缩病防病的关键。玉米播种前，使用 5％吡虫啉乳油按种子质量的 2％拌种，或用 2％呋·甲种衣剂按种子质量的 5％进行包衣；及时灭茬除草消灭灰飞虱寄主；在玉米 2～3 叶期，用吡虫啉、噻嗪酮等药剂喷施，防治灰飞虱，预防粗缩病。当玉米螟卵寄生率 60％以上时，可利用天敌控制危害。当花叶株率达 10％时，可用 3％辛硫磷颗粒剂每 667 m² 250 g 或 Bt 乳剂 100～150 mL 加细沙 5 kg 施于心叶内。在玉米心叶有蚜株率达 50％，百株蚜量达 2 000 头以上时，可用 50％抗蚜威可湿性粉剂 3 000 倍液，或 40％氧乐果乳油 1 500 倍液，或 50％敌敌畏乳油 1 000 倍液，或 2.5％溴氰菊酯乳油 3 000 倍液均匀喷雾，也可进行灌心。

③ 中耕除草和化学除草相结合。结合灭茬进行中耕除草，拔除的杂草要及时清出田间。化学除草一般在玉米播种后出苗前在土壤表面喷施除草剂进行土壤封闭处理，可用 72％ 2，4 - D 丁酯水剂，或用 50％西玛津可湿性粉剂、50％莠去津悬浮剂，夏玉米每 667 m² 喷施 150～200 g。而在玉米进入拔节期后，可用 72％ 2，4 - D 丁酯水剂每 667 m² 50～70 g，或用 80％ 2，4 - D 钠盐水剂每 667 m² 75～100 g 喷雾，加水 40～50 kg。

2. 常见灾害性天气及避灾措施

(1) 常见灾害天气种类　灾害性天气是造成气象灾害的直接原因，气象灾害是对农业生产有巨大威胁的非生物因子。黄淮海平原属于暖温带季风气候，四季分明；降水量不够充沛，但集中于生长旺季，地区、季节、年际间差异大。该地区旱涝灾害频繁发生，限制其发挥资源优势。

① 高温干旱。高温天气一般指气温达到 35 ℃以上；如果连续 3 d 最高气温＞35 ℃，或者 1 d 最高气温＞38 ℃，则被称为极端高温天气。连续高温天气往往伴随干旱，对夏玉米开花授粉造成严重影响，导致籽粒结实不良，引起大幅减产。一般认为，玉米籽粒生长的适宜温度是 25 ℃，温度每升高 1 ℃，籽粒产量降低 3％～4％。夏玉米在极端高温条件下，不但灌浆持续期缩短，灌浆速率也降低，粒重下降更多。干旱导致玉米苗势较弱、植株矮小、发育比较迟缓，从而降低产量。刘哲等（2015）分析了黄淮海平原夏玉米区域发生高温热害的规律，发现夏播玉米散粉期高温热害胁迫较重的地区主要位于河南省平顶山市、信阳市等地。同时，提前 7 d 左右播种，将显著减少玉米花期与高温时期的耦合，降低因花期高温热害造成的产量损失。薛昌颖等（2016）对近 40 年来黄淮海地区夏玉米生长季干旱发生的特征分析后得出，夏玉米在播种到出苗阶段水分亏缺指数和干旱发生概率最大；夏玉米各阶段水分亏缺指数及各等级干旱发生概率在区域间表现为由东南向西北逐渐增大的变化趋势，河北省大部、河南省西部和北部以及山东省的中西部地区是各阶段干旱概率的高值区。

② 阴雨寡照。夏玉米是喜光作物，全生育期均需要充足的光照。阴雨寡照直接抑制玉米光合生产能力，影响玉米生长发育，导致产量下降。玉米早期遮光显著降低株高，使玉米叶片伸出率降低和叶片变薄。玉米开花前遮光延迟抽雄和吐丝日期，长时间遮光造成花期不遇。同时，玉米雄穗发育对弱光非常敏感，弱光可导致雄穗育性退化。夏玉米花期阴雨灾害严重时可减产 20％以上。徐虹等（2014）对黄淮海区域夏玉米阴雨灾害的研究

发现，该区域夏玉米花期阴雨高危险性地区主要分布在黄淮海地区东南部；高暴露性区域集中分布在山东省、河北省中南部及河南省东部；高易损性地区主要分布在黄淮海地区南部。

③ 洪涝渍害。洪涝对夏玉米的影响因受渍时间和渍水深度不同，渍害发生程度不同。在拔节期或者抽雄期遭遇洪涝，渍水时间超过 3 d，产量就会显著降低。随着渍水时间的延长，玉米株高和穗位降低，茎粗变细，穗粒数和千粒重减少，造成产量大幅降低。积水 10 cm 和 20 cm 的玉米植株较积水 5 cm 的玉米株高、穗位、茎粗、穗粒数和千粒重均降低。拔节期和抽雄期渍水对玉米产量有明显负效应。玉米苗期土壤含水量达到最大持水量的 90% 时就会形成明显的渍害，在拔节以后玉米耐涝能力加强。玉米抽雄前后，适宜的土壤相对湿度为土壤最大持水量的 70%～90%，土壤相对湿度大于 90% 时才会影响玉米的正常生长发育。马玉平等（2015）研究认为，夏玉米洪涝渍害的敏感时段主要为拔节至抽雄、出苗至 7 叶和 7 叶至拔节，且初始土壤含水量比降水量对玉米最终生物量的影响更大。

④ 冰雹大风。冰雹是黄淮海区域，特别是河南省晚春至夏季最常见的气象灾害之一，常在夏粮收割、秋粮生长及拔节的时期发生。虽然，冰雹出现的范围小、时间短，但是来势猛、强度大，并常伴随大风暴雨天气，给农业生产造成严重的损失。冰雹对夏玉米的危害主要有砸伤植株、产生冻害以及造成土表板结。玉米苗期遭受冰雹危害，造成土壤板结、气温下降、通气不良、影响种子发芽和出苗；同时，可使幼苗受伤而不能正常生长，严重的需要重新播种。在玉米灌浆期遭受冰雹，会直接影响并阻碍正常灌浆成熟，造成产量下降和品质变劣。

大风造成倒伏一直是制约夏玉米稳产、高产的重要因素。如 2009 年 8 月底的大风降雨造成河南省近 65 万 hm² 玉米严重倒伏，大范围农田严重减产甚至绝收。玉米倒伏后打乱了叶片在空间的正常分布秩序，使叶片的光合效率锐减；茎折破坏了茎秆的输导系统，影响水分和养分的传输；倒伏还引起籽粒皱缩而降低容重、穗粒数和粒重，出现霉变和穗发芽；倒伏使病虫害加剧，极大地影响玉米产量和品质。李树岩等（2014）研究结果认为，在不同倒伏等级中，轻度倒伏发生的概率最大，全生育期平均达 44.2%；乳熟至成熟期倒伏发生概率明显高于其他生育阶段，达到 28.7%。

（2）避灾措施　为避免和减轻各种灾害性天气对黄淮海夏玉米生产造成的不良影响，必须针对各种灾害性天气的发生规律，制定相应的避灾减灾防御措施来控制灾害天气对夏玉米生产造成的损失，以达到稳产、增产的目的。

① 应对高温干旱。

选用耐热抗旱玉米品种，预防高温干旱的危害：研究显示，不同品种的耐热抗旱性在玉米生产中存在显著差异。因此，在生产中应筛选高温干旱条件下可以授粉、结实良好、叶片较厚、持绿时间长的耐热抗旱性玉米品种。

人工辅助授粉，提高结实率：在高温干旱严重时，玉米的自然散粉、授粉和受精结实能力下降，如在开花散粉期受到 38 ℃以上的持续高温天气，应及时进行人工辅助授粉，减轻高温干旱对玉米授粉受精过程的影响。

因地制宜，改进灌溉方式，适时喷灌水：根据各地区水资源条件，采取不同的节水灌溉方式；高温期间可以提前喷灌水，改变农田小气候，减轻高温热害。

苗期蹲苗：利用玉米苗期耐热性特点，减少苗期水分供应，在出苗 10～15 d 后对玉米苗进行 20 d 的抗旱和耐热性锻炼，提高玉米耐热抗旱能力。

② 应对阴雨寡照。

做好玉米品种布局：根据品种特性和气候条件合理布局，选用耐阴品种，一般矮秆、叶片上冲、雄穗较小、叶片功能期长的品种耐阴性好。

调整播期，使敏感期错过阴雨天气：在黄淮海地区，夏玉米播种应尽量提前，可减轻阴雨危害。

加强水肥管理，防治玉米早衰：重视花粒肥施用，以提高叶片光合速率、延长叶片功能期。

③ 应对洪涝渍害。

及时排水除涝：防御涝害最有效的技术措施是修建田间排水渠道，地外有排水干渠，地里有排水支渠，行间形成垄沟。夏玉米播后没有挖排水渠、沟的农田，雨前尽可能补上，如果来不及实施，大雨后要及时开沟排除田间积水。

及时补种：夏玉米苗期植株弱，过多的降水常造成田间长时间积水，根系因缺氧而窒息坏死，应及时补种玉米幼苗。

中耕培土，破除板结：当积水排出，应及时对玉米进行中耕培土，破除表土板结，加快深层土壤散湿，改善土壤透气状况，促进玉米根系尽快恢复，增强吸收能力。

④ 应对冰雹大风。

选择抗倒伏品种：选种抗倒品种是防止玉米倒伏的主要措施。因此，要因地选择高度适中、茎秆粗壮、根系发达、耐肥水能力强、穗位低的抗倒伏能力强的品种。

查苗补缺：苗期冰雹灾害发生后，容易造成缺苗，应及时查苗补缺。

扶苗：及时对受灾玉米实施扶苗救助。夏玉米遭受冰雹后应及时排除田间积水，清除田间残枝落叶，扶正植株，并借墒追施速效化肥。对于倒伏严重、茎叶断损严重的应逐棵清理，不要人为损伤枝叶或剪除破残茎叶。

此外，合理平衡 N、P、K 肥以及微量元素肥料的施用，可提高植株抵抗力；针对不同灾害的发生进行合理的化学调控试剂，如生长调节剂、土壤保水剂和矮壮素等；在不同生育时期根据需要进行中耕培土，可破除土壤板结，增加作物根系活力；以及加强病虫草害监控和防治等措施，均可以缓解灾害性天气造成的危害，挽救损失。

（六）适期晚收

夏玉米适时晚收是指在冬小麦-夏玉米种植区域内，通过适当推迟夏玉米的收获期，使其充分发挥生产潜力的高产高效栽培技术。夏玉米晚收技术是农业部在玉米生产上推广的一项增产技术，已在全国各玉米产区普遍推行。黄淮海平原夏播玉米栽培也提倡和实施晚收，这是玉米高产增效的有效措施。夏玉米生理成熟的标志主要有：籽粒乳线消失，籽粒基部黑色层形成。玉米授粉后 30 d 左右，籽粒顶部的胚乳组织开始硬化，与下部多汁胚乳部分形成一横向界面层即乳线。授粉后 50 d 左右，果穗下部籽粒乳线消失，籽粒含水量降到 30% 以下，果穗苞叶变白并且包裹程度松散，是玉米最佳的收获时期。黄淮海区域夏玉米一般在 6 月 15 日前小麦收获后抢茬播种；在 10 月 1～5 日收获易获得高产；同时 10 月 12 日前后播种小麦，不影响小麦正常播种，全年丰收。

夏玉米直播晚收是当前大田生产的主要方式。玉米适时晚收可以延长籽粒灌浆时间，提高千粒重，增加籽粒中淀粉、蛋白质和氨基酸含量，从而提高玉米产量和品质，是提高效益而不增加成本的有效措施。刘月娥等（2010）连续两年对东北、华北和黄淮海地区 41 个试验点玉米适时晚收的增产效果进行调查发现，适时晚收，玉米产量和千粒重显著增加；推迟 7 d 收获的玉米较正常收获增产 4.20% 和 4.94%（2007 年和 2008 年）；而推迟 14 d 收获的玉米产量较对照则分别增加了 7.79% 和 7.92%。同时，研究还发现玉米晚收增产效果随着纬度的降低而增加。这说明，玉米适时晚收具有明显的增产效果，但增产幅度随着纬度的降低而增加，适宜的晚收时间与当地生态条件也密切相关。卜俊周等（2011）研究表明，收获期延迟 10 d 左右，千粒重平均提高 3.57 g；收获期延迟 20 d 左右，千粒重平均提高 5.83 g。以郑单 958 为例，10 月 10 日收获较 9 月 20 日收获增产 22.5%，较 9 月 29 日收获增产 8.8%。同时，研究得出，目前黄淮海地区生产上主推的玉米品种达到完全成熟，收获期在 10 月 10 日左右为宜，籽粒含水量下降到 28% 以下可作为收获期的标准。在豫北和豫西的研究结果显示，玉米最适宜收获期为 10 月 5 日左右，籽粒含水量达到 27% 以下，可作为收获的标准。晚收玉米还有利于小麦适时晚播，防止小麦旺长、冻害及病虫害的发生，减少冬前耗水耗肥，实现全年节水、省肥、高产、高效。

在推广适时晚收技术时，为发挥玉米品种的产量潜力，应选择中熟或中早熟玉米品种。同时，应注意以下几点：

1. 根据植株长相确定晚收期　当前生产上应用的紧凑型玉米品种多有假熟现象，即玉米苞叶提早变白而籽粒尚未停止灌浆，这些品种往往被提前收获。玉米在果穗下部籽粒乳线消失，籽粒含水量 30% 左右，果穗苞叶变白而松散时收获粒重最高，玉米的产量也最高，可以作为适期收获的主要标志。同时，玉米籽粒基部黑色层形成也是适期收获的重要参考指标。因此，要在果穗苞叶发黄后推迟 8～10 d 收获，此时苞叶干枯、松散、籽粒乳线消失、基部形成黑色层、显示特有光泽，此时收获可增产 10%，且品质好。

2. 收获后及时扒皮晾晒，适时脱粒晾晒　收获后不要堆垛，要及时进行扒皮晾晒。晚收玉米的含水量一般在 30%～40%，可根据天气预报，选晴朗天气进行晾晒，待含水量在 20%～30% 时，及时进行脱粒晾晒。晾晒到含水量到 14% 以下贮存为宜。

3. 玉米晚收必须以延长活秆绿叶时间为前提　青枝绿叶活秆成熟才能实现玉米高产。因此，玉米生长中后期要加强肥水管理，延长叶片的光合时间，防止早衰，同时要坚决杜绝成熟前削尖、打叶现象。

六、夏玉米全程机械化生产

玉米全程机械化生产是指在玉米的全部环节中，耕整地、播种、施肥、植保、中耕、收获、脱粒等各个生产环节都使用机械作业。从作业特点来看，主要包括：机械耕整地、机械精量播种、机械中耕、机械植保、机械收获几个环节；重点以耕、播、收作业为主，综合计算玉米生产全程机械化程度。一般单项作业平均水平达到 85％以上称为实现玉米生产全程机械化。

（一）规模化经营的组织形式和发展趋势

在当前人口老龄化趋势加快、大量农村劳动力转移的背景下，玉米全程机械化生产是提高玉米产量、增强农民收入的必然举措。但是，目前中国土地碎块化严重制约着实现全程机械化的进程。因此，推进土地合理流转，达到适度的土地规模，是为高效使用农业机械、提高农业机械化水平和经营效益创造有利条件。农业规模化经营模式也是完全实现农业机械化，特别是夏玉米全程机械化生产的必然选择。农业规模化经营离不开农机化，同时农业规模化经营还有利于机械化技术的推广和农机作业效率的提高。农机化规模经营，是以现有的市、县、乡（镇）农机所、站为主体，结合本地的农业生产实际情况及现有农机具情况，对生产机具进行合理配套，逐步建立能满足当地从耕地到收获再到加工等一整套的农机作业服务体系，因地制宜地逐步添置必要的生产机具，引进、开发、研制新型的适用机具，形成区域内较完善的机械化服务体系。以河南省为例，当前主要农机化规模经营组织形式有独户经营模式、农机专业合作社、家庭农机化规模经营模式。

1. 独户经营模式　该经营模式的特点是农民独户购机，自负盈亏。这种经营模式在河南省西南部丘陵地区的自然村里比较多见。由于地块小、坡度大等自然条件的因素，适宜于手扶拖拉机、小型农机及配套农机具作业。农机大户配置的农机具，一般都是大中型的动力机械和机具，能进行旋耕、深翻地、秸秆还田以及整地播种一体复合作业。由于其作业质量好，收费比较低，有较高的信誉，农户更愿意雇佣，在市场上更具有竞争力。

2. 农机专业合作社　随着农业机械化水平的提高，各地按照多元创办、形式多样的原则，推进了各具特色的农机专业合作社发展。农机合作社年均作业面积超过 333.3 万 hm^2，参与土地流转面积 32.2 万 hm^2，土地托管面积 55.4 万 hm^2，订单作业面积 204.1 万 hm^2。其主要有两种类型：农机大户主导型和农机服务机构兴办型。农机大户主导型是农机专业户之间为扩大规模满足生产和经营的需要，以农机专业户为主体，以资产合作和劳务合作为核心，以加强协调和服务为宗旨，以提高组织化程度为目标，以扩大作业量、增加经济收入为目的，在自愿基础上合作，具有一定生产规模和能力的农机联合体。这种类型占 70％左右，处于主导地位。农机服务机构兴办型由基层农机管理部门吸引工商企业资本投资，或者组织农机大户、农机手建立农机专业合作社。在这种组织中，社员以农机具或农机技术加入，实施农机重组，进行统一的农机服务作业。

3. 家庭农机化规模经营模式　家庭农机化规模经营，又称家庭农场，以家庭成员为主要劳动力，从事农业规模化、集约化、商品化生产经营，并以农业收入为家庭收入来源的新型农业经济主体。其一般具有较好的思想基础和较高的技术素质，了解和掌握各种农机具的性质特点、操作要求和维修技术，对各种新技术和新知识易于接受和掌握；使土地产出效益最大化，有利于抵御自然和市场风险，降低给农业带来的损失。

农业规模化经营和农机规模化是现代农业发展的必然趋势和客观要求，无论从提供农业竞争力、加快农业机械化进程，还是增加农民收入，农业和农机规模化是必经之路。黄淮海平原夏玉米产区，由于各地区的自然、社会经济条件的不同，农业规模经营也不会有一个统一的标准。因此，必须因地制宜地发展农业和农机规模化经营，才能够真正实现增产、增收，促进农村经济的繁荣，实现农业的可持续发展。

(二) 黄淮海平原玉米生产全程机械化

目前中国的玉米机播率已达 80% 以上，部分地区实现了全部机播；但收获作为玉米生产过程中最为繁重的劳动环节，是玉米生产全过程机械化的瓶颈，导致中国玉米生产全程机械化水平较低。截止到 2014 年全国农作物耕种收综合机械化水平突破 60%，预计达到 61% 以上，玉米机械收获水平仍然低于农作物平均机械化水平。黄淮海平原是中国夏玉米机收水平最高的地区，机收面积占全国的 56%。黄淮海平原主要种植制度为冬小麦-夏玉米，夏玉米多采用麦收后直播，部分地区存在麦收前 5～10 d 在小麦行间套种夏玉米。随着玉米联合收获机械化技术的推广，以及农村劳动力的转移，玉米套种面积越来越少，直播面积尤其是机械化直播面积越来越大。由于该地区玉米种植范围广，各地玉米品种和气候条件不同，以及农艺作业方法的差异，导致收货时玉米茎秆和籽粒水分差别大。气候干燥地区，玉米茎秆和籽粒含水量较小，果穗上的苞叶干软、蓬松，果穗易于摘落和剥皮，一般可将果穗直接脱粒。而在气候低温湿润地区，茎秆和籽粒含水量较大，果穗上的苞叶青湿，一般要求先摘掉果穗并剥皮晾晒，直到水分降低到一定程度后才能进行脱粒。

黄淮海平原夏玉米全程机械化应主要从品种选择、配套农艺技术以及机械化收获等方面进行改进。该玉米主产区玉米种类繁多，参差不齐，不同品种的生育期、穗位高度、最适宜的种植密度等均不相同，农户无法进行适宜当地品种的选择。尽管近年来推广的玉米品种很多，但大多数品种存在玉米成熟收获时脱水慢、籽粒含水量高，机械收获时苞叶剥皮难度大，籽粒破损率高等问题，严重阻碍了玉米全程机械化的发展进程。因此，在玉米育种方向上，育种专家应在考虑产量和品质的同时，充分考虑植株耐密性、抗倒性、籽粒脱水速率等农艺性状的选择。应选用柱状果穗、结穗位在 70～130 cm、穗位秸秆抗拉强度大于 500 N、耐密植的玉米品种，且要求苞叶紧实度低、成熟籽粒脱水速率快、收获时含水量小于 30%。为不影响适时播种冬小麦，机收玉米品种的收获期不宜太迟，要求玉米品种要早熟。在机械播种方面，夏玉米机械播种一般采用单粒播种机，但是目前应用的单粒播种机离高标准的单粒播种机还有一定差距，尤其在时下普遍秸秆还田、旋耕覆盖等耕作条件下，单粒播种的机械急需加以改进。在播种前必须对播种机进行仔细检查和调试，防止播种过程中出现卡种、籽粒破碎或者下种量少等现象，避免缺苗断垄。在播种后要及时镇压保墒，使土壤保持适宜的紧实度，以利于水分吸收，确保种子发芽出苗。黄淮海平原夏玉米播种时间一般不晚于 6 月 15 日，在小麦收获后贴茬播种，争取实现一播全苗。同时，采取合理密植的方式，中产田适当稀植，高产田适当密植，密度可以控制在每 667 m² 5 000～5 500 株。为便于机收，一般采取 60 cm 等行距种植，亦可以 80 cm、40 cm 宽窄行种植。在中耕追肥方面，可将施肥装置安装在中耕机具上，将中耕培土、覆盖、施肥等工序一次性完成。采用带施肥装置的中耕犁在玉米拔节初期，与封垄培土相结合，在玉米根系周围追施化肥。玉米适时收获，可使茎秆中残留的养分输送到籽粒中，充分发挥后熟作用，增加产量、改善品质。长期以来，由于机械化收获程度低，农民种植玉米的地块多而散，大部分玉米在收获时仅处于苞叶变黄，籽粒顶部变硬，而籽粒下部仍处在灌浆时期。因此，机械化收获要确保在玉米完熟期再进行收获，此时叶片发黄、苞叶呈白色、质地松软、发散，籽粒乳线消失变硬，基部出现黑色糊粉层，其籽粒呈现出品种固有的粒型和颜色，籽粒含水量不高于30%。在不影响小麦播种的前提下，适当推迟机收时间有利于夏玉米增产。

中国玉米联合收获机按照收获工艺可分为两种：摘穗-剥皮-果穗收集-秸秆粉碎还田、摘穗-果穗收集-秸秆粉碎还田（或收集）。收获机型主要有牵引式、背负式、自走式和玉米割台等。牵引式玉米联合收获机是中国最早研制和开发的机型，具有摘穗、剥皮、果穗装车、茎秆粉碎还田或收集等功能。由于收获机安置在动力机械的一侧，所以作业前需要人工收割开道；加之机组较长，转弯半径大，因此，作业地块较大才行。虽然该技术成熟，但难以适应当前农村一家一户小地块的种植模式。背负式玉米联合收获机是中国特有的一种玉米收获机械，它充分利用了拖拉机的动力和行走装置，提高了拖拉机的利用率。其机型的收获工艺一般为：摘穗-输送-果穗装箱-茎秆粉碎还田。该类机具具有结构简单、操作方便、机动灵活等特点。与大型自走式玉米联合收获机相比，具有价格低廉的优点。自走式玉米联合收获机是一种专用玉米联合收获机型，该机型可一次完成摘穗、输送、集穗、秸秆还田或者秸秆切碎、收集青贮等作业。玉米专用割台是用于替换谷物联合收获机上的谷物收割台，从而将谷物联合收获机转变成玉米联合收获机，一次完成摘穗、输送和集箱等作业。当前，黄淮海平原夏玉米生育期短，收获期籽粒含水量较高以及收取和存贮条件限制了该区域籽粒机械化收获技术的应用。收获作业一般只完成摘穗和秸秆粉碎，带剥皮功能的机型使用较少。主要收获机械以背负式和小麦玉米互换割台为主，3行自走式专用玉米收获机使用较少。

第三节　南北过渡地区玉米栽培技术

秦岭淮河一线为中国的南北分界线，秦岭淮河地区位于中国南北气候过渡带上，以北属暖温带半湿润区，以南属亚热带湿润区。该流域涵盖陕西、湖北、河南、安徽、江苏5省，沿线经过城市主要有陕西省汉中市、安康市、商洛市，河南省南阳市、信阳市，安徽省阜阳市、淮南市、蚌埠市和江苏省淮安市。其中信阳市位于秦岭淮河一线的中间位置，处于秦岭的余脉桐柏山和淮河的上游，在南北过渡地区最具有代表性，特此以信阳为例具体介绍南北过渡地区玉米的栽培情况。

信阳市处于中国最大的玉米产区——黄淮海平原春、夏玉米区，该地区的玉米常年种植面积在30 000 hm² 左右，主要分布在息县、淮滨县的北部、平桥区和罗山县的沿淮地带。依据信阳市自然资源条件，非常适宜玉米栽培，1年可以种植2季玉米，如3~6月的鲜食玉米和6~9月的夏玉米。

一、自然条件

信阳古称义阳、光州，因战国四公子之一的春申君黄歇封地在此又名申城。信阳位于

114°06′E，31°125′N 地区，居河南省最南部，淮河上游，鄂豫皖三省交界处。信阳地势南高北低，海拔 50～100 m，西部和南部为桐柏山、大别山，是长江淮河两大流域的分水岭。信阳丘陵起伏，梯田层层，河渠纵横，塘堰密布，水田如网，好似江南风光。

（一）气候条件

信阳地处亚热带向暖温带过渡地区，典型的季风气候，冷暖适中，四季分明。过渡区气候的特殊性形成了淮河南北自然景观的明显差异。淮南山清水秀，水田盈野，稻香鱼跃，犹如江南风光，适宜南方作物的生长。淮北平原舒展，一望无垠，适合北方作物的种植。

信阳地区年平均气温 15.3 ℃，无霜期长，平均为 220～230 d；降水丰沛，年均降水量约 1 100 mm，空气湿润，相对湿度年均 77%。信阳地区四季分明，各具特色。春季天气多变，阴雨连绵，降水日数多于夏季，降水量达 250～380 mm，占全年降水量的 26%～30%。日均最高气温 13 ℃，日均最低气温 3 ℃。夏季高温高湿气候明显，光照充足，降水量多，暴雨天气较常发生，降水量 400～600 mm，占全年的 42%～46%，日均最高气温 28 ℃，日均最低气温 18 ℃。秋季凉爽，天气以多晴为主，降水量明显减少，季均降水量为 170～270 mm，占全年的 18%～20%，该时期的日均最高气温为 25 ℃，日均最低气温为 15 ℃。冬季气候干冷，降水量少，为 80～110 mm，占全年的 10%，日均最高气温 8 ℃，日均最低气温-1 ℃。冬季在四季中历时最长（约 100 d），但寒冷期短，日平均气温低于 0 ℃的日数年平均 30 d 左右。

信阳地区日照充足，年日照时数为 1 980～2 180 h，平均 2 090.9 h。信阳市年太阳辐射总量在 469～512 kJ/cm²，全市平均为 486 kJ/cm²，呈现由南向北、自西北向东南递减的趋势。太阳辐射的月、季变化明显，辐射总量夏季较大，其中夏季较大，以 7 月为最大，冬季较小，以 1 月为最小，春秋居中，年内变化为 2～7 月递增，8 月至翌年 1 月递减。

气候变化不但包括温度、降水等气象因子的平均变化，还包括温度、降水等气象因子的时空分布变化、极端天气事件的变化等。玉米是 C₄ 植物，喜高温，影响玉米产量的主要气候因子为温度、降水和光照。玉米种植区的日平均气温、日均最高温度、日均最低温度均表现为显著升高（全国平均每 10 年依次升高了 0.39 ℃、0.37 ℃和 0.40 ℃），日较差、降水和辐射则仅在部分地区表现出显著变化，且有增有减。中国玉米平均产量变化与生育期内平均温度变化、最高温度和最低温度变化，具有显著的线性负相关关系。部分地区的玉米产量变化还与日较差、辐射、降水变化存在显著的线性相关关系。玉米生育期内平均温度每上升 1 ℃、日较差每下降 1 ℃、辐射每下降 10%和降水总量每下降 10%，对玉米产量都有显著影响。其中，生育期平均温度每上升 1 ℃对玉米产量影响最大，相较其他因子而言，产量下降的区域（约 25.1%）和变化幅度（平均约为 21.6%）都达到最大。不同气候因子变化在各区域玉米产量变化中的作用有所差异，其中平均温度作为对产量影响的主导因子所占的区域比例最大（约为 40%），其次是日较差（23%），而辐射和降水则比例相当，均接近 20%。

（二）土壤

信阳市土地总面积为 18 915 km²。其中淮北平原区 3 215 km²，占 17%；中部丘陵垄岗区 7 282 km²，占 38.5%；南部山区 6 980 km²，占 36.9%；沿淮低洼易涝区 1 438 km²，占 7.6%。受多种自然条件和耕作方法的影响，信阳土壤种类繁多，共有红黏土、黄棕壤、水稻土、棕壤、砂姜黑土、黄褐土、紫色土、粗骨土、潮土和石质土 10 个土类，包括 19 个亚类，41 个土属，127 个土种。面积较大的土壤类型有水稻土、黄棕壤、石质土、黄褐土、粗骨土等。

信阳主要耕作土壤为水稻土、潮土、砂姜黑土、黄褐土，适宜耕作的作物有水稻、小麦、玉米等粮食作物。信阳土壤总体呈中性偏酸，土层比较深厚，适宜多种作物生长。不同土壤类型夏玉米的最佳产量和基础产量高低顺序相同，均为：水稻土＞砂姜黑土＞褐土＞黄褐土＞潮土。土壤有机质含量平均为 19.33 g/kg，最大值为 67.1 g/kg，最小值为 0.5 g/kg。有机质含量以石质土最高，为 22.08 g/kg，潮土最低，为 15.60 g/kg。

黄褐土和黄棕壤主要分布在淮南丘陵岗地，黄棕壤是淋溶土纲中的黄棕土壤类，是信阳地区典型的地带性土壤，呈黄棕色，质地黏重，碎块状结构，较紧实，通气性不良，含铁锰胶体，有机质偏少，不利于耕作。黄褐土是淋溶土纲中的黄褐土类，与黄棕壤有交叉分布，呈黄褐色，土体深厚，质地黏重，土层紧实，淀积层厚度大，有铁锰胶膜和结核淀积，垂直裂隙发育，有机质含量低，不利于耕作。黄褐土和黄棕壤面积约占全市土地总面积的 29.2%。

水稻土是长期水耕条件下，由黄棕壤熟化发育而成。土壤剖面通常有：耕作层，经常耕翻的表土层，疏松，结构较好；犁底层，在耕作层之下，由于受农业生产活动如农具机械的踏压和来自耕作层物质的淀积分布最广，从山地到平原都有，面积约占全市土地总面积的 40.5%。水稻土的有机质积累作用较强，供肥性能较好，水热状况较稳定。

砂姜黑土是河湖沼泽沉积物脱沼而成的半水成土，呈黑色腐泥状，有砂姜等淀积物，土质黏重，腐殖质含量高，潜在肥力高，主要分布于息县、淮滨、固始三县平原区和沿淮洼地，面积约占全市土地总面积的 7.8%，有效养分较低。

潮土是河流沉积物受地下水运动和耕作活动影响而形成的土壤，色泽均匀，呈暗黄色或灰黄色，土层深厚，疏松易耕，肥力较高，但有夜潮现象，常可引起盐碱地表聚积，要防止盐碱化。其呈带状分布于河流沿岸，面积约占全市土地总面积的 5.7%，有机质及 N 素含量较贫乏，P 素含量处于中等水平。

粗骨土主要分布于坡度较缓、主要由花岗岩体构成的山丘坡顶，面积约占全市土地总面积的 4.9%。石质土主要分布于坡度较大的山丘脊顶，面积约占全市土地总面积的 10.3%。

二、熟制和玉米生产地位

（一）熟制

南北过渡地带是中国典型的二熟制区域，种植作物较为丰富，主要有小麦-玉米二熟制、玉米-油菜二熟制和玉米-蔬菜二熟制。信阳作为南北过渡带的典型代表，光、热、水资源丰富，主要为冬小麦-夏玉米两熟制模式。

（二）玉米生产地位

玉米在南北过渡带地区是三大粮食作物之一，具有重要的生产地位。信阳南依大别山，西靠桐柏山，地形复杂；整体地势走向为西高东低，南高北低。自西向东北方向倾斜，依次为山地、丘陵、缓岗、平原和洼地；自西南向东北呈扇形等高线分布；西部和南部山地海拔 $300\sim1\,000$ m，北部平原海拔 $35\sim100$ m；全市最高点为商城县金刚台，海拔 $1\,584$ m。

玉米是信阳的第三大粮食作物，仅次于水稻和小麦。信阳玉米种植分布区域广，从淮北平原到沿淮两岸洼地，到淮南丘陵再到西部和南部山区都有种植。该地区玉米常年种植面积在 $30\,000$ hm^2 左右，主要分布在息县、淮滨县的北部、平桥区和罗山县的沿淮地带。一般田块每 667 m^2 产量为 $500\sim700$ kg。在有利的气候年份下，每 667 m^2 可达到 800 kg 的高产。

玉米在豫中南地区的主要用途为粮食、饲料、酿酒和制造生物乙醇，其产量的高低对粮食生产、畜牧业、白酒业和生物燃料的发展十分重要。本地区玉米种植受气候因素影响较大，春旱和伏旱影响春玉米的出苗和夏玉米的授粉结实，为此玉米产量极不稳定。

三、玉米栽培技术

（一）选用品种

1. 熟期类型　信阳种植的玉米种类较多，不同的玉米类型从播种到成熟，其生育期不一致。根据生育期的长短，可分为早、中、晚熟三大类型。信阳划分早、中、晚熟品种的标准为：

（1）早熟品种　春播生育期 $80\sim100$ d，积温 $2\,000\sim2\,200$ ℃；夏播生育期 $70\sim85$ d，积温为 $1\,800\sim2\,100$ ℃。早熟品种一般植株矮小，叶片数量少，为 $14\sim17$ 片。由于生育期的限制，产量潜力较小。

（2）中熟品种　春播生育期 $100\sim120$ d，积温 $2\,300\sim2\,500$ ℃；夏播生育期 $85\sim95$ d，积温 $2\,100\sim2\,200$ ℃。叶片数较早熟品种多而较晚播品种少，多为 $18\sim20$ 片。

（3）晚熟品种　春播生育期 $120\sim150$ d，积温 $2\,500\sim2\,800$ ℃；夏播生育期 96 d 以上，积温 $2\,300$ ℃以上。一般植株高大，叶片数多，多为 $21\sim25$ 片。由于生育期长，产量潜力较大。

由于温度高低和光照时数的差异，玉米品种在南北向引种时，生育期会发生变化。一般规律是：北方品种向南方引种，常因日照短、温度高而缩短生育期；反之，南方品种向北引种，生育期会有所延长。生育期变化的大小，取决于品种本身对光温的敏感程度，对光温越敏感，生育期变化越大。

2. 良种简介

（1）郑单 958　组合来源是河南省农业科学院以郑 58 为母本、昌 7-2 为父本杂交育成的中早熟玉米单交种，审定年份 2000 年。

黄淮海地区夏播生育期 96 d 左右，穗位 100 cm，株高 240 cm，穗长 17.3 cm，株高 250 cm 左右，果穗长 20 cm，叶色浅绿，叶片窄而上冲，穗行数 14～16 行，行粒数 37 粒，穗粒数 565.8 粒，百粒重 33 g，出籽率高达 88%～90%。该品种籽粒含粗蛋白 8.47%、赖氨酸 0.37%、粗淀粉 73.42% 和粗脂肪 3.92%；为优质饲料原料。果穗筒形，穗轴白色，籽粒偏马齿型、黄色。该品种高抗矮花叶病毒、黑粉病，中抗大斑病、小斑病。产量水平：在 1998 年和 1999 两年全国夏玉米区试均居第一位，比对照农大 108 增产 28.9% 和 15.5%。1998 年区试山东试点每 667 m² 平均产量达 674 kg，比对照鲁玉 16 号增产 36.7%；每 667 m² 最高产量达 927 kg。适宜于黄淮海夏玉米区各省份 5 月下旬麦垄套种或 6 月上旬麦后足墒早播，以及南方和北方部分中早熟春玉米区种植。

（2）浚单 20　组合来源是河南省浚县农业科学研究所以 9058 为母本［来源为在国外材料 6JK 导入 8085 泰（含热带种质）］、浚 92-8 为父本（来源为昌 7-2×5237）杂交选育，审定年份 2003 年。

幼苗叶鞘紫色，叶缘绿色。株型紧凑、清秀，出苗至成熟 97 d。需有效积温 2 450 ℃。株高 242 cm，穗位高 106 cm，成株叶片数 20 片。花药黄色，颖壳绿色。花柱紫红色，果穗筒形，穗长 16.8 cm，穗行数 16 行，穗轴白色，籽粒黄色、半马齿型，百粒重 32 g，出籽率 90%。籽粒容重为 758 g/L，粗蛋白含量 10.2%，赖氨酸含量 0.33%，粗脂肪含量 4.69% 和粗淀粉含量 70.33%。高抗矮花叶病，抗小斑病（3 级），中抗大斑病（5 级）、茎腐病（25.7%），感弯孢菌叶斑病（7 级）、瘤黑粉病（28.3%），中抗玉米螟（5.7 级）。产量水平：在 2001 年和 2002 年参加黄淮海夏玉米组品种区域试验，两年每 667 m² 平均产量为 612.7 kg，比对照农大 108 增产 9.19%；2002 年生产试验，每 667 m² 平均产量为 588.9 kg。适宜在河南、河北中南部、山东、陕西、江苏、安徽、山西运城夏玉米区种植。

（3）豫玉 22　组合来源是河南农业大学玉米研究所以自交系综 3 为母本、87-1 为父本杂交选配而成，审定年份 2000 年。

夏播生育期 104 d 左右，全株叶片 18～19 片，穗上叶 5～6 片。株高 260～290 cm，穗位高 95～110 cm。雄穗分枝 16.1 个、花柱丝微红色，穗筒形、穗长 19～22 cm，穗行数 18～22，行粒数 35～42 粒，穗粗 5 cm 左右，红轴，黄粒，粒型为半马齿型。果穗微弯曲是本品种的典型特点，其主要优点是果穗较大，抗病能力强。百粒重 33.4 g，出籽率 84%，籽粒粗蛋白含量 9.93%，赖氨酸含量 0.30%，粗脂肪含量 4.62% 和粗淀粉含量 65.03%。抗灰斑病、丝黑穗病、弯孢菌叶斑病和心叶期玉米螟，抗矮花叶病，中感大斑病，抗倒性稍差。中等以上肥力田块的麦茬玉米田每 667 m² 产量一般 600 kg，具有 750 kg 的增产潜力。适宜在河南省各地麦垄套种或夏直播。

（4）中单 909　组合来源是中国农业科学院作物科学研究所以郑 58 为母本、以 HD586 为父本杂交组配而成，审定年份 2011 年。

在黄淮海地区出苗至成熟 101 d。成株叶片数 21 片。幼苗叶鞘紫色，叶片绿色，叶缘绿色。花药浅紫色，颖壳浅紫色。株型紧凑，株高 250 cm，穗位高 100 cm，花柱浅紫色，果穗筒形，穗长 17.9 cm，穗行数 14～16 行，穗轴白色，籽粒黄色、半马齿型，百粒重

33.9 g。籽粒容重 794 g/L，粗蛋白含量 10.32%，赖氨酸含量 0.29%，粗脂肪含量 3.46%，粗淀粉含量 74.02%。中抗弯孢菌叶斑病，感大斑病、小斑病、茎腐病和玉米螟，高感瘤黑粉病。产量水平：在 2009 年和 2010 年参加黄淮海夏玉米品种区域试验，两年每 667 m² 平均产量为 630.5 kg，比对照郑单 958 增产 5.1%。2010 年生产试验，每 667 m² 平均产量为 581.9 kg，比对照郑单 958 增产 4.7%。适宜在河南、河北保定及以南地区、山东（滨州除外）、陕西关中灌区、山西运城、江苏北部、安徽北部（淮北市除外）夏播种植。瘤黑粉病高发区慎用。

（5）伟科 702　组合来源是郑州伟科作物育种科技有限公司以 WK858 为母本、798-1 为父本杂交选育而成，审定年份 2012 年。

夏播生育期 97～101 d。株型紧凑，叶片数 20～21 片。株高 246～269 cm，穗位高 106～112 cm；叶色绿，叶鞘浅紫色，第一叶匙形；雄穗分枝 6～12 个，雄穗颖片绿色，花药黄色。花柱浅红色；果穗筒形，穗长 17.5～18.0 cm，穗粗 4.9～5.2 cm，穗行数 14～16 行，行粒数 33.7～36.4 粒，穗轴白色；籽粒黄色、半马齿型，百粒重 33 g，出籽率 89.0%～89.8%。籽粒粗蛋白质含量 10.5%，粗脂肪含量 3.99%，粗淀粉含量 74.7%，赖氨酸含量 0.314%，容重 741 g/L。籽粒品质达到普通玉米国家标准一级、淀粉发酵工业用玉米国家标准二级、饲料用玉米部级标准一级、高淀粉玉米部级标准二级。2008 年高抗大斑病（1 级）、矮花叶病（0.0%），抗小斑病（3 级）、弯孢菌叶斑病（3 级），中抗茎腐病（16.28%），高感瘤黑粉病（45.71%），中抗玉米螟（6.0 级）；2009 年高抗大斑病（1 级）、矮花叶病（0.0%），抗小斑病（3 级），中抗茎腐病（24.4%）、瘤黑粉病（7.7%），高感弯孢菌叶斑病（9 级），感玉米螟（7 级）。产量水平：2008 年参加河南省玉米区试（每 667 m² 4 000 株三组），每 667 m² 平均产量为 611.9 kg，比对照郑单 958 增产 4.9%。2009 年续试（每 667 m² 4 000 株三组），每 667 m² 平均产量为 605.5 kg，比对照郑单 958 增产 11.9%。综合两年试验结果：每 667 m² 平均产量为 608.7 kg，比对照郑单 958 增产 8.2%，增产点比率为 100%。适宜在河南、河北保定及以南地区、山东、陕西关中灌区、江苏北部、安徽北部夏播种植。

（6）鲜食玉米郑白糯 918　组合来源是以自选系郑白糯为母本 WX019、郑白糯 WX008 为父本杂交育成的白色糯质胚乳玉米单交种，审定年份 2004 年。

芽鞘和幼苗为绿色。株高 253 cm 左右，穗位高 110 cm，茎粗 2.1 cm，茎叶夹角中等，株型半紧凑。叶片数 19 片，叶缘和叶片绿色；花丝绿色，苞叶紧，果穗长筒形，穗轴白色，穗长 22 cm 左右，穗粗 4.5 cm，无秃尖，穗行数 14 行，行粒数 40 粒，籽粒马齿型，白糯型胚乳，千粒重 290 g。雄穗纺锤形，分枝及张开度中等，花药绿色，护颖绿色，花粉量大，花期长，花期协调。在河南春播生育期 104 d，夏播 93 d，属中熟品种。出苗至散粉 52.3 d，出苗至吐丝 53 d，出苗至鲜穗采收 78 d。产量水平：2002—2003 年参加黄淮海鲜食糯玉米品种区域试验，2002 年平均亩产鲜果穗 801.7 kg，比对照苏玉糯 1 号增产 19.9%；2003 年平均亩产鲜果穗 839.5 kg，比对照苏玉糯 1 号增产 28.5%，两年平均亩产鲜果穗 820.6 kg，比对照苏玉糯 1 号增产 24.2%。适宜种植在山东、河南、河北、陕西、北京、江苏北部、安徽北部夏玉米区。

（7）郑甜 2 号　组合来源是自选系郑超甜 TT03 作为母本，郑超甜 TH02 作为父本杂交育成的黄色超甜玉米单交种，审定年份为 2003 年。

幼苗叶鞘绿色，叶片绿色，叶缘绿色。成株叶片数 19 片。株型平展，双穗率 4.7%，倒伏率 4.9%。花药绿色，颖壳绿色，花柱绿色。果穗筒形，穗长 19.0 cm，穗行数 14.2 行，穗粗 4.3 cm，行粒数 39.7 粒，百粒重 25.0 g，籽粒黄色，穗轴白色，籽粒深度 1.50 cm。出苗至最佳采收期 78 d，出苗至籽粒成熟 93 d，播种至采收需有效积温 1 600 ℃。经河北省农林科学院植物保护研究所两年接种鉴定，感大斑病，中抗小斑病，高抗黑粉病，感茎腐病，高感矮花叶病，中抗弯孢菌叶斑病，抗玉米螟。鲜穗感官品质 2 级，气味 1 级，色泽 1 级，甜度 2 级，风味 2 级，柔嫩性 2 级，皮薄厚 2 级，品质总评 2 级。达到甜玉米标准（NY/T 523—2002）。2001—2002 年参加黄淮海鲜食甜玉米品种区域试验，2001 年平均鲜果穗亩产 716.4 kg，2002 年平均鲜果穗亩产 606.9 kg。适宜种植在山东、河南、河北、陕西、江苏北部、安徽北部夏玉米区。

（二）茬口衔接

1. 接茬小麦　冬小麦接茬夏玉米主要在淮北平原地区大范围出现。玉米品种郑单 958，播种期 5 月 21 日，出苗期 5 月 29 日，抽雄期 7 月 18 日，吐丝期 7 月 21 日，成熟期 9 月 4 日。接茬小麦品种郑麦 9023，播种期 10 月 13 日，出苗期为 10 月 19 日，拔节期 3 月 24 日，抽穗期 4 月 12 日，成熟期 6 月 1 日。

麦茬夏玉米干物质积累和对 N、P、K 等营养元素的吸收进程，同春播玉米及套种玉米基本一致，最大的差别是夏玉米出苗后就进入高温多雨、多发强对流天气的季节，前期生长快，干物质积累及养分的吸收都大大超过春玉米及套种玉米。故基肥采用有机肥与无机肥配合的形式足量备施，特别是 P、K 肥根据作物不同生长发育阶段的需要施用不同的比例和用量，早施、重施 N 肥，以维持和提高土壤人工肥力，达到高产的目的，同时也可获得较好的经济效益。冬小麦生长后期对水分需求较小，土壤水分太多易造成冬小麦倒伏，以至于冬小麦收获困难。但水分太少影响玉米出苗，因此因地制宜选择适宜的灌溉时间以及灌溉量兼顾冬小麦、夏玉米的需求，对冬小麦、夏玉米生产非常重要。

2. 接茬油菜　夏玉米接茬油菜主要在淮南平原和丘陵大范围出现。油菜品种丰油 10 号按常规方法育成壮苗，于 10 月上中旬及早移栽。按照油菜每 667 m² 100～150 kg 的产量水平配方施肥，每 667 m² 应施纯 N 9～11 kg，KCl 5～6 kg 和 P_2O_5 3～4 kg。其中 80% N 肥和全部 P、K 肥作底肥，加入硼肥 1～2 kg，一次性施入。20% 的 N 肥于移栽后 10～15 d 作追肥施入。当油菜收获后，沿油菜空带中心开一条深 10 cm 的施肥沟。将全部底肥施入沟内，并在施肥沟两边各种玉米两行。玉米需肥量较大，根据每 667 m² 500～600 kg 的目标产量，每 667 m² 应施纯 N 16～18 kg，P_2O_5 8～9 kg，KCl 5～6 kg。60% N 和全部 P、K 肥作基肥，40% N 作追肥。在玉米 5～6 叶期应结合实际进行施肥应进行中耕松土，改善玉米根部土壤透气状况，促进扎根蹲苗；12～13 叶时期结合追肥、根侧深锄松土，促进根系生长，增强抗倒伏性。

（三）播种

1. 免耕直播　免耕直播是一项集保护性耕作与轻型栽培于一体的现代农业技术，是节本增效的重要技术措施。麦茬玉米免耕直播是在小麦机械收获后，不灭茬、不耕翻，直接播种玉米的栽培方式。它简化了农艺流程，减少机械能耗和费用，解决了农忙时用工矛盾，有效降低生产成本，并能节约农时、提早播种。但是这种生产方式由于配套栽培技术研究滞后，从而影响到玉米生产的稳定和持续发展。实践表明，一些免耕地块病虫草害有加重发生趋势；土壤养分表面富集，作物根系分布较浅，抗倒伏能力降低；N肥施用比例明显增加；药害、肥害及缺苗断垄等问题也时有发生。

若玉米前茬为小麦，小麦、玉米P肥的使用需统筹安排。小麦重施P肥、整地播种，要求地面平整，无墒沟、浮脊，具备灌水条件。品种的选择上，可选用玉米品种郑单958、小麦品种郑麦9023等。

6月上旬小麦适时收获，机械分段收获在小麦蜡熟末期（茎节变黄，粒无绿色）进行；联合收割机收获在完熟初期进行。收割前先将垄沟铲平，以便收割机作业，确保麦茬高度均匀。选购优良玉米品种，保证种子纯度，并进行精选、包衣，确保发芽率≥95%。播前可晒种2 d，提高种子发芽势和发芽率。夏玉米全生育期施用纯N 150～225 kg/hm^2、$(NH_4)_2HPO_4$ 90 kg/hm^2 或N、P、K复合肥150 kg/hm^2 作种肥，能有效地保证营养临界期和苗期的养分供给。6月中旬前玉米播种完毕，采用玉米免耕（贴茬）播种机。播前调试，首先将行距调整为50～60 cm（视麦垄宽度而定）；其次调整播种深度，播种深度调整为4～5 cm，机播肥深度调整为10 cm，种肥间隔6 cm；最后调整播种量，播种量为30～37.5 kg/hm^2。当各项技术指标均符合要求之后即可开始播种，要求拖拉机以2～3挡速行驶，行走要匀要直，中途尽量不要停车。做到行距、播深均匀一致，行要直，落粒均匀，覆土严实。注意播幅之间的衔接，不能漏播或重播。机播化肥用量：以P、K肥为主，一般尿素30 kg/hm^2、磷酸二铵［$(NH_4)_2HPO_4$］45 kg和氯化钾（KCl）45 kg；或N、P、K复混肥（15 - 15 - 15）150 kg/hm^2。播种后即可灌水，由于信阳地区降雨主要在7～8月，玉米苗期降雨概率小，玉米出苗及前期生长主要靠底墒水，因此灌水要足，要求灌水均匀。

2. 播种时期

（1）夏玉米播期　适时早播可增加有效积温，延长玉米的有效生长期，充分利用肥、水、光和热资源，可在一定程度上避免芽涝和后期低温影响，实现充分成熟和降低籽粒水分，是确保夏玉米高产、稳产、优质的重要措施之一。

6月15日前播种与6月15日后播种的产量有着显著的差异。吐丝后50 d收获比吐丝后50 d前收获也存在极显著差异，但吐丝后55 d与吐丝后50 d间不存在显著差异。吐丝50 d后日均温下降到灌浆期所需的最低气温（16 ℃）以下，灌浆停止。因此，在南北过渡带的光热资源条件下，合理的播种期应在6月15日之前，收获期应在吐丝后50 d，必须保证灌浆时间在50 d以上。

夏玉米高产栽培应适当晚收，具体收获期应根据品种特点而异。玉米成熟的判断标准为：苞叶变白松开，黑色层出现，籽粒乳线基本消失，籽粒含水量在30%以下，此时收获能使产量达到最高。据统计，早收玉米籽粒产量降幅达10%以上，高产玉米可减产750～1 200 kg/hm^2。为此在不影响种麦情况下，尽量晚收，延长灌浆时间，增加和稳定粒重。通过抢时早播、早促早管、适时晚收，可使夏播玉米达到充分成熟，是提高夏播品种产量和品质的重要环节。

（2）春玉米播期 春玉米播期的确定应首先考虑吐丝后的生态条件。调整播期，使玉米花粒期处于最有利于籽粒灌浆的生态条件下，充分发挥玉米的高产潜力。春玉米籽粒产量的形成对播期较为敏感，随着播期的推迟，籽粒灌浆时间逐渐缩短，运输到籽粒内的干物质逐渐减少，百粒重逐渐降低，经济系数亦逐渐减小。在吐丝后 45～55 d 阶段，籽粒产量随收获期延长产量增加幅度较大，晚收获 5 d 处理比早收获增产 12.63%～26.6%。

成熟期的株高随着播期的后延，呈下降的趋势，这与生育期随播期后延而缩短有直接的关系。各个处理的株高变化均可用 logistic 方程拟合，植株生长方程的拐点，4 月 25 日播种处理出现在 42 d 左右，出现的时间最晚；5 月 15 日播种处理出现在 37 d 左右，出现的时间最早；随着播期的推迟，最大日增量和平均日增量有上升的趋势；穗高、茎粗除 4 月 25 日播种处理外其他处理随播期的后延而下降；次生根数目在不同播期之间差别较大且没有规律，主茎叶片数没有变化。随着播期的延迟，温度的升高，玉米的单株叶面积有下降的趋势；从整个生育进程来看，叶面积系数的动态变化为先增后减；不同播期之间 3 叶期的叶面积系数没有差异，抽雄期的叶面积系数达到最大值，成熟期随播期的推迟叶面积系数大致趋势是增加的。5 月 15 日播种处理的籽粒灌浆持续时间缩短，4 月 25 日播种处理由于前期温度低，生育期较长，灌浆持续的时间长；最大灌浆速率在不同的处理之间，随着播期的后延表现为出现时间呈提前的趋势，平均灌浆速率表现为下降的趋势；随着播期的后延，渐增期持续天数有逐渐缩短的趋势，缓增期和快增期持续天数没有明显的规律。

随着播种期的后延，各处理间的穗长、穗粗、行粒数差别不大；千粒重和穗粒数以 5 月 15 日播种处理最高；玉米产量以 4 月 25 日播种处理最低、5 月 15 日播种最高，3 种播期春玉米产量高低排序是 5 月 15 日播种＞5 月 5 日播种＞4 月 25 日播种。

3. 种植密度 玉米植株的高度决定了玉米上层叶片对光能的利用能力，因此株高对玉米产量有一定的影响。大量的研究数据表明，玉米植株的株高和穗位高与产量之间有比较大的关联度，随着株高的增高，产量也相应提高。但随着种植密度的增加，玉米植株茎秆细弱，造成韧性降低，在风雨等外力作用下，玉米植株倒伏的概率增加。在低、中、高种植密度的条件下，玉米的株高和穗位高与籽粒产量的相关指标，如千粒重、穗行数、空秆率、倒伏率等关联度不同。这些指标中千粒重与株高、穗位高的关联度在不同密度种植条件下都是最大。在低密度时株高、穗位高与玉米产量的关系一般，而在高密度条件下，株高、穗位高与产量的关系更为密切。

要想获得较高的产量，就要有合理的株高和穗位高。这样既可以减少茎秆倒伏现象的发生，又可以充分利用冠层叶片吸收光能，增强光合作用，增加干物质的积累。茎粗对玉米产量有一定影响。有研究指出，玉米茎粗在单株粒重的形成中具有重要意义，玉米茎节越粗，单穗粒数和百粒重明显增加。随着种植密度的增加，为了争夺光资源，茎秆基部长度显著伸长，而茎粗则随之递减，因此茎粗与种植密度表现为负相关。种植密度对茎秆基部节间硬度、抗折力和植株的抗拉力均有显著的影响。

在黄淮海平原种植的推广面积较大的品种有紧凑型玉米品种郑单 958、郑单 18 以及中间型玉米品种中单 9409、农大 108。4 个品种均在 5 月底 6 月初播种，播前造墒，并按每 667 m² 27.5 kg 的用量基施复合肥撒可富，大喇叭口期每 667 m² 追施尿素 20 kg，其他管理同生产田，6 月中旬出苗，9 月底收割。4 个品种随着密度的增加，株高、穗位高均有所增加，茎粗逐渐下降。郑单 18 和郑单 958 的籽粒产量极显著高于农大 108 和中单 9408 的籽粒产量，郑单 18 和郑单 958 两个品种的籽粒产量没有显著差异；农大 108 的籽粒产量极显著高于中单 9409 的籽粒产量。

郑单 958 随种植密度增加籽粒产量上升，在 90 000 株/hm² 时产量达到最高，密度再增加，籽粒产量开始降低，但在种植密度 67 500～112 500 株/hm² 范围内籽粒产量差异不显著，低密度条件下（22 500～45 000 株/hm²），籽粒产量显著降低，郑单 958 在本区域适宜种植密度应在 67 500～90 000 株/hm²。

郑单 18 在试验种植密度范围内，籽粒产量随种植密度增加而增加，以试验所设最高种植密度下的籽粒产量最高，但与 90 000 株/hm² 的籽粒产量差异不显著，种植密度低于 90 000 株/hm² 时籽粒产量显著下降。正常情况下气象条件较好有利于籽粒产量形成（没有气象灾害），郑单 18 在本区域适宜种植密度应在 90 000 株/hm² 左右。

农大 108 在 45 000～90 000 株/hm² 范围内籽粒产量差异不显著，超出此种植密度范围籽粒产量显著下降。农大 108 的适宜种植密度应控制在 45 000～67 500 株/hm²。

中单 9409 在 45 000～112 500 株/hm² 的种植密度范围内，籽粒产量差异不显著。根据中单 9409 的产量性状表现和试验年度的气象条件，中单 9409 的适宜种植密度应控制在 67 500 株/hm² 左右。

（四）种植方式

1. 单作 信阳地区单作玉米进一步挖掘玉米增产潜力，改种综合抗性强、耐密植（每 667 m² 种植 4 800～5 500 株）、抗倒伏、结实性好、适应性广的中晚熟品种郑单 958、浚单 29 和中单 909。一般每 667 m² 种植 4 800～5 500 株，产量在 700 kg 左右。采用种肥同施，提高肥料使用率。夏播玉米从出苗到成熟需要日平均气温通过 20 ℃、积温 2 500～2 800 ℃，高产田播期一般以 6 月 5～12 日为宜，最迟不宜晚于 6 月 15 日。据试验在 6 月 15 日以前播种，随着时间提前，产量有递增的趋势，6 月 15 日以后播种产量有递减趋势。在土壤相对含水量 70%～80% 播种是保证一播全苗和达到出苗整齐、均匀、强壮的关键条件。若墒不足可进行微喷造墒，也可播后及时微喷浇水。否则易造成缺苗断垄严重和出苗不齐，形成大小苗。适量播种是保证计划密度的基础，一般播种量按计划密度的 1.2 倍计算下种量，才能确保计划密度不缺苗，即超高产密度要保证成苗 5 000 株以上，播种量以每 667 m² 播 6 000 株为宜；播种深度以 4～6 cm 为宜，且播种时速度要慢、匀速前进，才能达到一播全苗的目标。出苗后 3 叶期间苗，5 叶期定苗，去弱苗、病苗、小苗，确保目标密度全、齐、匀、壮生长。

2. 其他方式

（1）双季玉米栽培 在黄淮海中南部，由于其热量资源比较充足，冬小麦-夏玉米的夏玉米收获后有一个月左右的资源闲置期。由于 C_4 作物具有高光合能力、高水分利用率、高肥料利用效率等优点，其产量潜力的挖掘比 C_3 作物要大得多。两季均选择玉米早熟品种，早春季选用前期耐低温，后期耐高温，晚夏季选用前期耐高温、后期耐低温的品种。在第一季收获后，立即进行第二季的播种，这种种植方式不存在共生期，均采用机械操作，减少人工费用和时间上的茬口安排。且由于两季玉米的生育时期正处于一年中光、温、水的集中期，可以充分利用气候资源，减少投入，增加收入。提高光温生产效率，避免不利气候因素对作物造成的减产压力，将是以后种植制度发展的趋势。

信阳的双季玉米模式的早春玉米品种为益农 103，晚夏玉米品种为郑单 958。早春季 3 月 21 日播种，6 月 26 日收获；设计密度 8.25×10^4 株/hm²，宽窄行种植，宽行行距 80 cm，窄行行距 40 cm。晚夏季 6 月 26 日播种，10 月 7 日收获；前季留高茬秸秆覆盖窄行，宽行人工开沟播种，行距、株距不变。双季玉米两年平均产量为 16 476 kg/hm²，早春季两年平均产量为 9 983 kg/hm²，晚夏季平均产量为 6 493 kg/hm²。经济效益与传统冬小麦-夏玉米模式差不多，双季玉米模式的建立，在一定范围内作为一种必要的补充种植模式，尤其是冬季干、冷等气候条件造成当地大面积减产而无法挽回当年的收成时，可以在翌年改种双季玉米，不但可以增加当年的收入，而且也可以减轻由于气象灾害对农业生产造成的影响。

（2）玉米/大豆套种　信阳地区玉米/大豆套种的供试玉米品种为郑单 958，株高 246 cm，紧凑型，供试大豆品种南农 99 - 6。玉米、大豆均于 6 月 22 日播种，玉米 10 月 9 日收获，大豆 10 月 11 日收获。玉米/大豆间作条件下玉米单株干物质量和单株叶面积在营养生长阶段较宽窄行单作略低，但在生殖生长阶段则显著高于宽窄行玉米单作，光合速率显著提高。窄行距较宽的间作模式的玉米各生育期干物质量、叶面积指数、光合速率比窄行距较小的间作模式高，产量和效益也显著提高。间作模式玉米产量与常规种植玉米产量相当，但增收了大豆，总体效益显著提高，尤以窄行距较宽的玉米/大豆间作模式最好。

（3）玉米/小麦套种　冬小麦夏玉米两茬平播一年两熟的种植格局导致玉米生长期短，产量潜力得不到发挥。通过套种方式，可以较好地利用当地光温资源，为玉米高产提供条件。

信阳地区玉米/小麦套种的小麦品种为冀麦 38 系，播期 10 月 8 日，第二年 6 月 5 日收获。玉米品种为农大 108，播期 5 月 31 日，收获期 9 月 20 日。小麦按 26～13 cm 宽窄行方式种植，玉米按 80～40 cm 宽窄行种植，密度 52 500 株/hm²。套作在麦收前 10 d 进行，玉米 9 月 20 日即可收获，既保证了玉米安全成熟，又延长玉米收获和小麦播种作业时间，缓解了当地劳动高度集中的状况，套作种植水肥投入及劳动生产率都有提高，套作玉米产量较平播增产 7% 左右。

（五）田间管理

玉米具有极强的适应性，在很多条件比较苛刻的环境下都能获得比较不错的产量。要提高玉米单产，获得丰收，除选用优良品种、适宜播种量和种植密度外，必须要加强玉米生产中的田间管理。

在玉米达到 3～4 片叶时要去掉弱苗、杂苗，留 2 株壮苗。对山地和坡地早间苗，当叶片达到 2～3 片时就进行定苗，而对于洼地要晚间苗，在叶片达到 5～6 片时进行定苗。在玉米 6～8 展叶期间还要通过有效的方法控制基部节间的伸长，以免增加茎倒风险。在定苗后要及时进行铲趟，通过浅趟可达到更好的效果。

1. 施肥　土壤有机培肥是指通过向土壤中施入有机物料来提高土壤的基础肥力，从而来提高肥料的利用率，增加作物产量，同时也能防止土壤板结，降低化肥使用量。合理施用有机肥，不仅可以提高作物产量，改善籽粒品质，还可以提高土壤基础肥力，提高土地生产力，形成良好的土壤环境。土壤有机培肥的核心是土壤腐殖质的更新与形成，有研究曾指出培肥土壤可以丰富土壤有机物质的数量，还可以逐渐更新土壤中老化的腐殖物质，对土壤肥力有着显著的提高作用。

2. 灌溉　玉米植株高大，叶片茂盛，生长期又多处于高温季节，植株的叶面蒸腾和株间蒸发大。在中国华北、东北、西北等干旱和半干旱地区，水分不足一直是玉米产量的限制因素，尤其是近年来随着灌溉面积的扩大和工农业用水矛盾的加剧，灌溉水源不足的问题日益突出。目前中国 40% 以上的玉米种植受到干旱的危害，中国水资源不足世界平均水平的 1/4。与此同时，由于灌溉技术落后，水量浪费现象也大量存在，因此实行节水灌溉显得更加重要。

（1）地面灌溉技术　地面灌溉一直是传统的玉米灌水方法。20 世纪 80 年代后期，一些新的灌水方法，如水平畦（沟）灌、波涌灌、长畦分段灌等被用于玉米灌溉，节水效果有了很大提升。这其中以波涌灌应用较多，技术较成熟。

波涌灌是将灌溉水流间歇性地，而不是像传统灌溉那样一次使灌溉水流推进到沟的尾部。即每一沟（畦田）的灌水过程不是由一次，而是分成两次或者多次完成。波涌灌适用于玉米沟（畦）较长的情况，在水流运动过程中出现了几次起涨和落干，在这个过程中，水流的平整作用使土壤表面形成致密层，入渗速率和田面糙率都大大减小。当水流经过上次灌溉过的田面时，推进速度显著加快，和传统的沟、畦灌溉相比，在相同的灌溉水量下，波涌灌可以大大增加推进长度。波涌灌可使地面灌溉灌水均匀度差、田间深层渗漏等问题得到较好的解决，尤其适用于玉米沟、沟畦较长的情况。一般可节水 10%～40%，而且硬件投资少，是一种很有前途的节水灌溉方法。

（2）喷灌技术　喷灌是用专门的管道系统和设备将有压水送至灌溉地段并喷射到空中，形成细小水滴洒到田间的一种灌溉方法。其不受地形条件限制，在沙土或地形坡度达到 5% 的地面以及灌溉困难的地方均可采用。在水资源不足、透水性强的地区尤为适用，节水效果好，且能够和喷药、除草等农业措施配合使用，通常节水 10%～40%，在对玉米灌溉的同时还可以一次性喷药、喷肥，提高了工作效率和耕地利用率，增产效果良好。但受风力和空气湿度影响大，且容易产生蒸发损失，不适宜空气特别干旱、风力较大的地区。喷灌具有输水效率高、地形适应性强和改善田间小气候的特点，一般情况下，喷灌可增产 10%～20%。但是喷灌需要的压力高，耗能较多，且造价高、运行管理费大，难以大面积应用。

（3）滴灌技术　滴灌是迄今为止最节水的农田灌溉技术之一，利用滴头（滴灌带）将压力水以水滴状或连续细流状湿润土壤进行灌溉，以水滴的形式缓慢而均匀地滴入植物根部附近土壤的一种灌水方法。该方法在系统组成和灌溉方法方面与其他灌水技术相比，可有效减少土壤中水分的无效蒸发，使水的有效利用率大大提高。通过滴灌系统的有效控制，实现均匀灌溉，这是其他灌溉系统很难达到的。由于灌水区域地面蒸发量很小，可以有效地控制保护地内的湿度，从而减轻了病虫害的发生，同时减少农药的施用量。滴灌在供水的同时可以供肥，节约劳动力，实现增产增收。

（4）膜上灌技术　在玉米灌溉中多用采用膜畦膜上灌。在畦田覆膜玉米，由地膜输水，将过去的地膜旁侧灌水改为膜上流水，水沿放苗孔、专门打在膜上的渗水孔或膜缝渗下而浸润土壤，入渗到玉米的根系，满足作物需水，达到节水、增产。由于地膜水流阻力小，灌水速度快，深层渗漏少，节水效果显著。目前膜上灌技术多采用打埂膜上灌，畦宽在 70～90 cm，把 70 cm 地膜铺于其中，一膜种植 2 行玉米，膜两侧为 20 cm 土埂，畦长 80～120 m。这种灌溉方法提高了水分的综合利用率，有利于作物的吸收并且土壤不易板结。

（5）控制性分根交替灌溉　玉米灌溉中，分根交替灌溉是根系水平方向上的干湿交替与隔沟交替灌溉。在进行灌溉时，不是像通常的灌水方式那样挨个沟灌溉，而是隔一沟灌一沟。等下一次灌溉时，只灌溉上次没有灌水的沟。这种隔沟交替灌水的灌溉模式比较适用于大田玉米生产，是一种低投入、高产出的高效灌溉方式。但是考虑到一些配套的技术服务设施的装备，在现有条件下，其成本可能会超过常规灌溉。

（6）地下浸润灌溉　这种方法是利用人工铺设地下暗管或开凿"鼠道"，使灌溉水作用于土壤的毛细管，借助毛细管吸力向作物根系层补给水分，由地下上升到玉米根系分布层的灌溉方式。根据供水方式的不同，主要分为 3 种方式：

①　管道法。是用竹管或黏土烧制成的弯管、瓦片埋在地下 45～65 cm 处，管径规格 5～10 cm。有外压时，土壤上尺寸在 1.5 m 左右，宽度在 2.5～3.5 m。土壤沙性大时，宽度要适当放窄。黏性大时，宽度放大。管道长度最好在 100 m。

②　鼠道式地下灌溉。是利用拖拉机或绳索牵引机牵引暗沟犁，顺坡向钻成一排排的地下土洞，形成地下渗水网。优点是修筑简易，省工、省时，不需要建筑材料，但是鼠道受土质的限制，适用于黏结性比较强的土壤。

③　暗垄沟式灌溉。是将灌溉垄沟置于地下，然后用高秆作物（如玉米根、高粱根、向日葵根等）的根坯为材料，进行培土覆盖植衬，形成暗垄沟，并保持暗垄沟过水通畅。这种灌溉方式节省投资，比较费工，增加了劳务费用，但增产、节水所带来的效益明显高出所需的劳务费用，产出大于投入。

（7）其他方式　在国内玉米的节水灌溉中，还有注射灌溉技术和瓦罐渗灌技术，在没有灌溉条件的坡地还可采用皿灌。皿灌是利用没有上釉的陶土罐贮水，罐埋在土中，罐口低于田面，通常用带孔的盖子或塑料膜扎住，以防止罐中水分蒸发。可以向罐中加水，也可以收集降雨。从国际总体趋势上看，农业节水发展的重点已经由输水过程节水和田间灌水过程节水转移到生物节水、作物精量控制用水以及节水系统的科学管理上，并重视农业节水与生态环境保护的密切结合。

3. 农田除草　玉米地杂草种类有 35 科 107 种。其中，菊科 24 种，占 22.43%；禾本科 12 种，占 11.21%；蓼科 6 种，占 5.61%；莎草科、苋科、大戟科各 5 种，分别占 4.67%；石竹科、唇形科各 4 种，分别占 3.74%；豆科、旋花科、荨麻科、玄参科各 3

种，分别占2.80％；毛茛科、伞形科、茄科、木贼科、葡萄科各2种，分别占1.87％。阔叶杂草90种，占84.11％；其他杂草17种，占15.89％。出现频度较高的杂草有马唐、铁苋菜、狗尾草、辣子草、鬼针草、鸭跖草、野艾蒿，密度较大的杂草有马唐、胜红蓟、辣子草、鸭跖草、狗尾草、金荞麦，田间覆盖度较大的杂草有马唐、胜红蓟、辣子草、鸭跖草、狗尾草、金荞麦、鬼针草、野艾蒿、腺梗豨莶。相对多度由高到低的前9位杂草依次是马唐（67.76％）、胜红蓟（16.71％）、辣子草（15.92％）、狗尾草（15.25％）、鸭跖草（12.71％）、铁苋菜（11.45％）、鬼针草（8.66％）、金荞麦（8.21％）、野艾蒿（7.46％），为玉米地杂草发生危害的主要群落。

（1）玉米播后苗前除草　田间没有杂草地块，可采用封闭土壤处理，常用药剂及每667 m² 使用量：42％异丙草·莠悬浮剂、40％乙·莠悬浮剂、48％丁·莠悬浮剂等250～300 g。小麦收割后，田间杂草较多地块，实行"一封一杀"的防治方法，如每667 m² 用42％异丙草·莠悬浮剂250～300 g＋4％烟嘧磺隆悬浮剂80～100 g。

（2）玉米苗后早期除草　玉米1～3叶期杂草出土前到杂草1～2叶期，常用药剂及每667 m² 使用量：4％烟嘧磺隆悬浮剂80～110 mL，45％硝磺·异甲·莠悬浮剂120～160 mL，45％ 2甲·莠去津悬浮剂200 g。玉米3～5叶期，恶性杂草田间香附子较多的地块，常用药剂及每667 m² 使用量：45％ 2甲·莠去津悬浮剂250 g，45％硝磺·异甲·莠悬浮剂160 mL；48％异噁草松水剂150～200 mL；香附子、田旋花、马齿苋、小蓟、藜等发生较多的地块，常用药剂及每667 m² 使用量：4％烟嘧磺隆悬浮剂90～120 mL＋56％ 2甲4氯可湿性粉剂60 g。玉米5～8叶期杂草较多地块，可以选择以上药剂避开玉米心叶顺垄定向喷雾。

（六）适期收获

1. 收获时期　玉米适时收获，可使茎秆中残留的养分输送到籽粒中，充分发挥后熟作用，增加产量、改善品质。长期以来，由于机械化收获程度低，农民种植玉米的地块多而散，大部分玉米在收获时仅处于苞叶变黄、籽粒顶部变硬，而籽粒下部仍处在灌浆时期。在南北过渡地区，9月20～30日，收获期每推迟1 d，千粒重增加4.52 g，每667 m² 产量提高11.9 kg。所以，机收玉米要确保在玉米完熟期进行收获。完熟期主要表现为叶片变黄、苞叶呈白色、质地松软、发散，籽粒乳线消失变硬，基部出现黑色糊粉层，并呈现本品种所固有的粒型和颜色，籽粒含水量不高于30％。南北过渡地区，小麦播种一般在10月上中旬，只要不影响小麦正常播种，应尽量适时晚收玉米，确保产量。玉米适时晚收，是一项不增加任何投入，却能够增加产量的技术措施，该项技术近年来越来越受到农民朋友的青睐。

2. 收获方法　一是用割晒机或人工割倒秸秆，晾晒7～8 d，一般籽粒含水量降到20％～22％后，便可摘穗、剥皮，将玉米拉到场上脱粒。二是在玉米生长状态下，用摘穗机或人工摘穗，然后拉到场上，用剥皮机剥皮、脱粒，或直接脱粒。

用玉米联合收获机，可直接一次完成摘穗、剥皮、脱粒、割倒秸秆等工作。将联合收获机换上玉米割台，可一次完成摘穗、剥皮、秸秆切碎还田等工作。将玉米割倒，呈"八"字形放置，晾晒几天后，用装有拾禾器的联合收获机捡拾秸秆，完成脱粒。

3. 晾晒

（1）田间晾晒　8月20日左右，多数制种田花期授粉全部结束，此时应及时割除父本行。其作用一是增加母本行通风透光，达到早熟作用；二是可以防止秋季混杂，保证种子质量。进入9月20日左右，繁制种田进入蜡熟期，应及时进行站秆扒皮。站秆扒皮的好处：一是可以降低种子水分；二是有助于后期干物质积累，增加繁制种田产量。但站秆扒皮时应注意：必须把果穗外包叶全部扒到果穗基部，不可留"裤腿"，防止雨水灌入造成种子发霉。同时，把扒皮时不小心扒掉的果穗夹在牢固的植株上或带回家中晾晒，以免造成人为混杂。9月末，玉米种子进入完熟期时将植株割倒，留茬40 cm左右，把玉米果穗掰下来，扒掉外皮，能留住内包叶的果穗5～7个捆成一捆，不能留内包叶的将果穗用袋线捆在一起，挂在茬子上晾晒。这种晾晒通风透光好，降水快，是一种较适用的晾晒办法。

（2）收获后晾晒　因出苗早晚不同，导致成熟时间不同，秋季统一收获后在一起晾晒降水较慢，脱粒后水分结果测定不真实，影响种子质量。在这种情况下，应采用分级晾晒法，即将玉米果穗按水分大小分别放在一起，单独晾晒，然后分别脱粒。水分测定一致时可以混合在一起统一精选，统一包装。

一分为二晾晒法是将玉米果穗从中间折断晾晒。优点是针对水分较大的玉米果穗晾晒降水效果比较好，缺点是比较费工。

网袋晾晒法是指果穗收获到农户家中后，首先将果穗表面的花柱、包叶及污物全部清理干净，将捂尖掰掉，将捂粒剔除，防止病菌感染，然后通过分级晾晒法或一分为二晾晒法，在采光及通风良好的干净地面上单摆浮搁晾晒7 d左右（有条件的可用砖砌成通风炕面，晾晒效果更好）。然后将果穗装入网袋中（每个40 kg左右），放在高度1 m以上的架子上或墙头上晾晒，或者将果穗装入距离地面1 m以上140 cm宽的小筏子上晾晒，晾晒达到脱粒水分标准为止。这种方法简便易行，晾晒效果也比较好。

（3）脱粒后晾晒　玉米脱粒后含水率较高时，应将籽粒放在农户房顶或晒场等适宜场所进行晾晒，等籽粒含水率低于14％时再入库保存。

（七）鲜食玉米栽培

1. 大田直播　要选择肥力中等以上、平整、排灌条件良好的地块，并与其他玉米有空间或时间上的隔离，以免接受其他玉米花粉而影响品质。在空间隔离上，没有障碍物的平原地区需300 m的隔离带；在时间隔离上，需与其他玉米种植时期错开25 d以上。如大面积成片种植糯玉米，可适当降低隔离标准。早春播种（3月初）应覆膜，最晚应在5月5日播完，具体播种日期应根据生产、加工安排，大面积种植应错期播种。合理密植，4叶期开始定苗，平均株距26 cm，行距60 cm或大行距80 cm、小行距40 cm，平均密度49 500～52 500株/hm²。根据籽粒含糖指数，可在玉米授粉后25 d左右采收。春播糯玉米收获时处在夏季高温时期，其灌浆速度快，要注意观察，及时收获，否则会影响籽粒品质；夏播糯玉米收获时处于秋季低温时期，其灌浆速度慢，收获时间、可适当拉长。

若种植的玉米品种耐高肥水，在田间管理上，肥水要足，即从苗期到鲜穗收获的乳熟期一促到底。

2. 育苗移栽

(1) 塑盘育苗移栽 气温稳定通过 8 ℃时播种，加上薄膜与地膜的增温效应，拱棚内温度可保证在玉米生育起点温度 10 ℃以上。信阳地区 4 月 15 日前后可以播种，若采用塑盘育苗、双膜覆盖技术，播期可提前至 4 月初，这样可以充分发挥地膜玉米早育苗、早移栽、早成熟、早上市、早腾茬的优势，提高种植效益。塑盘育苗的夏、秋玉米播种时间，掌握在前茬成熟前 15 d 左右育苗。床板宽 150～160 cm，每公顷大田留足苗床 40 m。春玉米床址应光照充足，夏、秋玉米床址设在阴凉的地方。床地排水通畅，床面土层疏松、细碎平坦。每公顷大田用 561 孔秧盘 180 片（468 孔秧盘 210 片）。秧盘 2 片 1 对，横排向前，亦可 4 片纵排，拼紧贴实。

在冬翻的基础上糯玉米移栽行要提前翻松，并在栽前 10～15 d 开沟施基肥并精整待播。春玉米移栽前 10 d，在耕层土壤含水量大于 18%时，用 50%丁草胺乳油 1 500 mL/hm² 除草并覆膜，如墒情不足要人工补墒后再进行覆膜，以防移栽后持续干旱，出现缓苗现象。

移栽叶龄应掌握在第二叶与第一叶等长期，超苗龄移栽容易造成不定根植伤，使缓苗期延长。秧苗连盘运至大田，栽时用直径略大于钵孔径、前端尖的小木棒定距在膜上戳洞，洞深 3～4 cm，保证乳苗根基部和须根部都能深入到洞穴中，然后用两指捏紧两边泥土压实，用喷壶适量补水，也可用喷雾机大孔喷片、喷水，使水顺植株流入根部，促进植株成活。

(2) 营养袋育苗移栽 用废旧书报或包装纸做成的无底或有底营养袋，高约 9 cm，直径约 5 cm。50 kg 细肥土加 50 kg 干细粪、5 kg 尿素和 5 kg 普钙混拌均匀，然后边装边播种。为保证玉米适时出苗，减少浇水次数，种子要用温水浸泡 24 h 左右。每袋播种 2 粒，要实行定向条栽的每袋播 1 粒，深播 3 cm 左右。

营养土要保持湿润管理到 3～4 叶时即可移栽。为防止蹲苗太久，营养袋育苗要用塑料薄膜垫底，避免玉米幼根深扎入土。温度较低时为提高营养袋温度和保持湿度，营养袋上面最好盖一层地膜（晚上盖，白天揭），或用松毛、细碎麦秆草覆盖（厚度 1 cm 左右）。

(3) 营养钵育苗机械移栽 按照栽培对象，大小已裁好的废旧报纸等经黏合、订合，在钵苗速成机上制成外观一致的钵。配制营养土，选用疏松肥沃的农田熟土，捣碎过筛，肥料选用农家肥或复合肥，尽量不使用尿素、硝铵等化肥，以免使用不当造成烧芽或不发芽。同时根据不同土质情况可加入煤灰、细沙或黏土。

在营造的小环境内发育到 3 周左右，可择期移栽，移栽前 2 d 应充足浇水，否则起钵搬运时易破损。要根据日移栽能力和农时节令要求，有计划分期、分批安排育苗。移栽时注意，根据土壤墒情，可采用深开沟浅覆土的办法，钵体不能裸露在外，压实钵苗周围的土壤。

(4) 营养块育苗移栽 预制好营养土，需筛过的肥力土 7 500 kg/hm²，腐熟细碎农家肥 7 500 kg/hm²，复合肥 75 kg/hm²，硫酸锌 15 kg/hm²，混拌均匀。将制好的苗床土放入苗床内，厚度约 10 cm，整平床土，喷水后将床土表面轻轻拍紧，营养土的持水量达到手捏成团，抛之即散的程度为宜，然后用刀划成 5 cm×5 cm 见方的方格，切口深约 10 cm，每个方格中间播精选种子 1 粒，播种深度 2 cm 左右，然后盖上细土，浇水湿润后用 2 m

长 2 指宽的楠竹片，每隔 40～50 cm 插上一根竹片作拱，插完竹片后盖好农膜。

移栽适期为 2～3 叶期，此时玉米幼苗根粗而短，不易损伤，长势旺，易成活。起苗时尽量少伤根，多带土，去掉病苗、弱苗，选健壮苗。杜绝大苗移栽，一律实行宽行窄株或宽窄行栽培，密度 5.25 万～6 万株/hm²，严格实行 1 穴 1 株，拉绳定距，行间错位带土取苗移栽，严禁取苗不带土移栽，执行芽鞘伸向宽行与行向垂直的定向栽植方法。

四、农业机械的应用

（一）规模化经营的组织形式和发展趋势

农业经营规模化是指每个农业工作者经营一定的农用地面积，产生了规模化效应，大幅提高农业劳动生产率，使农业产值提高到接近或超越工业或第三产业的收益。目前中国农村土地经营所面临的突出问题是农业土地的"被碎化"经营，即土地被分成零散小块、分散经营，严重影响了中国农业现代化进程和农民生活水平的提高，这样产生了一系列不同步、不平衡、不协调的后果。一是耕地面积小，经营规模小不利于实现农业现代化，使得农业不能充分实现与机械化结合，影响生产效率。二是目前用工和原材料成本上升很快，经营规模太小使得生产和经营成本居高不下，平均产量有限，很难抵御大的自然灾害或突然的天气异常。三是由于农民一家一户小农耕作多，力量薄弱，无法对农业基础设施做到完善，使得乡村建设缓慢，城镇化进程受阻。

中共十八届三中全会明确提出，鼓励承包经营权在公开市场上向专业大户、家庭农场、农民合作社和农业企业流转，鼓励发展多种形式的规模经营。这为农村土地规模化经营提出了明确的要求和方向。而一个落后国家的农业要实现现代化，必须使传统的农业向工业化、现代化和信息化农业发展。

中国目前的农业规模化经营处于飞速发展阶段，出现了一大批现代农业发展的土地资源大整合，规模化经营趋势加速；资本大注入，农业产业化进程加快；主体大转换，企业、农业大户及合作社逐渐成为农业经营主体；科技大支撑，农业发展水平不断提高；功能大拓展，农业内涵更加丰富；园区大发展，成为现代农业发展的重要载体；产业大集聚，成为现代农业发展的主要途径；方式大转变，农业发展转型加速。

但中国农业的规模化经营与发达国家相比还很落后，还有很大的距离。人均耕地面积和农业人口数量是衡量一个国家农业规模化经营水平的重要参考和技术指标。农业规模化水平较高的国家，基本都呈现从事农业人口少、占有耕地面积多的特点，即为实现农业工业化、现代化和信息化。美国有 3 亿多人口，农业人口只有 600 万左右，人均收入超过全国各行业的平均收入，农业人口人均耕地面积更是达到 33 hm²，可见其农业经营水平之高。农场是美国农业经营的基本单位，总数在 200 万个左右，平均规模已经达到 200 hm²，大型农场的规模超过了 1 600 hm²，这体现了农业集约化程度高，劳动生产率和土地产出率大幅提高。

在实行土地规模化经营时还要注意：农村土地规模化经营要因地制宜，一定要根据当地的实际情况和生产力发展水平，切勿盲目选择产业和随意布局；中国农村土地规模化经营能否顺利进行，土地流转是重中之重，要做好失地农民的就业保障工作；提高农民自身的综合素质，改变农业服务方式滞后的问题；土地利用的非粮非农化突出，政府应做好相关配套工作。

（二）过渡带玉米生产全程机械化

1. 耕作机械化 信阳地区玉米耕整地机械化主要机型有灭茬旋耕起垄机、松耙联合整地机、翻转犁、浅翻深松犁、圆盘耙及灭茬机等。以深松为基础，松、耙、起或灭、旋、起相结合的土壤耕作制度，同时与大马力拖拉机配套的松耙联合整地机、灭茬旋耕深松起垄机、耕耘机等复式作业机具发展迅速，大大提高了玉米机械化耕整地水平。

2. 播种机械化 玉米机械化播种既有利于实现种植规范化，又可促进玉米全程机械化技术发展，尤其是玉米机械化收获。播种主要使用2行小型机械式精量半精量播种机作业，可完成玉米的种床开沟、侧深施肥、精量播种及覆土镇压联合作业；更换工作部件，还可完成起垄作业以及中耕施肥等项作业。

3. 施肥机械化 在玉米秋起垄或春起垄的同时进行机械深施基肥，利用整型起垄施肥机进行作业，深度为种下或种侧下 12～14 cm。深施肥量为总施肥量的 1/3～1/2。在播种的同时按农艺要求施好种肥，即做到距种子侧 5 cm、深 6～8 cm，在玉米 6～8 叶期用中耕追肥机进行追肥。叶面追肥前期采用机动喷雾器，后期采用飞机航化作业。

4. 植保机械化 玉米病虫草害机械化防控技术是以机动施药机喷施药剂除草免中耕为核心内容的机械化技术。施药机具主要分为背负式施药机械、牵引式施药机械和跨越自走型施药机械。

5. 收获机械化 玉米机械收获是玉米生产全过程机械化的关键一环，也是最薄弱的环节。信阳玉米收获时籽粒含水较多，采用的玉米联合收获机一次完成摘穗、剥皮、集箱、秸秆还田和秸秆收集作业。

秸秆还田型联合收获机是利用玉米联合收获机，一次完成摘穗、剥皮、集箱同时进行秸秆粉碎等作业。穗茎兼收型玉米联合收获机是用割台下面的切割器切断茎秆，夹持链输送，摘穗，集穗，滚刀切碎茎秆，抛送到收集。青贮收获机是将玉米果穗带秸秆一同切断、揉切、抛送、运送的收获机械。

穗茎兼收型玉米联合收获机和青贮收获机都需要配备秸秆收集车，形成联合作业机组，最后运送到青贮窖压实，盖膜，覆土密封，用作牲畜饲料。

6. 烘干机械化 玉米收获时含水量在 22％～30％，为将玉米的水分迅速降至符合贮存和销售标准的含水量，采用低温干燥机进行玉米的机械化烘干，可提高玉米品质，降低发霉变质造成的损失。

本章参考文献

毕明，李福海，王秀兰，等，2012. 黄淮海区域夏玉米生育期水分供需矛盾与抗旱种植技术研究 [J]. 园艺与种苗 (2)：5-6, 24.

卜俊周，谢俊良，彭海成，等，2011. 夏玉米晚收增产效应分析 [J]. 河北农业科学，15 (1)：1-2.

曹文广，张建华，杨镇，等，2015. 玉米种植的纬度和海拔效应 [M]. 北京：气象出版社.

曹文堂，冯晓曦，许波，等，2009. 豫南地区小麦玉米两熟丰产栽培技术 [J]. 作物杂志 (4)：102-104.

苌建峰，董朋飞，张海红，等，2016. 行距配置方式对夏玉米氮素吸收利用及产量的影响 [J]. 中国生态农业学报，24 (7)：853 - 863.

常建智，闫丽慧，赵树政，等，2011. 豫北地区夏玉米适时晚收增产效果研究 [J]. 农业科技通讯 (6)：70 - 72.

陈传晓，董志强，高娇，等，2013. 不同积温对春玉米灌浆期叶片光合性能的影响 [J]. 应用生态学报，24 (6)：1593 - 1600.

陈静静，张富仓，周罕觅，等，2011. 不同生育期灌水和施氮对夏玉米生长、产量和水分利用效率的影响 [J]. 西北农林科技大学学报 (自然科学版)，39 (1)：89 - 95.

陈莉，李瑜玲，2015. 夏玉米高产高效关键栽培技术 [J]. 安徽农业科学，43 (21)：79 - 80，159.

陈新平，张福锁，2006. 小麦-玉米轮作体系养分资源综合管理理论与实践 [M]. 北京：中国农业大学出版社.

戴志刚，鲁剑巍，李小坤，等，2010. 不同作物还田秸秆的养分释放特征试验 [J]. 农业工程学报 (6)：272 - 276.

党红凯，李瑞奇，李雁鸣，等，2015. 播期与接茬方式对夏玉米羧化酶活性及产量的影响 [J]. 华北农学报，30 (3)：90 - 97.

董秀春，李鹏，徐燕，2015. 播期对夏玉米生长发育和产量形成的影响 [J]. 山东农业科学，47 (8)：39 - 41，45.

范守学，2015. 黄淮海地区夏玉米机械化播种、收获关键配套技术 [J]. 农业科技通讯 (6)：234 - 235.

房稳静，林文全，2014. 豫南豫北夏玉米高产稳产气象因子影响的差异性分析 [J]. 河南科学，32 (2)：182 - 185.

冯健英，陈莉，许洛，等，2012. 黄淮海地区夏玉米生产现状、育种目标及育种途径 [J]. 河北农业科学，16 (10)：35 - 39.

冯尚宗，刘宁，黄孝新，等，2015. 氮肥运筹方式对粮饲兼用玉米产量及品质的影响 [J]. 河北农业科学，19 (4)：29 - 33，62.

付雪丽，张惠，贾继增，等，2009. 冬小麦-夏玉米"双晚"种植模式的产量形成及资源效率研究 [J]. 作物学报，35 (9)：1708 - 1714.

高焕文，2004. 保护性耕作技术与机具 [M]. 北京：化学工业出版社.

高旺盛，2007. 论保护性耕作技术的基本原理与发展趋势 [J]. 中国农业科学，40 (12)：2702 - 2708.

关义新，林葆，凌碧莹，2000. 光、氮及其互作对玉米幼苗叶片光合和碳、氮代谢的影响 [J]. 作物学报，26 (6)：807 - 812.

郭玉秋，董树亭，王空军，等，2012. 玉米不同穗型品种产量、产量构成及源库关系的群体调节研究 [J]. 华北农学报，17：193 - 198.

何守法，董中东，詹克慧，等，2009. 河南小麦和夏玉米两熟制种植区的划分研究 [J]. 自然资源学报，24 (6)：1115 - 1123.

何志强，吴志敏，2010. 夏玉米病虫草害综合防治技术 [J]. 河南农业 (9)：47.

洪春来，魏幼璋，黄锦法，等，2003. 秸秆全量直接还田对土壤肥力及农田生态环境的影响研究 [J]. 浙江大学学报 (农业与生命科学版)，6：627 - 633.

侯满平，郝晋珉，丁忠义，等，2005. 黄淮海平原资源低耗生态农业模式研究 [J]. 中国生态农业学报，13 (1)：189 - 191.

胡国燕，刘锐，2013. 夏玉米晚收超高产栽培技术要点 [J]. 农业与技术 (2)：102.

胡巍巍，赵会杰，李洪岐，等，2013. 种植密度对夏玉米冠层光合特性的影响 [J]. 河南农业科学，42 (1)：23 - 27.

黄会平，曹明明，宋进喜，等，2015. 黄淮海平原主要农作物全生育期水分盈亏变化特征［J］. 干旱区资源与环境，29（8）：138-144.

姜涛，2013. 氮肥运筹对夏玉米产量、品质及植株养分含量的影响［J］. 植物营养与肥料学报，19（3）：559-565.

焦念元，赵春，宁堂原，等，2008. 玉米花生间作对产量和光响应的影响［J］. 应用生态学报，19（5）：981-985.

金继运，何萍，1999. 氮钾营养对春玉米后期碳氮代谢与粒重形成的影响［J］. 中国农业科学，32（4）：55-62.

靳立斌，张吉旺，李波，等，2013. 高产高效夏玉米的冠层结构及其光合特性［J］. 中国农业科学，46（12）：2430-2439.

李秉华，张永信，边全乐，等，2013. 免耕夏玉米田杂草防治关键期研究［J］. 中国生态农业学报，21（11）：1371-1376.

李超，韩赞平，张伟强，2015. 华北平原玉米主要间作技术研究［J］. 中国种业（1）：13-14.

李潮海，刘奎，连艳鲜，2000. 玉米碳氮代谢研究进展［J］. 河南农业大学学报，34（4）：318-323.

李潮海，苏新宏，谢瑞芝，等，2001. 超高产栽培条件下夏玉米产量与气候生态条件关系研究［J］. 中国农业科学，34（3）：311-316.

李登海，2000. 从事紧凑型玉米育种的回顾与展望［J］. 作物杂志（5）：1-5.

李洪芹，2012. 山东沿海地区玉米夏直播栽培技术［J］. 现代农业科技（16）：53，64.

李欢，向丹，李晓林，等，2011. 蚯蚓粪和生物有机肥对土壤养分及夏玉米产量的调控作用［J］. 土壤通报，5（42）：1179-1183.

李猛，陈现平，张建，等，2009. 提高安徽省玉米产量技术措施探讨［J］. 安徽农学学报（上半月刊），15（7）：118-120.

李少明，赵平，范茂攀，等，2004. 玉米大豆间作条件下氮素养分吸收利用［J］. 云南农业大学学报，19（5）：572-574.

李树岩，刘荣花，胡程达，2014. 河南省夏玉米大风倒伏气候风险分析［J］. 自然灾害学报，23（1）：174-182.

李铁男，李美娟，王大伟，2011. 不同灌溉方式对玉米生物学效应影响研究［J］. 节水灌溉，10：24-28.

李霞，张吉旺，任佰朝，等，2014. 小麦玉米周年生产中耕作对夏玉米产量及抗倒伏能力的影响［J］. 作物学报，40（6）：1093-1101.

李向东，张德奇，王汉芳，等，2015. 豫南雨养区小麦-玉米周年不同耕作模式生态价值评估［J］. 生态学杂志，34（5）：1270-1276.

李向岭，李从锋，侯玉虹，等，2012. 不同播期夏玉米产量性能动态指标及其生态效应［J］. 中国农业科学，45（6）：1074-1083.

李英，赵福年，丁文魁，等，2015. 灌溉方式和播期对玉米水分动态与水分利用效率的影响［J］. 中国农学通报，31（6）：62-67.

李月华，侯大山，刘强，等，2008. 收获期对夏玉米千粒重及产量的影响［J］. 河北农业科学，12（7）：1-3，6.

梁熠，齐华，王敬亚，等，2009. 宽窄行栽培对玉米生长发育及产量的影响［J］. 玉米科学，17（4）：97-100.

林长福，1999. 玉米田化学除草现状及发展趋势［J］. 农药，38（9）：3-4.

刘春霞，2012. 豫南地区小麦、玉米高产创建关键技术分析［J］. 河南农业（11）：52-53.

刘峰，徐峰，孙伟，2010. 收获期对夏玉米千粒重及产量的影响［J］. 安徽农学通报，16（10）：91.

刘江红，2010. 测土配方平衡施肥探究 [J]. 现代农业科技（2）：291.

刘金宝，刘祥臣，王晨阳，等，2014. 中国南北过渡带主要作物栽培 [M]. 北京：中国农业科学技术出版社.

刘金宝，张建华，杨华，等，2015. 中国四季玉米 [M]. 北京：中国农业出版社.

刘经纬，张学舜，崔建民，等，2002. 夏播玉米大田管理技术 [J]. 中国种业（11）：25.

刘伟，张吉旺，吕鹏，等，2011. 种植密度对高产夏玉米登海 661 产量及干物质积累与分配的影响 [J]. 作物学报，37（7）：1301-1307.

刘新宇，武桂贤，苏东，等，2006. 皖西北、豫南地区鲜食糯玉米高产栽培模型研究 [J]. 现代农业科技（2）：46-47.

刘新宇，武桂贤，吴曙明，2002. 豫南鄂北地区果蔬玉米品种引进筛选与评价 [J]. 信阳农业高等专科学校学报，12（3）：4-5.

刘玉涛，王宇先，邓丽华，等，2011. 旱地玉米高产栽培模式初探 [J]. 作物杂志（5）：100-102.

刘月娥，谢瑞芝，张厚宝，等，2010. 不同生态区玉米适时晚收增产效果 [J]. 中国农业科学，43（13）：2811-2819.

刘战东，肖俊夫，郎景波，等，2012. 灌溉模式对玉米生长发育及产量形成的影响 [J]. 河南农业科学，41（4）：12-14.

刘战东，肖俊夫，刘祖贵，等，2011. 膜下滴灌不同灌水处理对玉米形态、耗水量及产量的影响 [J]. 灌溉排水学报，30（3）：60-64.

刘战东，肖竣夫，刘祖贵，等，2011. 高产条件下夏玉米需水量与需水规律研究 [J]. 节水灌溉（6）：4-6.

刘哲，乔红兴，赵祖亮，等，2015. 黄淮海夏播玉米花期高温热害空间分布规律研究 [J]. 农业机械学报，46（7）：272-279.

刘仲元，1964. 玉米育种的理论和实践 [M]. 上海：上海科学技术出版社.

卢艳丽，白由路，王磊，等，2011. 华北小麦-玉米轮作区缓控释肥应用效果分析 [J]. 植物营养与肥料学报，17（1）：209-215.

陆卫平，陈国平，郭景伦，等，1997. 不同生态条件下玉米产量源库关系的研究 [J]. 作物学报，23（6）：727-732.

吕丽华，陶洪斌，王璞，等，2008. 施氮量对夏玉米碳、氮代谢和氮利用效率的影响 [J]. 植物营养与肥料学报，14（4）：630-637.

吕丽华，陶洪斌，夏来坤，等，2008. 不同种植密度下的夏玉米冠层结构及光合特性 [J]. 作物学报，34（3）：447-455.

吕晓阳，2014. 豫南地区夏玉米除草有讲究 [J]. 农民致富之友（14）：51.

马洁华，刘园，杨晓光，等，2010. 全球气候变化背景下华北平原气候资源变化趋势 [J]. 生态学报，30（14）：3818-3827.

马林，王若男，郭宗凯，等，2015. 作物种植行向对农田光照条件的影响 [J]. 现代农业科技（4）：238，243.

梅雷，周宏黎，李从民，等，2010. 豫南平原平衡施肥对夏玉米养分吸收利用及产量影响研究 [J]. 中国农村小康科技（8）：28-31.

牟正国，1993. 我国农作制度产业的新进展 [J]. 耕作与栽培（3）：1-4.

牛峰，2011. 黄淮海夏玉米适时晚收原因的探讨与技术对策 [J]. 安徽农学通报，17（3）：72-74.

齐文增，陈晓璐，刘鹏，等，2013. 超高产夏玉米干物质与氮、磷、钾养分积累与分配特点 [J]. 植物营养与肥料学报，19（1）：26-36.

其其格，李可，李刚，等，2010. 氮素营养水平对春玉米叶片碳代谢的影响 [J]. 安徽农业科学，38
　（19）：9973-9974，9978.

秦欣，刘克，周丽丽，等，2012. 华北地区冬小麦-夏玉米轮作节水体系周年水分利用特征 [J]. 中国农
　业科学，45（19）：4014-4024.

任秀荣，张自亮，许海涛，等，2003. 大豆与玉米间作关键配套技术 [J]. 河南农业科学（4）：51.

邵立威，王艳哲，苗文芳，等，2011. 品种与密度对华北平原夏玉米产量及水分利用效率的影响 [J].
　华北农学报，26（3）：182-188.

申丽霞，王璞，兰林旺，等，2007. 施氮对夏玉米碳氮代谢及穗粒形成的影响 [J]. 植物营养与肥料学
　报，13（6）：1074-1079.

沈玉芳，王保莉，2002. 水分胁迫下磷营养对玉米苗期根系导水率的影响 [J]. 西北农林科技大学学报
　（自然科学版），30（5）：11-15.

史新海，宋再华，刘恩训，1994. 山东玉米品种的演变及展望 [J]. 山东农业科学（3）：17-19.

司文修，1996. 双季玉米栽培技术 [J]. 河南农业（3）：11.

宋建民，田纪春，赵世杰，1998. 植物光合碳和氮代谢之间的关系及其调节 [J]. 植物生理学通讯，34
　（3）：230-238.

隋鹏，陈阜，高旺盛，2000. 海河低平原区小麦玉米套种高产技术研究 [J]. 作物杂志（2）：10-12.

唐劲驰，Ismael A Mboreha，佘丽娜，等，2005. 大豆根构型在玉米/大豆间作系统中的营养作用 [J].
　中国农业科学，38（6）：1196-1203.

田慎重，宁堂原，迟淑筠，等，2012. 不同耕作措施的温室气体排放日变化及最佳观测时间 [J]. 生态
　学报，32（3）：879-888.

铁双贵，丁勇，朱卫红，等，2005. 国审甜玉米新品种郑甜2号 [J]. 河南农业科学（8）：36-37.

汪可欣，王丽学，吴琼，等，2009. 保护性耕作措施对夏玉米产量和水分利用效率的影响 [J]. 节水灌
　溉（1）：31-35.

汪先勇，汪从选，2009. 玉米不同行向的不同定向结穗栽培对产量影响的研究 [J]. 贵州气象，33（6）：
　7-9.

王成业，武建华，贺建峰，2010. 豫南豫北玉米生长发育的气候条件比较及豫南玉米发展对策 [J]. 中
　国农学通报，26（18）：353-358.

王传胜，刘建，2016. 山东夏玉米病虫草害防治技术探讨 [J]. 中国农业信息（10）：90-91.

王春虎，陈士林，董娜，等，2009. 华北平原不同施氮量对玉米产量和品质的影响研究 [J]. 玉米科学，
　17（1）：128-131.

王春虎，杨文平，2011. 不同施肥方式度夏玉米植株及产量性状的影响 [J]. 中国农学通报，27（9）：
　305-308.

王付娟，李淑梅，孙君艳，2012. 鲜食糯玉米农艺性状与鲜穗产量的分析 [J]. 信阳农业高等专科学校
　学报，22（2）：109-111.

王更新，张建立，2012. 豫南夏玉米高产栽培技术 [J]. 现代农业科技，11：30-31.

王激清，马文奇，江荣风，等，2008. 我国水稻、小麦、玉米基肥和追肥用量及比例分析 [J]. 土壤通
　报，39（2）：329-333.

王建华，高凤菊，2009. 不同施肥量与种植密度对夏玉米产量及效益的影响 [J]. 杂粮作物，29（6）：
　407-409.

王建勋，庞新安，刘彬，2006. 农业节水灌溉经济效益的分析和计算 [J]. 中国农学通报，22（1）：
　372-375.

王兰君，邱殿玉，1990. 双季玉米稳产高产高效益的研究 [J]. 作物杂志（2）：21-23.

王利锋，曹言勇，唐保军，等，2011. 河南省玉米地方品种主要产量性状间的相关和通径分析 [J]. 中国农学通报，27（18）：69-72.

王柳，熊伟，温小乐，等，2014. 温度降水等气候因子变化对中国玉米产量的影响 [J]. 农业工程学报，21（30）：138-146.

王庆燕，叶德练，张钰石，等，2015. 种植行向对玉米茎叶形态建成与产量的调控效应 [J]. 作物学报，41（9）：1384-1392.

王西成，陈红，2013. 沿淮夏玉米高产栽培技术初探 [J]. 河南农业（10）：41.

王祥宇，魏珊珊，董树亭，等，2015. 氮素对灌浆期夏玉米叶片蛋白质表达的调控 [J]. 中国农业科学，48（9）：1727-1736.

王祥宇，魏珊珊，董树亭，等，2015. 种植密度对熟期不同夏玉米群体光合性能及产量的影响 [J]. 玉米科学，23（1）：134-138.

王秀斌，周卫，梁国庆，等，2009. 优化施肥条件下华北冬小麦/夏玉米轮作体系的土壤氨挥发 [J]. 植物营养与肥料学报，15（2）：344-351.

王宜伦，李潮海，何萍，等，2010. 超高产夏玉米养分限制因子及养分吸收积累规律研究 [J]. 植物营养与肥料学报，16（3）：559-566.

王宜伦，李潮海，谭金芳，等，2011. 氮肥后移对超高产夏玉米产量及氮素吸收和利用的影响 [J]. 作物学报，37（2）：339-341.

王宜伦，张许，李文菊，等，2011. 氮肥后移对晚收夏玉米产量及氮素吸收利用的影响 [J]. 玉米科学（1）：117-120.

王宜伦，张许，李文菊，等，2011. 缓/控释氮肥对晚收夏玉米产量及氮肥效率的影响 [J]. 西北农业学报，20（4）：58-61，85.

王育红，孟战赢，王向阳，等，2009. 豫西地区夏玉米适时晚收产量效应研究 [J]. 玉米科学，17（6）：60-62，73.

王占彪，王猛，尹小刚，等，2015. 气候变化背景下华北平原夏玉米各生育期水热时空变化特征 [J]. 中国生态农业学报，23（4）：473-481.

王占伟，蔡春华，阙兴贵，等，2016. 夏花生、油菜轮作"双油"高产高效种植模式及栽培技术探讨 [J]. 现代农业科技（8）：58-60.

卫丽，马超，黄晓书，等，2010. 控释肥对夏玉米碳、氮代谢的影响 [J]. 植物营养与肥料学报，16（3）：773-776.

武桂贤，刘新宇，2005. 信阳市鲜食玉米生产存在的问题与发展对策 [J]. 现代农业科技（12）：49.

武桂贤，刘新宇，何世界，等，2006. 绿色食品鲜食玉米栽培技术 [J]. 现代农业科技，1：70-71.

武志海，王晓慧，陈展宇，等，2005. 玉米大垄双行种植群体冠层结构及其微环境特性的研究 [J]. 吉林农业大学学报，27（4）：355-359.

谢张军，郭盈温，2013. 豫南地区玉米生产存在的问题及应对措施 [J]. 现代农业科技（2）：56-57.

徐虹，张丽娟，赵艳霞，等，2014. 黄淮海地区夏玉米花期阴雨灾害风险区划 [J]. 自然灾害学报，23（5）：263-272.

徐庆章，牛玉贞，王庆成，等，1993. 玉米株型在高产育种中的作用Ⅲ株型与叶面温度、蒸腾作用的关系 [J]. 山东农业科学（3）：7-8.

薛昌颖，马志红，胡程达，2016. 近40a黄淮海地区夏玉米生长季干旱时空特征分析 [J]. 自然灾害学报，25（2）：1-14.

薛吉全，梁宗锁，马国胜，等，2002. 玉米不同株型耐密性的群体生理指标研究 [J]. 应用生态学报，13（1）：55-59.

薛晓蕾，李冠峰，于恩中，2013. 河南省农业规模化与农机化规模经营现状与发展 [J]. 安徽农业科学，41 (31)：12493 - 12496.

杨恩琼，黄建国，何腾兵，等，2009. 氮肥用量对普通玉米产量和营养品质的影响 [J]. 植物营养与肥料学报，15 (3)：509 - 513.

杨国虎，李新，王承莲，等，2006. 种植密度影响玉米产量及部分产量相关性状的研究 [J]. 西北农业学报，15 (5)：57 - 60.

杨吉顺，高辉远，刘鹏，等，2010. 种植密度和行距配置对超高产夏玉米群体光合特性的影响 [J]. 作物学报，36 (7)：1226 - 1233.

杨建辉，2008. 豫南地区甜玉米栽培技术 [J]. 安徽农学通报，14 (2)：113 - 114.

杨静晗，2011. 山东省玉米种植用水现状及节水灌溉方法 [J]. 现代农业科技 (11)：118 - 119.

易宏岩，2007. 信阳地区双季玉米栽培技术 [J]. 现代农业科技 (24)：133.

易镇邪，王璞，张红芳，等，2006. 氮肥类型与施用量对夏玉米产量与品质性状的影响 [J]. 玉米科学，14 (2)：130 - 133.

于振文，2003. 作物栽培学各论：北方本 [M]. 北京：中国农业出版社.

余利，刘正，王波，等，2013. 行距和行向对不同密度玉米群体田间小气候和产量的影响 [J]. 中国生态农业学报，21 (8)：938 - 942.

余卫东，陈怀亮，2010. 河南省夏玉米精细化农业气候区划研究 [J]. 气象与环境科学，33 (2)：14 - 19.

宇宙，王勇，罗迪汉，2015. 膜下滴灌下玉米需水规律及优化灌溉制度研究 [J]. 节水灌溉 (4)：10 - 13.

郁凌华，赵艳霞，2013. 黄淮海地区夏玉米生长季内的旱涝灾害分析 [J]. 灾害学，28 (2)：71 - 75，80.

袁宁，孙振荣，蒲明，等，2015. 氮肥后移对旱作玉米氮肥利用效率及产量的影响 [J]. 甘肃农业科技 (10)：4 - 6.

袁世航，陈伟，2007. 我国玉米收获机械化的现状与发展趋势 [J]. 科技咨询导报 (23)：241.

翟治芬，严昌荣，何文清，等，2012. 玉米免耕技术气候适宜性评价 [J]. 中国农业科技导报 (6)：98 - 107.

张海林，高旺盛，陈阜，等，2005. 保护性耕作研究现状、发展趋势及对策 [J]. 中国农业大学学报，10 (1)：16 - 20.

张建军，王晓东，2014. 淮河流域夏玉米关键期水分盈亏时空变化分析 [J]. 中国农学通报，30 (21)：100 - 105.

张建立，2011. 气候因子对豫南夏玉米生长发育的影响 [J]. 河南农业科学，40 (1)：54 - 57.

张宁，杜雄，江东岭，等，2009. 播期对夏玉米生长发育及产量影响的研究 [J]. 河北农业大学学报，32 (5)：7 - 11.

张胜爱，郝秀钗，王志辉，等，2013. 夏玉米行距与株距交互作用对产量及产量构成的影响 [J]. 中国农学通报，29：51 - 56.

张永文，吴月丹，杨丽娟，等，2011. 玉米合理密植需注意的问题 [J]. 农村科学实验 (1)：13.

章履孝，陈静，1991. 玉米株型的划分标准及其剖析 [J]. 江苏农业科学 (5)：30 - 31.

赵斌，董树亭，张吉旺，等，2010. 控释肥对夏玉米产量和氮素积累与分配的影响 [J]. 作物学报 (10)：1760 - 1768.

赵秉强，张福锁，李增嘉，等，2001. 黄淮海农区集约种植制度的超高产特性研究 [J]. 中国农业科学，34 (6)：649 - 655.

赵萍萍，王宏庭，郭军玲，等，2010. 氮肥用量对夏玉米产量、收益、农学效率及氮肥利用率的影响 [J]. 山西农业科学，38 (11)：43 - 46，80.

赵荣芳，陈新平，张福锁，2005. 基于养分平衡和土壤测试的冬小麦氮素优化管理方法 [J]. 中国农学通报，21（11）：211 - 225.

赵士诚，裴雪霞，何萍，等，2011. 氮肥减量后移对土壤氮素供应和夏玉米氮素吸收利用的影响 [J]. 植物营养与肥料学报，16（2）：492 - 497.

赵霞，王宏伟，谢耀丽，等，2010. 豫南雨养区夏玉米产量与气象因子的关系 [J]. 河南农业科学（3）：18 - 22.

赵先贵，肖玲，2002. 控释肥料的研究进展 [J]. 中国生态农业学报，10（3）：95 - 97.

赵营，同延安，赵护兵，2006. 不同供氮水平对夏玉米养分累积、转运及产量的影响 [J]. 植物营养与肥料学报，12（5）：622 - 627.

周宝元，王志敏，岳阳，等，2015. 冬小麦-夏玉米与双季玉米种植模式产量及光温资源利用特征比较 [J]. 作物学报，41（9）：1393 - 1405.

周波，胡学安，魏良明，等，2009. 不同密度对郑黄糯 2 号玉米产量及其构成因素的影响 [J]. 河南农业科学（5）：35 - 36，46.

周进宝，杨国航，孙世贤，等，2008. 黄淮海夏播玉米区玉米生产现状和发展趋势 [J]. 作物杂志（2）：4 - 7.

周玉芝，段会军，崔彦宏，2005. 河北省玉米品种的演变及推广现状 [J]. 作物杂志（1）：58 - 61.

朱红英，董树亭，胡昌浩，2003. 不同控释肥料对玉米产量及产量性状影响的研究 [J]. 玉米科学，11（4）：86 - 89.

朱兴旺，2007. 信阳市土壤资源利用现状及开发利用途径研究 [J]. 安徽农学通报，13（19）：129 - 131.

邹吉波，2006. 玉米宽窄行交替种植技术的应用 [J]. 安徽农业科学，34（9）：1824 - 1826.

邹晓锦，张鑫，安景文，2011. 氮肥减量后移对玉米产量和氮素吸收利用及农田氮素平衡的影响 [J]. 中国土壤与肥料（6）：25 - 29.

Malhi S S，Nyborg M，Solberg E D，et al，2011. Improving crop yield and N uptake with long - term straw retention in two contrasting soil types [J]. Field Crop Research，124（3）：378 - 391.

Vita P D，Paolo E D，Fecondo G，et al，2007. No - tillage and conventional tillage effects on durum wheat yield，grain quality and soil moisture content in southern Italy [J]. Soil Till. Res.，92（1）：69 - 78.

第五章

长江中下游平原玉米栽培

第一节　种植制度和品种选用

一、种植制度和玉米生产布局

长江中下游平原是中国三大平原之一，包括湖北省、湖南省、江西省、安徽省、江苏省、浙江省、上海市共7省份。其位于湖北宜昌以东的长江中下游沿岸，系由两湖平原（湖北江汉平原、湖南洞庭湖平原总称）、鄱阳湖平原、苏皖沿江平原、里下河平原和长江三角洲平原组成。介于 $27°50'\sim34°N$，$111°5'\sim123°E$，面积约 20 万 km^2。中游平原包括湖北省江汉平原、湖南省洞庭湖平原、江西省鄱阳湖平原；下游平原包括安徽省长江沿岸平原和巢湖平原（皖中平原），以及江苏省、浙江省、上海市间的长江三角洲。

长江中下游平原为中国重要的农业基地，是重要粮、棉、油产区，区域内稻、麦、棉、麻、丝、油、水产等产量居中国前列，素有"鱼米之乡"之称。其属亚热带季风气候。该区域降水充沛，土壤类型多样，农作物种类众多，也适合玉米生产。

（一）自然条件概述

1. 气候　长江中下游平原气候属于亚热带季风气候，其特点是冬温夏热，四季分明，降水丰沛，季节分配比较均匀。其大部分属北亚热带，小部分属中亚热带北缘。年均温 $14\sim18\ ℃$，1月均温 $0\sim5.5\ ℃$，7月均温 $27\sim28\ ℃$，绝对最高温可达 38 ℃以上。年降水量 $1\ 000\sim1\ 500\ mm$，季节分配较均，但有伏旱。无霜期 $210\sim270\ d$，$\geqslant10\ ℃$ 活动积温达 $4\ 500\sim5\ 000\ ℃$。日照时数在 $1\ 500\sim2\ 000\ h$。作物可一年二熟，长江以南可发展双季水稻连作的三熟制。长江中下游平原是中国重要的粮、油、棉生产基地，亦为中国水资源最丰富地区。

2. 土壤　长江中下游平原土壤主要是黄棕壤或黄褐土，南缘为红壤，平原大部为水稻土。红壤生物富集作用十分旺盛，自然植被下的土壤有机质含量可达 $70\sim80\ g/kg$，但受土壤侵蚀、耕作方式影响较大。黄棕壤有机质含量也比较高，但经过耕垦明显下降。紫色土有机质含量普遍较低，通常林草地＞耕地。土壤有机质含量高，有利于形成良好结构，增强土壤颗粒的黏结力，提高蓄水保土能力。该地区的红壤、黄壤、黄棕壤与石灰土一般质地黏重，透水性差，地表径流量大，若植被消失、土壤结构被破坏，极易发生水土流失；而紫色土和粗骨土透水性虽好，但土层多浅薄，在失去植被保护和降雨强度较大的情况下，也易发生强烈侵蚀。

3. 植被　长江中下游平原植被多为人工植被，以水稻田为主，长江以北天然植被主要是常绿阔叶和落叶阔叶混交林，以南主要是常绿阔叶林，天然植被多已遭不同程度破坏。

4. 地形地貌　长江中下游平原地形的显著特点是地势低平，河渠纵横，湖泊星布，湖泊面积 2 万 km²，相当于平原面积的 10%。一般海拔 5～100 m，但海拔大多在 50 m 以下。中部和沿江、沿海地区为泛滥平原和滨海平原。汉江三角洲地势亦自西北向东南微倾，湖泊成群聚集于东南前缘。洞庭湖平原大部海拔在 50 m 以下，地势北高南低。鄱阳湖平原地势低平，大部海拔在 50 m 以下，水网稠密，地表覆盖为红土及河流冲积物。三角洲以北即为里下河平原。平原为周高中低的碟形洼地。洼地北缘为黄河故道，南缘为三角洲长江北岸部分，西缘是洪泽湖和运西大堤，东缘则是苏北滨海平原。

（二）种植制度

长江中下游平原基本上是一年两熟或一年三熟，作物种类组合或搭配得当，在一些地区甚至更多熟。一年两熟制是本地区的主要种植制度，玉米种植有春玉米、夏玉米、秋玉米。春播玉米主要分布在浙江省、江西省、湖南省、上海市以及湖北省、安徽省、江苏省部分地区；夏玉米主要分布在湖北省、安徽省、江苏省等地区；秋玉米主要分布在浙江省、江西省、湖南省、湖北省等地区。秋玉米常作为两熟制的第二季作物或三熟制的第三季作物，兼有水旱轮作或作物之间轮作的效果。

以江汉平原为例。本区域种植制度历来实行多熟制，从一年两熟到三熟制。其中玉米种植代表性的种植方式有：春玉米-晚粳稻、早春玉米-秋玉米、小麦（油菜）-夏玉米、玉米-蔬菜连作一年两熟制；玉米-棉花套种一年两熟制；玉米-蔬菜（连作或间作）、鲜食玉米连作一年三熟等模式。玉米按播种期可分为春播、夏播、秋播 3 种主要的生育类型。春玉米一般是 3 月中旬到 4 月上旬播种，7 月下旬至 8 月初收获；油菜或小麦套夏玉米一般在 5 月中旬至 6 月上旬播种，9 月中下旬收获；秋玉米一般在 7 月中下旬播种，10 月底至 11 月收获。

胡少华、刘先远等（2006）通过试验表明江汉平原可种植鲜食（甜、糯）玉米一年三熟玉米，并提出第一茬鲜食（甜）玉米 2 月上旬播种采用塑料大棚、营养钵育苗，3～4叶期移栽，大田保护地栽培在 5 月下旬至 6 月初收获鲜穗；第二茬在 5 月下旬早春玉米采收期前 5～7 d 套种在早春玉米行中于 7 月底 8 月初收获鲜穗；第三茬秋玉米在 7 月下旬至8 月上旬播种，10 月底至 11 月上旬可收获鲜穗。

（三）玉米生产布局

长江中下游平原适合种植玉米，玉米生产稳步发展。根据 2013—2015 年《中国农业年鉴》的数据，长江中下游平原各省份的玉米种植面积、单产和总产水平具体来看，近年来长江中下游平原玉米种植面积与产量稳步增长，特别是近 3 年来发展较快，详见表 5-1。本地区以种植普通玉米品种为主，也是中国重要甜玉米、糯玉米等鲜食特用玉米产地，同时有少量青贮玉米。长江中下游平原主要以种植春、夏玉米为主，秋玉米种植面积相对较少，主要分布在浙江省、江西省和湖南省、上海市等部分地区，近年来鲜食玉米种植面积呈快速增长，促进秋玉米生产。有一些省份秋玉米比重较大，而且鲜食玉米比重较大，诸如江西省、上海市等。长江中下游平原各省份玉米生产情况不尽相同，总体趋势为面积、单产、总产是北高南低、西高东低。由于长江中下游平原各省份生态条件、土壤环境、市场、种植习惯等存在差异，造成各地区玉米生产布局差异较大。

1. 湖北省 玉米现已成为湖北省继水稻、油菜之后的第三大农作物，2014 年玉米增产对湖北省全年粮食增产的贡献率为 27.6%，并继续呈现快速增长的势头。以种植春玉米为主，夏玉米和秋玉米也均有不同程度发展。湖北省地处中国中部，地理区位、自然气候、生产条件等兼具中国南北方玉米生产的优势。现已形成了三大优势区域：一是 112°E 以西的鄂西山地春玉米区，面积 32.7 万 hm² 左右，占全省玉米面积的 50% 以上，是湖北省的传统玉米主产区，面积相对稳定；二是 31°N 以北的鄂北岗地夏玉米区，面积 18.7 万 hm² 左右，占全省玉米面积的 30% 左右，是近几年发展较快的玉米产区；三是 112°E 以东、31°N 以南的江汉平原玉米区，面积 12.7 万 hm² 左右，占全省玉米面积的 20% 左右，本区域玉米生产以春玉米为主，夏玉米和秋玉米均有不同程度发展，随着种植结构调整，将是湖北省种植面积和规模潜力最大的产区，预计到 2020 年本区域玉米面积有望发展到 33.3 万 hm² 左右。

近年来湖北省鲜食玉米和青贮玉米作为特色产业发展较快，实现了鲜食玉米种植面积的快速推进。鲜食玉米以其风味独特、适口性好、营养丰富及保健功能独特而深受消费者青睐，又因其生产周期短、经济效益高等特点，种植面积逐年扩大。据袁建华等（2013）玉米产业体系不完全统计数据，湖北省 2014 年达 3.33 万 hm²，现已发展到了集中规模化种植，除主要作为鲜食供应外，还带动了甜糯玉米加工业的兴起和发展。

2. 江西省 江西省主要以春玉米为主，春玉米又以普通玉米为主，鲜食玉米为辅，旱地和水田均有种植；秋玉米在江西省也有一定面积，鲜食玉米比重较大。近年来，随着种植结构调整，种植观念改变、农村劳动力转移等原因，江西省玉米面积逐年扩大。由于玉米机械化程度高、种植效益稳定、适合规模化种植、茬口灵活等原因使得玉米得以快速发展。比如种植结构调整，棉花面积急剧下降，棉花逐渐被玉米所取代；又如种植户对水稻种植观念的改变，稻-稻模式变为玉-稻模式。玉米在本地区常作为两熟制的第二季作物或三熟制的第三季作物，兼有水旱轮作或作物之间轮作的效果。江西省玉米主要集中在赣北的九江地区，以及赣中南昌、宜春、吉安等地区，赣南地区主要以加工型和鲜食型甜玉米为主。

江西省秋玉米水稻茬口是其主要茬口，也有玉米、大豆、蔬菜等其他作物茬口。由于种植户对水稻种植观念的改变，由双季稻改为单季中稻种植，从而利用中稻后空闲稻田种植鲜食甜、糯秋玉米；另外，受季节性干旱等因素的影响，早稻茬也是种植鲜食甜、糯秋玉米的主要茬口。一年两季鲜食玉米种植也是城郊、旅游地区的鲜食玉米种植的主要方式，一般是春玉米收获后种植秋玉米。蔬菜茬口、西瓜茬口、甜瓜茬口种植鲜食秋玉米也广泛存在。

3. 湖南省　近年来，湖南省玉米产业发展迅速。从 2010 年开始取代红薯等作物成为湖南省第二大粮食作物，玉米面积逐渐扩大，2013—2015 年比较稳定（表 5-1）。湖南玉米主要以一季玉米为主，主要种植地区为湘北湖区和湘西山区，其他地区相对面积较少。

表 5-1　2013—2015 年长江中下游平原各省份的玉米种植面积、单产和总产

（饶月亮等整理，2016）

项目	年份	地　区						
		江西省	湖北省	上海市	安徽省	江苏省	浙江省	湖南省
面积 （×10³ hm²）	2013	28.1	593.3	3.8	822.5	418.9	62	342
	2014	29.5	573.5	3.6	845.1	426.4	63.4	344.2
	2015	29.9	642.4	4	852.4	436.1	66.5	345.7
	平均	29.2	603.1	3.8	840	427.1	64	344
单产 （kg/hm²）	2013	4 484	4 763	6 579	5 197	5 495	4 701	5 768
	2014	4 068	4 722	6 944	5 041	5 075	4 227	5 375
	2015	4 114	4 572	6 500	5 461	5 480	4 526	5 456
	平均	4 212	4 686	6 674	5 233	5 350	4 485	5 533
总产 （万 t）	2013	12.6	282.6	2.5	427.5	230.2	29.1	197.3
	2014	12	270.8	2.5	426	216.4	26.8	185
	2015	12.3	293.7	2.6	465.5	239	30.1	188.6
	平均	12.3	282.4	2.5	439.7	228.5	28.7	190.3

4. 浙江省　玉米是浙江省重要的旱粮作物，主要分布在杭州、金华、衢州、台州、丽水、绍兴和宁波等地。浙江省鲜食玉米面积较大，是鲜食玉米比重比较大的省份，主要分布在中大城市附近的县市地区，而山区以普通玉米为主。

5. 安徽省　安徽省分属黄淮海平原和长江中下游平原，其玉米种植区域主要集中在黄淮海平原。其玉米主产区主要分布在宿州、淮北、蚌埠、阜阳、亳州等沿淮淮北旱粮地区，占本地区种植面积 78％以上；江淮地区六安、滁州、合肥、淮南等市，约占本地区种植面积 18％；黄山、安庆、巢湖、宣城、池州、芜湖、铜陵、马鞍山等市为零星种植区，种植面积为本地区 4％左右。

6. 江苏省　江苏省地处长江下游平原，玉米在江苏省是仅次于水稻、小麦的第三大作物，2013—2015 年年平均种植玉米 43 万 hm² 左右，主要以饲料用普通玉米为主，20 世纪 90 年代起大力推广特用玉米如糯玉米、甜玉米等，目前已形成一定的生产规模，玉米是本地区多熟制中承上启下的重要作物。江苏省玉米生产划分为徐淮夏玉米区、沿海春玉米区、通扬高沙土春玉米区、丘陵及洲地夏玉米区，其中徐州、盐城和南通等 3 个主产市的面积和总产均占全省总面积和总产的 65％～70％。在南京、南通、镇江等地区鲜食玉米面积比重较大，也是中国糯玉米主产区。

7. 上海市　上海市地处长江下游平原，是中国南北海岸中心，农业经济占经济比重较小，上海常年玉米种植面积小，玉米种植面积占农作物播种面积比重很小，近年来玉米

播种面积稳定在 4 000 hm² 左右，以鲜食玉米和青贮玉米为主，主要是满足人们的食品需求和青饲料需求。上海市玉米生产区域性比较明显，主要集中于崇明县，其余各县（区）有少量种植。

二、玉米品种选用

（一）品种更新换代

1. 长江中游平原玉米品种更新换代　长江中游平原玉米产区主要是江汉平原，江汉平原栽种玉米历史较短，20 世纪 60 年代初才开始推广玉米杂交种。引进新单 1 号、白单 4 号、豫农 704 以及掖单、郑单、农大等系列品种，从零星种植至大面积推广逐步发展。目前有春、夏、秋播，以及全程机械化生产。江汉平原玉米种植面积 233.3 万 hm² 左右。江汉平原玉米发展开始主要以引进黄淮海和北方玉米品种为主，后经过逐步消化吸收并开展育种，品种更新换代相对较慢，目前以引育种为主。以下简要介绍江汉平原以及代表省份湖北省和江西省玉米品种的更新换代。

（1）江汉平原

① 1990 年以前玉米品种推广情况。20 世纪 60 年代初，江汉平原开始引进河南省选育的新单 1 号等北方玉米品种种植。集中产区不多，多与棉花、小麦间套种，单位种植密度较低且平均产量不高，只有 1 500～2 250 kg/hm²。

1970 年开始推广由湖北省农业科学院先后选育的鄂单 1 号、鄂单 2 号及引进的白单 4 号、豫农 704 等。在此期间，因为种植适宜山区条件的迟熟品种而引起高温结实性差，导致减产严重的事件多有发生。后经过多年的品种筛选和示范，该地区玉米平均产量得到大幅度提高。到 1979 年时，玉米种植面积达到了 6 万 hm²，种植方式以间、套作为主，面积比较分散，集中产区不多。

20 世纪 80 年代华中农业大学育成适于平原地区种植的华玉 2 号，增产效果显著，受到农民欢迎，从而很快代替了地方品种成为生产上的优势品种。

② 紧凑型春玉米杂交种的应用（1990—2000 年）。20 世纪 90 年代初从北方引进了紧凑型玉米品种掖单 4 号、掖单 13。由于株型紧凑，抗倒性强，促进了玉米种植密度的增加及间、套作玉米的发展，取得很好的增产效果。但是因为品质及对纹枯病和穗腐病的抗性较差，逐步退出市场；在本时期，湖北省也选育出适宜江汉平原种植的鄂玉 7 号等品种。

③ 适宜机械化春夏秋播玉米品种的推广（2001 年以后）。因为江汉平原高温、高湿的气候特点，在玉米生长期间，大风、暴雨时常发生；同时，由于农业产业结构调整、农村劳动力减少、畜牧养殖以及加工业对玉米需求的增加，要求该地区种植的玉米品种必须具备高抗倒伏、抗病、脱水快、品质好、适应机械化生产等特性。近年来，江汉平原玉米年种植面积在逐渐增加，目前已达到 13.5 万 hm²，机械化程度也在逐步提高。特别是夏玉米，虽然江汉平原发展夏玉米只有短短十几年时间，但现在发展势头很好，且机械化程度非常高，部分地区甚至已经实现了夏玉米生产全程机械化。江汉平原春播面积较大的玉米品种有宜单 629、蠡玉 16、中农大 451、登海 9 号、中科 10 号等；夏秋播的玉米品种有

郑单 958、浚单 509、伟科 702 等。

（2）湖北省　湖北省玉米品种更新换代经历了从种植群体品种（1960 年以前）到品种间杂交种（1960—1972 年），再到单交种（1972 年至今）的演变过程。该过程是一个高产、高抗、优质品种淘汰老品种的过程，充分反映了湖北地区科研实力和生产力在逐步提高。

群体品种以大子黄、小子黄等地方品种为主，也有少量引入的品种，如金皇后、白马牙等。还有一些地方品种与引入品种杂交后衍生的品种，代表性品种有宜昌洋苞谷、宜昌憨头苞谷等。

品种间杂交种以大子黄×金皇后、二子黄（大子黄）×白马牙为主要模式，包括恩杂 209 和恩杂 217，还有少量罗马尼亚双交种罗双 311、罗双 405，但因为增产效果不明显以及大斑病暴发而退出生产。

1972 年以后开始推广单交种，代表品种有适宜山区种植的恩单 2 号、郧单 1 号，适宜平原地区种植的豫农 704、华玉 2 号，增产效果显著，受到农民欢迎，从而很快代替了地方品种成为生产上的优势品种。20 世纪 90 年代初全国玉米品种进入升级换代阶段，湖北省引进了紧凑型玉米品种掖单 4 号、掖单 13，促进了平原、丘陵、岗地玉米更新换代；1997 年以后湖北省各农业科研单位攻关成果逐步取得突破，先后育成了华玉 4 号、鄂玉 10 号，这两个品种一般比当地原推广品种增产 10% 以上；2000 年后，又相继育成鄂玉 16、鄂玉 23、宜单 629 等新品种，因其高产、抗病、抗倒伏等优点得到大面积推广利用，迅速代替了恩单 2 号和郧单 1 号，促进了本地品种的更新换代。同期，种子法颁布后，北方品种大举进入湖北，但经过鉴定、筛选后仅 3 个品种——农大 108、掖单 13、登海 9 号，能够大面积推广，其他品种均存在潜力不大、抗病性不好、适应性差等问题，逐步淡出了湖北市场。

（3）江西省　玉米在江西省俗称苞谷，于 1550 年前后从沿海地区传入江西省，距今有着 400 多年的种植历史。玉米在江西省内分布极为广泛，南至赣州的全南县，北至九江的彭泽和武宁县，西至萍乡市，东至上饶的广丰和玉山县；赣西北、赣东北、赣中南的中低山区至赣抚中游的低岗区和鄱阳瑚冲积平原区，均有玉米栽培。江西省玉米品种更新换代大致经历了地方自留品种（1980 年以前）到品种间杂交种（1980—1990 年），再到单交种（1990—2010 年），现至玉米现代农业生产（2010 年至今）的演变，第一阶段主要是引进高产品种逐步淘汰地方品种，第二阶段是兼顾高产与高抗品种取代高产品种阶段，第三阶段优质、高产、高抗及适应机械化生产品种推广，这使江西省玉米生产逐步跟上周边地区生产能力。

地方自留品种也称地方品种，以修水黄包苞、武宁黄玉米、赣南血苞等代表性地方品种为主，由于江西省主要以水稻生产为主，在 20 世纪 80 年代前，玉米引进的品种较少，还未开展相关研究工作。

20 世纪 80 年代开始引进玉米品种间杂交种，逐步更新为双交种，以及后来的三交种，代表三交品种是郑三 3 号。江西省玉米品种科研主要停留在引进筛选阶段。

20 世纪 90 年代江西省大力发展畜牧业，开始重视玉米生产，玉米生产达到顶峰，全国玉米品种也进入升级换代阶段，江西省玉米品种引进并更新为紧凑型早熟玉米品种掖单

20、中熟品种掖单 13 和农大 108、晚熟品种农大 3138 等品种。90 年代末玉米生产回落较快，而后十余年玉米生产处于一个徘徊期，品种的更新换代几乎停滞。

随着种植结构调整、农村劳动力转移、耕地流转、农业生产方式等的改变，进入 2010 年后，种业公司大力推广优良品种、种植大户使用机械化，玉米生产开始规模化生产，一些优良品种得到推广，代表品种有郑单 958、先玉 335、苏玉 29、鲁单 50 等。

2. 长江下游平原玉米品种更新换代　以江苏省为例。

江苏省在新中国成立前后种植的玉米主要是地方品种，因南京中央大学和金陵大学等单位开展玉米的自交系选育和品种间杂交种科研工作，并取得显著进展，在 20 世纪 50 年代后期，开始推广品种间杂交种，生产上应用代表品种有淮杂 1 号、徐杂 1 号、混选 1 号等。至 70 年代开始高产、适应性好、早熟的双交种和综合种的开展推广，代表品种有双跃 3 号、双跃 150 等，此时期杂种优势更强的单交种也开始应用，并逐渐取代混合种、品种间杂交种和双交种。80 年代中期，单交种开始大面积推广应用，主要有苏玉 1 号、掖单系列。90 年代初全国玉米品种进入升级换代阶段，紧凑型品种为主流，江苏玉米品种也进入一个更新换代时期，至 90 年代后期，生产上 90% 以上为紧凑型品种，代表品种有苏玉 9 号、掖单 12、丹玉 13、西玉 3 号等，其主栽品种为苏玉系统和掖单系统，均属中早熟类型；此时期江苏在特种玉米育种上取得突破，育成苏玉糯 1 号、苏玉糯 2 号、苏玉糯 3 号、江南花糯、苏甜 8 号和蜜玉 4 号等一批品种，并在生产上推广应用，使得特种玉米在南通、南京、盐城等地区形成一定规模。2000 年后，高产、抗病、抗倒伏、适应机械化等优质品种得到大面积推广应用，迅速代替了掖单 20、苏玉 9 号等品种，促进了本地区玉米品种的更新换代；此时期，种子市场开放，经推广应用，筛选出一批适合本地种植的品种，主要有农大 108、掖单 13 等品种，后来又筛选出高产、抗病、广适品种苏玉 29、适应机械化生产的苏玉 30 和郑单 958 等品种，目前均为江苏地区主栽品种。

（二）优良新品种简介

1. 糯玉米

（1）京科糯 2000（外文名：Jkn 2000）

选育单位：北京市农林科学院玉米研究中心。

品种来源：京科糯 2000 是以京糯 6 为母本、BN2 为父本选育而成的糯玉米品种，2005 年通过韩国审定，2006 年通过国家农作物品种审定委员会审定，2010 年分别通过北京市农作物品种审定委员会和福建省农作物品种审定委员会审定，2008 年通过吉林省农作物品种审定委员会审定，2009 年通过上海市农作物品种审定委员会审定。

特征特性：熟期属中熟品种。在北京地区出苗至采收期 85 d 左右。成株叶片数 19 片。株型半紧凑，幼苗叶鞘紫色，叶片深绿色，叶缘绿色。株高 242 cm，穗位高 108 cm，花药绿色，颖壳粉红色，花柱粉红色。果穗长锥形，穗长 20 cm，穗行数 12～16 行，行粒数 34 粒，百粒重（鲜籽粒）36.1 g；籽粒白色，穗轴白色，穗轴细，粒深 1.1 cm，出籽率 62%，平均鲜穗重 350 g 左右。经西南鲜食糯玉米区域试验组织专家品尝鉴定，达到部颁鲜食糯玉米二级标准；经扬州大学检测，支链淀粉占总淀粉的 98.52%，皮渣率 8.31%。中抗大斑病和纹枯病，感小斑病、丝黑穗病和玉米螟，高感茎腐病。

产量表现：2004—2005 年两年产量均居全国西南区试第一位，所有试点均增产，两年平均每 667 m² 产 879.5 kg，比对照渝糯 7 号平均增产 32.1%。

适宜种植地区：中国大部分地区以及韩国均可种植。

（2）美玉 8 号

选育单位：海南绿川种苗有限公司。

品种来源：母本 M 是苏玉（糯）1 号经 8 代自交选育出的白色糯玉米自交系。父本 980NCT 是以衡白 522 糯玉米自交系为父本，广西桂林农家白糯玉米（热带种质）为母本，杂交构建的选系素材自交到第七代时出现双隐性糯质甜玉米基因突变，选取甜粒自交育成的白色糯超甜玉米自交系（有 50% 热带种质），属于甜糯类型的糯玉米。分别于 2005 年、2006 年、2009 年通过浙江省与上海市、北京市、安徽省等省份的农作物品种审定委员会审定。

特征特性（以浙江省为例）：熟期属中熟类型。春播出苗至采收 92.0 d，比对照苏玉糯 1 号长 0.7 d，秋播 72～82 d，与苏玉糯 1 号相当。总叶片数 18 片。株型半紧凑，叶鞘紫色。株高 204.8 cm，穗位高 87.6 cm。雄穗发达，花药黄色，雌穗花柱红色。果穗圆筒形，穗长 20.9 cm，穗粗 4.8 cm，穗行数 14.3 行，行粒数 36.0 粒，鲜籽千粒重 308.6 g，单穗重 272.8 g。籽粒白色，排列整齐，直链淀粉含量 3.1%，皮较薄，风味佳，果穗籽粒中 3/4 糯质型、1/4 甜质型。中抗大斑病、小斑病，感茎腐病，高感玉米螟。

产量表现：2004—2005 年浙江省糯玉米区试平均鲜穗每 667 m² 产 804.2 kg，比对照苏玉糯 1 号增产 15.0%，2005 年浙江省糯玉米生产试验平均鲜穗每 667 m² 产 815.9 kg，比对照苏玉糯 1 号增产 23.6%。

适宜种植地区：华北、华东、华南等地区鲜食玉米主产区。

（3）浙凤糯 5 号（原名：甜糯 2005-1）

选育单位：浙江省农业科学院作物与核技术利用研究所、浙江勿忘农种业股份有限公司。

品种来源：以 03SN-70 为母本、ZCN-203 为父本合作选育而成的中早熟、优质、高产鲜食和加工兼用型甜糯玉米品种。2008 年通过浙江省农作物品种审定委员会审定。

特征特性（以浙江省为例）：熟期属中早熟类型。春播生育期（出苗至采收）83.7 d，比对照苏玉糯 1 号短 3.5 d，秋播 76 d 左右。株型半紧凑，叶鞘紫红色，植株下部叶片稍披，中上部叶片上举。株高 202.4 cm，穗位高 69.6 cm。雄穗茎节外露，雄穗上窜。穗长 17.3 cm，穗粗 5.0 cm，秃尖长 0.9 cm，穗行数 14.9 行，行粒数 31.5 粒，鲜籽千粒重 294 g，出籽率 69.8%，单穗鲜重 209.4 g，双穗率高达 13.5%。籽粒白色，排列整齐。果穗锥形。经农业部稻米及制品质量监督检验测试中心检测，直链淀粉含量 3.0%。浙江省区试感官品质、蒸煮品质综合评分 84.8 分，比对照苏玉糯 1 号高 1.3 分，果穗具有糯质和甜质籽粒，其分离比例为 3∶1，鲜果穗蒸煮口感甜糯风味突出，糯性较好，皮薄。经东阳玉米研究所抗病虫性接种鉴定，中抗大斑病、小斑病，高感茎腐病、玉米螟。

产量表现：2006—2007 年两年平均鲜穗每 667 m² 产 810.0 kg，比对照增产 16.5%。2008 年浙江省生产试验鲜穗平均每 667 m² 产 775.5 kg，比对照苏玉糯 2 号增产 3.5%。

适宜种植地区：适宜浙江省及其周边地区种植。

（4）渝糯7号

选育单位：重庆市农业科学院玉米研究所。

品种来源：以S147为母本、S181为父本杂交育成的高产、优质、多抗糯玉米新品种。2000年通过重庆市农作物品种审定委员会审定，2003年通过国家农作物品种审定委员会审定，是全国玉米三大区（西南、东南、黄淮海）审定的糯玉米品种。

特征特性（以东南区为例）：熟期属中熟类型。春播生育期94 d左右，比苏玉糯1号晚3 d，需有效积温2 200 ℃。植株总叶片数19片。株型半紧凑，叶鞘紫色，叶色深绿，叶缘绿色。株高232 cm，穗位高105 cm。雄穗主轴明显，侧枝发达，花药浅紫色，颖壳浅紫色，花柱红色，雌雄协调。果穗长锥形，长18～20 cm，穗行14～16行，行粒34.4粒，穗轴白色，籽粒白色，粒型为硬粒，百粒重30 g。经农业部谷物品质监督检验测试中心（哈尔滨）测定，粗蛋白含量9.63%，粗脂肪含量5.52%，赖氨酸含量0.3%，粗淀粉含量70.64%，全部为支链淀粉，达到糯玉米标准（NY/T 524—2002）。经四川省农业科学院植物保护研究所接种鉴定，中抗大斑病，感小斑病，感黑粉病，中抗茎腐病，高感矮花叶病，中抗纹枯病，感玉米螟。

产量表现：2001—2002年参加东南鲜食糯玉米品种区域试验，2001年平均鲜果穗每667 m² 产858.2 kg，比苏玉糯1号增产16.1%；2002年平均鲜果穗每667 m² 产799.1 kg，比苏玉糯1号增产19.8%。

适宜种植地区：适宜在浙江、上海、广西、安徽南部种植。矮花叶病重发地块慎用。还适宜在重庆、四川、云南、贵州、广西、湖北的平坝或浅丘地区和河北、河南、山东、江苏北部、安徽北部、陕西夏玉米区作鲜食糯玉米种植。

（5）彩甜糯6号

选育单位：湖北省荆州市恒丰种业发展中心。

品种来源：以T37为母本、818为父本配组育成的杂交糯玉米品种。2011年通过湖北省农作物品种审定委员会审定。

特征特性（以湖北省为例）：熟期属中熟类型。全生育期85 d。成株叶片数19片左右。株型半紧凑，幼苗叶缘绿色，叶尖紫色。株高221 cm，穗位高95 cm。雄穗分枝数13个左右；穗长19.9 cm，穗粗4.9 cm，秃尖长2.2 cm，穗行数13.6行，行粒数34.4粒，百粒重37.6 g，果穗锥形，苞叶适中，秃尖略长，穗轴白色，籽粒紫白相间。经农业部食品质量监督检验测试中心（武汉）测定，支链淀粉占总淀粉含量的97.8%，鲜果穗外观品质和蒸煮品质优，属于甜糯类型。区试田间抗性表现中抗大斑病、小斑病，高抗茎腐病，中抗玉米螟，中抗纹枯病。

产量表现：2009—2010年参加湖北省鲜食糯玉米品种区域试验，两年区域试验商品穗平均每公顷产11 563.95 kg，比对照渝糯7号增产0.17%。其中2009年商品穗每公顷产11 876.85 kg，比对照渝糯7号减产0.16%。2010年商品穗每公顷产11 250.90 kg，比对照渝糯7号增产0.51%。在南方大部分省份种植产量表现较好、品质突出，为甜糯类型糯玉米。

适宜种植地区：南方地区鲜食玉米主产区。

（6）苏玉糯8号

选育单位：江苏沿江地区农业科学研究所。

品种来源：以母本为通354（来源为克W112×通系5）、父本为通137（来源为衡白522×沪糯1号）组配育成的白色糯玉米杂交种，并2004年通过江苏省农作物品种审定委员会审定，2010年通过国家农作物品种审定委员会审定。

特征特性（以东南区为例）：熟期属中熟类型。生育期82 d。成株叶片数18片。株型半紧凑，幼苗叶鞘紫色，叶片绿色，叶缘绿色。株高200 cm，穗位高76 cm。花药紫色，颖壳紫色，花柱粉红色。穗长17.8 cm，穗行数15行，穗轴白色，籽粒白色，百粒重28.5 g，果穗筒形。经东南鲜食糯玉米品种区域试验组织的专家品尝鉴定，达到部颁鲜食糯玉米二级标准；经扬州大学检测，支链淀粉占总淀粉的97.96%，达到部颁糯玉米标准（NY/T 524—2002）。经中国农业科学院接种鉴定，中抗大斑病，中抗小斑病，中抗矮花叶病。

产量表现：2002—2003年参加东南鲜食糯玉米品种区域试验，两年鲜果穗平均每667 m² 产730.1 kg，比对照苏玉糯1号增产6.9%。

适宜种植地区：适宜在广东、福建、浙江、江西、上海、江苏、广西作鲜食深加工兼用型糯玉米种植。

2. 甜玉米

（1）先甜5号（英文名：Sugar75，国外代号：SK0005）

选育单位：先正达种子泰国公司。

品种来源：母本为TWS7906，父本为TWM-32。分别于2003年、2006年通过广西壮族自治区、广东省农作物品种审定委员会审定。而后通过江西省、江苏省、湖南省、云南省等长江流域及以南和西南各省份农作物品种审定委员会审定。

特征特性（以广东省为例）：先甜5号属于甜玉米单交种，熟期类型为中熟品种。全生育期78～79 d，比穗甜1号迟4～6 d。成株叶片数15～17片。株型半紧凑。株高217～248 cm，穗位高57～76 cm。果穗长18.7～20.2 cm，穗粗4.7～5.4 cm，秃顶长1.2～2.2 cm，单苞鲜重296～438 g。粒形为硬粒型，粒色为黄色，千粒重339～415 g。品质为优质，可溶性糖含量达到17.74%～19.09%，皮薄，果穗粗大，穗型美观，籽粒饱满，甜度较高，果皮较薄，适口性较好。抗大斑病，中抗小斑病和纹枯病。

产量水平：以广东省区试为例，每667 m² 产鲜苞2011—2012年平均1 046.8 kg，比对照种穗甜1号分别增产18.07%和53.84%，增产均达极显著水平。生产试验每667 m² 产鲜苞1 301.5 kg。

适宜种植地区：长江流域以南地区种植。

（2）华珍

选育单位：农友种苗股份有限公司。

品种来源：母本为ky188，父本为ky99。分别于2004年、2007年通过浙江省、广西壮族自治区农作物品种审定委员会审定。而后通过广东省、福建省等长江流域以南部分省份和西南地区部分省份农作物品种审定委员会审定。

特征特性（以浙江省为例）：中晚熟类型。生育期92.3 d。株高228.7 cm，穗位高

89.7 cm。果穗长筒形，秃尖少，穗长 19.4 cm，穗粗 5.2 cm，穗行数 12.6 行，行粒数 40.2 粒，鲜籽千粒重 345.1 g。籽粒浅黄色，排列整齐。种皮薄，食用品质好。可溶性总糖含量（干基）40.7%。高抗大斑病、小斑病和茎腐病，高感玉米螟。

产量表现：浙江省区试平均鲜穗每 667 m² 产 713.0 kg，比对照超甜 3 号增产 17.3%。生产试验，平均鲜穗每 667 m² 产 814.9 kg，比对照超甜 3 号增产 27.4%。

适宜种植地区：南方地区以及西南部分积温高的地区。

（3）粤甜 16 号

选育单位：广东省农业科学院作物研究所。

品种来源：以自育的自交系华珍-3 为母本、C5 为父本组配成的黄粒超甜玉米杂交种，并 2008 年通过广东省农作物品种审定委员会审定，2010 年通过国家农作物品种审定委员会审定。

特征特性（以东南区为例）：熟期属中熟类型。生育期 84 d。成株叶片数 18～20 片。株型半紧凑、幼苗叶鞘绿色、叶片与叶缘绿色。株高 210.09～229.00 cm，穗位高 92.1～99.9 cm。花药黄绿色、颖壳绿色、花柱浅绿色。穗长 18.1～18.3 cm、秃尖 0.2～1.1 cm。粒型为硬粒型甜质、籽粒黄色、百粒重（鲜籽粒）34.2～35.1 g，出籽率 71.2%～71.6%。果穗外形美观，籽粒排列整齐、致密，光泽度好，口感爽脆、甜度高、皮薄无渣。经检测水溶糖含量平均为 18.45%，品质评分为 87.6 分，达到农业部甜玉米二级标准。抗性接种鉴定，表现为中抗纹枯病和小斑病，田间表现为抗纹枯病、大斑病、小斑病和茎腐病。

产量表现：西南区两年平均每 667 m² 产鲜穗 931.95 kg，比对照绿色超人增产 7.25%；东南区两年平均每 667 m² 鲜穗产量为 912.69 kg，比对照粤甜 3 号增产 6.55%。广东省甜玉米生产试验，平均每 667 m² 鲜穗产量为 1 137.0 kg，比对照粤甜 3 号增产 13.34%。

适宜种植地区：东南和西南地区鲜食玉米主产区。

（4）正甜 68

选育单位：广东省农科集团良种苗木中心、广东省农业科学院作物研究所。

品种来源：正甜 68 是以自选自交系自选粤科 06-3 为母本、UST 为父本杂交育成的超甜玉米单交种。2009 年通过广东省农作物品种审定委员会审定。

特征特性：熟期属中晚熟类型。秋植生育期 74～80 d，比对照粤甜 3 号迟 3～4 d。株型半紧凑。株高 213～215 cm，穗位高 72～76 cm。穗长 20.5 cm 左右，穗粗 5.1～5.4 cm，秃顶长 1.6～1.8 cm，单苞鲜重 339～376 g，单穗净重 271～294 g，千粒重 355～385 g，出籽率 71.96%～73.47%，一级果穗率 88%。果穗长粗，籽粒黄色，甜度高，果皮较薄，适口性较好，品质较优。可溶性糖含量 24.4%～29.2%，果皮厚度测定值 74.5～74.8 μm，适口性评分分别为 88.5 分和 86.8 分。抗病性接种鉴定抗纹枯病，中抗小斑病；田间表现高抗纹枯病、茎腐病和大斑病、小斑病。

产量表现：2007—2008 两年秋季参加广东省区试，6 个试点均比对照增产，平均每 667 m² 产鲜苞分别为 1 085.31 kg 和 1 073.78 kg，分别比对照粤甜 3 号增产 16.18% 和 14.66%，增产均达极显著水平。2008 年秋季参加广东省生产试验，平均每 667 m² 产鲜苞 1 077.1 kg，比对照粤甜 3 号增产 13.78%。

适宜种植地区：适宜广东省各地及其周边省份春、秋季种植。

（5）金中玉

选育人：王玉宝。

品种来源：金中玉是用YT0213作母本、YT0235作父本配组育成的杂交甜玉米新品种。分别于2008年、2012年通过湖北省农作物品种审定委员会、广东省农作物品种审定委员会审定。

特征特性（以广东省为例）：熟期属中熟类型。秋播生育期72～75 d，与对照新美夏珍相当，比对照粤甜16长3 d。株型略紧凑，茎基部叶鞘绿色。株高187～188 cm，穗位高54～55 cm。雄穗绿色，花药黄色，花柱白色。穗长19.2～20.2 cm，穗粗5.1～5.2 cm，秃顶长1.6～1.9 cm，单苞鲜重334～372 g，单穗净重267～292 g，千粒重382～412 g，出籽率65.62%～66.37%，一级果穗率82%～86%（湖北种植植株高210 cm，穗高90 cm，穗长18～21 cm，穗粗5.1 cm，每穗14行，每行37粒，千粒重329 g）。果穗筒形，籽粒黄色，果皮较薄，适口性较好，品质与对照相当。可溶性糖含量21.64%～24.38%，果皮厚度测定值72.71～81.5 μm，适口性评分分别为86.52分和86.0分。抗病性接种鉴定中抗纹枯病和小斑病；田间表现抗纹枯病、茎腐病和大斑病、小斑病。

产量表现：2006—2007年参加湖北省甜玉米品种区域试验，两年试验商品穗平均公顷产量9 040.5 kg，比鄂甜玉3号增产7.72%。

适宜种植地区：湖北省、广东省各地及其周边省份春、秋季种植。

3. 普通玉米

（1）郑单958

选育单位：河南省农业科学院粮食作物研究所。

品种来源：以郑58作母本、昌7-2作父本配组育成的杂交普通玉米新品种。于2000年先后通过河北省、山东省和国家农作物品种审定委员会审定，于2012年通过浙江省农作物品种审定委员会审定。

特征特性（以浙江省为例）：熟期属中熟类型。生育期102.5 d，比对照农大108早3.2 d。株型紧凑，耐密性好，幼苗叶鞘紫色，叶色淡绿，叶片上冲，穗上叶叶尖下披。株高208.7 cm，穗位高78.6 cm。穗长16.5 cm，穗粗4.8 cm，秃尖长1.3 cm，穗行数14.8行，行粒数34.2粒，单穗重139.3 g，千粒重268.3 g，出籽率86.6%。籽粒黄色、半马齿型，穗轴白色，果穗筒形。品质优良。该品种籽粒含粗蛋白8.47%、粗淀粉73.42%、粗脂肪3.92%、赖氨酸0.37%；为优质饲料原料。感玉米螟，抗小斑病、茎腐病，高抗大斑病。

产量表现：2010—2011年浙江省区试平均每667 m² 产450.4 kg，比对照农大108增产16.2%。2011年生产试验平均每667 m² 产470.9 kg，比对照增产4.3%。

适宜种植地区：适宜在南方大部分省份种植。

（2）苏玉29

选育单位：江苏省农业科学院粮食作物研究所。

品种来源：以苏95-1作母本、JS0451作父本选育的普通玉米单交种，于2013年、2010年先后通过江苏省、国家农作物品种审定委员会审定。

特征特性（以东南区试为例）：熟期属中熟类型。生育期 102 d，与农大 108 相近。株型紧凑，耐密一般。幼苗叶鞘紫色，叶片绿色，叶缘红色，叶片上冲，成株叶片数 20 片。株高 230 cm，穗位高 95 cm。花药红色，颖壳红色，花柱红色。穗长 18 cm，穗粗 4.9 cm，穗行数 14～16 行，行粒数 35 粒，千粒重 287 g，出籽率 84.7%。籽粒黄色、半马齿型，穗轴白色，果穗长筒形。品质优良，籽粒含粗蛋白 9.58%、粗淀粉 69.62%、粗脂肪 3.17%、赖氨酸 0.31%，籽粒容重 724 g/L，为优质饲料玉米。区试平均倒伏率 5.5%。中抗茎腐病，感大斑病、小斑病和纹枯病，高感矮花叶病和玉米螟。

产量表现：2008—2009 年东南区试玉米平均每 667 m² 产 461.5 kg，比对照农大 108 增产 11.5%。2009 年生产试验平均每 667 m² 产 482.7 kg，比对照农大 108 增产 4.7%。

适宜种植地区：适宜在江苏中南部、安徽南部、江西、福建等地春播种植。

（3）宜单 629

选育单位：宜昌市农业科学研究院。

品种来源：以 S112 作母本、N75 作父本配组育成的杂交玉米品种。2008 年通过湖北省农作物品种审定委员会审定，审定编号为鄂审玉 2008004。

特征特性（以湖北省试为例）：该品种属中熟品种，平均生育期 108.6 d。株叶片数 19～20 叶。出苗快，苗势强。幼苗叶鞘紫色。株型半紧凑，中部叶片较宽大。株高 246.2 cm，穗位高 100.4 cm。雄穗一级分枝数 18 个左右，花药紫色。雌穗花柱红色。果穗长锥形，穗轴白色，穗长 18.2 cm，穗粗 4.7 cm，每穗 14.4 行，每行 35.3 粒。结实性极好，结实满尖、无秃顶，籽粒半硬粒型，黄色，百粒重 33.3 g，干穗出籽率 85.5%。经农业部谷物及制品质量监督检验测试中心测定，宜单 629 米质达到了国标一级水平：籽粒容重 761 g/L，粗淀粉（干基）含量 70.26%，粗蛋白（干基）含量 10.49%，粗脂肪（干基）含量 3.42%，赖氨酸（干基）含量 0.30%。该品种抗倒、抗病表现优异，经鉴定其倒伏率和折断率总和仅为 0～2.4%；田间大斑病 0.8 级，小斑病 1.3 级，青枯病病株率 2.6%，锈病 0.8 级，穗粒腐病 0.3 级，丝黑穗病发病株率 0.5%，纹枯病病情指数 14.6，无其他玉米病害。

产量表现：2006—2007 年两年区域试验中平均每 667 m² 产 607.67 kg，比对照华玉 4 号增产 9.58%。其中，2006 年每 667 m² 产 620.29 kg，比对照华玉 4 号增产 6.67%；2007 年每 667 m² 产 595.05 kg，比对照华玉 4 号增产 12.80%，两年均增产极显著。

适宜种植地区：适宜湖北省低山、丘陵、平原地区作春玉米种植。生产上每 667 m² 适宜种植密度 3 500～4 000 株。

（4）蠡玉 16

选育单位：石家庄蠡玉科技开发有限公司。

品种来源：以 953 作母本、91158 作父本配组育成的杂交玉米品种。2008 年通过湖北省农作物品种审定委员会审定，审定编号为鄂审玉 2008006。

特征特性（以湖北省试为例）：该品种属中熟品种，生育期 109.0 d。成株叶片数 20 片左右。出苗快而齐，苗势强，生长势强，幼苗叶鞘紫红色。株型半紧凑，成株叶片较宽大，叶色浓绿，穗上部叶片上冲，茎秆坚韧，根系较发达。株高 256.8 cm，穗位高 111.3 cm。雄穗花药黄色，颖片紫绿色。花柱绿色。果穗筒形，穗轴白色，长 17.6 cm，粗 5.2 cm，秃尖长 1.0 cm，每穗 17.3 行，每行 34.1 粒。籽粒黄色，中间型，百粒重 30.51 g，干穗出籽率 86.1%。经农业部谷物及制品质量监督检验测试中心测定其米质达到国标一级标准，籽粒容重 763 g/L，粗淀粉（干基）含量 71.18%，粗蛋白（干基）含量 10.12%，粗脂肪（干基）含量 3.85%，赖氨酸（干基）含量 0.31%。经田间接种鉴定，该品种抗病能力强，大斑病 0.6 级，小斑病 0.6 级，青枯病病株率 3.7%，锈病 0.3 级，穗粒腐病 0.5 级，纹枯病病情指数 15.5。抗倒性优于华玉 4 号。

产量表现：2006—2007 年参加湖北省玉米低山平原组品种区域试验，平均每 667 m² 产 615.06 kg，比照华玉 4 号增产 12.38%。其中，2006 年每 667 m² 产 654.97 kg，比对照华玉 4 号增产 15.50%；2007 年每 667 m² 产 575.15 kg，比对照华玉 4 号增产 9.03%，两年均增产极显著。

适宜种植地区：适宜湖北省低山、丘陵、平原地区作春玉米种植，生产上每 667 m² 适宜种植密度 3 000～3 500 株。

（5）登海 9 号

选育单位：山东省莱州市农业科学研究院。

品种来源：以 DH65232 作母本、8723 作父本配组育成的杂交玉米品种。2006 年通过湖北省农作物品种审定委员会审定，审定编号为鄂审玉 2006001。

特征特性（以湖北省试为例）：该品种属中熟品种，生育期 105.4 d。成株叶片数 19～20 片。株型半紧凑，根系较发达，茎秆坚韧，抗倒性较强。株高 247.2 cm，穗位高 95.2 cm。果穗长筒形，穗轴红色，长 18.8 cm，穗行 15.4 行，每行 34.4 粒。该品种秃尖较长，部分果穗基部有缺粒现象，籽粒黄色，中间型，籽粒牙口较深。百粒重 32.49 g，干穗出籽率 86.3%。品质经农业部谷物品质监督检验测试中心测定其米质为国标二级，粗淀粉（干基）含量 74.38%，粗蛋白（干基）含量 8.18%，粗脂肪（干基）含量 4.67%，赖氨酸（干基）含量 0.29%。经田间鉴定其抗倒、抗病性较好，倒折（伏）率 18.1%；大斑病 1.7 级，小斑病 2.35 级，青枯病病株率 6.8%，纹枯病病情指数 29.4。

产量表现：2004—2005 年两年区域试验中登海 9 号平均每 667 m² 产 576.41 kg，比对照华玉 4 号增产 1.82%。其中，2004 年每 667 m² 产 561.09 kg，比对照华玉 4 号增产 7.64%，极显著；2005 年每 667 m² 产 591.72 kg，比对照华玉 4 号减产 3.15%，不显著。

适宜种植地区：适宜湖北省低山、平原、丘陵地区作春玉米种植，生产上每 667 m² 适宜种植密度 3 500 株左右。

第二节　长江中游平原玉米栽培技术

一、茬口衔接

（一）茬口衔接与熟制类型

长江中游平原得天独厚的地理位置和生态条件使其成为华中地区乃至全国的粮仓。古谚云"湖广熟，天下足"，足见长江中游平原在粮食生产上的重要地位。当地有多种多样的种植方式，如春玉米-晚稻连作、玉米-甘薯套作、玉米-大豆套（间）作、玉米-马铃薯套（间）作、玉米-棉花套作、玉米-蔬菜间（连）作等，高效地利用空间、养分、水分、日照以获得更高的产量和经济效益。

1. 春玉米-晚粳连作一年两熟　该模式春玉米宜选择半紧凑型中早熟普通玉米品种或鲜食玉米品种。如郑单 958、美中玉、金中玉、京科甜 183，彩甜糯 6 号、京科糯 2000 等。春玉米采用厢作，厢宽 1 m，沟宽 20 cm，采用宽窄行方式播 2 行，株行距 40 cm× 80 cm；在 3 月中旬覆膜播种或 3 月底 4 月初进行芽播，全生育期 100～120 d，活动积温 2 470 ℃左右，7 月 30 日以前收获春玉米。春玉米收获后及时泡田破坏原厢沟模式，旋田整地。晚稻采用传统水育秧、人工移栽模式，于 6 月 25 日前播种，7 月底至 8 月初插秧，一般在 9 月 15 日前能齐穗，10 月下旬收割，能稳产、高产。湖北省安陆、武穴，湖南省长沙、醴陵等地是该模式的典型代表区域。

2. 冬小麦-夏玉米连作一年两熟　江汉平原地区一般在 5 月底至 6 月初播种夏玉米，6 月 5 日前最佳，最迟不超过 6 月 10 日，条件允许时夏玉米宜抢时早播，每早播一天可增产 1%。播种密度以 67 500～82 500 株/hm² 为宜。夏玉米在 9 月下旬至 10 月上旬收获，从出苗到成熟生育期 100 d 左右。10 月下旬及时抢播冬小麦。采用该模式的主要地区有湖北省襄州区、枣阳市、老河口市、樊城区、宜城市、南漳县、谷城县、保康县、丹江口市、郧县、郧西县、随县、钟祥市以及当阳市等。

3. 冬油菜-夏玉米连作一年两熟　冬油菜-夏玉米栽培模式与冬小麦-夏玉米模式相似。油菜在 5 月初收获，比小麦早 10 d 左右，下茬夏玉米与麦茬夏玉米相比，播种时间更宽裕，生育期更长，产量更高。

4. 鲜食玉米一年三熟　荆州职业技术学院探索了一年三熟鲜食玉米栽培技术。该模式的栽培要点在于通盘考虑，依茬次选择品种，适时播种，合理安排好茬口。早春种植的第一茬鲜食玉米选用早熟类型的甜、糯玉米品种，争取提早上市。第二茬夏玉米和第三茬秋玉米可根据市场需求，选用耐高温、品质优、适口性好的甜、糯玉米中熟或中迟熟品种。第一茬春玉米采用双膜覆盖早熟栽培技术可提前到 2 月上旬播种，采用塑料大棚营养钵育苗，3～4 叶期移栽。移栽前用 70 cm 宽的微膜覆盖厢面，移栽后及时用 2 m 长的竹弓和 2 m 宽的地膜搭成小拱棚对玉米进行防寒保暖。第一茬春甜玉米一般在 5 月底至 6 月初即可上市。第二茬夏玉米在 5 月下旬播种，前茬收获前 5～7 d 套种在行间，或提前 7～10 d 用营养钵育苗，待苗长至 3～4 片叶时移栽，第二茬夏玉米到 8 月上旬可上市。第三茬秋玉米在 8 月上旬播种，至 10 月中上旬上市。上茬玉米采收后应及时灭茬，以免影响幼苗生长。

5. 春玉米-秋（冬）蔬菜一年两熟　3 月中旬及时整地，地温稳定在 10 ℃以上时抢墒播种春玉米，7 月底收获，春玉米收获之后接茬播种秋（冬）蔬菜。可供选择的蔬菜种类有：①萝卜，8～9 月播种，当年 10～12 月收获；②菠菜，8～12 月播种，30 d 以后分批收获；③芹菜，9～11 月播种，12 月开始采收；④甘蓝、大白菜，9 月中旬播种，小雪前 2～3 d 收获。湖北省嘉鱼县潘家湾镇是该模式的典型代表。目前，全镇有 3 333.3 m² 旱地采用"玉米-甘蓝、大白菜"粮菜连作模式，占全镇旱地面积的 75%。

6. 冬马铃薯/春玉米-秋花菜三种三收　马铃薯冬播以前施肥整地开厢，厢面宽 106 cm，厢沟宽 27 cm，每厢播种 4 行马铃薯。翌年春，在两边马铃薯行间各播（栽）1

行玉米。马铃薯株行距为 20 cm×33 cm，玉米株行距为 27 cm×67 cm。马铃薯 1 月下旬进行切块催芽，在 2 月中旬播种，3 月上旬出苗，5 月下旬至 6 月初收获。春玉米在 3 月中下旬播种育苗，4 月上旬在马铃薯行间移栽，7 月中下旬可收获。马铃薯收获后播种秋花菜（6 月下旬至 7 月初），7 月下旬至 8 月上旬定植，株行距 40 cm×40 cm，9 月底至 10 月底采收完毕。

7. 早莴笋-春玉米-秋白菜一年三熟　早莴笋 9 月初播种，11 月初移栽到大田，移栽前整厢开沟，厢宽 1 m，盖地膜，行株距为 50 cm×40 cm，第二年 3 月收获。春玉米于 2 月中旬播种，苗床育苗，3 月下旬莴笋收获后移栽，移栽前整厢开沟，行株距为 50 cm× 40 cm，7 月底至 8 月初收获，如种植鲜食玉米则可在 6 月中旬开始采摘鲜穗。8 月上旬玉米收获完后迅速翻地炕田，耖田一遍，然后整田播种秋白菜，间苗成行，行株距为 50 cm×23 cm，10 月上旬收获。湖北省当阳市正在推广该模式。

8. 双季甜玉米一年两熟　春季甜玉米在 3 月初至 4 月初地温稳定在 10～12 ℃时即可播种，其中 3 月上旬播种实行地膜覆盖育苗移栽，3 月下旬后播种可露地直播，6 月初至 6 月底收获，生育期 90 d 左右。秋甜玉米 7 月下旬至 8 月上旬播种，10 月 1 日前后收获，生育期 80 d 左右。湖北省黄梅县、汉南区的双季甜玉米模式较有代表性，仙桃、荆州等也有部分地区推广该模式。

9. 稻田双季玉米一年两熟　3 月初整地开厢，厢宽 1 m，沟宽 20 cm，同时施足基肥。春玉米于 3 月 15～23 日覆膜播种，采用宽窄行播种 2 行，株行距 40 cm×80 cm，出苗后及时扣膜放苗。春玉米于 7 月 17～24 日收获。春玉米收获后于 7 月 20 日至 8 月 2 日免耕同行错株播种秋玉米，厢作连作。秋玉米于 11 月 6～26 日收获。湖南、江西两省均可种植春秋双季玉米。

（二）玉米-水稻连作效应

1. 资源利用效应　玉米与水稻接茬种植模式目前在长江中游平原地区研究和实践的较多，湖北省安陆市在 20 世纪 90 年代初就开始了春玉米-晚粳连作模式的研究。近年来，湖南农业大学和华中农业大学相继展开了多种稻田玉米、水稻连作模式的比较研究，包括春玉米-晚稻（M-R）模式、春玉米-秋玉米（M-M）双季玉米连作模式、早稻-晚稻（R-R）双季水稻连作模式和早稻-秋玉米（R-M）连作模式。两地在种植规格上无差异，玉米均采用厢作，厢宽 1 m，沟宽 20 cm，采用宽窄行方式播 2 行，株行距 40 cm× 80 cm，水稻移栽密度 30.9 万穴/hm²，行株距 27 cm×12 cm；区别主要在于湖北光照和积温条件不如湖南，湖北春玉米品种要采用中早熟品种，生育期 110 d 左右；湖南可采用中晚熟品种，生育期 120 d 左右。水稻品种要采用两省审定的适宜在当地种植的晚稻品种。

春玉米-晚稻（M-R）连作模式对光照、热量、水分和肥料等资源的利用效率远比早晚稻（R-R）连作模式要高，增产效果极显著。与传统早稻-晚稻连作模式比较，春玉米-晚稻（M-R）连作模式产量和物质生产效率分别提高了 20.0% 和 23.2%；土地资源利用率，光、温、水资源生产效率和光能利用率分别提高了 9.75%、14.7%、20.4%、12.1% 和 19.1%；周年总产值和产投比分别提高了 16.7% 和 8.04%，N 肥吸收利用率

（RE）增加了 $13.0\%\sim20.3\%$，体现了春玉米-晚稻（M-R）模式高产高效和资源高效利用的特点。春玉米与早稻相比，产量、积温生产效率、水分利用率和经济效益分别高出 30.6%、29.5%、57.2% 和 96.1%，是春玉米-晚稻（M-R）模式与双季水稻连作模式周年产量差异的主要来源。早稻-秋玉米（R-M）模式在资源利用效率方面与双季稻模式无显著差异，但周年产量和经济效益比双季稻连作模式低。

2. 经济效益

春玉米（普通）-晚稻模式：雷恩（2009）在湖南的研究表明，春玉米-晚稻模式周年产量可达 $21\,280.8\,kg/hm^2$，总产值 $40\,797.3\,元/hm^2$，远高于双季稻连作模式的 $17\,174.6\,kg/hm^2$ 和 $32\,998.1\,元/hm^2$，扣除两者的成本 $13\,154.5\,元/hm^2$、$7\,805.7\,元/hm^2$，春玉米-晚稻模式周年纯收入为 $27\,642.8\,元/hm^2$，双季稻的周年纯收入为 $25\,192.4\,元/hm^2$，春玉米-晚稻模式增收 $2\,450.4\,元/hm^2$，效益增加 9.72%。

春玉米（鲜食）-晚稻模式：陈凤招（2015）在福建明溪县的研究表明，春玉米（鲜食）平均产量约为 $14\,250\,kg/hm^2$，产值约为 $26\,400\,元/hm^2$，扣除成本 $9\,800\,元/hm^2$，纯收入为 $16\,600\,元/hm^2$；晚稻平均产量约为 $7\,530\,kg/hm^2$，产值约为 $21\,800\,元/hm^2$，成本为 $12\,300\,元/hm^2$，纯收入为 $9\,500\,元/hm^2$；春玉米（鲜食）-晚稻模式纯收入合计达 $26\,100\,元/hm^2$，比双季稻模式增收 $7\,100\,元/hm^2$ 左右。

早稻-秋玉米模式：李淑娅（2015）在湖北的研究结果表明，早稻-秋玉米模式与双季稻连作模式相比，由于秋玉米产值低于晚稻，早稻-秋玉米模式的周年总产值 $35\,175.5$ 元$/hm^2$ 和净利润 $11\,205.5$ 元$/hm^2$ 比双季稻连作模式周年总产值 $39\,332$ 元$/hm^2$ 和净利润 $13\,269.5$ 元$/hm^2$ 低，即每 $667\,m^2$ 效应减少 137.6 元。

3. 生态效益　通过春玉米与晚稻水旱轮作能够有效地改善稻田的土壤生态环境，干湿交替，有利于减轻病虫害的发生和危害，从而减少农药的使用量，降低生产成本，有利于保护稻田生态环境和粮食产品的安全。此外，春玉米的收获期要比早稻早 20 d 左右，给晚稻种植的品种选择、生产季节安排等农事活动提供了足够时间，有效避免了"双抢"季节用工矛盾。

二、常规直播栽培

（一）免耕直播

免耕直播技术主要应用于冬小麦-夏玉米连作模式中的夏玉米生产和早稻-秋玉米连作模式中的秋玉米生产。江汉平原以夏玉米为主，适宜区域有湖北省当阳市、荆州市、钟祥市、荆门市、随州市、天门市、仙桃市、潜江市、松滋市等地。洞庭湖平原以秋玉米为主，适宜区域有湖南省岳阳市、常德市、长沙市、湘潭市、株洲市等地。

1. 夏玉米麦茬免耕直播　夏玉米麦茬免耕直播是指麦收后不经过耕翻整地等田间作业，在麦茬上直接播种夏玉米的种植方式。需要有配套的小麦收割机、麦秸处理及玉米免耕播种机等配套措施。

（1）麦秸和残茬处理　小麦收获后要及时对麦秸和麦茬进行处理，否则会对夏玉米播种质量及幼苗的生长产生不良影响。小麦收割时要尽可能选用装有秸秆粉碎和抛撒装置的小麦联合收割机，将粉碎后的麦秸均匀地抛洒在地表，形成覆盖。如果使用没有秸秆切抛装置的小麦收割机，秸秆常会成堆或成垄堆放，在播种前需要人工将秸秆挑散并铺撒均匀，或将麦秸清理出农田，否则会严重降低玉米播种质量。另外，小麦机械收获时留茬高度不宜过高，一般应控制在 20 cm 以下。留茬过高，遮光会严重影响玉米幼苗的生长发育，植株长势弱，并容易形成高脚苗，抗倒伏能力降低。因此，对留茬较高的地块，可以在播种前用灭茬机械先进行一次灭茬作业，然后再播种玉米；也可在玉米播种时选用带有灭茬功能的免耕播种机，一次性完成秸秆粉碎、灭茬和玉米播种等多项作业。

（2）抢时早播　麦收后应抢时早播，争取在 6 月 5 日前完成播种，最迟不迟于 6 月 10 日。播种规格可采用 60 cm 等行距或 80 cm×40 cm 宽窄行种植方式。播种时可采用点播器单粒或双粒点播，尽量做到播深一致。在有条件的地方，可选用单粒精量免耕播种机进行精量播种，可同时完成开沟、播种、施肥、覆土、镇压等一系列工序。采用单粒精量免耕播种机播种，保证了出苗一致，且苗间竞争小，幼苗生长一致，做到苗全、苗齐、苗壮，免去了后续的间苗和定苗工作，高效、省工、省时。利用单粒精量免耕播种机播种时要注意控制好播种速度，一般不超过 4 km/h，以防漏播或重播，保证播种质量。播种后视土壤墒情浇"蒙头水"，以保证正常出苗。

2. 秋玉米稻茬免耕直播

（1）茬口安排

早稻：4 月上旬播种，7 月中旬至 7 月底收获。

秋（甜）玉米：7 月底至 8 月初播种，10 月底至 11 月收获。

（2）早稻收获

① 收获及开厢。早稻采取机械收获，稻草均匀留在畦面，并按每厢 1.2 m（包沟）规格开沟。开沟时挖起来的泥土均匀地抛撒在厢中间，厢面整成龟背形，以利于排水。

② 除草剂及底肥施用。早稻收获后当天或第二天，喷施草甘膦杀青灭茬，杀灭杂草。喷药 1 d 后回浅水浸泡，让水自然落干。

（3）秋玉米播种　按 80 cm×40 cm 宽窄行直接在未经翻耕犁耙的稻田厢面打洞播种。栽前在小行距中施腐熟农家肥 15 000～22 500 kg/hm²，混合过磷酸钙 750 kg/hm²、氯化钾 150 kg/hm² 或 N、P、K（15-15-15）复合肥 150 kg/hm² 开沟施基肥，施基肥后覆土。施肥时肥料离种子 10 cm 左右，以防烧苗。

（二）茬后整地

冬油菜收获后接茬种夏玉米时需及时整地，整地时采用不翻耕法整地，即先用重型耙灭茬，再施入足量的底肥，接着用重轻型耙或旋耕机把地整细整平，使土、肥混合均匀，而后播种。每 667 m² 施玉米专用复合肥 40～50 kg 作底肥。

（三）种植方式

随着生产力的发展，机械化水平的提升大大减轻了农民的劳动强度，提高了生产效率，玉米天然适应机械化生产的产业优势使得农民种植玉米的热情逐年高涨。因此，高密度、大规模的单作模式在长江中游平原就得到迅速发展。

1. 单作

（1）春玉米-秋（冬）蔬菜　3月中旬及时整地，地温稳定在10℃以上时抢墒播种春玉米，7月底收获。春玉米收获之后接茬播种秋（冬）蔬菜。

（2）冬小麦（油菜）-夏玉米　5月底至6月初播种夏玉米，6月5日前最佳，最迟不超过6月10日，9月下旬至10月上旬收获。10月10日左右及时抢播冬小麦或油菜。

（3）春玉米-晚粳　该模式宜选择中早熟春玉米品种，在3月中下旬覆膜或露地直播，全生育期115 d左右。7月20日左右收获春玉米，紧接着栽插晚粳。

（4）早春甜玉米-秋甜玉米　春季甜玉米在3月初至4月初播种，6月收获，生育期90 d左右。秋甜玉米7月下旬至8月上旬播种，10月1日前后收获，生育期80 d左右。

（5）一年三熟鲜食玉米　第一茬春玉米在2月上旬播种，5月底至6月初上市。第二茬夏玉米在5月下旬播种，到8月上旬可上市。第三茬秋玉米在8月上旬播种，至10月中、上旬上市。

2. 间套作　玉米与其他作物的间、套作大大提高了土地的复种指数，提高了单位面积产量，增加了经济效应。种植模式主要有玉米/甘薯、玉米/大豆、玉米/马铃薯、玉米/棉花、玉米/蔬菜等。玉米/棉花套作和冬马铃薯/春玉米套作是比较有代表性的两种复种模式。

（1）玉米/棉花套作

① 作物空间安排。畦宽2 m开沟作畦，1行玉米，2行棉花，畦中间种玉米，两边种棉花。玉米种植密度50 000株/hm²，株距0.1 m；棉花种植密度22 200株/hm²，株距0.45 m。

② 玉米播种与管理。1~2月翻耕冬炕，3月上中旬整地，播种，每穴2~3粒，播种深度3~5 cm，播后足墒时盖膜；出苗后及时松土、治虫防病，4月上旬间苗、定苗；7月上中旬收获玉米。

③ 棉花播种与管理。4月8日前后营养钵苗床播种，5月初移栽；移栽后及时防虫、防病；9月底至12月采收籽棉。

（2）冬马铃薯/春玉米套作　马铃薯冬播以前施肥整地开厢，厢面宽106 cm，厢沟宽27 cm，每厢播种4行马铃薯。翌年春，在两边马铃薯行间各播（栽）1行玉米。马铃薯株行距为20 cm×33 cm，玉米株行距为27 cm×67 cm。马铃薯在大雪到冬至间播种，3月上旬出苗，5月下旬收获。春玉米在3月中下旬播种育苗，4月上旬在马铃薯行间移栽，7月中下旬可收获。

（四）播种

1. 播期　在长江中游平原范围内，不论何种种植制度和种植方式，玉米均可以春播、夏播、秋播。判断播种适期主要依据两个方面：第一看温度，第二看土壤墒情。即播种时气温要稳定通过8℃，土壤表层5 cm深处地温稳定在10℃以上，以便达到种子发芽的要求，且出苗后能够避开-3℃左右的寒潮低温危害；土壤墒情要满足种子萌发和幼苗生长的需求，一般来讲土壤水分应达到田间土壤持水量的60%~70%。地膜覆盖可比露地直播适当提早10~15 d播种。长江中游平原春玉米适宜播期为3月底至4月初，清明节前完成。玉米和其他作物连作或轮作时，玉米的适播期还需考虑前、后茬作物的熟期和接茬关系，一般而言夏玉米的适播期为5月底至6月初，不宜晚于6月10日。秋玉米适宜播种期为7月23日左右，湘南、湘中最迟播种期可到8月10日，而湘北则需抢在立秋前播完。

（1）播期对玉米生育进程和产量的影响

① 春玉米。自2月底至4月中旬春播播种结束，播种至出苗天数随播期的推迟而递减，苗期（出苗至拔节）、生育前期（出苗至吐丝）及后期（吐丝至成熟）都随播期延后而呈现递减现象。实验结果表明，玉米种子发芽的最适温度为24～31℃，萌动和发芽所需积温分别为1100℃、2200℃左右。玉米种子在6～7℃时开始发芽，但发芽极慢，易霉烂。温度在10～12℃时，播种后8～20 d出苗，温度20℃以上时仅需5～6 d。在2月底至3月上旬早播，如若遭遇持续低温，则因日均温度低，积温少，会使出苗历期延长，容易产生弱苗和造成前期长势差。同时，播后如遇长时间低温阴雨天气，还存在烂种的风险。因而，在3月中旬以前播种时，一定要覆膜加强防寒保暖，如遇持续低温冷害时应加强管理。3月中旬以后气温逐渐升高，光照时间变长，有利于植株生长发育，因而在3月中旬及以后播种则出苗较整齐一致，加强田间管理较易培育壮苗。

分期播种结果表明，对春玉米而言，早播或晚播都不利于形成高产。原因可能是因为提早播种时日均温度低，积温少，致使出苗历期延长，容易产生弱苗和造成前期长势差，单株干物质积累不够，株高变矮，穗位降低，茎秆变细，导致"源"不足。延迟播种，虽出苗整齐一致，但幼苗前期生长过快，生育期缩短；转入生殖生长后遭遇持续高温，在幼穗分化期时影响雄穗和雌穗分化：雌穗分化时间缩短，小花分化数量减少，导致穗行数和行粒数下降，果穗变小，降低每穗粒数；高温不利于花粉形成，开花散粉受阻，主要表现在雄穗分枝变小、数量减少，小花退化，花药瘦瘪，花粉活力降低，受害的程度随温度升高和持续时间延长而加剧。研究表明，玉米籽粒形成和灌浆成熟期间，适宜的日平均温度为24～26℃，其中早熟品种适宜的日均温高于晚熟品种。高温（>35℃）使籽粒胚乳细胞增长率降低，细胞分裂时间缩短，细胞大小下降，胚乳细胞数最大值出现时间推迟；另外，高温还会使淀粉粒数下降。高温胁迫还会导致叶片、根系加速衰老致使叶片和果穗脱水速率加快，出现高温逼熟现象，减少千粒重导致减产。总而言之，在保证出苗整齐一致的情况下尽可能提早播种，有利于增加干物质累积，为获得丰产奠定基础。

② 夏玉米。研究表明，长江中游平原夏玉米播种期为5月底至6月初，6月5日前最佳，最迟不宜超过6月10日。播种太早会对夏玉米生产造成4个方面的影响：粗缩病发病率提高，主要是因为玉米感病期与灰飞虱种群暴发期和传毒高峰期重叠；营养生长向生殖生长转化时易遭遇高温胁迫，导致幼穗分化困难、生长不良，影响后期开花、散粉；灌浆期时易遭遇阴雨天气，光照不足，降低灌浆速率；脱水成熟时易遭遇高温逼熟，导致减产。

延迟播种也会对夏玉米生产造成4个方面的影响：

前期温度高营养生长过快，拔节期、吐丝期和散粉期提前，全生育期缩短，干物质积累减少，减产风险大。

江汉平原7月底8月初易发生伏旱，夏玉米播种过晚易遭遇"卡脖旱"。研究表明，干旱对玉米发育后半期的影响大于生育前半期，干旱使经济器官严重损伤，使玉米的空秆率增高，穗长、穗粒数、千粒重减少及经济系数降低，对"库"的损伤程度极大，导致严重减产。

夏玉米播种过晚，后期温度降低，灌浆时遭遇低温会使胚乳细胞分裂时间和胚乳细胞数值最大值出现时间推迟，低温也会使淀粉粒数下降。

低温不利于果穗脱水成熟，增加机械化收获时的损失率和烘干成本。高产条件下玉米播期的确定应首先考虑花后的生态条件，玉米产量形成期避开高温胁迫，减轻后期低温影响是长江中游平原夏玉米高产的关键所在。

③ 秋玉米。秋玉米生长季节气温是由高温向低温发展，各个时期生育天数与春播相反，都随播种延后而生育期延长。秋播播种过早时，气温过高，植株发育过快导致节间细长，机械组织欠发达，秆细弱，易折倒；同时，节间变长致使穗位增高，也增加了倒伏的风险。另外，秋玉米播种过早，幼穗分化期、开花散粉期、籽粒灌浆期还处于高温阶段，高温胁迫会导致果穗变小、授粉困难、结实不良、植株早衰等问题。播种过迟，后期气温下降、光照不足，致使植株矮小、结实差，灌浆延迟，脱水慢，不利于收获晾干。因此，秋玉米播种过早、过迟均使得秃尖长度增加、穗粒数减少、百粒重下降。

综上可知，决定玉米适宜的播种期，必须要根据当时、当地的温度、墒情和品种特性综合考虑，既要充分利用有效的生长季节和有利的环境条件，又要发挥品种的高产特性。因此，高产条件下玉米适宜播期的确定不仅要考虑出苗、还要从壮苗、避险两个方面考虑，首先确保播种后出苗整齐一致，幼苗生长健壮无弱苗，其次要考虑花后的生态条件，玉米产量形成期避开高温胁迫，减轻后期低温影响。所以，生育期长的中、晚熟品种宜早播，如新中玉1号、湘玉6号，这两个品种为晚熟品种，生育期121 d；正大619、郁青272、康农玉901、楚单139、漯湘玉1号等，这些品种的生育期都在110～120 d。生育期短的早、中熟品种可适当晚播，如宜单629、蠡玉16、登海9号、中农大451、汉单777、中科10号、正大12、创玉38等，这些品种的生育期均在100～110 d。

(2) 播期对玉米品质的影响　播期对玉米品质影响的研究还不多，只有少数报道表明，播种期推迟，籽粒脂肪、淀粉含量上升，而籽粒蛋白质含量减少。推迟播种期还会引起籽粒硬度下降，籽粒破碎敏感度随之增加。王鹏文1996年在沈阳东陵研究了高油115籽粒品质与播期的关系，结果与前述结论一致，晚播的玉米籽粒蛋白质含量比早播的减少了18.6%，除蛋氨酸和赖氨酸外，其他氨基酸含量均小于早播的玉米籽粒。

2. 种植密度

(1) 种植密度的产量效应　已故先锋育种家Duvick分析了不同年代美国新、老杂交种在不同种植密度下的产量反应。结果表明，老品种在低密度下产量最高，新杂交种在高密度条件下有更好的产量表现；而在低密度条件下新、老品种产量之间没有显著差异；将美国玉米产量持续增长的原因归功于新杂交种提高了对各种逆境条件的抵抗能力，能够适应更高的种植密度。中国学者的研究结果也与之相符，中国2005年玉米总产为1.45亿t，到2014年时玉米总产达到了2.1亿t，增长了65%，而播种面积只增加了45%，产量增加主要是因为种植密度增加使玉米单产从5 080 kg/hm² 提高到了5 980 kg/hm²，增产幅度17.72%。中国农业科学院作物科学研究所李少昆等人的研究结果也表明玉米单产提高对中国玉米总产的增加贡献最大，占82.1％，而单产的提高主要是因为新品种的株型结构发生了改变，变得更加紧凑，抗倒伏能力更强，能够更耐密，种植密度相对老品种增加了7 500～15 000株/hm²。

（2）种植密度对生长发育的影响　高密度条件下冠层结构不合理，易造成群体内光、温、水、气等资源分布不均衡，增加植株间竞争强度，促使叶片提早衰老，降低光合性能和减少持续时间，导致空秆率、秃尖长增加，穗长、行粒数、千粒重减少。另外，增加密度还会使第三节茎粗显著变细，穿刺强度显著减弱，增加倒伏率，减少有效穗数，降低产量。

（3）代表品种及适宜种植密度　江汉平原春播玉米推广面积比较大的品种：①宜单629，该品种耐密性好、抗倒伏能力强，最适密度为60 000株/hm²，无空秆、倒伏率和折断率总和仅为0～2.4％，产量9 115 kg/hm²；②蠡玉16，该品种产量高、品质优、抗病性好，最适密度为52 500株/hm²，产量9 226 kg/hm²；③登海9号，最适密度为52 500株/hm²，产量8 646 kg/hm²；④中农大451，最适密度为52 500株/hm²，产量9 185 kg/hm²；⑤中科10号，最适密度为52 500株/hm²，产量9 113 kg/hm²；⑥正大12，最适密度为48 000株/hm²，产量7 351 kg/hm²；⑦郁青272，最适密度为52 500株/hm²，产量8 839 kg/hm²；⑧康农玉901，最适密度为49 500株/hm²，产量589.64 kg/hm²；⑨楚单139，最适密度为54 000株/hm²，产量8 800 kg/hm²；⑩创玉38，最适密度为60 000株/hm²，产量9 022 kg/hm²。

以洞庭湖平原为例，春播玉米推广面积比较大的品种：①福玉1号，抗倒性好，平均倒伏率、倒折率分别为1.99％和1.71％，最适密度为52 500株/hm²，产量8 214 kg/hm²；②洛玉1号，最适密度为60 000株/hm²，产量为9 676 kg/hm²；③新中玉1号，最适密度45 000株/hm²，产量7 338 kg/hm²；④中科8号，最适密度为48 000株/hm²，产量6 856 kg/hm²；⑤中科10号，最适密度为48 000株/hm²，产量7 329 kg/hm²；⑥科玉3号，最适密度为45 000株/hm²，产量7 833 kg/hm²；⑦州玉1号，最适密度为48 000株/hm²，产量8 082 kg/hm²；⑧湘永单3号，最适密度为45 000株/hm²，产量7 737 kg/hm²；⑨隆玉6号，最适密度为43 500株/hm²，产量7 881 kg/hm²；⑩楚玉8号，最适密度为45 000株/hm²，产量7 960 kg/hm²。

再以江汉平原为例，夏玉米目前推广的品种主要有：①郑单958，最适密度为75 000株/hm²，产量9 754 kg/hm²；②浚单509，最适密度为67 500株/hm²，产量8 847 kg/hm²；③汉单777，最适密度60 000株/hm²，产量9 397 kg/hm²。

洞庭湖平原秋玉米目前推广的品种：①湘玉6号，最适密度82 500株/hm²，产量8 707.5 kg/hm²；②湘玉9号，最适密度75 000株/hm²，产量6 757.5 kg/hm²；③登海11号，最适密度67 500株/hm²，产量7 537.5 kg/hm²。

3. 播种方式　播种方式一般有直播和育苗移栽两种。玉米单作时常采用直播，育苗移栽常用于茬口比较紧或有重叠的连作栽培方式，多见于鲜食玉米一年三熟或玉米与其他作物连作一年三种三收，如早莴笋-春玉米-秋白菜、冬马铃薯/春玉米-秋花菜。

（1）直播

① 行向和行距对直播的影响。随着机械化水平提高，玉米单作、直播面积越来越大，

研究田间小气候与产量之间的关系就成为现实需要了。

多方面的研究表明，行距、行向和种植密度三者不同配置形成的田间小气候对玉米产量形成了显著影响。东西行向、小行距比南北行向、大行距所形成的小气候更有利于玉米生长。

东西行向、小行距形成的田间小气候与南北行向、大行距之间在光照、风速、积温等多方面有显著差异。

从光照方面来看，7月底（玉米处于灌浆成熟阶段），东西行向地面光照度比南北向多10%，且东西行向符合太阳在空中的运行轨迹，实际日照时数利用率更高，7月中下旬平均日照南北向因相互遮阴的影响比东西行向短3 h左右。

玉米全生育期2/3的时间（玉米生长发育的中后期），东西行向的漏光率都低于南北行向的漏光率。即便在同一天，东西行向比南北行向的漏光率也有更明显的下降变化趋势，其中中午12时差异更为明显。在同样栽培条件的情况下，东西行向群体冠层的漏光面积比南北行向的相对减少，光合面积相对更高。因此，东西行向光照度较强，日照时数较长，作物群体内所接受的太阳辐射能显著多于南北行向，因而提高了光合效率，光合产物增多。

从通风条件和温、湿度升降情况来看，长江中游平原属亚热带季风气候，春、夏季节多东风和东南风，东西行向有利于通风，风速较快，空气湿度较小，土表水分蒸发快。另外，地表平均温度和5～15 cm深的耕作层温度也具明显的变化，在7月中下旬有东南微风的情况下，白天由于东西行向遮阴少，接收的太阳辐射更均匀，气温和耕层温度上升快且高；夜间东西行向风速大于南北行向，能够带走更多的热量，气温和耕层温度下降快且低。这样，夜晚植株的呼吸作用减弱，养分消耗较少，白天制造的光合产物，能够更多的积累和贮藏，以供植物生长发育之用。

种植密度与行距配置及其互作也能显著影响玉米产量。在合理的种植密度范围内，增加密度有利于提高产量，但行距配置、密度与行距互作对产量的影响要复杂得多。在中等密度下，如春玉米67 500株/hm²，中等行距等行距（100 cm）双株栽培产量＞中等行距等行距（100 cm）单株栽培产量＞小行距宽窄行（60 cm×40 cm）单株栽培产量＞大行距等行距（150 cm）双株栽培产量＞大行距等行距（150 cm）单株栽培产量。高密度下，如夏玉米（＞90 000株/hm²），中等行距宽窄行（80 cm×40 cm）产量＞小行距等行距（60 cm）产量＞大行距宽窄行（90 cm×30 cm）产量。结果表明，中等密度（67 500株/hm²）下，采用中等行距等行距栽培方式，穗行数和千粒重明显更大；而高密度下（＞90 000株/hm²），采用中等行距宽窄行（80 cm×40 cm）栽培模式，行粒数、穗粒数和千粒重优势明显。分析原因可能是因为中等密度下中等行距（100 cm）双株栽培方式（67 500株/hm²）和高密度条件下中等行距宽窄行（80 cm×40 cm）（90 000株/hm²）种植方式，植株在田间空间配置合理，通风好、风速快，白天升温快，夜间降温快，植株间竞争小，生长健壮，冠层结构更合理，对光、温等资源利用率更高。主要表现在：叶面积指数（LAI）、光合有效辐射（PAR）上层截获率、花后群体光合速率（CAP）均值比其他行距配置高，而群体呼吸速率与光合速率的比值（CR/TCAP）则显著低于其他行距配置，积累的光合产物更多。

② 农机具的应用。玉米直播的最大优势就在于可以实现玉米生产全程机械化，包括机械化播种、施肥、喷药（防虫、化学除草）、中耕、收获等。

（2）机械化播种　机械化播种首先要选地、整地。玉米机播要选择地势平坦、地块较大、便于机械作业、土质肥沃、排灌方便的地块。

在播种前用大型旋耕机或圆盘耙旋耕耙切 1～2 遍，破土碎茬，并将底肥旋耕于地下，然后用深耕犁或翻转犁深翻 25～30 cm。也可用深耕犁耙配合钉齿耙，深耕的同时碎土保墒，对土地进行平整作业。

为适应玉米机械化播种，应尽量选择籽粒中等大小、均匀一致、硬粒或半硬粒、发芽率高、发芽势强、出苗整齐一致的品种。在播种前可选择晴天将种子摊开晾晒 2～3 d，然后进行种子精选，剔除破损粒、霉病粒、虫伤粒、瘪粒和杂粒，提高种子质量，确保一播全苗。

江汉平原地区直播玉米主要采用的是玉米精少量播种机械，目前推广使用的有 2BY、2BEY、2BJD-3 等型号的精少量玉米直播机，还有少量 2BQ-6 型吸气式玉米精播机，目前重点示范推广的是集播种、施肥、喷洒除草剂等多种功能于一体的播种机。播种时应根据土壤墒情及春季气温状况确定播种深度，适宜播深为 3～5 cm。玉米行距的调节要考虑当地种植规格和管理需要，还要考虑玉米联合收割机的适应行距要求，一般的悬挂式收割机所要求的种植行距为 55～77 cm。

玉米机械化直播优势明显：一是省种、省事、增产。采用机械化直播之后，每667 m^2 用种量由原来的 2.5～3.5 kg 减少到 1.5 kg，每 667 m^2 节省用种 1 kg 以上。机械化精量播种可做到单粒播，即一穴一粒，无需间苗、定苗，节省用工。单粒播较传统播种，出苗整齐一致，无苗欺苗现象，植株之间竞争小，吸收养分均衡，不会出现弱苗、弱株现象，同时也减少了因间苗、定苗造成的养分损失，一般可增产 10% 左右。二是效率高。目前中小型玉米播种机可一次播种 2～3 行，大型播种机可一次播种 4～6 行，每小时可播种 0.2～0.33 hm^2，而传统人工播种每人每天只能播种 0.07～0.13 hm^2。三是规范。玉米精量播种机株距、行距可调，播深可控制在 3～5 cm，误差不超过 1 cm，行内误差不超过 4 cm；玉米机械化直播的规范性还有利于推广合理密植技术，保证玉米播种的精度、密度、深度，达到苗全、齐、匀、壮。一致的种植规格还有利于机械化中耕、施肥、打药、除草、收获，是推广玉米生产全程机械化的基础。

（五）中耕追肥

根据地表杂草和土壤墒情适时中耕。第一次中耕一般在玉米苗显行后进行，起到松土、保墒、除草作用，以不拉沟、不埋苗为宜，护苗带 10～12 cm，严格控制车速，一般为慢速，中耕深度 12～14 cm。第二遍开沟、追肥、培土、中耕护苗带宽一般为 12～14 cm，中耕深度 14～16 cm。中耕机具选用铁牛-55 拖拉机配合 2BQ-6 吸气式精量播种中耕追肥机，中耕机上安装单翼铲、双翼铲、大小杆齿。也可选用新疆-15 拖拉机带小型中耕施肥机实施中耕施肥。还可自制施肥、中耕机械，如用微型手扶拖拉机作动力改装施肥、中耕、喷药机械。

（六）病虫草害机械化防控

玉米病虫草害机械化防控技术是以机动喷雾机喷施药剂防病虫、除草、免中耕为核心内容的机械化技术。目前，应用较为广泛的机型是 3WF-26 型机动弥雾机。玉米病虫草害机械化防控技术主要包括 3 个方面：一是在玉米播种后芽前应用 3WF-26 型机动弥雾机喷施乙草胺防治草害；二是对早播田块在苗期（5 叶期左右）喷施吡虫啉等内吸剂防治灰飞虱、蚜虫等刺吸式害虫，控制病毒病的传播和危害；三是在玉米生中长后期喷施三唑酮防治玉米大斑病、小斑病等叶部病害。

3WF-26 型机动弥雾机与大、中、小型拖拉机配套时的作业幅宽分别为 15～30 m、8～16 m、6～8 m。喷药机在喷药作业时作业速度要匀速，风 4 级以上不能作业。喷药作业中尽量让喷头离地近些，以免药液损失。在干旱情况下，要加大对水量，降低作业速度或更换大流量喷头，以增加药效。正式作业前要使喷药机压力达到标定值，随着机车驶入随即打开喷头开关，中途停车、地头转弯及机组驶出地块时要马上关闭喷头，避免喷药过量引起药害。

（七）机械收获

目前机械收获应用较多的玉米联合收获机有摘穗型和籽粒直收型两种。摘穗型分悬挂式玉米联合收割机和小麦联合收割机互换割台型两种，可一次性完成摘穗、集穗、自卸、秸秆粉碎还田等作业。与大中型拖拉机配套的主要机型有山东大丰、河南农哈哈等 4YW 系列；与小麦联合收获机互换割台型的主要机型有山东金亿春雨等 4YW 系列。籽粒直收型玉米收获机是在小麦联合收割机的基础上加装玉米收割、脱粒部件，实现全喂入收获玉米，一次性完成脱粒、清粒、集装、自卸、粉碎秸秆等作业。

三、育苗移栽

育苗移栽常用于茬口比较紧或有重叠的连作栽培方式，常用于鲜食玉米一年三熟或玉米与其他作物连作一年三种三收时，例如早莴笋-春玉米-秋白菜、冬马铃薯/春玉米-秋花菜。育苗移栽要处理好两个问题，一是采用适当的育苗方法，二是合理安排茬口。

（一）育苗方法

常用的育苗方法可分为苗床育苗、营养钵育苗和水育苗。

1. 苗床育苗 苗床应选择在背风向阳、管理方便，距大田近的田角地边、房头或小麦预留行内，苗床与大田面积比为 1∶50。苗床做成宽 1.2～1.5 m 的小畦，底部铺 2 cm 厚的基质或细沙作隔离层，再铺 10 cm 厚的营养土，耙平后分割成 5 cm² 的方块。播种前一天浇透水，结合浇水进行土壤消毒。播种时每个方块播 1 粒种子，覆土 3～4 cm 厚，稍压实后浇水，保证床土湿润。畦上覆盖地膜，再加拱棚，薄膜用泥土压实。幼苗 2 叶 1 心时开始蹲苗促壮，防止徒长。移栽前 5～7 d 开始炼苗，随温度调节揭膜面积，第一天揭1/3，第二天揭 2/3，第三天可全揭，遇 0 ℃以下低温，夜间应盖膜防冻；同时，控制浇水量，保持苗床干燥，以幼苗不萎蔫为标准，使幼苗接受寒冷和干旱锻炼，以利于移栽成活。

2. 营养钵育苗　要严格把控营养土配制，一般用 40%～50% 腐熟农家肥以及 50%～60% 的肥沃细土，加水适量，混匀后手工或机械做成高 6～8 cm、直径 6 cm、中间留一播种孔的圆形钵。配制营养土要注意 4 点：一是不能掺尿素等化学 N 肥，以免烧芽烂根不出苗；二是不能掺黄土和煤渣，以免形成死黄泥坨，影响扎根发苗；三是不能用未腐熟的猪、牛粪，以防烧苗伤根；四是不能掺谷壳、麦麸，以防鼠害伤钵损种。

3. 水育苗　先在育苗盘内铺 4 层卫生纸浇水至湿润后，把事先催芽好的种子按一定距离摆在盘中，为防止水分蒸发，在种子上覆盖一层 0.5～1 cm 厚的稻草。

无论采用哪种育苗方法，都要加强苗床（盘）管理，严格控制水分和温度，这样，才能育出好苗和壮苗。

（二）常见育苗移栽模式

1. 鲜食玉米一年三熟　胡少华等人的研究表明在江汉平原鲜食玉米从 1 月 30 日到 8 月 12 日播种均可正常成熟，采用育苗移栽合理安排茬口，完全可以做到一年三熟。第一茬春玉米在 2 月初即可播种，采用塑料大棚育苗，3～4 叶移栽，在 5 月 25 日即可上市。第二茬夏玉米在 5 月下旬第一茬鲜玉米穗采摘前 5～7 d 错位播种在前茬行间，或提前 7～10 d 用营养钵育苗移栽，最早可在 7 月 20 日采摘，8 月上旬可大量上市。第三茬秋玉米可在 7 月 28 日至 8 月 12 日播种，或育苗移栽，10 月中上旬上市。

2. 早莴笋-春玉米-秋白菜一年三熟　9 月初覆膜播种早莴笋，第二年 3 月下旬收获。春玉米于莴笋收获前 7～10 d，采用大棚苗床育苗，3～4 叶时移栽，移栽前整厢开沟，行株距为 50 cm×40 cm，7 月底至 8 月初收获。8 月上旬玉米收获完后迅速翻地炕田，秒田一遍，然后整田播种秋白菜。

3. 冬马铃薯/春玉米-秋花菜三种三收　马铃薯在 1 月中旬切芽冬播，每厢播种 4 行马铃薯。春玉米于 3 月中下旬在马铃薯行间套播，或通过育苗在 4 月上旬于马铃薯行间移栽，7 月中下旬即可收获。马铃薯收获后播种秋花菜。

（三）育苗方法的选择

育苗方法和时间选择要根据当时、当地气温和地温来选择。2 月初至 3 月中旬育苗时，因为温度较低，宜采用苗床或营养钵育苗。苗床要选在背风向阳的地方，或做成半地下式苗床，并要加盖好薄膜。5 月及以后育苗时，温度较高，采用水育苗更省事、方便。无论采用哪种育苗方法，都要加强苗床（盘）管理，严格控制水分和温度，以免发生烂根死苗现象。

（四）隔离

因为甜、糯玉米和普通玉米分属不同胚乳类型，如果相互串粉会影响甜、糯玉米的口感，所以甜、糯和普通玉米不能种在一起，要互相隔离，常见的隔离方法有空间隔离、时间隔离、高秆作物隔离和障碍物隔离。

1. 空间隔离 甜、糯玉米种植在选地时，必须与普通玉米或其他类型的甜玉米（即使是普通甜玉米、加强甜玉米和超甜玉米都不可种在一起）隔离 200～400 m，防止串粉影响品质和口感。在多风地区，特别是隔离区设在其他玉米的下风处或地势低洼处时，应适当加大隔离距离。

2. 时间隔离 甜、糯玉米与普通玉米种植时，三类玉米播种时间应相差 20 d 以上。

3. 高秆作物隔离 在隔离区周围种植高粱、红麻、黄麻等高秆作物可起到隔离作用。高秆作物隔离时两田块之间的间隔距离可减少到 50～100 m，且高秆作物要适当早播，加强管理，以保证在玉米抽穗时高秆作物的株高超过玉米的高度。

4. 障碍物隔离 利用山岭、房屋、林带等自然屏障作隔离带，达到防止外来花粉串粉混杂的目的。

四、玉米的田间管理

（一）按生育阶段进行管理

因为玉米苗期、孕穗期和花粒期的生育特征不同，对水分和肥料等资源的需求不同，有必要进行针对性管理。

1. 直播玉米的苗期管理 玉米苗期以根系生长为主，此阶段的管理目的以促进根系生长、培育壮苗为主。壮苗的标准为根系发达、叶片肥厚、叶鞘扁宽、苗色深绿、新叶重叠；整体表现为苗全、苗齐、苗匀。

（1）水分管理 玉米苗期由于植株较小，叶面积不大，蒸腾量低，需水量较小。土壤含水量应保持在田间最大持水量的 65%～70%。玉米苗期有耐旱怕涝的特点，适当干旱有利于促根壮苗。土壤绝对含水量 12%～16% 比较适宜，水分过多，空气缺乏，容易形成黄苗、紫苗，造成芽涝，苗期遇大雨要注意排水防涝。

（2）及时间苗、定苗 及时间苗、定苗是减少弱株率、提高群体整齐度、保证合理密植的重要环节。间苗、定苗要掌握好时机，3 片可见叶时间苗，5 片可见叶时定苗。间苗、定苗过早时，苗势两极分化不明显，定苗后会继续出现病株、弱株、残株等。间苗、定苗过晚，一方面幼苗拥挤，争肥争水，形成弱苗；另一方面间苗时根系交错易伤苗。定苗时应做到去弱留壮；去过大苗和弱小苗，留大小一致的苗；去病残苗、虫咬苗，留健苗；去杂苗，留纯苗。

（3）及时中耕、除草 定苗前后中耕应浅，一般 5 cm 左右，拔节期前后中耕应深些，行间可达 10 cm 左右。苗期一般中耕两次。化学除草在播种后出苗前地表喷洒封闭除草剂，也可在 3～5 叶期时喷施苗后除草剂除草。常见的苗前除草剂及其使用方法：莠去津（阿特拉津），每 667 m² 用有效成分 100 g 加水 40～50 kg 喷雾，在杂草出土前和苗后早期施药，可防除一年生禾本科杂草和阔叶杂草；乙草胺，每 667 m² 用有效成分 70 g 加水 40～50 kg 在玉米播种后出苗前喷药，可防除一年生禾本科杂草；48%乙·阿悬乳剂（乙草胺＋莠去津），每 667 m² 用 250 mL 加水 40～50 kg，在播种后出苗前喷药。常见的苗后除草剂及其使用方法：烟嘧磺隆，每 667 m² 用 4%悬浮剂 50～75 mL（夏玉米）、65～100 mL（春玉米），对水 30 kg 喷施；30%苯吡唑草酮（苞卫），每 667 m² 用 5 mL 苞卫＋

90 mL 专用助剂＋70 g 90％莠去津水分散粒剂，对水 15～20 kg 在玉米苗 2～6 叶时喷施，能有效防除玉米田一年生禾本科和阔叶杂草。

（4）及时追肥、浇水　苗期追肥有促根、壮苗和促叶、壮秆作用，一般在定苗后至拔节期进行。苗株细弱、叶身窄长、叶色发黄、营养不足的三类苗要及早追施苗肥，并增加追肥量；且三类苗应先追肥后定苗，并视墒情及时浇水，以充分发挥肥效。苗肥应早施、轻施和偏施，以 N 素化肥为主。在基肥中未搭配速效肥料或未施种肥的田块，早施、轻施可弥补速效养分不足，有促根壮苗的作用。拔节肥应稳施，以有机肥为主，并适量掺和少量速效氮、磷肥。对基肥不足、苗势较弱的玉米田，应增加化肥用量，一般每 667 m² 可追施 10～15 kg 碳铵或 3～5 kg 尿素。

2. 移栽玉米的苗期管理　育苗移栽在鲜食玉米生产上用得较多，主要有 3 个好处：一是出苗整齐一致，苗匀，苗壮；二是茬口衔接更灵活，在上茬作物收获前 7～10 d 育苗即可很好地与前茬作物相衔接；三是可灵活安排播种、移栽时间，调节上市时间。

采用大棚苗床或营养钵育苗时，出苗前至 2 叶期的管理重点是保温，膜内温度通常控制在 20～25 ℃，若超过 30 ℃，要揭开膜的两端通风降温。膜内湿度掌握在泥土不发白，如果表土发白，要及时揭膜浇水，并及时盖严，常保持土壤湿润。2 叶期至炼苗前，重点是防止幼苗徒长，控制床内温度保持在 20 ℃左右，并经常喷水保持土壤湿润。炼苗，移栽前 7 d 左右，根据气温情况，逐渐增加揭膜面积，第一天揭膜 1/3，第二天 2/3，第三天即可全部揭开，移栽前 1 d 浇足清粪水，以利定根成活。

（1）移栽时管理　移栽时通常选择 2～3 叶生长健壮的幼苗，在晴天下午太阳辐射稍弱或阴天时移栽较好，不宜在雨天移栽。移栽的关键是保护根系，缩短缓苗期，提高成活率。起苗时按苗大小、强弱分级，分片移栽；同时，要尽量多带土，少伤根，特别要注意不要抖落根部残籽，否则降低幼苗成活率。运苗时，幼苗摆放不宜过挤，尽量减少振动，防止散土落籽伤根。移栽时实行定向移栽，即叶片与行向垂直，移栽深度以主茎上绿白分界处为佳。移栽前 6～10 d 大田开沟施入腐熟的有机肥 22 500 kg/hm²，尿素 150 kg/hm²，过磷酸钙 375～525 kg/hm²，氯化钾 75～300 kg/hm²，混合作底肥，并覆土。移栽后随即浇定根粪水，使根土自然紧密，再于其上盖一层干土，以减少蒸发。缓苗后，再浇一次返青水。及早追提苗肥与中耕松土，促使发根壮苗。

（2）移栽后的苗期管理

① 查苗、补苗。栽后 5～7 d 选晴天下午进行田间检查，将病苗、虫咬苗及发育不良的幼苗淘汰剔除，及时补上健壮苗，然后淋上定根水。

② 中耕除草。玉米苗期一般进行 1～2 次中耕。第一次中耕在 3～4 叶进行，宜浅中耕，深度以 3～5 cm 为宜，苗旁宜浅，行间宜深，避免压苗。此次中耕虽会切断部分细根，但可促发新根，控制地上部分旺长。第二次中耕在定苗后到拔节前进行，逐渐加深。

③ 排水防涝。玉米苗期有耐旱怕涝的特点，适当干旱有利于促根壮苗。玉米苗期特别注意防涝，如果土壤中水分过多，空气缺乏，容易形成黄苗、紫苗等。因此，一是保证土壤不渍水，二是理好四边沟，保证沟内不积水。苗期如遇大雨要注意及时排水防涝。

④ 轻施提苗肥。苗肥以 N 肥为主，在幼苗移栽成活后结合中耕施一次提苗肥，施清粪水 18 000～22 500 kg/hm²，尿素 75～150 kg/hm²。

⑤ 防治地老虎（地蚕）。用40%辛硫磷乳油1 000倍液，2.5%溴氰菊酯乳油、10%氯氰菊酯乳油或20%氰戊菊酯乳油1 500倍液喷雾。或用40%辛硫磷乳油配制成1%溶液逐株灌根，效果可达100%。

3. 其他时期管理

（1）孕穗期管理

① 重施孕穗肥。孕穗期是雌穗小穗、小花分化的盛期，是决定果穗大小、籽粒多少和花粉活力强弱的关键时期，也是玉米吸水、吸肥的高峰期。此时如果缺肥，常常会导致秃尖、秕粒增多、产量严重下降。因此，玉米穗肥在雌穗小花开始分化时追施效果最佳。孕穗肥以速效氮肥为主，施用量应根据土壤肥力、底肥数量和植株生育状况等灵活掌握。一般土壤肥力低、底肥施用少，植株叶片淡绿、生长势较弱的地块要重施，以占总追肥量的60%~65%为宜；土壤肥力中等，植株生长健壮、叶片浓绿的地块，占总追肥量的50%~55%即可；土壤肥力高、底肥足，植株根系发达、叶片深绿、生长繁茂的地块，以占总追肥量的45%~50%为宜。对于土壤中P、K肥不足的田块，追肥时也可掺入三元素复合肥，用量112.5~150 kg/hm^2。

② 浇足孕穗水。玉米孕穗期，不仅是需肥高峰期，也是需水高峰期。这时期玉米植株生长的需水量占全生育期总需水量的27%~38%，故土壤水分应保持在田间持水量的70%~75%。此期若土壤缺水，不但会影响玉米雌穗性器官的分化，而且会使果穗发育不良，穗小、粒少、秃尖严重，最终导致减产，减产率可达38%~54%。所以，玉米进入孕穗期，要浇足、浇透孕穗水，最大限度地满足其需水要求，为玉米健壮生长提供良好条件。玉米拔节以后，茎叶生长快，对水分需要大，是需水高峰期，尤其是抽雄前10 d到开花后20 d，玉米对水分最敏感，是需水关键期。此时缺水，幼穗发育不好。严重时，雄穗抽不出，雌穗吐丝迟，不能正常受精，缺粒、秃顶多、空秆多，使玉米减产。有资料显示，灌拔节水可增产22%左右，灌抽穗水可增产70%以上，灌攻粒水可增产50%。

③ 及时中耕。玉米生长期尤其是孕穗期，对土壤的通透性要求较高，及时中耕可改善土壤的通透性，提高土壤的含氧量，对减少土壤水分蒸发、蓄水保墒、促进根系下扎等均有良好的促进作用。另外，及时松土还有利于土壤中微生物的活动，加快土壤有机质的分解和转化，同时消灭杂草，改善玉米生长环境，扩大根系的生长吸收范围。孕穗期松土宜浅不宜深，以3~5 cm为宜。

④ 虫害防治。玉米螟是孕穗期玉米植株的主要害虫。玉米在拔节孕穗期至抽穗阶段，常有玉米螟发生。玉米螟是钻蛀性害虫，幼虫由茎秆和叶鞘间蛀入茎部，取食髓部，影响养分输导，受害植株籽粒不饱满，甚至无籽粒。被蛀茎秆易被大风吹折，造成严重减产。当田间虫株率达10%~15%时，就应用药防治。每667 m^{2}可用1.5%辛硫磷颗粒剂0.25 kg，掺细土2~3 kg制成毒土，撒入玉米的心叶内，每0.5 kg毒土可撒300株；或用50%敌敌畏乳油800倍液、90%敌百虫晶体800~1 000倍液，按每株10 mL的用量灌注露雄期的玉米雄穗。

（2）花粒期管理　玉米的花粒期，一般是指从抽雄到籽粒成熟的这个时间段，两个月左右。此时期的生长特点是开花散粉、受精结实，是对穗粒数、粒重、干物质积累影响至关重要的一个环节。此时期的管理对于产量来说非常关键。花粒期的重点管理目标就是促进抽穗，保证正常开花、提高结实率，增加粒重，尽可能为干物质的积累创造有利条件，提高产量。

① 增施攻粒肥。攻粒肥要早施，一般在抽雄开花授粉之前就要进行。以速效氮肥为主，结合浇水，特别是对于一些地力不是很好的地块，这时施足攻粒肥，能起到防止植株过早衰败的作用，能很好地养根及保叶，在灌浆时营养充足，能提高干物质的积累，增加粒重，有效提高产量。追施粒肥把握时机很关键，以抽雄前后 15 d 为宜，最迟不超过玉米吐丝期；过晚，易造成玉米贪青晚熟，影响下茬作物的播种。粒肥以速效氮肥为主，每 667 m^2 可施用尿素 5～8 kg。

② 浇好开花水和灌浆水。玉米花粒期处于需水临界期，此时的耗水量能占到总需水的一半左右，而且处于夏季，温度较高，叶片的蒸腾量大，所以要及时补充水分，发现土壤含水量低于 70% 就要适当浇水。玉米抽雄开花期前后，如果水分不足，就会影响雄穗抽穗，降低花粉、花丝的活力，导致散粉时间短，推迟花丝抽出时间，对于授粉、受精都十分不利，会造成秃尖、秕粒、缺粒或空秆，产量自然会受到极大的影响。在灌浆时，特别是受精后 10～20 d 对于水分的需求仍然较多，这时也要适时灌水。充足的水分，对于植株的旺盛生长、保持叶绿持久有利，能延长光合作用的时间，增加粒重，达到提高产量的目的。这时如果缺水，叶片进行光合作用制造的有机物质不能及时运送到籽粒中去，造成籽粒瘦小，粒重低。

③ 浅中耕除草。中耕对于改善土壤特性、增加透性、提高地温、促进根部发育等方面的效果是十分明显的。除草能减少杂草对养分、水分的争夺，所以在玉米的花粒期，灌浆以后进行浅耕一次，对于促进土壤养分转化和根系吸收、防止早衰、提高粒重是十分有效的。

④ 防止倒伏。玉米倒伏后对产量影响非常大，因此应采取措施进行预防。管理上要及时中耕培土，增加支持根的数量，提高抗倒性。当玉米在抽雄后发生倒伏时，应及时人工扶起并进行培土，以减少损失。

⑤ 拔除空秆小株。由于各种原因，玉米田中常会出现一些空秆或低矮弱小植株，这些植株的存在会和正常的植株抢夺水分和养分，同时也不利于通风透光，影响正常植株的光合作用。一般情况下，都要在授粉的末期，把这样的植株及早除掉，利于把养分和水分集中留给正常的植株，促进正常植株的穗大粒多，充实饱满，提高产量。

⑥ 防治病虫害。玉米花粒期的病虫害也较多，常发生的有玉米螟、蚜虫、大斑病、小斑病和锈病等。花粒期时，玉米螟幼虫以危害雄穗和雌穗为主，常钻入雄花序基部和雌穗中，蛀穿茎秆，取食花柱和嫩苞叶，往往造成雄花序基部折断，影响雄穗开花散粉，并能蛀入穗轴或食害幼嫩籽粒。如在吐丝期发现玉米螟，可用 50% 敌敌畏乳油 600～800 倍液滴花丝基部，如果在灌浆中后期，若玉米螟钻入雌穗，用 40% 敌敌畏乳油或 40% 辛硫磷乳油 800～1 000 倍液，以 10 mL/株的量灌注玉米雌穗。

（二）施肥

1. 施氮　N 肥的施用要结合 N 肥的类型和玉米生长阶段的特征综合考虑。

（1）氮肥的类型　N 肥可分为铵态 N 肥、硝态 N 肥和酰胺态 N 肥。

① 铵态 N 肥。主要品种有碳酸氢铵、硫酸铵、氯化铵和氨水。共同的特点是肥效快、

肥效长，但长期、大量施用易造成土壤板结。因此，铵态 N 肥常用作底肥，或作追肥施于根系集中的土层中。

② 硝态 N 肥。常用的硝态 N 肥有硝酸钠、硝酸钙、硝酸铵和硝酸钾等。共同特点是肥效快，降雨时易淋失或流失。因此，硝态 N 肥不宜作底肥、种肥，只能作追肥施用。

③ 酰胺态 N 肥。主要为尿素。尿素需在尿酶的作用下转变成碳酸铵或碳酸氢铵（7 d 左右）后，才能被作物大量吸收利用和被土壤吸附保存，所以尿素的肥效比一般化学 N 肥慢。尿素不含副成分，对土壤性质没有不利影响，适合在各类土壤上使用。

N 肥常作追肥用，作底肥时用量很少，每 667 m² 只需尿素 6～7 kg 即可满足需求；作追肥时，春玉米讲究前轻后重，而夏玉米则应前重后轻。比如，直播露地春玉米追施拔节肥（6～7 叶期）、喇叭肥（10～11 叶期）时，N 素肥料各占施 N 总量的 1/3，即每 667 m² 施用尿素 10～20 kg。直播夏玉米因农活忙、农时紧，多数是白籽下种，追肥显得十分重要，拔节肥（5～6 叶期）应占总施 N 量的 2/3，每 667 m² 约追施尿素 20 kg；喇叭肥（10～11 叶期）占 1/3，每 667 m² 约追施尿素 10 kg。

（2）追肥方法　玉米生产中常用的追肥方法有 3 种，即垄沟深追、垄面撒肥大犁盖、株间刨坑追肥。追肥时植株根系已初步发育形成，如采用机械追肥，应尽量减少伤根，施肥深度不宜太大，距植株的水平距离（侧距）也应适当。一般情况下，玉米追肥深度以 10～15 cm 为宜，侧距以 10～12 cm 为宜。

① 垄沟深追。用播种机的施肥铲深趟垄沟，施肥铲将化肥直接施到垄沟深处。这种方法打破以往常规追肥坐土少、伤根重、肥料利用率低的情况，肥料不容易蒸发，在苗期采取早追、深追肥的办法，提高肥料利用率。

② 垄面撒肥大犁盖。将肥直接施在垄台上，然后用大犁趟土盖肥。缺点是肥施在根的上面，施肥后要有充足的水分才能发挥肥效。

③ 株间刨坑追肥。此方法是在株间用锄头按要求刨一定深度的小坑，撒肥，覆土盖肥。该方法可以按要求的施肥深度追肥，作物根扎得深，增强植株的吸肥、吸水、抗旱、抗倒伏能力。但株间刨坑追肥需人工较多，大面积追肥不易做到。

这 3 种方法中效果最好的是垄沟深追肥法，相比其他两种方法垄沟深追肥土壤氨挥发损失小，肥料利用率高，比垄面撒肥大犁盖高 14.07%，比株间刨坑追肥高 8.65%，在产量一致的情况下，垄沟深追肥可比垄面撒肥大犁盖法节省肥料 8.58%。另外，垄沟深追肥能够促进玉米根系生长，使根系分布更广，扎根更深，根量足且须根多，能够增强玉米吸水、吸肥能力，增强玉米抗旱、抗倒伏能力；因此，相比垄面撒肥大犁盖法能增产 6.45%～14.20%。垄沟深追肥还能与机械中耕相结合，省工省时，降低劳动强度。

（3）施氮的作用　研究表明，N 素供应是提高植株物质形成和累积的主导因素，在玉米生长中后期阶段增施 N 肥可有效提高玉米植株干物质量。施肥试验结果表明，与不施 N 处理相比，春播甜玉米，苗期、拔节初期、抽雄期、吐丝期、成熟期植株干物质量分别提高 39.5%、48.8%、126.3%、126.7%、142.9%；秋播甜玉米，苗期、拔节初期、抽雄期、吐丝期、成熟期植株干物质量分别提高 104%、288%、330%、308% 和 445%；春播糯玉米，苗期、拔节初期、抽雄期、吐丝期、成熟收获期植株生物量分别提高 16.6%、45.3%、148.6%和146.0%。

施 N 还显著提高了甜玉米和糯玉米的商品产量，对鲜食玉米的品质也有一定影响。施肥实验表明，增施 N 肥可以提高甜、糯玉米的单苞鲜重和籽粒率，分别比不施 N 增产193%和94.2%。增施 N 肥使春甜玉米中维生素 C 含量提高了 6.2%，更使秋甜玉米鲜籽粒维生素 C 含量约 1 倍增加，由 82.4 mg/kg 提高到了 155.4 mg/kg。但增施 N 肥也有负面影响，增施 N 肥会降低甜玉米中可溶性糖含量，改变糯玉米中不同粒径淀粉粒的比例。例如，大粒径淀粉粒（粒径＞17 μm）所占比例先升后降，中等粒径淀粉粒（粒径 13～17 μm）比例先降后升，使峰值黏度和崩解值降低，回生速度变快，总体上使糯玉米食用品质降低。

2. 施磷 P 肥可分为水溶性 P 肥、弱酸溶解性 P 肥和难溶性 P 肥。水溶性 P 肥包括普通过磷酸钙、重过磷酸钙和三料 P 肥以及硝酸磷肥、磷铵、磷酸二氢钾。弱酸性 P 肥，指难溶于水，能溶于弱酸的一类肥料，包括钙镁磷肥、脱氟磷肥和钢渣磷肥等。难溶性磷肥，如骨粉和磷矿粉，其主要成分是磷酸三钙，须在土壤中逐渐转变为磷酸一钙或磷酸二钙后才能发生肥效。

（1）磷肥的施用时期和方法 P 肥主要作底肥，占 P 肥总施用量的 2/3。P 肥作追肥用时要把握住两个时期，一个是作苗肥与速效氮一起追施，防止红苗；一个是作为粒肥，在开花、灌浆期追施或叶面喷施。

（2）磷肥的作用 鲁剑巍 2004 年在江汉平原地区布置了 3 个玉米 P 肥用量试验，以确定该地区种植玉米施 P 效果和适宜的 P 肥用量。结果表明：①施 P 对植株的生长发育有明显的促进作用，可使玉米叶片数增加 2～3 片，株高增高 8～20 cm；②施 P 增产效果明显，3 个施 P 点最高分别增产 865 kg/hm²、1 097 kg/hm² 和 1 710 kg/hm²，增产幅度分别为 15.4%、18.8%、39.9%。

但需要注意的是，施 P 量并不是越多越好。在一定施 P 量范围内，春玉米叶片数、株高和产量随着施 P 量的增加而增加，但当施 P 量达到一定值后，再继续增加施肥量，产量反而开始下降。P 肥过量导致负效应的原因很多，主要有 3 点：①造成土壤中养分失衡，进而导致玉米营养失调，最终导致减产；②导致其他营养元素的有效性降低，如 P 过量会造成 Zn、Mo 等营养元素缺乏，最终导致减产；③促进作物呼吸作用，消耗的干物质大于积累的干物质，造成生殖器官提前发育，引起作物过早成熟，籽粒小，产量低。

3. 施用其他肥料

（1）钾肥 目前，广泛使用的 K 肥有氯化钾和硫酸钾，二者的许多性质是相同的：都溶于水，可以被作物直接吸收利用，肥效快，养分高，氯化钾含 K_2O 为 60%左右，硫酸钾含 K_2O 为 50%左右；都是化学中性，生理酸性肥料，最适宜在中性或石灰性土壤中施用。施入土壤后，钾离子能被土壤胶粒吸附，移动性小，不易随水流失或淋失。氯化钾含有氯离子，不宜在盐碱地或忌氯作物上施用；硫酸钾含有硫酸根离子，虽然可以为作物提供 S 素营养，但是与 Ca 结合后生成溶解度较小的硫酸钙，长期施用会堵塞土壤孔隙，造成板结，因此应与有机肥配合使用。

K 肥施用时可将绝大部分或全部 K 肥作底肥施入，也可作追肥在花粒期时施入。K 肥施用时应掌握喜 K 作物、缺 K 土壤、高产地块多施，隔茬、隔年施用的原则。

（2）微肥 微肥种类繁多，例如 Cu 肥、B 肥、Mo 肥、Mn 肥、Fe 肥和 Zn 肥等。施用微肥时注意"三性"，即针对性、高效性和毒害性。坚持"缺啥补啥，缺多少补多少"和经济有效的原则。施用方法上常用作叶面肥在苗期或花粒期喷施，也可作种肥通过浸种、拌种施入以减少土壤固定。

（三）补充灌溉

长江中游平原地区雨量充沛，年降水量江汉平原 1 100～1 300 mm，洞庭湖平原 1 200～1 500 mm，4～10 月玉米活跃生长期占全年降水量的 70% 以上，加上地下水位高，一般不需灌溉，即使少数时段可能发生伏旱，灌溉也比较方便。反而因为雨水较多，降雨日数多、雨量大，易出现滞涝灾害，必须开好田间排水沟和田外排水渠，确保暴雨期间无渍灾，雨后田间无积水。开沟标准：坪塝地中间开"十"字沟，沟深 25～30 cm，四边开围沟，沟深 35～40 cm，沟沟相通，沟直底平，排水通畅。

五、覆膜栽培

鲜食玉米因其独特的风味和口感受到消费者的喜爱。双覆膜早熟栽培技术可以实现早春鲜食玉米早播种、早上市，价钱好，增加农民收入，提高效益。现将鲜食玉米春季双覆膜早熟栽培技术简介如下。

（一）选择优良品种

鲜食玉米以鲜穗直接食用或鲜粒做加工之用，在选择品种时要选择市场销路广、产量高、品质优、抗性好的优良品种，还要考虑适口性、商品性、加工适合性、栽培适应性和丰产性以满足不同消费之需。目前适合长江中游平原选用的甜玉米品种有先甜 5 号、华甜系列、鄂甜系列、福甜玉 18、福甜玉 98、美中玉、金中玉、京科甜 183 等；糯玉米品种有彩甜糯 6 号、京科糯 2000、渝糯 525 等。

（二）适期早播，培育壮苗

双覆膜早熟栽培的播期比常规地膜栽培提早 15～20 d，即当气温稳定通过 7～8 ℃时就可播种，长江中游平原地区一般可将播期提前至 2 月初。

催芽：将精选的种子在 25 ℃ 左右的温水中浸泡 7～8 h 后捞出，包在湿布中，放于 25～30 ℃ 条件下催芽，80% 露白后播种。

双覆膜育苗：将苗床选在背风向阳的地方，苗床做成宽 1.2～1.5 m 的小畦，底部铺 2 cm 厚的基质或细沙作隔离层，再铺 10 cm 厚的营养土，耙平后分割成 5 cm² 的方块。播种前 1 d 浇透水，结合浇水进行土壤消毒。播种时每个方块播 1 粒种子，覆土 3～4 cm 厚，稍压实后浇水，保证床土湿润。播完后及时覆盖地膜，再加拱棚，薄膜用泥土压实。齐苗后及时喷 30% 噁霉灵 3 000 倍液 1 次。

幼苗 2 叶 1 心时开始蹲苗促壮，防止徒长。移栽前 5～7 d 开始炼苗，根据气温情况，逐渐增加揭膜面积，第一天揭膜 1/3，第二天 2/3，第三天即可全部揭开；如遇 0 ℃ 以下寒流，夜间应盖膜防冻。控制浇水量，膜内湿度以泥土不发白为标准，如果表土发白，少量浇水，使幼苗接受寒冷和干旱锻炼，以利于移栽成活。

（三）精细整地，起垄覆膜

整地前清除前茬作物的病株残体、杂草等。整地时，先用深耕机深耕一遍，一般深度 20～25 cm，然后用耙将土块打碎、平整，达到地平土细、上松下实、疏松通气、墒情适宜的水平。整地时结合深耕施足底肥，增施有机肥，N、P、K 肥科学搭配，有利提高产量和品质。每 667 m² 一般用农家肥 4 000～5 000 kg、过磷酸钙 20～25 kg 作基肥，其中 2/3 在翻耕时撒于地面，1/3 施于做成的小垄沟内。播种前起垄、覆膜，将垄做成宽 120 cm、高 10 cm 的马鞍形双高垄，小垄沟深 7 cm 左右，大垄面宽 70 cm 左右，覆地膜备用。地膜以用 0.006 mm×70 mm 的超微膜为佳，地膜要拉展铺平，紧贴垄面。

（四）适时移栽，合理密植

幼苗 2 叶 1 心期为移栽适期，选晴天或阴天带土移栽，每 667 m² 密度为 3 000～3 300 株。移栽时尽量减少对基部叶、根的伤害，定向栽培时要保持展开叶与行间垂直，提高移栽成活率；定植深度以 3 cm 为宜。移栽后及时浇定根水，并搭建拱棚，棚膜以用量少、成本低的两用膜为佳。棚规格为宽 1.8 m、高 1 m，棚架要绑扎牢固，棚膜四周用土封严盖实，以防大风揭膜。

（五）拱棚管理

定植后保持温度 25 ℃左右，一般不通风。缓苗后，及时通风，以防茎叶徒长和高温烧苗。随温度升高，逐渐加大通风量，特别是浇水或施肥后，要及时排湿。通风要掌握阴天放风口小、时间短；晴天放风口大、时间长；前期放风口小、时间短；后期放风口大、时间长。4 月底或 5 月初可视天气情况揭去棚膜。

（六）肥水管理

缓苗后，每 667 m² 追施尿素 5.5 kg、过磷酸钙 8 kg，施于植株外侧 10 cm 处；栽后 10 d 左右，根据植株长相选晴天每 667 m² 施尿素 3 kg（一般不施碳酸氢铵）、硫酸钾复合肥 2 kg，于小垄沟冲施；定植后 20 d 左右，叶片数达 8～9 叶，进入拔节期，植株间每 667 m² 施用尿素 7 kg、过磷酸钙 4 kg、硫酸钾复合肥 4 kg；栽后 30 d，每 667 m² 施用尿素 3 kg、硫酸钾复合肥 3 kg，随水冲施；在授粉灌浆期选晴天上午叶面喷施 0.1% 磷酸二氢钾溶液，一般 7～10 d 喷一次，连续 2～3 次。整个生育期保持土壤湿润，土壤干燥时，及时浇水，特别在水分敏感的拔节期至灌浆期，要防止土壤干旱，雨天要及时排水。

六、病虫草害和灾害性天气应对

（一）病虫草害防治与防除

总体上详见第二章。

1. 常见病虫害 长江中游平原属亚热带气候，光、热、水资源丰富，种植制度复杂多样，病虫草害因玉米播种季节、发育时期和种植制度不同而呈现多样化。春玉米幼苗以地下害虫危害为主，如地老虎、蛴螬、蝼蛄等；若春季长期低温多雨，土质黏重板结，易引起苗枯病流行。大喇叭口期至抽雄期以玉米螟、黏虫、菜青虫取食叶片、蛀蚀茎干为主，刺吸式害虫以灰飞虱常见；病害主要有粗缩病、北方炭疽病、弯孢菌叶斑病等。开花散粉期至成熟常见害虫有玉米螟、桃蛀螟、玉米夜蛾、棉铃虫、蝗虫、蚜虫；主要病害有大斑病、小斑病、褐斑病、纹枯病、茎腐病、穗粒腐病等。夏玉米苗期易发生粗缩病；后期常见玉米螟、黏虫、菜青虫、蚜虫，病害以锈病、茎腐病为主。

病虫害防治以预防为主，坚持早防、早治。可采用农业、物理、生物、化学等多种方法综合防治，如选用抗性品种，与其他作物轮作，挂诱虫灯，放赤眼蜂，选用阿维菌素、甲氨基阿维菌素苯甲酸盐等低毒低残留农药。

2. 常见草害 危害玉米的主要杂草种类有旱稗、狗尾草、牛筋草、马唐、狗牙根、蓼、苍耳、刺儿菜、苦苣菜、鸭跖草、车前等。玉米除草的传统办法是中耕，但中耕除草的效果易受气候影响；现在常用的除草方法是喷施化学除草剂，可更快速、有效地杀死或控制杂草的生长和蔓延，并显著减少劳动量。玉米化学除草剂分芽前除草剂和苗后除草剂两大类。芽前除草剂，即在玉米播种后到出苗前喷雾封闭土壤，比如二甲戊灵、乙·莠等。苗后除草剂，即在玉米出苗后3～5叶期喷雾杀死杂草，比如烟嘧磺隆、硝磺草酮等。喷施除草剂前一定要仔细阅读说明书，严格按照说明书操作，以免对人、畜、玉米苗或后茬作物造成危害。

（二）灾害性天气应对

汉江谷地为冷空气南下的重要通道，春夏时节的冷空气南下至两湖平原后，继续南下时受到南岭的阻挡减速，冷空气团下沉，迟滞离去，常引发低湿阴雨天气。所以，长江中游平原4月以后雨水明显增多，易形成春涝。6月中旬至7月上旬随着暖空气团变强，北上与冷空气团相遇，会引发一段持续较长的阴雨天气，称梅雨期，形成夏涝；此时，在极不稳定的天气状况下，空气强烈对流运动常引起大风天气，其发生时一般伴有雷雨，有时也伴有冰雹。7月底至8月初冷空气团向北移动，两湖平原受副热带高压控制，气候炎热降水较少，如果台风等活动较少，蒸发量会大于降水量，形成伏旱；伴随伏旱还常出现37～38 ℃，甚至40 ℃以上的高温。9月入秋后冷空气逐渐变强开始南下，出现秋寒现象，俗称寒露风。

1. 涝害 长江中游涝害多发时期，正是春玉米和夏玉米生长前期，对涝害反应敏感。研究表明3叶期、拔节期和雌穗小花分化期时淹水3 d将使单株产量分别降低13.2%、16.2%和7.9%。

（1）危害

① 抑制根系发育。受淹后玉米根系生长缓慢，根变粗、变短，几乎不生根毛，吸收能力下降。但水淹可刺激次生根生长，次生根弯曲反向向上生长，出现翻根现象。

② 降低光合作用。受涝后玉米常出现"头重脚轻"现象。玉米叶色褪绿，光合能力降低，植株软弱，基部呈紫红色并出现枯黄叶，生长缓慢或停滞，严重的全株枯死。

③ 降低土壤有效养分含量。涝灾发生后，一方面土壤速效养分随土壤重力水或地表径流而损失；另一方面，土壤好气型微生物活动受到抑制，分解有机物释放养分的活动减弱；而厌氧型微生物还会通过反硝化作用，将硝态氮还原成氧化亚氮，氧化氮和氮气挥发掉。

④ 引起根系中毒。在淹水条件下，厌氧型微生物为了维持呼吸，会从氧化物中夺取氧气，产生硫化氢、甲烷、氨等有毒物质，并使氧化亚铁和低价锰等还原性物质过量积累，致使根系中毒，发黑、腐烂，出现黑根现象。

⑤ 影响穗的分化和发育。雄穗分枝数减少，雌穗吐丝期推迟，造成雌、雄间隔期拉长，授粉困难，降低穗粒数。

此外，持续的强降雨常造成玉米倒折、倒伏严重。播种出苗期涝害、渍害加重疯顶病、丝黑穗病发生，后期涝害、渍害使感茎腐病品种发病严重。

（2）应对措施

① 选用耐涝品种，调整播期，适期播种。涝害多发地区可选择近地面根系及根组织气腔发达的品种，这样的品种一般耐涝性强。在播种时调整播期，使播种期及涝害敏感期避开当地雨涝汛期。

② 排水降湿，垄作栽培。玉米种植要尽量避免在低洼易涝、土质黏重和地下水位偏高的地块种植。防御涝害首先要因地制宜搞好农田排灌设施，低洼易涝地内应疏通田头沟、围沟和腰沟，及时排除田间积水，降低土壤湿度。在低洼易涝地区，通过农田挖沟起垄或做成台田，在垄台上种植玉米，可减轻涝害。

③ 中耕松土。涝害过后易使土壤板结，通透性降低，影响玉米根系的呼吸作用及营养物质的吸收。降水后地面泛白时要及时中耕松土，或起垄散墒，或破除土壤板结，促进土壤散墒透气，改善根际环境，促进根系生长。倒伏的玉米苗，应及时扶正，壅根培土。

④ 及时追肥。玉米是需肥量较大的作物，涝害导致土壤养分流失，根系生长受阻，吸收养分能力降低，苗势弱、叶黄、秆红、迟迟不发苗，要及时追提苗肥。提苗肥可施用含 N、P、K 及各类微量元素的速效复合肥，帮助幼苗恢复生长，促进根系发育，增强茎秆的抗倒伏能力，减轻涝害损失。

2. 风灾　风灾的影响非常直观，常直接或间接引起玉米倒伏和茎秆折断。受到风灾以后，玉米的光合作用下降，营养物质运输受阻，特别是中后期倒伏，植株层叠铺倒，下层植株果穗灌浆进度缓慢，果穗霉变率增加，加上病虫鼠害，产量大幅度下降。应对措施如下：

（1）选用抗倒伏品种　玉米品种间遇风抗倒伏能力差异显著。生产中应选用株型紧凑、穗位或植株重心较低、茎秆组织较致密、韧性强、根系发达、抗风能力强的品种，如宜单 629、郑单 958、农大 108 等。

（2）促健栽培，培育壮苗　培育壮苗是提高玉米抵御风灾能力的重要措施。一是适当深耕，打破犁底层，促进根系下扎。二是增施有机肥和 P、K 肥，切忌偏施 N 肥。三是合理密植、宽窄行种植。四是适时早播，注意早管，特别是高肥水地苗期应注意蹲苗，结合中耕促进根系发育，培育壮苗。五是中后期结合追肥进行中耕培土，可在玉米拔节期，结合中耕、施肥，进行培土。六是做好玉米螟等病虫的防治工作。

（3）适当调整玉米种植行向　由于玉米株距一般为行距的1/2或1/3，行间的气流疏导能力远大于株间，当平行于行向的气流来临时，由于株距较小，可以从后面的植株获取一定的支撑力，抗风力就有所加强；反之，当气流与行向垂直时就会使风灾的危害更大。

（4）补救措施　风灾发生后，及时采取补救措施，恢复生长，减少损失。

① 及时培土扶正。在玉米拔节至成熟期，由于大风侵袭，致使玉米倒伏、茎折，若不及时采取措施，因植株互相倒压，会严重影响光合作用，使产量损失很大。一般在苗期和拔节期遇风倒伏，植株能够正常恢复直立生长；小喇叭口期若遭遇强风暴雨灾害，只要倒伏程度不超过45°角，经过5～7d后，也可自然恢复生长。大喇叭口期后遇风灾发生倒伏，植株已失去恢复直立生长的能力，应人工扶起并培土牢固。若未及时采取措施，地上节根侧向下扎，植株将不能直立起来，必须及时采取措施，对根倒、茎倒的玉米抓紧时间进行扶正；对茎折的玉米及时拔除。

② 多株捆扎。在花粒期倒伏严重，培土扶正难度大，效果也不明显。此时，可采取多株捆扎的方式予以补救。具体做法：将邻近3～4株玉米顺势扶起，用植株叶片将其捆扎在一起，使植株相互支撑，免受倒压、堆沤，以减轻危害，有利于灌浆成熟，减少产量损失。

③ 加强管理，促进生长。及时扶直植株、培土、中耕、破除板结，改善土壤通透性，使植株根系尽早恢复正常的生理活动。

3. 伏旱　伏旱发生时，正是玉米由营养生长向生殖生长过渡并结束过渡的时期，叶面积指数和叶面蒸腾均达到其一生中的最高值，生殖生长和体内新陈代谢旺盛，同时进入开花、授粉阶段，为玉米需水的临界期和产量形成的关键需水期，对产量影响极大。玉米遭遇伏旱灾害后植株矮化，叶片由下而上干枯。

应对措施：

① 增施有机肥、深松改土、培肥地力，提高土壤缓冲能力和抗旱能力。

② 及时灌溉。

③ 加强田间管理。在灌溉后采取浅中耕，切断土壤表层毛细管，减少蒸发。

④ 根外喷肥。叶面喷施腐殖酸类抗旱剂，可增加植物的抗旱性；也可用尿素、磷酸二氢钾水溶液及过磷酸钙、草木灰过滤浸出液连续进行多次喷雾，增加植株穗部水分，降温增湿，为叶片提供必需的水分及营养，提高籽粒饱满度。

4. 秋寒

（1）危害　9月入秋后冷空气逐渐变强开始南下，出现秋寒现象，俗称寒露风。长江中游平原夏玉米灌浆后期易受秋寒影响。一方面低温冷害导致叶片净光合生产能力降低，使籽粒灌浆速度减慢，造成籽粒灌浆不充分，籽粒不能正常成熟而减产，秃尖变长；另一方面低温胁迫延长籽粒灌浆期，降低籽粒脱水速率，使籽粒成熟缓慢，收获时籽粒含水量高，增加了收获难度和晾干（或烘干）成本。

（2）应对措施

① 选用中、早熟品种。长江中游平原地区夏、秋玉米生产都有遭遇秋寒的风险，越往北秋寒危害越突出。选用早、中熟玉米品种，提早成熟期，从内因上躲开后期低温。

② 适期早播。适时早播可充分利用5～8月气温高、日照好的有利气候时段，使玉米

抽雄至灌浆期控制在 7 月中旬至 8 月中旬气温较高的时期，有利于抽雄散粉、灌浆结实。

③ 叶面喷施聚糠萘合剂。聚糠萘合剂（PKN）的主成分细胞分裂素能够增强玉米叶片的光合作用，提高与叶片光合作用相关的酶的活性，使玉米叶片的光合产物能够大量的转移到籽粒中去，从而使玉米籽粒的干物质积累速率增加；PKN 能够提高库活性，促进籽粒灌浆充实期的光合产物在籽粒中的分配；PKN 还能明显提高籽粒后期的脱水速率。

④ 增施 P、K 肥。增施 P、K 肥有利于壮苗早发、壮株大穗，提高植株对低温逆境的抵抗能力。

⑤ 灌水。在温度降低时傍晚灌水，增加土壤水分，增大近地面层的空气湿度，减缓夜晚地面长波辐射的散热程度。另外，湿土比干土的热容量和导热系数大，可延缓地表附近温度降低，保护地面热量，提高地层气温 1～3 ℃。

5. 高温热害　长江中游平原地区 6 月中旬以后常出现 35 ℃高温，异常高温形成的热胁迫也会对玉米生长发育、产量和品质产生不良影响：

（1）危害

① 对光合作用的影响。在高温条件下，光合蛋白酶的活性降低，叶绿体结构遭到破坏，引起气孔关闭，从而使光合作用减弱；另外，在高温条件下呼吸作用增强，消耗增多，干物质积累下降。

② 加速生育进程，缩短生育期。高温胁迫使玉米生育进程中各种生理生化反应加速，各个生育阶段缩短。雌穗分化时间缩短，雌穗小花分化数量减少，果穗变小。在生育后期遇高温使玉米植株过早衰亡，或提前结束生育进程进入成熟期，灌浆时间缩短，干物质积累减少，千粒重、容重、产量和品质降低。

③ 对雌穗和雄穗的伤害。在孕穗阶段和散粉过程中，高温都可能对玉米雄穗产生伤害。当气温持续高于 35 ℃时不利于花粉形成，开花授粉受阻，表现在雄穗分枝变小、数量减少、小花退化、花药瘦瘪，花粉活力降低，受害程度随温度升高和持续时间延长而加剧。当气温超过 38 ℃时，雄穗不能开花，散粉受阻。高温会造成玉米雌穗发育困难，致使各部位分化异常，吐丝困难，延缓雌穗吐丝，造成雌雄不协调、授粉结实不良、籽粒瘦瘪。

④ 高温易引发病害。玉米在苗期处于生根期，对不良环境抵抗能力较弱。夏、秋玉米在苗期若遇持续 1 周以上高温干旱天气，就会降低根系生理活性，使植株生长较弱，抗病能力降低，易受病菌侵染发生苗期病害。

⑤ 高温影响产量和品质。高温使玉米籽粒灌浆速率加快，但灌浆持续时间缩短，灌浆速率加快对产量提高的正效应不能抵消灌浆持续期缩短带来的负效应，最终导致产量降低。高温既影响淀粉和蛋白质的合成速率，又缩短它们合成的持续时间，降低籽粒品质。

（2）应对措施

① 推广耐热品种，预防高温热害。不同品种耐热性存在显著差异，耐热品种一般具有高温条件下授粉、结实良好、早熟等特点，如郑单 958。

② 适当降低密度，采用宽窄行种植。在低密度条件下，个体间争夺水肥的矛盾较小，个体发育健壮，抵御高温伤害的能力较强，能够减轻高温热害。采用宽窄行种植有利于改善田间通风透光条件、培育壮苗，增加对高温伤害的抵御能力。

③ 苗期蹲苗。利用玉米苗期耐热性较强、花期最敏感的特点，在出苗 10～15 d 后进

行 20 d 左右的蹲苗，使其获得并提高耐热性，减轻花期高温的影响。

④ 适期喷灌水。高温期间喷灌水可直接降低田间温度；同时，在灌水后玉米植株获得充足水分，蒸腾作用增强，使冠层温度降低，从而有效降低高温胁迫程度，也可部分减少高温引起的呼吸消耗，减轻高温热害。

七、适期收获

（一）收获时期

1. 普通玉米收获时期　每一个玉米品种都有一个相对固定的生育期，只有满足其生育期要求，在玉米正常成熟时收获才能实现高产、优质。判断玉米是否正常成熟不能仅看外表，而是要着重考察籽粒灌浆是否停止，以生理成熟作为收获标准。玉米籽粒生理成熟的主要标志有两个，一是籽粒基部黑色层形成，二是籽粒乳线消失。玉米成熟时是否形成黑色层，不同品种之间差别很大，有的品种成熟以后再过一定时间才能看到明显的黑色层。因此最简单的判断方法是当全田 90％以上的植株茎叶变黄，果穗苞叶枯白，籽粒变硬（指甲不能掐入），显出该品种籽粒的固有色泽时即表明已经成熟可收获了。

适时晚收有利于提高产量、降低收获时籽粒含水量。玉米灌浆时间越长，灌浆强度越大，玉米产量就越高，所以在玉米生长后期延长灌浆期是提高产量的重要途径。据试验资料，玉米自蜡熟开始至完熟期，每晚收 1 d，千粒重会增加 3～4 g，每 667 m² 增产 5～7 kg，如按晚收 10 d 计算，每 667 m² 增产可达 50 kg 以上。另外，推迟收获的玉米籽粒饱满、均匀，小粒、秕粒减少，籽粒含水量较低，蛋白质含量高，商品性好，也便于脱粒贮存。特别是持绿性好的品种如宜单 629，适时晚收增产效果更明显；另外，利用机械化收获时，推迟 5～8 d 收获更合适。

2. 鲜食玉米收获时期　确定最佳采收期的标准是：春播糯玉米在抽雄后 25 d 前后，秋播糯玉米在抽雄 28 d 前后；春播甜玉米在抽雄 22 d 前后，秋播甜玉米在抽雄 24 d 前后。此时收获品质最佳、籽粒饱满有弹性、颜色鲜亮、皮薄渣少、口感最好。另外也可从雄穗颜色的变化来判断最佳采收期，采摘适期的玉米雄穗顶端开始变枯，但枯萎部分不超过雄穗的 50％；如果雄穗尚未变色，说明还未到采收适期。

（二）收获方法

玉米可在人工收获果穗晾干后脱粒，也可用机械收获。玉米机械化收获可分为摘穗型和籽粒直收型，较于传统人工收获更高效、省事，特别是籽粒直收型，可一次性实现摘穗、剥皮、脱粒、清粒、集装、自卸、粉碎秸秆等作业，收获的籽粒可直接送到烘干厂进烘干塔直接烘干。目前长江中游平原使用较多的玉米收获机机型有山东大丰、河北农哈哈和山东金亿春雨等 4YW 系列。

（三）秸秆处理

1. 秸秆还田　玉米秸秆还田可增加土壤有机质含量，改良土壤结构，培肥地力，增强土壤保水保肥性，同时减轻劳动强度，既节省了人力，提高了工效，又降低了作业成本。

秸秆还田注意事项：

（1）粉碎长度　收获时使用联合收割机可同时进行秸秆粉碎作业，将秸秆切成 3～6 cm 的短节或粉碎，均匀抛洒到地表。

（2）还田的数量　秸秆还田数量要根据水源和耕作条件而定，原则上应保证当年还田秸秆充分腐烂，不影响下茬耕作，每 667 m² 还田秸秆以 300～400 kg 为宜。

（3）足墒还田　秸秆还田后，由于秸秆本身吸水和微生物分解吸水，会降低土壤含水量。因此，要及时浇水，以加速土壤沉实，促使秸秆与土壤紧密接触，防止架空。

（4）增施氮肥　土壤微生物在分解作物秸秆时，需要一定的 N 素，易出现与作物幼苗争夺土壤中速效氮素的现象。所以，要按秸秆与碳酸氢铵 10∶1 的比例补施 N 肥，以加快秸秆腐烂。

（5）旋耕或耙茬　用重型圆盘耙耙两遍，以进一步切碎秸秆和根茬，耙后要及时深翻和压盖，以碎土保墒，使秸秆、肥料与土壤混合，并分布在 3～10 cm 的土层中。要做到不漏翻、覆盖严密，以免养分散失。耕后要耙平，以利于播种。

2. 饲料

（1）青贮　有塑料袋青贮和窖式青贮两种。把收获的青玉米秸秆铡成 1～2 cm 长小段，并将含水量控制在 67%～75%（即以手握原料，从指缝中可见到水珠，但不滴水为宜），装入塑料袋或窖中，压实，密封保存 40～50 d 即可开袋（窖）喂用。

（2）黄贮　先将干玉米秸秆铡短为 3～4 cm 长小段，装进缸中，加适量温水闷 2 d 即可。

（3）氨化　有堆贮和窖贮两种。堆贮时可选用 1 块塑料薄膜铺在地上，把铡短为 3～4 cm 长的玉米秸秆堆在上面，然后盖上一层塑料薄膜，四边用土压实。每 100 kg 玉米秸秆加注氨水 10～12 kg。窖贮时先挖 1 个长形、方形或圆形的窖，在窖底层铺上塑料布，把铡短的玉米秸秆装入后，用塑料薄膜盖严封好，每 100 kg 加注氨水 15 kg。气温 20 ℃时贮 7 d，15 ℃时贮 10 d，6～10 ℃时贮 20 d，0～5 ℃时贮 30 d，当秸秆变成棕色时揭去顶层薄膜，放净氨味后饲喂牛羊，最大用量可占日粮的 40%。

（4）糖化　将玉米秸秆铡短为 3～4 cm 长小段，先将酵母用水化开，加入到 100 kg 水中搅拌均匀，冬天可用 30～40 ℃温水。将酵母液均匀喷洒在铡短的玉米秸秆上，松散堆成 30～60 cm 厚的方形垛或装缸，封闭 1～3 d 即可取用。

（5）菌糠饲料　把玉米秸秆磨成粉后，加入食用菌培养料，培养食用菌后，下脚料即成菌糠饲料，喂小猪时可占日粮的 10%，喂育肥猪可占其日粮的 20%～30%，喂牛时可占其日粮的 30%～50%。

八、农机具的应用

（一）现状

目前，长江中游平原玉米机械化发展水平还很低，只有部分地区实现了玉米生产全程机械化，例如湖北省当阳市草埠湖农场。江汉平原地区农机主要以小型机械为主，荆州地区、潜江市、仙桃市和天门市已全部实现机电排灌、机械脱粒，机耕面积也达到 60% 左右，但机械播种和机械收获水平仍比较低，机械化率不到 20%，不及全国平均水平 51%

的一半。

播种机械目前推广使用的有 2BY、2BEY、2BJD－3 等型号的精少量玉米直播机，还有少量 2B0－6 型吸气式玉米精播机。中耕机具可选用铁牛－55 拖拉机配合 2BQ－6 吸气式精量播种中耕追肥机，或用新疆－15 拖拉机配小型中耕施肥机；也有自制施肥、中耕机械。化学除草喷药机械应用较为广泛的机型是 3WF－26 型机动弥雾机。收割机有山东大丰、河南农哈哈、山东金亿春雨等 4YW 系列。

（二）发展前景

玉米机播、机收成为制约长江中游平原玉米综合机械化水平提升的瓶颈和短板。为此湖北省政府和湖南省政府分别提出了推进当地玉米生产机械化的指导思想：按照因地制宜、分类指导、重点突破的方针，坚持以点带面、先易后难、强化服务、梯度推进、协调发展的原则，强化农艺农机融合，加强财政扶持力度，重点推广玉米收获机械化和播种机械化，加快推进玉米生产全程机械化，力争到 2020 年，综合机械化水平达到 70％以上，基本实现农业机械化。

第三节　长江下游平原玉米栽培技术

一、长江下游平原玉米生产布局

（一）气候条件

1. 长江下游各地近 10 年月均气温（上海、南京、杭州、合肥）　近 10 年（2005—2014年），上海、南京、杭州、合肥等四地月均最低气温为 1 月，均低于 5 ℃、高于 0 ℃，上海、杭州 1 月气温高于合肥和南京；四地月均气温低于 10 ℃ 的月份均出现在 2 月和 12 月；四地3 月、11 月月均气温均高于 10 ℃、低于 15 ℃，四地 11 月月均气温均高于 3 月月均气温；除上海 6 月月均气温为 24.7 ℃外，四地在 6～8 月的气温均高于 25 ℃，四地最高月均气温为 7月，最高的为杭州（30.1 ℃），最低的为南京（28.6 ℃），具体如图 5－1 所示。

2. 长江下游各地近 10 年月均降水量（上海、南京、杭州、合肥）　上海地区近 10 年（2005—2014 年）年均降水量为 1 158.6 mm，位居四地年均降水量第二位；8 月降水量最高，达 197.6 mm；12 月月均降水量最低，为 37.4 mm；6、7 月降水量均超过 150 mm，9月降水量超过 100 mm，其余月份降水量在 54.9～83.6 mm。

南京地区近 10 年（2005—2014 年）年均降水量为 1 079.1 mm，位居四地年均降水量第三位；7 月降水量最高，达 288.2 mm，位居四地月均降水量第一位；12 月降水量最低，为 27.9 mm；8 月降水量超过 150 mm 达 159.6 mm，6 月降水量超过 100 mm，其余月份降水量在 29.8～85.0 mm。

杭州地区近 10 年（2005—2014 年）年均降水量为 1 410.7 mm，位居四地年均降水量第一位；6 月降水量最高，达 231.9 mm，位居四地月均降水量第二位；12 月月均降水量最低，为 52.1 mm；8 月降水量超过 150 mm，1、2 月降水量低于 100 mm，其余月份降水量为 103.0～147.7 mm。

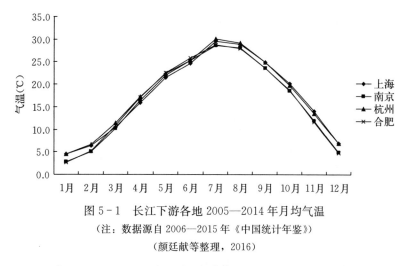

图 5-1 长江下游各地 2005—2014 年月均气温

（注：数据源自 2006—2015 年《中国统计年鉴》）

（颜廷献等整理，2016）

合肥地区近 10 年（2005—2014 年）年均降水量为 1 020.3 mm，位居四地年均降水量第四位；7 月降水量最高，达 212.6 mm；12 月降水量最低，为 22.0 mm；8 月降水量超过 150 mm，6 月降水量超过 100 mm，其余月份降水量在 35.3～91.3 mm（图 5-2）。

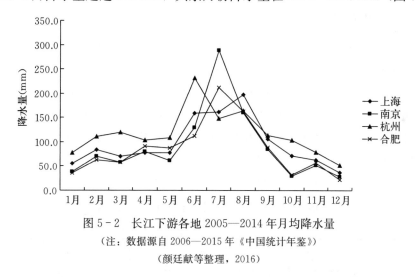

图 5-2 长江下游各地 2005—2014 年月均降水量

（注：数据源自 2006—2015 年《中国统计年鉴》）

（颜廷献等整理，2016）

3. 长江下游各地近 10 年月均日照时数（上海、南京、杭州、合肥） 上海地区近 10 年（2005—2014 年）年均日照时数为 1 692.0 h，位居四地年均日照时数第三位；5 月日照时数最多，达 179.7 h；2 月日照时数最少，为 88.9 h；其余月份日照时数在 101.8～170.4 h。

南京地区近 10 年（2005—2014 年）年均日照时数为 1 896.0 h，位居四地年均日照时数第一位；5 月日照时数最多，达 203.9 h，位居四地月均日照时数第一位；2 月日照时数最少，为 102.4 h；其余月份日照时数在 120.1～191.6 h。

杭州地区近 10 年（2005—2014 年）年均日照时数为 1 578.8 h，位居四地年均日照时数第四位；7 月日照时数最多，达 203.6 h，位居四地月均日照时数第二位；2 月日照时数最少，为 76.3 h；其余月份日照时数为 86.2～174.2 h。

合肥地区近 10 年（2005—2014 年）年均日照时数为 1 821.4 h，位居四地年均日照时数第二位；5 月日照时数最多，达 199.9 h；2 月日照时数最少，为 98.2 h；其余月份日照时数在 103.6～191.4 h（图 5 - 3）。

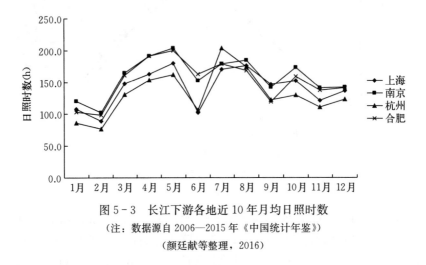

图 5 - 3　长江下游各地近 10 年月均日照时数

（注：数据源自 2006—2015 年《中国统计年鉴》）

（颜廷献等整理，2016）

（二）玉米生产布局

长江下游平原大田粮食作物中，以水稻为主，也是小麦产区，玉米也有一定种植面积。江苏省和安徽省水稻播种面积均超过 200 万 hm²，上海播种面积最小，但单产最高，达 8 546.7 kg/hm²。安徽省小麦播种面积、总产、单产在该区均为最高，分别达到 243.45 万 hm²、1 393.6 万 t 和 5 724.4 kg/hm²。安徽省玉米播种面积和总产在该区均为最高，分别为 85.24 万 hm² 和 465.5 万 t；江苏省玉米播种面积、总产和单产均居第二位；上海播种面积最小，为 0.4 万 hm²，但单产最高，达 6 500.0 kg/hm²；浙江省玉米播种面积和总产均居第三位，分别为 6.65 万 hm²、30.1 万 t，其单产最低为 4 526.3 kg/hm²（表 5 - 2）。

表 5 - 2　长江下游平原各省份粮食作物产量

（颜廷献等整理，2016）

作物	项　　目	上海	江苏	浙江	安徽
水稻	播种面积（万 hm²）	9.84	227.17	82.42	221.73
	总产（万 t）	84.1	1 912.0	590.1	1 394.6
	单位面积产量（kg/hm²）	8 546.7	8 416.6	7 159.7	6 289.6
小麦	播种面积（万 hm²）	4.39	215.99	8.21	243.45
	总产（万 t）	18.6	1 160.4	31.0	1 393.6
	单位面积产量（kg/hm²）	4 236.9	5 372.5	3 775.9	5 724.4
玉米	播种面积（万 hm²）	0.4	43.61	6.65	85.24
	总产（万 t）	2.6	239.0	30.1	465.5
	单位面积产量（kg/hm²）	6 500.0	5 480.4	4 526.3	5 461.1

注：数据源自《中国统计年鉴　2015》。

虽说江苏、安徽两省玉米播种面积较大，但主要分布在苏北和皖北，品种以普通玉米为主。2014 年江苏省鲜食糯、甜玉米种植达到 8 万 hm² 以上（陈舜权等，2015），主要分布在长江下游平原的苏南地区，如南京、南通等地。上海地区玉米种植以糯、甜玉米为主，也有少量青贮玉米和普通玉米。长江下游平原安徽地区普通玉米、鲜食玉米均有种植，但鲜食玉米面积不大。浙江省玉米种植中普通玉米占 1/3，鲜食玉米（主要是甜玉米、糯玉米）占 2/3 左右。普通玉米种植地区主要集中在杭州的临安、淳安，衢州的开化、金华的磐安等山区、半山区地区；甜玉米种植主要集中在金华、丽水、温州、杭州的萧山和建德、宁波的余姚等地区，糯（加甜）玉米种植主要集中在杭州、嘉兴、湖州、宁波、绍兴、衢州等地区（王桂跃等，2015）。

长江中下游玉米种植播期多样，既有春播玉米，也有夏播玉米和秋播玉米。例如安徽省鲜食玉米以春播为主，夏、秋种植为辅，江苏省以春播玉米和秋播玉米为主，浙江省有春播玉米、夏播玉米和秋播玉米，上海市的糯、甜、青贮玉米中，基本实行秋播，也有春播和夏播玉米。

二、茬口衔接

（一）茬口衔接与熟制类型

在长江下游平原熟制中，玉米茬口衔接多样，熟制多种，从一年两熟到三熟或四熟制。主要有水稻+秋玉米、玉米+水稻、小麦+秋玉米、春玉米+秋玉米、蔬菜+玉米+蔬菜等。如江苏省为充分利用水、土和光热资源，提高单位面积复种指数及种植效益，大力推广设施西瓜茬口秋玉米，在西瓜收获后种植一茬甜玉米，此外，夏甘蓝茬口种植秋甜玉米在江苏也有一定的种植面积；浙江省磐安县的冷水、仁川等较低海拔区（海拔 350 m以下）的山区种植春甜玉米/秋番薯（大豆）-冬贝母，一年三作，对光能和土地的利用率高，效益较好。采用春豇豆做茬口种植秋玉米，既提高了土地利用率、增加单位面积经济效益，又能实现用地、养地相结合，取得较好的经济效益和社会效益，夏糯玉米收获前10 d 种植秋糯玉米在浙江地区也有一定的种植面积。

（二）玉米与水稻接茬的产量效应

水稻茬口是长江下游平原种植玉米的主要茬口之一。由于种植户对水稻种植观念的改变，由双季稻改为早稻或单季中稻种植，从而利用早、中稻后空闲稻田种植鲜食甜、糯秋玉米；另外，受季节性干旱等因素的影响，早稻茬也是种植鲜食甜、糯秋玉米的主要茬口。

高温和干旱是影响稻茬秋玉米高产的主要因素，覆盖稻草能调节土壤温度和水分动态，为玉米生长提供一个相对良好的小气候环境，可有效降低高温和干旱对稻茬免耕栽培秋玉米的生理伤害作用，提高玉米叶面积指数和玉米叶片光合势，增加叶绿素含量，对提高玉米产量产生积极的影响（卿国林，2009）。在中国红壤丘陵稻作区，利用稻草覆盖还田，既可以充分发挥其培肥土壤肥力的作用，又能增强旱作农业系统抵御季节性干旱胁迫的能力，具有双重效应。

玉米（两段覆膜）-水稻（塑盘旱育大苗抛栽）种植方式，可使玉米熟期、水稻移植期前移 4～7 d，具有玉稻产量同步增加、种植效益整体提高的功能。与常规的玉米（营养钵苗移栽）-水稻（长龄大苗手栽）相比，粮食增长率 16.7%、新增纯收益率 34.1%、省工率 18.3%；与常规的玉米（地膜直播）-水稻（塑盘中苗抛栽）相比，粮食增长率 24.6%、新增纯收益率 24.5%、边际成本报酬率 4.5（刘建，2000）。

三、整地

(一) 免耕直播

稻田秋玉米免耕直播是南方丘陵区稻田秋玉米种植的主要方式之一。其整地一般要求低割禾苑，采取齐泥割或留 5 cm 以下的禾桩，防止再生苗的发生，水稻收割后及时把稻草搬出稻田。如果整地前田间积水严重应搞好排水沟，做到明水能排，暗水能滤，确保水改旱后土壤疏松、不湿、不潮。杂草较多时应进行播前除草，在播种前 8～10 d 选用高效、安全除草剂对田间稻桩再生稻苗和杂草进行叶面喷雾，然后直接在未经翻耕犁耙的稻田打洞种植，与传统稻茬秋玉米栽培相比，稻田秋玉米免耕栽培具有省时、省钱、省力、操作简便等特点。

小麦茬口夏玉米免耕直播要求在收获小麦时，应尽可能选用带有秸秆粉碎和切抛装置的小麦收割机，小麦秸秆粉碎的长度不要超过 10 cm，粉碎后的小麦秸秆要抛洒均匀，不要成垄或成堆堆放，小麦留茬高度不应超过 20 cm，对于麦秸成垄或成堆堆放的地块，可将麦秸人工抛开、散匀。有条件的可在播种前用灭茬机械先进行灭茬，然后再播种。

春玉米茬口秋玉米免耕直播，即利用春玉米田的畦和沟直接播种秋玉米，以免去翻耕作畦等田间作业，具有省时、省工、节本增收等优点，播种要求清理干净田间杂草和上季玉米秆。

有些前茬作物为地膜覆盖种植，前茬作物收获、清理后可直接在原有地膜上进行打洞种植秋玉米，利用原有作物的地膜、厢、沟，不翻土、不整地，达到种植轻简化的目的。

(二) 茬后整地

整地质量的好坏直接关系玉米的生长、发育和种植收益。长江中下游平原玉米种植茬口多样，前茬地为水田和旱地兼有，不同的前茬地整地要求不尽相同。

水稻茬口种植玉米，由于涉及水田改旱地，对玉米播种前整地质量要求较高。一般要求同稻田秋玉米免耕直播，但整地要精细，耕后反复耙地，要耙碎、耙平、耙细，疏松土壤，提高土壤透水性和通气性，促使潜在肥力活化，为种子萌发和幼苗生长创造良好的土壤条件。整地后应开沟做厢播种，厢面宽 1～2.5 m，厢沟深 20～30 cm，沟宽 20 cm，做到旱能灌、涝能排。

其他旱地作物茬后种植玉米整地，一般在整地前首先清除地上部分上季作物废弃物和杂草（除草可在在播种前 8～10 d 选用高效、安全除草剂），然后施底肥翻土整地，整地要达到碎、平、细的要求，最后开沟做厢，开沟做厢要求与水稻茬种植秋玉米相同，为减少开沟劳动力，可直接在原有厢面上翻土、整地、施肥，对原有水沟稍作清理即可应用。

四、种植方式

在不同地区不同播种季节中多熟种植条件下，以鲜食玉米为主的玉米种植中，既可实行单作，也可与其他作物进行间套作。

(一) 江苏沿江稻区玉米-稻模式

此种模式一般采用玉米营养钵育苗移栽、水稻长秧龄大苗手栽种植以及玉米直播地膜覆盖、水稻塑盘育苗中苗抛栽种植和玉米两段覆膜栽培、水稻塑盘旱育大苗抛秧栽培等。现以玉米两段覆膜栽培、水稻塑盘旱育大苗抛秧栽培为例。此种种植方式要求稻田土壤冬翻，可以节省整地用工并提高播种质量；精选种子催芽精播，能够节省定苗用工，提高全苗率，降低空秆率；改育苗移栽为除草药膜覆盖直播，节省育苗、除草用工，增温保墒，早播（由4月10日提早到3月底），提高资源利用率，将玉米每公顷一季用工300个降至120个。利用玉米秸秆还田机进行秸秆还田，玉米茬后季稻改移栽为塑盘旱育抛栽。此种种植方式可使玉米熟期、水稻移植期前移4～7 d，具有玉稻产量同步增加、种植效益整体提高的功能。与常规的玉米（营养钵苗移栽）-水稻（长龄大苗手栽）相比，粮食增长率16.7%、新增纯收益率34.1%、省工率18.3%；与常规的玉米（地膜直播）-水稻（塑盘中苗抛栽）相比，粮食增长率24.6%、新增纯收益率24.5%、边际成本报酬率4.5（刘建，2000）。

(二) 春玉米 (鲜)-秋玉米 (鲜)-冬青菜模式

春玉米播种前要因土制宜的开沟。黏土地，应在头年冬天按畦面净宽1 m开沟，使土地经过一个冬天的冰冻风化而细碎。同时冬天开沟也是避免翌年春季雨水多，不利开沟作业，变被动为主动的好方法。在土质疏松地沙土、壤土地区或田块，则可在播种前半个月开沟、做畦，沟的宽度和深度一般以20 cm、30 cm为宜，也可根据地势、地形适当调整宽度和深度。种植方式可选择育苗移栽或直播后覆盖地膜。春玉米（上海地区）一般于3月15～20日播种，6月中旬即可采摘上市，至6月底7月初采收结束。

秋玉米可采用连作免耕露地直播或整地种植等播种技术，因秋玉米播种阶段气温较高，容易导致地表干燥，适当深播有利于保全苗和提高苗期抗旱能力。如天晴地燥，土壤墒情差无法下种时，可先进行沟灌，水深以低于畦面2～5 cm左右为宜，让水分慢慢渗透畦面，然后排干沟中水，待机播种。秋玉米（上海地区）播种期一般在7月初，9月上中旬可采摘上市。

冬青菜可采用育苗移栽，亦可免耕直播。一般于9月中旬秋玉米收获后，清除地上部分的玉米秸秆和杂草后，进行育苗移栽或免耕直播种植，10月中旬即可采摘上市。

(三) 鲜食玉米-大豆/甘薯间作套种或鲜食玉米-鲜食大豆模式

在浙江省甘薯与鲜食玉米、大豆带状套作是在春季鲜食玉米、大豆收获前20～25 d，分别在玉米、大豆畦两边套作早熟甘薯，鲜食玉米和大豆采收后单独生长50～60 d就提早收获上市，以保证秋季鲜食玉米和大豆能安全采收。在鲜食甜糯玉米和大豆品种选择上，要选用品质好、早熟品种，甘薯应选择藤蔓生长少、单株薯块多而小、早熟、品质好的迷你型品种。

鲜食玉米大豆带状间作技术是采用玉米与大豆 2：2 带状间作模式，玉米保持与单位面积清种株数基本相同，最大限度发挥边际优势，充分利用大豆玉米形态、生理差异互补，利用光能有效，实现玉米大豆带状间作，春季和秋季季间交替轮作，达到适应机械化作业、作物间和谐共生的二季四收种植模式。这种技术既保证了玉米稳产高产（大豆与玉米间作，既不会与玉米争地，又能培肥地力，两者共处既能增加单位面积产量），又能显著提高单位面积蛋白质等高营养成分的产量，提高经济和社会效益（王桂跃等，2015）。

（四）其他种植模式

大棚蚕豆/鲜食玉米-鲜食玉米一年三熟种植模式。大棚蚕豆于 9 月中下旬至 10 月上旬移栽，翌年 2 月底至 3 月上旬开始采收蚕豆鲜荚，4 月下旬采收结束；春季鲜食玉米于 4 月中旬套种在蚕豆空行间，7 月上中旬采收；第二季鲜食玉米于第一季鲜食玉米收获后直播，10 月上旬采收。

鲜食蚕豆/春玉米-夏（秋）大豆/秋玉米一年四熟种植模式，采用 140 cm 组合，鲜食蚕豆于 10 月中下旬播种于两侧各 140 cm 播幅中，翌年 5 月上中旬采收，收获结束及时清理蚕豆茬；中间 140 cm 播幅留作 3 月下旬至 4 月上旬播种鲜食春玉米，玉米采用双行播种，7 月中旬收获青玉米，收获结束及时清理玉米茬；夏（秋）毛豆于 7 月中下旬点播于秋玉米行间（即原春玉米茬），于 9 月下旬至 10 月上中旬青荚成熟收获；秋玉米于 7 月下旬至 8 月上旬直播于蚕豆茬口处，于 10 月中下旬青玉米成熟收获。

鲜食玉米/水稻/青菜一年三熟种植模式，鲜食玉米于 2 月初小环棚育苗播种，3 月初定植，6 月中下旬收获；水稻于 6 月初播种，7 月初移栽，11 月初收割；青菜于 9 月底播种，11 月上中旬定植，12 月初开始收获至翌年 1～2 月收毕，不同地区各作物的播种时间可适当调整。

五、播种

（一）直播

1. 播季和播期对鲜食玉米产量的影响

（1）各地不同播季播种日期范围　浙江全年适宜播期为 2 月 20 日至 5 月 20 日和 6 月 28 日至 8 月上旬，其中春玉米 3 月 10～15 日、秋玉米 7 月 15～20 日为最适播期。

江苏春播玉米播期为 3 月 20 日至 4 月 10 日，秋播玉米播期为 7 月下旬至 8 月中旬。

上海春季地膜覆盖栽培 3 月中下旬播种，露地直播 4 月 5 日以后为宜；秋季栽培 8 月 10 日之前播种完毕。

江西春播玉米播期为 3 月上旬至 4 月下旬，如果是育苗移栽或保护性栽培，可提前至 2 月下旬播种，最晚不超过 5 月 5 日。秋播玉米播期为 7 月上旬至 8 月中旬，最迟不超过 8 月 20 日，其中以 7 月下旬至 8 月上旬播种为最佳时期。

安徽春播玉米播期为 3 月 20 日至 4 月 10 日，秋播玉米的适宜播种时期为 7 月中旬至 8 月上旬。

湖南春播玉米播期为 3 月中旬至 4 月上旬，如是育苗移栽，可提前至 3 月上旬。秋播玉米播期为 7 月下旬至 8 月中旬。

湖北春播玉米播期为 3 月 20 日至 4 月 20 日，秋播玉米播期为 7 月中旬至 8 月上旬。春播一般要求土温稳定在 12℃时。如为了提早上市，武汉地区在 2 月下旬播种，双膜保护地栽培。也可选用早熟品种，采用地膜覆盖栽培技术，于 3 月中旬播种；露地栽培于清明前后播种；4 月下旬不宜种植。武汉地区秋播在 7 月中旬至 8 月 5 日播种。

（2）播季和播种日期对产量的影响　不同播季、不同播期对鲜食玉米的植株生长发育均有一定程度的影响，对茎粗、株高、株重、行粒数、籽粒出产率、百粒重、行粒数等产量性状都有影响。

不同播种日期对甜玉米穗粒数和百粒重影响最大，玉米适期播种会使秃尖减小、穗粒数增加、百粒重提高。秋播播种过早时，气温过高，植株发育过快而瘦弱，果穗形成阶段气温较高，昼夜温差小，不利于可溶性糖分的积累，甜度和风味要差些，自然产量也会有所降低。播种较晚时，光、温有所下降而生物产量减少，气温逐渐降低，生育期也相对较长，有利于可溶性糖及其他营养成分的积累，可溶性糖和营养成分增加，甜度和风味更佳，产量也相对较高。春播正好与之相反。随着播期的推迟，株高、穗位高、穗长、行粒数、穗重和产量呈抛物线变化。

秋播播种早的温度过高影响孕穗和授粉、受精及结实，表现为空秆率较高，穗行数减少，产量降低。播种较晚的生长期较长，后期气温逐渐降低，生长速度慢，光合效率低，若加强管理，可获得相对较高的产量。春播则反过来，播种早的产量较高，播种较晚的产量降低。

无论春播还是秋播，播期对糯玉米植株性状影响较小，但对果穗性状影响很大。随播期推迟，秃尖长增长，行粒数、穗粗、百粒鲜重、籽粒深度减小，从而影响产量。穗粒数和籽粒鲜重均随播期的推迟而有所降低。由于粒数、粒重均为产量构成的要素，它们的下降会导致果穗鲜重降低，进而影响了糯玉米的商品性状和产量。

2. 种植密度对鲜食玉米产量的影响

（1）鲜食玉米适宜种植密度　长江下游平原范围内，适宜密度如下：

安徽鲜食玉米种植密度：一般为 52 500～60 000 株/hm²。

江苏鲜食玉米种植密度：一般为 45 000～57 000 株/hm²。

上海鲜食玉米种植密度：一般为 52 500～60 000 株/hm²。

江西鲜食玉米种植密度：一般为 45 000～57 000 株/hm²。

浙江鲜食玉米种植密度：一般为 52 500～60 000 株/hm²。

湖南鲜食玉米种植密度：一般为 48 000～60 000 株/hm²。

湖北鲜食玉米种植密度：一般为 52 500～58 500 株/hm²。

合理的种植密度与鲜食玉米品种、肥水和气候条件有关。晚熟品种单株生产能力强，应适当稀植；反之，植株矮小的早熟品种应适当密植。肥力较高的地块可适当密植；肥力较差的应适当稀植。在低纬度和高海拔地区可适当密些。一般以 5.25 万～6.00 万株/hm²

为宜。

甜玉米品种在高密度下和低密度条件下产量差别不大或者说增、减产不显著。甜玉米品种密度的增加，会使其商品率降低，空秆、倒伏情况发生，造成商品性差，有效产量增加不明显，甚至减产。因此，甜玉米从目前品种来看，种植密度以 5.25 万株/hm² 为宜。

糯玉米品种在低密度稀植条件下，双穗率较高，但第二果穗易出现畸形，难以形成有效产量。在高密度条件下，糯玉米产量较高，但果穗短，秃顶长，商品外观性差。只有在适宜密度条件下，糯玉米的叶面积指数才会处在合理范围内，既能保证糯玉米高产，又能保证糯玉米果穗达到加工或鲜食的要求。

（2）青贮玉米适宜种植密度　青贮玉米是果穗和茎叶均可用作饲料的玉米品种，因其营养价值高、非结构性糖类含量高、木质素含量低、单位面积产量高而成为畜牧业的主要饲料来源。虽然南方青贮玉米种植面积比不了北方，但随着南方奶牛业的发展，作为优良饲料的青贮玉米需求量大增，南方青贮玉米种植面积呈逐年上升趋势。青贮玉米生物产量高，生长周期短，在长江下游平原地区大有发展前途。目前江浙地区青贮玉米的适宜种植密度为 6.9 万～7.5 万株/hm²。

（二）育苗移栽

1. 育苗时期　为了提高鲜食玉米的效益，育苗移栽有利于鲜食玉米的早熟上市，从而达到增效的目的。育苗时期的确定是由气温或地温来决定的，一般双覆膜早熟栽培的播期应比常规地膜栽培提早 15～20 d 至 2 月中下旬。

2. 各地玉米育苗技术

（1）湖南各地育苗技术　因鲜食玉米的籽粒小而皱缩，发芽率低，应进行催芽育苗移栽。将精选的种子在 25 ℃左右的温水中浸泡 7～8 h 后捞出，包在湿布中，放于 25～30 ℃左右条件下催芽，80% 露白后播种。采用营养钵或方块营养土小拱棚覆盖薄膜育苗。

（2）上海地区育苗技术　选择土质疏松、肥力水平高、背风向阳、管理方便的旱地壤土作为苗床。选择无病菌、杂草和虫卵、疏松的冬闲田表土作为营养土，每 1 000 kg 细土加入腐熟有机肥 300 kg、复合肥 2 kg 等搅拌均匀，再加入 30% 苗菌敌 40 g 拌匀，使营养土水分适宜，手捏成团，落地即散。再把苗床湿透，摆上育秧盘，每个孔内填上 3/4 的营养土，然后放入 1 粒种子，盖上营养土，以竹子或棍子拨去盘面上的土，最后采用双膜覆盖，下层膜直接平铺在盘面上，上层膜覆盖在竹子或竹片上作拱棚。待齐苗后注意揭开两头通风降温，同时揭去下层膜，在移栽前要进行炼苗。

（3）江浙地区育苗技术　选择地势平坦、土壤疏松、阳光充足、背风、近水源和肥力水平较好的地块作苗床。精细整地后，按要求做成深 10 cm、宽 2 m 左右、长度适中的苗床，在苗床周围用细竹、竹片或枝条等作拱棚并覆盖透明无色塑料薄膜，用土压实薄膜四周。

苗床做好后进行营养土配制。通常用 60%～70% 熟地肥沃表层土、30%～40% 腐熟农家肥，加浓度为 0.05% 的磷酸二氢钾和浓度为 0.05% 的硫酸锌，充分混合，过筛，加水，翻拌均匀，达到手捏成团，抛之即散，手上留有湿印即可。然后将营养土装入营养孔中适当压实压平即成营养钵。将营养钵整齐排列在苗床内，钵间应紧密无间隙，随后在营养钵上面正中部位，扎一个直径和深度为 1 cm 的小孔。在营养钵上排好鲜食玉米种子，略加镇压，用细肥土或焦泥灰盖种，厚约 2 cm，浇透水。超甜玉米种子由于干瘪皱缩，发芽势较弱，幼苗顶土能力差，因而覆土要浅于糯玉米，以 1 cm 左右为宜。如育苗播种时间比较早，为提高发芽率，先将玉米种晒 1～2 d，选择无霉、饱满的籽粒，用 50 ℃温水浸种 50～60 min，捞出晾干种子表面水分，用湿纱布包好，置于 30 ℃的恒温条件下催芽。待种子发芽后，播于营养钵内，每钵播 1 粒，盖上适墒营养土 2 cm。等出 1～2 片叶时，要逐渐掀膜，炼苗促壮，防止徒长，增强秧苗素质，培育壮苗。

3. 移栽时期和方法

（1）适时移栽，密度适宜　苗龄 20 d 或叶龄 3 叶 1 心，第一层次生根已经形成时移栽为好。移栽时苗龄短、秧苗小，虽易成活，但增产效果不明显；苗龄过长、幼苗过大，移栽时伤根多，成活率较低，且移栽期离幼穗分化期的时间过短，会明显抑制单株的发育，降低单株产量。春播玉米移栽期间，常有寒潮低温天气，应根据土壤温度和天气情况，选择晴天无风天气带水移栽，有利于新根生长，还可以防止土壤板结，促进成活。移栽时采取宽窄行栽培，以利通风透光，提高光合效率。一般宽行距 60～70 cm，窄行距 40 cm，株距 30～40 cm，栽植密度 5.25 万～6.00 万株/hm² 为宜，根据移栽密度，确定株行距。可挖穴点栽或开沟摆栽，深度以埋没营养钵为宜，与原苗床生长的深度一致。

（2）移栽方法　栽前放风炼苗，在玉米长到 3 叶 1 心叶时，进行移栽。移苗时要尽可能保持营养钵完整不裂，严防断根、跑墒；要淘汰瘦小弱苗、颜色和形态异样的杂苗；选择均匀一致的茎扁、叶宽、色绿的壮苗移栽。在移栽过程中，要将同级大小苗栽到一处，严防苗龄不一、混栽一起，造成大苗遮小苗、强苗欺弱苗、产生空秆，影响产量。要随起苗随移栽，移栽时不能栽得太深，幼苗根部不能直接与底肥接触，幼苗叶片向沟，边栽边浇足定根水，待水渗透，覆土保墒，随后覆盖地膜压严、压实。移苗后第二天再浇 1 次水，防止幼苗脱水。有条件的也可灌跑马水。

考虑到早春气温低且不稳定，有的地方应适当推迟到玉米苗 4～6 叶时，将整个营养土保持完好移入大田畦内，尽快浇一遍腐熟的稀人粪尿或活棵水，用湿土封好口，不留空隙，覆膜或加盖小拱棚。

4. 定苗　适时定苗。鲜食玉米在 3～4 叶期就需定苗，如果是粗缩病发生严重的地方也可推迟到 5～7 叶期定苗。定苗时要留壮苗、匀苗，去弱苗、小苗、病虫苗。缺苗时可在同行或相邻行就近留双株。

（三）隔离

玉米属异花授粉作物，串粉易影响玉米的粒色、甜度、糯性等品质性状。甜、糯玉米与普通玉米串粉杂交，籽粒易变成普通玉米，失去甜味和糯性，品质下降，串籽越多，品质下降越显著。因此甜、糯玉米种植要与普通玉米隔离，以保持糯性和甜度。隔离方法有空间隔离、时间隔离和屏障隔离。空间隔离，不同类型玉米地应相隔 300～500 m；时间隔离，不同类型玉米错开 20 d 以上播种，使两者花期不遇；屏障隔离，即利用树林、房屋等自然屏障阻挡其他类型玉米花粉传入。

甜、糯玉米是由隐性基因控制的，甜、糯玉米品种相互之间混种也易串粉影响品质，所以隔离种植是甜、糯玉米生产成败的关键。隔离方法可采用：自然空间隔离，即在 300～400 m 内无甜、糯玉米品种混合种植；障碍隔离，即利用村庄、房屋、树林等作为隔离带把甜、糯玉米隔离种植；时间隔离，即甜玉米应与糯玉米花期错开 15～20 d。

六、田间管理

（一）按生育阶段进行管理

1. 苗期管理

（1）直播玉米苗期管理措施　鲜食玉米籽粒较小，营养物质较少，出苗后幼苗较弱，根系发育不好，要早追肥早中耕，促早发，一般苗期追肥 2 次左右，每次追施尿素 75～150 kg/hm²。苗期应在保证苗全、苗齐、苗匀、苗壮上下功夫，要早定苗，一般幼苗 2 叶期间苗，3～4 叶期定苗。拔节期应重施平衡肥，一般追施尿素 150～300 kg/hm²、K 肥 150～225 kg/hm²。玉米苗期最怕干旱和缺水，俗话说肥水不分家，要做到旱了能灌，涝了能排，土壤水分应保持在 60%～70%。

（2）育苗移栽玉米苗期管理措施　育苗移栽的最佳苗龄在 2 叶 1 心，要做到适时移栽，栽前放风炼苗。移栽时先浇水后封土，移苗后 2～3 d 再浇 1 次水，防止幼苗脱水，促进早缓苗，遇旱要及时沟灌润墒，做到水不上畦面。做到早发苗，提高移栽成活率。栽后 4～5 d，要进行查苗，发现有倾斜的要及时扶正，有缺苗、死苗的，要及时带土移栽补苗。幼苗移栽活棵后应早追肥，一般追肥 2 次，每次追施尿素 75～150 kg/hm²。拔节期应重施平衡肥，一般追施尿素 150～300 kg/hm²、K 肥 150～225 kg/hm²。苗期保持土壤墒情适宜，不旱不涝。

2. 穗期和花粒期管理　玉米在大喇叭口期应看苗施穗肥，一般追施尿素 75～150 kg/hm²、K 肥 150～225 kg/hm²，在距玉米植株 10 cm 的地方开沟或挖穴，将准备好的肥料施入，并培土压根。追施穗肥使穗长、穗粗、穗行数、行粒数、千粒重和出籽率有明显的增加，更利于玉米生长，使其植株健壮，青秆成熟，籽粒大饱满、品质好、产量高。同时要加强开花授粉和籽粒灌浆期的肥水管理，切不可缺水，土壤水分应保持在田间持水量的 70% 左右。通过叶面喷施叶面肥在保花增粒和增加粒重上也可起到事半功倍的效果。

（二）施肥

1. 肥料种类、施用时期和方法　N 肥既可作基肥也可作追肥，一般作追肥用得多。N 肥主要用于苗期、拔节期。苗期 N 肥一般于田间灌水后点施或下雨后穴施，也可淋水浇根。拔节期 N 肥一般通过中耕培土时沟施，然后壅土压根。

P 肥一般用作基肥，于整地前撒施，不用作追肥。

K 肥也是既可作基肥也可作追肥，一般作追肥用得多。K 肥主要用于拔节期、穗期和吐丝期。苗期追施 K 肥跟 N 肥一起点施或穴施。拔节期、穗期和吐丝期 K 肥一般通过沟施作追肥。

2. 施肥对籽粒物质形成累积特征的影响　物质形成与累积是作物完成生长发育的基本条件，也是取得经济产量的基础，而矿质养分供应水平影响着物质形成和累积效率。研

究表明，N 素供应水平在很大程度上决定玉米产量高低，是实现增产的主要营养元素之一。

施肥措施中的 N 素供应对提高甜玉米物质形成与累积具主导作用，P 和 K 的效应相对较小。施 N 对提高不同生育期植株干物重的效应，表现出前期作用相对较小、中后期作用显著增大，而施 P、K 对提高各生育期间植株干物重的效应差异却不明显，也就是说施 P、K 肥对甜玉米物质形成累积的影响较小。

甜、糯玉米一般在籽粒生理成熟期前收获，生育期相对较短，其物质累积规律形成自身鲜明特性。从拔节期至抽雄期，以及从吐丝期至成熟期会形成两个物质形成累积高峰阶段，其中吐丝期至成熟期的物质快速形成累积更为明显。甜、糯玉米物质形成的两个高峰也是矿质营养敏感期。这一物质累积特点虽然有别于其他谷类作物，但依然基本保持 S 形增长曲线。养分吸收是干物质累积的基础，养分吸收速率增高有助于干物质累积速率的提高。因此，根据不同养分最大吸收速率出现的时间，在关键时期施肥，会促进作物对养分的吸收利用和有效地提高肥料利用率。有关研究证明，根据不同玉米种类生长发育差异进行优化施肥，能够显著提高产量和肥料养分利用率。

3. 施氮量对产量性状的影响　以甜玉米为例。甜玉米整个生育期的施 N 量一般为 $180 \sim 360 \ kg/hm^2$。施 N 使甜玉米产量、穗长、穗粗、穗行数、行粒数、千粒重和出籽率增加，而对秃尖率无影响。但只有适量的 N 肥才能提高甜玉米产量和可溶性糖含量。在 N 肥 $225 \sim 300 \ kg/hm^2$ 的施用范围内，增施 N 肥可以有效地使甜玉米的叶面积、鲜苞产量、穗长、穗粗、行粒数增加，当 N 肥使用量在 $300 \sim 375 \ kg/hm^2$ 时，对增加百粒鲜重和百粒干重有显著效果。N 肥最佳施用量约为 $300 \ kg/hm^2$，能有效地提高叶面积和穗长等产量性状，同时不会导致 N 肥使用过量而引起 N 素营养过剩，使得甜玉米贪青长得过于繁茂，生殖器官畸形发育，生长期延长等情况。因此，在生产实践中，合理的施 N 量对提高甜玉米产量、改善商品品质具有重要意义。

4. 氮磷钾配施的作用　鲜食玉米整个生育期中吸收的养分，以 N 素为最多，K 次之，P 则更少。N 肥用量的多少对玉米的株高和穗位的作用较为显著。P 肥和 K 肥则对玉米籽粒的发育与产量的形成作用明显。

鲜食玉米各个生育时期对 N、P、K 的需求量，以大喇叭口期至吐丝期为最大。施 N 能显著增加玉米产量、穗长、穗粗、穗行数、行粒数、千粒重和出籽率；施 P 能显著提高玉米产量和穗长，显著降低了玉米穗行数和秃顶率；施 K 则能显著降低玉米穗长、行粒数、千粒重、出籽率和秃顶率。K 肥的丰缺与玉米生长状况关系密切。K 素充足，则玉米生长良好，植株健壮，青秆成熟，籽粒大饱满、品质好、产量高；缺 K 素时玉米生长不良，严重时后期生长失衡、茎细弱，提前成熟，收获前倒伏、籽粒小而干瘪，严重影响产量和品质。因此，建议玉米生产中注重 N、P 肥料与 K 肥的配合使用，特别注重农家肥的施用。

玉米施肥应以土壤肥力状况为基础，以玉米生长发育规律和需肥特性为中心，以增施 N 肥为主，合理地配合施用 P、K 肥，通过测土配方与肥料合理施用，达到均衡营养、平衡养分、减少污染、降低成本、提高肥效、达到最大效益的目的。

（三）灌溉

根据玉米全生育期的需水规律，一般的灌水时期分为播前、苗期、拔节期、抽雄期、灌浆期等时期。但具体什么时候灌水，则要根据玉米生长发育状况、土壤墒情、降雨情况等来决定。毫无疑问，水分的多与少都会影响到玉米的生长发育和产量。从总体发展趋势来看，缺水是影响玉米生长发育与产量的主要因素之一。一般来说，玉米全生育期应浇好5次关键水，分别为造墒水、幼苗水、拔节孕穗水、抽穗水和灌浆水。

玉米全生育期要保持土壤湿润，在灌水措施上，头水适当晚浇，以利蹲苗，促进玉米根系深扎。二水、三水要及时跟上，一般玉米全生育期灌水5次左右，即苗期、拔节期、大喇叭口期、抽雄期、灌浆期灌水，灌水则以不漫过畦面为准。以保证玉米生长发育对水分的需要。

与灌水时期紧密相关的是灌溉方法。播前若遇到旱情，无法正常播种，可采用以下灌溉方法：一是坐水种植法，即播种后对土壤畦面进行人为浇水，此法既可节水，又可保全苗。二是沟灌法，玉米地采用沟灌非常方便，而且能较好保持耕层土壤团粒结构，改善土壤通气状况，促进玉米根系发育，增强抗倒伏能力。这种方法既省工又节水。三是畦田分段灌溉法，灌溉水进入畦田，在畦田面上的流动过程中，靠重力作用渗入土壤，当水流达到畦长的八九成时把水改往其他畦，具有明显的节水效果，既可提高田块内灌溉水的均匀度，又可减少田间深层渗漏和土壤养分淋失。四是管道输水灌溉法，用管道输水可减少渗漏损失、提高水的利用率。目前采用的一般有地下硬塑料管，地上软塑料管，一端接在水泵口处，另一端延伸到玉米畦田远端，灌水时，挪动管道出水口，边灌边退。这种移动式管道灌溉，不仅省水，功效也较高。五是间歇灌溉法，利用间歇灌前次放水湿润了土面，使表层土壤形成了密实的表面，降低了田间粗糙度和水流阻力，加快后一次的水流速度；另外在前次灌水的消退过程中，由于毛细管的作用在土壤表层空隙中产生了一些气泡，使得后续灌水的土壤入渗率减小，保证了水流的快速推进，从而提高了灌水效率，达到了节水目的。

玉米对水分特别敏感。遇涝害时要及时采取田间管理措施，做到及时清理"三沟"，排出田间积水，防止玉米涝渍。

七、病虫草害和灾害性天气应对

（一）病虫草害防治与防除

1. 多发性病虫害　长江下游平原常见的多发性玉米病害有大斑病、小斑病、锈病、矮花叶病、茎腐病和纹枯病等。常见的多发性虫害有地老虎（大地老虎、小地老虎和黄地老虎）、蛴螬、金针虫、蝼蛄、玉米螟和蚜虫等。

2. 病害危害和防治方法

（1）玉米大斑病、小斑病　主要危害叶片，叶鞘、苞叶、果穗和茎等处也有发生。天气潮湿时，小斑病病斑上生出暗黑色霉状物，高温阴雨高湿条件下，低洼地田间密度过大郁闭时易发病；大斑病病斑上可长出黑色霉状物，阴雨高湿条件下易发病。

防治方法：用25％嘧菌酯悬浮剂1 500～2 000倍液或75％代森锰锌可湿性粉剂500～800倍液喷雾，每隔7～10 d喷1次，连喷2～3次。

（2）锈病　主要危害玉米叶片，初期在叶片上出现黄色至橙黄色突起的小脓包状病斑，后期病斑表皮破裂，散出黄色至黄褐色粉状物，严重时病斑遍布全叶，散发锈色粉状物。

防治方法：用20％三唑酮乳油1 500倍液，或50％多菌灵可湿性粉剂600～800倍液喷雾，间隔7 d喷1次，连续防治2～3次。

（3）矮花叶病　玉米感病常在6～8叶时就表现出典型的症状，除可能是带毒种子直接形成病株外，苗期田间蚜虫是传播病害的最重要介体。玉米幼苗心叶基部脉间首先产生圆形褪绿斑点，褪绿病斑逐渐向全叶扩展、表现为典型的花叶状。

防治方法：玉米出苗后应结合间苗及时拔除病苗，减少传毒中心，及时根据田间蚜虫和灰飞虱等传毒媒介发生状况使用杀虫剂，如用10％吡虫啉可湿性粉剂1 000～1 500倍液或50％抗蚜威可湿性粉剂800～1 000倍液喷雾，减少病毒传播介体。清除田间垄边杂草，消灭灰飞虱等昆虫的寄生场所。若发病后田间病株较多，用20％病毒灵1 000倍液或5.5％植病灵500～800倍液喷雾。

（4）茎腐病　主要危害茎基部，在茎基部节间表面产生浅褐色至深褐色水渍状斑，随病害发展髓部组织软化，腐烂，维管束分裂成丝状，茎褐腐病部主要出现在地面上第二、第三节，严重时达到第四节以上。一般发生在玉米的生长中后期，植株在生长中突然叶片失水逐渐萎蔫，植株青枯，或茎基部变色成黄褐色到暗褐色水渍状、腐烂和髓部中空，易倒伏，果穗下垂，籽粒干瘪。该病在30 ℃以上高温高湿田间积水情况下发病重。

防治方法：

① 前茬作物收获后，及时清除病残体，并远距离深埋，减少田间菌源。

② 实行3年以上的轮作制度。

③ 合理施肥，提倡在满足玉米对N肥的需求的前提下，重施P、K肥，以及腐熟的有机肥。

④ 加强管理，由平作改垄作，适时浇水，雨季注意雨后排水，发现个别病株应当及时拔除。

⑤ 药剂防治，发病初期用天达裕丰2 000～2 500倍＋72％农用链霉素水剂3 000倍＋96％噁霉灵3 000倍喷施基部2～3次，或50％多菌灵可湿性粉剂500倍液＋72％农用链霉素水剂3 000倍液喷灌茎根部防治，每株0.1 kg以上，间隔7 d再用1次或用80％重茬宝可湿性粉剂600倍液或70％甲基硫菌灵可湿性粉剂800～1 000倍液喷洒茎部。病害发生严重的2 d喷1遍，连喷3遍。

（5）纹枯病　主要危害茎，叶鞘、苞叶、果穗和叶片等处也有发生。

防治方法：用5％井冈霉素水剂1 000倍液，或20％三唑酮乳油1 000倍液，或50％多菌灵可湿性粉剂500～800倍液喷雾，重点喷果穗以下的茎叶，间隔7 d，连续防治2～3次。

3. 虫害危害和防治方法

（1）害虫危害　地下害虫咬食或钻蛀玉米幼根、地下茎、幼苗嫩茎，常常使玉米幼苗因主根或茎被咬或蛀断后而导致死亡。地上害虫咬食玉米叶片或钻蛀玉米幼茎或叮食玉米穗部，常常使玉米叶片缺失或茎被蛀后倒折或畸形生长。

（2）地下害虫防治方法　播前土壤施药控制地下害虫，用40％辛硫磷乳油500 g，适量加水后拌细土15 kg，每公顷撒施450～750 kg。出苗后用药诱杀地下害虫，在危害发生初期，可人工捕捉地老虎和蝼蛄，或用90％敌百虫晶体1 kg加水适量拌入炒香的米糠或麸皮80～100 kg制成毒饵，施75～120 kg/hm²，傍晚堆撒在地头上并盖上新鲜嫩草进行诱杀；也可用40％辛硫磷乳油7.5 kg/hm²混合细沙450 kg/hm²撒施，或用40％辛硫磷乳油800倍液制毒土防治；还可用25％决杀灵乳油（主含量辛硫磷1.875％，氰戊菊酯6.25％）1 000倍液或52.25％毒·氯氰菊酯乳油1 000倍液进行全田喷雾。

（3）地上害虫防治方法

① 释放赤眼蜂。在玉米螟产卵期放蜂，放蜂量和次数根据螟蛾卵量确定一般每667 m²地释放1万～2万头，分两次释放；雨季要抢晴放蜂，做到大面积连片放蜂，有利于提高防治效果。

② 利用白僵菌治螟。白僵菌可寄生玉米螟幼虫和蛹，在早春对残存的秸秆，逐垛喷白僵菌粉封垛；田间喷施，用80亿～100亿孢子/g的白僵菌粉加滑石粉或草木灰按1∶5混匀，每公顷15～30 kg用机动或手摇喷粉器喷粉，防效80％～90％；也可将配制好的白僵菌颗粒剂在玉米螟一代幼虫发生时进行大喇叭口灌心，防治效果显著。

③ 用苏云金杆菌（Bt）颗粒剂治螟。在玉米心叶末期前撒入心叶里，每公顷用7.5 kg。

④ 物理防治。利用螟虫的趋光性，采用杀灯光诱集杀灭成虫。

⑤ 化学防治。在玉米心叶期施用颗粒剂灌心，3％米乐尔颗粒剂或1％辛硫磷颗粒剂，每公顷用量15～30 kg，使用时加5倍细土或细河沙混匀撒入喇叭口；也可选用巴丹（沙蚕毒素类）可湿性粉剂灌心，每公顷用750 g。对于喜在叶面取食的虫类，可以用以下药剂喷雾防治：8 000 IU/mg苏云金杆菌悬浮剂1 000倍液、20％米螨悬浮剂（昆虫蜕皮促进剂）1 200倍液、1％杀虫素乳油（微生物天然产物）1 500倍液。对于叮食性虫类，主要喷以下药剂防治：10％吡虫啉可湿性粉剂1 000倍液、5％啶虫脒乳油2 000倍液或5％烯啶虫胺1 000～1 500倍液喷雾。

病虫害防治方法以农业防治为主，化学防治为辅。病虫害防治应早防早治，在心叶末期用高效低毒农药如Bt乳剂、氯虫苯甲酰胺类农药等防治玉米螟。农业防治主要措施有选用抗病虫品种，调整品种合理布局，轮作倒茬，深耕灭茬，适期播种，合理施肥，及时灌溉排水。

4. 杂草种类、危害和防除

（1）杂草种类　长江下游平原玉米地危害较普遍的杂草约有30种。其中优势杂草主要有马唐、牛筋草、双穗雀麦、狗牙根、旱稗、千金子等禾本科杂草；黄花草、鳢肠、马齿苋、铁苋菜、反枝苋、灰绿藜、苘麻等阔叶杂草。多年生杂草有问荆、刺儿菜、打碗花、芦苇、小根蒜等，莎草科杂草主要有香附子、异型莎草、碎米莎草、牛毛草等。

（2）杂草危害　杂草生育期短，生命力强，适应性广，在干湿的不同生态条件下均能生长，往往比玉米生长旺盛，和玉米争水、争肥，对玉米的生长发育和产量的影响显著。

（3）杂草防除　采取综合防除措施。

① 人工除草和机械防除。可采取播种前机械耕地、苗期机械浅耕、人工中耕锄草等方法除草。

② 农业防除。耕作、轮作和合适的栽培方式对玉米田杂草有一定的防制作用。也可通过轮作、种子精选、施用腐熟有机肥料、合理密植、加强检疫等措施防治草害。

③ 生物防除。利用杂草的生物天敌，如植物病原物、线虫、昆虫和以草克草等方法来控制杂草的危害。但这种方法有一定的局限性，防除的费用也较高。

④ 化学防除。一般利用广谱性化学除草剂或几种除草剂混合施用除草，防治效果一般能达到90％以上。在玉米不同的生产阶段，应采用不同的化学除草方法。

芽前除草是在玉米播种后到出苗之前喷药，对幼苗没有损伤的一种防除杂草的方法。可用乙草胺或精异丙甲草胺对水均匀喷施进行芽前封草来防除一年生禾本科杂草。苗期防除杂草应遵循"除早、除小、除净"的原则，多采用人工拔除；在玉米进入拔节期前（5~7叶）可用玉米专业除草剂硝磺草酮·莠去津全田喷雾。如果播后错过防除适期，田间杂草已经长大，土壤处理剂不起作用，可进行人工中耕后化除。方法是中耕后用50％乙草胺乳油 $1\,125\sim2\,250$ mL/hm² 或 50％莠去津悬浮剂 $1\,500\sim2\,250$ mL/hm² 加 50％乙草胺乳油 $750\sim1\,500$ mL/hm² 对水 $450\sim600$ kg 在无风条件下定向喷雾。土壤湿润的时候使用化学除草剂的效果最好，所以当土壤的湿度不够时，可以在玉米出苗后，等下雨或灌溉后再喷药，以达到除草灭草的目的。

（二）灾害性天气应对

（1）常见、多发性灾害性天气种类　一般常见、多发性灾害天气种类有寒潮、台风、冰雹和旱涝灾害等。

（2）应对措施　农业是易受天气气候影响的行业。受全球气候变暖影响，灾害性天气的多发、频发，加剧了对农业生产的危害。因此，要高度重视气象灾害对农业的影响，建立气象防灾减灾应急响应机制，增强农业防灾减灾意识，树立积极防范思想，尽可能地减轻灾害性天气所可能造成的农业损失。具体要做到：①时刻注意当地气象部门提供的有针对性的气象预报，提前采取防御措施；②科学地选择种植地块，合理地进行生产布局和时间安排，要充分利用当地的气候资源，安排好生产季节；③加强种植地基础设施建设，做到旱能浇、涝能排，配套设施齐全，耕地质量好。

八、适期收获

（一）籽粒灌浆

1. 籽粒灌浆过程的营养成分积累　灌浆是玉米生长发育过程中重要的生育阶段。玉米的产量受籽粒灌浆过程的营养物质积累量的影响较大。随着籽粒灌浆过程的推进，玉米籽粒中可溶性糖和蔗糖含量呈逐渐下降趋势，可溶性糖含量在授粉后 5 d 内就达到最高值，一般授粉 12 d 后蔗糖含量最高，之后开始下降；而淀粉含量呈上升趋势，淀粉在授粉 10 d 内含量很低，一般在授粉 10 d 左右开始出现，授粉 10~30 d 迅速增加，30 d 后增加变慢。淀粉中直链淀粉与支链淀粉的比值在籽粒灌浆灌浆过程中呈S形曲线变化，即灌浆前期下降，中期上升，后期又下降。籽粒中合成淀粉最旺盛的时期是乳熟期；籽粒中谷蛋白、醇溶蛋白、球蛋白及清蛋白的含量均呈现逐渐降低趋势，蛋白质含量在授粉后5～10 d达到最高，而后迅速下降，30 d后变化不大，其积累呈S形曲线。

在玉米籽粒的整个灌浆期，玉米籽粒内淀粉含量一直在增加，然后保持不变。而蛋白质、糖分、维生素等成分含量在最初各个时期内最高，随着玉米籽粒的成熟，各营养成分逐渐下降，最后恒定在某一水平上。

2. 不同熟期类型品种的籽粒灌浆特性 不同类型玉米籽粒在灌浆过程中淀粉含量呈现逐渐增加的变化趋势。与甜玉米相比，普通玉米淀粉积累速率快，持续的时间也较长；普通甜玉米的淀粉积累速率又高于和快于甜玉米、超甜玉米。这说明不同类型玉米籽粒在灌浆过程中淀粉含量的差异主要表现在量的多少上，即表现在灌浆速率的快慢、持续时间的长短上。在玉米籽粒的整个形成过程中，籽粒中淀粉与糖类的含量、蛋白质与脂肪的含量以及糖类与脂肪的积累均呈负相关关系。

3. 乳熟期的营养成分含量 以甜玉米为例。甜玉米在乳熟期的可溶性糖含量高达20%以上，淀粉、蛋白质和脂肪含量均在10%以上，高于普通玉米和部分蔬菜。另外，甜玉米还含有大量的维生素和矿质营养。

4. 乳熟期甜玉米、糯玉米鲜榨汁品质特征的比较 玉米汁是近年来由鲜食玉米和饮料加工技术融合而成的具有中国特色的一种饮料。鲜食玉米的甜玉米与糯玉米被广泛用来作为玉米制汁的原料。甜玉米因为多汁、甜脆，并具有浓郁的香味而受到玉米汁加工企业的青睐；糯玉米则因为支链淀粉含量高，口感黏糯、风味清香而受到广大消费者的喜爱，也是目前玉米汁加工的主要原料之一。

相对于糯玉米，甜玉米的种皮比例较高，其淀粉含量较低，水分和可溶性糖含量较高；甜玉米的出渣率低于糯玉米，甜玉米汁的可溶性固形物含量高于糯玉米汁，而其黏度低于糯玉米汁；甜玉米汁的可溶性蛋白含量明显高于糯玉米汁。因此，甜玉米汁无论在甜度和香气强度上均强于糯玉米汁。

（二）收获时期和方法

不同的鲜食玉米品种，不同栽培区域，不同播期最适采收期各有差别，主要由"食味"来决定，最佳食味期即为最适收获期。

1. 甜玉米的收获时期和方法 甜玉米籽粒含糖量在授粉后乳熟期最多，此时籽粒发育饱满，含水量适中，营养物质积累丰富，甜度好，风味也最佳，从外观看玉米花柱变成棕色干枯，因此，甜玉米的收获时期即为乳熟期。甜玉米收获时期在江苏等地，以授粉后17～21 d采收为宜；在上海，普通甜玉米授粉后23 d左右采收为宜，超甜玉米以授粉后20～28 d采收为宜；超甜玉米在江西、浙江等地，以授粉后20～25 d采收较为合适。收获方法为人工带苞叶采摘。

2. 糯玉米的收获时期和方法 鲜食糯玉米是采收嫩穗，适期收获非常重要。采收过早，干物质和各种营养成分不足，营养价值低；采收过晚，表皮变硬，口感变差。只有适期采收的糯玉米，才具有籽粒嫩、皮薄、渣滓少、味香甜、口感好。糯玉米授粉后20 d

开始检查，当花柱成褐色，苞叶撑开，色泽发淡，用指甲轻掐玉米棒中部的籽粒能流出少量乳液时采收较为适宜。一般糯玉米的收获期为授粉后 20～25 d，品种不同略有差异。采收后应及时处理，以不超过 12 h 为宜，以免糖分下降。采收时要带叶。

以收获期对秋播糯玉米不同品种产量与淀粉糊化（RVA）特性的影响为例。糯玉米籽粒产量随着收获期的延迟而不断增加，在不同收获期条件下，花后 35～40 d 籽粒产量增加最快，而 40 d 后增加缓慢。其原因是糯玉米品种的活跃生长期已经结束，且此时平均气温较低（约 16 ℃），玉米基本停止灌浆。淀粉含量随收获期的推迟呈先增后降趋势，在花后 35～40 d 达到峰值，40 d 后有所下降。峰值黏度、谷值黏度、崩解值、终值黏度和回复值均随着收获期的延迟呈先升后降趋势，且不同品种这几项指标在花后 40 d 最高，且此时回复值最低，淀粉不易回生，说明花后 40 d 采收有利于改良淀粉的糊化特性。结合产量和淀粉含量在不同收获期间的变化趋势，可认为花后 40 d 收获在保证产量的同时还有利于提高糯玉米淀粉的品质。

RVA 谱特征值中，糊化温度和峰值时间受收获期的影响较小，而峰值黏度、谷值黏度、崩解值、终值黏度和回复值受收获期的影响较大。综合考虑产量、淀粉含量和 RVA 特征值在不同收获期间的变化趋势，花后 40 d 收获，在保证籽粒产量的同时有利于获得具有优良糊化特性的淀粉。

3. 青贮玉米的收获时期　青贮玉米的最佳收获时期为乳熟后期至蜡熟前期。

（三）秸秆处理

采用还田机将秸秆粉碎直接还田是一项高效低耗、节时省工的技术措施，也是改良土壤、提高土壤中有机质含量的有效措施，促进粮食增产增收。

秋季由秸秆粉碎还田机，直接粉碎田间农作物秸秆，一次作业即可将田间直立或铺放的秸秆直接粉碎还田。翌年春季在常规作业中，再由负责耕整的机具完成耕整作业，同时将粉碎的秸秆均匀的翻埋于土壤之中，这时才算真正完成了整个秸秆还田作业。秸秆粉碎直接还田机械化技术是改良土壤、提高土壤中有机质含量的有效措施之一，也是防止秸秆焚烧引起严重空气污染及堆放容易引起火灾的重要措施。

九、农机具的应用

（一）机械化生产技术集成

结合当地种植品种和方式，选择适宜的种植、收获和还田机械，集成玉米生产机械化技术，形成不同生产方式条件下的技术模式、机具选型、配套方案以及相关技术规范，为大面积推广应用提供技术支撑。

收获机具的技术和安全要求应符合《GB/T 21962—2008　玉米收获机械　技术条件》标准，玉米收获机原则上应配备秸秆粉碎还田机，收获的同时将秸秆直接粉碎还田，也可采用玉米秸秆青贮收获机收获玉米并秸秆粉碎收集。

玉米成熟标准：籽粒含水率为 25%～35%，苞叶变白、上口松开、黑层出现、乳线消失。收获时玉米植株倒伏率应小于 5%、果穗下垂率低于 15%、最低结穗高度大于

35 cm，否则会影响作业效率，加大收获损失。

玉米机械化收获及秸秆还田作业质量要求：适时晚收，确保成熟度，增加粒重。要求籽粒损失率≤2%，果穗损失率≤3%，籽粒破碎率≤1%，果穗含杂率≤5%，苞叶未剥净率＜15%，留茬高≤8 cm，切碎长度≤10 cm，抛撒均匀。目前生产上应用的主导机型为背负式与专用自走式，专用自走式玉米收获机以其性能好、作业效率高得到越来越广泛的推广应用。当玉米种植连片面积较小时，建议选用两行或三行自走式玉米收获机，以保证收获作业质量和作业效益。

筛选适合机械化生产的耐密型玉米品种，优选免耕贴茬玉米精量播种机、高地隙喷杆喷雾机、自走式高性能玉米联合收获机和玉米秸秆粉碎还田机等机械装备，应用与组装玉米机械化生产技术集成。

（二）发展前景

农机具的应用是农业机械化的基础，是发展现代农业的重要支撑。可全面提高农业的产前、产中、产后等各方面的机械化水平，成为农业机械化快速发展的推动力，促进农业集约化生产、安全化生产与可持续发展。中国农机管理部门、科研机构与农机企业的合作更加紧密的趋势愈加明显，推进农机农艺信息技术加速融合，从而形成了由研发到制造、生产、鉴定、推广应用的一体化农机化创新发展新格局。也在不断完善、构筑产业链条，形成"耕—种—管—收"一体化发展优势，为用户提供一整套的农业装备解决方案。

未来，开展关键技术研究与示范是有效推进中国农业全程机械化的重要环节。应充分发挥全程机械化专家指导组技术指导、决策与咨询等方面的作用，开展玉米作物薄弱环节关键技术验证示范，突破技术瓶颈，转化示范一批制约中国玉米生产全程机械化的关键技术；开展玉米生产机械化工艺路线、技术模式、机具配套、操作规程和服务方式示范研究，总结、探索形成适应不同区域玉米生产全程机械化生产模式，开展示范推广。

本章参考文献

陈芳，张海涛，王天巍，等，2014. 江汉平原典型土壤的系统分类及空间分布研究 [J]. 土壤学报，51（4）：761-771.

陈洪俭，王世济，阮龙，等，2009. 安徽省玉米生产存在的问题及对策 [J]. 安徽农学通报，15（11）143-145.

陈晖，郑贤陆，蒋艳华，2006. 鲜食糯玉米不同密度下的产量效应 [J]. 河南农业科学（4）：48-49.

陈建平，吕学高，朱正梅，等，2012. 浅析浙江省普通玉米的发展概况 [J]. 安徽农学通报（半月刊）（1）：63-64.

陈建生，徐培智，唐拴虎，等，2008. 秋播甜玉米氮磷钾营养特点及施肥措施对其影响研究 [J]. 中国农学通报，24（11）：272-277.

陈建生，徐培智，唐拴虎，等，2008. 秋播甜玉米的物质形成累积特征及施肥措施对其影响研究 [J]. 广东农业科学（6）：3-6.

陈建生，徐培智，唐拴虎，等，2010. 施肥对甜玉米物质形成累积特征影响研究 [J]. 植物营养与肥料学报，16（1）：58-64.

陈静，袁建华，管晓春，等，2002. 江苏省玉米育种现状与展望 [J]. 南京农专学报，18（2）6-12.

陈舜权，胡俏强，陈奎礼，等，2013. 当前南京地区鲜食糯玉米的育种目标及方法 [J]. 长江蔬菜（20）：5-7.

陈舜权，胡俏强，潘玖琴，等，2015. 江苏省鲜食玉米产业现状及发展对策 [J]. 安徽农业科学，43（32）：320-321，331

陈义明，1990. 甜玉米乳熟期主要营养成分含量的研究初报 [J]. 中国蔬菜（5）：23-24.

陈玉君，潘九林，武纯六，2009. 稻草覆盖对早稻茬免耕秋玉米土壤温度和水分的调控效应 [J]. 安徽农业科学，37（7）：3068-3069，3119.

程林润，朱璞，王良美，等，2008. 南方青贮玉米秋播品比试验 [J]. 河北农业科学，12（12）：41-43.

程杏安，梁秀兰，胡美英，2011. 不同施氮量对秋播超甜玉米产量性状的影响 [J]. 中国农学通报，27（9）：291-294.

傅高平，张小牛，肖国滨，2000. 江西玉米生产现状与发展对策 [J]. 江西农业大学学报，22（3）：451-454.

葛均筑，展茗，赵明，等，2013. 一次性施肥对长江中下游春玉米产量及养分利用效率的影响 [J]. 植物营养与肥料学报，19（5）：1073-1082.

韩晴，沈雪芳，陆卫平，等，2014. 20个鲜食玉米杂交种DNA指纹库的构建 [J]. 上海农业学报，30（1）：36-39.

胡杰，罗时勇，李大勇，2012. 江汉平原棉区棉花与玉米高效套种模式展示 [J]. 棉花科学，34（4）：35-37.

胡少华，刘先远，肖述保，等，2006. 鲜食玉米一年三熟栽培试验 [J]. 湖北农业科学，45（5）：564-566.

黄录焕，白岗栓，2015. 去雄携带顶叶对玉米生长及产量的影响 [J]. 安徽农业科学，43（10）：69-72.

鞠久志，蒋留芳，2008. 秋播糯玉米塑盘乳苗栽培技术 [J]. 上海蔬菜（6）：72-73.

乐美旺，张冬仙，饶月亮，等，2001. 春、秋季播种对不同玉米良种影响的研究 [J]. 江西农业学报，13（3）：6-10.

雷恩，李迪秦，郑华斌，等，2009. 稻田春秋玉米产量形成特点比较研究 [J]. 世界科技研究与发展，31（4）：689-691.

李克勤，涂先德，吴玉林，2006. 2005年湖南玉米旱灾发生特点及对策分析 [J]. 作物研究，20（1）：20-22.

李淑娅，田少阳，袁国印，等，2015. 长江中游不同玉稻种植模式产量及资源利用效率的比较研究 [J]. 作物学报，41（10）：1537-1547.

李有明，席梅，汤三明，2010. 湖北省夏玉米生产发展思考 [J]. 河北农业科学，49（11）：2932-2934.

梁新安，孙新政，2005. 春马铃薯、春玉米、秋冬花椰菜三种三收高效栽培模式 [J]. 河南农业科学（8）：79-80.

廖月霞，唐贵成，张帮华，2011. 鲜食玉米秋播栽培效益与技术 [J]. 科学种养（z1）：39-40.

刘建，2000. 江苏沿江稻区玉米-稻模式新型种植方式研究 [J]. 耕作与栽培，1：5-70.

刘鹏，2015. 湖南春玉米栽培技术 [J]. 湖南农业（2）：6.

刘先远，2007. 江汉平原栽培一年三熟鲜食玉米的要点初探 [J]. 安徽农业科学，35（10）：2886.

刘秀华，刘齐元，王建革，2010. 江西玉米发展的几个问题 [J]. 江西农业科学，22（11）：212-214.

楼肖成，赵福成，王桂跃，2010. 浙江鲜食甜玉米引种及栽培技术 [J]. 农业科技通讯（10）：144-145.

鲁剑巍，鲁君明，陈防，等，2004. 江汉平原玉米施用磷肥效果研究 [J]. 玉米科学，12（2）：102-104.

陆大雷，郭换粉，陆卫平，2011. 播期、品种和拔节期追氮量对糯玉米淀粉粒分布的影响 [J]. 中国农业科学，44（2）：263-270.

陆大雷，景立权，王德成，等，2009. 拔节期追氮量对春播和秋播糯玉米粉糊化特性的影响 [J]. 中国农业科学，42 (9)：3096-3103.

陆大雷，王德成，赵久然，等，2008. 收获期对秋播糯玉米不同品种产量与淀粉糊化 (RVA) 特性的影响 [J]. 中国农业科学，41 (12)：4048-4054.

陆大雷，王德成，赵久然，等，2009. 生长季节对糯玉米淀粉晶体结构和糊化特性的影响 [J]. 作物学报，35 (3)：499-505.

栾春荣，苏彩霞，马小凤，等，2014. "马铃薯/鲜食糯玉米-菜用大豆-冬菜"模式高效栽培技术 [J]. 江苏农业科学，42 (2)：112-114.

罗时勇，张强，邓俊俊，等，2014. 江汉平原玉米一窝双株高产栽培对比试验报告 [J]. 农技服务，31 (1)：43-44.

牛丽影，李丽娟，李大婧，等，2013. 乳熟期甜玉米、糯玉米鲜榨汁品质特征的比较 [J]. 江西农业学报，25 (1)：102-105.

钱建光，戴智春，吴卫芳，等，2009. 鲜食玉米、水稻、青菜高效栽培技术探讨 [J]. 上海农业科技，3：112.

卿国林，2009. 稻草覆盖对稻茬免耕秋玉米生理特性及产量的影响 [J]. 贵州农业科学，37 (11)：38-40.

沈公约，叶飞华，陈水华，等，1997. 春玉米 (鲜) —秋玉米 (鲜) —冬青菜轻型高效栽培技术 [J]. 上海农业科技，4：22-23.

汤彬，李宏志，曹钟洋，等，2013. 不同种植密度对13个玉米品种产量及主要农艺性状的影响 [J]. 湖南农业科学 (1)：17-21.

汤洁，饶月亮，戴兴临，2005. 江西省糯甜玉米产业化开发前景 [J]. 玉米科学，13 (1)：123-125.

汤洁，饶月亮，戴兴临，等，2004. 秋播糯甜玉米高产优质栽培技术 [J]. 江西农业科学 (9)：23-24.

汪凯华，单志良，王学军，等，2014. 鲜食"蚕豆/春玉米—夏 (秋) 大豆/秋玉米"高效种植技术 [J]. 安徽农业科学，42 (12)：3502-3503，3506.

王桂跃，赵福成，谭禾平，等，2015. 浙江省鲜食玉米产业现状及主要种植模式 [J]. 浙江农业科学，56 (10)：1553-1556，1628.

王慧，刘康，陈银华，等，2011. 上海玉米生产历史与现状分析 [J]. 上海农业学报，27 (2)：146-150.

王俊，阮龙，王世济，等，2011. 不同播期对鲜食玉米干鲜重的影响 [J]. 安徽农学通报，17 (17)：55-56，64.

王升台，邓莲彩，2013. 鲜食甜玉米双季栽培技术探讨 [J]. 园艺与种苗 (3)：47-49.

王晓慧，张磊，刘双利，等，2014. 不同熟期春玉米品种的籽粒灌浆特性 [J]. 中国农业科学，47 (18)：3557-3565.

王晓明，谢振文，曾慕衡，等，2005. 超甜玉米果穗形态和品质性状的杂种优势及遗传特性分析 [J]. 中国农业科学，38 (9)：1931-1936.

邬光远，1993. 春玉米与晚粳稻连作双高产 [J]. 湖北农业科学 (3)：26-28.

吴小伟，钟志堂，史志中，2015. 江苏玉米机械化生产技术集成 [J]. 农机科技推广 (2)：50-51.

吴小伟，钟志堂，张璐，等，2013. 江苏玉米生产全程机械化技术探索 [J]. 农技推广 (1)：28-29.

邢江会，郝建平，杜天庆，等，2013. 播期对玉米品质的影响 [J]. 山西农业科学，41 (4)：345-347.

熊美兰，周鑫群，诸葛龙，等，2008. 秋季不同播种期对超甜水果玉米品质和产量的影响初报 [J]. 江西科学，26 (3)：410-412.

许泉，康勇，徐勇，等，2013. 长江中下游鲜食玉米推广种植与加工保鲜技术 [J]. 中国种业 (9)：49-51.

叶飞华，刘月香，杨永刚，等，2000. 鲜食玉米苏玉糯1号全年播期试验研究 [J]. 浙江农业学报，12

（2）：78 - 83.

展茗，赵明，刘永忠，等，2010. 湖北省玉米产需矛盾及提升玉米生产科技水平对策 ［J］. 湖北农业科学，49（4）：802 - 806.

张凤鸣，宋英飞，2015. 基于玉米分期播种试验热量指标分析 ［J］. 安徽农学通报，21（14）：33 - 36.

张广才，1982. 江汉平原湖区夏玉米高产栽培主要技术措施 ［J］. 湖北农业科学（5）：10 - 11.

赵福成，谭禾平，卢德生，等，2013. 浙江省甜玉米高密度下品种比较试验 ［J］. 农业科技通讯（7）：114 - 116.

赵福成，王桂跃，段道富，2007. 浙江省甜玉米产业现状及发展对策 ［J］. 浙江农业科学，1（6）：617 - 620.

钟莉，茅国夫，缪卫根，2011. 不同秋播期对甜玉米品种金银蜜脆产量和品质的影响 ［J］. 园艺与种苗（1）：65 - 66.

朱璞，蒋梅巧，程林润，等，2011. 青贮玉米秋播品比试验 ［J］. 上海农业科技（5）：70 - 71.

朱旺冲，卿国林，邓小华，2009. 鲜食玉米春季双膜早熟栽培技术 ［J］. 中国农村小康科技（9）：37，39.

朱文东，陈苏维，2006. 保持鲜食型玉米优良品质性状的栽培技术研究 ［J］. 安徽农业科学，34（23）：6162 - 6163.

诸葛龙，周鑫群，徐毅，等，2008. 生长调节剂对秋播超甜玉米品质及产量的影响 ［J］. 江西农业学报，20（3）：98 - 99.

第六章

中国三大平原玉米利用和加工

第一节　玉米品质

一、玉米营养品质

玉米营养品质是其可利用部位化学成分含量及其优劣的综合反映和评价，与品种类型、栽培技术、种植区域及加工贮藏条件有密切关系，涉及籽粒容重、颜色、色泽、硬度、含水量、净度、纯度，以及淀粉、蛋白质、脂肪、糖分、纤维素、矿物质等化学成分的含量。由此，国家质量技术监督局出台了一系列相关标准，包括《GB 1353—2009　玉米》、《GB/T 8613—1999　淀粉发酵工业用玉米》、《GB/T 17890—2008　饲料用玉米》、《GB/T 22326—2008　糯玉米》、《GB/T 22503—2008　高油玉米》；农业部谷物品质监督检验测试中心也制定了专用玉米的系列行业质量标准：《NY/T 519—2002　食用玉米》、《NY/T 520—2002　优质蛋白玉米》、《NY/T 521—2002　高油玉米》、《NY/T 522—2002　爆裂玉米》、《NY/T 523—2002　甜玉米》、《NY/T 524—2002　糯玉米》、《NY/T 597—2002　高淀粉玉米》、《NY/T 690—2003　笋玉米》、《NY 5200—2004　无公害食品　鲜食玉米》和《NY 5302—2005　无公害食品　玉米》等以指导玉米生产、贮藏与品质鉴定。

（一）普通玉米营养品质

1. 籽粒营养品质

（1）化学成分　普通玉米的营养品质主要由籽粒所含淀粉、蛋白质、脂肪、糖分、纤维素、矿物质等化学成分的含量及其优劣所决定，国家标准 GB 1353—2009 对此列出了相关指标（表6-1）。玉米籽粒营养成分及含量见表6-2、表6-3。

（2）玉米淀粉　玉米籽粒中含量最多的营养成分是淀粉，普通玉米淀粉含量68%～73%，甜玉米淀粉含量约54.1%，高淀粉玉米的淀粉含量可达75%或更高。玉米淀粉主要存在于胚乳中，占总淀粉含量的98%，胚和果皮中含有极少量的淀粉。

表 6-1　国家玉米质量标准

（《GB 1353—2009　玉米》）

等　　级	容重（g/L）	不完善粒含量（%）		杂质含量（%）	水分含量（%）	色泽、气味
		总量	生霉粒量			
1	≥720	≤4.0				
2	≥685	≤6.0				
3	≥650	≤8.0	≤2.0	≤1.0	≤14.0	正常
4	≥620	≤10.0				
5	≥590	≤15.0				
等外	<590	—				

注："—"为不做要求。

表 6-2　玉米籽粒营养成分及其含量

（魏昌松整理，2016）

营养成分	含量（%）
淀粉	73.94
纤维素	9.25
蛋白质	8.94
脂肪	4.43
其他	3.55

注：资料来源于中国玉米品质区划及产业布局。

表 6-3　马齿型玉米籽粒中矿物质和维生素含量（干基）

（魏昌松整理，2016）

成　　分	范围	平均值
总灰分（氧化物）（%）	1.1~3.9	1.42
磷（含大量的植酸钙镁磷）		
总磷（%）	0.26~0.75	0.29
无机磷（%）	0.01~0.20	0.08
钾（%）	0.32~0.72	0.37
镁（%）	0.09~1.00	0.14
硫（%）	0.01~0.22	0.12
氯（%）	…	0.05
钙（%）	0.01~0.10	0.03
钠（%）	0.00~0.15	0.03
碘（mg/kg）	73~810	385.0
铁（mg/kg）	1~100	30.0

（续）

成　分	范围	平均值
锌（mg/kg）	12～30	14.0
氟（mg/kg）	…	5.4
锰（mg/kg）	0.7～54	5.0
铜（mg/kg）	0.9～10	4.0
铅（mg/kg）	0.2～0.3	0.27
镉（mg/kg）	0.04～0.15	0.07
铬（mg/kg）	0.06～0.16	0.07
硒（mg/kg）	0.01～1.0	0.07
钴（mg/kg）	0.003～0.34	0.08
汞（mg/kg）	0.002～0.006	0.003
维生素 A（mg/kg）	…	2.5
维生素 E（mg/kg）	17～47	30
维生素 B_1（mg/kg）	3.0～8.6	3.8
维生素 B_2（mg/kg）	0.25～5.6	1.4
泛酸（mg/kg）	3.5～14	6.6
维生素 H（mg/kg）	…	0.08
叶酸（mg/kg）	…	0.3
胆碱（mg/kg）	…	567
烟酸（mg/kg）	9.3～70	28
维生素 B_6（mg/kg）	…	5.3

注：资料来源于中国玉米品质区划及产业布局。

　　淀粉是由葡萄糖分子脱水聚合而成的高分子化合物。葡萄糖分子以不同的方式连接构成不同性质的淀粉，主要包括直链淀粉和支链淀粉两种，表6-4列举了不同类型玉米中两种类型淀粉的含量及差异。直链淀粉分子一般由300～800个葡萄糖分子组成，但也有约100个葡萄糖分子组成的小链淀粉，也有高达6 000个葡萄糖分子组成的大链淀粉存在。直链淀粉由D-吡喃葡萄糖单位以 α-D（1,4）糖苷键连接而成，在6号碳原子上通过 α-D（1,6）糖苷键连接有少量较小的分支。支链淀粉的分子比直链淀粉大得多，其结构主要由主链、侧链和支链连接而成，主链上连接侧链，侧链上又有支链。支链淀粉中D-吡喃葡萄糖单位以 α-D（1,4）糖苷键连接形成成主链，在主链上每隔6～9个葡萄糖残基就会周期性出现一个支链，支链通过 α-D（1,6）糖苷键与主链相连。一般一个支链淀粉上可有50余个分支，每个分支由23～27个葡萄糖分子组成。

表 6-4　不同类型玉米中直链淀粉和支链淀粉含量的差异

（魏昌松整理，2016）

玉米类型	直链淀粉（%）	支链淀粉（%）
一般马齿型玉米	26～28	74～72
直链淀粉型玉米	50～80	50～20
支链淀粉型玉米	1	99

注：资料来源于中国玉米品质区划及产业布局。

两类淀粉的性质差异较大，主要表现为：①直链淀粉水溶性较差，凝沉性较强，其溶液在贮存过程中会逐渐变混浊，胶黏性降低，出现白色沉淀；而支链淀粉易溶于水，生成稳定的溶液，具有很高的黏度，凝沉性较弱。②直链淀粉吸附碘的能力较强，每 100 g 高达 20.1 g，遇碘变蓝色；支链淀粉吸附碘的能力较低，每 100 g 只有 1.1 g，遇碘呈紫红色。③直链淀粉-碘络合物的 λ 射线最大吸光度值的波长为 644 nm；支链淀粉-碘络合物的 λ 射线最大吸光度值的波长为 554 nm。

普通玉米仅含有 27% 的直链淀粉，而高直链淀粉玉米籽粒的直链淀粉含量＞50%。du、$su2$ 和 ae 基因不同程度地增加直链淀粉的含量，以 ae 最为明显。在 20 世纪 70 年代，美国用于商业生产的高直链淀粉玉米品种有 Class Ⅵ（直链淀粉含量 50%）和 Class Ⅶ（直链淀粉含量 70%～80%）两种类型。到 20 世纪 80 年代，美国 Custom Farm Seed 公司推出了直链淀粉含量超过 94% 的 Class Ⅷ 和 Class Ⅸ 玉米单交种。

① 淀粉粒度分布特征。阴卫军等 2013 年的研究结果表明，水分胁迫可降低 A 型淀粉粒（直径＞10 μm）的表面积、数目和体积百分比，增加 B 型淀粉粒（直径＜10 μm）的表面积、数目和体积百分比，使得淀粉粒数目分布峰值由 0.755 μm 增加到 1.204 μm；表面积分布（峰值为 1.204 μm 和 10.29 μm）和体积分布（峰值分别为 1.322 μm 和 11.29 μm）由双峰分布变成了单峰分布，峰值分别为 2.107 μm 和 3.06 μm。

② 玉米淀粉结晶结构及其特性。玉米淀粉颗粒是由结晶区和非结晶区交替构成的多晶体系。结晶区多数由支链淀粉构成，且淀粉分子是有序排列的，决定了淀粉颗粒的晶体结构，在 X 射线衍射图中呈尖峰特征；非结晶区大部分由直链淀粉构成，内部分子排列是无序的，在 X 射线衍射图中呈弥散特征。X 射线衍射图样中，支链淀粉含量高的蜡质玉米和普通玉米淀粉在 15°、17°、18° 和 23.5° 处有强衍射峰，属于 A 型淀粉类型，而高直链玉米（Hylon Ⅴ 和 Hylon Ⅶ）淀粉在 5.6°、17°、22° 和 24° 处有强衍射峰，属于 B 型淀粉类型。

玉米淀粉颗粒结晶度和平均粒径从高支链淀粉到高直链淀粉逐渐减小，双折射现象逐渐减弱，用扫描电子显微镜可以很容易区分两种玉米淀粉颗粒。高支链淀粉颗粒结晶内核较大且松散，因此其颗粒外形为多角形，颗粒表面具有多个平面和棱角，颗粒较大而均匀，中间有脐眼；高直链淀粉颗粒内核小而坚实，其颗粒外形为圆形或椭圆形，颗粒较小，也有些由两个或多个淀粉颗粒相接而呈长条形的大颗粒，脐眼不明显，偏光十字较小并且发暗。

高支链淀粉颗粒（A 型淀粉）内核较大且松散，其表面有些小孔，共同组成了酶进入颗粒中心的通道，属于"由内向外"消化类型。高直链淀粉颗粒（B型淀粉）内核小而坚实，酶只能作用于淀粉表面，属于"由外向内"消化类型。另外，淀粉颗粒表面的直链淀粉与支链淀粉紧密缔合成的网状结构能抵抗酶解，高支链淀粉颗粒中直链淀粉含量低或不含直链淀粉，其表面网状结构少且稀疏，而高直链淀粉颗粒表面网状结构更紧密，所以高支链淀粉颗粒比高直链淀粉颗粒更容易水解。

③ 淀粉的物理特性。淀粉的物理特性，如冻融稳定性、透明度、膨胀度、黏度、糊化特性等与其颗粒类型、大小、立体结构、表面网状结构以及吸水性、水溶性有关。直链淀粉的颗粒小，晶体结构紧密，分子中氢链缔合程度大，水分子不容易渗透到颗粒内部；另外，直链淀粉水溶液中分子排列比较规整，分子间容易相互靠拢重新取向排列形成氢键，使淀粉颗粒内键的结合程度增加。支链淀粉的分子大，各支链的空间阻碍作用使分子间的作用力减小；而且由于支链的作用，使水分子更容易进入支链淀粉的微晶束内，阻碍了支链淀粉分子的凝聚，使支链淀粉不易凝沉。所以，淀粉中直链淀粉比例增加，淀粉的冻融稳定性、透明度、膨胀度、黏度会降低，而糊化温度会升高。

玉米变性淀粉由于引进了羟丙基、羧甲基、磷酸基团等亲水性基团，使淀粉极性增强，亲水能力增大；基团空间位阻大，使淀粉糊在水中的分散体系稳定，增加了玉米变性淀粉的水溶性。所以，玉米变性淀粉冻融稳定性、透明度、膨胀度比普通玉米淀粉高，糊化温度低。但玉米淀粉、羟丙基淀粉、羧甲基淀粉、淀粉磷酸酯之间的特性有较大的差异，其中羧甲基淀粉冻融稳定性最高，透明度最好，淀粉磷酸酯的溶解度、膨胀率最高，抗凝沉性最强。

比较玉米、小米和荞麦淀粉颗粒大小及直链淀粉含量可以发现，小米（直链淀粉含量为30.8%）淀粉颗粒最小，荞麦（23.6%）颗粒居中，玉米（20.3%）颗粒最大。所以，小米淀粉的冻融稳定性、透明度、膨胀度、黏度最低，糊化温度最高，冷糊稳定性最好；荞麦淀粉的特性与玉米淀粉相似，热糊加工性能最好。

④ 玉米淀粉糊的流变学特性。玉米淀粉糊属于屈服-假塑性流体，在一定的剪切速率范围内，淀粉糊的剪切应力均是随着剪切速率的增加而增大；且在同一剪切速率同一温度下，淀粉与水的比值越大，淀粉糊所受的剪切应力就越大；相同比例淀粉乳形成的淀粉糊在同一剪切速率下，随着温度的升高而剪切应力减小。

⑤ 湿热处理对玉米淀粉性质的影响。高群玉（2011）以普通玉米淀粉和高直链玉米淀粉（Hylon V 含56.1%直链淀粉和 Hylon Ⅶ 含71.3%直链淀粉）为研究对象，考察了湿热处理前后其抗性淀粉含量、直链淀粉含量、热力学性能、膨胀度及消化性等性质的变化。结果表明，湿热处理后3种玉米淀粉的抗性淀粉含量和直链淀粉含量均有所提高；湿热处理提高了3种淀粉的糊化温度和糊化焓，使糊化变得困难；湿热处理后偏光十字没有消失，部分淀粉颗粒的表面出现凹坑，十字中心部位强度减弱，直链淀粉含量越高，强度减弱越明显；湿热处理使3种淀粉的膨胀度和消化性降低。

（3）**玉米脂肪** 普通玉米籽粒的脂肪含量为4%～5%，随着高油玉米育种工作的开展，已出现含油量高达8%～10%的品种。玉米油中含有丰富的不饱和脂肪酸（表6-5）占脂肪总量的86%，主要是亚油酸（55%）、油酸（30%）和亚麻酸，以及棕榈酸、硬脂酸和花生酸等饱和脂肪酸，还含有少量维生素A、维生素E、卵磷脂、植物甾醇和类胡萝卜素等物质。人体对玉米油的吸收率达 97％以上，消化率也高达 98％，是一种非常健康的食用油。

玉米油中所含不饱和脂肪酸是人体必需且不能合成的脂肪酸，是构成人体细胞膜中磷脂和合成前列腺素的必需原料，能降低血脂和胆固醇含量，降低血液黏滞性，对保持心血管弹性有一定好处，长期食用玉米油有益于预防血管粥样硬化、高血压和心脏病。玉米油中维生素 E 含量较高（每 100 g 含 88.65 mg），仅次于大豆油，高于葵花籽油和菜籽油，维生素 E 是天然的抗氧化剂，有加速细胞分裂、防止细胞衰老、延缓人体衰老、保持机体青春、防止癌变的功效，还能抑制过氧化脂在血管壁沉积和预防血酸形成的作用。玉米油中角鲨烯相对含量高达 3.637％，具有增强体质、抗疲劳、抗癌、防癌、保肝等广泛的生理作用，已广泛应用于医药、食品、化妆品等各个领域。

表 6-5　粗制和精制玉米油的成分

（魏昌松整理，2016）

成　分	粗制玉米油	精制玉米油
棕榈酸（16：0），$CH_3 (CH_2)_{14}COOH$（％）	11.1～12.8	17.1～12.8
硬脂酸（18：0），$CH_3 (CH_2)_{16}COOH$（％）	1.4～2.2	1.4～2.2
油酸（18：1），$CH_3 (CH_2)_7 CH = CH (CH_2)_7 COOH$（％）	22.6～36.1	22.6～36.1
亚油酸（18：2），$C_{18}H_{32}O_2$（％）	49.0～61.9	49.0～61.9
亚麻酸（18：3），$C_{18}H_{30}O_2$（％）	0.4～1.6	0.4～1.6
花生酸（20：0），$CH_3 (CH_2)_{18}COOH$（％）	0.0～0.2	0.0～0.2
磷脂（％）	1.5	0.04
自由脂肪酸（％）	1.5～4.0	0.02～0.03
植物甾醇（％）	1.2	1.1
维生素 E（％）	0.12	0.09
类胡萝卜素（％）	0.000 8	—

注：资料来源于中国玉米品质区划及产业布局。

赵自仙（2013）在研究玉米籽粒中油分、油酸、亚油酸、棕榈酸、硬脂酸、α-亚麻酸之间的遗传关系时发现：①通过育种提高油分的同时，可以提高油酸含量和降低棕榈酸含量；②油酸与亚油酸、α-亚麻酸的表型相关（r_P）和基因型相关（r_G）呈极显著负值，改良中同步提高比较困难；③亚油酸与 α-亚麻酸的 r_P 和 r_G 达极显著正值，表明两个性状可以同步改良。总而言之，提高亚油酸为主的改良，会使棕榈酸、α-亚麻酸含量升高，使油酸和硬脂酸含量降低；以提高油酸为主的遗传改良，硬脂酸含量升高，棕榈酸、亚油酸、α-亚麻酸含量降低；提高玉米籽粒油分，主要是影响玉米油中油酸和亚油酸的比例，玉米籽粒油分提高，可降低玉米油中的主要饱和脂肪酸棕榈酸的含量，使玉米油更加优质。

玉米总含油量表现花粉直感，花粉直感主要提高了胚的大小和胚中油分的浓度。董浩（2013）用高油玉米花粉给普通玉米授粉，高油玉米花粉的直感效应对普通玉米籽粒的脂肪酸组成产生显著影响：随着籽粒的成熟，饱和脂肪酸（棕榈酸、硬脂酸）和亚麻酸的含量不断下降，油酸和总不饱和脂肪酸的含量不断升高；与普通玉米自交相比，授高油玉米花粉的普通玉米籽粒成熟时含油量平均增加 35.41%，油酸含量平均增加 11.99%，硬脂酸、亚油酸和亚麻酸含量有所降低，杂交当代籽粒的总不饱和脂肪酸含量高于普通玉米自交的籽粒含量。

Garwood（1989）还发现另外一种对含油量有影响的现象，即偏母遗传或母本效应（maternal effect），正反交籽粒的含油量、胚含油量和胚比例偏向母本。宋同明（1991）以低油亲本 P_1（含油量 3.7%）与高油亲本 P_2（含油量 14.6%）做正反交试验，正交 $P_1 \times P_2$ 和反交 $P_2 \times P_1$ 的 F_1 平均含油量分别为 6.8% 和 9.9%。P_1 自交穗和 $P_1 \times P_2$ 母本相同，P_2 自交穗与 $P_2 \times P_1$ 的母本也相同，它们之间油分的差异是由父本花粉造成的，即花粉直感。虽然 $P_2 \times P_1$ 含油量高于中亲值，但差异不显著；然而 $P_1 \times P_2$ 的含油量显著低于中亲值，表明 P_1 中低油基因比 P_2 的高油基因对 F_1 的含油量有更大的影响，使 F_1 含油量偏向于 P_1 一方，产生偏母遗传的效果。这一结果说明，尽管高油玉米与低油玉米正反交结果不同，但从总体看，低油基因对 F_1 的遗传效应较强，显性偏差偏向于低油亲本一边。刘有军（2007）的研究结果也证明了这一点。

（4）玉米蛋白质　玉米蛋白质由白蛋白类、球蛋白类、醇溶蛋白类、谷蛋白类和硬蛋白类组成。普通玉米含蛋白质 10% 左右，而其中 80% 存在于胚乳中。胚乳中醇溶蛋白含量最高达 47.2%，另外还有球蛋白 1.5%、白蛋白 3.2% 和谷蛋白 35.1%；胚中以谷蛋白为主约 54.0%，醇溶蛋白只含 5.7%。因为谷蛋白的氨基酸组成优于醇溶蛋白，所以不同种类蛋白质的不同分布使玉米胚与胚乳的营养成分产生差异，胚中蛋白质含更多的必需氨基酸，如缬氨酸（6.1%）和色氨酸（1.3%），而胚乳中蛋白质分别含这两种氨基酸 2.0% 和 0.5%。一般玉米胚中各种蛋白质的含量比较稳定，而胚乳中醇溶蛋白与谷蛋白的比例却可变动。Mertz（1986）比较了 O_2 高蛋白玉米与普通玉米籽粒的赖氨酸含量，发现 O_2 籽粒比普通玉米高 69%；其他两个碱性氨基酸——组氨酸和精氨酸的含量也有所增加；而谷氨酸、蛋氨酸、丙氨酸、亮氨酸和苏氨酸的含量却减少了（表 6-6）。

表 6-6　每百克正常籽粒胚、胚乳及 O_2 籽粒胚乳氨基酸组成（g）

（魏昌松整理，2016）

氨基酸	每百克正常籽粒		每百克 O_2 籽粒胚乳
	胚	胚乳	
赖氨酸	6.1	2.0	3.39
组氨酸	2.9	2.8	3.35
精氨酸	9.1	3.8	5.1
天门冬氨酸	8.2	6.2	8.45
谷氨酸	13.1	21.3	19.13
苏氨酸	3.9	3.5	3.91
丝氨酸	5.5	5.2	4.99
脯氨酸	4.8	9.7	9.36
甘氨酸	5.4	3.2	4.02

（续）

氨基酸	每百克正常籽粒		每百克 O_2 籽粒胚乳
	胚	胚乳	
丙氨酸	6.0	8.1	6.99
缬氨酸	5.3	4.7	4.89
胱氨酸	1.0	1.8	2.35
蛋氨酸	1.7	2.8	2.0
异亮氨酸	3.1	3.8	3.91
亮氨酸	6.5	14.3	11.61
酪氨酸	2.9	5.3	4.71
苯丙氨酸	4.1	5.3	4.96

注：资料来源于中国玉米品质区划及产业布局。

张泽民（1997）等通过测定不同年代玉米生产上大面积推广的代表性杂交种籽粒的营养成分，提出中国玉米籽粒蛋白质平均含量为 10.57%，而且自 20 世纪 60 年代以来，籽粒蛋白质含量有明显下降趋势。白永新等（2003）测定出 1998—2001 年通过国家审定的 51 个玉米新杂交种的粗蛋白平均含量为 9.91%，也发现蛋白质含量有缓慢下降的趋势。21 世纪初生产上推广面积最大的几个玉米品种如农大 108、豫玉 22 以及郑单 958，其籽粒蛋白质含量分别为 9.43%、9.93% 和 8.47%，均在 10% 以下。

李浩川（2009）认为以高蛋白玉米基础群体作母本是提高杂交种籽粒蛋白质含量的主导因子，认为控制籽粒蛋白质含量的基因以加性效应为主，加性方差占基因型方差的 94.29%，但广义遗传力和狭义遗传力相对较低，分别为 35.83% 和 33.94%，环境因素对籽粒蛋白质含量影响明显。张晓林（2014）的研究结果表明，蛋白质含量与籽粒产量（$r=0.053$）、千粒重（$r=0.167\ 9$）、含油量（$r=0.277\ 3$）相关程度均不显著；与淀粉含量呈现显著负相关（$r=0.888\ 5$）。通过扩大变异选择范围，实现优良基因聚合，可以同步提高产量、蛋白质和脂肪含量。

（5）其他成分　玉米籽粒中除了淀粉、脂肪和蛋白质三大营养元素外，还含有一定量的其他营养元素，比如烟酸和玉米黄质。烟酸即维生素 B_3，是人体必需的 13 种维生素之一，在人体内转化为烟酰胺，烟酰胺是辅酶Ⅰ和辅酶Ⅱ的组成部分，参与体内脂质代谢、组织呼吸的氧化过程和糖类无氧分解的过程，促进消化系统的健康，减轻胃肠障碍，使皮肤更健康，预防和缓解严重的偏头痛，促进血液循环，使血压下降，减轻腹泻现象。玉米黄质是天然的类胡萝卜素之一，是一种强抗氧化剂，还可通过淬灭单线态氧、清除自由基等抗氧化行为来保护机体组织细胞，从而保护生物系统免受一些由于过量氧化反应所产生的潜在的有害作用，在预防老年性黄斑变性（致盲的主要原因）、白内障、心血管疾病和癌症等方面起着重要的作用。

邓小净（2015）采用微生物法和分光光度法分别测定玉米籽粒中烟酸和玉米黄质含量，结果表明：①每 100 g 玉米籽粒中烟酸含量为 0.57～4.80 mg，糯玉米＞白玉米＞紫玉米＞黄玉米；玉米黄质含量为 0.35～4.03 mg/kg，糯玉米＜白玉米＜紫玉米＜黄玉米。

②玉米类型、籽粒色泽对烟酸含量和玉米黄质含量有极显著影响。③籽粒中烟酸含量与玉米黄质含量存在极显著的中度负相关关系（$r=-0.361$，$P<0.01$）。

2. 花粉营养品质 玉米花粉呈淡黄色，多数近球形或长球形，表面呈颗粒状，清香、微甜、无怪味，具有降血脂、润肠通便、美容、抗衰老、抗疲劳、促进睡眠、抗辐射功能、抗心肌缺氧、改善微循环、改善高血压、改善眼底动脉硬化、增强体质、提高记忆力和预防感冒等作用，且无毒、无副作用。

玉米花粉的成分十分丰富，含有蛋白质 30.43%、脂肪 2.5%、淀粉 22.4%、还原糖 6.88%、非还原糖 7.31%、核酸 1.63%，以及多种维生素、微量元素和氨基酸。维生素包括维生素 A、维生素 B_1、维生素 B_2、维生素 C、维生素 D、维生素 E、维生素 K、维生素 P、β-胡萝卜素和尼克酰胺。微量元素中 Ca、Mg、Zn、Fe 含量较多。氨基酸中脯氨酸、天门冬氨酸、谷氨酸、赖氨酸、亮氨酸、丙氨酸含量较高，人体内不能合成而必需的苏氨酸、亮氨酸、苯丙氨酸、蛋氨酸、缬氨酸和苏氨酸的含量比牛肉、鸡蛋、牛奶中的含量高得多，是一种真正完善的氨基酸浓缩体。

玉米花粉多糖主要是由葡萄糖、阿拉伯糖、半乳糖 3 种单糖组成的，并含有微量的鼠李糖。玉米多糖溶液对抑制细菌活性具有明显效果，特别是 25.0 mg/mL 浓度的玉米多糖溶液对沙门氏菌和金黄色葡萄球菌、普通变形杆菌、枯草芽孢杆菌、藤黄微球菌、大肠埃希菌等病原菌有较强的抑制效果。随着多糖溶液浓度的增加，对真菌的抑制作用也逐渐增强，对革兰氏阳性菌和革兰氏阴性菌的抑制活性之间没有明显差异。玉米花粉多糖还是一个较好的免疫增强剂，能够提高鸡和猪的 HI 和 HIA 抗体效价；玉米花粉多糖有明显的抑制肿瘤作用，10 mg/mL 玉米花粉对小白鼠皮下 S-180 移植型肿瘤的抑瘤率可以达到 74%。玉米花粉多糖还具有降血脂、抗病毒、抗凝血及抗血栓的作用，其中一些多糖本身没有抗病毒作用，但经过硫酸化、乙酰化、烷基化等结构修饰以后具有较强的抗病毒活性。

玉米花粉富含人体所需的各种营养及生物活性物质，是营养保健之佳品。经破壁处理的玉米花粉，可以单独作为营养品，也可添加到各种食品、药品、化妆品中，具有广阔的开发利用前景。目前已经面向消费者市场的各种花粉食品琳琅满目，典型的有破壁后与优质蜂蜜调制的玉米花粉蜜；花粉精提液按一定比例和蔗糖、蜂蜜、柠檬酸、稳定剂、无菌水等配成的花粉营养保健饮料；破壁花粉液浓缩干燥后的花粉茶，糖粉、麦芽糊精、奶粉调匀，再加入一定比例的调入适量柠檬酸的破壁花粉乳液经搅和干燥而成的速溶花粉晶；还有用玉米花粉制的浓缩汁、酸奶、汽水等。玉米花粉中提取的多糖、氨基酸、天然维生素等有效成分可用于制备降血脂、血压、血糖和抗疲劳、提高免疫力的药物，以及洗面奶、润肤露、乳液、淋浴液和香皂等护肤品。

3. 玉米须营养品质 玉米须中含皂苷、脂肪油、挥发油、生物碱、苦糖苷、树脂、矿物元素、多糖、硝酸钾、隐黄质、维生素 C、泛酸、苹果酸、酒石酸、草酸、谷甾醇、氨基酸、维生素 E 以及 16 种氨基酸等多种营养物质。矿物元素中 K、Co、Zn、Cu、Fe 含量较丰富；玉米须总氨基酸含量达 13.3%，其中人体必需的氨基酸有 7 种，含量占总氨基酸含量的 1/3；玉米须中还含有 28 种烷烃类化合物，其中长链有机酸有软脂酸、硬脂酸、山嵛酸、油酸、亚油酸，其含量分别为 31.16%、13.32%、9.43%、7.82%

和 17.31%。

玉米须具有多种功效：①抑菌作用。玉米须水提物中葡聚糖酶和壳多糖具有抑制曲霉生长的作用，3%的玉米须乙醇提取物（ESM）在常规食品杀菌条件及中酸性条件下都具有稳定的抑菌活性。②抗肿瘤作用。ESM 对人胃癌细胞 SGC 的体外抑制率为 90.7%，对人白血病细胞 K562 的体外抑制率为 63.3%，其还有增强体外淋巴细胞转化功能。③降血糖作用。玉米须水提取液对四氧嘧啶所致的小鼠糖尿病有治疗作用，对葡萄糖、肾上腺素引起的血糖升高也有明显的对抗作用，其 30 g 的降糖作用与 100 mg 降糖灵的作用相似，但对正常动物血糖无明显影响，是一种较安全的降血糖物。

4. 玉米秸秆营养品质 闫贵龙（2006）分析了农大 108 玉米秸秆不同部位的主要化学成分，结果表明玉米秸秆各部位的营养价值存在明显差异，从高到低的排序：苞叶＞茎髓＞叶片＞叶鞘＞茎节＞茎皮。其中总糖含量以茎节、茎皮中最高（分别达到 20.7% 和 19.3%）；粗脂肪含量也在茎节和茎皮中最高（分别为 5.8% 和 5.2%），其次为叶片、叶鞘和苞叶，茎髓部位含量最少，仅为 2.0%，只相当于茎节的 34.5%；粗蛋白含量则是叶片中最高（14.9%），茎髓次之；粗灰分、Ca 和 P 含量均以叶片中最高（分别为 10.5%、1.03% 和 0.1%）；中性洗涤纤维（NDF）在苞叶中含量最高（77.1%）；酸性洗涤纤维（ADF）和木质素含量均以茎皮中最高（分别为 52.0% 和 14.4%），苞叶中最低（分别为 38.2% 和 6.7%）。玉米秸秆中粗纤维是含量最高的营养成分，从纤维组分的部位分布规律来看，NDF 含量从高到低依次为：苞叶＞叶鞘＞叶片＞茎皮、茎髓＞茎节；ADF 含量：茎皮＞叶鞘＞叶片、茎节＞苞叶、茎髓；木质素含量：茎皮＞茎节＞茎髓＞叶鞘、叶片＞苞叶。虽然苞叶中 NDF 含量最高，但容易消化的纤维组分半纤维素含量也最高，而 ADF 和木质素含量最少。茎皮中 NDF 含量较低，但 ADF 和木质素含量最高。ADF 和木质素是动物难以消化利用的成分，尤其木质素，不但本身不能被动物消化，而且还降低其他营养成分的消化利用。因此，从纤维组分的分析结果可以判定，茎皮是不同部位中营养价值最低的部位，营养价值最高的部位是苞叶、茎髓和叶片。

（二）鲜食玉米营养品质

1. 甜玉米营养成分 甜玉米主要分成普通甜玉米、超甜玉米和加强甜玉米三大类。普通甜玉米，由单隐性基因 *su1* 控制，此基因可使籽粒含糖量提高到 10% 左右，通常是普通玉米的 2 倍多，其中 1/3 是蔗糖，2/3 为还原糖；籽粒的水溶性多糖（WPS）含量也极高，达籽粒干重的 25%，是普通玉米的 10 倍，它使玉米籽粒同时具有甜味和糯性，食用风味好，易于吸收利用；此外，淀粉含量比普通玉米少一半，仅占 35% 左右，而蛋白质、维生素含量较高。超甜玉米，主要有 *bt1*、*bt2*、*sh1*、*sh2*、*sh4* 等单隐性基因突变类型，其中较典型的是隐性突变基因 *sh2*，籽粒含糖量极高，其中大部分是蔗糖，乳熟期总糖含量可达 25%～35%，其中蔗糖含量为 22%～30%，比普通型甜玉米高出 10 倍以上，而其 WPS 含量并不增加，糖类总含量有所减少，不具有糯性。加强型甜玉米，是在普通甜玉米 *su1* 的遗传背景上加入一个修饰基因 *se*，基因型为 *su1su1sese*，使籽粒品质得到进一步改善的甜玉米新类型。其乳熟期籽粒的糖分含量可达 30% 以上，接近于 *sh2* 超甜玉米，WPS 含量与 *su1* 型普通甜玉米相当，另外还含有 2%～5% 的麦芽糖；这种类型的甜玉米兼有普通甜玉米和超甜玉米的优点，即含糖量高，风味好，同时收获时间长。甜玉米除了含糖量高以外，油分含量也高于普通玉米；同时，甜玉米是在乳熟期收获，此时醇溶蛋白刚开始合成，所以，氨基酸组成较平衡，蛋白质品质较优。

甜玉米的风味主要包括甜度和香味。甜度主要由果糖和蔗糖的含量决定，果糖和WPS含量较高的甜玉米风味也会更好。香味主要由24种挥发性物质（挥发性羰基化合物15.8%、醇类16.9%、芳香族化合物0.7%、呋喃类22.9%、烃类30.8%）决定。其中与甜玉米气味相关的成分主要是相对分子质量为80～140的C_8～C_9挥发性物质，有2-甲基呋喃、1-（2-含氧丙烯基）-戊烷、2-乙基呋喃、乙醛（己醛）、1-戊烯-3-醇、2-庚酮、卜戊醇、2-戊基呋喃、苏合香烯、2-辛酮、2，3-辛二酮、甲基-环戊烷、（Z）-3-己烯-卜醇、（E）-3-辛烯-2-酮、（Z）-3-乙基-2-甲基-1，3-己二烯、亚乙基环庚烷、己酸、2-甲基（正）丁醛、苯乙烷、1-十一（烷）醇、（Z）-2-戊烯-1-醇、4，5-二甲基-1-氢-咪唑、1，2-二甲基-环庚烯、3，5-辛二烯-2-酮。主要赋味成分是2-乙基呋喃（甜焦香）、乙醛（清香、草香）、2-庚酮（梨香）、2-戊基呋喃（蔬菜芳香）、1-十一（烷）醇（柠檬香）、2，3-辛二酮（奶香味）、乙酸乙酯（果香、酒香）、2-甲基（正）丁醛（清香）、（Z）-3-己烯-1-醇（薄荷香），这些风味物质组合成分的比例、感官阈值的差异及各成分之间的相互作用构成了鲜甜玉米的特征风味。

植物多酚是多羟基酚化合物的总称，在蔬菜、水果、豆类、谷物类、茶等植物中广泛存在，具有多变的生物性质，参与植物生长繁殖过程，与植物的色彩、味道的形成，以及抗逆性、抗病虫害特性等也有关系。同时多酚化合物还具抗氧化性、清除体内自由基、舒张血管、抗菌消炎、抗过敏等多种保健功能。甜玉米粒中检测到13种多酚类化学成分，包括龙胆酸（每百克含42.29 mg）、芦丁（每百克含12.10 mg）、槲皮素（每百克含4.23 mg）、表儿茶素、绿原酸、香草酸、安息香酸、丁香酸、儿茶素、金丝桃苷、没食子酸、咖啡酸、肉桂酸。

王世恒（2004）比较研究了超甜3号、特甜1号和H5008 3个超甜玉米品种和普通玉米掖单13的理化指标和营养成分，结果见表6-7。

表6-7 理化指标和营养成分测定结果（以干基计）

（魏昌松整理，2016）

项 目	超甜3号	特甜1号	H5008	掖单13
皮厚（μm）	87.000	86.000	73.000	142.000
总糖（%）	25.000	29.870	31.940	2.950
还原糖（%）	3.720	2.620	3.160	1.360
蔗糖（%）	22.050	27.250	28.780	1.590
淀粉（%）	29.660	21.270	30.980	68.600
脂肪（%）	11.750	17.280	14.930	5.060
粗纤维（%）	6.276	4.142	3.302	2.009
总氨基酸（每百克含量，g）	16.930	13.890	17.250	8.310
维生素C（每百克含量，mg）	0.798	0.898	0.782	0.476

（续）

项　　目	超甜 3 号	特甜 1 号	H5008	掖单 13
β-胡萝卜素（每百克含量，μg）	2 137.800	2 185.100	264.200	93.140
水解氨基酸总量（%）	16.940	14.180	17.340	8.310
矿物质（mg/kg）Fe	92.270	73.090	61.200	58.600
Mg	1 044.900	844.730	1 054.700	609.380
Zn	28.550	19.450	22.040	21.360
Cu	15.440	16.000	7.000	8.040

甜玉米的甜味主要来自于果糖。蒋锋（2010）研究了超甜玉米果糖含量的遗传模型，发现最少有 4 对基因在控制超甜玉米的果糖含量，其性状表现出较高的超低亲优势和超中亲优势及一定的超高亲优势，是加性基因和非加性基因的共同作用的结果，其中非固定遗传的显性成分起主要作用，也表现了一定的超显性特点，符合"加性-显性-上位性"模型。因此，超甜玉米高含糖量亲本选育和新组合配制实践中，应在利用基因显性效应的基础上，协调加性效应及上位性效应，选育超高杂种优势的组合来提高甜玉米果糖含量。

2. 糯玉米营养成分　孙祎振（2011）研究了两个糯玉米品种的营养品质，结果表明糯玉米在可溶性固形物、可溶性糖、粗蛋白、支链淀粉等方面含量较高，并且较为均衡，其胚乳中的含糖量和支链淀粉含量较高赋予了糯玉米较好的口感；而正十六羧酸乙酯等香味物质使得糯玉米具有独特的香味，因而较好地解决了甜、糯、韧、滑的口感问题（表 6 - 8）。

表 6 - 8　糯玉米营养成分

（孙祎振，2011；魏昌松整理，2016）

项　　目	银糯 1 号	中糯 1 号
淀粉（干基,%）	55.54	54.74
支链淀粉（干基,%）	54.95	54.74
可溶性固形物（湿基,%）	11.67	10.53
可溶性糖（湿基,%）	22.75	21.23
粗蛋白（干基,%）	12.57	12.28
粗脂肪（干基,%）	11.73	11.58
粗纤维（干基,%）	3.70	3.08

二、玉米加工品质

玉米加工品质与加工的产品密切相关，玉米的加工主要是生产淀粉及其相关产品，其次是食用玉米粉、玉米糁及其他玉米食品。不同的加工产品需要不同的玉米类型，对粒重、硬度、容重、淀粉含量、脂肪含量以及杂质的多少等要求并不一致。

1. 玉米原淀粉和脂肪　生产淀粉的过程中重要的步骤是玉米籽粒的破碎，从而得以分离胚芽。影响这一过程的玉米品质是玉米的质地、硬度和大小等。所以，生产玉米淀粉时应使用淀粉含量69%以上的马齿型粉质玉米，籽粒容易破碎，产生的细渣少，且易于分离胚芽。从工艺上讲选用容重750 g/L、相对密度1.20、千粒重295 g的玉米粒出品率较高；收获之后自然风干10～30 d，采用两次磨粉法可将出粉率由60%左右提高到70%。

研究表明玉米脂肪85%都集中在胚中，胚越大含油量越高。籽粒大小和千粒重对高油玉米含油量有很大影响，籽粒长宽比较小的方形籽粒含油量较高。玉米综合加工过程中需先分离出胚芽，进而榨取或浸提出玉米油，这一加工过程的主要品质要求是胚芽易于分离以及含油量高。胚芽易于分离取决于玉米粉碎过程中保持胚的完整与脱落，因此，选用粒大、粒重的马齿或半马齿型高油玉米更易加工。

硬质玉米、角质多且颗粒小的玉米和黄玉米的籽粒较硬，不易破碎，破碎后产生的细渣多，其胚芽与胚乳连接紧密，籽粒破碎时胚芽也被破碎，不利于胚芽的分离，比较适宜生产全营养玉米渣。

2. 蛋白质 玉米籽粒加工生产淀粉过程中分离出蛋白质，形成蛋白粉。因其风味不佳，多用于饲料，但若经脱臭处理则可得到适于食用的玉米蛋白粉。这种精制的玉米蛋白粉口感好，也符合卫生要求，可制成冰激凌，或加入香肠，或与大豆粉配合使氨基酸比例平衡后直接用作食品的蛋白质补充剂。玉米蛋白粉还可制酱和酱油等。

玉米蛋白粉中60%左右是醇溶蛋白。其必需氨基酸含量低，营养价值不高，但具成膜性、耐脂性、耐水性和耐热性，经提取后成为食品工业欢迎的产品。将这种产品喷在食品表面，形成一层涂层，可防潮、防氧化，延长货架期。喷在水果上还增加光泽。在医药上可用于制作长效囊膜。

3. 膨化食品 玉米经膨化加工，营养成分及淀粉结构均发生显著变化，淀粉分子间键断裂，淀粉链变短，淀粉被充分糊化，具有很好的水溶性，便于溶解、吸收与消化。李丽（2014）的研究表明膨化加工对玉米品质影响较大，膨化玉米淀粉糊化度与可溶性蛋白（蛋白溶解度）及阿拉伯木聚糖之间存在相关性，其余指标间无显著相关性。调质温度在60～85 ℃、膨化温度120～150 ℃范围内，调质温度或膨化温度升高均有助于促进淀粉糊化，淀粉糊化度显著升高；虽然粗蛋白含量变化不明显，但可溶性蛋白显著减少，从而导致蛋白质溶解度降低；高温调质、低温膨化能提高玉米的营养利用价值，降低能耗，提高膨化加工效率。

三、影响玉米品质的因素

近一个世纪以来，国内外学者在提高玉米产量，改善玉米品质方面做了大量研究工作。普遍认为玉米产量和品质的形成是由遗传因素和非遗传因素两个方面决定的。遗传因素是指决定玉米品种特性的遗传方式和遗传特征。非遗传因素则是指除了遗传因素以外的一切因素，也就是玉米生长发育的一切环境条件。这些环境条件包括栽培措施、气候条件、地理条件、土壤条件等诸多方面。

（一）环境条件的影响

傅绍清（1992）用聚类分析方法对脂肪酸做分区统计后指出中国玉米亚油酸和不饱和

脂肪酸含量北方高于南方，油酸、饱和脂肪酸含量北方低于南方。王鹏文（1996）通过对比沈阳和公主岭两地同时参试的 6 个品种的产量和品质状况认为，蛋白质的含量在沈阳高于公主岭，而脂肪含量公主岭高于沈阳。2002 年，农业部谷物品质检测中心对农大 108 在全国 11 个省、自治区、直辖市种植的 32 个样本进行了品质检测，检测结果表明：农大 108 玉米籽粒的蛋白质含量、粗脂肪含量、赖氨酸含量随纬度增高有不同程度的减少；粗淀粉含量与纬度关系不明显；籽粒容重则在高纬度或较高海拔条件下有所增大。

（二）栽培措施的影响

1. 播种期对玉米品质的影响　在其他条件相同的前提下，延迟播种，玉米籽粒品质下降，籽粒蛋白质含量降低，脂肪、淀粉含量上升；籽粒硬度下降，提高了籽粒机械收获时的破碎敏感性；随着播期的推迟，籽粒可溶性糖含量、粗纤维含量、游离氨基酸含量均呈现先高后低的趋势。而早播籽粒粗灰分含量高于晚播期。

2. 种植密度对玉米品质的影响　种植密度通过影响光合面积大小和肥水供应间接影响玉米籽粒的品质。王鹏文（1996）检测了不同种植密度不同成熟阶段玉米籽粒蛋白质、脂肪、淀粉的含量，结果表明，玉米籽粒蛋白质百分含量除了在灌浆中期随种植密度增加而减少外，在籽粒成熟的其他阶段均与种植密度关系不明显；而蛋白质的百粒含量则在一定范围内随种植密度增加先降后升；从灌浆中期到成熟，玉米籽粒的蛋白质百分含量有相对减少趋势，而百粒含量在成熟前的 5～10 d 出现最大值。玉米籽粒的脂肪百分含量在灌浆的中期随种植密度增加有增加趋势，而在灌浆后期至成熟随种植密度的增加先升高后降低；脂肪的百粒含量在灌浆后至成熟表现出随种植密度增加先降低后升高，籽粒脂肪百分含量在成熟前 5 d 左右出现最大值。玉米籽粒淀粉含量因种植密度和灌浆时期的不同而不同，在一定种植密度范围（6 万～8 万株/hm²）内，随种植密度增加淀粉的百分含量和百粒含量均有所提高，同样呈先降低后升高的趋势。综合种植密度对玉米产量和品质的影响及收获后玉米籽粒蛋白质、脂肪和淀粉的测定结果，可以认为这些物质的含量总的趋势是随种植密度加大先降低而后升高。

3. 施肥

（1）氮肥对玉米品质的影响　施用 N 肥明显提高玉米籽粒中蛋白质含量。每公顷施 N 量在 0～180 kg 范围内，施 N 量与籽粒中蛋白质含量呈直线相关关系。增施或延迟施 N 对蛋白质的不同组分的含量影响程度不同，增施 N 肥会提高醇溶蛋白、苯丙氨酸、亮氨酸的含量，显著降低色氨酸、赖氨酸和苏氨酸的含量，但对缬氨酸、蛋氨酸和异亮氨酸的影响不大；推迟施 N 时间会提高醇溶蛋白含量，减少赖氨酸、苏氨酸和半胱氨酸所占比例。所以，增施或延迟施 N 虽然提高了籽粒蛋白质含量，却降低了蛋白质的品质和营养价值。

赵福成（2013）研究不同施 N 量对甜玉米产量、品质和蔗糖代谢酶活性的影响，结果表明：施 N 225 kg/hm² 能显著提高甜玉米鲜穗产量以及籽粒可溶性糖和蔗糖含量。籽粒的硬度随 N 肥用量增加显著增加，而脆性随着施 N 量的增加表现出先升高后降低的趋势，以 N 肥用量为 225 kg/hm² 时最大。籽粒中蔗糖磷酸合成酶（SPS）和蔗糖合成酶（SS）合成方向活性的变化趋势与蔗糖含量变化一致，SS 分解方向活性随籽粒灌浆进程逐渐变大。合理施 N 可提高甜玉米籽粒中 SPS 和 SS 合成方向活性，增加糖分，改善品质。

宋海霞（2008）证明施 N 量不同对春玉米籽粒产量和脂肪含量有着不同程度的影响，每公顷施纯 N 200 kg（N_{200}）时玉米籽粒脂肪含量最高，含油量依次为 $N_{200} > N_{100} > N_{300} > N_0$；成熟时品种间脂肪含量高油 115>龙单 13>东农 250；各处理间均达极显著差异。增施 N 肥还会改变玉米籽粒脂肪酸组分，随 N 肥的增加，掖单 13 籽粒中棕榈酸和硬脂酸在脂肪酸中的含量增加，结果饱和脂肪酸比例变大，不饱和脂肪酸比例下降；而高油 115 籽粒脂肪酸中的棕榈酸含量降低，硬脂酸变化不大，结果使饱和脂肪酸比例下降，不饱和脂肪酸比例提高。

（2）磷肥对玉米品质的影响　P 肥（P_2O_5）的施用直接影响着玉米的品质。众多研究一致认为，在其他条件满足的情况下，在有效限度内随着施 P 量的增加，玉米籽粒中的蛋白质、淀粉和糖含量明显提高。王鹏文（1996）研究表明掖单 13 和高油 115 的氨基酸组分和脂肪酸含量因施 P 量不同而有所不同，掖单 13 籽粒中的氨基酸，除甘氨酸和赖氨酸在较高施 P 水平上（P_2O_5 140.76 kg/hm²）含量有所增加外，其他种类氨基酸基本上是在中等施 P 水平上（P_2O_5 70.38 kg/hm²）含量最高；而高油 115 籽粒中的氨基酸，除了异亮氨酸、酪氨酸、苯丙氨酸、赖氨酸、精氨酸和蛋氨酸外，都在中等施 P 水平上含量较小，在较高施 P 水平上有较高含量；异亮氨酸和苯丙氨酸含量没有因为施 P 肥用量变化而产生变化。在一定范围内随施 P 量增加，掖单 13 籽粒饱和脂肪酸（棕榈酸和硬脂酸）含量减少，油酸含量下降，亚油酸和亚麻酸含量增加，最后表现为不饱和脂肪酸含量增加；而高油 115 在籽粒中油酸和亚麻酸含量相应增加，亚油酸含量减少，结果在较高施 P 肥水平时不饱和脂肪酸比例达到最大为 85.07%。

（3）钾肥对玉米品质的影响　史振声（1994）的研究结果表明，在一般土壤肥力条件下，增施 K 肥可以明显提高籽粒营养价值和茎秆中的糖分含量，但过量施 K 反而产生抑制作用；同时也观察到 K 对促进不同营养成分的合成和积累表现出一定的差异，其顺序为总糖>赖氨酸>脂肪>蛋白质。其提出 225 kg/hm² 是最佳施肥量，能显著提高甜玉米籽粒的蛋白质、赖氨酸、脂肪和总糖含量，改善加工品质、商品品质和适口性。曹玉军（2011）也证明施 K 明显提高了蔗糖合成酶（SS）和蔗糖磷酸合成酶（SPS）的合成方向活性，利于甜玉米蔗糖合成与积累。

适量施用 K 肥能显著提高玉米籽粒蛋白质含量。据梁印德等研究结果，适当施用 K 肥使玉米籽粒蛋白质含量增加 0.91%，同时，蛋白质中亮氨酸、胱氨酸、酪氨酸、苯丙氨酸、缬氨酸、苏氨酸、赖氨酸、蛋氨酸和异亮氨酸含量均明显增多。王鹏文（1996）证实，适当施用 K 肥使掖单 13、高油 115 和辽原 1 号等的籽粒蛋白质含量提高。K 肥对籽粒脂肪含量的影响因品种而异。例如，在不施 K（空白处理）、中等施 K 水平（K_2O 76.5 kg/hm²）和较高施 K 水平（K_2O 153.0 kg/hm²）范围内，高油 115 随 K 肥用量增加其脂肪含量相应提高；掖单 13 则出现相反情形，其脂肪含量随 K 肥用量增加而下降。籽粒淀粉含量受蛋白质、脂肪含量制约，呈现高油 115 随 K 肥用量增加籽粒淀粉含量下降和掖单 13 随 K 肥增多籽粒淀粉含量增高的结果。

（4）氮、磷、钾肥配合施用对玉米品质的影响　N、P、K 肥配合施用能更有效地提高玉米产量，增加粒重、胚重；改善玉米籽粒的化学组成，提高籽粒蛋白质含量，增加氨基酸总量及必需氨基酸含量；增加维生素 B_1 含量，降低烟碱酸的含量；大幅度提高高油玉米的油分含量。

4. 水分处理 水是玉米生长发育等生理活动需要量最多的物质，是影响玉米产量和品质的重要因素。到目前为止，多数研究认为干旱条件下玉米蛋白质含量较高，潮湿条件下玉米蛋白质含量较低。气候条件无论是对玉米籽粒中蛋白质、淀粉和脂肪的含量，还是对单位面积上总产都有影响。

王鹏文等（1996）研究认为干旱胁迫使玉米籽粒蛋白质、脂肪、淀粉含量提高，灰分、纤维素、胶质等其他成分含量减少。丹玉 13 各生长阶段干旱胁迫使蛋白质含量提高 $1.60\% \sim 42.0\%$，脂肪含量提高 $3.8\% \sim 15.4\%$。灌浆期干旱胁迫和开花期干旱胁迫使玉米籽粒变小，胚所占比例增大，从而使蛋白质总量、必需氨基酸（主要是天门冬氨酸、异亮氨酸、酪氨酸、苯丙氨酸和组氨酸）含量、脂肪含量有较大增加。气相色谱分析结果显示，干旱胁迫使丹玉 13 籽粒脂肪酸含量升高，但同时伴随棕榈酸含量升高，亚油酸含量减少，亚麻酸含量提高，结果导致籽粒不饱和脂肪酸含量下降，饱和脂肪酸含量提高，即不饱和脂肪酸与饱和脂肪酸的比值（不饱和指数）下降。灌浆期和孕穗期干旱胁迫使不饱和指数由 6.4 下降到 6.1，开花期干旱胁迫使不饱和指数下降为 6.3。Kniep 等（1991）认为灌溉降低了普通玉米和高蛋白（O2）玉米的蛋白质含量，使普通玉米蛋白质中赖氨酸的比例提高，而在 O2 玉米中赖氨酸的比例降低。

对于水分条件的作用，起决定作用的不是降水总量，而是降水的性质及其时间分布状况。不同生长阶段的降水分布，对玉米产量和品质的影响程度不同。水分条件对玉米产量和品质的影响具有两重性，一方面干旱使玉米产量下降，另一方面提高了玉米籽粒的有效养分含量。因此，在优质玉米生产和抗旱措施的选择上要充分考虑到这一点，特别是在玉米的分区种植和高蛋白、高油玉米的生产上尤为重要，从而实现玉米生产上的高产、优质、高效。

第二节　玉米综合利用

一、籽粒利用

玉米籽粒是玉米产量和品质的重要体现。玉米籽粒中含有大量的蛋白质、氨基酸、脂肪和淀粉等，具有较高的营养价值和经济价值，决定了玉米具有广泛的使用价值。人们常把玉米籽粒的使用分为食用、饲用和深加工三大类。每一类型玉米在品种选育、栽培技术和籽粒成分含量上都有各自的要求和特点。总的来说，食用玉米占到世界玉米总量的 1/3左右，而饲用玉米则要占到世界玉米总量的 65% 左右，发达国家可以高达 80% 左右，是畜牧业赖以发展的重要基础。玉米籽粒、玉米秸秆及玉米加工副产品均可以作为饲料使用。除此之外，玉米籽粒还是重要的工业原料。玉米进行初加工和深加工可生产两三千种产品。初加工产品和副产品可作为基础原料进一步加工利用，在食品、化工、发酵、医药、纺织、造纸等工业生产中制造种类繁多的产品。玉米穗轴可生产糠醛，玉米秸秆和穗轴还可以培养食用菌，苞叶可编织提篮、地毯等手工艺品。

（一）食用

玉米的营养成分优于稻米、薯类等，缺点是颗粒大、食味差、黏性小。按照玉米籽粒的形态与结构可将其分为 9 种类型，分别是硬粒型、马齿型、半马齿型、粉质型、甜质型、甜粉型、爆裂型、蜡质型和有稃型。不同形态类型的玉米籽粒有着各自的特点，因此在使用上也有所区别。例如，主要作为粮食用的玉米多为硬粒型，其籽粒品质好、适应性广，一直以来都是中国长期栽培较多的类型；而果穗粗大、出籽率高的马齿型玉米，则因其食用品质较差不适宜食用，只适合制造淀粉或酒精。随着玉米加工工业的发展，玉米的食用品质不断改善，玉米的食用方法也得到了广泛开发，市场上已形成了种类多样的玉米食品。

1. 粮用　玉米籽粒中含有大量的糖类、蛋白质、脂肪以及维生素和矿质元素等，具有较高的营养价值和保健价值，对人体的健康具有重要意义。将玉米籽粒作为主食时，根据各地不同的饮食习惯，大体可分为粒用和磨粉两种方式。粒用即直接食用。例如，甜玉米富含各种氨基酸及可溶性蛋白，有丰富的维生素和胡萝卜素及各种矿物质，可直接鲜食或是用来充当蔬菜食用。这种饮食习惯在中国北方和南方都普遍存在。许多国家还将鲜食甜玉米作为重点开发的保健"黄金食品"，对其进行深加工成罐头、速冻籽粒等产品。磨粉则是将玉米籽粒先磨成粉后再加工食用。玉米粉经特制加工后，含油量降低到 1％以下，适于与小麦粉、豆粉等粗粮粉杂和而食，称为杂和面，北方人又叫棒子面，其可改善玉米粉的食用品质，粒度较细。例如，北方人将玉米面、糯米粉用热水加白糖和匀揉成面团，下剂后用手捏成窝窝形状，上笼蒸熟可做成玉米窝窝头。玉米窝窝头是一种古老的汉族面食，富含人体必需的多种氨基酸、不饱和脂肪酸、糖类、粗纤维和多种矿物质，属低脂、低糖食品，尤其适合糖尿病人及肥胖人群食用。多食用有助于调理胃肠、改善消化功能，是现代人群首选健康食品之一。在山东的潍坊、烟台等胶东地区就常以玉米饼子、玉米窝头为主食。在江苏的淮安、宿迁等地，人们常喜欢将玉米磨成粗细不匀的粉末，添加上山芋叶等蔬菜一起煮成玉米稀饭，成为人们早晚的主食。此外，玉米面还能做成锅贴。在江苏的洪泽，人们在红烧小鲫鱼的锅边贴上玉米粉揉好的面，一边烧鱼一边贴锅贴，吃的时候玉米锅贴蘸着鱼汤很是可口。以上简单介绍的几种玉米的食用方法，可谓是粗粮细做，大大提高了玉米籽粒的食用范围。

2. 粮菜兼用　玉米籽粒除了当主食外，还可以做菜配料，此类玉米多为鲜食特用玉米。鲜食特用玉米主要是指甜玉米、糯玉米、紫玉米、笋玉米等，以青穗或幼穗食用，可蒸煮、炒菜、煲汤，故又称菜用玉米。所谓特用玉米，就是具有与普通玉米不同的特殊性状，不但直接利用效益高，而且能作为各种工业优质原料，发挥更大效益。这类玉米具有各自独有的内在遗传组成，表现出各具特色的籽粒结构、营养成分、加工品质及食用风味等特征，有着各自的特殊用途、加工要求及相应的销售市场。

糯玉米，也称黏玉米，是玉米胚乳性状的一种突变体，其胚乳淀粉几乎全是由支链淀粉组成。食用消化率比普通玉米高 20％以上，还具有较高的黏滞性和适口性，加温处理后的黏玉米淀粉具有较高的膨胀力和透明性。这些优良性状赋予黏玉米宝贵的价值和广泛用途，青棒和糯性食品现已成为大众化食品。目前在山东省各地采用较多的黏玉米品种有垦黏 1 号、垦黏 2 号、垦黏 3 号和东农早黏玉米。

甜玉米，是玉米的一个种，又称蔬菜玉米。甜玉米是欧美、韩国和日本等发达地区的主要蔬菜之一。因其具有丰富的营养、甜、鲜、脆、嫩的特色而深受各阶层消费者青睐。超甜玉米由于含糖量高、适宜采收期长而得到广泛种植。中国是甜玉米的世界起源中心，栽培历史悠久，相继育成了普通甜玉米、超甜玉米和加强甜玉米杂交种，同时还育成了紫色和红色甜玉米类型。甜玉米可用于罐头加工、速冻加工和青玉米上市。近几年，甜玉米罐头和速冻制品已从国内中高档饭店走上了家庭餐桌，并成为农民致富的新渠道和出口创汇的一项大宗商品。东北农业大学育成的东农中甜和东农早甜品种可作引种材料。

紫玉米又称黑玉米，是紫（黑）玉米家族中的珍品，因颗粒形似珍珠，故有黑珍珠之称。它株高 1.5 m 左右，成熟期 100 d 左右，一株有 1～3 个雌花蕊，一般结 1～2 个果穗，刚成粒时，呈晶莹的象牙色，长大后渐成浅红色，成熟后变成紫色，干后成紫黑色，果穗长 10 cm 左右，千粒重为 120 g 左右，富含极高的酚化合物和天然色素花色苷，是一种安第斯山脉地区的原生植物。主要种植在秘鲁和玻利维亚等南美洲低山谷地区，是当地特有的一个玉米品种，玉米籽粒和芯均呈深紫色。传统上秘鲁安第斯山人一直将紫玉米做成饮料食用或作为甜点和其他食品的着色剂。目前在南美洲、亚洲和欧洲的部分国家里，紫玉米花色苷提取物作为天然食用色素，已经开始应用于食品工业中。例如，花色苷着色于糖果、饮料等食品中。紫玉米花色苷作为天然色素不仅安全无毒，而且具有很多生物活性：可有效地清除人体内的自由基，防止可见光和紫外光的辐射，具有抗肿瘤、抗衰老、护肤养颜之功效。

笋玉米即玉米的雌性幼穗，因其下粗上尖，形似竹笋而得名。笋玉米具有多穗性，单株可收获 3～5 穗，但单穗较轻。笋玉米富含氨基酸、糖、维生素、磷脂和矿质元素，通常干重的总氨基酸含量可达 14%～15%，其中赖氨酸含量高达 0.61%～1.04%，总糖量达 12%～20%。笋玉米既可做成清脆可口、美味宜人的高档菜肴，主要用于爆炒鲜笋、调拌色拉生菜和腌制泡菜等，是宴席上的名贵佳肴；也可制成罐头等加工产品畅销国内外。目前，笋玉米的食品开发已成为新的热点。由于无法机械采收，只能人工一个一个地从果穗苞叶中剥出，所以欧美国家因人工昂贵而无法组织大面积生产。目前世界上玉米笋罐头的生产地主要集中在东南亚和中国的台湾省。例如，泰国的笋玉米品种在当地一年可生产 6 季，每季每 667 m² 可产鲜笋 150 kg，每千克笋玉米在 1.5 美元左右，经济价值相当可观。

3. 菜用 菜用型甜玉米可根据控制甜味的遗传基因，分为普通甜玉米、超甜玉米和加强甜玉米 3 种。普通甜玉米籽粒中含 22.8% 的水溶性多糖，可产生美好的风味；淀粉含量为 35.4%，比普通玉米少一半，但蛋白质、赖氨酸、油分和各种维生素都较多，因此营养价值高于普通玉米。超甜玉米比普通甜玉米更甜，收获后糖分转化为淀粉较慢，货架寿命长；其缺点是水溶性多糖含量少，仅为 5.1%，食用风味稍差；同时，淀粉含量少，水分多，果皮厚。目前，超甜玉米只作家庭食用，无法工业加工。加强甜玉米水溶性多糖含量高于其他玉米，因而风味最佳；其货架寿命长，收获后在常温下可存放 48 h，糖分仍高于新鲜的普通甜玉米，且加工用途广，具有较大的开发前景。

甜玉米粒用不同的烹饪方法可做出各式各样的菜肴。例如，香甜玉米粒，用开水将甜玉米粒和胡萝卜粒一起焯熟，再在锅里放入少量的盐和糖，把焯过的甜玉米粒和胡萝卜粒一起翻炒 1 min，美味可口的香甜玉米粒就做好了。金沙玉米，将玉米粒拌上少许干淀粉，然后用筛子筛去多余的淀粉，咸鸭蛋剥皮，只要蛋黄。在锅里放足量的油，放入玉米粒炸 2 min 后捞出，沥干油，再放入咸蛋黄，小火慢炒，翻炒至咸蛋黄开始冒泡后放入玉米粒拌匀即可。再如，玉米炒火腿，将火腿丁煸炒出油，再放入玉米粒和胡萝卜粒翻炒均匀，再加入黄瓜和辣椒翻炒，调入适量盐和糖，翻炒熟后即可出锅。此外，甜玉米粒还可做人们常吃的宫保鸡丁、松仁玉米、什锦玉米、紫甘蓝沙拉、圣女果果蔬沙拉等菜肴的配料。可见，甜玉米粒的菜用方式是五花八门、多种多样的，也是人们选择最多又爱吃的玉米品种之一。

4. 休闲食品 随着饮食文化的发展，人们对玉米进行深加工，开发出了多种以玉米为主的休闲食品。常见的有爆米花、玉米片、玉米糊、玉米淀粉及玉米淀粉相关产品（粉条）等。膨化食品是近年来盛行的方便食品，具有疏松多孔、结构均匀、质地柔软的特点，不仅色、香、味俱佳，而且提高了营养价值和食品消化率。爆米花就是一种膨化食品，很受年轻人欢迎，可作为日常零食。玉米片是一种快餐食品，便于携带，保存时间长，既可直接食用，又可以制作其他食品，还可以采用不同佐料制成各种风味的方便食品，用水、奶、汤冲泡即可食用。此外，甜玉米还可加工成罐头、制成速冻产品，还有脱水甜玉米、甜玉米面包、甜玉米片（类似麦片的产品）、甜玉米果冻、甜玉米冰淇淋、甜玉米风味豆腐脑等产品。同时，甜玉米还可加工为汤羹粥类食品、风味小食品和汤料等。这不仅提高了甜玉米产品的附加值，也为甜玉米产业提供了更广阔的发展前景。

制作爆米花的玉米叫做爆裂玉米，俗称麦玉米、爆花玉米、爆炸玉米，其膨爆系数可达 25～40，是一种专门供作爆玉米花（爆米花）食用的特用玉米。爆裂玉米一般分为米粒型和珍珠型两种。它首先是由印第安人按照玉米的爆花特性选育而成的，因此在起源上是最早的栽培玉米类型之一。爆裂型玉米果穗和籽粒均较普通玉米小，籽粒几乎全为角质胚乳所组成，结构紧实，坚而透明，遇高温时有较大的膨胀破裂性，爆裂玉米因此而得名。爆裂玉米籽粒富含蛋白质、淀粉、纤维素、无机盐及维生素 B_1、维生素 B_2 等多种维生素。因此食用爆裂玉米花不仅可获取丰富的营养，同时经常进食爆裂玉米花有利于牙齿保健、锻炼咬肌，使脸部变得光滑，也可磨砺胃壁，增加肠的蠕动，促进食物的消化吸收，对消化系统大有裨益。现有品种有黄玫瑰 2 号（中国农业科学院原作物品种资源研究所培育）、津爆 1 号（天津市农业科学院选育）、沈爆 2 号和豫爆 1 号等。

5. 饮料 玉米制作饮料也可分为鲜榨和加工型两种。鲜榨玉米饮料制作简单、营养丰富，即榨即食、安全卫生，是一种老少皆宜的饮品。玉米加工型饮料又可分为热饮和冷饮两种。热饮可用豆浆机将玉米籽粒做成玉米热糊，或精磨成玉米露粉，食用时可煮汤代茶而饮，或是搭配早餐而食。冷饮则可将玉米制成灌装或瓶装饮料，或是制成玉米啤酒，开盖而饮。

以甜玉米粒为原料，可以制作出营养丰富、口味独特的玉米饮料。甜玉米较普通玉米营养价值高，其含糖量和赖氨酸含量是普通玉米的两倍。此外，甜玉米还含有丰富的蛋白质、氨基酸以及人体需要的各种营养素，具有降低血清胆固醇、调节肠道、调节血糖水平等功能。随着人们物质生活水平的不断改善，人们对饮料的需求也日益增加，纵观现时市场的饮料供求状况，很多饮料的供应品种单一，而且营养保健价值没能充分体现出来。甜玉米因其丰富的营养、独特的口味，可制作成风味独特的玉米饮料，且生产工艺简单、成本低，适合于男女老少饮用，具有很大的市场潜力。

（二）饲用

随着中国经济的快速增长，畜牧业巨大的发展空间将带动饲料行业的增长。玉米既是高产的粮食作物，又是畜牧业不可少的主要饲料来源。研究显示，饲料工业中每年消耗全球 4.6 亿 t 玉米中的 65％以上。目前，全世界玉米总产量的 65％用作饲料，中国则高达 75％，玉米的供应已经在相当程度上控制着中国饲料工业和养殖业的命脉。可见，玉米对于保障粮食安全、动物安全以及食品安全起着至关重要的作用。由于中国的膳食结构表现为动物蛋白和动物脂肪的摄入量少，因此，随着生活水平的提高，玉米饲料的需求一定会迅速上升用来满足对肉、禽、蛋、奶的需要。除了传统的普通玉米作饲料进一步增长外，伴随高油、高赖氨酸、高淀粉的玉米新品种的成功选育和推广，特用饲料也是未来的趋势之一。但是，目前高直链淀粉育种尚有许多困难需要解决，所以，近几年不可能有大发展。而高赖氨酸、高油和高支链淀粉品种已培育成功，是近几年重要的推广方向。高纤维饲料的作用虽然很大但总需求量不会太多，应有计划的投产。玉米籽粒进行深加工可以制取淀粉、糖类和酒精等产品，而其深加工过程中会产生大约 30％的玉米蛋白粉、玉米皮、玉米胚芽粕等副产品，也可作为优质的饲料资源。

玉米饲用时根据加工方式不同可分为直接使用、加工成饲料后使用和青贮后使用 3 种方式。首先，直接使用。玉米粒作为粮食直接喂养家禽、家畜是一种最常见、最简单的方式。生活中人们常常直接将玉米粒饲喂鸡、鸭、鹅和鸽子等家禽，以及牛、羊等家畜，或是将玉米籽粒用面粉机磨制成粗细均匀的面粉，然后把玉米面粉用热水在锅里熬煮成糊状，可用来喂食肥猪等家畜。该方法多见于四川、湖北等地。用作饲用的玉米多为高产、优质、适应性广的品种，如目前栽培比较受欢迎的品种有中原单 32、鲁原单 22、京早 13、世纪 1 号等品种。

其次，加工成饲料后使用。玉米号称饲料之王，目前约有 60％的玉米用于生产各种配合饲料。美国是世界上生产饲料最多的国家，中国的饲料工业发展也十分迅速。当前，中国以玉米为原料生产的饲料可分为特用饲料、配合饲料和青贮饲料等几个品种。普通玉米茎秆是制作青贮饲料的主要原料。现在，糯玉米和甜玉米茎秆也越来越多地投入到饲料的生产中，它们有比普通玉米更多的养分，更有益于禽畜的生长。玉米经过加工粉碎后再添加骨粉和其他成分制成优质配合饲料，这是目前玉米使用最多的领域。特用饲料包括高油饲料、高赖氨酸饲料、高淀粉饲料和高纤维饲料等，它们特有的营养成分，可提高肉用畜禽的长肉率、蛋鸡的下蛋率、奶牛的产奶率。高纤维饲料主要提高动物对饲料的消化率，并提高对疾病的抵抗力。目前，中国的饲料生产与众多的人口和大量的需求不相适应，而且无论在产品质量上，还是在经济效益方面都十分落后。

最后，青贮后使用。青贮饲料作物的种类很多，玉米是较好的一种。青贮玉米味香多汁、适口性强，原料中营养保存多、损失少，能增加牲畜食欲，是奶牛、肉牛一年四季特别是冬春季节的优良饲料，也是养殖业不可缺少的基础饲料之一。此外，青贮玉米含有丰富的可消化的维生素、蛋白质、脂肪和无氮浸出物，能保证牲畜生育健壮，并改善冬季家畜的饲养条件，是牧区特别是高寒牧区最理想的饲料。青贮分为整株青贮和茎叶青贮两种。整株青贮是在玉米茎叶青绿、果穗刚到乳熟末期或蜡熟期，将整株割下来铡碎，果穗带茎叶一齐埋在青贮窖里贮藏起来，经过 40～50 d 发酵以后，茎叶呈青绿色，带有酸香酒糟味，柔软湿润，可以随时取出来饲喂牲畜。茎叶青贮是在籽粒刚成熟时，先收果穗，然后再把玉米茎叶的青绿部分割下来铡碎青贮。

（三）加工业原料

玉米是人类加工利用最多的禾谷类作物，也是集食用、饲用和工业原料用三元一身的高产作物。20 世纪 90 年代以来，中国玉米生产发展迅速，每年玉米产量均超过 1 亿 t，位居世界第二位。虽然中国玉米加工业起步较晚但发展迅速，从 20 世纪 80 年代几十万吨的消费量到 90 年代以每年 10% 的速度快速增长，现如今已开发了上百个产品。玉米加工空间大，产业链条长，可广泛应用于纺织、化工、造纸、医药等行业。据报道，玉米深加工产品的种类超过 3 000 种，每一种产品都可以形成产业链，每一条产业链都能牵引一个大产业。尽管玉米深加工产品众多，但主要集中于淀粉、糖类、乙醇及化工醇等相关领域。

玉米淀粉再加工生产最多的产品是酒精。酒精是一种优质的燃料，它可以与汽油混合作为清洁燃料。酒精还是一种优质的化工原料，它可以制乙酸、乙胺、乙醛等化学制剂，它本身还是优质的有机溶剂，可以做洗涤剂、浸出剂和防冻剂等。美国用玉米淀粉广泛制作可降解塑料，其中在淀粉聚氯乙烯和淀粉聚乙烯醇塑料中淀粉的使用比例可达 60% 以上。中国在此方面也有过试验研究，但由于多种原因，并没有规模生产。在白色污染严重的今天，中国应在此项目上加大研究力度。此外，玉米深加工所得的其他产品在工业、医疗、造纸等各领域也得到了广泛应用：麦芽糊精具有黏合性，在造纸工业中做黏合剂，在农药中增加黏稠度，在医药中做可溶性包衣，在化妆品中也有应用；麦芽糖可在医药业作为注射液；山梨醇是合成维生素的起始原料。直链淀粉是一种新兴的玉米加工产品，它可以应用于制造降解塑料、高性能吸水纸、一次性纸巾等。支链淀粉在造纸工业中做胶黏剂，使纸浆平整均匀。预糊化淀粉、氧化淀粉、交联淀粉等变性淀粉应用于造纸、纺织等行业中。

根据当前深加工方式的不同，可将玉米加工分为物理加工、化学加工和深度加工 3 种类型。

1. 物理加工　物理加工也是初加工。初加工形式多种多样，主要是利用各种机器将玉米磨成粉或脱皮后进行再加工。例如，利用玉米脱皮机将玉米脱皮是玉米进入食品领域的重要环节。脱皮的玉米是酿酒、饲料、食品等领域的重要原料之一。玉米脱皮粉碎之后可再利用玉米制糁机将其加工成玉米糁。玉米糁子是北方农村早期的一种早晚吃食，也叫棒子糁。玉米糁子可做的食品很多，在原来以粗粮为主的年代，这是人们的主食，现在仍是人们改善口味的食品之一。玉米还可用制粉机直接打磨成粉使用。

2. 化学加工　玉米的化学加工主要用于制作乙醇、淀粉、糖、胚芽油等化工原料。例如，玉米淀粉可通过酶类催化水解反应制得全糖和淀粉糖；利用低温淡碱脱酸技术可精炼玉米油；通过碱溶酸沉法可以提取玉米胚芽蛋白；而酸式盐催化或甲苯萃取法可将玉米芯水解制取糠醛等。

3. 深度加工 玉米深度加工即是将玉米初产品进行再加工的过程。例如，可将玉米淀粉进行深度加工，制得衣康酸、黄原胶、羧甲基淀粉和甘油等精细产品；也可通过酶类催化反应制得变性淀粉、淀粉糖、糖醇等发酵产品。

二、秸秆利用

中国是农业大国，农作物秸秆种类多、产量大。据国家发展和改革委员会和农业部对全国"十二五"秸秆综合利用情况进行的评估显示，2015年全国主要农作物秸秆理论资源量为10.4亿t，可收集资源量为9.0亿t，利用量为7.2亿t。玉米秸秆中含有大量糖类以及N、P、K等多种营养元素，具有重要应用价值。然而一直以来，玉米秸秆利用率较低，通常直接废弃在农田或就地焚烧，不仅造成资源的极大浪费，引起空气污染、而且破坏了土壤结构。因此，采用合理方式，加强玉米秸秆的综合开发利用，在减少环境污染、实现农业可持续发展等方面具有重要意义。近年来，随着人们对环境污染问题的重视，秸秆的综合利用也得到了极大的发展。在发达国家，农作物秸秆的综合开发利用率高、途径多。除传统的秸秆粉碎还田作有机肥料外，还走出了秸秆饲料、秸秆汽化、秸秆发电、秸秆乙醇、秸秆建材等新路子，大大提高了秸秆的利用值和利用率，值得借鉴。在国内，秸秆利用率还比较低，主要用在动物饲料、还田肥料和造纸原料等方面，秸秆的综合利用亟待开发。下面就秸秆在饲料、覆盖材料、有机还田等方面的应用进行介绍。

（一）饲料

玉米秸秆是牲畜饲料的重要组成成分。据农业部统计，2015年中国秸秆饲料化利用量为1.7亿t，占可收集秸秆资源量的18.8%，秸秆饲料化率较低。由于玉米秸秆中纤维含量高、蛋白质含量低等特点，牲畜直接食用不利于消化吸收，往往需要进一步深加工，以提高饲料的适口性和营养价值。研究表明，经加工的玉米秸秆，消化能可提高到2.24 MJ/kg，营养成分及含量相当中等水平的牧草；而随着秸秆饲料加工新技术的不断涌现，为中国畜牧饲料产业发展开拓了更加广阔的空间。

玉米秸秆青贮加工是一种微生物参与代谢活动的反应过程。将青绿玉米秸秆铡成1~2 cm的小段，移入所需容器中，压紧后密闭贮藏。密闭容器中的厌氧环境为乳酸菌的生长代谢提供了优势，玉米秸秆中的淀粉和可溶性糖在乳酸菌的作用下转化成气味酸香的乳酸，而乳酸逐渐累积至临界浓度时，就会抑制其他微生物的生长繁殖，进而保留住青贮饲料中的养分。在乳酸菌和纤维素酶共同作用下，青贮饲料干物质分解率可提高8%，饲料品质明显提高。研究发现，将玉米秸秆青贮后，其含水量增加647~712 g/kg，青贮饲料水分含量均高于700 g/kg，保持了饲料柔嫩多汁的新鲜状态及营养成分，提高了饲料的适口性，更利于牲畜消化吸收。

用于青贮的玉米是一种特用玉米即青贮玉米。青贮玉米植株高大，茎叶繁茂，营养生长期长，光合效率高，且具有营养价值高、非结构糖类含量高、木质素含量低等优点，能有效保存蛋白质和维生素，矿物质丰富，有良好的消化和吸收率。青贮玉米一般在乳熟期至蜡熟期收获整株玉米，然后切碎加工或贮藏发酵，调制成饲料，饲喂以牛羊为主的草食家畜。

青贮玉米是以收获青茎叶及青穗为目的，无论对生产者、养殖者还是对科研工作者来说，选育、种植营养价值较高的青贮玉米品种都会带来很大效益。在土地和耕作条件相对一致的情况下，青贮玉米比籽粒玉米具有更高的经济产出。同时，青贮玉米饲料制作简单，可节省大量资金和劳动力，增加农牧民收入。由此可见，青贮玉米不仅具有很高的营养价值，而且经济效益显著，在解决当前青饲作物生产能力不足等问题的同时，还可提高农牧交错区农民收入，在实现农业由数量型增长向优质高效方面转化上具有深远的意义。

世界上畜牧业发达的国家都很重视青贮玉米的种植和生产。在欧美许多国家，青贮玉米饲料早已成为反刍家畜日粮中主要的有效能量来源和幼畜育肥的强化饲料。为此，他们选育出大量的青贮玉米品种，并进行了大面积的推广种植。在国内，由于受传统粮食观念和种植政策等诸多因素的影响，长期以来一直将籽粒产量水平作为品种更换的主要目标。同欧美发达国家相比，中国畜牧业发展相对落后，而且规模较小，制约畜牧业发展的主要原因之一就是优质饲草料供应不足。相对来说，中国青贮玉米的研究只是刚刚起步，玉米青贮量极少，青贮玉米饲料质量也低。但是，随着农业种植结构调整力度的加大和畜牧业的飞速发展，青贮玉米必将作为草食家畜的主要饲料来源而且会越来越受到重视。在中国，多叶、青绿的粮饲兼用型玉米可以做到粮食与饲料兼顾，比较符合中国国情。因此，只有根据不同地区的实际情况发展不同类型、不同规模的青贮玉米，才能做到既能促进当地畜牧业快速、持续发展，又能满足粮食生产的需要。

（二）覆盖材料

玉米秸秆覆盖免耕技术栽培是一种新型耕作技术，是对农田实行免耕、少耕，尽可能减少土壤耕作，用作物秸秆、残茬覆盖地表，减少化学农药的使用，从而减少土壤风蚀、水蚀，并起到保水、保土、提高土壤肥力和抗旱能力的一项先进农业耕作技术。作物秸秆免耕覆盖还田是保护性农业措施之一。据 FAO（2001）研究表明，世界上约有占全球旱地 1/3 的耕地已经实施保护性耕作技术。美国保护科技信息中心（CTIC）的资料表明，美国 2004 年实行免耕、垄作、覆盖耕作和少耕的耕地占全国耕地的 62.2%，而清翻耕作面积为 37.7%，免耕比例逐年上升。

中国免耕栽培开始于 20 世纪 70 年代，传统耕作方法对土壤多次翻耕，使农田土壤裸露，导致水土流失，而保护性耕作采用免耕和残茬覆盖等方式，可以减轻耕地水蚀、风蚀，培肥地力，改善生态环境。至 20 世纪 90 年代初期，中国各类保护性耕作技术应用面积达到 2×10^7 hm^2。目前，在中国的东北玉米产区正大力推行秸秆覆盖还田免耕栽培技术。此外，在全国各地均有秸秆覆盖还田免耕栽培技术的推广。相信在不久的将来，秸秆覆盖还田免耕栽培的面积会持续增加，该技术也会得到更大范围的推广和实行。

秸秆覆盖免耕法是利用作物、土壤生物和土壤三者间的相互作用，使之形成良好的农业生态环境。一般情况下，田间的土壤经过前茬作物的生长，由于作物根系在土壤中的穿插以及蚯蚓等土壤生物在土壤中的活动，使土壤形成了适于下茬作物生长的良好结构，而且通常土壤的表层因秸秆覆盖而有机质丰富，团粒结构良好，是土壤与大气间交换水、肥、气、热的界面，有较高的持水和供水能力，因此，秸秆覆盖免耕很好地保护了土壤表层，不破坏土壤结构，可有效防止土壤受风蚀和水蚀。传统的耕作方式为了达到干旱时保墒、雨后散墒，多采用多锄、多耙等措施，使土壤表面有一层疏松的暄土覆盖，但此暄土易受风水腐蚀而流失，降雨或灌溉后又会板结。秸秆覆盖后，秸秆可以还田，增加土壤有机质，保护地表土壤不受雨滴拍击和暴雨冲刷，维持土壤原有的结构和孔隙度，使之有较好的渗水能力。同时，地表有秸秆覆盖，也可减少水分蒸发，提高水分利用率。秸秆覆盖还可减少化学农药的使用，因为秸秆覆盖住了大多数杂草种子，在避光和秸秆分解物对杂草产生抑制的双重作用下，杂草的生长得到了有效控制。

中国农业大学的牛新胜（2007）等研究了 5 年的玉米秸秆覆盖免耕定位试验指出，秸秆覆盖与不覆盖处理相比，覆免处理土壤含水量比其他处理增加 5.56%～17.0%；表层（0～10 cm 土层）土壤容重比其他处理降低 9.35%～10.9%；覆免处理土壤总孔隙度（10～20 cm 土层）比清茬免耕处理增加 13.80%；覆盖免耕处理水稳性团聚体（≥0.25 mm）（0～10 cm 土层）比清翻增加 104.5%；在 0～20 cm 土层，覆免处理土壤全氮含量比其他处理增加 10.6%～15.8%，覆免处理碱解氮含量比清翻处理增加 23.3%，覆免处理土壤有机质含量比其他处理增加 29.0%～33.8%。可见，玉米秸秆覆盖免耕能显著改善农田土壤理化性状。

（三）有机还田

玉米秸秆还田技术就是把玉米秸秆通过机械切碎或粉碎后，直接洒在地表或通过机械深翻或旋耕犁深旋把秸秆施入土壤的一种农业技术。目前玉米秸秆还田技术普遍被群众接受。玉米秸秆还田可以增加土壤肥力，改良土壤结构，明显提高农业生产效率，减轻劳动强度，节约劳动成本，减少环境污染，改善农田周围环境。研究显示，秸秆还田可增加土壤有机质含量，平均年增量达 0.02%～0.04%。将玉米等作物秸秆施入土壤中，土壤肥力增强，N、P、K 含量均有所增加。全国 60 份定位试验结果表明，与未还田相比，玉米秸秆还田后土壤中的全氮可增加 14 mg/kg，速效磷平均提高 3.76 mg/kg，速效钾增幅最大，达 31.20 mg/kg。这些矿质养分供农作物利用，能够提高作物产量。此外，玉米秸秆分解后产生的腐殖质能有效改良土壤结构，防止土壤板结及水土流失。目前，秸秆还田最常用的两种方式为直接还田和堆肥还田。

1. 直接还田　玉米秸秆直接还田就是把秸秆切碎后直接撒在地表或深翻到地下。这样能增加土壤有机质，改善土壤的团粒结构，提高土壤的保肥保水性能，是保证农业稳产高产的一项重要措施。秸秆直接还田因操作简便、还田数量多等优点而被广泛应用。据农业部统计，2010 年全国玉米秸秆还田量在 3 899 万 t 左右，其中华北地区还田量最多，还田玉米秸秆量约占总量的 31%，长江中下游地区、东北地区分别为 18% 和 11.2%，而青藏高原地区和蒙新地区秸秆还田量最少，不足总量的 10%。尽管玉米秸秆直接还田省时省力，但仍然存在不足：一是玉米秸秆的木质纤维素含量较高，直接还田分解利用率低，增产效益不明显。二是容易抑制下茬作物茎叶的生长发育。这是因为玉米秸秆的 C/N 值很高 [（60～100）∶1]，不能满足土壤微生物活动的 C/N 要求（25∶1），为维持正常代谢功能，微生物只能从土壤中获得额外 N 源，从而导致土壤有效 N 素含量下降。因此玉米秸秆直接还田时，需要添加适宜比例的 N 肥来调节 C/N 值。三是玉米秸秆中携带的寄生虫卵、致病菌等，在秸秆粉碎后仍能继续存活，还田会造成翌年玉米病虫害加重。因此，在秸秆还田时要注意以下事项：一是保证秸秆粉碎质量，要选用适宜的秸秆还田机，玉米秸秆粉碎长度在 3～5 cm 为宜，以免过长土压不实，影响作物出苗和生长。二是尽早翻耕或旋耕，秸秆粉碎后被均匀撒在田里，要尽快将其翻耕入土，深度一般为 20～30 cm，最好是边收边埋，达到粉碎秸秆与土壤充分混合。三是增施 N 肥和腐秆剂，秸秆粉碎入土后，按常规施肥外，每 667 m² 还需按 100 kg 秸秆再加 10 kg 碳酸氢铵或 3.5 kg 尿素进行增施 N 肥，有条件的每 667 m² 可再加 2～3 kg 秸秆腐秆剂，以加快秸秆腐烂。四是还田数量要适宜，一般按照每 667 m² 还田秸秆量在 2 400～2 500 kg 为宜，过多会危害下茬小麦根系生长。五是播前土壤处理防控病虫害，在旋耕前每 667 m² 撒施 3～5 kg 3％辛硫磷颗粒或用 48％辛硫磷乳油 500 mL 与 20～25 kg 细沙土拌匀后，均匀撒施地面或旋耕土中，以预防和杀死土壤病虫菌源和虫卵，达到防控病虫害的目的。

2. 堆肥还田 堆肥还田是指经人工调控，作物秸秆与动物粪肥在微生物作用下转化成稳定腐殖质，作为有机肥料施加到土壤中。完全腐熟的堆肥产品能够有效增强土壤肥力，提高作物产量。李纯燕等（2015）长期定位试验显示，不同秸秆还田方式对玉米产量影响为：堆肥还田＞覆盖还田＞翻压还田＞不还田。堆肥还田时，为使玉米秸秆中的更多有机质被土壤所利用，通常在堆肥中加入微生物菌剂，以提高秸秆中纤维素、半纤维素及木质素的分解率。研究显示，在堆肥中加入具有降解纤维素作用的复合菌剂，该复合菌剂较对照明显加速了纤维素等成分的降解，堆肥结束时纤维素、半纤维素含量分别降低了 7.39％和 43.76％。因此，堆肥还田过程中加入复合菌剂，不仅加速玉米秸秆中有机质分解，而且能为更多土壤微生物提供能量，从而促进土壤有机质积累。

（四）秸秆基质

玉米秸秆中的纤维素、半纤维素和糖类含量很高，可作为栽培食用菌的良好基质。食用菌菌丝在秸秆培养基中分泌多种胞外酶，促进秸秆纤维降解转化成优质蛋白质和多糖物质，具有一定的营养和药用价值。近些年，玉米秸秆基质栽培的食用菌主要有平菇、草菇、香菇、双孢菇和鸡腿菇等。以平菇为例，玉米秸秆基质同棉籽皮基质相比，每生产 1 kg 平菇成本可降低 1.2 元；采用玉米秸秆基质栽培新技术，每公顷双孢菇收益达 22.5 万元以上。此外，栽培完成后玉米秸秆随之腐败，又可作为优质有机肥，其中的有机质含量高达 30％，相当于秸秆和粪肥直接还田的 3 倍。因此，采用秸秆基质栽培食用菌不但满足了玉米秸秆的高效循环利用，而且有利于食用菌产业经济效益的增长。

生产食用菌的具体操作步骤：将玉米秸秆粉碎后按比例加入 N 肥、P 肥、石灰及水，堆闷发酵，保持料内温度控制在 60～65 ℃，2～3 d 翻 1 次以保证原料发酵均匀。发酵 15 d 后，可用发酵好的熟料装袋生产食用菌（如平菇、鸡腿菇、蘑菇等），其生物转化率可达 70％～100％。用后的废料可作为农家肥还田。

（五）秸秆能源

根据农业部统计，2015 年中国主要农作物秸秆理论资源量为 10.4 亿 t，可收集资源量为 9.0 亿 t。除去用于还田、食用菌栽培、饲料加工等应用外，可用于能源化的秸秆量约 1.0 亿 t，占可收集资源量的 11.4%。随着科技的不断发展和对能源需求的日益增加，实现秸秆资源的能源化利用必然具有重要意义。

1. 秸秆汽化　秸秆汽化技术是目前利用较广的一种生物质处理手段，能够将秸秆中的高分子聚合物经热解和还原反应，转化成 H_2、CO_2 和 CH_4，通过管道输送供直接燃烧利用。目前，该项技术已在中国农村多数地区（尤其是玉米主产区）得到大力推广，为农村生活能源建设提供了有效途径。秸秆汽化的另一主要用途是工业发电，平均每吨秸秆能发 800 kW·h，使秸秆利用效率大幅提高，且燃气清洁，焦油含量低，基本无二次污染，在一些大中型企业得到快速发展，成为秸秆能源化利用的主要方式之一。但由于设备要求高，工艺复杂，要想实现大规模发电必须依靠国家政府的财政支持，因此秸秆汽化只适合小规模发电项目，难以大规模应用。

2. 秸秆液化　玉米秸秆液化是在 O_2 不足的环境下将玉米秸秆迅速加热，使其内部大分子迅速裂解得到液体生物油，生物油经精炼提纯后可作为汽车燃料使用。实验表明，利用秸秆液化制备生物油收率在 50%～70%，热值约 18 MJ/kg，相当于柴油热值的 2/5。要想广泛利用生物油，就要对液化反应原理、反应过程以及生物油特性进行更深入的研究。尽管目前该项技术还处于实验室研究阶段，在中国尚未普及，但从长远来看，秸秆液化技术能够解决能源紧缺问题，未来前景相当可观。

3. 秸秆发电　秸秆发电就是以农作物秸秆为主要燃料的一种发电方式，也是秸秆综合利用的一种新方式，能有效解决秸秆焚烧造成的大气污染，开辟秸秆综合利用的新领域。秸秆发电又分为秸秆气化发电和秸秆燃烧发电。秸秆气化发电是将秸秆在缺氧状态下燃烧，发生化学反应，生成高品位、易输送、利用效率高的气体，利用这些产生的气体再进行发电。但秸秆气化发电工艺过程复杂，难以适应大规模应用，主要用于较小规模的发电项目。秸秆直接燃烧发电是利用一整套专业设备，将秸秆燃烧后的能量转化成电力的过程。目前，中国秸秆发电已经迈出实质性步伐。在江苏、安徽、贵州、河南、黑龙江等省份分别由国能、大唐、华电、国电、中电国际集团等公司投资的多个农作物秸秆燃烧发电项目被核准，有的已开工建设并接近投产。国家"十一五"规划纲要提出，建设生物质发电 550 万 kW 装机容量发展目标，每年可以直接为农民带来 1 000 亿元以上的收入，提供就业机会约 18 万个。大力发展秸秆发电，不仅可以减少由于在田间地头大量焚烧、废弃所造成的污染，变废为宝，化害为利，而且对解决"三农"问题，促进当地经济发展具有重要作用。据农业部门估算，建设一个 2.5 万 kW 的秸秆发电厂，每年需要消耗秸秆 20 万 t，按每吨秸秆收购价 200 元计算，可为当地农民增加约 4 000 万元收入，惠及的农户数量将近 5 万户，是发展农村经济、增加农民收入的重要举措。

（六）秸秆造纸

玉米秸秆富含纤维素、半纤维素及木质素，是工业造纸材料的良好来源。其中，玉米秸皮中的纤维素和半纤维素含量较高，木质素含量较低，有利于提高制浆率和纸张强度。工业造纸对玉米秸秆的应用多数是利用秸皮部分，尤其皮、穰分离设备的出现，为玉米秸秆广泛应用于造纸业提供了保障。然而，从资源开发和经济效益方面来看，造纸仅依靠玉米秸皮并不能满足要求。因此，玉米秸穰的加工利用具有重要价值。目前，中国对玉米秸穰应用于造纸业的技术研究还尚未成熟，但已有研究发现，经过处理的玉米秸穰与烧碱-蒽醌法制得的玉米秸皮浆混合后造纸，抗张指数、耐破指数分别增加了 121.2% 和 113.4%，纸张质量较原浆明显提高。这为玉米秸穰的加工利用提供了理论和实践基础，使玉米秸秆在造纸业具有巨大潜力。利用玉米秸秆代替树木作为纸浆原料，能够有效减少对生态环境的破坏。随着秸穰处理设备和技术的逐步完善，秸秆废弃物必将为造纸工业带来可观的经济效益，更为农业资源的循环利用带来积极影响。

三、其他部位利用

玉米几乎所有的部分都有利用价值。玉米除了籽粒和秸秆外，玉米须、玉米花粉、玉米芯、玉米糠皮以及苞叶皮等都可产生很高的经济效益。例如，玉米芯含有粗蛋白、粗脂肪和粗纤维等，用其入药可利尿、清热、去火，将其加入面包等食品，可改善食品质量。玉米皮可做成能降解的方便面碗盆。玉米糠皮是玉米加工中产生的副产品，研究发现其中的半纤维素可用于生产胶黏剂与乳化剂；可食性纤维能够增进胃肠的蠕动，因而可用作功能食品添加剂。下面简单介绍几种玉米其他部位的利用现状。

（一）玉米须（花柱）

玉米须又叫玉米胡子、玉米花丝，是禾本科作物玉米的雌花花柱。玉米须在玉米籽粒的形成和生长过程中，作为传粉受精的媒介和通道，具有非常重要的生理生化功能。玉米须是一种传统的中草药材，为《中华人民共和国卫生部药材标准》1985 年再版收录的常用药材品种之一。玉米须中含多种化学成分，如皂苷、黄酮类物质、挥发油、生物碱、苦糖苷、矿物质、多糖、维生素 C、有机酸、甾醇类物质、氨基酸、维生素 E 等，其味淡、性平、无毒；有平肝、利胆、利尿、抑菌、降压和抗癌等功效；可治疗高血压、肾炎、胆结石和糖尿病等症。

玉米须生物活性与药用价值主要体现在其具有降血糖、降血压、降血脂、免疫调节、缓解疲劳、抗肿瘤、抗衰老、清热利胆、利尿、通便，抑制结石的功效。通过大量的临床试验表明，玉米须提取物对高血压人群、糖尿病人群及高血脂人群作用比较显著。《食物中药与偏方》中介绍，玉米须煎水代茶饮可降低血糖含量。《中药大辞典》记载，玉米须水提取物可增加氯化物排出量，对人和家兔均有利尿作用，且效果持久。研究显示，玉米须有以下几方面的药效：

1. 降糖降血脂作用 苗明三等（2004）研究表明，玉米须中总皂苷具有较好的降糖作用。吕刚等（2008）研究发现，玉米须提取物对四氧嘧啶诱发的糖尿病小鼠有较好的降糖效果。Zhao W Z 等（2012）研究显示，玉米须多糖能够降低小鼠血液中胆固醇和甘油三酯的含量，具有显著的降糖作用。另外，研究人员还发现玉米须黄酮类化合物能显著降低血清中总甘油三酯、总胆固醇和低密度脂蛋白胆固醇的含量。但血清中高密度脂蛋白胆固醇无差异性变化。试验表明玉米须黄酮类可以预防动脉粥样硬化及具有潜在的抗高血脂作用。

2. 抗氧化作用　Maksimovic Z A 等（2003、2005）研究表明，玉米须甲醇提取物中的有效成分酚酸和黄酮类物质能够抑制脂质过氧化作用。柏桦等（2008）研究结果表明，玉米须乙醇提取物浓度在 3.55～2 000 μg/mL 范围内时，具有较强的自由基清除能力和抑制脂质过氧化作用。Liu Jun 等（2011）研究指出，玉米须中鼠李糖苷和黄酮糖苷能够有效抑制自由基的螯合作用，清除自由基，具有显著的抗氧化作用。

3. 抗肿瘤作用　Habtemariam S 等（1998）研究表明，玉米须提取物在 9～25 mL/L 浓度下能够抑制肿瘤坏死因子、巨噬细胞和淋巴瘤细胞。马虹等（1998）利用玉米须乙醇提取物进行肿瘤细胞株体外排染试验，研究表明给药组人的白血病细胞及胃癌细胞体外存活率均低于对照组。Wang G Q 等（2012）研究表明，玉米须热水浸提物具有消炎和抗肿瘤等作用。

4. 免疫调节作用　祝丽玲等（2005）研究表明，玉米须水煎剂能够提高老年小鼠脾脏指数、巨噬细胞的吞噬功能和脾脏 B 淋巴细胞的增殖能力，发挥免疫增强作用的成分为粗多糖。魏宏明等（2007）研究显示，玉米须多糖具有调节小鼠体液免疫功能和小鼠巨噬细胞吞噬功能的作用。

中国传统医药著作《中药大辞典》中对玉米须的安全性也有所记载，确认其低毒，此观点被美国食品药物管理局得到证实，记载玉米须是安全、无毒的。由玉米须所提取的功能因子制得的药物为非处方药，可以在药店自行销售。

（二）花粉

玉米花粉呈淡黄色，多数近球形或长球形，表面呈颗粒状，具有单萌发孔，大小为 100 μm×85 μm，形体大而壁薄，清香、微甜、无怪味。玉米花粉富含蛋白质、糖类、氨基酸、核酸、维生素等营养成分，具有增强免疫、促进生长发育、降血压等医疗保健功能。由于玉米花粉经过破壁处理后可以分离提取其中的多糖、黄酮类等活性成分从而可加工成口服液、花粉胶囊、花粉饮料和花粉酸奶等保健饮品，也可以开发出花粉面包、花粉面条等功能性食品。

（三）玉米芯

玉米芯是玉米果穗去籽脱粒后的穗轴，具有组织均匀、硬度适宜、韧性好、吸水性强、耐磨性能好等优点，是一种可回收利用的资源。玉米芯结构共为内层、中层和外层 3 层。每层结构都有所不同，由其截面可以观察到外层粗糙，中层紧密、结实，内层膨松、易裂。玉米芯中主要成分有半纤维素（35%～40%）、木质素（25%）、纤维素（32%～36%）以及少量的灰分。目前，很大一部分玉米芯主要用在造纸制浆、生物制糖和家畜饲料等方面，部分用作糠醛、木糖醇等产品的原料。

目前，人们对于玉米的研究主要集中于其可食部分即玉米粒部分，而对玉米芯所含物质的测定以及营养成分的研究则很少进行，造成资源浪费。随着现代工业的迅速发展，社会对能源的需求量迅速增加，而日渐枯竭的自然能源迫使人们必须寻求新型能源来代替。因此，综合开发利用可再生资源，提高其附加值，创造更高经济效益成为目前的研究重点。玉米芯属于秸秆类资源，其富含纤维素等物质，是极其重要的可再生资源。目前国内对玉米芯的研究主要围绕着其组分如何提取、转化，生产有价值的工业产品展开。研究发现，玉米芯中纤维素的水解可生产葡萄糖，进而可以用于生产乙醇、乙烯等附加值较高的工业产品；玉米芯中半纤维素的水解可生产低聚木糖、木糖，进而可以用于生产糠醛、木糖醇等附加值较高的工业产品。

纤维素是玉米芯的主要组成部分，但纤维素是一种天然难降解的高分子有机物，难以被人体所直接利用，只能用于工业生产。研究显示，玉米芯工业废渣通过脱木质素预处理后，再经纤维素糖化和乙醇发酵这两个过程，可将玉米芯中的纤维素降解并转化为乙醇，其纤维素转化率达 95.47%，乙醇得率达 37.40%。因此，该方法极大地提高了玉米芯的利用率和使用价值，不仅有利于解决环境污染的问题，变废为宝，同时还能解决能源短缺问题，形成一条可持续发展道路。

玉米芯中的半纤维素可用于生产木糖，进而生产糠醛。糠醛又名呋喃甲醛，是迄今为止无法用石油化工原料合成而只能用农林植物纤维废料生产的一种重要有机化工原料。糠醛不仅可用作高品质润滑油的溶剂、石油工业中作裂化时的接触剂、动力燃料油的增补剂、合成二烯橡胶工业中的溶剂等，又可用于塑料工业中制糠醛树脂和酚醛树脂。

玉米芯中的木质素可生产活性炭、合成高分子产品等。木质素分子中含有多种活性基团，在土壤中能被微生物缓慢降解后转化为腐殖质，促进植物生长，改良土壤。因此，木质素在肥料和农业领域应用潜力十分广阔，如可用于复合缓释肥料、土壤改良剂、农药缓释剂等。此外，玉米芯中的木质素还可以直接作为添加剂或生产木质素磺酸盐等产品。

四、加工产物的利用

目前，玉米主要用于食用、饲料和工业原料，工业上主要用于生产工业酒精和淀粉。玉米的深入研究利用主要在以下 5 个方面：①淀粉工业，由单一的生产淀粉发展到利用玉米淀粉生产变性淀粉、淀粉糖；②发酵生产乙醇，开发生物燃料；③玉米蛋白的提取，利用玉米蛋白制备蛋白肽、氨基酸；④玉米胚芽油的提取，提取的玉米胚芽油可用于生产生物柴油或者精制后作为高品质食用油；⑤玉米中天然活性成分的提取利用研究。随着玉米工业的发展，玉米油、玉米蛋白粉和玉米乳作为玉米深加工的副产品，其综合利用也越来越引起人们的重视。如何开发利用这些资源，自然就成为研究的热门课题。以下就玉米油、玉米蛋白粉、玉米乳的综合利用进行简单介绍。

（一）玉米油的综合利用

玉米油是玉米加工的主要副产品之一，通过玉米胚芽制得。玉米胚芽占整个玉米籽粒体积的 1/5，占玉米重量的 10% 左右。玉米胚芽含脂肪 36.5%～47.13%，含蛋白质 15%～24.5%。从化学成分看，它具有很高的营养价值，同时又是一种含油丰富的新油源。玉米胚芽经提纯、干燥、蒸炒、压榨和料制而成的植物油，称为玉米油。它是一种营养价值和商品价值都很高的食用植物油。

玉米油中脂肪酸的主要成分约 90% 为不饱和脂肪酸，而不饱和脂肪酸主要是油酸和亚油酸，其中亚油酸成分占油脂总量的 50% 以上，较花生油、菜籽油、棉籽油和大豆油高。亚油酸和油酸均为不饱和脂肪酸，其分子结构含有碳碳双键（—CH_2—CH =CH—CH_2—）易氧化，故其稳定性较差，但其营养价值和商品价值远远超过动物性油脂。油酸是人体必需的脂肪酸，营养上不可缺少，而且人体又不能自行合成，必须从食物中摄取。因此，从这方面来看，玉米油与动物油相比，具有较高的营养价值。现代医药工业，把玉米油作为治疗高血压和动脉硬化的主要药物亚油酸丸和益寿宁的主要原料。此外，玉米油是由与玉米生长发芽密切相关的胚芽制成的，它不仅含有丰富的脂肪，还含有丰富的维生素 A、维生素 D 和维生素 E。维生素 E 即生育酚，它能抑制油脂的氧化，有利于脂肪的贮藏，所以玉米胚芽制得的油比较稳定。

玉米油不仅营养丰富，而且有较高的药用价值，同时它还是一种良好的食用油。在美国和日本把玉米油作为日常的高级食用油。因为，玉米油的不饱和脂肪酸成分决定了它具有味好、气香、清淡、容易吸收和消化等优点。国外，用于制作人造奶油、凉拌油和调味品。目前，中国很多地区已把玉米油作为居民食用油，同时已作为商品畅销于市场。在食品工业中，如在食品、糕点里掺加玉米油，会使糕点色泽发黄，疏松起酥。现在黑龙江省大部分玉米油作为工业原料，代替工业用的大豆油。所以玉米油的出现，不仅降低了中国粮油资源的消耗，而且活跃了市场，改善了人民生活。玉米油是具有很高商品价值的一种食用植物油，应用范围正在不断扩大。

（二）玉米蛋白粉的综合利用

玉米蛋白粉也称为玉米麸质粉，是加工玉米淀粉的副产物之一。湿磨法是生产玉米淀粉的有效方法。因为玉米的籽粒硬度比较大，所以要先将其浸泡在水中并添加适量的二氧化硫，这样就可以破坏包裹在淀粉表面的蛋白质网，然后再分离外皮和胚芽等成分，最后剩下玉米淀粉。玉米蛋白粉就是从玉米淀粉中经淀粉分离机分离出的蛋白质水（即麸质水），然后用浓缩离心机或沉淀池浓缩，经脱水、干燥制得。玉米蛋白粉中蛋白质含量在 65% 左右，有的高达 70%。除此之外，玉米蛋白粉中还含有 15 种无机盐以及维生素 A。其中，玉米蛋白中主要是醇溶蛋白，其含量占玉米蛋白的 68% 以上，另外还含有 22% 的谷蛋白，还有少量的球蛋白和白蛋白，其中球蛋白约占 1.2%。玉米蛋白粉中的蛋白质有两种状态，即可溶性蛋白和不可溶性蛋白。不溶性蛋白容易和其他的大分子有机物或微量元素结合，而不易被身体吸收，几乎均被排出体外，是组成粪干物质的成分。玉米蛋白的氨基酸组成不佳，玉米蛋白经水解后，谷氨酸和亮氨酸含量较多，苯丙氨酸、缬氨酸、异亮氨酸和苏氨酸等必需氨基酸相对较多，但是赖氨酸和色氨酸严重不足。这种比较特殊的氨基酸组成由于营养价值相对较低，限制了其在食品工业中的应用，但是经过生物工程的手段，可以制得多种具有生理功能的活性肽。

玉米蛋白粉可通过乙醇提取法或超声波提取法提取玉米醇溶蛋白。醇溶蛋白具有特殊的溶解性，既不溶于水也不溶于无水醇类，但易溶于体积浓度为 60%～95% 的乙醇或是体积浓度为 70%～80% 的丙酮中。蛋白质的性质与氨基酸的组成有关，因为其氨基酸组成的不平衡，就赋予了它具有较强的保油性和保水性，并且能形成柔软、均匀、透明的保鲜膜，是一种理想的天然保鲜剂。

玉米蛋白粉还可提取玉米黄色素，制备玉米功能肽。玉米黄色素属于类胡萝卜素，是

以 β-胡萝卜素、玉米黄素（3，3-二羟基-β-胡萝卜素）、隐黄素（3-羟基β-胡萝卜素）、叶黄素为主要组成的类胡萝卜素的混合物。在玉米籽粒中含有 0.01～0.9 mg/kg 的类胡萝卜素。湿法生产玉米淀粉时，玉米黄色素随蛋白质一起被分离，在副产物玉米蛋白粉（麸质）中，玉米黄色素的含量为 0.2～0.37 mg/g。它们以天然脂的形式存在于玉米胚乳中，营养价值较高。中国食品卫生标准 GB 2760—2014 规定，允许玉米黄色素作为食品添加剂。国外已将其用于人造奶油、黄油、糕点和糖果之中。类胡萝卜素具有高效泯灭线态氧和清除自由基的作用，可保护人体免受单氧和自由基带来的损害。研究显示，较多的玉米黄质、叶黄素和维生素 E 可预防眼部黄斑退化，可降低老年性白内障的风险。所以研究开发天然玉米黄色素作为食品添加剂具有重要意义。玉米蛋白质经蛋白酶水解后得到的玉米肽有许多良好的功能特性，如高溶解性、高浓度、低黏度等。除此之外，还具有许多生理活性，如降血压、抗疲劳、解除乙醇毒性等，可被广泛地应用于食品及医药领域。

（三）玉米乳的综合利用

玉米乳是以新鲜的玉米为主要原料，经磨浆、均质、杀菌等工艺制作而成的新型杂粮饮料，既保留了玉米的营养，易于人体吸收，又兼具新鲜玉米的口味，备受消费者青睐。玉米乳饮料是以新鲜玉米或速冻玉米和牛奶（鲜乳或复原乳）为主要原料加工调配而成，以水为分散质，以蛋白质和脂肪为分散相的宏观分散体系，是一种复杂不稳定的体系，既有蛋白质形成的悬浮液，又有脂肪形成的混浊液，还有糖、盐等物质形成的真溶液。玉米乳饮料生产和贮藏过程中容易出现蛋白质和其他固体微粒沉淀以及脂肪上浮等现象，严重影响产品的感官品质。因此，玉米乳饮料的稳定性是加工过程的关键。一般玉米乳饮料中都会通过添加稳定剂、乳化剂和均质等处理，来保证产品在加工过程和货架期内的稳定。

玉米乳饮料一般采用新鲜的玉米浆作为主要原料，工艺流程如下：筛选玉米→清洗→浸泡（0.3% Na_2CO_3，55 ℃，10 min）→破碎浸泡（0.4% Na_2CO_3，70 ℃，35 min）→磨浆→糊化→胶磨→过滤→配料→均质→灌装→杀菌→冷却→成品。

具体操作要点：

1. 原料筛选　选颗粒饱满、色泽淡黄、成熟适中、无异常的干玉米为原料。

2. 浸泡　将玉米在 0.3% Na_2CO_3 溶液中 55 ℃保温，浸泡 10 min 后破碎成 3～4 瓣。然后再用 0.4% Na_2CO_3 溶液，70 ℃保温，浸泡 35 min，其中液固比为 3∶1。

3. 磨浆　软化后的玉米用 80 ℃热水磨浆，液固比为 10∶1。

4. 糊化　玉米浆升温至 80 ℃后，保持 10 min，使其中淀粉糊化。

5. 调配　将糊化的玉米浆经胶磨、离心过滤后进行调配，配比（重量比）为玉米 7%、砂糖 8%、海藻酸钠 0.1%、玉米香精 0.02%、奶油香精 0.04%、乙基麦芽酸 0.001%、柠檬酸适量。调配时，将砂糖用热水溶解后煮沸 5 min，过滤后入料。海藻酸钠用热水溶解过滤后入料。柠檬酸在加水定容后调 pH 6.0～6.5，最后加香精。

6. 均质　将混合液预热至 80 ℃，用高压均质机均质两次，第一次压力为 20 MPa，第二次压力为 30 MPa，使粒度小于 0.1 μm。

7. 灌装　将均质后料液升温至 80 ℃，趁热灌装并迅速封口。

8. 杀菌　杀菌后，冷却到 40 ℃以下时检验、贴标，即为成品。

第三节　玉米加工

一、玉米加工的意义、现状和发展

玉米是世界三大粮食作物之一，也是中国重要的粮食、饲料加工和工业原料的重要来源。中国玉米种植历史较短，但其发展速度较快，近 20 年来，玉米总产量呈持续增长趋势。据美国农业部（USDA）驻华农业参赞发布的中国饲料和谷物年报显示，2014—2015年度中国玉米产量达到创纪录的 2.18 亿 t，高于上年的 2.177 3 亿 t，在中国粮食作物中位居首位。玉米在国家粮食安全中的地位逐渐增强，成为保障粮食安全的重要经济作物。同时，玉米也是一种营养全面的粮食作物，是一种丰富的食品资源，玉米富含淀粉、蛋白质、脂肪、水溶性多糖、维生素、矿物质等，以及人体必需的氨基酸等生理活性物质。玉米中还含有大量的纤维素，比精米高 6～8 倍，多吃玉米及其制品有明显的强身效果。

目前玉米主要用于食用、饲用和多种工业用途。20 世纪中叶，在发达国家，玉米生产逐渐转化为以饲料生产为主要目的，直至目前世界生产的玉米有 70% 作为饲料。玉米加工工业的发展，对提高玉米的经济效益、引导农业产业结构调整、加快农业产业化进程、增加农民收入、带动相关产业发展具有重大意义。世界上很多国家都把发展玉米加工业作为发展玉米产业的重要手段。研究显示，玉米加工空间大，产业链条长。目前，世界上已开发出来的玉米加工产品多达几十类、数千个品种。每一品种都可形成产业链，每一条产业链都牵引着一个大产业。玉米经过深加工后，其产品的附加值比玉米原粮增加效益3～100 倍。因此，玉米加工业被誉为朝阳产业、黄金产业。

美国是世界上第一大玉米生产国，年产 2 亿多吨玉米，其播种面积占全世界 20% 以上，产量占 46%，在近年来的国际玉米贸易中占有 75% 的份额。近年来，我国玉米产量大幅增加。据国家粮食信息中心透露，到 2012 年中国玉米产量首次突破 2 亿 t，达 2.01亿 t，居世界第二位。到 2014—2015 年度中国玉米产量再创新高，达 2.18 亿 t。应该看到，中国玉米产量虽然很高，仅次于美国，但按人均量还是一个低水平。美国年产玉米 2亿多吨，人均达 770 kg 左右，而中国人均玉米不到 90 kg，所以仅作饲料也并不富余。美国也是世界上玉米深加工量第一的国家，开发玉米产品就有 3 000 多个，深加工消费玉米量从 1999 年的 4 810.7 万 t 增长到 2003 年的 6 324.6 万 t，平均每年递增 7.5%，人均消耗玉米更是达到了 88 kg。中国玉米加工业虽然起步较晚但增长迅速，从 20 世纪 80 年代的几十万吨消费量到 90 年代以每年 10% 的速度快速增长，如今也已开发了上百个产品。过去，玉米是北方人民的主要粮食品种之一，90 年代，玉米在主食中的位置基本被大米和面粉所取代，主要用作畜禽饲料、酿酒和出口。1989 年以前中国的玉米加工利用没有形成规模。1989 年以后，先后引进国际先进技术和主要设备，兴建了生产规模在 10 万 t以上的玉米综合加工企业。吉发股份公司控股的黄龙食品公司年加工玉米 20 万 t，是目前国内正常运行、规模最大、投产最早、经济效益较好的玉米加工企业。现在，中国玉米加工业已初具规模，年产淀粉 380 万 t，而以淀粉为原料可进一步生产酒精、淀粉糖和变性淀粉等多种产品。在生产主产品淀粉的同时，也应注意回收和利用副产品。例如，回收蛋白质可生产蛋白粉，分离的胚芽用于榨油，回收皮渣可生产食物纤维或纤维饲料，玉米经粗加工和深加工原料利用率高达 98％～99％。

淀粉是玉米籽粒的主要组成部分，占籽粒干重的 70％左右。故而，玉米在淀粉生产中占有极其重要的位置，世界上大部分淀粉采用玉米生产。玉米淀粉占全部商品淀粉的80％，价格低廉，是最重要的原淀粉。美国的淀粉几乎全部是由玉米生产加工。玉米淀粉有以下几个特点：直链淀粉含量相对较高，达 28％；含脂类化合物多，易形成直链淀粉-脂类化合物；颗粒紧密，糊化温度高（62～72 ℃），具有较好的抗剪切能力。另外，玉米淀粉应用广泛，是发酵工业的重要原料，还可转化为葡萄糖、玉米糖浆、高果糖浆等。因此，玉米淀粉的加工飞速发展，特别是在发达国家，玉米淀粉加工已成为重要的工业生产行业。

淀粉工业是中国玉米使用量较大的一个行业，每年使用玉米为 400 万 t 以上，可生产淀粉 250 多万吨、玉米油 7 万多吨、玉米蛋白粉 21 万多吨、纤维饲料 70 多万吨、玉米浆20 多万吨、菲汀 1 万多吨。中国现在有玉米淀粉厂（公司）300 余家，日加工玉米 600 t以上的厂家有 6 个，日加工玉米在 50 t 以上的有 72 家。全国淀粉厂生产技术水平相差较大，有自动化控制操作的现代化大型生产线，也有普通小型设备配套的生产线，这些生产线的水、电、气用量不同，玉米单耗也有差距，各种产品得率和质量也不相同，从而导致各企业的经济效益有一定的区别。中国玉米淀粉厂的指标水平分为较高水平（总干物产率≥98％，淀粉产率≥67％）、中等水平（总干物收率≥95％，淀粉收率≥65％）、较低水平（总干物收率≥93％，淀粉收率≥63％）。

以玉米淀粉为原料进行深加工还能衍生出更多的精工产品。如变性淀粉、淀粉糖和燃料乙醇等。变性淀粉是在淀粉具有的固有特性基础上，为改善其性能和扩大其应用范围，而利用物理方法、化学方法和酶法改变淀粉的天然性质，增加其性能或引进新的特性而制备的淀粉衍生物。广泛应用于造纸、纺织、食品、饲料、医药、日化、石油等行业。使用量最大的是造纸、食品和纺织品等行业，前景很好。淀粉糖是指利用淀粉为原料生产的糖品总称，其产品种类多，是玉米淀粉深加工产量最大的产品，包括葡萄糖浆、葡麦糖浆、麦芽糖浆等。以玉米为原料生产的燃料酒精价格低廉且环保，绝不会引起汽车发动机的不良反应，市场潜力巨大。在中国，汽车喝"酒"——玉米替代石油的时代即将来临。而由玉米制取的化工醇也有重要的用途，其地位相当于石油化工中的乙烯。有了玉米化工醇，就能衍生出石油化工醇所能生产的一切产品，比如合成纤维、工程塑料、特种树脂、聚氨酯，几乎无所不能。在国际能源价格居高不下的情况下，玉米作为重要可再生能源的属性更加突出，其市场前景和开发潜力将非常广阔。

虽然玉米加工行业的前景十分广阔，但与发达国家相比，尤其同美国相比，中国的玉米加工业的发展还处在初级阶段，差距十分巨大，存在着加工工艺落后、加工品种单一、加工深度不够、总产量不高、经济效益低等缺点。这主要是由于长期以来，受传统观念和技术等条件制约，中国的玉米加工业基本上处于产品结构单一、质量较差、原料利用率低的状态。因此，在中国种植业产业结构调整的今天，必须加快玉米深加工业的发展。可以优化国内玉米种植业结构，提供高品质原料；努力把握国际玉米食品发展趋势，优化国内玉米食品加工业结构；大力开展科技进步和技术创新，加快高附加值产品的开发；加快制定与国际接轨的各类产品标准，积极开展国际认证和建立 HACCP 体系；积极推进玉米食品工业产业化；突出发展重点领域。

值得注意的是随着科技的进步，玉米加工行业发展迅速，深加工产品越来越多，也越来越精细。但同时，玉米加工过程中产生的各种污染物，尤其是高浓度有机废水，也使玉米深加工企业成为有机污染的大户，其废水的排放和对环境的污染问题也备受关注。例如，玉米深加工企业湿磨法制取淀粉的加工过程中就存在废水、废气、废渣等问题，尤其以产生的高浓度废水最为严重。玉米深加工企业生产加工过程中以水为介质，玉米的输送、分离洗涤过程都离不开水，因而产生了大量高浓度有机废水。每生产 1 t 淀粉便产生 3~10 t 废水，废水中主要含淀粉、蛋白质和糖类，pH 4~6，属于高浓度酸性有机废水。同时，玉米淀粉废水中还混有一定的亚硫酸根、硫酸根等。所以玉米深加工废水成分复杂、有机物浓度高，对污染治理技术水平要求较高，污染治理工艺复杂。一些已建成的大型玉米加工企业如吉安生化有限公司和松原赛立事达等，尽管均采用了物理生物化学组合工艺进行处理，但在污染治理设施运行调试期间，由于污染负荷波动大、治理技术复杂，都发生过废水超标排放，导致地下水和地表水环境污染的事件。因此，在大力发展玉米深加工行业的同时，也应该将玉米加工企业的环境污染问题重视起来，加强玉米深加工废水特性的研究，优化和改进现有的传统污水处理工艺，让玉米加工行业成为一个可持续发展、绿色环保的行业。

二、制取淀粉

（一）原料

在玉米淀粉的提取加工过程中，一般以普通玉米和高直链淀粉玉米作为提取直链淀粉的原料，以糯玉米和甜玉米作为提取支链淀粉的原料。研究发现，不同类型玉米总淀粉和直链淀粉百分含量高低依次为：普通玉米＞糯玉米＞甜玉米，支链淀粉百分含量依次为：糯玉米＞普通玉米＞甜玉米。因此，普通玉米可用于提取直链淀粉，而糯玉米则可用于提取支链淀粉。此外，高直链淀粉玉米较普通玉米的直链淀粉含量更高，前者直链淀粉含量为 44.22%~78.81%，后者直链淀粉为 27.72%；而随着直链淀粉含量的升高，淀粉品质的特性也随之变化。高直链淀粉玉米淀粉和普通玉米淀粉显示了相同趋势的溶解度和膨胀势曲线，淀粉的溶解度和膨胀势随直链淀粉含量的增加而降低。除此之外，玉米苞叶也可用于制取淀粉。研究显示，玉米苞叶的淀粉含量十分可观，每 100 kg 玉米苞叶可制取粗淀粉 50 kg 左右。其中含葡萄糖 1.62%，含脂肪 0.64%，含蛋白质 3.05%，可用于食品生产和其他工业生产。

（二）原理和工艺流程

淀粉的提取一般有湿法和干法两种。湿法就是指淀粉工业中的玉米原料前处理的加工方法，是将玉米用温水浸泡，经粗细研磨，分出胚芽、纤维和蛋白质，而得到高纯度的淀粉产品。干法就是不用大量的温水浸泡，主要靠磨碎、筛分、风选的方法，分出胚芽和纤维，而得到低脂肪的玉米粉。湿法与干法相比，其产品质量纯净，副产品回收率高，生产效率高。由于玉米中大部分淀粉都集中在被细胞质基质包着的胚乳中，这就给淀粉的分离和提纯带来了难度，加上通过研磨使胚乳受到了机械破坏。因此，为了在玉米颗粒的分离过程中减少淀粉破坏，各大企业通常都采用湿法加工来生产淀粉。玉米湿法加工是采用物理的方法将玉米籽粒的各主要成分分离出来获取相应产品的过程。通过这一加工过程可获取5种主要成分：淀粉、胚芽、可溶性蛋白、皮渣（纤维）、麸质（蛋白质）。

1. 湿法加工提取淀粉

（1）基本工艺流程　玉米清理→浸泡→粗碎→分离胚→磨碎→分离纤维→分离蛋白质→清洗→离心分离→干燥→淀粉。具体操作如图6-1所示。

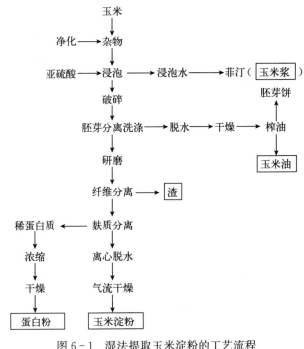

图6-1　湿法提取玉米淀粉的工艺流程
（文廷刚整理，2016）

（2）操作要点

① 清理。清除玉米原粮中的杂质，通常用筛选、风选、比重分选等。

② 浸泡。玉米籽粒坚硬，有胚，需经浸泡工序处理后，才能进行破碎。浸泡玉米的方法，目前普遍用管道将几只或几十只金属罐连接起来，用水泵使浸泡水在各罐之间循环流动，进行逆流浸泡。浸泡条件：浸泡水的 SO_2 浓度为 0.15%～0.2%，pH 为 3.5。在浸泡过程中，SO_2 被玉米吸收，浓度逐渐降低，最后放出的浸泡水含 SO_2 为 0.01%～0.02%，pH 为 3.9～4.1。浸泡水温度为 50～55℃，浸泡时间为 40～60 h。浸泡条件应根据玉米的品质决定。通常贮存较久的老玉米和硬质玉米，要求 SO_2 浓度较高，温度也较高，浸泡时间较长。玉米经过浸泡以后，水分应在40%以上。

③ 粗碎。粗碎目的主要是将浸泡后的玉米粒破碎成 10 块以上的小块，以便将胚分离出来。玉米粗碎大都使用盘式破碎机。粗碎分两次进行。第一次把玉米粒破碎到 4～6 块，进行胚的分离；第二次再破碎到 10 块以上，使胚全部脱落。

④ 胚的分离。目前国内用来分离胚的设备主要是分离槽。分离槽是一个 U 形的木制或铸铁制的长槽，槽内装有刮板、溢流口和搅拌器。将粗碎后的玉米碎粒与 9 波美度（相对密度 1.06）的淀粉乳混合，从分离槽的一端引入，缓缓地流向另一端。胚的相对密度小，飘浮在液面上，被移动的刮板从液面上刮向溢流口。碎粒胚乳较重，沉向槽底，经转速较慢（约 6 r/min）的横式搅拌器推向另一端的底部出口，排出槽外，从而达到分离胚的目的。

⑤ 磨碎。为了从分离胚后的玉米碎块和部分淀粉的混合物中提取淀粉，必须进行磨碎，破坏细胞组织，使淀粉颗粒游离出来。磨碎作业的好坏，对提取淀粉影响很大。磨得太粗，淀粉不能充分游离出来，影响淀粉产量；磨得太细，影响淀粉质量。为了有效地进行玉米磨碎，通常采用两次磨碎的方法，第一次用锤碎机进行磨碎，第二次用沙盘淀粉磨进行磨碎。有的用万能磨碎机进行第一次磨碎，再用石磨进行第二次磨碎。各地生产实践证明，金刚砂磨的硬度高，磨齿不易磨损，磨面不需经常维修，磨碎效率也高，所以现在逐渐以金刚砂磨代替石磨。

⑥ 纤维的分离。玉米碎块磨碎后得到玉米糊。玉米糊中除含有大量淀粉以外，还含有纤维和蛋白质等。如果不去除这些物质，会影响淀粉的质量。通常是先分离纤维，然后再分离蛋白质。分离纤维大都采用筛选方法，常用设备有六角筛、平摇筛、曲筛和离心筛等。筛分中，清洗粗纤维和细纤维需用大量水，用水量按 100 kg 干物料计算，一般清洗粗纤维需水 230～250 L。清洗细纤维需水 110～130 L，水温为 45～50 ℃，且含有 0.05% SO_2，pH 为 4.3～4.5。

⑦ 蛋白质的分离。玉米经破碎并分离纤维后所得到的淀粉乳，除含有大量淀粉以外，还含有蛋白质、脂肪等，是几种物质的混合悬浮液。这些物质的颗粒虽然很小，但相对密度不同。因此，可用比重（相对密度）分选的方法将蛋白质分离出去。分离蛋白质的简单设备为流槽。流槽是细长形的平底槽，总长为 25～30 m，宽 40～55 cm，槽底斜度为 2/1 000，槽头高度为 25 cm。流槽一般用砖砌成，表面涂层为水泥或环氧树脂，也有用木材制成的。淀粉乳从槽头输浆管流出，呈薄层流向槽尾。淀粉颗粒的相对密度大，沉降速度比蛋白质快 3 倍左右，所以先沉淀于槽底，蛋白质尚未来得及沉淀，就向槽尾流出，使蛋白质和淀粉分开。槽底淀粉可用水冲洗出粉槽，或用人工将淀粉层由流槽内铲下。但是因流槽占地面积大，分离的效率低，现已逐步改用离心机。

⑧ 清洗。淀粉乳经分离蛋白质后，通常还含有一些水溶性杂质。为了提高淀粉的纯度，必须进行清洗。最简单的清洗方法是将淀粉乳放入淀粉池中，加水搅拌后，静置几小时，待淀粉沉淀后，放去上面的清液。再加水搅拌，沉淀，放去上清液。如此反复 2～3 次，便可得到较为纯净的淀粉。此法的缺点是清洗时间长，淀粉损失较大。现在多采用旋液分离器进行分离。

⑨ 脱水。清洗后的淀粉水分含量相当高，不能直接进行干燥，必须首先经过脱水处理。一般可采用离心机进行脱水。离心机有卧式与立式两种，卧式离心机的离心篮是横卧

安置的，转速为 900 r/min。篮的多孔壁上有法兰绒或帆布滤布。淀粉乳泵入篮内，借助离心力的作用，使水分通过滤布排出，淀粉留在篮内，最后用刮刀将淀粉从篮壁刮下，进行干燥。淀粉乳经脱水后，水分可降低至 37% 左右。立式离心机的离心篮是竖立安置的，工作原理和转速都与卧式离心机相同。

⑩ 干燥和成品整理。脱水后得到的湿淀粉，水分仍然较高，这种湿淀粉可以作为成品出厂。为了便于运输和贮存，最好进行干燥处理，将水分降至 12% 以下。湿淀粉干燥的方法很多，最简单的是日晒，但受天气影响很大，故只适用于手工生产。小型淀粉厂常用烘房干燥，将湿淀粉放在干燥架上，在烘房内进行干燥。这种方法的缺点是干燥效率低，劳动强度大，而且烘房通风不好，若温度控制不当，还会有淀粉糊化的危险。干燥湿淀粉的设备，目前广泛使用的是带式干燥机。它是一条用不锈钢或铜网制成的输送带。带上有许多小孔，孔径约 0.6 mm，安装在细长的烘室内。输送带的线速很低，可由电动机通过减速器来驱动。湿淀粉从输送带的一端卸出。这种设备可连续操作。湿淀粉在干燥过程中不需搅拌，能保持碎块状，含细粉少，有利于减少细粉飞扬。

干燥后的淀粉，往往粒度很不整齐，必须进行成品整理，才能成为成品淀粉。成品整理通常包括筛分和粉碎两道工序。先经筛分处理，筛出规定细度的淀粉，筛上物再送入粉碎机进行粉碎，然后再进行筛分，使产品全部达到规定的细度。为了防止成品整理过程中粉末飞扬，甚至引起粉尘爆炸，必须加强筛分和粉碎设备的密闭措施，安装通风、除尘设备，及时回收飞扬的淀粉粉末。

湿法加工提取的天然淀粉往往在加工性能上效果不够理想，因而工业上一般是将天然淀粉经过变性处理后再应用于各行业。变性淀粉的种类很多，如氧化淀粉、凝胶淀粉、酸变性淀粉、支链淀粉、磷酸淀粉等，这些变性淀粉在理化性质上较天然淀粉有很大不同，如黏滞度、流动度、黏性、水中溶解度等，由此带来各种不同的应用价值，在各行各业，如食品工业、纺织、造纸、医疗、包装等行业都有待开发的潜力。天然淀粉还可进一步深加工，得到葡萄糖浆、高果糖浆、麦芽糊精等产品。

2. 干法加工提取淀粉

（1）工艺流程　玉米清理→水分调节→脱皮→破碎→提胚→磨粉→筛理分级→清粉→干燥→包装。

（2）操作要点

① 玉米清理。玉米一般含杂质 1.0%～1.5%。根据杂质体积大小不同，可以把玉米籽粒中混入的泥土、石头、瓦砾、草屑等杂质通过配备一定大小和形状的筛面机械筛除处理。

② 水分调节。加工玉米时，应用水或水蒸气润湿籽粒，使玉米皮吸水后韧性增加，皮与胚乳易于分离；胚芽吸水后，体积膨胀，质地变韧，有利于脱胚时保持胚芽完整；胚乳吸水后变得疏松，以便研磨时多出玉米渣，少出细粉。

③ 脱皮。玉米在破碎前应先进行脱皮处理，以保证成品质量和顺利提胚。如果不脱皮就破碎，果皮附在玉米渣上，由于玉米渣形状不规则，破渣后很难将果皮磨掉，不但影响出品率，而且因为果皮影响，破出的渣子有很多还与胚芽皮连在一起，造成提胚困难。因此，先脱去大部分皮，才能解决这个问题。

④ 破碎和提胚。利用玉米破碎设备，如辊式脱胚机、锤片式破碎脱胚机以及撞击式脱胚机等对玉米进行破碎处理。破碎后提胚，根据渣、胚、皮三者比重、悬浮速度、几何形状和破碎强度的不同而加以分离。

⑤ 磨粉和筛理。利用专业的辊式磨粉机，筛理设备为平筛。

干法加工分为先脱胚后加工和不脱胚加工两种。不脱胚干法加工多为小型加工厂采用，以便就地加工，立即食用。这种方法采用辊式磨粉机、平筛和清粉机，将玉米磨成粉，出粉率一般为85%～90%。这种玉米粉因混入胚芽，含有大量油脂，容易氧化变质，不耐贮藏。

（三）玉米淀粉深加工

1. 玉米淀粉酶法深加工制品　玉米淀粉是产量最大的一类淀粉，通过酶类的催化反应可将玉米淀粉进行深加工，得到各种深加工制品，如变性淀粉、淀粉糖、糖醇、淀粉发酵产物等。

（1）变性淀粉　变性淀粉是指利用物理、化学或酶等手段改变天然淀粉属性后的产物。通过酶法变性处理的淀粉产品有麦芽糊精、多孔淀粉及抗性淀粉等。

麦芽糊精也称水溶性糊精或酶法糊精，是以淀粉为原料，经酶法工艺低程度控制水解转化、提纯、干燥而成。多孔淀粉是将天然淀粉在低于淀粉糊化温度下经水解处理后，在其颗粒表面形成小孔，并一直延伸到颗粒内部，是一种类似马蜂窝状的中空颗粒，可填充各种物质于其中，具有良好吸附性。抗性淀粉也称抗酶解淀粉，是指那些不被健康人体小肠消化吸收的淀粉。抗性淀粉生理功能与膳食纤维相似，但其膨化性能、口感、色泽等加工性能优于膳食纤维。

（2）淀粉糖　淀粉糖是指利用淀粉为原料生产的糖品总称，其产品种类多，是玉米淀粉深加工产量最大的产品。其虽是终端产品，但又是发酵产品的原料。如葡萄糖浆、葡麦糖浆、麦芽糖浆等。

葡萄糖浆是通过酶法生产葡萄糖的主要产品之一，另一产品是结晶葡萄糖。葡麦糖浆是淀粉经不完全水解得到的葡萄糖和麦芽糖的混合糖浆。麦芽糖浆是以淀粉为原料，经酶或酸酶结合水解制成的一种葡萄糖含量低于10%，以麦芽糖为主的糖浆。

（3）糖醇　糖醇是一种多元醇，因可用相应糖还原生成，所以称之为糖醇，其比一般蔗糖有较高吸热性，入口有清凉感。如山梨醇、麦芽糖醇、甘露醇等。

（4）淀粉发酵物　淀粉发酵物主要有乙醇、微生物糖和有机酸等。利用玉米淀粉生产乙醇在美国已成为仅次于淀粉糖的第二大产业。在中国利用玉米淀粉生产乙醇也得到了快速的发展。微生物糖主要是通过微生物发酵得到的产品，如环状糊精、微生物双糖和多糖等。有机酸是以淀粉为主要原料生产的有机酸，如葡萄糖酸、谷氨酸、赖氨酸、柠檬酸、苹果酸等。

2. 玉米淀粉深加工产品及应用　玉米淀粉进行深加工可以开发出许多新产品，而且这些产品在市场上需求还很大。下面简单介绍几种玉米淀粉深加工产品。

（1）衣康酸　衣康酸又名次甲基丁二酸，是通过以玉米淀粉为原料采用微生物发酵法进行生产的。衣康酸及其酯类是制造合成树脂、合成纤维、塑料、橡胶、离子交换树脂、表面活性剂和高分子螯合剂的良好添加剂和单体原料。作为交联剂和乳化剂，可用于制作车、船和飞机的外壳及各种容器。含衣康酸的胶乳可以作为非织造纤维的黏合剂。加入多价金属氧化物交联的衣康酸制成牙科黏合剂，具有良好的抗压性能和黏结强度，并有很好的生理适应性。衣康酸的聚合物有特殊光泽、透明，适合于制造人造宝石和特殊透镜以及防水性能良好的抗化学剂和涂料等。衣康酸和丙烯酸的共聚物是一种高分子聚合剂，用于水处理中，对防止碱性钙、镁垢的形成有特效；加到海水蒸发脱盐体系中，能有效抑制水垢在蒸发器表面形成与附着；用于锅炉水冷却器等系列的在线清洗，在设备不停止运行的情况下能除去较厚的垢层。它的水溶液用于石板印刷，可增加石板的亲水性。另外，它与芳香二胺生成的衍生物是润滑剂的增稠剂，与其他各种胺生成的衍生物可用于洗涤剂、医药和除草剂中，还可以用作农用降解膜等。

由于衣康酸系列产品种类多，用途广，近年全球对衣康酸的需求量逐年上升。每年需要量为 10 万～12 万 t，而目前世界产量仅 3 万 t 左右，国际市场供不应求。中国对衣康酸的年需求量也是急剧上升：年需用丁酸胶乳 1 000 t，化纤 500 t，造纸 800 t，农药 500 t，水处理 100 t。预计今后两年，中国对衣康酸的需求在 1.5 万 t 左右，而目前每年仅能供应 500 t，缺口很大。

（2）黄原胶　黄原胶即黄单胞菌多糖，是利用野油菜黄单胞菌，以玉米淀粉为原料，经发酵生产的，其淀粉的转化率为 66%～70%。由于黄原胶具有特殊的物理化学性质，可广泛用于石油开采、食品、农药、饲料、纺织、印刷、选矿、涂料、化妆品、陶瓷、铸造、金属加工、炸药等行业，成为目前世界上生产规模最大的一种微生物多糖。在石油开采上，主要用于钻井液、水基压裂液、酸化处理液、三次采油等中，可大幅度提高石油采收率。在食品工业上，主要用于色拉调料、奶制品、罐头食品、糕点、糖果、冰激凌、饮料等中，能改善品质、增加效益。中国年需求黄原胶 2 000～3 000 t，随着应用面的扩大，将会有更大的市场需求。目前中国黄原胶的生产属起步阶段，所需产品依赖进口。

（3）羧甲基淀粉　羧甲基淀粉（CMS）是以玉米淀粉为原料，经物理化学反应精制而成。产品外观为白色或微黄色粉末，无毒、无味、易溶于水，形成透明溶液，对光、热皆稳定。羧甲基淀粉广泛应用于石油、造纸、纺织、冶金、日化、医药、食品、涂料等领域，其使用效果完全等同于羧甲纤维素，而成本大大降低。目前中国生产能力仅年产 1 万多吨，市场需求量则在百万吨以上，是玉米淀粉深加工中市场潜力大、能出口创汇的产品。

（4）甘油　甘油学名丙三醇，广泛应用于医药、食品、烟草、化妆品、油墨、国防、皮革、印染、涂料、合成树脂、农药、牙膏等行业，为重要的轻工化工原料。由于用途广，国内生产量低，缺口很大，1994 年全国甘油产量不足 3 万 t，而需要量是 8 万 t。现在到将来一段时期内，供不应求，目前食品级甘油价格已达 2 万元/t。

3. 玉米淀粉渣开发利用及进展　玉米淀粉渣是玉米淀粉经酸水解或酶解后压滤所得的残渣，其中含有约 2% 葡萄糖、25% 蛋白质和 28% 脂肪。中国每年产生的玉米淀粉废渣在 30 万 t 以上。长期以来，玉米淀粉渣一直作为饲料直接进行饲喂，但由于玉米淀粉在生产过程中要使用亚硫酸水浸泡，长期大量饲喂含有亚硫酸的玉米淀粉渣可使末梢神经产生脱鞘性变，导致一系列神经症状，如跛行、截瘫、便血、乳房炎及流产等中毒症状和维生素 A、维生素 D、维生素 E 的缺乏症。此外，玉米淀粉渣中的蛋白质大多是醇溶蛋白，其不溶于水且缺乏赖氨酸、色氨酸等必需氨基酸，将其直接作为饲料虽有一定的效果，但玉米淀粉渣产量大，饲喂消耗的玉米淀粉渣有限，直接饲喂利用率较低，饲喂价值不高。大量淀粉渣在贮存过程中极易变质，造成环境污染和资源的严重浪费，到目前为止仍未得到合理的开发利用。近几年，玉米淀粉渣综合开发利用逐渐受到重视。

玉米淀粉渣可以提取多种有效成分，如玉米黄色素、玉米醇溶蛋白等，还可进行微生物发酵，得到单细胞蛋白，生产燃料乙醇、酿酒等。玉米淀粉渣含有机质原料和丰富的无机盐离子，是加工生物有机肥料的理想原料，也可利用多种微生物分解氧化淀粉糖渣中的有机物质，生产浓缩生物肥料。研究表明，玉米淀粉渣经过处理后含有的碳酸钙可以用来中和土壤中的酸性物质，改善土壤环境，促进农作物的生长，对改善环境污染意义重大。

总之，对玉米淀粉渣的开发不仅有利于资源的综合利用，而且有利于减少环境污染，顺应构建节约型社会的趋势。最重要的是，其具有较高的经济效益，对玉米淀粉渣的综合开发既可提高玉米的综合利用率，还可提高企业的经济效益。

三、制糖

淀粉是食品工业的基础原料，世界淀粉产量在 4 000 万 t 左右，其中 80％以上是玉米淀粉。主要用于生产淀粉糖（包括固体葡萄糖、液体葡萄糖、麦芽糖、果葡糖等）、酒精、味精，也可作为制药、造纸、纺织等工业的基础原料。用 α-淀粉酶、β-淀粉酶、普鲁兰酶、复合糖化酶、葡萄糖固定化异构酶、乳糖酶等对玉米淀粉或玉米淀粉水解产物进行酶解可获得各种淀粉糖。

（一）膨化玉米粉制糖技术

膨化玉米粉是以玉米为原料，经过高温、高压挤压膨化再磨碎的玉米粉类制品。它营养价值高，食用方便，可单独作为早餐粥食用，也可作为各种焙烤食品的配料，还可以制糖。膨化玉米粉制糖技术要经历以下制糖工艺流程：玉米→干法提取玉米粉→膨化→液化→麸质分离→糖化→脱色→离子交换→蒸发浓缩→成品。采用淀粉膨化预糊化制糖有利于降低液化液 DE 值（葡萄糖值），提高淀粉液化得率、糖化速度和糖化液的最终 DE 值。膨化玉米粉比普通玉米粉液化得率高 7.82％，节约糖化时间 16.7％。该工艺生产简单、能耗低、废水少，较湿法淀粉为原料的工艺可降低生产成本约 20％，是一条节能、节水、环保、综合效益好的淀粉糖生产新工艺。

（二）玉米淀粉酶法水解制糖及纯化过程

玉米淀粉酶法水解制糖，是在淀粉糊化后添加 α-淀粉酶将其水解，从而得到淀粉糖的过程。其工艺流程如下：玉米磨碎→玉米粉水浴加热糊化→添加 α-淀粉酶→水浴锅恒温加热→测淀粉含量→测总糖含量。制作淀粉糖的方法一般常见的有酸法、酸酶法和双酶法。但是酸法在进行的过程中很难控制，多数的生产厂家运用酸酶法。但是任何事物都存在着两面性，酸酶法虽较容易控制，但是其抗腐蚀能力还需要进一步完善。酸酶法在反应的过程中会产生一定的副产物，使得淀粉糖的浓度受到影响。在运用酸酶法进行生产时，结合酶法水解，就减少了对设备的腐蚀作用，玉米可以直接作为原料，不仅有效降低生产成本，更提高了糖液的纯度。

（三）玉米淀粉制糖生产工艺与设备的改进

玉米干磨制粉直接加工法制糖是在20世纪80年代发展起的一种新型的玉米淀粉制糖工艺。与传统的淀粉制糖法（酸法、酸酶法和双酶法）相比，玉米干磨制粉有建厂成本低、节能环保，副产物便于回收、销售和处理等优点。但是这种方法也存在着不足，例如对于玉米当中所富含的有效成分不能充分利用、得糖率偏低、玉米粉杂质多、液化液纯度差、产品色泽不稳定、透光度低等。因此，需要对该工艺和设备进行改进。具体的工艺和设备改进有以下4步：

1. 液化 20世纪90年代初期，中国相关的科研人员通过不懈的努力对相关的技术和设备进行了改进。传统的技术当中只加一次酶，但是经过改良之后将加酶的次数调整为两次，在喷射液化之前先加一次。在液化之后要增加温度对管道进行液化，管道也应该按照相关的要求进行及时的调整使其从上部进入，从下部排出，同时还要保证液化的效果，各个部分的液化应保证足够均匀。在这些操作都能达到相关的标准和要求之后就可以进行第二次的加酶。将温度控制在95～97℃然后再次进行液化，这样就使得整个液化的效果得到了很大的提高，从而可以实现更好的制糖效果。

调整之后的优点非常明显。首先，玉米中的物质能够更加充分地被吸收和利用，过滤的过程中使得整个玉米干粉的质量有所提高，从而能够在更大的程度上提高制糖的数量。其次是能够有效提高糖化率，不断加强糖的浓度和质量，葡萄糖的含量也高出很多。再次是能够不断促进晶体的规律性分布，有效调整糖的黏度。最后，在整个制作和生产过程中不需要掌握非常难的技术，在资金上也不需要大量的投入，降低了成本，同时也更好地节约了厂房的空间，在质量上也有着非常明显的改善。在糖分中，色素和杂质的含量是非常少的。

2. 采用硅藻土预涂转型鼓真空过滤机 过滤的目的是除去糖化液中的不溶性杂质，该过程是淀粉糖化液的主要精制工序之一。过滤操作的好坏直接影响到产品的质量、成本和生产水平。在淀粉糖生产中，原采用的过滤方法是采用聚丙烯板框压滤机，对脱色后的糖化液进行过滤。这种过滤方法存在一些缺点：①压滤机使用一段时间后，由于板、框变形引起板、滤布、框间压不严实造成漏液、喷料，引起过滤后的液体不清，影响正常生产；②间歇操作劳动强度大，工作环境差，自动化程度低；③过滤速度随着滤饼的逐渐增厚而降低，而且滤饼的洗涤和滤布的洗涤费时、劳动强度大、效率低。为了克服脱色液板框过滤的困难、糖的损失大等缺点及提高糖液质量，科研人员根据玉米制糖年产3 000 t的规模，采用了过滤面积为5 m²的预涂型转鼓真空过滤机过滤脱色后的糖化液。预涂型转鼓真空过滤机的结构主要由机体、真空头（阀）、料槽、搅拌耙、机体传动、搅拌传动、自动除渣装置和喷淋装置组成。其工作原理如下：该机在真空作用下，利用筒体表面的真空室造成与大气之间的压力差，形成一定厚度的硅藻土预涂层。然后滤液在真空抽吸作用下穿过预涂层经分配阀进入滤液槽中，滤液中微细颗粒被吸嵌在硅藻土表层，并被自动切入硅藻土表层的刮刀不断将其刮除（连同硅藻土表层一起），使过滤始终是在新的预涂层表面上进行，从而达到固液分离的目的。

3. 离子交换树脂滤床（以下简称滤床）**串联使用**　糖液经离子交换，能除去糖液中的灰分和有机杂质等，进一步提高纯度。它是制糖生产中重要的精制工序之一，其生产过程包括：离子交换、树脂的再生、再生后的清洗3个主要步骤。为满足生产需要，相应配对的生产食品与发酵工业生产线就较多。在以往的生产中，离子交换树脂精制糖化液多采用阳、阴两只滤床单只使用。即糖液仅通过阳、阴一对滤床进行精制，当精制的糖液不合格时，就将该对滤床的树脂进行再生。此时，该对滤床的树脂的交换能力并未全部失效，这样就没有充分发挥每只树脂的交换能力。因此，在工业生产中，科研人员将原单对使用的滤床，通过对管路配置的重新设计，使2对或3对阳、阴离子交换树脂滤床串联使用，糖液先流入已经使用较久的滤床后，再流经新再生的滤床，最大限度发挥树脂的交换能力，相应减少了再生用的酸、碱用量。并确保经离子交换后的糖液质量达到≤50 $\mu s/cm$ 的标准。

4. 用颗粒活性炭脱色柱作为二次脱色装置　在制糖生产中，糖液的净化脱色是制糖生产中的重要环节。脱色用活性炭除吸附有色物质外，还能除浊、除臭，降低糖浆的灰分含量，提高产品稳定性等。在以往的制糖工艺中，一般采用两次脱色工艺，其脱色剂均采用粉末活性炭（以下简称粉末炭）。从吸附特性方面考虑，用于脱色时，粉末炭的用量是产品量的0.1%～1.5%，颗粒活性炭平均一次的使用量为0.5%～5.0%。但是颗粒活性炭可以再生，平均再生一次的损失为百分之几，虽然颗粒活性炭的单价比粉末炭高，由于单位产品的平均用量减少，因而实际总费用是减少的。从设备及操作方面考虑，一般认为颗粒活性炭的优点是吸附装置占地面积小，连续操作可降低糖液损耗，所以容易自动控制，改善了操作场所的环境条件等。且二次脱色液的黏度较一次脱色液的黏度高，增加了过滤阻力。考虑上述因素，在糖液的净化脱色生产中，可将二次粉末炭脱色改为采用颗粒活性炭脱色。

（四）玉米淀粉糖生产新工艺——双酶法制糖

双酶法是指淀粉生产葡萄糖的过程中先用淀粉酶将淀粉的长碳链水解液化成十几个碳链的小分子糊精，再用糖化酶进一步水解，最后制成纯净的葡萄糖液体。玉米淀粉的液化部分可以采用间歇法和连续法两种生产方式，所用的淀粉酶有普通的淀粉酶，适宜的pH是5.5～6.0，适宜的温度是70～80℃，这种酶需要添加钙离子等激活剂来增加作用效果；还有耐热的高温淀粉酶，适宜的温度是90℃以上，在喷射液化工艺中可以达到110℃的高温下进行反应，这种酶不需要再添加激活剂。虽然喷射的温度是110℃，但高温淀粉酶真正的最佳反应温度是在80～90℃。高温喷射是为了让淀粉颗粒最大程度的溶胀，便于淀粉酶的作用。喷射结束后，最好经过闪蒸的作用使料液迅速降到80～90℃，在层流罐和承压罐中在最适反应温度下进行酶促反应，所以喷射后要迅速通过闪蒸降温。影响液化效果的因素有淀粉乳的质量，包括淀粉乳的电导和蛋白质含量、淀粉的种类、淀粉乳的浓度和pH，还有酶制剂的种类、添加量和酶活力，喷射器的蒸汽压力和温度，层流时间等。

糖化是在液化完毕后重新调酸到 pH 4.2～4.5，通过板式换热器将料温降到 62 ℃左右后加入糖化酶，在糖化罐中经 60 ℃保温 60 h 左右，经酒精检测无糊精反应之后到达糖化终点。之所以重新调酸和降温，是因为糖化酶的最适宜反应温度是 60 ℃，最适宜反应 pH 是 4.2～4.5，现在多采用添加了普鲁兰酶的复合糖化酶，可以有效地减少糖化过渡引起的复合反应的发生。

糖化结束后，将料温加热到 75～80 ℃。先添加助滤剂（硅藻土或珍珠岩）用板框或真空转鼓进行除渣，去除糖化液中可见的蛋白质等杂质，再添加活性炭。用板框进行脱色来吸附去除颜色或肉眼不可见的杂质，脱色后进行预浓缩，再用离子交换树脂去除料液中的无机盐等灰分，在经过蒸发器浓缩就得到洁净的高纯度和高浓度的葡萄糖溶液。

结晶的过程实际就是提纯的过程，是利用葡萄糖在不同温度下的溶解度不同的原理来进行操作，也就是说在一定温度的葡萄糖饱和溶液中，随着温度的降低，葡萄糖的溶解度也降低，葡萄糖就会随着温度的降低而结晶出来形成晶体和水溶液混合的膏状料液。生产上结晶的降温过程必须严格按照降温曲线来进行，缓慢地在规定时间内由蒸发后的 60～80 ℃降到 45～48 ℃进入结晶器内进一步降温，经过大约十几个小时的降温结晶周期，物料在 30～40 ℃的时候就可以向下一道工序转移了。因为温度越低，物料黏稠度越大，所以降温的时间和程度需要根据设备的承受能力来决定，承受能力越大，可以降温到更低的温度。但是降温不可以太迅速，否则结晶速度太快容易产生细小的伪晶，对下一道工序的分离工作造成不利影响。

结晶好的物料经过离心机的离心作用，葡萄糖晶体被截留在分离机筛网之中，剩下的液体称为母液。分离出来的葡萄糖晶体通过气流的烘干作用被干燥到 8%～9% 的水分含量，经圆筒转筛过滤筛分后进入包装间，最后包装成所需要的商品一水葡萄糖。

（五）碱法-酶法处理玉米秸秆的制糖工艺

玉米秸秆是产量最大的秸秆生物质资源，中国每年产量 2 亿 t 左右。将玉米秸秆转化为容易利用的单糖不仅可以解决环境问题，还能产生良好的经济效益。碱法-酶法处理玉米秸秆的制糖工艺是一种相对可行、降解率高的工艺方法。其工艺流程为：玉米秸秆粉碎→碱抽提处理→清洗玉米秸秆碎料→风干→酶处理（纤维素酶和纤维二糖酶）→测糖含量。其中碱抽提的优化工艺为：1.5% NaOH，80 ℃下反应 1 h，总糖得率最高，可达 66.86%。因此，利用碱法-酶法处理玉米秸秆，可以提高玉米秸秆的生产效率，增大生产经济效益。

四、榨油

（一）普通玉米高油化技术

用于榨油的玉米可分为高油玉米和普通玉米。研究显示，高油类玉米平均含油量为 7.35%，胚中油分含量为 44.94%，国内普通玉米杂交种平均含油量为 3.78%，胚中含油量为 34.24%。可见，高油玉米与普通玉米相比，平均含油量高出一倍，但高油玉米却存在产量低和淀粉率低的不足，从而在生产中推广面积较小。

普通玉米高油化技术即是通过技术手段，使普通玉米在不降低产量的同时提高了籽粒含油量。普通玉米高油化技术一般有以下 2 种方式。

1. 通过花粉直感效应提高普通玉米的含油量　花粉直感是指 2 个相异的植株杂交，当代所结籽粒表现出父本性状的现象，如以黄粒玉米给白粒玉米植株授粉，所结籽粒即表现父本的黄粒性粒状，为黄粒。利用高油玉米的花粉授到普通玉米上，通过花粉直感效应可显著提高普通玉米的杂交种自交，籽粒含油量可达 7.8%，较原来含油量提高了 2.4%，籽粒胚中油分含量为 55.4%，而产量不降低。同时，由于含油量、蛋白质、赖氨酸之间有相互的关系，使玉米的蛋白质和赖氨酸含量得到提高，营养价值得到改善。

2. 普通玉米高油化的"三利用"技术　在生产中，利用雄性可育的杂交种通过花粉直感提高玉米含油量，需要人工去雄。如果利用不育单交种及其当代的杂种优势效应和高油玉米的花粉直感效应来提高玉米含油量，就是普通玉米高油化的"三利用"技术。"三利用"技术是中国农业大学宋同明教授提出来的，即利用细胞质雄性不育的增产效应、单交种再杂交的杂种优势效应和高油基因的花粉直感效应等遗传效应来大规模生产高油优质的高油玉米。通过这种模式，可以获得比普通玉米高的产量和含油量。其理论基础如下：一是当前玉米生产主要是利用玉米单交种的杂交优势。单交种虽然是最大限度的利用 F_1 代植株杂种优势作用，但却未能克服大面积种植同一单交种时，引进亲自交（相当于自交）而使 F_2 代种子产生衰退现象的缺点。单交种接受外来花粉可以更大限度地利用杂交优势。二是由于顶端优势效应，玉米的雄穗在营养方面与雌穗竞争，通过细胞质雄花不育技术，可以减少雄穗对养分的竞争，将更多的养分供给雌穗发育，从而提高穗粒重。三是通过将高油玉米的花粉授到增产潜力高的普通玉米中，可以提高普通玉米的含油量。

利用雄性不育的普通玉米单交种生产高油玉米，最好选择株高、株型相近的普通单交种间作高油玉米单交种。高油玉米单交种作为花粉提供者，应有较高的花粉量和尽可能高的油分含量，并且丰产性和其他农艺性状与普通过玉米相同，在高油玉米与普通玉米花期完全一致的情况下，可采取 2 种玉米种子按照一定比例混合播种的方法。如果花期不遇，可以采取地膜覆盖或催芽播种等措施。总之，可以通过一系列方法使普通玉米高油化。

3. 中国高油玉米育种栽培简况　中国高油玉米从 20 世纪 80 年代初开始研究，中国农业大学的宋同明教授是我国这一研究的开拓者。通过公开合法途径从伊利诺大学实验室引进了该室的高油玉米种质资源，开始了高油玉米自交系和杂交种的选育。在进行高油玉米种质资源创新的同时，也对引入资源进行了改造和发展，选育出具有完全独立知识产权的北农大高油群体，现已进行 17 轮含油量选择。含油量由原始群体的 4.71% 提高到了 15.73%，并从该群体中选育出高油系 Gy788、Gy807、Gy813、Gy815、Gy819 等十几个品种，平均含油量为 13.15%。对引进的抗病高油和利得黄马牙高油基础群体，也分别进行了 8 轮和 9 轮的选择，其含油量也从引进时的 7.60% 和 7.16% 提高到了 17.98% 和 13.10%，达到了较理想的商业化水平。实际上，中国农业大学已成为当今世界高油玉米种质资源的主要发展中心，现已选育出高油 1 号、高油 2 号、高油 3 号、高油 4 号、高油 5 号、高油 6 号、高油 7 号、高油 8 号、高油 9 号、高油 115、高油 298、高油 647 等多个品种。国内其他科研院校利用中国农业大学提供的高油种质和自交系也相继育成了春油1号、吉油1号、通油1号、城油2号等一批高油品种，并在生产上发挥越来越重要的作用。

（二）营养玉米油及其关键精炼工艺技术

玉米脂肪是一种高质量的油，不饱和脂肪酸占83%～90%，亚油酸含量高而且不含胆固醇，具有防治动脉粥样硬化和降低胆固醇的功效。玉米脂肪在玉米中的分布主要集中在胚芽中，所以通常又将玉米油脂称为玉米胚芽油。就目前生产技术而言，玉米胚芽油制备的初步是从胚芽中榨取出一种称为玉米毛油的粗油。这种初步制得的玉米毛油通常为深红色，并且伴随有较多杂质以及令人不愉快的怪味，如果低温贮藏，还会出现不同程度的混浊。所以，需要对这种玉米毛油进行精炼才可食用。玉米毛油经过脱酸、脱胶、脱色、脱蜡、脱臭等工艺后便可得到纯度较高的精炼油，这种精炼油同时具有低熔点、低浊点及贮藏稳定性好的特性。

通常在生产中，玉米胚芽油的制备首先是要先采用相应技术手段将玉米胚从玉米颗粒中分离出来，这也是为后期制取高附加值的玉米油做准备。现多采用的玉米胚分离技术依据提胚时玉米水分的多少主要有以下3种：湿法提胚、半湿法提胚和干法提胚。其中干法提胚对水分的控制要求相对较为宽松，一般是直接对玉米颗粒进行挤压、搓碾或撞击搓碾等机械操作，然后对皮、胚与胚乳进行筛选分离。干法提胚相对来讲工艺较为简单，能耗也较低，但在挤压或搓碾过程中机械作用不好控制，这会使胚芽不同程度的破裂，胚乳会混杂其中，影响提胚效率。而半湿法提胚要求玉米含水量达到17%～21%，所以要提前对玉米进行润水处理，然后再将玉米进行脱皮、破碎处理，最后筛分提胚。半湿法提胚效率相对干法提胚要高很多，一般提胚效率能达到86%左右，唯一存在的不足是提胚完成后水分含量偏高，还需要进行水分干燥的处理，并且胚中也会含有胚乳。湿法提胚是首先将玉米进行较长时间的浸泡，然后再进行破碎处理，进而提胚，再使用旋液分离器将胚与淀粉进行分离，最后得到纯度较高的玉米胚。这种方法的提胚率为85%～95%，胚中水分含量高达60%，湿法提胚的另一个优点是淀粉与胚容易分离，该法也是最为常用的提胚方法。玉米油精炼过程中的关键技术有以下3点：

1. 避免产生反式脂肪酸的关键技术　将常规脱臭技术所采用的板式塔脱臭法改为双塔双温分段脱臭系统。该系统可实现在第一阶段200 ℃脱除较低馏分臭味组分，第二个阶段短时间240 ℃脱除高馏分臭味组分和热脱色的目标。所以，合理的组合塔和独立填料塔相结合的设备形式和优化的工艺条件，能够保证良好的脱臭效果，同时也减少反式脂肪酸的形成以及维生素E和植物甾醇的损失。

2. 低温淡碱脱酸技术　碱炼脱酸过程对甾醇含量的影响主要是碱炼反应温度和碱液浓度。为降低甾醇损失，在降低碱炼反应温度的同时降低碱液浓度，控制毛油温度为60 ℃，调整毛油与磷酸、碱液反应温度由90 ℃降低至60 ℃，碱炼反应时间由90 min调整为60 min，碱液浓度为12波美度。经过长期监测碱炼脱酸油中植物甾醇的损失率降低至3.70%，使生产的玉米油的植物甾醇含量在10 000 mg/kg以上，维生素E损失率降至1.57%。

3. 复合吸附剂低温低用量脱色技术 玉米油的脱色通常采用白土吸附脱色，吸附脱色过程对玉米油中植物甾醇和维生素 E 含量造成一定影响。常规的玉米油脱色技术条件为：脱色温度 125 ℃，脱色时间 35 min，白土添加量 3%，脱色塔油脂液位 60%，吸附脱色后玉米油中植物甾醇含量损失为 5.15%，维生素 E 含量的损失为 6.29%。为力争尽可能减少植物甾醇和维生素 E 的损失，采用复合吸附剂白土和活性炭按 2% 和 0.1% 的比例进行添加，脱色反应温度调整为 115 ℃，脱色反应时间调整为 22 min，脱色塔液位为40%，所得玉米油甾醇损失降至 1.98%，维生素 E 损失降至 1.51%。

（三）玉米油的营养成分

玉米油中营养丰富，饱和脂肪酸含量为 13.7%，其中棕榈酸为 11.5%，硬脂酸为2.2%；不饱和脂肪酸含量为 85.6%，其中油酸为 29.3%，亚油酸为 55.6%，亚麻酸为0.7%。此外，玉米油中天然维生素 A、维生素 D、维生素 E 含量高达 0.6%，比大豆油、花生油、瓜子油等大部分植物油含量都高。亚油酸作为人体必需的脂肪酸之一，因人体内不能自身合成，故而对人体代谢十分重要。玉米油中亚油酸含量高，人体对其的吸收率高达 97%，具有很高的药用价值，有降血脂的功效。目前市场上的很多降血脂类药物都含有亚油酸。玉米油中的植物甾醇可抑制胆固醇生成，并且对心血管疾病有一定的预防和治疗作用。除此之外，玉米油还含有丰富的卵磷脂等营养成分，可以起到补脑、缓解大脑疲劳和增强人身体代谢的作用，是非常适合老年人食用的一种保健食用油。

五、提取蛋白质

玉米胚芽提取油脂后其剩余的粉末，主要为淀粉、纤维和蛋白质等。其中，粗蛋白含量为 23%～25%，含有人体必需的 8 种氨基酸。碱溶酸沉提取的玉米胚芽蛋白粉，其蛋白质性质有特殊的生物学价值，其氨基酸构成符合国际卫生组织全价蛋白的规定值，其中碱溶蛋白接近于鸡蛋白和人乳蛋白的组成。由于玉米胚芽蛋白具有吸油、持水、黏结、延展、乳化、凝胶等性质，所以玉米胚芽蛋白粉可以作为一种新型配料蛋白替代常用的大豆分离蛋白粉，广泛应用于肉食制品、蛋白饮料以及焙烤食品生产工业中。

目前，提取玉米胚芽蛋白质的方法有碱溶酸沉法、酶解法或碱溶酸沉与酶解复合的方法。据资料报道，碱溶酸沉法工艺成本低，但是存在 pH 高、制备的蛋白质容易变性且提取率低等缺点；酶解法制备玉米胚芽蛋白反应条件较温和，所得蛋白质营养价值高，但其工艺成本较碱法高。超声波是一种新型的物理提取方法，安全可靠，对营养价值破坏小。超声波能将材料中的蛋白质粉碎、液化，降低提取温度，减少蛋白质的变性沉淀，得到优质的蛋白质。利用超声波辅助提取蛋白质，可有效提高提取效率，缩短提取时间，节约成本。

超声波辅助提取玉米胚芽粕蛋白质的工艺流程：脱脂玉米胚芽粕→粉碎→过 100 目筛（孔径为 150 μm）→加蒸馏水（调节一定的料液比）→加 NaOH 溶液（调节 pH）→超声处理（设定超声时间、超声功率）→离心分离（3 500 r/min，30 min）→取上清液→考马斯亮蓝染色→测定吸光度。

六、制取乙醇和甲醛

(一) 制取乙醇

1. 玉米籽粒制乙醇 乙醇作为燃料可以任意比例与汽油混合，使燃烧完全，减少对环境的污染。中国是一个石油并不丰富的国家，为了保护环境，减少应用石油对空气的污染，发展玉米燃料乙醇是一个方向，但必须降低成本。20 世纪 70 年代以前，中国生产乙醇的主要原料是糖蜜、薯干。进入 80 年代后，由于玉米产量的提高，且利用玉米生产的乙醇质量好，促进了以玉米为原料生产乙醇的迅速发展。目前中国玉米乙醇生产水平、综合利用水平有了极大的提高，工艺技术也由蒸煮法发展为酶法。α-淀粉酶发酵技术取代了高温蒸煮生产技术；糖化酶的使用使淀粉转化为糖的百分率显著提高；发酵技术由静止发酵发展为搅拌发酵，减少了生产时间，提高了乙醇获得率。

以淀粉为原料采用发酵的方法生产酒精，是目前酒精的主要生产方法。用玉米生产酒精有三种方法：一是全粒法，玉米不经处理，直接投料，其副产品为玉米酒糟全干蛋白饲料（DDGS）；二是玉米预先进行干法脱胚，副产品为玉米油、玉米胚芽饼及纤维饲料；三是用湿法生产淀粉，再生产酒精，副产品为玉米油、玉米蛋白粉及玉米纤维蛋白饲料。酒精的主要用途有燃料酒精、调制饮料用的食用酒精、化工医药用酒精。酒精工业的副产品主要有优质颗粒饲料（如 DDGS）、优质食用级玉米油和杂油醇等。

在制取乙醇的过程中，首先微生物利用自身代谢所产生的 α-淀粉酶、β-淀粉酶、葡萄糖淀粉酶等将生淀粉转化成葡萄糖，提供其自身生长、繁殖所需的能量，其次在乙醇转化酶的作用下，将葡萄糖转化成酒精，并排出细胞外的过程，即原料＋水＋酒曲→发酵→蒸馏→乙醇，其实质是将玉米原料中的生淀粉直接水解，在糖化淀粉酶和酵母的作用下直接进行酒精发酵、蒸馏而成。相比于传统高温蒸煮工艺，不仅可以节约能源（每吨酒精耗煤降低 35%），提高出酒率（提高约 20%），设备利用率提高 30%，同时兼具操作简便，便于工业化生产等优点，大大降低了单位成本，被誉为中国白酒（酒精）工业发展的方向。其基本工艺流程如图 6-2 所示。

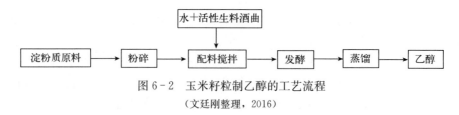

图 6-2 玉米籽粒制乙醇的工艺流程
（文廷刚整理，2016）

2. 玉米秸秆制乙醇 秸秆等农作物是一类资源十分丰富的生物质，利用秸秆等制备乙醇作为替代能源是大势所趋。乙醇燃烧的产物为 H_2O 和 CO_2，作为一种污染小、产热高的清洁燃料，在工业各领域具有广泛应用。目前，中国燃料乙醇的年生产能力达万吨，成为世界上继巴西、美国之后第三大生物燃料乙醇生产国。在农作物纤维废弃物为原料的生物转化技术方面，中国也取得了突破性的进展。河南农业大学承担的河南省杰出人才创新基金项目"秸秆燃料乙醇生产中关键技术研究"，通过生物方法使玉米秸秆中的纤维素、半纤维素和木质素的降解率分别达到 65.39%、45.11% 和 39.16%。由农业部规划设计研究院承担的"甜高粱茎秆制取乙醇技术"课题，利用甜高粱茎秆固体发酵和茎秆汁液液体发酵工艺，将甜高粱茎秆机械粉碎和揉搓，进行蒸料、引种和搅拌后入池发酵，蒸馏得 65% 的乙醇。2006 年清华大学甜高粱秸秆生产乙醇中试项目获得成功。由清华大学、中国粮油集团公司、内蒙古巴彦淖尔市五原县政府共同完成的甜高粱秸秆生产乙醇中试，结果显示发酵时间为 44 h，比目前国内最快的工艺缩短了 28 h；精醇转化率达 94.4%，比目标值高出 44 个百分点；乙醇收率达理论值的 87% 以上，比目标值高出 7 个百分点。该成果的取得，意味着中国以甜高粱秸秆生产乙醇的技术取得重大突破。另外还有许多研究成果也为秸秆发酵制乙醇实现大规模的工业化奠定了良好基础。

玉米秸秆制备乙醇过程主要分 3 个阶段。第一阶段：预处理。通过预处理分离木质素等不利于发酵的成分，破坏纤维素的束状结构，是生产乙醇的关键。木质纤维素的预处理方法主要有粉碎法、蒸汽爆破法、微波法、稀酸处理法、碱预处理法、湿氧化法、生物法等。第二阶段：水解。在酸或酶的水解作用下，纤维物质分解成可发酵性单糖。第三阶段：发酵、蒸馏。可发酵性单糖经发酵和蒸馏形成乙醇。

纤维素的水解根据采用的方法不同可将纤维素的水解法分成两种，即酸水解法和酶水解法。酸水法分稀酸水解法、浓酸水解法。

（1）**纤维素酸水解法**　纤维素酸水解所用的酸为硫酸、盐酸和氢氟酸等强酸。

稀酸水解法是 1856 年由法国梅尔森斯首先提出，1898 年德国人提出木材制取酒精的商业构想，并很快工业化，这是生物质水解比较成熟的方法。酸处理法中，用稀硫酸水解，可在较温和的条件下进行，糖的转化率一般为 50% 左右，但稀酸水解容易产生大量副产物。若反应进一步进行，木糖会脱水产生糠醛，只有少量的纤维素发生水解反应生成葡萄糖，而木质素经历了解聚作用，在水或酸中维持不溶解状态。为了进一步提高水解糖得率，往稀酸水解中添加金属离子等作为助催化剂的研究广受关注。华东理工大学开展了以稀盐酸和氯化亚铁为催化剂的水解工艺及水解产物葡萄糖与木糖同时发酵的研究，转化率在 70% 以上。

浓酸水解的报道最早见于 1883 年，可以使大约 90% 的纤维素、半纤维素转化为糖。Farone 将废木料（含水量 10%）粉碎至 3~5 mm，首先用 70%~77% 的浓硫酸水解，水解温度为 60~80 ℃，然后稀释到 20%~30%，80~100 ℃ 水解。通过两步水解，糖收率达 80%。浓酸水解的优势在于酸可以回收利用。Wodey 发明了一种九段模拟移动床技术用离子排斥法可实现糖酸分离和脱毒。浓酸水解对设备防腐要求比较高，而且酸回收困难，成本高，故应用少于稀酸。

（2）**纤维素酶水解法**　酶水解采用的酶是纤维素酶，它是一种复合酶类，故又称纤维素酶复合物。已知纤维素酶复合物由 C_1 和 C_x 组成。天然纤维素的分解过程：纤维素先被 C_1 酶降解为较低分子化合物，同时具有水合性，其次由所谓的 C_x 几种酶作用形成纤维二糖。纤维二糖再由纤维二糖酶水解成葡萄糖。

从现有的水平来看，采用温和的酶水解技术可能更为合适。酶水解是生化反应，与酸水解相比，它可在常压下进行，这样减少了能量的消耗，并且由于酶具有较高选择性，可形成单一产物，产率较高。匈牙利 Eniko 等采用 Novoym188 等水解经湿氧化处理的玉米秸秆酶解纤维素转化率高达85%左右。

以玉米秸秆预处理后的纤维残渣为底物，利用纤维素酶进行酶解糖化，其工艺流程为：1%浓度的纤维素残渣为底物，加纤维素酶2 000 U/mL，pH4.9，温度为45 ℃，反应时间48 h。在此条件下，纤维素残渣糖化率可达到86.24%。

葡萄糖转化成乙醇的生化过程是简单的，通过传统的酒精酵母，使反应在30 ℃条件下进行。但半纤维素构成了农作物秸秆的相当部分，其水解产物为以木糖为主的五碳糖，还有相当量的阿拉伯糖生成（可占五碳糖的10%～20%），故五碳糖的发酵效率是决定过程经济性的重要因素。木糖的存在对纤维素酶水解有抑制作用，将木糖及时转化为乙醇对农作物秸秆的高效率酒精发酵是非常重要的。目前，人们研究最多且最有工业应用前景的木糖发酵产乙醇的微生物有3种酵母菌种，即管囊酵母、树干毕赤酵母和体哈塔假丝酵母。主要的发酵方法有直接发酵法、间接发酵法、混合菌种发酵法、同步糖化发酵法、非等温同时糖化发酵法、固定化细胞发酵法6种方式。

玉米秸秆制备乙醇过程的前两个阶段是关键环节，它关系到秸秆的分解率和乙醇的得率。而将玉米秸秆转化成乙醇也大大提高了其使用价值和经济价值，这不仅提高农民收入，降低生产成本，缓解不可再生燃料（石油）的压力，而且从根本上解决资源浪费和环境问题，保证了生态环境和社会经济共同发展。

（二）制取甲醛

甲醛是一种无色、有强烈刺激性气味的气体，易溶于水、醇和醚。常见的甲醛是指甲醛的水溶液。此外，甲醛也是一种重要的基本有机化工原料，可用于生产酚醛树脂、脲醛树脂、聚甲醛树脂、乌洛托品、维尼纶纤维等。同时，甲醛在木材加工、医药、农药、染料工业中还可用作染色助剂、消毒剂、防腐剂、溶剂、还原剂等，在农业上还可用作尿素-甲醛型缓效肥料。

中国的甲醛工业始于1956年，已有60多年的历史。随着国民经济的快速发展，甲醛工业发展十分迅速。据不完全统计，中国甲醛总生产量已达到200万t，且每年以4.5%的速度增长。工业甲醛的生产须在高温条件下，属于能耗较高的产业之一。在当前节能减排备受关注的形势下，甲醛生产节能降耗无论是对增加企业的竞争力，还是对企业的持续发展来说，都具有十分重大的意义。

在甲醛工业发展过程中，因原料不同主要有以下几种生产方法：以液化石油气为原料非催化氧化法、二甲醚氧化法、甲烷氧化法、甲醇空气氧化法。由于受到原料的限制，目前甲醇空气氧化法生产甲醛占据了统治地位。而以玉米等生物材料来生产甲醛是一种全新的思路，不仅可以将废弃的生物秸秆变废为宝，还可降低石油等不可再生能源的用量，实现可持续化生产。但是，目前玉米秸秆等生物质原料还不能直接制取甲醛，必须要先通过生物质材料制取甲醇后，再由甲醇制取甲醛。因此，以玉米果穗轴为原料生产甲醛分为两个部分进行。第一部分先由玉米果穗轴制取甲醇，第二部分再由甲醇制取甲醛。

1. 以果穗轴为原料制取甲醇　以果穗轴为原料制取甲醇技术总体分为两步。第一步为生物质热化学气化制原料气及合成气；第二步为合成气在一定压力和温度条件下经催化剂催化合成粗甲醇，粗甲醇经精馏后得到甲醇产品。

秸秆生物质的热化学气化是指利用空气中的 O_2 或含氧物质作为气化剂，将生物质大分子（主要成分为纤维素、半纤维素、木质素等）中 C、H 氧化生成可燃气体的过程。热化学气化过程包括高温氧化和还原反应、固体生物质干燥和干馏过程。生物质首先快速热解为原料气（如 H_2、CO、CO_2、CH_4、C_2H_2、C_2H_4、C_2H_6 等）及焦油、焦炭等产物，然后经水蒸气气化或催化剂催化、高温裂解净化，使原料气中的焦油、焦炭等物质进一步转化为 CO、H_2，生成洁净的生物质合成气（主要成分为 CO、H_2、CO_2、少量 CH_4 和微量的 C_2 烃类物质）。

按照生物质热化学气化过程使用的气化剂的不同，将气化装置分为 4 类。第一类为空气气化炉，气化剂为空气，产生 $4.2\sim7.56$ MJ/m^3 的低热值原料气，主要用于供暖、做饭、锅炉、干燥及动力；第二类为氧气气化炉，气化剂为 O_2，产生 $10.92\sim18.9$ MJ/m^3 的中热值原料气，主要用于区域管网、发电、合成燃料及 NH_3；第三类为水蒸气气化炉，水蒸气为气化剂，产生中热值原料气，用途同氧气气化炉；第四类为氢气气化炉，气体剂为氢气，产生 $22.26\sim26.04$ MJ/m^3 的高热值原料气，主要用于管网、工艺热源。目前，仅有第一类气化炉已达到商业化阶段，其他类型装置仍处于实验室或示范阶段。

按照气化装置内部结构划分，气化炉又分为固定床和流化床两类。固定床气化炉又分为下吸式、上吸式、横吸式、开心式 4 种类型；流化床气化炉分为单床、双床、循环床 3 种类型。不论采用哪种类型的气化炉，均可生产生物质原料气，但原料气质量差别较大，其中下吸式和循环流化床气化炉生产的生物质原料气较适合于甲醇合成。

甲醇合成方法，有高压法 $19.6\sim29.4$ MPa、低压法 4.99 MPa 和中压法 $9.8\sim19.6$ MPa 3 种。

（1）高压法　这是最初生产甲醇的方法。采用锌-铬催化剂（主要成分为 ZnO、CrO_3、Cr_2O_3），反应温度为 $350\sim400$ ℃。由于脱硫技术的进展，高压法也采用活性强的铜基催化剂，以改善合成条件，达到提高效率和增产甲醇的效果。高压法已经有 50 多年的历史。

（2）低压法　这是 20 世纪 60 年代后期发展起来的，采用铜系催化剂（主要成分为 CuO、ZnO、Al_2O_3 或 CuO、ZnO、Cr_2O_3）。铜系催化剂的活性高于锌系，其反应温度 $210\sim300$ ℃，因此在较低压力下即获得相当的甲醇产率。开始工业化时选用压力为 4.9 MPa。铜系催化剂不仅活性好，且选择性好，因此减少了副反应，改善了粗甲醇质量，降低了原料的消耗。显然，由于压力低，工艺设备的制造比高压法容易得多，投资少，能耗约降 1/4，成本降低，显示了低压法的优越性。

（3）中压法　随着甲醇工业的规模的大型化，已有日产 2 000 t 的装置，甚至更大的规模。但采用低压法，势必将工艺管路和设备制造得十分庞大，且不紧凑，因之出现了中压法。中压法仍采用高活性的铜系催化剂，反应温度与低压法相同，具有与低压法相似的优点，且由于提高了合成压力，相应提高了甲醇的合成效率。出反应器气体中的甲醇含量由低压法的 3% 提高至 5%。目前，工业上一般中压法的压力为 9.8 MPa 左右。

由于国内已商业化的低热值燃气中杂质多，H_2 含量少，所以合成甲醇前必须对原料气进行处理。玉米秸秆催化合成甲醇试验工艺流程如图 6-3 所示。

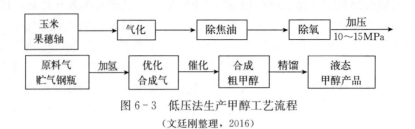

图 6-3 低压法生产甲醇工艺流程

(文廷刚整理，2016)

2. 制取甲醛 生产实际中，以甲醇空气氧化法制取甲醛最为常见。根据生产工艺的不同，又可分为银催化氧化法（甲醇过量法）和铁钼氧化物催化氧化法（空气过量法），其中绝大多数采用银催化氧化法。

（1）银催化剂法（简称银法） 用银丝网或铺成薄层的银粒为催化剂，控制甲醇过量，反应温度为 600～720 ℃。银法工艺是一种经典的生产方法，1888 年首次在德国实现工业化。此法是在过量甲醇（甲醇蒸气浓度控制在爆炸区上限，37％以上）条件下，甲醇气、空气和水汽混合物在银催化剂催化下进行脱氢氧化反应。根据银催化剂的形态不同，银法可分为电解银法、结晶银法、银网法、浮石银法等。目前，电解银法因制备简便、性能稳定、再生方便、活性高等特点而被广泛应用。银法生产工艺过程中，混合气中甲醇的浓度较高、设备的负荷量较大、投资较少，除此之外还具有能耗低、产品甲酸含量低（<0.03％）、催化剂可再生循环使用等优点；但是甲醇转化率较低、催化剂易中毒，且产品浓度仅限为 37％左右的甲醛溶液。银法工艺若要提高产品浓度须增加相应的设备，针对这一特点，已有厂家提出并应用尾气循环工艺以提高甲醛浓度。

（2）铁钼氧化物催化氧化法（简称铁钼法） 用 Fe_2O_3、MoO_3 作催化剂，还常加入铬和钴的氧化物作助催化剂，甲醇与过量空气混合，经净化，预热，在 320～380 ℃温度下反应生成甲醛。此法是在过量空气（甲醇蒸气浓度控制在爆炸区下限，7％以下）条件下，甲醇气、空气和水汽混合物在铁钼氧化物催化剂催化下进行脱氢氧化反应。铁钼法工艺的甲醇转化率较高（98％～99％），降低了甲醇的消耗量；产品甲醛的浓度范围较广，浓度可至 50％以上。铁钼氧化物催化剂的耐毒性较好，但是也存在一定的缺点，如流程复杂、投资大、耗能高及产品甲酸含量高等。此法较适合聚甲醛、脲醛树脂及医药领域。欧美等西方国家采用铁钼法生产的厂家较多，中国只有少数厂家（如天津石油化工公司第二石油化工厂、青岛碱业股份有限公司等）采用此法。

七、制取糠醛

（一）酸式盐催化玉米芯水解制取糠醛的优化工艺

糠醛作为一种重要的化工中间体，在农药、医药、橡胶和石油精炼等领域有着广泛的应用。目前，糠醛还不能依靠有效的化学合成制得，只能由含半纤维素的生物质通过酸催化水解获得。典型的生物质原料有农林废料、甘蔗渣、玉米芯、燕麦壳等。其水解的原理是先将生物质原料中的半纤维素木聚糖水解为木糖，木糖在酸性介质中再进一步脱水成环，形成糠醛。

自糠醛的生产进入工业化以来，通常是以玉米芯为原料，用稀硫酸作为催化剂，糠醛的收率在13%左右。随着糠醛生产规模的扩大，硫酸催化剂没有有效的方法回收，导致环境污染加剧。因此越来越多的研究人员把目光投向了易于回收的催化剂的研发上。其中，一些盐类催化剂受到重点关注。

采用廉价易得、较易回收的硫酸氢钾、硫酸氢钠、硫酸氢铵作催化剂，通过控制反应温度和反应时间，可以对传统的玉米芯水解制取糠醛的工艺过程进行优化，确定酸式盐催化玉米芯制取糠醛的最佳工艺条件。冯培良等（2014）研究指出，以硫酸氢钠作为催化剂取代稀硫酸，在反应温度190℃、反应时间90 min的条件下，可以提高糠醛的得率为39.91%。采用易于回收的酸式盐直接代替稀硫酸作为催化剂，对降低催化剂的毒性、减轻环境污染具有重大意义。

（二）高温稀酸催化玉米芯水解生产糠醛优化工艺

高温稀酸催化玉米芯水解生产糠醛是指在高温液态水条件下，木糖可在无催化剂条件下分解成糠醛，且糠醛得率较高。Jing等研究了高温液态水（180～220℃，10 MPa）中木糖和糠醛的无催化分解动力学，糠醛最大收率达50.6%。高礼芳等（2010）对高温稀酸催化进行了优化，将优化后的最佳工艺定位：停留时间100 min，温度180℃，硫酸浓度0.5%，液固质量比8∶1。在此优化条件下，糠醛收率达75.27%，比国内现有玉米芯生产糠醛工业过程提高了15%～20%。该工艺在生物质资源转化过程中所需催化剂量少或不需加催化剂，反应时间短，对环境无污染，产物收率高，催化剂用量小，环境污染小，具有较好的应用前景。

（三）甲苯萃取玉米芯制糠醛工艺

甲苯萃取玉米芯制糠醛是根据"相似相溶"原理，采用的有机溶剂萃取法，以甲苯作萃取剂，硫酸作催化剂，在酸料比为2%、水料比为0.5 mL/g、油料比为10 mL/g，反应温度为160℃，反应时间为80 min的条件下制取糠醛，得率为15.7%，且固相残渣中半纤维素含量降为0，纤维素含量占残渣54.4%。与传统糠醛生产工艺相比，不仅使废水的排放量减少90%，而且能耗大大减少。

（四）三苯基磷在玉米芯制备糠醛中的应用

三苯基磷是一种白色或浅黄色片状结晶，具有较强的亲和性。磷的存在使分子具有一定的稳定性，其中磷与氧能够形成很强的共价键（P＝O），可用于有机化合物、磷盐及其他磷化合物合成，可以作为促进剂、光稳定剂、橡胶抗自氧剂及润滑油（脂）抗氧剂、阻燃剂等。

植物半纤维素生成糠醛的反应过程十分复杂。第一步为半纤维素的水解，水解过程较快，副反应相对较少，同时会产生甲醇、丙酮等物质；第二步为戊糖脱水形成糠醛，由于先要脱水生成中间产物，因而此过程比较慢，容易产生大量副反应。植物半纤维素中黏胶质含有的黏胶酸分解会生成糖醛酸、乙酸等杂质。糠醛生产过程中还容易发生原料焦化。有氧气存在时糠醛会发生氧化反应，如果有酸性物质存在，反应温度又较高，氧化反应更剧烈，最终产生甲酸等有机酸和酸性聚合物。

为防止糠醛在应用过程中被氧化，人们已经尝试采用了一些方法。在润滑油糠醛精制装置中添加胺型抗氧剂，能够有效抑制糠醛氧化结焦；在糠醛贮存或运输时加入微量对羟基二苯胺、二苯胺、对苯二酚等，即可有效防止糠醛自动氧化。糠醛工业化生产过程中，为提高糠醛收率，有研究者在稀硫酸中加入氯化钠对玉米芯进行浸泡预处理，氯化钠的加入能够提高混合物沸点，为反应提供过热蒸汽。但是，很少见在糠醛生产过程中添加抗氧剂和阻聚剂的相关报道。

岳丽清等（2012）研究了三苯基磷在玉米芯制备糠醛中的作用。指出在反应温度180℃、硫酸浓度为0.5%、液固比为8：1的工艺条件下反应4 h，糠醛收率为70.3%。在最适工艺条件下加入三苯基磷，糠醛收率随着三苯基磷用量的增加而提高，当三苯基磷加入量占玉米芯总量的0.25%时，糠醛收率达到86%。通过对釜底残液和糠醛渣的分析可知，玉米芯水解的聚戊糖转化较彻底，糠醛收率低的主要原因是反应过程中发生的副反应使得糠醛损失较大。三苯基磷的添加提高了糠醛收率，但不会导致馏出液化学组成的变化。因此，三苯基磷可有效抑制糠醛副反应的发生，减少副反应中糠醛损失，从而大幅度提高糠醛收率。

（五）玉米芯水解生产糠醛清洁工艺

植物纤维原料中的多缩戊糖在酸催化下首先水解生成戊糖，然后戊糖再经酸催化脱水生成糠醛。其中第一步水解反应速度很快，第二步脱水环化反应速度较慢，同时还有副反应发生，生产原理如图6-4所示。

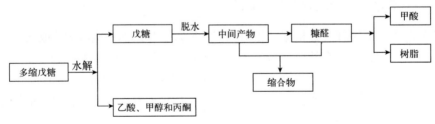

图6-4 玉米芯水解生产糠醛清洁工艺流程

（文廷刚整理，2016）

糠醛生产工艺根据水解和脱水两步反应是否在同一个水解锅内进行，可分为一步法和二步法两大类；根据催化剂不同，又可分为盐酸法、硫酸法、醋酸法、磷酸法、改良硫酸法和无机盐法等，实际应用较多的还是一步硫酸法。

中国现已成为世界上最大的糠醛生产国和出口国，但存在生产技术水平整体不高、环境污染严重、糠醛收率低、废水和废气排放量大等问题。目前糠醛收率为50%～60%；废水主要为初馏塔下废水，其产生量约为糠醛产量的24倍，pH在2.5左右，废水中含有大量有机酸（如甲酸和乙酸等）；废气主要为液罐上方放空的气体，为低沸点有机物（如甲醇和丙酮等）。在石油、煤和天然气等能源日益紧张的今天，大力发展糠醛行业及其下游产品意义重大，但"三废"问题已成为制约糠醛行业发展的重要因素，寻求清洁生产工艺解决糠醛企业环保、节能、节水及综合利用等问题，成为该行业发展的当务之急。

针对中国糠醛行业资源利用率低以及环境污染等问题，采用高压釜模拟糠醛工业生产工艺中玉米芯硫酸催化水解过程，进行糠醛清洁工艺生产，可解决以上问题。有研究指出，利用平流泵连续向高压釜中通水模拟糠醛工业生产工艺中玉米芯硫酸催化水解过程，提高蒸出流量，控制反应时间稍大于木糖反应完毕时间，调节硫酸，适当提高反应温度，以便反应釜停留时间≤最佳反应时间，可使糠醛收率显著提高。在蒸出流量为 10 mL/min，反应 4 h，硫酸为 0.25% 和温度为 180 ℃时，糠醛收率达到 80.84%，比国内现有工业生产过程中糠醛收率提高 15%～20%。

八、鲜食玉米加工

(一) 现状与进展

鲜食玉米加工及综合利用是农民增收、农业增效的重要举措，也是玉米作物由普通粮食作物向经济作物转变的重要措施。鲜食型玉米又称果蔬玉米，是指以鲜食鲜穗（粒）为目的的专用型玉米，国外称作蔬菜玉米或水果玉米。中国鲜食型玉米的覆盖面较广，包括各种类型的甜玉米、糯玉米、彩色玉米以及其他适合鲜食的玉米品种。人类从开始栽培玉米起就有了吃鲜穗的习惯，但是，不同时期有着不同的含义。在生活不富裕时，人们把鲜玉米当主食，在经济困难时期鲜玉米成为解决青黄不接的粮食。显然，首先注重的自然是其干物质含量和产量，而适口性和营养则处于次要地位。因此，中国过去根本就没有专用型鲜食玉米品种。随着经济发展和人们生活水平的提高，玉米在国民经济中的地位发生了很大变化。吃鲜玉米已不再是为了填饱肚子，不只是应季尝鲜，而是当作日常消费的蔬菜或水果，一种美味的营养食品。故而对鲜食玉米的口感和品质要求就更高了。

鲜食玉米，主要是指糯玉米和甜玉米。糯玉米又分为紫糯、黑糯、彩糯、白糯、黄糯、甜糯、金银糯等。甜玉米按遗传特点的不同，划分为普通甜玉米、加强甜玉米、超甜玉米、甜脆玉米等。鲜食玉米的类型、品种之多，是其他农作物无法比拟的。它不仅鲜嫩香甜，而且营养丰富，其蛋白质、脂肪、维生素等含量大大超过普通玉米，含有 70%～75% 的淀粉，约 10% 的蛋白质，4%～5% 的脂肪，约 2% 的多种维生素，还含有人体必需的氨基酸及糖分，且因其独特的色、香、味而越来越受到广大城乡居民的青睐。据现代医学研究，鲜食玉米还具有特别的营养和保健功能，经常食用鲜食玉米能降低胆固醇，防止动脉硬化，对预防胃肠疾病及糖尿病和胆结石等有特殊疗效。

除鲜食外，鲜食玉米还可进行广泛的深加工。甜玉米、糯玉米等是既可鲜食又可加工食品的特用玉米。由于具有人们喜爱的适口风味并富有营养、有益健康，近年来发展很快，主要消费区域是城镇和旅游景点，往往是就近种植鲜穗上市。而加工食品，特别是速冻食品则不受地域和季节限制，甚至可周年供应。由于鲜食玉米采摘时正值生长旺盛期，收获的鲜玉米脱离母体后，籽粒养分含量迅速发生变化，一是呼吸作用消耗籽粒中可溶性糖类；二是可溶性糖类迅速转化为淀粉，使籽粒中可溶性物质迅速下降，失去商品性质。因此，鲜食玉米保鲜加工难度极大，货架寿命短。

中国鲜食玉米加工研究与生产起步较晚，在 20 世纪 80 年代才见有关研究报道。目前，中国鲜食玉米种植面积为 20 万 hm² 左右，用于生产的品种 40～50 个；鲜食玉米加工企业小而散，全国有 150 多家，加工的产品主要为玉米速冻鲜穗及各种类型和风味的玉米罐头食品，年加工能力仅 5 万 t，远不能满足国内市场的需求。因此，进一步研究鲜食玉米的综合利用技术，对于提升鲜食玉米研究的国际地位以及鲜食玉米产品的国际竞争力具有双重意义。鲜食玉米是国际市场上紧俏商品，年产量 100 万 t，产品供不应求，价格稳中有增。中国虽是玉米种植大国，但鲜食玉米生产量却很少，进口量逐年增加，近年进口量已达 3 万多吨。据有关资料统计，中国年产甜玉米罐头和其他保鲜玉米产品分别在 2.5 万 t 左右。相对发达国家（如美国）而言，其开发利用与深加工还存在很大差距，即种植面积有限、加工产品单调、技术含量不高等。但经过多年努力，在这一领域，中国也有了长足的进步，取得了不少的重要研究成果，在某些方面甚至有所突破和创新，接近或达到了世界先进水平，为中国鲜食玉米的发展奠定了基础。

（二）加工产品

1. 鲜食玉米速冻保鲜法

（1）工艺流程　原料采收→剥皮去丝→清洗→切段、分级→预煮→冷却沥水→速冻→称量包装→检验→装箱→入库冷藏。

（2）操作要点

① 采收。原料于乳熟期采收，去掉过老、过嫩、病虫害严重和机械损伤的果穗并除去苞叶、花柱，用清水冲洗干净。采收的鲜食玉米果穗要及时处理完毕。

② 漂烫。预处理后的玉米放入沸水或蒸汽中进行漂烫处理，以破坏玉米组织中酶的活性，终止原料的代谢活动，保证产品品质的稳定性，并杀死部分微生物。预煮温度为 95 ℃以上，时间为 8～10 min。

③ 冷却。水煮后应立即进行冷却。方式多采用喷淋冷却或浸没冷却。冷却一般分两步，先在 10～15 ℃的凉水中预冷，当玉米温度降至 30 ℃后，再在 0～5 ℃的冰水中冷却，使玉米温度降到 5 ℃以下。

④ 速冻。速冻前应吹干果穗表面的水，防止表面有水而结成冰块。然后进入温度为 −30 ℃以下的速冻间速冻，并要求玉米果穗中心温度在 −18 ℃以下。

⑤ 贮藏。速冻后可采用两穗或四穗 1 袋，贮藏在 −18 ℃环境中可保存 1 年以上。

2. 真空软包装保鲜法（常温贮藏法）

（1）工艺流程　原料采收→剥皮去丝→清洗→切段、分级→预煮（加入护色剂）→真空包装→高压灭菌→冷却→装箱→入库。

（2）操作要点　采收的鲜食玉米果穗要及时处理，预处理后的玉米放入沸水或蒸汽中进行漂烫处理。预煮温度为 95 ℃以上，预煮后的鲜食玉米果穗不经冷却直接装入蒸煮袋，排入真空封口机（用水封式）内封口。软包装玉米在杀菌器中堆放排列要保证蒸汽能够充分自由流通，空气排出不受阻碍。反压冷却时逐渐打入冷却水，使杀菌锅内压力保持恒定。将已杀好菌的软包装玉米冷却至室温并于 25 ℃恒温仓库培养 7 d。检验、装箱、入库。将合格品按等级分别装箱，并用胶带封口入库，在常温下贮藏。

高压蒸汽灭菌可阻止微生物的生长和繁殖，真空包装可阻止微生物的侵入和鲜食玉米的酶促褐变，温度的大幅度变化不会对产品的品质产生影响，可室温保存，运输过程不需冷冻，不需加热即可食用。

3. 鲜食玉米罐头制作

（1）工艺流程　原料采收→剥皮、清洗、挑选→切粒→预煮→冲洗→加配料、加汤汁→装罐→排气封盖→灭菌→保存。

（2）操作要点　玉米要在适宜采收期内采收。甜玉米在授粉后 24 d 左右采收，鲜穗加工为宜。此时籽粒外形饱满，成熟度高达 75%～80%，糖分积累也达高峰，加工效果好。人工或机械扒皮，用清水清洗，剔除残余苞叶、花柱，挑出缺粒、虫蛀、霉变的果穗和籽粒。预煮要充分、煮透、煮熟，冷却要冷透。预煮 7 min 为宜，如时间太短则切口不能充分凝固，胚乳内的物质未能完全煮熟，装罐后汤汁变混浊，使瓶底沉积淀粉。甜玉米从田间采收到进厂不超过 5 h，进厂到加工不得超过 12 h，糯玉米可稍长些。力争做到当天采收，当天加工。

4. 甜玉米制作饮料

（1）工艺流程　原料采收→清洗→脱粒→磨浆→糊化→分装→酶解（α-淀粉酶、液化）→灭酶→糖化（糖化酶）→灭酶→离心分离→检测指标→精滤→调配→灭菌→理化指标→成品。

（2）操作要点　利用甜玉米作为原料，其工艺条件为：在 100 g 甜玉米粒中加入 α-淀粉酶 0.175 g，75 ℃酶解 85 min，糖化酶 0.4 mL，60 ℃酶解 3 h。此外，饮料风味调配时各组分的适宜添加量：玉米糖化汁为 80%，柠檬酸为 0.2%，白砂糖为 4%，氯化钠为 0.3%。此时饮料的感官最佳。成品的灭菌温度和时间分别是 95 ℃、3 min。所制备的甜玉米饮料具有浓郁的玉米香味，色泽、口感俱佳。

5. 糯玉米酿酒

（1）工艺流程　原料采收→去杂→预煮→糊化（淀粉酶）、糖化（糖化酶）→成分调整→接种（干酵母活化）→发酵→倒酒→后发酵→陈酿→澄清过滤→调配→杀菌→成品。

（2）操作要点　将糯玉米去杂后粉碎，水料比为 3∶1，经糊化、糖化得到糯玉米发酵液。用蔗糖将初始糖度调整到 20% 左右，用柠檬酸调节发酵液的 pH 到 4.5 左右，可使发酵结束后成品酒中保持适当的糖度和酒精度。糖化酶与水比例为 1∶9，在 50 ℃下恒温活化 1 h；将活性干酵母用 4% 左右的糖水在 35 ℃水浴锅中活化 20～30 min，复水活化用水稀释 10 倍，再在 30 ℃水浴中保温活化 1～2 h，活化过程中每隔 15 min 搅拌 1 次。发酵过程中，每天测定不同发酵条件下的酒精度和糖度，当无气泡产生，且酒精度与糖度稳定后，发酵结束。主发酵结束后，通过倒酒，将底部大量的沉淀与汁液分离，温度保持在 15～20 ℃，发酵 20 d。陈酿期间倒酒 2 次，陈酿温度控制在 10～15 ℃，时间为 6 个月。在陈酿期间，分别利用离心、添加皂土和壳聚糖进行澄清处理。

九、制作工艺品

玉米是一种重要的粮食作物，也是一种重要的经济作物，其全身都是宝。玉米籽粒可以直接食用、饲用，还可深加工成上千种产品。玉米秸秆可以作为牲畜饲料、还田作有机肥料，还可以作基质培养食用菌、提取生物燃料等。玉米须中含有多种化学成分，可以作为中药。玉米花粉可以用于医疗保健。玉米芯可以提取纤维素、木质素等。而在玉米收获时被大量剥去的玉米苞叶可以做成既美观又环保的手工艺品。

玉米苞叶通常都被当作燃料或被弃置不用，十分可惜。若用它做原料，不需厂房、设备，就可编织成坐垫、沙发垫、地毯等工艺品。每 667 m² 玉米地可采收玉米苞叶 40 kg左右，若用来编织这类工艺品，其经济效益十分可观。现将玉米苞叶编织工艺介绍如下：

1. 玉米苞叶的挑选与贮存　用来加工编织工艺品的玉米苞叶，要大而长、色白柔软且厚薄适宜。在收获玉米时，去掉外面一层老皮和紧贴玉米粒的嫩皮，中间部分便是理想的草编原料。选好后及时晒干，捆成大捆，放在干燥通风且不易熏黑的地方。

2. 熏白　为提高苞叶的白净度和编织性能，保持所编织产品的天然色泽，要用陶缸进行硫黄熏制。熏制前洒少许清水使玉米苞叶湿润，将放在碗内的硫黄点燃后放入缸底，用铁丝网或竹编制品罩住，然后将玉米苞叶松散地放入缸内熏制，12 h 后启封。每千克玉米苞叶使用 20 g 硫黄熏白。

3. 选料　将熏白的玉米苞叶分为两类，用于纺经的选用小、短、软、色泽稍差的；用于编织的选用大、长、色泽白的。

4. 染色　为了编织出不同色彩的图案，要将玉米苞叶染成红、黄、蓝、黑等不同颜色。染色工序分前处理和着色两步。前处理是指染色前将玉米苞叶净化，着色则是指用 60 ℃的温水将颜料溶化，再将净化的玉米苞叶放入煮泡。煮泡的时间因所染的颜色不同而不同，以 50 kg 水、3 kg 玉米苞叶为例，染嫩黄色煮泡 30 min，染黑色煮泡 5 h，染棕色煮泡 30 h。

5. 纺经　将拣好的玉米苞叶剪去毛尖，再用简易的小纺车纺成经绳，纺时不断添续玉米苞叶，添续时就将苞叶撕成 1 cm 左右宽的条子，光面向下，纺经直径约 2.5 mm。

6. 编织　编就是用一根或几根原料，按一定规律盘绕、掩压，以构成无明显经纬分别的形式。织则要先立经，然后逐渐编纬成形。编织方法有平纹、斜纹、缎纹、变化纹、小辫、缠扣、套扣、镶嵌等，配以不同颜色的苞叶便可编织成五彩缤纷的工艺品。

十、玉米秸秆饲料加工

玉米秸秆作为玉米生产的重要副产品，由于其含有大量的有机物，常被用作秸秆饲料、食用菌基料、秸秆肥料、秸秆能源和工业生产的原料。秸秆饲料是秸秆利用的一个重要途径。玉米秸秆饲料是利用物理、化学、生物的处理方法，将玉米秸秆揉搓挤丝或切短、磨碎，通过碱化、氨化、微生物发酵等各种方法，改善秸秆的适口性和营养价值，提高牲畜的采食率和消化率。

长期以来，玉米秸秆就是牲畜的主要粗饲料的原料之一。有研究表明，玉米秸秆含有30%以上的糖类、2%～4%的蛋白质和 0.5%～1%的脂肪，可青贮，也可直接饲喂。就食草动物而言，2 kg 的玉米秸秆增重净能相当于 1 kg 的玉米籽粒，特别是对玉米秸秆进行青贮、黄化、氨化及糖化等处理以后，提高了利用率，效益将更可观。

玉米秸秆饲料加工技术是采用机械、生物和化学等技术措施，完成从玉米秸秆的收获、饲料加工、贮藏、运输、饲喂等过程的技术。秸秆饲料的加工技术应用呈现出多样化。下面简单总结几种玉米秸秆饲料加工技术。

（一）玉米秸秆直接饲喂加工技术

玉米秸秆作为饲料最简单、实用的加工方法是物理处理，即是铡短。民间历来有"寸草铡三刀，无料也上膘"的说法，也是中国牲畜喂养中最传统的一种方法。人工或应用如玉米秸秆收割机、玉米秸秆青贮收获机等专用机械收获秸秆后，收集、拉运到地头或庭院。青鲜饲料营养丰富，收割后及时风干贮存，以免微生物迅速繁殖使其变质，但不能曝晒，以免损失维生素。已晾干的秸秆用铡草机械切碎后贮存在草库内，即可饲喂牲畜。如露天存放，一定要垛好、盖好，避免因为雨淋、日晒，降低秸秆的饲喂价值。近几年发展起来的应用挤丝揉碎机对秸秆的精细加工，能使之成为柔软的丝状物，提高了牲畜的适口性、采食率和消化率。

（二）玉米秸秆青贮加工技术

玉米秸秆青贮是将切碎的青绿玉米秸秆通过微生物厌氧发酵和化学作用在密闭无氧条件下调制成的一种适口性好、消化率高、营养丰富的饲料。青贮技术就是通过对青鲜秸秆饲料贮于窖、缸、塔、池及塑料袋中压实密封贮藏，使其在缺氧条件下自然利用乳酸菌厌氧发酵，产生乳酸，使大部分微生物停止繁殖，而乳酸菌由于乳酸的不断积累，最后被自身产生的乳酸所控制而停止生长，保持了青秸秆的营养，并使得青贮饲料带有轻微的果香味，牲畜比较爱吃。在山东省，青贮技术的应用就以玉米秸秆的青贮加工为主，即将蜡熟期玉米通过青贮收获机械一次性完成秸秆切碎、收集，或人工收获后将青玉米秸秆铡碎至1～2 cm长，使其含水量一般为67％～75％，装入塑料袋或窖中，压实排除空气后密封保存40～50 d即可饲喂。

（三）玉米秸秆微贮加工技术

秸秆微贮是利用现代生物技术筛选培育出的微生物活性菌，经活化后洒在铡短的作物秸秆上，在厌氧的条件下，经微生物发酵，成为家畜喜食的饲料。首先，要把所用玉米秸秆切短至5～8 cm，这样易于压实和提高微贮窖的利用率及保证贮料的制作质量。容器可选用类似青贮或氨化的水泥窖或土窖，底部和周围铺一层塑料薄膜，小批量制作可用缸或塑料袋、大桶等。应用该技术时，一般秸秆控制含水量为60％～70％，在秸秆中加入微生物活性菌种，放入一定的容器中或地面发酵，经一定的发酵时间，使玉米秸秆变成带有酸、香、酒味，家畜喜食的饲料。因为通过微生物对贮藏中的秸秆进行发酵，故称微贮。微贮是利用微生物将玉米秸秆中的纤维素、半纤维素降解并转化为菌体蛋白的方法，也是今后粗纤维利用的趋势。

（四）玉米秸秆黄贮加工技术

秸秆黄贮也是利用微生物处理玉米干秸秆的方法。工艺过程：将玉米干秸秆铡碎至2～4 cm，装入缸中，加适量温水闷2 d即可。干秸秆牲畜不爱吃，利用率不到30％，但经黄贮后秸秆变得酸、甜、酥、软，牲畜也爱吃，秸秆的利用率提高到了80％～95％。

（五）玉米秸秆氨化处理

玉米秸秆氨化处理是利用氨溶于水后形成强碱氢氧化铵，使秸秆软化，秸秆内部木质化纤维素膨胀，提高了秸秆的通透性，是玉米秸秆饲料加工中最为实用的化学处理方法。

秸秆氨化时，先将秸秆切成2～3 cm长，秸秆含水量调整在30％左右，按100份秸秆用5～6份尿素或10～15份碳酸氢铵对25～30份水，溶化搅拌均匀配制尿素或碳酸铵碱水溶液，或按每100 kg粗饲料加15％的氨水12～15 kg。分层压实，逐层喷洒氨化剂，最后封严，在25～30 ℃下经7 d氨化即可开封，使氨气挥发净后饲喂。

氨化秸秆饲料常用堆垛法和氨化炉法制取。堆垛法是用塑料薄膜将秸秆垛封严，用氨枪向垛内注液氨。氨化炉法是将秸秆装入密封容器再注入氨化剂，加温到80～90 ℃后停止加温，焖炉4～5 h，经22～24 h，秸秆就氨化成熟，其优点是不受气温影响，做到有计划的全年生产。经氨化处理的玉米秸秆可提高粗纤维的消化率，增加饲料中的粗蛋白，且含有大量的铵盐。铵盐是牛、羊等反刍动物胃微生物的良好营养源，氨本身又是一种碱化剂，所以可以提高粗纤维的利用率，增加粗纤维秸秆中的N素。用玉米秸秆氨化后喂牛、羊等食草动物，不仅可以降低精饲料的消耗，还能使牛羊的增重速度加快。

（六）玉米秸秆碱化加工技术

用碱性化合物对玉米秸秆进行碱化处理，可以打开其细胞分子中对碱不稳定的酯键，并使纤维膨胀，这样就便于牲畜胃液渗入，提高了家畜对饲料的消化率和采食量。碱化处理主要包括氢氧化钠处理、液氮处理、尿素处理和石灰处理等。以来源广、价格低的石灰处理为例，生石灰按100：1加水并不断搅拌待其澄清后，取上清液，按溶液与饲料3：1的比例在缸中搅拌均匀后稍压实。夏天温度高，一般只需30 h即可喂饲，冬天一般需80 h。这种处理方法可使饲料的营养价值提高50％～100％。当前正在发展的是复合化学处理，综合碱化和氨化两者的优点。

（七）玉米秸秆酸贮加工技术

酸贮，也是化学处理方法之一。在贮料上喷洒某种酸性物质，或用适量磷酸拌入青饲料后贮藏，再补充少许芒硝，可使饲料增加含硫化合物，有助于增加乳酸菌的生命力，提高饲料营养，并抵抗杂菌侵害。该方式简单易行，且能有效抵御二次发酵，取料较为容易。利用该原理，根据加入的酸碱性物质的不同配方，有多种方法用来处理秸秆，制取发酵饲料。

（八）玉米秸秆压块加工技术

秸秆饲料压块技术是利用饲料压块机将秸秆压制成高密度饼块，压缩比可达1：（5～15），大大减少运输与贮藏空间。若与烘干设备配套使用，可压制新鲜玉米秸秆，保持其营养成分不变，并能防止霉变。该阶段的加工属于物理处理方法。目前也有加转化剂后再压缩，利用压缩时产生的温度和压力，使秸秆氨化、碱化、熟化，提高其粗蛋白含量和消化率，经加工处理后的玉米秸秆成为 20～100 mm 长度的块状饲料，密度达 0.6～0.8 g/m³，便于运输贮存，适用于公司加农户模式，生产成本低。

（九）玉米秸秆草粉加工技术

玉米秸秆粉碎成草粉，经发酵后饲喂牛羊，能作为饲料代替青干草，调剂淡旺季余缺，且喂饲效果较好。凡不发霉、含水率不超过 15% 的玉米秸秆均可为粉碎原料，制作时用锤式粉碎机将秸秆粉碎。草粉不宜过细，一般长 10～20 mm，宽 1～3 mm，过细不易反刍。将粉碎好的玉米秸秆草粉和豆科草粉按 3∶1 的比例混合，整个发酵时间为 1～5 d，发酵好的草粉每 100 份加入 0.5～1 份骨粉，并配入 25～30 份的玉米面、麦麸等，充分混合后，便成草粉发酵混合饲料。

（十）其他

1. 玉米秸秆膨化加工技术　秸秆膨化加工是一种物理生化复合处理方法，其机理是利用螺杆挤压方式把玉米秸秆送入膨化机中，螺杆螺旋推动物料形成轴向流动，同时由于螺旋与物料、物料与机筒以及物料内部的机械摩擦，物料被强烈挤压、搅拌、剪切，使物料被细化、均化。随着压力的增大，温度相应升高，在高温、高压、高剪切作用力的条件下，物料的物理特性发生变化，由粉状变成糊状。当糊状物料从模孔喷出的瞬间，在强大压力差作用下，物料被膨化、失水、降温，产生出结构疏松、多孔、酥脆的膨化物，其较好的适口性和风味受到牲畜喜爱。从生化过程看，挤压膨化时最高温度可达 130～160 ℃。高温不但可以杀灭病菌、微生物、虫卵，提高卫生指标，而且可使各种有害因子和酶失活，提高了饲料的品质，还排除了促成物料变质的各种有害因素，延长了保质期。

玉米秸秆热喷饲料加工技术同样是一种类似的复合处理方法，不同的是将秸秆装入饲料热喷装置中，向内通入过饱和水蒸气，经一定时间后使秸秆受到高温高压处理，然后对其突然降压，使处理后的秸秆喷出到大气中，从而改变其结构和某些化学成分，提高秸秆饲料的营养价值。经过膨化和热喷处理的秸秆可直接喂养家畜，也可进行压块处理。

2. 玉米秸秆颗粒饲料加工技术　该技术是在玉米秸秆晒干后，应用秸秆粉碎机粉碎秸秆，加入其他添加剂后拌匀，在颗粒饲料机中，由磨板与压轮挤压加工成颗粒饲料。由于在加工过程中摩擦加温，秸秆内部熟化程度深透，加工的饲料颗粒表面光洁，硬度适中，大小一致，其粒体直径可以根据需要在 3～12 mm 调整。还可以应用颗粒饲料成套设备，自动完成秸秆粉碎、提升、搅拌和进料功能，并随时添加各种添加剂，全封闭生产，是一种自动化程度较高的高效型秸秆颗粒饲料加工技术。目前中小规模的玉米秸秆颗粒饲料加工企业都采用这种技术。另外还有适合大规模饲料生产企业的秸秆精饲料成套加工生产技术，自动化控制水平更高。

本章参考文献

曹学文，谢艳华，2011. 鲜食超甜玉米品质评价理化指标的研究 [J]. 广东农业科学（13）：21，32.

曹玉军，赵宏伟，王晓慧，等，2011. 施钾对甜玉米产量、品质及蔗糖代谢的影响 [J]. 植物营养与肥料学报，17（4）：881-887.

陈声奇，周鸿凯，郭荣发，2012. 钾肥与不同品种甜玉米籽粒品质的相关性研究 [J]. 湖南农业科学 (23)：49-51.

陈晓军，2013. 鲜食玉米综合利用技术及效益初探 [J]. 农业科技通讯 (1)：90-94.

陈智毅，徐玉娟，尹艳，等，2010. 甜玉米多酚类成分的测定 [J]. 食品科学，31 (10)：235-238.

单明珠，王教，李向拓，等，2008. 环境条件对甜玉米新品种陕甜1号品质的影响 [J]. 中国农学通报，24 (6)：198-201.

邓小净，梅秀鹏，徐德，等，2015. 不同玉米籽粒中烟酸和玉米黄质含量的测定 [J]. 食品科学，36 (12)：119-124.

董浩，华军，夏光利，等，2013. 普通玉米高油化对籽粒脂肪酸组分积累的影响 [J]. 中国粮油学报，28 (6)：25-29.

杜双奎，魏益民，张波，等，2006. 玉米品种籽粒品质性状研究 [J]. 中国粮油学报，21 (3)：57-62.

冯培良，王君，李多松，等，2014. 酸式盐催化玉米芯水解制取糠醛的工艺优化 [J]. 新能源进展，2 (4)：260-263.

高金锋，刘瑞，晁桂梅，等，2014. 荞麦、糜子与玉米淀粉理化性质比较研究 [J]. 中国粮油学报，29 (10)：16-22.

高礼芳，徐红彬，张懿，等，2010. 高温稀酸催化玉米芯水解生产糠醛工艺优化 [J]. 过程工程学报，10 (2)：292-297.

高礼芳，徐红彬，张懿，等，2010. 玉米芯水解生产糠醛清洁工艺 [J]. 环境科学研究，23 (7)：924-929.

高群玉，武俊超，李素玲，等，2011. 湿热处理对不同直链含量的玉米淀粉性质的影响 [J]. 华南理工大学学报（自然科学版），39 (9)：1-6.

高卫帅，张燕萍，徐海娟，2007. 3种玉米淀粉的性质比较 [J]. 食品发酵工业 (9)：65-69.

顾拥建，唐明霞，2013. 玉米乳加工副产物的综合利用 [J]. 江苏农业科学，41 (12)：388-390.

郭宗学，何仪，王清秀，等，2007. 不同播期与密度对玉米粗脂肪含量的影响 [J]. 山东农业科学 (4)：65-67.

韩萍，李海燕，侯长希，2009. 玉米须的化学成分及其应用研究进展 [J]. 现代农业科技 (18)：17-18，21.

韩晴，沈雪芳，陆卫平，等，2014. 20个鲜食玉米杂交种 DNA 指纹库的构建 [J]. 上海农业学报，30 (1)：36-39.

郝希成，汪丽萍，张蕊，2011. 玉米油脂肪酸成分标准物质的研制 [J]. 粮食储藏，40 (2)：41-44.

何余堂，孟良玉，赵大军，等，2005. 玉米花粉活性多糖的分离提取研究 [J]. 食品科学，26 (11)：112-114.

霍超，纳文娟，徐桂花，2008. 玉米油的主要功效成分及开发利用前景 [J]. 中国食物与营养 (10)：37-38.

姜海鹰，张宝石，邢吉敏，等，2007. 高油玉米杂交种品质及其花粉直感效应的稳定性分析 [J]. 作物学报，33 (12)：2047-2052.

姜媛媛，王景会，刘爽，等，2011. 玉米花粉的功能及应用研究 [J]. 农业与技术，31 (5)：32-33.

蒋锋，刘鹏飞，王晓明，2010. 超甜玉米果糖含量的遗传模型分析 [J]. 中国农学通报，26 (23)：69-72.

金英燕，胡贤女，2011. 浅谈鲜食玉米加工技术 [J]. 保鲜与加工，11 (4)：52-53.

孔倩倩，苏政波，马闯，等. 玉米饮料酶解工艺的研究 [J]. 山东食品发酵 (2)：3-5.

匡轩，匡芮，朱海涛，2007. 玉米须的化学成分及药理保健功能 [J]. 中国食物与营养 (4)：46-48.

李纯燕，杨恒山，刘晶，等，2015. 玉米秸秆还田技术与效应研究进展 [J]. 中国农学通报，31 (33)：226-229.

李海燕，2013. 玉米深加工工艺及其产品概述 [J]. 农业与技术（9）：229.

李慧聪，郭秀林，王冬梅，等，2010. 玉米热激蛋白 70 基因对温度胁迫的响应 [J]. 河北农业大学学报，33（6）：12-15.

李继光，2004. 玉米穗皮编制工艺品的好原料 [J]. 河北农机（1）：24.

李丽，孙杰，李军国，等，2014. 膨化玉米品质评价指标的研究 [J]. 饲料工业，35（3）：21-26.

李伟，2012. 玉米蛋白粉的综合利用及前景分析 [J]. 科技视界（31）：305.

李学兰，2013. 安徽玉米深加工产业集群发展路径研究 [J]. 重庆科技学院学报（社会科学版）（3）：76-77.

林必博，周济铭，党占平，2014. 高油玉米品质研究进展 [J]. 山西农业科学，42（10）：1141-1147.

林谦，王照群，戴求仲，等，2013. 非淀粉多糖酶对玉米加工副产品氨基酸及养分真代谢率的影响 [J]. 动物营养学报，25（6）：1383-1394.

刘夫国，牛丽影，李大婧，等，2012. 鲜食玉米加工利用研究进展 [J]. 食品科学（23）：375-379.

刘向波，王金环，高翠敏，2010. 普通玉米高油化技术推广研究 [J]. 现代农业科技（16）：106-107.

刘有军，王汉宇，2007. 高油玉米花粉直感对普通玉米籽粒品质的影响 [J]. 安徽农业科学，35（21）：6394-6395，6412.

龙正海，2012. 玉米油化学成分及其抗氧化性能研究 [J]. 中国粮油学报，27（2）：68-70.

马力，李新华，路飞，等，2005. 小米淀粉与玉米淀粉糊性质比较研究 [J]. 粮油与油脂（2）：22-25.

牛丽影，李丽娟，李大婧，等，2013. 乳熟期甜玉米、糯玉米鲜榨汁品质特征的比较 [J]. 江西农业学报，25（1）：102-105.

石彦忠，余平，韩颖，2009. 膨化玉米粉制糖技术研究 [J]. 食品科学（9）：132-136.

史振声，张喜华，1994. 钾肥对甜玉米籽粒品质和茎秆含糖量的影响 [J]. 玉米科学，2（1）：76-80.

宋海霞，杨亮，李国，等，2008. 氮素用量对春玉米籽粒脂肪及其产量的影响 [J]. 东北农业大学学报，39（11）：6-10.

孙绍晖，赵倩倩，李晓征，等，2015. 甲苯萃取法玉米芯制糠醛工艺的研究 [J]. 化工时刊，29（4）：1-6.

覃树林，王新明，孙保剑，等，2014. 玉米芯综合利用研究进展 [J]. 氨基酸和生物资源，36（2）：23-27.

唐明霞，陈惠，顾拥建，等，2014. 18 种玉米组分对其饮料产品颜色和稳定性的影响 [J]. 食品科学，35（3）：76-79.

王承学，曾庆梅，赵旭东，2010. 玉米秸秆酸解及发酵制乙醇过程研究 [J]. 长春工业大学学报（自然科学版），31（2）：217-221.

王宏刚，2014. 碱法-酶法处理玉米秸秆的制糖工艺研究 [J]. 黑龙江科技信息（23）：129.

王良东，2008. 玉米淀粉酶法深加工制品 [J]. 粮食与油脂（5）：4-7.

王世恒，冯凤琴，徐仁政，2004. 超甜玉米营养品质分析 [J]. 玉米科学，12（1）：61-62.

王天雷，2004. 玉米苞叶制工艺品 [J]. 中小企业科技（5）：27.

王霞，丁继峰，鹿保鑫，等，2014. 玉米胚芽蛋白提取及组成成分分析 [J]. 中国粮油学报，29（2）：62-66.

王远东，2012. 钾肥对玉米品质和产量的影响 [J]. 上海农业科技（3）：127-128.

王月华，杜雁冰，刘红，等，2014. 营养玉米油及其关键精炼工艺技术 [J]. 粮食与食品工业，21（5）：9-11.

魏良明，戴景瑞，刘占先，等，2008. 普通玉米蛋白质、淀粉和油分含量的遗传效应分析 [J]. 中国农业科学，41（11）：3845-3850.

夏红，曹卫华，2004. 速冻青棒糯玉米品质影响因素的研究 [J]. 冷饮与速冻食品工业，10 (2)：5-6.

杨若明，李玉田，2001. 鲜食玉米营养成分的分析研究 [J]. 营养研究 (1)：66-67.

阴卫军，王庆成，刘霞，等，2013. 高淀粉玉米胚乳淀粉粒度分布特征及其对水分胁迫的响应 [J]. 山东农业科学，45 (1)：54-59.

袁鹏，潘琤，周林，等，2010. 玉米淀粉深加工产品的应用 [J]. 粮食与食品工业，17 (4)：23-25.

岳丽清，肖清贵，王天贵，等，2012. 三苯基磷在玉米芯制备糠醛中的应用 [J]. 化工进展，31 (5)：1103-1108.

岳婉婷，2014. 玉米淀粉酶法水解制糖及纯化过程的研究 [J]. 科技与企业 (23)：203.

岳晓霞，毛迪锐，赵全，等，2005. 玉米淀粉与玉米变性淀粉性质比较研究 [J]. 食品科学，26 (5)：116-118.

臧东阳，张宁宁，2014. 玉米淀粉制糖生产工艺与设备的改进分析 [J]. 科技与企业 (19)：411.

张斌，罗发兴，黄强，等，2010. 不同直链含量玉米淀粉结晶结构及其消化性研究 [J]. 食品与发酵工业 (8)：26-30.

张伏，付三玲，佟金，等，2008. 玉米淀粉糊的流变学特性分析 [J]. 农业工程学报，24 (9)：294-297.

张海臣，吕春艳，姜义东，2009. 关于玉米油营养价值及制备的探讨 [J]. 粮油加工 (4)：41-44.

张丽，董树亭，刘存辉，等，2007. 玉米籽粒容重与产量和品质的相关分析 [J]. 中国农业科学，40 (2)：405-411.

张琪，华慧敏，2014. 玉米淀粉渣开发利用及研究进展 [J]. 中国酿造，32 (12)：14-16.

张旗，袁淏，李龙伟，等，2012. 玉米秸秆生产生物化工醇研究进展 [J]. 广州化工，40 (18)：72-73，86.

张晓林，徐韦，李坦，等，2014. 玉米籽粒主要性状与蛋白质含量的相关性 [J]. 江苏农业科学 (12)：104-106.

张智猛，戴良香，胡昌浩，等，2007. 灌浆期不同水分处理对玉米籽粒蛋白质及其组分和相关酶活性的影响 [J]. 植物生态学报，31 (4)：720-728.

赵昌辉，李泳财，何东，等，2010. 玉米花粉成分、功能及其应用的研究 [J]. 食品工业科技 (9)：414-416，421.

赵福成，景立权，闫发宝，等，2013. 施氮量对甜玉米产量、品质和蔗糖代谢酶活性的影响 [J]. 植物营养与肥料学报，19 (1)：45-54.

赵广熙，2015. 提高玉米籽粒脂肪含量关键技术措施研究 [J]. 杂粮作物 (5)：333-338.

赵阳阳，林海伟，欧仕益，2011. 甜玉米籽粒及其芯风味成分分析 [J]. 食品与机械，27 (1)：52-55.

赵自仙，江鲁华，高祥扩，等，2013. 玉米籽粒油脂性状的间接选择和遗传效应 [J]. 华北农学报，28 (增刊)：54-60.

仲信，2010. 玉米苞皮制淀粉 [J]. 农村新技术 (加工版)(2)：37.

周鸿立，翟向阳，2008. 玉米须脂肪油类化学成分的研究 [J]. 中成药，30 (5)：770-771.

周治国，徐树来，刘利军，2012. 玉米淀粉糖生产新工艺的研究 [J]. 农机化研究 (10)：169-171，225.